制药
设备与工艺

陈宇洲　主编

焦红江　王继伟　邓智先　杨静伟　副主编

化学工业出版社

·北京·

《制药设备与工艺》全书共分为三篇：第一篇为"设备篇"，主要介绍我国制药设备的发展历史、基本原理、设备分类、基本结构、简要工作过程、可调参数的影响、工艺布局、安装及维护保养要点和常见故障及处理方法等内容；第二篇为"工艺篇"，在第一篇的基础上，以工艺整合设备，将设备与工艺相结合；第三篇为"管理篇"，简要介绍制药设备验证方面的基础知识，并结合2019年最新颁布的《药品管理法》，概述我国《药品生产管理规范》的基本要求与理解要点，以帮助本科生以及药品生产相关从业人员将设备、工艺、验证、管理相结合，全面、系统掌握制药设备与工艺设计的基本内容。

　　《制药设备与工艺》不仅可作为药学相关专业制药设备与工艺设计类课程的参考教材，也可作为药企新员工的培训材料。同时本书也可供制药设备企业、制药企业、药品生产管理部门相关专业技术人员参考使用。

图书在版编目（CIP）数据

制药设备与工艺/陈宇洲主编. —北京：化学工业
出版社，2020.2（2024.6 重印）
ISBN 978-7-122-35333-7

Ⅰ.①制…　Ⅱ.①陈…　Ⅲ.①制药工业-化工设备
②制药工业-生产工艺　Ⅳ.①TQ460.3②TQ460.6

中国版本图书馆 CIP 数据核字（2019）第 223110 号

责任编辑：褚红喜
责任校对：王　静　　　　　　　　　　　　装帧设计：关　飞

出版发行：化学工业出版社（北京市东城区青年湖南街 13 号　邮政编码 100011）
印　　装：北京虎彩文化传播有限公司
880mm×1230mm　1/16　印张 41¼　字数 1304 千字　2024 年 6 月北京第 1 版第 4 次印刷

购书咨询：010-64518888　　　　　　　　　售后服务：010-64518899
网　　址：http://www.cip.com.cn
凡购买本书，如有缺损质量问题，本社销售中心负责调换。

定　　价：198.00 元　　　　　　　　　　　　　　　　版权所有　违者必究

《制药设备与工艺》编写人员

(排名不分先后)

吴　巍	保定创锐泵业有限公司
查文浩	常州一步干燥设备有限公司
郑起平	楚天科技股份有限公司
叶思媛	楚天科技股份有限公司
王孟刚	哈尔滨纳诺机械设备有限公司
王吉帅	哈尔滨纳诺机械设备有限公司
李洪武	杭州春江制药机械有限公司
张美琴	杭州春江制药机械有限公司
周光宇	杭州优尼克消毒设备有限公司
徐兴国	黑龙江迪尔制药机械有限责任公司
肖立峰	湖南科众源创有限公司
刘凤阳	湖南科众源创有限公司
杜笑鹏	湖南正中制药机械有限公司
全凌云	湖南正中制药机械有限公司
丁维扬	广州锐嘉工业股份有限公司
吴光辉	广州锐嘉工业股份有限公司
武长新	江苏库克机械有限公司
武洋作	江苏库克机械有限公司
施　轶	辽阳天兴离心机有限公司
姜长广	辽阳天兴离心机有限公司
刘朝民	辽宁天亿机械有限公司
桂林松	南京恒标斯瑞冷冻机械制造有限公司
孙清华	南京恒标斯瑞冷冻机械制造有限公司
倪燕彬	南通海发水处理工程有限公司
徐　杰	南通海发水处理工程有限公司
李季勇	南通恒力包装科技股份有限公司

繆德林	南通恒力包装科技股份有限公司
李志全	青岛捷怡纳机械设备有限公司
朱春博	青岛捷怡纳机械设备有限公司
韩 雷	山东蓝孚高能物理技术股份有限公司
李晓明	山东新华医疗器械股份有限公司
周利军	山东新华医疗器械股份有限公司
辛 滨	上海秉拓智能科技有限公司
郑金旺	上海东富龙科技股份有限公司
陈苏玲	上海东富龙科技股份有限公司
张 静	上海信销信息科技有限公司
陈青霞	上海信销信息科技有限公司
杜 娟	沈阳市长城过滤纸板有限公司
王 嵩	沈阳市长城过滤纸板有限公司
原晓军	天津瑞康巴布医药生物科技有限公司
张 钊	天水华圆制药设备科技有限责任公司
李 晟	天水华圆制药设备科技有限责任公司
张文姣	营口辽河药机制造有限公司
吴武通	浙江迦南科技股份有限公司
杨 波	浙江迦南科技股份有限公司
张宏平	浙江新亚迪制药机械有限公司
鲍 鹏	九州通医药股份有限公司
陈 容	海南碧凯药业有限公司
陈 岩	中国远大医药集团
陈宇洲	天津中医药大学
迟玉明	北京同仁堂研究院
段秀俊	山西中医药大学
邓智先	佛山英特信创医药科技有限公司
冯 林	国肽生物工程（常德）有限公司
巩 凯	江南大学
顾 湘	香港景俊基工程有限公司
顾艳丽	内蒙古医科大学
郭维峰	杨凌步长制药有限公司
郭伟民	天津市医药设计院有限公司

韩立云	天津中新药业股份有限公司乐仁堂制药厂
黄华生	广州百特医疗用品有限公司
黄　敏	广州玻思韬控释药业有限公司
霍　岩	天津天药药业股份有限公司
贾光伟	聊城市人民医院
贾志红	天津金耀药业有限公司
姜　华	河南科技大学
江永萍	天津中新药业股份有限公司研究院分公司
焦红江	蒲公英论坛
鞠爱春	天士力之骄药业有限公司
李　昂	天津市儿童医院
李扶昆	乐山职业技术学院
李　姣	天津怀仁制药有限公司
李　军	河南科技大学
李维伟	厦门恩成制药有限公司
林秀菁	知药学社
林映仙	天津中医药大学
刘改枝	河南中医药大学
刘　岩	天津中医药大学
刘　洋	郑州大学药学院
龙苗苗	无锡卫生高等职业技术学校
陆文亮	天士力控股集团有限公司研究院
罗彩霞	珠海联邦制药股份有限公司中山分公司
马茂彬	鹤壁技师学院
马淑飞	国药一心制药有限公司
潘　洁	贵州医科大学
乔　峰	天津中医药大学
乔晓芳	河南省食品药品审评查验中心
邱立朋	江南大学药学院
任海伟	兰州理工大学
尚海宾	白云山汤阴东泰药业有限责任公司
时念秋	吉林医药学院
宋石林	天津中医药大学

苏何蕾	天津同仁堂集团股份有限公司
孙 玺	深圳技师学院应用生物学院
孙 艳	天士力医药集团股份有限公司
王美娜	天津中医药大学
王继伟	蒲公英论坛
王 佳	天津同仁堂集团股份有限公司
王银松	天津医科大学
王震宇	郸城县盛斐生物科技有限公司
夏成才	山东第一医科大学药学院
徐士云	吉林省银河制药有限公司
闫 冬	天津市药品监督管理局
严伟民	国药奇贝德（上海）工程技术有限公司
燕雪花	新疆医科大学
杨静伟	黑龙江省食品药品审核查验中心
杨悦武	天士力医药集团股份有限公司
叶 非	深圳华润九新药业有限公司
尹德明	梧州学院
游强蓁	天津中新药业集团股份有限公司中新制药厂
张功臣	国家药典委制药用水修订课题组
张华忠	北京海德润医药集团有限公司
张 健	中兴利联国际贸易（上海）有限公司
张建伟	中国大冢制药有限公司
张 静	天津大学仁爱学院
张晓东	吉林高邈药业股份有限公司
张学兰	安徽东盛友邦制药有限公司
张玉东	吉林修正药业新药开发有限公司
张志强	北京康仁堂药业有限公司
赵玉佳	牡丹江医学院
赵曙光	天津汉瑞药业有限公司
赵忠庆	云南白药集团股份有限公司
郑志刚	天津益倍信生物工程有限责任公司
周 鸿	天津中新药业集团股份有限公司
祝 昱	天士力之骄药业有限公司

序

近年来，包括制药装备在内的先进制造业研发是国内重点研究领域。多学科的配合、以信息技术为牵引的新一代先进制造技术和装备风起云涌，正成为新兴产业的主流。在这个过程中，我国制药行业也取得了长足的进步，融入信息技术的制药工艺在自动化方面逐步完善，并朝着智能化飞速发展。中药制药工艺及装备具有独特的理论体系和技术方法，但较之化药、生物药尚有较大差距。当代技术发展及中药现代化推动了中药制药工艺及装备的现代化研究，并成为新的经济增长点和技术前沿领域。制药工艺的进步与制药装备的发展密不可分，制药和制药装备两个行业密切相关，互相促进，不断推动我国整体制药工艺与装备的快速发展。

我国高等教育体系内药学类、中药学类专业众多，涵盖药品管理、研发、生产、种植、流通、应用等各个行业。当前，中药、化学药、生物药各行业在实践领域都取得了日新月异的进步，而新时代药学、中药学教育领域更应紧跟时代发展，逐步更新知识，减少学生在校所学与实践所需的差距，使学生更好地适应未来工作岗位。为了达到这一目标，高校需要积极参与行业产业发展，了解行业产业现状和发展趋势。这不但是高等教育发展的内在要求，也符合教育部产教深度融合发展的战略部署。产教融合促进教育链、人才链与产业链、创新链的有机衔接，是推动教育优先发展、人才引领发展、产业创新发展、经济高质量发展相互贯通、协同促进的战略性举措。产教融合包含多方面内容，产业技术人员进学校、上课堂、参与教材编写是一个重要方面。

即将付梓的《制药设备与工艺》在产教共编教材方面做了有意义的尝试，邀请了行业专家参与编写，是专业人干专业事，把实践领域正在应用的设备和工艺展现出来。采用互联网视频资源加纸质教材模式，让学生扫描二维码就能够看到设备的工作视频，便于学生理论联系实践，理解设备原理和工作流程。此外，本书依托制药实践，切合生产实际，还可作为药厂员工的培训教材。这进一步体现了产教融合互促共进的作用。

中医药是祖先留给我们的瑰宝，在 2003 年的 SARS 和 2020 年的新型冠状病毒肺炎防治工作中都显现了独特的、不可替代的优势。开发生产出具有时代特征的现代中成药产品，具有划时代意义，是落实传承精华、守正创新的重要内容。特别希望行业专家和高校、科研院所更紧密地合作，继承传统、海纳博取、勇于创新，开发出更多适合中医药特点的制药装备和优化工艺，促进中药行业的健康发展，推动我国建设医药强国伟大战略目标的实现。

中 国 工 程 院 院 士
中国中医科学院名誉院长
天 津 中 医 药 大 学 校 长

2020 年 3 月于武汉东湖

前　言

　　《制药设备与工艺》是我国药监管理部门、制药设备企业、制药企业、高等学校、医院等机构多位专家努力工作的结晶。本书的编写目的有两个：一是作为药学相关专业的制药设备与工艺类教材，二是作为药企新员工培训教材。

　　作为本科生教材，本书内容全面、系统，知识深度应适中，使学生在学习《药剂学》《中药药剂学》等课程基础上加深对制药工艺的理解，熟悉大部分制药设备的基本原理、分类和结构，了解现代制药企业生产管理中与设备相关的一些术语。作为企业新员工培训教材，本书可使新员工在熟悉与工作相关设备基本原理、结构的基础上，进一步熟悉常见故障及排除方法，并深入学习与工作相关的工艺、控制点、注意事项等。为了方便读者理解书中所涉及的制药设备，本书以二维码形式链接了网络视频资源。

　　制药设备是综合利用机械传动、自动化控制、光学技术、传感技术等多学科知识，多元、自由组合的实体，制药设备与工艺类课程属于实践技术类学科。随着计算机、影像学等技术的迅速发展，设备向数字化、智能化飞速发展。制药生产实践领域的技术人员近几年普遍感到设备更新快，知识需持续更新。作为编写制药设备教材主体的高校教师，不直接使用设备，跟进速度自然就慢一些。从这一方面讲，制药设备与工艺实践知识需要从设备厂和药厂流向学校。本书的编写过程就是当前我国先进制药设备与工艺知识流向药学教育领域的一次尝试。

　　在本书编写过程中，药品管理部门专家编写管理和规范部分，制药设备企业专家编写设备部分，制药企业（包括医院）专家编写工艺部分。制药设备企业和药企专家分别是设备的生产者和使用者，都是当之无愧的设备专家；而教师是教育的主导者，起着搭建学生制药设备知识结构框架基础的重要作用。

　　在编写过程中，深切感受到了各位领导、专家、老师齐心协力的付出和敬业精神。正如王继伟老师的诗作："莫道前路无知己，人生处处都逢君。相聚是缘著书乐，无私奉献为杏林"。也如焦红江老师的诗作"制锦不择地，药圃无凡蒿，工欲善其事，艺精情更高，设茗听雪落，备酒吟剑啸，编简为谁青，写出万丈涛"。本书的编写成功是新时代凝心聚力实现医药强国的一个小小的缩影。

　　企业专家的高超技术知识水平、对社会的责任感和公益心成就了本书。毫不夸张地说，没有企业和专家的支持，就没有本书的成稿和出版。在此向参与编写的企业和专家致以崇高的敬意！

　　在编写工作中，焦红江修改目录；焦红江、王继伟、邓智先、杨静伟共同商定本书的题目、目录、内容设计、编写、修改等工作。本书得到了中国医药设备工程协会轮值会长郑起平和国家药典委制药用水修订课题组张功臣全方位的指导和支持；感谢中国医药商业协会创新分会副会长严伟民的指导和支持；感谢沈阳药科大学张绪峤、何志成的指导；感谢上海天祥健台陈露真的指导和支持；感谢詹丽梅、张健的一贯指导和支持；感谢刘景钰、潘荣平、熊小刚等为稿件付出的辛苦和努力！

　　制药设备发展迅速，尽管本书由各领域的知名专家参编，但相对于制药设备行业的发展水平和全貌来说，本书的知识依然是管中窥豹，更深入、更实际的知识还需要深入实践，躬亲领会。欢迎更多的企业和专家参与到编写队伍，一起为祖国的制药设备教育事业努力奋斗。

　　初次编写，时间紧迫，加之学识和能力所限，一些设备（如软胶囊设备、泡罩包装设备、后包装设备）和工艺（如原料药生产工艺、口服液生产工艺等）没有介绍。此外，在设备的特殊性与普遍性等方面，可能也存在不恰当之处。请使用本书的专家和老师指出疏漏，并联系 zhiyuan1128@163.com，以便再版时进行修改。

编者

2019 年 8 月

目 录

第一篇 设备篇

第二篇　工艺篇

第三篇　管理篇

第一篇

设 备 篇

第一章

绪 论

第一节 基本概念

一、设备、机械与机构

工艺是指利用劳动工具改变劳动对象的形状、大小、成分、性质、位置或表面形状，使之成为预期产品的过程。制药工艺是指生产原料药、生物技术药品、制剂等的过程。工艺靠装备来实现，装备分为设备和机械。**设备**是具有特定实物形态和特定功能，可供人们长期使用的一套装置。**机械**包括机构和机器，其中机器为能转换机械能或完成有用的机械功的机构。**机构**是指由两个或两个以上构建通过活动联结形成的构件系统。

二、设备与机械的区别

在设备中所实现的过程是靠反应（化学、生化反应）而进行，或者与某种场（热场、电场、重力场等）作用于被加工对象相关，如反应器、提取罐、浓缩罐、干燥器等。设备中主要工艺过程与机械能消耗无关，仅在物料输送或强化加工过程（如反应器的搅拌）起辅助作用；而机械用机械功来改变劳动对象的外形或状态，如压片机、灌装机等。

制药机械或制药设备是完成和辅助完成制药工艺的生产设备。即在实际交流中，制药机械和制药设备可视为同一含义。制药设备的生产制造从属性上属于机械工业的子行业。但制药机械和制药工艺紧密相关，制药机械的设计和制造必须参考制药工艺，而制药设备的发展对制药工艺也起推动作用。

三、制药设备的组成

制药机械或制药设备属于机器。完整的机器由五部分组成，即动力部分、传动部分、工作部分、控制部分和机身。其中动力部分的作用是机器能量的来源，它将各种能量转变为机械能；工作部分是直接实现机器特定功能、完成生产任务的部分，相当于人类的手和脚；传动部分是按工作要求将动力部分的运动和动力传递、转换或分配给工作部分的中间装置，相当于人类的上肢和下肢。控制部分是具有控制机器自动起动、停车、报警、变更运行参数的部分，相当于人类的大脑。机身是指包括机器的外形和骨架。

四、制药机械的"母机"

制药机械的"母机"是指用于制造制药机械的设备。包括传统的加工设备如钻床、刨床、铣床、镗床、车床等，也包括现代化设备数控机床。

钻床指主要用钻头在工件上加工孔的机床。通常钻头旋转为主运动，钻头轴向移动为进给运动。钻床可钻通孔、盲孔，更换特殊刀具，可扩、锪孔，铰孔或进行攻丝等加工。**刨床**用刨刀对工件的平面、沟槽或成形表面进行刨削的直线运动机床。根据结构和性能，刨床主要分为牛头刨床、龙门刨床、单臂刨床及专门化刨床等。牛头刨床因滑枕和刀架形似牛头而得名，刨刀装在滑枕的刀架上做纵向往复运动，多用于切削各种平面和沟槽。龙门刨床因有一个由顶梁和立柱组成的龙门式框架结构而得名，多用于加工长而窄的平面，也用来加工沟槽或同时加工数个中小零件的平面。**铣床**指用铣刀对工件多种表面进行加工。通常铣刀以旋转运动为主运动，工件和铣刀的移动为进给运动，铣床可对工件进行铣削、钻削和镗孔加工。**镗床**与铣床的工作原理和性质相似，刀具的旋转是主运动，工件的移动是进给运动。镗床多用于加工较长的通孔，大直径台阶孔，大型箱体零件上不同位置的孔等。**车床**是一种主要用车刀对旋转的工件进行车削加工的机床。在车床上还可用钻头、扩孔钻、铰刀、丝锥、板牙和滚花工具等进行相应的加工。

数控机床是数字控制机床的简称，也称为加工中心，是一种装有程序控制系统的自动化机床，它是计算机技术运用到机床制造业的机电一体化的产品。数控机床能按图纸要求的形状和尺寸，自动地将零件加工出来。它较好地解决了复杂、精密、小批量、多品种的零件加工问题，是一种柔性的、高效能的自动化机床，代表了现代机床控制技术的发展方向。

第二节　制药设备分类与型号编制方法

一、制药设备分类

按照用途，制药设备可分为 8 个类别：原料药机械及设备，制剂机械及设备，药用粉碎机械，饮片机械，制药用水、气（汽）设备，药品包装机械，药物检测设备，其他制药机械及设备。

二、制药设备型号编制方法

型号编制应按照制药机械产品的类别、功能、型式、特征及规格的顺序编制（选自 JB/T20188—2017《制药机械产品型号编制方法》）。即型号由产品类别代号、功能代号、型式代号、特征代号和规格代号等要素组成。

类别代号——表示制药机械产品的类别。

功能代号——表示产品的功能。

型式代号——表示产品的机构、安装形式、运动方式等。

特征代号——表示产品的结构、工作原理等。

规格代号——表示产品的生产能力或主要性能参数。

1. 代号设置

a）代号中拼音字母的位数不宜超过 5 个，且字母代号中不应采用 I、O 两个字母；

b）规格代号用阿拉伯数字表示。当规格代号不需用数字表示时,可用罗马数字表示。

2. 型号编制

型号编制格式见图 1-2-1。其中，类别代号、功能代号和规格代号为型号中的主体部分,是编制型号的必备要素；型式代号和特征代号为型号中的补充部分，是编制型号的可选要素。

3. 型号组合形式

型号可根据产品的具体情况选择如下组合形式：

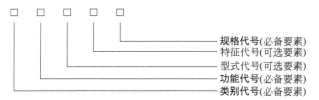

规格代号(必备要素)
特征代号(可选要素)
型式代号(可选要素)
功能代号(必备要素)
类别代号(必备要素)

图 1-2-1　型号编制格式

a）类别代号、功能代号、型式代号、特征代号及规格代号；
b）类别代号、功能代号、型式代号及规格代号；
c）类别代号、功能代号、特征代号及规格代号；
d）类别代号、功能代号及规格代号。

4. 型号编制方法

① 类别代号　产品类别代号见表 1-2-1。

表 1-2-1　产品类别代号

原料药设备	制剂设备	粉碎设备	饮片设备	制水设备	包装设备	检测设备	辅助设备
Y	Z	F	P	S	B	J	Q

② 功能代号　功能代号见表 1-2-2。

表 1-2-2　功能代号

产品类别	产品功能		功能代号
原料药机械及设备（Y）	反应、发酵设备		F
	培养基设备		P
	塔设备		T
	结晶设备		J
	分离设备		LX
	过滤设备		GL
	筛分设备		S
	提取、萃取设备		T
	浓缩设备		N
	换热设备		R
	蒸发设备		Z
	蒸馏设备		L
	干燥设备		G
	贮存设备		C
	灭菌设备		M
制剂机械及设备（Z）	颗粒剂机械		KL
	片剂机械	混合机械	H
		制粒机械	L
		压片机械	P
		包衣机械	BY
	胶囊剂机械		N
	小容量注射剂机械	抗生素瓶注射剂机械	K
		安瓿注射剂机械	A
		卡式瓶注射器机械	KP
		预灌封注射器机械	YG
	大容量注射剂机械	玻璃输液瓶机械	B
		塑料输液瓶机械	S
		塑料输液袋机械	R

产品类别	产品功能	功能代号
制剂机械及设备（Z）	丸剂机械	W
	栓剂机械	U
	软膏剂机械	G
	糖浆剂机械	T
	口服液剂机械	Y
	气雾剂机械	Q
	滴眼剂机械	D
	药膜剂机械	M
药用粉碎机械（F）	机械粉碎机械	J
	气流粉碎机械	Q
	超微粉碎机械	W
	研磨机械	M
饮片机械（P）	筛选机械	S
	洗药机械	X
	切制机械	Q
	润药机械	R
	烘干机械	H
	炒药机械	C
	煅药机械	D
	蒸煮药机械	Z
	煎药机械	J
制药用水、气（汽）设备（S）	工艺用气(汽)设备	Q
	纯化水设备	C
	注射用水(蒸馏水)设备	Z
药品包装机械（B）	印字机械	Y
	计数充填机械	J
	塞纸、棉、塞、干燥剂机械	S
	泡罩包装机械	P
	蜡壳包装机械	L
	袋包装机械	D
	外包装机械	W
	药包材制造机械	B
药物检测设备（J）	硬度测试仪	Y
	溶出度试验仪	R
	崩解仪	B
	脆碎仪	C
	厚度测试仪	H
	药品重量分选机械	Z
	重金属检测仪	J
	水分测试仪	S
	粒度分析仪	L
	澄明度测试仪	M
	微粒检测仪	W
	热原测定仪	RY
	细菌内毒素测定仪	N
	渗透压测定仪	ST
	药品异物检查设备	YW
	液体制剂检漏设备	L
	泡罩包装检测器	P

产品类别	产品功能	功能代号
其他制药机械及设备（Q）	输送设备及装置	S
	配液设备	P
	模具	M
	备件	B
	清洗设备	Q
	消毒设备	X
	净化设备	J
	辅助设备	F

多功能机的功能代号，可按其产品功能由两个或多个不同功能的字母组合表示。

③ 型式及特征代号　型式及特征代号见表1-2-3。

表1-2-3　型式及特征代号

代号	型式	特征
A		安瓿
B	板翅式、板式、荸荠式、变频式、勃氏、表冷式、耙式	半自动、半加塞、玻璃瓶、崩解、薄膜
C	槽式、齿式、沉降式、沉浸式、充填式、敞开式、称量式、齿式、传导式、吹送式、锤式、磁力搅拌式、穿流式	超声波、充填、除粉、超微、超临界、充氮、冲模、除尘、萃取、纯蒸汽、瓷缸、垂直
D	带式、袋式、刀式、滴制式、蝶式、对流式、导轨式、吊袋式	灯检、电子、多效、电磁、动态、电加热、滴丸、大容量、电渗析、冻干粉、多功能、滴眼剂
E	鄂式	
F	浮头式、翻袋式、风冷式	封口、封尾、沸腾、风选、粉体、翻塞、反渗透、粉针、防爆、反应、分装
G	鼓式、固定床式、刮板式、管式、滚板式、滚模式、滚筒式、滚压式、滚碾式、罐式、轨道式、辊式	干法、高速、干燥、灌装、过滤、高效、辊压、干热
H	虹吸式、环绕式、回转式、行列式、回流式	回收、混合、烘箱
J	挤压式、加压式、机械搅拌式、夹套式、降膜式、间歇式	计数、煎煮、加料、结晶、浸膏、均质、颗粒、胶塞
K	开合式、开式、捆扎式、可倾式	抗生素、开囊、扣壳、口服液瓶
L	冷挤压式、离心式、螺旋式、立式、连续式、列管式、龙门式、履带式、流化床、链式、料斗式	冷冻、冷却、联动机、理瓶、铝箔、蜡封、蜡壳、料斗、离子交换
M	模具式、膜式、脉冲式	灭菌、灭活、蜜丸、棉
N	内循环式、碾压式	浓缩、逆流、浓配、内加热
P	喷淋式、喷雾式、平板式、盘管式	泡罩、炮制、炮炙、配液、抛光、破碎、片剂
Q	气流搅拌式、气升式	清洗、切药、取样、器具
R	容积式、热熔式、热压式	热泵、润药、溶出、软胶囊、软膏、乳化、软袋、热风
S	三足式、上悬式、升降式、蛇管式、隧道式、升膜式、水浴式	输液瓶、湿法、筛分、筛选、双效、双管板、渗透压、上料、塑料、塞、双锥、筛、水平、生物
T	填充式、筒式、塔式、套管式、台式	椭圆形、提取、提升、搪玻璃
U		U 形
V		V 形
W	外浮头式、卧式、万向式、涡轮式、往复式	外加热、微波、微粒、外循环
X	旋转式、旋流式、漩涡式、箱式、厢式、铣削式、悬篮式、下悬式、行星式、旋压式	循环、洗药、洗涤、旋盖、小容量、稀配
Y	摇摆式、摇篮式、摇滚式、叶片式、叶翅式、圆盘式、压磨式、移动式	预灌液、压力、一体机、易折、硬度、异物、液氮、硬胶囊、压塞、印字、液体
Z	直联式、自吸式、转鼓式、转笼式、转盘式、转筒式、锥篮式、枕式、振动式、锥形、直线式	真空、重力、转子、周转、制粒、制丸、整粒、蒸药、蒸发、蒸馏、整粒、轧盖、纸、注射器、注射剂、自动、在位、在线、中模

特殊情况时，型式及特征的代号按下列方法编制：

a）表1-2-3中未含的型式或特征时，应以其词的第一个汉字的大写拼音字母确定代号；

b）当产品特征不能完整被表达时，可增加其他特征的字母表达；

c）遇与其他产品型号雷同或易引发混淆时，允许用词的两个汉字的大写拼音字母区别。

④ 规格代号　规格代号原则上应表达产品的一个主要参数，如需要以两个参数表示产品规格时，应按下列方法编制：

a）两个参数的计量单位相同或其中一个为无量纲参数时，用符号"/"间隔；

b）字母代号与规格代号之间或规格代号的两个参数之间，不应用符号"-"间隔；

c）因计量单位原因出现阿拉伯数字位数较多时，应调整计量的单位表示。

⑤ 型号编制示例　型号编制示例见表1-2-4。

表1-2-4　型号编制示例

序号	产品名称	类别代号	功能能代号	型式代号	特征代号	规格代号	型号示例
1	药物过滤洗涤干燥一体机	Y	XG			过滤面积 1m²	YGXG1 型
2	双效蒸发浓缩器	Y	N		S	1000kg/h，双效	YZNS1000 型
3	双锥回转式真空干燥机	Y	G	H	S	2000L，双锥形	YGHS2000 型
4	机械搅拌式动物细胞培养罐	Y	P	J		罐体容积 650L	YPJ650 型
5	回流式提取浓缩机组	Y	N	H		罐体容积 2m³	YTNH2 型
6	带式微波真空干燥机	Y	G	D	W	微波输入功率 15kW	YGDW15 型
7	预灌液注射器灌封机	Z	G		Z	1mL，预灌液，注射器	ZYGZ1 型
8	卡式瓶灌装封口机	Z	P				ZKP3 型
9	安瓿隧道式灭菌干燥机	Z	A	S	G	网带宽度（mm）/加热功率（kW）	ZASMG600/40 型
10	旋转式高速压片机	Z	P	X	G	冲模数/出料口数	ZPXG81/2 型
11	流化床制粒包衣机	Z	L	L	B	120kg/批	ZLLB120 型
12	玻璃输液瓶洗灌封联动线	Z	B		GF	300 瓶/min，玻璃瓶	ZBXGF300 型
13	玻璃输液瓶轧盖机	Z	B		Z	300 瓶/min，玻璃瓶	ZBZ300 型
14	湿法混合制粒机	Z	H			150L，湿法	ZHLS150 型
15	滚筒式包衣机	Z	B			150kg	ZBG150 型
16	塑料药瓶铝箔封口机	Z	F		L	60 瓶/min，塑料瓶，铝箔	ZFSL60 型
17	振动式药物超微粉碎机	F	W	Z		100L	FWZ100 型
18	中药材热风穿流式电热烘箱	P	H	C	D	烘板面积 4m²，电加热	PHCD4 型
19	滚筒式洗药机	P	X	G		直径 720mm	PXG720 型
20	电加热纯蒸汽发生器	S	Q		D	产蒸汽量 50kg/h	SQD50 型
21	列管式多效蒸馏水机	S	Z	L	D	1000L，4 效	SZLD1000/4 型
22	圆盘式中药大蜜丸蜡封机	B	L	Y	M	生产能力为 500 丸/min	BLYM500 型
23	平板式药用铝塑泡罩包装机	B	P	P		包材最大宽 170mm	BPP170 型
24	轨道式胶囊药片印字机	B	Y	G		1000 粒/h	BYG1000 型
25	药瓶干燥剂包塞入机	B	S			100 瓶/min，干燥剂包	BSG100 型
26	安瓿注射剂电子检漏机	J	L		A	检测速度 300 瓶/min	JLA300 型
27	脆碎度检查仪	J	C			轮鼓个数	JC2 型
28	安瓿注射液异物检查机	J	W		A	150 支/min，2mL 安瓿	JYWA150/2 型
29	药用螺旋输送机	Q	S	L		输送能力 800kg/h	QSL800 型
30	固定式料斗提升机	Q	T	G	L	提升质量 600kg	QTGL600 型
31	药用器具清洗干燥机	Q	X		Q	清洗腔 5m³	QXQ5 型
32	移动式在位清洗装置	Q	X	Y	Z	罐体容积 500L	QXYZ500 型

第三节　GMP 对制药设备的基本要求

《药品生产质量管理规范（2010 年修订）》（good manufacturing practices，GMP）对制药设备有明确的要求。GMP 对制药设备的要求可以简要概括为四点。

一、满足生产工艺要求

满足生产要求是指生产目的和规模要与需求匹配，如果设备规格与生产不配套，对原料药生产来说就会产生一个批量由多次产量组合的"纸上批量"，致使药物的混合度无法控制。

二、不污染药物和生产环境

设备结构及其所用材料，不窝藏、滞留物料，不对加工的物质形成污染，也不对生产以外的环境产生污染或影响。例如粉碎设备应设计除尘装置，以免对环境造成污染；设备所用的润滑剂、冷却剂等不得对药品或容器造成污染；无菌药品生产中与药液接触的设备、容器具、管路、阀门、输送泵等应采用优质耐腐蚀材质，管路的安装应尽量减少连接或焊接；设备内的凸凹、槽、台、棱角是最不利物料清除及清洗的，因此要求这些部位的结构要素应尽可能采用大的圆角、斜面、锥角等以免挂带和阻滞物料。常用卫生结构的设计有锥形容器、箱形设备内直角改圆角、易清洗结构的圆螺纹、卡箍式快开管件等。

三、易于清洗和灭菌

制药设备设计时应关注设备的清洗和灭菌，以快速和彻底地清洗和灭菌。尽可能设计成为在位清洗和在位灭菌。**在位清洗**（cleaning in place，CIP）指系统或设备在原安装位置不做拆卸和任何移动条件下可以进行清洁工序；**在位灭菌**（sterilization in place，SIP）是指系统或设备在原安装位置不做拆卸和任何移动条件下可以进行灭菌工序。

四、易于确认

制药设备确认的目的是为了证明该设备能始终如一、可重复地生产出合格的产品。在设备的设计和制造中应关注设备确认。使设备具量化指标，易于确认。**在位检测**（inspection in place，IIP）是指制品在原系统或设备上不需转位到其他系统或设备的条件下，可直接进行质量检测，适应验证需要数字化测试的要求。

第四节　我国制药设备的发展历史和趋势

一、我国制药设备发展历史

我国制药装备行业从无到有，从小到大，经历了半个多世纪的发展历程。新中国成立至 1978 年，全国药机厂只有 27 家，均为实力单薄的小厂，仅能生产 39 个品种 98 种规格，技术水平极其低下。随着我国改革开放逐步深入，1985 年起，一些军工企事业及其他行业、地方企业及科研单位相继进入制药装备行业，为我国制药装备行业增添了新生力量。据统计，"七五"后期的药机企业增加到 180 家，可生产原料药机械与设备、制剂机械、饮片机械、制药用水设备、药用粉碎机械、药品包装机械、药物检测设备及其他制药机械与设备共八大类 635 个品种规格的产品，其中高速压片机、碟片离心机等一批产品已达到了当时国外同类产品水平。

我国制药工业的快速发展及中药现代化政策，特别是《药品生产质量管理规范（2010 年修订）》的实施，为我国制药装备企业提供了前所未有的发展机遇，不仅制药装备的制造厂家、产品的品种规格迅速增加，更重要的是产品技术、质量水平等方面都登上了一个新台阶，有力促进了制药装备行业的发展。这不仅基本满足我国制药、保健品、食品等行业的需求，而且还出口到北美、欧洲、东南亚、南亚、中东、非洲等地区。

我国现有制药装备制造厂 1000 余家，可生产八大类 3000 多品种规格制药装备产品，以 20 世纪 90 年代末水平的产品占主导地位，部分产品已具有国际同类产品先进水平，可谓名副其实的制药装备大国。每年两次的制药机械博览会为全国的制药企业和设备企业提供了广阔的交流平台，促进了设备企业和我国制药工业的发展。

二、制药设备发展趋势

1. 密闭化

密闭化是指设备在生产中将药品与外界隔离开来，如采用隔离系统等手段。密闭化的优势是可以减少药品污染的概率。

2. 集成化

集成化是指将药品各生产工序的设备组织在一起，成为一条生产线。如安瓿注射剂采用联动生产线生产，理瓶、洗瓶、烘干、灌封等工序都在个密闭空间内连续完成，药液被污染的可能性大幅度降低。

3. 高速化

高速化是指药品生产的效率高，单位时间内生产产品多。高速设备可以提高人均产值和降低生产成本，增强竞争优势，实现规模效应。

4. 自动化

自动化是指机器设备、系统或过程（生产与管理过程）在没有人或较少人的直接参与下，按照人的要求，经过自动检测、信息处理、分析判断、操纵控制，实现预期目标的过程。自动化程度越高，需要人的参与就越少，有利于减少药品生产过程中污染。近些年来，制药装备的自动化水平逐渐提高，自动化装备将逐步替代手动、半自动的装备。如全自动灯检设备逐步取代人工灯检设备等，有效提高了制药行业的生产效率和降低了工作人员的劳动强度。

5. 智能化

智能化是指事物在网络、大数据、物联网和人工智能等技术的支持下，所具有的能动地满足人的各种需求的属性。目前世界范围内都在朝着智能化制造的方向发展。在历史上已经有过三次工业革命，智能化被称为第四次工业革命。

"工业 1.0"：第一次工业革命，是指 18 世纪从英国发起的一次巨大技术发展革命，以机械化的诞生开始，以蒸汽机作为动力源被广泛使用为标志。

"工业 2.0"：第二次工业革命，指到了 1870 年以后，以电力的广泛应用为显著特点的工业革命。

"工业 3.0"：第三次工业革命，也称之为科技革命，是指主要以原子能、电子计算机、空间技术和生物工程的发明和应用为主要标志，涉及信息技术、新能源技术、新材料技术、生物技术、空间技术和海洋技术等诸多领域的信息控制技术的工业革命。第三次工业革命从 1980 年开始，电子计算机的广泛应用，促进了生产自动化、管理现代化、科技手段现代化和国防技术现代化，推动了情报信息的自动化。以全球互联网络为标志的信息高速公路缩短了人类交流的距离。同时，合成材料的发展、遗传工程的诞生以及信息论、系统论和控制论的发展，也是这次技术革命的结晶。

"工业 4.0"：第四次工业革命，是指由德国政府于 2013 年提出来的高科技战略计划，旨在提升制造业智能化水平，将生产中的供应、制造、销售信息数据化、智能化，最终实现快速、有效、个性化的产品供应，以推动传统制造业模式向智能化模式转化升级。

（1）智能化（工业4.0）特征

① 开放标准　相互兼容的药品生产制造执行系统（MES）[三维计算机辅助设计（CAD）、计算机辅助工艺规划（CAPP）、产品数据库管理（PDM）、设备和工艺流程等实现数字化模型应用和模块化设计]，与企业资源计划管理系统（ERP）[实现计划、生产、检验等的闭环管理，实现对销售、供应、配送、库存的管理和优化]共同实现元器件的标准化。

② 快速集成和灵活组态　建立数据网络和数据互联互通，建立覆盖主要设备的工业互联网，用网络交换机、无线方式实现1000MB骨干、100MB到桌面或设备的联网设备互联互通，建立企业信息安全架构数据管理系统和实时数据库平台，在系统、设备、零部件及人员之间实现信息互联互通和有效集成，使生产关键环节的自动化系统能快速通过网络平台进行多方位的立体集成、组态增值的网络系统。

③ 安全性　这种高效、快速、相互兼容、标准的智能化关系的组态模型，将给企业带来更灵活、更高效、更快速、更安全的生产管理模式。

④ 个性化　满足患者的用药个性化，满足药品市场服务个性化，满足药品生产管理个性化。

⑤ 可追溯性　智能化管理最大的特点就是注入了生产过程记忆，做到工艺信息化、设备远程化、记录电子化、检测实时化，无论在哪个环节出现问题，均能迅速查到或报警。也就相当于给药品生产上了"户口"，方便药品质量的追踪追溯。

（2）制药智能化（工业4.0）的期望

制药智能化以期达到：物料物联化；工艺信息化；记录电子化；检测实时化；系统自动化；生产连续化；现场无人化；操作人性化；产品个性化；生产、质量安全化；精确生产减少浪费化；环境控制科学智能化等目的。

第五节　制药工艺展望

一、3D打印技术

3D打印（3D printing），属于一种快速成型技术，它是一种以数字模型文件为基础，运用粉末状金属或塑料等可黏合材料，通过逐层堆叠累积的方式来构造物体的技术。3D打印技术已被用于制造从儿童玩具到汽车车身等简单或复杂的物体。2015年，FDA批准了全球第一个应用3D打印技术的新药——左乙拉西坦3D打印口腔崩解片，用于治疗癫痫发作。用于制剂生产的3D打印机有多种，每种工作机制不同。如左乙拉西坦采用的3D打印机在技术上是通过液体黏合剂（聚维酮）将药物颗粒黏结在一起，形成多孔的水溶性制剂。3D打印技术的特点是按需制造几乎任何尺寸和形状的三维物体，适合小批量药物生产，快速灵活，使药物剂量、物理特性和释放曲线方面的灵活性大大提高，适合个性化医疗。

二、连续制造

为了提高创新性和竞争力，制药企业希望能够尽可能地缩短产品生产时间、提高产量和降低生产成本，正积极开始探索新的连续制造工艺。**连续制造**（continuous manufacturing，CM）是近年来药品制造的新兴技术，通过计算机控制系统将工艺单元进行高集成度的整合，将传统断续的单元操作连贯起来组成连续生产，从原辅料投入到制剂产出，中间不停顿，原辅料和成品以相同速率输入和输出，并且通过**过程分析技术**（process analytical technology，PAT）来保证最终产品质量。

药品的连续制造，将有可能颠覆传统药品批（batch）制造的生产模式和产业结构。潜在的革新空间包括：缩短供应链，降低原辅料供应、运输过程中带来的安全风险、短缺风险和监管负担；大大减少生产用时，缩短生产周期；无需工艺放大，当突破性疗法和临床急需产品出现市场需求时，迅速满足临床需求，更容易应对药品短缺和疫情暴发，在快速响应的同时为企业缩短产品的上市耗时；剂型设计灵活，为更广泛的剂型创新提供可能；更有可能在浪费最少的情况下保证均一的高质量，提供更有意义的统计数据和更为及时稳定的工艺控制。

连续制造技术正在成为制药业未来技术竞争的新焦点，全球学术界、药品监管机构和制药企业正在对这一新技术展开大规模的研究、试验、实践与思考。美国 FDA 组建新兴技术团队（emerging technology team，ETT），旨在与有兴趣的公司合作推行连续制造技术。目前已有一些制药企业取得了实质进展。2015年，美国 FDA 批准了第一个采用连续制造技术生产的药物，该药由 Vertex 制药公司研发，商品名为 Orkambi，是由 Lumacaftor 和 Ivacaftor 组成的用于治疗囊性纤维化的复方药物。2016 年，美国 FDA 批准了强生公司的抗 HIV 药物 Prezista（Darunvir），从批量生产转变为连续生产。2017 年，礼来公司的 CDK4/6 抑制剂 Abemaciclib（Verzenio）获得美国 FDA 批准上市，用于荷尔蒙受体阳性、HER2 阴性的晚期或复发乳腺癌治疗。目前国内在连续制造方面的探讨和研究尚处于起步阶段。

要实现连续制造，需要多学科联合攻关，涉及机电、电气、自控、设备、工程、软件、数据统计等各领域交叉合作。相对于传统批次生产模式，连续制造需要实现自动化生产流程、PAT 技术应用、实时质量监控与放行的关键技术要素。因此，在设备设施方面，需要生产装备、物料输送系统、智能传感与检测器件、自控系统、CIP 的全面配合。

连续制造可以分为单元型和全程型两种。单元型主要有连续干燥、连续混合、连续制粒、连续压片等。全程连续指由多个工艺单元组成的整个生产过程中，原料和产品以相同的速率连续地流入、流出。单元型连续制造的典型工艺设备包括连续喂料、连续混合、连续制粒、连续流化床干燥。为实现生产过程实时质量检测，需依据工艺特点安装适用的实时检测装置，如在线近红外系统用于水分含量、混合均匀度、API 含量检测；在线激光粒度检测设备（FBRM、SFV 等）用于制粒过程的粒径检测等。全程连续型制造则是单元连续制造技术及设备的组合应用，目前国外已建立的连续药品生产线主要以口服固体制剂为主，通常由设备厂家与制药企业合作开发。例如，葛兰素史克（GSK）、基伊埃（GEA）和辉瑞（Pfizer）联合设计并成功开发了小型、连续、微缩、模块化的固体制剂工厂，可配置为进行原料配料和混合、湿法或熔融造粒、干燥、压片、包衣，并整合了 PAT 在线检测与质量控制系统。

三、一次性技术

相比不锈钢配液系统，一次性配液系统具有其更多的特殊性。在实际使用过程中，所有与产品直接接触的主要部件及相应的辅件（如配液袋、储液袋、过滤器、连接管路等）均采用一次性使用技术，从而有效降低了产品污染及交叉污染的风险。由于系统本身在使用前后无需在线清洗和消毒灭菌，从而减少设备验证所需的时间，大大提高了的设备的实际有效使用率。因系统设备对厂房有效使用面积的要求相对较低，从而大大缩短了建厂及设备安装时间，大大节省了制药企业就 GMP 生产所需的启动时间。其实际的使用操作灵活性，比较适合多品种、多批次的产品生产切换。

典型的一次性配液系统包括：除菌过滤器，容器（储液袋、搅拌袋等），塑料管道和连接器。在一次性技术领域，现有的连接和断开技术很多，主要分为非无菌连接/断开和无菌连接/断开两种。**无菌连接/断开**指在非无菌环境中，通过连接/断开器械的设计，在非无菌的操作条件下，实现工艺管路的无菌对接和断开，保证管路内介质的无菌特性。**非无菌连接/断开**指操作过程中有产品暴露于环境的连接/断开操作，如需达到无菌保障，需借助于无菌环境的保护。一次性配液系统能够实现更多的灵活性，其中一项重要特点是其通常具有可移动特性。对一次性设备的安装、移动、空间等要求，也是从生产操作方面的重要要求。对于硬件部分，与不锈钢配液系统类似，有对清洁、维护、消毒（如必要）等的要求，区别在于通常硬件部分不与产品直接接触，其关注点在于与耗材的兼容性、保护性，尤其需注意硬件对于降低耗材操作风险、防止锋利表面对耗材的损坏等。

结合了不锈钢与一次性的优势，Hybrid 配液技术是基于一次性技术与不锈钢技术相结合的一种新颖的工程实施技术（Hybrid 原意"混合型"），部分生物制品企业已经开始使用。Hybrid 配液技术融合了不锈钢技术与一次性技术的全部特征，为制药企业提供了最佳的组合思路。例如，部分生物制药企业在抗体药物原液制备环节可能会采用一次性生物反应器技术进行细胞培养，采用不锈钢技术进行培养基的配制、分装及转运，在使用过程中，不锈钢管路与一次性连接件在转料开始前会得到充分灭菌，然后，培养基经过一次性储液袋输送到生物反应器。另一个典型案例是培养基从不锈钢配液罐向一次性储液袋进行转运的过程。转运前，转料管路会得到充分的清洗与灭菌，转料所需的特殊阀门可采用抛弃型的一次性材质，也可以采用反复使用的耐受蒸汽灭菌的不锈钢材质。

　　未来，一次性技术可能会成为制药配液系统的主流设计思路。越来越多的制药企业（尤其是生物制药企业）已经开始接受并采纳一次性配液系统。从生物合成到制剂的每个步骤，所涉材料都要进行验证以降低污染风险，可抛弃的、一次性使用技术减少了单批生产的清洗验证步骤与时间。同时，一次性生产技术十分灵活，它能够生产不同类型和规模的产品来满足各种疾病、适应证以及多变的市场需求；一次性技术的投资成本远远低于不锈钢设备的成本，它能够保持较高的市场化速度，在最短的时间内完成厂房建设、验证到批次更换等项目；通过一次性生产技术，产品的品质与纯度得到了很好的保证，传统冗长上游工艺批次生产时间极大缩短，可以更加快速高效和下游生产工艺完成紧密对接，进而实现整体工艺的高效生产；由于生产工艺的密闭条件，一次性生产设备能够避免交叉污染，从而降低污染风险。

附：不锈钢材料

一、不锈钢概念

　　不锈钢是不锈钢和耐酸钢的简称或统称。不锈钢具有在大气、蒸汽、水等弱腐蚀介质中不生锈或具有不锈性质，Cr 含量 ≥10.5%。耐酸刚是指在酸、碱、盐和海水等苛刻腐蚀介质中耐腐蚀的钢，含更高的 Cr，且常含有 Ni、Mo、Si、Cu、N 等元素。

二、不锈钢不锈和耐蚀原因

　　在介质作用下，钢的表面上会形成一层很薄（大约 1nm）的富铬氧化膜，称作钝化膜。钝化膜的特点是连续、无孔、不溶解、可修复。钝化膜的成分、性质是可变的，随钢的化学成分、加工处理方法、使用环境而不同。随着 Cr 含量增加，钝化膜从晶态膜变为非晶态膜，非晶态膜缺陷少、结构均匀，具有更高的强度和耐蚀性。

　　不锈钢的不锈性是由钢中 Cr 含量决定的，没有 Cr 就没有不锈钢。Cr 是使钢钝化并使钢具有不锈、耐蚀性的唯一有价值的元素。所谓无 Cr 不锈钢是不存在的。

三、不锈钢使用与维护

　　尽量放置在干燥清洁的地方。表面质量对不锈钢的成功使用起着非常重要的作用。良好的表面质量不仅可以提高不锈钢的可清洁性，还可以减少腐蚀。比如 2B 和 BA 板。如果不锈钢设备在检修时如发现表面出现腐蚀，经常是缝隙腐蚀，要及时对腐蚀的表面进行清理。不锈钢应用手册中的不锈钢耐蚀数据只是实验室的实验结果，与实际介质环境出入大，需具体问题具体分析。

四、制药行业用不锈钢应具备特点

　　GMP 对选材只做了定性规定，而没有作具体要求。如"与药品直接接触的设备表面应光洁、平整、易清洗或消毒、耐腐蚀、不与药品发生化学变化或吸附药品""储罐和输送管道所用材料应无毒、耐腐蚀"。

　　不锈钢以其良好耐腐蚀性、表面加工精度高、易清洗、易杀菌或消毒、美观等特点，已成为医药行业 GMP 改造的理想材料，大量用于各种设备、管道、容器、阀门等。

　　制药行业使用最普遍的是 304 和 316L 奥氏体不锈钢两个品种，一般固体制剂、口服液制剂等生产设备的材料大多使用 304 不锈钢，而对注射剂生产设备的材料则大多选用 316L 不锈钢。

　　制药装备及食品行业用不锈钢的安全性影响因素包括：①外因，如溶液类型、浓度、温度、浸泡时间等均会不同程度地影响不锈钢中金属离子的析出；②内因，如不锈钢材料及加工方式等。

五、不锈钢新材料

1. 超纯铁素体不锈钢

超纯铁素体不锈钢是指碳、氮等间隙元素含量极低的铁素体不锈钢。C+N≤120～400ppm（250ppm，150ppm）；在任何温度下其金相组织呈铁素体组织；铬含量17%～30%和钼含量0～4%的铁基铬钼合金。其中 SUS445J2 的耐蚀性能优于 316L 不锈钢，热膨胀系数小于 316L 不锈钢，导热性能好于奥氏体不锈钢，不含 Ni，且成本低于 316L 不锈钢。

2. 双相不锈钢

不锈钢的固溶组织中铁素体与奥氏体两相约各占一半，一般较少相的含量至少为30%。

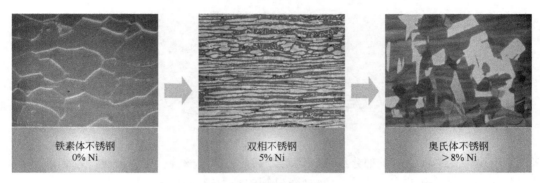

铁素体不锈钢　　　　双相不锈钢　　　　奥氏体不锈钢
0% Ni　　　　　5% Ni　　　　　>8% Ni

新型不锈钢微观结构

参考文献

中华人民共和国制药机械行业标准制药机械产品型号编制方法，JB / T20188—2017.

第二章

制药设备动力传动基础

第一节　动力部分

如绪论中所述，完整机器由五部分组成，即动力部分、传动部分、工作部分、控制部分、机身。当前的制药机械大部分都为机电气一体化，而制药机械的动力部分有电动机、空气压缩机、油泵三种。本节先对电力机械传动的原动部分——电动机进行介绍，之后再对气压传动系统和液压传动系统作简要介绍。

一、电动机系统

电动机是把电能转换成机械能的一种设备（图 2-1-1）。电动机按使用电源分为直流电动机和交流电动机。制药机械中的主电机大部分是交流电机。交流电机分为同步电机和异步电机。其中异步电机是指电机定子的磁场转速与转子的旋转转速不保持同步。电动机主要由定子与转子组成。电动机工作原理是磁场对电流受力的作用，使电动机转动。根据电机可逆性原则，电动机也可作发电机使用。通常电动机的做功部分做旋转运动，称为转子电动机；也有做直线运动的，称为直线电动机。电动机能提供的功率范围很大，从毫瓦级到千瓦级。

二、气压传动系统

气压传动是以压缩空气为工作介质来进行能量和信号的传递。气压传动系统包括：①**动力部分**，指获得压缩空气的设备，如空压机、空气干燥机等；②**执行元件**，将气体的压力能转换成机械能的装置，也是系统能量输出的装置，如气缸、气马达等；③**控制元件**，用以控制压缩空气的压力、流量、流动方向以及系统执行工作程序的元件，如压力阀、流量阀、方向阀和逻辑元件等；④**辅助元件**，起辅助作用，如过滤器、油雾器、消声器、散热器、冷却器、放大器及管件等。

气压传动的优点：①用空气作介质，来源方便，无环境污染，不需要回气管路，管路简单。②空气黏度小，管路流动能量损耗小，适合集中供气远距离输送。③安全可靠，不需要防火防爆问题，能在高温、辐射、潮湿、灰尘等环境中工作。④气压传动反应迅速。⑤气压元件结构简单，易加工，使用寿命长，维护方便，管路不容易堵塞，介质不存在变质更换等问题。**缺点：**①空气可压缩性大，因此气动系统动作稳定性差，负载变化时对工作速度的影响大。②气动系统压力低，不易做大输出力度和力矩。③气控信号传递速度慢于电子及光速，不适应高速复杂传递系统。④排气噪声大。

1. 动力部分

气压传动系统的动力部分属于空气压缩机，是一种用于压缩气体的设备。空气压缩机（图 2-1-2）按工作原理可分为速度式和容积式两大类。**速度式空气压缩机**是气体在高速旋转叶轮的作用下，获得较大的动能，随后在扩压装置中急剧降速，使气体的动能转变成势能，提高气体压力。速度式空气压缩机又分为离心式和轴流式。**容积式空气压缩机**是通过直接压缩气体，使气体容积缩小而达到提高气体压力的目的。容积式空气压缩机又可分为回转式和往复式两类。回转式空气压缩机中活塞做旋转运动，活塞又称为转子，转子数量不等，气缸形状不一。往复式空气压缩机中活塞做往复运动，气缸呈圆筒形。其中往复式空气压缩机是目前应用最广泛的一种类型。

2. 执行元件

（1）气缸

气缸（图2-1-3）是气压传动中将压缩气体的压力能转换为机械能的气动执行元件。气缸可做往复直线运动和往复摆动。做往复直线运动的气缸又可分为单作用气缸、双作用气缸、膜片式气缸和冲击气缸4种。做往复摆动的气缸称为摆动气缸，由叶片将内腔分隔为二，向两腔交替供气，输出轴做摆动运动，摆动角小于280°。擅长做往复直线运动的气缸，适于工件的直线搬运。

图2-1-1　电动机　　　　　　图2-1-2　空气压缩机　　　　　　图2-1-3　气缸

（2）气马达

气马达也称为气泵，是采用压缩气体的膨胀作用，把压力能转换为转动机械能的动力装置。按结构类型分为叶片式气马达、活塞式气马达以及齿轮式气马达。气马达可以无级调速，能够实现双向旋转。气马达不受振动、高温、电磁、辐射等影响，适用于恶劣的工作环境，如易燃、易爆、高温、振动、潮湿、粉尘等工作条件；有过载保护作用，不会因过载而发生故障；具有较高的起动力矩，可以直接带载荷起动，停止迅速，操纵方便，维护检修较容易。

3. 气动系统和电动系统比较

当代制药机械中系统复杂而精细，并非某种驱动控制技术就可满足系统的多种控制功能，气动系统和电动系统应互相补充。气动驱动器的优势可实现快速直线循环运动，结构简单，维护便捷，适合如灰尘、油脂、水或清洁剂等恶劣的环境条件，也适合有防爆要求的工况，适用于简单的运动控制。电动执行器主要用于需要精密控制、多点定位控制、同步跟踪等情况。

三、液压传动系统

液压系统的作用是通过改变压力增大作用力，实现动力和运动的输出和传递。液压系统可分为两类：**液压传动系统**和**液压控制系统**。液压传动系统以传递动力和运动为主；液压控制系统则要使液压系统输出满足特定的性能要求。通常所说的液压系统主要指液压传动系统。一个完整的液压系统由动力元件、执行元件、控制元件、辅助元件(附件)和液压油五个部分构成。

动力元件是指液压系统中的油泵，其作用是将原动机的机械能转换成液体的压力能，它向整个液压系统提供动力。液压泵的结构形式一般有齿轮泵、叶片泵和柱塞泵。

执行元件（如液压缸和液压马达）的作用是将液体的压力能转换为机械能，驱动负载做直线往复运动或回转运动。

控制元件即在液压系统中控制和调节液体的压力、流量和方向的各种液压阀。根据控制功能的不同，液压阀可分为压力控制阀、流量控制阀和方向控制阀。压力控制阀又分为溢流阀（安全阀）、减压阀、顺序阀、压力继电器等；流量控制阀包括节流阀、调整阀、分流集流阀等；方向控制阀包括单向阀、液控单向阀、梭阀、换向阀等。**辅助元件**包括油箱、滤油器、油管及管接头、密封圈、快换接头、高压球阀、胶管总成、测压接头、压力表、油位油温计等。**液压油**是液压系统中传递能量的工作介质，如各种矿物油、乳化液和合成型液压油等。

液压传动的优点：①体积小、重量轻，惯性力较小，当突然过载或停车时，不会发生大的冲击；②能在给定范围内平稳自动调节牵引速度，实现无级调速；③换向容易，在不改变电机旋转方向，方便地实现工作机构旋转和直线往复运动的转换；④液压泵和液压马达之间用油管连接，在空间布置上不受严格限制；⑤由于采用油液为工作介质，元件相对运动表面间能自行润滑，磨损小，使用寿命长；⑥操纵控制简便，自动化程度高；⑦容易实现过载保护。

液压传动的缺点：①使用液压传动对维护要求高，工作油要始终保持清洁；②对液压元件制造精度要求高，工艺复杂，成本较高；③液压元件维修较复杂，且需有较高的技术水平；④用油作工作介质，在工作面存在火灾隐患；⑤传动效率低。

第二节　传动机构

一个物体相对于另一个物体的位置的改变叫做**机械运动**，简称运动。机械运动的基本运动形式包括直线运动、转动和摆动等。其中运动轨迹是一条直线的运动，为直线运动；转动是物体以一个点为中心或以一条直线为轴做圆周运动；而摆动是以一个基点或枢轴点为摇摆中心，也指绕一定轴线在一定角度范围内做往复运动。

一、传动机构概述

传动是指机械之间的动力传递，即将机械动力通过中间媒介传递给终端设备的过程。根据工作原理的不同，传动方式可分为**机械传动**、**液压传动**、**气压传动**、**电气传动**、**复合传动**等。其中机械传动是指利用机械方式传递动力和运动的传动；液压传动是依靠液体的静压力来传递能量的。气压传动是利用气体的压力传递能量的；电气传动是指用电动机把电能转换成机械能去带动各种类型的运动，也称电力拖动。复合传动是指利用两种或两种以上传动方式的机构完成传动。目前制药机械多是机电气一体化设备，因此传动属于复合传动。气压传动、液压传动前面已作简略介绍，本章主要介绍机械传动机构，包括平面四杆机构、凸轮机构、齿轮机构、挠性件机构、间歇运动机构、丝杆机构等。

如绪论所述，**机构**是具有确定相对运动的构件组合，它是用来传递运动和力的构件系统。满足下列两点要求就可以称为机构：①一种人为的实体的组合；②各部分之间有确定的相对运动。机构的组成要素包括构件和运动副，其中**构件**是机构中可以运动的刚性实体。

零件是构成机器的基本要素，可分为两大类：一类是在各种机器中都能用到的零件，如齿轮、轴等，称为**通用零件**；另一类是在一定类型的机器中才会用到的零件，称为**专用零件**。一些协同工作的零件组成的零件组合体被称为**部件**或**组件**，如联轴器、减速器等。

构件和零件的区别在于：构件是独立的运动单元，而零件是独立的制造单元。比如自行车链条和链轮即是链传动的构件，而套筒滚子链的组成有销轴、套筒、滚子、滚子内链板、外链板等零件。

运动副是两构件直接接触并能产生相对运动的活动联接。运动副不是指两个构件加在一起，也不是一个联结加两个构件，而是单指连接，即包括两个构件上的各一部分。运动副分为平面运动副和空间运动副。平面运动副只能在同一平面或相互平行平面做相对运动；空间运动副只能做空间相对运动，如螺旋副（图 2-2-1）、球面副（图 2-2-2）。平面运动副按照运动副的接触形式又可以分为低副和高副。面和面接触的运动副为低副，点或线接触的运动副称为高副，高副比低副容易磨损。低副又可以分为转动副和移动副。转动副只能在一个平面内做相对转动，也称为铰链。移动副是指两构件只能沿某一轴线做相对移动。低副一般有转动副、移动副和螺旋副。高副有凸轮与其从动件、齿轮传动等。

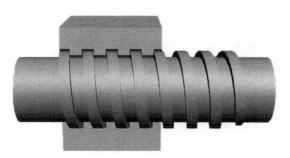

图 2-2-1　螺旋副

图 2-2-2　球面副

二、传动机构的分类

1. 摩擦传动和啮合传动

摩擦传动是靠机件间的摩擦力传递动力的摩擦传动；啮合传动是靠主动件与从动件啮合或借助中间件啮合传递动力或运动的啮合传动。如平型带传动属于摩擦传动机构；齿轮属于啮合传动机构。

2. 平面机构和空间机构

若组成机构的所有构件都在同一平面或相互平行的平面内运动，则称该机构为平面机构，否则称为空间机构。如平面连杆机构、圆柱齿轮机构为平面机构；空间连杆机构、蜗轮蜗杆机构为空间机构等；

3. 其他分类

按运动副类别可分为低副机构(如连杆机构等)和高副机构(如凸轮机构等)；按结构特征可分为连杆机构、齿轮机构、斜面机构、棘轮机构等；按所转换的运动或力的特征可分为匀速和非匀速转动机构、直线运动机构、换向机构、间歇运动机构等；按功用可分为安全保险机构、联锁机构、擒纵机构等。

三、传动机构的组成

在机构中的功能分为机架、主动件、联运件和从动件。机架是机构中相对静止，支承各运动构件运动的构件；主动件又称为原动件或输入件，是输入运动和动力的构件；从动件又称为被动件或输出件，是直接完成机构运动要求，跟随主动件运动的构件；联运件是联接主、从动件的中介构件。

第三节　平面四杆机构

平面四杆机构是由四个刚性构件用低副链接组成的，各个运动构件均在同一平面内运动的机构。所有运动副均为转动副的四杆机构称为铰链四杆机构。铰链四杆机构是平面四杆机构的基本形式，其他四杆机构都可以看成是在它的基础上演化而来的。

一、铰链四杆机构的组成

选定其中一个构件作为机架之后，直接与机架链接的构件称为连架杆，不直接与机架连接的构件称为连杆，能够做整周回转的构件被称作曲柄，只能在某一角度范围内往复摆动的构件称为摇杆。如果以转动副连接的两个构件可以做整周相对转动，则称之为整转副，反之称之为摆转副。在铰链四杆机构中，按照连架杆是否可以做整周转动，可以将其分为三种基本形式，即曲柄摇杆机构、双曲柄机构和双摇杆机构，如图 2-3-1 所示。

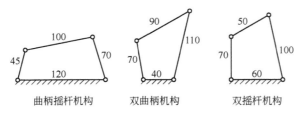

曲柄摇杆机构　　双曲柄机构　　双摇杆机构

图 2-3-1　铰链四杆机构分类

二、铰链四杆机构的运动转化

根据铰链四杆机构的分类，曲柄摇杆机构运动转化是曲柄摇杆可以将整周运动转换为往复摆动，也可以将往复摆动转换为整周运动，如缝纫机驱动机构（图 2-3-2）是将往复摆动转换为整周运动。双摇杆机构的运动转化是即将摆动转变为摆动。双曲柄机构运动转化是两连架杆都是曲柄，主动曲柄和从动曲柄都做圆周运动，即将圆周运动转变为圆周运动。

三、铰链四杆机构的演化

1. 曲柄滑块机构

用曲柄和滑块来实现转动和移动相互转换的平面连杆机构，也称曲柄连杆机构，如图 2-3-3 所示。曲柄滑块机构中与机架构成移动副的构件为滑块。在制药设备中，二维运动混合机的传动机构中用到了曲柄滑块。曲柄滑块还可以作为自动推盒机构。曲柄滑块可以将把往复移动转换为不整周或整周的回转运动，也可以将不整周或整周运动转变为往复直线运动，如压缩机、冲床以曲柄为主动件，可把整周转动转换为往复移动。

2. 偏心轮机构

偏心轮，顾名思义，是指轮的旋转点不在圆中心上，即运动中心与几何中心不重合，一般指的是圆形轮。当圆形轮没有绕着自己的中心旋转时，即为偏心轮（图 2-3-4），如手机振动器。偏心轮的运动转化也是将圆周运动转变成往复直线运动。

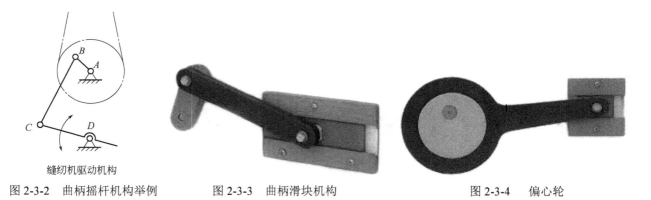

缝纫机驱动机构

图 2-3-2　曲柄摇杆机构举例　　　图 2-3-3　曲柄滑块机构　　　图 2-3-4　偏心轮

第四节　凸轮机构

凸轮是一个具有曲线轮廓或凹槽的构件。**凸轮机构**是由凸轮、从动件和机架三个构件组成的高副机构。凸轮通常做连续等速转动；而从动件根据使用要求设计使它获得一定规律的运动，能实现复杂的运动要求。

一、凸轮的分类

一般凸轮按外形可分为盘状凸轮、平板（移动）凸轮、圆柱凸轮。盘状凸轮（图 2-4-1）为绕固定轴线转动且有变化直径的盘形构件；移动凸轮（图 2-4-2）相对机架做直线移动；圆柱凸轮（图 2-4-3）是圆柱体，可以看成是将移动凸轮卷成一圆柱体。

图 2-4-1　盘状凸轮（凹槽）

图 2-4-2　平板（移动）凸轮

图 2-4-3　圆柱凸轮

二、从动件的分类

根据从动件的形状可分为：尖端从动件、滚子从动件以及平底从动件。其中尖端从动杆适用于作用力不大，且速度较低的场合；滚子从动杆适用于传递较大动力的传动；平底从动杆适用于高速传动。按从动件的运动形式分类可分为直动从动件和摆动从动件。

三、凸轮机构的特点

凸轮机构的**优点**：结构简单、紧凑、设计方便，只需设计适当的凸轮轮廓，便可使从动件得到任意的预期运动。凸轮机构**缺点**：凸轮与从动件间为点或线接触，易磨损，只宜用于传力不大的场合；凸轮轮廓精度要求较高，需用数控机床进行加工；从动件的行程不能过大，否则会使凸轮变得笨重。

四、凸轮的运动转化

凸轮的运动转化分为：转动转变为往复直线运动（盘状凸轮、圆柱凸轮），等速转动转变为摆动（盘状凸轮、圆柱凸轮），往复直线运动转变为往复直线运动（平板凸轮）。

第五节　齿轮机构

齿轮是轮缘上有齿，能连续啮合传递运动和动力的机械元件，是应用最广泛的传动机构之一。配对齿轮上轮齿互相接触持续啮合运转。齿轮上的每一个用于啮合的凸起部分称为轮齿。齿槽是指齿轮上两相邻轮齿之间的空间。端面是指圆柱齿轮或圆柱蜗杆上垂直于齿轮或蜗杆轴线的平面。齿轮的法面指的是垂直于轮齿齿线的平面。

一、齿轮分类

齿轮按其外形分为圆柱齿轮、圆锥齿轮、齿轮齿条、蜗杆蜗轮；按齿线形状分为直齿轮、斜齿轮、人字齿轮、曲线齿轮；按轮齿所在的表面分为外齿轮、内齿轮。其中圆柱齿轮用于平行两轴间的传动；圆锥齿轮用于相交两轴间的传动；螺旋齿轮和蜗轮蜗杆齿轮用于空间交错两轴间的传动。蜗轮蜗杆传动具有自锁性，即运动只能由蜗杆传递给蜗轮，反之则不能运动。图 2-5-1 为齿轮的分类图。

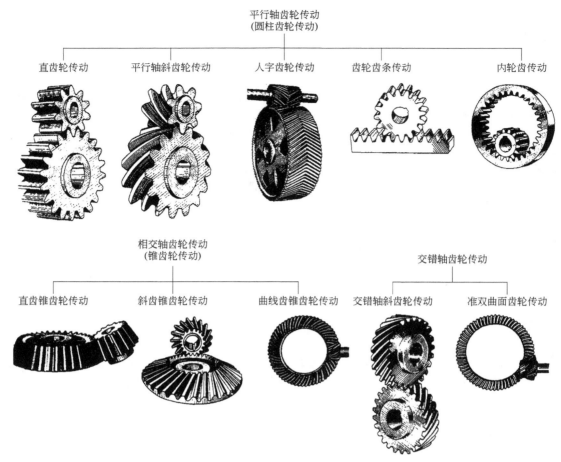

图 2-5-1　齿轮的分类图

二、齿轮的特点

齿轮的**优点**：传动比[1]准确，可实现平行轴、任意角相交轴和任意角交错轴之间的传动。**缺点**：要求较高的制造和安装精度，成本较高，不适宜远距离两轴之间的传动。

三、齿轮的运动转化

齿轮可将转动转化为转动，包括同一平面平行轴的转动转化（相同或不同方向），也包括不同平面的相交两轴和空间交错两轴的转动转化。齿轮齿条还可以把往复的圆周运动（摆动）转变为往复直线运动，或反之。

第六节　挠性件传动机构

挠性件传动是利用中间挠性构件将主动轴的运动和动力传递给从动轴。挠性件包括带和链。

一、带传动

1. 带传动概念

带传动（图 2-6-1）是利用张紧在带轮上的柔性带进行运动或动力传递的一种机械传动。

---

[1] 传动比是指在机械传动系统中，始端主动轮与末端从动轮的角速度或转速的比值。对于单个齿轮来说，传动比是主动轴和从动轴的角速度和（或）转速之比，等于齿数的反比，即传动比 $i=n_1/n_2=d_2/d_1$，其中 n 是指转速，d 是指直径。

带传动的组成：固联于主动轴上的带轮（主动轮）；紧套在两轮上的传动带；以及固联于从动轴上的带轮（从动轮）。

2. 带传动和带的分类

如前所述，根据传动原理，带传动分为摩擦传动和啮合传动。摩擦靠带与带轮间的摩擦力传动，同步带靠带与带轮上的齿相互啮合传动。带的类型有平型带、三角带、圆形带、新型带。**平型带**（图2-6-2）的截面形状为矩形，内表面为工作面，平型带的传动型式有开口传动、交叉传动和半交叉传动等。**三角带**（V带）（图2-6-3）的截面形状为梯形，两侧面为工作表面。**圆形带**横截面为圆形，只用于小功率传动。三种带的承载能力依次为三角带>平型带>圆形带。**新型带**包括同步带（图2-6-4）和多楔带（图2-6-5）。其中同步带横截面为矩形，带面是具有等距横向齿的环形传动带，带轮轮面也制成相应的齿形。同步带靠带齿与轮齿之间的啮合实现传动，两者无相对滑动，使圆周速度同步，故称为同步带传动。它的优点是无滑动，能保证固定的传动比，适用于传动比需要精确的场合。

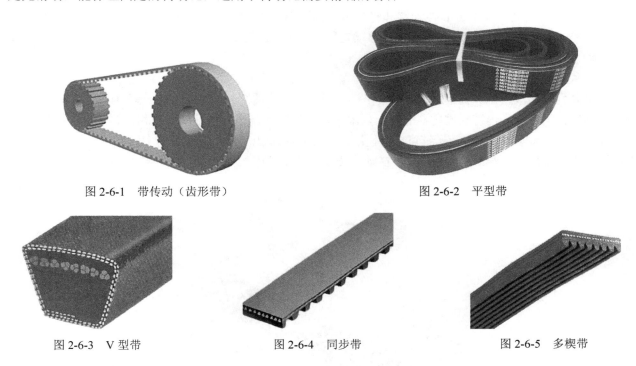

图 2-6-1　带传动（齿形带）　　　　　　　　　图 2-6-2　平型带

图 2-6-3　V型带　　　　　图 2-6-4　同步带　　　　　图 2-6-5　多楔带

3. 带传动的运动转化

带传动的运动转化包括转动转化为相同方向的转动、转动转化为直线运动。

4. 带传动的特点

带传动的**优点**：传动平稳，结构简单，成本低，使用维护方便，有良好的挠性和弹性，过载打滑。

缺点：传动比不准确（非齿形带），带寿命低，轴上载荷较大，传动装置外部尺寸大，效率低。

带传动适合于主、从动轴间中心距较远，传动比要求不严格的远距离传动（除齿形带外）。

5. 带的张紧

根据带的摩擦传动原理，带必须在预张紧后才能正常工作；运转一定时间后，带会松弛。为了保证带传动的能力，必须重新张紧，才能正常工作。

二、链传动

1. 链传动的概念和组成

链传动是通过链条将主动链轮的运动和动力传递到从动链轮的一种传动方式。链传动利用可以屈伸的链条作为中间挠性件，并通过链节与具有特殊齿形的链轮啮合来传动运动和动力。链传动由主动链轮、从动链轮和从动链组成（图2-6-6）。

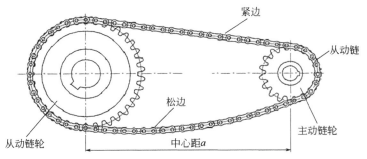

图 2-6-6 链传动组成

2. 链的分类

（1）按照用途分类

链可分为起重链、牵引链和传动链和输送链。起重链主要用于起重机械中提起重物，其工作速度 $v \leqslant 0.25 \text{m/s}$；牵引链主要用于链式输送机中移动重物，其工作速度 $v \leqslant 4 \text{m/s}$；传动链用于一般机械中传递运动和动力，通常工作速度 $v \leqslant 15 \text{m/s}$。

（2）按照结构分类

链可分为套筒滚子链和齿形链。套筒滚子链由内链板、外链板、套筒、销轴、滚子组成，见图 2-6-7。外链板固定在销轴上，内链板固定在套筒上，滚子与套筒间和套筒与销轴间均可相对转动，链条与链轮的啮合主要为滚动摩擦。套筒滚子链可单列使用，也可多列并用，其中多列并用可传递较大功率。套筒滚子链比齿形链重量轻、寿命长、成本低。在动力传动中应用较广。齿形链结构见图 2-6-8，是用销轴将多

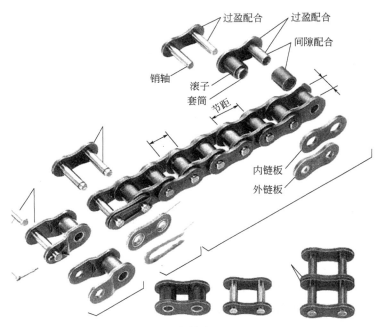

图 2-6-7 套筒滚子链组成

内链板齿形链　　　　　　　　　　　外链板齿形链

图 2-6-8 齿形链

对具有 60°角的工作面的链片组装而成，利用特定齿形的链片和链轮相啮合来实现传动的。齿形链传动平稳，噪声很小，故又称无声链。齿形链允许的工作速度可达 40m/s，但制造成本高，重量大，故多用于高速或运动精度要求较高的场合。

3. 链传动特点

优点：①与带传动相比，无弹性滑动和打滑现象，平均传动比准确，工作可靠，效率高；②传递功率大，过载能力强，相同工况下的传动尺寸小；③所需张紧力小，作用于轴上的压力小；④能在高温、潮湿、多尘、有污染等恶劣环境中工作，尤其适用于温度变化较大或潮湿粉尘等恶劣环境中。缺点：仅能用于两平行轴间的传动，成本高，易磨损，易伸长，传动平稳性差，运转时会产生附加动载荷、振动、冲击和噪声，不宜用在急速反向的传动中。

4. 链传动运动转化

链传动的运动转化包括：转动转化为相同方向的转动（速度相同或不同）；转动转化为直线运动。

5. 链的张紧、润滑和布置

（1）链的张紧

随着使用时间的延长，链被拉伸，长度增加，而长度增加会引起链条的振动，进而引起跳齿和脱链，因此链需要张紧。张紧方法可通过调整中心距张紧；也可将链条除去 1～2 个链节或者加装加张紧轮实现。如图 2-6-9 所示，一般紧压在松边靠近小链轮处。

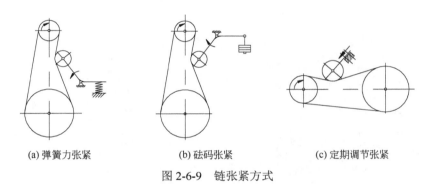

(a) 弹簧力张紧   (b) 砝码张紧   (c) 定期调节张紧

图 2-6-9　链张紧方式

（2）链传动润滑

链传动中销轴与套筒之间产生磨损，链节就会伸长，这是影响链传动寿命的主要因素。润滑是延长链传动寿命有效的方法。润滑的作用对高速重载的链传动尤为重要。链的润滑方法包括人工润滑、滴油润滑、油浴供油、飞溅润滑和压力供油等。**GMP 规定：设备所用的润滑剂不得污染药品或容器。**

（3）链传动布置

链轮机构一般布置在铅垂平面里，尽可能避免布置在水平或倾斜平面里，如确有需要，则应考虑加装拖板或装紧轮等装置，并且设计成紧凑的中心距。图 2-6-10 为某种链传动布置示意。

图 2-6-10　链传动布置

第七节　间歇运动机构

间歇运动机构是能够将原动件的连续转动转变为从动件周期性运动和停歇的机构。间歇运动机构按照结构的形状可以分为包括棘轮机构、槽轮机构、连杆机构和不完全齿轮机构等。

一、棘轮机构

棘轮机构是由棘轮和棘爪组成的一种间歇运动机构。

1. 棘轮的组成

棘轮包括棘轮、摇杆、驱动棘爪、制动棘爪、机架，如图 2-7-1 所示。

2. 棘轮的分类

棘轮按结构形式分为齿式棘轮机构和摩擦式棘轮机构；按啮合方式分为外啮合棘轮机构（图 2-7-2）和内啮合棘轮机构；按从动件运动形式为分单动式棘轮机构（图 2-7-3）、双动式棘轮机构（图 2-7-4）和双向式棘轮机构（图 2-7-5）。

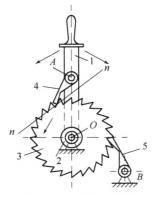

图 2-7-1　棘轮的组成

1—摇杆；2—机架；3—棘轮；4—驱动棘爪；5—制动棘爪

图 2-7-2　外啮合棘轮机构

图 2-7-3　单动式棘轮机构

图 2-7-4　双动式棘轮机构

图 2-7-5　双向式棘轮机构

3. 棘轮机构的特点

棘轮机构的**优点**：结构简单，制造容易，步进量易于调整。**缺点**：有较大的冲击和噪声，而且定位精度差，因此只能用于速度不高、载荷不大、精度要求不高的场合。

4. 棘轮的运动转化

棘轮中主动件做往复运动，从动件做间歇运动，可实现把连续摆动转换为间歇的圆周运动。

5. 棘轮机构应用

棘轮机构的应用包括间歇送进、制动、超越。

（1）间歇送进

如牛头刨床（图2-7-6），为了切削工件，刨刀需做连续往复直线运动，工作台7做间歇移动。当曲柄1转动时，经连杆2带动摇杆4作往复摆动；摇杆4上装有双向棘轮机构的棘爪3，棘轮5与丝杠6固连，棘爪带动棘轮做单方向间歇转动，从而使螺母（即工作台7）做间歇进给运动。若改变驱动棘爪的摆角，可以调节进给量；改变驱动棘爪的位置（绕自身轴线转过180°后固定），可改变进给运动方向。

（2）制动

如杠杆控制的带式制动器。

（3）超越

棘轮机构可以用来实现快速超越运动。运动由蜗杆传到蜗轮，通过安装在蜗轮上的棘爪驱动棘轮固连的输出轴按一定方向慢速转动。当需要轴快速转动时，可按输出轴的方向快速转动输出轴上的手柄，这时由于手动转速大于蜗轮转速，所以棘爪在棘轮齿背滑过，从而在蜗轮继续转动时，可用快速手动来实现输出轴超越蜗轮的运动。自行车后轮轴上的棘轮机构：如图2-7-7所示，当脚蹬踏板时，经链轮1和链条2带动内圈具有棘齿的链轮3顺时针转动，再通过棘爪4的作用，使后轮轴5顺时针转动，从而驱使自行车前进。自行车前进时，如果令踏板不动，后轮轴5便会超越链轮3而转动，让棘爪4在棘轮齿背上滑过，从而实现不蹬踏板的自由滑行。

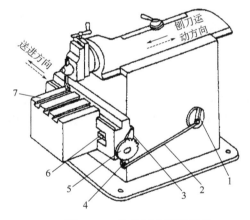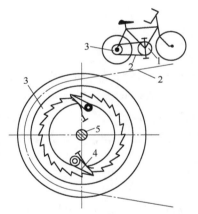

图2-7-6　牛头刨床送进机构

1—曲柄；2—连杆；3—棘爪；4—摇杆；
5—棘轮；6—丝杠；7—工作台

图2-7-7　超越棘轮示意图

1,3—链轮；2—链条；4—棘爪；5—后轮轴

二、槽轮机构

1. 槽轮机构的组成

槽轮机构由带圆销的拨盘、具有径向槽的槽轮、机架组成。图2-7-8和图2-7-9分别为外槽轮和内槽轮机构图。

图2-7-8　外槽轮机构　　　　　　　图2-7-9　内槽轮机构

2. 槽轮的运动转化

槽轮的运动转化是把连续的圆周运动转化为间歇的圆周运动。如电影放映机槽轮的卷片槽轮机构模型（图 2-7-10）。

图 2-7-10　电影放映机槽轮的卷片槽轮机构模型

第八节　滚珠丝杆

滚珠丝杆是由丝杆、螺母和滚珠组成的，可将回转运动转化为直线运动，或将直线运动转化为回转运动的传动机构。

一、滚珠丝杆的循环方式

滚珠丝杆的循环方式有外循环和内循环两种方式。滚珠在循环过程中有时与丝杆脱离接触的称为外循环，在外循环中，滚珠在循环过程结束后通过螺母外表面的螺旋槽或插管返回丝杆螺母间重新进入循环。始终与丝杆保持接触的称为内循环，在内循环中，内循环采用反向器实现滚珠循环。滚珠每一个循环闭路称为列，每个滚珠循环闭路内所含导程数称为圈数。

二、滚珠丝杆的组成

滚珠丝杆由丝杆、螺母和滚珠组成，如图 2-8-1 所示。

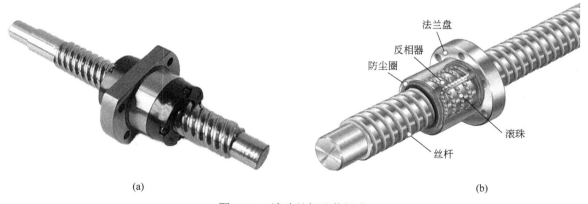

法兰盘

反相器

防尘圈

滚珠

丝杆

(a)　　　　　　　　　　　　　　　　　　　　　　(b)

图 2-8-1　滚珠丝杆及其组成

三、滚珠丝杆螺母的分类

根据钢球的循环方式，滚珠丝杆螺母可分为：弯管式、循环器式、端盖式。

四、滚珠丝杆的运动转化

它的运动转化是将旋转运动转化成直线运动。

五、滚珠丝杆的特点

①摩擦损失小、传动效率高。滚珠丝杆副的丝杆轴与丝杆螺母之间有很多滚珠在做滚动运动，所以能得到较高的运动效率。②精度高。滚珠丝杆副制造机器精度高。③高速进给和微进给。滚珠丝杆副由于是利用滚珠运动，所以启动力矩极小，不会出现滑动运动那样的爬行现象，能保证实现精确的微进给。④轴向刚度高。滚珠丝杆副可以加预压，由于预压力可使轴向间隙达到负值，进而得到较高的刚性。⑤传动可逆性。

除了滚珠丝杆之外，还有梯形丝杆。当丝杆作为主动体时，螺母就会随丝杆的转动角度按照对应规格的导程转化成直线运动，被动工件可以通过螺母座和螺母连接，从而实现对应的直线运动。

第三章

制药设备自动控制系统

第一节 自动控制概述

自动控制系统是在人工控制的基础上产生和发展起来的，在生产过程中，通过人眼观察、大脑思考，最后根据经验或生产要求作出判断，以指挥生产。随着科技的发展进步，人们就用一些物理设备来代替人进行生产控制。当前自动控制技术广泛应用在制药机械中。

一、自动控制的基本概念和发展历程

自动控制是在无人直接参与的情况下，利用控制装置使工作机械或生产过程（被控对象）的某一个物理量（被控量）按预定的规律（事先设定的量）运行的过程。自动控制系统是对生产中某些关键性参数进行自动控制，使它们在受到外界干扰的影响而偏离正常状态时，能够被自动地调节而回到工艺所要求的数值范围内的自动控制装置。

在自动控制系统中，被控制的设备或过程称为被控对象或对象；被控制的物理量称为被控制量；决定被控制量的物理量称为控制量或给定量。

图 3-1-1 是空调控制系统的流程图。比较单元将人事先设定好的温度与测量元件测得的房间温度进行比较、运算，将运算结果输送给控制单元，控制单元发出命令控制执行机构，如压缩机、风扇的转速等，进而控制房间的温度。

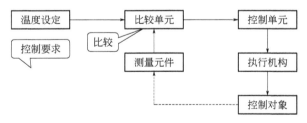

图 3-1-1 空调控制系统

二、开环控制与闭环控制

自动控制有两种基本的控制方式：开环控制与闭环控制。与这两种控制方式对应的系统分别称为开环控制系统和闭环控制系统。

1. 开环控制系统

开环控制系统是指系统的输出端和输入端不存在反馈关系，系统的输出量对控制作用不发生影响的系统。这种系统既不需对输出量进行测量，也不需将输出量反馈到输入端与输入量进行比较，控制装置

与被控对象之间只有顺向作用，没有反向联系。开环控制系统特点是结构和控制过程简单，稳定性好，调试方便，成本低。但这种控制由于缺乏反馈，当系统受到扰动因素影响时，能使输出量发生变化，缺乏自动调节能力，因此控制精度较低。

2. 闭环控制系统

闭环控制系统则是在开环控制基础上引入负反馈原理，将系统的输出信号引回到输入端，与输入信号进行比较，利用所得的偏差信号进行控制，达到减小误差、消除偏差的目的。在这个系统中，输出量直接（或间接）地反馈到输入端形成闭环，使输出量参与系统的控制。与开环闭环控制系统相比，闭环控制系统抗干扰能力增加，控制精度也大为提高，适用范围更加广泛。在控制过程中，只要输出量偏离设定量，系统就会通过反馈来减小这种偏差。

三、自动控制系统的性能指标

自动控制系统种类很多，对于不同控制目的的自动控制系统，要求也不同。但就其共性，对自动控制系统的基本要求主要有以下几方面。

1. 稳定性

系统受到干扰后往往会偏离原来的工作状态，扰动消失后，能自动回到原工作状态，这样的系统是稳定的。稳定性也就是自动控制系统的第一要求。

2. 动态性能

在控制系统中系统响应需要一定的时间，这个时间越短，系统的快速响应性越好。

3. 稳态性能

稳态性是指系统的控制精度。系统由一个稳态过渡到另一个稳态时，总希望系统的输出尽可能地接近给定值，但在控制过程中，总会有干扰信号存在，使系统的输出产生误差。因此系统的稳态性是评价控制系统工作性能的重要指标。

第二节　可编程控制器（PLC）

可编程控制器是微机技术与继电器常规控制技术相结合的产物，是在顺序控制器和微机控制器基础上发展起来的新型控制器，是一种以微处理器为核心的数字控制的专用计算机，是将计算机技术、自动控制技术、通信技术融为一体的一种新型工业控制装置。早期的可编程控制器编程逻辑控制器（programmable logic controller），主要用来代替继电器实现逻辑控制。当今这种装置的功能已经大大超过了逻辑控制的范围，被称作可编程控制器（programmable controller），简称PC。为了避免与个人计算机（personal computer）的简称混淆，所以将可编程控制器简称为PLC。

一、可编程控制器（PLC）概念

可编程控制器（programmable logical controller，PLC）采用可编程序的存储器，用来在其内部存储执行逻辑运算、顺序控制、定时、计数和算术等操作命令，并通过数字式、模拟式的输入和输出，控制各种类型的机械或生产过程。图3-2-1为可编程控制器及其组成示意。

二、PLC 的特点

PLC 的特点有以下几个方面：

（1）可靠性高，抗干扰能力强。PLC 是专为在工业环境下应用而设计的，因此人们在设计 PLC 时，

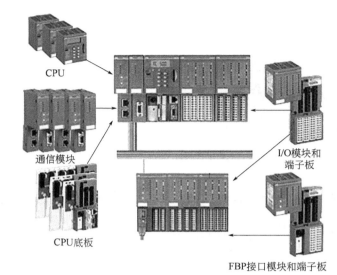

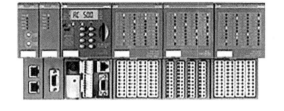

CPU

通信模块

CPU底板

I/O模块和
端子板

FBP接口模块和端子板

图 3-2-1　可编程控制器及其组成

从硬件和软件都采取抗干扰措施，提高了其可靠性。

（2）通用性强，使用方便。采用模块化设计的 PLC 配备了各种 I/O 模块和配套部件，在使用时只需根据控制要求进行模块配置，进而设计出满足控制对象要求的控制程序。而当控制要求更改时，也仅仅修改一下用户程序就能变更控制要求。

（3）编程直观，便于掌握。目前 PLC 几乎都采用了继电器控制形式的"梯形图"编程语言，既直观又适合电气技术人员读图。对初学者而言更加易学、易懂。

（4）功能强大。PLC 具有数字和模拟量输入输出、逻辑和算术运算、定时、计数、顺序控制、功率驱动、通信、人机对话、自检、记录和显示等功能。

（5）能有效地提高系统设计效率。用户在设计系统时根据控制要求配置模块，不需要设计具体的接口电路，大大提高了设计效率。

（6）模块结构，自由组合。不同配置模块的有机连接可以满足不同工业控制的需要，适应不同输入输出方式。

（7）体积小、重量轻，安装简单，调试方便。PLC 是一种专业的工业计算机，不像继电器一样用接线来实现控制功能，只要将现场的各种设备与 PLC 相连，就可在实验室进行程序设计和调试，由模拟实验开关代替输入信号，其输出状态可由 PLC 自带的发光系统显示出来。模拟调试好后，再将 PLC 控制系统拿到现场进行联机调试，这样省时省力。

三、PLC 的构成

专用的工业控制计算机的基本结构如图 3-2-2 所示。

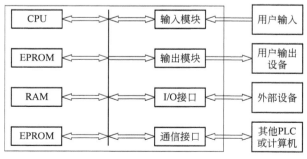

CPU	⟷	输入模块	← 用户输入
EPROM	⟷	输出模块	→ 用户输出设备
RAM	⟷	I/O接口	→ 外部设备
EPROM	⟷	通信接口	→ 其他PLC或计算机

图 3-2-2　PLC 硬件系统结构框图

1. 中央处理器（CPU）

PLC 中所配置的 CPU 常用的有三类：通用微处理器（如 8086、80286、80386 等），单片微处理器

（如 8031、8096 等）和位片式微处理器。中型的 PLC 大多采用 16 位、32 位微处理器或单片机作为 CPU，具有集成度高、运算速度快、可靠性高等优点。大型 PLC 大多采用高速位片式微处理器，具有灵活性强、速度快、效率高等优点。

2. 存储器

PLC 配备两种存储器，即系统存储器（EPROM）和用户存储器（RAM）。系统存储器用来存放系统管理程序，用户不能访问或修改。用户存储器用来存放编制的应用控制程序及工作数据状态。

3. 输入/输出接口

PLC 所控制的各种设备所需的信号电平是多种多样的，而 PLC 内部 CPU 只能处理标准电平，这就要用相应的 I/O 接口将 PLC 与 CPU 有机地联系起来，同时 I/O 口还要有光电隔离和滤波功能，以提高 PLC 的抗干扰能力。

4. 通信接口

PLC 在工业控制过程中往往要与编程器、打印机、人机界面（如触摸屏）、其他 PLC、计算机等设备进行连接，实现管理与控制相结合。

四、PLC 的作用

在现代制药机械中，PLC 类似于制药机械的大脑，实现温度控制、速度控制、报警等各种功能。

第三节　触摸屏

触摸屏(touch screen)又称触控面板、人机界面，是一种可接收触头等输入讯号的感应式液晶显示装置。当触碰到触摸屏屏幕上的图形按钮时，屏幕上的触觉反馈系统可根据预先编程的程式驱动各种连接装置。触摸屏取代了机械式的按钮面板，并由液晶显示画面显示出生动的影音效果。触摸屏是目前最简单、方便、自然的一种人机交互方式，是操作人员与机器设备之间双向沟通的桥梁。触摸屏广泛应用于现代化制药机械中。

触摸屏能够显示并告知操作员机电设备目前的状况，使操作变得简单生动，并可减少操作上的失误，同时触摸屏的使用还可以使机器的配线标准化、简单化，减少 PLC 控制器所需的输入/输出点数，在降低成本的同时，由于面板控制的小型化及高性能，相对提高了整套设备的性价比。

图 3-3-1 为蒸馏水机触摸屏；图 3-3-2 为 BFS 触摸屏。

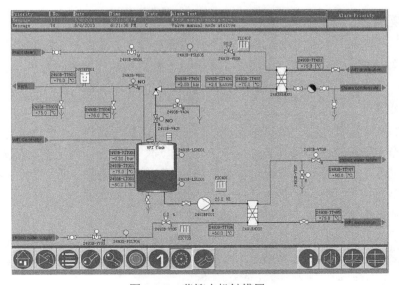

图 3-3-1　蒸馏水机触摸屏

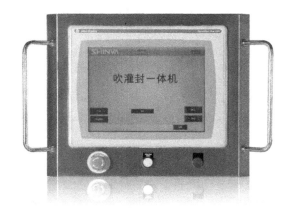

图 3-3-2　BFS 触摸屏

一、触摸屏的工作原理

触摸屏通常依据手指或其他物体触摸安装在显示器前端的触控屏时，所触位置（以坐标形式）由触摸屏控制器检测，并通过接口送到 CPU，从而确定输入信息。触摸屏系统一般由触摸屏控制器（卡）和触摸装置两部分组成。其中触摸屏控制器（卡）的主要作用是从触摸点检测装置上接收触摸信息，并将信息转换成坐标形式送给 CPU，它同时能接收 CPU 发来的命令并加以执行。触摸检测装置一般安装在显示器的前端，主要作用是检测触摸位置，并传送给触摸屏控制器（卡）。

二、触摸屏的分类

常用触摸屏主要有电阻式触摸屏、红外线触摸屏、电容式触摸屏、表面声波式触摸屏四种。

1. 电阻式触摸屏

电阻式触摸屏的屏体部分是一块与显示器表面相匹配的多层复合薄膜，由一层玻璃或有机玻璃作为基层，表面涂有一层透明的导电层，上面再盖有一层外表面硬化处理、光滑的防刮塑料层，其内表面也涂有一层透明导电层，在两层导电层间有许多细小的透明隔离点把它们隔开绝缘，如图 3-3-3 所示。当有物体触摸屏幕时，相互绝缘的两层导电层就在触摸点位置有了一个接触，其中一个导电层接通 Y 轴方向的 5V 均匀电压场，使得侦测层的电压由零变为非零，这种接通状态被控制器侦测到，由 A/D 转换后输出一个电压与 5V 标准电压相比较，即可得到触摸点 Y 轴坐标，同理可得出 X 轴坐标，进而确定触摸点的位置。

2. 红外线触摸屏

红外线触摸屏结构简单，只需在显示器上加上光点距离框，光点距离框四边排列了红外线发射管及接收管，在屏幕表面形成一个红外网。如图 3-3-4 所示，当手指触摸屏幕时，手指便会挡住经过该位置的横竖两条红外线，这样 CPU 便能确定触点的位置。教学用电子白板就属于这种触摸屏。

3. 电容式触摸屏

电容式触摸屏的构造主要是在玻璃屏幕上镀一层透明的薄膜导体层，再在导体层上加一块保护玻璃。如图 3-3-5 所示，当手指触摸在金属层上时，由于人体电场、手指与导体层间会形成一个偶合电容。对于高频电流来说，电容是直接导体，四边形电极发出的电流会流向触点，而强弱与手指到四极的距离成正比，位于触摸屏幕后控制器便会计算电流的强弱，准确算出触摸点位置。

4. 表面声波式触摸屏

表面声波屏的三个角分别粘贴着 X、Y 方向的发射和接收声波的换能器，四个边刻着反射表面超声波的反射条纹。如图 3-3-6 所示，当手指或软性物体触摸屏幕，部分声波能量被吸收，于是改变了接收信号，经过控制器的处理得到触摸的 X、Y 坐标。

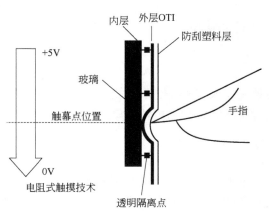

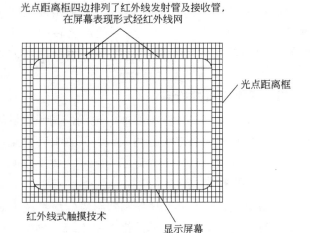

图 3-3-3　电阻式触摸屏原理　　　　　　图 3-3-4　红外线触摸屏原理

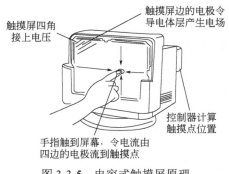

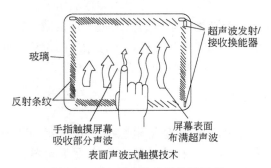

图 3-3-5　电容式触摸屏原理　　　　　　图 3-3-6　表面声波式触摸屏原理

第四节　微电机

　　微电机全称微型电动机，是指直径小于 160mm 或额定功率小于 750mW 的电机。微电机涉及电机、微电子、计算机、自动控制、精密机械、新材料等多门学科。微电机可以用于无特殊控制要求的驱动场合，作为运动机械负载的动力源，这一类微电机可以称为驱动用微电机，如家用电器中风扇、洗衣机、计算机、电动牙刷、剃须刀等。在这些家用电器中，驱动用微电机主要完成能量转换，即将电能转换为动能。微电机也可以用于办公自动化设备、计算机外部设备和工业自动化设备，如磁盘驱动器、复印机、数控机床、机器人、各类制药机械等。这一类微电机参与自动控制，可称为控制用微电机。这些控制用微电机除了完成能量转化之外，具有传递和转换信号的作用。在制药机械中用到的有伺服电机、步进电机、自整角机、测速发电机等。

一、伺服电机

1. 伺服电机概念

　　伺服电机（servo motor）是指在伺服系统中控制机械元件运转的发动机。伺服系统广泛用于制药机械中，用于控制精密运动。伺服（servo）一词源于希腊语"奴隶"。伺服机构电机服从控制信号的要求而动作，在信号来到之前，转子静止不动；信号来到之后，转子立即转动；当信号消失，转子能即时自行停转。

2. 伺服电机的作用

　　伺服电机的工作原理是将电压信号转化为转矩和转速以驱动控制对象。使机械元件转动的力矩或力偶称为转动力矩，简称转矩。机械元件在转矩作用下都会产生一定程度的扭转变形，故转矩有时又称为扭矩。力矩是由一个不通过旋转中心的力对物体形成的，而力偶是一对大小相等、方向相反的平行力对物体的作用。所以转矩等于力与力臂或力偶臂的乘积。在国际单位制（SI）中，转矩的计量单位为牛顿·米（N·m）。

3. 伺服电机的特点

可使控制速度、位置精度非常准确，伺服电机转子转速受输入信号控制，并能快速反应。伺服电机分为直流和交流伺服电动机两大类，其主要特点是：当信号电压为零时无自转现象，转速随着转矩的增加而匀速下降。

4. 伺服系统

伺服电机、反馈装置与控制器组成伺服系统（servo mechanism）。伺服系统又称随动系统，是用来精确地跟随或复现某个过程的反馈控制系统。伺服系统是使物体的位置、方位、状态等输出被控制量能够跟随输入目标（或给定值）任意变化的自动控制系统。它的主要任务是按控制命令的要求对功率进行放大、变换与调控等处理，使驱动装置输出的力矩、速度和位置控制非常灵活方便。在很多情况下，伺服系统专指被控制量（系统的输出量）是机械位移或位移速度、加速度的反馈控制系统，其作用是使输出的机械位移（或转角）准确地跟踪输入的位移（或转角）。除了伺服电机为执行元件的机电伺服系统外，还有液压伺服系统和气动伺服系统。

二、步进电机

步进电机的作用是将电脉冲信号转变为角位移或线位移。步进电机的转速、停止的位置只取决于脉冲信号的频率和脉冲数。当步进驱动器接收到一个脉冲信号，它就驱动步进电机按设定的方向转动一个固定的角度，称为"步距角"，它的旋转是以固定的角度一步一步运行的。不同步进电机，步的角度也不同，因此，步进电机可为分三种：永磁式、反应式和混合式。混合式步进电机混合了永磁式步进电机和反应式步进电机的优点，分为两相步进和五相步进角，其中两相步进角一般为1.8°，五相步进角一般为 0.72°。步进电机可以通过控制脉冲个数来控制角位移量，从而达到准确定位的目的，同时可以通过控制脉冲频率来控制电机转动的速度和加速度，从而达到调速的目的。

步进电机的工作原理：利用电子电路将直流电变成分时供电的、多相时序控制电流，用这种电流为步进电机供电，步进电机才能正常工作，其中驱动器就是为步进电机分时供电的多相时序控制器。

三、自整角机

在自动控制系统中，常需要指示位置和角度的数值，或者需要远距离调节执行机构的速度，或者需要某一根或多根轴随着另外的与其无机械连接的轴同步转动，在这种情况下往往需使用自整角机。自整角机是利用自整步特性将转角变为交流电压或由交流电压变为转角的感应式微型电机。

自整角机在伺服系统中被用作测量角度的位移传感器，还可用以实现角度信号的远距离传输、变换、接收和指示。如图 3-4-1 所示，自整角机通常是两台或两台以上组合使用，产生信号的自整角机称为发送机，它将轴上的转角变换为电信号，接收信号的自整角机称为接收机，它将发送机发送的电信号变换为转轴的转角，从而实现角度的传输、变换和接收。在随动系统中，主令轴只有一根，而从动轴可以是

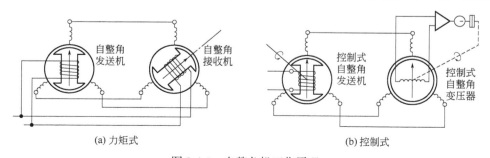

(a) 力矩式　　　　　　　　　　(b) 控制式

图 3-4-1　自整角机工作原理

一根，也可以是多根，主令轴安装发送机，从动轴安装接收机，故而一台发送机带一台或多台接收机。自整角机按用途分为力矩式和控制式（变压器式）两种。力矩式自整角机用于同步指示；控制式自整角机用作测角元件。

四、测速发电机

测速发电机的作用是将速度转变为电压信号。测速发电机输出电动势与转速成比例，改变旋转方向时输出电动势的极性也相应改变。在被测机构与测速发电机同轴联接时，只要检测出输出电动势，就能获得被测机构的转速，故又称速度传感器。测速发电机广泛用于各种速度或位置控制系统。在自动控制系统中常作为检测速度的元件。

第五节　开关

开关主要包括：空气开关，漏电开关，接近开关，行程开关和微动开关。

一、空气开关

空气开关也称空气断路器。其作用是线路和负载发生过流保护（过载、短路）、欠压保护等。

1. 空气开关工作原理

如图 3-5-1 所示，当线路发生一般性过载时，过载电流虽不能使电磁脱扣器动作，但能使发热元件产生一定热量，促使双金属片受热向上弯曲，推动杠杆使搭钩与锁链脱开，将主触头分断，切断电源。当线路发生短路或严重过载电流时，短路电流超过瞬时脱扣整定电流值，电磁脱扣器产生足够大的吸力，将衔铁吸合并撞击杠杆，使搭钩绕转轴座向上转动与锁链脱开，锁链在反力弹簧的作用下将三副主触头分断，切断电源。开关的脱扣机构是一套连杆装置。当主触点通过操作机构闭合后，就被搭钩锁在合闸的位置。如果电路中发生故障，则有关的脱扣器将产生作用使脱扣机构中的搭钩脱开，于是主触点在释放弹簧的作用下迅速分断。按照保护作用的不同，脱扣器可以分为过电流脱扣器及欠压脱扣器等类型。

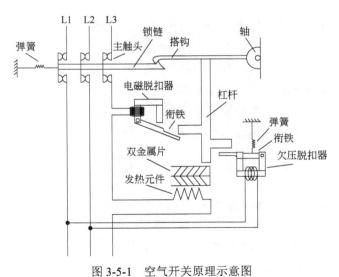

图 3-5-1　空气开关原理示意图

2. 空气开关作用

在正常情况下，过电流脱扣器的衔铁是释放着的；一旦发生严重过载或短路故障时，与主电路串联的线圈就将产生较强的电磁吸力把衔铁往下吸引而顶开搭钩，使主触点断开。而欠压脱扣器的工作恰恰相反，在电压正常时，电磁吸力吸住衔铁，主触点才得以闭合。一旦电压严重下降或断电时，衔铁就被释放而使主触点断开。当电源电压恢复正常时，必须重新合闸后才能工作，实现了失压保护。

二、漏电开关

漏电开关的作用是过流保护、欠压保护、漏电保护等。漏电保护的原理是通过检测电路中地线和火线中电流大小差异来控制开关。当火线有漏电时（单线触电），通过火线的电流大，而通过地线的电流小，引起绕在漏电保护器铁芯上磁通变化，而自动关掉开关，切断电路。漏电开关的动作原理是：在一个铁芯上有两个组，一个输入电流绕组和一个输出电流绕组，当无漏电时，输入电流和输出电流相等，在铁芯上二磁通的矢量和为零，就不会在第三个绕组上感应出电势，否则第三绕组上就会有感应电压形成，经放大去推动执行机构，使开关跳闸。

三、接近开关

接近开关是利用对接近它的物件有"感知"能力的元件，即位移传感器，对接近物体的敏感特性控制通断。接近开关是无触点开关。当有物体移向接近开关，并接近到一定距离时（通常把这个距离叫"检出距离"），位移传感器有"感知"，当物体接近开关的感应面到动作距离时，不需要机械接触及施加任何压力即可使开关动作，从而驱动直流电器或给计算机或 PLC 装置提供控制指令，开关就会动作。不同接近开关的检出距离不同。

接近开关是种开关型传感器，它既有行程开关、微动开关的特性，同时具有传感性能，且动作可靠，性能稳定。宾馆、饭店、车库的自动门及自动热风机上都可以采用接近开关；位移、速度、加速度的测量和控制，也都使用着大量的接近开关。在制药机械中，接近开关可以作为计数及控制，如检测生产线上流过的产品数，高速旋转轴或盘的转数计量等。接近开关也可作为流量控制元件。

四、行程开关

行程开关属于位置开关（限位开关）的一种。它是一种根据运动部件的行程位置来切换电路的控制元件，其作用是利用生产机械运动部件的碰撞使触头动作以实现控制线路通断，工作原理与按钮类似。在生产中，行程开关预先安装，当装于生产机械运动部件上的模块撞击行程开关时，行程开关触点动作，实现电路切换。

在电气控制系统中，行程开关可以用于控制机械设备的行程及限位保护，起连锁保护的作用。如洗衣机的脱水(甩干)过程中转速很高，如果洗衣机的门或盖被打开，容易对人造成伤害。为避免事故，在洗衣机的门或盖上装行程开关，一旦开启洗衣机的门或盖时，行程开关自动断电，使门或盖一打开就立刻"刹车"，避免人身伤害。冰箱门内侧也装有行程开关，当门关闭时，行程开关被冰箱门压紧，冰箱内的灯关闭；当冰箱门被打开，行程开关被释放，冰箱内的灯启亮。在制药机械中，行程开关主要用于将机械位移转变成电信号，使电动机的运行状态得以改变，控制机械动作或用作程序控制。

五、微动开关

微动开关是具有微小接点间隔和快动机构，用规定的行程和规定的力进行开关动作的接点机构，用外壳覆盖，且外部有驱动杆的一种开关，如图 3-5-2 所示。因为其开关的触点间距比较小，力矩较大，用很微小的力度即可以打开，故称为微动开关，又叫灵敏开关。微动开关最常见的应用是鼠标按键，在制药机械中常作为自动控制的元件使用。

微动开关工作原理如图 3-5-3 所示：外机械力通过传动元件（如按销、按钮、杠杆、滚轮等）将力作用于动作簧片上，当动作簧片位移到临界点时产生瞬时动作，使动作簧片末端动触点与定触点快速接通或断开。当传动元件上的作用力移去后，动作簧片产生反向动作力，当传动元件反向行程达到簧片的动作临界点后，瞬时完成反向动作。微动开关动触点的动作速度与传动元件动作速度无关。微动开关的特点是动作行程短、按动力小、通断迅速、随时复原。这些特点使微动开关广泛应用在自动控制和手动控制中。

图 3-5-2　微动开关外形图

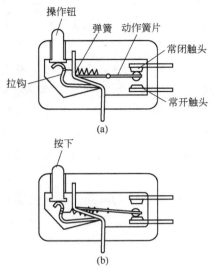

图 3-5-3　微动开关原理

第六节　继电器

继电器是一种当输入量（如电流、电压、功率、速度、光等）达到一定值时，输出量发生跳跃式变化的自动控制器件。具有控制系统（输入回路）和被控制系统（输出回路），通常应用于自动控制电路中。继电器可以远距离控制交直流控制小回路，是用较小的电流去控制较大电流的一种"自动开关"。继电器广泛应用于制药机械自动控制中，在电路中起着自动调节、安全保护、转换电路、综合信号、自动、遥控、监测等作用。

一、继电器的工作原理

继电器的种类很多，原理差别也很大，下面以电磁继电器为例，解释继电器的基本原理。电磁继电器是利用输入电路、内电路在电磁铁铁芯与衔铁间产生的吸力作用而工作的一种电气继电器。

电磁继电器的工作原理：电磁式继电器一般由铁芯、电磁线圈、衔铁、触点系统等组成（图 3-6-1）。在线圈两端加电压，线圈中流过电流，随之产生电磁效应，衔铁在电磁力的吸引作用下克服返回弹簧的拉力吸向铁芯，带动衔铁的动触点与静触点❶（常开触点）吸合。当线圈断电后，电磁吸力消失，衔铁在弹簧的作用力下返回原来位置，动触点与静触点（常闭触点）吸合。这样的吸合、释放，达到了在电路中连通、切断的目的。

二、继电器的分类

按照性能，继电器可以分为以下四类。

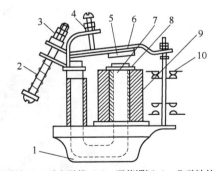

1—底座；2—反力弹簧；3,4—调节螺钉；5—非磁性垫片；6—衔铁；7—铁芯；8—极靴；9—电磁线圈；10—触点系统

图 3-6-1　电磁继电器基本结构

---

❶ 继电器线圈未通电时处于断开状态的静触点，为"常开触点"；处于接通状态的静触点，为"常闭触点"。

1. 电流继电器

电流继电器可分为过电流继电器、欠电流继电器，其作用分别是过电流保护和欠电流保护。过电流保护作用是当电流超过其设定值时而动作，可做系统线路过载的保护用；欠电流保护作用是当电流降低到 0.8 倍整定值时，继电器就会使主电路断开，可对系统和电机进行保护。

2. 电压继电器

按电压值动作的继电器，分为过电压继电器、欠电压继电器，其作用分别是过电压保护、欠电压保护和失压保护。过电压保护是当系统的异常电压上升至 120%额定值以上时，主电路切断，保护电力设备免遭损坏；欠电压保护是当电压降低到 0.8 倍整定值时，使主电路断开。欠压保护可保证电动机不在电压过低的情况下运行，防止电动机烧毁。失压保护是指当电源停电时，继电器能使电动机自动从电源上切除，可避免当电源电压恢复时电动机自行转动，避免发生事故。

3. 热继电器

热继电器的作用是电动机的过载（过热）保护。热继电器的原理是电流流入热元件产生热量，使有不同膨胀系数的双金属片发生形变，当形变达到一定距离时，推动连杆动作，使控制电路断开和主电路断开，实现电动机的过载（过热）保护。

4. 时间继电器

时间继电器的作用是定时控制电路通断。

第七节　传感器

传感器是能感受被测量并按照一定规律转换成可输出信号的器件或装置。传感器是人类五官的延长，又称为电五官。常将传感器的功能与人类五大感觉器官相比拟：压敏、温敏传感器相当于人类的触觉；气敏传感器相当于嗅觉；光敏传感器相当于视觉；声敏传感器相当于听觉；化学传感器相当于味觉。传感器让物体有了触觉、味觉和嗅觉，让制药机械"活"起来，是自动化、智能化不可缺少的控制元件。

一、传感器的组成

传感器通常由敏感元件和转换元件组成。敏感元件是指传感器中能直接感受被测量的部分，可以将电量转换为非电量。而转换元件是把非电量转换为电量，即传感器中能将敏感元件感受的被测量转换成可传输和测量的电信号的部分。通常根据感知功能，敏感元件可分为热敏元件、光敏元件、气敏元件、力敏元件、磁敏元件、湿敏元件、声敏元件、放射线敏感元件、色敏元件和味敏元件 10 大类。图 3-7-1 为各式各样的传感器。

图 3-7-1　传感器

二、传感器的分类

（1）电化学传感器

电化学传感器通过与被测气体发生反应并产生与气体浓度成正比的电信号来工作。如一氧化碳传感器、二氧化氮传感器、甲醛传感器等。

（2）电量传感器

电量传感器是将被测电量参数（如电流、电压、功率、频率、功率因数等信号）转换成直流电流、直流电压并输出模拟信号或数字信号的装置。

（3）电阻式传感器

电阻式传感器是将被测量如位移、形变、力、加速度、湿度、温度等转换成电阻值的一种器件。电阻式传感器有电阻应变式、压阻式、热电阻、热敏、气敏、湿敏等电阻式传感器件。

（4）称重传感器

称重传感器是能够将重力转变为电信号的力电转换装置，是电子衡器的关键部件。能够实现力电转换的传感器有多种，常见的有电磁力式、电容式、电阻应变式等。电磁力式主要用于电子天平，电容式用于部分电子吊秤，而绝大多数衡器产品采用电阻应变式称重传感器。如中药饮片包装设备中就用到称重传感器。

（5）温度传感器

温度传感器是能够测量温度的传感器，分为热电阻和热电偶，根据电阻阻值或热电偶的电势随温度不同发生有规律变化的原理，进而得到所需要测量的温度值。

（6）位移传感器

位移传感器也称线性传感器，是把位移转换为电量的传感器。转换过程中有许多物理量（如压力、流量、加速度等）需要先变换为位移，然后再将位移变换成电量。位移的测量一般分为测量实物尺寸和机械位移两种。机械位移包括线位移和角位移。按被测变量变换的形式不同，位移传感器可分为模拟式和数字式两种。模拟式位移传感器又可分为物性型（如自发电式）和结构型两种。数字式位移传感器的重要特点是便于将信号直接送入计算机系统。

（7）压力传感器

压力传感器是将压力转换为电信号输出的传感器。通常把压力测量仪表中的电测式仪表称为压力传感器。压力传感器一般由弹性敏感元件和位移敏感元件(或应变计)组成。弹性敏感元件使被测压力作用于某个面积上并转换为位移或应变，然后由位移敏感元件或应变计转换为与压力成一定关系的电信号。有时把这两种元件的功能集于一体。压力传感器广泛应用于各种工业自控环境中。

（8）液位传感器

液位传感器是测量液位的压力传感器。液位传感器可应用到液位变送器中，详见后述液位变送器。

（9）视觉传感器

视觉传感器分为二维视觉传感器和三维视觉传感器，其中二维视觉传感器基本上就是一个可以执行多种任务的摄像头。二维视觉应用于智能相机，可以检测零件并协助机器人确定零件的位置。三维视觉传感器必须具备两个不同角度的摄像机或使用激光扫描器，并检测对象的第三维度。三维视觉传感器可以应用于如零件取放、检测物体并创建三维图像，分析并选择最好的拾取方式。

（10）力/力矩传感器

力/力矩传感器是一种将力信号转变为电信号输出的电子元件。力/力矩传感器赋予了机器人触觉。机器人利用力/力矩传感器感知末端执行器的力度。

（11）安全传感器

符合安全标准的传感器称为安全传感器。安全传感器产品分为安全开关、安全光栅和安全门系统。安全开关可在所有安全条件得到满足之前防止人员进入危险区域。例如要想让工业机器人与人进行协作，可以利用安全传感器，如摄像头和激光等。当特定的区域/空间出现人时，机器人会自动减速运行；如果人员继续靠近，机器人则会停止工作。

（12）触觉传感器

触觉传感器是用于机器人中模仿触觉功能的传感器。触觉传感器按功能可分为接触觉传感器、力矩觉传感器、压觉传感器和滑觉传感器等。传感器一般安装在抓手上，用于检测和感觉所抓的物体是什么。传感器通常能够检测力度，并得出力度分布的情况，获取对象的确切位置。此外，触觉传感器还可以检测热量的变化。

三、传感器的相关术语

① 测量范围　在允许误差限内被测量值的范围。
② 量程　测量范围上限值和下限值的代数差。
③ 精确度　被测量的测量结果与真值间的一致程度。
④ 重复性　在所有条件下，对同一被测的量进行多次连续测量所得结果之间的符合程度。
⑤ 分辨力　传感器在规定测量范围内可能检测出的被测量的最小变化量。
⑥ 阈值　能使传感器输出端产生可测变化量的被测量的最小变化量。
⑦ 零位　使输出的绝对值为最小的状态，如平衡状态。

第八节　液位测量

在制药工艺系统中，需用到各种不同的液位计。储罐的液位计一般选用电容液位计、导向微波液位计与差压液位计，当没有压力影响时也有采用静压液位计。

一、概述

罐内的液位将通过 PLC 监测和控制，其功能主要是为水机提供启停信号，并防止后端离心泵发生空转。在传统设计中，液位变送器采用 4~20mA 信号输出的方式，将信号分为高高液位、高液位、低液位、低低液位和停泵液位等几挡。水机的启停主要通过高液位和低液位两个信号进行，而停泵液位主要是为了保护后端的水系统输送用离心泵，防止其发生空转。

电容液位计和导向微波液位计通常有杆状或软绳状物与水接触，而差压液位计和静压液位计的探头面也会与水接触。从不接触的角度来讲，超声波液位计和雷达液位计是最好的选择，但因制药用水液位变送器需要卫生型设计且需要耐受高温消毒或灭菌，超声波液位计和雷达液位计的选用往往容易受到限制。

液位测量是过程控制的组成部分，液位测量分为液位开关/报警和连续液位测量/控制两个部分。液位开关用于指示液位已经达到一个预先设置的高度并输出一个开关信号，可用于控制开关阀将储罐液位从下限值灌装到上限值。常见的液位开关采用浮子和音叉的原理 [图 3-8-1（a）]；连续液位计 [图 3-8-1（b）] 能够提供一个系统完整的液位测量，能够测量整个测量范围内所有点的液位，可以提供与液位、距离、容积成正比的模拟输出信号。连续液位计分为与介质接触式和非接触式两种：与介质接触式是导向微波液位计和静压液位计；与介质非接触式是超声波液位计和雷达液位计。

(a) 液位开关　　　　　　　　(b) 连续液位计

图 3-8-1　液位测量

二、液位测量原理

（1）电容式液位计测量原理

电容式液位计是利用液体介电常数恒定时，极间电容正比于液位的原理进行设计的。因为纯化水或注射用水的液体介电常数偏差较小，不影响正常的液位检测，目前已广泛使用于制药用水储存与分配系统中。对于配料系统和在线清洗系统的储罐，因其电导率值会发生频繁变化，电容式液位计无法满足其液位监控要求。

（2）差压式液位计测量原理

差压式液位计测量原理为$\Delta p=\Delta \rho gh$，其中Δp为液相与气相的压力差；$\Delta \rho$为液相与气相的密度差；g为重力加速度常数；h为液位高度。采用罐体液相和气相压差来实现液位的监控。与电容式液位计一样，差压式液位计也已广泛使用于制药工艺中。与静压式液位计和电容式液位计相比，气相压力变化、水温波动和水中电导率值的变化均不会影响差压式液位计的检测准确度，同时，它也不受罐体安装高度的影响，因此，差压式液位计是制药用水与配液罐最理想的液位变送器。差压式液位计有两个传感探头，分别用于测定气相压力和液相压力，并安装于罐体上封头和罐体底部封头（或侧壁）上。图3-8-2为压差式液位计。

（3）浮子液位开关测量原理

浮在液面上的浮子根据液位改变其垂直位置，集成在浮子内的永久磁铁产生一个恒定的磁场，使磁场中的舌簧触点动作，浮子开关中带磁铁的浮子与舌簧触点是机械连接的，这样就构成一个液位开关触点，浮子开关上的机械止动器防止当液位连续上升时浮子的上升，从而使回路状态保持不变，只有当液位回落到该止动器之下时，浮子才复位，浮子液位开关不适用于密度较低（低于$0.7g/cm^3$）的介质和会产生涂层的介质。

（4）音叉液位开关测量原理

音叉由压电驱动，以其1200Hz机械共振频率振动，当音叉浸入液体中时，其振动频率发生改变，内置振荡器检测该变化并将其转换成开关信号，由于其测量元件简单坚固，因此不受被测液体的化学和物理性质的影响。图3-8-3为音叉液位开关。

图3-8-2　差压式液位计　　　　　　　图3-8-3　音叉液位开关

（5）静压液位计测量原理

液柱产生的静压为液体密度和液位的函数，安装在储罐底部或侧壁的压力传感器测量其相对于大气压力的表压，根据已知的介质密度，将测量值转换成液位，测量原理为$p=\rho gh$，其中p为压力；ρ为液体密度；g为重力加速度常数；h为液位高度。在气相压力（大气压）、液体密度和重力加速度一定的情况下，罐内液体压力和罐内液位高度成正比。静压液位测量几乎适用于所有介质，在没有压力或温度波动的情况下，储罐可采用静压式液位计进行液位监控，如原水罐或软化水罐。当罐体体积较小、水温波动频繁或罐体带压工作时，静压式液位计易发生液位漂移，故其较少使用在制药用水与液态配液系统的储罐中。

（6）超声波液位计的测量原理

超声波液位计的发送器以70kHz的频率向被测介质发射超声波短脉冲，这些脉冲被介质表面反射回来，并由发送器作为回波接收，该超声波脉冲从发射到接收所需的时间与距离成正比，也与液位成正比，集成的温度传感器检测储罐的温度，并将温度对信号运行时间的影响进行补偿，可将测得的液位转换为输出信号并作为测量值传送，如已知储罐形状，则可显示储罐内液体的容积。

（7）雷达液位计测量原理

雷达液位计包括电子壳体、过程接头、探头和传感器，探头以约 1ns 的间隔向被测介质发射雷达脉冲，这些脉冲被介质表面发射回来，并由探头作为回波接收，雷达波以光速传播，该雷达脉冲从发射到接收所需的时间与距离成正比，也与液位成正比，可将测得的液位转换为输出信号，并作为测量值传送。

第九节　其他

一、电磁阀

电磁阀是用电磁控制的工业设备，是控制流体的自动化元件。它可以用来控制气动、油压、水压系统管路的通断，在工业控制系统中可用于调整介质的方向、流量、速度和其他参数。电磁阀种类较多，最常用的有单向阀、安全阀、方向控制阀、速度调节阀等。电磁阀工作原理（图 3-9-1）是：以常闭型为例，通电时，电磁线圈产生电磁力把敞开件从阀座上提起，阀门打开；断电时，电磁力消失，弹簧把敞开件压在阀座上，阀门敞开。（常开型与此相反）

图 3-9-2 为某种电磁阀的外形图。

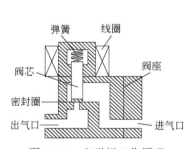

图 3-9-1　电磁阀工作原理

图 3-9-2　电磁阀外形

二、变频器

目前，变频调速技术在制药设备中应用广泛。变频器是变频调速系统的核心，主要由整流、滤波、逆变、控制单元、驱动单元、检测单元以及微处理单元组成。根据用途的不同，变频器可分为通用变频器和专用变频器。变频器的工作原理是：利用电力半导体器件的通断作用，将工频交流电变换成频率、电压连续可调的交流电的电能控制装置。在制药设备和空调系统中，变频器的作用是调速和节能。

三、工业摄像机

用于工业检测等领域的高分辨率彩色数字摄像机称为工业摄像机（图 3-9-3）。工业摄像机原理：当拍摄一个物体时，此物体上反射的光被摄像机镜头收集，使光聚焦在摄像器件的受光面（如摄像管的靶面）上，再通过摄像器件把光转变为电能，即得到了"视频信号"。光电信号很微弱，需通过预放电路进行放大，再经过各种电路进行处理和调整，最后将得到的标准信号送到录像机等记录媒介上记录下来，或通过传播系统传播或送到监视器上显示出来，或打印图文报告。工业摄像机还可以拍摄显微图像，测量拍摄物体的长度、角度、面积等。工业摄像机的特点：传输速度快；色彩还原性好，成像清晰；安装使用操作简单，可通过 USB 2.0 接口，不需要额外的采集设备，即插即用，即可获得实时的无压缩数码图像。如片剂外观检测设备用到了工业摄像机。

按摄像器件划分，工业摄像相机分为电真空摄像器件（摄像管）摄像机和固体摄像器件（CCD 器件、CMOS 器件）摄像机两大类。电真空摄像管开发早、种类多，但成本高，体积大，目前已经较少应用。固体摄像器件的优点：惰性小，灵敏度高，抗强光照射，几何失真小，均匀性好；抗冲振，没有微音效应；小而轻，寿命长。工业摄像机的发展趋势是小型化、轻量化、廉价化。

四、不间断电源

不间断电源不属于控制元件，但是在制药机械中经常用到，因此我们在这里简要介绍一下。不间断电源（uninterruptible power system/uninterruptible power supply，UPS）一般由充电器、逆变器、静态开关、蓄电池和控制部分组成，如图 3-9-4 所示。不间断电源作用是：①在电网电压工作正常时，给负载供电，同时给储能电池充电；②当突发停电时，UPS 电源开始工作，由储能电池供给负载所需电源，维持正常的生产；③当因生产需要，负载严重过载时，由电网电压经整流直接给负载供电。

图 3-9-3 工业摄像机

图 3-9-4 不间断电源

第四章
原料药机械与设备

第一节　疫苗类设备

一、概述

疫苗生产是一个从无到有、从混合物到高纯度目标物的过程。其中每一个步骤有其对应的工艺目标，主要是营造疫苗生产所需的物理、化学条件（如温度、pH、电导、溶解氧、物料混合比例等），同时为了保证最终产品的安全性，需要在设备生产前后进行设备处理（如 CIP、SIP）等。疫苗生产设备在生产操作过程中确保无菌是至关重要的。

二、疫苗类设备的分类

1. 分类

（1）根据设备的功能

① 生产主工艺设备　反应器以及离心、盐析、超滤、层析、灭活、配制、过滤等设备。

② 生产工艺辅助设备　配液系统、CIP 系统。

（2）根据培养细胞或菌种的生长条件

核心工艺设备"反应器"可以分为：

① 细胞罐　微载体细胞生物反应器、片状载体生物反应器、全悬浮生物反应器。

② 细菌罐　好氧发酵罐、厌氧发酵罐、兼性厌氧发酵罐。

2. 疫苗类设备的设计原则

（1）控制结构及控制策略原则

采用 PLC 或 DCS+HMI 或工业 PC 实现自动化生产的同时可以与相关设备进行交互操作，将运行数据被数据处理系统获取。控制目标材料自动化，减少人为干预，确保生产批次间的一致性，系统防止误操作，容错操作策略完善。

（2）可追溯原则

设计施工过程中，设计依据、设计文件、施工记录、调试记录、变更记录要集全，坚持"质量源于设计"的理念。在系统运行过程中，设备投入运行后生产过程的检测数据需要形成电子批记录，作为产品质量支撑体系的追溯文件。

（3）系统风险可控原则

在设计方案时需要分析设备相关部件、技术方案的重要性和关键性以及进一步分析技术方案的风险性。设备运行过程中要进行定期预防性维护、定制保养方案；应用新技术时需要进行严格的方案论证以保证方案的可行性。

三、反应系统

1. 反应系统组成

反应系统（图4-1-1）基本结构主要由罐体、搅拌系统、通气系统、温度控制系统、无菌补料系统、无菌重复取样系统、酸碱平衡系统以及自动化控制系统等组成，如图4-1-2所示。

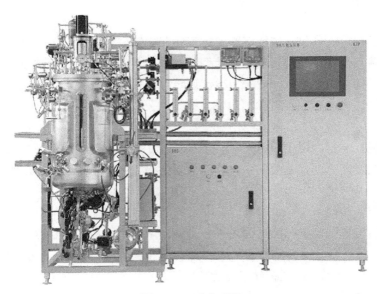

图 4-1-1　反应系统

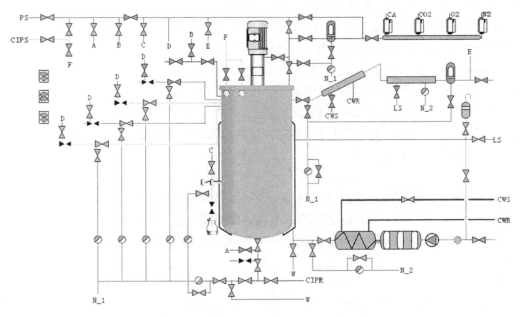

图 4-1-2　反应系统组成

2. 反应系统的功能

（1）清洗功能

生物反应器配备在线 CIP 供回液管路，连接专门的清洗设备 CIP 站来提供对生物反应器进行清洗的清洗液及清洗动力。清洗的对象包括生物反应器的罐体、补料管路、通气管路、取样管路、出液管路。清洗流程：纯化水冲洗→常温洁净压缩空气吹扫→碱液清洗→常温洁净压缩空气吹扫→纯化水冲洗→常温洁净压缩空气吹扫→注射用水冲洗→常温洁净压缩空气吹扫→清洗合格检测。

（2）灭菌功能

生物反应器具备自动灭菌功能，包含空罐灭菌和实罐灭菌。需要灭菌的设备包含罐体、补料管路、通气管路、取样管路、出液管路；其中管路灭菌可同罐体灭菌同时进行，也可单独进行。灭菌要求为灭菌温度 121℃维持 30min，罐体温度及各管路温度均达到此要求时灭菌结束。

（3）补料功能

培养基、营养液、细胞液、病毒液、酸碱液、消泡剂等补料，通过蠕动泵、软管、无菌加料管路来实现向罐内自动补加液体。

（4）通气功能

生物反应器具备通气功能，包含进行管路及排气管路。罐内通入的气体含洁净压缩空气、氧气、氮气、二氧化碳，这四种气体分别通过质量流量计调节，按比例混合后经过除菌过滤进入罐内。进气分为表层进气和深层进气，其中深层通气一般采用微泡通气，孔径很小的微泡通过烧结网通气头，这样减小气泡对细胞的剪切力。罐排气也要经过除菌过滤后排出罐外，以免污染环境。

（5）搅拌功能

生物反应器具备搅拌装置，用于罐内溶氧、传热传质。细胞培养需用低剪切力的搅拌桨叶，以免损伤细胞，搅拌转速不宜过高。现代主流的生物反应器配备磁力搅拌系统，其卫生型特点突出，且采用磁密封不易泄漏，维护维修方便。

（6）温度控制功能

生物反应器具备温度控制功能，能对罐内进行升温及降温。温控系统包含夹套补水管路、夹套循环管路、夹套溢水管路、升温蒸汽板式换热器、降温板式换热器、电加热器等，可自动控制罐内所需温度，培养温度可设定 30～40℃范围内，温控精度 ±0.2℃。

（7）灌流或流加培养功能

① 微载体细胞培养生物反应器具有旋转过滤器细胞截留装置，而篮式生物反应器具有篮子截留片状载体，这两种生物反应均采用灌流培养方式。灌流培养方式是指在细胞增长和产物形成过程中，一方面新鲜培养液不断地进入反应器内，另一方面又将培养液连续不断地取出，使细胞数和营养浓度处于一种恒定状态，可使细胞一直处于对数生长期状态的培养系统中。

② 悬浮细胞培养生物反应器是细胞直接悬浮于生物反应器内，不具有细胞的截留装置，因此采用流加培养方式，间歇或连续地向罐内加入新鲜培养液。

③ 灌流或流加培养功能可以采用设定蠕动泵自身参数来自动控制加料量，或者通过蠕动泵关联罐液位或罐体质量来自动控制加料量。

（8）检测控制功能

生物反应器具备压力传感器，关联进气与排气控制阀自动控制罐压力。生物反应器也具备液位传感器或称重传感器，关联进料和出液阀自动控制罐内液体体积或质量。此外，生物反应器还具备 pH 传感器，关联酸碱蠕动泵自动控制罐内 pH 值；具备 DQ 传感器，关联进气、罐压力、搅拌等参数，自动控制罐内溶氧值。

（9）取样功能

细胞培养过程中，需取样离线检测一些参数（如细胞浓度等），所以需设计罐侧壁取样功能。每次取样前可对取样管路进行单独灭菌，实现无菌取样。

（10）移液功能

培养完成后进行物料转移，可以通过蠕动泵抽取进行上出液，也可以通过罐底出液管路进行物料输送。转移前均对转移管路进行清洗灭菌处理，实现物料的无菌转移。

四、灭活系统

灭活是指用物理或化学手段杀死病毒、细菌等，但不损害它们体内有用抗原的方法。灭活的病毒具有抗原性，但失去感染力。经灭活后的疫苗使受种者产生以体液免疫为主的免疫反应，产生的抗体有中和、清除病原微生物及其产生的毒素的作用，对细胞外感染的病原微生物有较好的保护效果。

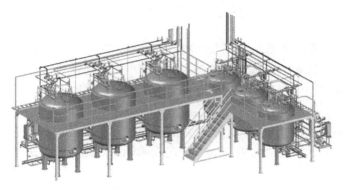

图 4-1-3　灭活系统

1. 灭活系统组成

灭活系统的基本结构主要由罐体、搅拌系统、通气系统、温度控制系统、无菌补料系统、物料转移系统、无菌重复取样系统及自动化控制系统等组成。图 4-1-3 为灭活系统的构造图。

2. 灭活系统功能

（1）清洗功能

灭活系统设有清洗球，通过 CIP 单元提供 CIP 清洗液对灭活罐及附件和进、出液制品转移管路进行清洗。清洗步骤：纯化水预冲洗→洁净压缩空气吹扫→碱液清洗→洁净压缩空气吹扫→纯化水冲洗→洁净压缩空气吹扫→高温注射用水冲洗→洁净压缩空气吹扫。

在 CIP 时，按照系统 PLC 编程的清洗程序自动完成清洗，可设置清洗程序、清洗时间和检测终点等。在 CIP 回流管路上设管道取样阀进行清洗淋洗液取样，离线检测有关参数。清洗终点以在线检测或经验证的清洗时间为终点控制清洗合格。

（2）灭菌功能

灭活系统设有纯蒸汽管路、自动控制阀、温度传感器、压力传感器和压力表，可进行在线 SIP。在线 SIP 的灭菌对象包括灭活罐、进液管路、出液管路、空气过滤器。灭菌时，管路灭菌可同罐体同时进行在线灭菌或根据需要进行单独灭菌，末端设有温度传感器和疏水阀。灭菌温度控制≥121℃，恒温时间30min；灭菌方式为空罐灭菌。灭菌合格后，保正压。

（3）补料功能

灭活系统补料包括原液、稀释液、灭活剂、阻断剂等。原液和稀释液通过固定管路由上游罐体无菌输送至灭活罐内，输入的量通过灭活罐自带计量装置计算；灭活剂在灭活前通过无菌补料口加入，灭活剂的加入量依据灭活罐内原液量通过蠕动泵或外部计量称计量；阻断剂在灭活后通过无菌补料口加入，阻断剂的加入量依据灭活罐内原液量、灭活剂量通过蠕动泵或外部计量称计量。补料管路可随罐体一起或单独进行 CIP/SIP。

（4）通气功能

灭活系统具备压力平衡功能，包含进行管路及排气管路。罐内通入洁净压缩空气进行保压、压液输送，进气方式为表层进气。罐排气也需经过除菌过滤后排出罐外，以免污染环境。根据客户要求，进、排气滤器可使用同一滤器，也可以进、排气滤器分开使用。

（5）搅拌功能

灭活系统具备搅拌装置，用于罐内传热传质，搅拌桨叶一般采用低剪切力的搅拌桨叶为主。灭活系统对搅拌强度要求不高，转速比较低，但因灭活系统运行时间较长，对搅拌的无菌要求很高。现在主流的配置为下磁力搅拌系统，其卫生型特点突出，且采用磁密封不易泄漏，维护维修方便。

（6）温度控制功能

对于不同的疫苗产品，灭活的温度要求、时长要求不同。根据不同的需求，可设计为独立控温和集中控温两种不同的温控系统。温控系统包含夹套补水管路、夹套循环管路、夹套溢水管路、升温蒸汽板式换热器、降温板式换热器、电加热器等，可自动控制罐内所需温度，温度在30~60℃范围内可设定，温控精度±0.2℃。灭活结束后，制品需要通过−5~0℃冷媒降温至2~8℃暂存，待检。

（7）检测控制功能

灭活系统具备温度传感器，关联灭菌控制阀或温控水进、排阀门；具备压力传感器，关联进气与排气控制阀自动控制罐压力；具备称重传感器，关联进料和出液阀自动控制罐内液体质量；具备 pH 传感器，关联酸碱蠕动泵自动控制罐内 pH 值或监测罐内 pH 值变化（选配）。

（8）取样功能

灭活罐侧壁设有无菌多次取样装置，用于灭活过程中、灭活后制品的取样离线检测。根据不同产品的要求，无菌取样可采用袋式取样（常温）和双通道灭菌阀（高温）两种类型。

（9）移液功能

灭活、待检合格后，进行物料转移，通过罐底出液管路进行物料输送。转移前均对转移管路进行清洗灭菌处理，实现物料的无菌转移。

五、乳化系统

乳化是将一种液体以极小液滴均匀分散在互不相溶的另一种液体中。乳化是液-液界面现象，两种互不相溶的液体，如油与水，在容器中分成两层，相对密度小的油在上层，相对密度大的水在下层。若加入适当的表面活性剂，在强烈的搅拌下，油被分散在水中，形成乳状液，该过程叫乳化。

1. 乳化系统组成

乳化系统的基本结构主要由罐体、搅拌系统、通气系统、温度控制系统、无菌补料系统、物料转移系统、无菌重复取样系统及自动化控制系统等组成。图4-1-4为乳化系统的构造图。

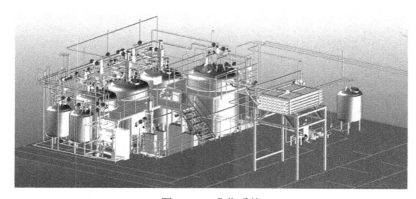

图 4-1-4　乳化系统

2. 乳化系统功能

（1）清洗功能

乳化系统设有清洗球，通过 CIP 单元提供 CIP 清洗液对乳化罐及附件和进、出液制品转移管路进行清洗。清洗步骤：纯化水预冲洗→洁净压缩空气吹扫→碱液清洗→洁净压缩空气吹扫→纯化水冲洗→洁净压缩空气吹扫→高温注射用水冲洗→洁净压缩空气吹扫。

CIP 清洗时，按照系统 PLC 编程的清洗程序自动完成清洗，可设置清洗程序、清洗时间和检测终点等。在 CIP 回流管路上设管道取样阀进行清洗淋洗液取样，离线检测有关参数。清洗终点以在线检测或经验证的清洗时间为终点控制清洗合格。

（2）灭菌功能

乳化系统设有纯蒸汽管路、自动控制阀、温度传感器、压力传感器和压力表，可进行在线 SIP。在线 SIP 灭菌对象包含乳化罐、进液管路、出液管路、空气过滤器。灭菌时，可与罐体同时进行在线灭菌或根据需要进行单独灭菌，末端设有温度传感器和疏水阀。灭菌温度控制≥121℃，恒温时间 30min；灭菌方式为空罐灭菌。灭菌合格后，保正压。

（3）补料功能

乳化系统的补料包括原液、乳化剂等。原液通过固定管路由上游罐体无菌输送至乳化罐内，原液进料过程的流速及总量需要进行控制。乳化剂通过固定管路由上游罐体实消后无菌输送至乳化罐内或在乳化罐内进行实消。不同产品类型，如油包水、水包油等原液和乳化剂的添加比例、添加顺序不同，视具体工艺而定。

（4）通气功能

乳化系统具备压力平衡功能，包含进行管路及排气管路。罐内通入洁净压缩空气进行保压、压液输送，进气方式为表层进气。罐排气也经过除菌过滤后排出罐外，以免污染环境。根据客户要求，进、排气滤器可使用同一滤器，也可以将进、排气滤器分开。乳化系统要特别注意排气滤芯材质需单独选择，避免乳化剂堵塞滤芯。

（5）搅拌功能

① 低黏度乳化　低黏度乳化主要以水包油类产品为主，制品黏度一般在 100cP 以内，搅拌转速 200r/min，普通桨叶即可达到乳化的目的，8T 以内的罐体均可选择磁力搅拌。

② 高黏度乳化　高黏度乳化主要以油包水类产品为主，制品黏度由几百到几千厘泊不等，且乳化困难。这种制品需要特制的高转速搅拌加高剪切乳化头才能完成。

③ 管线式乳化　针对在罐内大空间下无法达到乳化效果或乳化效率低的制品，需要在乳化系统上增加一个高剪切泵。

（6）温度控制功能

对于不同的疫苗产品，乳化的温度要求、时长要求不同。根据不同的需求，可设计为独立控温和集中控温两种不同的温控系统。温控系统包含夹套补水管路、夹套循环管路、夹套溢水管路、升温蒸汽板式换热器、降温板式换热器、电加热器等，可自动控制罐内所需温度，温度在25～40℃范围内可设定，温控精度±0.2℃。

（7）检测控制功能

乳化系统具备温度传感器，关联灭菌控制阀或温控水进、排阀门；具备压力传感器，关联进气与排气控制阀自动控制罐压力；具备称重传感器，关联进料和出液阀自动控制罐内液体质量；具备 pH 传感器，关联酸碱蠕动泵自动控制罐内 pH 值或监测罐内 pH 值变化（选配）；具备流量传感器，关联进料阀自动控制进料流速。

（8）取样功能

乳化罐侧壁设有无菌多次取样装置，用于乳化过程中、乳化后制品的取样离线检测。乳化的取样多采用双通道灭菌阀（高温）类型。

（9）移液功能

乳化合格后进行物料转移，通过罐底出液管路进行物料输送。转移前均对转移管路进行清洗灭菌处理，实现物料的无菌转移。

六、超滤纯化系统

超滤是指利用切项流膜系统对制品进行浓缩或提纯的一种工艺。

1. 超滤纯化系统组成

超滤纯化系统的基本结构主要由罐体、搅拌系统、通气系统、温度控制系统、无菌补料系统、物料转移系统、超滤膜包、超滤夹具、超滤泵、取样系统及自动化控制系统等组成（图4-1-5）。

图 4-1-5　超滤纯化系统

2. 超滤纯化系统功能

（1）清洗功能

超滤纯化系统设有清洗球，通过 CIP 单元提供 CIP 清洗液对超滤罐及附件和进、出液制品转移管路进行清洗。清洗步骤：纯化水预冲洗→洁净压缩空气吹扫→碱液清洗→洁净压缩空气吹扫→纯化水冲洗→洁净压缩空气吹扫→高温注射用水冲洗→洁净压缩空气吹扫。

CIP 清洗时，按照系统 PLC 编程的清洗程序自动完成清洗，可设置清洗程序、清洗时间和检测终点等。在 CIP 回流管路上设管道取样阀进行清洗淋洗液取样，离线检测有关参数。清洗终点以在线检测或经验证的清洗时间为终点控制清洗合格。

超滤纯化系统清洗操作顺序：①使用前，超滤罐清洗→超滤膜包排碱→超滤膜包注射水洗；②使用后，超滤罐清洗→超滤膜包纯化水洗→超滤膜包碱洗→超滤膜包注射水洗→超滤膜包碱封→超滤罐清洗。

（2）补料功能

超滤纯化系统补料包括制品、低温注射用水、碱液、缓冲液等。制品通过固定管路由上游罐体输送至超滤罐内，根据超滤工艺不同可为一次性加入或根据罐内质量连续加入。碱液由配液系统通过硬管输送至超滤罐内用于超滤膜包的清洗及保存。缓冲液由配液系统通过硬管输送至超滤罐内用于制品的纯化，加入方式为根据罐内质量连续加入。

（3）通气功能

超滤纯化系统具备压力平衡功能，包含进行管路及排气管路。罐内通入洁净压缩空气进行保压、压液输送，进气方式为表层进气。罐排气也经过除菌过滤后排出罐外，以免污染环境。超滤纯化系统进、排气滤器应使用同一滤器。

（4）搅拌功能

超滤纯化系统具备搅拌装置，用于罐内传热传质，搅拌桨叶一般采用低剪切力的搅拌桨叶为主。超滤纯化系统对搅拌强度要求不高，转速比较低，现在主流的配置为下磁力搅拌系统，其卫生型特点突出，且采用磁密封不易泄漏，维护维修方便。

（5）温度控制功能

超滤工艺本身没有对温度的要求，室温即可。但大多数产品超滤后需要进行配制或暂存，所以一般超滤纯化系统都具备 2～8℃低温控制功能。

（6）检测控制功能

超滤纯化系统具备温度传感器，关联灭菌控制阀或冷媒水进、排阀门；具备压力传感器，关联进气与排气控制阀自动控制罐压力；可检测超滤膜包进液端、回流端、透过端的压力；具备称重传感器，关联进料和出液阀自动控制罐内液体质量；具备 pH 传感器，关联酸碱蠕动泵自动控制罐内 pH 值或监测罐内 pH 值变化（选配）；具备电导率传感器，监测超滤膜包透过端、回流端电导率值；具备电磁流量传感器，监测超滤膜包透过端、回流端流量。

（7）取样功能

超滤罐侧壁设有非无菌取样装置，用于制品的取样离线检测。超滤的取样采用单通道取样阀或针刺取样阀。

（8）移液功能

超滤罐、超滤罐出液管路、超滤泵、超滤膜包、超滤罐回液管路形成一个闭合回路，大分子物料回流至罐内，小分子透过超滤膜包至收集罐或排至废水管道，实现不同分子量大小物料的分离。

（9）透析

用低温水或缓冲液交换原有制品中不需要的盐溶液，使产品中盐溶液离子浓度或成分满足下一步工艺操作的要求。

七、配液系统

1. 配液系统组成

配液系统的基本结构主要由罐体、搅拌系统、通气系统、温度控制系统、补料系统、取样系统以及自动化控制系统等组成。图4-1-6是配液系统的构造。

图4-1-6 配液系统

2. 配液功能

（1）清洗功能

配液系统配备在线 CIP 供回液管路，连接专门的清洗设备 CIP 站来提供对生物反应器进行清洗的清洗液及清洗动力。清洗的对象包括生物反应器的罐体、补料管路、通气管路、取样管路、出液管路。清洗流程：纯化水冲洗→常温洁净压缩空气吹扫→碱液清洗→常温洁净压缩空气吹扫→纯化水冲洗→常温洁净压缩空气吹扫→注射用水冲洗→常温洁净压缩空气吹扫→清洗合格检测。

全自动配液系统

（2）灭菌功能

无菌配液系统具备自动灭菌功能，包含空罐灭菌和实罐灭菌。灭菌包含罐体、补料管路、通气管路、取样管路、出液管路；管路灭菌可同罐体灭菌同时进行，也可单独进行。灭菌要求为灭菌温度 121℃维持 30min，罐体温度及各管路温度均达到此要求时灭菌结束。非无菌配液系统具备罐体、出液管路灭菌，可进行定期消毒或不具备灭菌功能。

（3）补料功能

无菌配液系统具备无菌进液管路用于无菌浓溶液，调 pH 酸、碱物料添加；具备无菌水进液管路。非无菌配液系统的固体物料通过人孔或投料孔手工加入；水通过硬管自动加入或软管手工接入；调 pH 酸、碱物料通过备用口手动加入。

（4）通气功能

配液系统具备压力平衡功能，包含进行管路及排气管路。罐内通入洁净压缩空气进行保压、压液输送，进气方式为表层进气。罐排气也经过除菌过滤后排出罐外，以免污染环境。配液系统进、排气滤器应使用同一滤器。

（5）搅拌功能

配液系统具备搅拌装置，用于罐内物料溶解、混合、传热传质；机械搅拌、磁力搅拌、低剪切、高剪切、低转速、高转速，根据不同工况有针对性设计。

（6）温度控制功能

① 高温助溶 低温不易溶解的物料需要提高配液温度，以提高配液效率，通常采用夹套通入工业蒸汽的方式实现。

② 低温储藏 很多配液罐配液之后并不会马上使用或一次性使用完，液体需在罐内储存一段时间，为减少微生物负荷，罐内需要控温在 2～8℃。

（7）检测控制功能

配液系统具备压力传感器，关联进气与排气控制阀自动控制罐压力；具备液位传感器或称重传感器，关联进料和出液阀自动控制罐内液体体积或质量（选配）；具备 pH 传感器，关联酸碱蠕动泵自动控制或监测罐内 pH（选配）；具备电导率传感器，关联蠕动泵自动控制或监测罐内电导率（选配）。

（8）取样功能

对于无菌配液系统，设计罐侧壁应具有取样功能，每次取样前可对取样管路进行单独灭菌，实现无菌取样。对于非无菌配液系统，设计罐侧壁应具有取样功能，采用单通道取样阀或普通隔膜阀进行取样。

（9）移液功能

配液系统出液可采用离心泵输送至使用对象（循环）或通过配液罐液压输送至使用对象。根据使用对象的无菌性要求，可选择出液管路是否灭菌及增加除菌过滤装置。

第二节　分离设备

制药过程中的分离操作指根据物态、粒径、密度、分子大小、吸附性质的不同，将混合在一起的不同物态、颗粒、分子分开的过程。分离包括固液分离、气液分离、液液分离、气固分离、固固分离、分子与分子之间的分离等。例如，原料药生产过程中的物料结晶过滤、液体制剂生产过程中的过滤，属于固液分离；流化床干燥机中滤袋将小粉末和空气分离，空气净化系统中对空气的过滤，属于气固分离。固固分离也称为筛分或筛析；色谱分离也称为层析，依靠吸附性质的不同将不同的分子与分子分离，如可用于液体中不同的蛋白质、多肽等可溶性大分子的分离。在生物制药过程中，层析是最重要的分离纯化手段。

本节主要介绍固液分离，即将分散在液体中的固体颗粒与液体进行分离。其中蝶式分离设备和管式分离设备是依靠密度不同将固体颗粒与液体分离；板框压滤机、钛滤棒、套筒式过滤器、膜分离设备是根据粒径不同将固体颗粒和液体分离。比较特殊的是，膜过滤中孔径最小的反渗透膜过滤，可以将无机盐分子和水分子分离。

一、碟式分离设备

1. 碟式分离机概述和分类

（1）用途

碟式分离机的分离因数一般大于3500。分离因数是悬浮液或乳浊液在离心力场中所受的离心力与其重力的比值，即离心加速度与重力加速度的比值，转鼓的转速一般为4000~12000r/min。常用于高度分散物系的分离，如密度相近的液-液组成的乳浊液，高黏度液相中含细小颗粒所组成的液-固两相悬浮液等。碟式分离机由于分离因数高，生产能力大，可以处理一般离心分离机难以有效分离的高分散的液-液两相乳浊液和固相沉降速度很小的液-固两相悬浮液。

（2）历史

碟式分离机首创于19世纪70年代，首先用于牛奶的分离。广泛应用在制药、食品等领域。

（3）分类

碟式分离机按排渣方式可分为人工排渣、喷嘴排渣和活塞排渣三种机型；按分离功能不同，可分为固-液两相悬浮液的澄清分离和液-液-固三相乳浊液的离心分离两种机型。

2. 设备基本原理、结构、特点、适用范围

（1）基本原理

碟式分离机是立式离心机，转鼓安装在立轴上端，通过传动装置由电动机驱动而高速旋转。转鼓内有一组互相套叠在一起的碟形零件——碟片束，碟片之间留有很小的间隙。料液由位于转鼓中心的进料管加入转鼓，当料液流过碟片之间的缝隙时，固相颗粒（或液滴）在离心力作用下沉降到碟片上形成沉渣（或液层）。沉渣沿碟片表面滑动而脱离碟片并聚集在转鼓内直径最大的部位，分离后的液体从出液口排出转鼓。碟片的作用是缩短固体颗粒（或液滴）的沉降距离，扩大转鼓的沉降面积，大大提高了分离机的生产能力。积聚在转鼓内的固体可在分离机停机后由人工拆开转鼓进行清除，或通过排渣机构在不停机状态下从转鼓内由离心力排出。图4-2-1为碟式分离机工作原理示意。

（2）基本结构

碟式分离机主要由转鼓、传动系统、进出料装置、机座、机壳及控制系统等组成（图4-2-2）。机座上安装的电机通过离心离合器、横轴、螺旋齿轮副及立轴带动转鼓高速旋转。立轴为挠性轴结构，转鼓安装在立轴上端。碟式分离机转速较高，增速传动机构除采用螺旋齿轮副外，也可用皮带传动结构或电机直联结构来实现。机壳大部分为圆筒形或圆锥形，机壳下部固定在机座上，上部装有进出料装置，机

壳内是高速旋转的转鼓组件。转鼓内装有碟片架和若干碟片组成的碟片束，转鼓上部设有收集澄清液的集液室和撇液泵。碟式分离机大多设有自动控制系统，实现分离机的自动加料、排渣、清洗、启动、停机等功能。图4-2-3为碟式离心机外形图。

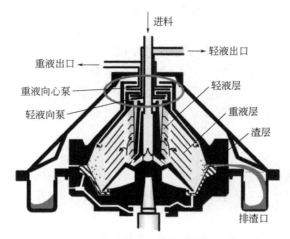

图 4-2-1　碟式分离机工作原理示意

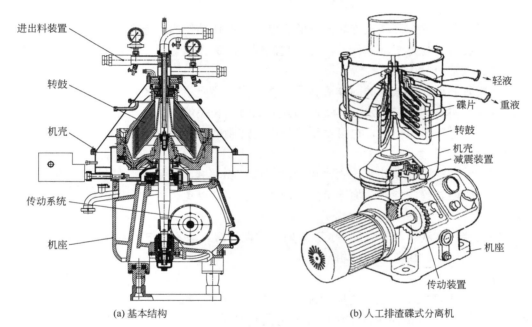

(a) 基本结构　　　　　　　　(b) 人工排渣碟式分离机

图 4-2-2　碟式分离机结构

（3）简要工作过程

碟式分离机电机接通电源启动 6～9min 后，转鼓即可达到工作转速。机器全速后，方可打开进料阀门，先把阀门开小待澄清的液体流出液体出口后，将阀门开到预定的流量，进行液体的分离或澄清。物料由进料管进入碟片架的下部，经碟片上的中性层流道孔由下向上流动，进入每个碟片之间。高速旋转的转鼓内产生强大的离心力，使物料的轻、重两相液体及固相被各自分离开，轻、重液则通过其向心泵被连续输出，固相则沉积在转鼓内，当固相存量达到一定量时将其排出。高速旋转的转鼓内排渣操作是用水控制滑动转鼓来完成的，当水进入滑动转鼓下部工作腔时将滑动转鼓顶起与转鼓盖接触形成密闭空腔，物料在其内被分离，当将滑动转鼓下部工作腔的工作水释放，滑动转鼓与转鼓盖分开，在离心力的作用下将容渣腔内的沉渣排出。

图 4-2-3　碟式离心机外形图

（4）设备可调工艺参数的影响

碟式分离机的进料一般由高位槽完成，对于黏度大的液体，也可采用泵进料。一般加料分离后，可用调节轻、重液相出口背压来调整中性层的位置，以求得最好的分离效果。当轻液出口背压增加时，中性层向外移；当重液出口背压增加时，中性层向中心移动。一般，轻、重液相对密度差小时，轻、重液调整环直径差以小为好；轻、重液相对密度差大时，轻、重液调整环直径差以大为好。若两调整环直径差过大时，重液中将含有轻液的成分；若调整环直径差过小时，轻液中将含有重液成分。

也可以用实验的方法选择向心泵的直径，即经过分离试验后，检测轻、重液分界面（中性层）的位置来确定，适当取出几张碟片，就可以在碟片的内表面看到分界线。当分界线正好通过流道孔时，向心泵选择正确。如果分界线不在流道孔位置而靠近中心时，说明重液泵直径过小；反之，如果分界线靠近碟片的大端时，说明重液泵直径过大。

（5）特点

碟式分离机是一种效率高、产量大、占地面积小、自动化程度高的先进离心分离设备。适合固含量较低的悬浮液、相对密度差较小的互不相容的液体分离，是制药、食品、化工、生物制品、饮料制品等多个行业的必备设备。

3. 操作注意事项、维护保养要点、常见故障及处理等

（1）操作注意事项

碟式分离机启动前应确定：转鼓旋转方向的正确与否；传动箱内有无合适量的润滑油；机械各连接处是否稳妥可靠；旋转时与外壳上的各部件有无刮碰现象；进出料管及工作水管有无泄漏现象；机械控制和电气控制是否灵活可靠等。

机器工作一段时间后，转鼓内的固体渣存量可能影响分离质量，需要排出固体渣料。将工作水阀关闭，打开排渣水阀，将固体沉渣排出。排渣水阀开启的时间长短能控制排渣量的多少，需由实际情况测定。排渣控制可由手操作机械控制，也可由手操作电控控制或由程序自动控制。当需要程序控制时，要求物料的进料量及比例要稳定。

工作水要求为洁净的工业软化水，否则可因污物或结垢堵塞工作水路，使机器不能正常工作。

不要将机器外壳的各管口堵塞或加接可进入液体的管路，以免因误操作时液体或溢出的物料进入传动箱内损坏机件。

机器工作期间要经常观察机器的运转情况，如果发现异常立即关闭电源，停止进料并关闭工作水阀，严禁人为的强制制动停机，由其自由停机。

（2）维护保养

分离机根据实际生产状况不同，均应定期进行维护和保养。机器工作期间要经常检查其运转情况，注意电机的电流是否正常，传动箱内的油温度不能超过环境温度45℃，油中有无混入其他物质，振动是否正常，螺纹连接是否松动，运转声音是否正常等。如果发现异常应立即停机检查，及时处理解决，决不可继续运转操作。机器运转一定时间要更换润滑油，注入新润滑油前要将箱内清理洁净，更换周期由机器的使用情况而定。初次换油周期应短一些，不可用再生油或其他机械使用过的不洁净油。

① 分离机转鼓部分的维护要求　为了保证机器正常运转，必须根据物料性质、物料含渣量和使用情况进行清洗，清洗周期由实验确定。为了尽量延长拆洗的周期，物料中的含渣量不要过高。不可使用对零部件有腐蚀性的液体清洗部件。一般转鼓的清洗，只需打开转鼓盖，排出渣垢，清洗碟片。只有需要清洗转鼓外面或是清洗检修转鼓的排渣机构时，或是为了防止转鼓与主轴咬死而需要涂油时，才将转鼓从主轴上拆下，进行全面清洗。转鼓与主轴间涂油的周期由实验确定。对新机器最少每月涂一次。涂油不能太多，要求均匀的薄薄一层。对于有腐蚀性的物料，每次装拆必须谨慎，且勿磕碰或装错，大锁紧圈必须对正标记"0"，如果超越25°时，必须重新校正平衡。如果不用锤，用扳手快速拨动几次就能到"0"标记时，就必须增加碟片，使大锁紧圈在旋紧过程中有足够的压紧力；碟片要一片一片地增加。分离机连续使用两年，或机器振动烈度超过 4.5mm/s 而不能降低时，则需对机器的轴

承进行检查，对转鼓部分进行动平衡校验，对转鼓体、锁紧圈、转鼓盖、滑动活塞、立轴进行无损探伤检测。以后每二年均需探伤一次，以防止零件疲劳损坏。

② 分离机立轴部分的维护要求　要特别保护主轴的锥面。立轴部分在工作过程中一直处于高速状态，并传递动力。其轴向和径向均由弹簧支承在机身上，因此弹簧的精度很高，不得随意用其他弹簧替代。弹簧室内的辐射弹簧必须成组同时更换，而不允许单只更换，以防止影响机器的运转精度。立轴上的轴承均为高精度进口轴承，装拆过程要特别注意保护其配合部位，同时认真清洗，用手推就可以，不允许用锤头重击，以免影响其精度。立轴本身因长期高速运转，主要会产生疲劳现象，连续使用两年后，立轴必须进行一次表面无损探伤，防止因疲劳产生很小的裂纹。以后每二年探伤一次。

③ 分离机横轴部分的维护要求　离合器的摩擦片要 6 个月同时更换。齿轮磨损时，齿轮对要两件同时更换。横轴上的液力耦合器有过载保护装置（即易熔合金保护塞），当液力偶合器内部的油温超过110℃时，会自动熔化，使分离机失去原动力。如出现该情况必须查明原因，排除故障，方可继续启动。因此在调试分离机时，如确需停机时，每两次启动的间隔时间不得小于 4h，以防止易熔塞熔化。耦合器用油正常情况每工作 10000h 更换一次。分离机若较长时间不生产时，应将转鼓内的所有零件拆下，并清洗干净，摆放在通风干燥处。橡胶件要注意防潮、防晒、防尘，以防止橡胶老化。注意：不同机器上的零件不能互换，碟片必须按序号顺序安装。在装拆过程中要防止工件的磕、碰和撞击现象，做到小心轻放。

（3）碟式分离机常见故障及处理方法

碟式分离机常见故障问题及处理见表4-2-1。

表 4-2-1　碟式分离机常见故障及处理方法

故障现象	产生原因	处理方法
转鼓达不到额定转速或启动时间过长	制动手柄未松开	按下刹车手柄
	液力耦合器内油太少	添加耦合器油
	机器内部有机械碰擦	检查机器的安装情况
	大螺旋齿轮打滑	锁紧大螺旋齿轮
	离合器摩擦片损坏或有油	更换或清洗摩擦片
	电源电压下降	检查电压
	轴承有故障	更换轴承
	电机故障	更换维修电机
启动过快,启动电流太高	液力耦合器内油太多	检查液力耦合器内油位,适当减少耦合器用油
操作中转鼓失速	液力耦合器漏油	检查液力耦合器是否漏油
	电机减速	检查电源电压和电机
	排渣太频繁	等电流恢复正常才能进行手动排渣
分离机运转不平稳	转鼓部分装配是否正确	检查转鼓装配情况,重新装配转鼓
	立轴轴承精度下降	更换立轴轴承
	立轴的上、下弹簧损坏	更换一套弹簧
	橡胶隔震垫失去弹性	更换新垫圈
	基础太薄弱	加固基础
	大小螺旋齿轮磨损过大或损坏	停机检查齿轮箱,更换齿轮和润滑油
	转鼓内物料堵塞	进行几次部分排渣
	转鼓内零件磨损影响动平衡精度	检查后进行重新平衡校验
声音异常	机器内部擦碰	停机检查原因,调整转鼓高度
	机盖内积余残渣无法排出	停机清理机盖内沉渣
转鼓不密封（应立即停止进料）	操作水压力太低	操作水压力调至 0.25MPa 以上
	电磁阀（密封阀）故障	检查电磁阀是否堵塞,清洗阀芯
	转鼓盖与滑动活塞平面密封损坏	检查平面密封
	滑动活塞密封损坏	检查滑动活塞的密封质量,更换损坏的密封圈
	小活塞和阀体上的密封圈损坏	更换损坏的密封圈

故障现象	产生原因	处理方法
排渣不畅	滑动活塞不灵活	检查清理活塞和转鼓体的结合面
	排渣时间太短	调节自动控制仪的排渣时间
	排渣电磁阀故障	检查电磁阀（接线）
冒气泡	背压太低	提高背压
机器自由停车时间短	轴承损坏	更换轴承
	其他机件损坏	维修
	轴承轴向间隙小	调整间隙
澄清效果不好	分离温度不对	重新验证调整
	存渣室过满	清洗
	处理量太大	减小流量

4. 发展趋势

碟式分离机的发展趋势主要是其应用行业和品种数量的增加以及分离机主要零部件的材料选用与检测。目前，现有碟式分离机的排渣控制还停留在依靠经验法，未来可通过设定时间周期控制，做到更加精密地控制排渣量，以减少料液损失，也可采用对转鼓沉渣区的填充度进行监测，即采用"自思维"控制系统，让转鼓自动发出排渣信号并自动完成排渣动作。

二、管式分离设备

1. 管式分离机概述和分类

（1）用途

管式分离机（图 4-2-4）分离因数一般高达 12000～24000，是工业离心机中分离因数最高的设备。适用于液相黏度大、固相浓度少、颗粒细、固-液（液-液）密度差小的悬浮液的澄清或乳浊液的分离。

图 4-2-4　管式离心机外形图

在制药领域中常用于血液制品、生物制品、中药提取、保健品、蛋白质、细菌培养液等分离。

（2）历史

我国 20 世纪 70～80 年代从国外引进并广泛应用于生物制药领域。

（3）分类

管式分离机分为 GF 分离型和 GQ 澄清型两种。GF 分离型管式分离机适用于轻液与重液密度差小及分散性很高的乳浊液的分离；GQ 澄清型管式分离机适用于固体含量低于 1%、固体颗粒小于 5μm 以及固体与液体的密度差很小的悬浮液的澄清。

2. 设备基本原理、结构、特点、适用范围

（1）基本原理

GQ/GF 型管式分离机转鼓上部连接的是细长的挠性主轴，转鼓下部底轴由径向可滑动阻尼浮动轴承限幅，挠性主轴同连接座缓冲器与被动轮连接，电机通过传动带、张紧轮将动力传递给被动轮，从而使转鼓绕自身重心高速旋转，形成强大的离心力场。物料由底部进液口射入，离心力迫使料液沿转鼓内壁向上流动，且因料液不同组分的密度差而分层。密度大的液相形成外环，密度小的液相形成内环，流动到转鼓上部各自的排液口排出，密度最大的微量固体沉积在转鼓内壁上形成沉渣层，当沉渣层影响到液相澄清度时，停机后人工卸除。图 4-2-5 所示为 GQ/GF 型管式分离机工作原理示意。

（2）基本结构

管式分离机为立式结构，主要由转鼓、机身、传动部件、主轴、集液盘、进液轴承座等主要部件构成（图 4-2-6）。管式分离机结构比较简单，管状的转鼓悬挂在上轴承系统中的细长挠性主轴上，转鼓下

部安装在滑动轴承中，该滑动轴承为径向可滑动的阻尼轴承，从而防止转鼓产生过大的摆动。电机通过平皮带传动带动挠性主轴和转鼓高速旋转。细长的挠性主轴通过弹性连接悬挂在机器上部被动轮中的轴承上，这种结构使转鼓具有自动对中特性，其临界转速远低于工作转速，即使转鼓内物料分布有稍许不平衡，分离机仍然能够平稳运转。机身一般较重，主要起支撑和固定作用，机身内部可安装换热管，对高速运转的转鼓及物料起到保温或降温作用。转鼓内沿轴向装有细长的三叶板，或在转鼓下部装有较短的半圆形四叶板，其作用是带动转鼓内的物料与转鼓同速旋转。物料由进液轴承座内的喷嘴从下向上进入转鼓内部后从上部出液口排出，在转鼓上端附近装有集液盘，收集排出的液体。

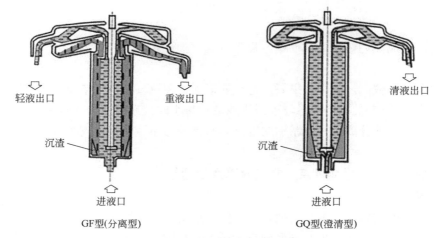

图 4-2-5　GQ/GF 型管式分离机工作原理

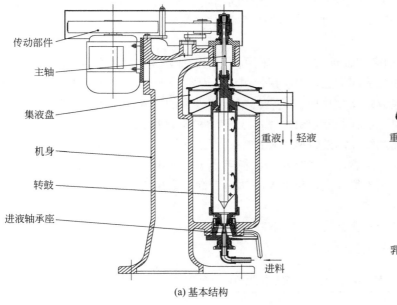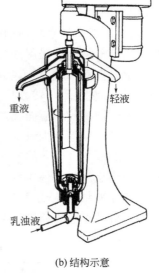

图 4-2-6　管式分离机结构

（3）简要工作过程

管式分离机电机接通电源等待 60～90s，转鼓即可达到工作转速。机器全速后，方可打开进料阀门，先把阀门开小待澄清的液体流出集液盘的接口后，将阀门开到预先测定的流量进行液体的澄清，在分离的过程中最好不要中途停止加料。

分离操作中，观察液体流量是否正常，澄清度是否满足澄清要求，分离的液体质量可采用如浊度仪、灯检、台式离心机离心等手段定时检测，待到出液口的液体开始变浑时停机排渣。停机前必需先关掉进料阀门，等到集液盘不流液体时方可关机，切断电源，自由停机。

排渣与清洗转鼓：取下转鼓戴上保护帽，放在固定架上，用专用扳手拆开转鼓的底轴，用拉钩取出三翼板，用刮板、铲子将转鼓内的沉渣及固相物清除，并清洗干净。

（4）设备可调工艺参数的影响

管式分离机工作时当液体中所含的杂质或固相物百分率低于 0.5%～1%时，该机可发挥最理想的分离效果,如果百分率高于 1%时，建议先做澄清处理。进料一般用高位槽，对于黏度大的液体，也可用泵进料。物料经喷嘴进分离机的压力视物料的性质而定，但至少要向上喷到转鼓的一半。如果压力太低，则部分液体将不进入转鼓而由下部的进液轴承座中的溢流口流出；如果压力太高则影响分离质量，还易引起机器的振动。进料管的内径应足够大,可以用阀门控制，可根据流速及产量来定。分离机备有三到五种直径不同的喷嘴，而喷嘴的选择取决于物料的分离质量及产量。如果质量要求高产量小时，使用小直径的喷嘴；反之亦然，如果质量要求低产量大时，使用大直径的喷嘴。

（5）特点

管式分离机具有分离能力强，结构简单，操作维修方便，占地面积小等特点。

（6）适用范围

管式分离机的分离因数高，分离效果好，适于处理固体颗粒直径小于 5μm、固相浓度小于 1%、轻相与重相的密度差大于 0.01 的难分离悬浮液或乳浊液，每小时处理能力为 100～3000L。管式分离机常用于油水、细菌、蛋白质的分离以及香精油的澄清等。特殊的超速管式分离机可用于不同密度气体混合物的分离、浓缩。

3. 操作注意事项、维护保养要点、常见故障及处理等

（1）操作注意事项

管式分离机属于高速旋转的设备，它的零部件都是精密加工的旋转部件，所以操作时应注意以下事项：不允许分离密度大于 $1.2g/cm^3$ 的物料和温度大于 95℃或低于-20℃的物料。所有联接件必须紧固，主轴螺帽必须拧紧。转鼓与主轴连接后，检查连接座的传动销是否在缓冲器孔内，否则不允许启动机器。检查集液盘的锁紧螺母是否正确锁紧，否则允许启动机器。

（2）维护保养

① 机器的润滑　张紧轮内的高速轴承的润滑是采用特种润滑脂润滑，每 3 个月时间更换一次。主轴传动系统的高速轴承润滑采用同样的润滑脂，周期视使用情况而定，一般每 2～3 月加注一次。进液轴承座中滑动轴承系自润滑轴承，建议每次使用时，旋转油杯可使少量的特种润滑脂进入轴承的内表面。

② 机器的安装使用　转鼓是机器的心脏部位，需经过严格的动平衡试验，使用中不得摔碰。转鼓拆卸时，应仔细保护螺纹的端面及螺纹面，及时戴上保护帽。主轴存放时，必须吊挂起来，防止变形。转鼓与底轴装配时，应涂上少量的润滑脂，拧紧时在专用扳手上不得加用套管，可用钳工锤敲击扳手，以达到对位锁紧的目的。电线的接头不得裸露，机器本身接地良好。如果机器产生强烈的振动或有异常声音时，应立即停止加料，停车并检查。

（3）管式分离机常见故障及处理方法

管式分离机常见故障问题及处理见表 4-2-2。

表 4-2-2　管式分离机常见故障及处理方法

故障	检查部件	处理方法
振动大	检查转鼓与主轴的结合处	用细油石将压痕、划伤精心修复，用 V 块将转鼓两端架起，用百分表在主轴的最外端测量主轴径向跳动，任意方向装配均在 0.15mm 以内
	检查主轴是否弯曲	用顶针将主轴两端的中心孔顶起，用百分表检查各部径向跳动小于 0.05mm
	检查转鼓底轴上的轴套是否损坏	严重磨损更换新零件
	检查进液轴承座中滑动轴承是否损坏	滑动轴承与轴套之间的间隙达 1mm，应更换新零件，或将滑动轴承翻转后再安装使用，待再次磨损后更换
	检查弹簧是否损坏或疲劳	弹簧损坏应立即更换
	检查三翼板的装配位置是否与转鼓的标记相对位	使其重新对位
	检查转鼓与底轴的对位标记是否相对位	如位置差达 20mm，应更换密封垫，使之重新定位
	检查高速轮内的缓冲器是否损坏	如损坏，更换
	检查主轴上端的锁止螺钉是否松动	拧紧锁止螺钉

故障	检查部件	处理方法
振动大	检查张紧轮部件在运转中的振动情况	维修调整
	主轴传动系统的高速轴承损坏	如损坏,更换新轴承
	转鼓本身的平衡精度破坏 (原因:拆装变形,清洗碰撞使用变形)	重新校正转鼓动平衡
噪声大	检查主轴传动部件中高速轴承的运转情况	耳听:损坏时有保持架刮磨的尖叫声 手摸:停机后,小皮带轮温度很高 表测:用百分表测量高速轮外表误差
转鼓转速下降	检查电源电压是否达要求	排除
	检查电机转速是否达要求	修理或更换
	检查是否有残余物料将转鼓出液口堵塞	清洗
	检查传动带是否严重磨损或表面上有油污及张紧力不足使传动带打滑	更换或调整张紧力
	检查主轴联接帽是否松动	拧紧

4. 发展趋势

管式分离机的特点是分离因数高,可处理一般离心机不能分离的介质,但其单机生产能力较低,人工排渣和清洗麻烦,这些也是其创新发展的方向。

随着其他种类分离机的转速提高,分离因数逐渐接近普通管式分离机;同时新型生物制品、纳米材料的固相粒子直径在1μm或更小,现有的一般管式分离机已不能处理,必须提高速度来适应这些物料。所以管式分离机也在不断发展,如采用新型高强度材料、更好的轴承来提高管式分离机的速度;加大转鼓的容量,若转鼓容量扩大一倍,就减少了停机的次数,按每次停机到再分离需要15~20min计算,单机可提高生产效率最大到40%;增加管式分离机功能和自动化程度,如增加CIP在位清洗和SOP在线消毒功能,满足不同物料的需求和制药行业的GMP要求;实现自动排渣功能,提高设备分离效率,减少人工操作成本等,这些都将是其未来发展趋势。

三、板框过滤器

板框过滤器是一种过滤设备。工作原理如图 4-2-7 所示。板框过滤器适用于浓度 50%以下、黏度较

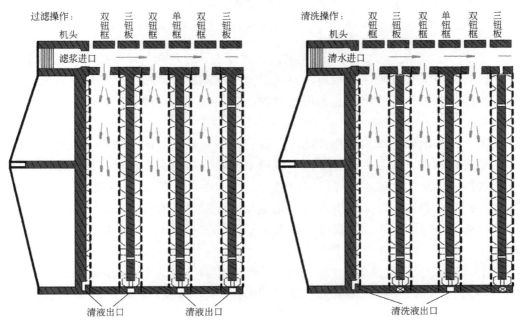

板框两侧压紧滤布,由多个板框组装而成,滤浆从两板框之间进入分别流过
相邻滤板之间的滤布,得到的清液由板下方小管排出,滤渣截流在滤布上。
经洗涤后,卸下板框和滤饼,进入下一轮过滤操作

图 4-2-7 板框过滤器工作原理

图 4-2-8　10 层板框过滤器俯视图

低、含渣量较少的液体作密闭过滤以达到提纯、灭菌、澄清等精滤、半精滤的要求。图 4-2-8 是 10 层板框过滤器俯视图，滤网直径 200mm，过滤压力 0.3MPa，进液端与出液端均配有压力表，用于监控进出液压力，判断滤材情况，以便及时更换滤材。板框过滤器可使用中速滤纸或尼龙滤布作为滤材，过滤精度可以达到 10～100μm。

过滤纸板是一种过滤介质，分为支撑过滤纸板与精细（深层）过滤纸板两种。配套板框过滤器使用。广泛应用于原料药的粗过滤及澄清过滤、植物提取中的澄清过滤、生物提取中的澄清过滤、口服液产品中的澄清过滤以及针剂类药品生产中的截留活性炭过滤等。由于过滤纸板原材料单一，成型过程为物理过程，导致其低溶出、稳定性强。

① 支撑过滤纸板　它由木质纤维素与聚酰胺环氧树脂组成。过滤精度为 45～80μm，用于粗滤阶段，去除加大颗粒的杂质。流量在 4150～13800L/(m²·min)。同时也可以配合助滤剂预涂使用，如珍珠岩、硅藻土、活性炭等。预涂形成滤饼后，能够在表面截留小颗粒杂质，以达到澄清效果。使用时压差小于 0.3MPa。其工作原理如图 4-2-9 所示。图 4-2-10 为过滤纸板在板框过滤器中的使用示意。

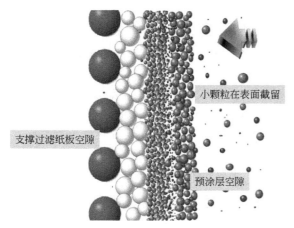

小颗粒在表面截留

支撑过滤纸板空隙

预涂层空隙

图 4-2-9　支撑过滤纸板预涂过滤原理

板框过滤机和过滤纸板的应用

图 4-2-10　过滤纸板在板框过滤器中的使用

② 精细（深层）过滤纸板　它由木质纤维素、硅藻土、珍珠岩与聚酰胺环氧树脂组成，通过机械拦截和静电吸附两种机理去除液体杂质。不同于支撑过滤纸板，精细（深层）过滤纸板使用纤维对助滤剂进行包裹，能够使过滤纸板起到深层过滤的效果，过滤精度更高，可用于澄清过滤和除菌过滤。

精细（深层）过滤纸板的渐紧结构使滤材上层孔径相对疏松，随着纵向深度扩展其孔径逐渐紧密。因此大的杂质颗粒物可被阻挡在表面，小颗粒杂质随其粒径大小不同，被拦截在滤材纵向不同的梯度上，从而保证稳定的流速和较好的容污能力。对于固含量在 15%～30% 或有一定黏度的溶液效果更加明显。精细（深层）过滤纸板可带有正电荷，可吸附负电荷、比过滤孔更小的细胞碎片、微生物等杂质，从而获得更好的过滤效果。其工作原理见图 4-2-11。图 4-2-12 为精细（深层）过滤纸板的实物图。

精细（深层）过滤纸板精度范围在 0.2～10μm。流量在 21～310L/(m²·min)。根据过滤精度不同，精细（深层）过滤纸板又分为澄清过滤纸板、细过滤纸板、部分除菌过滤纸板和除菌过滤纸板。其过滤精度分布见图 4-2-13。

在使用过滤纸板过程中，在澄清及细过滤阶段，压差要小于 0.3MPa；部分除菌过滤阶段，压差小于 0.2MPa；除菌过滤阶段，压差小于 0.15MPa。

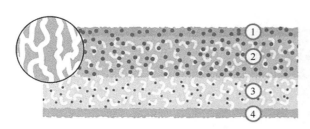

图 4-2-11　精细（深层）过滤纸板预涂过滤原理

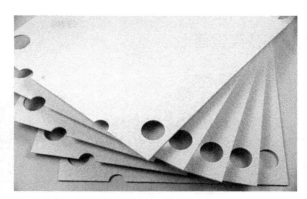

图 4-2-12　精细（深层）过滤纸板

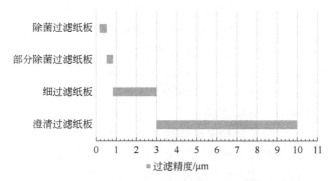

图 4-2-13　精细（深层）过滤纸板的过滤精度分布

四、钛棒过滤器

钛棒过滤器以 316L 或 304 不锈钢材料作外壳，内部滤芯采用钛棒，具有耐高温、高压、强酸、强碱、耐腐蚀，滤芯可反复再生等特点。它是采用粉末高温烧结的方法加工制成的空心滤管。图 4-2-14 为钛棒过滤器实物图。

由于钛棒过滤芯本身材质较脆，使用过程中需要格外小心，以免钛棒受损，影响过滤效果。在工作前，应检查整个管路是否连接完好，然后开启排污阀、反吹阀、关闭进料阀、出口阀，用干净的空气进行滤前反吹，然后关闭排污阀、反吹阀，依次打开进料阀和出料阀，最后过滤器进行工作。钛棒过滤芯运行一定时间后要进行反吹或反洗再生，再生周期视规定的允许压差和流量而定。

五、筒式滤袋过滤器

筒式滤袋过滤器内置液体过滤滤袋，材质多样，可选不锈钢、聚丙烯、尼龙等材质，过滤精度为 1～1200μm，精度范围广泛，高流量、耐腐蚀，清洁方便。图 4-2-15 为筒式滤袋过滤器的实物图。

图 4-2-14　钛棒过滤器　　　　　　　　图 4-2-15　筒式滤袋过滤器

六、膜分离设备

1. 概述和分类

（1）概述

膜分离设备的核心技术就是膜分离技术，即利用具有特殊选择分离性的有机高分子和无机材料形成不同形态结构的膜，在一定驱动力作用下，使双元或多元组分因透过膜的速率不同而达到分离或特定组分富集的目的。

（2）分类

由于膜的构型和分离过程各具特点，设备也有多种类型。根据过程、目的或用途，可分为电渗析设备、反渗透设备、超滤设备、渗析设备、纳滤设备、微滤设备。超滤、微孔膜过滤和反渗透均属于膜分离技术，它们之间各有分工，但并不存在明显的界限。美国药典与日本药典将反渗透与超滤结合作为注射用水的法定生产方法，同时，欧盟药典已通过决议允许膜过滤法应用于注射用水的制备，并将于2017年4月开始正式实施，意味着膜分离技术在去除热原方面的应用已成熟。反渗透、超滤、微孔膜过滤有其相似之处，它们都是在压差的驱动下，利用膜的特定性能将水中离子、分子、胶体、热原、微生物等微粒分离，但它们分离的机理及对象有所不同。

按照膜的材质，可分为有机高分子膜和无机膜两类。目前在制药工业生产中使用最为广泛的是聚砜（PS）类材料，约占32%；纤维素材料中的醋酸纤维素（CA）和三醋酸纤维素（CTA）分别占13%和7%；聚丙烯腈（PAN）占6%；无机膜占22%；其他的膜材料约占20%。

2. 膜分离装置

膜分离装置一般由膜组件、泵、过滤器、阀、仪表、管路等组成。常用的膜组件有板框式装置、螺卷式装置、管式装置以及中空纤维式装置。

（1）板框式装置

板框式装置是在尺寸相同的片状膜组之间，相间地插入隔板，形成两种液流的流道（图4-2-16）。由于膜组可置于均匀的电场中，这种结构适用于电渗析器。板框式装置也可应用于膜两侧流体静压差较小的超过滤和渗析。

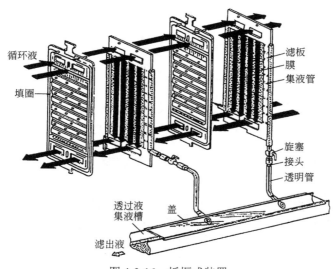

图4-2-16　板框式装置

（2）螺卷式装置

螺卷式装置是把多孔隔板（供渗透液流动的空间）夹在两张膜之间，使它们的三条边粘着密合，开口边与用作渗透液引出管的多孔中心管接合。再在上面加一张作为料液流动通道的多孔隔板，并一起绕中心管卷成螺卷式元件（图4-2-17）。料液通道与中心管接合边及螺卷外端边封死。多个螺卷元件装入耐压筒中，构成单元装置。操作时料液沿轴向流动，可渗透物透过膜进入渗透液空间，沿螺旋通道流向中心管引出。该设备适用于反渗透和气体渗透分离，不能处理含微细颗粒的液体。

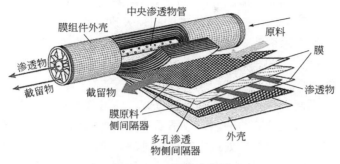

图 4-2-17　螺卷式装置

（3）管式装置

管式装置是用管状膜并以多孔管支撑，构成类似于管壳式换热器的设备（图 4-2-18），可分为内压式和外压式两种，各用多孔管支撑于膜的外侧或内侧。内压式管式装置的膜面易冲洗，适用于微过滤和超过滤。

（4）中空纤维式装置

中空纤维式装置是用中空纤维构成类似于管壳式换热器的设备（图 4-2-19）。中空纤维不需要支撑而能承受较高的压差，在各种膜分离设备中，它的单位设备体积内容纳的膜面积最大。中空纤维直径为 0.1～1mm，并列达数百万根，纤维端部用环氧树脂密封，构成管板，封装在压力容器中。中空纤维式装置适用于反渗透和气体渗透分离。

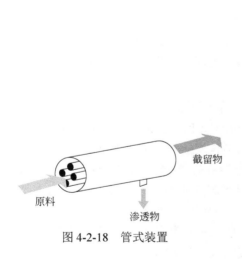

图 4-2-18　管式装置　　　　　　　　图 4-2-19　中空纤维式装置

3. 微滤

微滤也叫微孔过滤器，微滤是用于去除细微颗粒和微生物的膜工艺。根据滤芯规格的不同，可以用在进反渗透（RO）之前的保安过滤器中，过滤颗粒物质，防止颗粒物质对 RO 膜的损伤。也可以用在紫外线杀菌器后，截留微生物。但是也容易滋生微生物，故若在纯化水末端采用微孔过滤器，需要有效地控制微生物。微孔过滤器有一定去除热原的功效，可利用筛分、静电吸附和架桥原理拦截直径比较大的那一部分热原物质。应当指出，这种去除热原是很不完全的，直径比较小的热原物质会通过 0.22μm 的微孔滤膜，微小的热原可以透过 0.025μm 的滤膜，最小的热原体甚至可以穿透所有的微孔滤膜。由于热原分子量越大，其致热作用就越强，因此利用微孔滤膜进行除菌过滤时，客观上可能会起到某些截留热原的积极作用，但它不能作为去除热原的可靠方法而单独使用。故企业需要在生产过程中控制细菌内毒素指标符合药典的限定要求。

4. 超滤

从非匀质超滤膜电子扫描图可以看到，超滤的过滤介质具有类似筛网的结构，而过滤仅发生在滤膜的表面。与反渗透不同，超滤主要靠机械法分离内毒素，超滤过程同时发生三种情况：分离物被吸附滞留、被阻塞或被截留在膜的表面并实现筛分。超滤膜的孔径大致在 0.005～1μm 之间，细菌的大小在 0.2～800μm 之间，因此用超滤膜可去除细菌。然而，对人体致热原效应的热原分子量为 80 万～100 万，自然存在的热原群体是一个混合体，小的一端仅为 1～3μm，因此，用以截留热原的超滤膜的分子量级需达到 1 万～8 万方能有效去除热原。

超滤与微孔过滤的方式不同：微孔膜过滤为静态过滤，将溶液搅拌，以消除浓差极化层；超滤则为动态过滤，滤膜表面不断受到流动溶液的冲刷，故不易形成浓差极化层。超滤装置过滤截留分子质量约为 80000～150000Da，它可取代传统的预处理中的机械过滤，且产水水质比机械过滤要好，也可有效截留一部分的有机物和微生物，对于微生物的去除能力可以达到 10^4 以上，且在原水浊度小于 100NTU 的情况下均可使用，产水浊度小于 0.1NTU。

超滤的使用可以更有效保护反渗透装置，使反渗透免受污染，通常情况下使用寿命可从 3 年延长至 5 年甚至更长时间；同时可提高反渗透的回收率，在同等进水流量下产出更多的纯化水，提高了水的利用率。超滤与反渗透采用相似的错流工艺，进水通过加压平行流向多孔的膜过滤表面，通过压差使水流过膜，微粒、有机物、微生物和其他的污染物不能通过膜，进入浓缩水流中（通常是给水的 5%～10%）并排放，这使过滤器可以进行自清洁，并减少更换过滤器频率。与反渗透一样，超滤不能抑制低分子量的离子污染。超滤不能完全去除水中的污物，离子和有机物的去除随着不同的膜材料结构和孔隙率的不同而不同，对于许多不同的有机物分子的去除非常有效。另外，超滤不能阻隔溶解的气体。大多数超滤通过连续的废水流来除去污染物，超滤流通量和清洁频率根据进水的水质和预处理的不同而变化。很多超滤膜是耐氯的，短期可以耐受 100mg/L 左右，故不需要从进水中去除余氯，亦可实现次氯酸钠消毒的功能。

5. 纳滤

纳滤是一种介于反渗透和超滤之间的压力驱动膜分离方法。纳滤膜的理论孔径为 1nm。与反渗透相比，其操作压力要求更低，一般为 4.76～10.2bar。经过纳滤处理的最终产水电导率范围为 40～200μS/cm。

6. 反渗透

反渗透膜的孔径最小，按其阻滞污染物（包括热原）的分子量大小计，一般在 100～200 之间。由于热原的分子量在 50000 以上，其直径大小一般在 1～50μm 之间，因此能被有效去除。反渗透膜只允许 1nm 以下的无机离子为其主要分离对象，故有良好的除盐作用，而超滤、微孔膜过滤并无除盐性能。

反渗透(RO)是压力驱动工艺,利用半渗透膜去除水中溶解盐类,同时去除一些有机大分子以及前阶段没有去除的小颗粒等。半渗透的膜可以渗透水,而不可以渗透其他物质，如很多盐、酸、沉淀、胶体、细菌和内毒素等。通常情况下反渗透膜单根膜脱盐率可大于 99.5%。

反渗透系统包括精密过滤器、增压泵、反渗透膜组件、pH 加药装置以及反渗透清洗装置等。当原水经过预处理后的出水经精密过滤器后，通过增压泵直接进入 RO 膜组件中，除去大部分离子与细菌，同时有效去除微生物和 TOC。RO 进水前的精密过滤器一般加装 5μm 或 3μm 的过滤滤芯，保护 RO 膜免受机械损伤。由于反渗透膜最佳的工作温度是 20～25℃，在同样操作压力下，水温下降 1℃，产水量就会降低 3% 左右。所以设计时需增加换热器来提升水温，从而保证产水量。

经过预处理后的产水在高压泵的压力作用下进入反渗透膜组件。大部分水分子和微量的其他离子透过反渗透膜，经收集后成为产品水，通过产水管道进入后序设备。水中的大部分盐分、胶体和有机物等不能透过反渗透膜，残留在少量的浓水中，由浓水管道排出。反渗透膜对各种离子的过滤性能具有如下特征：一价离子透过率大于二价离子，二价离子透过率大于三价离子。

在反渗透装置开机或停止运行时，浓水侧需用大流量自动冲洗 3～5min，以去除沉积在膜表面的污垢，对反渗透膜进行有效的保养，大大延缓 RO 膜的使用寿命。

反渗透膜经过长期运行后,会沉积某些难以冲洗的污垢,如有机物、无机盐结垢等，造成反渗透膜性能下降，这类污垢必须使用化学药品进行清洗才能去除，以恢复反渗透膜的性能。化学清洗使用反渗透清洗装置进行，该装置通常包括清洗液箱、清洗过滤器、清洗泵以及配套管道、阀门和仪表，当膜组件受污染时，可以用清洗装置进行 RO 膜组件的化学清洗。

反渗透能大量去除水中细菌、内毒素、胶体和有机大分子，不能完全去除水中的污染物，很难甚至不能去除分子量极小的有机溶解物。反渗透不能完全纯化原水，通常通过浓水的排放去除被膜截留的污染物。很多反渗透的用户利用反渗透单元的浓水作为冷却塔的补充水或压缩机的冷却水等，当然需要注意的是浓水的钙镁离子含量。如果预处理没有软化器，浓水中钙镁离子含量升高，可能导致压缩机或冷却塔结垢。

第三节　提取设备

一、概述

提取设备在中药生产中的作用主要是将中药材中的有效成分提取出来，用于后续制剂生产。提取生产通常是采用水或乙醇（有机溶剂类）等溶剂作为载体，利用加温、浸泡等方法使有效成分溶解出来，变成中药溶液。同时，提取设备也可以将药材中的芳香类成分蒸出，通过冷凝设备冷凝成液体后，再分离收取。中药提取设备广泛适用于中药、植物、食品、生物、轻化行业的常压、加压、减压提取，温浸，热回流，强制循环，渗漉，分离及有机溶媒的回收。

从 20 世纪初，我国已经开始进行现代中药的生产与研究，这是传统中药从本草阶段跨入现代制剂阶段的重要标志。中药提取设备类似于传统中药的煎煮和泡酒，就是把中药中的各种有效成分提取出来的工业化生产装备。

随着中成药生产技术水平的提高，对中药提取工艺及设备的要求也不断提高，尤其是近二十年对中医药治疗安全的要求不断提高，中药提取设备与其他生产设备一样，设计、制造水平以及自动控制水平大大提高。现阶段的提取设备首先从安全性能方面得到了很大改善，设备的能耗大大降低，提取收率有较大的提高，设备操作更加方便，温度控制更准确。另外在芳香油的收取方面，也有更多专业的装置，使芳香油类成分收率大大提高。

在与提取罐配套设备方面，我国设备企业加大研发投入，相继开发出了中药材自动仓储、自动投料线并取得应用，出渣全机械化也得以普及应用。

二、提取设备的分类

按照提取工艺不同，传统中药提取设备有多功能提取罐、冷浸提取罐、渗漉提取罐等几种类型。最近随着生物化学技术的发展，为满足生产工艺与中药品种的多样化要求，新产生了多种新的提取工艺与装置，如篮式提取设备、搅拌提取设备、超声波提取设备、微波提取设备、连续逆流提取设备、超临界二氧化碳萃取装置、酶解后通过层析或大孔树脂吸附成套生物化学提取设备等。

常用的提取设备有多功能提取罐、微波提取设备、超声波连续逆流提取组、渗漉提取罐以及热回流提取浓缩机组。

三、多功能提取罐

多功能提取罐工作的基本原理是通过蒸汽对罐内的药材进行加热煎煮，使药材中的有效成分溶解到溶剂中，然后将药渣与药液分离。

1. 成套提取设备组成

成套提取设备由投料筒、提取罐、除沫器、气动控制出渣口、冷凝器、冷却器、油水分离器、芳香油罐、过滤器、循环与出料泵及出渣车等组成。提取生产虽然是间隙式的，但现代中药生产已经可以对整套装置进行全自动控制，即从投料到煎煮直到出渣后清洗的整个过程按照中药生产参数要求实现无人化自动生产，生产效率大大提高。

图 4-3-1 为提取罐控制点流程图。

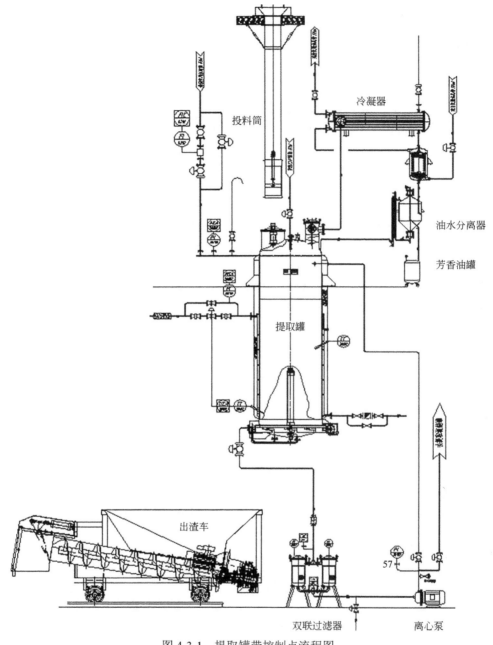

图 4-3-1　提取罐带控制点流程图

从投料方式来区分，提取罐有内置篮式提取罐、多功能提取罐及搅拌提取罐等几种。篮式提取罐（图4-3-2）是将药材或物料置于带筛孔的一个或多个篮中，再将篮吊入上开盖的提取罐内，煎煮完成后，将篮吊出，倒渣即可完成提取。这种提取原较多用于骨头类提取，采用的是单个的篮子装骨，后对篮子进行结构改造后用于中药提取，改造主要是将篮子做成空心，使溶剂与篮中的物料接触面积更大，溶剂在罐内的循环流动更有利于有效成分的溶出。篮式提取罐应用于中药生产中可以有效提高提取收率，同时投料与出渣的自动控制也较成熟，但其应用并不广泛，主要原因是中药材中的多糖类物质易粘附在篮上，清洗比较困难，所以这种提取罐主要用于单一品种的生产。

传统的多功能提取罐从结构形式方面来区分，有斜锥形、正锥形、直筒形和倒锥形等几种。斜锥形提取罐（图4-3-3）为三十年前提取罐的常见形式，现在已经很少能看到了。与正锥形提取罐（图4-3-4）相同的是提取罐上部为圆柱形，区别在于下部的正锥形和斜锥形，实际使用时并没有多少差异。

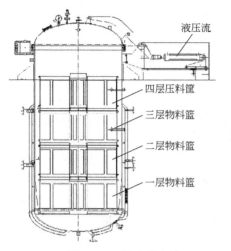

图4-3-2　篮式提取罐

图4-3-3　斜锥形提取罐

图4-3-4　正锥形提取罐

斜锥形提取罐锥形的一条边与罐体同为直边，在出渣方面与正锥形提取罐相比较稍好，但并不能根本解决出渣难的问题，所以现代提取罐以直筒形为主（图4-3-5）。倒锥形提取罐（图4-3-6）采用上小下大的锥形结构，这种结构形式可以完全防止出渣时药渣起拱而需要人工辅助出渣的现象，同时因底盖的过滤面积更大，提取完成后出料也更快，所以这种形式的提取罐多用于全自动控制的提取生产线。

提取罐是容器类的设备，因为需要满足对药材进行煎煮、蒸馏、收取挥发油等功能，所以提取罐的基本结构（图4-3-7）包括内罐体、夹套、上椭圆封头、下出渣口等。另外，根据需求配套的还有搅拌装置、防漂浮机构以及其他过滤装置等。因需要采用夹套通蒸汽加热，提取罐属特种设备中的一类压力容器。

图4-3-5　直筒形提取罐

图4-3-6　倒锥形提取罐

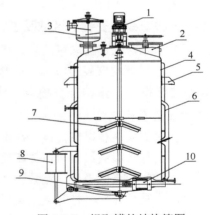

图4-3-7　提取罐的结构简图

1—减速器与机架；2—投料口；3—捕沫器；4—内罐体；5—支耳；6—夹套；7—搅拌器；8—开门气缸；9—出渣口（底盖）；10—锁口气缸

并不是所有的提取罐都会配搅拌机构。在加热煎煮时，因夹套加热，罐中心的药材的加热是通过对流传热来实现的，相对于离罐体较近的药材，罐中心药材的加热与提取有一定的滞后，而在现代高效率的生产要求下，提取时间都规定的极其严格，这样就会产生罐内离罐壁近的药材提出率高，而罐中心部分的药材提出率低。因此，罐体有搅拌机构就完全可以改变这个现象。在提取煎煮时，通过搅拌，可以强制罐内药材与溶剂改变位置，并强制罐内对流，可以有效提高药材提取收率。

投料口的设置分为气动和手动两种，通常在上一楼层投料的情况下，都采用气动开关。捕沫器可以有效地防止罐内煎煮时产生的泡沫通过排气口溢出，同时可以防止漂浮的药材通过排气口溢出。捕沫器的结构需便于去渣清洗。

罐体夹套用于通蒸汽对罐内的物料进行加热。出渣口底盖也可设置夹套或加热盘管对物料进行加热，底盖的加热可以有效改变罐内药材受热状况。

罐底出渣口有几种功能：①通过底盖有两种加热方式，一种是直通蒸汽加热，另一种是夹套或盘管通蒸汽加热，其中直通蒸汽加热一般用于挥发油收取。②出料时的过滤，底盖上部的过滤筛板及过滤网可以防止药渣进入药液中，通常先采用40～80目滤网对提取液进行粗过滤，再由双联过滤器进行二次过滤。③排出药渣，通过气缸控制，出渣口底盖可以打开，将提取完成后的药渣排出。出渣口的开关与锁紧都是通过气缸来控制的，所以可以进行自动控制操作。

2. 简要工作过程

中药材经过清洗、烘干和切小切碎后，按规定量投入提取罐中，加入规定量的水或有机溶剂后，在提取罐的夹套中通入蒸汽，对提取罐内的药材和溶剂进行加热，到罐内药液沸腾后，用循环泵对罐内药液进行下出上进的循环，同时，通过罐上部的冷凝器将蒸发的溶剂蒸汽冷凝成液体后回流到罐内，并通过油水分离器收取挥发油。保持沸腾到工艺要求的时间后关闭蒸汽，从罐底出料。出料完成后，将罐底出渣口打开，排出药渣，然后对罐内进行清洗，关上罐底出渣口，这样整个提取过程就完成了。一罐药材可以进行二次和三次提取，提取后的药液与一次提取液合并混合后进行浓缩操作。

3. 设备可调工艺参数的影响

提取罐的生产过程中需要控制的技术参数有以下几点：①药材的投料量，这个参数通常通过人工称量来完成。②溶剂的加入量，这个参数一般通过流体计量仪表来完成。③蒸汽压力控制，夹套蒸汽压力需要按设计要求来通入，不能超压，一般都是通过蒸汽管道上加装减压阀进行控制。④煎煮温度控制，不同的中药品种的提取工艺有各自的温度控制要求，在提取罐上装有温度表（传感器）显示煎煮时的温度，通过控制进入夹套的蒸汽量对煎煮温度进行控制。⑤罐内压力控制，提取罐工作时，罐内压力应不超过0.09MPa，也就是常压煎煮，煎煮时产生的蒸汽通过冷凝器冷凝后回流到罐内，通过这种方法可以保持罐内不会超压。也有的生产厂家通过直接排空的方法来保持罐内压力正常。需要注意的是，除沫器被药渣堵死而没有及时清理时，罐内的蒸汽不能及时排出会导致罐内压力升高。所以提取罐需要装安全阀进行超压时的泄压来保证安全。

4. 设备（联动线）安装的区域及工艺布局

如图4-3-1所示，工厂提取罐的安装通常按四个楼层进行布局：提取罐悬挂在三层，四层投料，三层进行操作，二层出液及安装出渣车，渣仓则悬挂在二层，可以直接将药渣装入运渣车中。

5. 操作注意事项、维护保养要点、常见故障问题及处理等

（1）操作注意事项

提取罐操作时需要注意以下几点：在出渣口关闭前检查密封圈及密封面是否清洗干净，如果有残存的药渣，关闭后会导致漏液；出渣口关闭后，放入少量的溶剂检查出渣口的密闭情况；出渣口关闭后，检查锁口是否正常；检查压力表、流量计和温度计是否正常工作；加料完成后，检查投料口是否正常关闭；冷凝器循环水是否开启；打开蒸汽阀后，检查蒸汽压力是否正常；煎煮时，罐内压力是否正常；提取完成出料后，检查出料量是否正常，如发现因过滤堵料，提取液未出完，需及时处理后才能排渣。打开出渣门前需先解锁，后开启，开启后需检查药渣是否出净，并清洗确认。

（2）常见故障问题及处理

提取罐在生产中，因处理的中药材品种多样，难免会有一些问题产生，所以在实际生产中，要不断记录各种药材提取时提取罐的工作情况，出现的问题以及解决的方法，总结经验，掌握各种药材的特性，避免在生产中造成故障和事故。下面列举几个常见的提取中出现的问题：

① 药材漂浮在溶剂面上　溶剂无法浸透，煎煮效果不好，提取得率低。常见于草类、叶类等比重轻、堆密度小的药材类型。这类药材在提取时首先应先加入少量（10%～20%）溶剂，然后投入药材，再加溶剂。提取罐如果有防漂浮压板则更佳。防漂浮压板有固定式和气动折叠式的两种，在设备订购时可向提取设备制造商提出定做。

② 泡沫　由于有很多药材含皂苷类成分，在煎煮提取时，会产生大量的泡沫，泡沫进入除沫器时也会将漂浮的药材带进去，有时会造成除沫器堵塞，使煎煮产生的蒸汽无法通过除沫器排出，提取罐内的

压力上升，提取罐的安全阀就会启动泄爆。这种情况产生很容易造成提取液损失，同时也容易造成安全事故，因为泄爆时，漂浮的药渣也会堵塞泄爆阀的管口。要避免这类问题产生需对除沫器及时进行药渣清理，除沫器需方便观察和方便清理。安全泄爆口需确保能正常工作。

③ 提取完成后的出料的堵塞　提取液的出料是液体和药渣的分离过程。由于药液是通过提取罐底盖的30～100目的滤网向下进行过滤出料，导致药材在底盖滤网上堆积，导致堵塞，药液无法正常出料。比如花瓣类和叶类的片状药材就很容易造成堵塞；含淀粉类的药材，由于淀粉在煎煮时易糊化，导致药液的黏度变大造成堵塞。操作时发生这种情况如没有及时判断发现，认为出料完成，进行下一步排渣则会造成物料严重损失，甚至药液飞溅造成人员烫伤。解决这种问题的方法首先是要发现产生了过滤堵塞，如：a．从提取罐上部打开投料孔，看是否完成出液；b．计量出液量是否与进罐的溶剂量一致，常通过提取液储罐的液位计量和出料管道的流量计进行计量；c．在提取罐内配侧过滤装置，增加罐内的过滤面积，同时将侧过滤装在罐体中下部，与罐底过滤相比过滤效果更好且不易堵塞。

④ 挥发（芳香）油的收取困难　多数中药材的挥发（芳香）油的收取并不难，但有一部分药材如生姜、桂枝等的挥发油含量低，收取也非常困难，用常规的装置收取根本无法收集。这需要特殊的芳香油收取装置和工艺来解决。

四、微波提取设备

微波提取设备是利于微波能进行溶剂提取的设备，适应于制药、食品、化工等行业使用。也适用于药厂的大批量中草药物料的提取。

微波提取设备根据其提取罐的容积分为50～3000L提取设备，可作为实验室提取、药厂大规模中草药提取设备。

1. 基本原理

微波提取罐的基本原理是利用微波能来进行溶剂提取。由于吸收微波能，细胞内部温度迅速上升，使其细胞内部压力超过细胞壁膨胀承受能力，细胞破裂。细胞内有效成分自由流出，在较低的温度条件下被提取介质捕获并溶解。

浸膏的提取是指将中草药中有效成分通过热能或微波能的作用使其分离，并有效溶解到提取溶剂中。浸膏的浓缩是指将含有中草药成分的提取溶液通过热能或微波能使其和提取溶剂分离，成为黏稠膏状的药汁。浸膏的干燥是将提取浓缩后的浸膏通过电能或微波能干燥成固状，以便保存和运输。常用箱式微波真空干燥机进行浸膏的干燥。

2. 设备的结构

微波提取罐设备由提取罐、冷凝器、冷却器、分离器、过滤器、出渣门气动控制系统等部分构成。图4-3-8为微波提取设备工艺流程示意。

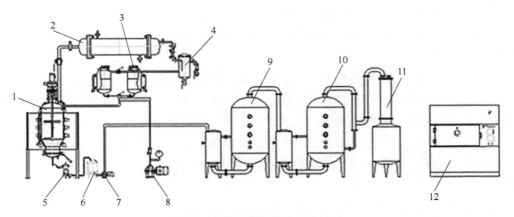

图 4-3-8　微波提取设备工艺示意

1—提取罐；2—冷凝器；3—酒精回收罐；4—油水分离器；5—过滤器；6—储液罐；7—输液泵；8—真空泵；
9—储液罐；10—双效浓缩设备；11—酒精回收罐；12—箱式微波真空干燥机

提取罐由一个主罐构成，在提取罐上分布有多个磁控管组合工件，可实现功率选择灵活，且提取均匀、操作简便。微波发生器由多个独立供电的控制电路组成，每个磁控管均由一个过载保护、温度保护装置独立保护，并可根据用户需要分别工作。

3. 简要工作过程

（1）水提

水和中药装入提取罐内，开始开启微波源使罐内沸腾后减少供给热源，开启搅拌桨，保持罐内沸腾即可，维持时间根据提取药物工艺而定，保持循环和温度恒定。为了提高效率，可用泵强制循环，使药液从罐下部通过泵吸出再由罐上部进口回至罐内，解除局部沟流。

（2）醇提

先将药和酒精加入罐内，必须密闭，开始开启微波源，开启搅拌桨。开启冷却水使罐内达到需要温度时减少微波源，使上升气态酒精经过冷凝器后成液态酒精回流即可。为了提高效率，可用泵强制循环，使药液从罐下部通过泵吸出再由罐上部进口回至罐内，解除局部沟流。

（3）提油

先把含有挥发油的中药和水加入提取罐内，打开油水分离器的循环阀门，调整旁通回流阀门，开启微波源，开启搅拌桨。当提取温度达到挥发温度时，打开冷却水进行冷却，经冷却的药液应在分离器内保持一定高度再使之分离。

4. 特点

①自行研制开发的多管馈入式微波加热体组合应用电子雷达测试原理设计，馈口分布设计合理，从而消除电子对抗造成微波管易损坏的通病。②微波管激励腔设计科学、分布合理，可最大限度保证微波辐射均匀性，减少功率消耗，真正实现物料的均匀提取。③易控制。只要控制微波功率即可实现立即提取和终止。④安全无害。由于微波是控制在金属制成的容器内和波导管中工作的，可有效地防止微波泄漏。没有放射线危害及有害气体的排放，不产生余热和粉尘污染，即不污染食物也不污染环境。

五、超声波连续逆流提取机组

超声连续逆流提取技术是将超声波技术与连续逆流提取技术有机整合、优势互补的新一代逆流提取技术，系统采用卧式螺旋推进结构，操作时植物原料与溶剂在提取单元中沿反方向运动，实现固-液二相连续接触性提取，主要应用于植物提取领域，可选择各种有机溶媒进行提取，系统可实现防爆。

1. 基本原理

当超声波作用于提取介质时，产生强烈的空化效应，介质中形成许多小空穴，这些小空穴瞬间闭合产生几千个大气压的压力，促使植物细胞组织破壁，加速有效成分的溶出、扩散。此外，超声波的多级效应（如机械波动或振动、加速度、热效应、乳化、扩散、搅拌、击碎、化学效应等），可进一步加速欲提取成分的扩散，所以超声波可以加快可溶物质有效成分高效充分地溶出、扩散。

2. 简要工作过程

物料从机组投料口通过螺旋定量投入，在润药机内对物料首先进行浸润，然后物料在罐体内部螺旋推进器的作用下从一端推向另一端出料器，最后渣料由挤汁机挤干后出料。溶媒则从溶媒进液口由流量计根据提取物料所需固液比定量加入溶媒。两者方向相反。投料口处的初提取液（含有渣料）通过泵输送到前端带式过滤器进行过滤，过滤下来的渣料进入机组前端的出料器部位，随后由出料器排出。成品提取液流入成品贮罐后由二次输液泵（配备自动液位控制）输送到下道工序。

3. 特点

本设备具备连续逆流提取设备的全部优点，同时超声强化提取还具有如下优点：①实现连续化作业，提高生产效率、降低能耗，使生产过程科学合理，实现提取效率最大化；②提取时间短，提取速度更快，减少无效成分的溶出；③提取液杂质少、质量高；④易于分离、纯化；⑤提取温度低（有时不需要加热），大幅度节能，保护热敏性物质有效成分；⑥不受有效成分极性、分子量大小的限制，适用于绝大多数中药材、天然植物的提取。

六、渗漉罐

渗漉罐适用于制药、生物、食品等行业的渗漉操作，除乳香、松香、芦荟等非组织药材因遇到溶剂软化成团会堵塞孔隙使溶剂无法均匀通过药材而不宜用渗漉外，其他药材都可用此法浸取。常用于贵重药材、毒性药材以及高浓度制剂的提取；也可用于有效成分含量较低的药材的提取。

1. 基本原理

渗漉法是往药材粗粉中不断添加浸取溶剂使其渗过药粉，从下端出口流出浸取液的一种浸取方法。渗漉时，溶剂渗入药材的细胞中溶解大量的可溶性物质之后，浓度增加，密度增大而向下移动，上层的浸取溶剂或稀浸液置换位置,形成良好的浓度差，使扩散较好地自然进行，故浸润效果优于浸渍法，提取也较安全。

2. 结构与特点

渗漉罐大多由筒体、椭圆形封头（或平盖）、气动出渣门、气动操作台等组成。特点：①本设备上部设有大口径快开人孔作为投料口，方便投料；②溶剂从上部经分布管加入，缓慢经过药材后得到渗漉液；③整套设备均采用不锈钢制造，内、外精抛光处理，无死角，易清洗，符合 GMP 要求。

七、热回流提取浓缩机组

热回流提取浓缩机组适用于植物、动物、中药、食品添加剂等热敏性物料的提取、浓缩、收膏、渗漉、挥发油提取和酒精回收等，可满足高等院校、科研机构、医院等作为新药提取、新工艺技术参数的确定，中间试验，新品种研制，贵重药材提取和药液浓缩之用。

1. 基本原理

热回流提取浓缩机组综合回流、渗漉提取、逆流提取与热回流抽提浓缩四种提取原理，将中药的提取、浓缩两道工序同时进行，一次完成中药提取、浓缩新工艺，并改进提取罐内带压于常压的高温煎煮工艺，利用真空负压进行低温提取、低温浓缩，使提取罐内的工作温度控制在 $60 \sim 80$ ℃，浓缩温度控制在 $50 \sim 70$ ℃，最大保持了中药材有效成分不被蒸发流失。同时将提取、浓缩产生的蒸汽经热冷器冷凝，回流到提取罐中，作为新溶剂加到药材里面，新溶剂从上至下通过药材层，起了动态渗漉作用，溶解药材中可溶性物质到达提取罐底部，进入浓缩器进行浓缩。根据多年的实践与研究，在真空低温汽化热的作用下，浓度差越大，有效成分提取率越高，回流的热冷凝液根据相应的型号规格在合适的时间内将提取罐原溶剂全部更换一次，使提取罐内药材组织中溶质与浸出液中的溶质在单位时间能保持一个较高的浓缩差。

2. 简要工作过程

将药材投入提取罐内，根据提取工艺中所要求的溶媒如纯净水、乙醇等加药材的 $5 \sim 10$ 倍，先开启提取罐的蒸汽阀。蒸煮 1h 左右，开启真空将提取罐内的药液抽入加热器内，开启第一加热器的蒸汽阀，进行加热蒸发，利用产生的蒸汽对提取罐进行加热，开启缓冲贮水罐阀将二次蒸汽冷凝下来的液体经过提取罐顶部喷淋管喷淋罐内，连续循环 $3 \sim 4h$，最后关闭提取罐蒸汽阀与第一加热器的二次蒸汽阀,开启第二加热器蒸汽阀进行收膏。

3. 特点

①工艺适应性好。能采用常压、负压、正压工艺操作进行水提和醇提，特别适于热敏性物料的低温提取、浓缩。其中水提低温可在 45 ℃以上进行。②收膏率高，节约溶媒，节省时间。因药物为动态提取，药物与溶剂间含溶质高梯度，这增加了浸出推动力，增加了得膏率，可比常规法高 5%～20%以上；全封闭闭路循环，可节约溶媒 30%～50%；提取、浓缩一步完成，且可采用比常规大一倍的回流量，全程仅需 4～6h。③能耗低。因采用二次蒸汽作为热源，提取、浓缩同时进行，且回流冷凝液温度又接近提

取罐内沸腾温度；且又有聚氨酯现场发泡作保温绝热层，另外温度、真空度是随机自控，可节约蒸汽 50%以上。④提取物药用成分质量提高。由于提取时间短，温度又随机自控，提取物质量明显提高。⑤自动化程度高。温度、压力、流量、液面、浓度均能设定、自控，操作方便，性能稳定。仪器仪表、执行元件、PLC 的可靠性高。⑥加热浓缩器可一面出料，一面进料，不易结垢、结焦。浓缩液相对密度可达 1.1～1.3。特殊物料（如易结垢、结焦物料）可改自然循环为强制循环系统，以满足企业特殊物料需要。

第四节　蒸发设备

一、概述

蒸发设备又称蒸发器，是通过加热使溶液浓缩或从溶液中析出晶粒的设备。蒸发器分为循环型和膜式两大类。蒸发器主要由加热室和蒸发室两部分组成。加热室向液体提供蒸发所需要的热量，促使液体沸腾汽化；蒸发室使汽液两相完全分离。加热室中产生的蒸汽带有大量液沫，到了较大空间的蒸发室后，这些液体借自身凝聚或除沫器等的作用得以与蒸汽分离。通常除沫器设在蒸发室的顶部。本节主要介绍原料药生产所用的蒸发设备。

二、蒸发设备的分类

蒸发器按操作压力分常压、加压和减压三种。按溶液在蒸发器中的运动状况，蒸发器可分为：①循环型。沸腾溶液在加热室中多次通过加热表面，如中央循环管式、悬筐式、外热式、列文式和强制循环式等。②单程型。沸腾溶液在加热室中一次通过加热表面，不做循环流动，即行排出浓缩液，如升膜式、降膜式、搅拌薄膜式和离心薄膜式等。③直接接触型。加热介质与溶液直接接触传热，如浸没燃烧式蒸发器。

蒸发器按效数可分为单效与多效蒸发。若蒸发产生的二次蒸汽直接冷凝不再利用，称为单效蒸发。若将二次蒸汽作为下一效加热蒸汽，并将多个蒸发器串联，此蒸发过程即为多效蒸发。蒸发装置在操作过程中，要消耗大量加热蒸汽，为节省加热蒸汽，可采用多效蒸发装置和蒸汽再压缩蒸发器。蒸发器广泛用于化工、轻工等部门。下面主要对循环型蒸发器、单程型蒸发器、单效蒸发器以及多效蒸发器来进行简要讲述。

三、循环型蒸发器

顾名思义，循环型蒸发器中溶液都在蒸发器中做循环流动。根据引起循环流动的原因不同，又可分为自然循环和强制循环两类。

1. 中央循环管式蒸发器

这种蒸发器又称作标准式蒸发器。它的加热室由垂直管束组成，中间有一根直径很大的中央循环管，其余管径较小的加热管称为沸腾管（图 4-4-1）。由于中央循环管较大，其单位体积溶液占有的传热面，比沸腾管内单位体积溶液所占有的传热面要小，即中央循环管和其他加热管内溶液受热程度不同，从而沸腾管内的汽液混合物的密度要比中央循环管中溶液的密度小，加之上升蒸汽的向上的抽吸作用，会使蒸发器中的溶液形成由中央循环管下降、由沸腾管上升的循环流动。这种循环主要是由溶液的密度差引起，故称为自然循环。这种作用有利于蒸发器内的传热效果的提高。为了使溶液有良好的循环，中央循环管的截面积一般为其他加热管总截面积的 40%～100%；加热管高度一般为 1～2m；加热管直径在 25～75mm 之间。

中央循环管式蒸发器因具有结构紧凑、制造方便、传热较好及操作可靠等优点，应用十分广泛。但是由于结构上的限制，循环速度不大，加上溶液在加热室中不断循环，使其浓度始终接近完成液的浓度，因而溶液的沸点高，有效温度差小。这是循环式蒸发器的共同缺点。此外，设备的清洗和维修也不够方便，所以这种蒸发器难以完全满足某些生产的要求。

2. 悬筐式蒸发器

为了克服循环式蒸发器中蒸发液易结晶、易结垢且不易清洗等缺点，对标准式蒸发器结构进行了更合理的改进，这就是悬筐式蒸发器（图 4-4-2）。加热室像个篮筐，悬挂在蒸发器壳体的下部，并且以加热室外壁与蒸发器内壁之间的环形孔道代替中央循环管。溶液沿加热管中央上升，而后循着悬筐式加热室外壁与蒸发器内壁间的环隙向下流动而构成循环。由于环隙面积约为加热管总截面积的 100%～150%，故溶液循环速度比标准式蒸发器为大，可达 1.5m/s。此外，这种蒸发器的加热室可由顶部取出进行检修或更换，而且热损失也较小。它的主要缺点是结构复杂，单位传热面积的金属消耗较多。

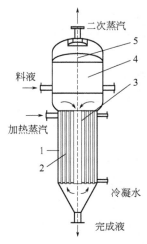

图 4-4-1　中央循环管式蒸发器

1—外壳；2—加热室；3—中央循环管；4—蒸发室；5—除沫器

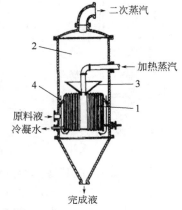

图 4-4-2　悬筐式蒸发器

1—加热器；2—分离室；3—除沫器；4—环形循环通道

3. 列文式蒸发器

以上两种自然循环蒸发器，其循环速度不够大，一般均在 1.5m/s 以下。为使蒸发器更适用于蒸发黏度较大、易结晶或结垢严重的溶液，并提高溶液循环速度以延长操作周期和减少清洗次数，可在加热室上增设沸腾室。加热室中的溶液因受到沸腾室液柱附加的静压力的作用而并不在加热管内沸腾，直到上升至沸腾室内当其所受压力降低后才能开始沸腾，因而溶液的沸腾汽化由加热室移到了没有传热面的沸腾室，从而避免了结晶或污垢在加热管内的形成，这就是列文式蒸发器（图 4-4-3）。另外，这种蒸发器的循环管的截面积约为加热管总截面积的 2～3 倍，溶液循环速度可达 2.5～3m/s 以上，故总传热系数亦较大。其主要缺点是液柱静压头效应引起的温度差损失较大，为了保持一定的有效温度差要求加热蒸汽有较高的压力。此外，该蒸发器设备庞大，所消耗的材料多，需要高大的厂房等。

除了上述自然循环蒸发器外，在蒸发黏度大、易结晶和结垢的物料时，还采用强制循环蒸发器。在这种蒸发器中，溶液的循环主要依靠外加动力，用泵迫使它沿一定方向流动而产生循环。循环速度的大小可通过泵的流量调节来控制，一般在 2.5m/s 以上。强制循环蒸发器的传热系数也比一般自然循环的大。但它的显著缺点是能量消耗大，每平方米加热面积需 0.4～0.8kW 电能。

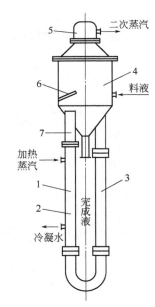

图 4-4-3　列文式蒸发器

1—加热室；2—加热管；3—循环管；
4—蒸发室；5—除沫器；
6—挡板；7—沸腾室

四、单程型蒸发器

单程型蒸发器的溶液在蒸发器中只通过加热室一次,不做循环流动即成为浓缩液排出。溶液通过加热室时,在管壁上呈膜状流动,故习惯上又称为液膜式蒸发器。根据物料在蒸发器中流向的不同,单程型蒸发器又分以下几种。

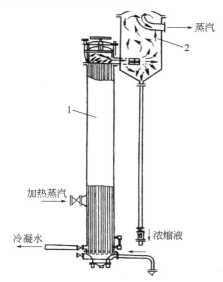

图 4-4-4 升膜式蒸发器
1—加热室;2—汽液分离器

1. 升膜式蒸发器

升膜式蒸发器的加热室由许多竖直长管组成。常用的加热管直径为 25～50mm,管长和管径之比约为 100～150。如图 4-4-4 所示,料液经预热后由蒸发器底部引入,在加热管内受热沸腾并迅速汽化,生成的蒸汽在加热管内高速上升,一般常压下操作时适宜的出口汽速为 20～50m/s,减压下操作时汽速可达 100～160m/s 或更大些;故溶液被上升的蒸汽所带动,沿管壁成膜状上升并继续蒸发,汽液混合物在汽液分离器 2 内分离,完成液由分离器底部排出,二次蒸汽则在顶部导出。须注意的是,如果从料液中蒸发的水量不多,就难以达到上述要求的汽速,即升膜式蒸发器不适用于较浓溶液的蒸发;它对黏度很大、易结晶或易结垢的物料也不适用。

2. 降膜式蒸发器

降膜式蒸发器和升膜式蒸发器的区别是:如图 4-4-5 所示,料液是从蒸发器的顶部加入,在重力作用下沿管壁成膜状下降,并在此过程中蒸发浓缩,在其底部得到浓缩液。由于成膜机理不同于升膜式蒸发器,故降膜式蒸发器可以蒸发浓度较高、黏度较大(例如在 0.05～0.45Ns/m² 范围内)、热敏性的物料。但因液膜在管内分布不易均匀,传热系数比升膜式蒸发器的较小,仍不适用易结晶或易结垢的物料。

由于溶液在单程型蒸发器中呈膜状流动,因而对流传热系数大为提高,使得溶液能在加热室中一次通过不再循环就达到要求的浓度,因此比循环型蒸发器具有更大的优点:①溶液在蒸发器中的停留时间很短,因而特别适用于热敏性物料的蒸发;②整个溶液的浓度,不像循环型那样总是接近于完成液的浓度,因而这种蒸发器的有效温差较大。其主要缺点是:对进料负荷的波动相当敏感,当设计或操作不适当时不易成膜,此时,对流传热系数将明显下降。

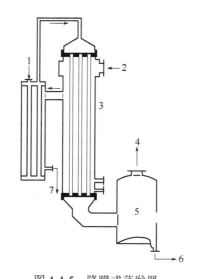

图 4-4-5 降膜式蒸发器
1—进料口;2—蒸汽进口;3—加热器;4—二次蒸汽出口;
5—分离器;6—浓缩液出口;7—冷凝水出口

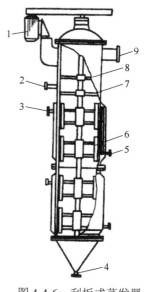

图 4-4-6 刮板式蒸发器
1—电机;2—进料管;3—加热蒸汽管;4—排料口;5—冷凝水排出孔;
6—刮板;7—分布盘;8—除沫器;9—二次蒸汽排出管

3. 刮板式蒸发器

如图 4-4-6 所示，料液经预热后由蒸发器上部加入，经转轴中部的分布盘，离心分布到蒸发器内壁四周，在重力和旋转刮板作用下，分布在内壁形成下旋薄膜，在下降过程中不断被蒸发浓缩，完成液由底部排出，二次蒸汽经汽液分离器，将二次蒸汽可能挟带的液滴或泡沫分离，二次蒸汽从上端的出口逸出。在某些场合下，刮板式蒸发器可将溶液蒸干，在底部直接得到固体产品。

刮板式蒸发器具有以下特点：①采用刮壁式旋转刮板，可使浓缩罐的传热面积及时更新，保证物料不会长时间粘附在传热面上，使设备保持较高的传热系数、蒸发强度高。②旋转刮板使浓缩罐内的物料不停搅拌翻动，物料受热均匀，避免了物料局部长时间受热而焦糊、炭化，保证了药品质量。③刮板式蒸发器结构合理，有较大的蒸发分离空间，减少了汽液夹带现象，成品收率高，且低温下可完成蒸发全过程，浸膏的色泽好，质量好。④出料时旋转刮板能将附着在罐壁上的浸膏完全清理干净，降低了损耗，保证了出膏率。

4. 真空减压浓缩器

真空减压浓缩器包括浓缩器、冷凝器、汽液分离器、冷却器、受液桶五部件，其中浓缩器为夹套结构，冷凝器为列管式，冷却器为盘管式结构。真空减压浓缩器适用于制药、食品、化工等行业对料液的浓缩，并且可作为回收酒精和简单的回流提取之用。

真空减压浓缩器采用真空加料。先开启真空泵，同时开启进料阀，使罐内液面不要超过罐身上的视镜，以保证一定的蒸发空间并可减少雾沫夹带。关闭加料阀后即可打开夹套蒸汽进入阀门，使罐内料液适当沸腾并开始蒸发（加热蒸汽经减压阀减至 $\leqslant 1.5 \text{kg/cm}^2$ 后方可进入夹套）。为加快蒸发速度、降低蒸发温度可采用减压浓缩，其真空度由用户根据不同要求自行确定。在打开夹套蒸汽阀的同时，应开启冷却水进口阀。随着罐内料液的不断蒸发，液面下降。因此其加料可采用连续加料，以保证罐内液面不变动。也可间断加料。不管哪种，均可在操作中随时利用罐内真空进行加料。当操作完毕后，必须在完全排除真空或负压的情况下（即真空泵停止，排气管口上的阀门打开，p_1、p_2 真空表上无真空度），再进行人工操作，如打开出料口、出渣口、排液口等。浓缩液的相对密度对中药液不宜大于 $1.2 \sim 1.25$，否则给出料及清洗带来一定困难。

真空减压浓缩器的特点：①浓缩液相对密度为 $1.35 \sim 1.45$；②由于采用减压浓缩，故而浓缩时间短。

5. 离心薄膜蒸发器

离心薄膜蒸发器的构造（图 4-4-7）与碟片式离心机相仿，但碟片具有夹层，内通加热蒸汽。操作时，通过旋转碟片产生的离心力，将料液分布于碟片的内表面，形成薄膜；碟片夹层内的蒸汽遂对此液膜进行加热蒸发；浓缩液则汇集于周边液槽内，由吸料管借真空将其吸出；二次蒸汽经碟片顶部空间汇集上升，进入冷凝器冷凝，并由真空泵抽出。加热蒸汽由底部空心转轴通入，经通道进入碟片夹层。

该设备的优点是传热效率高，蒸发强度大，料液受热时间短，约 $1 \sim 2s$，形成的薄膜仅 0.1mm，特别适合于果汁和其他热敏性物料的蒸发浓缩，但不宜用于黏度大、易结晶、易结垢的料液。

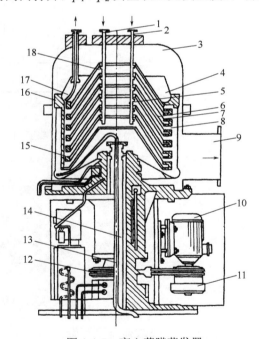

图 4-4-7　离心薄膜蒸发器

1—清洗管；2—进料管；3—蒸发器外壳；4—浓缩液槽；
5—物料喷嘴；6—上碟片；7—下碟片；8—蒸汽通道；
9—二次蒸汽排出管；10—马达；11—液力联轴器；12—皮带轮；
13—排冷凝水管；14—进蒸汽管；15—浓液通道；
16—离心转鼓；17—浓缩液吸管；18—清洗喷嘴

五、连续转膜蒸发器

连续转膜蒸发器是一种浓缩终点浓度可达 99%的适用于液-液相浓缩、液-固相浓缩干燥的新型高效蒸发器，具有体积小、效率高、自动化强、耐粘结、无堵塞的特点。在制药化工生产中，蒸发浓缩是广泛又关键的工艺步骤。目前的生产工艺上所采用的蒸发浓缩设备，因产品有低温、黏性、终点浓度高等要求，还是采用浓缩釜居多，但效率低、时间长、能耗高。

连续转膜蒸发器引用分子蒸馏技术，采用负压下薄膜蒸发原理。在浓缩过程中，加热的转子布置了足够大的换热面积，当转子转动时，腔内料液在转子上均匀形成薄膜进入真空腔蒸发，浓缩物随转子浸入热料液腔洗掉并重新布膜，不断循环，连续蒸发。蒸发气体通过除沫器、冷凝器得到回收，物料终点固含量可达 99%，终点浓度误差精确到<1%。对较大量（一般>2T/H）蒸发出的蒸汽可通过 MVR 蒸发器（图 4-4-8）中蒸汽压缩机回收能源循环使用。同时，料液通过腔体加热面控温，控制终点温度。达到终点浓度时，料液自动排出进行低温结晶或直接干燥成粉体排出。

连续转膜蒸发器为卧式结构（图 4-4-9），壳体上部有汽液分离腔，除沫器连接真空系统。内置大面积成膜转子和水蒸气分配器。转子上装有刮板，完成对物料刮削与推动出料。该设备由主机、除沫器、分离器、真空系统、能源回收系统组成。系统的液位、温度、压力、进料量、蒸发量等指标由 PLC 程序控制。

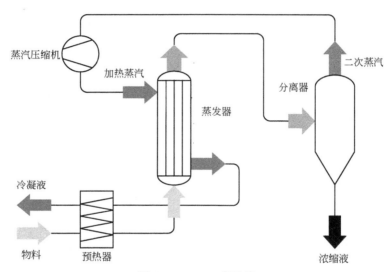

图 4-4-8　MVR 蒸发器

图 4-4-9　连续转膜蒸发器

除浓缩釜外，一般浓缩器以列管循环居多，特点是管内走料，管外加热，管内容易结疤、粘料、堵管。本设备特点是管内加热，管外接触物料，工作中有自清洗功能，因此不怕粘料，无堵塞，适用范围极广。具有蒸发效率高、耗能小、占地面积小、运行稳定、过程简单等特点。液相物料可直接浓缩成胶体或固体自动排出。

该设备在使用时要注意：①对批次浓缩的设备，必须按标定的进料量分批进入。②对连续进料分批出料的设备，必须控制进料量与蒸发量达到平衡。③对连续进料、连续出料的系统，对各参数值必须控制准确。④蒸发器的应用必须通过小试、中试后确定运行参数。

第五节　中药浓缩设备

一、概述

中药材的提取基本上都是采用水及乙醇为溶剂，其他如乙醚、氯仿等也有少量的应用。提取是一个溶解的过程，通过提取，药材中的有效成分溶解到溶媒中。因为药材的有效成分含量较低，需要先浓缩，提高药液中有效成分的浓度，再进入后续的制剂工序。

中药提取液的浓缩是通过溶媒蒸发从而提高溶液浓度，浓缩过程中的溶剂蒸发需要吸收大量的热量用于克服汽化潜热，所以，浓缩设备是中药生产中耗能最大的设备之一。浓缩能耗的大小取决于浓缩设备的选型与设备的节能性能。故浓缩设备的节能性能与指标是中药提取生产成本的关键因素之一。

二、中药浓缩设备的特点

中药生产存在品种多、各种成分复杂、物料量多少不一，加上药品生产的特殊要求，对浓缩器的结构方面也有特殊的要求。故中药成套浓缩设备与食品、化工、生物发酵等生产所用的浓缩器有很大的区别，主要区别有以下几点。

① 清洗更方便，确保无残留。因浓缩器用于不同的中药品种的生产，故在每次更换品种前需进行清洗。

② 浓缩温度可控。中药有效成分复杂，含有很多热敏性成分，浓缩温度的控制可以减少热敏性成分的破坏，对保持药品的疗效有至关重要的作用。

③ 溶剂回收效率高。中药的提取以及醇沉等都要大量地用到乙醇等有机溶剂，浓缩时有机溶剂被蒸发后需要进行冷凝回收。所以浓缩器通常都配有溶剂冷凝回收系统。

基于以上几点，所以对单一物料进行浓缩的升膜、降膜浓缩器虽然加热效果好，但在中药生产的浓缩里却比较少应用，主要原因是升膜或降膜浓缩器的加热管比较长，而中药的提取液浓缩比较大，所以容易造成管内壁结垢。

三、中药浓缩设备的分类

在中药生产中，浓缩设备种类较多，根据工艺具体需求分为以下 3 种。

（1）水提取液浓缩用的浓缩器

这类真空浓缩器有双（三）效外循环浓缩器（图 4-5-1）、MVR 浓缩器等；用于醇提取液浓缩和酒精回收用的浓缩器有双效外循环浓缩器、单效浓缩器等。

（2）醇沉液浓缩的浓缩器

该类设备主要有单效酒精回收浓缩器（图 4-5-2）。

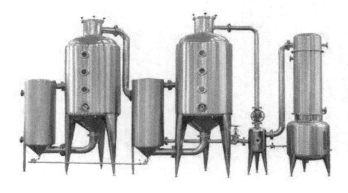

图 4-5-1

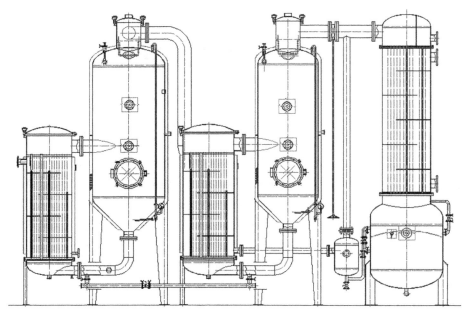

图 4-5-1　双效外循环浓缩器

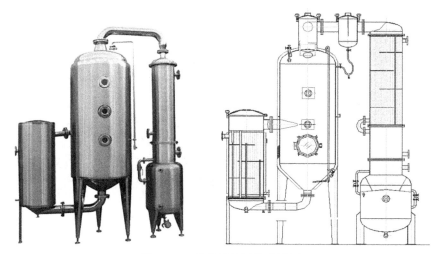

图 4-5-2　单效酒精回收浓缩器

（3）浓缩收膏的浓缩器

该类设备主要有（刮板）真空减压浓缩器（图 4-5-3）、球形浓缩器（图 4-5-4）以及夹层锅（图 4-5-5）等类型。

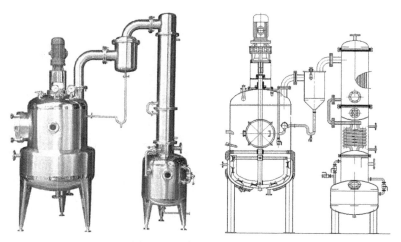

图 4-5-3　真空减压浓缩器

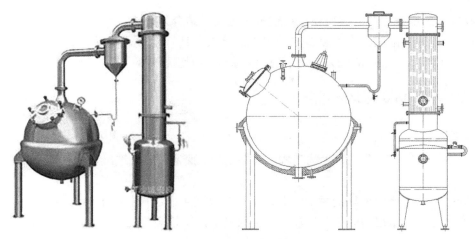

图 4-5-4　球形浓缩器图

图 4-5-5　夹层锅

四、单效浓缩器

单效浓缩器适用于制药、食品、化工、轻工等行业液体物料的蒸发浓缩。具有浓缩时间短、蒸发速度快的特点，能较好地保持热敏性物料不被破坏。

1. 工作原理

蒸汽（锅炉蒸汽）进入一效加热室壳程将管程中料液加热，同时在真空的作用下，料液从喷管被切向吸入一效蒸发室，物料在单效浓缩器中失去了加热源，一部分物料在惯性和重力的作用下螺旋下降，同时另一部分水分在真空作用下蒸发，进入汽液分离器，螺旋下降的料液从蒸发室底部弯道回到加热室，再次受热又喷入蒸发室形成循环，蒸发室蒸发出来的二次蒸汽进入冷凝器，被循环冷却水冷凝，流入受水器经排水泵排出。往复多次，料液里的水不断被蒸发掉，浓度得以提高，直至浓缩到所需的相对密度后由出液（膏）口出液（膏）。

2. 结构与性能

单效浓缩器由加热室、分离器、除沫器、汽液分离器、冷凝器、冷却器、贮液桶、循环管等部件组成，整套设备采用优质不锈钢材料制成。加热室内部为列管式，壳程接入生蒸汽，加热列管内部的液体，加液室并配有压力表、安全阀，以确保生产安全。分离室正面设有视镜，供操作者观察料液的蒸发情况，后面人孔便于更换品种时清洗室内部，并设有温度表、真空表，以便观察掌握蒸发室内部的料液温度与负压蒸发时的真空度。

3. 特点

① 酒精回收。回收能力大，采用真空浓缩流程。比老型同类设备的生产率提高 5～10 倍，能耗降低 30%，具有投资小、回收效益高的特点。

② 浓缩液料。采用外加热自然循环与真空负压蒸发相结合的方式，蒸发速度快，浓缩比可达 1.3，液料在全密封状态无泡沫浓缩，用本设备浓缩出来的药液，具有无污染、药味浓的特点，而且清洗方便（打开加热器的上下盖即可进行清洗）。本设备操作简单，占地面积小。

五、双效浓缩器和 MVR 浓缩器

1. 双效浓缩器

双效浓缩器适用于制药、化工、生物工程、环保工程、废液回收、造纸、制盐等行业进行低温浓缩。

（1）基本原理

双效浓缩器是中药生产中前期的关键设备，中药产品的生产在药材提取后都要经过浓缩工艺，使提取后得到的浓度（固形物浓度 1%左右）较低的提取液的浓度提高到 20%~35%，然后进行接下来的工艺处理。

双效浓缩器的工艺流程见图 4-5-6，一效加热器和二效加热器均采用列管式结构。一效加热器上部和下部均与一效蒸发器相连接，在一效加热器和二效加热器都加入物料后，打开蒸汽阀，一效加热器的壳程（管外）通蒸汽加热管内的物料，物料被加热后，温度升高，比重变小，在加热管内向上运动后进入蒸发器进行蒸发，蒸发器内经过蒸发的物料比重变大后向下运动，然后进入加热器内，如此循环加热蒸发。一效蒸发器产生的蒸汽被称为二次蒸汽，二次蒸汽在真空的作用下进入二效加热器的壳程（管外），对二效加热器列管内进行加热，与一效相同，物料在加热器与蒸发器间循环进行蒸发。二效蒸发器产生的二次蒸汽在真空的作用下进入冷凝器，冷凝器为列管式，通入循环冷却水对二次蒸汽进行冷却，二次蒸汽凝结成流体后流入最下部的冷凝液罐内，进行排放。

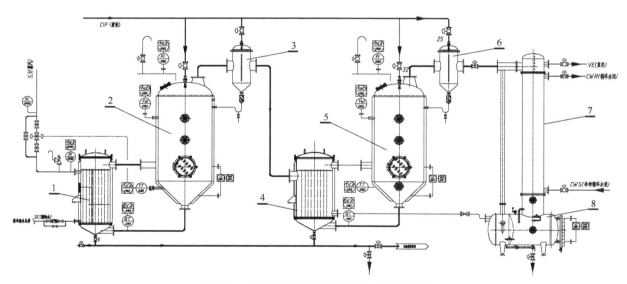

图 4-5-6　双效浓缩器带控制点的工艺流程图

1—一效加热器；2—一效蒸发器；3—一效汽液分离器；4—二效加热器；5—二效蒸发器；6—二效汽液分离器；7—冷凝器；8—冷凝液罐

由于利用了一效产生的二次蒸汽对二效的物料加热蒸发，与二次蒸汽被直接冷凝相比，双效浓缩器更节能，按蒸发 1t 水来计算，单效浓缩器的蒸汽消耗 1.1t，而双效仅消耗蒸汽 0.55t，同时循环水的用量也减少一半左右。当然，三效浓缩器又比双效浓缩器的节能效果更好。

（2）基本结构

浓缩设备是蒸发类的设备，需要满足对药材进行浓缩、回收溶剂等功能，如图 4-5-6 中所示，有对药液进行加热的加热器，加热后的药液进行蒸发的蒸发器，防止产生泡沫后带走药液的汽液分离器，回收溶剂用的冷凝器、冷却器及收集罐等。收膏类浓缩器的加热采用的是在蒸发器外的夹套加热，所以加热器与蒸发器为一体式。还有一种盘管式浓缩器则是将加热器置于蒸发器内的下部制成一体式的形式。

（3）特点

① 加热器下部增设物料分布室，上部增设液封，上下循环口管径改进，符合汽液流速要求，壳程原生蒸汽进口加大，壳程增加不凝气出口，按其蒸发能力对蒸发室进行重新计算设计，由于一效真空度比二效低，但蒸发能力大，因而蒸发室一效比二效大，采用外部汽液分离器，可有效缓解跑料现象。

② 可以根据客户需求进行设计，如普通型用于水溶液蒸发，酒精回收型用于溶媒回收。用于酒精回收时候采用列管+缠绕管组合冷凝的方式，将有机溶媒冷却至更低温度，能有效防止溶剂二次汽化，溶媒回收率可达95%以上。

③ 适宜增加长径比，加热器横截面积减小，管间物料流速提高，传热系数高，不易结垢。

④ 在一效和二效加热面积之和略有减小的情况下，一效加热面积小，二效加热面积大，一效和二效加热面积分配合理，让二效尽可能将一效的二次蒸汽完全利用，提高其蒸发能力，降低能耗。

⑤ 可以实现全自控模式，设备自动进料、蒸发、出料、排液等。

⑥ 整套设备采用不锈钢平台结构支撑，设备运行时更加稳固。

（4）设备可调工艺参数的影响

浓缩器的生产过程中需要控制的技术参数有以下几点：

① 药液的进料量　通常因为进行蒸发浓缩操作，加热器与蒸发器是相连通的，进料量一般以加热器的高度来定量，蒸发器上部需有一定的蒸发空间，同时防止产生泡沫跑料。

② 补料量的控制　这对浓缩设备来说是关键的操作过程，设备内的药液量是逐步减少的。所以浓缩设备内有最低液位和最高液位控制，即当药液浓缩到是低液位时则必须补料，而到最低液位时则必须停止补料。

③ 浓缩温度的控制　根据不同的药液品种，如有温度控制要求，一方面可以通过加大真空的抽气量提高真空度来降低蒸发温度，另一方面可以通过对进入加热器的蒸汽压力进行控制，以调节浓缩蒸发时的温度。同一台浓缩设备蒸发温度低，则蒸发量也相应地会降低。

（5）设备（联动线）安装的区域及工艺布局

单（双）效浓缩器及收膏类的浓缩器通常在一个楼层就可以进行安装布置。

（6）操作注意事项、维护保养要点、常见故障及处理方法等

① 操作注意事项

a．需要严格控制进料量，尤其是易产生泡沫的品种，进料量如太多，则容易造成跑料。操作时经常观察蒸发器的视镜，如发现泡沫产生，及时排空消泡。自动控制可以通过液位控制进料量，在蒸发器上部安装泡沫检测传感器自动进行消泡操作。

b．溶剂收集罐需及时排出所收集的溶剂。通过冷凝液收集罐的液位指示及时排出（回收）所蒸发的溶剂冷凝液，设备也可以配套自动排液。

c．及时补料。蒸发一段时间后，浓缩器的物料量减少，需要及时补料，也可以连续进行补料，但补料流量须小于或等于设备的蒸发量。

d．防止加热器的加热管结垢。加热管结垢一方面造成加热器换热效率降低，使能耗加大；另一方面，给换品种清洗时造成麻烦，如清洗不彻底，则会造成品种间相互污染。要避免或减少这一现象产生需要注意养成良好的操作习惯，尽量保持相对高的液位浓缩，减少低液位浓缩时间。浓缩完成及时进行加热器的清洗，不要等下次开机时再清洗，因为关机后设备的余热会将加热器管壁上粘留的残余物料蒸发造成结垢。

e．刮板浓缩器的减速器注意按要求定时加润滑油。

f．浓缩器的列管冷凝器和盘管冷却器需定时进行除垢清洗，循环水进行定时更换。

② 常见故障及处理方法

浓缩器在正常生产中，一般会产生加热器结垢之类的问题，如果经常产生这个问题，就需要检查员工操作是否按操作规程的要求进行操作，同时对浓缩的工艺进行检查和调整，降低浓缩的出料比重要求，尽量减少物料量比较少的浓缩操作。

2. MVR 浓缩器

MVR 是蒸汽机械再压缩技术（mechanical vapor recompression）的简称。在环保领域中，可用于工业废水的浓缩和循环再利用，如电镀行业、涂料生产行业、医药和农药行业、金属加工行业、造纸行业和原油生产行业等污水处理。在化工工业中，可用于生产空心纤维分子工艺用水的处理，香料提纯，亚氯酸钠和过硫酸钠等化工原料的生产，有机添加剂的浓缩和洁净等。在制药行业可用于化学药品的蒸发、浓缩、结晶和干燥，中药的浓缩。其他如食品行业、制酒行业、牛奶行业等都有应用。

（1）基本原理

MVR 是重新利用自身产生的二次蒸汽的能量，从而减少对外界能源的需求的一项节能技术。早在20世纪60年代，德国和法国已成功地将该技术用于化工、食品、造纸、医药、海水淡化及污水处理等领域。

MVR 浓缩器的运行过程：溶液在一个降膜蒸发器里，通过物料循环泵在加热管内循环。初始蒸汽用新鲜蒸汽在管外给热，将溶液加热沸腾产生二次蒸汽，产生的二次蒸汽由涡轮增压风机吸入，经增压后，二次蒸汽温度提高，作为加热热源进入加热室循环蒸发。正常启动后，涡轮压缩机将二次蒸汽吸入，经增压后变为加热蒸汽，就这样源源不断进行循环蒸发。蒸发出的水分最终变成冷凝水排出。在多效蒸发过程中，蒸发器某一效的二次蒸汽不能直接作为本效热源，只能作为次效或次几效的热源。如作为本效热源必须额外给其能量，使其温度（压力）提高。蒸汽喷射泵只能压缩部分二次蒸汽，而 MVR 蒸发器则可压缩蒸发器中所有的二次蒸汽，从蒸发器出来的二次蒸汽，经压缩机压缩，压力、温度升高，热焓增加，然后送到蒸发器的加热室当作加热蒸汽使用，使料液维持沸腾状态，而加热蒸汽本身则冷凝成水。

这样，原来要废弃的蒸汽就得到了充分的利用，回收了潜热，又提高了热效率，生蒸汽的经济性相当于多效蒸发的30效。为使蒸发装置的制造尽可能简单和操作方便，经常使用单效离心再压缩器，也可以采用高压风机或透平压缩器。

（2）基本结构

MVR 浓缩器由单效或双效蒸发器、分离器、压缩机、真空泵、循环泵、操作平台、电气仪表控制柜及阀门、管路等系统组成，结构非常简单。MVR 的核心设备是压缩机系统，主要是压缩水蒸气，目前国内普遍采用整体撬装式的离心风机、罗茨压缩机和高速离心压缩机，配备有密封系统、润滑系统、油冷系统、控制监测系统、驱动系统。

（3）特点

① MVR 蒸发器每蒸发 1t 水消耗 25～70kW•h 电量，而常规蒸发器消耗 1.25t 生蒸汽，三效蒸发器消耗约 0.4t 生蒸汽。对同一种溶液，MVR 能源消耗量和生产成本显著低于常规蒸发器，是一种高新节能蒸发技术。

② MVR 蒸发器没有冷却水消耗，公用工程配套少，可以节省 90%以上的冷却水。MVR 蒸发器比常规蒸发器更节水更环保。

③ MVR 蒸发器使用清洁能源，没有任何污染。系统只要有电就可以运行，采用的是工业电源，没有任何二氧化碳排放的问题。不用蒸汽，不用锅炉，不用烧煤和油，不用烟囱，不用冷却水，没有 CO_2 和 SO_2 的排放。

④ MVR 蒸发器应用范围广，所有常规蒸发器应用的领域都适用于 MVR 蒸发器，MVR 蒸发器蒸发温度低、温差小，更适合于热敏性溶液。溶液在蒸发器内流程短，且停留时间短，溶质不宜变质。

⑤ MVR 蒸发器采用全自动电脑控制，并且可以在低负荷下稳定运行，自动化程度高，人力成本低；可通过 PLC、工业计算机（FA）、组态等形式来控制系统温度、压力、马达转速，保持系统蒸发平衡。

⑥ MVR 蒸发器不属于压力容器范畴。传统多效蒸发器在使用时，操作人员必须持有压力容器使用资格证，且需要按照国家相关标准进行申报、审批、安检等程序，而 MVR 蒸发器只利用电能，不需要安监部门的监管。

⑦ MVR 蒸发器是国家发改委科委节能技术推广项目,符合国家节能减排和环保高新技术推广范围,

政府有专项资金支持。

⑧ MVR 蒸发器建设成本比常规蒸发器高 2~3 倍，但是由于节约能源，运行成本低，一般运行 2 年的节能费用可以抵消前期建设投资。

六、热泵双效浓缩器

热泵双效浓缩器不仅适用新建厂，还可以对原中药厂使用的普通双效浓缩器和单效浓缩器进行技术改造，在保持原蒸发量不变的情况下，达到显著节能和节水效果。

1. 工作原理

一效蒸汽除作为二效热源外，还通过低噪声热压泵将其中的部分蒸汽再压缩作为一效热源，使蒸发过程的蒸汽耗量大大降低，节约能源。

2. 结构组成

热泵双效浓缩器由热泵系统、一效加热室、一效蒸发室、二效加热室、二效蒸发室、冷凝器、受液罐、系统管阀件。

3. 特点

由于使用了热泵，第一效蒸发量为总蒸发量的 65%~70%，第二效蒸发量为总蒸发量的 30%~35%；而普通双效浓缩器的一、二效蒸发量相同。采用带热泵的蒸发器，使第二效蒸发量减少约 35%，使冷却末效蒸汽所用的冷却水节省约 30%。第一效的加热蒸汽温度大幅降低。中药用普通双效浓缩器第一效由于只使用锅炉供给的蒸汽，其加热温度最低只能到 105℃，由热泵产生的锅炉蒸汽和第一效部分二次蒸汽混合后组成的混合汽的温度为 90℃左右，实现了第一效的低温加热，其蒸发温度为 75℃，由此可见，热泵型二效实现了低温加热和低温蒸发，适用于热敏性物料。

七、三效浓缩器

三效浓缩器适用于制药、食品、化工、轻工等行业液体物料的蒸发浓缩。具有浓缩时间短、蒸发速度快的特点，能较好地保持热敏性物料不被破坏。此外，一效二次蒸汽作为二效的热源给物料加热，再次利用热能，提高利用率，能有效节能。

三效浓缩器在一、二效分离器内隔板隔出顶部与内腔相通的蒸汽腔，蒸汽腔底部接直管与下一级加热器连接，为二次或三次蒸汽管。蒸汽从分离器顶部进入蒸汽腔，直接进入下一级加热器。因蒸汽腔的横截面比一般蒸汽管大得多，直管通入下一级加热器无折转，距离近，大大降低了蒸汽阻力，增加了流量，提高了分离效率。且因蒸汽腔是位于分离器内，减少了引出蒸汽的热量损失。一效加热器的疏水管通入分离器的冷凝室，冷凝水从其下排出，避免了蒸汽损失，也解决了疏水器的噪声和污染。下联管前端设有清洗手孔，便于清洗加热器底部边角的残留物。各分离器有独立进料口，便于观察和控制进料流量。三组加热器和分离器按扇形排列布置，缩短了设备总长度，便于操作。

附一：醇沉罐

1. 用途：主要用于中药水煎液经浓缩后的溶液进行冷冻或常温酒精沉淀的操作，也可用于中药醇提后浓缩液进行水沉淀的操作。也适用于其他制药、化工、食品、口服液、保健品、染料等行业悬浮液的冷冻或常温沉淀、固液相分离的工艺操作。

2. 特点：内装自动浮球出液器可减轻工人劳动强度，自动完成出液过程；确保上清液抽净，而不使沉淀物被抽出；锥形底部装有切线蒸汽管道，通入蒸汽可使沉淀物软化，有利于沉淀物排出；罐的底部装有切线通气管道，可通过真空或过滤压缩气进行气动搅拌。

3. 工作原理：醇沉罐属沉降式固液相分离设备。中药水煎浓缩液（一般相对密度为 1.1 左右），去除非醇溶性的淀粉、蛋白质等，采用加入酒精配成一定乙醇浓度的液体，然后常温最好是低温冷冻沉降进行固液分离以提高中药提取液的乙醇浓度及澄明度，从而提高产品质量。浓缩液和酒精按工艺要求，投入各自的配比量并开启冷冻盐水或冷却水，搅拌混合均匀，达到料液所需的温度后停止搅拌，继续在夹套内通入冷冻盐水或冷却水，保证所需的液温。待沉淀完成后开启上清液出料阀，用自吸泵将上清液抽出，因内装浮球式出液器，随上清液液面逐渐下降，浮球也随液面下降，待上清液抽完，因浊液密度远大于上清液，浮球浮在沉淀物表面不再下降，出液器自动停止出液。此时可打开出渣口，将沉淀物排出。根据物料不同则沉淀物质不同，可先打开底部蝶阀将稀料放出。

对于某些沉淀物（如淀粉类）可能会结块，造成出渣不畅，可向沉淀物通入加热蒸汽使其软化，即可将渣排出。待沉淀物放净，用水将罐内壁清洗干净，关闭蝶阀。如果一次处理药液量较多，一台醇沉罐的容量不足以完成相应的工作，那么可以配备一台或多台静置罐。在醇沉罐中将酒精和浓缩药液按工艺搅拌后，由自吸泵吸入静置罐。静置罐中同样具有夹套和浮球式出液器，可对混合液进行冷却沉淀和出液。（利用一台搅拌罐配置多台静置罐，此工艺操作既节省能源又减少投资，因醇沉工艺的操作搅拌时间短、静置时间长，搅拌器大部分时间是闲置的）。沉降液分离（即醇沉）的沉淀时间与罐内液温有直接关系。一般中药醇沉。

4. 操作规程：

（1）开启进料阀及物料输送泵电源进料，观察液位高度，到适量后关闭进料阀及输送泵电源。

（2）如需加热或冷却，开启夹套蒸汽或冷冻水进口和出口，通过夹套对料液进行加热或冷却处理，观察温度表，达到工艺要求的温度后，关闭换热系统进出口阀门。

（3）运行中时刻时刻注意换热系统的温度表、压力表的变化，避免超压超温现象。

（4）需要出料时，开启出料阀，通过泵输送至各使用点。

（5）搅拌适时后，关停搅拌器；先关闭媒介进口，后关闭媒介出口。

（6）开启出料阀，排料送出。

（7）出料完毕，关闭出料阀。

附二：连续精馏塔

1. 用途：连续精馏主要用于制药厂不同种类的溶剂回收和提纯，特别适用于制药厂生产过程中不同浓度乙醇的回收提纯。连续精馏设备包括精馏塔、再沸器、冷凝器等。

2. 工作原理：蒸馏作为分离均相液体混合物的典型单元操作，其基本原理是将液体混合物部分汽化、部分冷凝，利用其中各组分挥发性的差异将其分离。其本质是气、液相间的热量传递与质量传递。为使混合物中各组分分离彻底，以获取较纯的产品，工业生产中常采用多次部分汽化、多次部分冷凝的方法——精馏。

3. 特点：①24h不间断地操作，精馏出乙醇浓度95%以上，回收率在98%以上；操作稳定，回收率高；②操作过程、设备配置和产能效果能够满足GMP对原料药厂溶剂回收套用的要求；③生产能力大，单位能耗小，生产动力成本低；④生产稳定周期短，开车稳定10min后即得符合要求的产品。⑤和间歇精馏相比，连续精馏具有生产强度大，没有间歇精馏需要收集稀乙醇的储罐，所以具有节能的效果和投资成本低的特点。

4. 操作规程：精馏塔供气液两相接触进行相际传质，位于塔顶的冷凝器使蒸汽得到部分冷凝,部分凝液作为回流液返回塔顶，其余馏出液是塔顶产品。位于塔底的再沸器使液体部分汽化，蒸汽沿塔上升，余下的液体作为塔底产品。进料加在塔的中部,进料中的液体和上塔段来的液体一起沿塔下降,进料中的蒸汽和下塔段来的蒸汽一起沿塔上升。在整个精馏塔中，气液两相逆流接触，从而进行相际传质。液相中的易挥发组分进入气相，气相中的难挥发组分转入液相。对不形成恒沸物的物系，只要设计和操作得当，馏出液将是高纯度的易挥发组分，塔底产物将是高纯度的难挥发组分。进料口以上的塔段，把上升蒸汽中易挥发组分进一步提浓，称为精馏段；进料口以下的塔段，从下降液体中提取易挥发组分,称为提馏段。两段操作的结合,使液体混合物中的两个组分较完全地分离，生产出所需纯度的两种产品。

第六节　干燥设备

一、概述

干燥设备利用热能、电能、微波能等,将各种物料如中药材、原料药、湿颗粒等进行干燥,得到固体物料,并使物料内部的水分达到要求。

自然干燥是药厂最古老而又最简单的干燥,随着科技的发展自然干燥远远不能满足人们的日常生活和生产发展需要,各种机械化干燥设备越来越广泛,被称之为烘干机。进入 21 世纪,烘干机不断向高品质、低能源、环保、降低劳动力方向发展。

二、干燥设备的分类

干燥分人工干燥和自然干燥两种。所有人工干燥过程都需要消耗能源,即需要将热量传递给被干燥的物料;而传热方式主要包括导热、对流、辐射三种,其中,对流干燥(也称气流干燥)是应用最广泛的一种干燥方式。欲实现对流干燥,必须提供湿度相对较低、温度相对较高的气体作为干燥气源,而提供该气源的系统称为干燥动力源系统。目前,热风炉或蒸汽换热器为气流干燥中主要的干燥动力源系统,这两种方式热效率低、污染严重。作为一种将热管节能技术与热泵节能技术紧密结合的新型高效节能型干燥动力源系统,其既具有热管换热系数高、等温性好、热流方向可逆、环境适应性强、使用方式灵活、温度适用范围广的特性;也具有热泵以消耗少量电能或燃料能为代价将大量无用的低热能变为有用的高热能,制冷制热双重功能的特性。根据干燥设备的结构形式,可以分为喷雾干燥设备、气流干燥设备、流化床干燥设备、滚筒式干燥设备以及各类箱式干燥设备(如带式翻板干燥机、热风循环烘箱、真空干燥箱等)。当然,发展到现在也出现了一些组合式干燥设备,如微波真空、隧道式微波、带式真空等干燥设备。

由于干燥设备类别较多,在其用途上也有所区别。其中可用于滤饼态的原料药干燥的是气流干燥机;用于固态的原料药干燥或溶剂回收的是双锥式回转真空干燥机或耙式真空干燥机;能够将液体直接制备成粉末的是喷雾干燥机,适合制剂湿颗粒批次干燥或连续干燥的是流化床干燥器,适合粉针剂制备是冷冻干燥机。每个设备的具体用途将在本节单个设备的介绍中进行详细阐述。

三、热风循环烘箱

热风循环烘箱属盘架式间歇干燥,是通用性较大的设备。适用于制药、化工、食品等行业的物料成品、半成品的除湿、固化乃至灭菌的单元操作。整个热风循环系统大部分热风在箱体内循环,传热效率高,节约能源,内部温差小。温度自动控制,操作维护方便,符合 GMP 要求。

1. 基本原理

一般用蒸汽或电作为热源(蒸汽散热器或电加热元件产生热量),利用风机进行对流换热,对物料进行热量传递,并不断补充新鲜空气和排除潮湿空气。干燥期间箱内能保持适当的相对湿度和温度。

2. 国内外生产使用现状

热风循环烘箱是通用的干燥产品,1978 年由原江苏武进干燥设备厂最先制造生产,其配用低噪声耐高温轴流风机和自动控温系统,整个循环系统全封闭,热效率从传统的烘房 3%～7%提高到 35%～45%,成为国内首创产品。后经过三次不断改进升级,热效率可达 50%以上。为我国节约了大量能源,提高了经济效益,1990 年由国家医药管理局发布了行业标准,统一型号为 RXH。后经过 2004 年、2011 年对此产品的行业标准进行了修订。目前,大多数厂家仍沿用 20 世纪 80 年代的 CT-C 叫法。

3. 基本结构

本设备主要由主体、蒸汽散热器或电加热、轴流风机、烘车、烘盘、控制柜等组成。箱内左右两侧装有控制气流均衡流动的调风板，可使箱内上下各部温度均匀，减少温差。在箱顶上部留有进气口和排湿口，使箱内潮湿空气及时排出，补充新鲜空气，加快物料干燥速度。箱体上部装有电气控制系统，有控制器、数字显示温度控制仪，显示和自动控制箱内工作温度。其结构示意如图4-6-1所示。

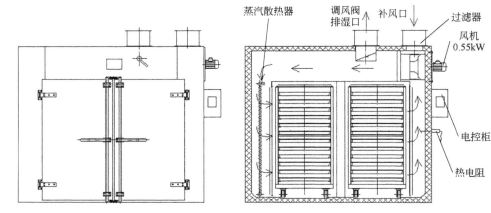

图4-6-1 热风循环烘箱结构图

4. 特点

大部分热风在箱内进行循环，从而增强了传质与传热，节约了能源。

5. 典型设备的设备安装、操作方法及注意事项等

此设备一般整体出厂，安装工作主要是公用设施（水、电、气）的接入。个别由于用户现场吊装等条件的限制，需现场拼装。下面以热源为蒸汽的热风循环烘箱为例，介绍其操作方法、注意事项等。

（1）操作方法

在投入使用前，必须对电源电压是否与本设备使用相符、管道是否漏气、风机转动是否灵活、方向是否正确等工况进行仔细调整检查。首先，将所需干燥的物料放在烘盘上，然后人工放入烘车推入箱体中，关闭箱门。然后，开启电源开关，将排湿阀的开关限在关闭位置，并对温控仪表各参数进行设定；并依次按下风机→加热，当温度升到所需的设定值后，打开排湿阀，但排湿的开启角度不能太大，一般排湿量要根据物料的含水量来进行。

（2）烘箱内温差的调整方法

在烘箱内上（顶板向下200mm）、中、下（底板向上200mm）位置放置留点温度计。关闭烘箱门，开启蒸汽阀门并启动风机进行升温，约30min后取出温度计，观察三点的读数是否在允许范围内。如温差较大，调整相应部位的叶片间隙，直至温差符合要求。经调整后的分风板，在生产没有产生变动移位的情况下，一般不需要再次调整。

（3）注意事项

开机时只有开了风机才能开加热；关机时，依次按下各停止按钮，一旦风机停，加热也停止。一般蒸汽加热器的最高工作压力为0.8MPa。若使用温度要求达到120～140℃，则蒸汽压力应在0.4～0.8MPa范围内。若烘箱温度要求达到80～120℃，则蒸汽压力应在0.2～0.4MPa范围内。根据实际需要确认后选用。蒸汽管道与供气管道接通后，使用时首先必须打开疏水器旁通阀门，排放管道内可能残留的杂物及冷凝水，以保疏水器能正常工作。由于管道中有残留物，电磁阀和疏水器初用时如发现失灵，必须拆下清洗，才能保持正常运行。烘箱上方的排湿口是用来排出潮湿空气的。待烘箱温度达到设定值后再进行排湿。排湿阀的开启角不宜过大，一般排湿量要根据物料的含水量来确定。由于运输过程中各部件可能产生位移，安装调试中须对各部件进行调整，以保证烘箱的使用效果。烘箱蒸汽管道必须进行保温，以减少热量损失。本产品无防爆设备，切勿将易燃、易爆物品放入箱内以免发生意外事故。箱体周围不宜放置物品并经常监督烘箱内温度变化情况，一旦温度控制失灵，应立即停机

检查。在不使用烘箱时，应切断烘箱电源以保安全。

（4）维护规程

定期检查风机线路和电机运转是否正常。检查数显一体面板或液晶触摸屏上和线路板上的一些接触是否良好。温度传感器和湿度传感器性能是否良好。蒸汽电磁阀或疏水阀性能是否良好。排湿风机是否正常运行。定期检查门密封是否松动。

（5）清洗保养

烘箱使用一个阶段，要定期清洗烘车架上的污垢和物料。烘箱内顶板、底板上发现污垢也要进行定期清洗。取出烘车和烘盘，拆卸两侧对流壁，用洗涤剂兑水均匀搅拌后进行清洗。取出进口高效空气过滤器用气泵进行气吹或更换新的。清洗干净后，按原样进行安装，消毒后继续使用。

6. 热风循环烘箱常见故障及处理方法

（1）箱体部分

热风循环烘箱的箱体部分的常见故障及处理方法见表4-6-1。

表 4-6-1　热风循环烘箱常见故障及处理方法——箱体部分

故障	原因	处理方法
温度 升不高	蒸汽压力太小 疏水器失灵 电加热电压太低 风机转向不符 显示仪表不正确	按要求提高蒸汽压力 疏水器杂物堵塞，对疏水器进行疏通 提高网络电压，按要求供电 电源线两相任意对调 检查仪表各参数是否正确（参照仪表说明书）
箱内温差 太大	百叶窗叶片调整不当 烘箱门未关严	左右两侧的百叶窗在调整叶片间距时，尽量使热风流通面积增大（请注意最下部和最上部两张叶片不能移动） 检查密封处的密封条，若损坏则更换密封条
风机噪声大	风机螺栓松动 风机叶片碰壳，轴承磨损，电机二相运转	拧紧螺栓 检查叶片，校正与壳距离，更换轴承 检查线路及电器开关
干燥速度太慢	排湿选择不当 风量太小	调整排湿阀开度 检查风机是否漏风或叶片上是否附有杂物

（2）电器部分

热风循环箱中电器部分的常见故障及处理方法见表4-6-2。

表 4-6-2　热风循环烘箱常见故障及处理方法——电器部分

故障	原因	处理方法
开关电源无显示	接触不良，损坏 熔芯断路 电源不正确 指示灯损坏	打开检查或更换 更换 按图纸接线 更换
风机不能启动 噪声大	风机卡死 自动开关跳闸 电机单相运行 主线路接触不良 电机轴承损坏	调整间隙 合上自动开关 检查电源电压 紧固各接线端子 加油或更换
箱内无风	风机转向不对 烘箱内百叶窗调整不当	对调电机任意两相电源 调整各导风叶片
仪表显示不正确	热电阻引线与仪表连接不好 接线错误	检查接牢 按图纸校正线路
温度失控	电磁阀失控，有杂物 旁通阀漏气 仪表损坏	检查清洗 修理更换 修理更换

四、热管热泵热风循环烘箱

热管热泵热风循环烘箱适用于干燥胶囊、中药丸、中药材等。

1. 基本原理

该类干燥设备为动态工作系统，两类不同物质同时处于运动状态：一是热泵机组内工质周而复始地循环，实现热量传递；另一是给定状态的空气在系统内往复封闭循环，带走中药丸、胶囊等的热量及水分。图 4-6-2 为热管热泵热风循环烘箱原理图。该设备的最大特点是能够精确控制干燥期间箱内相对湿度和温度，应用于热风对流干燥场合和过程中，具有降低能耗、干燥速度快、效果好等优点。

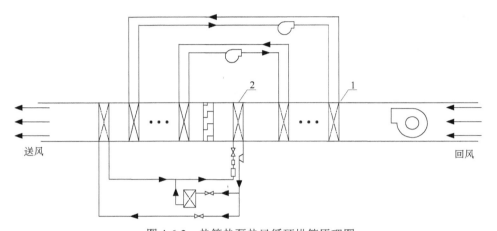

图 4-6-2　热管热泵热风循环烘箱原理图

1—内外复合式两相流热管冷量回收子系统；2—压缩制冷子系统

2. 基本结构

本设备将动力室与干燥室联为一体，如图 4-6-3 所示，其无需消耗任何冷气（水）及热气（水），只需少量电能便可完成中药丸的干燥工艺。干燥动力源系统由热管节能技术与热泵节能技术有机结合而形成。

3. 工作（操作）过程

首先，将所需干燥的物料放在料盘上，人工放入干燥室中，关闭干燥室门，开启电源开关，设定送风温度、干燥时间等参数；点（按）启动，机组进入自动运行工作状态，当达到干燥时间时，机组自动停止运行。图 4-6-4 为其实物图。

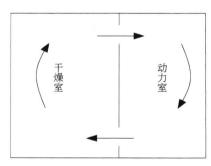

图 4-6-3　热管热泵热风循环烘箱示意

图 4-6-4　热管热泵热风循环烘箱实物

4. 特点

使用该机与使用原有干燥方式相比，具有下列特点：①大幅度降低了能耗，不仅大大节约了不可再生能源，也减轻了环境污染。②实现了温湿度逐渐变化的干燥过程，大大缩短了干燥周期。③进一步提高了产品的质量指标，改善了卫生条件，实现了封闭循环，使外界环境的污染大幅度减轻。④干燥后的产品含湿量更为均匀一致。⑤该设备包括动力源在内占地面积仅 4.8m²，大大减少了占地面积。⑥噪声大幅度降低，操作人员的工作环境改善。⑦操作简便易学，避免了人为因素产生的干燥质量问题，也避免了各种随机因素（如外界环境温度、锅炉供汽情况等）对干燥质量的影响。⑧本机组容量较大，每批次可满足 500kg 中药丸的干燥需求。

5. 热管热泵热风循环烘箱操作注意事项与维护保养要点

（1）操作注意事项

①本烘箱应安装在室温为 18～24℃，相对湿度小于 65％ 的房间内，电源电压应稳定，波动范围满足 380V±20V 的要求。②操作人员在给每个料盘装料时，要尽量做到每个料盘的装料量尽可能相等，同时每个料盘上的中药丸要铺平，保持等厚度状态。③要经常注意压缩机的吸气压力和排气压力，按使用说明中动力系统调试的指标要求分析是否正常运行，否则，应适量充加 R22。

（2）维护保养要点

①应经常注意观察各压力表的压力指示，保证系统处于正常工作状态。若吸气压力都正常，则该部分运行良好；若压缩机吸气压力低于一定值时，则表明该系统制冷剂缺少，需充加制冷剂。②干燥室的清洗。当更换被干燥中药丸的品种时，应对干燥室进行彻底的清仓和清洗，具体清洗步骤是：a.用钥匙打开干燥室门；b.将料盘取出，进行彻底清洗；c.将干燥室内部的所有不锈钢表面进行彻底擦洗；d.关闭干燥室门，便完成了清洗工作。

6. 热管热泵热风循环烘箱常见故障及处理方法

该设备的常见故障问题及处理见表 4-6-3。

表 4-6-3　热管热泵热风循环烘箱常见故障及处理方法

故障	原因	处理方法
开关电源无显示	熔芯断路 电源不正确	更换 按图纸接线
风机不能启动 噪声大	风机卡死 自动开关跳闸 主线路接触不良 电机轴承损坏	调整间隙 合上自动开关 紧固各接线端子 加油或更换
箱内无风	风机频率太小	增大风机频率
仪表显示不正确	热电阻引线与仪表连接不好 接线错误	检查接牢 按图纸校正线路
温度失控	电磁阀失控，有杂物 仪表损坏	检查清洗 修理更换

五、真空干燥箱

1. 基本原理

真空干燥，又名解析干燥，是一种将物料置于负压条件下，并适当通过加热达到负压状态下的沸点或者通过降温使得物料凝固后通过熔点来干燥物料的干燥方式。我们经常将真空干燥方式分为通过沸点和通过熔点两种。真空干燥机使物料内水分在负压状态下的沸点随着真空度的提高而降低，同时辅以真空泵间隙抽湿降低水汽含量，使得物料内水等溶剂获得足够的动能脱离物料表面。如采用冷凝器，物料中的溶剂可通过冷凝器加以回收。

真空干燥过程受供热方式、加热温度、真空度、冷却剂温度、物料的种类和初始温度及所受压紧力大小等因素的影响，通常供热有热传导（如蒸汽、热水）、热辐射和两者结合三种方式。热传导（如蒸汽、热水等）是常用的加热方式，随着技术的不断发展，也有带微波功能的或直接电加热辐射功能的真空干燥箱。

2. 国内外生产使用现状

真空干燥箱为较传统的干燥装置，主要用于中药浸膏以及原料药中热敏性物料的干燥。传统的干燥箱内被盘管或加热板分成若干层。盘管或加热板中通入热水或低压蒸汽作为加热介质，将铺有待干燥药品的料盘放在盘管或加热板上，关闭箱门，箱内用真空泵抽成真空。盘管或加热板在加热介质的循环流动中将药品加热到指定温度，水分即开始蒸发并随抽真空逐渐抽走。此设备易于控制，可冷凝回收被蒸发的溶媒，干燥过程中药品不易被污染。缺点是干燥速度慢，工人劳动强度大，不易对料盘进行在线清洗和在线灭菌，药品干燥均一性不易控制，而且还需增加后道工序。

3. 基本结构和基本工作过程

真空干燥箱根据其外形可分为方形和圆形两种，如图 4-6-5 和图 4-6-6 所示。

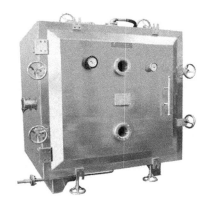

图 4-6-5　方形真空干燥箱

图 4-6-6　圆形真空干燥箱

典型的工艺流程图见图 4-6-7。

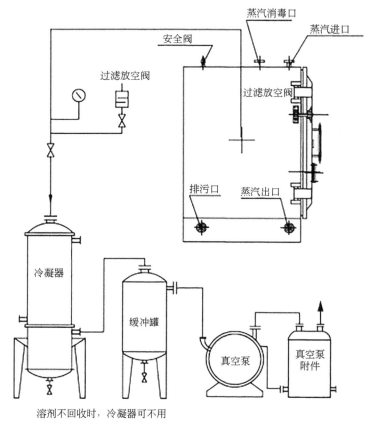

图 4-6-7　真空干燥箱系统

4. 典型设备的操作方法

（1）准备阶段

①真空泵空载运转要求工作正常，冷却水保持畅通。②干燥箱上设有真空表和温度计，还设有消毒

口，用于对物料干燥前或干燥中后期的消毒和保护，消毒气体和保护气体由用户自己选择，消毒过程中必须关闭真空泵与真空阀门，消毒结束关闭消毒口后，才能开启真空泵打开真空阀门抽真空。如需无菌操作，应配备蒸汽过滤器（用于消毒口）及空气过滤器（用于放空阀口），考虑到消毒口输入蒸气压过高，干燥箱上装有安全阀（≤24MPa）用于保护。干燥箱上部有一个蒸汽进口，下部设有一个蒸汽出口和排污口。③全系统空载试车，不得渗漏，真空度以及温度达到所需的要求。仪器、仪表、各类泵、阀门应工作正常，各种管道出水、液、气应畅通。

（2）工作阶段

①干燥箱、烘盘须经清洁处理，然后放入装有物料的烘盘，关上密封门旋紧手轮。②关紧箱门，放气阀，箱门上有旋紧手轮，可使箱门与硅胶密封条紧密结合。③烘架通入蒸汽，加热至所需干燥温度。④将真空泵与真空阀连接，开启真空阀，抽真空使系统达到与所选用的真空泵相适应的真空度，此时物料进行干燥（注：由于在真空条件下，气体分子运动十分不活跃，真空干燥器上的温度计不能显示物料的真实温度，只能表示物料的相对温度。要正确测量物料温度，可选用玻璃棒水银留点温度计或铂热电阻片测温）。⑤抽完真空后，先将真空阀门关闭，如果真空阀门关不紧，请更换，然后再将真空泵电源关闭或移除（防止倒吸现象产生）。⑥物料的干燥周期，每隔一段时间观察一下压力表、温度表和箱体内的变化来处理。如果压力表指数下降，则可能存在漏气现象，可再进行抽气操作。⑦干燥完成后，先将放气阀打开，放出里面气体，再打开真空干燥箱箱门，取出物料。

（3）整理阶段

①切断电源。②清洗真空干燥箱、缓冲罐内部排空积水，检查空气过滤器和蒸汽过滤器介质。③关闭系统所有阀门。④关闭设备与维护的注意事项：真空干燥系统如长期不使用，应将所有容器、阀门及夹缝中的残存物排出。干燥箱密封门铰链处加入复合钙基润滑油。干燥箱上的密封橡胶条，请用抹布擦净污垢，为防止密封橡胶条老化，严禁用香蕉水、汽油等擦洗，密封橡胶条应经常涂抹滑石粉加以保护，以防密封橡胶条脱落。真空表、温度计及安全阀应定期检验，每年至少一次。定期维护真空泵及其他运转设备。定期检查电气设备，系统接地电阻应≤10Ω。操作过程中，对任何阀门开启和关闭用力要均匀适当，并需注意各仪表的示值，应按物料干燥工艺进行控制和调节。当干燥箱处于正压和负压状态下严禁打开密封门，以免发生事故。清洗所有烘盘及干燥用的辅助工具。

六、微波真空干燥设备

微波真空干燥设备是微波能技术与真空技术相结合的一种新型微波能应用设备，它兼备了微波与真空干燥的一系列优点，克服了常规真空干燥周期长、效率低的缺点，在一般物料的干燥过程中，具有干燥产量高、品质好、加工成本低等优点。微波真空干燥设备是一项集电子、真空、机械、热力等学科为一体的高新技术产品。微波真空干燥设备根据结构特点分为箱式微波干燥设备和带式微波真空干燥设备。

微波真空干燥设备主要应用于高附加值且具有热敏性的物料的脱水干燥；在制药行业，微波真空干燥设备主要用于大批量中药药丸、颗粒、浸膏等固态制剂的低温干燥。

1. 基本原理

微波真空干燥设备是利用微波能在真空状态下对物料进行干燥的一种设备。它是微波能在真空中的应用，属于物料低温干燥的一种。微波是频率在300MHz～300GHz的电磁波。被加热的介质物料中的水分子是极性分子，极性水分子在快速变化的高频电磁场的作用下，其极性取向将随着外电场的变化而变化，造成分子的运动和相互摩擦效应，也就是所谓的加热效应。微波加热主要使水分子在微波交变电磁场的作用下，引起强烈的极性振荡摩擦，产生热量，达到干燥物料的目的。

2. 基本结构

（1）箱式微波真空干燥设备结构

箱式微波真空干燥设备由微波发生器、真空干燥腔、物料转盘机构、真空系统及控制等系统组成。设备的主要部件均采用不锈钢制造，符合制药设备 GMP 标准。整机采用模块化设计，清洗、装拆、检修均很方便。图4-6-8为该设备的结构示意；图4-6-9为该设备的实物图。

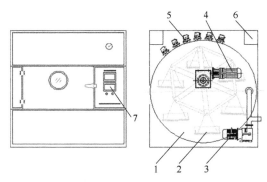

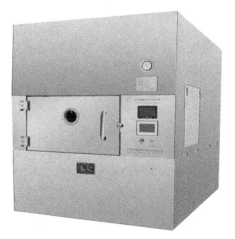

图 4-6-8　箱式微波真空干燥设备结构示意

1—干燥腔；2—物料盘；3—真空系统；4—转盘机构；

5—微波发生器；6—微波电源箱；7—电控系统

图 4-6-9　箱式微波真空干燥设备外形

微波发生器由微波磁控管及微波电源组成。其特点是功率选择灵活、加热均匀、操作简便。微波发生器由多个独立供电的控制电路组成，每个微波电源均有一个独立的短路、过载保护装置控制，可根据用户需求分别工作。物料干燥腔是由不锈钢加工而成的，符合国家 GMP 卫生标准。物料转盘机构是由聚丙烯材料加工而成，使物料在真空干燥腔内做圆周运动，保证每个物料盘中物料的均匀性，保证有良好的干燥效果。

电气系统采用国外先进的 PLC 触摸屏进行程序化控制，测温配备红外辐射测温仪，测温准确，性能稳定；可设置温度控制点，可实现温度自动调节，也可连续调节真空度，精确控制产品的质量。

（2）带式微波真空干燥设备结构

带式微波真空干燥设备是利用微波技术与真空低温干燥技术相结合，采用自动进出料装置，且在设备的真空腔内设置输送机构，使物料的干燥处于连续状态；在罐体上设置微波加热系统，根据物料干燥的时效因素及均匀性来布置其微波馈口，有效地利用了微波能源，并在罐体上通过真空泵及真空管道对设备的罐内抽真空，以期达到在真空的状态下进行微波干燥。该设备主要是从生产能力、微波的合理利用、物料的干燥速度以及设备的空间利用率等角度出发，有效地解决了现有技术中存在的物料干燥过程中产量不高，并为制药工艺下道工序的连续作业提供了保障。可广泛适用于制药、食品、化工、纸制品等领域的连续生产线中。

该设备主要由干燥腔体、微波加热系统、输送系统、进料布料系统、出料粉碎系统、冷却系统、真空系统、CIP 清洗系统、电气控制系统等组成，如图 4-6-10 所示。其中微波加热系统由多个单独微波控制系统组成，微波源功率可调，可根据温度反馈进行闭环控制；电气控制系统采用 PLC 触摸屏进行程序化控制，测温配备红外辐射测温仪，测温准确，性能稳定；可设置温度控制点，可实现温度自动调节，也可连续调节真空度，精确控制产品的质量。

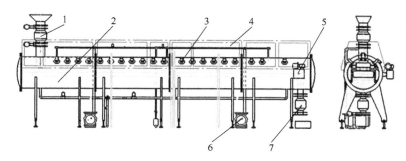

图 4-6-10　带式微波真空干燥设备结构示意

1—进料机构；2—真空加热腔；3—微波发生器；4—微波电源；5—传动机构；6—真空系统；7—出料机构

3. 微波真空干燥设备工作过程

（1）箱式微波真空干燥设备的工作过程

打开加热腔体炉门，把装有物料（不超过 5kg/盘）的物料盘依次放在传动架上，送入干燥腔内，物料必须平铺均匀，吊篮严禁倾斜，确认无误后关好干燥腔门炉门。设置物料参数，开启真空泵，传动机构，当真空压力达到需要时开启微波，依次开启微波，微波能对物料中的极性分子产生热量。控制中心 PLC 可构造复杂的数学运算模型，实现系统温度功率自动调节；对生产工艺可记忆，对同种物料只需一次设定工艺参数，即可连续或间隔生产，方便操作人员使用，提高生产效率。微波管可根据功率要求选择，实现轮流工作，延长使用寿命。干燥过程中产生的水分由真空管道排出。

（2）带式微波真空干燥设备的工作过程

物料经过进料缓冲仓后，由挤压布料机构均匀铺放在输送机构上，输送机构将物料输送至微波加热系统内，物料经过微波对其加热并将其内部所含的水分蒸发，考虑到物料最终含水量低，在设计时，特意增加了远红外加热保温箱，在出口配有硅胶制作的刷带机构对输送带进行清扫，在干燥过程中，物料由出口旋推进器出料机构将成品粉碎并送至出口缓冲仓，之后从缓冲仓落到出料斗中。在整个干燥过程中,物料的干燥连续进行。输送带采用先进的气动纠偏机构，保证干燥的连续性，减少操作人员的劳动强度。干燥过程中产生的水分由真空管道排出。

4. 设备可调工艺参数的影响

①同功率不同时间对干燥物料的影响：时间过短造成物料干燥效果不佳；时间过长会造成物料变糊。②同干燥时间不同功率对干燥物料的影响：功率过小造成物料干燥效果不佳；功率过大会造成物料变糊。③物料量的多少及含水量的多少都要相应的调节微波功率及干燥时间。

5. 特点

微波真空干燥设备具有以下特点：①加热迅速。微波加热与传统加热方式不同，不需要热传导的过程，可以在极短的时间内达到加热的温度。②加热均匀。无论物体的各部位形状如何，能使物体表里同时均匀渗透电磁波（微波）而产生热能。不像传统加热方式，会产生外焦内生的现象。③节能高效。由于含有水分的物质容易吸收微波而发热，因此，除少量的传输损耗外，几乎无其他损耗，故热效率高、节能。它比远红外线加热节能约三分之一以上。④防霉、杀菌、保鲜。微波加热具有热效应和生物效应，能在较低的温度下灭菌和防霉。由于在真空状态下，避免了物料中有机成分的氧化和分解，并且加热速度快、时间短，能最大限度地保存物料的活性和食品中的维生素、原有的色泽和营养成分。⑤易控制。只要控制微波功率即可实现立即加热和终止。⑥安全无害。由于微波是控制在金属制成的容器内和波导管中工作的，有效地防止了微波泄漏。没有放射线危害及有害气体的排放，不产生余热和粉尘污染，既不污染食物也不污染环境。

6. 操作注意事项

（1）使用前注意事项

①正确的使用方法应该是先抽真空再升温加热。待达到了额定温度后如发现真空度有所下降时再适当加抽一下。这样做对于延长设备的使用寿命是有利的。②加热后的气体被导向真空压力表，真空压力表就会产生温升。如果温升超过了真空压力表规定的使用温度范围，就可能使真空压力表产生示值误差。③如果按先升温加热再抽真空的程序操作，加热的空气被真空泵抽出去的时候，热量必然会被带到真空泵上去，从而导致真空泵温升过高，有可能使真空泵效率下降。④如在使用过程中出现异常、气味、烟雾等情况，请立即关闭电源，用户切勿盲目修理，应由专业人员查看修理。⑤如果长期不用，应拔掉电源线以防止设备损伤人。并应定期（一般一季度）按使用条件运行 2～3 天，以驱除电气部分的潮气，避免损坏有关气件。⑥插上电源，控温仪显示数字，并设定温度和加热方式。⑦可燃性和挥发性的化学物品切勿放入干燥箱内。⑧干燥箱壁内胆和设备表面要经常擦拭，以保持清洁，增加玻璃的透明度。请勿用酸、碱或其他腐蚀性溶液来擦拭外表面。⑨干燥结束后，先关闭电源，旋动放气阀，解除箱内真空状态，取出物品。

（2）使用后注意事项

①取出被处理的物品时，如处理的物品是易燃物品，必须待温度冷却到低于燃点后，才能放入空气，

以免发生氧化反应而引起燃烧。②干燥箱不需连续抽气使用时，应先关闭真空阀，再关闭真空泵电机电源，否则真空泵油要倒灌至箱内。③如干燥时间较长，真空度下降，需再次抽气恢复真空度，应先开启真空泵电机开关，再开启真空阀。④禁止放入易爆物品干燥。

七、隧道式微波干燥灭菌设备

隧道式微波干燥灭菌设备主要应用于具有热敏性的农副产品、保健品、食品、药材、果蔬、化工原料等的脱水干燥。在制药行业，该设备适用于药厂大批量中药药丸、颗粒、粉末等固态制剂的干燥；还可适用于制药厂大批量口服液的灭菌。

1. 基本原理

隧道式微波干燥加热技术是依靠以每秒几亿次速度进行周期变化的微波穿透物料内，与物料的极性分子相互作用，物料中的极性分子（水分子）吸收微波后，改变其原来的分子结构以同样的速度做电场极性运动，致使彼此间频繁碰撞产生大量的热能，从而使物料内部在同一瞬间获得热能而升温，相继产生热化、膨化和水分蒸发，从而达到加热干燥的目的。

微波灭菌是利用电磁波的热效应和生物效应共同作用的结果。生物细胞是由水、蛋白质、核酸、碳水化合物、脂肪等复杂化合物构成的一种凝聚态介质。该介质在强微波场的作用下，温度升高，其空间结构发生变化或破坏，蛋白质变性，从而失去生物活性。

2. 基本结构

隧道式微波干燥灭菌设备是由微波加热器、微波发生器、微波抑制器、机械传输机构、冷却系统、排湿系统及控制操作系统等组成。其中微波加热器是由多个单元加热箱组成，每个单元由不同数量的微波管组合工作。在设备的进出口均装有微波抑制器，保证微波泄漏符合国家安全标准。传送机构采用聚四氟乙烯输送带，其速度调节为无级变频调速。排湿系统是将干燥时蒸发出的水分排出室外。设备的主要部件均采用不锈钢制造，符合制药设备 GMP 标准。图 4-6-11 为该设备的外形图。

图 4-6-11　隧道式微波干燥灭菌设备外形图

隧道式微波干燥灭菌设备可根据物料产量的要求增加或减少微波加热箱，微波输出功率也随之改变。设备还可根据物料的要求增加或减少输送的层数，以满足物料的均匀性。

整机采用可编程控制器 PLC 控制，人机界面操作，可设置干燥温度、输送带速、排湿量等参数。

3. 简要工作过程

料斗中的物料由刮料器均匀地铺在输送带上，由传动系统输送物料在微波加热器内移动。依次开启微波，微波能使物料中的极性分子碰撞产生热量。控制中心 PLC 可构造复杂的数学运算模型，实现系统温度功率自动调节；对生产工艺可记忆，对同种物料只需一次设定工艺参数，即可连续或间隔生产，方便操作人员使用，提高生产效率。微波管可根据功率要求选择，实现轮流工作，延长使用寿命。干燥过程中产生的水分及潮湿空气由排湿风机排出。

4. 设备可调工艺参数的影响

①同功率不同时间（带速）对干燥物料的影响：时间过短造成物料干燥效果不佳；时间过长会造成物料变糊。②同干燥时间（带速）不同功率对干燥物料的影响：功率过小造成物料干燥效果不佳；功率过大会造成物料变糊。

5. 特点

隧道式微波干燥灭菌设备除具有微波真空干燥设备的优点外，还有如下优点：①整机采用模块化设计，清洗、装拆、检修均很方便。②在设备的进出口均装有微波抑制器，保证微波泄漏符合国家安全标准。③每个单元加热箱内有多个微波输入馈能口，先进的设计使馈能口之间相互干扰极小。

6. 操作注意事项

①微波只能被极性分子吸收，遇到金属物体会反射，且普通金属在微波作用下产生表面涡流，并引起打火现象。因此，大多采用表面电阻较小的不锈钢作为微波炉体。为了避免意外打火引起设备损坏，在微波干燥杀菌设备使用操作规程中明确规定，开机前必须清楚炉体内的金属物以及物料里不得含有金属物。投入输送带的物料不能超出输送带承载能力，投入过多物料容易掉入在炉腔内，当水分蒸发完毕后，物料由于过热而燃烧。②微波是一种不可见的电磁波，大量微波泄漏会对人体造成伤害。虽然设备在制造过程中已经采用防泄漏措施，但是长期生产过程中炉门屏蔽网、抑制器等难免有损坏，所以开机时要用仪器进行检查。③定期检查微波传输系统。微波传输系统是将微波从发生器传送到炉体的通道，微波馈能器的出口有塑料板覆盖，长时间受热后塑料板会产生变形，影响炉体与塑料板之间的密封性。部分水蒸气由馈能器口进入传输系统，在传输系统内冷凝为水沾附在激励腔、电动三销钉调配器、大功率环行器、波导管的内表面，微波经过传输系统时部分被冷凝水吸收，造成能源的损耗。水分易使由无氧铜制成的微波传输器件表面氧化产生铜绿，使器件表面变得粗糙，同时易打火，严重时会烧坏磁控管。④定期检查冷却系统。保证冷却水的畅通。避免磁控管在长时间工作时温度过高而烧坏。

八、双锥回转式真空干燥机

双锥回转式真空干燥机多用于原料药中粉状、结晶状、粒状等热敏性物料的混合与干燥，还可用于部分溶液的浓缩及物料的消毒、灭菌等。

1. 基本原理

双锥回转式真空干燥机是将被干燥物料置于真空状态下，通过干燥容器夹套热媒间接加热，使物料达到干燥的目的，其是在动态真空下完成干燥过程的。本机在干燥过程中容器整体缓慢旋转，不断翻动被干燥物料表面，加速被干燥物料所含液体的蒸发，蒸发气体被不断通过真空泵排出容器，若排出液体需回收，可加回收装置予以回收。容器整体转动设有正、反转，并可定时换向，从而充分利用容器内整个的传热面积，以提高干燥效率。

2. 国内外生产使用现状

20 世纪 80 年代初宝鸡化机厂首先制造了双锥回转式真空干燥机，并在东北制药总厂使用。同时，上海医药工业研究院开发了适合无菌生产的双锥回转式真空干燥机，用于华北药厂青霉素干燥，解决了真空引出管与旋转轴之间的在位清洗（CIP）及在位灭菌（SIP）问题。此外还配套了可在真空下回收蒸发溶剂的低温冷凝器。至此，该装置在医药行业获得了大力推广。在此基础上还开发了单轴型回转真空干燥机，即由单一转轴支撑筒体，使筒体留在无菌区而将传统系统移至无菌区外，从根本上消除了污染源。

目前，此设备对要求残留挥发物含量极低的物料，需回收溶剂和有毒气体的物料，有强烈刺激、有毒性的物料，不能承受高温的热敏性物料，容易氧化、有危险的物料，对结晶形状有要求的物料等仍然有很多需求。在技术上、产品的制造上都较以前有很大的改观。

3. 基本结构

（1）基本结构

双锥回转式真空干燥机系统由主机、冷凝器、缓冲罐、真空抽气系统、加热系统与控制系统等组成。就主机而言，由回转筒体、真空抽气管路、左右回转轴、传动装置与机架等组成。如图4-6-12所示为该设备的主机结构示意。

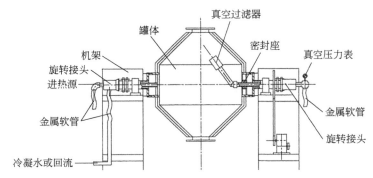

图4-6-12　双锥回转式真空干燥机主机结构示意

（2）工艺流程图（以热水加热为例）

在实际应用过程中，由于各厂家生产原料药特性不同，这就导致了其工艺流程也有所不同。目前，根据其加热方式以及溶剂回收状况的不同，有二种典型的工艺流程：一是蒸汽加热、不需要回收溶剂工艺流程；二是热水加热、溶剂回收工艺流程。图4-6-13是热水加热型工作系统的流程示意。

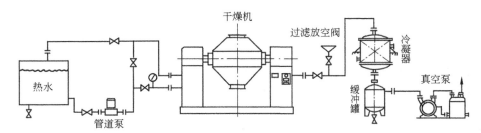

图4-6-13　双锥回转式真空干燥机工作系统（热水加热）

4. 特点

①筒体不断旋转、物料加热表面得以更新；②间接加热，不会被污染，符合GMP要求；③热效率高，比一般烘箱提高2倍以上；④筒体转速可根据用户需求进行无级调速或变频调速；⑤恒温控制，温度可由数显显示；⑥具备皮带、链条两级弹性联接方式，因而运行平稳；⑦特别设计的工装，能确保左右回转轴的良好同心；⑧热媒及真空系统均采用可靠的旋转接头；⑨当需干燥黏性物料时，还可在回转筒内特别设计"抄板"结构或设置滚珠；⑩加热系统可有多种菜单选择，即热媒介质可在高温导热油、中温蒸汽及低温热水中选择。

5. 设备安装、操作方法及注意事项、维护保养、常见故障及处理方法等

（1）设备安装

双锥回转式真空干燥机的安装主要分为主机和辅机两部分的安装。安装之前请先确认设备现场公用服务设施（水、电、气、热媒等）的提供是否符合相应的技术要求。

① 主机部分的安装　安装主机地面应平整，其表面水平度误差不大于2‰，场地应宽阔，空间高度应便于主机吊装，浇注地基（此时应注意主机方向位置与图纸坐标位置），混凝土标号不小于200#。

该机出厂时已装配成一个整体，经运行检验合格，安装时只需将整机吊起与地脚螺钉连接，并安装好地脚螺栓。主机固定完毕，将电源线穿过机架下部导线孔、打开机架面板接通空气开关，设备主机即安装完毕。如设备附有单独电控柜，先把电源线接通电控柜，再把受控线路接通动力电机即可。

② 辅机部分的安装　a. 热媒管道的安装：用户应按规范要求，安装热媒管道、闸阀和压力表等，接至旋转接头进口，热媒回路必须接至室外或循环使用，蒸汽除按规定安装疏水阀外，还需安装旁路排水管道（图4-6-14）。

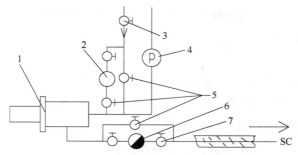

图 4-6-14　双锥回转式真空干燥机热媒管道的安装

1—旋转接头；2—控制阀；3—减压阀；4—压力表；5—闸阀；6—疏水阀；7—闸阀

b．电气动力柜：电气动力柜整体发货，所有的控制线路与管路都做出了正确标识，在现场进行连线连接。用户应将"三相五线"制的总电源接至电控柜的进线接口，线径必须符合相应额定功率要求；一般由生产厂家专业技术人员现场指导用户按电气原理图进行线路安装；控制柜和主机应有可靠的接地保护装置。

（2）常见故障及处理方法

① 装料量超过其理论量　由于此设备的装料量与物料的堆密度(指单位体积的物料质量)有关。一般情况下，设计时物料相对密度按 0.6g/cm³ 来计算。如果超出这个相对密度，在实际生产中还是按原有理论量来装料，长时间运转则导致电机、减速机以及链轮链条等的寿命降低，直至无法使用。双锥回转式真空干燥机充填率通常为 30%～50% 之间。

② "放空"现象　双锥回转式真空干燥机在干燥过程中通常会出现如真空管弯曲、密封套损伤、过滤头变形乃至断裂等现象。这就是由于在干燥过程中放入外界空气（简称放空）进入罐体反冲过滤头及过滤布袋，而此时罐体内已达到较高的真空度，从而引起正负气流的强大冲击进而损坏抽真空系统。值得注意的是，在物料干燥完毕后需要放空罐体，排空时一定要用排空阀控制其流量，即先把阀门少许打开，待罐内真空度逐渐降低后再慢慢加大。

③ 真空度达不到或过高　双锥回转式真空干燥机在干燥过程中往往会出现真空度不够或过高,这通常有三个方面的原因：一是真空端机械密封泄漏；二是真空管道泄漏或堵塞；三是过滤器堵塞。这就需要在使用过程中进行检查，同时要进行维护保养、清洗等。

④ 噪声过大　由于地脚松动、蜗轮减速机损坏、轴承管损坏、坏链条太松或太紧等原因而引起噪声过大。只需定期检查，及时排除故障即可。

⑤ 进、出料口泄漏　进、出料口泄漏正常情况下是由于密封条损坏引起的，只要将其更换即可。

九、耙式真空干燥机

耙式真空干燥机主要用于原料药、中间体、中药制品等粉体物料的干燥，尤其适用于热敏性、黏性、低温、易燃、易爆物料的干燥和批次清场。

由于传统的耙式真空干燥机清洗不便，逐渐不符合 GMP 的要求。随着新技术的不断发展，出现了全开式耙式真空干燥机，解决了此类设备的清洗、卫生问题，它是一种高效、洁净的新型真空干燥机。在此，着重介绍全开式耙式真空干燥机，如图 4-6-15 所示。其前门快开、动态搅拌，具有不结块、易清场、满足药品生产 GMP 要求的特点，广泛用于制药领域中原料药的生产和溶剂的回收。

图 4-6-15　全开式耙式
干燥机外形图

1．工作原理

区别于传统的耙式真空干燥机，该设备筒体、前门、后盖 、转子均有热源加热。待干燥的物料在设备腔内，在 PLC 程序控制下，通过转子带动刮板对内壁黏结的物料进行刮削同时翻动物料做不规则正反方向运行，物料在转子、前门、筒体及后盖均匀有效地换热，转子转动同时对物料的块状物进行拍打粉碎。干燥时,被蒸发的气体通过热态捕集器由真空泵吸入到冷凝器中进行回收,干燥好的物料通过无死角出料阀自动推出。

2. 基本结构

该设备为卧式筒体结构,有洁净区隔离板。筒体设有快速开启的前门。搅拌带刮削转子。转子、前门、后盖、筒体、捕集器均有热源加热。转子刮板与内壁距离<3mm,配有热态捕集器、无死角自动出料阀、在线取样器、主轴密封在线清洗装置等。

3. 特点

①干燥速度快、高效节能、物料不结块、不起球、物料受热均匀。②整机包括捕集器与物料接触加热的各部分无温差,无结露回流现象。③进、出料实现密闭对接,全过程实现自动化操作。④干燥温度低,解决热敏性物料的干燥。⑤真空条件下隔绝物料与空气中氧气的接触,避免一些物料的氧化反应。⑥对含有化学溶剂的物料,真空系统非常容易进行回收重复利用。⑦前门快开,易清洁。

4. 设备安装区域与布置

该设备可以整机安装在洁净区内,也可以通过洁净区隔离板把设备传动部分隔离到非洁净区内。设备由真空泵、冷凝器、溶剂回收罐、真空管路、热源管路与阀门组成一个真空干燥机组。

十、滚筒式干燥设备

滚筒式干燥设备适用于制药、食品、粮食加工、化工、饲料等颗粒状、卷层状、小块状物料的干燥,尤其适用于中药小丸的干燥。

1. 基本原理

滚筒式干燥设备由热风机将洁净空气经加热器加热到工艺要求的温度后,热风通过转筒小孔与转筒内物料进行充分的传热、传质,在短时间内使物料得到干燥,干燥后的余热空气经除尘器、空气过滤器净化后进入热风机,在热风机入口处设有新鲜空气补充阀,在热风机出口处设有湿空气排放阀,以调节循环系统内的温度、湿度。热空气循环系统充分利用余热提高热效率。转筒由开有小孔的孔板制成,转筒在传动机构带动下可做正、反转运动,转筒的转数可随意调整。物料由转筒一端进入,转筒内设有导料板,干燥后的物料在导料板的作用下由转筒另一端排出。

2. 基本结构

滚筒式干燥设备是由主机转筒、传动机构、风室、热风机、加热器、除尘机构(布袋除尘器或旋风分离器)、空气过滤器、电气控制系统、温湿度变送器等部分构成,如图 4-6-16 所示。整机采用可编程控制器 PLC 控制,人机界面操作,可设置干燥温度、输送带速、热风风压及排湿分压等参数。

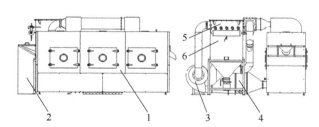

图 4-6-16　滚筒式干燥设备结构示意
1—转筒;2—传动机构;3—热风机;4—热交换器;5—风室;6—除尘机构

3. 简要工作过程

物料由进料机构进入转筒,转筒在传动机构带动下可做正、反转运动,带动物料做无规则的运动。热风由滚筒底部进入,滚筒上开有小孔,热风通过转筒小孔与转筒内物料进行充分的传热、传质,在短时间内使物料得到干燥。转筒的转数可随意调整,物料由转筒一端进入,转筒内设有导料板,干燥后的物料在导料板的作用下由转筒另一端排出。

4. 特点

①能够设定适宜的干燥条件。可任意设定干燥各阶段的温度、湿度，所以能获得理想的干燥产品。②装置小、处理量大。用通风的方式送入大量的热风，被干燥的物料可装到转筒容积的20%～30%。③由于转筒的转动，使物料在运动状态下进行干燥，受热均匀，干燥速度快，物料形状完整，成品率高。特别对于需要长时间干燥的物料效果明显。另外由于送风量大，即使温度较低也能高效进行干燥。④结构简单，维护、管理容易，方便在线清洗。⑤运行中最大限度地利用余热。

十一、带式真空干燥机

带式真空干燥机广泛用于液状、粉料以及颗粒料的低温真空连续干燥和造粒，如大批量丸剂、片剂、蔬菜、农产品、化工类物料的干燥。对中药饮片等含水率高而物料温度不允许过高的物料尤为适合，对脱水滤饼类的膏状物料，经造粒或制成棒状后亦可干燥。

1. 基本原理

带式真空干燥机是一种连续进料、连续出料形式的接触式真空干燥设备，待干燥的物料经送料机构进入处于高度真空的干燥机内部，通过布料系统将物料均匀摊铺在干燥机内的干燥带上。干燥带由胶辊带动以设定的速度沿干燥机筒体轴线方向运动。每条干燥带的下面都设有相互独立的热交换板，热交换板的上表面与干燥带背面紧密贴合，将干燥所需要的能量传递给干燥带上的物料，这样实现在真空状态下连续对物料进行低温干燥。通过对真空度、热交换温度和物料在输送带上的停留时间等参数的控制，在物料到达传送带末端的出口时，可得到需要的干燥物料。干燥后的料块从干燥带上在胶辊张紧处剥离，通过一个上下运动的铡断装置，将块料打落到粉碎装置中，经粉碎后物料通过出料机构出料。

带式真空干燥机分别在机身的两端连续进料、连续出料，故有些生产厂家也称为连续真空带式干燥机（continuous vacuum belt dryer，简称CVBD）。

由于物料直接进入高真空度的干燥机内经过一段时间（通常是30～60min）的匀速干燥，干燥后所得的颗粒有一定程度的结晶效应，同时从微观结构上看内部有微孔。经过粉碎、整粒、筛分后得到所需要的颗粒，在这种条件下得到的干燥颗粒的流动性很好，可以直接压片或者灌胶囊，同时由于颗粒具有微观的疏松结构，速溶性极高。而且颗粒的外观好，对于速溶（冲剂）产品，可以大大提升产品的品质。典型的带式真空干燥机外形如图4-6-17所示。

图4-6-17　典型带式真空干燥机

2. 基本结构

一般情况下，带式真空干燥机主要由带双面铰链连接的可开启舱盖、圆柱状舱体、装于壳体上的多个带灯视窗、浆料泵、输送带、输送带可驱动系统、真空设备、冷凝器、横向摆动布料装置、加热系统、冷却系统、破碎装置、成品罐、清洗系统等组成。带式真空干燥机的干燥处理量和履带面积可按照需要进行设计和制造，可以在不改变干燥机壳体的前提下通过增加壳体内的履带层数来达到进给量调整，同时只需相应加大真空设备的排量和温控单元的容量即可，控制系统几乎无需作任何改动。多层式的带式真空干燥机更有利于提高设备的经济性和使用效益。图4-6-18为一台标准的三层带式真空干燥机的结构原理图。

3. 工艺流程

以图4-6-18为例，带式真空干燥机的工艺流程如下：上一批物料完成后，启动清洗系统清洗干燥舱，之后加热烘干，张紧器23张紧，开动输送带8，启动浆料泵25将浆料（物料）从浆料罐1抽出，打入布料管24，布料左右摇摆将湿物料（浆料）涂布在输送带8上，输送带自左向右带着物料运动，同时加热板组20对输送带8上的湿物料6进行加热，在真空条件下将物料内的水分进行快速蒸发，蒸发出来的水汽经真空管路 10、冷凝器 12 处理后到真空泵出口排放。待物料干燥后，在冷却板组 19 的作用下将物料降温冷却至设定温度形成干燥薄块状固体，薄块在行至输送带末端时物料与输送带自动剥离，此时锎料刀 9 下行将剥离的固体块料切碎形成小块料，小块料掉入破碎机构 18 中，经破碎机构 18 破碎整粒后经阀门下落到成品罐 17 之中。

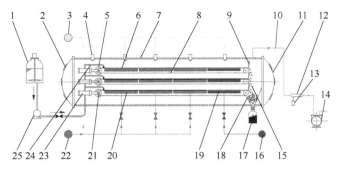

图 4-6-18　三层带式真空干燥机基本结构

1—浆料罐；2—视窗；3—清洗水源；4—清洗喷头；5—纠偏器；6—湿物料；7—舱体；8—输送带；9—锎料刀；10—真空管路；
11—舱盖；12—冷凝器；13—结露罐；14—真空机组；15—干物料；16—冷媒源；17—成品罐；18—破碎机构；
19—冷却板组；20—加热板组；21—皮带辊；22—热媒源；23—张紧器；24—布料管；25—浆料泵

4. 特点

①带式真空干燥机对于绝大多数的天然植物或其提取物，都可以适用。尤其是对于黏性高、易结团、热塑性、热敏性、压敏性的物料，带式真空干燥机是比较理想选择。而且，可以直接将浓缩浸膏送入带式真空干燥机进行干燥无需添加任何辅料，这样可以减少最终产品的服药量，提高产品药效。产品在整个干燥过程中，处于真空、封闭环境，干燥过程温和（产品温度 40～60℃）。对于天然提取物制品，可以最大限度地保持其自身的生物特性，得到高端的最终产品。②料层薄、干燥快、物料受热时间短；物料松脆，容易粉碎；隔离操作，避免污染；动态操作，不易结垢；流水作业，自动控制。带式真空干燥机则能克服喷雾干燥粉太细太密和温度过高的缺点，且损耗率基本为零。低温真空封闭运行，无过热现象，水分易于蒸发，成品的自然属性和营养价值保持良好，还能避免由空气所导致的油脂氧化和细菌污染。另外，干燥产品可形成多孔结构，有较好的溶解性、复水性，有较好的色泽和口感；干燥时所采用的真空度和加热温度范围大，干燥时间短，速度快，通用性好；设备在整个运行过程中振动小、噪声低、运行安静，生产环境干净。它的缺点就是设备成本和动力消耗较高，结构组成相对较为复杂。

5. 设备可调工艺参数的影响

首次启用一台带式真空干燥机来干燥一定含水率的物料，需要对下列参数进行测定和调试：

① 物料密度和堆密度。对于颗粒需要测定其堆密度和颗粒密度，对于液体测定相对密度，对于粉体需要测定其堆密度，并输入控制电脑。

② 物料的初始温度和含水率。所有的物料需要测定其初始温度和含水率，这里所说的"初始"的含义是指物料在入料口处的温度和含水率。测定后输入控制电脑备用。

③ 带速。带速用于控制物料在机内的停留时间，时间越长，物料的含水率越低。一般情况下带速的调整是通过驱动电机的变频调速来实现的。

④ 加热与冷却温度。加热板和冷却板的温度直接影响物料的干燥时间与干料品质，加热温度和冷却温度需要根据物料来调整直至稳定，一般情况下，温度是通过热介质的比例控制阀门的开度来实现的。

⑤ 预热温度和初始带速。每次的新物料干燥，根据理论值或类似物料的经验值事先设定加热板和冷却板的温度和带速，稳定后开始布放物料，并在此基础上调定实际的工作参数。

⑥ 真空度。真空度直接影响到物料的干燥时间，一般情况下，真空度越大，干燥时间越短，终含水率越低，但也并非真空度越大越好，这要取决于物料特性和终含水率要求。真空度可以通过真空系统来调整，也可以在真空排气管和干燥机筒体上设置呼吸阀来进行微调。

⑦ 进料流量。对于带式真空干燥机而言，单位时间的干燥能力是固定的，一般情况下进料流量越大，干燥时间就越长。另外，进料流量的大小还影响到布料的均匀性和料层厚度，这关系到干物料与传送带

在末端的剥离能力和破碎出料。一般情况下，进料量的调整与温度、真空度、带速和布料管的摆动速度有关，进料流量的调整通过浆料泵的变频调速来实现。

⑧ 布料器摆动角度和速度。布料器的摆动角度决定了料层的宽度，速度决定了料层的厚度，因此针对不同物料进行调整，由布料器的伺服电机实现摆动角度和速度的控制。

⑨ 切料刀速度。切料刀的速度跟带速相关，由驱动电机变频控制。

⑩ 清洗时间。启用干燥机之前要进行清洗准备，自动清洗时间由历史数据设定，之后再根据机内的清洗情况调整。

⑪ 设备干燥时间。这里的干燥时间是指设备清洗后的干燥时间，设备的干燥时间与干燥时需要的加热温度和真空度相关，在冷凝器结露液体处进行控制。每台机各有不同。可采用单位时间冷凝器的液体排量来确定是否达到干燥标准。

6. 安装区域和工艺布局

（1）安装区域

一般情况下，干燥流体物料的带式真空干燥机高度尺寸较小，可平层安装；而对于干燥颗粒和粉体这类固体物料的带式真空干燥机经常需要错层安装，这是因为固体物料的干燥机的进料装置和出料装置高度大，较多采用三层方式，第一层为进料层，第二层为主机控制层，第三层为出料层，主机的进料口穿过楼顶接上一工位的出料，出料口向下穿过楼板出料，直接下料到下一工位。公用工程除常规的水电气外，还需要有起重设备、通风、安全设施与通道、蒸汽源、排污管等，具体要求需要根据工艺要求以及生产方的现场情况等进行详细洽谈。

（2）工艺布局

具体工艺布局跟用户的需求有关。

① 对于流体物料，带式真空干燥机的工艺布局大致如下：

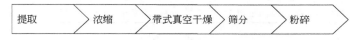

② 对于固体物料，带式真空干燥机的工艺布局大致如下：

7. 典型设备的使用、调整、维护保养、常见故障及处理方法

（1）设备的使用与调整

检查各电气设备接线是否牢固，电气控制部分是否可靠接地。通电试验各电机是否工作正常。空载运行和满载运行时传动链应无卡滞现象。完成上述准备工作，确认机器正常，可进行试运转，并在试运转中再观察有无异常情况，确认无误方可投入使用。

（2）设备的维护保养

网带的运行速度可通过控制柜上的速度控制仪调整，实行不停车调速。不同单元换热器温度的调整，可以通过进入各个单元加热器的进口的蒸汽电磁阀的开启来调节供气量，同时参照每个单元上安装的温度传感器和电控箱上的测温仪显示的读数来自动调节。各单元设有独立的测温元件，且蒸汽管路、排水管路均设有旁路，便于维护，不影响生产。运行中出现不正常的冲击、震动、噪声，应立即停机检查，找出原因并排除之。

机器运行中应经常检查风机、变速装置、各传动部件轴承的温升情况，电动机温升不得超过规定值，滚动轴承温升不得超过50℃，最高温度不得超过90℃，滑动轴承不得超过35℃，最高温度不得超过90℃，传动箱油温温升不得超过40℃。定期检查各传动件、易损件等工作情况，及时修复或更换。

（3）常见故障及处理方法

带式真空干燥机的常见故障及处理方法见表4-6-4。

表 4-6-4　带式真空干燥机常见故障及处理方法

异常状态	产生原因	检修及处理
真空上不去	1. 两边大门未关严 2. 清洗排污阀未关 3. 真空形成时间过长 4. 进料口阀门关闭不严	1. 检查门盖合上后缝隙是否均匀，检查密封圈有无异常 2. 关闭清洗排污阀 3. 检查真空泵冷凝器水温和循环泵水温是否正常 4. 检查进出料口的阀门是否有异物和破损以及变形等
传送带跑偏	1. 纠偏气缸故障 2. 张紧气缸出力不均 3. 位置传感器故障 4. 从动轴水平度、平行度差	1. 检查纠偏缸的管路是否畅通 2. 检查气缸是否有卡死现象，气路是否畅通 3. 检查传感器是否正常工作 4. 检测校正或维护更换 ① 从动轴安装位置不正，需对张紧器做水平方向和平行方向检测校正 ② 从动轴的滑动轴承故障，需要维护和更换 ③ 张紧气缸不同步，张紧气缸出现故障，其附属气动管件进行巡视和维护 ④ 张紧气缸主要出现在张紧杆衬套过度磨损，需定期检查衬套磨损程度，及时安排维护更换
温度上不去	1. 加热板温度上不去 2. 热介质滤网堵塞 3. 蒸汽压力太低	1. 冷凝水排放阀未打开，加热板冷凝 2. 将各滤网全部拆下进行清洗 3. 调整蒸汽减压阀的输出压力，提升蒸汽温度
含水率过高	1. 带速过块 2. 真空度过低 3. 加热板温度偏低 4. 湿料含水率超标	1. 变频调节，加快带速 2. 增加真空度 3. 增加加热版温度 4. 重新对来料进行含水率检查
干料产量不足	1. 带速慢 2. 真空度低 3. 温度低 4. 进料不标准	1. 传送带增速 2. 提高真空度 3. 增加蒸汽压力和温度 4. 检查物料是否符合设定标准
布料不均匀	1. 进料泵速度不匹配 2. 进料管内部或口部堵塞 3. 布料口与传送带的距离不正确	1. 调整进料泵进料速度 2. 进料管是否堵塞，拆卸冲洗 3. 布料器与履带间的距离重新调整到合适高度

十二、带式（翻板）干燥机

带式（翻板）干燥机（一般简称为"带干机"）是常用的连续干燥设备。主要用于透气性较好的片状、条状、颗粒状和部分膏状物料或一些生产量较大的丸剂的干燥。对于根状、花、果实等中药材及中药饮片尤为合适，并具有干燥速度快、蒸发强度高、产品质量好等优点。现在常见的是穿流带式干燥机，平行流干燥方法仅还用于隧道干燥机中。

带式（翻板）干燥机按输送带的层数分类，可分为单层带干机、多层带干机和箱体内串联型带干机；按热风穿流方向分类，可分为向下热风穿流型、向上热风穿流型和交叉复合热风穿流型；按排风方式分类，可分为逆流排风、并流排风和单独排风方式。

1. 基本原理

将湿物料置于一层或多层连续运行的网带上，物料与穿过网带的穿流式热风、冷风相遇，进行传热、传质，热风循环利用可使能耗更低，达一定湿度后，部分强制排湿带走水分，物料完成干燥并冷却。

2. 基本结构

带干机由若干个独立的单元所组成。每个单元由箱体、输送网带和传动系统、循环风机、加热装置、单独或公用的新鲜空气抽入系统和尾气排出系统组成。单元数量可根据需要确定。也可以说，带干机由进料系统、布料系统、进风过滤系统、加热冷却系统、主机、传动系统、旁路过滤系统、出料系统、排风排湿系统、控制系统等组成。

由于单层带式干燥机干燥周期长、生产效率低，已不能满足现代中药材大规模生产以及提高干燥品质、降低能耗的需要。因此，多层带式（翻板）干燥机登上了历史的舞台，较为常见的为 3 层和 5 层带式（翻板）干燥机，目前国内最多可做到 7 层。图 4-6-19 是常见的三层带干机的结构示意图。图 4-6-20 是某药厂生产中药饮片的五层带干机实物图。

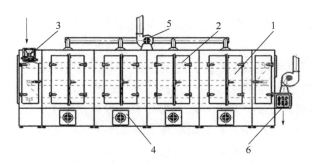

图 4-6-19　三层带式干燥设备结构示意图

1—干燥加热箱；2—输送机构；3—振动进料机构；4—热风系统；5—排湿系统；6—出料机构

图 4-6-20　某药厂中药饮片生产五层带干机实物图

3. 特点

无论是单层还是多层，从总体结构和使用上来说，其优点如下：①热风进风温度通过比率调节阀显示控制，从而控制进风温度在设定范围内。②网带速度变频可调，保证了物料的停留时间，也确保了出料品质。③传动电机、搅拌电机、排湿风机变频可调。④带干机底层网带底部做成倾斜面，以便物料收集、清理。⑤在带搅拌料仓上设置超声波料位检测器，保证合理料位，并与前段输送线联动，使生产线更流畅。⑥箱体上各部位门保温好、密封好，并开启关闭方便。⑦每个单元两侧均设有清洗检修门，可以直接冲洗设备内部。⑧上、下热循环单元根据用户需要可灵活配备，单元数量也可根据需要选取。⑨层间设置隔板以组织干燥介质的定向流动，使物料干燥均匀。

多层带干机的优点：①新型布料装置，克服了传统单层带式干燥机布料不均匀而造成干燥机内部网带上中药湿料分布不均的现象，实现了手工调节到自动调节的"质"的飞跃。②设计了清洗系统，完成物料干燥后的彻底清洗，充分保证了干燥机的清洁度，从而避免了多种物料使用一种干燥机进行干燥产生的交叉污染现象，满足中药材多品种干燥的多样化需求，符合新版 GMP 的要求。③采用热风循环式技术，特殊设计导流均风板以及保温框架结构，达到节能、保质和实用的目的。智能化自动控制技术的应用，对传统带式干燥机进行了升级。④采用 PLC 编程操作控制，动态显示整个工艺流程和工艺参数，在线控制铺料速度、输送带速度、温度及湿度控制、风量大小等参数，各工艺参数也能储存与打印，并且具有自动故障诊断系统，有断路、短路、过载等异常情况时报警，同时联动保护并停机。这些智能化控制技术恰当地凸显了现代化设备标志，也体现了 cGMP 所要求的可说明性与可追溯性的内涵。

4. 工作过程

料斗中的物料由振动加料器均匀地铺在网带上，由传动装置输送物料在干燥机内移动。热风机将通过换热器的热风由加热箱侧面风道进入加热箱下腔，气流经分配器分配后，成喷射流吹向网带，穿过物料后进入上腔。干燥过程是热气流穿过物料层，完成热量与质量的传递，温度较低含湿量较大的气体作为废气经排湿管道、调节阀、排湿风机排出。

5. 操作注意事项、维护保养要点、常见故障及处理方法等

（1）操作注意事项

①启动传动电机，调节变速器的调节按钮，使网带调到干燥工艺需要的运行速度。②接通蒸汽。如在设备首次使用或设备停机达三天以上者必须按这样程序办理：检查所有的截止阀须处于关闭状态；缓慢打开蒸汽进气总阀，开始时总阀开度小，旋开半圈之内即可；按单元顺序先打开上方的进气阀，10~20s后迅速打开下方的排空气阀，约1~2min，若水能从疏水阀流出，这样气路系统即处于正常状态，注意总阀的开度逐步加大。③启动循环风机，注意观察电流表，当启动第一只风机电流稳定后再启动第二只，严格禁止不看电流表变化，启动全部风机，这样做的目的一方面可避免总电流过大，另一方面可以观察风机是否工作，还可观察每只电机的电流大小，便于判断电机故障。④工艺温度参数调节，由于热交换器的热惯性，所以调节各单元时不可变化太大，以免造成物料不干或温度过高变质。⑤物料不同，干燥的工艺参数也不同，须要进行综合调节。综合调节是在加料厚度、网带运行速度及使用温度三个方面取最佳值。一般情况下，物料含湿量高时，取较高的温度、较小的铺料厚度及较快的运行速度；物料含湿量低时，取较低的温度、较大的加料厚度及较慢的运行速度。针对不同物料，使用单位应有一个试验摸索过程。

（2）维护保养要点

带干机结构不复杂，安装调试后能长期运行，发生故障时可进入箱体内部检修。日常维护保养主要从以下8个方面进行：①每班运行前，检查阀门管道有无泄漏；②各转动摩擦部位均应定期进行润滑；③检查带干机箱体是否有振动、裂纹、破损、腐蚀；④检查链条、三角皮带等一些传动机构，是否变形松弛和磨损，及时调节其松紧度；⑤检查各零部件、紧固部位有无松动，有无异常声音；⑥试运转各电机是否正常工作，定期保养；⑦检查带干机各仪器仪表指示是否正常，定期经计量部门检验；⑧各风机、电控箱电源接地线是否可靠；⑨检查电器是否安全启动，停止装置是否灵敏、准确、可靠。

（3）常见故障及处理方法

带干机常见故障及处理方法见表4-6-5。

表4-6-5 带干机常见故障及处理方法

故障种类	原因	处理方法
传动电机转而网带不动	速度太慢 无级变速器故障	重调
运转中网带速度变化	速度太慢 无级变速器故障	重调
温度失控	疏水器卡死 进气阀故障	拆修或更换
电动机不工作	自动开关没有合上 电机三相电源缺相 电机烧坏	合上各电机所对的自动开关 检查电机三相电源是否正常 检查电机是否烧坏
温度显示失误	仪表与热电阻接触不好 各单元热电阻位置颠倒 热电阻损坏	拧紧仪表与热电阻的连接螺钉 改正各热电阻所对应的位置 更换热电阻

十三、喷雾干燥器

喷雾干燥器可以使溶液、乳化液、悬浮液、糊状液的物料经过喷雾干燥成为粉状、细、小颗粒的制品。它的干燥速度快、效率高、工序少、节省人力，特别适应热敏物料。目前主要用于解决中药浸膏、植物提取液或具有类似特性物料的喷雾干燥。例如中药浸膏用离心式喷雾干燥机将中药浸膏类的物料从液体直接喷成粉体，改变了传统中药颗粒制备的工艺，解决了中药浸膏、植物提取液等含糖量高、黏性大或具有类似特性物料的喷雾干燥，解决了中药类产品在干燥时物料粘壁、焦化变质、易吸潮等现象问题。干燥时不仅可以调节产品的粒径、松密度、水分含量等技术要求，而且干燥后的物料颜色好、不变质，具有良好的分散性和流动性，同时收粉率高，易清洗。当前，该产品已用于单方或多方中药配方颗粒的生产。

按其雾化形式，喷雾干燥器通常可分为压力式、气流式、离心式三种。这种三种形式在制药行业都有采用，一般抗生素类无菌药品采用气流式喷雾干燥器居多，用于中药浸膏干燥或提取物的主要是离心

式喷雾干燥器，也有部分厂家采用压力式喷雾干燥器。

1. 压力式喷雾干燥器

（1）基本原理

压力式喷雾干燥器是通过高压将液料送入喷嘴雾化成小液滴，经过雾化后的液滴表面积大大增加，并与热空气充分接触，迅速完成干燥过程，从而得到粉体或细小颗粒的成品。它是一种可以同时完成干燥和造粒的装置，按工艺要求不同，可以调节料液泵的压力、流量、喷孔的大小，得到所需的一定大小比例的球形颗粒。

（2）基本结构

压力式喷雾干燥器主要由进出风系统、供液系统（高压均质泵）、雾化系统（喷嘴）、收料系统、除尘系统以及控制系统等组成。其结构示意如图4-5-21所示。

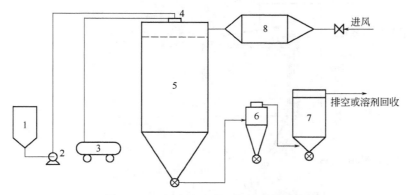

图4-6-21　压力式喷雾干燥器结构示意

1—液料槽；2—液料泵；3—压缩空气；4—气流喷嘴；5—干燥塔；6—旋风分离器；7—布袋除尘器；8—加热器

2. 气流式喷雾干燥器

（1）基本原理

气流式喷雾干燥器是料液在喷嘴出口处与高速运动（一般为200～300m/s）的蒸汽或压缩空气相遇，由于料液速度小，而气流速度大，两者存在相当高的相对速度，液膜被拉成丝状，然后分裂成细小的雾滴。

（2）基本结构

气流式喷雾干燥机由液料槽、液料泵、加热器、气流喷嘴、干燥塔、旋风分离器、布袋除尘器以及控制系统等组成。其结构示意如图4-6-22所示。

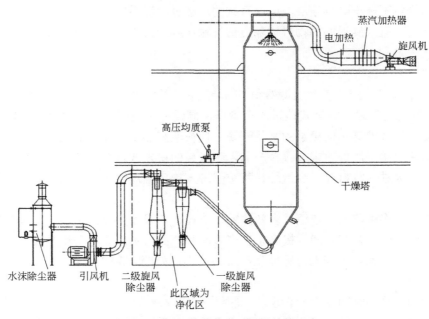

图4-6-22　气流式喷雾干燥器结构示意

3. 离心式喷雾干燥器

（1）基本原理

离心式喷雾干燥器利用高速离心式雾化器将黏稠液体物料雾化，之后与热空气充分接触，完成瞬间干燥，形成粉状或小颗粒状成品。

（2）基本结构

该设备主要由进风过滤系统、加热系统、供料系统、喷雾系统、干燥塔、排风系统、吹扫装置、风送冷却装置以及控制系统组成。该设备的典型工艺流程如图4-6-23所示。由于中药浸膏物料的特殊性，在此着重说明一下吹扫装置、风送冷却装置。

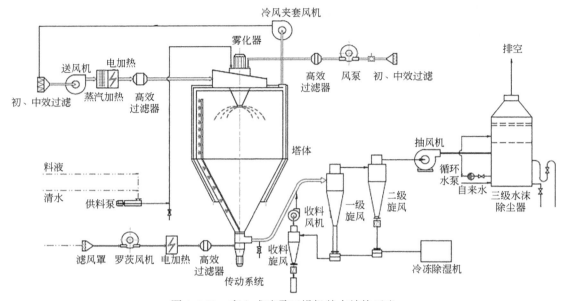

图4-6-23　离心式喷雾干燥机基本结构示意

a. 吹扫装置：该系统由高压风机将室内空气通过高温高效空气过滤器送入带有小孔的吹扫管中，以高速吹扫干燥室内壁，吹扫管同时被电机、减速机构驱动，沿着塔内壁转动，对这个干燥室（塔顶除外）进行吹扫，将吸附在干燥室内壁的干粉吹落。

b. 风送冷却装置：该系统由除湿机、鼓风机、电加热箱、高温高效空气过滤器、旋涡阀、最终收粉小旋风分离器、引风机以及连接各部分的快装卫生管道组成。

为了使风送的物料不至于吸湿结块，风送系统的风经过除湿系统进行除湿。鼓风机将除湿风鼓入加热系统，加热后使用。流入旋涡阀的物料被除湿空气输送到最终收粉小旋风分离器进行收集，尾气由引风机送到干燥系统中再利用。

（3）基本工作过程

首先开启离心风机，空气通过空气过滤器和加热装置后，以切线方向进入干燥室顶部的热风分配器，通过热风分配器的热空气均匀地、螺旋式地进入干燥塔，同时将中药提取液或浸膏通过输液泵送到干燥塔顶部的离心雾化器，料液被雾化成极小的雾状液滴，使料液和热空气接触的表面积大大增加。当雾滴与热空气接触后就迅速汽化干燥成粉末或颗粒产品，干燥后的粉末或颗粒掺和落到干燥塔的锥体及四壁并滑行至锥底经负压抽吸进入收料筒，少量细粉随空气进入旋风分离器进行分离，最后尾气进入水沫除尘器后排出。

离心式喷雾干燥器将中药液的浓缩、多效浓缩、造粒、干燥4步合为1步，大大简化并缩短了中药提取液到半成品或成品的工艺和时间，提高了生产效率和产品质量。喷雾干燥是液体工艺成型和干燥工业中应用最广泛的工艺。例如中药配方颗粒生产工艺流程，如图4-6-24所示。

（4）特点

由于喷雾干燥物料受热时间短，干燥迅速，同时中药提取液或浸膏可直接喷雾干燥制成干粉或颗粒，简化了传统工艺所需的蒸发、结晶、分离、干燥、粉碎等一系列单元操作，方便调节产品的粒径、松密

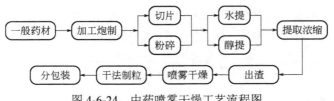

图 4-6-24 中药喷雾干燥工艺流程图

度、水分含量等，干燥后的产品具有良好的分散性和流动性。它改变了原有中药生产半自动、半人工化的状态，大大简化并缩短了中药提取液到半成品或成品的工艺和时间，提高了生产效率和产品质量。

（5）操作方法及注意事项、维护保养等

1）使用前准备

在使用前应做如下检查：①检查各个装置的轴承和密封部分连接处有无松动。②检查各个机械部件的润滑油状况以及各个水、风、浆管阀口等是否处于所需位置。③检查管道连接处是否装好密封材料，然后将其连接，以保证不让未经加热的空气进入干燥室。④检查门和观察窗孔是否关上、是否漏气。⑤检查离心风机运行的旋转方向是否正确。⑥检查离心风机出口处的调节蝶阀是否打开，不要把蝶阀关死，否则将损坏电加热器和进风管道，这一点必须引起充分注意。⑦检查进料泵的连接管道是否接好，电机与泵的旋转方向是否正确。⑧检查干燥室顶部安放喷雾头处是否盖好，以免漏气。⑨雾化器润滑油冷却管接头是否接好，冷却水是否开启。然后，接通电源检查电压和仪表是否正常，最后检查料浆搅拌桶内料浆的量以及浓度等情况，若出现问题应及时排除。

2）日常操作

①首先开启离心风机，然后开启电加热，并检查是否漏气，如正常即可进行筒身预热，因热风预热决定着干燥设备的蒸发能力，在不影响被干燥物料质量的前提下，应尽可能提高进风温度。②预热时，干燥室底部和旋风分离器下料口处阀门必须关好，以免冷风进入干燥室，降低预热效率。③当干燥室进口温度达到 180～220℃时，开启离心喷头，当喷头达到最高转速时，开启进料泵，加入料液，进料量应由小到大，否则将产生粘壁现象，直到调节到适当量。料液的浓度应根据物料干燥的性质温度来配制，以保证干燥后成品有良好的流动性。④干燥成品的温度和湿度，取决于排风温度，在运行过程中，保证排风温度为一个常数是极其重要的，这取决于进料量的大小，进料量调节稳定，出口温度是不改变的。若料液的固含量和流量发生变化时出口温度也会出现变动。⑤产品温度太低，可减少加料量，以提高出口温度；产品的温度太高，则反之。对于产品温度较低的热敏性物料可增加加料量，以降低排风温度，但产品的湿度将相应提高。⑥干燥后的成品被收集在塔体下部和旋风分离器下部的收粉器内，在收粉器未充满前就应调换。在调换收粉器时，必须先将上面的蝶阀关闭方可进行。⑦若干燥的成品具有吸湿性，旋风分离器及其管道、收粉器的部位应用绝热材料包扎，这样可以避免干燥成品的吸潮吸湿。

3）结束与清洗

① 结束　离心式喷雾干燥机正常运行后，还应定时收料、定时检查各系统运行情况，记录各工艺参数。结束时，应首先关停加热装置，并用水来代替料液以冲洗料管残留料液，然后关闭料泵。当进口温度减低到 100℃以下后可以停止送风机和抽风机的运行。接着清理干燥塔和除尘器内余料，关闭除尘器及气锤，最后关闭总电源，完成生产操作。如遇紧急情况，必须立即关停设备，应首先关停送风机和料泵。如果突遇停电，应使塔体自然降温，然后打开排污阀，排尽料浆管道内浆料，并清洗设备。此外，使用完毕后应将喷雾盘拆下，浸入水中，把残留物质用水清洗干净。在用清水洗不掉时，应用刷子刷洗。因为喷雾盘上的残留物质会带来喷雾不平衡度，严重影响喷头的使用寿命甚至损坏其他机件。喷头工作完毕后和运输过程中切忌卧放。安放不正确，会使主轴弯曲，影响使用，因此安放应有固定架。

② 清洗　为保证干燥塔体及其管道和所有与成品接触的部件的清洗，得到一流产品，有规则的清洗设备是十分必要的。当产品品种更换时，或是设备已经停产 24h 以上而未清洗的，应做一次全面彻底的清洗。清洗方法可根据实际选择干洗、湿洗或化学洗。干洗是用刷子、吸尘器清扫（适用于小型干燥机）。湿洗是用 60～80℃的热水进行清洗。化学洗是用碱液、酸液和各种洗涤剂清洗。其中，酸洗是将

HNO₃ 配成 1%～2%浓度的溶液，加热温度不超过 65℃进行洗涤，然后用水清洗；碱洗是将 NaOH 配成 0.5%～1%浓度的溶液，加热温度不超过 65℃进行洗涤，然后用清水清洗。当进行湿洗和化学洗后，应将设备和各部件安装好，进行高温消毒，消毒时间为 15～30min。在设备清洗时，注意不能用氯及其化合物洗涤。

空气过滤器的清洗，应按周围环境条件即空气含尘量的高低而定。一般含量高的 3～6 星期清洗一次，含尘量低的 6～8 星期清洗一次。其中不锈钢细丝用碱洗法洗涤后，仍应均匀地敷设到空气过滤器的框架内，并喷以轻质锭子油或真空泵油。

4）维护

① 日常维护　a. 经常检查各润滑部位的润滑情况；b. 经常检查各机构及主、附电机的运行情况，注意各轴承、齿轮啮合部位的震动、温升情况，发现异常应停车处理；c. 喷头在使用过程中如有杂声和振动，应立即停车取出喷头，检查喷雾盘内是否附有残留物质，如有的话应及时进行清洗；d. 机械传动喷头是采用高速齿轮传动，必须用高速润滑冷却油液不断的循环冷却，使齿轮、轴、轴承得到良好的润滑，使用油的黏度不宜太高（可用液压油或锭子油）；e. 在拆装喷雾头时，应注意不能把主轴弄弯，装喷雾盘时要用塞片控制盘和壳体的间隙，固定喷雾盘的螺母一定要拧紧防止松动脱落；f. 喷雾盘需根据工艺要求拆卸消洗；g. 检查各密封装置有无泄漏；h. 经常检查敲塔电锤的动作灵敏度及敲塔效率；i. 经常检查各压力表、真空计、温度计、流量计等仪器仪表的灵敏度与可靠性；j. 经常检查电除尘效率，积尘过量应及时清洗；k. 经常检查排空尾气的含尘情况；l. 经常检查喷雾盘的喷、甩料情况。

② 定期维护　为增加喷头使用寿命，最好将喷头交替使用、连续 8h 或据情轮换。滚动轴承的润滑在 150～200h 应调换一次。经过一段时间（一般 600h 左右）的运转，需对离心式喷雾干燥机进行必要的检查与养护：a. 对于供料系统，应检查过滤器、管道、阀门、喷嘴等，看有无堵塞，定时清洗，检查喷嘴磨损情况以便及时更换；应检查料泵是否漏油，打压是否正常、油位是否正常等；b. 对于风机，应查看轴和轴承是否缺油发热，有无震动、噪声等，必要时清洗风叶和对风叶做平衡校对；c. 对于加热器，应检查热管是否正常，必要时清洗油管、油泵、油嘴三处的过滤网；d. 还应留意各电动机有无发热、振动、异声等情况，控制柜的仪表和电器工作是否正常等；e. 检查各单元设备地脚螺栓及其他紧固件有无松动；f. 在设备运转 2400h 左右（一般趁停产期间），需由维修人员对设备进行局部解体和维修保养。

③ 特殊情况的维护　离心式喷雾干燥机长时间运行或因操作不当,部分设备内会出现集料而影响正常运行，此时需停止工作进行清洗。对于干燥塔内集料的清理，应打开清扫门，用长把扫帚扫除漏斗形底部集料，打开出料阀，用自来水冲洗塔内。对于旋风分离器内集尘的清除，同样需要打开旋风分离器，用扫帚清扫集料，必要时也需用水冲洗。对于袋式除尘器的清理，应打开控制开关，连续敲打，然后打开清洗门，敲打布袋除尘器，最后更换过滤袋。对于料浆管路系统的清理，应打开双向过滤器的排污阀，清洗过滤器滤网和管路，然后打开料泵，以水代料，清洗泵管、稳压包及管道。

十四、气流干燥器

气流干燥器适用于高含湿量、高稠度、热敏性、触变性、膏状、粉状或粒状物料的干燥。主要有旋转闪蒸干燥机和气流干燥机。目前，制药工业中占有率较高的当属旋转闪蒸干燥机。

气流干燥器具有以下特点：①气流干燥强度大，操作是连续的，适宜于连续化大规模生产。②气流干燥速度非常快，干燥时间一般在 0.5～2s，最长为 5s。③气流干燥采用气固相并流操作，干燥的热效率比较高。④该设备简单，占地小，投资省。同时，可以把干燥、粉碎、筛分、输送等单元过程联合操作，不但流程简化，而且操作易于自动控制。

1. 旋转闪蒸干燥机

（1）基本原理

热空气由底部沿切线进入干燥室，产生螺旋上升气流，形成较强的离心力。浆料在旋转气流和离心力作用下甩向器壁，受到碰撞、摩擦、剪切而被粉碎微粒化，从而达到增速干燥的目的。

该干燥机底部采用了内倒锥体与圆桶构成上大下小的截面积，与之对应的气流速度形成了上小下大的速度分布，与颗粒下大上小相匹配，有些大颗粒若未得到完全干燥和粉碎，则在落到靠近底部时，会被高速气流重新吹上去，再次经过粉碎与干燥。而已经干燥的细小颗粒由上被气流带出，这样使每个粒子都能达到均匀干燥的目的。

在干燥机的下部设置有多层刮板型搅拌器，物料在这个区域内不断被强制搅拌粉碎，使单位体积的表面积不断扩大，使物料不断得到干燥、粉碎，直到脱离床层。

该机上部装有分级器，干燥的干粉随同热空气经分级后带出机外，部分未完全干燥的颗粒，由于密度大，螺旋运动半径大于分级器内径，因而它被挡在机内继续粉碎和干燥。

（2）基本结构

旋转闪蒸干燥机的破碎干燥室是一个含有内桶体和夹套、底部为倒锥形的容器，桶体与床底形成环形缝隙；在干燥室中心垂直安装有搅拌器，设置加料管；分级室开设有物料出口；干燥机的底部有热空气入口，中部设有加料口。其结构示意如图4-6-25所示。

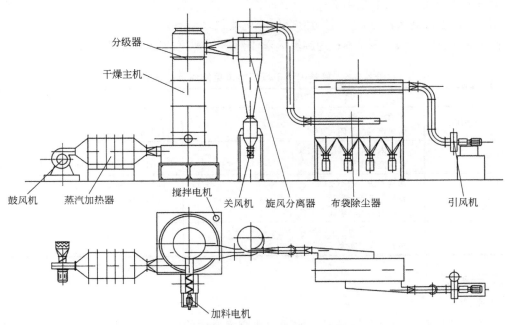

图4-6-25　旋转闪蒸干燥机结构示意图

（3）工作（操作）过程

① 操作顺序

开机顺序：加热→引风机→鼓风机→搅拌→加料→出料

停机顺序：停止加热→加料→搅拌→鼓风机→引风机→出料

② 开机前，先检查系统是否有安全隐患，确认安全后接通电源，检查电压及相关指示是否正常（此前需检查压缩空气系统是否处于正常供气状态，气压应大于0.4MPa，开启相关的压缩空气阀门）。

③ 设定好进风温度，开启加热阀门。

④ 先后启动旋转闪蒸干燥系统的引风机和鼓风机，调节风机调风阀门使系统保持微负压状态。

⑤ 开启搅碎装置水冷却的阀门，启动搅拌装置。

⑥ 当旋转闪蒸干燥出风温度达到一定温度时（根据工艺要求定具体温度点），将物料加入进料斗中。

⑦ 开启加料电机（从零位慢慢往上调），调节好加料电机转速，开始进料干燥。进料速度可根据闪蒸干燥出风温度的高低进行调节（必要时取样观察产品的干燥程度来决定进料速度）。

⑧ 开启旋风分离器或布袋除尘关风机。

⑨ 通过调节进风温度、进料速度等，使旋转闪蒸干燥出风温度保持在一定的范围，直到达到一个稳定的运行状态（达到稳定状态后应再进行取样观察，并根据样品情况对干燥温度、进料速度等进行综合调节，直到达到要求）。如果所出产品未能得到良好的干燥，可减慢加料速度、提高干燥温度等，操作时可根据实际情况灵活控制。

⑩ 物料干燥完毕，先关闭蒸汽阀门。然后停止加料电机，待主机内无物料后，停止搅拌电机、关水冷却阀门。

⑪ 先后停止闪蒸干燥系统的鼓风机和引风机。

⑫ 最后关闭总电源。

（4）维护保养要点、常见故障问题及处理等

① 维护保养要点　干燥机的外包漆如受损应及时补上，以防磨损后生锈。转动部分要经常检查，及时发现隐患，避免发生故障，在干燥时如有异常声响，必须及时停机检查，待找出原因并检修好后再继续工作。做好日常的清理工作，避免物料堆积太久而变色。一些活动部件（轴承、减速机等）一定要定期上油，保证其灵活性。经常检查气密封是否畅通。密封垫料应定期检查，发现磨损应及时更换。经常检查设备固定螺栓是否松动，出现异常声响应立即停车检查。使用脉冲布袋除尘器，应经常检查滤袋工作情况，一般3～6个月需清洗一次。定期检查保养电器仪表装置。

② 常见故障及处理方法　表4-6-6为旋转闪蒸干燥机的常见故障及处理方法。

表4-6-6　旋转闪蒸干燥机的常见故障及处理方法

故障种类	原因	处理方法
设备工作状态呈现正压	布袋通风不畅 引风机风门关闭	清洗 打开引风机风门至正常工作状态
物料水分不达标	加料太快，出风温度太低 进风温度太低	降低加料速度 在不改变产品质量的情况下提高进风温度
搅拌不转	加料太快，来不及烘干，导致闷车 有异物进入干燥塔 搅拌主轴的轴承（上下各一）损坏	降低加料速度 清除异物 及时更换
布袋堵死	压缩空气压力不够，导致粉尘振不下来 布袋工作时间太长	增加压缩空气压力一般为0.5～0.6MPa 更换清洗

2. 气流干燥机

（1）基本原理

气流干燥机是应用负压或微负压技术，实现质热交换完成物料干燥的设备。该设备系统采用了按钮控制，操作方便，干燥过程稳定、生产效率高，可实现连续进料、连续出料、连续干燥。

（2）基本结构

气流干燥机由空气过滤装置、除湿机、鼓风机、加热系统、加料系统、干燥管、收料除尘系统、风机和控制系统等组成。工作时，湿物料由螺旋加料器送入干燥管，物料在干燥管中与高速的热风相遇，物料在此过程中得到快速干燥。整机可连续进料出料。其流程示意如图4-6-26所示。

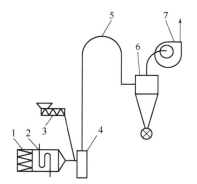

图4-6-26　气流干燥机结构示意图

1—空气过滤器；2—空气加热器；
3—加料器；4—强化干燥器；5—干燥管；
6—旋风分离器；7—风机

（3）工作（操作）过程

① 开机：接通电源，进入操作页面。

② 上料：将适量物料输送至加料器料仓中。

③ 设备安全操作程序：

a. 做好开机前必要的准备工作，检查操作页面参数并设定好初始参数。

b. 将进风温度设定在120℃，出风温度设定在75℃（可根据工艺设定）。

c. 开启除湿机及冷却水。

d. 关上所有系统上的管口（排水口、清洗口等）。

e. 开启鼓风机和引风机，然后开启蒸汽加热。

f. 将加料方式设定在手动加料模式。当出风温达到 75℃时，开启加料螺旋电机和料仓搅拌电机，慢慢调节加料螺旋转速（频率），使物料加入闪蒸主机中，并使出风温度保持在 75℃左右。

g. 开启卸料阀和出料振动器，开启除尘器脉冲反吹，启动反吹工作。

h. 调节好加料机转速，进料速度可根据闪蒸干燥出风温度的高低进行调节，出风温度一般控制在 75～95℃（调试时需取样观察产品的干燥程度来决定具体的出风温度范围）。

i. 通过设定进风温度（根据工艺和产量设定）、进料速度，使气流干燥出风温度保持在 75～95℃中的某个温度（通过检测产品水分含量来确定），直到达到一个稳定的运行状态。如果产品水分达不到要求，可适当减慢加料速度或适当提高干燥进风温度，操作时可根据实际情况灵活控制。

注意：控制系统中，加料方式还可转换至自动模式，如果将其转换至自动模式，则只需在加斗中加入物料，加料机转速将会根据出风温度自动进行调节。实际运行时需观察自控效果，必要时调节控制系统内部的相关参数，因为要达到良好的自动控效果，需要有非常稳定的其他条件（如稳定的蒸汽压力、湿料水分、风量、环境温度等），同时需要运行较长的时间来总结相关的参数。

j. 物料干燥完毕需要停机时，先停止加热（因蒸汽加热内会有较多的热能贮量，停机后仍能保持几分钟的热能供应，所以一般在加料机内无料前几分钟就可停止加热，避免停料后布袋除尘器进风口温度不断升高）。

k. 停止进料。

l. 停止鼓风机和引风机，除尘器内无物料后关卸料阀和出料振动器、停止脉冲反吹工作。

m. 最后关闭总电源。

（4）维护保养要点、常见故障及处理方法等

① 维护保养要点 干燥机的外包漆如受损应及时的补上，以防磨损后生锈。转动部分要经常检查，及时发现隐患，避免发生故障，在干燥时如有异常声响，必须及时停机检查，待找出原因并检修好后再继续工作。做好日常的清理工作，避免物料堆积太久而变质。经常检查设备固定螺栓是否松动，出现异常声响应立即停车检查。定期检查保养电器仪表装置。一些活动部件（轴承等）一定要定期上油，保证其灵活性。减速机油应定期更换，第一次更换期 400h，以后一般每 18 个月或 5000h 更换一次。

② 常见机械电气故障现象、原因分析及处理方法 气流干燥机机械部分故障及处理方法见表 4-6-7。

表 4-6-7　气流干燥机故障及处理方法——机械部分

故障现象	原因分析	处理方法
压缩空气压力不足	气源故障	检查维修气源
	管路系统漏气	检查并重新连接
急停故障	开关未复位	复位急停开关
	线路故障	检查维修
电机故障	电机缺相或过载	检查维修
	变频器故障	检查维修
温度传感器故障	温度探头损坏	维修或更换
	温度探头线路故障	检查维修
设备正压状态	布袋通风不畅	清洗布袋
	引风机风门关闭	打开至正常工作状态
物料水分不达标	加料太快，出风温度不够	降低加料速度
	进风温度低	应在不改变产品质量的情况下提高进风温度
布袋堵塞	压缩空气压力不够	增加压缩空气压力
	布袋使用时间太长	清洗或更换

③ 常见生产工艺故障现象、原因分析及处理方法　气流干燥机工艺部分的故障及处理方法见表 4-6-8。

表 4-6-8　气流干燥机故障及处理方法——工艺部分

故障现象	原因分析	处理方法
主机易堵料	1. 长时间未反吹，除尘器布袋上吸附的粉末过多 2. 风量不够 3. 各风道发生阻塞，风道不畅通 4. 密封处产生泄漏	1. 检查反吹气压 2. 调整风机与鼓风机频率和风门开启度 3. 检查并疏通风管 4. 检查密封是否严密
排出气流中的细粉末过多	过滤袋破裂或陈旧	检查过滤袋，如有破口、小孔，必须补好，方能使用；如已陈旧，则应更换滤袋

十五、流化床干燥器

流化床干燥器用于制药行业固体制剂的无尘生产，也适用于食品、化工等行业对粉体物料的干燥。它是一种应用高度净化的载热气流鼓动物料至沸腾流化态，使物料与热空气充分接触，水分迅速蒸发，快速干燥成为成品颗粒的机电一体化设备。流化床干燥器有立式和卧式之分，可间隙或连续操作。由于其具有传热效果良好、温度分布均匀、操作形式多样、物料停留时间可调、投资费用低廉和维修工作量较小等优点，得到了广泛的发展和应用。

流化床干燥设备种类很多，根据待干燥物料性质的不同，所采用的流化床也不同，按其结构大致可分为：单层和多层圆筒型流化型、卧式多室流化型、搅拌流化型、振动流化型、离心式流化型、脉冲流化型等类型。在此我们主要讨论目前国内药厂所使用较多的立式流化床干燥器（图 4-6-27）、卧式多室流化床干燥器（图 4-6-28）以及振动流化床干燥器（图 4-6-29）。

图 4-6-27　立式流化床干燥器

图 4-6-28　卧式多室流化床干燥器

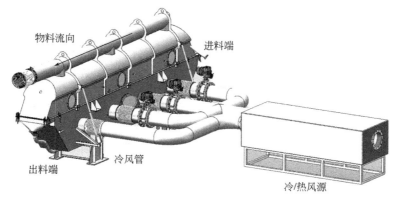

图 4-6-29　振动流化床干燥机的整体结构

1. 立式流化床干燥器（沸腾干燥机）

（1）基本原理

空气经过滤、加热后从气流分布板进入干燥室，使其中的粉末因气流的推动及自身重力的共同作用而悬浮形成流化态，高度洁净的载热气流穿过原料容器底部筛网进入设备，将物料颗粒吹起悬浮，热气流在悬浮的物料间通过，在动态下进行热交换，带走水分，达到干燥要求。图4-6-30为其工作原理示意。在干燥物料的过程中，在捕集室内的捕尘装置的作用下，干燥用的新风带着水蒸气或有机溶剂蒸汽排出主机。同时，滤过新风所携带的物料，防止物料被带出，减少物料损耗。并通过抖袋或脉冲反吹的清灰方式，清理吸附于捕集袋或滤筒上的粉末，使之回落到干燥室内，再次循环干燥，从而完成干燥作业。

（2）基本结构

沸腾干燥机的外形见图4-6-31，主要由独立的空气处理单元、流化干燥主机、除尘单元、在位清洗泵站等组成，如图4-6-32所示。物料接触部分可采用304或316L不锈钢精制，所有转角均是圆弧过渡，无死角、不残留、无任何凹凸面。内外表面经高度抛光，粗糙度达到$Ra \leqslant 0.4\mu m$，外表面亚光处理，粗糙度达到$Ra \leqslant 0.8\mu m$。该机进出料方便，易于清洗，有效避免物料的粉尘及交叉污染，均符合药品生产的GMP要求。

图4-6-30　沸腾干燥机工作原理示意

图4-6-31　沸腾干燥机外形

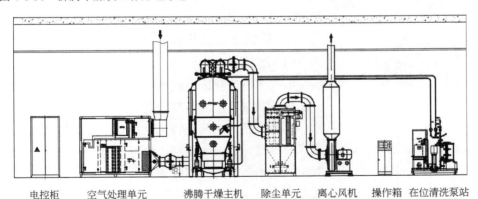

电控柜　　空气处理单元　　沸腾干燥主机　　除尘单元　　离心风机　　操作箱　在位清洗泵站

图4-6-32　沸腾干燥机的组成

① 空气处理单元　空气处理单元是专门为沸腾干燥机提供洁净、高温、（低湿）空气的设备。主要组成结构包括机柜柜体、初效过滤器、中效过滤器、除湿机（表冷除湿或转轮除湿段，根据用户需求配置）、混合栅风门、加热段、高温高效过滤器等。进风口配不锈钢防虫滤网，初、中效过滤器设压差表本地显示，高效过滤器设压差变送器可远程显示，所有过滤器拆卸、清洗方便。加热器采用不锈钢管不锈钢翅片（也可采用电加热方式），表冷器采用铜管铝翅片。蒸汽加热器配置气动比例调节阀，与冷热风栅阀门联动调节，实现连续的进风温度PID控制，能够精细调节进风温度。高效过滤器前后设有PAO检测，确保高效过滤器的可靠性。

② 沸腾干燥主机　沸腾干燥主机主要包含基座、物料容器、扩散室、过滤室四个部分，各部分间通

过双气缸联动平衡顶升保证硅胶密封圈与凸面法兰压紧密封，整个腔体密封良好，无泄漏。此外，沸腾干燥主机也有部分采用气囊充气密封，也可使主机机体密封良好，无泄漏。

沸腾干燥主机是物料干燥的场所，物料通过真空上料、重力垂直进料或人工加料的方式进入主机的物料容器中。在离心风机的作用下，干燥用的新风经空气处理单元净化、除湿、加热处理后，进入主机，通过物料容器底部气流分布板后，进入物料容器内，并将物料容器内的物料吹起，使物料呈沸腾流化状态。在物料容器中，物料和新风不断地进行热交换，使物料不断地被加热、干燥，直至物料干燥完成。

③ 除尘单元　出于环境考虑，为防止物料干燥过程中产生的粉尘对大气造成污染，沸腾干燥机中都会对干燥后的新风进行除尘处理，即在干燥机系统中加入除尘单元。根据物料性质的不同，除尘单元一般采用滤筒脉冲反吹除尘、水沫除尘、旋风除尘等除尘方式。采用滤筒脉冲反吹时，过滤精度等级一般选用F9，也可根据特殊要求增加H13级高效过滤器。

④ 离心风机　离心风机作为整个该干燥机系统的动力源，一般采用医药专用高压低噪声离心风机，可变频调节风机转速，实现进风量的智能调节。风机自带减震，进风口通过软连接与风管连接，出风口配置消声器，叶轮进行严格的动平衡校验，运转平稳，噪声控制在75dB内。电机IP55，F级绝缘，能效等级不低于2级，可根据要求选用防爆型。

⑤ 在位清洗泵站　为降低人工劳动强度，减少实际生产中人工清洗的工作量，沸腾干燥机大部分配备在位清洗功能。根据生产厂房供水情况，一般均需配备在位清洗泵站。在位清洗泵站可提供出口压力为0.4～0.6MPa的清洗介质，以提高清洗效率及清洗的可靠性。同时，还具有自动提供清洁剂功能，并可配备清洗介质加热器，以满足部分无热水源的厂房。

⑥ 控制系统　沸腾干燥机采用可编程控制器（PLC）和工业平板电脑，通过人机界面（HMI）进行操作。控制系统具有手动和自动两种操作模式。操作权限分操作员、工艺员、管理员多级管理，各级分设密码，权限明确。控制系统可设置、存储并自动执行的产品主要工艺控制参数，可实时检测并显示工艺参数；具有故障报警功能，能够自动诊断并报警；带有信息输入、数据记录和导出打印功能。自动化程度高，结合专业软件响应快、可靠稳定性高、扩展性强，设定参数详细，控制关键点多，实际参数精确度高。机械、操作者和程序之间可进行交互，友好、安全、可靠。

2. 卧式多室流化床干燥器

（1）基本结构

卧式多室流化床干燥器是由空气过滤器、沸腾床主机、旋风分离器、布袋除尘器、高压离心通风机、操作台组成。由于干燥物料的性质不同，配套除尘设备时，可按需要进行，可同时选择旋风分离器、布袋除尘器，也可选择其中的一种。一般来说，相对密度较大的物料只需选择旋风分离器。相对密度较轻的物料需配套布袋除尘器，并备有气力送料装置供选择。目前，国内药厂使用较多的是内置式布袋除尘方式，布袋内置式卧式多室流化床干燥器的基本结构如图4-6-33所示。

（2）工作（操作）过程

卧式多室流化床干燥器利用经过滤后的洁净空气，经热交换器的对流换热，使空气温度上升到一定的温度进入主机进风管，经阀板分配进入沸腾床底部孔板，再进入沸腾床；湿物料从加料器进入干燥器。在风力作用下，物料在沸腾床内形成沸腾状态，热空气与物料充分接触，提高了传热效率，在较短的时间内可促使物料中的水分蒸发分离。

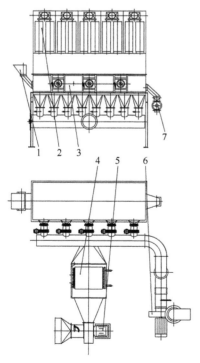

图4-6-33　布袋内置式卧式多室流化床干燥器

1—进料口；2—内置布袋；3—主机；4—空气加热器；5—鼓风机；6—引风机；7—出料口

（3）特点

卧式多室流化床干燥器主要适用于散粒状物料的干燥，如原料药、压片颗粒、中西药冲剂等。具有如下优点：①在相邻隔室间安装挡板，从而可制得均匀干燥的产品，改善了物料停留时间的分布；②物料的冷却和干燥可结合在同一设备中进行，简化了流程和设备；③由于分隔成多室，可以调节各室的空气量，增加的挡板可避免物料走短路排出。

（4）操作注意事项、维护保养要点、常见故障问题及处理等

① 安装注意事项　安装时的关键在于各连接部位的密封性，所以各连接部必须加密封垫进行密封；连接螺栓必须拧紧，以保持不漏气，否则，将严重影响沸腾与干燥效果。安装时，风机的安装位置，根据厂房位置可变。

② 操作与使用　启动风机，检查整套设备安装之后的密封性。打开通入散热器的蒸汽阀门，并测量进风温度，调至需要的温度。将物料投入加料斗，使物料慢慢滑入沸腾床内。通过沸腾床的视镜窗，观察沸腾床内物料沸腾状态及干燥情况，调整风机的风量大小，调至最佳状态。物料进入沸腾室后，要保持一定的料层厚度，由于物料进入沸腾室后自动移向出料口，初始的物料虽得到干燥，需放出后再加入加料器进行干燥，经过几次放料测试，测得物料含有水分符合要求后，方可连续加料与出料。使用时要根据不同物料的规格、性质、含水量等，控制物料的加入量。物料干燥完成后，会自动进入冷却段对物料进行冷却。

③ 常见故障问题及处理

a．物料堆积。由于热风阀调节不当，或加料量过大，物料含水量偏高。使用时不断进行调整。b．物料黏化。由于含水量偏高或热敏物料温度太高易造成物料黏化，使用时不断进行调整。c．干燥速度慢。由于蒸汽压力降低，提高蒸汽压力以及温度。d．风机出风跑料现象。由于粉尘颗粒小，调整风机的风量，并查看除尘器布袋是否适合，如不适合进行调整。

④ 使用警告　如生产物料为粉体物料时，设备各组成部分在生产前不得残留物料，否则会影响系统。严重时会出现物料积聚、碰撞、摩擦产生静电易出现爆炸危险。因此，用户必须排除物料会产生粉尘爆炸的以下因素，方可投入生产：a．物料浓度超标易爆炸。b．物料如与电动机、电气元件、电磁阀、脉冲控制仪（如配布袋除尘器）等易产生火花处接触，接触后易产生爆炸。c．物料与高温空气接触，产生燃烧，空气体积急剧膨胀，易爆炸。d．物料遇明火，产生燃烧，空气体积急剧膨胀，易爆炸。e．物料遇静电易产生火花，产生燃烧，空气体积急剧膨胀，易爆炸。

3. 振动流化床干燥机

振动流化床干燥机主要用于中药颗粒、保健品颗粒、营养品颗粒的干燥；还可用于物料的冷却、增湿等。

（1）基本原理

振动流化床干燥机是用振动电机激振用弹簧支撑的流化床身，使流化床板上的颗粒物料在激振力作用下腾空向前跳跃，下箱体的热风则从流化床板的孔眼吹出形成气流穿过颗粒料层，使气固两相充分接触，在物料层向前运动的同时完成高效的热交换，从而达到干燥物料的目的。振动流化床干燥机通常简写为 GZL，其中 G 为干燥、Z 为振动、L 为流化，其整体结构如图 4-6-29 所示。

（2）基本结构

振动流化床干燥机主要由进料装置、布料装置、下箱体、上箱体、流化床板、振动电机、支撑弹簧、出料装置、热风系统、冷却系统以及控制系统组成，如图 4-6-34 所示。

（3）工作过程

在完成振动流化床箱体内部的清洁干燥后，启动热风机 12，预热流化床板 7，之后启动振动电机 8 使机器开始振动，湿颗粒物料 14 从进料装置经布料装置 13 将颗粒物料均匀撒在流化床板上，斜向振动的流化床板 7 使整个颗粒物料层向前跳跃并腾空；热空气经过流化床的孔眼穿透料层，这些热气流将充分包裹颗粒并进行热交换直至干燥。当物料在加热区达到预定的干燥程度时进入冷却区，冷却区是由冷

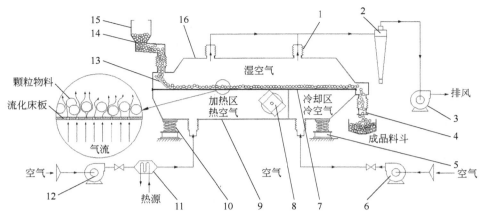

图 4-6-34 振动流化床的基本结构

1—抽风软管；2—旋风分离器；3—抽风风机；4—出料装置；5—安装基础；6—冷气风机；7—流化床板；8—振动电机；9—下箱体；
10—弹簧；11—加热器；12—热风机；13—布料装置；14—湿颗粒物料；15—进料装置；16—上箱体

气风机 6 产生的冷风穿过流化床板 7 对物料进行冷却来实现的，达到设定温度时从出料装置坠落到下方的成品料斗中。经过热交换后的湿空气夹带有大量的粉尘，在抽风风机的抽吸作用下经抽气软管 1 进入旋风分离器 2，在旋风分离器进行气固分离，这些分离出来的固体是粉末状，进入回收循环，而分离后的气体达排放标准排入大气。

（4）设备可调工艺参数的影响

影响到该设备生产效率的参数主要有风量、温度、振动频率、振幅、振动方向等，对于每个批次的物料这些参数都要做重新调整。

① 被处理物料在机内停留时间的调整

a．改变机器的振幅。改变机器的振幅靠调整振动电机的激振力来实现，也就是调整振动电机两个偏心块的安装角度，要注意的是调整振动电机的激振力时必需两台同时调整，而且所调的激振力必须相同，避免因机器偏振而影响机器的使用寿命。b．改变机器的振角。改变激振角，靠改变电机的安装角度来实现，该安装角度由固定法兰和电机座法兰安装配孔，因而电机座法兰每向左或向右转动一孔位置安装，则激振角改变。c．改变机器的振动频率。改变机器的振动频率一般是通过改变振动电机的振动频率来实现的，而振动电机的频率是通过变频器来控制的；对于电磁激振器则要通过电气控制回路来改变频率。

② 风量的调整　风量的调整至关重要。调整风量是用以调整被处理物料的流化状态，流化状态的好坏对处理效果和耗能指标的影响很大，在整个工作过程中自始至终都应予以控制。风量调整的标准是进料口和出口既不排出热风也不吸入冷风，尽管严格意义上箱体内是微负压，而进风或引风量的大小是靠进风或引风阀门的开度来控制。依照上述风量的调整方法调好后开始给料，而给料的情况如何对物料处理的好坏也有很大的影响。给料均匀，连续，并使之均匀地散布在整个流化床上，是获得理想干燥状态的重要操作条件。而给料的同时依然要进行风量的调整。开始给料时，由于物料尚未能布满整个床面，此时出现热风偏流敷粉夹带较多的现象，待物料布满床面并进一步调整风量后，此现象就可消除。物料布满床面，达到要求的料层高度，此时床层压降趋于稳定。这时就可以确定给风量与引风量，将给风量、引风阀门的螺栓拧紧，并记下其开度值。同时也将给料机的给料量定好并予以保持。

③ 温度的调整　除物料停留时间、流化品质会影响到物料干燥的速度外，热风温度也是一个重要的影响因素。温度的调整是通过热交换器的输出热量调整来实现的，一般情况下可通过改变电功率或热源输入流量来达到温度控制的效果。

（5）安装区域和工艺布局

① 安装区域　在振动流化床干燥机工作过程中，会产生动载荷，经弹簧减震后，还有不少分动载荷传给机床，因而要求该机设置在一楼地面，并尽量远离怕震动的设备、仪表等。安装位置的选择还应考

虑配套设备（如引风机、除尘器、加热器、给风机、送料机、管路等）的安装位置，以便于设备的操作和维护。本机应安装在水泥预埋基础上，预埋基础的安装面应充分校平。

② 工艺布局　振动流化床干燥机一般用于颗粒物料的干燥，其工艺位置在湿法颗粒之后筛分之前，如图4-6-35所示。

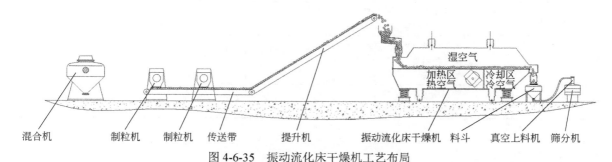

图 4-6-35　振动流化床干燥机工艺布局

其工艺流程框图如下所示：

（6）特点

相对于普通的沸腾干燥机，振动流化床干燥机主要有以下特点：①热交换率高。在振动流化和热风流化双重作用下，物料受热均匀，热交换充分，干燥强度高。②节能效果好。在振动流化床中，热风仅用于热交换，风量仅为沸腾干燥的20%～30%，有明显的节能作用，比普通干燥机节能30%左右。③干燥范围大。降低了物料的最低流化速度，特别是靠近流化床板的底层颗粒首先开始流化，有效消除粘壁现象，因此对于黏性和热塑性物料表现出优良性能，扩大了颗粒干燥的范围。④运行平稳。振动源采用振动电机驱动，运转平稳、维修方便、噪声低、寿命长。⑤流态化稳定，无死角和吹穿现象。⑥可调性好，适应面宽。⑦成粒率高。对物料表面损伤小，可用于易碎物料的干燥，物料颗粒不规则时亦不影响工作效果。⑧密封性好。采用全封闭式的结构，有效地防止了物料与空气间的交叉污染，作业环境清洁干净。⑨可连续生产。整个干燥过程是连续的，易于实现生产线整线的自动化管理。

（7）操作注意事项、维护保养要点、常见故障及解决方法

表4-6-9为振动流化床干燥机的常见故障和解决方法。

表 4-6-9　振动流化床干燥机的常见故障和解决方法

异常状态	产生原因	检修及处理
粉尘夹带严重	送风量和引风量过大	减小送风阀开度或降低转速
物料不动	1. 各振动参数不匹配 2. 风量不足 3. 网板孔阻塞 4. 软管变形	1. 调整各振动参数 2. 增大风量 3. 清扫 4. 更换软管
风量不足	1. 风机旋向不对 2. 风阀开度不够 3. 风道堵塞 4. 转速不够	1. 调换线路 2. 调整风阀 3. 疏通包括过滤器更换 4. 变频增速
物料跑偏	1. 床面本身水平度不够 2. 隔振簧品质问题 3. 管道连接隔振不足，引起偏振 4. 两边的振动电机的激振力不一致	1. 重新校平 2. 更换隔振簧 3. 更换更柔软的接头 4. 调整振动电机，使激振力相同
异常振动	1. 振幅太大 2. 挠性软接头隔振不够 3. 基础强度不够，紧固件松弛 4. 下箱体残留物过多 5. 振动电机旋转方向不对	1. 降低激振力 2. 更换软接头 3. 加强基础，用气动扳手拧紧螺丝 4. 清扫 5. 改变电机旋转方向相

异常状态	产生原因	检修及处理
振动电机工作不良	1. 错误布线 2. 接线不良 3. 线路短路	1. 按顺序检查布线 2. 重新接线 3. 检查线路
物料落到箱体内	1. 送风量不足，压头偏低 2. 工作程序有误	1. 调节阀门或风机变频器 2. 先吹风，后送料
上箱体排风不畅	1. 引风机量不够 2. 除尘机阻塞 3. 管道阻塞	1. 检查排风机，风量进行调节 2. 清除阻塞物 3. 清除塞物
出料口含水率过高	1. 物料输送速度太快 2. 热风温度偏低、风量偏小	1. 降低振动频率 2. 升温提高风机转速

十六、真空冷冻干燥设备

真空冷冻干燥设备俗称冻干机，适用于以下制剂的制备：①理化性质不稳定，耐热性差的制品；②细度要求高的制品；③灌装精度要求高的制剂；④使用时需要迅速溶解的制剂；⑤经济价值高的制剂。近年来很多开发出的药品，尤其是生物药品，都是用真空冷冻干燥设备制成药剂的，而且冷冻干燥处于制药流程的最后阶段，它的优劣对于药品的品质起着关键的作用。

冷冻干燥技术被广泛应用，主要具有以下的优点：药品低温下干燥，一般不会产生变性或失去生物活力；药品中易受热挥发成分和易受热变性的营养成分损失很少；含水量极低药品中微生物的生长和酶的作用几乎无法进行；药品冻干后能最好的保持药品原来的体积和形状；复水时，与水的接触面大，能快速还原，并形成溶液；药品在近真空下干燥，环境中的氧气极少，使药品中易氧化的物质可以得到保护；能除去药品中 95%或更多的水分，便于运输和长期保存；冻干药品可以在室温或冰箱内长期储存。

1. 基本原理

真空冷冻干燥设备的基本工作原理是：将含有大量水分的物质，先冷却至共熔点或玻璃化转变温度以下，使物料中的大部分水冻结成冰，其余的水化和物料成分形成非晶态（玻璃态）。然后，在真空条件下，对已冻结的物料进行低温加热，以使物料中的冰升华干燥（一次干燥）。接着，在真空条件下对物料进行升温，以除去吸附水，实现解析干燥（二次干燥），而物质本身留在冻结的冰架子中，从而使得干燥制品不失原有的固体骨架结构，保持物料原有的形态，从而达到冷冻干燥的目的，且制品复水性极好。图 4-6-36 为冻干机的工作原理示意。

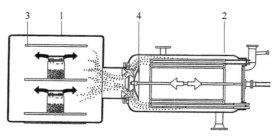

图 4-6-36　冻干机工作原理
1—冻干箱；2—冷凝器；3—板层；4—蘑菇阀

2. 基本结构

（1）冻干机结构

常规冻干机在结构上包括冻干箱、搁板（板层）、冷凝器，如图 4-6-37 所示冻干机整机图。

① 冻干箱　冻干箱一般简称为"前箱"，通常由冻干箱体和密封门组成，其主要作用是形成一个密闭的空间，制品在冻干箱内，在一定的温度、压力等条件下完成冷冻、真空干燥、全压塞等操作。冻干箱一般为矩形容器，少数采用圆筒形容器。箱体内部材料采用优质不锈钢制成，采用碳钢或不锈钢进行箱体加强，不锈钢拉丝外包壳处理。考虑到无菌性的要求，与产品直接接触的材料选用 AISI 316L，箱体内表面（门、内壁、顶部和底部表面）粗糙度 $Ra \leqslant 0.5\mu m$，箱体内角为圆角，便于清洗，箱体底面略向后倾斜，排水口设计在最低点，箱体内角均为满足 R50 圆角，以利于排水等。

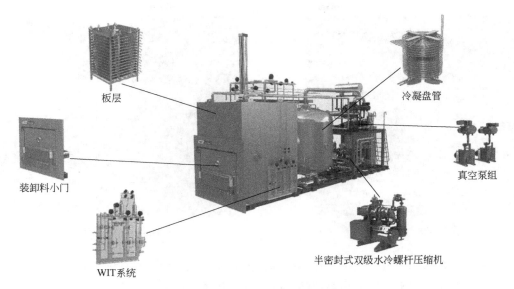

板层

冷凝盘管

装卸料小门

真空泵组

WIT系统

半密封式双级水冷螺杆压缩机

图 4-6-37　冻干机整机图

冻干箱采用无菌隔离设计，箱体前采用不锈钢围板与洁净室墙板之间形成密封，采用人工开冻干箱大门进出料或采用自动升降小门进出料。箱门与不锈钢门采用特殊形状的硅橡胶密封，箱门内壁与冻干箱内壁粗糙度相同。同时箱门的平整度也有较高的要求，确保在真空条件下能与密封条紧密贴合，冻干箱门中央有观察窗，便于在无菌室观察产品状态，箱门有半门冻干箱箱门和带有自动小门的冻干箱箱门。多门的冻干机，门可互锁。与洁净室相连的门和锁定硬件，伸缩在一般的维修区域。

冻干箱的主要参数指标：设计压力为常压容器或压力容器，压力容器设计压力可分为-0.1～0.15MPa或-0.1～0.2MPa，设计温度为 128℃或 134℃，内表面粗糙度 $Ra \leqslant 0.5\mu m$，设计材料为符合 GMP 要求的优质不锈钢。

② 搁板　产品的冷冻干燥是在冻干箱中进行，在其内部主要有搁置产品的搁板，也称板层。搁板通过支架安装在冻干箱内，由液压活塞杆带动做上下运动，便于进出料、清洗和真空压塞。搁板采用不锈钢制成，表面平整，内设置长度相等的流体通道，搁板的冷却和加热就是通过导热媒体在搁板板层内部通道中的强制循环得以实现的，导热的媒体在搁板内流动，均一地将能量传递给放置于搁板表面的制品容器，贯穿于整个冻干过程。

搁板组由 N+1 块搁板组成，其中 N 块搁板装载制品用，称为有效搁板，如图 4-6-38 所示。最上层的一块搁板为温度补偿加强板，不装载制品，目的是保证箱体内所有板层与板层之间的热辐射环境相同。每一块搁板内均设置有长度相等的流体管道，充分保证搁板温度分布的均匀性。搁板组件上面和下面有刚度很大的支撑板和液压板，目的是使压塞时板面变形很小。搁板组侧面有导向杆，引导搁板的运动方向，搁板间通常用螺栓吊挂，以便根据需要调节其间距。

带动搁板运动的压力活塞缸通过波纹套对其表面覆盖，以使运动部件与冻干箱内环境隔离，保证箱体内的无菌环境。波纹套可伸展，末端密封，一般采用螺栓连接、法兰密封或 O 型圈密封，便于更换和维护。波纹套内部可排放及抽真空，以助于波纹套的伸缩。波纹套配有泄漏测试系统，以保证波纹套的完整性。主要参数指标：设计压力为 0.5MPa，设计温度为-55～80℃，表面粗糙度 $Ra \leqslant 0.4\mu m$，平整度≤0.5mm/m，板层温度均匀性±1℃（空载平衡后），设计材料为符合 GMP 要求的优质不锈钢。

③ 冷凝器　冷凝器内部设置有不锈钢盘管，称为冷凝盘管，如图 4-6-39 所示。主要作用是用来捕捉冻干机箱体内升华出的水蒸气，升华出的水蒸气形成从冻干箱到冷凝器的压差推动力，使其在冷凝表面结成冰，从而使得冷冻干燥得以正常运行，冷凝器又称为"捕水器""冷阱""后箱"。

按照冷凝器结构分为卧式和立式。若按照冷凝器放置的位置（以冻干箱为参照物）来分，可以分为内置式、后置式、上置式、下置式以及侧置式。冷凝器箱体有方形体、卧式圆筒体和立式圆筒体。此三

图 4-6-38　搁板　　　　　　　　　　　　　图 4-6-39　冷凝盘管

种结构的主要区别是方形体一般和冻干箱连为一体，因此整个冻干机结构比较紧凑，适合厂房有限制的企业，缺点是水蒸气的流动不及圆筒后箱流畅。卧式圆筒体占地面积大，水蒸气的流动比较顺畅，但造价比方形体要高。而立式圆筒体占地面积小，水蒸气的流动相对方形体来说更顺畅，但是不及卧式圆筒体，造价也是最高的。冷凝器与冻干箱相同，需拥有足够的设计强度和灭菌要求。

主要参数指标：设计压力为常压容器，一般-0.1～0.15MPa 或-0.1～0.2MPa，设计温度为 128℃ 或 134℃，内表面粗糙度 $Ra \leqslant 0.5\mu m$，设计材料为符合 GMP 要求的优质不锈钢，盘管最低温度-75℃（空载）。

（2）冻干机系统

冻干机按系统分，主要由制冷系统、真空系统、循环系统、液压系统、CIP/SIP 系统、气动系统、控制系统等组成，如图 4-6-40 所示。

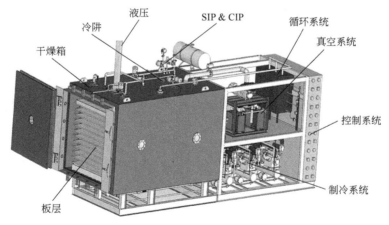

图 4-6-40　冻干机系统组成

① 制冷系统　制冷系统的作用主要是在制品预冻时给液态制品提供冻结成型的冷量，在制品升华时给冷凝器提供捕捉制品溢出的水汽冷量，将其凝结成霜。制冷系统主要由压缩机、冷凝器、蒸发器、膨胀阀构成。除上述必备的四大部件外，制冷系统还设置有汽液分离器、油分离器、干燥过滤器、板式换热器、电磁阀及各种关断阀、继电器等构成，具有一系列的多重保护，充分保证制冷系统的稳定运行。随着冻干机的不断发展，制冷系统的配置也可根据用户需求进行相应的选择，如压缩机可选择活塞式压缩机或螺杆式压缩机，其中螺杆压缩机又可选择定频螺杆机或变频螺杆机。膨胀阀也可选择电子膨胀阀或机械热力膨胀阀等。

主要参数指标：板层制冷速度（空载，搁板进口）：+20～-40℃≤60min，冷凝器制冷速度（空载）：+20～-50℃≤30min。

② 真空系统　真空系统的主要作用是在冻干箱腔体和冷凝器腔体形成一个人为的真空环境，一方

面促使冻干箱内制品的水分在真空状态下蒸发（升华），另一方面该真空还会在冻干箱和冷凝器之间造成一个真空梯度（即压力差）环境，使冻干箱内制品中的水汽溢出后更容易流向冷凝器，并被冷凝器盘管捕获，实现水分的移除。真空系统主要由冻干箱、冷凝器、真空泵组、小蝶阀、箱阱隔离阀、真空测试装置、放气装置、真空管道及相关辅助装置组成。其中真空泵目前可选择螺杆式真空泵或旋片式油泵，真空测量装置可选择皮拉尼真空计或电容式真空计，真空掺气阀可选择手动微调式或PID自动控制式，根据用户需求进行相应的配置选择。

为了维持冻干箱体内适宜的无菌环境，真空系统通常通过真空挡板阀来实现防倒吸。真空系统的真空度是与制品的升华温度和冷凝器的温度相匹配的，真空度过高或者过低都不利于制品升华干燥，因此，冻干箱内的真空度应维持在一个合适的范围内，方能达到缩短制品升华周期的目的，这个就要通过设备上的小蝶阀动作来配合实现。

主要参数指标：极限真空可达 1Pa，抽空速度从大气压抽至 10Pa≤30min，系统真空泄漏率通常达到 5×10^{-3}Pa·m³/s 即可满足工艺需求。

③ 循环系统　循环系统的主要作用是给导热油提供冷、热源及循环的动力和通路，使冷媒在循环管路、电加热器、搁板之间周而复始地循环流动。循环系统主要有循环泵、电加热器、板式换热器、集管、搁板、温度继电器、压力继电器、膨胀桶、温度变送器、冷媒及循环管道等组成。循环系统需要装有压力表、压力继电器主要用于监测冷媒循环系统中的工作压力，当循环系统发生故障时或者循环管路中混入空气形成气塞时，系统的循环压力就会降低，低于压力继电器设定压力时，备用泵将会自动投入运行，保证生产。压力表除了以上作用外，还可以作为循环系统打压的观察点。因为打入循环系统的压力不允许超过 0.2MPa（一般控制在 0.15MPa 或以下），如果没有压力表，就无法直接观察打入系统的压力。同时循环系统中还需装有温度控制器，以限制电加热器工作时的上限温度，用以对制品加热时温度的控制。

作为循环系统中最为重要的循环泵，冻干机上常用的循环泵都是双头屏蔽泵或双循环泵备份，充分保证当一台泵在使用过程中发生故障时，就会自动切换到另一台泵备用，保证冻干制品的安全。

主要参数指标：加热速度达 1℃/min，搁板温度范围是−55～+80℃，冷凝器盘管最低温度达−75℃。

④ 液压系统　液压系统的主要作用是给搁板在压塞和清洗及进出料时提供上下运动的动力；液压系统还给冻干箱和冷凝器间的中隔阀启闭提供前后移动动力源，包括箱门液压锁紧。液压系统主要由液压泵站、油缸和各种阀门集成组件组合而成。主要参数指标：压塞压力在 0～1.0bar 内可调。

⑤ CIP/SIP 系统　CIP 和 SIP 系统的作用主要是：a. CIP 系统是给前箱、搁板、冷凝器提供清洗水源的启闭和排放，可配备外置清洗站；b. SIP 系统是给设备在位消毒灭菌时提供对纯蒸汽源的启闭以及箱体容器在灭菌时对蒸汽压力、温度和时间的控制，同时 CIP/SIP 系统承担了冷凝器捕冰后化霜的功能。

CIP 和 SIP 系统主要由水环式真空泵、清洗喷淋架、安全阀、压力变送器、温度变送器、压力表等组成。其中，喷淋球可选用陶瓷式旋喷，避免出现生锈，连接方式采用快插式连接，避免出现快开卡箍连接带来的清洗死角，排水管路设有一定坡度，如 0.5%～2%，保证排水时无残留；箱体内部的管口采用 3D 设计，保证所有的管口都不会产生积水，并配置水环式真空泵，在清洗结束后，抽取残余的水汽，保证无残留；排水口末端设置防倒吸装置，防止清洗水排尽时造成的地漏空气倒吸。管路及管路上安装的阀门等部件均选用符合行业规范的卫生级材质，一般为 316L 材质。管路自动焊避免人工焊接带来的应力变形或泄漏的风险。

CIP 主要参数指标：箱体的清洗覆盖率能够达到98%和隔板的清洗覆盖率能够达到100%，程序运行顺利且 CIP 结束后箱体内部无积水，所有区域的核黄素被完全清洗掉（紫外灯检测），CIP 周期符合预设的操作参数。

SIP 主要参数指标：灭菌过程中，最冷点的温度不低于 121℃，所有的热电偶温度波动范围在±1.5℃内，同一时间所有热电偶温度波动范围在±1℃内。灭菌后的生物指示剂降低 6 个对数单位，对照品管呈阳性，有微生物生长。

⑥ 气动系统　气动系统的主要作用是对设备安装的气动隔膜阀、气动球阀、气密封等提供动力源。气动系统主要由气动先导电磁阀、气动汇流板、油雾过滤器、减压器等组成。

⑦ 控制系统　控制系统的作用主要是对设备进行合适的配电以及对设备中使用的软、硬件进行有效

的手动和自动逻辑控制，包括电子签名、电子记录、真空趋势、温度趋势、报警状态、历史事件、批次查询等所有报表，都可自动生成并实现互锁、联动及报警功能。

全自动控制（冷冻、清洗、灭菌、化霜）系统要求工艺控制稳定，符合 GAMP5、21CFR Part11 要求，具体如下：

a. 冻干工艺　进料前预冷、出料前降温功能，对于特殊药品在生产前期需要进行降温、保温等操作，以保证药品成型，并保证符合药品进出箱要求；冷冻控制二次回冻功能，即药品在降温到一定值后，需要升温到设定值并保持，可满足特殊药品工艺要求；自动压塞功能，针对西林瓶药品，在生产结束后对胶塞压紧，实现自动控制能更多避免人为操作失误；定制化设备工艺通过客户的 URS 需要，定制设备的控制工艺，配方无限制可保存无数组，针对不同药品，应具有不同配方保存，在生产过程中由操作权限人员下载即可；掺气选择可分为掺气阀掺气、小蝶阀掺气方式，真空度是影响药品质量的重要因素，为实现设定真空度的稳定控制，可根据情况选择任意一种掺气方式；便于管理公共冻干、灭菌、清洗、化霜参数界面，可恢复到出厂设置；冷冻控制、一次升华、解析干燥各阶段，可定制详细工艺配方。

b. 灭菌工艺　采用脉动灭菌进蒸汽、排冷凝水、抽真空原理，使箱体升温后将冷凝水及时排出箱体，能更快到达灭菌需要温度，并保证灭菌无残留冷空气，快速对箱体进行整体升温，并达到对箱体灭菌的效果。

c. 化霜工艺　采用负压化霜进蒸汽、排冷凝水、抽真空原理，由于结霜在冷凝盘管上，蒸汽化霜时可能整块掉落堵塞排水口，利用水环式真空泵抽真空排水口将不会产生冰堵现象，使后箱达到化霜效果，保证化霜不会产生冰堵现象。

d. 清洗工艺　采用等高清洗隔板，由于隔板清洗喷嘴位置固定，需要每块隔板移动到对应等高位置，并循环清洗隔板、箱体、排水保证清洗无死角，由于清洗进水量大于排水的进水量，设有两个排水阶段进行排水。

e. 多级权限管理　对于管理员组，拥有对系统操作的所有权限（配置系统参数，管理用户，分配用户权限等）；对于参数设定组，设定配方、参数，不能对机器进行操作；对于操作员组，启动手动、自动对机器进行控制，下载配方、电子记录运行批次记录、生产运行批次数据、运行报警记录、设备运行故障报警、系统操作记录，系统登入、登出，系统锁定、解锁。按照批号可查询冻干、灭菌、清洗、化霜的曲线报表、操作事件、历史报警、报警消息分析等。

f. 远程短信报警功能　通过接收冻干机报警信息，第一时间知晓并提供应对方案，可有效降低产品的生产风险。此外，通过以太网传输到制造商服务器，分析设备状况，自动分析历史数据，结果可通过短信或其他方式自动通知到客户，对设备进行预防性维护。通过远程维护模块（3G 路由器），可实现供应商远程修改客户现场的 PLC 程序。

3. 简要工作过程

图 4-6-41 为冻干机的工作过程。药品在进入冻干机之前，需要对冻干机的腔体进行 CIP/SIP，然后将均匀分装在容器（如西林瓶）内的药液，放入冻干箱内准备冻干。经过前期的一系列准备工作后，进行预冻，让冰晶型态的固体在真空条件下升华干燥后，保存在冻结时的形状。然后启动真空泵组对箱体进行预抽真空，当达到配方设定标准后，进入一次升华阶段，此阶段通常是在低温下对物料加热，主要是去除自由水，此阶段约去除 90%的水分。随后进入解析干燥阶段，此阶段则是在较高的温度下加热，主要是去除结合水（制品中残留的水分）。解析干燥一段时间后，可通过压力升测试进行终点判定，当压力上升低于设定值时，压力升判定通过，周期自动进入下一步骤：复压压塞。如果是真空压塞，停机后不放入任何气体，然后启动液压系统进行全压塞，压塞结束后放入无菌空气（或氮气），待冻干箱达到大气压之后，在 A 级环境下出料。出料结束后，通常需要对冷凝器进行化霜，CIP/SIP，过滤器完整性测试，待下批次使用。整个冻干工作过程，应考虑产品种类、容器的形状、规格、工艺曲线及设备的不同性能，时间和配方的程序的选择会有所不同。

4. 设备可调工艺参数的影响

设备可调工艺参数按工艺程序主要包括：CIP 清洗工艺参数、SIP 灭菌工艺参数、化霜工艺参数以及设备性能测试参数。表 4-6-10 为冻干机可调工艺参数及影响。

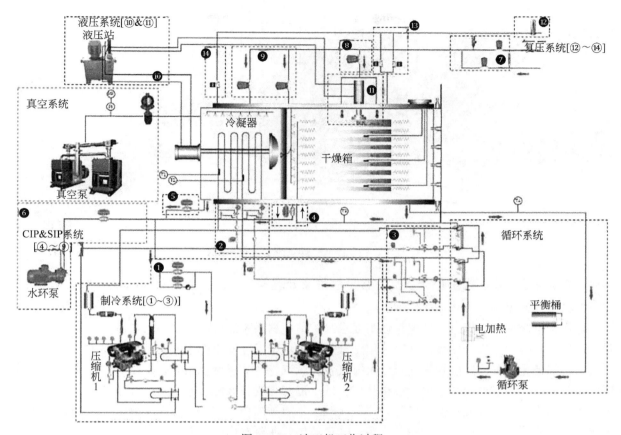

图 4-6-41 冻干机工作过程

表 4-6-10 冻干机可调工艺参数及影响

项目	工艺参数类型	影响
CIP 清洗工艺参数	单块板层清洗时间 板层清洗次数 板层排水时间 冻干箱体清洗时间和排水时间 冷凝器清洗时间和排水时间 干燥时间	1. 覆盖率受到影响，可能有死角 2. 清洗的效果无法保证 3. 将会造成污染和交叉污染
SIP 灭菌工艺参数	灭菌温度 灭菌时间 灭菌压力 干燥时间	1. 影响灭菌效果，影响无菌保证水平 2. 结合水有残留，滋生微生物 3. 由于设备的箱体是压力容器，灭菌压力超过容器设计压力，存在对人员和设备的安全隐患 4. 对于过滤器来讲，灭菌压力和温度超过过滤器供应商设计的上限值，会损坏滤芯，导致过滤器泄漏，无菌保证有风险
化霜工艺参数	化霜压力 抽空压力 排水次数 化霜温度 干燥时间	1. 影响化霜是否结束的正确判断 2. 化霜后结合水有残留，滋生微生物 3. 时间太久会影响生产周期
设备性能测试参数	冻干箱的降温温度和时间 冷凝器制冷温度和时间 预抽真空温度和时间 板层升温温度和时间 泄漏率测试初始和结束真空值及时间 波纹套完整性测试时间和真空值	1. 设备的关键性能未得到确认，对后期产品的工艺曲线和质量有影响 2. 影响产品质量和无菌性

5. 设备安装的区域及工艺布局

生产型冻干设备区别于常规工艺设备，整机跨两个区，进出料侧一般采用彩钢板进行密封并安装在洁净区，同时基于 GMP 2010 要求，冻干机进出料在 A 级环境下，其余机体部分安装在一般区。其工艺布局如图 4-6-42 所示。

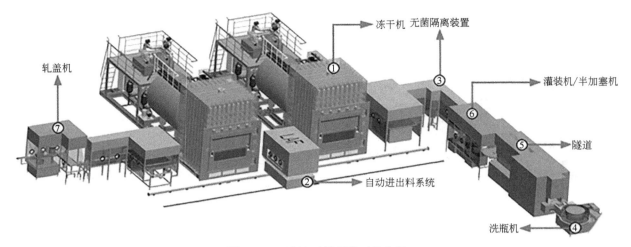

轧盖机

冻干机 无菌隔离装置

灌装机/半加塞机

隧道

洗瓶机

自动进出料系统

图 4-6-42　冷冻干燥系统工艺布局

6. 操作注意事项、维护保养要点、常见故障及处理等

（1）操作注意事项

在操作真空冷冻干燥机时，请遵循以下要求：①请根据系统流程图和平面布置图验证所有的排出口已正确连接，并排放到安全区域。②对公用工程的要求，确保冷却水的水质符合标准要求，确保压缩空气的质量，保证无水分；有些管道（压缩机排气管、蒸汽管道）温度会很高，谨防与皮肤接触，不要被烫伤。③箱体内外部的表面温度可能会很高或很低，谨防与皮肤接触。④当对制冷系统进行检修时，释放制冷剂，由于制冷剂温度很低，谨防与皮肤接触，不要被冻伤。⑤进入或在干燥箱、冷凝器上进行维护操作时，请遵照关于狭小空间的相关规定。⑥在箱体或冷凝器内部可能会出现缺氧。⑦注意夹手，当板层运动时，双手请脱离板层组件。⑧SIP灭菌进蒸汽前，确认所有门插销处于安全锁紧状态，并且灭菌过程中，箱门前严禁站人。⑨箱门或装料门可能会夹手，当开关箱门或装料门时，双手请远离运动区域。⑩板层提升至高位时，某些型号真空冷冻干燥机板层底部与箱体底部会产生一个能够进人的空间，禁止任何人员进入该空间进行任何操作！否则可能会对操作人员带来严重伤害和生命危险。⑪在冻干过程结束后，如果需要对箱体进行氮气保护或放气用氮气时，请确保箱体内部压力不能有正压，箱体内部产生正压是非常危险的，由于此时没有进行安全保护，容易发生伤害事故，请不要误操作。⑫当对制冷系统进行泄漏检测时，与氮气混合使用。禁止与压缩空气混合使用，以防产生可燃性气体。⑬该备内部或周围禁止使用可燃性液体或气体。⑭该设备未进行防爆设计。

（2）维护保养

综合部分包括冻干箱及冷凝器内部及外部所有没有被包括在任何其他系统里的部分。对这些部件进行清洁时要正确使用清洗介质。

① 制冷系统　制冷系统里最常出现的问题是进空气或水蒸汽。如果系统的完整性必须被破坏，那空气和湿气的进入将无可避免。在这个时候我们必须致力于减少空气与湿气的进入，使其进入量越少越好。之后我们要用任何可能的方法把他们从系统里排放出去。最好的方法是将制冷系统抽真空。当一个低压系统损坏了之后要非常小心。低压制冷剂快速膨胀到大气压的时候会产生制冷剂迅速蒸发及冷却。

② 真空系统　在整个安装过程中，真空系统是最重要的一个环节。这个系统的控制必须通过周期性的测量所得到的真空曲线并与之前的真空曲线进行比较。很多真空系统的问题看似有泄漏其实都是因为设备里的水蒸气。因此在拆卸真空系统前必须确认操作故障不是由水蒸气所引起的。

③ 循环系统　循环系统被设计成一个衡量压力的操作循环系统。如果需要维护此系统时，其必须被加以保护，使杂物不能进入循环系统。如果需要更换部件，在开启循环系统之前必须抽出空气。在循环系统里没有硅油的情况下绝对不可以接通循环泵的电源。

④ 液压系统　这是冻干机一个非常重要的系统，这个系统通过控制液压来控制板层的运动，通过阀门控制箱体和冷凝器隔离阀的打开和关闭操作。

⑤ 气动系统　这个系统提供空气流动的充足能量，控制所有气动阀门的打开和关闭操作，进一步控制掺气和复压。用户可以选择空气或氮气来复压。

⑥ 在位清洗系统　在启动 SIP 之前，这个系统可帮助用户清洗冻干机。这有利于降低 D 值范围，进一步达到所需要的水平。

⑦ 在位灭菌系统　维修保养操作的周期取决于所使用的蒸汽的质量。客户根据所使用的蒸汽的质量必须更改操作周期的参数。如果所使用的蒸汽的质量比建议的低，操作周期的间隔也必须降低。

⑧ 控制系统　这个系统是冻干机的大脑，它控制其他所有系统和它们的组件。一个好的程序设计和精心挑选的元件能提高冻干机的寿命。

7. 冻干机常见故障及处理

（1）制冷系统

冻干机制冷系统的常见故障及处理方法见表 4-6-11。

表 4-6-11　冻干机常见故障及处理方法——制冷系统

故障	原因分析	处理方法
高压报警	水冷凝器中水温过高或流量不足	降低水温或增大流量
	水冷凝器内部结垢，导致换热效率降低	清洗水冷凝器
	压缩机工作时低压管道发生泄漏，从而导致外界空气进入制冷管道	对制冷管道进行检漏，如在运行过程中无法实现该项操作，可将水冷凝器上方的截止阀打开，使在水冷凝器中的空气放出一部分
	制冷管道中存在着阀门没有开足或管道被堵而造成排气不畅	将压缩机管道上的阀门开到最大
	制冷剂太多，排气压力过高	放掉部分制冷剂
水压力报警	冷却水供水不足	增大外部供水水压力
油压差报警	冷冻油变质，如发黄发黑等现象出现，造成油泵过滤器堵塞	更换冷冻油，对过滤器加以清洗
	回油不畅，造成压缩机内油位不够，油泵吸不到油	用木棒对油分离器轻击，如果无效，一般来讲考虑更换油分离器
压缩机低压缸温度过高或过低（低压缸结满霜）	膨胀阀开得过大或过小，导致回气量过大或过小	如果回气量过大，应关小流量，对膨胀阀顺时针调节；如果回气量过小，应开大流量，对膨胀阀逆时针调节
膨胀阀调节无效	膨胀阀被堵，压缩机低压表压力偏低	拆卸膨胀阀进行，清理内部零件
	制冷管道、过滤器被堵，导致过滤器后的管道产生结霜或其中的阀门没有打开	检查管道和过滤器或者打开被关闭的阀门

（2）真空系统

冻干机真空系统的常见故障及处理方法见表 4-6-12。

表 4-6-12　冻干机常见故障及处理方法——真空系统

故障	原因分析	处理方法
真空报警	真空泵性能下降	先观察真空泵油位及油是否被污染，若真空泵油质量明显下降，有乳化现象后，需立即更换，并进一步查明原因；若真空泵吸入少量水分，可打开气镇阀，一小时后观察真空泵油是否改善，真空度是否下降。若真空泵经多次换油仍无明显改观，可视为真空泵故障，需对真空泵进行检修
	系统有泄漏	用排除法逐一检查可能泄漏的点、阀门和密封圈
	箱体内部有水	冷凝器化霜不彻底，水没排干，导致箱体底部的水不断挥发而影响真空；排干箱体内部积水
	真空规管出现问题	真空规管在使用的过程中内部进入了一些水分或其他挥发性液体导致真空度显示出现跳动、不准确等现象，请将其内部吹干后投入使用。 　真空规管安装不正确。正确的方法为：真空规管垂直安装、安装位置要接近抽气口、远离放气口。 　操作人员对真空规管的使用不规范，比如在真空规管带电时对其连接导线任意插拔、真空规管有负载时任意地去拆卸、搬运时没有能够轻拿轻放等，最终使规管遭到破坏。更换真空规管 　真空规管性能随时间的推移逐步降低，可以用丙酮溶剂对规管内部加以清洗，风干后校核其显示准确性

（3）循环系统

冻干机循环系统的常见故障及处理方法见表4-6-13。

表4-6-13　冻干机常见故障及处理方法——循环系统

故障	原因分析	处理方法
超温报警	电加热安装时靠住循环管壁，开启电加热时，直接对管壁加热	重新调整或安装电加热
	电加热控制模块损坏	更换控制模块
	制冷板层无法达到极限温度	导热油性能下降到不合格或温度探头没放置好或损害，更换导热油，检测温度探头情况

（4）在位清洗系统

冻干机在位清洗系统的常见故障及处理方法见表4-6-14。

表4-6-14　冻干机常见故障及处理方法——在位清洗系统

故障	原因分析	处理方法
电机不启动；有嗡嗡声	至少两根电源线断开	检查接线
电机不启动；有嗡嗡声	电机转子堵转	清洁
	叶轮故障	换叶轮
	电机轴承故障	换轴承
电机开动时，电流断路器跳闸	绕组短路	检查电机绕组
	电机过载	降低工作液流量
	排气压力过高	降低排气压力
	工作液过多	减少工作液
消耗功率过高	产生沉淀	清洁、除掉沉淀
泵不能产生真空	无工作液	检查工作液
	系统泄漏严重	修复泄漏处
	旋转方向错误	更换其中两根电源线，改变旋转方向
真空度太低	工作液流量太小	加大工作液流量
	工作液温度过高	冷却工作液，加大流量
	腐蚀	更换零件
	系统轻度泄漏	修复泄漏处
	密封泄漏	检查密封
尖锐噪声	除噪声阀关闭	将其打开
	工作液流量过高	检查工作液，降低流量
泵泄漏	密封垫坏	检查所有密封面

第七节　消毒与灭菌设备

一、脉动真空灭菌器

脉动真空灭菌器适用于制药、生物工程、医疗卫生、实验动物等领域，如对灭菌要求极高的工器具、无菌衣、胶塞、铝盖、原敷料、过滤器、培养基及各种废弃物等物品的灭菌处理。

1. 基本原理

脉动真空灭菌器是使用范围最广泛的灭菌类设备，如图4-7-1所示，适用于织物（无菌服、抹布等）、器具（金属、玻璃等）、培养基等物品的灭菌。它是利用多次脉动真空（抽真空→复压→抽真空…）这一过程保证腔体内空气被排除99%以上，确保饱和蒸汽能够充满整个内室并且能够附着在待灭菌物品表面或进入其内部，从而保证灭菌时温度的均匀性。腔体内可通入蒸汽加热达到设定的灭菌温度从而转入灭菌阶段，同时夹套内也可通入蒸汽以达到加快升温过程、保温以及均匀受热的目的。灭菌结束后再利用脉动真空的方式快速排气以及由除菌过滤后的空气复压实现物品的冷却、干燥。

图4-7-1　脉动真空灭菌器外形

2. 基本结构

脉动真空灭菌器整机由主体、密封门、控制系统、管路系统、装载系统、装饰、外罩等部分组成，如图4-7-2所示。主体按照压力容器设计标准制造，一般设计压力为0.3MPa；主体通常采用环形加强筋结构，矩形主体外附环形加强筋加强；主体的设计建造除满足一般压力容器建造标准外，还应满足制药行业的一般要求，比如内室粗糙度要≥0.6μm，材质为316L等，设置温度验证接口等。密封门按照门开关的动作型式分为机动门与平移门，矩形主体一般为机动门结构；密封门采用密封圈气动密封；密封门必须有安全联锁设计。控制系统采用PLC控制，上位机通常为触摸屏，触摸屏控制大大减轻了操作者的劳动强度，使得整个灭菌监视过程更加直观、方便。灭菌过程的温度、压力、时间、过程阶段、预置参数等均在触摸屏显示器中自动显示并可以实时储存，并配有微型打印机进行打印，可记录工作过程参数以便于归档、备查。数据可审计追踪，满足FDA 21CFR Part11的要求。管路系统通常分为工业蒸汽、纯蒸汽、空气、水路和压缩空气管路等部分。管道采用内外抛光的无缝不锈钢卫生级管件，经自动轨迹焊接机氩气保护焊接，保证焊接质量。装载系统通常采用灭菌车、搬运车方式，用于装载和运输灭菌物品，灭菌车支架通常采用316L不锈钢制造，达到洁净卫生标准。外罩通常采用304不锈钢板制成，结构便于拆卸，外形美观。

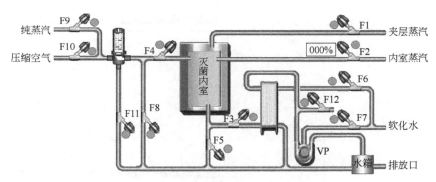

图4-7-2　脉动真空灭菌器的基本结构

3. 简要工作过程

①将装有产品的灭菌车输送进灭菌室；②关闭密封门并密封；③夹套通入蒸汽；④启动真空泵对内室抽真空到设定压力；⑤打开内室进蒸汽阀门，进到设定压力；⑥重复上述④、⑤过程；⑦内室进蒸汽，控制温度传感器到达设定的灭菌温度，开始灭菌计时；⑧灭菌计时完成，动真空泵对内室抽真空到设定压力；⑨打开内室进空气阀门，进到设定压力；⑩重复上述⑧、⑨过程，达到干燥时间，灭菌物品的冷却、干燥完成；⑪将内室压力排空，开启密封门，取出灭菌车。

4. 设备可调工艺参数的影响

脉动真空灭菌器可调工艺参数的影响见表4-7-1。

5. 设备装载方式、使用注意事项、常见故障及处理方法等

（1）设备装载方式

设备的装载方式见表4-7-2。

表 4-7-1　脉动真空灭菌器可调工艺参数的影响

参数类别	可调参数名称	参数的影响
压力参数	内室压力	控制内室的压力的大小，保证内室压力在一定的范围内，从而保证内室温度的均匀性
	夹套压力	控制夹套的压力，起到保温及预热的效果，对内室温度有一定的影响；通过预热可以有效减小内室直接进入蒸汽产生的冷凝水含量
	脉动上限压力	控制前期脉动的上下限压力，排除内室的冷空气含量，保证灭菌温度的均匀性
	脉动下限压力	
	干燥脉动上限	控制干燥阶段干燥的上下限压力，对干燥效果启动一定的作用
	干燥脉动下限	
温度参数	灭菌温度	由灭菌物品的灭菌工艺要求决定
时间参数	置换时间	主要针对液体程序，前期对内室冷空气的置换排除，减少冷空气的含量，置换时间可根据工艺设置
	灭菌时间	由灭菌物品的灭菌工艺要求决定
	干燥时间	即干燥温度的保持时间，可以根据灭菌产品的干燥难易程度，设置不同的时间参数，保证灭菌物品出柜达到相应的干燥要求

表 4-7-2　脉动真空灭菌器装载方式

装置方式	参数描述
格栅装载	
灭菌车外搬运车装载	
地坑安装	

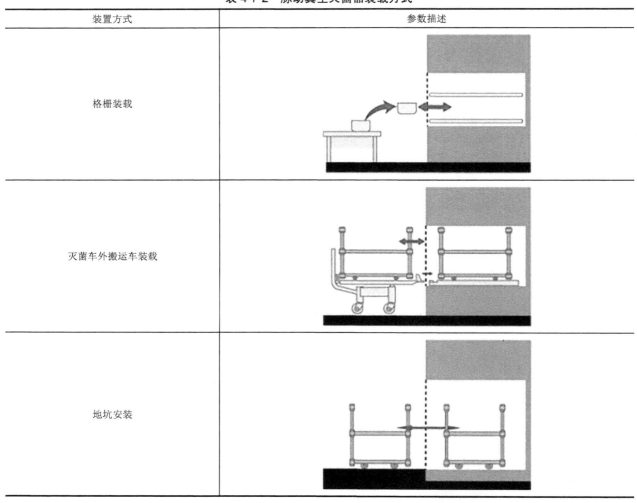

（2）操作注意事项

① 使用前　该设备不能进行不耐湿物品或需去热源物品的灭菌；不能对油脂类进行灭菌；设备在正常状况下，灭菌周期会根据能源的供给条件和灭菌物品受热程度、冷却程度不同而有所变化。

② 使用过程中　该设备为Ⅰ类压力容器，为保证安全正确使用本设备，请确定责任人。人员入柜特别是操作人员入柜是非常危险的。当人员入柜时或操作人员需离开时，必须关闭控制电源和压缩空气气

源，以防止意外发生。注意：在放入或取出灭菌物时，请注意不要被烫伤。该设备在使用过程中，请经常确认压力表的指示情况。

（3）常见故障及处理方法

任何零部件、电气元件都有它本身的固有使用寿命，出现故障是很难避免的。为帮助操作和维修人员尽快地找出故障出现的原因，表 4-7-3 列举了一些可能发生的故障、故障可能的原因以及处理方法，以供参考。

表 4-7-3 脉动真空灭菌器常见故障及处理方法

故障现象	原因分析	处理方法
打开电源后，触摸屏不亮	未接通电源 触摸屏故障 保险丝烧坏 24V 电源输出不正常 系统交流电源部分连接不正常	检查电源 请专业技术人员检修触摸屏 更换保险丝 检查开关电源输出 检查系统交流电源部分连接线是否正常、连接插件有无松动现象
密封门打不开	内室有正压或负压 门密封胶条没抽回 程序在运行 启动电容坏 门电机故障 门内传动系统损坏 排气零位与回空零位设置位零或过小	待室内压力回零后，再开门 检查真空泵是否抽空；门密封管路是否堵塞；泵是否反转；是否有水 退出灭菌程序 更换门电机启动电容 检查门电机 检查门内传动系统 重新设置参数
关门后密封胶条不密封	门关位的限位开关不到位 气源未接通或压力不足	检查门关位的限位开关是否闭合，PLC 是否有输入 检查压缩空气源
密封槽内有水渗出	泵吸气口处的单向阀坏	检查修理或更换单向阀
关门时门不动作	门侧面的闭合开关未到位 门电机负载过大	检查门闭合开关，并调节好滚轮位置 检查门电机
门电机不启动	没有动力电 控制箱继电器未吸合 继电器损坏 电机损坏	检查电源 检查控制箱继电器线路 更换继电器 更换门电机
门关不到位或到位后回弹	前封板门挡条上门定位装置松动	调整门定位装置
门齿条与挡条齿形不对称	门内行程开关的控制位置有变	调整控制上位或下位行程开关摇臂的位置
手动开关门不正常	内室有压力 密封圈未收回 手动杆脱落 门内传动系统损坏	检查内室压力 检查密封圈状态 将手动杆装入原位 检查门内传动系统
开关门噪声增大	门电机变速机构损坏 传动链条与其他零件摩擦 传动轴承损坏 缺少润滑	更换门电机 调整链轮位置或更换传动链条 更换传动轴承 加凡士林润滑脂润滑
程序不启动	密封门未关好 未退出手动程序 PLC 灭菌程序不正常 PLC 损坏，SF 故障指示灯亮 PLC 的工作方式选择开关拨在 STOP 位置	请关好密封门 请退出手动程序 重新下载程序或使用程序存储块（EPROM）输入程序 更换新的 PLC PLC 的工作方式选择开关拨在 RUN 位置
通信中断或触摸屏运行灯闪烁不稳定	带电拔插通讯口导致通信接口烧坏 通信接口接触不良 通讯线不正常 24V DC 不正常	更换通信线检查是否接口烧坏，如果损坏需更换相对应的触摸屏或 PLC 关机后，重新连接 检查通讯线，有无断线、线头焊接不牢脱落现象 检查 24V DC 及其连线是否正常

故障现象	原因分析	处理方法
泵抽空太慢，负压达不到标准	抽空管路中有泄漏	检查管路各连接部件，进行设备保压试验
	进水截止阀调节不当	调节截止阀开度
	水源无水	检查有无供水
	压力控制器故障使显示控制错误	调整或更换压力变送器
	内室疏水管路单向阀损坏	修理或更换单向阀
	管路系统中有冷凝物	检查阀、管道，并做必要清理
	抽空阀没有打开	检查有无压缩气，阀门是否损坏，气路上有无泄漏
	管路结垢太多	对冷凝器及泵等管路系统进行化学除垢
	门胶条向内室漏气	检查门密封胶条是否受到机械损伤；如无损伤，将门胶条换位重新安装
真空泵噪声大	水源未接通	检查水源
	真空泵反转	调整任意两相电源接线
	泵进水截止阀开得过大	减小泵进水截止阀的开度
	真空泵结垢严重	给泵及管路除垢
	抽空阀未打开	检查抽空管路和阀门
真空泵不启动	没有动力电	检查动力电源
	泵起动器未接通	检查泵控制线路
	泵起动器损坏	更换泵起动器
	真空泵电机烧坏	更换真空泵
	热继电器保护	检查热继电器保护电流设定是否合适；检查真空泵排水管路是否存在阻力过大现象；检查真空泵进水是否过大
	真空泵电机堵转	真空泵电机在长期不用后，再次使用通电前，必须人工先使真空泵转动几下，防止因室内生锈造成电机堵转
气动阀不动作	压缩气源压力不足	检查压缩气源是否正常
	先导阀气路故障	检查先导阀气路有无泄漏、堵塞现象
	PLC 没有输出	检查 PC 机是否在 "RUN" 状态
	PLC 有输出指示但输出口烧掉	更换 PLC
程序运行过程中，门周围有气漏出	压缩气源压力不足	检查压缩气源是否正常
	门密封管路泄漏	查找泄漏点，并处理
	门密封圈磨损	更换密封圈
夹层进汽慢，升温时间延长	调压阀调整不当	调节调压阀
夹层压力高但内室压力上不去	管路有泄漏	检查泄漏点并处理
升温速度太慢	气源压力低	检查气源压力
	蒸汽饱和度低	使用饱和水蒸气
	灭菌物品装载太多	减少灭菌物品装量，特别是包裹类
压力达到，但温度升不上去	门胶条向内室漏气	检查门密封胶条
温度显示很高，并且固定不变	铂热电阻连线未接好	检查铂热电阻，重新接线
	测温电路连线未接好	检查测温电路
	铂热电阻损坏	更换铂热电阻
开机温度显示与室温不符	铂热电阻损坏	更换铂热电阻
	模拟量模块损坏	更换模块

总之，故障往往是形形色色的，但不管发生什么故障，首先应根据现象分析故障发生的可能原因以及涉及的管路和电路，然后再逐一排除，最后找出真正的故障点进行检修。

二、水浴灭菌器

水浴灭菌器是目前国际上对瓶装或袋装液体进行灭菌处理的先进设备。该设备广泛应用于制药厂、医疗单位、生物制品厂、食品厂等，是灭菌工艺的最佳设备。

1. 基本原理

水浴灭菌器是一种高性能、高智能化的大输液灭菌设备，如图 4-7-3 所示，主要用于软袋、玻璃瓶、塑料瓶大输液的灭菌处理。它利用高温过热水作为循环加热载体，采用三面喷淋或顶面喷淋方式，灭菌时过热水均匀喷淋到被灭菌物品上，将过热水携带的热能传递给被灭菌物品，从而保证灭菌的温度均匀性。利用循环过热水作为灭菌介质，能保证灭菌物品在升温过程中实现均匀快速升降温，可实现较低温度下的均匀灭菌，消除了蒸汽灭菌时因冷空气存在而造成的温度死角，并可避免在灭菌后的冷却过程中由于冷却水不洁净而造成的大输液再污染现象。灭菌过程中采用独特的压力平衡技术，以保证软袋、塑料瓶包装灭菌后仍然会保持良好的形状，保证玻璃瓶无爆瓶现象。

图 4-7-3　水浴灭菌器

2. 基本结构

水浴灭菌器整机由主体、密封门、控制系统、管路系统、保温系统等部分组成，如图 4-7-4 所示。

主体按照压力容器设计标准制造，一般设计压力为 0.3MPa；主体截面形状分为圆形，圆形主体外附加强圈加强；主体的设计建造除满足一般压力容器建造标准外，还应满足制药行业的一般要求，比如内室粗糙度 $Ra \geqslant 0.8\mu m$，材质要求至少为 304 材质，设置温度验证接口等；主体支座型式要根据药厂使用场地的承重要求合理选择。

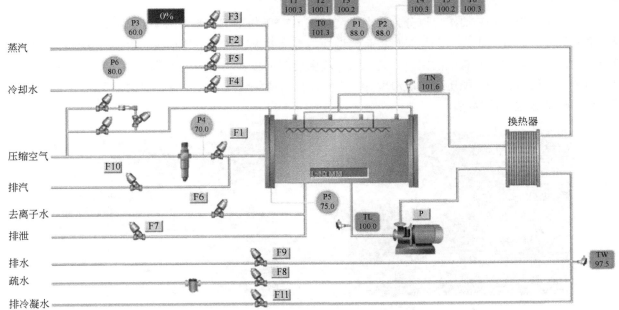

图 4-7-4　水浴灭菌器系统

密封门开关的动作形式为平移门；密封门的密封形式采用密封圈气动密封；密封门必须有安全联锁设计。

控制系统采用 PLC 控制，上位机为触摸屏或 PC 控制；PLC 程序根据上位机的参数设置以及柜体内部的温度、压力等信号反馈进行水泵、阀等的控制，实现完整的灭菌工艺。

管路系统按照灭菌工艺要求设计；设计应避免内室循环死点，提高内室管路的卫生环境等级；配置能源监测，实时检测外接能源状况，对异常工况进行及时准确报警提示，保证灭菌器、人员安全。

主体以及需要保温、保冷的循环管道都需要增加保温系统，以提高能源的利用效率，防止设备维护人员烫伤事故的发生；应采用无氯材料进行保温，防止氯离子对柜体产生腐蚀，并增加保温外罩，提升保温效果与设备的美观程度。

3. 简要工作过程

①将装有瓶装或袋装大输液的灭菌车输送进灭菌室；②关闭密封门并密封；③进纯化水；④启动循环泵，对输液产品开始喷淋加热，灭菌室内开始升温升压；⑤调节灭菌室内的压力，维持袋内外的压力平衡；⑥输液产品温度到达设定的灭菌温度，开始灭菌计时；⑦灭菌计时完成，开始冷却，灭菌室内压力随着温度动态调节、平衡；⑧冷却至安全温度，将灭菌室内压力释放；⑨开启密封门，取出灭菌车；⑩定期或根据水的污染程度排放更换循环水。

4. 设备可调工艺参数的影响

水浴灭菌器可调工艺参数的影响见表4-7-4。

表4-7-4 水浴灭菌器可调工艺参数的影响

参数类别	可调参数名称	参数的影响
温度参数	灭菌温度	由灭菌物品的灭菌工艺要求决定
	冷却温度	灭菌器开门温度；在保证生产安全以及产品灭菌合格率的前提下，适当提高冷却温度，可以节约能源消耗
时间参数	灭菌时间	由灭菌物品的灭菌工艺要求决定
液位参数	液位高度	在保证灭菌循环水量的前提下，减小注水量，可以节约能源消耗，提高灭菌效率

5. 设备安装区域和工艺布局

根据药品制备的不同要求，水浴灭菌器的进料端与出料端分别连接两个不同等级或相同等级的环境，灭菌器的管路维护区为一般区。

水浴灭菌器根据安装要求可以分为地上安装（图4-7-5）与地坑安装（图4-7-6），其中地坑安装要按照地坑图纸要求合理施工，保证封头封板距离地面的高度要求，以便进行相应的对接方案设计。水浴灭菌器应就位于硬质地面并有效固定；安装区域环境温度应不超过45℃，相对湿度为40%~70%，无尘，无氯离子并且通风良好，能迅速扩散滞留的热空气，同时要保证设备前后有足够的空间，使灭菌装载系统能够顺畅地运送灭菌物品。

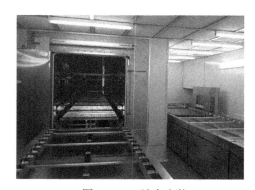

图4-7-5 地上安装

图4-7-6 地坑安装

6. 使用注意事项、常见故障及处理方法等

（1）操作注意事项

① 使用前 该设备不能对布类等不耐湿物品和油脂类进行灭菌；设备在正常状况下，灭菌周期会根据能源的供给条件和灭菌物的冷却程度不同而有所变化。

② 使用过程中同脉动真空灭菌器。

（2）常见故障及处理方法

表4-7-5为水浴灭菌器常见故障及处理方法。

（3）灭菌设备在运行过程中的问题分析与归纳

表4-7-6为灭菌设备在运行过程中的问题分析与归纳。

表 4-7-5　水浴灭菌器常见故障及处理方法

故障现象	原因分析	处理方法
微机不能启动	未接通电源	检查电源
	微机故障	请微机专业技术人员检修微机
微机不能进入操作界面	鼠标损坏	更换或检修鼠标
	控制程序文件丢失	与制造商联系或重装程序文件
微机灭菌参数设置界面变大	屏幕分辨率被修改	修改屏幕分辨率
	显卡驱动程序丢失	重装显卡驱动程序
灭菌室不进水	压缩气源未达到规定压力	保证压缩气源压力不低于 0.3MPa
	未打开水源阀门	打开水源阀门
	水过滤器阻塞	拆修水过滤器
灭菌室进水不止	水位传感器故障	检修或更换水位传感器
	压缩气源压力过大	检查压缩气源压力是否大于 0.8MPa
	注水阀 F6 因故未关严	检查阀门或程序
升温速度太慢	气源压力低	气源压力不得低于 0.3MPa
	蒸汽饱和度低	使用饱和水蒸气
	升温梯度设定值太小	适当增加升温梯度
	疏水器故障	检查疏水器
灭菌过程温度及压力不恒定	气源压力	气源压力不得低于 0.3MPa
	灭菌室内异常	检查阀门或程序
冷却开始时有爆瓶现象	冷却水温太低	保证冷却水的温度不低于 15℃
	换热器泄漏	检查和更换换热器
	F5 阀前面的调节阀未调好	重新调节进水截止阀的开度
冷却速度太慢	冷却水温太高	保证冷却水的温度不高于 35℃
	循环泵因气蚀打空	暂停循环泵 3~5s 后再启动
	冷却梯度设定值太小	适当增加冷却梯度
	外排水管道不畅	疏通外排水管道
排水速度太慢	内室压力过低	检查压缩气情况
	循环水管道不畅	疏通循环水管道

表 4-7-6　灭菌设备在运行过程中的问题分析与归纳

类别	问题现象	问题分析
门故障	门打不开	门密封胶条不抽回，真空发生器不动作，检查信号； 真空发生器动作，门密封胶条抽不回去，检查压缩空气压力是否不够或压缩空气含水量是否过高； 低温下打不开门属正常现象，下班后应关好灭菌柜后门，打开灭菌柜前门
	关门后密封胶条不密封	检查门关位的限位开关是否到位，重新调整位置
	门在开、关的过程中不动作	检查支架或门罩，此为机械故障
	灭菌后自动开门	开门的 24V 电信号受到强电信号的影响
	门无法密封	检查压缩空气的压力是否低于 0.3MPa；检查是否有门关闭信号
电气故障	压力无显示	检查 PLC 系统和压力变送器是否正确连接；检查监控微机和 PLC 系统是否通讯正常
	温度无显示	检查 PLC 系统和温度传感器是否正确连接；检查监控微机和 PLC 系统是否通讯正常
	温度跳跃不稳	检查探头是否损坏；检查地线是否接触良好
	温度停止在一个数值上不变化	检查探头接口处或内部是否进水
	通讯中断或时断时续	检查通信线的各个接口是否接触良好，检查下位机的信号地线是否符合电气规范
	水位无显示时	检查液位计接线端子是否进水
泵故障	运行过程中，泵突然停止	泵保护启动，调整泵保护电流，把泵保护复位（自动复位）后，重新关、开泵一次使泵重新运行起来； 泵断路器跳闸，调整泵断路器电流，重新启动

类别	问题现象	问题分析
泵打空	运行过程中所有的温度变化缓慢或长时间停留在某一数值上	大部分情况是因为设备内部的水量少而导致泵打空，作为应急措施，可先停止泵10s，再重新启动泵。要彻底避免这个现象，需要重新调整设备内的水位
冷却或升温停止	设备内的纯化水在程序运行过程中排泄出去	检查设备上的排泄阀F7，看是否被异物卡住；检查压缩空气压力是否在0.3～0.7MPa的范围内
探头故障	升温过程或者降温过程中的穿刺探头的温度的差异超过10℃	检查温度的接线方式，探头的接线方式必须遵循其自身提供的线制方式来连接，禁止在中间把两线短接
数据存储故障	运行过程中，看不到趋势和报表	检查流程图面上的门关信号是否正常，如果门关信号不正常，重新调整门驱动气缸的检测关门的磁感应开关到正常位置
软件故障	无法关机或无法启动程序	由于上次退出程序时没有完全退出，可软启动计算机
	流程图界面中鼠标和键盘不能操作，但温度和压力数据能自动刷新	部分程序软件故障，可强制关机后，重新启动微机，点击灭菌流程重新进入灭菌流程
	压力或温度跳变频繁或者通信偶尔中断	首先检查系统的所有的信号地线和公用线的连接方式
	所有的阀件出现瞬间全开现象	属于通信干扰现象，可检查信号地线和保护地线的连接状况是否良好，或者在程序中做互锁措施；检查压缩空气气源压力是否过大
	程序出现非正常跳转	该情况属于设定数据传输错误，解决办法：检查信号地线和保护地线的连接状况是否良好，可以考虑更换PLC主机，或者修改软件检测错误传输数据
	死机故障	正常运行时处理外部事件（如拷贝软盘）容易死机
其他	PC机指示灯亮，但对应阀件无动作	检查压缩空气压力是否低于0.3MPa，阀导是否得电

三、通风干燥式灭菌器

通风干燥式灭菌器适用于需要快速升温并在灭菌后需要干燥和冷却的产品；主要用于预灌装针、粉液双室袋、塑料安瓿、铝塑包装敷料、玻璃塑料瓶注射剂、单腔袋或多腔袋注射液、血液制品袋等制剂的灭菌。

1. 基本原理

通风干燥式灭菌器由强制对流风扇和导流风板组成，在风机的强力驱动和导流风板的导引下，灭菌室内的高温混合灭菌介质（纯蒸汽与洁净空气）沿风机叶轮形成从中间向上、沿两侧向下的涡旋气流，该涡旋气流均匀流过产品，将产品加热，达到灭菌条件。灭菌时的温度分布在允许的标准范围内。产品的冷却是通过将冷却水引入冷凝盘管组将灭菌室内的蒸汽冷凝，使空气冷却，冷的空气流过产品，将产品冷却；而干燥是通过盘管中进入工业蒸汽，使内室维持在一定的干燥温度（可以设定）从而使产品表面的水汽蒸发，最后实现干燥的目的。在升温、灭菌过程中，内室通入一定量的洁净压缩气对产品施加灭菌压力，以保证产品不会由于内部的压力过大而造成产品损坏。图4-7-7为通风干燥式灭菌器实物图。

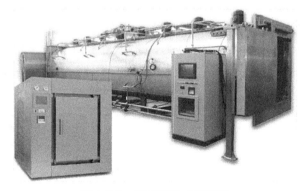

图4-7-7 通风干燥式灭菌器

2. 基本结构

通风干燥式灭菌器整机由主体、密封门、控制系统、管路系统、保温系统、强制循环系统等组成。图4-7-8为通风干燥式灭菌器的系统组成示意。

主体按照压力容器设计标准制造，一般设计压力为0.3MPa；主体按截面形状分为矩形主体与圆形主体，矩形主体外附环形加强筋加强，圆形主体外附加强圈加强；主体的设计建造除满足一般压力容器建造标准外，还应满足制药行业的一般要求，比如内室粗糙度要≥0.8μm，材质要求至少为304材质，设置温度验证接口等；主体支座型式要根据药厂使用场地的承重要求合理选择。

密封门按照门开关的动作形式分为机动门与平移门，矩形主体一般为机动门结构，圆形主体一般为平移门结构；密封门的密封形式采用密封圈气动密封；密封门必须有安全联锁设计。

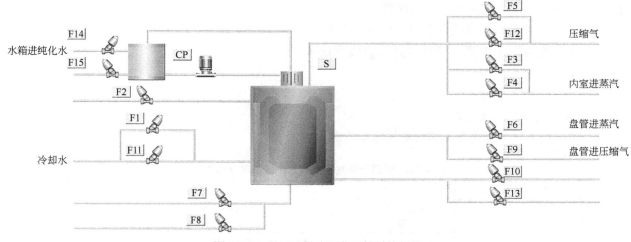

图 4-7-8　通风干燥式灭菌器的系统组成

控制系统采用 PLC 控制，上位机为触摸屏或 PC 控制；PLC 程序根据上位机的参数设置以及柜体内部的温度、压力等信号反馈控制风机、水泵、阀等，实现完整的灭菌工艺。

管路系统按照灭菌工艺要求设计；设计应避免内室循环死点，提高内室管路的卫生环境等级；配置能源监测，实时检测外接能源状况，对异常工况进行及时准确报警提示，保证灭菌器、人员安全。

主体以及需要保温、保冷的循环管道都需要增加保温系统，以提高能源的利用效率，防止设备维护人员烫伤事故的发生；应采用无氯材料进行保温，防止氯离子对柜体的腐蚀，并增加保温外罩，提升保温效果与设备的美观程度。

强制循环系统为通风干燥式灭菌器的核心工作系统，包括导流罩、风机、换热盘管等，通过风机的强制驱动以及导流罩的导流使内室灭菌介质强制循环起来，在冷却以及干燥的过程中，换热盘管通入冷却水或蒸汽以实现灭菌器的灭菌工艺要求。

3. 简要工作过程

①将装有产品的灭菌车输送进灭菌室；②关闭密封门并密封；③盘管进蒸汽预热；④内室进蒸汽阀打开，风机启动，对灭菌物品开始加热，灭菌室内开始升温升压；⑤调节灭菌室内的压力，维持灭菌物品内外的压力平衡；⑥产品穿刺温度到达设定的灭菌温度，开始灭菌计时；⑦灭菌计时完成，开始冷却，灭菌室内压力随着温度动态调节、平衡；⑧产品冷却至干燥温度，停止降温，通过风机转动形成气流对产品干燥；⑨达到干燥时间后，继续冷却，直到达到冷却温度；⑩将内室压力排空；⑪开启密封门，取出灭菌车。

4. 设备可调工艺参数的影响

表 4-7-7 为通风干燥式灭菌器可调工艺参数的影响。

表 4-7-7　通风干燥式灭菌器可调工艺参数的影响

参数类别	可调参数名称	参数的影响
温度参数	预热温度	它决定了内室进蒸汽前设备通过盘管预升温内室所要达到的温度；通过预热可以有效减小内室直接进入蒸汽产生的冷凝水含量
	灭菌温度	由灭菌物品的灭菌工艺要求决定
	干燥温度	对于需要干燥的灭菌产品，在产品降温过程中需要保持的温度即干燥温度；保证内室一定的温度，进行压缩气置换吹扫，能有效保证产品表面水分的挥发，提高干燥效果
时间参数	预热时间	内室进蒸汽前，盘管通入蒸汽的时间
	灭菌时间	由灭菌物品的灭菌工艺要求决定
	干燥时间	即干燥温度的保持时间，可以根据灭菌产品的干燥难易程度，设置不同的时间参数，保证灭菌物品出柜达到相应的干燥要求

5. 设备的安装区域和工艺布局

根据药品制备的不同要求，通风干燥式灭菌器的进料端与出料端分别连接两个不同等级或相同等级的环境，灭菌器的管路维护区为一般区。

通风干燥式灭菌器的安装要求同"水浴灭菌器"。

6. 设备使用注意事项、常见故障及处理方法等

（1）操作注意事项

同"脉动真空灭菌器"。

（2）常见故障问题及处理方法

表 4-7-8 为通风干燥式灭菌器常见故障及处理方法。

表 4-7-8　通风干燥式灭菌器常见故障及处理方法

故障现象	原因分析	处理方法
微机不能启动	未接通电源 微机故障	检查电源 请微机专业技术人员检修微机
微机不能进入操作界面	鼠标损坏 控制程序文件丢失	更换或检修鼠标 重装程序文件
灭菌室不进汽或气	压缩气源未达到规定压力 未打开蒸汽或压缩气源阀门 蒸汽或压缩气的水过滤器阻塞	保证压缩气源压力不低 0.4MPa 打开蒸汽或气源阀门 拆修过滤器
灭菌室进汽或气不停止	进汽或气阀因故未关严	保证压缩气源压力不低于 0.4MPa 检查阀门或程序
升温速度太慢	气源压力低 蒸汽饱和度低 气源压力低 汽阀前的总阀开的太小 温度探针出现问题	气源压力不得低于 0.3MPa 使用饱和蒸汽 检查各准备条件 手动进行程序 灭菌结束后再检查温度探针是否出现问题，矫正或更换
灭菌过程温度及压力不能恒定	气源压力低 灭菌室内异常进水	气源压力不得低于 0.3MPa 检查盘管是否漏水
冷却速度太慢	冷却水温太高 外排水管道不畅	保证冷却水的温度不高于 35℃ 疏通外排水管道

（3）灭菌设备在运行过程中的问题分析与归纳

表 4-7-9 为通风干燥式灭菌器在运行过程中的问题分析与归纳。

表 4-7-9　通风干燥式灭菌器在运行过程中的问题分析与归纳

问题现象	问题分析
门打不开	门密封胶条不抽回，喷射器不动作，检查信号 喷射器动作，门密封胶条抽不回去，检查压缩空气压力是否不够或压缩空气含水量是否过高 低温下门打不开门属正常现象，下班后应关好灭菌柜后门，打开灭菌柜前门
关门后密封胶条不密封	检查门关位的限位开关是否到位，重新调整位置
门在开、关过程中不动作	检查支架或门罩，此为机械故障
门在关的过程中返回	检查门罩是否碰到障碍位开关
灭菌后自动开门	开门的 24V 电信号受到强电信号的影响
门无法密封	检查压缩空气的压力是否低于 0.3MPa
意外停电	在柜内无压力或低压的情况下停电，来电后可继续运行程序，但微机不可断电
温度跳跃不稳	检查探头是否损坏
温度停止在一个数值上不变化	检查探头接口处或内部是否进水
通讯中断或时断时续	检查是否由于带电拔插头而烧坏了通信接口或因拔插不好导致接触不良
运行过程中，电机突然停止	电机保护启动，把电机保护复位（自动复位）后，重新关、开电机一次使电机重新运行起来
无法关机或无法启动程序	由于上次退出程序时没有完全退出，可软启动计算机
通信突然中断	暂停后复位即能恢复通信
通信报警故障	上位机通电，下位机断电，报警 激活参数已满，报警
死机故障	正常运行时处理外部事件（如拷贝软盘）容易死机

问题现象	问题分析
阀件指示器没有露出	检查压缩空气压力是否低于 0.4MPa，低于 0.3MPa 时，门密封不住 查找办法： 阀未打开→压力≥0.4MPa→对应先导电磁阀有磁→压缩空气到位→先导电磁阀损坏 阀未打开→压力≥0.4MPa→对应先导电磁阀无磁→DOUT 无输出→拔、插 DOUT 模块 阀未打开→压力≥0.4MPa→对应先导电磁阀无磁，但有电压→先导电磁阀损坏
PC 机指示灯亮，但对应阀件无动作	阀件损坏，应更换阀件 查找办法： 对应阀件无动作→测量阀件的电压→若无电压→检查 PC 机指示灯→指示灯亮但无输出→对应的输出通道损坏

四、干热灭菌器

干热灭菌器（图 4-7-9）采用循环式的热风进行灭菌，主要用途见表 4-7-10。

图 4-7-9　干热灭菌器

表 4-7-10　干热灭菌器用途

领域	应用场合	适合药品
原料药生产	原料药生产线重复使用的装载器具，如铝桶	原料药
冻干制剂（生物制药中药注射剂）	生产过程中的桶、冻干盘、西林瓶、安瓿瓶以及各类生产工具等	生物制药 中药注射剂
诊断试剂	生产中重复使用的各类容器具	诊断试剂
中药	生产中药粉和药材的烘干与灭菌	中药

1. 工作原理

将物料放入灭菌器内，启动程序，内循环风机工作，加热管、排风阀门同时开启，内室迅速升温。在内循环风机作用下，干燥热空气通过耐高温高效过滤器进入箱体，在微孔调节作用下形成一个均匀分布的空气层流在箱体内流动。干燥热空气使物品表面的水分蒸发，水蒸气进入排风通道排出，温度达到一定数值后排风阀门关闭。干燥热空气在风机作用下定向循环流动，同时间歇性补充新鲜过滤空气，使室内保持微正压状态。恒温结束，过程控制完毕。开启送风或进水强制冷却，室内温度达到冷却设定值，自动阀门关闭，声光提示开门。

2. 基本结构

干热灭菌器在结构上大体可分为箱体组件、热风循环系统和控制系统。图 4-7-10 为干热灭菌器系统示意。

① 设备主体　主体为卧式灭菌腔，矩形截面，环形加强筋结构。内壳与加强筋组合的结构增强了主体的强度和刚度。设备内壁密焊，内下角为R角圆弧过渡，半径≥10mm；R角也使内壁在频繁热胀冷缩

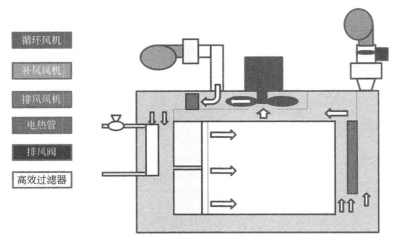

图 4-7-10　干热灭菌器系统示意

时起到缓冲作用,使内腔体变形小。设备内室(接触物料部分)材质为316L不锈钢,表面抛光度$Ra<0.5\mu m$。其余外露部件为304不锈钢。

② 机架部分　采用优质SS304不锈钢焊接而成。为避免机架处存积灰尘,包覆SS304不锈钢压光拉丝板。直接与地面接触,安装时便于与地面自流坪过渡连接。

③ 保温层　保温层选用符合GMP要求的硅酸铝保温材料,厚度150mm,保温罩采用全焊结构,有效防止保温材料外渗污染环境。保证操作人员能直接接触部位的温度不超过50℃。

④ 灭菌车(选项)　可为设备配备一个或一个以上小车,用于装料和卸料。小车具有可移动车筐和轮子,可在导轨上滑动,小车根据客户要求定做。

⑤ 密封门　设备有两个密封门,其内壁抛光度与腔体相同。在门的周边配有密封胶条,胶条选用耐高温硅橡胶,可在300℃高温下长时间工作。门开关系统采用电动启动模式。密封门内壁采用3mm厚316L不锈钢镜面板,外板5mm厚304不锈钢板拉丝处理,美观大方。密封胶条采用耐高温医用硅橡胶,最高承受温度大于350℃,长时间使用不变形、抗老化、门密封性好。

双开门设备采用电子联锁装置,不能同时开启,洁净侧门在运行设定灭菌程序后方可开启,开机运行过程中两门都打不开。灭菌程序完毕只能开启净化级别高一侧的门,高级别侧门关闭后方可开启另一侧门,在不符合设定条件下门不能开启。

⑥ 外罩　外罩均采用304不锈钢拉丝板制成。维修区一侧罩板可拆卸,便于维修,设备采用穿墙式设计,所有机械和电气部件均位于非无菌侧。

⑦ 控制和安全　控制底板用碳钢板制成,安装上柜体一侧,四周用不锈钢板防护,分成强电动力板(空开,交流变频器等)和弱电控制板(PLC,电源,继电器等)两部分。

在灭菌器前、后两端(双扉设备)均设有操作面板,前操作面板上主要有触摸屏、记录仪、打印机、蜂鸣器、电源开关和急停开关。后操作面板上主要有指示灯、蜂鸣器、电源开关、开关门按钮。前、后控制面板的全部装配及电缆和接线端子排是作为成套单元连接到控制箱的,便于维护、保养。

其他关键控制部件:①电动门闭锁装置,如果温度高于预先设定的数值,可防止门打开。②保安继电器,以及可在未达到灭菌条件之前防止无菌侧门打开的灭菌锁。③所有电动机的断路器。④位于设备两侧带有手动复位功能的急停开关。⑤显示报警情况的显示器。⑥检查门是否正确关闭的位置开关。

3. 性能参数

表 4-7-11 为干热灭菌器性能参数。

表 4-7-11　干热灭菌器性能参数

序号	内容	参数描述
1	温度均匀度	±5℃(空载)
2	温度波动度	±1℃
3	热穿透温差	±10℃

序号	内容	参数描述
4	设计温度	300℃
5	灭菌温度	250℃
6	泄漏率	≤2kPa/15min
7	工作噪声	不超过80dB
8	表面温度	外表面温度不超过环境温度25℃

4. 设备可调工艺参数的影响

① 平衡温度　此温度是为调节两控制温度偏差所设，为了使两温度数值相差不致过大而设，当控制温度中温度较大的一个到达此温度时，进入平衡阶段。建议平衡温度与灭菌温度相同。

② 循环风机频率　循环风机由变频器控制，可以调节风机的速度快慢，范围为0～50Hz。建议循环风机频率35～50Hz。

③ 平衡时间　即平衡阶段持续的时间。建议平衡时间为10min。

④ 灭菌温度　建议去热原250℃，其余180℃。

⑤ 灭菌时间　建议灭菌时间为250℃/45min，180℃/1～2h。

⑥ 冷却温度　灭菌阶段结束后，进入到冷却阶段，当室温降到冷却温度以下，一个灭菌循环就结束了。建议冷却温度为90℃。

⑦ 腔室压力　即灭菌循环过程中内室的压力。当内室压力低于此值一定范围，进风风机就会开启向内室补气。建议腔室压力为30Pa。

5. 使用注意事项、设备维护与常见故障及处理等

（1）设备使用注意事项

①仪器不宜在高压、大电流、强磁场条件下使用，以免干扰及发生触电危险。②箱内外壳必须有效接地，使用完毕后应将电源关闭。③灭菌器应放置在具有良好通风条件的室内，在其周围有可放置易燃易爆的物品。④箱内物品放置切勿过挤，必须留出空间，以利热空气循环和消毒。⑤干热灭菌的玻璃器皿严禁用油纸包装，由于温度的急剧下降，会使玻璃器皿破裂，所以干热灭菌设备的温度只有下降到60℃以下，才可打开灭菌设备的箱门。⑥加热前必须关好箱门，否则不能进入加热工作状态，即送不上电。运行中应随时观察各仪表运行是否正常，给定的温度、时间是否符合工艺要求。⑦必须洁净，应经常清洗，随时清除箱内残留物料。

（2）维护与常见故障处理

表4-7-12为干热灭菌器设备维护与常见故障处理方法。

表4-7-12　干热灭菌器设备维护与常见故障处理方法方法

故障现象	产生原因	处理方法
有振动杂音出现	风机轴承磨损或风机故障	更换轴承或排除相应故障
箱内温度不均匀	风门未调整好	调整风门
	不锈钢电热管已坏	更换不锈钢电热管
	门有泄漏	更换门密封条
	调节器故障	检修及相应排除
	测温元件或回路有故障	检修及相应排除
加热温度不够或不热	加热管损坏	更换加热管
	电阻丝断路	更换电阻丝
	电源接触不良	检修电源线路
	可控硅故障	检修及相应排除
	门有泄漏	更换门密封条
	测温元件或回路有故障	检修及相应排除
设定加热时间与实际不符	时间控制故障	检查设定时间或检查控制器程序

五、射线灭菌设备（电子直线加速器）

射线灭菌设备主要用于医疗器械和卫生用品的辐照消毒灭菌、食品辐照保鲜、中成药灭菌、抗生素降解等。电子辐照方法灭菌可用于西药和中药。特别是中药，产量大、储存周期长、易发霉变质，适合电子辐照方法灭菌，包括绝大多数中药材和中成药以及各种剂型，如片剂、丸剂、丹剂、散剂、胶囊剂等。

电子加速器产生的电子射线的能量可以转移给被辐照物质，引起电离、激发、自由基等分子水平变化，使被辐照物质发生物理、化学或生物效应，成为人们所需要的新物质，或使生物体（微生物等）被杀灭，从而实现对物质的消毒、灭菌，这一过程即为辐照加工技术。辐照加工技术有别于传统的机械加工技术和热加工技术，具有能耗低、无残留、无环境污染、加工流程简单、易于控制以及加工处理后的产品附加值高等优势，被称为人类加工技术的第三次革命。加速器作为电子束辐射源，产生的瞬间剂量率要比钴60伽马射线源高出3～4个数量级，方向集中、能量利用率低、辐射功率大、照射时间短、生产效率高，适合于大批量的辐照加工，可形成规模产业。且辐射防护比较容易，开机辐射，停机无辐射，发生辐射安全事故的概率极低，在能量低于10MV时，一般不必考虑其感生放射性。

1. 基本原理

脉冲调制器产生高压脉冲，用于驱动微波功率源（也就是速调管），功率源产生的高功率微波经传输波导馈入加速管，在加速管中建立加速电场；同时，电子枪发出电子束并注入加速管，电子束在加速管中受到加速电场的同步加速，加速管外的聚焦线圈产生磁场，约束电子束流始终沿着加速管中心传输，并保持很小的束团直径，直到电子束的能量增加到10MeV（兆电子伏）；然后从加速管出射的10MeV电子束传输到扫描段，其中扫描线圈产生的横向交变磁场将电子束在一个固定的角度内往复地扫描，扩大了电子束出射的宽度；最后，经钛窗输出的电子束就以循环往复的扫描方式完成货物的辐照加工。

2. 基本配置

电子加速器辐照系统示意见图4-7-11，其基本配置包含以下8种。

① 电子加速器辐照加工装置硬件配置　该装置包括电子加速器系统、束下传输系统、安全联锁系统、水系统、辐照剂量检测系统、通风系统和视频监控系统等。

② 电子加速器系统硬件配置　该装置主要包括供电柜、加速管柜、速调管柜、充电柜、放电柜、脉冲变压器、速调管、微波传输波导、陶瓷窗、加速管、水负载、扫描磁铁、扫描输出盒等。主要完成电子束的产生、加速、聚焦、扫描输出等功能。

③ 束下传输系统硬件配置　该装置主要包括束下链板机、货物传输线和控制柜等。主要完成被加工货物按设定速度通过加工区功能，如图4-6-12所示。

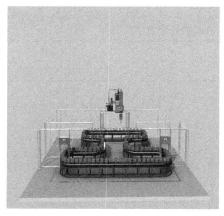

图 4-7-11　电子加速器辐照系统示意

图 4-7-12　束下线（电子束下的传动线）

④ 安全联锁系统硬件配置　该装置主要包括主机室安全联锁、辐照室安全联锁、主控室安全联锁和辅机室安全联锁等。主要完成对包括操作人员在内的工作人员的人身安全保护功能。

⑤ 水系统硬件配置　该装置主要包括恒温水柜、冷却水柜、二次水箱和喷淋冷却塔等。主要完成加

速管管体、速调管管体和陶瓷窗的恒温和聚焦线圈、波导、脉冲变压器、充电模块等的冷却功能。

⑥ 辐射剂量监测系统硬件配置　该装置主要包括主机室辐射剂量检测仪、辐照室辐射剂量检测仪、主机室及其他控制区辐射剂量监测仪和主机等。辐射剂量联锁主要包括主机室门和辐照室门的联锁。主要完成加速器工作时指定区域辐射水平的实时监测和门联锁控制功能。

⑦ 通风系统硬件配置　该装置主要包括主机室通风、辐照室通风和室外集中通风等。主要完成主机室、辐照室的通风功能。

⑧ 视频监控系统硬件配置　该装置主要包括主机室视频监控摄像头、辐照室视频监控摄像头、其他控制区摄像头和视频监控主机等。主要完成主机室、辐照室和其他控制区的实时视频监控和存储功能。

3. 简要工作过程

经钛窗输出的电子经加速后，具有很高的能量，打到货物上，这种能量传递至被辐照物质，使被辐照物质产生电离辐射作用，从而使被辐照物质的物理性能和化学组成产生变化并能使其成为人们所需要的新物质，或使生物体（微生物）受到不可恢复的损失和破坏，达到人们所需要的效果。

4. 可调节工艺参数

辐照剂量可以任意调节，可以根据不同的药物产品的需求来改变辐照剂量，从而达到不同的灭菌效果，直至完全杀菌。辐照剂量越大，杀死病菌的时间越短；也可通过延长辐照时间，通过剂量的积累来达到杀菌剂量。有些杂菌也许当时并未被杀死，但是其新陈代谢已遭破坏，生命力受到抑制，导致生命能力低下，最终逐渐死亡。

5. 操作注意事项

①设备开关机如遇任何异常现象，及时通知设备维修人员和车间负责人。②各电源开机之前务必保证水系统和风系统运行正常。③车间内有人员时，主控台必须有专业人员留守。④有漏水、起火等突发情况时，要停束，关闭相关电源或全部电源，处理事故，视人员情况可同时进行。

6. 发展趋势

中药材品种繁多，种植范围广，有些药材及成品不能以常规方法清除细菌，在气温高、湿度大的条件下，更难解决卫生质量问题。采用传统的灭菌法可以达到减少细菌的目的，但对于易挥发或者是对热不稳定的药材又不适用，因此，如何在保证药效的前提下选择适宜的灭菌技术成为药品制品质量的重要问题。而辐照处理可以把药物表面和内部的各种寄生虫和致病菌一起杀灭，且不同于硫黄熏蒸、磷化铝熏蒸等方法，无任何添加，不会产生副毒物，并且灭菌时在常温下进行。

六、胶塞（铝盖）清洗灭菌设备

胶塞清洗灭菌设备主要应用于制药行业内各类卤化丁基胶塞（主要是各类无菌制剂用）的清洗（去除胶塞表面的纤维、污点、不溶性微粒和热原，其中部分胶塞还带有硅化需求）、灭菌、干燥与冷却处理。铝盖清洗灭菌设备主要应用于制药行业内各类铝盖（主要是各类无菌制剂用）的清洗（去除铝盖表面的纤维、污点等）、灭菌、干燥处理。

胶塞（铝盖）清洗灭菌设备是由以前的胶塞（铝盖）清洗机演变而来。胶塞（铝盖）清洗机只有清洗功能，清洗结束后要将胶塞（铝盖）转移到灭菌器中进行灭菌处理，过程繁琐且存在二次污染风险。此类设备在清洗机的基础上，增加了压力容器主体及灭菌功能，使得胶塞（铝盖）的清洗、灭菌在同一设备上完成，从而降低了人员的操作强度及风险。图4-7-13为胶塞（铝盖）清洗灭菌设备的传动原理。图4-7-14为其外形图。

胶塞（铝盖）清洗灭菌设备可分为两类：卧式结构（清洗腔室+滚笼，可适用于较大批量生产）和立式结构（罐体，适用于中小批量生产）。其中卧式结构为传统类型，技术源自以前的胶塞清洗机和脉动真空灭菌器，国内设备供应商存在和发展的时间较长，技术相对成熟，也有少量国外供应商提供此类设备；而立式结构为近几年由国外引入的新技术，国内仅有个别供应商刚开始研发。

目前，国内多数用户因生产批量较大（每个批次的产量在数万至数十万），对设备产能要求较高，因而多使用卧式结构，可同时满足性能和产能要求；仅有极少数小批量生产高附加值药品的用户，使用了立式清洗设备且多为进口。而国外多数用户因生产批量较小，两种类型的设备均有使用。

图 4-7-13　胶塞（铝盖）清洗灭菌设备的传动原理

图 4-7-14　胶塞（铝盖）清洗灭菌设备的外形图

1. 卧式胶塞（铝盖）清洗灭菌器

（1）基本原理

首先使用清洗介质（包括纯化水和注射用水）对胶塞（铝盖）进行清洗（气水混合冲击方式），然后使用饱和蒸汽（纯蒸汽）对胶塞（铝盖）进行灭菌处理（同"脉动真空灭菌器"），最后使用除菌过滤后的空气或压缩空气对胶塞（铝盖）进行干燥处理。

（2）基本结构

图 4-7-15 为卧式胶塞（铝盖）清洗灭菌器的外形，图 4-7-16 为其内部结构。

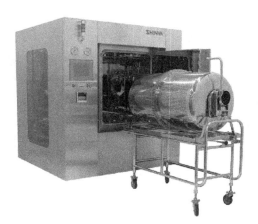

图 4-7-15　卧式胶塞（铝盖）清洗灭菌器外形

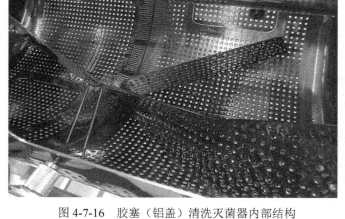

图 4-7-16　胶塞（铝盖）清洗灭菌器内部结构

图 4-7-17　卧式胶塞（铝盖）清洗灭菌器清洗腔室

该设备主要由清洗腔室（图4-7-17）、滚笼、滚笼驱动系统、出料系统、管路系统、控制系统构成。其中，清洗腔室是压力容器，包括主体和密封门，整个清洗、灭菌过程在该腔室内完成；滚笼是胶塞（铝盖）清洗灭菌处理的载体；滚笼驱动系统由电机、齿轮箱、在线清洗部件等组成，是滚笼旋转的动力源；出料系统由出料口、层流保护、转运组件组成，用于处理结束后胶塞（铝盖）从设备内转出，并在层流保护下进入转运容器；管路系统包含清洗介质管路、蒸汽管路、压缩气管路、工艺水管路、真空管路以及对应的控制阀门等，为设备传输完成各功能所需要的工作介质；控制系统包含

PLC、触摸屏、各种控制阀、检测开关等，用于控制设备的工艺动作，并反馈设备运行状态，实现人机交互。

该类设备目前有几种具体结构形式，各有各自的特点：一种是矩形主体+快开门+活动滚笼结构，可一机多用且维护保养方便；一种是圆形主体+封头+滚笼结构，批处理能力较大；一种是矩形主体+分笼结构，可减少清洗过程中的胶塞（铝盖）堆积，增强清洗效果，此类设备目前国内用户较少。

（3）简要工作过程

① 上料　胶塞（铝盖）通过滚笼上的进料口倒入滚笼（一般装载率不超过滚笼容积的35%），然后将滚笼推入清洗腔室。

② 自洗—粗洗—漂洗—精洗　启动程序后，胶塞（铝盖）在滚笼内完成全部清洗过程。首先对设备自身进行清洗，然后依次对胶塞（铝盖）进行粗洗、漂洗和精洗，在此过程中分别用到纯化水和注射用水。清洗用水先进入清洗腔室，然后在增压泵的作用下，通过滚笼中心的喷淋管喷淋到胶塞（铝盖）表面，去除胶塞（铝盖）上的纤维、微粒等。在此过程中，滚笼处于缓慢转动状态，胶塞（铝盖）随着滚笼的转动上下翻滚，不断进出水面，完成整个清洗过程。

③ 脉动—升温—灭菌　清洗结束后，纯蒸汽进入清洗腔室，对胶塞（铝盖）进行灭菌处理，同脉动柜原理。

④ 干燥—冷却—结束　灭菌结束后，除菌过滤后的压缩空气对胶塞（铝盖）进行干燥和冷却处理，然后程序流程结束。

⑤ 卸料　程序程序运行结束后，设备另一端的出料口打开，滚笼反向转动，胶塞（铝盖）沿着滚笼内部的导向槽向出料口移动并排出，进入转运储存容器。卸料完成后，设备整个批次的处理流程结束，等待下个批次。

（4）设备可调工艺参数的影响

表4-7-13为该设备可调工艺参数的影响。

表4-7-13　胶塞（铝盖）清洗灭菌机可调工艺参数的影响

参数名称	参数影响
清洗时间	不同的原始胶塞（铝盖）洁净度、不同的需要达到的洁净度需求，选择不同的清洗时间
清洗次数	不同的原始胶塞（铝盖）洁净度、不同的需要达到的洁净度需求，选择不同的清洗次数
脉动次数	用于灭菌前腔室内的冷空气排除，一般默认为3次
灭菌温度	不同的胶塞（铝盖）种类，可能选择不同的灭菌温度，一般默认121℃
灭菌时间	不同的胶塞（铝盖）种类，可能选择不同的灭菌温度，一般默认30min
干燥温度	不同的干燥度需求，可选择不同的干燥温度，一般要求的干燥度越高，所需干燥温度越高
干燥时间	不同的干燥度需求，可选择不同的干燥时间，一般要求的干燥度越高，所需干燥时间越长

（5）设备安装的区域及工艺布局

该类设备体积比较小，所需空间仅类似于一台脉动真空灭菌器的空间，另外出料端配套A级层流保护罩及相关的出料转运设备。

（6）操作注意事项、维护保养要点、常见故障及处理方法等

以SWSE系列胶塞清洗灭菌器为例，介绍一下设备的安装、操作注意事项及维护保养。

① 设备安装　a. 房间安装：设备安装在房间一端，进、出料端分别在不同洁净区（一般进料C级、出料B级）。b. 底部要求：地脚支撑均匀受力，设备调水平。从设备底部侧罩板到地面可以实现全密封保护。c. 管线要求：一般都是从房间顶部夹层走管线，向下延伸至设备指定接口。图4-7-18为该设备安装的区域及工艺布局。

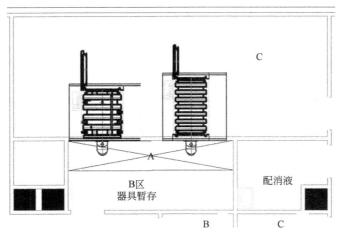

图 4-7-18　胶塞（铝盖）清洗灭菌机设备安装的区域及工艺布局

② 操作注意事项　预先按照用户所需的工艺要求设定好各程序参数（如清洗次数、清洗时间、灭菌温度、灭菌时间等，注意参数设定人员需要有相关的工艺权限，否则无法操作）并存储，以后即可随时调用并允许程序。具体操作过程参照设备的操作手册。

③ 维护保养　维护保养分为日常维护和定期维护。其中日常维护是每天都需要进行的工作，包括班前准备（如能源准备等）和班后维护（如腔室和滚笼擦拭、能源关闭等）；定期维护则根据用户不同使用情况确定，包括滚笼内外壁的彻底清理、传动系统的清洗、各泵和阀门的维护、过滤器的在线灭菌和完整性检测、各接线座的检查等。

（7）发展趋势

该类卧式设备由于其滚笼转动需求，清洗效果一般，但因其处理能力大，更适合有大批量生产需求的用户。目前该类设备暂无比较明显的缺陷，不同生产厂家的技术细节有所区别，各有优缺点。如果将来能在滚笼传动及主轴回转系统上有所突破，产品将更具有竞争力。另外，目前市场上圆形主体结构的设备，其滚笼在清洗腔室内部难以取出，腔室内部和滚笼的维护保养非常不便，有待于进一步优化改进。

2. 胶塞（铝盖）清洗灭菌工作站

（1）基本原理

同"卧式胶塞（铝盖）清洗灭菌器"。

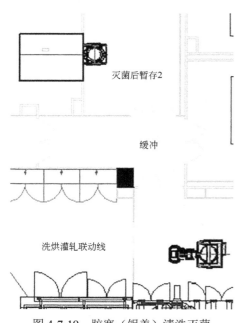

图 4-7-19　胶塞（铝盖）清洗灭菌
工作站安装的区域及工艺布局

（2）基本结构

该设备主要由罐体、工作站对接系统、管路系统、控制系统构成。

罐体为压力容器，整个清洗、灭菌过程在罐体内完成；对接系统是指罐体与管路系统的对接及密封；管路系统包含清洗介质管路、蒸汽管路、压缩气管路、工艺用水管路、真空管路以及对应的控制阀门等，为设备完成各功能所需的工作介质进行传输；控制系统包含 PLC、触摸屏、各种控制阀、检测开关等，控制设备的工艺动作，并反馈设备运行状态，实现人机交互。

该设备的工作过程和设备可调工艺参数的影响同"卧式胶塞（铝盖）清洗灭菌器"。

（3）设备安装的区域及工艺布局

该类设备体积比较小，但需要预留出罐体从工作站转运至分装机的通道与空间，并预留提升机位置和高度空间，如图4-7-19所示。

（4）常见故障及处理方法

表 4-7-14 为胶塞（铝盖）清洗灭菌工作站主机部分的常见

故障及处理方法。

表 4-7-14　胶塞（铝盖）清洗灭菌工作站常见故障及处理方法（主机部分）

故障	原因	处理方法
运行过程中，提示原压过低	蒸汽压力不够	检查锅炉是否正常运行，能否达到正常压力
运行过程中，报警紧急停止投入部压力上升异常、紧急停止加热压力上升异常	阀门 AV13 堵塞 阀门 AV13 上的锥形小碗堵塞 灭菌管入口处被药粉堵塞	清洗阀门 AV13 清洗锥形小碗 疏通灭菌管入口处药粉
运行准备过程中，运行准备长时间不结束	压缩空气压力不够	停止运行准备程序，等待压缩空气罐中存储的压缩空气至满罐，再运行准备程序
运行程序长时间不结束	加热温度没有到	检查设备哪个地方的设定温度没有到达指定温度，对该地方的电加热插头进行检查，查看是否连接正常
压缩机不正常运行	压缩机中存水过多	关闭压缩机，打开压缩机下面的排水口进行排水后，再打开压缩机

（5）发展趋势

该类设备批处理量小（目前静态清洗方式最大批处理量约 2 万，动态清洗方式最大批处理量约 5 万），但其清洗效果好、能耗低且运行风险等级低，可满足中小批量生产的用户。目前该技术刚引入国内不久，行业内仍处在技术研发阶段。目前该类设备的短板一是批处理能力，二是罐体与工作站、上料系统、卸料系统的对接方式及偏差控制。如果这两点能够有所突破，该类设备将有较好的发展潜力。

七、过热蒸汽瞬间灭菌设备

过热蒸汽瞬间灭菌设备适用于粉体粒径不少于10μm的粉体物料，特别是用于中药原粉的灭菌。具有时间短、效率高、可连续操作、物料回收率高等特点，对物料成分特别是热敏性成分影响小。

1. 基本原理

过热蒸汽瞬间灭菌设备利用加压过热蒸汽与粉体物料混合，加热粉体物料，使物料表面附着的细菌、霉菌、酵母菌、大肠杆菌等菌体细胞中的水分升温，然后通过音速喷嘴将其迅速释放到大气压中，由于压力瞬间降低，菌体细胞中的水分剧烈沸腾汽化，菌体细胞爆裂死亡，从而达到灭菌目的。该设备的最大优点是物料受热时间短，不足0.2s，对物料质量影响小，可以连续运行。

2. 基本结构

该设备主要由主机和辅助设备组成。主机包括上料罐、加热管、旋风分离器、冷却风机、控制柜等，辅助设备包括粉体输送设备、粉体接受设备、自动清洗设备、蒸汽发生器、空气压缩机等，如图4-7-20所示。

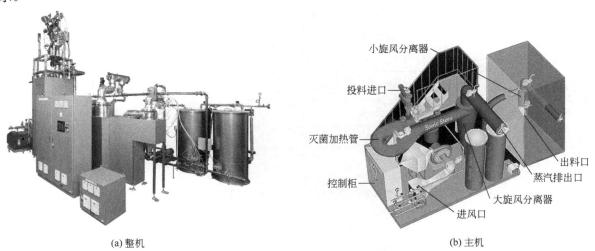

(a) 整机　　　　　　　　　　　　　　　(b) 主机

图 4-7-20　过热蒸汽瞬间灭菌设备结构

3. 工作（操作）过程

将粉体物料通过物料输送设备输送至上料罐，设备运行开始后上料罐按照设定的上料速度定量向加热管供给物料。物料在加热管中与蒸汽混合并被加热，加热的物料通过音速喷嘴迅速减压灭菌。减压灭菌后的物料与冷却风机提供的洁净空气混合冷却，最后通过旋风分离器将物料分离收集到物料收集容器中。

4. 操作注意事项、维护保养要点、常见故障及处理方法等

（1）操作注意事项

一般蒸汽加热器的最高工作压力为0.8MPa。若使用温度要求达到120～140℃，则蒸汽压力应在0.4～0.8MPa范围内。若使用温度要求达到80～120℃，则蒸汽压力应在0.2～0.4MPa范围内。根据实际需要确认后选用。

（2）维护保养要点

维护保养可分为周期保养和日常保养。周期保养应依据说明书并参照各企业空调净化系统管理规程、设备管理规格实施，如设备状态的检查、密封圈的检查、空气滤材的检查等。日常保养可参照各企业设备管理和清洁规程实施。

需要说明的是，制药企业要求最后一次清洗需使用纯化水。目前设备在设计中对清洗用水尚无区分，只能全部使用饮用水或全部使用纯化水。应注意以下几点：①每次使用清洗模式后，需对碱水罐中碱水进行pH值测试，若pH值低于10，应及时添加氢氧化钠。②每次使用设备后，应及时拆开AV11与AV13两个阀门，清洗其中的球阀，以免影响下次使用。③每次设备使用清洗完后，阀门AV13以上部分应完全干燥后，再进行组装，以免里面存有少量水，影响再次灭菌时药粉质量。④每日设备运转结束后空气压缩机应排净水。⑤每日设备运转结束后蒸汽发生器应进行排污。⑥一周以上不运行设备时，应及时排空储水罐以及碱水罐，并对储水罐和碱水罐进行清洁，避免细菌的滋生。

（3）设备安装的区域和工艺布局

过热蒸汽瞬间灭菌设备安装的区域和工艺布局如图4-7-21所示。

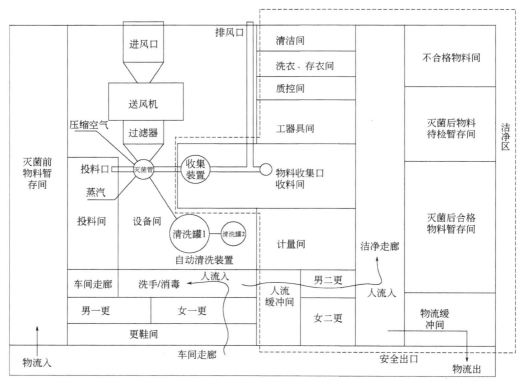

图4-7-21　过热蒸汽瞬间灭菌设备安装区域和工艺布局示例

第五章

药品包装机械

第一节 包装概述

一、包装的概念

包装是为在流通过程中保护产品、方便贮存和运输，促进销售，按一定技术方法采用的容器、材料和辅助物的总称。按照 GMP 的定义，包装是指待包装产品变成成品所需的所有操作步骤，包括分装、贴签等。但无菌生产工艺中产品的无菌灌装以及最终灭菌产品的灌装等不视为包装。包装材料是指药品包装所用的材料，包括与药品直接接触的包装材料和容器以及印刷包装材料，但不包括发运用的外包装材料。

二、药品包装的作用

药品包装的作用可以概括为保护功能、方便使用功能、促进销售功能、便于贮存运输功能。

① 保护功能　保护方面涉及环境因素、生物因素、机械因素和社会因素等。其中环境因素包括潮湿、温度、光线等因素对内装物品的侵害；生物因素指微生物的影响；机械因素是指药品在流通过程中的冲击振动等机械因素。

② 方便使用功能　合适的包装会使药品使用更加方便，如干混悬剂采用单剂量包装，克服了混悬剂剂量不准确的缺点。只有配有包装，气雾剂才能使用；防偷换包装和儿童安全包装，减少了药物的误服。

③ 促进销售功能　合理规范的包装，是传递信息的媒介，使患者产生信任感，从而促进药品销售。

④ 便于贮存运输功能　为方便流通，采用的运输包装、集合包装、防震包装、隔热包装，这样方便药品的贮存、运输和装卸。

三、药品包装的分类

按照包装物和药品的接触关系，分为内包装、中包装和外包装。内包装也称为直接包装，如玻璃安瓿、塑料安瓿、西林瓶、口服液瓶等内包装形式。内包装材料有塑料、玻璃、金属、复合材料等。中包装的形式如瓦楞纸板（图 5-1-1，图 5-1-2）盒，外包装的形式如折叠纸箱（图 5-1-3）、塑料桶、胶合板桶（图 5-1-4）等。按照包装容器的密封性能，包装容器可以分为密闭、气密和密封。密闭容器可以防止固体异物侵入，气密容器可以防止固体异物液体浸入，密封容器可以防止气体微生物进入。

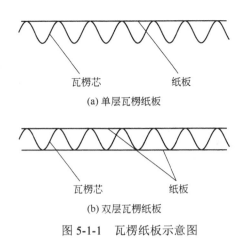

瓦楞芯　　　　纸板

(a) 单层瓦楞纸板

瓦楞芯　　　　纸板

(b) 双层瓦楞纸板

图 5-1-1　瓦楞纸板示意图

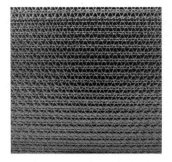

图 5-1-2　瓦楞纸实物图

图 5-1-3　折叠纸箱

图 5-1-4　胶合板桶

四、包装材料

1. 纸材料及容器

药品包装用纸有多种，常见的是蜡纸、过滤纸、可溶性滤纸和包装纸。蜡纸是用低熔点石蜡处理的纸，具有防潮、耐油的特点。通常用来包装蜜丸。大部分过滤纸由棉质纤维组成，按不同的用途而使用不同的方法制作。其材质是纤维制成品，因此它的表面有无数小孔，可供液体粒子通过，而体积较大的固体粒子则不能通过。过滤纸本是用于液态及固态物质的分离，在包装上可以用来包装袋泡茶；可溶性滤纸用来制备纸型片。包装纸是用于包装目的的一类纸的统称，可分为普通包装纸、专用包装纸、商标纸、防油包装纸和防潮包装纸等，在临床上用来包装散剂。白纸板用于制作折叠纸盒，牛皮纸用来作为中医临床包装饮片，瓦楞纸板是由瓦楞芯和纸板用黏合剂黏结而成，可分为单面（双面）瓦楞纸板、双瓦楞纸板、三瓦楞纸板等。按照瓦楞的波形可以分为 U、V、UV 型三种。

纸制包装容器是指以纸或纸板为原料，以包装为目的制成的容器，简称纸容器，包括纸袋、纸盒和纸箱等。纸盒分为固定式和折叠式。固定式纸盒有多种结构形式，如套盖盒、抽屉盒等，折叠式有扣盖式、插装式等多种结构形式。

2. 塑料与容器

（1）塑料的种类和用途

塑料是合成树脂经加工形成的塑性材料或固化交联形成的刚性材料。塑料的种类有聚乙烯（PE）、聚丙烯（PP）、聚氯乙烯（PVC）、聚偏二氯乙烯（PVDC）、聚酯（PET）以及聚碳酸酯（PC）等。聚乙烯通常用来制造薄膜。聚丙烯用来制备注射用塑料袋或塑料瓶，聚氯乙烯和聚偏二氯乙烯可以用来制备泡罩包装的底材，聚碳酸酯用来制备注射器等。塑料容器的类型有中空容器、薄膜、片材等。

（2）塑料容器的制备方法

① 中空容器成型方法　中空塑料容器多采用吹塑成型，而吹塑成型分为注射吹塑和挤出吹塑。注射吹塑是由注射剂将熔融塑料注入注射膜内形成管坯，然后合拢吹塑膜，通过芯膜吹入压缩空气，将型坯吹胀形成中空容器，此法适合小型精制的塑料瓶。如 BFS 法制备塑料安瓿瓶，注射吹塑成型制备塑料滴

眼剂瓶等。挤出吹塑是向挤出机挤出的管坯中连续加入多个吹塑模，分别吹入压缩空气形成中空容器，冷却得到成品。挤出吹塑法适合制备大型的容器。将注射吹塑和挤出吹塑形成的管坯先用延伸棒进行纵向拉伸，然后引入压缩空气进行吹胀达到横向拉伸的技术成为拉伸吹塑。拉伸吹塑会使得容器的质量进一步提高。

② 塑料薄膜制备方法　塑料薄膜的生产方法有挤出法和压延法。挤出法又可以分为使用圆头机头的吹塑法和使用狭缝机头的流延法。压延法是将配好的经混炼机塑炼的软化塑料送到有加热的多辊辊筒的压延机上压延。随后在冷却辊筒上冷却，可以生产薄片或稍厚的薄膜。

（3）药品和塑料的相互作用

药品和塑料之间的相互作用可以分为渗透、溶出、吸附、反应、变性五个方面。渗透是指外界气体、液体穿过塑料容器的渗透，也包含药品中特别是液体和气体的药品通过塑料容器向外渗透。溶出是指塑料包装中的增塑剂、着色剂等由容器向液体药品渗透；吸附是指药品中的物质被吸附到容器中；反应是指塑料中的成分与药品中的成分发生化学反应；变性是指塑料由于发生了物理变化或（和）化学变化而引起的性质改变。如溶剂可使塑料增塑剂溶出，使聚氯乙烯变硬。

（4）塑料的安全性

药品包装的常用塑料属于高分子化合物，本身无毒，其毒性来自于单体和添加剂。如聚氯乙烯、聚乙烯的单体具有一定毒性。

3. 玻璃容器

玻璃性能稳定，是优良的包装容器。其最大的缺点是易碎。

（1）玻璃的分类

① 按耐水性能分类　分为Ⅰ类玻璃和Ⅲ类玻璃。Ⅰ类玻璃为硼硅类玻璃，具有高的耐水性；它是一种中性玻璃，也叫硼硅酸盐玻璃，配方中氧化硼的含量约占 10%，理化性能好，但价格较贵。Ⅲ类玻璃为钠钙类玻璃，具有中等耐水性。Ⅲ类玻璃制成容器的内表面经过中性化处理后，可达到高的内表面耐水性，称为Ⅱ类玻璃容器。现在有相当一部分输液瓶采用Ⅱ类玻璃，即钠钙玻璃。钠钙玻璃的化学稳定性较差，因此，通常需要对内表面做酸化处理。国内已有一种改良性Ⅱ类玻璃，生产厂家在钠钙玻璃的配方中加了约 1%的氧化硼并同时对内表面做酸化处理。钠钙玻璃中含 SiO_2、Na_2O、K_2O、CaO 等成分。

② 按成型方法分类　药用玻璃容器根据成型工艺的不同，可分为模制瓶和管制瓶。模制瓶的主要品种有大容量注射液包装用的输液瓶、小容量注射剂包装用的模制注射剂瓶（或称西林瓶）和口服制剂包装用的药瓶。管制瓶的主要品种有小容量注射剂包装用的安瓿、管制注射剂瓶（或称西林瓶）、预灌封注射器玻璃针管、笔式注射器玻璃套筒（或称卡氏瓶）、口服制剂包装用的管制口服液体瓶或药瓶等。

（2）玻璃容器与药物的相容性研究

玻璃容器与药物相容性研究应主要关注玻璃成分中金属离子向药液中的迁移，玻璃容器中有害物质的浸出量不得超过安全值，各种离子的浸出量不得影响药品的质量，如碱金属离子的浸出应不导致药液的 pH 值变化。药物对玻璃包装的作用应考察玻璃表面的侵蚀程度，以及药液中玻璃屑和玻璃脱片等；评估玻璃脱片及非肉眼可见和肉眼可见玻璃颗粒可能产生的危险程度，考察玻璃容器能否承受所包装药物的作用，确保药品贮藏的过程中玻璃容器的内表面结构不被破坏。

4. 金属包装材料

铁基包装材料有镀锡薄钢板和镀锌薄钢板。镀锡薄钢板俗称马口铁，镀锌薄钢板俗称白铁皮。金属软管是软膏的包装容器，多由铝质制成，金属管无回吸现象。如铝质材料经常作为气雾剂的包装容器。

5. 复合材料

复合材料是由两种或数种不同材料组合而成的材料。复合材料改进了单一材料的性能，并能发挥各组合材料的优点。薄膜和塑料瓶均可复合。由纸和聚乙烯组成的复合薄膜，可写成纸/PE：前者代表外层，提供拉伸强度和印刷表面；后者代表内层，提供阻隔性能和热合性能。

复合薄膜的制造方法可分为胶黏复合、熔融涂布复合和共挤复合。胶黏复合是通过胶黏剂将两种或两种以上的基材复合成一体。熔融涂布复合是通过挤出机将热塑性塑料熔融塑化成膜，立即与基材相贴合，压紧，冷却后即成为一体的复合膜。共挤复合是采用数个挤出机将塑料塑化，利用吹塑法或流延法制备成复合膜。特别注意的是，金属化塑料薄膜是在塑料薄膜表面利用真空金属蒸镀，在表面形成一层极薄的金属薄膜。

五、包装技术概述

常用的包装技术包括防湿包装、遮光包装、热收缩包装、安全包装和防偷换包装。

（1）防湿包装

为了保证容器内药品不受外界湿气或气体影响而编制的方法或容器，称为防湿包装，也称为隔气包装。防湿包装的形式有真空包装和充气包装。真空包装是将包装容器内气体抽出后再加以密封的方法，可以避免内部的湿气和氧气对药品的影响，并可防止霉菌和细菌的繁殖。充气包装是指用惰性气体置换包装容器内的空气以避免药品氧化变质的方法。常用的气体有氮气和二氧化碳及其混合气体。如安瓿或输液等多冲氮气。

（2）遮光包装

为防止光敏药物降解，应采用遮光包装容器或在容器外再加避光包装。如可采用遮光材料如金属或铝箔等，或在材料中加入紫外线吸收剂或可见光遮断剂等方法。可见光遮断剂有氧化铁、氧化钛、蒽醌类等。紫外线吸收剂有水杨酸衍生物等。遮光的容器有琥珀色的玻璃瓶、安瓿瓶、口服液瓶等。琥珀色玻璃能屏蔽 290～450nm 的光线，而无色玻璃可透过 300nm 以上的光线，故前者能滤除有害的紫外线，较好地防止日光对容器内药品的破坏。有些药品对光极不稳定，除采用琥珀色玻璃外还要在容器外加避光外包装如黑色或红色的遮光纸、带色玻璃纸、黑色片材等泡罩包装。除了琥珀色玻璃外，白色高密度聚乙烯的塑料瓶和琥珀色塑料瓶的遮光效果都比较好。故常用来包装片剂、胶囊剂等。

（3）热收缩包装

根据热塑性塑料在加热条件下能复原的特性，将物品用热收缩薄膜进行包封，在经过加热时使薄膜收缩而包装的方法称为热收缩包装。在制备过程中预先将薄膜进行加热拉伸，在经过强制冷却而定型。热收缩薄膜的常用的塑料有 PE、PVC、PP、PVDC 等。

（4）安全包装

安全包装包括防偷换包装和儿童安全包装。儿童安全包装是为了防止幼儿误服药物的具有带保护功能的特殊包装形态，通过各种封口、封盖使容器的开启有一种复杂顺序，以有效防止好动幼儿开启。但对成人却不会感到困难。儿童安全包装可以采用安全帽盖、高韧性塑料薄膜的带状包装、撕开式泡罩包装等。安全帽盖的开启方式有按压旋开盖、挤压旋开盖、锁舌式嵌合盖、制约环盖等。

（5）防偷换包装

防偷换包装指具有识别标志或保险装置的一种包装。如包装被启封可从识别的标志或保险装置的破损或脱落而识别。包装容器的封口纸盒的封签和厚纸箱用压敏胶带的封条等都可起到防偷换的目的。防偷换包装还包括下列形式：

① 防盗瓶盖　这种瓶盖与普通螺旋瓶盖的区别在于它的下部有较长的裙边，此裙边超过螺纹部分形成一个保险环，保险环内下侧有数个棘齿，被限定于瓶颈的固定位置，保险环内上侧有数个联结条联结于盖的下部，当拧转瓶盖时，联结条断裂，由此从保险环是否脱落来判断瓶盖是否被开启，起到防偷换的目的。

② 复合铝箔封口　复合铝箔封口是指在固体制剂瓶口粘结一层铝箔或纸塑膜，可起到密封和显示是否被启封的作用。

③ 单元包装　采用带状包装和泡罩包装可以方便使用，而且可以起到防偷换包装。

④ 透明薄膜外包装　利用透明薄膜将药品包装盒进行包装。

⑤ 瓶盖套　利用单向热收缩薄膜对瓶盖进行封口。

第二节　瓶装联动线的容器进给

药品的剂型按物态分类分为固体、半固体、液体和气体等。目前药品包装主要有三种形式：瓶装、泡罩和软袋。泡罩包装适合片剂、胶囊剂、蜜丸剂等；软袋包装适合颗粒剂、散剂和软膏剂等；瓶装适合混悬剂、乳剂、输液等液体制剂。其中瓶装线适合固体、液体和气体，如注射剂的洗烘灌封联动线、滴眼剂的联动线、气雾剂的联动线。由于考虑到制剂的质量要求或生产要求，将其归属于制剂设备。如果单从设备结构上来看，也属于瓶装线。本节主要介绍瓶装线的容器进给路线和粒状固体药品的瓶装线。

一、瓶装线的容器进给路线

瓶装线以容器的进给路线为主线，药品的计量、封口附件的（铝塑复合膜、胶塞、盖）供给、盖的供给、标签的供给等顺次并入主线。根据容器的运动形式，容器的进给可以分为直线间歇式、旋转连续式、直线连续式、旋转间歇式。其中采用挡销式隔料器的多为直线间歇式；采用旋转式工作台对应多个灌装头或封盖装置的多为旋转连续式；容器在输送机上运动，灌装头随动的为直线连续式；输送机将容器供给间歇旋转工作台的为旋转间歇式。

二、瓶装线的容器进给路线的组成

瓶装线的容器进给路线主要包括：输送机、上料装置、定向机构、隔料器、定距分隔装置以及计量装置。

1. 输送机

（1）输送机的作用

输送机的作用是沿一定方向连续依次输送药品或容器。

（2）输送机分类

输送机可分为重力输送机、滚筒式输送机、带式输送机、螺旋式输送机、振动输送机、气力输送机、升运机和齿板传送装置等。

① 重力输送机　利用重力使物体从高位向低位输送，如各种形状的敞口斜槽或封闭的溜槽。

② 滚筒式输送机　也称为辊子输送机，如图 5-2-1 所示。主要由传动滚筒（图 5-2-2）、机架、支架、驱动部件等部分组成。滚筒式输送机适用于底部为平面的物品输送，如各类箱、包、托盘等货件的输送。散料、小件物品或不规则的物品需放在托盘上或周转箱内由输送滚筒输送。滚筒式输送机从驱动形式上可分为有动力、无动力、电动滚筒等；按布局形式分为水平输送、倾斜输送、转弯输送和多层输送。具有输送量大、速度快、运转轻快、能够实现多品种共线分流输送的特点。

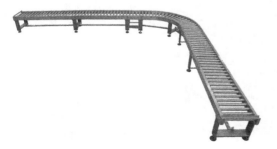

图 5-2-1　滚筒式输送机

图 5-2-2　滚筒式输送机的传动滚筒

③ 带式输送机　主要由张紧套装在两端主、从动轮之间的传送带等构成的一个闭合的传动系统，由两个端点滚筒及紧套其上的闭合输送带组成，如图 5-2-3 所示。主动轮由电动机通过减速器驱动，输送带依靠主动轮与输送带之间的摩擦力拖动。主动轮一般都装在卸料端，以增大牵引力，有利于拖动。物料由喂料端喂入，落在转动的输送带上，依靠输送带摩擦带动运送到卸料端卸出。带式输送机所用的输

送带有橡胶带、钢带（链片）、金属丝网带、塑料链片。其中在药品生产中橡胶带通常用于中包装纸板盒、外包装纸板箱等；塑料链片通常用于输送西林瓶、输液瓶、口服液、固体制剂药瓶等；金属丝网带用于安瓿瓶的灭菌干燥机中。

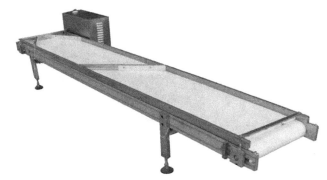

图 5-2-3　带式输送机

④ 螺旋式输送机　螺旋式输送机是利用螺旋的旋转将物料输送的机械设备。如螺杆式粉剂针分装机中的计量装置属于螺旋式输送机。

⑤ 振动输送机　振动输送机是利用振动槽的连续振动使槽内的物品前进，达到输送目的的机械设备，如图 5-2-4 所示。振动输送机分为弹性连杆式、电磁式和惯性式三种。其中弹性连杆式振动输送机由偏心轴、连杆、连杆端部弹簧和料槽等组成。偏心轴旋转使连杆端部做往复运动，激起料槽做定向振动，从而促使槽内物料不断地向前移动。一般采用低频率、大振幅或中等频率与中等振幅。电磁式振动输送机由铁芯、线圈、衔铁和料槽等组成。整流后的电流通过线圈时，产生周期变化的电磁吸力，激起料槽产生振动。一般采用高频率、小振幅。惯性式振动运输机由偏心块、主轴、料槽等组成，偏心块旋转时产生的离心惯性力激起料槽振动。一般采用中等频率和振幅。振动输送机采用电动机作为振动源，使物料被抛起的同时向前运动，达到输送的目的。惯性式振动运输机按结构形式可分为开启式、封闭式；按输送形式可为槽式输送和管式输送。

⑥ 气力输送机　利用高速气流通过管子使颗粒状、粉状物料在管内输送，再通过分离器将物料分出达到物料输送目的输送机，如图 5-2-5 所示。气力输送机的形式有压送式和吸入式。气力输送机可进行水平、倾斜和垂直输送，也可组成空间输送线路，输送线路一般是固定的。输送机输送能力大，运距长，还可在输送过程中同时完成若干工艺操作，所以应用十分广泛。可以单台输送，也可多台组合或与其他输送设备组成水平或倾斜的输送系统，以满足不同布置形式的作业线需要。

图 5-2-4　振动输送机

图 5-2-5　气力输送机

⑦ 升运机　升运机是以垂直或倾斜方向输送物体的输送机，如图 5-2-6 所示。有斗式升运机和链板式升运机等。斗式升运机是利用均匀固接于末端牵引构件上的一系列料斗竖向提升物料的连续输送机械，如图 5-2-7 所示。如上料升运机是由电机、机架、皮带等部分组成，设备通过电机传动皮带将物料提升至一定高度。

图 5-2-6　升运机

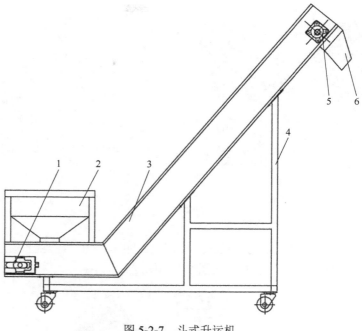

图 5-2-7　斗式升运机

1—输送组件；2—进料斗；3—墙板；4—机架；5—传动装置；6—出料斗

⑧ 齿板传送装置　安瓿瓶的传送多采用齿板传送装置。通过曲轴的带动，使移动齿板做有规律的摇动，将倾斜 45°置于固定齿板上的安瓿瓶按顺序向前移动，从而进行药液的灌注与封口。各种规格安瓿瓶液封机的传送装置大多采用与上述相同的机构。齿板上的齿形为三角形，安瓿瓶位于齿的凹槽内，位置准确，可满足药液灌封的要求，故得到广泛的应用。可采用多种方法将来自料斗的安瓿瓶以适当间距逐个地送至齿板凹槽或进行其他操作（如印字、装盒等）。

2. 单件产品上料装置

单件产品上料装置包括上料装置和定向机构。其中上料装置的作用是将大量无序的容器逐渐分离并送出；定向机构的作用是将方向不一致的物料变成一致的方向。单件产品上料装置的代表是理瓶机。

理瓶机可将杂乱无章的塑料瓶，通过理瓶机构的整理，将瓶子整理成瓶口朝上，整齐有序地输送给下位机。

（1）按原理分类

① 重心式理瓶机　用瓶子重心分布的特点，如果瓶子正向，重心就会靠近瓶子下部，这样瓶子就会不改变排列，如果瓶子反向，重心就会在瓶子上部，瓶子重心就会不稳，然后瓶子在挡板内反转，从而达到向上的要求。该功能适合在重量较大的玻璃瓶理瓶机中使用。

② 摩擦式理瓶机　利用皮带的摩擦力，输送瓶子并调整瓶子方向成一致。

③ 离心式理瓶机　利用转动圆盘的离心力，使瓶子靠近理瓶筒圈内侧，再利用瓶底与瓶口尺寸不同的特点，将瓶口向下的瓶子进行翻转。该机是由人工将物料加入储料瓶库进行存放，储料瓶库的物料将自动定量或按设定的速度供料给转盘，转盘通过旋转把瓶子按要求供出，蹼轮清除不规范瓶子。

（2）按塑料瓶的形状分类

① 圆盘式理瓶机　利用圆形瓶筒内圆盘转动的离心力，使瓶子靠近圆筒的内侧，再利用瓶身直径与瓶颈直径不同的特点，瓶口向下的瓶子，通过翻瓶机构整理成瓶口向上。这种理瓶方式只适用圆瓶，理瓶速度也较慢。圆盘式理瓶机主要由理瓶机箱、理瓶桶、传动机构、理瓶部件、出瓶部件及电气操作系统等部件组成。图 5-2-8 为圆盘式理瓶机的实物图。

如图 5-2-9 所示，电机驱动小齿轮带动安装在主轴上的大齿轮。通过上下摩擦片的作用，使主轴带动理瓶盘工作。瓶斗内的瓶子通过理瓶盘的半圆槽将瓶子从理瓶盘的下方转动到理瓶盘上方，半圆槽内的瓶子经过理瓶机构的翻瓶板理瓶，自动将瓶口朝下瓶底朝上的瓶子进行翻转，将瓶子理成瓶口向上，通过出瓶板传送到联接下位机的送瓶轨道上。

图 5-2-8　圆盘式理瓶机

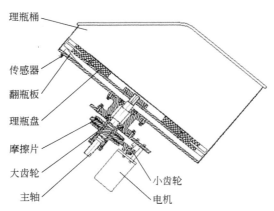

理瓶桶

传感器

翻瓶板

理瓶盘

摩擦片

大齿轮

主轴

小齿轮

电机

图 5-2-9　圆盘式理瓶机结构示意

圆盘式理瓶机

②　直线式理瓶机　直线式理瓶机（图 5-2-10）主要由理瓶机箱、阶梯送瓶、理瓶桶、理瓶系统、电气控制系统等部件组成，如图 5-2-11 所示。

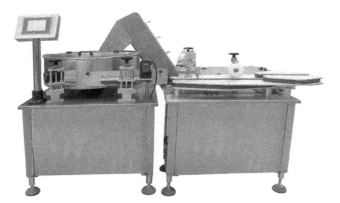

图 5-2-10　直线式理瓶机

直线式理瓶机

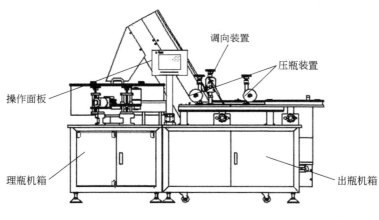

调向装置

压瓶装置

操作面板

理瓶机箱

出瓶机箱

理瓶机反瓶剔除

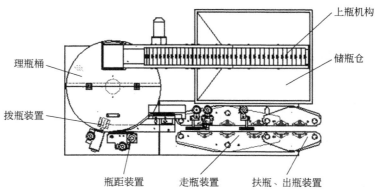

上瓶机构

储瓶仓

理瓶桶

拨瓶装置

瓶距装置

走瓶装置

扶瓶、出瓶装置

图 5-2-11　直线式理瓶机结构

阶梯送瓶装置将瓶子源源不断地输送到理瓶桶，理瓶桶内的转盘在传动机构的驱动下逆时针转动，桶内的瓶子在离心力的作用下落入转盘槽，转盘槽内的瓶子经转动的转盘带动，通过出瓶板和出瓶瓶距装置进入理瓶装置，瓶子在理瓶装置中一对同步带夹持下向扶瓶装置传送的过程中，瓶底在前面的瓶子到达扶瓶装置就被自动扶正（瓶口向上），瓶口在前面的瓶子经钩瓶杆拨动和压瓶装置挡压，瓶子转成瓶底在前，到达扶瓶装置被自动扶正成瓶口向上。

在瓶装线中，当玻璃瓶、瓶型特殊不好理瓶或产能不高时，在数粒机之前采用送瓶机（图5-2-12）供瓶。送瓶机也可看作是一种理瓶机，只是其无法定向。送瓶机的功能是方向一致的空瓶通过送瓶转盘将空瓶平稳地输送到药品电子数粒机的送瓶输送带上。相同的设备用在其他设备后称为集瓶机。集瓶机与上位包装机联机使用，其功能是使已装物料的瓶通过送瓶轨道平稳地输送到集瓶机的集瓶盘上。

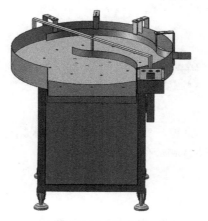

送瓶机

图 5-2-12　送瓶机

3. 定向机构

单件产品供料时，进入包装工位的定向方法主要依靠形状大小和重心位置为定向。定向是把方向不一致的物料变为一致方向。定向的方法有两种：积极定向和消极定向。消极定向法是按照选定的定向基准，采取适当的措施让符合要求的物件在输送中保持稳定，设法剔除不符合所选方向的物件，实现按一定方向的物料输出。积极定向是把原来非选定方向的物件改变为选定方向。

4. 隔料器

隔料器是将输送机送来的容器相互分离，单个或成组的输送到工作台或下一个包装工位。有许多灌装机的灌装头直对瓶类的输送带，如药液灌装机、片子瓶装机等。在传送带上需设定位装置，以实现对瓶子进行灌装。定位装置可采用挡瓶器或夹板等。在转送带的侧面设置两个电磁挡瓶器。挡瓶器内有电磁铁，有挡销自侧面伸出，控制电磁铁可使挡销起到挡瓶的作用，如图5-2-13所示，同时有四个灌装头对四个靠紧的药瓶灌装，第一挡瓶器的挡销设

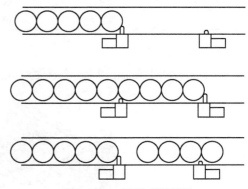

图 5-2-13　挡销式隔料器

在正在灌装药瓶的右侧，第二挡瓶器的挡销与第一个挡销之间有四个药瓶的间距，灌装后第一挡销脱离，药瓶前进，被第二挡销挡住之后，第一挡销将空瓶挡住，对空瓶进行灌装，第二挡销脱离，已灌装后的药瓶前进，进行下一步操作。挡瓶器定位方法适用于链片式输送带输送药瓶的灌装。

5. 定距分隔装置

定距分隔装置可定时定距地将容器输送到包装工位。定距分隔装置的种类有拨轮式定距分隔与转送装置、螺杆式定距分隔与转送装置、链带式定距分隔与转送装置和动梁式定距分隔与转送装置。

图5-2-14为螺杆式定距分隔与转送装置的结构示意，瓶子由链片式输送带输送，在靠近灌装机处设有螺旋输送器，输送带上的瓶子在此被定时送出，利用三爪拨轮使其转向，并送至灌装机的转盘上。灌装后，瓶子由拨轮拨回输送带，以进行下一步工序。

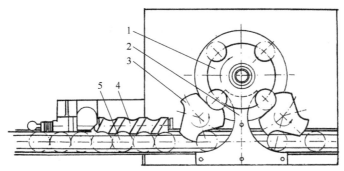

图 5-2-14　螺杆式定距分隔与转送装置结构示意

1—工作台；2—导轨；3—星形拨轮；4—螺杆；5—瓶类容器

第三节　计量装置

粉体药物计量是为了便于分装与销售，实现包装自动化。根据待计量物料的形态和性质，可以分为粉体药物计量装置、粒状药物计量装置和液体药物计量装置。

一、粉体药物计量装置

粉体药物计量的方法可分为定容法和称重法。定容法的装置简单，计量速度快，计量精度较低，适用于堆积密度比较稳定、计量量较小的药品，流动性较好。称重法的装置复杂，精度高，速度慢，适用于堆积密度不稳定、流动性差（易结块）、计量量较大的药品。表 5-3-1 为两种计量方法比较。

表 5-3-1　计量方法比较

名称	装置结构	计量速度	计量精度	适用范围（堆密度/计量量/流动性）
定容法	简单	快	低	稳定/较小/好
称重法	复杂	慢	高	不稳定/较大/差，易结块

（1）称重法

目前称重法主要依靠重量传感器进行工作，如图 5-3-1 所示。

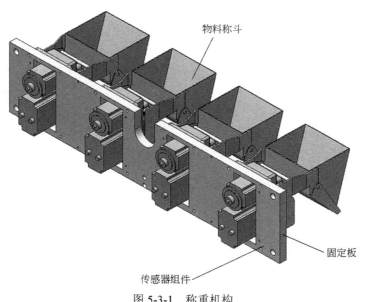

物料称斗

固定板

传感器组件

图 5-3-1　称重机构

（2）定容法

定容法可以分为量杯式、转鼓式、螺杆式和插管式。

① 量杯式　固定量杯式计量装置的组成如图 5-3-2 所示，由供料斗、转盘、计量杯、活门、底盖及固定内外挡销等组成。工作过程是：a．计量，物料由供料斗 1→粉罩 2→自重进入随转盘转动的计量杯 8→刮粉板 5 刮去多余药物。b．分装，转到卸料位时容杯底活门 3 被外挡销打开→药物落入容器。c．复位，继续转动→活门 3 被内挡销重新关上→准备下一次计量分装。量杯式计量装置的计量精度与药物的相对密度和装料速度有关，误差±2%～3%。量杯式计量装置结构简单，但计量固定，装量范围 5～100g。适合固定剂量、相对密度稳定的药物计量分装。除了固定量杯式之外，还有可调量杯式。可调量杯式装量可调，结构比固定量杯式复杂，适用于相对密度稳定的药物计量分装。量杯作为计量装置的典型应用是制袋充填封口包装机。

② 转鼓式　转鼓式计量装置是利用转鼓外缘与外壳之间所形成的容积进行计量的。转鼓形状有圆柱形、棱柱形等，构成槽形、扇形、轮叶形等容腔形状。转鼓式计量装置由料斗、转鼓、下料引导管等组成。扇形转鼓式计量装置的工作过程：a．计量，料斗 1→扇形转鼓 2→转动后与外壳形成计量容腔。b．分装，扇形转鼓转过 180°→药物进入下料引导管。转鼓式计量装置的计量精度与上述量杯式相近。特点是结构简单，装量不可调。适用于流动性较好的药物定量包装。转鼓容腔可以是固定的，也可设计成可调的，如图 5-3-3 和图 5-3-4 所示。

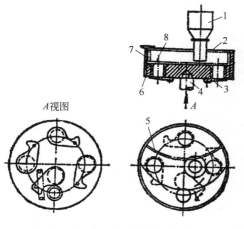

图 5-3-2　固定量杯式计量装置

1—供料斗；2—粉罩；3—活门；4—立轴；
5—刮粉板；6—转盘；7—护圈；8—计量杯

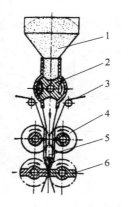
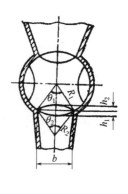

图 5-3-3　扇形转鼓式计量装置

1—料斗；2—扇形转鼓；3—导辊；4—纵封器；
5—下料引导管；6—横封器

③ 螺杆式　螺杆式计量装置是利用螺旋给料原理来进行计量的，即利用螺杆槽的空腔作为计量的容积，在每一分装循环中，控制螺杆转数，便可控制螺杆每次旋转传送的物料量，从而达到计量目的。计量的调节方法是调整驱动单向离合器的偏心调节盘的偏心量（微调）；更换不同型号的螺杆（粗调）。机械式螺杆计量分装机构是通过机械传动和单向离合器来控制计量螺杆间歇旋转并进行计量分装的。螺杆式的典型应用是粉针剂的分装。图 5-3-5 所示为螺杆式计量装置的结构示意。

④ 插管式　药粉置于储粉斗 9 内，储粉斗由主动大齿轮 10 带动间歇旋转，其内有 7、8 组成的振荡刮粉板，可将药粉刮匀以保证装填量的精确。插管 4 由插管轴 12 带动，插入具有一定厚度疏松药粉的储粉斗内，药粉即被压入并附着于插管内。然后将插管连同药粉升起并旋转 180°转到卸粉工位，插杆压板轴 3 带动插杆压板 6 向下运动，压迫卸粉顶杆 5 将插管内药粉推入直管瓶 2 内。该装置每次装五瓶，药粉充填后，直管瓶被工作花盘 1 的带动旋转 60°，按上述顺序继续分装另五瓶。工作花盘共 36 个瓶槽开口，每一周分六次充填。

直齿轮 11 为主动齿轮，由电机通过蜗形槽凸轮带动做间歇转动，分别带动主动大齿轮 10 和从动大齿轮 15，使储粉斗 9、插管 4 和工作花盘 1 做间歇回转。插管 4 和卸粉顶杆 5 的上下运动是由凸轮及插管轴杠杆 13、14 来拨动的，以使插管轴 12 连同插管做上下升降运动，并使插管压板轴 3 连同插杆压板 6 做周期性下压，致使卸粉顶杆 5 将插管内的药粉推出，实现卸料。

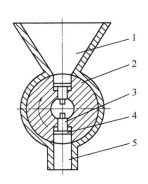

图 5-3-4　可调转鼓式计量装置

1—料斗；2—转鼓；3—螺钉；4—调节板；5—出料口

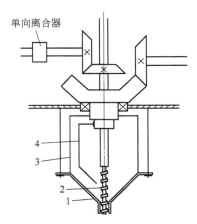

图 5-3-5　螺杆式计量装置

1—下料嘴；2—螺杆；3—料筒内壁；4—搅拌叶片

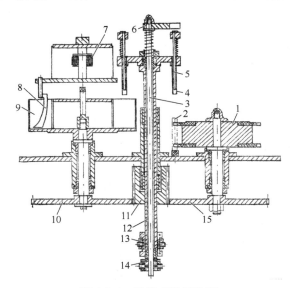

图 5-3-6　插管式计量装置

1—工作花盘；2—直管瓶；3—压板轴；4—插管；5—卸粉顶杆；6—插杆压板；7—刮粉板振荡器；8—刮粉板；
9—储粉斗；10—主动大齿轮；11—直齿轮；12—插管轴；13，14—插管轴杠杆；15—从动大齿轮

二、粒状药物计量装置

根据药品数粒机工作原理的不同，已成功应在制药行业的数粒机经历了两代的发展，从第一代机械筛动式数粒机发展到目前已成为主流的光电式数粒机。

（1）筛动式模板数粒机

筛动式模板数粒机属于第一代机械筛动式数粒装置，采用模板上预制一组与被计量药品形状相同的孔进行计数，如图 5-3-7 所示。

① 工作原理　数粒灌装头内装有数粒模板，模板下装有固定落药板和落药通道，模板上分若干份孔组，每份孔组的孔数等于每瓶的装量，灌装头内部装有偏心振动机构，在传动电机的带动下完成药品的筛动填充，同时在传动电机的带动下灌装头按相反方向旋转药品到落药通道处落入瓶中完成数粒灌装。为了提高灌装速度，数粒灌装头一般做成两个，称之为两头筛动式模板数粒机，如图 5-3-7（b）所示。该设备的数片计量结构示意见图 5-3-8。

② 特点　结构简单，价格较低，要提高灌装速度，只要增加数粒灌装头数即可，适用单一、批量大的品种。其不足之处有：对药品有磨损，容易出现缺粒现象，而且更换品种耗时长，不适应现代多品种（软胶囊、丸剂和异形片）和小批量生产模式。这种以筛动式模板数粒机组成的生产线还有一定需求，适应产量小、品种单一（主要为圆形片剂）、批量大和附加值低的中小企业的需求。

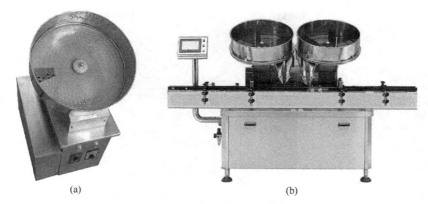

（a）　　　　　　　　　　　　　（b）

图 5-3-7　筛动式模板数粒机

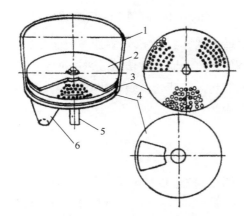

图 5-3-8　数片计量结构示意

1—料斗；2—盖板；3—数片模板；4—托板；5—转轴；6—漏斗

（2）电子数粒机

电子数粒机属于第二代光电式数粒机，电子数粒机的技术核心之一是光电计数传感器。该光电计数传感器是在每个数粒通道的一侧安装红外线发射传感器，在其正对面安装红外线感接收传感器。当颗粒通过检测通道时，发射传感器发射的红外线被遮挡，引起另一侧接收传感器的感应发生变化。中央微处理系统实时接收传感器的感应变化值，通过特定算法识别、判断，确定通过颗粒的特性，输出脉冲至可编程控制器（如 PLC），从而完成对药品的检测和计数，已经计数的药品再通过分瓶切换和灌装机构进行装瓶。我国药品生产企业众多，各药企业生产的药品规格品种也都大不相同，同一企业生产的药品规格也多种多样，产量也不同。为了适应用户不同的使用要求，电子数粒机的振动输送轨道由原来只有一个通道［图 5-3-9（a）］发展成有 4、6、8、12、16、24、32 等多通道［图 5-3-10（a）］定型的标准产品。

（a）实物图

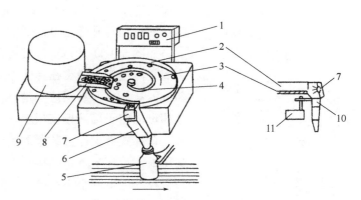

（b）单通道电子数粒机的结构与原理

图 5-3-9　单通道电子数粒机

1—控制器面板；2—围墙；3—旋转平盘；4—回形拨针；5—药瓶；6—药粒溜道；7—光电传感器；
8—下斜溜板；9—斜桶；10—翻板；11—磁铁

(a) 实物图

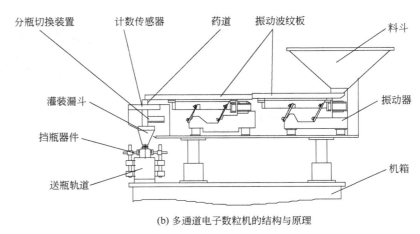

(b) 多通道电子数粒机的结构与原理

图 5-3-10　多通道电子数粒机

单通道电子数粒机的结构与原理见图 5-3-9（b），多通道电子数粒机的结构与原理见图 5-3-10（b）；输送瓶机构中送瓶轨道上的挡瓶器件将由上道设备传送过来的瓶子，挡在装瓶位置，等待灌装。药品通过送料波纹板的振动，有序地进入药仓，在药仓上装有计数光电传感器，落入药仓的药品经光电计数传感器定量计数后装入装瓶位置的瓶中。

三、液体药物计量装置

液体药物计量装置有多种分类方法，按灌装方式分为常压、真空和等压灌装。常压灌装是包装容器保持常压，内部气体自然排出，液体及灌装头处于高位，包装容器置于低位，液体靠自重或活塞的作用从定量机构中排出，灌入包装容器中。常用的常压灌装设备有阀式、量杯式和等分圆槽定量式灌装机构。真空灌装是包装容器密封，抽去容器中的空气，造成负压，液体在大气压力作用下被吸入包装容器中。真空灌装适用于快速灌装或剧毒药品的灌装，可避免滴漏，确保人体健康。等压灌装是先向包装容器内充气，使容器内气压和料液容器内气压相等，然后靠液体的自重进行灌装。等压灌装适用于溶有大量气体的液体灌装。

液体药物计量装置按分装容器的输送形式分可分为旋转型灌装机和直线型灌装机；按灌装连续性可分为有间歇式灌装机和连续式灌装机；按自动化程度可分为有手工灌装、半自动灌装、自动灌装。

液体药物计量装置按计量方式可分为称重法和容积法。由于液体密度一致，容积法较为广泛，容积法又可分为量杯式、容器液面式、计量泵式、漏斗式、时间压力管道式、流量计式、旋转等距自流式等计量方式。

1. 量杯式

量杯式液体计量装置是在标准大气压力下，药物依靠自重产生流动从计量桶或贮液槽灌入包装容器的灌装方式，所以又称为重力灌装。该灌装机构可安装在自动生产线上，容器的移动与升降由专门的输送带和升降机构控制。

如图 5-3-11 所示，旋转的药液槽内安装有若干个量杯，量杯下部装有灌装阀接头。通常在弹簧作用下，量杯沉浸在药液槽的液面下，充满药液；量杯与灌装阀接头是不相通的，在阀体上开有连接通道；阀体通过螺母固定于药液槽底板上。

量杯式液体计量装置的工作过程：容器上升顶起灌装阀接头→弹簧被压缩，量杯随灌装阀接头上升而被顶出液面→此时阀体上的连接通道与量杯的上下两个小孔接通→量杯中的药液靠自重流入容器→实现定量灌装。容器下降时，弹簧使灌装阀接头下降→量杯与灌装阀体之间的通道被切断→量杯又下沉到贮液槽液面下量取药液→准备下一次计量灌装。

图 5-3-11　量杯式液体计量装置

图 5-3-12 为量杯式灌装机的容器进给装置示意。

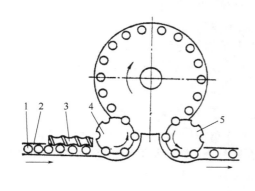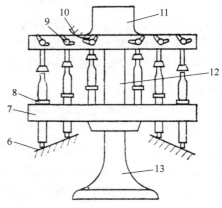

图 5-3-12　量杯式灌装机容器进给装置

1—待装瓶；2—输送带；3—螺杆；4—进瓶拨轮；5—出瓶拨轮；6—升瓶凸轮；7—下转盘；
8—托瓶台；9—灌装阀；10—开阀挡块；11—药液槽；12—立轴；13—机座

2. 容器液面式

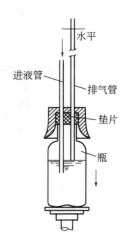

如图 5-3-13 所示，容器液面式液体计量装置是通过插入包装容器内排气管位置的高低来控制液位，以达到定量装料的目的。当液体从进液管进入瓶时，瓶内空气由排气管排出，随着液面上升至排气管时，因瓶口被垫片密封，瓶子内部的气体不能排出，当液体继续流入时，这部分空气被压缩，液面稍超过排气口就不再升高，但可从排气管内上升，直至与液槽中的液位相平衡为止。瓶子随托盘下降时，排气管内的少量液体立即流入瓶内，至此定量装液工作完成。改变排气管下口在瓶内的位置，既可改变其装料量。该装置构简单，使用方便，辅助设备少。由于以瓶内液位来定量，装料精度与瓶的制造质量有直接关系。

如图 5-3-14 所示，利用容器的升降使灌装单向阀开闭，并通过插入容器内的排气管位置的高低控制灌装量。改变排气口伸入瓶中的位置，便能调节瓶内液面高度。

图 5-3-13　容器液面式
液体计量装置

容器液面式灌装机由凸轮杠杆机构、计量活塞（唧筒）、单向阀、控制装置等组成，如图 5-3-15 所示。活塞与药液槽及灌注针头间的连接管线上为单向阀控制。其工作过程是：活塞上移→单向阀 1 打开，单向阀 4 关闭→药液自药液槽吸入唧筒 5；活塞下移→单向阀 1 关闭，单向阀 4 打开→活塞推药液通过针头 3 注入安瓿。传动系统使凸轮旋转一周，活塞往返运动一次，即可实现一次灌装。

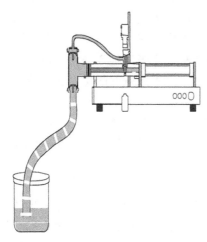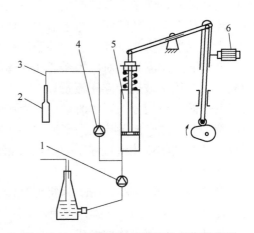

图 5-3-14　单向阀示意图　　　　图 5-3-15　容器液面式灌装机工作原理图

1，4—单向阀；2—安瓿；3—针头；5—唧筒；6—电磁铁

3. 漏斗式（等分圆槽定量式灌装机构）

半圆槽与上方漏斗一一对应，等分圆槽与转盘同步匀速转动，使流入每一分格的药液量相等，再通过漏斗将定量药液灌入由转盘带动的容器中，从而实现定量灌装。

该设备的具体过程（图5-3-16）：打开阀门，配好的药液以恒定流量由高位流入匀速转动的等分圆槽→每一分格的等量药液经漏斗灌入同步转动的容器中→完成定量灌装→容器被输送至下一工位。

4. 时间压力管道式

如图5-3-17所示，稳定的压力下管道内液体的流速是恒定的，在管口处单位时间内流出一定量的液体是相等的，而水面压强 p、时间 S 和水面 H 是变量。对于水面压强 p，采用气体压力控制装置可以控制到毫巴级；对于时间 S，高精度的继电器动作可以控制在毫秒内；对于水面高度 H，可以控制到9.1mmHg（0.001MPa）压力内波动，气体控制技术的装量控制精度控制在1.5%范围内。其特点：装量调整方便，触摸屏操作，药液均为管道式，无摩擦，无死角，无产生微粒之处；可处于惰性气体保护之下，灌装结束后残留药液少。

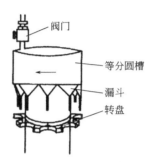

图5-3-16 漏斗式灌装机的结构与原理

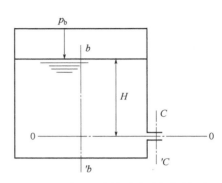

图5-3-17 时间压力管道式灌装机的原理

5. 流量计式

流量计式灌装机是使药液通过感应式流量计来实现灌装的。当液体通过流量计时会产生脉冲值，变成电信号输出，当流量达到设定要求时，受此控制的电磁阀进行工作，此电磁阀的阀杆推动流有药液的硅胶管，使其闭合，以达到关闭之目的。该设备的灌装精度高，易于操作与调整。

流量计种类繁多，对于无菌制药工艺系统来说，需要考虑到卫生型设计要求，因此较为适用的流量计包括浮子流量计、涡街流量计、电磁流量计、质量流量计、差压式流量计与表面声波流量计等。

（1）浮子流量计

浮子流量计也称为转子流量计，其流量检测元件是由一根自下向上扩大的垂直锥形管和一个沿着锥管轴上下移动的浮子组所组成，如图5-3-18所示。浮子流量计的工作原理：被测流体从下向上经过锥管和浮子形成的环隙时，浮子上下端产生差压形成浮子上升的力，当浮子所受上升力大于浸在流体中浮子的重量时，浮子便上升，环隙面积随之增大，环隙处流体流速立即下降，浮子上下端差压降低，作用于浮子的上升力亦随着减少，直到上升力等于浸在流体中浮子的重量时，浮子便稳定在某一高度。浮子在锥管中的高度和通过的流量呈对应关系，即为体积流量的基本方程。浮子流量计的透明锥形管一般由硼硅玻璃制成，习惯简称玻璃管浮子流量计。

按被测流体的类型划分，浮子流量计分为液体用、气体用和蒸汽用等三种类型。按被测流体通过浮子流量计的量划分，浮子流量计分为全流型（即被测流体全部流过浮子流量计的仪表）和分流型（相对于全流型只有部分被测流体流过浮子等流量检测部分）两大类。

（2）涡街流量计

涡街流量计根据卡门（Karman）涡街原理测量气体、蒸汽或液体的体积流量，并作为流量传感器应用于自动化控制系统中，如图5-3-19所示。其工作原理（图5-3-20）是流体在管道中经过涡街流量变送器时，在三角柱的旋涡发生体后形成上下交替正比于流速的两列旋涡，旋涡的释放频率与流过旋涡发生体的流体平均速度及旋涡发生体的特征宽度有关。

图 5-3-18　浮子流量计

图 5-3-19　涡街流量计

（3）电磁流量计

电磁流量计是采用电磁感应原理测量介质流体流速的电磁流量计，如图 5-3-21 所示。其原理是在管道的两侧加一个磁场，被测介质流过管道切割磁力线，在两个检测电极上产生感应电势，其大小正比于流体的运动速度。电磁流量计用来测量电导率>5μS/cm 的导电液体的流量，是一种测量导电介质流量的仪表。除可以测量一般导电液体的流量外，还可以用于测量强酸、强碱等强腐蚀性液体和均匀含有液固两相悬浮的液体，如泥浆、矿浆、纸浆等。电磁流量计在制药用水系统中应用广泛，可用于原水和浓水阶段的流量测量。

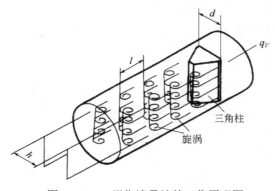

图 5-3-20　涡街流量计的工作原理图

图 5-3-21　电磁流量计

（4）质量流量计

流体在旋转的管内流动时会对管壁产生一个力，简称科氏力。质量流量计以科氏力为基础，在传感器内部有两根平行的流量管，中部装有驱动线圈，两端装有检测线圈，传感器提供的激励电压加到驱动线圈上时，振动管做往复周期振动，工业过程的流体介质流经传感器的振动管，就会在振动管上产生科氏力效应，使两根振动管扭转振动，安装在振动管两端的检测线圈将产生相位不同的两组信号，这两个信号的相位差与流经传感器的流体质量流量成比例关系，计算机解算出流经振动管的质量流量。不同的介质流经传感器时，振动管的主振频率不同，据此可解算出介质密度，安装在传感器振动管上的铂电阻可间接测量介质的温度。图 5-3-22 为质量流量计外形和原理示意。

质量流量计可直接测量通过流量计的介质的质量流量,还可测量介质的密度及间接测量介质的温度。质量流量计在制药流体工艺系统中应用广泛，可用于配液罐体的注射用水定容，或者 CIP 工作站清洗用水的用量控制。单台质量流量计仪表既可直接测量质量流量、密度和温度，也可间接计算体积流量和浓度（质量或体积）。质量流量计适用于液体、气体、浆液及黏性介质、高黏介质、非匀质混合物、含固或含气的介质，适合流量范围广，适应温度宽，温度可高达 400℃，低至−200℃。测量管可耐高压，易于排污，易于清洗。

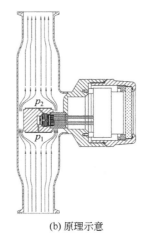

(a) 外形　　　　　　　　　　　　(b) 原理示意

图 5-3-22　质量流量计

（5）差压式流量计

差压式流量计（图 5-3-23）的工作原理：当流体流经节流装置时，节流装置前后产生压力差（p_1-p_2），该压力差与流量存在着一定的函数关系，流量越大，压力差就越大。差压信号传送给差压传感器，转换成 4～20mA DC 信号输出并传递给流量计算仪，从而实现流体流量的计量。卫生型差压式流量计则将节流装置内部进行无死角设计，采用 316L 不锈钢设计，并进行抛光处理。经过这种卫生型的设计处理后，使得卫生型差压流量计可以代替质量流量计在制药用水、制药工艺与在线清洗等系统实现应用。卫生型差压式流量计除了瞬时流量、累计流量的输出外，由于其差压传感器内部集成了压力传感器和温度传感器，因此还可以输出管道压力和液体温度信号。这种带温度和压力信号输出的卫生型流量计的设计方式能同时显示输出流量、压力和温度三种参量，结构简单，安装方便，不仅节省了用户的应用成本，而且降低了现场对安装空间的要求。

图 5-3-23　差压式流量计　　　　　　　图 5-3-24　表面声波流量计

（6）表面声波流量计

表面声波（surface acoustic waves，SAW）会在地震活动等自然现象中产生。表面声波流量计（图 5-3-24）采用表面声波进行液体流量在线测量。如图 5-3-25 所示，通过电信号触发叉指换能器并产生表面声波，该表面声波传播到管道表面，以一定的角度折射到液体中，然后通过液体产生一个或多个接收信号，该过程可以顺流向和逆流向双方向进行。这种波运行的时间差与流量成正比关系，通过比较穿过液体介质的单个波和多个波，具有极好的测量性能，同时也具有关于液体类型和其他物理特性的评估价值。

表面声波流量计的测量管内没有与介质接触的测量元件，属于典型的卫生型流通式传感器，具有明显的"无死角"优势，同时，该测量不受液体介质电导率高低的影响和限制，对外界环境的强磁强电干扰不敏感。与差压式流量计一样，表面声波流量计具有体积小、重量轻等明显的安装优势，为卫生型无菌行业的设备模块组装提供了便利。

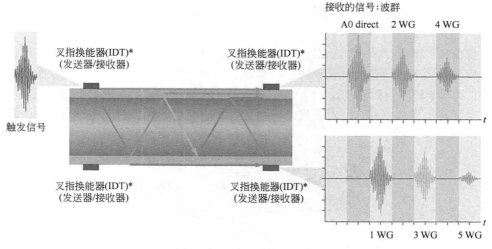

图 5-3-25　表面声波原理图

6. 旋转自流式（恒液位）

旋转自流式（恒液位）灌装也称为恒压灌装、电磁阀灌装、恒液面灌装。恒压灌装机构的罐内液面始终不变，出口处压力不变，速度恒定，控制相同时间，灌装量相同。该设备的灌装原理见图 5-3-26。

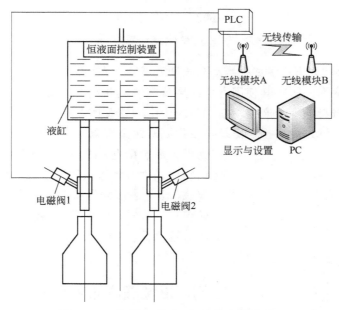

图 5-3-26　旋转自流式（恒液位）灌装原理

流量控制原理：流量 $u=Vt$。其中，u 为流量，V 为流速，t 表示时间。因此，流量正比于灌装头面积和压力，因为液面恒定，故 p 恒定，具体到某一台灌装机，截面积是固定的，因此流量大小和灌装时间成正比关系，只需要控制每个电磁阀的打开时间就能控制流量。旋转式自流灌装可实现漏斗式灌装电磁阀的控制灌装，计量准确，灌装精度高（0～2%），无机械磨损产生的微粒。

7. 柱塞泵

陶瓷柱塞泵和金属柱塞泵的使用材质不同；其耐磨性、精度都会有些不同。陶瓷柱塞泵主要分为三个部分：泵体、推杆和转阀。其中转阀控制吸液和出液，推杆提供动力，泵体用于计量和装液。

8. 蠕动泵式

蠕动泵又称恒流泵或软管泵，是一种广泛应用于各行业流体传输的新型泵，如图 5-3-27（a）所示。蠕动泵通过滚轮带动滚柱挤压硅胶管中的药液来实现定量灌装。它几乎可以传输任何性质的液体，流量范围从 μL/min 到 t/h，并且一些黏稠、敏感性、强腐蚀性以及含有一定粒状物的介质输送，都可以用蠕动泵来传输，在化工进料、矿冶加药、医疗器械、药品灌装、食品灌装、实验送液、印刷包装、涂料油漆以及水处理采样等行业均有应用。

　　蠕动泵系统由三个部分组成：驱动器、泵头、泵管。驱动器一般包括电机和电机控制系统，可带动泵头里的转子旋转。泵头一般包括外壳和转子；泵管一般为硅胶材质，弹性很好，泵头内滚轮挤压软管产生真空吸力，随着滚轮的不断转动，管内形成负压，流体随之流动，完成液体传输的工作，如图5-3-27（b）所示。蠕动泵在液体传输时只经过泵管，不与泵的其他部分接触，卫生等级非常高，符合 GMP 要求。尤其适合药品灌装和输送。

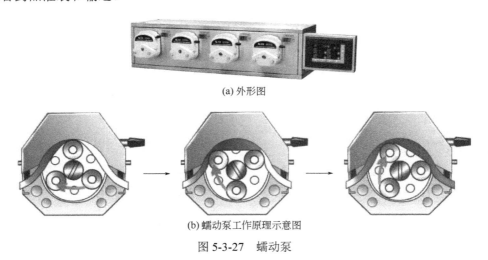

(a) 外形图

(b) 蠕动泵工作原理示意图

图 5-3-27　蠕动泵

　　蠕动泵的操作注意事项如下：①如果蠕动泵长期处于非工作状态，需将压住软管的压块松开，避免因长时间挤压导致泵管变形，影响其使用寿命。泵管需要定期更换。②蠕动泵处于工作状态时，因负压与液体的吸入靠泵管自身的弹力产生，在实际应用中，软管属高频次、反复磨损部件，所以需定时检查、定期更换，以防软管过度磨损后破裂，发生漏液污染现象。③灌装型蠕动泵一般有校准功能，为保证灌装精度，在进行药液灌装时要提前校准。④如不慎将腐蚀性液体流入滚轮缝隙，应及时拆卸，并用油清洗泵头。滚轮表面需保持清洁干燥，避免因外部因素发生滚轮卡住，影响正常使用。⑤蠕动泵不适合灌装液量很大和灌装速度很快的产品；不能输送非常黏稠及流动性不好的液体。

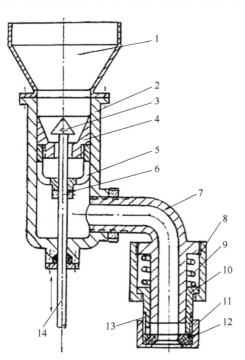

图 5-3-28　冷霜灌装机构的柱塞泵结构

1—料斗；2—定量泵体；3—锥形阀门；4—活塞体；5—活塞托架；6—挡圈；7—输液管；8—套筒螺母；9—弹簧；10—管套；11—螺母；12—橡皮衬圈；13—余料出口处；14—活塞杆

四、黏性液体的灌装机构

　　黏性液体的灌装主要通过机械压力灌装，有柱塞泵和齿轮泵两种形式。

1. 柱塞泵

　　如图5-3-28所示，活塞由活塞体4和活塞托架5组成，滑套在活塞杆14上；锥形阀门3与活塞杆14固定；活塞杆14由偏心轮机构带动。计量原理是在偏心轮机构驱动下，活塞泵进行上下往复运动，使靠自重流入活塞下腔的冷霜定量挤出灌装嘴而进入灌装盒中。

2. 齿轮泵

　　齿轮泵在体中装有一对回转齿轮，一个主动齿轮，一个被动齿轮，依靠两齿轮的相互啮合，把泵内的整个工作腔分两个独立的部分，如图5-3-29所示。A 为吸入腔，B

为排出腔。齿轮油泵在运转时主动齿轮带动被动齿轮旋转，当齿轮从啮合到脱开时在吸入侧（A）就形成局部真空，液体被吸入。被吸入的液体充满齿轮的各个齿谷而带到排出侧（B），齿轮进入啮合时液体被挤出，形成高压液体并经泵排出口排出泵外。

3. 黏稠液体适用的阀门

黏稠液体灌装不能用单向阀，而需要用滑阀、旋塞阀、泵阀。滑阀的工作原理如图 5-3-30 所示，阀体与料槽及活塞体间歇相通，使物料先进入活塞腔，再排入容器。旋塞阀结构如图 5-3-31 所示，其原理为利用旋塞的打开与关闭来控制灌装通道，并通过活塞上下运动以实现药液的吸取与灌注。泵阀的结构如图 5-3-32 所示，泵阀的阀套在活塞与活塞体之间，为圆筒形，在活塞前端的泵阀上开有两个物料出入口，一个口正对活塞体上方的料槽时，物料在活塞的作用下可吸入活塞体内，待泵阀旋转 90°，出料口正对出料管式，在活塞的作用下，物料可进行灌装。

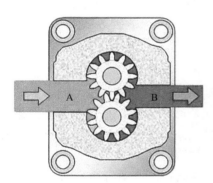

图 5-3-29　齿轮泵工作原理示意

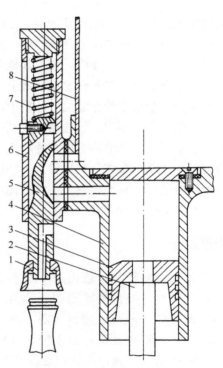

图 5-3-30　滑阀的工作原理

1—瓶罩；2—活塞杆；3—活塞；4—活塞体；
5—滑阀；6—阀体；7—弹簧；8—料槽

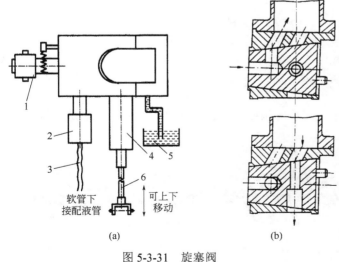

图 5-3-31　旋塞阀

1—旋塞阀；2—阀门；3—配液管；4—缸；5—贮液槽；6—活塞

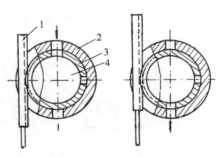

图 5-3-32　泵阀工作原理

1—齿条；2—泵体；3—泵阀；4—活塞

第四节 药品电子数粒瓶装生产线

药品电子数粒瓶装生产线是用来分装粒装药品的生产线，这里的粒装药品是指能够计数的片剂、胶囊剂、丸剂等。药品数粒瓶装生产线按药品计量方式分为计数和称重（含容积式）两种方式。数粒装瓶用药者安全方便，加之随着药品成型设备技术的发展，成品药的重量、尺寸精度不断提高，数粒装瓶已在制药企业广泛使用。本节主要讲述计数式的电子数粒瓶装线。

一、发展过程

药品数粒瓶装生产线在欧美发达地区20世纪50年代就开始使用，我国则是在20世纪80年代后，随着外资制药企业进入中国，才逐步使用。由于固体制剂计量的特殊性，所以整线的核心设备是计量分装设备，其他单机设备适用性广，可与其他药品剂型的设备技术甚至其他行业的设备技术融合发展。如前所述，固体制剂的计量在具体实现形式上可转化为重量、容积、数量等，结合人们的用药习惯，以固体制剂的数量为计量单位的分装被广泛采用，俗称数粒机。称重式和容积式的计量方式较少采用。根据药品数粒机工作原理的不同，已成功应在制药行业的数粒机经历了两代的发展，从第一代机械筛动式数粒机发展到目前已成为主流的光电式数粒机。20世纪60年代，依靠红外感应计数的电子式数粒机在欧美开始出现，20世纪90年代引进我国，经过多年发展，尤其是近十几年来获得了快速的发展。以电子数粒机为主组成的固体制剂装瓶生产线，已在制药行业得到广泛使用，并延伸至保健品、食品、电子、五金等需计数包装的各行各业。

二、组成设备

药品数粒瓶装生产线一般由六个基本设备组成：①自动理瓶设备，把各种形状的瓶子，按一定的规律，整齐排列，并自动输送到瓶装生产线上。②自动计量装瓶设备，按每瓶装量要求，对药品进行自动计数并灌入瓶内。③自动塞入设备，根据装瓶工艺要求，自动把辅料（干燥剂、棉花、纸片）塞入瓶内。④锁盖设备，自动把瓶盖对准瓶口，旋紧或压紧。⑤封口设备，自动对瓶口上的铝箔加热，使铝箔粘合在瓶口上，以达到密封的效果。⑥贴标签设备，自动将标签贴在药瓶上。

药品数粒瓶装生产线的工作过程见图5-4-1。

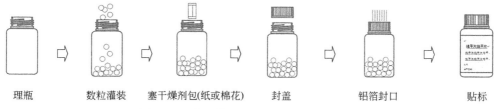

| 理瓶 | 数粒灌装 | 塞干燥剂包(纸或棉花) | 封盖 | 铝箔封口 | 贴标 |

图5-4-1 药品数粒瓶装生产线的工作过程

药品电子数粒瓶装生产线（图5-4-2）以电子数粒机为核心，除上述主要设备外，还可选配提升机、

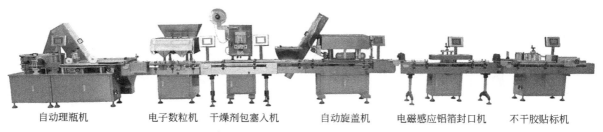

自动理瓶机　　　电子数粒机　干燥剂包塞入机　　自动旋盖机　　电磁感应铝箔封口机　不干胶贴标机

图5-4-2 药品电子数粒瓶装生产线

洗瓶机、筛选机、称重设备、喷码机/打码机、检测设备等其他辅助设备。上下位设备间通过机械、电子等方式实现自动过渡输送,减少人为干预。

1. 理瓶机

自动理瓶机的作用、分类和原理见本章第二节容器进给的相关内容。根据行业标准《JB/T 20065.2—2014 塑料药瓶理瓶机》,理瓶机必须具有以下性能:①在更换瓶子规格时,理瓶规格件应便于更换。②理瓶机储瓶斗内药瓶数量低于设定位置时应报警,操作人员及时向储瓶斗添加瓶子。③理瓶处药瓶数量低于设定位置时,应自动供瓶;理瓶出口积瓶时,应停止理瓶。④理瓶机应有自动剔除瓶口方向不向上药瓶的功能,保证传送给下位机的瓶子都是瓶口向上。

2. 电子数粒机

药品电子数粒瓶装生产线的关键设备——电子数粒机采用国际上最先进的振动式多通道下料、计算机控制、动态扫描计数、系统自检、故障指示报警、自动停机等先进技术,按 GMP 标准设计,是集光电机一体化的高科技药品计数灌装设备。

① 电子数粒机特点　a. 适用药品范围广,国内有的制造商生产的电子数粒机一台可以兼容胶囊、素片、糖衣片、丸剂、透明软胶囊和异形片。b. 更换品种时,不需要更换模具,操作简单,只要根据瓶子的规格,调整和瓶子有关的部件,如挡瓶件、灌装漏斗等。c. 装量可根据用户要求任意设置。d. 对药品无损伤、无污染。

② 电子数粒机主要结构　电子数粒机由振动下料机构、计数分装机构、电气控制系统、输送瓶机构和机箱五部分组成(见图 5-4-3)。

③ 电子数粒机的工作过程　见"计量装置"。

④ 电子数粒机的技术要点　考察药品电子数粒瓶装生产线的质量和性能的主要参数是生产速度、定量计数精度和运行稳定性,其中生产速度和定量计数精度取决于核心设备——电子数粒机。影响数粒机灌装精度必须把握几个环节:

a. 振动下料机构:振动下料机构采用两级或三级振动设计。各级振动装置的下料通道板(振动波纹板)固定在振动机构的振动支架上,由振动元件牵引振动支架,使振动板产生振动(图 5-4-4)。各级振动装置赋予不同的功能,第一级振动装置(靠料斗)的功能是保证足够物料供下一级振动装置。第二级振动装置使物料均匀输送。第三级振动装置使物料在通道板(波纹板)槽内均匀单列有序地输送,这样进入光电计数器的物料不重叠。物料剂型、规格、振动板振动幅度可在操作控制面板显示屏上进行设置,从而获得物料的最佳流量。

数粒机

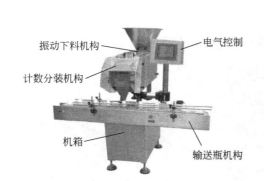

图 5-4-3　电子数粒机主要结构

图 5-4-4　药粒在振动波纹板上的状态

b. 计数光电传感器:计数光电传感器是数粒机的关键部件。光电检测计数主要是通过红外线传感器发射出的光线高速扫描通道中自由下落的药粒,药品的遮挡及遮挡时间的不同使得接收传感器接收到的红外线信号的脉冲不断变化,检测计数 CPU 就是通过脉冲信号的变化来进行计数,完成相应的计数和记录,确保药品装瓶的准确率和合格率,从而做到了检测精度高、速度快。国内全自动瓶装生产线市场对电子式数粒瓶装线的需求在急剧增加,促使国内厂家的技术水平快速提高。目前,在我国比较先进的光电检测技术,可以对 ϕ1.5mm 的微小颗粒进行检测计数,准确率高达 99.9%以上。

c. 分瓶切换机构：分瓶切换机构是数粒机的又一个关键部件。振动下料和光电计数是连续不停顿的，但装满一瓶后必须换瓶。在换瓶的过程中必须控制药粒不能下落，暂时将这部分药粒保存起来，等下一个空瓶到达时再放下。分瓶切换机构有电磁铁加翻板的机电二元分仓机构和气缸加水平闸门的机电三元机构两种形式。

电磁铁加翻板的机电二元分仓机构（图5-4-5）的翻板响应时间短，翻板与药仓出口倾斜一定的角度，对药粒无损伤。电磁铁具有可靠的安全性能和很高的吸重自重比，电磁铁磁性可以用通、断电控制，工作可靠，使用寿命长，维护简便，价格低廉，结构精巧，稳定可靠，大大减少了分仓机构部件疲劳、老化造成的分装错误，杜绝了伤药现象，能实现电子数粒机更快，更准确地数粒。

气缸加水平闸门的机电气三元机构（图5-4-6）的气缸响应速度慢，部件抗疲劳能力差，部件容易老化造成的分装错误，气缸使用寿命短，维护成本高，水平闸板容易损伤药粒。

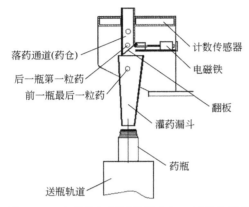

图5-4-5　电磁铁加翻板的机电气二元分仓机构

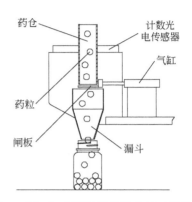

图5-4-6　气缸加水平闸门的机电气三元分仓机构

⑤ 电子数粒机主要技术指标和性能要求：根据行业标准《JB/T 20019—2014 药品电子计数装瓶机》，电子数粒机必须具有以下性能：a. 瓶装量应能设定并显示；b. 应有缺瓶止装功能；c. 应有倒瓶止装并报警功能；d. 应有连接除尘装置的接口。

3. 塞入设备

为了保证药物在储藏及运输中保持完好和延长保质期，一般要在药瓶中塞入相应的填充物，塞入填充物的设备有：①塞棉机和塞纸机，可防止颠簸和翻动等原因引起瓶内药品碰撞和损坏，在瓶内空余部分塞入脱脂药棉或纸张。②干燥剂塞入机，可防止装在瓶内的物品受潮，在瓶内空余部分塞入干燥剂的专用设备。

按干燥剂包装方式，干燥剂分为柱状式、袋包式，如图5-4-7（a）所示。

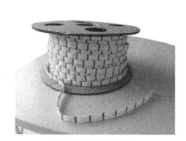

(a) 干燥剂类型　　　　　　　　　(b) 盘条状干燥剂包

图5-4-7　药瓶干燥剂

袋包式干燥剂的干燥剂装在密封的小袋内，在包装过程中增加了杀菌和防尘等工序，采用硅胶高活性吸附材料，化学性质稳定，吸附性高，热稳定性好，有较高的机械强度，无毒，无味，无污染，是我国制药企业药瓶塞入辅料的首选。因此，袋包式干燥剂包塞入机成为电子数粒瓶装生产线的主配套设备。

袋包式干燥剂包塞入机如图 5-4-8（a）所示。塞入药瓶的干燥剂包是带条缠绕成盘条状［图 5-4-7（b）］，通过袋包式干燥剂包塞入机一包一包地剪下，再塞入药瓶。

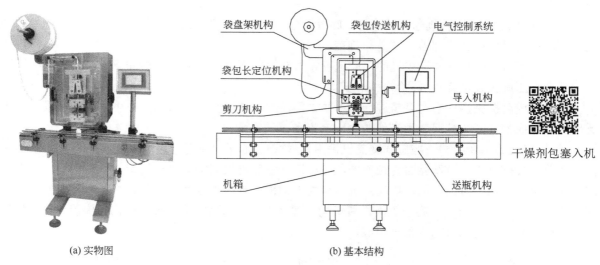

(a) 实物图　　　　　　　　　　　　(b) 基本结构

图 5-4-8　袋包式干燥剂包塞入机

袋包式干燥剂包塞入机主要结构见图 5-4-8（b），主要由机箱、送瓶机构、袋盘架机构、袋包传送机构、袋包长定位机构、剪刀机构、导入机构及电气控制系统等部分组成。

袋包式干燥剂包塞入机的工作过程如下：输送瓶机构送瓶轨道上的挡瓶部件，将由上道设备传送过来的瓶子挡在填塞干燥剂包的位置，等待填塞干燥剂包，瓶口对准剪刀机构导管口。送袋机构上的盘条状干燥剂包在步进电机的驱动下，干燥剂包从盘架上拉出并通过拉袋机构向剪切位置传送，控制干燥剂包长度的传感器检测到干燥剂包并控制干燥剂包的长度，夹袋机构将待剪的一袋干燥剂包夹住，并与剪刀上面的夹袋装置将待剪的一袋干燥剂包拉直，剪刀将干燥剂包剪断，通过导管塞入瓶内。输送瓶机构的传送带将已塞入干燥剂包的药瓶输送给下一道设备，同时，待塞入干燥剂包的药瓶补充到填塞干燥剂包的位置。

根据行业标准《JB/T 20162—2014 药品干燥剂包塞入机》，干燥剂包塞入机必须具有以下性能：a. 塞入干燥剂包的数量应可设定；b. 运行速度在规定范围内应连续可调并显示；c. 应有无瓶不塞入干燥剂包功能。

4. 锁盖设备

要组成一条最基本的药品瓶装生产线，锁盖设备是必不可少的。药品瓶装生产线的锁盖设备主要有三大类：锁盖机、压盖机和旋盖机（或压塞加旋盖）。

（1）锁盖机

锁盖机又称为三刀离心式轧盖机，用于处理输液瓶和西林瓶所用的铝盖和铝塑复合盖，通过瓶子往上顶，刀轮转动而瓶子不转，三只旋风刀旋转轧盖封口，产生一定的向上力，三把刀自动自转并向内收缩靠拢，产生一定的力把盖子轧紧。该设备在制药行业主要适用于各种玻璃瓶的铝封盖，如西林瓶装的注射液粉剂，如图 5-4-9 所示口服液瓶。

（2）压盖机

压盖机是将装药品的瓶子的内塞或外盖以压入瓶口的方式实现封盖的设备。在自动进瓶过程中，瓶盖经理盖系统整理连续不断地输送到压盖位置，准确地套在瓶口，

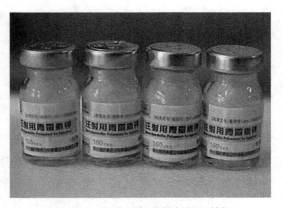

图 5-4-9　装有注射液粉剂的西林瓶

压盖装置稳妥地将瓶盖压在瓶口上。

（3）旋盖机

旋盖机是通过自动理盖、自动落盖、戴盖、旋盖等工序将瓶盖旋紧在瓶口上的专用设备。旋盖机常用于处理螺纹盖。

① 旋盖机的分类　按旋盖方式来分，旋盖机分为压旋式、爪旋式和搓旋式三种。三者的基本功能大致相同，都可以自动完成理盖、戴盖与旋盖。

压旋式旋盖机和爪旋式旋盖机的生产速度相对较慢，而且由于瓶盖规格的不同，需要更换不同的旋盖部件（如压旋头或爪旋头），价格相对低廉。

搓旋式旋盖机更换规格时只需进行简单的调整，生产速度快，能满足高速生产线的需求，被用户广泛采用，已成为电子数粒瓶装生产线的主配套设备。

② 旋盖机的主要结构　搓旋式旋盖机采用直线式进瓶、自动理盖、自动落盖、不间断旋盖等新工艺，操作简单，维护方便。操作界面为触摸屏，各种运行参数可根据需要进行设置，自动存储。具有运行状态在线显示，故障、出错提示，自动停机，盖内无铝箔和旋盖不合格（歪盖、高盖、无盖）可自动剔除等功能。如图5-4-10所示，旋盖机由送瓶机构、理盖机构、送盖机构、夹瓶机构、旋盖机构、机箱、电气控制机构和检测剔除机构等部分组成。

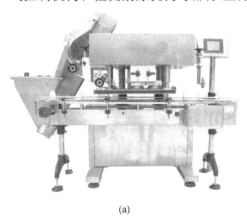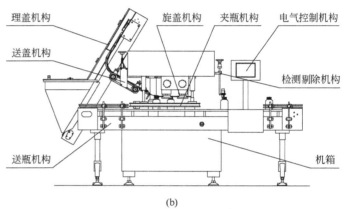

搓旋式旋盖机

(a)　　　　　　　　　　　　　　　(b)

图 5-4-10　搓旋式旋盖机

a．理盖机构：理盖机构由盖斗、阶梯上盖装置和理盖装置等部分组成，如图5-4-11所示。

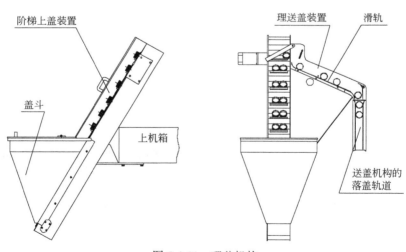

图 5-4-11　理盖机构

电机驱动阶梯上盖轨道输送带运动，盖斗里的瓶盖经输送带链板上的上盖条传送给理送盖装置。理送盖装置滑轨（见图5-4-12）两头宽，中间窄（一般为瓶盖高度的四分之一）。

盖底向外的瓶盖经过滑轨窄边处，瓶盖的重心在滑轨窄边之外，瓶盖自动掉下，并通过回盖槽，回落入盖斗。盖口向外的瓶盖顺滑轨窄边滑动到落盖戴盖机构的落盖轨道。为了保证理盖准确，在滑轨中

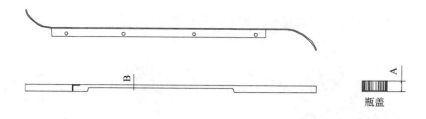

滑轨窄边宽度B小于瓶盖高度A的四分之一

图 5-4-12　滑轨

间装有一吹气嘴，吹气气压大小可以通过调节气嘴上的旋钮来实现。气压调整到能吹走盖底向外的瓶盖，盖口向外的能顺利通过。这样，瓶盖经轨道上盖机构整理，整理好的瓶盖源源不断地送到送盖机构的落盖轨道。

　　b. 送盖机构：送盖机构如图 5-4-13 所示。送盖机构由两大部分组成：落盖和戴盖。

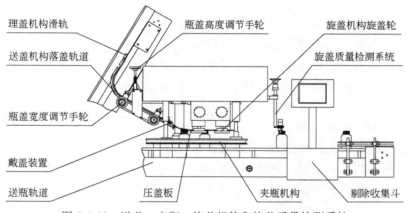

图 5-4-13　送盖、夹瓶、旋盖机构和旋盖质量检测系统

　　落盖部件上口要与理盖装置滑轨对接好，保证从理盖装置滑轨滑下的瓶盖平滑过渡到落盖部件的落盖轨道。

　　据瓶盖高度旋动瓶盖高度调节手轮，根据瓶盖直径旋动两个瓶盖宽度调节手轮，使瓶盖在落盖轨道内顺利通过。

　　c. 夹瓶机构：瓶子必须在夹紧的状态下旋盖。夹瓶部件为一对相向运动的同步带传动系统，同步带上复合了一层弹性较好的橡胶层，对于圆度较差或有少许锥度的瓶子有较强的适应性。在整个旋盖区域，夹瓶装置始终紧紧地夹着瓶子，使戴盖和旋盖的过程能顺利进行。

　　d. 旋盖机构：旋盖机构由压盖部件和两对（或三对）耐磨橡胶轮组成，保证不同规格的瓶盖都能旋紧。瓶子经自动戴盖，先由压盖装置压盖板将瓶盖压平，瓶子在夹紧的状态下送入旋盖区，由旋盖轮组将瓶盖紧紧地旋紧在瓶口上。在旋盖机构之后，安装了一套旋盖质量检测系统，一旦检测到旋盖不紧或无盖或盖内无封口铝箔都能自动检测并予以剔除。

　　③ 旋盖机的工作过程　瓶盖经理盖机构整理，口朝上的瓶盖源源不断地送到落盖轨道，从流水线其他设备上输送到送瓶轨道上的瓶子进入落盖区，在瓶子被两边夹瓶装置夹紧向前移动的过程中，自动将瓶盖套上，压盖装置在旋盖前先将瓶盖压至预紧状态，在两对高速旋转的耐磨橡胶轮的作用下，瓶盖紧紧地旋在瓶口上。

　　④ 旋盖机性能要求　根据行业标准《JB/T 20059—2014 药瓶旋盖机》，旋盖机必须具有以下性能：a. 运行速度在规定范围内应连续可调并显示；b. 应无卡盖、堵盖、飞盖和反盖的现象。c. 应有无瓶不落盖的功能。

5. 封口设备

为了保证药瓶内药品完好、延长保质期，防止药品受潮，除在药瓶内塞入干燥剂包、纸或棉外，一般还要进行封口。药瓶封口主要是采用电磁感应铝箔封口机，如图5-4-14所示。铝箔和药瓶封口效果图见图5-4-15。

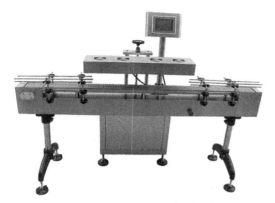

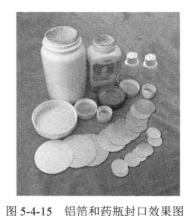

封口机

图5-4-14　电磁感应铝箔封口机　　　　图5-4-15　铝箔和药瓶封口效果图

（1）电磁感应铝箔封口机的分类

电磁感应铝箔封口机按对电磁感应装置（加热感应头）冷却的方式分为水冷式和风冷式两种。水冷式是采用封闭水箱的循环水，对电磁感应装置进行冷却。这种冷却方式，带来了水温升高、管路水垢等影响封口效果的弊端。风冷式就是仅用几只仪表风扇对电磁感应装置主要功率元件进行冷却，这一技术不但节约能源，确保了较快的冷却速度和长期耐用性，而且冷却效果好，延长了机器的使用寿命。

（2）电磁感应铝箔封口机的结构

电磁感应铝箔封口机由电磁感应装置、升降装置、送瓶机构、电气控制系统和机箱组成（图5-4-16）。电气控制系统安装在机箱内，安装在送瓶轨道前侧板右下角的红色按钮为总电源开关，也称急停开关。根据瓶子的高度，旋动升降装置手轮，可以改变电磁感应装置的高度。电磁感应装置与瓶盖的距离不应大于2.5mm。

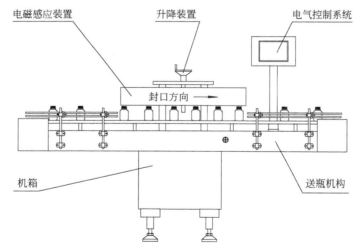

图5-4-16　电磁感应铝箔封口机的主要结构

（3）电磁感应铝箔封口机的工作过程

电磁感应铝箔封口机采用电磁场感应加热原理，利用高频电流通过电感线圈产生磁场，当磁力线穿过封口铝箔材料时，瞬间产生大量小涡流，致使瓶盖内的铝箔自行高速发热，熔化复合在铝箔上的覆膜，旋紧的瓶盖与瓶口形成的压力，使之熔化于瓶口并将瓶口密封，达到封口的目的。

（4）电磁感应铝箔封口机的主要技术指标和性能要求

根据行业标准《JB/T 20065.5—2014 塑料药瓶铝箔封口机》，电磁感应铝箔封口机必须具有以下性能：a．运行速度在规定范围内应连续可调并显示；b．冷却方式对电磁感应装置应无过热现象，采用水冷却方式的管路系统应无渗漏；c．封口输出功率在标示的范围内应连续可调并显示；d．封口机应有自动剔除缺铝箔药瓶的功能。

6. 贴标设备

药瓶完成封口后，需要在瓶子上贴标签。按照不同的粘胶涂布方式，在制药行业，贴标机可以分为不干胶贴标机和浆糊贴标机两大类。浆糊贴标机虽然价格较低，但生产效率不高，贴标效果没有不干胶贴标机美观，操作和清场都没有不干胶贴标机方便，绝大部分的用户都不选用浆糊贴标机，而选用具有清洁卫生，贴标后效果美观、牢固、不会自行脱落，生产效率高等优点的不干胶贴标机。

（1）不干胶贴标机的分类

按实现不同的贴标功能分，不干胶贴标机可分为平面贴标机、侧面贴标机和圆周贴标机。按照自动化程度分，不干胶贴标机可分为全自动、自动、半自动和手动贴标机。不干胶贴标机可完成圆瓶柱面局部围贴或全覆盖围贴、瓶盖顶面的平面贴标、方瓶（扁方瓶）单面贴或多面贴等，但不干胶贴标机的总体结构都大同小异。图 5-4-17 为不干胶贴标机的实物图。

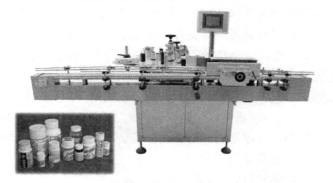

图 5-4-17　不干胶贴标机

不干胶贴标机

（2）不干胶贴标机的主要结构

不干胶贴标机主要由送瓶轨道、机箱、升降系统、行标系统、贴标系统和电气控制系统等部分组成，如图 5-4-18 所示。

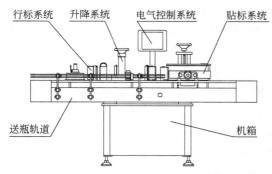

图 5-4-18　不干胶贴标机的主要结构

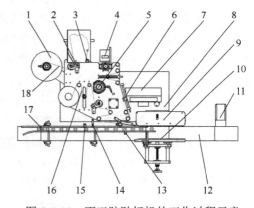

图 5-4-19　不干胶贴标机的工作过程示意

1—标纸盘；2—张紧机构；3—行标机构；4—打码机；5—主板升降机构；6—标纸定位光电传感器；7—电气控制屏；8—机箱；9—滚标同步带；10—滚标压板；11—履带电机；12—走瓶轨道；13—贴标光电眼；14—瓶距气缸；15—瓶距光电眼；16—标贴衬纸；17—瓶子；18—标贴纸

（3）不干胶贴标机的工作过程

如图 5-4-19 所示，需要贴标的瓶子输送到走瓶轨道 12（或从流水线其他设备上直接输送过来），瓶距调节机构 14、15 将瓶子等距离拉开，瓶子在走瓶轨道 12 依次前行，当瓶子经过贴标光电眼 13 时，步进电机得到信号开通，标纸盘 1 上的送标电机转动，标纸通过传动机构自动送标，标纸经过经打码机 4 打码，标纸定位光电传感器 6 根据每张标纸的长度定位，使标纸拉出一张标纸的长度，在起标刀口处剥离 3mm 左右，在滚标同步带 9 和滚标压板 10 的作用下，标纸平整地侧贴到瓶身上，完成整个贴标过程。一个瓶子贴标完后，下一个瓶子经过贴标光电眼 13，重复以上步骤，在连续不断的进瓶过程中标纸逐张正确地贴到瓶身上。

送标电机转动，标签纸从标纸盘1上逐张拉出，需要保持一定的张力，必须有相应的机构来保证。在送标过程中，张紧机构2装有弹簧压紧机构的压板将标纸带压紧，使卷料带在等待贴标和贴标时始终保持张紧状态，保证起标准确和标签纸贴得平整又牢固。如需要打码，打码机安装在行标装置标签纸定长装置的前面，标签纸传送到打码机的打码位置时，在标签纸指定部位上一次完成批号、生产日期和保质期等信息的打印。

三、基本工作过程

药品电子数粒瓶装生产线的基本工作过程（塞入设备以干燥剂包塞入机为例，锁盖设备以搓式旋盖机为例）如下：

① 理瓶机送瓶装置将瓶子源源不断地输送到理瓶桶，理瓶桶内的转盘在传动机构的驱动下逆时针转动，桶内的瓶子在离心力的作用下落入转盘槽，转盘槽内的瓶子经转动的转盘带动，通过出瓶板和出瓶瓶距装置进入理瓶装置，瓶子在理瓶装置一对同步带夹持下向扶瓶装置传送的过程中，瓶底在前面的瓶子到达扶瓶装置就被自动扶正（瓶口向上），瓶口在前面的瓶子经钩瓶杆拨动和压瓶装置挡压，瓶子转成瓶底在前，到达扶瓶装置也被自动扶正。

② 理正的瓶子通过送瓶轨道传送到电子数粒机的装瓶位置，进行灌装。

③ 输送瓶机构送瓶轨道上的挡瓶器件将上道设备传送过来的瓶子挡在装瓶位置，等待灌装。药品通过电子数粒机送料波纹板的振动，有序地进入药仓，在药仓上装有计数光电传感器，落入药仓的药品经光电计数传感器定量计数后装入装瓶位置的瓶中。

④ 灌装好药品的瓶子通过送瓶轨道传送给干燥剂包塞入机。

⑤ 输送瓶机构送瓶轨道上的挡瓶器件，将由上道设备传送过来的瓶子挡在填塞干燥剂包的位置，等待填塞干燥剂包。传送干燥剂包机构将从干燥剂袋盘架拉出的干燥剂包向剪切干燥剂包位置传送，控制袋包长度的传感器检测干燥剂包并控制袋包的长度，夹袋包机构将待剪的一包干燥剂包夹住，并与剪刀上面的夹包装置将待剪的一包干燥剂包拉直，剪刀将干燥剂包剪断，通过导管塞入瓶内。

⑥ 已塞入干燥剂包的药瓶通过送瓶轨道传送给自动旋盖机。

⑦ 瓶盖经理盖机构整理，盖口朝上的瓶盖源源不断地送到落盖轨道，从流水线其他设备上输送到送瓶轨道上的瓶子进入落盖区，在瓶子被两边夹瓶装置夹紧向前移动时自动将瓶盖套上，压盖装置在旋盖前先将瓶盖压至预紧状态。在两对高速旋转的耐磨橡胶轮的作用下，瓶盖紧紧地旋在瓶口上。

⑧ 旋好盖的瓶子通过送瓶轨道传送给电磁感应铝箔封口机。

⑨ 瓶盖装有铝箔的瓶子经过电磁感应铝箔封口机感应装置下方，铝箔接收到感应装置产生的能量加热，加热的铝箔将复合在铝箔上的塑料膜熔融并与瓶口紧密粘合，获得密封效果。

⑩ 封好口的瓶子通过送瓶轨道传送给不干胶贴标机。

⑪ 需要贴标的瓶子经送瓶轨道的传输，通过瓶距调节机构将瓶子等距离拉开，光电传感器感应到经过的瓶子，发出信号，传动系统得到信号开通，开始送标签纸，张紧系统实现对标签纸带的张紧，经过打码机时将药品的信息（生产日期、生产批号、有限期）打印在标签纸的指定位置，标签纸定长光电传感器根据一张标签纸的长度定长，送标机构将标签纸拉出一定的长度，在贴标部件和压标部件的作用下，标纸自动剥离，平整地贴到瓶子要求的位置上，经压标签机构滚压，完成整个贴标过程。

瓶装生产线1

瓶装生产线2

四、性能要求

根据国家标准《GB/T 30640—2014 全自动电子数粒瓶装线通用技术条件》，电子数粒瓶装生产线必须具有以下性能：a．对可能产生粉尘的物料，电子数粒机应配置除尘接口和除尘装置。b．输送机构可随充填物料品种和容器规格的变化而进行相应的调整。c．监控系统灵敏准确，当发生缺瓶、积瓶、缺盖、积盖时应有自动调节控制功能。当发生倒瓶、数粒不准、无盖、反盖、无铝箔、压/旋盖不良时应有自动剔除装置。d．配置喷码、打印设备的瓶装线，包装件的生产日期等信息的喷码位置应正确、一致，喷码应清晰、牢固。e．包装件封口应无高盖、歪盖、破盖、无盖等现象。f．瓶盖开启力矩应符合标准的规定。g．铝箔封口处应平整，无皱褶、灼化和压穿现象；包装件经密封性试验，封口处应无泄漏。

五、发展趋势

随着科学技术的高速发展和市场的快速变化，包装机械的发展有了新特点：一是生产高效率。生产线高度自动化，生产规模大型化，以获得最佳劳动生产率和经济效益。二是资源的高利用率，高度的综合利用和发展循环经济。三是产品高度重视节能，重视降低成本。四是高新技术实用化，提高生产效率，产品上水平、上档次，使包装机械产品向知识密集化、技术综合化、产品智能化等方面发展。

药品质量关系重大，各国政府都对药品生产制定了严格的法律法规体系。我国于2011年颁布实施《药品生产管理规范（GMP）》，为适应政府法律法规的要求，同时也得益于现代电子技术、控制技术和信息网络技术的发展，全自动瓶装线逐渐从机械化、自动化向智能化发展，整线的集成控制技术、多种在线检测和剔除、在线检测剔除确认、自动取样、产品生产全过程追溯系统等智能技术得以应用，不但提高了生产线的效率，也提高了产品质量，保证了人们的用药安全。

六、其他计量方式的药品包装生产线简介

1. 智能丸剂瓶装包装线

智能丸剂瓶装包装线（图 5-4-20）适用于各种丸剂（蜜丸、水蜜丸、水丸、糊丸、蜡丸和浓缩丸）的称重包装。整线包括自动理瓶（自动理瓶机或转盘供瓶机）、多通道称重灌装机、直线式旋盖机、贴标机、打码，通过智能控制程序完成物料的自动灌装、称重及输送。

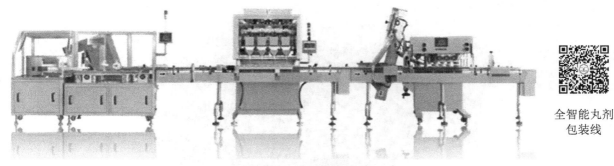

全智能丸剂
包装线

图 5-4-20　智能丸剂瓶装包装线

2. 全智能中药配方颗粒生产线

全智能中药配方颗粒生产线（图 5-4-21）适用于各类别中药材（包括植物根、茎、叶、花、种子、果实类）经提取、干燥的湿膏粉、直接打粉的细粉等总混后，经干法制粒、湿法制粒后过筛的配方颗

全智能中药配
方颗粒生产线

自动理瓶机　　　自动颗粒称重灌装机　　　单头自动旋盖机　　　圆瓶自动贴标机

图 5-4-21　全智能中药配方颗粒生产线

粒（颗粒含粉≤13%）的称重瓶包装，整线完成塑料瓶自动理瓶、自动称重灌装、旋盖、封口、贴标和溯源标识等工艺。该设备能够在人工包装瓶、盖及产品备料后，实现自动理瓶、自动按设定值称重、自动灌装、自动供盖和旋盖、电磁封口和自动贴标，一直到条码和 RFID 的读写和标识及不良检测的全过程自动运行和智能控制功能。

该设备的工艺流程：自动理瓶机→空瓶称重机→颗粒自动称重灌装机→瓶身清洁→旋转式旋盖机→总重称重机→铝膜封口机→贴标机→电子标签赋码及标识→工作台。

七、自动装盒机

自动装盒机是广泛用于制药企业大批量塑料瓶装瓶过程中的装盒设备，是各种塑料瓶生产线的理想配套设备，也可用于化工、轻工、食品和饮料行业的塑料瓶瓶装生产线。

自动装盒机是药用装盒机，具有自动完成说明书折叠、纸盒打开、装盒、纸盒条码检测、封盒、废品剔除等功能。另外该装盒机带有自动记忆功能、在装盒之前就杜绝了盒子的浪费，该装盒机还带有瓶子、废品、合格数以及计数的功能。

1. 基本结构

自动装盒机是由药瓶布料转盘装置、进瓶输送装置、装瓶输送装置、吸盒装置、旋转推瓶装置、装盒输送装置和剔除装置等组成。图5-4-22 为自动装盒机外形图。药瓶布料转盘装置是通过圆盘的旋转及理瓶装置将药瓶排列成等间距的顺序一次性送入进瓶输送系统；进瓶输送装置是通过伺服电机控制不等距的螺旋推进器旋转，将药瓶输送到倒瓶口，通过传感器检测药瓶的位置后给吃瓶气嘴信号将药瓶吹倒后输送到装瓶输送装置；装瓶输送装置通过传感器对药瓶进行检测，将信号告知折纸机，折纸机将说明书折成后，和药瓶一一对应送到药瓶推瓶装置；吸盒装置是通过伺服电机控制不同的转速来调整吸盒的快慢，吸盒机械手通过真空电磁阀的吸放将纸盒送到装盒输送系统；旋转推瓶装置是通过滑轨的运动轨迹将药瓶和说明书推进纸盒进入到装盒输送系统；装盒输送装置是将药瓶和说明书装好的纸盒进行盖盒和条码检测工作，并通过压纸机构对每个纸盒进行生产日期的压印；剔除装置是将药盒中没有说明书和条码的成品药盒进行剔除。

图 5-4-22　自动装盒机外形图

2. 工作过程

自动装盒机分为三个入口：药瓶入口、说明书入口、机包盒入口。从机包盒进料到最后包装成型的整个过程大致可以分成四个阶段：下盒、打开、装填、合盖。具体工作过程如下：①自动将产品放进产品输送船内，输送船由输送链带动运动；②检测装置检测到输送船内的产品，控制折纸机，在适当的时候吸下一张说明书，折叠后传送到有产品的输送链下方夹住；③检测装置检测到输送船内的产品和输送链下的说明书后，控制吸开盒装置在适当的时候从储盒架上吸下一个纸盒，然后旋转打开，由盒输送链运送到相应的带有产品和说明书的输送链的前面；④推杆输送链带动推杆运动，同时推杆在导轨作用下，将产品和说明书推进相关的盒子里，盒子被传送到机器的出料口的同时，相关的部位被折弯、折叠、塞实，盒子完全封好，这样就完成了整个包装过程。

3. 特点

①人性化设计，智能化控制。②整机直线型设计，采用"PLC+触摸屏"控制。③采用伺服系统驱动，吸盒、送瓶及盖盒等均采用气缸动作，运行速度快，控制精确。④结构合理，运行可靠，性能先进，不污染环境，生产效率高。

第五节　制袋充填封口包装机

制袋充填封口包装机是对软包装如薄膜、软包装用纸等材料，根据被包装物的需要，按照相应尺寸，制成软袋并对被包装物进行包装的设备。

一、制袋充填封口包装机分类

根据待包装的物品的特点和机器的膜的走向，制袋充填封口包装机可分为立式机和卧式机，国外称为垂直（或水平）制袋充填封口包装机，其中垂直制袋充填封口包装机简写为 VFFS（V—垂直，F—成型，F—充填，S—封口），如图 5-5-1 所示。立式机主要用来包装如片剂、颗粒剂、散剂、软膏剂、胶囊剂、液体制剂等固体和液体形态的药品，也可以包装中药饮片。故按照待包装药品的种类，立式机可以分为颗粒剂包装机、粉剂包装机、中药饮片包装机等。在立式机中除了包装三边封和四边封扁平袋的普通制袋封口包装机之外，还有背封式单列和多列制袋充填封口包装机。中药饮片包装机可以分为大袋包装机、小袋包装机、大剂量草类包装机和小剂量草类包装机。卧式机通常主要用来包装泡罩板等药品的内包装，作为进一步的防潮包装。卧式机适合粉剂、颗粒剂和液体的小袋包装。本节主要介绍多边封制袋充填封口包装机、背封式制袋充填封口包装机和中药饮片包装机。在中药饮片包装机中介绍小袋和大袋包装机、大剂量和小剂量草类包装机以及袋装多物料包装联动线。

图 5-5-1　制袋充填封口包装机

二、制袋充填封口包装机的基本工作过程

制袋充填封口包装机的基本工作过程包括：制袋、药品的计量和充填、封口和切断、检测和计数。其中制袋的主要装置是袋成型器，袋成型器分为象鼻式和翻领式等；药品的计量方式有定容法和称重法，定容法如前所述有量杯式、转鼓式、螺杆式等；封口分为纵缝和横封，纵缝和横封的方式都可以分为连续式和间歇式，其中连续式是辊式，间歇式是板式。

三、多边封制袋充填封口包装机

多边封制袋充填封口包装机可以用来包装小颗粒、粉剂、均匀粗颗粒、液体、软膏等形态的药品。

1. 物料包装流程

物料进入料斗，依靠自重落料→量杯左右摆动下料→拉膜→封口，同时切易撕口→切虚线连包撕口→根据设定连包数量切断→包装袋包物料完成，进入下一包装循环。

2. 包装机结构

多边封制袋充填封口包装机的主要构成部件见图 5-5-2。

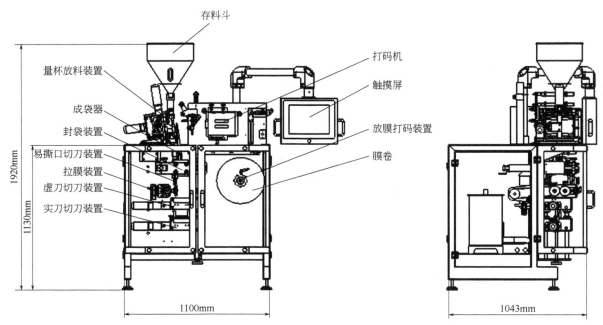

图 5-5-2　多边封制袋充填封口包装机主要构成部件

① 计量装置　对于不同的物料，常用的计量结构分别是：a. 小颗粒，选用量杯式（多种结构，其中，楔形量杯结构见图 5-5-3）；b. 粉剂，选用螺杆式；c. 均匀粗颗粒，选用计数方式；d. 液体，选用定量泵。

配方颗粒自动
包装机

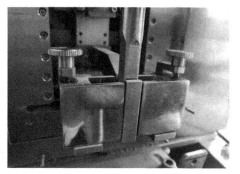

图 5-5-3　量杯

② 成袋装置　一般使用象鼻形成袋器，在拉膜装置的作用下把展开的膜逐步形成袋（参见图 5-5-4）。成袋器在制袋成型封口包装机中是关键的部件，翻领式成袋器是制袋成型封口包装机另一种常用的成袋器（参见图 5-5-5）。

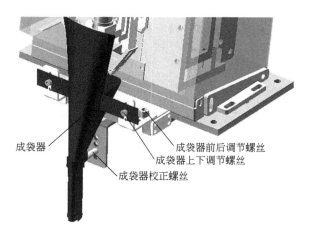

图 5-5-4　象鼻式成袋器

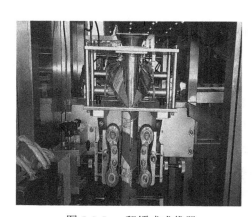

图 5-5-5　翻领式成袋器

③ 拉膜装置　用一对电机驱动夹膜轮驱动装置完成，如图 5-5-6 所示。

④ 横封装置　在电机驱动下，热封模通过有规律地间歇开合达到膜的封合。

⑤ 纵封装置　与横封装置做成一体，横封同时进行纵封；三边封和四边封的横封和纵封多不用气缸，而采用电动，横封与纵封可通过一对 L 形热合模板的压合同时完成的。图 5-5-7 为横封和纵封装置。

图 5-5-6　拉膜装置

图 5-5-7　横封和纵封装置

⑥ 切断装置　由一个定刀和一个旋转动刀组成，有切易撕线的虚刀切断装置（图 5-5-8）和切断用的实刀切断装置（图 5-5-9）。

图 5-5-8　虚刀切断装置

图 5-5-9　实刀切断装置

3. 多边封制袋充填封口包装机特点

当代多边封制袋充填封口包装机已经发展为智能化全自动包装机，具有自动启动真空上料、自动定量（伺服电机调节量杯容量）、自动成袋、填充、自动吸尘收集、封口、打印、切断及成品出料输送等功能。采用 PLC 程序控制、触摸屏人机界面、伺服系统驱动、光电自动检测跟踪、模拟量输入模块控制温控系统、变频调节吸尘收集等，使整机的操作既智能又简单，提高了药品包装行业的生产效率，降低了劳动强度。

四、背封式制袋充填封口包装机

背封式制袋充填封口包装机常用于冷轧纯铝复合包装或多层复合膜的袋包装，包装材料为纯铝箔/纯铝箔复合膜。适用于医药、食品和化妆品等行业的粉剂、颗粒剂类物品包装。

1. 背封式制袋充填封口包装机的分类

背封式制袋充填封口包装机分为单列机和多列机（图 5-5-10）。

2. 背封式制袋充填封口包装机工作流程

供膜→翻领成型→气动纵封→伺服电机皮带拉袋→气动横封（齿形切断）→充填物料→成品输出。

3. 背封式制袋充填封口包装机结构

① 供膜　由安装在机器后部的料卷及放卷装置完成。

② 翻领成型　由一组或多组衣领形状的几何成型器实现，当包装膜从后部引导至其上时，通过下部的拉膜装置使膜下拉同时成袋形。

③ 纵封　可由一气缸驱动的热压模板装置独立完成；目前中低速包装机基本都是采用热压模板结构原理，但在高速包装机上，常通过应用连续工作的辊式封口器来实现纵封，甚至横纵封同时由一个辊式封口器来完成。板式封口器结构简单，易调整；辊式封口器传动和结构复杂，精度要求高，成本也相对较高。

④ 拉膜　单列机采用电动双轮装置或上下往复装置来拉膜，多列机常用上下往复装置来实现拉膜。拉膜器结构如图 5-5-11 所示。

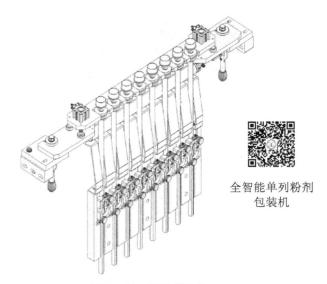

全智能单列粉剂
包装机

图 5-5-10　智能多列粉剂/颗粒剂包装机　　　　图 5-5-11　拉膜器结构

⑤ 横封及切断　常用由气缸驱动的热合模板及切刀装置组成的横封切断装置实现；也可用一对齿形圆封刀装置，在滚封同时完成切断。横封间歇式用气动或电动热压合模板装置，连续式用轮形齿形双模轮装置。同样，间歇式切断用气动或电动剪切刀装置，连续式切断用轮转动静双刀切断装置。

⑥ 充填物料　如果充填物料是粉剂，通常采用螺杆装置充填；如果是颗粒剂，常用量杯装置充填。

⑦ 成品输出　在切断后，成品靠自重跌落至滑槽后落入接料器皿。

4. 背封式制袋充填封口包装机特点

①连续自动完成制袋、计量、充填、封口、分切、易撕口、切纵横易撕断裂线等包装工序过程。②一次填充可完成被包装物的多条袋自动包装。③体积小，速度快，计量精度高，简单易操作。④各工位调整方便，快捷，降低了整机维修率，减轻了劳动强度，提高了生产效率，在整机调试和更换品种过程中减少了调试的时间，提高了产品合格率。⑤双面色标自动校正，自动跟踪调整。

五、中药饮片包装机

中药饮片包装机是针对中药饮片的不规则性通过定量称量，按设定的剂量将中药饮片包装成大小袋的设备。中药饮片包装设备包括小袋包装机、大袋包装机、小剂量草类包装机、大剂量草类包装机以及多物料包装联动线等。中药饮片包装机的基本结构属于制袋充填封口包装机，并根据各类中药饮片的特点，采用不同的供料和定量装置，并在物料下落通道与封口程序上进行特殊的处理。

中药饮片包装机采用称重定量生产出中药饮片小包装，改变了传统饮片包装简陋、卫生难以保障等弊端，也避免了因人工称量、调配后分剂量不均匀，以及药物混包后难以辨认、药品错漏难以纠正等现象发生。

1. 小袋包装机和大袋包装机

大袋包装机和小袋包装机主要用于中药饮片果实、根茎、部分枝状、花叶、碎草等精致小包装饮片，其中大袋包装机包装规格为250g、500g、1000g三种，小袋包装机包装规格为1g、3g、5g、6g、9g、10g、12g、15g、30g九种。

（1）包装过程

图5-5-12为智能小袋包装机，图5-5-13为其结构组成。小袋包装机详细工作过程为：①人工将物料倒入提升机存料斗，振动落料（带铁屑剔除及泥沙过滤）；②提升斗自动将物料带到多头称上方，电眼检测物料不足时自动喂料；③包装膜在成袋器和拉膜装置及纵封的作用下制成袋，等待下料；④多头称自动称重，组合所需重量，下料；⑤多头称下方剔除装置自动将不合格重量剔除，收集；⑥物料经过拨料（电机）装置快速落料到成袋器的料筒中，落料到已封制好的袋子内；⑦横封，同时带动排气海绵排气，排气先接触袋子，后横封封口，切断包好的物料；⑧出料输送带输出包好的成品。如此循环自动工作。

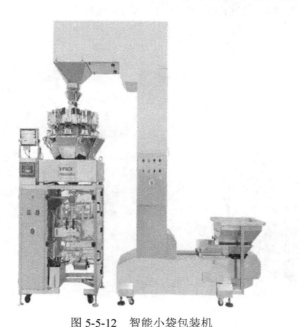

全智能草类小袋
包装机

中药饮片小剂量
包装机

图5-5-12　智能小袋包装机

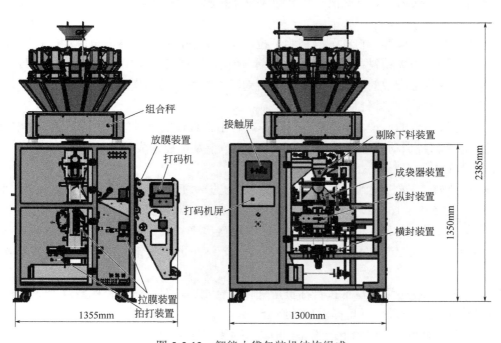

图5-5-13　智能小袋包装机结构组成

大袋包装机（图 5-5-14）的工作流程基本与小袋包装机的工作原理一致，但在供料、称量称的规格上需要对成袋的袋增加撑膜气缸撑袋的动作。

（2）包装机结构

根据物料输送、物料自动称重，包装机可分为五大部分组成：Z 型自动供料提升机（含筛粉去铁装置）；组合称；包装机主体；出料输送带；打码机。

主体包装机结构如下：

① 剔除下料装置　用于对称重中出现的异常量进行剔除，主要通过在下料分叉通道上安装自动气动开合门来引导异常物料流向收集斗。

② 成袋器装置　用途同上，采用翻领状的成型装置加一中间的圆筒组成。

③ 纵封装置　通常由一对气缸驱动的热合模板组成完成背封。

④ 横封装置　用于完成横封，由一对气缸驱动的热合模板组成。在热合模板中部，安装了由两个气缸驱动的切刀，用于在横封的同时切断膜包。高速机也有应用辊式横封器的。横封装置的结构见图 5-5-15。

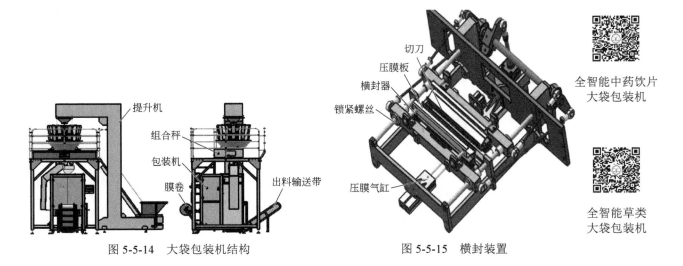

图 5-5-14　大袋包装机结构　　　　图 5-5-15　横封装置

⑤ 放膜装置　按包装节奏，自动把膜从大的原料卷拉出，为成袋器供膜，由料卷存放轴和电动拉膜对辊组成。

⑥ 拉膜装置　按包装节奏，自动配合把膜下拉，从而成袋，由左右两套电驱动的拉膜带结构组成。

⑦ 拍打装置　用于破坏物料在下落通道里架空，使物料快速到底，由一小电机带动凸轮拨板组成。

⑧ 排气装置　为排去袋中的空气，通常在横封刀下装有弹性的排气装置，在横封压合动作的同时，先用海绵结构和弹簧结构完成排气后再封口和切断。

⑨ 组合秤　通过组合的原理，快速从多个斗中组合出符合设定重量的几个斗，达到定量值，由中心圆振动器和圆形布置的线振动器、过渡斗、称斗、汇合料槽及电控组成。

组合秤的具体工作原理：

a. 首先物料由物料输送机送到上进料斗，然后主振机振动把物料从上进料斗排出，通过主振盘对各线振盘进行喂料，如图 5-5-16（a）所示。其中调整上进料斗的高度可以调节物料下落的厚度。

b. 物料称重　如图 5-5-16（b）所示，物料从主振盘出来均匀进入各线振盘，线振机振动物料进入集料斗，当称量斗完成上一次称量并组合下料后，集料斗再向称量斗喂料，称量斗再次完成称量工作、组合。

c. 组合　从各称量斗中读取重量按目标重量进行组合相加，算出满足目标重量上下偏差的 N 个合格组合，然后从中挑选一组最接近目标重量的组合。

d. 放料　把称好的物料排放到下一设备，有以下 4 种方式：

直接放料方式（集料斗方式 0）：物料从组合秤的出料斗直接向下排放。

集料斗放料方式（集料斗方式 1）：物料从组合秤的出料斗下来后先存放在集料斗中，然后才向后设备排放物料，起到集中物料的作用，大大缩短物料的落差，消除高速度时上下料分不清的现象。如图 5-5-17 所示。

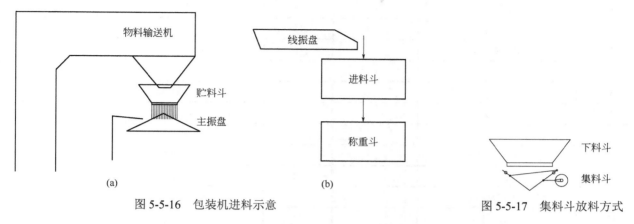

图 5-5-16　包装机进料示意

图 5-5-17　集料斗放料方式

集料斗分料方式（集料斗方式 2）：物料从组合秤的出料斗下来后先存放在集料斗中，然后根据 2 台后设备的请求放料信号，分别向 2 台后设备排放物料，可以更充分利用组合秤的高速性能，如图 5-5-18 所示。

集料斗选别方式（集料斗方式 3）：物料从组合秤的出料斗下来后先存放在集料斗中，集料斗起到缩短每包物料落差的作用；遇到不合格物料时将自动启动选别电机，把不合格物料排放到回收口，避免不合格产品进入下一工序，如图 5-5-19 所示。

图 5-5-18　集料斗分料方式

图 5-5-19　集料斗选别方式

组合秤的主要部分如图 5-5-20 所示。

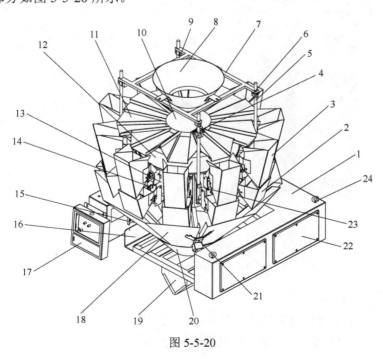

图 5-5-20

序号	名称	备注	序号	名称	备注
1	机箱		13	铝盒集成	
2	称量斗		14	曲拐	
3	存料斗		15	收料槽支撑件	
4	光电传感器		16	集料斗安装板	
5	支撑杆		17	显示器	
6	升降座		18	组合收料槽	
7	上进料斗支架1		19	集料斗	可选
8	上进料斗		20	出料斗	
9	上进料斗支架2		21	组合收料槽支撑件	
10	主振盘		22	机箱盖板	
11	线振盘		23	支撑杆连接件	
12	防水盖		24	吊环	

图 5-5-20 包装机计量组合秤结构图

2. 小剂量草类包装设备和大剂量草类包装设备

小剂量和大剂量草类包装设备的处理对象都为草类物料。大剂量草类包装机的包装范围是 500～1000g/包，小剂量草类包装机的称重范围为 3～100g/包。

图 5-5-21 和图 5-5-22 分别为大剂量和小剂量草类包装设备的结构简图。其主要工作过程为：a. 人工将物料倒入提升机存料斗，振动落料（含筛粉去铁装置）；b. 提升斗自动将物料带到多头称上方，电眼检测物料不足时自动喂料；c. 多头称自动称重，组合所需重量，下料；d. 多头称下方剔除装置自动将不合格重量剔除，收集；e. 灌装、压料、托料、拍打；f. 封口，切断包好的成品；g. 拉膜，纵封口，等待下料；h. 出料输送带输出包好的物料。如此循环自动工作。

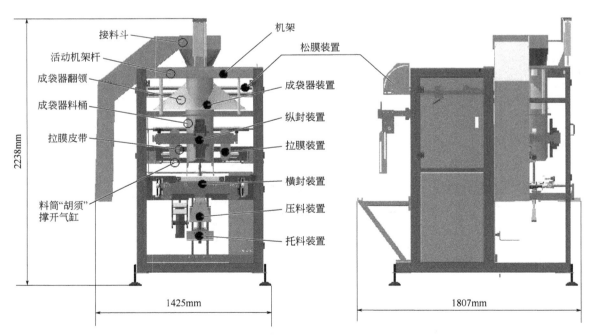

图 5-5-21 大剂量草类包装机结构

3. 多物料袋装包装线

多物料袋装包装线用于不同组合种类物料的包装需求。如均匀粒状物料应通过数粒来定量，堆密度均匀的粉状或颗粒状物料则用量杯来定量，不规则但易分离物料则用组合称来定量，不易分离的则用振

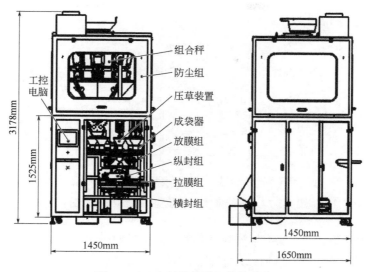

图 5-5-22　小剂量草类包装机结构

（图中标注：工控电脑、组合秤、防尘组、压草装置、成袋器、放膜组、纵封组、拉膜组、横封组；尺寸标注：3178mm、1525mm、1450mm、1450mm、1650mm）

动给料称重的方式来定量，可根据不同的组合物料，柔性组合，从而满足不同的物料组合包装，如常见的中药保健茶和方剂冲服剂等。同样，当装量大小不同时，可更换大小袋包装机。图 5-5-23 为多物料袋装包装线实物图。

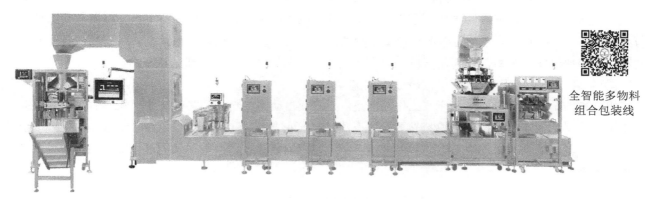

全智能多物料
组合包装线

图 5-5-23　多物料袋装包装线

（1）多物料袋装包装线特点

模块化设计，根据功能分为若干独立的设备，可以灵活地对生产线各工位做出调整。每台称重下料设备均采用 PLC 控制，称重采用高精度称重传感器，同时都配有超重剔除功能，因此，包装的总体重量精度较高。下料设备有数粒机、量杯定量机、多头称组合称重机、直线振动称重机，可以满足对不同性质的物料进行定量称重工作。包装机有大剂量包装机和小剂量包装机，可以满足从几克到 2 千克重量的物料包装。每台设备可以方便快速地与输送带联机，即插即用。输送线配有总控操作屏，可以方便操控总线的生产运作。

（2）多物料袋装包线的结构

① 整机安装　如图 5-5-24 所示，六台称重下料设备的摆放顺序为常规摆放顺序，如有特殊需求可以相应作出调整。

② 输送带　如图 5-5-24 所示，输送带是 Z 型提升物料输送带，是整机设备的主要部分，连接各台设备和负责总控制。

③ 大包装机　如前述。

④ 小包装机　如前述。

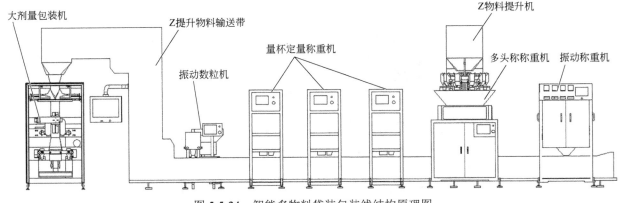

图 5-5-24 智能多物料袋装包装线结构原理图

⑤ 数粒机　适用于红枣、莲子或类似颗粒等物料。振动盘通过脉冲电磁铁使料盘内物料产生扭摆振动，排列整齐沿螺旋轨道上升，输送到直线送料器导槽上；直线送料器再将物料输送到落料机构，经光电感应数粒后输送至主输送带料斗上。物料经直线送料器通过送料导槽跌落至落料机构，数粒电眼记录数量，达到预设粒数后挡料气缸迅速伸出阻挡住后面颗粒。当跌落数量正确时物料沿右通道达到主输送带料斗内；当发生异常数量跟预设不一致时，会把物料自动剔除，沿左通道送至剔除料桶内，设备马上自动重新开始循环工作，无需手动操作，不会产生停顿，对整线生产几乎没有影响。

⑥ 量杯机　适用于小颗粒物料。使用量杯定量，自动称重。人工加料到存料斗后，通过两套量杯连续交替定量接放料，把物料传送至称重斗内，使用精密电子称重传感器称出物料重量，再自动判定是否符合预设值，把物料送至主输送带料斗内或剔除桶内，完成一次工作循环。人工将物料加至存料斗内，物料电眼能探测物料多寡，物料从存料斗内落至量杯内，两边刮板起挡料和刮料作用。

⑦ 组合称　适用于干燥百合、燕麦片等物料。

组合称的结构如图 5-5-25 所示。工作原理是：人工或自动将物料加到 Z 物料提升机存料处，通过振动出料使物料均匀平稳落到提升机料斗内，提升机通过伺服控制+链条传动按生产需要速度将物料送至多头称上，多头组合称通过精确称量后将物料送至落料机构，落料机构根据预设重量值将物料送至主输送带或剔除。

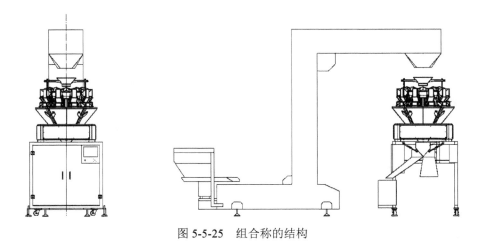

图 5-5-25　组合称的结构

⑧ 振动送料称重机　适用于固体颗粒物料。振动送料称重机由供料装置、振动供料称重装置组成。

a. 供料装置结构及原理　如图 5-5-26 所示，设备顶部为储料斗，里面装料待称重。设备配移动平台，方便人工上料操作。储料斗下方为振动斗。设备分两级送料，第一级是储料斗定量给振动斗送料，第二级是振动斗给称重斗精确送料。两级送料能保证给称重斗送料的稳定性和重量的准确性。储料斗下方、振动斗上方有电眼，用来检测振动斗上物料的多少。物料减少时，电眼检测到后，气缸控制推料杆给振动斗送料。使用时，可调节电眼的位置和高度，可以控制振动斗里物料数量。气缸有调节行程的螺钉，可以调节物料推送的速度。

b. 振动给料自动称重装置　图 5-5-27 所示为设备的主要称重送料机构。振动斗通过直线振动器把物料均匀地送至称重斗里。直到到达所需的重量，称重斗的门打开放料，完成一次称料。称重斗下方是剔除斗，当物料重量合格时，称重斗的门打开，通过剔除斗和下料过渡斗，直接送达设备下方的输送带上。当称重斗里的物料超重时，剔除斗摆动一个角度，把超重的物料送到收集桶里。

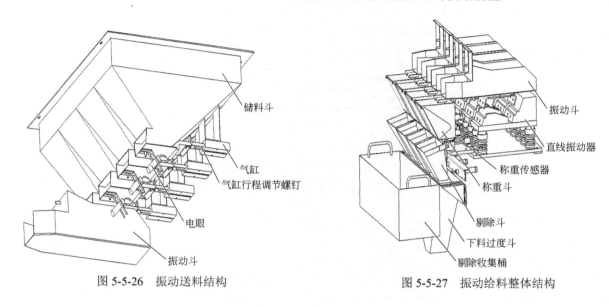

图 5-5-26　振动送料结构　　　　　　　图 5-5-27　振动给料整体结构

六、制袋充填封口包装机维护保养要点、故障排除

（1）设备维护和保养

设备的日常维护和保养是保证设备运行良好、降低故障发生率和提高设备使用寿命的有效手段。客户在使用设备进行生产活动时，应特别予以重视。设备操作人员、维护人员及相关的技术人员应分工合作，共同完成这项工作。

① 清洁　机械零件可以用清洁剂（酒精）和干净的布料清洁。一般情况下，电气元件不需要清洁。但在清洁非电气元件时，请注意不要把水和清洁剂溅到电气元件上，必要时用一块干净的干布料清洁传感器的窗口。

② 维护和保养　操作人员在操作设备的过程中，应密切注意设备的运转情况，做好设备运转记录，详细记录本班设备的运转情况，供设备维护人员在检查和维护设备时参考。如发现异常，必须马上停机，通知维修人员处理，故障排除后方可重新开机。设备维护人员应对设备进行定期的检查、维护和保养。保养设备前，必须先断开电源，并遵守相关安全规范。任何固定的保护装置因保养需要打开或者移走，保养完毕后，必须完整无损地回复原位。

③ 日常维护　在每日开机通电前，必须查看输送带上是否有杂物，如扳手、螺丝刀等。观察电源情况是否正常，电源线是否有破损。每日下班前，应关闭电源并做如下工作：机器进行清洁，用干的软布擦拭机器的外表面，在尘埃较多又擦拭不到的地方，可用压缩空气吹扫。输送带上如沾有黏性物质可用绞干的湿布擦拭。擦拭时，要注意观察机器上是否有松动的螺钉。如发现有松动的地方，应即刻旋紧。

（2）故障与排除

表 5-5-1 为多边封制袋充填封口包装机、单列和多列机背封制袋充填封口包装机、中药饮片包装机的常见故障与处理方法。表 5-5-2 为组合称结构故障与处理方法。

表 5-5-1　多边封制袋充填封口包装机、单列和多列机背封制袋充填封口包装机、中药饮片包装机故障与处理

故障现象	故障可能引起的原因	处理方法
电源打不开	电源插头是否连接上	将插头连接到插座上
电源已打开，机器也不能启动	机器的安全门是否打开	机器的安全门要牢固关闭，因为如果不牢固关闭，就会启动安全装置
	急停开关是否打开	解开急停开关的锁定
已按下停止按钮，也无法停止机器的操作	机器程序出错	关掉电源，重新起动机器
由于色标检测不正常或失灵，机器停止操作	对色标的检测就否正确	再一次调整光电开关的灵敏度
	包装袋的长度就否正确	确保机器参数的设定正确
温控指示不升温	加热器电热管是否断开	更换加热器
	热电偶是否断线	更换热电偶
	温控器就否损坏	更换温控器
	保险丝就否熔断	更换该保险丝
温控指示不降温	热电偶是否松开	牢固连接热电偶
	继电器是否损坏	更换该继电器
	热电偶就否损坏	更换该热电偶
包装材料的送膜电机不转动	送膜电机是否损坏	更换送膜电机
	送膜接近开关是否损坏	更换送膜接近开关
	电源板上的继电器是否损坏	更换继电器
	该线路是否断接	若有任何线路断接，需重新作出正确的连接
包装封口不严	设定温度是否足够	提高设定温度
	热封器是否贴平，热封压力是否足够	调整热封器贴平，调整热封器压力

表 5-5-2　组合称结构故障与处理方法

故障现象	故障可能原因	处理方法
运行过程中突然重新起动	电源接触不可靠	检查各电源接头是否可靠
	DC 5V 接触不可靠	查看线头是否有绝缘物导致接触不良
	开关电源存在质量问题	工具轻微的敲打 DC 5V 开关电源，这个动作加速问题暴露
运行过程中突然不放料	看显示器是否组合就绪	缺料了、个别存料斗一直在动作（加料），添加物料
	请求信号是否有输入	看主板请求信号指示灯，判断是否有请求信号输入（灯亮有信号输入）
	显示 U、Q	看系统设置里无组合处理（设置为 0）
	界面全部显示 R	参数设置（单斗超轻重量≥10）
显示重量与实际重量差别太大	零漂太大	无风环境
		机架接触面可靠
		接地可靠
		增加滤波系数
		开关电源存在质量问题
	实际重量都偏重	纠正重量设置为正数
		找到一个合适的位置重新标定
	实际重量都偏轻	纠正重量设置为负数
		选一个合适的位置重新标定
	料斗有夹料	增加延时时间
		增加料斗停留时间
		选择低速电机模式
	称量斗挂件上有异物	查看称量斗是否碰到其他物件
		查看称量斗内侧有无异物
	参数设置	增加采样稳定时间
		减小滤波系数

故障现象	故障可能原因	处理方法
料门开启无力	料门开启太快	在电机模式设置中减小前半段（20～40）步的速度值
	线路接触不良	主板到驱动板的排线可靠
		检查主板驱动板排线插针无损坏
		电机线及接触可靠
料门噪声	料门关闭太快	在电机模式设置中减小后半段（60～80）步的速度值
	料门关闭时动作滞后	料斗活动轴承套与轴承太紧，注意常用食用油作润滑剂
	料门上有物料残渣	料门不能回到原位、导致自锁拉杆动作滞后，严重的可以导致自锁失效
料门动作数次	全部料斗	检测 P05DC 18V 电源是否有输入
		光电检测总线各接头处是否可靠
	个别料斗	检查相对应的光电检测开关工作是否正常
显示器失效	按键失效	键盘失灵
		键盘到显示器的插头接触不好
	触摸屏触摸位置与显示触摸位置不对应	进入系统设置重新标定
		在主板短接 J2 重新标定
	触摸屏进入不了 Logo 界面，出现黑屏	检查主板 DC 12V 是否正常
		如果无，检查开关电源有无输入或者前面电路（开关电源有问题更换）
		如果有电压，但电压不对。首先，拔掉主板与显示器通讯线再测量电压，如果正常了，则是显示器或通讯线存在短路现象；如果还不正常，再拔下 DC 24V、DC 5V 插头测量电压，如果正常，则主板有短路（更换主板）
		如果有电压，检查主板与显示器通讯线是否正确
		开关电源电流不够（2A 左右）
	只能停留在 Logo 界面，按钮没有反应	显示器连接线是否可靠联接
		主板中 P02－2 的插头是否可靠联接
	出现蓝屏	触摸屏与按键混淆
		显示器的 CPU 指示灯亮的，COM 灯闪烁，否则请更换显示器
放料不连续	等待重新加料组合	物料厚度不够
		振幅过小
		上下偏差太小
		目标重量较大、物料的可组合性较低
		出现 L 的斗过多且无组合
	等待上次工作的斗一起组合	上下偏差太小
		参与组合斗数设置过大
		物料厚度不够、喂料不足，导致平均组合斗数过大
		物料的流动性太差
显示的合格率偏低	物料不均匀	给料机供料不够快
		加料不均匀，可以设置无料暂停时间
	平均组合斗数太小或太大	AFCT 平均组合斗数设置 4
		AFCW 单斗重量比 25%
	参与组合斗数设置过小	参与组合斗数设置大可以提高显示精度，但对速度有所影响
传感器不能标定	传感器有问题	用毫伏挡测量电路中的传感器绿白两线间的电压（≥10mV，传感器已坏）
		传感器线（红绿白黑）有与屏蔽线短路的
	模块有问题	用万用表的直流电压挡测量 IC2272 的第八脚对地电压（≈2.5V，正常）

第六章

饮片机械

第一节　净选设备

一、挑选工作台

挑选工作台主要用于拆包物料的初级拣选，平台两侧折边防止漏料。定制设备可根据客户需求按指定尺寸制作。挑选工作台的结构示意如图 6-1-1 所示。

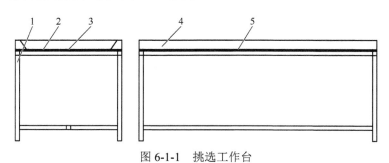

图 6-1-1　挑选工作台

1—支腿；2—操作台面；3—台面支撑；4—防漏挡边；5—支撑板

二、筛选机

筛选机是中药饮片和农产品加工的重要设备之一。适合于尺寸或形状有差异的固态物料分离，能分离片状和颗粒状物料的大小，是中药饮片和农产品加工的过程分离设备。本设备不适合黏性物料的分离。

1. 结构和工作原理

筛选机由机架、传动机构、筛床、筛网、出料斗和柔性支承等组成。图 6-1-2 为筛选机的结构示意。由电机及传动机构带动床身做水平匀速圆周运动，使物料沿倾斜的筛网面自高向低处移动，经各层筛网

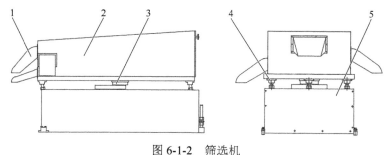

图 6-1-2　筛选机

1—出料口；2—筛床；3—传动机构；4—软轴组件；5—机架

分离达到分筛物料的工艺要求。由于床身四周采用柔性支承，筛床在做水平匀速圆周运动的同时，尚有上下抖动，避免物料被"卡"网孔而不能自拔。另外，床身的后侧装有弹性压紧门，用以调换不同网孔之筛网。回转主轴配有平衡装置，以平衡筛床在回转时产生的转动惯性，具有运转平稳、震动小、噪声低、免维护性好的特点。

2. 筛选机安装与调试、试机、使用方法、维护及保养要点

（1）安装与调试

本机应放置在坚实平整的水泥地上，用膨胀螺栓将机架上的支脚可靠固定在地面上。机身后侧的大螺栓用来调节整机的倾斜度，应与机架牢固连接。清除机器内外和运转机构附近的工具和杂物，用手转动皮带轮，检查传动是否灵活。连接电源，筛选机建议做逆时针转动，若转向不对，请调换电机的任意两根相线。

（2）试机

打开电源开关，点动筛选机（揿下启动按钮后马上揿停止按钮），观察电机转动和筛床运行情况。若有异常现象，应停机检查，正常后再运行。

（3）使用方法、维护及保养要点

筛选机出料口放置料箱，揿下启动按钮；启动筛选机，上料，使物料均匀、适度；操作完毕，待筛网面上的物料全部落入料箱，再关闭筛选机。升高或降低机架的后侧部分，可调节筛网面的倾斜度，以便调整物料下滑的速度，控制筛净率。运行时，电动机的温度不得超过65℃，滚动轴承的温度不得超过70℃，若有异常现象应停机检查。日常使用中，弹簧上端油嘴处应定期添加油脂。机器长期搁置后首次使用，应更换润滑脂。

三、风选机

风选机是中药饮片和农产品加工的重要设备之一。适合原料药、半成品或成品的选别，能将药物中的毛发等杂质和铁器、石块、泥沙等重物有效分离。本机为连续作业设备，风选机和物料输送机组合使用，实现自动化作业。风机电机由变频器控制，具有节能、数字化操作等优点。由于整机运转平稳、噪声低，故无需安装基础，便于日后移动。本机不宜分离易漂浮的物料。

1. 结构和工作原理

风选机由振动送料器、电机、风机、立式风管和风选箱等组成，如图6-1-3所示。风机产生的气流经立式风管底部自下而上匀速进入风选箱，物料经振动送料器均匀地落在立式风管中部的开口处，相对密度大的物料在立式风管底部的下出料口排出，相对密度较小的物料随气流带入风选箱，经分级后在风选箱下侧的上出料口排出，风选箱两个上出料口之间设有调节挡板，以人工方式调节两个出料口的等级。风机叶轮转速可在250～900r/min范围内无级可调，同时，风机下出料口装有调节抽板，可改变进风口直径，用以调节进风量和风压。

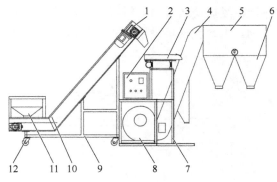

图6-1-3　风选机

1—传动装置；2—电控柜；3—振动送料器；4—立式风管；5—风选箱；6—出料口；7—风选机机架；
8—风机；9—提升机机架；10—墙板；11—进料斗；12—移动轮

2. 风选机安装与调试、试机、操作步骤、使用方法、维护及保养要点

（1）安装与调试

风选机应放置在坚实平整的水泥地上，脚底垫实，整机处于水平状态。输送机与风选机可成"一字"形或"L"形排列，输送机出料斗对准风选机振动送料斗，把输送机上的着地螺钉顶住地面或万象轮刹车踩下使机器固定，以免输送机滑动。按电气原理图接电源，注意输送机和风选机风机的转向。风机转向应与箭头标示方向相同。若转向不对，请调换电机的任意两根相线，请在试机时调换。将电气控制箱和风选机、输送机可靠接地。

（2）试机

打开总电源开关，点动输送机（揿下启动按钮后马上揿停止按钮），观察电机转向和输送机运行情况，若有异常现象，应停机检查，正常后再运行。输送与振动同时开启，要注意振动器的振动方向，若物料在送料斗里打转不下去，请调换振动电机的转向。变频器的参数一般出厂时已经调好，请参阅变频器使用说明书。

（3）操作步骤、使用方法、维护及保养要点

① 操作步骤　风选机出料口分别放置料箱，打开总电源开关，揿下风选机启动按钮；启动输送机，上料，使物料及时进入风选箱。一般情况下，振动器进料速度应大于输送机上料速度，避免物料在振动器上积压；调节变频器旋钮以改变风机风量，使物料充分分离，调整挡板位置可改变两个上出料口的出料数量；一般情况下，风机进风量应调到最大位置，对于相对密度特别小的物料，在难以分等级时，可适当关小进风量；操作完毕，清理输送机下的回料，待输送机上的物料输尽，先关闭输送机，待风选机上的物料全部落入料箱，再关闭风选机和总电源开关；每批物料处理完毕，应打开视窗，清理内部残留物。

② 使用方法　a. 除重法：除去物料中的铁器、石块、泥沙时，逐渐提高风速至物料从上出料口排出为止。b. 除轻法：除去物料中的毛发等杂质时，逐渐减小风速至物料不从上出料口排出为止。每批物料风选完毕，应记录变频器上的读数，以便下次作业。

③ 维护与保养注意事项　运行时，电动机的温度不得超过65℃，滚动轴承的温度不得超过70℃，若有异常现象应停机检查；机器长期搁置后首次使用或使用每隔6个月，应更换风机轴承处和输送机电机中的润滑油（脂）；严格遵守维护保养与检修制度，机器每年应做一次保养。认真执行安全操作规程、加强安全教育，做好生产安全工作，防止意外事故发生。

四、机械化挑选机组

机械化挑选机组是中药材（饮片）和农产品进行净选加工的重要设备之一。该设备采用全不锈钢制作，为连续作业设备，具有自动上料、振动匀料、自动输送等功能，整机运转平稳、噪声低，配有照明，操作方便。

该设备由上料输送机、振动送料器、照明装置、变频调速电机和输送带等组成，如图 6-1-4 所示。物料经上料输送机送入振动送料器，经振动送料器匀料后进入输送带，输送带的上方装有照明，由人工在输送带的两侧挑拣物料中的杂物。上料输送机采用斗式胶带传动，变速电机通过三角皮带带动胶带及

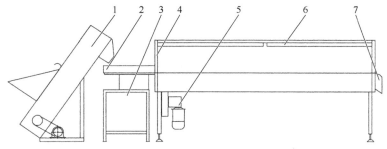

图 6-1-4　机械化挑选机组

1—上料输送机；2—振动送料器；3—电控箱；4—机架；5—电动装置；6—LED 灯；7—出料口

装在胶带上的小料斗，在上料输送机的下半部装有料斗，运转时物料随输送带提升。胶带系采用无接口、无毒的食品用输送带制造，胶带的内侧装有导向条，胶带的两侧装有导向板，以避免漏料、卡料和胶带偏移等缺陷。

五、干洗机

干洗机用于产量较大的草、草叶、花类等物料泥沙分离。该设备不适合直径小于 4mm 物料或结合性表面杂物的分离。便于工艺操作和管理，外观整洁，易清洗，顶部配有除尘接口，符合 GMP 要求。

图 6-1-5 为干洗机的基本结构示意。干洗机由电机、减速器、滚筒外圈和滚筒组成机械传动系统，可实现筒体沿水平轴线做慢速转动，使筒体内的物料被筒体内的定向导流板从一端推向另一端，利用物料的翻滚摩擦除去物料表面的泥沙及灰尘。杂物通过筒体上的孔直接掉落在滚筒下方的集尘罩中。

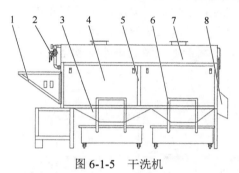

图 6-1-5 干洗机

1—进料斗；2—清洁喷淋管；3—集尘斗；4—检修门；5—机架；6—清灰小车；7—集尘罩；8—出料斗

第二节 清洗设备

一、循环水洗药机

循环水洗药机用于中药材、蔬菜、水果等农产品或类似物料的表面清洗。利用水喷淋和一般水洗，加上物料的翻滚摩擦除去物料表面的泥沙、毛皮、农药等杂物。该设备不适合直径小于 4mm 物料或结合性表面杂物的清洗。

图 6-2-1 为循环水洗药机的基本结构示意。循环水洗药机由电机、减速器、滚筒外圈和滚筒组成机械传动装置，可实现筒体沿水平轴线做慢速转动，使筒体内的物料被筒体内的定向导流板从一端推向另一端，来自水箱的水经高压水泵增压后从喷淋水管喷出，利用水的冲刷力和物料翻滚的摩擦力，除去物料表面的杂物。

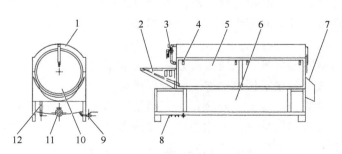

图 6-2-1 循环水洗药机

1—上箱盖；2—进料斗；3—喷淋管；4—机架；5—检修门；6—水箱；7—出料斗；8—机械传动装置；
9—进水管；10—滚筒；11—排污口；12—溢流口

本机配有高压水泵、水箱及喷淋管，具有高压水喷淋冲洗的功能。用户可以根据情况选择采用清水或循环水冲洗。独特的直筒式设计，出料顺畅，且使滚筒更加方便清洗。

二、鼓泡清洗吹干机

鼓泡清洗吹干机主要用于除去药材上泥沙等杂质的连续清洗作业。该设备可以简便快捷地清洗附着在中药材表面的杂质，同时实现输送物料的功能。采用循环水清洗，节约能源，降低成本。操作简便、清洗效果好。

本设备由机架、不锈钢输送网带、鼓泡系统、循环水高压喷淋系统、清水喷淋系统、电气控制系统、风干系统等组成。如图 6-2-2 所示，本设备利用旋涡气泵将空气通入大水箱，使清水鼓泡。在气泡作用下，物料可以充分有效地摩擦，达到清洗效果。大水箱的水通过滤网过滤，进入循环水箱。循环水箱内配备滤网自清洁装置，使过滤系统可以连续工作。高压水泵将循环水箱内的水喷淋至水面，从而推动可漂浮在水面的中药材向前移动，并对其进行初步喷淋清洗。水箱内的物料由不锈钢网带将物料提升出水面，网带上方有两道循环水喷淋管和两道清水喷淋管，可视情况对物料进行再次清洗。出料端的网带上方设有风刀，可将附着在物料表面及网带上的游离态水珠吹落。

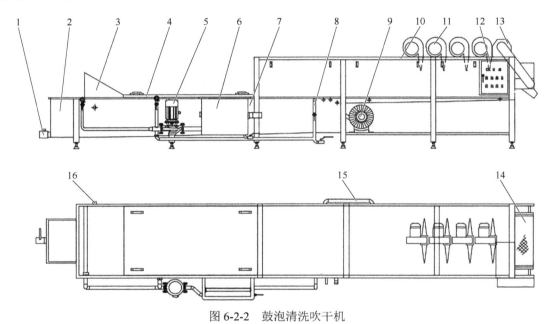

图 6-2-2　鼓泡清洗吹干机

1—排污口；2—除杂水箱；3—进料口；4—水雾罩；5—高压水泵；6—循环水箱；7—大水箱；8—喷淋管路；9—鼓泡风机；10—机架；11—吹干风机；12—控制柜；13—传动装置；14—输送板带；15—鼓泡管路；16—溢流口

三、高压喷淋清洗吹干机

高压喷淋清洗吹干机主要用于去除药材上泥沙等杂质的连续清洗作业。该设备可以简便快捷地清洗附着在中药材表面的杂质，并去除附着在药材表面多余的水分，同时实现输送物料的功能。操作简便、清洗效果好。

本设备由机架、不锈钢输送网带、高压喷淋系统、风干系统、电气控制系统等组成。图 6-2-3 为该设备的基本结构示意。该设备采不锈钢网带，将物料缓慢向前输送，同时网带上下交错分布着喷淋管路，采用高压水上下对喷的清洗方式，对物料进行清洗。清洗过物料的污水经过网带下方的水箱收集，再由排污口排出。在出料端设置风力脱水系统，将附着在药材表面多余的水分吹落。设备包含两个清洗单元以及一个风干单元，可根据清洗效果、能源使用等情况独立地开启、关闭。喷淋的流量可以通过喷淋管路上的蝶阀来调节；网带速度可通过调节控制面板上的旋钮自由调节，以达到理想的清洗效果。

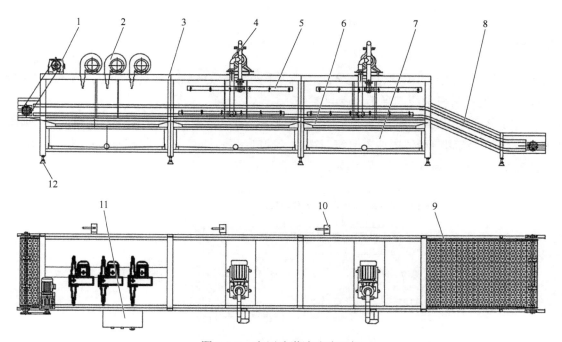

图 6-2-3　高压喷淋清洗吹干机

1—传动装置；2—吹干风机；3—机架；4—水泵；5—喷淋管路；6—污水收集斗；7—水箱；
8—链条支撑；9—不锈钢网带；10—排污阀；11—控制柜；12—可调节地脚

第三节　蒸润设备

一、真空气相置换式润药机

真空气相置换式润药机是中药饮片加工的关键设备之一，它对中药材和农产品进行"软化"加工后，便于后续切制加工。具有药材含水率低、软化效果好、软化速度快，避免有效成分流失等优点。方形箱体的有效容积率达 100%，新型充气式密封机构能满足高真空密封要求，开机、容器的密封、抽真空、真空度控制、气相置换、报警等过程自动完成。

真空气相置换式由方形箱体、气泵、充气式密封机构、水环式真空泵、控制系统及各种气动阀、报警装置等组成，具体结构示意见图 6-3-1。物料由随机专用车送入方形箱体内，锁闭箱门，按下启动按钮。然后自动完成箱门密封、抽真空、真空度控制、气相置换、软化时间、报警、停机等过程。根据气体具有强穿透性的特点，蒸汽中的水分极容易充满处于高真空状态下的药材的所有空隙，使药材在低含水量的情况下，快速均匀软化。

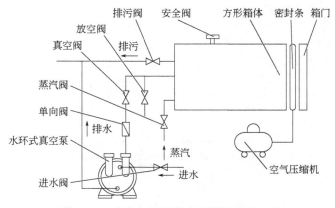

图 6-3-1　真空气相置换式润药机结构示意

二、蒸药箱

蒸药箱是中药饮片加工的关键设备之一。它能对中药材和农产品进行蒸制加工。方形箱体的有效容积率达 100%，新型密封机构能满足箱体密封要求。

蒸药箱由方形箱体、密封机构等组成，具体结构见图 6-3-2。物料由人工装入方形箱体内，锁闭箱门，关闭排污阀，打开蒸汽阀向箱体内通入蒸汽，由人工控制蒸药时间，使药材在常压下进行蒸制。设备设有压力保护安全阀确保设备在蒸药过程中始终保持常压状态。

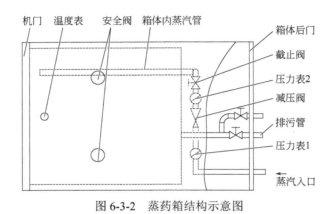

图 6-3-2　蒸药箱结构示意图

第四节　蒸煮锅

蒸煮锅设计为带盖的不锈钢蒸煮锅，配有自动揭盖机构及电控出料装置，操作时省力简便。该设备一机多用，并带有温控、时控功能，蒸煮的药物内外均匀一致，质量好，蒸汽用量少，能耗低，蒸煮时间短，劳动强度低。

图 6-4-1 为蒸煮锅的结构示意。蒸煮锅将蒸汽直接从底部中心气管输入锅体内蒸烧，利用蒸汽使药材改变药性，从而达到炮制的规范要求。锅体夹套有保温层，使内胆保温，减少蒸汽用量，降低成本。煮药时，锅内放水，中心气管输入蒸汽对物料进行煮烧。

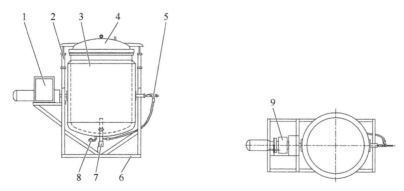

图 6-4-1　蒸煮锅的结构示意

1—控制柜；2—气缸；3—锅体；4—锅盖；5—进汽管；6—机架；7—排液阀；8—冷凝水排放口；9—传动装置

第五节　切制设备

一、直线往复式切药机

切药机是中药饮片加工的关键设备之一。直线往复式切药机能对各种形状和大小的药材进行切制加工，刀片上下往复落在步进的输送带上，从而连续地对药材进行切制。该设备适合加工中药材颗粒饮片和片、段、条等一般饮片。具有成品得率高、切断长度准确、调整方便、切口平整光滑、设备的免维护性好和使用成本低等优点。

直线往复式切药机由电机、机架、曲轴箱、切刀机构、输送带、步进机构和自适应压料机构等组成。如图 6-5-1 所示，曲轴箱带动切刀机构产生上下往复动作；曲轴箱轴端装有连杆与步进机构相连，步进机构带动输送带做步进移动，同时还与压料机构连接，压料机构上装有压紧装置，在同步推动物料的同时能自动适应被切物料的厚度，切刀直落在输送带上切断物料。

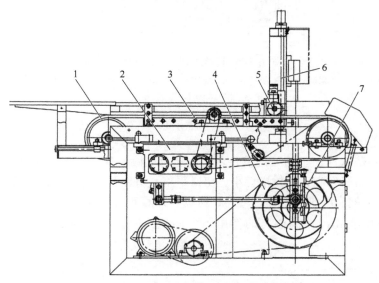

图 6-5-1　直线往复式切药机传动原理图
1—输送机构；2—齿轮箱组件；3—托架组件；4—传动机构；5—压送机构；6—机架；7—曲轴箱组件

二、剁刀式切药机

剁刀式切药机全部采用钢结构，输送带采用最新设计的全钢坦克链，坚固耐用，清洗方便，不易打滑，不易生锈咬死，输送能力强。摩擦活动关节全部采用滚动轴承，磨损小，噪声低。整机具有操作省力简便、片形好、产量高等特点。广泛适用于切制软硬性根、茎、藤类纤维性药材。

剁刀式切药机的工作过程包括刀架体的上下运动和输送链的传动。电动机与小带轮同轴，通过三角胶带带动与大带轮同轴的偏心机构（包括甩心盘和偏心轮）转动，在叉架杆的带动下，使刀架体持续性地上下运动。

三、转盘式切药机

转盘式切药机是我国自主研发的 QJ 系列加工机械之一，是目前较理想的切片设备，可切颗粒状及软硬性根、茎、藤类纤维性药材，也可非经常性切制香樟木、油松节、川子等。

该机采用电磁调速机构，框架采用全部不锈钢制作。输送链采用全钢坦克链，输送能力强，坚固耐用，不易打滑，不易生锈咬死，清洗方便。为了减少刀盘磨损，延长使用寿命，盘面采用基本面板和复合面板结构。面板磨损后可调换。饮片厚度的调节由控制面板旋转按钮调节输送带速度实现，调整方便。

图 6-5-2 为转盘式切药机结构示意。该机的传动装置主要由刀盘转动装置和输送链传动装置两个部分组成。其中刀盘传动装置是由电动机通过三角胶带传动带动刀盘旋转实现传动的。输送链传动装置的工作过程是：调速电机通过涡轮箱变速输出，由链传动带动被动轴旋转，同时经过传动齿轮的啮合作用，使上下输送轮同步相向运动，从而将处于上下输送链间的物料送入刀门。这样，在刀盘旋转的同时，输送链将物料送至刀门，从而达到切制药物的目的。

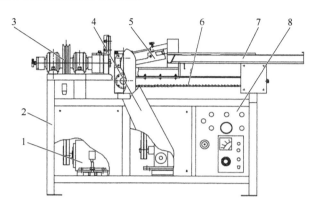

图 6-5-2　转盘式切药机结构示意

1—刀盘驱动；2—机架；3—转盘组件；4—输送传动；5—压料机构；6—坦克链；7—进料；8—控制柜

四、旋料式切片机

旋料式切片机是中药饮片加工的关键设备之一，能对块根、茎、果实、种子类药材和块状农副产品进行切片加工。具有成品得率高、药材损耗小、切口平整、切片厚度调整方便、易清洗、易操作等优点。

旋料式切片机由机架、电机、刀片、料斗、转盘、外圈和片厚调节机构等组成，如图 6-5-3 所示。物料经料斗进入转盘中心孔，在离心力的作用下滑向外圈内壁做圆周运动，当物料经过装在切向的刀片时，被切成片状。

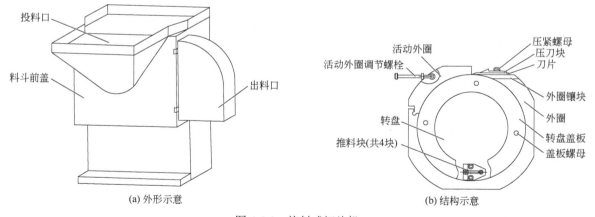

图 6-5-3　旋料式切片机

五、刨片机

刨片机用于中药材、水果等农产品或类似物料的刨片。与一般切制类设备相比，刨片机刨出来的产品具有片形好、较薄、成片均匀、破碎率低等诸多优点，特别是对果实等圆形或近似椭圆的物料更是有着其他切制类设备无可比拟的优势。

该设备由机架、减速电机、曲柄机构、刀盘组件、压料机构等部件组成，具体见图6-5-4。工作时，电机带动曲柄做圆周运动，通过连杆带动刀盘组件做直线往复运动，对物料进行切削。

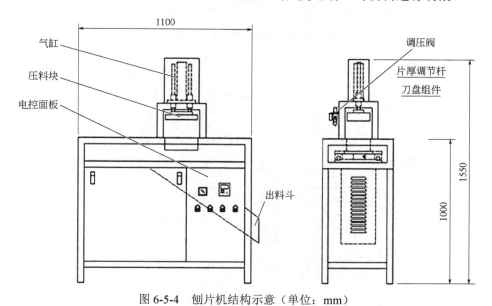

图 6-5-4　刨片机结构示意（单位：mm）

六、多功能切片机

多功能切片机适用于各种木质、粉质、籽类、果类、根茎类中药材。利用不同的模具可生产出斜片、瓜子片、柳叶片、指甲片等多种片形的中药材饮片。

该设备由箱体、传动装置、固定有刀片的刀盘以及进料模具等组成，具体见图6-5-5。电机驱动主轴，带动刀盘旋转，刀盘上4把刀片同时工作，将药材切制成所需片形。该设备采用手工方式进料，进料模具由4颗螺栓固定于底板上，模具可以取下换向。刀盘盖可以开启，可保护机器配件并保证操作安全，同时便于维修。

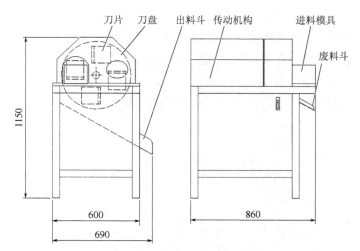

图 6-5-5　多功能切片机结构示意（单位：mm）

七、高效气压切片机

高效气压式切片机是中药饮片加工的关键设备之一，又称西洋参切片机，主要切制西洋参、鹿茸、天麻等参类药材。设备的结构简单、合理，可提高切片的切制质量及效率，降低切制饮片的加工成本。

该设备由机架、电机、传动机构、刀盘、托料盘、片厚调节机构、料桶、挤压机构及控制系统等组成，具体见图6-5-6。将药材装入料桶，放入料桶托板，由气缸匀速压至切刀刀口进行切制；安装在刀盘上的切片刀同主轴固定，由电机带动主轴旋转进行切片。设有两个料桶，由各自的气缸送料，两个气缸分别设有下降、上升两个开关单独控制工作。当气缸完成切制行程后，经过一定延时，气缸杆自动升起，延时时间可通过电控箱内的时间继电器来调整。切片厚薄的调整通过调节螺杆来调节。

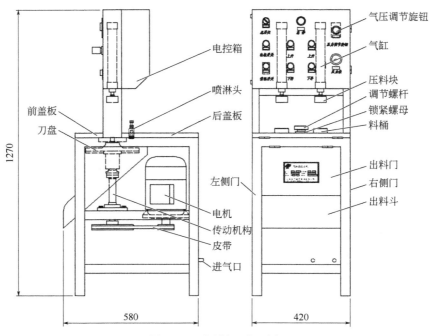

图6-5-6　高效气压切片机

该设备中安装在刀盘上的切刀的运动方向与其刀刃成相应的切割角度（≥10°），使药材在切制过程中不仅有垂直的切向力而且还有斜向的割力，产生刀刃斜向切割药材的切制效果。切片厚薄调节简便、可靠。刀盘上方设有喷淋装置，可在切制过程中防止物料粘刀并冷却刀盘，切制效率高、效果好。

八、液压裁切机

液压裁切机适用于将整包的长条类药材、草类药材直接截断至 10～30cm 的小段，以便于筛选、清洗、切制等后续工序进行。本设备有手动和自动两种模式，在自动模式下，用户只需设定相关参数，即可连续地将整包物料截切成小段，操作简单，生产率高。

液压裁切机由机架、液压系统、控制系统、输送机构、压料机构、剪切机构等组成，见图6-5-7。该

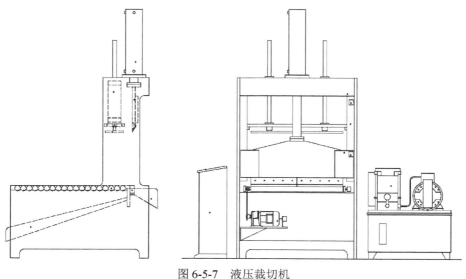

图6-5-7　液压裁切机

设备采用液压系统驱动刀架上下运动，截切力强，运行平稳。运行时，刀架抬起、由电机驱动辊轮间歇性地将物料向前输送一定长度，气缸驱动压紧机构将物料压紧，刀架向下剪切物料，完成一次剪切动作。

第六节　破碎设备

中药粉碎是指使用机械力将大块的中药固体物质加工成适当粒度粉末的过程。

中药原料多数为植物的根茎组织及动物组织，原料具有高韧性、高纤维性的特点。在进行较高细度粉碎生产中，中药原料粉碎难度大、粉碎温度高、生产效率低下，且很难实现高细度粉碎。另一方面，随着中医药研制的深入及粉碎设备技术水平的提高，中药粉碎加工在提高药效、提高生物利用度、降低粉碎过程中的药效损失、提高粉碎生产效率、降低粉碎能耗、提高粉碎收率、改善粉碎作业环境等方面都提出了更加高的要求。中药粉碎加工设备向高细度破壁粉碎、精细化低温粉碎、规模化大批量粉碎、低能耗粉碎、无尘粉碎方向发展。

一、挤压式破碎机（压扁机）

挤压式破碎机通过两转毂之间的相互挤压将物料压扁或压碎。可用于各种果实类、矿石类、贝壳类等坚硬、松脆药材的压碎，也可用于质地柔软药材的压扁、压破（裂）等加工，广泛使用于制药行业。转毂材料采用 1Cr18Ni9 不锈钢，不污染药材，牢固耐用。整机结构紧凑，外形美观，生产率高，使用方便。

该设备由机架、电机、减速装置、传动装置、转毂、转毂间隙调节装置、进料斗、出料斗等组成，具体见图 6-6-1。物料由进料斗进入两转毂之间，通过转毂间的挤压力将物料破碎或压扁。转毂间隙可以调整，适合不同破碎需求。转毂上方设有喷水装置，可防止压扁、破碎过程中黏性物料附着在转毂表面。

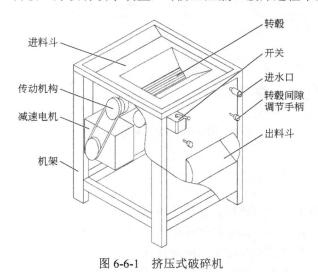

图 6-6-1　挤压式破碎机

二、中药破碎机

中药破碎机适用于各种中药材、食品、化工品的破碎加工。该设备通过动刀与静刀的剪切力将物料粉碎，可连续进行破碎作业。广泛应用于制药、食品等行业。整机结构紧凑，外形美观，生产率高，使用方便，安全可靠，噪声低，易于维修。

中药破碎机采用电机通过皮带轮带动主轴转动，主轴由两个滚动轴承座支撑，在轴上安装 3 个动力架，每个动架上安装 1 把动刀，在机壳中装有 2 把定刀。3 把动力刀与 2 把定刀对物料进行强力剪切，达到粉碎目的。图 6-6-2 为中药破碎机的结构示意。

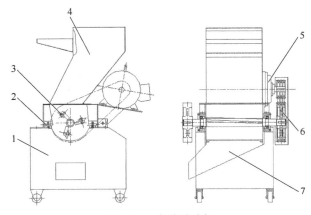

图 6-6-2　中药破碎机

1—机座；2—定刀；3—动刀；4—进料斗；5—电机；6—皮带轮；7—出料斗

三、强力破碎机

强力破碎机适用于各种中药材、食品、化工品的破碎加工。该设备通过动刀与定刀的剪切力将物料粉碎，可连续进行破碎作业。广泛应用于制药、食品等行业。整机结构紧凑，外形美观，生产率高，使用方便，安全可靠，噪声低，易于维修。

PS-500B 型强力破碎机主要由进料斗、动刀、定刀、机座、电机、粉碎体等零部件组成。由人工将物料从上机身进料口均匀投入粉碎机壳内，然后在连续旋转的动刀和定刀作用下被不断剪切达到粉碎目的。图 6-6-3 为强力破碎机的结构示意。

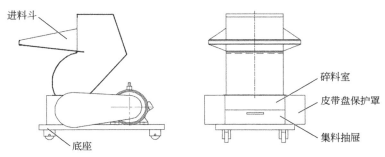

图 6-6-3　强力破碎机

四、万能吸尘粉碎机

万能吸尘粉碎机主要用于脆性中药材、食品的粉末加工，是粉碎与吸尘为一体的新一代粉碎设备。

该设备采用风轮式高速旋转动刀、定刀进行冲击、剪切、研磨。利用活动齿盘与固定齿盘间的相对运动，使物料经齿盘冲击、摩擦及物料彼此间冲击而获得粉碎。不仅粉碎效果好，而且粉碎时机腔内产生了强力的气流，把粉碎室的热量和成品一起从筛网流出。粉碎细度可通过更换筛网来决定。粉碎好的物料经旋转离心力的作用，自动进入捕集袋，粉尘由吸尘箱经布袋过滤回收。该机按标准设计，全部用不锈钢材料制造，生产过程中无粉尘飞扬，且能提高物料的利用率，降低企业成本。图 6-6-4 为万能吸尘粉碎机的结构示意。

五、颚式破碎机

颚式破碎机通过动碰板的连续往复运动，配合静碰板做间歇性的碰碎作业。可碰碎各种贝壳类、矿石类、果壳类等坚硬中草药，广泛使用于制药行业。碰板材料采用 ZGMn13 耐磨钢，具有很高的耐磨性和抗冲击能力，牢固耐用。

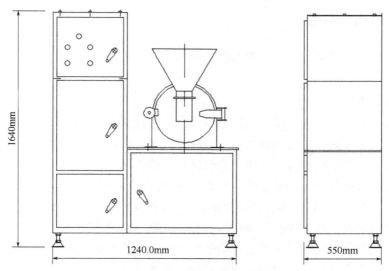

图 6-6-4　万能吸尘粉碎机结构示意

图 6-6-5 所示为 PEB-125 型颚式破碎机的结构示意。电动机 2 与小带轮 4 同轴,通过三角皮带 5 带动大带轮 13,使动碰板 17 与静碰板 18 之间产生间歇的挤压、松开动作,从而达到破碎物料的目的。使用前检查整机各紧固螺栓是否有松动,然后开动机器,检查机器的空载启动性是否良好,并检查电机转向是否与标记一致,否则改接插头内接线。

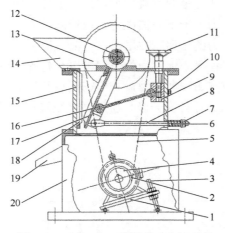

图 6-6-5　PEB-125 型颚式破碎机示意

1—电机座；2—电动机；3—调节螺杆；4—小带轮；5—三角皮带；6—调节弹簧；7—拉杆螺母；8—拉杆；
9—调节滑块；10—固定螺母；11—调节手轮；12—偏心轴；13—大带轮；14—进料斗；
15—上机体；16—支撑板；17—动碰板；18—静碰板；19—出料斗；20—机座

整机每年保养一次,更换各轴承内的润滑脂。

本机定位后,应使机器良好接地,防止振动强烈引起绝缘板破坏后漏电。操作时,不得将手伸进两碰板间,防止发生意外。调整两碰板间的间隙时,应严格按照顺序操作,以防拉杆或支承板因挤压而发生变形。

表 6-6-1 为颚式破碎机常见故障及排除方法。

表 6-6-1　颚式破碎机常见故障与排除方法

序号	故障现象	原因	排除方法
1	拉杆弯曲,支承板有顶撞声	固定螺母 10 有松动	调整拉杆,旋紧螺母
2	支承板脱落,动碰板失灵,导致箱体外壳变形	支承板上的长圆柱滑出调节滑块或动碰板槽内	修正支承板,将长圆柱放入槽内

六、立轴剪切式中药粉碎机

立轴剪切式中药粉碎机是采用立轴剪切式粉碎原理，使用无筛气流分级控制成品粒度，系统采用负压气力输送进行运作。

1. 基本结构与原理

立轴剪切式中药粉碎机在同一腔体内设置有粉碎区和分级区。粉碎区位于腔体的中下部，装有粉碎盘、锤头、齿圈。锤头安装固定于粉碎盘外周构成粉碎转子，粉碎转子通过皮带传动由电机驱动高速旋转；齿圈与壳体连接，固定于粉碎转子外周。分级区位于粉碎区上部。分级部分由分级叶轮和导流圈构成，分级叶轮驱动电机可变频调速，通过改变转速以达到控制粒度的目的。主机下部设置有进风口，叶轮内上部设有气流和物料共同出口，通过管道与辅机设备和风机相连，由风机产生系统运作所需负压。

图 6-6-6 为立轴剪切式中药粉碎机基本结构示意。喂料斗中的物料由定量供料装置喂料绞龙喂入腔体内部，喂料绞龙由变频电机驱动，可通过调整喂料电机转速改变喂料量，从而改变粉碎电机负荷。进入腔体的物料与腔体内的空气形成均匀的气固两相流，在上升气流作用下进入分级区进行分级。分级电机带动分级叶轮旋转，在分级叶轮周围形成稳定的旋转流场分布，物料在流场中随叶轮一同旋转，在此过程中同时受到气流拽力、离心惯性力和重力共同作用。在水平力系中沿圆周径向，物料所受气流拽力与气流径向流速的平方及颗粒沿径向的迎风面积成正比，方向指向圆周中心；物料所受离心惯性力与旋转角速度及颗粒质量成正比，方向指向圆周外。物料的迎风面积与颗粒粒径成平方关系，颗粒质量与粒径成立方关系。在径向流速及角速度一定的情况下，物料粒径发生变化时，离心惯性力的变化速度比气流拽力的变化速度快。当物料颗粒所受径向气流拽力与离心惯性力相等时，物料的粒径即为切割粒径，小于切割粒径的物料所受的气流拽力大于离心惯性力，在径向合力的作用下通过叶轮经管路进入后续设备，大于切割粒径的物料在径向合力的作用下被甩出，并沿导流圈内圈在气流及重力的共同作用下快速滑落至粉碎区。进入粉碎区的物料在离心惯性力的作用下甩至粉碎区锤头与齿圈之间，锤头在跟随粉碎盘高速旋转过程中与齿圈齿端形成打击和剪切力，物料在锤头和齿圈的打击和剪切作用下进行粉碎，粉碎后的物料被上升气流带至分级区进行再次分级，粉碎、分级过程循环进行。

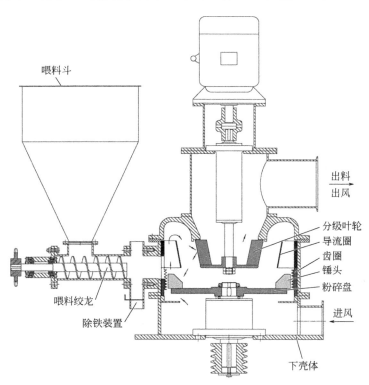

图 6-6-6　立轴剪切式中药粉碎机基本结构

分级叶轮旋转不仅可以起到控制成品粒度的作用，也使物料可以均匀地在 360° 圆周范围粉碎，可以使锤头、齿圈之间在圆周范围内料层均匀，避免粉碎转子载荷集中及波动，降低粉碎转子转动阻力，提高粉碎效率。

粉碎主机的设计充分利用空气动力学原理。粉碎转子形状类似风机叶轮，可在锤头内外部产生压力梯度，使粉碎区与分级区产生快速的环状气流循环，加快物料在粉碎、分级两区域之间的输送速度。导流圈的设置将内部的下降气流及外部的上升分隔，有效避免料流间的相互影响。物料随气流在粉碎区与分级区之间快速循环，提高了粉碎效率，有效避免物料过粉碎，降低了粉碎能耗和温度。

2. 特点

① 剪切粉碎的效果更加符合中药粉碎的特点要求。中药原料具有高韧性、高纤维性的特点。纵观几种基本粉碎原理，剪切粉碎原理能够针对韧性物料实现最佳的粉碎效果。立轴剪切式中药粉碎机在粉碎环节通过特定的结构形状及关键尺寸，强化了粉碎过程中剪切原理的作用，因此该设备在中药粉碎，特别是中药的高细度粉碎取得了良好的粉碎效果。这不仅提高了粉碎的细度和效率，加强的粉碎能力也有效避免了粉碎尾料的产生，有效节约了中药原料。

② 立轴结构可以保证在粉碎机装配时，尽可能减小锤头与齿圈之间的间隙，强化粉碎过程中的剪切作用。另一方面设备采用立轴结构，转子转动平面水平配置，物料可以均匀地分布在粉碎圆周上，避免物料在机腔内因重力影响而形成下部浓度高、上部浓度小，避免粉碎载荷的集中，使剪切更加省力，提高粉碎效率。

③ 气流离心分级原理更加适用于较高细度的粒度分级，提高分级效率，避免过粉碎的发生，有效地降低了粉碎的温度，提高了生产效率，降低了能耗。

④ 在结构设计上充分利用了空气动力学原理，设备配置有导流圈，可以避免上升的气固两相流与下降流之间相互影响，可以使粉碎后的物料能够快速地输送至分级区进行分级，而分级后的不合格物料可以快速地回到粉碎区进行再次粉碎，提高生产效率。独特的锤头形状，利用粉碎转子的转动产生压强梯度，使机腔内产生快速循环的小环流，物料随环流快速循环，进一步提高了生产效率。

⑤ 立轴剪切式粉碎机工作时机腔内为负压，可避免粉尘的外泄。工作时系统风量大，可以带走机械粉碎产生的热量，降低粉碎温度。

⑥ 立轴剪切式中药粉碎机产量高、能耗低、细度高、粉碎温度低、粉碎环境洁净无尘，适合中药超微粉碎。在提高药效、降低能耗、增加产能、改善工作环境等方面都具有很大的优势。

3. 立轴剪切式中药粉碎机的一般工艺配套

如图 6-6-7 所示，立轴剪切式中药粉碎机组由粗粉碎机、立轴剪切式中药粉碎机、旋风分离器、关风机、气流筛、脉冲除尘器、高压风机及工艺管道等部分组成。

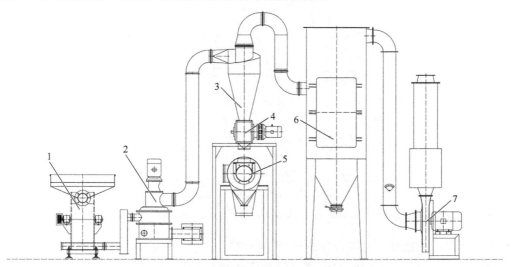

图 6-6-7　立轴剪切式中药粉碎机组工艺流程

1—粗粉碎机；2—立轴剪切式中药粉碎机；3—旋风分离器；4—关风机；5—气流筛；6—脉冲除尘器；7—高压风机

大块物料经人工投入粗粉碎机料斗，再由喂料绞龙输送进入粗粉机粉碎室，喂料绞龙电机由变频器控制，通过改变喂料绞龙电机转速改变喂料量，从而使主电机工作在最佳工作状态。进入粗粉机粉碎室的物料在锤片的粉碎作用下粉碎至 10mm 以下的颗粒。经筛网筛分后，落入粗粉碎机下壳体，通过风力输送到立轴剪切式中药粉碎机内部。在立轴剪切式中药粉碎机内部进行粉碎、分级，符合生产粒度要求的物料在高压风机负压的作用下，经管路进入旋风分离器，实现固体颗粒与空气的分离，经关风机落入气流筛。经气流筛筛分后合格的成品由气流筛成品口落入收集料桶，筛上物经气力输送管道由细粉碎机进风口进入主机重新粉碎。少量旋风分离器无法处理的超细粉尘进入旋风分离器后的脉冲除尘器由过滤布袋捕获落入脉冲粉收集袋，处理后的干净空气通过管路经风机排放到环境或排风管道中。

立轴剪切式中药粉碎机组在工艺配套上将中药粗碎、细粉碎、筛分三道工序整合到一套设备中，可以实现大块中药一次投料，粗碎、细粉碎、筛分一次完成，有效地节约了各工艺之间周转所消耗的人力及时间，调高了生产效率，降低了劳动强度。整个系统配套有收尘装置，且系统运行时除排风段管道为正压外其余部分均为负压，避免粉尘外漏，既改善了粉碎作业的工作环境，又避免了物料浪费。

第七节　烘干机械

一、敞开式烘箱

敞开式烘箱为中药前处理加工成套设备之一，适用于根、茎、叶等原料药、半成品、成品的烘干作业，也可用于水产品及其他农副产品和作物的烘干作业。本设备适用于烘干带湿润水的物料，不适合烘干含有结合水的物料。

敞开式烘箱由烘干箱、接管、风机、热交换器等组成，如图 6-7-1 所示。蒸汽经热交换器加热空气，干净的热空气由风机送入烘箱，使物料干燥。该设备能耗低、效率高、污染少。热交换器与烘箱采用不锈钢风管连接。

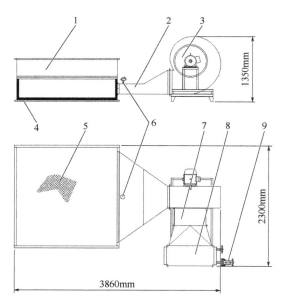

图 6-7-1　敞开式烘箱结构示意

1—烘干箱；2—接管；3—风机；4—保温层；5—筛网；6—温度传感器；7—调节风门；8—热交换器；9—蒸汽进口

上料时应将物料均匀堆放，以保持温度均匀。根据不同物料要求设定调节最佳烘干温度。如果物料水分很多，建议将其放置一段时间没有水流后再进行烘干，以免能量损失过大。所有电气都应接地。蒸汽出口需接疏水阀。

二、翻板式烘干机

翻板式烘干机是利用热空气作为干燥介质与湿物料连续相互接触运动,使湿物料中所含的水分吸收热能扩散、汽化和蒸发,从而达到烘干的目的。可作为中药材、水产品、农副产品等产品的烘干机具。

1. 工作原理及结构

翻板式烘干机根据热交换原理,将通过空气预热装置而加热的热空气送进烘箱和输送装置,与摊放在烘板上的湿料进行热交换,使水分充分汽化和蒸发,从而达到干燥目的。该设备主要由输送装置、干燥室和变速装置组成。图 6-7-2 为翻板式烘干机的结构示意。

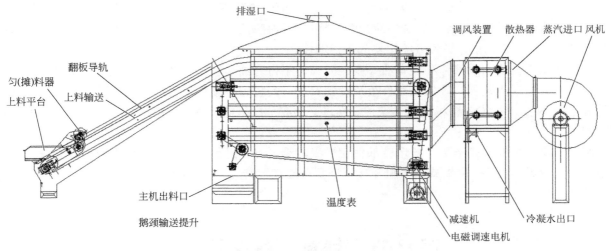

图 6-7-2　翻板式烘干机

（1）输送装置

输送装置与地面成 30° 倾角,前面设有上料平台,湿物料由此处加入,上料平台距地面高度为 700～850mm,前部设有可调节物料摊放厚度的匀料器,底部配置活动门,可及时将风道中积聚的物料排出机外。HFL-33 型输送机和干燥室最上层烘板连成一个循环,热风通过干燥室进入输送装置。

（2）干燥室

干燥室设置有循环运行的三组六层烘板。动力由变速装置传入,各组烘板的运行速度从上而下渐次减慢,以符合物料干燥规律。底部设有集料装置,能自动不断地消除漏下的碎末。干燥室后端连接风管,风分三层送入,每层风量大小可以调节。烘毕的物料由下部出料器卸出。干燥室墙板采用夹层,保温性能良好,前后都有备维修、观察的机门。

（3）变速装置

变速装置由电磁调速电机与电磁调速电机控制器以及摆线针轮减速机构成。YCT-132-4B 型电磁调速装置在拖动电机（Y90L-4,1.5kW）带动下通过摆线针轮减速机,最后由电磁调速控制器 JD1A-40 通过手动旋钮进行调速,将动力传至链板,使整个运动机构达到可变速运动状态,电机输出转速为 0.55～5.5r/min。

2. 使用、调整、维护保养及安装

（1）使用与调整

机器安装完毕,首先检查变速装置的运转方向,确认输出链轮转向正确方能套链条并调整链轮中心距,使链条松紧适度。使用前必须做一次清机工作,擦去各层烘板表面的防锈油脂,清除杂物及污物,使之不影响机器运转和污染产品。检查各部分连接螺栓、螺钉的紧固情况,检查调整各压紧链轮,使之处于正常工作位置。检查调整各层烘板使之处于正确翻转方向,不得有反向现象,检查调整各层烘板曳引链及集料器曳引链,使之处于正常松紧状态。完成上述准备工作,确认机器正常,可进行试运转,并

在试运转中再观察有无异常情况，确认无误方可投入使用。

（2）维护与保养

机器运行中应经常检查各部分连接螺钉、螺栓紧固情况，各链条的松紧及压紧轮的工作状况，并随时调整。经常检查烘板工作位置，不得有移位、卡住和倒置情况。运行中出现不正常的冲击、振动、噪声应立即停机检查，找出原因并排除之。机器运行中应经常检查风机及变速装置中各传动部件轴承的温升情况：电动机温升不得超过规定值；滚动轴承温升不得超过50℃，最高温度不得超过90℃；滑动轴承不得超过35℃，最高温度不得超过90℃；传动箱油温温升不得超过40℃。定期检查各传动件、易损件等工作情况，及时修复或更换。

（3）吊装与安装

翻板式烘干机在包装后发给用户，注意不能将包装箱倒置或倾斜，在箱上标有包装箱吊升的正确位置，以利安全吊运。翻板式烘干机安装稳定，置于不低于−10℃环境温度、干燥无腐蚀、无粉尘污染的环境中，应能连续可靠地工作。钣金件应光滑平整，不得有明显影响外观质量的锤痕、印迹。烘干机所有与药材接触的部件均采用铸件或喷塑件或不锈钢件。

翻板式烘干机各润滑部件和装有油（脂）的部件不得有油（脂）飞溅和泄漏现象。整机必须装有多于一处的紧急停机装置，确保人身事故及设备安全。安装时必须将翻板式烘干机可靠接地，烘干机的绝缘电阻不小于2MΩ。整机装配各螺栓、螺母必须有放松措施，各零部件应能正常工作，不得有异常声响。

翻板式烘干机安装完毕后，各运转部件应平稳，无卡滞、过热等现象；操纵系统、转向机构及制动系统操作应灵活可靠。翻板式烘干机在接近满负荷连续运转4h后，传动系统和各贮油部件油温不得超过50℃。

第八节　炒制、炼蜜设备

一、炒药机

炒药机用于药材清炒、麸炒、砂炒、炭炒、蜜炙等，使物料受热均匀。光滑的筒体内表面便于清洁卫生，具有定时、控温、恒温、温度数显等功能，便于工艺操作和管理。

炒药机由炒筒、炉膛、驱动装置、传动变速装置、燃烧器、电控箱及机架等组成，其具体结构示意见图6-8-1。物料由投料口进入，炒筒旋转使物料翻滚达到炒制的效果。当炒筒做反向转动时，物料便自动排出炒筒外。

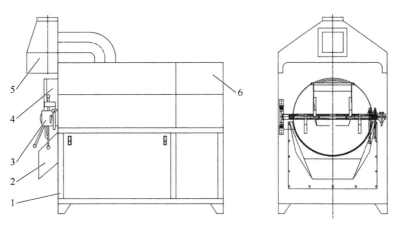

图6-8-1　炒药机结构示意

1—机架；2—出料口；3—三开门结构；4—进料口；5—集烟罩；6—传动保护罩

每次开机时，应先启动炒筒，再启动加热开关，停机时应先关闭加热开关，5～10min后再关闭炒筒。根据不同物料（同一种物料不同颗粒大小）要求设定调节最佳炒制温度和时间。该设备采用火排对炒筒进行加热，使用前，请仔细检查送气管路是否存在漏气现象。炒药机周围严禁堆放各种易燃物品，避免受热后发生火灾。

二、炙药锅

炙药锅主要用于动物类、植物类及矿物类中药材的炙制加工，同时具有炼蜜等液体辅料加工功能。本炙药锅外形美观整洁，设计新颖，功能齐全，出料轻巧方便、可靠，光滑的锅体内表面便于清洁卫生，具有定时、控温、恒温、温度数显等功能。

炙药锅由锅体、夹套、搅拌叶、驱动及保温装置等部分组成，具体结构见图6-8-2。通过夹套通入蒸汽加热锅体，再由药锅加热药材，根据测温棒、温控器及电磁阀来控制炙药温度；同时由计时器来控制炙药时间。预设炙制温度和时间后，往药锅内投入适量中药材，启动搅拌叶。一定时间后，手工加入液体辅料，继续加温搅拌。

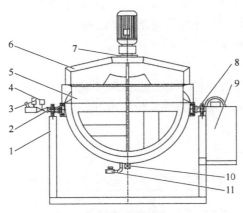

图 6-8-2　炙药锅结构示意

1—机架；2—进汽管；3—带压力表减压阀；4—电磁阀；5—锅体；6—电机支架；7—搅拌装置；
8—锅体翻转装置；9—控制箱；10—锅体排污阀；11—夹套排污阀

如果是空锅，且又高温，禁止直接加进液体，以免锅体炸裂。尽量避免长时间无料干烧。回正锅体时，应缓慢动作；到位时，应插进定位销。出料时，也应缓慢摇动手柄，并扶持锅架，使锅体平缓倾斜。清洁时，不能用坚硬锐器刮铲锅体，以免损伤。

第九节　煅制设备

一、煅药锅

煅药锅主要用于贝壳类、矿物类等中药材的煅制。该设备可通过电阻丝或燃气机产生热量升温使锅体导热物料，从而达到高温煅制的目的。该设备具有温控及温度显示等功能，便于操作和控制。

1. 基本结构

设备外形为长方体，锅体及锅盖由耐高温不锈钢板冲压成型，炉膛采用耐高温材料制作，采用电热丝为加热元件。炉内温度的测量、指示和调节系统由温度控制仪来完成。仪表内设断偶保护装置，在加热过程中当测温热电偶断路时，可自动切断电源，以保证电炉及被处理物料的安全。图 6-9-1 为煅药锅的结构示意。

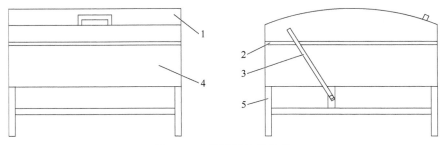

图 6-9-1　煅药锅结构示意

1—锅盖；2—密封条；3—气弹簧；4—锅体；5—机架

2. 注意事项、维修保养、常见故障及排除

（1）注意事项

禁止直接用手去拿药材，禁止用手伸进炉膛或碰炉壁，以免烫伤。根据不同物料要求，设定调节最佳煅制温度。在煅药炉过程中，炉表面温度较高，禁止靠近，尽量不要打开锅盖，避免烫伤。取药过程中，小心操作，避免烫伤。温度为 300℃时禁止打开锅盖，防止电热丝氧化。工人须戴手套及长袖衣裤等进行操作。设备外壳必须有效接地，以保证使用安全。该设备应放通风良好室内，在其周围不可放置易燃易爆物品。本设备无防爆装置，不得放入易燃易爆物品。该设备工作最高温度为 1200℃左右，不要长时间在最高温度下工作，以免影响煅药炉的使用寿命。

（2）维修与保养

控制器应放在干燥、无腐蚀性气体的地方，工作环境温度为 -10～50℃，相对湿度不大于 85%。定期检查各部分接线是否松动，交流接触器的触头是否良好，出现故障应及时修复。

（3）常见故障及排除方法

表 6-9-1 为煅药锅常见故障与排除方法。

表 6-9-1　煅药锅常见故障与排除方法

现象	原因	排除方法
无电源	插头未插好或断电 熔断器烧断	插好插头或接好线 更换熔断器
炉内温度不升	设定温度低 电热器坏 控温仪坏	调整设定温度 换电热器 换控温仪
设定温差与炉内温度误差大	温度传感器坏 控温仪坏或参数设置错误	换传感器 换控温仪、修改参数
超温异常报警	设定温度低 控温仪坏	调整设定温度 换控制仪

二、锻炉

锻炉主要用于贝壳类、矿物类等中药材的煅制。整机采用一体化制作，使用安装方便，温度控制精度更高、更自动化。智能化控制系统绝对保证了仪器的控制精度，控制系统采用 LTDE 技术可编程智能控制，具有 30 多段升温程序功能，并可修正斜率及 PID 功能。升温速度及温度可调，且升温速度快，温度控制准确。

1. 基本结构

设备外形为长方体，炉膛采用当今最轻耐高温纤维材料制作，采用电热丝加热元件，用于放置药材的容器采用耐高温的 310 不锈钢材料制作。炉内温度的测量、指示和调节自控系统由 LTDE 温度控制仪来完成。仪表内设断偶保护装置，在加热过程中当测温热电偶断路时，可自动切断电源，以保证电炉及被处理物料的安全。

2. 安装及使用方法

控制器和锻炉均需可靠接地。把要煅制的药材置于容器内放入炉膛，关闭炉门。放置过程中，注意容器不要碰到加热元件及尾部的热电偶。打开电源开关，设定需要煅制药材的温度，开始工作。

在工作过程中，锻炉表面温度较高，禁止靠近，避免烫伤。锻炉使用完毕，关掉电源开关，然后切断总电源开关。取药，将炉门打开，用专用的铲叉将容器取出，再进行处理。如果不需要在高温情况下将药取出，可以待温度降下些许，再取药。取药过程中，小心操作，避免烫伤。300℃以上禁止打开炉门。取出药物之后，关上炉门。当锻炉第一次使用或长时间停用后再次使用时，建议 200℃烧炉二个小时，400℃烧炉三个小时，600℃烧炉一个小时。设备在出厂前已进行烘炉。可按图 6-9-2 所示程序曲线设定各段程序值。

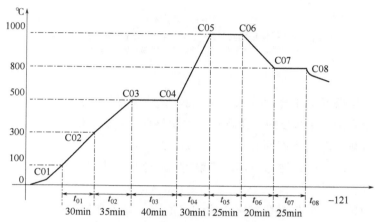

图 6-9-2　锻炉温度程序曲线

3. 注意事项、维修与保养、常见故障及排除

（1）注意事项：同"煅药锅"。

（2）维修与保养

控制器应放在干燥、无腐蚀性气体的地方，工作环境温度为−10～50℃，相对湿度不大于 85%。为保证测量准确，每年应用直流电位差计校对 LTDE 可编程温度仪的测温表，以免引起较大误差。定期检查各部分接线是否松动，交流接触器的触头是否良好，出现故障应及时修复。

（3）常见故障及排除

同"煅药锅"。

第十节　辅助设备

磨刀机是用于切裁机械刀片的磨刃。由于采用磁性吸盘，刀片装夹方便可靠，工作台采用了直线导轨及钢丝绳拖动机构，具有运行平稳、磨削精度高等优点。

1. 基本结构

图 6-10-1 为磨刀机的基本结构示意。设备启动时由曲柄连杆机构带动摆动轮，工作台通过固定在摆动轮上的钢丝绳产生直线往复运动，磨头上装有螺旋微调进给机构和磨削角度调节机构，在工件做往复运动时，装在磨头上的碗形砂轮对刀片进行磨削作业。

2. 注意事项、维修与保养

（1）使用注意事项

为预防机器在运输、装卸等过程中受损，特别是砂轮破碎，请务必用"点动"方式试机，人体远离砂轮，避免意外事故发生。磨刀时为避免过大的进给量导致砂轮破碎或损坏刀片，除缓慢给量外，关闭冷却水便于观察磨削火花。

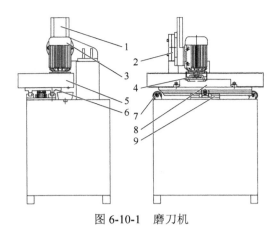

图 6-10-1　磨刀机

1—进给装置；2—磨头支座；3—磨头电机；4—碗形砂轮；5—积水盘；
6—燕尾槽；7—索轮组件；8—永磁吸盘；9—直线滑轨

（2）维护与保养

① 冷却水　不得使用普通清水冷却，以避免机器锈蚀，降低使用寿命，并经常添加冷却水。

② 砂轮整形　砂轮磨削效率降低时，请及时用砂轮整形刀修整。修整时启动磨削电机（关闭冷却水开关），将整形刀铁片接触砂轮磨削端面 2～3 次，每次 2～3s。

③ 冷却水喷射方向　磨削时请注意冷却水喷射方向，冷却水应对准砂轮磨削端面喷射，否则请随时调整冷却水管位置和方向。

④ 润滑　磨刀机的各传动部件需要经常添加润滑油脂，以提高使用寿命。

⑤ 更换砂轮　更换砂轮应由专人负责，待装砂轮应先检查是否有破碎和裂纹等缺陷，否则不得使用。新装砂轮后，应单独启动运行磨削电机 15min 以上，启动和运行时操作人员需远离磨刀机，避免意外事故发生。

⑥ 张紧钢丝绳　磨刀机的钢丝绳应始终保持张紧状态，若出现松弛，应及时予以张紧。

⑦ 安全操作　认真执行安全操作规程，加强安全教育，做好安全生产工作，防止发生意外事故。

第十一节　中药饮片加工生产线

一、联动生产线现状

中药饮片加工联动生产线可以提高工作效率、降低劳动强度、降低人工成本，保护名贵药材减少丢失；同时也可以减少加工环节中由于人为因素导致的药材有效成分的流失。

联动线对于单一品种的加工比较实用，但实际上每个企业都有上百个规格的药材品种需要加工，都希望一线多用，这就会有很多问题存在：

① 清场。一种药材加工完成要更换药材，就需要对整条线彻底清理以免造成物料污染，清场时间实际上都需要 4～5 个小时，6～8 个工人同时进行。

② 场地。药材的特性不同，有些需要水洗，有些需要干洗，有些物料黏性大等，就要求联动线有多种选择，但往往由于场地限制不可能实行。

③ 能耗。大型联动线从衔接上存在时间差，若要实现全自动就必须对每一工位进行精准的反复试验，对于后续工位的开启有严重影响，会造成不必要的能耗损失。

现有的中药饮片加工联动生产线主要有全草类联动生产线、根茎类联动生产线、块茎类联动生产线。联动生产线占地面积小，针对性强，机动性强，清洁维护方便。

二、全草类联动生产线

（1）工作原理

人工在地面上通过气缸翻板将袋装物料或机包物料转运至解包台上进行解包去除捆绑物等，解包后将中药材（主要为全草类和叶类品种）通过预切机将成包、成捆的物料进行截断（截断长度50～200mm，长度可调节），截断的物料进入滚筒式除尘机中使物料打散并扬起，筛去泥沙，除去灰尘；出来的物料经过人工拣选，拣选后的物料通过清洗机洗去物料表面的泥沙，清洗末端需配有清水喷淋和将物料沥干设施，沥干的物料经输送运送至切药机进行切制，切制好的物料通过输送进入网带式干燥机进行干燥，干燥后的物料经冷却输送后进入下一工序。

（2）流程

解包 → 预切 → 滚筒筛选 → 人工拣选 → 清洗 → 切制 → 烘干

（3）设备清单

某全草类联动生产线设备清单见表6-11-1。

表 6-11-1　全草类联动生产线设备清单

序号	名称	单位	数量
1	翻转解包台	台	1
2	液压截切机	台	1
3	滚筒式干洗机	台	1
4	六工位挑选台	台	1
5	高压喷淋清洗吹干机	台	1
6	剁刀式切药机	台	3
7	网带式干燥机	台	1
8	冷却输送	台	1
9	物料提升机	台	1
10	物料平输送机	套	1
11	物料提升输送机	套	1
12	脉冲滤筒式除尘机组	台	2
13	集尘设施	套	1
14	控制系统	套	1

（4）控制

解包台（气动翻板）、液压截切机、滚筒式干洗机、六工位挑选台、高压喷淋清洗吹干机、剁刀式切药机、物料提升机、网带式干燥机、冷却输送以及联线所需其他输送等组成一套集中控制系统，由触摸屏控制；设备加装变频器调速功能，速度可调，便于配合各个设备的进程。所有设备配备过载保护，断电保护、急停按钮，各设备之间互锁关联。

（5）除尘

凡有粉尘飞扬的工序都可加装上或下吸式除尘设备。根据需求该工艺配置两台除尘设备：除尘设备一，除尘点包含网带式干燥机、冷却输送；除尘设备二，除尘点包含解包台、预切机、滚筒式除尘机和挑拣台。预计除尘设备一的处理风量为8000m³/h，除尘设备二的处理风量为8000m³/h。

（6）联动线方案图

某全草类联动生产线组成见图6-11-1。

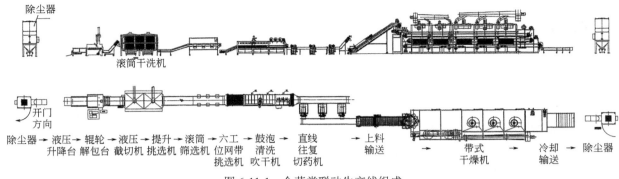

图 6-11-1　全草类联动生产线组成

三、根茎类联动生产线

（1）工作原理

人工通过气缸翻板将袋装物料或机包物料转运至解包台上进行解包去除捆绑物等，解包后将中药材（主要为根茎类、根皮类和藤茎类品种）通过预切机将成包、成捆的物料进行截断（截断长度50～200mm，长度可调节），截断的物料进入滚筒式除尘机中使物料打散并扬起来，筛去泥沙，除去灰尘；出来的物料经人工挑选后，通过清洗机洗去物料表面的泥沙，清洗末端须配有清洗喷淋和将物料沥干不滴水的设施，用网带式润药机对药材进行润制，润透的物料进入切药机切制，然后进入网带式干燥机中干燥，最后进入振筛，筛出标准片形。

（2）流程

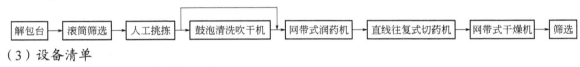

（3）设备清单

某根茎类联动生产线设备清单见表6-11-2。

表 6-11-2　根茎类联动生产线设备清单

序号	名称	单位	数量
1	解包台	台	1
2	液压截切机	台	1
3	滚筒式干洗机	台	1
4	六工位挑选台	台	1
5	鼓泡清洗吹干机	台	1
6	网带式润药机	台	1
7	直线往复式切药机	台	3
8	网带式干燥机	台	1
9	振动筛选机	台	1
10	物料提升机	台	9
11	物料输送机	套	1
12	脉冲滤筒式除尘机组	台	1
13	脉冲滤筒式除尘机组	台	1
14	集尘设施	套	1
15	控制系统	套	1

（4）控制

解包台（气动翻板）、液压截切机、滚筒式干洗机、六工位挑选台、鼓泡清洗吹干机、网带式润药机、直线往复式切药机、振动筛选机、网带式干燥机、物料提升机以及联线所需其他输送等组成一套集中控制系统，由触摸屏控制；设备加装变频器调速功能，速度可调，便于配合各个设备的进程。所有设备配备过载保护、断电保护、急停按钮，各设备之间互锁关联。

（5）除尘

凡有粉尘飞扬的工序都可加装上或下吸式除尘设备。根据需求该工艺配置两台除尘设备：除尘设备一，除尘点包括烘干、过筛；除尘设备二，除尘点包含解包、预切、滚筒式除尘机和挑拣台。预计除尘设备一处理风量为8000m³/h，除尘设备二处理风量为10000m³/h。

（6）联动线方案

某根茎类联动生产线组成见图6-11-2。

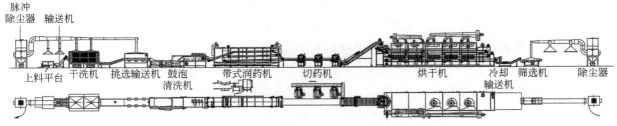

图6-11-2 根茎类联动生产线组成

四、块根类联动生产线

（1）工作原理

人工通过气缸翻板将袋装物料或机包物料转运至解包台上进行解包去除捆绑物等，解包后将中药材（主要为块茎类）送入滚筒式除尘机中；滚筒式除尘机将物料扬起来，可筛去泥沙，除去灰尘；经过人工拣选；通过清洗机洗去粘在物料上的泥沙等，清洗机末端配有清水喷淋和沥干的设施，净料进入网带式润药机，润制好的物料人工转运至旋料式切药机或直线往复式切药机进行切制，切制好的物料进入网带式干燥机进行干燥过筛。

（2）流程

（3）设备清单

某块根类联动生产线设备清单见表6-11-3。

表6-11-3 块根类联动生产线设备清单

序号	名称	单位	数量
1	解包台	台	1
2	滚筒式干洗机	台	1
3	六工位挑选台	台	1
4	高压喷淋清洗吹干机	台	1
5	网带式润药机	台	1
6	直线往复式切药机	台	3
7	旋料式切片机	台	3
8	网带式干燥机	台	1
9	振动筛选机	台	1
10	物料提升机	台	7
11	物料输送机	套	1
12	料筐输送1	台	2
13	料筐输送2	台	4
14	脉冲滤筒式除尘机组	台	1
15	脉冲滤筒式除尘机组	台	1
16	集尘设施	套	1
17	控制系统	套	1

（4）控制

解包台（气动翻板）、滚筒式干洗机、六工位挑选台、高压喷淋清洗吹干机、网带式润药机、旋料式切片机、直线往复式切药机、网带式干燥机、振动筛选机、物料提升机以及联线所需其他输送等组成一套集中控制系统，由触摸屏控制；设备加装变频器调速功能，速度可调，便于配合各个设备的进程。所有设备配备过载保护，断电保护、急停按钮，各设备之间互锁关联。

（5）除尘

凡有粉尘飞扬的工序都可加装上或下吸式除尘设备。根据需求该工艺配置两台除尘设备：除尘设备一，除尘点包括烘干、过筛；除尘设备二，除尘点包含滚筒式除尘机和挑拣台。预计除尘设备一处理风量为 8000m³/h，除尘设备二处理风量为 10000m³/h。

（6）联动线方案

块根类联动生产线组成见图 6-11-3。

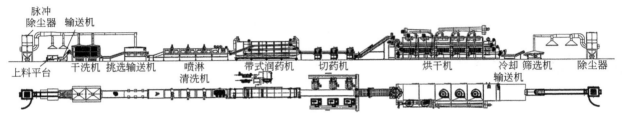

图 6-11-3　块根类联动生产线组成

第七章

制剂机械及设备

第一节　制粒设备

制粒设备是指用于制粒工艺的设备。制粒是把不同状态的物料进行加工制成具有一定形状与大小的颗粒状物的操作。制粒是固体制剂生产中常见的工序，多数的固体剂型都需要经过制粒过程。制粒技术不仅应用于片剂、胶囊剂、颗粒剂等的制备工艺。

制粒的主要目的：①改善药物的流动性。通过将粉末制成颗粒，使粒径增大，粒子之间的粘附性、凝聚性减少，从而改善其流动性。②防止由于粒度、密度的差异而引起的离析现象，有利于各组成成分的混合均匀。③防止粉尘暴露、飞扬。④调整堆密度，改善溶解性能。⑤使压片过程中压力传递均匀。⑥便于服用、携带方便等。

一、制粒设备的分类

常用的制粒方法通常分为湿法制粒和干法制粒两种，制粒设备也相应地分为湿法制粒设备和干法制粒设备。

1. 湿法制粒

湿法制粒是在原材料粉末中加入黏合剂或润湿剂，将颗粒表面润湿，靠黏合剂或润湿剂的架桥或黏结作用使粉末聚结在一起而制备颗粒的方法。湿法制粒包括挤压制粒、搅拌制粒、流化床制粒、喷雾制粒和复合型制粒等方式。不同的制粒方式采用不同的湿法制粒设备，所获得的颗粒的形状、大小、强度、崩解性、压缩成型性不同。由于湿法制粒过程经过表面润湿，因此具有外形美观、耐磨性强、便于压缩等特点，是医药工业中最广泛使用的一种制粒方法。

2. 干法制粒

干法制粒是混合各个原材料，在无外加黏合剂的情况下，将干燥固体挤压成块，再破碎，整粒后形成颗粒的工艺。干法制粒过程中不加入任何润湿剂或液态黏合剂，适用于对湿热敏感、容易压缩成型的药物制粒。干法制粒通常分为压片法和辊压法两种方法，干法制粒设备也相应地分为压片机和辊压干法制粒机。压片法是将固体粉末在压片机上压实制成片胚，然后再破碎成所需大小的颗粒的方法。辊压法则是利用转速相同的两个压辊之间的间隙，将药物粉末压成片状物，然后通过破碎、整粒制成一定大小的颗粒的方法。

二、摇摆式颗粒机

摇摆式颗粒机主要适用于制药、食品、化工等行业中的颗粒制造。

1. 基本原理

摇摆式颗粒机主要将软材在旋转滚筒的正、反往复摆动作用下，强制性通过筛网而制成颗粒的专用设备。图 7-1-1 为摇摆式颗粒机整机实物图。

2. 基本结构

摇摆式颗粒机主要由机体、旋转滚筒、驱动机构和筛网构成，如图 7-1-2 所示。机体上端设有延伸进机体内部的进料斗，旋转滚筒安装在进料斗下方，由驱动机构驱动做回转运动，筛网安装在旋转滚筒下方，包裹旋转滚筒下半部，机体的下端设有出料口。

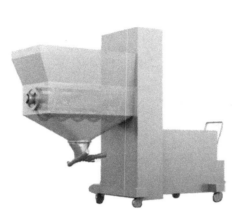

图 7-1-1　摇摆式颗粒机整机

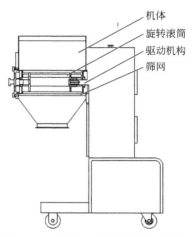

机体
旋转滚筒
驱动机构
筛网

图 7-1-2　摇摆式颗粒机整机结构图

3. 简要工作过程及操作方法

（1）工作过程

①进料：通过料斗向机体内添加物料。②制粒：通过驱动机构驱动旋转滚筒做回转运动，将物料从筛网的网孔挤出，完成制粒。③出料：制好的颗粒从出料口排出机体。

（2）操作方法

①启动设备。②使物料倒入料斗，保持持续加料。③使用容器在出料口盛接制好的颗粒。④生产结束后，关停设备，清洁设备，清理生产现场。

4. 设备可调工艺参数的影响

（1）滚筒转速

通常情况下，滚筒转速快，产量高，但细粉多，颗粒收率小；滚筒转速慢，产量低，但颗粒收率高。

（2）筛网安装松紧程度

通常情况下，筛网安装比较松，滚筒往复转动搅拌揉动时，会增加软材的黏性，制得的湿颗粒粗而紧；筛网安装比较紧时，制得的湿颗粒细而松。在实际生产中，筛网安装的松紧度要适中。若湿颗粒较紧，可以考虑提高滚筒转速、选择孔径较大的筛网、减少每次加料量；若湿颗粒较松，可以考虑降低滚筒转速、选择孔径较小的筛网、增加每次加料量。

5. 设备安装的区域及工艺布局

如图 7-1-3 所示，通常情况下摇摆式颗粒机与湿法混合制粒机联机使用，共同安装在制粒间内。

6. 特点

①该设备不但可以将潮湿的粉末原料压制成颗粒，还可将粉碎后结成块状的物料压制成颗粒。②设备生产的颗粒均匀，可广泛用于冲剂制粒。③筛网可根据生产颗粒大小随意更换。

7. 操作注意事项、维护保养要点、常见故障及处理方法等

（1）操作注意事项

料斗内物料停滞不下，切不可用手或金属器具刮铲，应使用木竹器刮铲或停车处理。

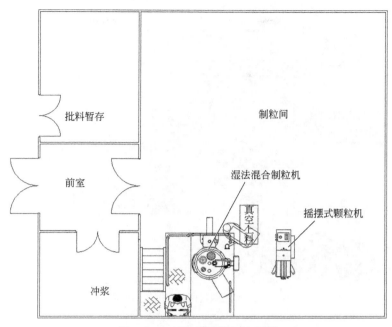

图 7-1-3　摇摆式颗粒机布局图

（2）维护保养

①定期检查各部件，每月进行一次，看是否有磨损较大的情况，如发现应及时修复或更换。②设备应放置在干燥清洁的室内使用，室内不得有酸类、碱类和其他有腐蚀性气体，以免损伤机件。③保持设备清洁，使用完毕或停工时，应取出旋转滚筒进行清洗并清洁料斗和机体内残余物料，为下次使用做好准备工作。④如停用时间较长，必须将设备全身擦洗干净并涂防锈油，用篷布罩好。

（3）常见故障及处理方法

摇摆式颗粒机常见故障及处理方法见表 7-1-1。

表 7-1-1　摇摆式颗粒机常见故障及处理方法

故障	处理方法
使用中异常振动或发出不正常声音	停车检查设备是否调平、零部件是否有松动
筛网损坏	更换筛网，调整筛网与旋转滚筒间距，调整加料速度

8. 发展趋势

这种传统的制粒设备的发展趋势将主要集中在解决生产过程中筛网易破损断裂、更换筛网耗时长、传动机构易出现磨损后的机械冲击造成设备使用寿命短等缺陷。另外，该设备的自动化程度低，也是需要经过持续改进后才能更稳定、高度地集成进入制粒系统中。

三、湿法混合制粒机

湿法混合制粒机用于片剂、胶囊、颗粒剂等品种生产过程中湿颗粒的制备，广泛应用于制药、食品、化工等行业，亦可用于干粉混合。根据用途的不同分为湿法混合制粒机、整粒湿法混合制粒机、实验型湿法湿法混合制粒机。

1. 基本原理

湿法混合制粒机能够一次性完成混合、加浆、制粒等工序，利用搅拌桨的强力搅拌作用，使物料在容器内呈现轴向、径向、切向三维运动轨迹，从而得到混合均匀的药物粉末。在药物粉末中加入黏合剂或润湿剂使容器内形成合适的软材，经切割刀进行切碎，从而得到大小适合的颗粒。图 7-1-4 为湿法混合制粒机工作示意。湿法制成的颗粒具用表面改性较好、外形美观、耐磨性较强、压缩成型性好等优点。

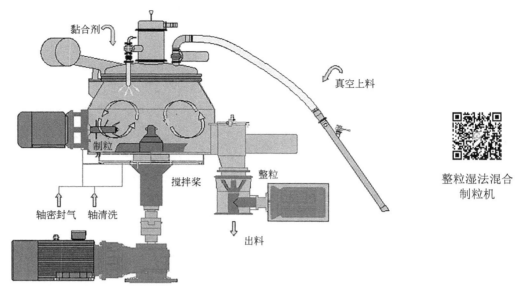

黏合剂

真空上料

制粒

整粒

轴密封气 轴清洗

搅拌桨

出料

整粒湿法混合
制粒机

图 7-1-4　湿法混合制粒机工作示意

2. 基本结构

湿法混合制粒机（图 7-1-5）主要由锅体、搅拌桨、切碎刀等组成。如图 7-1-6 所示，锅体上端安装有可开启的仓盖，仓盖上可设有进料口、加浆口、呼吸器、清洗口和观察窗，搅拌桨同轴安装在锅体底部，切碎刀安装在锅体侧壁上，搅拌桨和切碎刀配有驱动机构，锅体的底端设有出料口。制粒机通常配有扶梯平台。

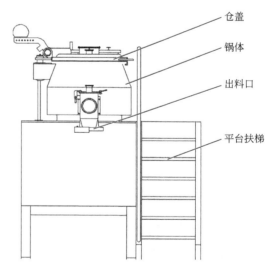

仓盖

锅体

出料口

平台扶梯

图 7-1-5　湿法混合制粒机整机　　　　图 7-1-6　湿法混合制粒机整机结构图

3. 简要工作过程

工作时，首先将原料、辅料通过真空上料、提升加料、人工加料等加料方式加入料缸里。搅拌桨启动，设定低速进行混合作业，一般 2～3min。混合均匀后，按设定的高速搅拌进行混合作业，然后通过加浆系统将准备好的黏合剂加入料缸内。在加浆的同时，制粒刀低速启动制粒。2～3min 后黏合剂添加完毕，开启高速搅拌、高速制粒，通过电流、时间或扭矩来实现终点判定。一般湿法制粒时间只需 8～10min，获得的颗粒里一般还会含有较大结块，所以对片剂、胶囊剂需经过在位湿整粒进行打散作业，使制得的颗粒更均匀。

4. 设备可调工艺参数的影响

（1）黏合剂加入方式

黏合剂的加入方式一般有两种：一种是停机状态，打开制粒机机盖，将黏合剂直接倒入，这种方法加入的黏合剂不易分散，制粒时易造成黏合剂局部浓度偏高，颗粒松紧不均，制成的药片的崩解或溶出差异较大；另一种是不停机状态，利用黏合剂加料斗，打开加料阀，在搅拌运行过程中加入黏合剂，这种方法可避免黏合剂局部不均匀的情况，能使颗粒更均匀，但由于对黏合剂种类要求、设备设计或操作习惯等因素，限制了第二种加浆方式在生产中的使用。

（2）搅拌速度与切碎速度

对于部分品种来说，运行相同时间，可以通过调高搅拌速度和切碎速度来获得适中的软材，从而避免长时间搅拌造成软材过紧。

（3）搅拌切碎时间

通常情况下，搅拌切碎时间过短，会造成颗粒的密度、硬度、均匀度降低，压片时会出现裂片、均匀度不合格等情况；搅拌切碎时间过长，则会造成颗粒的密度、硬度加大，压片时可能出现软材失败、片剂崩解时间长、溶出度不合格等问题。

5. 设备安装的区域及工艺布局

如图 7-1-7 所示，湿法混合制粒机通常整机安装在制粒间内。

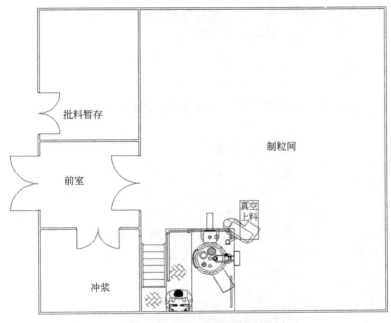

图 7-1-7　湿法混合制粒机布局图

6. 特点

①锅体呈倒锥形，通过搅拌桨与切碎刀的配合动作，保证制粒成品的均匀性。②物料的混合制粒在密封的锅体内一步完成，避免粉尘逸散污染。③采用人机界面 PLC 控制，工艺参数设定后，一个周期完成混合制粒工序。

7. 操作注意事项、维护保养要点、常见故障及处理方法等

（1）操作注意事项

①设备外壳需有可靠的接地线。②设备启动半分钟运转正常后才能向锅体内添加物料。③进料量根据生产情况而定，原则是避免闷车。④停止进料 3min 后才能停车。⑤锅体内留有余料，开车再生产前必须清除干净。⑥变频器不得随意改动。⑦电气系统的安全性能应符合相应的国家标准。⑧所有线路密闭安装，设备具有接地线和中性线。⑨设备在工艺过程中确保不产生静电堆积。⑩配备过载保护、漏电跳脱装置。

（2）维护保养

①定期检查搅拌桨和切碎刀气密封情况。②定期检查设备密封组件，如出现漏粉现象，及时更换。③搅拌桨和切碎刀密封组件应每换一次产品清洗一次或者至少每周清洗一次。④设备首次启用后两个月

更换一次减速机润滑油，后期每半年更换一次润滑油。⑤定期检查设备螺钉、螺栓是否松动，检查联轴器磨损情况，检查电机绝缘电阻。

（3）常见故障及处理

湿法混合制粒机常见故障及处理方法见表7-1-2。

表 7-1-2　湿法混合制粒机常见故障及处理方法

故障	处理方法
搅拌电机故障	参考变频器手册检查搅拌电机变频器
切碎电机故障	参考变频器手册检查切碎电机变频器
气源压力不足	检查气源压力
锅体密封压力不足	检查密封压力
相序故障	查找电源进线是否有断相或者相序错误
紧急停止	将紧急停止按钮复位

8. 发展趋势

目前，国外已经在湿法混合制粒机的基础上发展出带有在线真空及微波干燥功能的一锅法制粒机设备，因此，预计未来该设备的发展趋势将向功能的集成性方向发展。

四、药用流化床制粒机

药用流化床制粒机适用于医药品片剂用颗粒、胶囊剂用颗粒、各种重质颗粒、食品工业用颗粒及其他一般化学品的造粒。

1. 基本原理

药用流化床制粒机采用喷雾技术和流化技术相结合，将混合-制粒-干燥在同一密闭容器内一次完成，实现一步法制粒。原料粉末在机体内建立流化状态，同时将黏合剂雾滴喷至流化界面形成颗粒，经干燥挥发的水分随排风气流带出机体外。图 7-1-8 为药用流化床制粒机整机实物图。

多功能沸腾制粒机

2. 基本结构

药用流化床制粒机主要由顶仓、料仓、底仓、进风系统、排风系统等组成，如图 7-1-9 所示。顶仓、料仓、底仓自上而下通过充气密封圈依次密封安装，整机通过支撑立柱固定支撑，料仓置于可移动小车上，顶仓内设有可升降大盘，大盘上安装有过滤单元，底仓底部设有进风口，进风口连接进风系统，顶仓底部设有排风口，排风口连接排风系统，料

图 7-1-8　药用流化床制粒机整机

仓设有进风气流分布装置，顶仓下部设有可供喷液装置进入机体内的喷液装置接口，过滤单元设有气缸抖袋除尘机构或脉冲反吹除尘机构。

3. 简要工作过程及操作方法

（1）工作过程

①进料：在密闭条件下通过负压将物料吸入机体内或者直接将物料放入可移动的料仓内，再将料仓与顶仓和底仓密封对接。②制粒：启动制粒程序，设备按照设定的工艺参数进行加热、制粒、干燥和冷却，完成制粒。③出料：采用真空出料或提升式出料方式实现出料。

（2）操作方法

①设定或调用工艺参数。②通过负压抽吸原理将物料抽吸至机体内，或者将物料放入可移动的料仓内后，再将料仓与顶仓和底仓密封对接。③启动排风系统，使物料流化混合。④物料混合过程中启动加热系统，对混合物料进行加热。⑤物料混合均匀，温度达到额定值后，通过喷液系统向机体内喷入药液

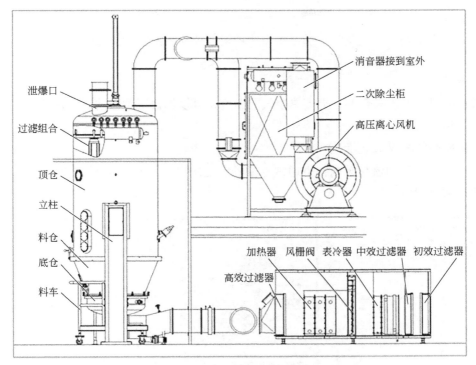

图 7-1-9 药用流化床制粒机整机结构

或黏合剂，使混合均匀的物料与药液黏合成湿颗粒。⑥继续对物料进行加热，使湿颗粒物料干燥彻底。⑦停止加热系统，排风系统继续运行，使干燥后的物料冷却。⑧停止排风系统，从制粒工位通过移动小车移出携带制粒产品的料仓，运送至下一工序，或者通过真空出料方式实现料仓出料。⑨设备工作过程中，适时对过滤单元实行气缸抖袋除尘或脉冲反吹除尘。⑩生产结束后，清洁设备，清理生产现场。

4. 设备可调工艺参数的影响

（1）物料量

容器内的物料量直接影响流化状态。物料少时，进入容器内的热气流从物料间的空隙排出，物料在容器内无法形成有效的环状流化。容器内必须有足够的物料量，才能形成良好的流化状态，物料与黏合剂才能充分混合，制得合格的颗粒。物料多时，进入容器内的热气流无法将物料吹起，物料在容器内无法形成有效的环状流化，容易塌床。

（2）喷雾速度

黏合剂的喷雾速度应适当选择。喷雾速度大时，颗粒直径增大，脆性减小。喷雾速度小时，颗粒直径减小、颗粒中细粉多或不成粒，成品率低。

（3）雾化效果

雾化效果是由喷嘴内喷雾空气量和黏合剂溶液量混合的比例来决定的。增加雾化压力，黏合剂的雾滴变小，制得颗粒粒度变小，细粉多，成品率低，脆性增大。降低雾化压力，易产生大颗粒，降低成品率。

（4）风量大小

进风风量过大，物料粉末被吹起，延长制粒时间，同时造成底部物料为大颗粒，颗粒不均匀。风量较小，物料流化状态不好，颗粒粒度不均匀，容易造成塌床。

（5）进风温度

进风温度高，黏合剂溶液蒸发速度快，造成黏合剂对粉末的润湿能力和渗透能力降低，制成的颗粒直径小，容易形成脆性颗粒，细粉多；温度过高还会使黏合剂蒸发过快，得到大量外干内湿、色深的大颗粒。进风温度低，黏合剂溶液蒸发较慢，造成颗粒的平均直径增大，堆密度也会增加，制成较硬颗粒，流动性较好，但制粒时间较长；温度过低，湿颗粒不能及时干燥，相互聚结成大的团块，易造成塌床。

（6）进风湿度

进风湿度大，则湿颗粒不能及时干燥，易黏结粉料，往往可能在物料预热时就产生大量结块，造成塌床。

（7）干燥时间和温度

颗粒制成后，停止喷入黏合剂，提高热空气的温度，可以加快湿颗粒的干燥速度，缩短干燥时间，减少产生细粉的量，提高成品率。

5. 设备安装的区域及工艺布局

如图7-1-10所示，药用流化床制粒机通常将主机安装在制粒间内，将进风处理单元、排风处理单元和电控柜安装在辅机间内。

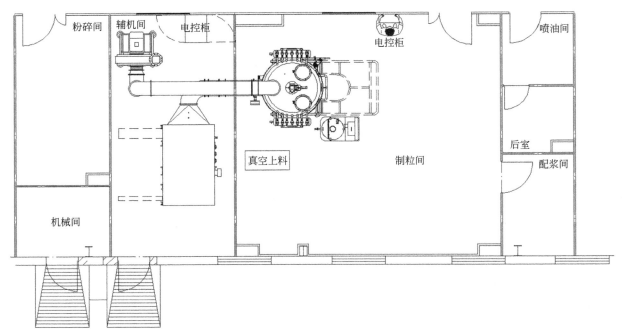

图7-1-10　药用流化床制粒机布局图

6. 特点

①集混合、制粒、干燥三个过程于洁净的密闭设备内作业，具有快速制粒、快速干燥的功能。②设备于密闭负压下工作，整个设备内表面光滑、无死角、易于清洗。③混合均匀，各批次之间具有良好的重现性。

7. 操作注意事项、维护保养要点、常见故障及处理方法等

（1）操作注意事项

①顶仓传动部有无异常，密封件及过滤布袋是否连接好，气源压力是否正常。②料仓推入顶仓与底仓之间时的间隙大小，通过调节移动小车底角的支撑轮高度调整料仓与顶仓和底仓之间的间隙。③移动小车是否进行防静电处理。④底仓密封件是否连接好，气源压力是否正常。⑤底仓排水阀是否开启灵活、密封良好。⑥各气动阀门启闭是否正常，有无漏气现象。⑦风机运行方向是否正常，进风时有无异常声音，风压风量是否正常。

（2）维护保养

①设备工作240h后，对整机紧固件进行检修。②设备工作240h后，对各轴承进行加油。③设备工作800h后，更换密封圈，对气动元件和电气元件进行检修。④设备工作1000h后，对整机进行检修。⑤离心风机定期消除机内的积灰、污垢等杂质，防锈蚀，每次拆修后应更换润滑脂。⑥设备闲置未使用时，应每隔30天启动一次，运行时间不少于1h，防止气阀因时间过长润滑油干枯，造成气阀或气缸损坏。

（3）常见故障及处理方法

药用流化床制粒机常见故障及处理方法见表 7-1-3。

表 7-1-3　药用流化床制粒机常见故障及处理方法

故障	处理方法
风机故障	参考变频器手册检查风机变频器
蠕动泵故障	参考变频器手册检查蠕动泵变频器
气源压力不足	检查气源压力是否正常
密封压力不足	检查密封压力是否正常
大盘密封压力低	检查大盘密封压力是否正常
相序故障	检查电源线相序错误或断相
紧急停止	将紧急按钮复位
喷雾干燥制粒状况不佳	检查布袋及反吹系统；调小风门的开启度；检查风道，疏通管路
排出空气中的细粉多	检查布袋，如有破口，小孔必须补好方能使用，调小风门开启度
干燥颗粒时出现沟流或死角	降低颗粒水分；降低物料装载量，等其稍干后再将增加物料量；颗粒不要久置原料容器中，提高设定的温度上限
干燥时出现结块现象	检查喷嘴开关情况，确认灵活可靠；调整雾化压力；调整喷嘴雾化角
制粒时出现豆粒大的颗粒且不干	检查喷嘴开闭情况，确认灵活可靠；调整药液流量；调整雾化压力
温度达不到要求	减产换热器；排除疏水器故障，放出冷凝水；确认蒸汽压力达到 0.4MPa

8. 发展趋势

根据国内外药用流化床制粒机的功能分析、药企的使用反馈以及制药设备的发展方向，未来该设备的发展趋势将主要面向于具备在线清洗能力、工艺过程在线数字化检测及连续化生产等方向。

五、辊压干法制粒机

辊压干法制粒机适用于除挤压摩擦可引起爆炸的危险品外的干粉物料的直接制粒。

1. 基本原理

辊压干法制粒机采用双螺杆挤压送料的方式将物料挤压成片状，片状物料向下落入二级或多级整粒机构，制成所需目数的颗粒。图 7-1-11 为辊压干法制粒机整机实物图。

2. 基本结构

辊压干法制粒机主要由机体、密封罩、进料机构、输料机构、轧轮机构、破碎机构、整粒机构组成，见图 7-1-12。密封罩安装在机体前端，进料机构连接输料机构的进口，输料机构的出口延伸进密封罩内。

图 7-1-11　辊压干法制粒机整机

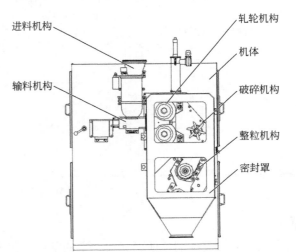

图 7-1-12　辊压干法制粒机整机结构

干法制粒机

输料机构主要由平行的双螺杆构成，轧轮机构安装在输料机构的出口处，由上下两个挤压辊构成，沿轧轮机构倾斜向下设有挤压物料导向通道，破碎机构安装在导向通道内，破碎机构下方安装整粒机构。整粒机构主要由整粒刀和筛网构成，整粒机构通常为上下两套，形成二级整粒。轧轮机构、破碎机构和整粒机构均位于密封罩内，密封罩的底部设有出料口。

3. 简要工作过程及操作方法

（1）工作过程

①进料：物料通过真空上料、人工上料或正压输送等方式持续输送至进料机构。②制粒：启动设备自动控制程序，设备按照设定的工艺参数完成物料制粒。③出料：制粒过程中制好的颗粒从密封罩的底部出料口直接完成出料。

（2）操作方法

①将物料通过真空上料、人工上料或正压输送等方式加入进料机构。②设定和确认产品的工艺参数。③启动设备，完成制粒。各机构启动顺序为整粒机构→破碎机构→轧辊机构→输料机构。④制粒过程中制成的颗粒从出料口排出。⑤制成的颗粒经筛分后，细粉重新经进料机构进入设备进行二次制粒，超过制粒要求的大颗粒进入整粒机构进行二次整粒。

4. 设备可调工艺参数的影响

轧辊压力、轧辊转速和进料速度是辊压干法制粒机制得的颗粒质量的重要影响因素。轧辊压力、轧辊转速和进料速度参数的最优匹配并综合考虑物料性质，才能有效保证最终制得颗粒的质量、产量和收率。

（1）轧辊压力

在轧辊转速和进料速度不变的情况下，轧辊压力过大，压出的料饼过硬，影响最终颗粒的溶出度；轧辊压力过小，压出的料饼松散或不成型，影响颗粒收率。

（2）轧辊转速

在轧辊压力和进料速度不变的情况下，轧辊转速过高，压出的料饼松散或不成型，影响颗粒收率；轧辊转速过低，压出的料饼过硬，影响最终颗粒的溶出度。

（3）进料速度

在轧辊压力和轧辊转速不变的情况下，进料速度过快，压出的料饼过硬，影响最终颗粒的溶出度；进料速度过慢，压出的料饼松散或不成型，影响颗粒收率。

5. 设备安装的区域及工艺布局

如图 7-1-13 所示，辊压干法制粒机通常将主机和操作箱安装在制粒间内，将制冷机、除尘系统和电控柜安装在辅机间。

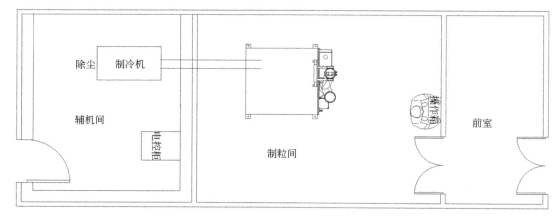

图 7-1-13　辊压干法制粒机布局图

6. 特点

①无需水或乙醇等润湿剂，便可获得稳定的颗粒。②节省湿式制粒法的中间工艺（润湿、撮合、干燥），大大缩短制粒时间，提高生产效率。③可获得密度高的颗粒。④设备机型小巧，安装所需空间小。

⑤电机速度及轧辊压力可调，广泛地适应不同的加工要求。

7. 操作注意事项、维护保养要点、常见故障及处理方法等

（1）操作注意事项

①设备连续工作 8h，必须停机 2h，避免由于密封导致设备过热造成故障。②设备清洗时，严禁使用高压水枪进行冲洗，避免清洗水或存积的物料杂质进入密封件。③机器顶盖上不可存放重物。④电气系统的安全性能应符合相应的国家标准。⑤所有线路应密闭安装，设备应具有接地线和中性线。

（2）维护保养

①生产品种更换时必须对设备进行清洗，清洗时主要采用擦洗的方式。②每生产 6～8 个月，需将所有润滑点及油箱内的油脂更换一次。③定期清除设备内部粉尘，检查紧固处有无松动或位移，并加以紧固。④定期检查易损件磨损情况，进行维修或更换。

（3）常见故障及处理方法

辊压干法制粒机常见故障及处理方法见表 7-1-4。

表 7-1-4 辊压干法制粒机常见故障及处理方法

常见故障	处理方法
轧轮电机故障	参考变频器手册检查轧轮变频器
拨料电机故障	参考变频器手册检查压料变频器
输料电机故障	参考变频器手册检查进料变频器
整粒电机一故障	参考变频器手册检查整粒一变频器
整粒电机二故障	参考变频器手册检查整粒二变频器
切碎电机故障	检查切碎电机是否过载，热继电器复位
水冷泵故障	检查水冷泵是否过载，热继电器复位
相序故障	检查电源线相序是否错误或断相
物料的可压性和流动性较好，但产量较低，硬度高低难控	检查物料的水分含量有无变动；检查生产车间温度和湿度有无变化
油压打不上去	如果连续工作达一年以上可考虑各球阀和柱塞封环磨损（检查更换） 如果工作未达一年时，其原因可能是液压油内存在脏物并停留在阀面上，促使阀关闭不严，高低压串通，可断续打油或快慢差异性打油，看是否能将脏物冲走，如仍无法解决，卸开清洗 检查油路是否漏油，如出现漏油，维修堵漏
轧辊表面物料严重粘合，且越粘越多，引起油压迅速上升，直到触发压力保护器，停车	更换适于该物料的轧棍轮； 轧辊轮上涂防粘油（药品级）或少量卫生级润滑剂（如凡士林） 在物料中掺入润滑剂粉末
侧面有细粉渗漏	检查侧封板安装是否正确，是否安装到位 检查侧封板是否磨损严重，如磨损应及时更换

8. 发展趋势

根据辊压干法制粒机在制药工艺中的实际应用分析，其未来发展的趋势将集中在与称量配料系统及在线混合设备的集成，形成连续化干法直压生产技术。

干法固体制剂生产线

湿法固体制剂生产线

第二节　整粒设备

整粒设备适用于干式、湿式颗粒的均匀整粒，特别适用于团块物料的粉碎整粒，广泛应用于制药、食品、化工等行业。

1. 基本原理

整粒机是利用转子与筛网之间的高速相对运动，迅速地将成团成块的大颗粒在转子的碾压下，通过筛孔成粒，以改善颗粒的均匀性。整粒机根据适用工艺的不同，分为湿法整粒机和干法整粒机。图7-2-1为整粒机的实物图。

2. 基本结构

整粒机主要由机架、整粒筒、转子（整粒刀）、筛网、驱动机构、传动机构组成，如图7-2-2所示。整粒筒固定安装在机架上，上端设有进料口，底端设有出料口，转子和筛网配合安装在整粒筒内，转子通过传动机构与驱动机构连接。

图 7-2-1　整粒机

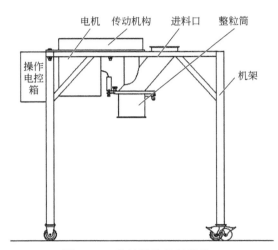

图 7-2-2　整粒机的整机结构

3. 简要工作过程及操作方法

（1）工作过程

①进料：物料通过进料口进入整粒筒。②整粒：启动设备，调整转子转速，完成整粒。③出料：整粒过程中实时完成出料。

（2）操作方法

①密封连接整粒机的进口与制粒机的出口，以及整粒机的出口与收料容器。②启动电源，进行整粒。③开启出料蝶阀，实时出料。④出料完成后，关闭出料蝶阀。⑤关闭整粒机电源。⑥生产结束后，清洁设备，清理生产现场。

4. 设备可调工艺参数的影响

（1）湿法整粒

通常情况下，若湿颗粒较紧，可以考虑提高转子转速、选择孔径较大的筛网、减少每次加料量；若湿颗粒较松，可以考虑降低转子转速、选择孔径较小的筛网、增加每次加料量。

（2）干法整粒

一般情况下，转子转速过高，制得颗粒相对较小；转子转速过低，制得颗粒相对较大。干燥颗粒较紧时，通常选择孔径较小的筛网；干燥颗粒较松时，通常选择孔径较大的筛网。

5. 设备安装的区域及工艺布局

如图7-2-3所示，整粒机通常与真空上料机组合后安装在制粒间内，与制粒机联机使用。

6. 特点

①成品颗粒瞬间出料，整粒效率高，质量好。②工作时发热小，粉尘少。③转子与筛网之间间隙可调。④可适用于低黏性块状、树胶状、湿润物料的均匀整粒。

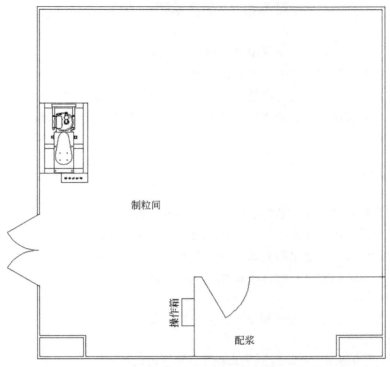

图 7-2-3　整粒机布局图

7. 操作注意事项、维护保养要点、常见故障及处理方法等

（1）操作注意事项

①设备启动及正常工作中，严禁将手伸入整粒筒内。②应根据出料情况控制上料量，避免闷车。③设备通电前，必须将转子转速调至零。④电气系统的安全性能应符合相应的国家标准。⑤所有线路密闭安装，设备具有接地线和中性线。

（2）维护保养

①定期检查设备转动部件及紧固件。②设备生产结束后，应做好清洁工作。

（3）常见故障及处理方法

整粒机常见故障及处理方法见表 7-2-1。

表 7-2-1　整粒机常见故障及处理方法

常见故障	处理方法
电机不转	按下启停按钮；检查物料与轴向运转的灵活度；检查变频器是否故障，如发生故障，查看变频器说明书，对照解决

8. 发展趋势

根据整粒机在制药企业中的实际应用分析，该设备将采用穿墙技术集成在工艺连线系统中发挥关键作用。

第三节　混合设备

混合是指两种或两种以上不同组分的物料在外力作用下发生相对运动，使各组分的粒子均匀分布的过程。合理的混合操作是保证制剂产品质量的重要措施之一。混合的目的是保证配方的均一性，保证从批中取出的任意样品具有同样的组分，从而保证药物的剂量准确、临床用药安全。

广义地讲，混合包括固体与固体、固体与液体、液体与液体、液体与气体等不同相系组分的混合。

狭义地讲，固体制剂的混合主要是指固-固组分（颗粒与颗粒、粉末与粉末）的混合，也包括液体与固体的混合（制软材）。

混合设备就是将两种或两种以上不同组分的物料均匀混合在一起构成混合物的机械设备；混合物的混合均匀程度是衡量混合机好坏的主要技术指标之一。随着药品监管的加强、规范化生产的推行，混合设备发展到更加自动化、易清洁、过程记录完整、可追溯的机电一体化设备；满足从几公斤的小批量到几吨大批量的生产，而且满足不同品种快速切换的要求；混合机在前处理（制粒前）预混和批次总混阶段广泛应用。

一、混合设备的分类

国内各行业使用的混合机虽品种繁多，但大部分是属于 20 世纪 50～60 年代的产品,如滚筒混合机、V 型混合机、槽式混合机等。大吨位产品采用卧式回转滚筒混合机较多，多年来基本结构形式没有什么变化，只是内部螺旋抄板形状和进出料方式不同，整体架构还是传统结构；20 世纪 80 年代末，更多进口混合设备引进，在固体制剂领域开始有所发展，一直到 20 世纪 90 年代初，国内几个制药设备厂家陆续推出不同形式的混合机。

混合设备按照混合原理、混合方法和设备结构分类各有不同。

（1）根据混合原理分类

① 对流混合　它是指物料在机械转动的作用下，在设备内形成固体循环流的过程中，粒子群产生较大的位置移动所达到的总体混合。

② 剪切混合　由于粒子群内部力的作用结果，物料群体中的粒子相互间形成剪切面的滑移和冲撞作用，促使不同区域厚度减薄而破坏粒子群的凝聚状态所进行的局部混合。

③ 扩散混合　在混合过程中，颗粒以扩散形式向四周做无规律运动，从而增加各组分间的接触面积，相邻粒子间相互交换位置达到均匀分布的状态。

事实上，上述三种混合方式在实际操作中并不是独立进行的，而是相互联系的，只不过所表现的程度因混合机类型、物料性质、操作条件等不同而存在差异。物料在混合机内往往同时存在着上述三种混合方式，单一的混合方式是很少见的，但是常以其中一种混合方式为主。

（2）根据混合方式分类

① 研磨混合　将各组分物料置于乳钵中进行研磨的混合操作，一般用作少量物料的混合。

② 搅拌混合　将物料置于容器中通过搅拌进行混合的操作，多作初步混合之用。

③ 过筛混合　将已初步混合的物料多次通过适宜规格的筛网使之混匀的操作。由于较细较重的粉末先通过筛网，通常在过筛后加以适当的搅拌混合效果更好。

（3）根据主要动力（旋转）的来源分类

① 容器固定型　一般主要借助于各类搅拌、剪切装置，形成混合运动，即使容器有摆动的动作，也仅是起辅助作用，如螺带混合机、单锥混合机都带搅拌装置。

② 容器旋转型　混合运动主要来源于容器的运转，基于各类容积、角度、流动速度的变化形成混合效果，如二维、三维混合机。容器旋转型的混合机又可分为容器不可更换型和容器可移动型混合机。按混合机的结构、运动形式，容器旋转型混合机又可分为二维混合机、三维混合机、V 型混合机、槽型混合机、单锥混合机、方锥型料斗混合机等。

因药品生产环节特别关注交叉污染的风险，如 GMP 第五十三条所述，"整个设备特别是与物料接触部位要便于清洁"，所以在结构形式上，容器旋转型混合机一般不带搅拌装置，在清洁上相对于带搅拌装置的容器固定型混合机更被广泛接受。方锥型料斗混合机因其更为简化的运动结构，较容器为圆筒状的混合机得到更多应用。方锥型料斗混合机的细分种类繁多，根据料斗装夹形式、提升方式、规格大小的不同，又分为柱式料斗混合机、移动料斗混合机、自动提升料斗混合机、对夹式料斗混合机、固定料斗混合机、单臂提升料斗混合机等。图 7-3-1 为各种各样混合机的实物图。

(a) 三维运动混合机　　　　　(b) 二维混合机　　　　　(c) 柱式料斗混合机

(d) 移动料斗混合机　　　(e) 自动提升料斗混合机　　　(f) 对夹式料斗混合机

(g) 固定料斗混合机　　　(h) 单臂式提升料斗混合机

图 7-3-1　各种各样的混合机

　　本节中主要介绍 V 型混合机、方锥形混合机、快夹容器式混合机、立柱提升料斗混合机、三维运动混合机、气流混合机等。

二、药用 V 型混合机

　　药用 V 型混合机适用于制药、化工、食品、饲料、陶瓷、冶金等行业的粉料或颗粒状物料的混合。

1. 基本原理

　　药用 V 型混合机是一种传统的混合机。混合桶转动时，物料由于分解和组合势能不同，形成轴向逐层交替的扩散混合，处于桶内不同平面的物料，相互间因具有不同的势能形成横向对流混合，通常混合桶内安装有搅拌机构，使物料产生强烈的扩散、混合运动。上述混合作用连续重复进行，最终完成物料的均匀混合。

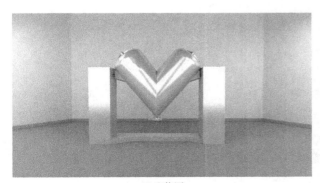

(a) 实物图　　　　　　　　　　　(b) 整机结构

图 7-3-2　药用 V 型混合机

2. 基本结构

药用 V 型混合机主要由机架、转动驱动机构、V 型混合桶组成，见图 7-3-2（b）。V 型混合桶通过转动驱动机构安装在机架上，其左右长度不对称，顶端设有进料口，底端设有出料口。

3. 设备可调工艺参数的影响

（1）加料顺序

对于物料用量有差异的，物料量大的组分先加入或大部分加入，物料量少的后加入；对于物料粒度有差异的，物料粒度大的先加入，粒度小的后加入；对于物料密度有差异的，物料密度小的先加入，密度大的后加入，以使物料混合均匀。实际混合过程中，物料特性差异较为复杂，可权衡物料间用量、密度、粒度的差异，经试验后，选择合适的加料顺序。

（2）混合容器装填量

混合容器应选择合适的装填量，装料过多不仅使混合机超负荷工作，还会影响物料在混合容器内的运动混合过程，无法达到混合效果；装料过少则不能充分发挥混合机的效率，同时不利于物料在混合机内的运动，影响混合质量。

（3）混合时间

物料的混合时间应适宜，混合时间过短，物料混合不充分；混合时间过长，易出现离析现象（即逆混合现象）。

（4）混合容器的转动速度

混合容器的转动速度一般选择为临界速度的 0.7～0.9 倍，混合容器转动速度过低，物料粒子在物料表面滑动，物料间易出现离析现象，混合效率低；混合容器转动速度过高，物料粒子受离心力的作用较大，物料紧贴在混合容器壁上随混合容器一起转动，几乎不产生混合作用。

4. 设备安装的区域及工艺布局

如图 7-3-3 所示，药用 V 型混合机通常将整机安装在混合间内。

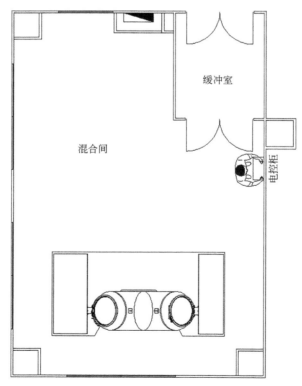

图 7-3-3　药用 V 型混合机布局图

5. 特点

①适用于物料流动性良好、物料差异小的粉粒体混合。②适用于混合度要求不高且要求混合时间短

的物料的混合。③混合时，物料流动平稳，不破坏物料原形。④适用于易破碎、易磨损的粒状物料混合。⑤适用于较细的粉粒、块状、含有一定水分的物料混合。

6. 操作注意事项、维护保养要点、常见故障及处理方法等

（1）操作注意事项

①设备使用前进行空转试运行，试车前检查全部连接件的坚固程度以及减速器内的润滑油油量和电气设备的完整性。②设备启动后及混合过程中，工作人员不得进入混合桶的回转范围内。③设备使用完毕或更换品种时必须将混合筒内外清洗干净。④设备使用过程中发现异常，必须停机检查。⑤待混合物料的装载量不得超过混合机的有效容积上限。⑥电气系统的安全性能应符合相应的国家标准。⑦所有线路密闭安装，设备应具有接地线和中性线。⑧设备在工艺运行过程中应不产生静电堆积。⑨设置必要的保护措施，以保证设备功能失调或失效的情况下，设备和产品仍然处于安全状态。⑩应配备过载保护、漏电跳脱装置。

（2）维护保养

①定期检查紧固件是否松动，转动部件是否运行正常。②减速机润滑油在设备首次运转 1000h 后应予更换，首次更换后，设备运行 2000～2500h 应再次更换，注油时防止污物进入减速箱。③设备的维护工作需切断电源进行。

（3）常见故障及处理方法

药用 V 型混合机常见故障及处理方法见表 7-3-1。

表 7-3-1　药用 V 型混合机常见故障及处理方法

故障	处理方法
混合故障	参考变频器手册检查混合电机变频器
相序故障	查找电源进线是否有断相或者相序错误
紧急停止	将紧急停止按钮复位
轴承异响	润滑或更换
混合时机器有异常震动	检查轴承或电机，相应排除故障
混合时物料外溢	关紧进出料口阀门
出料不畅	混合前检查混合桶内壁，确保清洁干燥

7. 发展趋势

未来药用 V 型混合机将重点解决轴侧密封以及在 V 型混合桶内集成辅助混合搅拌装置等问题，V 型混合桶的进出料也将由人工操作方式向自动化方式发展。

三、方锥型混合机

方锥型混合机可广泛适用于制药、化工、食品、保健品行业的多品种、产量大的生产场合。

1. 基本原理

方锥型混合机主要采用径向重力扩散原理实现物料混合，回转料桶的回转轴与其几何对称轴呈30°夹角安装。混合生产时，回转料桶中的物料除随回转料桶翻动外，同时沿回转料桶内壁做切向运动，从而使物料在回转料桶内形成三维运动，达到最佳的混合效果。

2. 基本结构

方锥型混合机由方锥型回转料桶、传动机构、左轴架和右轴架等组成，见图 7-3-4。回转料桶通过传动机构安装在左、右轴架之间。左轴架或右轴架的一侧可设置平台扶梯。

3. 设备安装的区域及工艺布局

如图 7-3-5 所示，方锥型混合机通常将整机安装在混合间内。

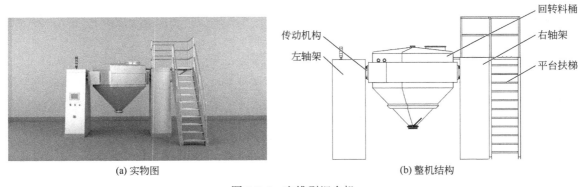

(a) 实物图   (b) 整机结构

传动机构
左轴架
回转料桶
右轴架
平台扶梯

图 7-3-4　方锥型混合机

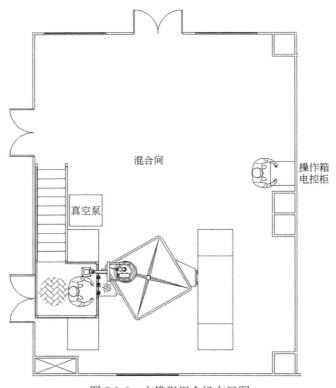

混合间

真空泵

操作箱
电控柜

图 7-3-5　方锥形混合机布局图

4. 特点

①设备采用方锥型回转料桶，其角度多向，同时结合回转料桶30°夹角偏心安装，混合时可使物料形成多个角度的流动，使其能达到良好的混合效果。②设备采用主动轴带动被动轴转动，保证运转过程中的运行平稳。③适用于大批量物料的混合生产。

5. 操作注意事项、维护保养要点、常见故障及处理方法等

（1）操作注意事项

①设备启动后及在混合过程中，工作人员不得进入回转料桶的回转范围内。②在操作过程中，如发现异常现象，应立即停车检查。③电气系统的安全性能应符合相应的国家标准。④所有线路密闭安装，设备应具有接地线和中性线。⑤设备在工艺运行过程中应不产生静电堆积。⑥设置必要的保护措施，以保证设备功能失调或失效的情况下，设备和产品仍然处于安全状态。⑦易于操作者接近区域应设置紧急停止开关，且只能人工复位。⑧应配备过载保护、漏电跳脱装置。

（2）维护保养

①检查进料盖和出料口是否压紧，不能漏粉。②检查运动范围内是否有阻挡转动的物品和人员，以免伤害人员和碰坏机器。③必须空载运行10min后才能装料混合。④注意装料不超过容积的80%，以免影响混合均匀度。⑤减速器运转500h后更换新油并将内部污油彻底清洗干净，后期连续工作半年更

换一次（指一班制）。⑥工作环境温度为–30℃至常温，使用中最高温度不超过 60℃。⑦经常注意检查各部位螺钉有无松动现象，如有松动应及时拧紧。⑧运行中如发现有异常响声应立即停车检查，及时排除故障。

（3）常见故障问题及处理

方锥型混合机常见故障及处理方法见表 7-3-2。

表 7-3-2　方锥型混合机常见故障及处理方法

故障	处理方法
混合故障	参考变频器手册检查混合电机变频器
安全光栅故障	排除安全光栅内的障碍物
真空泵故障	检查真空泵是否过载，如过载按下热继电器的复位键
相序故障	查找电源进线是否有断相或者相序错误
紧急停止	将紧急停止按钮复位

6. 发展趋势

方锥型混合机由于广泛应用在总混工艺阶段，因此越来越趋向于混合批量向大型化发展，这就给回转料桶内的清洗和验证带来了较大的挑战。未来该设备预计将向大型化和在线 CIP 清洗的完整性方面不断完善和发展。

四、快夹容器式混合机

快夹容器式混合机是一种适用于多品种、产量大的生产场合的混合设备，例如大产量的片剂、胶囊剂、冲剂等固体制剂的混合生产。

1. 基本原理

快夹容器式混合机主要采用径向重力扩散原理实现物料混合，回转料桶的回转轴与其集合对称轴呈 30°夹角安装。在进行混合物料操作时，先将混合料斗推入方形回转体内，回转体内的压力传感器在感知有混合料斗进入后开始提升，回转体提升至指定高度后，通过夹持机构将混合料斗夹紧，并按照设定的工艺参数开始回转混合，混合完成后，回转体停止在水平状态，降低回转体至地面，夹持机构松开混合料斗，将混合料斗从回转体移出，完成一次混合动作。

2. 基本结构

快夹容器式混合机由机架、回转体、提升回转机构、混合料斗和夹持机构组成，见图 7-3-6。回转体通过提升回转机构安装在机架上，混合工作时，混合料斗置于回转体内，回转体内安装有用于混合料斗夹持固定的夹持机构以及感知混合料斗位置的传感器，机体上安装有回转体上下限位提升保护装置。

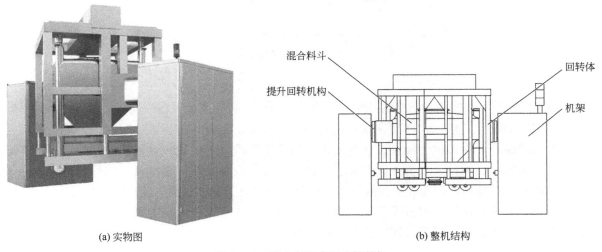

(a) 实物图　　　　　　　　　　　　(b) 整机结构

图 7-3-6　快夹容器式混合机整机

3. 简要工作过程及操作方法

（1）工作过程

①进料：快夹容器式混合机进料方式为重力进料，混合料斗进料结束后将混合料斗移动至回转体中，启动上升，夹紧料斗。②混合：选择混合配方或设置混合参数，启动自动运行程序，设备按照设定运用参数混合，混合完成后进入减速定位过程，最后回转体复位。③出料：降低回转体至地面，将混合料斗从回转体内移出，或者使回转体位于混合工作位，在混合料斗下方放置转运料斗完成高位出料。

（2）操作方法

①混合料斗进料完毕后，将混合料斗移动至回转体的地盘上，启动控制系统，回转体自动将混合料斗提升夹紧。②按照物料特性及混合要求设置或调用运行参数。③按启动电源键，回转体按照运行参数进行转动，完成混合料斗内物料的混合。④混合完成后，回转体自动停止复位。⑤输入控制指令，降低回转体至地面，夹持机构松开混合料斗，将混合料斗从回转体中移出；或者使混合料斗位于混合工作位，在混合料斗下方放置转运料斗完成高位出料。切断系统电源，完成混合工作。

4. 设备安装的区域及工艺布局

如图 7-3-7 所示，快夹容器式混合机通常将设备主机、控制柜和操作箱均安装在混合间内。

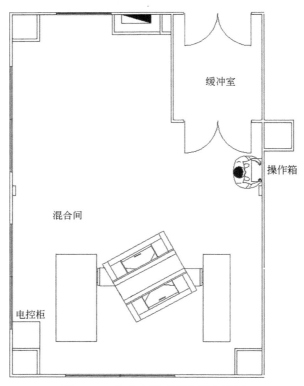

图 7-3-7　快夹容器式混合机布局图

5. 特点

①设备可实现对不同容积的混合料斗的夹持固定，一台设备配备多种容积的料斗即可满足对不同批量、多品种物料的混合要求。②自动完成对混合料斗的夹持、混合、松夹等工序动作。③设备设有上下限位提升保护装置，保证位于混合工作位的混合料斗不下滑，确保操作过程的安全性。④设备配有红外光栅保护系统，当操作人员进入回转体工作回转区时，设备立即停车，防止意外发生，操作系统需要人工重新启动设备后才能工作。⑤回转体内配有混合料斗感知传感器，可检测回转体内有无料斗，当回转体内没有料斗时，提升电机不启动，以避免出现误操作对设备造成的损伤。⑥设备混合工位及卸料工位配有光电传感器，以确保回转体提升料斗混合及下降移出料斗过程中的准确定位，保证设备安全。

6. 操作注意事项、维护保养要点、常见故障及处理方法等

（1）操作注意事项

①在设备启动后及在混合过程中，不宜靠近回转体，以免发生危险，优选在设备周围设置隔离装置，以防止人员在设备运行时进入回转体的运动区域内，造成伤害。②在操作过程中，如发现异常现象，应立即停车检查。③工作结束后，需做好清洁保修工作，以免粉尘进入机体或渗入轴承之中。④电气系统的安全性能应符合相应的国家标准。⑤所有线路密闭安装，设备应具有接地线和中性线。⑥设备在工艺运行过程中应不产生静电堆积。⑦设置必要的保护措施，以保证在设备功能失调或失效的情况下设备和产品仍然处于安全状态。⑧易于操作者接近区域应设置紧急停止开关，且只能人工复位。⑨应配备过载保护、漏电跳脱装置。⑩应在适当位置设置安全光栅，工作人员误入时，设备应立刻停机。

（2）维护保养

①定期检查回转体上各紧固件是否松动，如有松动，应及时紧固。②减速机内润滑油在设备首次使用运转 1000h 后，应予更换，首次更换后，设备运行 2000~2500h 应再次更换，根据油质变化情况，可提前或滞后更换，但每次换油周期应以 2~3 年为宜。③支承轴承的润滑脂在设备大修时应予以更新。④对设备进行日常检查和定期检查，以保证设备的正常运行。

（3）常见故障问题及处理

快夹容器式混合机常见故障及处理方法见表 7-3-3。

表 7-3-3　快夹容器式混合机常见故障及处理方法

故障	处理办法
混合故障	参考变频器手册检查混合电机变频器
安全光栅故障	安全光栅范围内移除杂物
提升故障	检查提升电机是否过载，如过载按下热继电器的复位键
相序保护	查找电源进线是否有断相或者相序错误
紧急停止	将紧急停止按钮复位
轴承异响	润滑或更换
混合时机器有异常震动	检查轴承或电机，相应排除故障
混合时物料外溢	关紧进出料口阀门
出料不畅	混合前检查混合桶内壁，确保清洁干燥

7. 发展趋势

在快夹容器式混合机实际使用过程中，混合料斗内混合完成后的物料需要出料给周转料桶，因此通常需要为该设备配备一台提升机用于大型混合料斗的提升和放料需要，这就给生产工序带来了繁琐的操作，净化生产操作空间面积也需相应增大，同时也带来了建设投入与生产成本的增加。基于上述原因，未来快夹容器式混合机将集中在混合与提升放料的高度集成，使一台设备即可完成对物料的混合与提升放料的全过程，既节省工序又节省操作空间。

五、立柱提升料斗混合机

立柱提升料斗混合机可广泛适用于制药、化工、食品、保健品行业的多品种、产量大的生产场合。

1. 基本原理

立柱提升料斗混合机主要采用径向重力扩散原理实现物料混合，回转料桶的回转轴与其集合对称轴呈 30° 夹角安装。在进行混合物料操作时，将混合料斗推入回转机构内并将混合料斗锁紧固定后，通过提升机构将混合料斗提升至混合工位，驱动回转机构按照设定的运行参数进行转动混合。混合完成后，回转机构复位，降低混合料斗至地面，将混合料斗从提升回转机构中移出；或者将混合料斗在混合工位再提升，并在混合料斗下方放置转运料斗，实现高位直接出料。立柱提升料斗混合机可分为单立柱提升料斗混合机（图 7-3-8）和大型的双立柱提升料斗混合机（图 7-3-9）。

图 7-3-8　单立柱提升料斗混合机整机

图 7-3-9　双立柱提升料斗混合机整机

2. 基本结构

立柱提升料斗混合设备主要由立柱、提升机构、回转机构、混合料斗以及锁紧机构组成。回转机构与提升机构集成为一体安装在立柱上，回转机构内设有用于混合料斗锁紧固定的锁紧机构以及感知混合料斗位置的传感器，立柱上安装有回转机构上下限位提升保护装置。图 7-3-10 和图 7-3-11 分别为单立柱和双立柱提升料斗混合机整机结构示意。

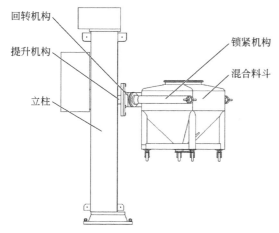
图 7-3-10　单立柱提升料斗混合机整机结构

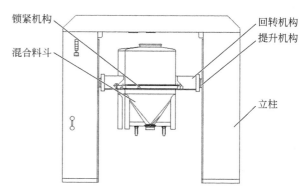
图 7-3-11　双立柱提升料斗混合机整机结构

3. 设备安装的区域及工艺布局

如图 7-3-12 所示，单立柱提升料斗混合机通常将整机安装在混合间内，或者将设备主机安装在混合间内，将电控柜和控制箱安装在控制室内。

如图 7-3-13 所示，双立柱提升料斗混合机通常将整机安装在混合间内，或者将设备主机安装在混合间内，将电控柜和控制箱安装在控制室内。

4. 特点

①一台设备可配置多个不同规格的料斗，满足不同批量、多品种的混合要求。②料斗可作为配料容器、周转容器、加工容器、成品容器使用，从而可降低物料更换容器产生交叉污染和粉尘逸散的风险。③该设备混合角增大，加剧了物料在混合料斗内的运动，减少了物料分层的可能，可有效提高混合均匀度。④混合结束后，物料可在位提升和分装，既节省空间，又减少转序过程，降低工作强度。

5. 操作注意事项、维护保养要点、常见故障及处理方法等

（1）操作注意事项

①设备启动后及在混合过程中，工作人员不得进入回转机构的回转范围内。②设备停止运行后，应将混合料斗降低至最低点，关闭总电源开关。③每班次首次使用时必须进行一次空载试验，确保机器无

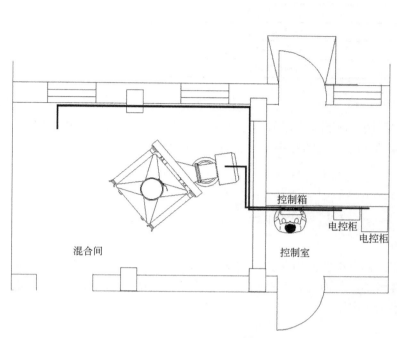

图 7-3-12 单立柱提升料斗混合机布局图

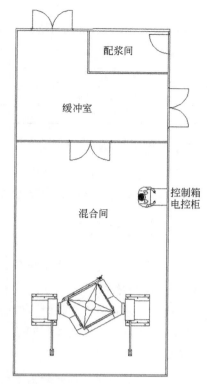

图 7-3-13 双立柱提升料斗混合机布局图

异常。④在操作过程中，如发现异常现象，应立即停车检查。⑤电气系统的安全性能应符合相应的国家标准。⑥所有线路密闭安装，设备应具有接地线和中性线。⑦设备在工艺运行过程中应不产生静电堆积。⑧设置必要的保护措施，以保证设备功能失调或失效的情况下，设备和产品仍然处于安全状态。⑨易于操作者接近区域应设置紧急停止开关，且只能人工复位。⑩应配备过载保护、漏电跳脱装置。

（2）维护保养

①设备运转前，用紧固件固定在地基上，各部位应清洗干净。②确认程序中设定的回转机构转速，初始运行建议转速 2.7～5.0r/min。③检查电气线路和地线是否接好，有无电气设备不良之处。④试运行和正常工作时，应在"自动"控制模式下进行，仅在检维、维护时使用"手动"控制模式。⑤进出料斗时应运作轻缓，以免损伤设备表面。⑥定期检查回转机构上各紧固件是否松动，如有松动，应及时紧固。⑦减速机内润滑油在设备首次使用运转 1000h 后应予更换，首次更换后，设备运行 2000～2500h 应再次更换，根据油质变化情况，可提前或滞后更换，但每次换油周期应以 1～2 年为宜。⑧对设备进行日常检查和定期检查，以保证设备的正常运行。

（3）常见故障及处理方法

双立柱提升料斗混合机常见故障及处理方法见表 7-3-4。

表 7-3-4 双立柱提升料斗混合机常见故障及处理方法

故障名称	处理方法
混合电机故障	检查变频器故障显示，详情参照变频器使用说明书
提升电机故障	检查提升电机是否过载，如过载按下热继电器的复位键
油泵故障	检查油泵是否过载，如过载按下热继电器的复位键
上位保护报警	提升上升超限，操作回转机构下降
下位保护报警	提升下降超限，操作回转机构上升
压力过高	调整油压
停机光栅故障	报警发生后需要到故障查询画面中复位解除
报警光栅故障	报警发生后需要到故障查询画面中复位解除
相序故障	查找电源进线是否有断相或者相序错误
紧急停止	将紧急停止按钮复位

故障名称	处理方法
轴承异响	润滑或更换
混合时机器有异常震动	检查轴承或电机，相应排除故障
混合时物料外溢	关紧进出料口阀门
出料不畅	混合前检查混合桶内壁，确保清洁干燥

6. 发展趋势

目前立柱提升料斗混合机早已大量地运用在制药企业，预计未来将集中在结合无线传输的能够在线检验混合均匀度的 PAT 过程分析手段，实现混合工艺的数字化、智能化生产操作。

六、三维运动混合机

三维运动混合机适用于制药、化工、冶金、食品等行业中物料的高均匀度混合。

1. 基本原理

三维运动混合机工作时，混合容器在立体三维空间内做独特的平移、转动、翻滚运动，物料则在混合容器内做轴向、径向和环向的三维复合运动，从而进行有效的对流、剪切和扩散混合，最终呈混合均匀状态。图 7-3-14 为三维运动混合机工作原理图。

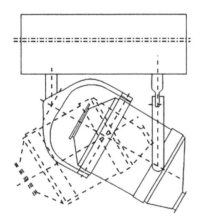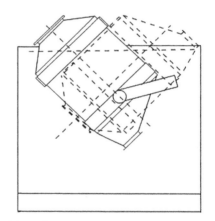

图 7-3-14　三维运动混合机工作原理图

2. 基本结构

三维运动混合机的机械传动部分主要由一个主动轴和一个被动轴组成。如图 7-3-15 所示，主动轴连接有电机，主动轴和被动轴分别铰接一个叉形摇臂（万向节），混合桶的前后两端分别与一个叉形摇臂铰接，混合桶的前端的两个铰接点的连线与后端的两个铰接点的连线呈空间垂直。

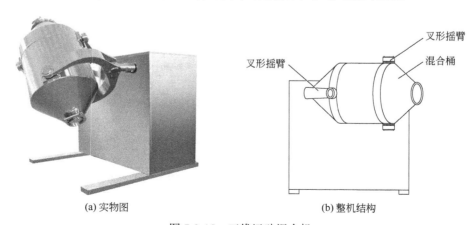

(a) 实物图　　　　　　　　　　　(b) 整机结构

图 7-3-15　三维运动混合机

3. 设备安装的区域及工艺布局

如图 7-3-16 所示，三维运动混合机通常将整机安装在混合间内。

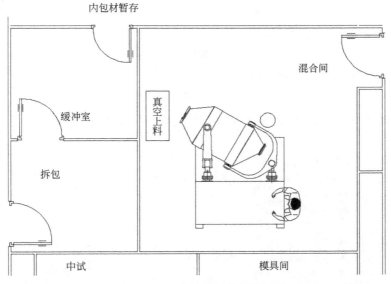

图 7-3-16 三维运动混合机布局图

4. 特点

①混合时，混合桶具有三维空间运动，从而使其内部的物料在流动、剪切、平移、扩散的作用下，由集聚到分散状态并完成互相掺杂的过程，混合均匀度高。②物料在混合时不产生积聚现象，对不同相对密度和状态的物料混合时不产生离心力和比重偏析现象。③设备的运转速度变频可调。④物料混合的最大装载容量为混合桶的 70%，混合时间短，混合效率高。⑤设备体积小、结构简单、对厂房无特殊要求，减少基建投资。⑥低噪声、低能耗、寿命长。

5. 操作注意事项、维护保养要点、常见故障及处理方法等

（1）操作注意事项

①在电机启动后及在混合过程中，不宜靠近混合桶，以免发生危险，优选在设备周围设置隔离装置，以防止人员在设备运行时进入混合桶的运动区域内，造成伤害。②在操作过程中，如发现异常现象，应立即停车检查。③装卸料时，设备必须停车。④工作结束后，需做好清洁保修工作，以免粉尘进入机器或渗入轴承之中。⑤电气系统的安全性能应符合相应的国家标准。⑥所有线路密闭安装，设备应具有接地线和中性线。⑦设备在工艺运行过程中应不产生静电堆积。⑧设置必要的保护措施，以保证设备功能失调或失效的情况下，设备和产品仍然处于安全状态。⑨易于操作者接近区域应设置紧急停止开关，且只能人工复位。

（2）维护保养

①新设备在使用 150～300h 后需重新更换减速机润滑油，减速机正常使用时，润滑油的最高温度不得超过 100℃。②设备在使用一段时间后，需要经常检查紧固件是否松动，并进行紧固。③轴承及链条需经常添加润滑油。④进出料口需要经常清理，密封件保持性能良好、不变形，如变形则进行更换。

（3）常见故障及处理

三维运动混合机的常见故障及处理方法同"药用 V 型混合机"。

6. 发展趋势

现有的三维运动混合机由于其自身的结构特点，无法实现混合桶的垂直进出料，造成进出料不方便、出料不彻底、混合桶不易清洗等问题。另外，混合桶固定安装在两个叉形摇臂之间，致使设备型号固定，无法应对待混合物料量存在较大变化时的生产。基于上述缺陷，未来三维运动混合机将集中在混合桶可更换方向，届时混合桶可方便、快捷地实现在机体上的拆装，使混合桶的进出料及清洗更方便，并且可

为一台设备配备多种不同规格型号的混合桶，以适应待混合物料量变化较大时的生产，使一台设备取代多台不同规格型号设备的情况得以实现。

七、气流混合机

气流混合机适用于制药、化工、食品、保健品等行业的各种批量物料的混合，尤其适用于无菌物料、吸湿性物料、对氧敏感型物料和具有腐蚀性物料的混合。

1. 基本原理

气流混合机主要有扩散型气流混合机（图7-3-17）和对流型气流混合机（图7-3-18）两种。

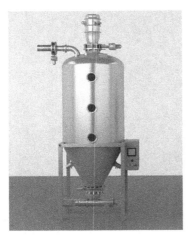

图7-3-17　扩散型气流混合机整机

图7-3-18　对流型气流混合机整机

扩散型气流混合机在工作时，压缩空气通过位于混合容器底部的气流分布装置连续或间歇地喷入混合容器内部，位于混合容器内中间部分的物料在气流的作用下向上提升，位于混合容器内四周的物料向下移动填补中间部分上升物料形成空隙，如此反复实现混合容器内物料的充分混合。

对流型气流混合机在工作时，通过负压发生装置使混合容器内产生负压，物料从物料输送管道吸入混合容器的顶部实现对流混合，进入混合容器内的物料依靠重力落入混合容器底部的三通管内，再经物料输送管道抽吸至混合容器顶部进行混合，如此反复实现物料的充分混合。

2. 基本结构

扩散型气流混合机主要由竖直设置的混合容器和位于混合容器底部的气流分布装置构成，如图7-3-19所示。其中混合容器顶端设有进料口和排气管，排气管处设有过滤机构，气流分布装置连通压缩空气进气管。

对流型气流混合机主要由混合桶、耐压容器罐、左进料管、右进料管、左吸料管、右吸料管、大三通管、小三通管等组成，如图7-3-20所示。其中混合桶和耐压容器罐竖直设置，耐压容器罐的底端出口密封连接混合桶的出口，混合桶的出口通过大三通管分别连通左、右进料管，左吸料管的一端与左进料管连通，另一端与耐压容器罐的上部连通，右吸料管的一端与右进料管连通，另一端与耐压容器罐的上部连通，耐压容器罐的顶端通过封头和小三通管分别连接空气压缩机和真空机，吸料管与进料管的连通处安装有三通阀。

3. 简要工作过程及操作方法

（1）扩散型气流混合机

扩散型气流混合机工作过程：①进料。通过在混合容器内形成负压，实现负压抽吸进料。②混合。通过气流分布装置连续或间歇地喷入混合容器内部，使混合容器内的物料沸腾翻滚，实现物料的充分混合。③出料。开启气流分布装置中部的锥形阀芯，实现重力出料。

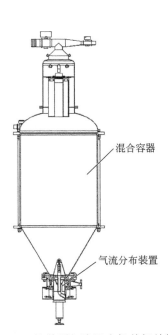

图 7-3-19　扩散型气流混合机整机结构图

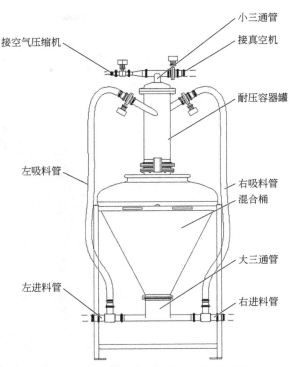

图 7-3-20　对流型气流混合机整机结构图

扩散型气流混合机操作方法：①使混合容器连通负压源，通过负压将物料抽吸进混合容器。②开启排气管、气流分布装置的压缩空气喷气孔和压缩空气进气管，向混合容器内通入压缩空气，实现物料混合。③关闭排气管、气流分布装置的压缩空气喷气孔和压缩空气进气管，开启气流分布装置的锥形阀芯，完成出料。

（2）对流型气流混合机

对流型气流混合机工作过程：①进料。通过左、右进料管与物料存储容器连通，在混合桶内形成负压，实现负压抽吸进料。②混合。物料通过从左、右吸料管喷入耐压容器罐，然后从耐压容器罐落入混合桶，以及从混合桶再经左、右吸料管抽吸进耐压容器罐，再落入混合桶的过程实现物料的混合。③出料。混合完成后，利用正压输送或负压抽吸原理从左、右进料管中的一个实现密闭出料。

对流型气流混合机操作方法：①将左、右进料管密闭连接待混合的不同物料的物料源。②转动三通阀，使进料管与吸料管连通。③开启真空机，将待混合物料吸入耐压容器罐。④待混合物料进料后，转动三通阀，使吸料管与大三通管连通。⑤开启耐压容器罐底端的阀门，使物料落入混合桶，再经由吸料管吸入耐压容器罐，再落入混合桶，如此反复，实现物料的混合。⑥混合完成后，关闭真空机，将左、右进料管中的一个连接真空出料装置，转动三通阀，使进料管与大三通管连通，完成出料。⑦出料完成后，开启空气压缩机，将设备内的残余物料排净。

4. 设备可调工艺参数的影响

同"药用 V 型混合机"。此外，还应注意气流脉冲大小，物料混合的气流脉冲大小应适宜。气流脉冲过大，物料混合易分层，无法达到混合效果；气流脉冲过小，物料无法实现对流、扩散后翻滚，混合效果不好。

5. 设备安装的区域及工艺布局

如图 7-3-21 所示，气流混合机通常将整机安装在混合间内。

6. 特点

①适用于大批量物料的快速、均匀混合。②混合时间短，混合效率高。③适用于存在相对密度差异的物料混合。④混合动作和强度，可以通过对压缩空气喷射的时间和频率以及压缩空气的压力和流量的控制来改变，适用于不同特性的物料以及不同工况的混合。⑤混合过程无需机械式的混合运动部件参与，不会造成物料磨损和阻塞，尤其适用于具有腐蚀特性的物料的混合。⑥混合过程无死角、不产生物料偏

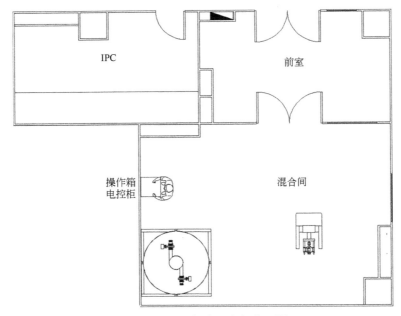

图 7-3-21　气流混合机布局图

析和空洞现象。⑦无需中止混合程序即可添加额外的物料至混合容器中。⑧混合容器内壁光滑，清洁方便。⑨可采用惰性气体，适用于具有吸湿性、对氧敏感的物料的混合。

7. 操作注意事项、维护保养要点、常见故障及处理方法等

（1）操作注意事项

①设备启动后及在混合过程中，工作人员与设备要保持安全距离。②在操作过程中，如发现异常现象，应立即停车检查。③设备工作过程中，严格控制各管道阀门的启闭状态和启闭顺序。④电气系统的安全性能应符合相应的国家标准。⑤所有线路密闭安装，设备应具有接地线和中性线。⑥设备在工艺运行过程中应不产生静电堆积。⑦设置必要的保护措施，以保证设备功能失调或失效的情况下，设备和产品仍然处于安全状态。⑧易于操作者接近区域应设置紧急停止开关，且只能人工复位。⑨应配备过载保护、漏电跳脱装置。

（2）维护保养

①经常检查各阀门及连接处有无泄漏现象，如有泄漏应及时处理。②运行中如发现设备异常应立即停车检查，及时排除故障。

（3）常见故障及处理方法

气流混合机常见故障及处理方法见表 7-3-5。

表 7-3-5　气流混合机常见故障及处理方法

故障名称	处理方法
气源压力不足	检查气源压力是否正常
设备泄压	检查各阀门及连接处是否存在漏气现象
混合过程中漏粉	检查各阀门及连接处是否存在泄漏现象
相序故障	查找电源进线是否有断相或者相序错误
紧急停止	将紧急停止按钮复位

8. 发展趋势

目前气流混合技术已在发达国家得到了广泛的认可和应用，由于其自身特点和优势，将会部分取代机械混合方式，未来将集中在从批次的混合生产向连续化混合生产的方向上挑战传统的批次生产概念，这将颠覆性地提高药物的生产效率，具有广阔的发展前景。

八、混合捏合设备

混合捏合设备是指将药粉与黏结剂（如水、蜜、浸膏等）的混合搅拌，区别于药粉与药粉之间的混合。

混合捏合设备按搅拌形式可分为立式单浆或立式双浆、卧式单浆或卧式双浆；按出料形式可分为底部出料、一侧出料、翻转出料；按混合形式可分为行星式混合机（即搅拌浆和搅拌物分离，同时相对搅动）以及搅拌物不动、搅拌浆单独搅动的混合机。

根据混合物料的性质，选择不同的混合搅拌方式。若物料比较黏稠，如蜜与药粉混合、浸膏与药粉混合，大多数选择立式行星式搅拌方式。

另外，大蜜丸的合坨搅拌比较特殊，一般选用混合锅可移动的行星式双浆混合机搅拌，主要为了后续的饧坨及切片工序。

1. 下出料搅拌机

（1）基本原理

采用行星式双浆搅拌结构，双搅拌浆与搅拌锅同时相对转动，外加底部刮料板对物料的翻转作用，使物料得到充分的混合。在搅拌过程中无死角及盲区，是一种较新的搅拌结构及运动轨迹。锅底部自动出料，可自动排除混合好的物料。图 7-3-22 为下出料搅拌机的实物图和结构示意。

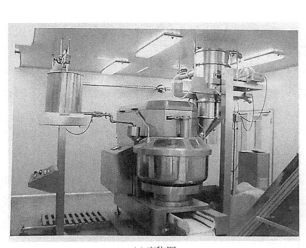
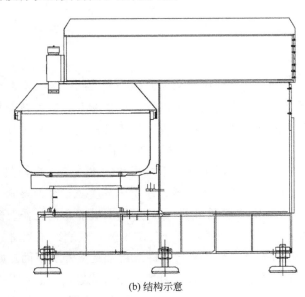

(a) 实物图　　　　　　　　　　　　　　　　　(b) 结构示意

图 7-3-22　下出料搅拌机

（2）特点

①一次性装机容积大，生产效率高，最适合在大批量的生产流水线上使用。②混合搅拌均匀，特别适合对黏稠物料的强力搅拌，如浓缩丸、蜜丸及食品行业面粉类物料。③同物料接触的部分全部采用优质不锈钢材料，搅拌过程无死角及盲区，符合 GMP 要求。④出料方便，可自动排出搅拌好的全部物料。⑤清洗、拆卸方便，双搅拌浆可提升 400mm，便于清洗及检修。⑥操作方便，可实现手动、自动操作。⑦根据物料不同可选用不同形状的搅拌浆，搅拌浆转数可实现无级。

（3）注意事项

①系统未停机泄压、未断电时，禁止检修。②检修时，保持检修现场的清洁，防止污染物进入系统。③更换密封时，防止损伤密封面。④定期更换油液，油液必须符合工作油的牌号和污染等级，并过滤。⑤检修完后，遵循系统调试规范调试。

2. 行星式双浆搅拌机

（1）基本原理

采用行星式双浆搅拌结构，除螺旋双搅拌浆本身自转外，搅拌桶反转，使物料得到充分混合，在搅拌过程中无死角和盲区。搅拌桶下设有活动板，搅拌后物料可在搅拌桶内停留一段时间，使之充分渗透后由挤出机挤出，供大丸机使用。图7-3-23为行星式双桨搅拌机的实物图及结构示意。

（a）实物图

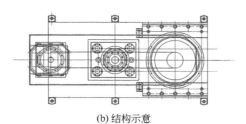
（b）结构示意

图7-3-23　行星式双桨搅拌机

（2）特点

①一次性装机容积大，生产效率高，最适合在大批量的生产流水线上使用。②混合搅拌均匀，特别适合对黏稠物料的强力搅拌，如浓缩丸、蜜丸及食品行业面粉类物料。③同物料接触的部分全部采用优质不锈钢材料，搅拌过程无死角及盲区，符合GMP要求。④出料方便，可用挤料机将桶内药料全部挤出，减轻劳动强度。⑤搅拌时无粉尘外出，净化了车间生产环境。⑥操作方便，可实现手动、自动操作。⑦根据物料不同可选用不同形状的搅拌桨，搅拌桨转数可实现无级调速。

（3）操作注意事项、维护保养要点、常见故障及处理方法等

① 操作注意事项　a．为使本机能正常工作及延长使用寿命，应定期检查转动部件及运动部件，如齿轮、链条、轴承、液压传动部分，定期给予润滑。如有异常噪声，应立即停机，检查原因。b．操作者升起台架时，不应将身体探入台架及搅拌头下面。如需要调整下面时，应用立柱支承固定台架。c．操作者试图按其他按钮改变机器操作方式之前，总应先按停止按钮。

② 维护清洗　为防止交叉污染的产生，生产设备的清洗规程为：a．对于混合锅、搅拌桨、柱塞，打开电源开关，将工作台升起，将接水漏斗放在出料口下面，用蒸馏水清洗。b．整机清洗时，用清洗毛巾对整机进行表面擦拭，并对设备内部定期清洗。

③ 常见故障及处理方法　行星式双桨搅拌机的常见故障及处理方法见表7-3-6～表7-3-8。

表7-3-6　行星式双桨搅拌机噪声过高和过热原因和处理方法

故障	原因	处理方法
泵噪声高	气蚀	a
	油中混有空气	b
	泵磨损或损坏	c
泵过热	油液过热	c
	气蚀	a
	油中混有空气	b
	过载	c
	泵磨损或损坏	d
溢流阀过热	油液过热	c

故障	原因	处理方法
油液过热	阀磨损或损坏	d
	油脏或液面低	e
	泵、阀、缸或其他元件磨损	d

注：a. 以下措施的一项或全部：清洗或更换堵塞的滤芯；清洗或更换空气滤清器；系统换油。

b. 以下措施的一项或全部：旋转漏气的接头；给油箱加油到合适的液面；排除系统内空气。

c. 检查工作负载是否超过回路设计。

d. 大修或更换。

e. 换油或给油箱加油到合适的液面。

表 7-3-7　混合搅拌机流量不正常原因和处理方法

现象	原因	处理方法
没有流量	泵未得到油液	a
	泵与驱动联轴器打滑	b
	泵的驱动电机反转	c
	全部流量通过溢流阀	d
	泵损坏	e
流量不足	流量控制设定值太小	d
	系统外漏	f
	泵、阀、缸或其他元件磨损	e
流量过大	流量控制设定值过大	d

注：a. 以下措施的一项或全部：清洗或更换堵塞的滤芯；清洗或更换空气滤清器；给油箱加油到合适的液面。

b. 检查泵或泵的驱动是否损坏，更换并找正联轴器。

c. 改变电机的旋转方向。

d. 调整。

e. 大修或更换。

f. 拧紧漏油的接头。

表 7-3-8　混合搅拌机压力不正常的原因和处理方法

现象	原因	处理方法
压力太低	减压阀设定值太低	a
	减压阀损坏	b
压力不规则	油中混有空气	c
	溢流阀磨损	b
	油液污染	d
	泵或缸磨损	b
压力太高	减压阀、溢流阀调的不对	a
	减压阀、溢流阀磨损或损坏	b

注：a. 调整。

b. 大修或更换。

c. 拧紧漏气的接头，将油箱中油液加到规定的液位，排除系统中的空气。

d. 更换滤油器，系统换油。

3. 分体式混合机

（1）基本原理

该机采用搅拌桨可调转速，同时混合桶逆方向旋转，配有混合时间选定定时器，搅拌桨可连同锅盖和支承臂由液压缸转角升起，然后分体结构的混合锅和支承小车可以拉出。这种行星式搅拌结构，使搅拌桨和混合锅时时相对转动，使物料在行星式搅拌桨作用下，得到充分的混合，在搅拌过程中无死角及盲区，无泄漏点，是一种较新的搅拌结构及运动轨迹，特别是对于黏度大的物质的混合，效果更好。图7-3-24 为分体式混合机的实物图及结构示意。

(a) 实物图

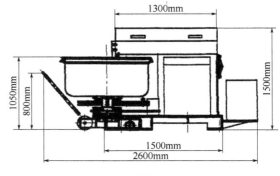

(b) 结构示意

图 7-3-24　分体式混合机

（2）特点

①高效强力行星式混合机的主要部件使用 1CR18Ni9Ti 材料，符合 GMP 国家制药标准。②混合锅采用可移动的小车拉出式，同机体采用夹紧定位，保证定位精度。③搅拌桨具有数显转速和数显定时器。

（3）维护清洗

①混合锅、搅拌桨、锅盖及锁紧螺母的清洗：打开电源开关，按升降按钮将搅拌桨翻转 45° 停止，用蒸馏水进行清洗。②整机的清洗：工作完成后用清洁的毛巾对整机表面进行擦拭，并对设备内部定期清洁。③生产之前用酒精对以上清洗、擦拭过的部件进行消毒，并安装好。

4. 槽型混合机

槽型混合机适用于药厂的大批量蜜丸、大蜜丸、水蜜丸、水丸、浓缩丸的物料制丸前的混合。

（1）基本原理

槽型混合机是制丸线的主要配套产品，用于混合粉末状湿性物料，它能使不同比例主辅料混合后的成分均匀。槽型混合机由混合槽体、正反螺旋形搅拌桨及翻倒出料机构组成，如图 7-3-25 所示。通过搅拌桨的旋转能够使物料混合均匀，槽体左右翻倒能够保证有效的出料。

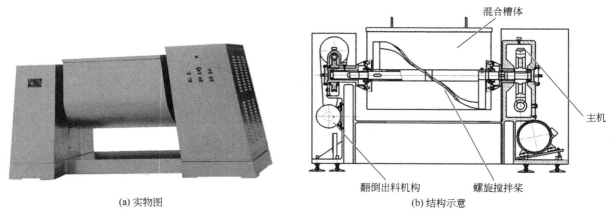

(a) 实物图

(b) 结构示意

图 7-3-25　槽型混合机

（2）工作（操作）过程

将物料细粉装入混合槽体，再次装入辅料及添加剂，盖好槽体上盖。通过物料的性质在定时器上设定混合时间；开启混合启动按钮，直至混合时间到混合搅拌桨自动停止。之后打开上盖，接好料盘，按倒料按钮，槽体开始翻转，物料会倒入物料盘中。如倒料过程中物料太黏，无法倒出，可点动搅拌反转按钮，使搅拌桨把物料排出。倒料结束后，点动立起按钮，槽体会自动立正。整机控制系统由按钮、定时器、继电器等组成。操作人员可用按钮来完成设备的操作。

（3）特点

①混合均匀，表里一致。②清洗保养方便。③操作方便，维修简单。

（4）注意事项

①在混合搅拌过程中，不可打开上盖或手臂伸进槽体内。②装料以药料黏性大小确定装料多少。黏性小，装料以浸没搅拌桨为宜；黏性大，装料以浸没搅拌轴为宜。③三角皮带日久松弛，应加以调节，以免皮带打滑、磨损，但也应防止过紧发热。

（5）维护要点

减速机为油浴式润滑，用工业极压齿轮油 70#。减速机处于正常工作后油面应保持在圆形油标中心线位置。第一次运转两周后应换新油，并将内部油污冲净，以后可每3~6个月更换一次。

5. 双动力混合机

双动力混合机适用于药厂的大批量蜜丸、大蜜丸、水蜜丸、水丸、浓缩丸的物料制丸前的混合。

（1）基本原理

双动力混合机是制丸线主要配套产品，用于将灭菌后的各种粉末物料搅拌混合均匀，再加入辅料，使物料成为均匀的黏状固体形态。它能使不同比例主辅料混合均匀。

双动力混合机（图 7-3-26）采用两台电动机分别拖动混合槽体中前后搅拌桨，使之独立正反运转，达到搅拌混合均匀的目的。当物料混合达到要求时，前端的出料口门打开，物料会在搅拌桨的推力下从出料口排出。本机采用 PLC 对双桨独立控制，能够满足各种不同物料混合工艺要求。

图 7-3-26　双动力混合机外形图

（2）工作（操作）过程

将物料细粉装入混合槽体，再次装入辅料及添加剂，盖好槽体上盖。通过物料的性质在定时器上设定混合时间；开启混合开关，前后搅拌桨同时开始工作，当设定时间到，搅拌桨自动停止。按出料开门开关，出料门打开，按出料按钮，前后搅拌桨开始推料，混合完的物料从出料门排出。倒料结束后，点动关门按钮，出料门会自动关闭并锁栓。

（3）特点

①混合均匀，表里一致。②混合动力大，可针对各种黏性物料。③操作方便，维修简单。

（4）注意事项

①在混合搅拌过程中，不可打开上盖或手臂伸进槽体内。②装料以药料黏性大小确定装料多少。黏性小，装料以浸没搅拌桨为宜；黏性大，装料以浸没搅拌轴为宜。③三角皮带日久松弛，应加以调节，以免皮带打滑、磨损，但也应防止过紧发热。

（5）维护要点

减速机为油浴式润滑，用工业极压齿轮油 70#。减速机处于正常工作后油面应保持在圆形油标中心线位置。第一次运转两周后应换新油，并将内部油污冲净，以后可每3~6个月更换一次。

九、发展趋势

混合作为制药工艺的关键工序，在药厂得到广泛应用；未来的发展趋势会融入以下因素：

① 自动化的发展　"人是最大的污染源"，物料加工过程中，人的参与对物料产生污染的风险是很大的；因此，设备的自动化可减少人工参与；同时对于相对较大容积的混合机，料斗的转移采用如 AGV 之类的自动输送设备，则可大大降低人工劳动强度。

② 在线功能的完善　对于大容积的混合机，料斗无法拆装，则需考虑自动加料、出料，自动在位清洗、烘干等。

③ 在线检测技术的发展和应用　比如红外检测仪检测混合均匀度等技术会在混合设备上得到普及应用；设备的检测升级，更加智能、高效；同时随着 GMP 法规的进一步完善和发展，连续化生产会成为一个新的突破点。

④ 更多非标工艺需求　市场已经对混合机的在线加热或保温、在线添加液体物料提出了需求，对应的结构会得到扩展和应用。

⑤ 效率的无限追求　装载系数的上下限域进一步放宽，有赖于混合结构的改进，不管是混合时间还是装载范围，最终在效率上都体现为更加高效。

第四节　压片设备

压片机是把干性颗粒状或粉状物料通过模具压制成片剂的固体制剂制备设备。压片机可分为单冲式压片机、花篮式压片机、旋转式压片机、亚高速旋转式压片机、全自动高速压片机以及旋转包芯压片机。如图 7-4-1 所示，压片机一般由料斗、料位传感器、顶塔护罩、刮粉板、剔废装置及排出装置等组成。

一、基本原理

如图 7-4-2 所示，压片机转塔引导上下冲进入模孔内，转塔旋转带动冲头做水平方向运动，在轨道的作用下，冲头在跟随转塔旋转的同时，也在垂直方向做运动。转塔充填药粉时，下冲到达最低位置。药粉被装入中模内，而最终的充填量取决于下冲又向上返回后的充填位置（体积计量）。在计量最后，药粉和转塔工作面平齐。在经过供料靴后，上冲下移，结束充填。药品经过两次压制成型。首先上下冲运行至预压轮处，在这里冲头间的距离减小到预设值，药粉被压到设定厚度。在预压位置，药粉中的大部分空气被排出。然后在主压轮位置继续减小上下冲之间的距离，即增大压力，药片最终成型，并达到预设厚度。主压过后，上下冲分离并且由下冲将压好的药片顶出中模。随着转塔的转动，顶出的药片被片剂刮板刮至排出装置。

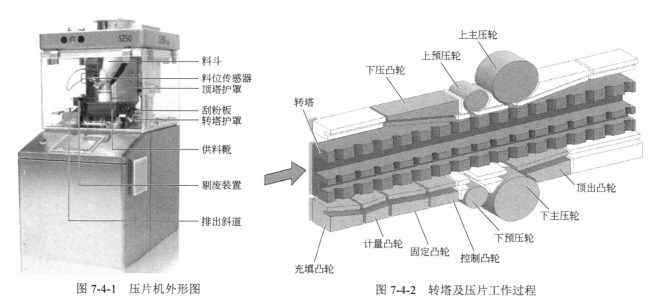

图 7-4-1　压片机外形图　　　　　　图 7-4-2　转塔及压片工作过程

二、简要工作过程

旋转式高速压片机，可实现物料由颗粒剂/粉剂向片剂的转换。图 7-4-2 为转塔及压片工作过程示意，依图中箭头方向介绍压片流程。

① 供料　充填凸轮实现物料在中模孔内的最大量填充。

② 计量　将下冲向上反推，使得物料在中模孔内堆积均匀。

③ 固定凸轮　在向上推下冲的过程中，防止下冲上窜。

④ 下压凸轮　中模孔内物料计量结束后，将上冲压入中模，减小粉尘甩出。

⑤ 控制凸轮　进行下冲运行过紧（摩擦力）的检测（超过极限值，停机报警）。

⑥ 上、下预压轮　进行预压制，主要是起到排气作用。

⑦ 主压轮　进行最终成型压制，300mm 直径主压轮设计，成型时间长。

⑧ 顶出凸轮　片子成型后，下冲沿顶出凸轮上行，将片子顶出，被片剂刮板刮入成品通道。如为废品，则压缩气吹入废品通道。

三、可调参数的影响

片剂质量主要取决于物料的可压性、流动性及物料充填的可靠性。

控制片剂质量的可调参数为：主、预压片厚及充填量。在充填量一定的情况下，主、预压片厚决定主、预压力，也就是片剂硬度；充填深度决定片剂重量。不同片剂在体内要求的消化吸收时间是不同的，这就要求片剂有各自的硬度，压片时就对应不同的压力，当生产压力达到一定程度后，压力提高，会降低生产速度。理论上，生产速度影响片剂的成型时间，对大部分物料来说，成型时间越长，片剂质量越好，每种产品都有质量与生产速度最佳结合点。

四、安装区域及工艺布局

图 7-4-3 为 S500 压片机的车间工艺布局图。车间洁净级别为 D 级；主要设备有 S500 压片机、吸尘器、筛片机、金检机、提升机等；设备使用环境为温度 5～40℃，湿度 30%～70%，最高海拔 1500m。

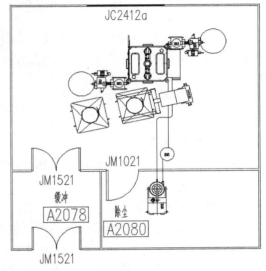

图 7-4-3　S500 压片机的车间工艺布局图

五、操作注意事项、维护保养要点、常见故障及处理方法等

1. 操作注意事项

压片机操作前先清洁机器并且正确安装生产所需的冲头和中模，之后按照普通生产进行设置，以便找出适合生产的主压力值。在开机前，先按照经验值进行设置。开机后，操作人员需减小片厚（即主压轮处上下冲之间的距离）直到药片初步成型，此时秤片重并根据要求调整充填量。当片重合适，操作人员要检测硬度并调节片厚。当片厚也达到要求时，提高机器速度至所要求的产量（片/小时）。此时再次检测片重和硬度，如有必要，再调节机器。一切设置正常后，开始生产。

压片机操作时需要注意以下几点：①生产前转动手轮，确保转塔转动不与其他零件干涉。②生产前安装单片剔废、排出斜道时，确保排出斜道与转塔不接触（间隙不小于 0.1mm）。③安装中模时，要在中模表面涂抹极少量润滑油，便于中模入孔。将中模放入中模孔内后，用中模安装工具轻敲中模，以保证中模安至指定位置。然后用 10N·m 的力矩扳手上紧中模顶丝，听到"啪"的一声，表明达到额定力矩。④收集生产过程中剔除的废品，进行称量，检查废品中是否有合格品。如果基本上全是合格品，则可适当增大极限偏差。⑤调整机器转速时，为保证产品质量，避免产品浪费，逐步增大转速，间隔10000，或 20000 进行设置，建议每次增大的量不要超过 50000。必要时进行压力和供料靴速度的修正。⑥料斗的有机玻璃及硅胶禁止用酒精清洗消毒。所有有机玻璃、四氟类、橡胶类制品不能用酒精清洗。⑦使用吸尘器和毛刷以及抹布进行清洁，严禁用压缩空气进行粉尘清洁。⑧清洁时禁止用易燃易爆液体，应选用无腐蚀性的中性清洁剂清洁。⑨吸尘器滤芯只能用吸尘器和压缩空气清洁，水洗会降低使用寿命。⑩所有零部件拆卸时都要轻拿轻放，摆放整齐，禁止相互叠压堆放，模具清洁后及时涂抹防锈油（尤其是中模）。

2. 机器的维护与保养

压片机的维护分为日常维护和检查维护。日常维护有每日的维护、周维护以及月维护。检查维护是当出现意外情况时，需及时进行检查维护。根据实际生产情况合理安排维护工作，将维护工作与生产合理配合进行。为保证人员和设备安全，进行设备维护时，首先在机器外围设置明显标识，清楚表明机器处于维护状态，无关人员严禁靠近。

① 每日需进行的维护工作　清洁生产区内表面，清洁挡油环或波纹套，检查主门电磁铁是否正常，检查剔废孔是否通畅。

② 每周需进行的维护工作　机器状态灯是否正常，急停按钮是否工作正常，检查供料靴的功能是否正常，清洁过滤网，检查各个参数的极限值功能是否正常，检查压缩气管路是否有漏气情况，检查油路是否有漏油情况，检查吸尘管路是否通畅，检查润滑泵油位，加注润滑脂，检查刮油圈是否有损坏，检查中模顶丝是否正常。

③ 每月需进行的维护工作　检查压轮表面是否光滑无损伤，检查冲头是否有异常，检查供料靴底板与转塔中模面的高度差是否正常，检查上冲轨道和下冲的磨损情况，检查风扇工作是否正常，检查减速箱油位是否有异常，检查主电机皮带松紧是否合适，检查电机运行是否正常。

特别注意的是，由于车间环境、生产计划等因素导致机器久置不用时，需对机器部件表面做防锈处理。

3. 机器的清洁

每天生产结束，批生产结束，更换生产品种以及机器检修前需对机器进行清洁。

（1）生产结束后

松开排出斜道锁紧手柄，取下排出斜道。松开单片剔废锁紧把手，取下单片剔废组件。松开料斗传感器固定大螺母，松开顶塔端电源接头，取下传感器。松开料斗下端延伸接口锁紧把手，将接口向上提起并锁紧。松开两个供料靴大手柄，取下供料靴。松开料斗顶部三个固定螺母，从上端取下料斗。松开转塔护罩锁紧扣，取下前侧部分。松开刮粉板固定螺母，取下刮粉板。取下机器背部蓝色吸尘口。取下转塔护罩后侧部分。取下挡油环或波纹套。用吸尘器清洁生产区，如中模台面、护台罩等。

（2）模具的拆卸

松开顶塔护罩锁紧扣和固定把手，取下左部分。松开便拆轨道过紧把手，取下便拆轨道。松开护台罩可拆部分的锁紧扣，取下护台罩可拆部分。转动转塔手轮，依次取下所有上冲。松开下冲便拆轨道的锁紧把手，取下便拆轨道。转动转塔手轮，依次取下所有下冲。用力矩扳手松开中模顶丝并取下。转动转塔手轮，依次取下所有中模顶丝。取下所有中模。当中模不容易取下时，可用顶出工具从下往上敲击中模，并取下。

4. 常见故障及处理方法

下列几项是机器易发生故障处，也是机器操作使用的重点。如不注意，将发生极其严重的故障：①用刀口尺和塞尺检查转塔中模台面和供料靴底板的高度差，供料靴底板高于转塔中模面 0.05～0.1mm。若不在此范围内，调节供料靴底板下的三个调整螺栓。②用塞尺检查和 10mm 片规检查，下冲端面高于中模台面 0.1～0.3mm。若不在此范围内，调整顶出轨道高度。③用塞尺检查上冲过紧与上冲尾部距离为 0.2～0.3mm。若不在此范围内，调整上冲过紧上面的旋转螺栓。④安装所有上下冲后，手轮转动会比之前吃力，但转动起来仍是顺畅的，无死点，如出现手轮转动松紧不一的情况，需要检查是否有冲子在孔内过紧。⑤机器零部件安装完成，开始开机前，必须转动手轮，使机器转塔转动完整一周再开机。⑥机器的维护保养，如传动皮带的更换，润滑油的更换或加注，筛片机、金检机、吸尘器的维护保养等，严格按照操作说明执行。⑦压片机所有的故障信息列表在单独文件系统信息里面都能找到，关于故障信息的详尽要求，请见故障排除手册。

六、发展趋势

近几年来国内外的压片机发展又进了一步。密闭性、模块化、自动化、规模化及先进的在线检测技术将是压片机技术发展的最主要方向，压片机将朝着完善生产不断进步。

（1）高速高产量发展

高速高产量是压片机生产厂商多年以来始终追求的目标，目前世界上主要的压片机厂商都已拥有每小时产量达到 1000000 的压片机，国内 YY0020-90 行业标准中规定高速压片机的转台线速度应超过60m/min。按这个目前标准，国外生产的压片机大多数均超过这个速度，有些压片机转台线速度已达到200 m/min。国内压片机除要在速度产量上赶超国外，更需要在压片机设计创新、加工工艺、自动控制等方面有长足的发展。

（2）全封闭一体化

国外的压片机输入输出密闭性非常好，可尽可能减少交叉污染，压片用的颗粒通过密闭的料桶及密闭输送系统进入料斗，在压片过程中采用有效手段防止粉尘飞扬和颗粒分层，压好的片剂通过筛片、片重检测、金属检测进入包装程序，整个过程相当密闭。国内大多数的压片机压片过程是敞开的，或者是没有完全密闭的，断裂的工序使压片间粉尘飞扬。随着 GMP 的深入实施，压片工艺环节中的密闭性以及人流、物流的隔离变得尤为重要。

（3）集成化、模块化

把一台压片机连接到一条生产线中，可靠地、自动地与生产线的其他设备（例如筛片、吸尘、金检、输送、桶装等）连接在一起，同步完成药片的压制生产任务。这是今后的发展趋势，这种技术在国内刚刚起步。

（4）远程监测和远程诊断

随着计算机网络技术和网络基础设施建设的迅速发展，设备远程监测和远程诊断技术也日益兴起。技术支持中心（服务方）与压片机使用方（用户）通过互联网进行网络对话，使服务方可以在异地通过互联网了解用户压片机出现的故障以及压片机在执行指令的工作状态，进而对压片机的故障进行判断并提出可行的解决方案，可以大大提高压片机生产厂商的售后服务响应能力和速度。

第五节　包衣设备

包衣设备主要分为滚筒式包衣设备、流化床包衣设备和压制包衣设备，其中滚筒式包衣设备和流化床包衣设备较为常用。滚筒式包衣设备根据其结构形式主要分为荸荠式包衣机、高效无孔包衣机、高效有孔包衣机等。本节主要介绍荸荠式包衣机、高效包衣机、流动层包衣机、连续包衣机和流化床包衣机。

一、荸荠式包衣机和高效包衣机

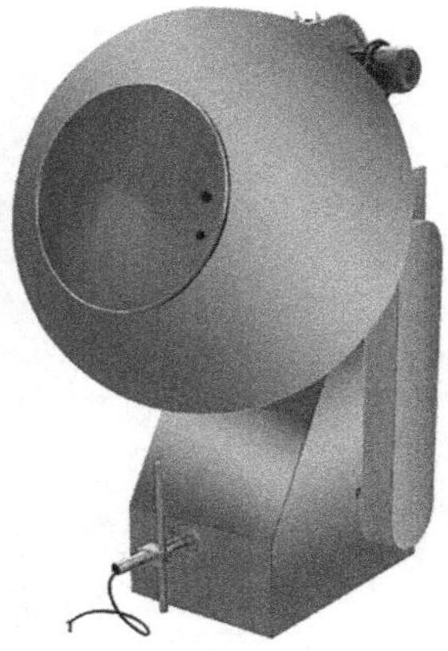

包衣机是片剂、丸剂、糖果等进行有机薄膜包衣、水溶薄膜包衣的机械。荸荠式包衣机（图 7-5-1）适用于药厂的大批量丸剂、片剂的糖衣包衣。高效无孔包衣机适用于药厂大批量中西药片、丸剂、糖果、颗粒等包制糖衣、水相薄膜、有机薄膜的包衣。高效有孔包衣机适用于药厂大批量中西药片、药丸等包制糖衣、水溶薄膜、有机薄膜的包衣。

滚筒式包衣机是在荸荠锅的基础上发展出来的全新包衣设备，因其提高了片芯与热风的基础面积、提高了干燥速率，包衣效率高，故在国内也称为高效包衣机（图 7-5-2）。

图 7-5-1　荸荠式包衣机

1. 工作原理

（1）荸荠式包衣机工作原理

片剂或丸剂在洁净的旋转包衣锅内，不停地做复杂的轨迹运动，并喷洒包衣敷料，同时进行热风吹，使喷洒在药丸表面的包衣敷料得到快速均匀的干燥，形成坚固、致密、

有孔包衣机

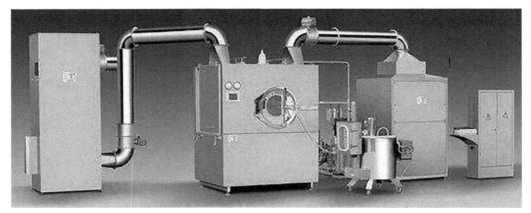

图 7-5-2　高效包衣机

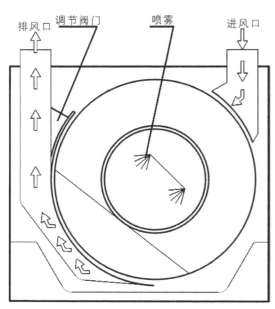

图 7-5-3　高效有孔包衣机气流走向（直流）

平整、光滑的表面包衣层，达到药丸包衣的目的。

（2）高效有孔包衣机工作原理

高效有孔包衣机锅体一圈都带有圆孔，热风柜 10 万级净化热空气通过网孔进入锅内，然后垂直穿过片床，再从片床底部的锅体小孔排除，经过排风导向管排出，气流走向见图 7-5-3。药片片芯在全封闭洁净的筛孔滚筒内做连续复杂的轨迹运动，在运动过程中，由可编程控制系统控制，按设定工艺流程的参数，自动地将包衣介质通过蠕动泵、喷枪（或糖衣滚筒）雾化均匀地喷洒到片芯表面，片芯快速干燥，形成坚固光滑的表面包衣层。主要针对片芯大于 2.5mm 的物料。

（3）高效无孔包衣机工作原理

高效无孔包衣机锅体周围没有孔，光滑的锅体内表面和特殊的搅拌桨叶形状能够使物料柔和地混合，可以处理任何形状和尺寸的物料，并且不会产生物料堵塞。图 7-5-4 为高效无孔包衣机工作原理示意。

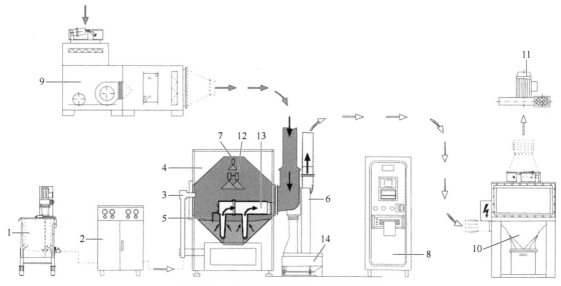

图 7-5-4　高效无孔包衣机工作原理示意

1—浆液罐；2—计量单元；3—喷枪支撑臂；4—包衣锅；5—片芯温度探针；6—进风和排风装置；
7—糖包衣喷枪；8—操作柜；9—进风处理单元；10—除尘机；11—排风机；
12—薄膜包衣系统；13—排风桨叶系统；14—通风单元底座

① 素芯（微粒、微丸、小丸或素片等）　素芯在洁净密闭的旋转包衣滚筒内在流线形导流板式搅拌器作用下，不停地做复杂的轨迹运动，按优化的工艺参数自动喷洒包衣敷料，同时在负压状态下进行热能交换，使喷洒在素芯表面的包衣介质得到快速均匀的干燥，形成坚固、致密、平整、光滑的表面包衣层。

② 片剂或微丸包衣　在中空轴上安装鸭嘴形片剂包衣风桨或卵圆形微丸包衣风桨，操作气缸推动风桨下摆插入片层或微丸层内，在排风机抽风负压作用下，热风由滚筒中心气体分配管一侧导入，热空气通过片层或微丸层经埋入其中密布小孔的风桨汇集到气体分配管的另一侧排出，完成热交换过程。

③ 微粒造粒包衣　在中空轴上安装卵圆形微粒造粒风桨，并将包衣机背后的排风管与热风接管安装好。在喷洒敷料、向微丸撒粉造粒时操作气缸推动风桨上摆，离开微粒层；当撒粉、匀浆完成后需加热干燥时，将风桨下摆插入微粒层内，热风由滚筒中心气体分配管一侧导入分配到两个风桨中，并从风桨上密布的微孔中吹进微粒层间，在排风机抽风负压作用下，热风上升穿过微粒层，对其进行加热干燥，尾气离开微粒进入包衣滚筒空间后，从气体分配管的另一侧排出，完成热交换。

2. 基本结构

（1）莲蓬式包衣锅

莲蓬式包衣锅由机身、蜗轮箱体、包衣锅、加热装置、风机、电器箱等部分组成。图 7-5-5 所示为联排莲蓬式包衣锅。干燥后的丸剂定量加入包衣锅内。包衣锅顺时针旋转，使药丸在锅内产生旋转，相互进行滚动，并定时、定量加入敷料和液体，经过一定时间后，使药丸表面光亮、圆整，达到包衣的目的。

（2）高效无孔包衣机

高效无孔包衣机主要由主机、热风机、排风机、喷雾系统、搅拌桶、出料器、配电柜、微处理机可编程序控制系统等组成。其中主机由包衣滚筒、风桨、搅拌器、清洗放水系统、驱动机构、喷枪、热风排风分配座部件组成。热风机主要由风机、初效过滤器、中效过滤器、高效过滤器、热交换器五大部件组成（图 7-5-6）。热风机可直接向室外采风，经过初、中、高三级过滤，达到 10 万级的洁净要求，对粉尘直径大于 5μm 粒子的净化率达到 95% 以上；然后经过蒸汽（或电加热）热交换器加热到所需温度的热风，由风管进入主机滚筒。热风机各部件都安装在一个不锈钢制作的立式柜架内，其外表面是经过精细抛光的不锈钢板。排风机主要由风机、布袋除尘器、清灰机构及集灰箱四大部件组成。各部件都安装在一个立式柜架内，并且其外表面均由不锈钢板经精细抛光制作，如图 7-5-7 所示。该设备使包衣滚筒内处于负压状态，既促使片芯表面的敷料迅速干燥，又可使排至室外的尾气得到除尘处理，符合环保要求。

图 7-5-5　联排莲蓬式包衣锅

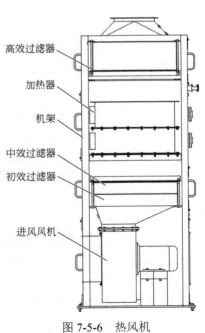

高效过滤器
加热器
机架
中效过滤器
初效过滤器
进风风机

图 7-5-6　热风机

(a) 整机

(b) 内部结构

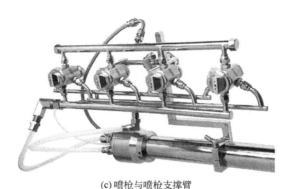
(c) 喷枪与喷枪支撑臂

图 7-5-7　高效无孔包衣机内部结构

（3）高效有孔包衣机

高效有孔包衣机主要由主机、热风机、排风机、喷雾系统、搅拌桶、出料器、配电柜、微处理机可编程序控制系统等组成。其中主机全部采用不锈钢精制而成，由全封闭工作室、筛网式包衣滚筒、积水盘、驱动机构、防爆调速电机、风门系统、照明部分组成，由电脑控制系统执行全过程自动包衣过程。热风机同"高效无孔式包衣机"。排风机同"高效无孔式包衣机"。

3. 简要工作过程及操作方法

①进料：通过提升进料的方式实现包衣滚筒的上料。②包衣：启动包衣程序，片芯在包衣滚筒内做连续复杂的轨迹运动，包衣介质经过喷雾系统喷洒在片芯表面，经热风干燥后在片芯表面形成薄膜，完成包衣。③出料：通过在包衣滚筒进口安装出料器实现包衣滚筒正转出料，或者基于包衣滚筒内的特殊结构的桨叶装置实现包衣滚筒反转出料。

4. 特点

①全部包衣过程与外界完全隔离，避免药物污染的同时无粉尘飞扬和喷液飞溅。②整个工艺操作过程由微处理机可编程序系统控制，亦可用手动控制。控制系统具备多种应用程序，可选择运行状态，转速和温度闭环控制，可按工艺流程及设定的最佳工艺参数自动运行。③薄膜包衣能连续进行，同时喷洒包衣介质并干燥，在同一密闭容器内即可完成全部包衣工序，有效提高工作效率。④出料和进料可自动完成。该机优化了工艺流程，减轻了劳动强度，有效控制了交叉污染，高效节能、洁净安全，完全符合药品生产的 GMP 要求。

除此之外，大部分当代的包衣机还具备：①进入包衣锅内的热风洁净等级达到 10 万级标准；②进入包衣锅的热风温度最高可达 90℃；③除尘排风机尾气排放除尘率达 99%；④具有在位清洗功能；⑤具有温度自动控制功能；⑥具有负压控制功能；⑦具有供风量控制功能；⑧具有实时记录功能。

5. 设备可调工艺参数的影响

① 滚筒转速　包衣滚筒转速太低，片芯会发生大量的相互粘结，出现"粘片"的质量问题；包衣滚

筒速度太高，则因过分摩擦而导致"剥落"或碎片。

② 进风风量　包衣进风风量太小导致干燥效果不好，喷洒到片芯表面的包衣液不能及时干燥，风量过大，可能会使干燥速度过快，就会使两次包衣之间达不到有效的结合，从而使薄膜发生分层或剥落现象。

③ 雾化压力　雾化压力不足，会在包衣液在片芯表面分布不均等。

④ 进风温度　温度过高，则干燥太快，成膜容易粗糙，片色不均；温度过低，则会使包衣滚筒内湿度过高，容易出现片芯粘连现象。

⑤ 喷枪喷量　喷量过低，则会使干燥太快，影响包衣成膜质量，无法达到包衣效果；喷量过大，则会使包衣滚筒内湿度过高，容易出现片芯粘连现象。

6. 安装区域和工艺布局

为了设备的安全运行及设备组成部件的良好状态，环境最好能控制在下列要求范围内：温度最小值为+5℃，最大值为+40℃；最大湿度为 70%HR，最高海拔是 1500m，如果安装在楼板上，楼板必须满足最小负载：$P=8000kg/m^3$。例如图 7-5-8 所示为高效包衣机安装区域和工艺布局图，一般将设备安装在辅机房，在主机前箱体做彩钢板与洁净区包衣间等隔离。三大主要部件主机、热风机、排风柜由风管连接，在连接风管前，一定要彻底冲洗风管系统，以使整个系统清洁而不带杂质。所有法兰连接处必须加硅胶密封圈密封，然后用螺栓螺母拧紧以防漏风。系统采风与排风管道一般由药厂根据厂房结构引到室外，但不能太长以影响风压。

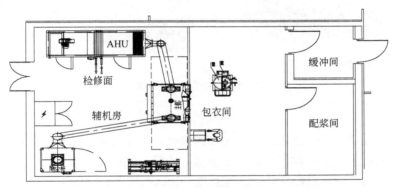

图 7-5-8　高效包衣机安装区域和工艺布局

7. 操作注意事项、维护保养要点、常见故障及处理方法等

（1）操作注意事项

操作人员必须熟悉本机的技术性能、内部构造、控制原理。

（2）常见故障及处理

①在包衣过程中如遇蠕动泵硅胶管破裂，则立即拍下喷射急停按钮，更换上料软管后重新连接，然后旋开喷射急停按钮继续包衣。②风量如果一直上不去，检查进风机旋转方向、进排风管有无堵塞。

8. 发展趋势

在现代工业智能化发展的大趋势下，包衣技术及包衣设备未来一定是朝着集成化、自动化、连续化、安全化、绿色化发展。

（1）连续化生产包衣机

连续化生产包衣机打破传统式包衣的批次概念，连续化生产，并采用在线检测技术确保包衣的一致性，从而大大提高了药品产量，满足了日益增长的市场需求。随着市场上药企的优胜劣汰、资源整合，最大限度节省人力物力成本，包衣机的大产量要求会越来越迫切。连续式包衣机以高效率、大产量的特点必将成为未来包衣设备发展的方向。

（2）密闭生产包衣机

随着全球环境的污染日益严重，职业病防护越来越受到重视，高密闭高防护等级的包衣设备也是未来包衣机发展的另一个方向，对包衣机的密闭进出料的操作方便性要求会逐步提高。

二、流动层式包衣机

流动层式包衣机主要用于制药、食品、生物制品等领域的片剂、丸剂、糖果等的薄膜包衣。

1. 基本原理

流动层式包衣机属于筒式包衣机，与高效包衣机的主要区别在于包衣滚筒内的拨料机构的结构和形状不同。流动层式包衣机是利用上下两层旋向相反的螺旋导流板的双螺旋搅拌原理，消除物料在包衣过程中出现停滞的死区现象。包衣过程中，物料在包衣滚筒内既做翻滚运动，又在双螺旋导流板的搅拌作用下做循环往复的轴向运动，上述两种运动的结合使物料层产生三维流动轨迹，可有效提高包衣的平整及光滑度，并且增重、色差均匀，使包衣质量得到整体提高。图7-5-9为流动层式包衣机主机和局部图。

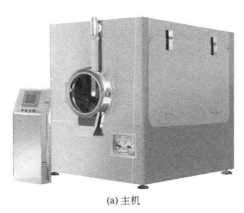

(a) 主机　　　　　　　　　　　　　　　　　(b) 局部

图7-5-9　流动层式包衣机

2. 基本结构

流动层式包衣机主要由主机、进风处理单元和排风处理单元组成。其中进风单元与排风单元与高效包衣机一致，主要区别在于主机结构不同。主机由侧门、前后箱体、上盖组合、前门、进排风系统、喷枪拉杆、喷液组合、包衣滚筒、搅拌桨叶、清洗装置、传动装置等部件组成，如图7-5-10所示。流动层式包衣机包衣滚筒结构见图7-5-11。

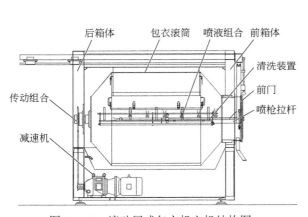
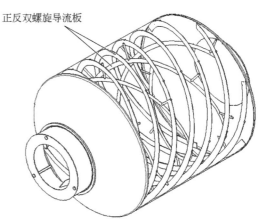

图7-5-10　流动层式包衣机主机结构图　　　图7-5-11　流动层式包衣机包衣滚筒结构图

3. 简要工作过程及操作方法

（1）工作过程

①进料：通过提升进料的方式实现包衣滚筒的上料。②包衣：启动包衣程序，片芯在包衣滚筒内做连续复杂的轨迹运动，包衣介质经过喷雾系统喷洒在片芯表面，经热风干燥后在片芯表面形成薄膜，完成包衣。③出料：通过包衣滚筒内特殊结构的桨叶装置实现包衣滚筒反转出料。

（2）操作方法

①通过包衣滚筒的进料口向包衣滚筒内添加物料，物料添加完毕后关闭包衣滚筒进口。②设定或调用工艺参数，启动包衣滚筒使之转动，然后启动进风处理单元和排风处理单元对包衣滚筒内的物料预热。③包衣滚筒内的物料层达到预设温度，开启喷液组合的喷枪，对包衣滚筒内的物料进行包衣。④包衣完成后，依次关闭喷枪、进风处理单元、排风处理单元，开启包衣滚筒进口，反向转动包衣滚筒完成出料。⑤生产完成后，清洁设备，清理生产现场。

4. 设备可调工艺参数的影响

同"高效有孔包衣机"。

5. 设备安装的区域及工艺布局

如图 7-5-12 所示，流动层式包衣机通常将主机安装在包衣间内，将进风处理单元和排风处理单元安装在辅机间内。

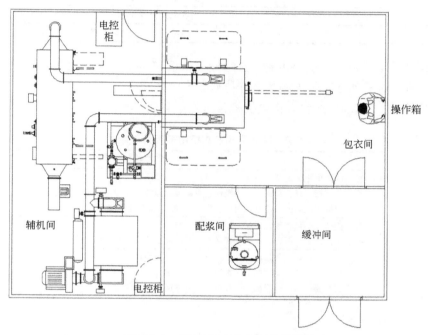

图 7-5-12　流动层式包衣机布局图

6. 特点

①全部包衣过程与外界完全隔离，避免药物污染的同时无粉尘飞扬和喷液飞溅。②正反双螺旋结构的导流板使得药片在包衣滚筒的轴线方向实现上下双层的流动，药片在包衣滚筒旋转的带动下实现三维空间运动，加快了药片的流动速度，消除了片芯层的流动停滞区，同时避免了碎片现象，使包衣成品质量得到提高。③换热系统的热量传递的方式都是在片芯层内部完成的，提高了干燥效率，使干燥更加彻底，且大大缩短了包衣时间。④物料在包衣滚筒内处于微量负压状态，喷枪喷雾的雾化角度不受任何影响，包衣介质的损耗也大大降低。⑤双螺旋导流板使得该机在正转时实现正常包衣操作，反转时，直接完成包衣成品出料，设计合理，操作方便，减少外界的污染。⑥配置先进的在位清洗系统（CIP），保证了每个批次的包衣完成后设备得到有效的清洗。

7. 操作注意事项、维护保养要点、常见故障及处理方法等

（1）操作注意事项

①开机前检查各连接部位的螺栓是否松动，必须拧紧才可以正常工作。②开机前检查各轴承是否灵活，如发现不灵活，应及时请专业人员维修。③开机前必须检查进风柜各密封门是否密封良好。④开机前必须检查各气管接头，如发现漏气及时更换。⑤开机前必须检查各过滤布袋是否有漏孔，发现异常及时处理。⑥开机前必须检查加热器是否有漏气现象。⑦每两到三班必须清洗各过滤袋（布袋）和集尘箱。

⑧每两到三班必须放贮气罐内积水。⑨更换包衣品种时，与物料接触部件必须清洗干净。

（2）维护保养

① 整机日常维护　a. 进排风机要定期消除机内的积灰、污垢等杂质，防锈蚀，每次拆修后应更换润滑脂。b. 控制柜上的油雾器要经常检查，定期加油，油水分离器要定期放水，一般情况下应每天放一次。c. 包衣滚筒的支承轴应灵活，转动处要定期加润滑油。

流动层式包衣机整机日常维护见表 7-5-1。

表 7-5-1　流动层式包衣机整机日常维护

工作时间	日常维护
设备闲置未使用时：每隔 20 天启动一次，启动时间不少于 1h	防止气阀因时间过长而润滑油干枯，造成气阀或气缸损坏
工作 240h	对整机的紧固件进行检修
工作 240h 后	对各轴承进行加油
工作大约 800h	更换密封圈，对气动元件和电气元件进行检修
工作大约 500h	对各风机和需进行检修及清理
工作大约 1000h	机械维护技师就必须对整机进行检修

② 主机常规维护　a. 工作大约 800h 后，必须检修轴承。b. 工作大约 800h 后，必须对减速机检修。c. 工作大约 800h 后，对传动轴和传支链条进行检修。

③ 电控柜常规维护　流动层式包衣机电控柜常规维护见表 7-5-2。

表 7-5-2　流动层式包衣机电控柜常规维护

工作时间	日常维护
每工作 160h	检查紧急停止装置是否正常 检查所有指示灯、按钮开关的操作，对出现故障的部件进行修理或更换 清洁电控柜风扇的过滤器，用压缩空气进行清洁，必要时进行更换
每工作 750h	检查限位开关是否损坏，如损坏，及时更换 检查压力开关、压力、流量等变送器的校准，必要时需要重新校准或更换
工作 1500h 后	检查电气部件螺栓张紧度，拧紧所有电气部件的螺栓 检查所有继电器和电磁阀，如有损坏，更换部件 检查变频器是否故障或损坏，及时维修或更换

（3）常见故障及处理方法

流动层式包衣机常见故障及处理方法见表 7-5-3；其中喷枪喷涂形式故障及处理方法见表 7-5-4。

表 7-5-3　流动层式包衣机常见故障及处理方法

故障名称	处理方法
进风故障	检查变频器，参考变频器说明书排除故障
排风故障	检查变频器，参考变频器说明书排除故障
滚筒故障	检查变频器，参考变频器说明书排除故障
蠕动泵故障	检查变频器，参考变频器说明书排除故障
清洗泵故障	检查清洗泵是否过载，按下热继电器的复位键
气源压力不足	检查压缩空气供应是否正常
相序故障	查找电源进线是否有断相或者相序错误
紧急停止	按下紧急停止复位按钮
水槽液位超高	放出积水仓内的水

表 7-5-4　喷枪喷涂形式故障及处理方法

喷涂形式	故障	处理方法
颤振	喷嘴和喷枪体的锥形座之间有空气进入 空气从液体针盘根处吸入	取下液体喷嘴清洗座，如果损坏更换喷嘴 拧紧液体针盘根
新月牙	喷料聚积在气帽上，造成部分阻塞角孔，两个角的空气压力不同	排除角孔中的障碍物，但不要使用金属物体清洗角孔

喷涂形式	故障	处理方法
倾 斜	包衣材料聚积在气帽上，部分阻塞了角孔或气帽中心孔甚至导致损坏，拧松液体喷嘴	除去障碍物，若损坏，更换角孔或中心孔 取下液体喷嘴清洗座件
拼合式	包衣材料黏度太低	附加包衣材料，增加黏度 调节液体调节钮或形式调节钮
重 心	包衣材料黏度太高 液体输出太低	降低包衣材料黏度 增加流体输出
飞 溅	液体喷嘴和液体针件没有准确定位 活塞的一级行走（仅当空气排放时）减少，包衣材料积聚在气帽件内侧	清洗或更换液体喷嘴或液体针件 更换液体喷嘴或液体针件 清洗气帽件

8. 发展趋势

未来流动层式包衣机可实现不同容积的包衣滚筒自由更换结构，以使通过一台包衣机能够适应待包衣的物料量有较大范围变化的包衣生产。

三、连续包衣机

连续包衣机主要用于制药、食品、生物制品等领域的片剂、丸剂、糖果等的薄膜包衣。

1. 基本原理

连续包衣机生产时，保持包衣滚筒的持续进出料，通过精准控制物料进出包衣滚筒的速度、物料在包衣滚筒内的行进速度、喷枪的启闭顺序和喷液量以及包衣滚筒内的进出风量等技术参数，实现物料的连续式包衣生产。连续包衣机与高效包衣机及流动层式包衣机的主要区别是：高效包衣机及流动层式包衣机采用的是批量生产模式，一锅即为一批次，换批次时，设备需要停止运行；而连续式包衣机采用连续生产模式，设备持续运行，连续不间断生产，适用于对大批量物料的包衣。

2. 基本结构

连续包衣机（图 7-5-13）主要由主机、进料系统、出料系统、进风系统和排风系统组成。主机主要由机体、包衣滚筒、喷枪安装架和喷枪构成，包衣滚筒水平可转动地安装在机体内，包衣滚筒的筒壁上密布有通孔，喷枪安装架从机体的前端和/或后端沿包衣滚筒的轴向自外向内伸入包衣滚筒内，喷枪安装架上从前至后等间距安装有多个喷枪。进料系统和出料系统主要由传送带构成。进风系统和排风系统同"高效包衣机"。

图 7-5-13 连续包衣机整机

3. 简要工作过程及操作方法

（1）工作过程

①进料：通过进料系统实现包衣滚筒的持续上料，进料速度可控。②包衣：启动包衣程序，物料从包衣滚筒的进口行进至包衣滚筒的出口的过程中完成包衣。③出料：倾斜的包衣滚筒配合出料系统实现包衣滚筒的持续出料，出料速度可控。图 7-5-14 为连续包衣机工作流程图。

（2）操作过程

① 启动工序 采用批量包衣模式，开启包衣滚筒的进料，关闭包衣滚筒的出料；当物料从前至后铺满包衣滚筒内的底部时，关闭包衣滚筒的进料，启动包衣机，同时开启喷枪，完成对包衣滚筒内的物料的包衣，使包衣滚筒内的物料满足连续包衣模式的要求。

② 连续式包衣工序 采用连续包衣模式，调整包衣滚筒的倾斜角度，同时开启包衣滚筒的进料和出料；物料从包衣滚筒的进口行进至包衣滚筒的出口的过程中完成包衣，完成包衣的物料连续地从包衣滚筒内出料。

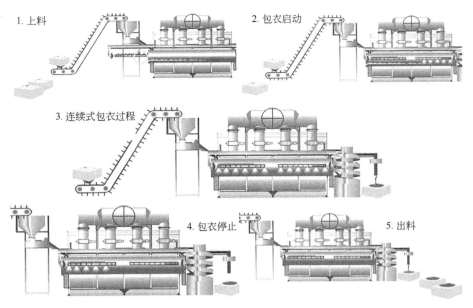

1. 上料　2. 包衣启动　3. 连续式包衣过程　4. 包衣停止　5. 出料

图 7-5-14　连续包衣机工作流程图

③ 关闭工序　采用批量包衣模式，同时关闭包衣滚筒的进料和出料，按照物料在包衣滚筒内的行进速度，从后至前依次关闭喷枪，完成对包衣滚筒内的物料的包衣；开启包衣滚筒的出料，实现包衣滚筒内的物料的全部出料。

4. 设备可调工艺参数的影响

包衣滚筒倾斜角度过大，片芯在包衣滚筒内行进速度快，包衣时间短，影响包衣成膜质量；角度过小，片芯在包衣滚筒内行进速度慢，容易出现片芯粘连现象。其余可调工艺参数的影响同"高效包衣机"。

5. 特点

①可实现物料的连续化生产，相比于传统的批量包衣生产，连续式生产耗时短、能耗低、生产效率高，尤其适用于大批量物料的包衣生产。②可在批量生产模式和连续式生产模式之间随意切换。③工艺过程全程自动化，实现无人操作生产。④工艺参数最优匹配，在连续化过程中实现"零损耗"。

6. 操作注意事项、维护保养要点、常见故障及处理方法等

同"流动层式包衣机"。

四、流化床包衣机

如前所述，流化床是一种制粒技术和设备，同时，流化床还可以作为包衣技术和设备。流化床设备因其高效的干燥效率，被广泛应用于粉末、颗粒和微丸的包衣。在流化床的使用过程中，流化态工作者摸索出了三种主要工艺，根据喷雾位置将其形象地命名为顶喷、底喷、切线喷，见图 7-5-15。用于包衣和制粒的流化床设备区别在于：制粒的流化床一般为顶喷；包衣的流化床一般为底喷和切喷。

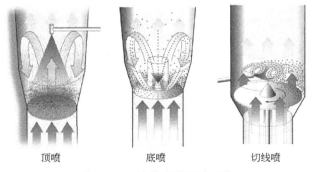

顶喷　　底喷　　切线喷

图 7-5-15　流化床的三种工艺

1. 流化床包衣机分类

（1）顶喷流化床包衣机

喷枪安装在物料上方，垂直向下喷雾，雾化液滴与气流方向呈逆向运动，液滴行程长，干燥蒸发明显，除增加包材耗量外还影响液滴黏度和铺展成膜。此外，顶喷结构中物料的流化态是不规则的，包衣不均匀和粘连问题常常不可避免。但因其喷雾约束少，容易工艺放大，仍是少量流化态工作者孜孜不倦的追求，在热熔融包衣中顶喷工艺得到了极大的发挥。

（2）底喷流化床包衣机

底喷流化床包衣机是应用最广的包衣结构，也是目前主流的流化床包衣机结构。底喷结构中喷枪安装在隔圈底部，垂直向上喷雾，喷嘴距离物料近且同向喷液。物料呈喷泉状流化态规则，在隔圈内外形成有序的运动循环，在隔圈内进行包衣，运动到扩散室进行干燥，循环往复得到均匀致密的衣膜。

（3）切线喷流化床包衣机

包衣机中喷枪安装在物料仓侧壁上，喷雾方向沿着物料运动的切线方向。物料在转盘转动产生的离心力、进风气流推力、自身重力的共同作用下形成环周的螺旋状运动。其工艺特性与底喷有很多的相似性，如喷雾距离短、同向喷液、流化态规则，故也可以实现精确包衣。但切线喷装置是一个上下移动无开孔的转盘，热风只能从转盘和缸体的狭缝中通过，干燥效率低，喷雾速度慢，包衣时间长，故在应用上受到了一定的局限。

面对三种流化态各有利弊的现实情况，制药设备厂家开发了多功能流化床，可通过换锅在一台设备上实现顶喷、底喷、切线喷的功能，以满足混合、干燥、制粒、包衣、微丸等多道生产工序，如图 7-5-16 所示。

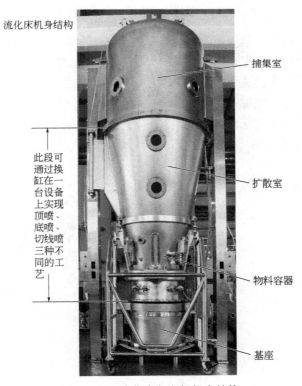

流化床机身结构

捕集室

此段可通过换缸在一台设备上实现顶喷、底喷、切线喷三种不同的工艺

扩散室

物料容器

基座

图 7-5-16　流化床包衣机机身结构

2. 流化床包衣机结构

流化床包衣机一般主要由空气处理单元、主机、浆液雾化系统、除尘器、离心风机、在位清洗、控制系统等组成。与物料接触部分采用 304/316L 不锈钢精制，所有转角均是圆弧过渡，无死角、不残留，内表面经高度抛光，粗糙度达到 $Ra \leqslant 0.4\mu m$；外表面亚光处理，粗糙度达到 $Ra \leqslant 0.8\mu m$。该机进出料方便，易于清洗，有效避免物料的粉尘飞扬及交叉污染，完全符合药品生产的 GMP 要求。

3. 流化床包衣机工作过程

图 7-5-17 为流化床包衣机设备运行流程图。空气经过进风处理系统后得到洁净、高温（低湿）的气流，气流推动物料悬浮形成流化态，然后喷入经雾化的包衣液包裹在物料表面，其干燥后形成紧密粘附的薄膜，反复包衣直至所需的厚度。在此过程中，捕集室内的排风阀、抖袋气缸周期性地交替动作，分别清理吸附于左右滤袋上的粉末，末端除尘器进一步处理渗透到排风中的细微粉尘。

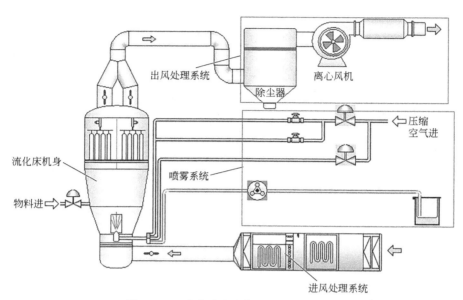

图 7-5-17　流化床包衣机设备运行流程图

流化床包衣机的核心结构底喷装置也称为 Wurster 系统，如图 7-5-18 所示。物料槽中央有一个隔圈，底部有一块开有很多小孔的空气分配板（图 7-5-19），隔圈内外对应部分的底板开孔率不同，因此形成不同的进风气流强度。由于隔圈内高速气流产生的负压，物料从隔圈与空气分配板之间的间隙运动到隔圈内被气流抛起。喷枪安装在隔圈底部，喷液方向与物料运动方向相同，物料在隔圈内完成包衣后运动至扩散室进行干燥，此处的气流速度无法推动物料上升，物料开始减速并最终回落到物料槽，进入下一个循环。Wurster 系统是包衣技术上的一次重大突破，使对小粒径物料的包衣成为可能，对微丸技术的发展起到了重要促进作用。

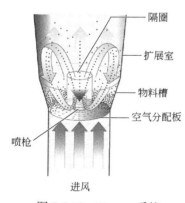

图 7-5-18　Wurster 系统

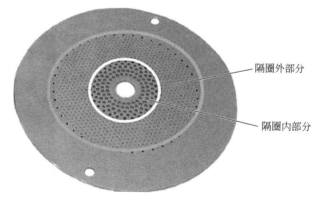

图 7-5-19　空气分配板

4. 特点

①提供载热气流，干燥效率高，包衣速度快。②喷枪与物料间距离短，有利于减少包衣液到达物料表面前的溶媒蒸发和喷雾干燥现象，从而有利于包衣液保持良好的成膜特性。③物料呈有序的循环运动，运动方向和喷液方向相同，使物料接触到包衣液的概率相似，有利于包衣的均匀性。④设备自动化程度高，劳动强度小，产品质量易控制。⑤整个作业过程在密闭容器内完成，进入容器内的热风须经过高效

过滤器，此外设备具备在位清洗功能，药品生产过程的质量得以保证。

5. 设备可调工艺参数的影响

流化床包衣的工艺，通常是在充分了解处方物料特性的基础上，调节干燥效率和喷液效率之间的平衡，以达到一个最适合包衣成膜的物料温度，如图7-5-20所示。和流化床制粒设备一样，可调工艺参数有物料量、喷雾速度、风量大小、进风温度、干燥时间和温度等。

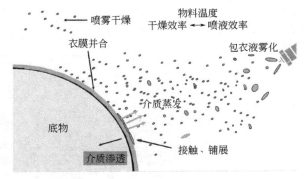

图7-5-20　薄膜包衣过程

（1）流化床喷液效率

流化床喷液效率通常受限于包衣液的黏性和喷枪雾化能力，而喷枪雾化能力的可调性是很大的。包衣液通过压缩空气雾化成细小的液滴，除包衣液本身性质外，雾化压力和雾化气量是液滴大小的决定因素。包衣过程中在提高喷雾速度时，也需相应提高雾化压力以保持相同的液滴大小。通常认为液滴大小应为物料粒径的1/50，但这更应该根据经验进行判断。

（2）进风湿度

进风湿度的控制容易被忽略，湿度过高降低干燥效率，湿度过低可能产生静电问题，因此需配置除湿和加湿装置，以保持不同季节时进风湿度一致，通常控制进风露点在8～10℃左右。

（3）物料温度

水分散体包衣过程中，物料温度通常需高于最低成膜温度10～15℃，在最低成膜温度以下聚合物粒子不能变形融合而成膜，否则衣膜可能出现裂缝。故从实验工艺到中试直至生产放大的过程中，保持物料温度值不变是成功的关键。

6. 工艺布局

流化床包衣机各组件布置如图7-5-21所示，主机、喷浆罐、控制箱安装在洁净区，空气处理单元、除尘器、离心风机、电气柜安装在辅机房。空气处理单元、主机、除尘器和风机之间通过风管连接，连接法兰处增加硅胶密封垫，拧紧螺栓确保管道密封。系统采风和排风管道一般由药厂根据厂房结构引到室外，不宜太长以致影响风压。

7. 发展趋势

目前，世界药品发展的一个潮流方向就是缓控释药物，这对包衣技术和设备提出了更高的要求。底喷型流化床包衣机问世多年，在高效性、安全性、环保性和批量化等方面得到了药厂充分的肯定，故其结构一直沿用到现在都没有显著的改变。近些年制药设备厂家开始积极探索产品的差异化，以下几个方面的研究成果将有望替代传统结构。

（1）高速喷液系统

高速喷液系统采用新型的高速喷枪，喷雾速度是普通的3～4倍，通常可达400～500g/min，充分利用了流化床的干燥效率。喷枪带夹套设计，使物料避免接触喷嘴局部未充分雾化的包衣液导致堵枪和避免进入压缩空气高速区导致磨损。此外，可以使用较高的雾化压力以形成非常小的雾化液滴满足粉末包衣的需求。

（2）精确包衣系统

包衣柱下方采用旋流板，使物料旋转上升，所有外表面接触到包衣液的机会更均等，包衣更均匀。空气分配板上开0.7mm的圆孔，开孔率0.5%～3%，越靠近包衣柱开孔率越低，在料床中产生一个压力差，帮助物料往包衣柱移动，减少此处的风量消耗，提高干燥效率。喷枪采用软管形式，可实现在不停机的情况下对喷枪进行拆卸更换，避免整批产品报废。

（3）旋流流化床包衣机

空气分配板采用旋流板，喷枪安装在料仓侧壁上，将进风从旁路引入到料仓，在喷枪外周形成保护

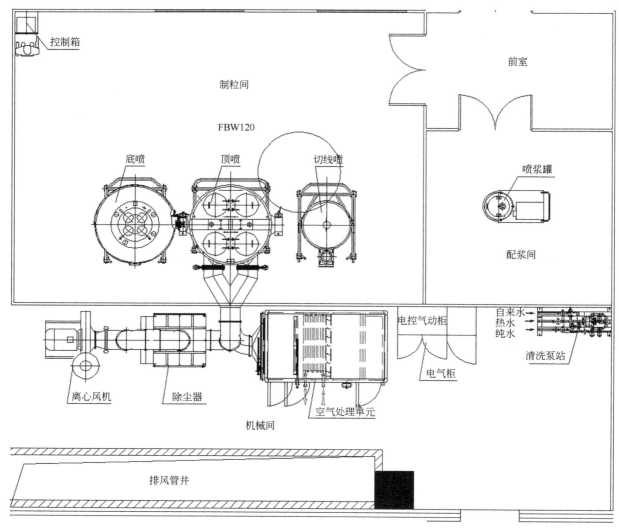

图 7-5-21 流化床包衣机设备布局图

气流，同时避免喷雾区域物料高度密集发生粘连，此外因有效通风面积大，干燥效率高，包衣时间得到缩短。旋流所产生的离心力适用于旁侧真空出料，空气分配板清洗时不需拆卸，适用于 CIP 清洗，故对高密闭生产线极为适用。无需换锅可在同一容器内完成干燥、制粒、包衣等工序，大大降低了药厂的成本投入。

流化床包衣机在医药领域有着广泛的应用，近些年来，新技术的涌现使其具有更广阔的发展空间。加强流化床包衣技术的基础数据分析和论证，不断开拓新工艺、新技术，研制出适合临床应用的新药剂，这也是每个制药设备工作者的崇高使命。

第六节　硬胶囊充填设备

胶囊机是把药物（包括粉剂、丸剂、片剂、颗粒、液体等），装于空心硬质胶囊中或密封于弹性软质胶囊中的固体制剂设备。硬胶囊剂是除片剂、针剂外的第三大剂型。硬胶囊剂的制备一般分为填充药物的制备、胶囊填充、胶囊抛光、分装和包装等过程。其中胶囊填充是关键步骤，现有的国产充填机所有材料和加工过程均要参照《药品生产质量管理规范》（GMP）相关规定执行。产品型号行业标准规定了产品型号的表示方法，如 NJP-3200C。其中 N 为胶囊；J 为间隙式；P 为盘孔式；3200 为主要参数，表示每分钟最大生产能力（粒）；C 代表改进的机型。

一、概述

胶囊充填机的发展一共经历了三个时代，首先是手工充填设备，然后是半自动胶囊充填设备，最后发展到全自动胶囊充填设备（图7-6-1）。当代胶囊充填机电控系统均采用PLC控制，通过触摸屏就可操作整机，机器所出现的故障也能通过触摸屏的页面显示，完全实现人机界面。

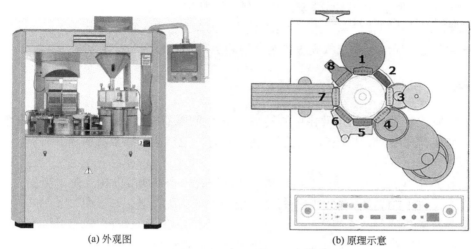

(a) 外观图　　　　　　　　　　　　　　　　(b) 原理示意

图 7-6-1　自动硬胶囊充填机

胶囊充填机按运动形式分为间歇式、连续式；按充填方式有孔盘充填和插管充填。间歇式胶囊充机按照药粉剂量充填形式又分为剂量盘式和吸管式；而国内主要以间歇式为主。我国现有的全自动硬胶囊充填机基本上都是由德国BOSCH原始机型基础上发展而来，都是盘孔式剂量、间歇式回转结构。

按照每分钟成品产量，现有的国内胶囊充填机基本可分为：NJP-400、NJP-500、NJP-800、NJP-1200、NJP-2200、NJP-3200、NJP-6000、NJP-8200等机型；按照硬胶囊的规格模具，可分为：安全A、安全B、00#、0#、1#、2#、3#、4#、5#等。

二、工作原理

全自动盘孔间歇式硬胶囊充填机是一种经改进的新型药物充填机。它是一种间歇性运转、多孔塞剂量式全自动硬胶囊充填机，可自动完成分囊、充填、剔废、合囊、成品推出、废囊排除等充填胶囊的全过程。在胶囊充填机内部有一分度式中心转塔（图7-6-2），其顺时针旋转，通过中心转动盘的间歇运动，引导着胶囊通过不同的工位，来完成药品的充填。该设备共设置8~12个工位，胶囊体、帽分别由每个工位上下模腔传送。通过分度式中心转塔的运行，可实现如下几个工位胶囊充填操作：

工位 1：空胶囊的供给、导向和打开。预锁合空胶囊经过适当导向进入模腔，真空将胶囊体、帽分离。如果只出现胶囊帽或者胶囊体，将直接由导向叉剔除；未打开胶囊，将会在第5工位剔除。图7-6-3为胶囊供给过程示意。

图 7-6-2　中心转塔示意

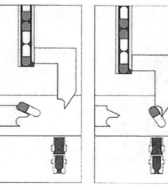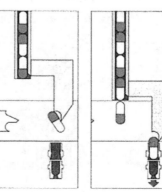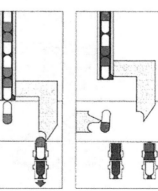

图 7-6-3　胶囊供给过程示意

工位 2：更换模具或者根据要求充填药品。更换模具的工位。胶囊体向外移动，为第 3 工位充填做准备。

工位 3：药品充填。

工位 4：药品充填。

工位 5：挑选及剔除未打开胶囊。通过顶杆将未打开的或双帽的胶囊剔除。

工位 6：胶囊锁合。胶囊上下模腔重新对中。锁合顶杆按照预设高度将胶囊锁合。

工位 7：胶囊排出。排出顶杆与压缩空气结合，将胶囊通过排出斜道排出。

工位 8：清洁模腔。通过压缩空气和吸尘装置清除上下模腔残余的粉尘。

三、基本结构

全自动盘孔间歇式胶囊充填机主要由中心转塔、空胶囊供给装置、计量充填装置、胶囊剔废装置、胶囊锁合装置、胶囊排出装置、模腔清洁装置、传动装置、电气控制装置等组成。

（1）中心转塔

盘孔间歇式胶囊充填机有一分度式中心转塔，塔内配有一个双曲线凸轮控制，可使中心转塔顺时针旋转，共设置 8 个工位，胶囊体、帽分别由每个工位的上下模腔传送。

（2）空胶囊供给装置

预锁合的空胶囊经过料斗，被正确地定位并进入模腔，真空将胶囊体、帽分离。图 7-6-4 为胶囊定向机构中导槽和拨叉。如果只出现胶囊帽或者胶囊体，将直接由导向叉剔除；未打开胶囊，将会在第 5 工位剔除。

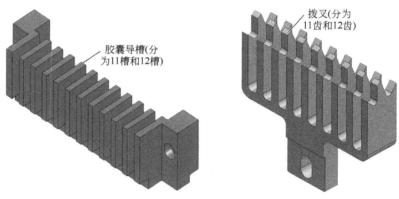

胶囊导槽(分为11槽和12槽)

拨叉(分为11齿和12齿)

图 7-6-4　胶囊定向机构中导槽和拨叉

（3）计量充填装置

胶囊机的计量充填方式分为插管式充填和盘式充填。

① 插管式充填　高精度计量单元使用特殊计量管和柱塞，深入到粉层内并压缩粉剂。计量组件的整个充填过程为双向垂直运动及旋转运动，因此在粉盘中取粉和将药柱推入胶囊体是同步的。如图 7-6-5 所示，插管式粉剂充填的工作过程如下：a. 排空的计量针管旋转到粉盘上方。b. 计量头下落，到粉盘底

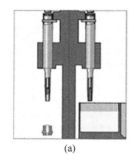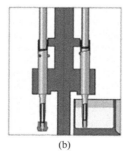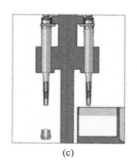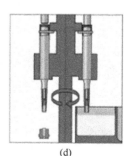

(a)　　　　　　　(b)　　　　　　　(c)　　　　　　　(d)

图 7-6-5　插管式粉剂充填过程

部，取粉。c. 计量针头完成取粉，提到最高。d. 计量头旋转 180°，带有药粉的针管旋转至模孔上方。再下落将计量好的药粉推入胶囊体下体，完成计量及排出。粉剂重量由粉槽内粉剂高度、计量容腔的大小、真空大小（配备吸力槽时）决定。粉剂成柱硬度由柱塞在计量针管内起始位置和最终位置决定。

② 盘式充填　盘式充填胶囊机有 5 个插槽，粉剂在计量盘内经过五次充填压实成药柱，并推入到下模块的胶囊内，需要调整一组或者多组压缩杆来调整装量，这种灌装方式需要物料具有适中的可压性和流动性。

（4）胶囊剔废装置

胶囊剔废装置由收集盒、锁合压板和锁紧螺母组成。可以根据胶囊的尺寸更换收集盒内的剔除模具。胶囊剔废是通过剔除顶杆向上运动将未打开的或双帽的胶囊剔除，如图 7-6-6 所示。

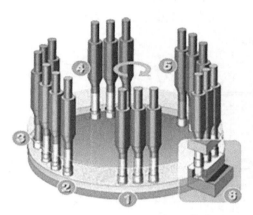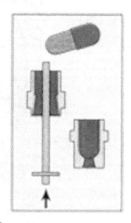

图 7-6-6　胶囊剔废过程

（5）胶囊锁合装置

在这个工位胶囊体与帽重新锁合。胶囊体与胶囊帽重新对中并相互靠近。锁合压板向下运动直到与胶囊帽接触，同时锁合顶杆向上运动。在锁合期间，吸尘口将粉尘吸走。图 7-6-7 为胶囊锁合过程。

（6）胶囊排出装置

锁合的胶囊通过排出顶杆和压缩空气的作用，沿着斜槽滑送进入成品箱，排出斜道通过左右两个定位块定位在机器上，如图 7-6-8 所示。

（7）模腔清洁装置

通过压缩空气和吸尘装置清除上下模腔残余的粉尘，如图 7-6-9 所示。

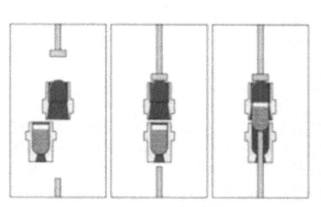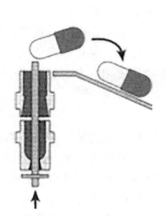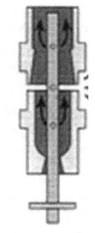

图 7-6-7　胶囊锁合过程　　图 7-6-8　胶囊排出过程　　图 7-6-9　模腔清洁装置

（8）传动装置

机器安全性能是由防护罩和电动联锁的安全防护装置确保。

（9）电气控制装置

控制面板主要由两个电机的主开关和速度控制器两部分组成，位于可打开的门上。

四、简要工作过程

胶囊机的工作过程是向料斗内装入空胶囊（手动），按下辅机开启按钮，用手轮转动机器，让模具中有胶囊，将药剂装入上方料斗，按下主机启动按钮，让带胶囊的机器低速运转，然后停机，检查充填重量，开机生产。

五、安装区域和工艺布局

胶囊机的车间工艺布局如图 7-6-10 所示，该车间洁净级别能够达到 D 级，主要设置了全自动硬胶囊充填机、吸尘器和真空泵等设备。设备四周离墙面距离至少 1.2m，设备所安装位置的地面离顶的距离最低为 2.6m，以便于通行、维护及清洗等其他作业。

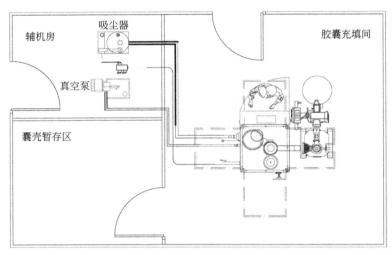

图 7-6-10　胶囊机安装布局图

六、操作注意事项、维护保养要点、常见故障及处理方法等

（1）操作注意事项

当固定护罩和活动护罩拆除后，禁止使用自动模式操作机器。在此情况下，调整只允许一人进行，不允许未经批准的人员接近机器，尽可能地打开一个防护门，并尽快恢复关闭状态。不应将急停作为正常停机，否则会影响生产的质量，也会引起机器异常。手工供给胶囊和药粉，应选用安全梯子。正常开机，应将落粉旋钮旋到自动位置，缺粉延时停机的时间应设定合理。清洁机器，禁止使用压缩空气直接吹向机器，应使用吸尘器或刷子和湿布。禁止用酒精长时间浸泡机器零件，禁止用酒精擦洗粉剂下料透明管及有机玻璃制品。

（2）机器的维护

机器的维护分为日常维护及紧急维护。日常维护是每天都需要进行的工作，包括开机前准备和开机后维护。开机前准备包括检查机器部件安装的正确牢固、给主机和辅机加注润滑油，而且开机前必须转动手轮，使机器中心转塔转动完整一周再开机；开机后维护包括清洁真空泵过滤器、清洁在包装区域的吸尘嘴及吸尘管、清洁机器台面等工作。紧急维护是紧急方面的维护，都是与个人的人身安全有关的，包括其中一个防护罩门损坏或更换、玻璃安全防护罩微动开关的损坏及更换、压力开关的损坏及更换、变频器的锁住与更换、热磁断路器的更换及调节。

（3）机器的保养周期

①主机和辅机的污粉清理应 8h/次。②新规格模具的更换，必须进行模具的检查、调整。③安全装

置的周期检查应急制动和系统安全护罩等，应每周一次。④吸尘器过滤器每工作九个月更换一次。⑤真空泵过滤器每 8h 清洁一次，建议用吸尘器或压缩空气清洁。⑥气动弹簧应每周检查一次。⑦中心转塔润滑 40h/次。⑧计量针轴、压缩轴加油：单班生产，每周一次；2~3 班连续生产，16h 一次。⑨真空泵油首次工作 100h 更换，以后间隔 500~2000h 更换一次，耗油过多视情况而定。⑩伞齿轮油每 500h 必须更换，同时用油枪给所有的运动系统润滑。⑪齿形带 500h 更换一次。⑫机器传动齿轮、凸轮的固定锥销应每周检查一次。

（4）常见故障及处理方法

机器易发生故障处，是机器操作使用的重点，如不注意，将发生极其严重的故障：①剔除顶针、排出顶针、清洁顶针一定要对应其正确位置安装到位、到底，并紧固方头螺栓，然后检查安装是否合适，并慢慢转动手轮观察每根顶针是否在模孔的中央，如不合适，需要重新调整。（注意：平时拆装是只松动方头螺栓，内六角是用来调整位置的）。②缩合顶针安装后，立即安装其缩合顶针压板；缩合顶针压板拆下后，立即取下缩合顶针。③计量清洁单元安装到底并紧固，计量针护罩一定安装到位、到底，并观察方头螺栓对准计量轴套上的小凹槽，然后紧固方头螺栓。④胶囊的供给错误或不畅须及时排除。⑤机器若自动停机，应查明原因再启动机器。⑥真空泵、吸尘器接错会造成机器过载停机。⑦粉剂搅拌刀安装不到位，会导致机器过载停机。⑧当使用点动时，机器只允许打开一侧的玻璃护罩，并只能有熟练操作人员使用。⑨机器零部件安装完成，开始开机前，必须转动手轮，使机器中心转塔转动完整一周再开机。⑩机器的维护保养，如传动皮带的更换，润滑油的更换或加注，真空泵、吸尘器的维护保养等，严格按照操作说明执行。

七、发展趋势

（1）多功能定制化

随着科技的发展，全自动胶囊填充机的尺寸会往小型化和大型化两个方向发展。目前国内药厂逐步重视新品研发，复合型产品呈上升趋势，要求机器可以实现特殊物料如各种片剂、软胶囊、液体的精确计量。

（2）密闭隔离

随着 GMP 升级，对人员安全防护的要求越来越受到重视，对于机器的密闭要求也在逐步提高，所以从趋势上看，密闭生产线会越来越多。

（3）自动化

随着工业 4.0 概念发展，越来越多的药厂提到自动化的概念，这就要求机器能够实现自动装量调整工作、抽样检测称重功能，甚至是 100%称重功能，从而完成自动化及连续化生产的要求。

第七节　丸剂设备

丸剂是指药材细粉与赋形剂按比例混合制成的圆球形制剂。中药丸剂为传统的剂型，是在汤剂的基础上发展而来，具有口服方便、保质期长、胃肠道崩解缓慢、逐渐释放均匀、缓释吸收、作用持久等特点。

一、概述

1. 丸剂分类

（1）按赋形剂分类

将药材细粉与不同赋形剂混合，可分别制备为蜜丸、水蜜丸、水丸、浓缩丸、糊丸、滴丸等。

① 蜜丸　指药材细粉与蜂蜜按比例混合后制成的丸剂。按重量大小和制法不同又可分为大蜜丸和小

蜜丸。大蜜丸制备为轧辊成型制丸，要求圆、光、亮、剂量准、崩解时限符合中国药典规定。小蜜丸制备为切搓成型制丸，要求大小均匀、色泽一致、丸型圆整、干燥均匀、崩解时限符合中国药典规定。

② 水丸、水蜜丸　指药材细粉与纯化水或经规定处理的蜡、蜜水等赋形剂按比例混合后制成的丸剂。水丸制备分为泛制和机制成型制丸，要求大小均匀、色泽一致、干燥均匀、崩解时限符合中国药典规定。另外，除中药水丸外，蒙药、藏药也属于水丸。

③ 浓缩丸　指药材细粉与提取浓缩液（浸膏）或浸膏粉与纯化水或乙醇按比例混合制成的丸剂。浓缩丸制备分为泛制和机制成型制丸，要求大小均匀、色泽一致、圆整、干燥均匀、崩解时限符合中国药典规定。

④ 糊丸　指药材细粉与淀粉糊、米糊按比例混合制成的丸剂。糊丸制备为泛制和离心机制成型制丸，要求大小均匀、色泽一致、圆整、干燥均匀、崩解时限符合中国药典规定。

⑤ 微丸　指直径小于ϕ3mm 的丸剂。微丸制备为泛制成型制丸，要求大小均匀、色泽一致、圆整、干燥均匀、崩解时限符合中国药典规定。

⑥ 滴丸　指药材或药材中提取的有效成分与水溶性基质、脂肪性基质制成的溶液或混悬液，滴入另一种有机混溶的液体，经冷却剂冷却后形成的丸剂。滴丸制备为机制成型制丸（见第八节滴丸剂生产联动线）。由于滴丸剂生产设备和其他丸剂设备差别较大，故单独介绍。

（2）按重量分类

根据药丸重量，丸重小于 0.5g 为小丸，丸重大于 0.5g 为大丸。

（3）按制备方法分类

根据制备方法不同，丸剂可分为泛制丸、机制丸、滴制丸。

（4）按直径大小分类

根据药丸直径大小不同，直径小于ϕ3mm 为微丸；直径大于ϕ3mm，小于ϕ12mm 为小丸；直径大于ϕ12mm 为大丸。

2. 丸剂设备概述

丸剂是在汤剂的基础上发展而来的。过去传统生产方式以手工泛丸为主，生产设备相对落后，生产能力也不足；20 世纪 80 年代开始采用切搓法单机制丸，而部分水丸和浓缩丸依然采用泛制法加工；20 世纪 90 年代中期，开始使用机械制丸生产线。目前已达到机械化连线生产，生产力大幅提升，但还需人工控制处理。

泛制法是我国传统的水丸制作方法，也是我国独有的中药制作方法。最初是手工泛丸，它的工艺过程可分为原料粉的准备及起模、成型、盖面、干燥、过筛、包衣打光、质量检查等。起模是泛丸成型的基础，是制备水丸的关键环节，模子的形状直接影响成品的圆整度、模子的粒度差和数目，也影响筛选次数、丸粒规格及药物含量的均匀度。由于手工泛丸劳动强度大，产量低，污染严重，现基本已经被机械泛制所代替。

根据制丸机的结构设备，丸剂设备可以分为立式制丸机、卧式制丸机及蜜丸机。

二、中药大蜜丸生产线

1. 中药大蜜丸生产线工艺流程

混合→饧坨→挤出切片→制丸→晾丸→玻璃纸包裹→扣壳→蘸蜡→印字→泡罩→装盒。

2. 中药大蜜丸生产线工艺设备流程

中药大蜜丸生产线工艺流程见图 7-7-1。

（1）软材制备

混合均匀的药粉通过药粉称重装置，由旋振筛筛粉后，用真空吸料机加入位于电子秤上的容器内，称量后由送料车送至混合搅拌机，由真空吸料机吸入混合缸内；蜂蜜经炼蜜后，通过泵和输蜜管道输送到蜜计量称重装置，按工艺要求比例称出蜜质量，自动加入混合缸内。加粉加蜜全封闭进行，无粉尘。搅拌混合均匀后，使用送料车将混合缸取下，送入醒坨架待用。醒坨后的混合缸再由送料车取出，自动

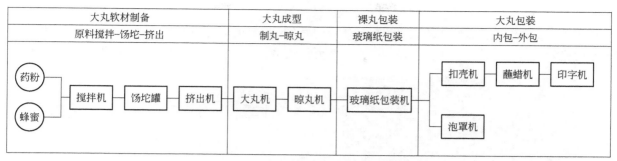

大丸软材制备	大丸成型	裸丸包装	大丸包装	
原料搅拌–饧坨–挤出	制丸–晾丸	玻璃纸包装	内包–外包	

图 7-7-1　中药大蜜丸生产线工艺流程

送入挤出切片机，由挤出切片机切出薄厚均匀的药坨。

（2）制丸成型

均匀的药坨自动落入六轧辊大丸机存料盘内。药坨经单臂机械手自动加入大丸机进料口，由双螺旋推进挤出药条，出条筒为可通入热水和冷却水的夹层水套。由轧丸机构根据重量要求制成丸剂。制丸过程自动完成刷油和蠕动泵滴酒精操作。制出的丸通过输送带送出，由转臂机械手自动抽检，并进行反馈，通过安装在出条嘴上的伺服电机调节出条嘴大小，保证丸重在规定范围内。成品丸被输送至带有冷却蒸发器的晾丸机进行晾丸，不合格丸自动返回制丸机重新制丸。

（3）内包

药丸经晾丸处理后一部分送入扣壳机内，通过对上下壳的自动振动整理，将丸通过机械手抓取，药丸被扣在上下塑壳内。空壳无丸可通过视觉传感器自动检测剔除；未扣上的壳与丸会自动分离剔除，扣好的塑壳传送到蘸蜡机，通过蘸蜡次数和温度的控制，使塑壳表面蘸上薄厚均匀、质量一致的蜡，然后通过冷却输送进入印字机，将需要的药品名及标志印在蜡壳表面。蘸蜡过程中消耗的蜡，可通过化蜡和补蜡系统自动补给。

（4）外包

印字后的塑壳自动输送至泡罩机入塑料托内，并直接进入装盒机装盒；另一部分药丸可以直接进入泡罩机进行泡罩包装后，再进行枕式包装。可通过检测机将缺丸包装剔除，再自动输送到装盒机自动装盒，然后输送到裹包机进行中包，再由机械手进行抓取后进行开箱、装箱和封箱，同时进行监管码处理，最后由捆包机捆扎，输送到立体库房储存。

3. 设备基本原理

（1）混合设备

混合机一般按结构分为行星式双桨搅拌混合机、下出料混合机、分体式混合机、槽型混合机、双动力混合机等。行星式双桨混合搅拌机、下出料混合机、分体式混合机、槽型混合机、反动力混合机原理见混合设备。图 7-7-2 和图 7-7-3 分别为行星式双桨混合搅拌机、下出料混合机的结构示意。

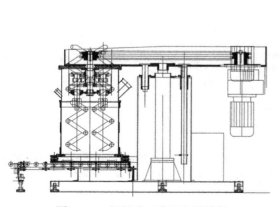

图 7-7-2　行星式双桨混合搅拌机

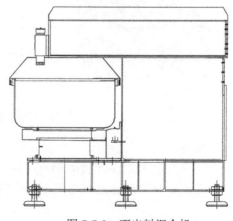

图 7-7-3　下出料混合机

蜜丸剂混合机

（2）挤出机

该机与大蜜丸制丸机、轨道输送机等配套使用，混合静置后的混合桶经轨道输送机送至药坨挤出切片机，定位抱紧后自动切片。切下的药坨掉落至大蜜丸托盘中。图7-7-4为挤丸机的实物图和结构示意。

(a) 实物图

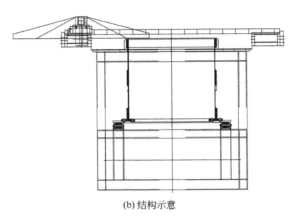
(b) 结构示意

图 7-7-4　挤出机

（3）大蜜丸机

大蜜丸成型主要以水平轧辊成型方式为主，根据轧辊的数目分为二辊、三辊、五辊及六辊等，这是目前大蜜丸生产的主要机型。另外也有用小丸对辊成型的方法制作大丸，但表面不光亮。

多轧辊大丸机的成型原理为传统的三辊机型，现在采用交流伺服数控加以改进提升，这种改进的大丸机在成型过程中对药丸的摩擦时间较长，使药丸表面光亮，不需用另外的涂油设备。

大丸机由推进料仓机构、输条机构及滚刀机构三大部分组成。将炼制好的物料通过料仓翻板的挤压，在推进料仓中推进器的推力下，药条由出条嘴被挤出，当药条达到一定长度，自动切刀将其切断，再由分配器按一定的速度将药条送入滚刀内，可制出大小均匀的药丸。滚刀根据药丸的规格专门加工制造。三辊蜜丸机适用于药厂的大批量蜜丸、大蜜丸，可制规格为3～9g。

六辊蜜丸机（图7-7-5）将混合均匀的药料投入到进药仓内，通过进药腔的压药翻板，在螺旋送料推进器的挤压下，推出一条可微调直径的药条。药条出条速度通过变频器控制，挤出的药条在多个托条小轴的转动下，经推条板推到制丸刀辊内，刀辊经过开合，连续制成大小均匀的大蜜丸。

(a) 实物图

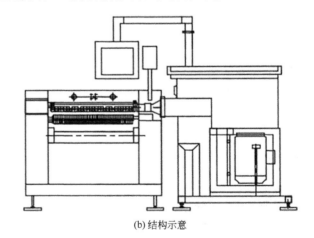
(b) 结构示意

图 7-7-5　六辊蜜丸机

（4）自动涂油机设备用途

涂油机（图7-7-6）是中药丸剂生产线的配套产品。主要用于大蜜丸药丸表面粘附油膜的加工，从而使药丸顺利进入下一道工序。自动涂油机适用于药厂的大批量大蜜丸物料表面粘附油膜的加工。

（5）晾丸系列设备

药丸在制作过程中，根据药性、工艺等要求会对药丸进行冷却。因此需要晾丸系列设备。传统的晾丸方式是托盘放在多层架子上，在房间里静置晾丸，这种方式用人较多、时间长，而现在的晾丸设备可实现自动化。

① 多层托盘升降平移式晾丸机　制作完成的药丸布满托盘中，由输送带缓慢进入冷却箱，药丸与冷风接触，在对流、辐射的作用下，药丸里的热量被冷风带走，达到降低药丸温度的作用。温度升高了的冷风被风机吸入后，吹向冷凝器再次变成冷风吹入冷却箱。风在冷却箱内循环，反复冷却药丸。图7-7-7为多层托盘升降平移式晾丸机实物图。

图7-7-6　涂油机

图7-7-7　多层托盘升降平移式晾丸机

② 多层输送带式晾丸机　采用PU输送带输送药丸，在输送过程中，增加冷却风扇及防护罩对药丸表面进行吹冷风处理，使润滑剂和部分水分挥发，防止药丸粘连。图7-7-8多层输送带式凉丸机实物图。

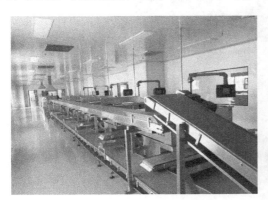

图7-7-8　多层输送带式晾丸机

（6）玻璃纸机

将冷却后的药丸加入整理转盘内，通过顶杆将药丸顶出并夹紧，同时玻璃纸输送机构（图7-7-9）送出一定长度的玻璃纸将药丸包裹；经过加热后，将玻璃纸黏牢，最后由吹气机构将包裹好的药丸吹落到溜槽上。

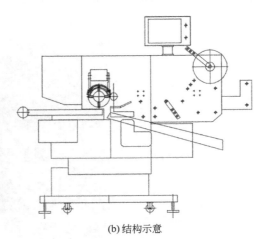

(a) 实物图　　　　　　　　　　　　　　(b) 结构示意

图7-7-9　玻璃纸机

（7）扣壳机

扣壳机采用直线型设计，将气动技术、电磁振动技术、真空机械手、伺服控制技术、光电控制技术等一系列先进技术集于一机。针对大蜜丸的包装采用塑壳封蜡包装，是将药丸放进两半球的塑料壳内，再将上下壳相互扣合的设备。图 7-7-10 为扣壳机的实物及结构示意。设备工作时，上下壳通过电振供料输送到电振板上，经过振动源及滚刷转动的清除，使上下壳有序地分成若干排。下壳电振板与输送链板直接相连，通过下壳输送机构将下壳送入主输送模板条孔内。通过药丸机械手上的真空吸盘将药丸放在有下壳的模具内。再通过上壳机械手上的真空吸盘将上壳放在装有药丸的下壳上，通过扣壳模具将上下壳扣紧。在模板条上、下方沿步进转动方向从右至左安装有：下壳上料定位机构、取药丸装置、药丸检测装置、取上壳装置、扣壳装置、成品及半成品导出装置、成品及半成品分流装置。

(a) 实物图   (b) 结构示意

图 7-7-10　扣壳机

大蜜丸剂装壳、扣盖

（8）蘸蜡机

蘸蜡机［图 7-7-11（a）］是将错乱无序的塑壳通过输送落入定距的定位孔中，再通过由电缸控制的吸盘，将扣好药丸的塑壳吸至蘸蜡支撑架上。蘸蜡支撑架通过凸轮间歇机构驱动，带动转盘转动到下一个工位，然后由气缸来完成上下往复运动，从而完成一次蘸蜡过程。本机可完成自动连续上壳、布壳、蘸蜡、冷却及出壳过程。

蘸蜡机是由上丸机构、真空吸料机构、蘸蜡盘机构、成品出料冷却机构、捞丸机构等组成，如图 7-7-11（b）所示。上丸机构是将扣合的塑壳有序排列，使其到达指定位置；真空吸料机构是将有序排列的塑壳同时吸起，送到蘸蜡盘的支撑架上；蘸蜡盘机构是支撑架通过凸轮间歇机构驱动，由转盘带动到下一个工位，然后由气缸来完成上下往复蘸蜡运动，从而完成一次蘸蜡过程；成品出料冷却机构是将已蘸蜡的塑壳进行冷却，使表面的蜡层凝固，一般用水冷却；捞丸机构是指将已蘸蜡的塑壳从冷却水中捞出并输送。

(a) 实物图

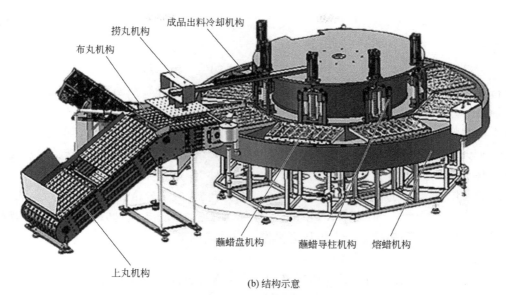

图 7-7-11 蘸蜡机

（9）印字机

将蘸蜡后的蜡壳由输送带输送到料斗中，在料斗中通过蜡壳支承板向斜上方间歇运行，将蜡壳均匀分布到支承板每个孔中。在伺服电机带动下将支承板移动到胶头下方，印字工位将蘸完墨的胶头向蜡壳上方压去，将字印在蜡壳上。

大蜜丸剂丸壳印字机

图 7-7-12　印字机

4. 设备可调工艺参数的影响

① 混合机　蜜（粉）计量、蜜温度、搅拌时间、搅拌桨转速可影响混合质量；采用电子称重、温度继电器、时间继电器、变频调速等控制上述重量、温度、时间、速度等。

② 挤出切片机　切片厚度、切片速度可影响切片质量；采用光电继电器控制，并采用变频调速控制切片厚度及切片速度。

③ 大蜜丸机　推料速度、轧丸速度、送条速度、刷油速度可影响丸重及外观质量；采用变频调速控制上述速度。

④ 晾丸机　晾丸时间、晾丸温度、晾丸速度可影响晾丸效果；采用时间继电器、温度传感器、变频调速、PLC 控制时间、温度、速度等。

⑤ 扣壳机　电振频率、走丸速度、走壳速度可影响产量和扣壳成品率；采用电振控制器、变频调速、PLC 控制落壳、落丸。

⑥ 蘸蜡机　蜡液温度、蜡槽温度、转盘转速、冷水温度、下降时间可影响蘸蜡效果和外观质量；采用温度传感器、变频调速、时间控制器、PLC 控制温度、转速、时间。

⑦ 印字机　走丸速度、印字速度可影响印字清晰度；采用变频调速控制速度。

5. 中药大蜜丸生产线实际布局

图 7-7-13 为中药大蜜丸生产线布局图。

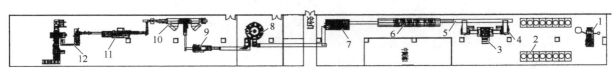

图 7-7-13　中药大蜜丸生产线布局图

1—混合机；2—饧坨缸；3—挤出切片机；4—大蜜丸机；5—输送带；6—晾丸机；7—扣壳机；
8—蘸蜡机；9—印字机；10—泡罩机；11—装盒机；12—装箱机

6. 中药大蜜丸生产线设备特点

（1）混合机

①一次性装机容积大，生产效率高，最适合在大批量的生产流水线上使用。②混合搅拌均匀，特别适合对黏稠物料的强力搅拌，如浓缩丸、蜜丸及食品行业面粉类物料。③同物料接触的部分全部采用优质不锈钢材料，搅拌过程无死角及盲区，符合 GMP 要求。④出料方便，可用挤料机将桶内药料全部挤出，减轻劳动强度。⑤搅拌时无粉尘外出，净化了车间生产环境。⑥操作方便，可实现手动、自动操作。⑦根据物料不同可选用不同形状的搅拌桨，搅拌桨转数可实现无级调速。

（2）挤出切片机

①切片后的药坨厚薄均匀，便于制丸工位生产。②与药物接触部分全部采用优质不锈钢，符合 GMP 标准。③混合桶从进入至输出可由周转车处理，减轻劳动强度。④拆卸清理方便，自动化程度高，密封性好，无泄漏。⑤由 PLC 程序控制，人机界面操作，自动化程度高。

（3）大蜜丸机

①率先使用轧辊结构，刀辊开合及工位转换均使用伺服电机配合滚珠丝杆和直线导轨驱动。刀辊运转平稳，设备性能稳定。②制丸刀辊、送条小轴和推条板均喷涂聚四氟乙烯材质，表面光滑，不易粘药，可以减少人工刷油次数，降低劳动强度。③设备有废丸自动剔除功能。④优化刀辊结构设计，确保药丸形状圆整光亮，大小均匀。⑤优化推进器结构，保证出条速度均匀，丸重差小，符合药典规定。⑥自动化程度高，密封性好，减少了药物的染菌机会。⑦出条筒前端有加热装置，可提高药药物温度和黏度，有利于药丸成型；同时推进器炮筒配有冷却水套，可根据药物黏度选择使用加热或者冷却。⑧填料高度适中，减轻工人劳动强度，推料部分可转位 90°，方便拆卸和清洗。

（4）晾丸机

①可连续生产、生产效率高、适于连线使用。②速度可在大范围内调整，以适于不同种类药物的生产需要。③操作方便。④全部采用不锈钢制造，四周开门，维修方便。

（5）玻璃纸机

①生产效率高，产品包装成型后美观大方、包形统一。②光电、单片机全程自动跟踪可以实现同步精确送纸，保证成品率。③运行过程中可根据需要随时进行动态调整。④整机传动平稳，性能可靠，操作简单，维修和清洗方便。

（6）扣壳机

①成品率高，达 96% 以上。②光电检测确保无空丸现象。③运行可靠，故障率低。④对药丸及壳无破坏性，半成品可再次利用。⑤产量高。⑥各工位功能在水平面上完成，可视性好，维修方便。

（7）蘸蜡机

①在连续蘸蜡的生产过程中可保证蜡壳表面光滑，具有良好的密封效果。蘸蜡后的成品蜡层厚度均匀、外形美观。生产能力及成品率均优于传统的手工蘸蜡，能够赢得广大用户的认可。②本机在生产过程中可以轻松地调整由于外界环境所造成的水温、蜡温不稳定的现象。同时更换配件后能够适应 3g、6g、9g 大蜜丸的蘸蜡过程。如有出现特殊规格的产品类型可根据用户的需求定做所需配件。③机身外形美观。占地面积适中，空间利用充分。

（8）印字机

①在连续印字的过程中可保证蜡壳字迹清晰，印字后，经过热风加热的蜡壳上表面蜡层稍微熔化，使字体附着能力更强，再由冷风机迅速吹冷，通过顶壳系统将壳顶出，进入下一道工序。②生产过程中，生产厂家在更换不同品种时，或更换各种不同重量规格的蜡壳时，只要更换印字钢板即可。能够完成各种规格大蜜丸的印字过程。③机身造型美观，结构合理，占地面积适中。

7. 操作注意事项、维护保养要点、设备清洗、常见故障及处理方法等

（1）操作注意事项

① 混合机　a. 为使本机能正常工作及延长使用寿命，需定期检查转动部件及运动部件，如齿轮、链条、轴承、液压传动部分，应定期给予润滑。如有异常噪声，应立即停机，检查原因。b. 操作者升起

台架时，不应将身体探入台架及搅拌头下面。如需要调整下面时，应用立柱支承固定台架。c．操作者试图按其他按钮改变机器操作方式之前，总应先按停止按钮。

② 挤出切片机　a．操作前应读懂使用说明书，再进行操作。b．首先检查整机部件是否完整，清洗后各部是否安装好。打开电源，打开急停开关。c．人机界面启动，按"开始"键，选择自动画面按下手动按钮变成自动控制状态。d．观察各部运行状态是否正确，如不正确进行调整。e．工作完成按自动按钮停止工作，关掉急停开关，关闭水源。

③ 大蜜丸机　a．投料时严禁将异物投入料斗，以免损伤推料系统及滚丸刀辊。b．一旦有异物堵塞出条片，不许用硬棒捅，以免损伤出条嘴的精度而造成出条微调不能调整。c．清洗时不许划伤滚丸刀辊的刀刃和表面。d．拆装推进器时必须先关闭电源。e．减速机和齿轮箱应及时加润滑油，正常运行三到五个月更换新油。f．要经常检查各部进行情况，一旦有异常现象要及时修理。

④ 晾丸机　a．严禁无关人员使用，操作者要熟读使用说明书。b．注意机器必须有可靠接地保护，电工要经常检查，防止发生触电事故。c．空车试运转时，首先要打开冷却水阀门，让冷凝器开始工作。后开动风机，让冷风吹入冷却箱，开始循环。根据药品种类不同，调整输送速度。d．空车试运转10min后，检查各部工作正常。这时可正式投料生产。e．生产过程中出现故障，及时处理。f．生产中药丸温度降不到需要值时，通过调整药丸停留在冷却箱内的时间长短、降低冷却水温度来调整。g．机器运转时，严禁用手触摸传动部件，以防发生危险。h．工作时随时注意机器运转声音是否正常，发现异常声响，应立即停车检查，清除故障后再开机。i．严禁用水冲洗电机、电控箱。

⑤ 玻璃纸机　a．正常的操作必须要按规定的顺序进行，不允许违章操作。b．开机要先以点动方式进行试运转，确认一切正常后再开主机，并逐步从低速提到高速。c．对机器的性能要熟悉，对异常现象（声音、振动、数显等）具有识别和判断能力。d．工作过程中，要注意机器的供油情况，发现异常应马上停机，在查明原因并妥善处理的基础上，确定正常后才可重新开机，严禁在机器供油不足的情况下工作。e．对机器的重要部件应做到经常检查，发现问题要及时处理，否则极易引起机器的损坏。如各传动齿轮（尤其是对送纸传动分部件中的塑料齿轮）、夹手、抄纸器、顶药丸杆、顶杆等位置要求较精确的零、部件；油孔透镜、数位操作器等反映机器内部情况的零、部件等。f．对重要的连接部位要经常检查固定螺栓是否有松动，如有松动必须立即重新紧固（如连接轴套、压杆紧固螺栓等）。g．油水分离器要定时、定期进行排污。h．经常检查各气体接口的密闭性是否良好，气管是否有泄漏现象。i．对机器的某些易损件（如切刀）要做到经常观察、调试，如经修理仍不能再继续使用者，必须更换并调试完成后才能开机。j．对容易因为磨损而导致位置改变的零、部件（如切刀、电磁离合器上的钨钢头等），要做到勤观察、勤调整。k．对本机的电路不允许擅自改变连接方工、增删或以其他物件来代替。l．用户不应以其他与本机不配套的零、部件对本机的零、部件进行更换。m．每次开机前，要检查工作台面、机器顶面、输送路线等，不能有工具或任何杂物，观察机器周围有无异常。n．检查、维修电气控制电路时，严禁带电工作！一定要切断电源！要有电气专业人士来完成。o．对操作人员进行培训后才可上机操作。

⑥ 扣壳机　a．每班工作完毕及对机器进行维护保养前必须切断电源、气源及负压源。b．每三个月对转盘传动齿轮、布丸传动齿轮加注油脂进行润滑。c．每两周对直线导轨加注油脂进行润滑。d．每月检查弹簧是否损坏。e．每天检查吸盘是否有损坏漏气，清洗灰尘。f．每次开机前检测正压及负压是否已开启并达到额定值。

⑦ 蘸蜡机　a．日维护。操作人员下班停止日工作后，应将蜡槽内的蜡液排放干净，并清洗设备在一天工作中溅到机身上的蜡液和污渍。如在该工作日中曾出现过异常现象，需要工作人员详细记录下来，放在醒目的地点或直接递交给下一班的工作人员，以此来减少工作中不必要的事故出现，同时也加深了所有工作人员对所使用设备的了解，便于操控。在人员离机时必须切断水源、气源及电源，以防出现闲杂人等误操作等意外事故的发生。b．周维护及保养。设备每周进行维护保养一次。工作方法如下：检查易损件的磨损情况，如有磨损严重的部件立即更换；用工具紧固支撑引蜡体底部的螺钉，防止有松动的情况出现影响正常生产；调整挡丸针的角度，使中心与压丸针及压丸轴处在同一平面内，保证布丸的连

贯性和生产的可持续性,提高生产效率;清除机体内外由于长时间工作飞溅在不明显位置的蜡液堆积体,保持设备的清洁及药品的卫生;定期更换弹簧,防止出现由弹簧疲劳所造成的生产突发事故。c.年维护及保养。减速机凸轮分度机构每两年换油一次,如果用户对该设备的工作量使用过大,操作人员应根据实际情况缩短换油的间隔时间,保证机器长时间具有良好的工作状态;定期进行线路的检修,防止处在机器外表面的线路由于风化或腐蚀造成漏电、短路或伤人的事故;每年对易损件进行彻底检查一次至两次,并按实际情况更换磨损较严重的部件。

⑧ 印字机 a.操作人员下班后,如在该工作日中曾出现过异常现象,需要工作人员详细记录下来,放在醒目的地点或直接递交给下一班的工作人员,同时也加深了下班工作人员对设备的了解,便于操控。b.在人员离机时必须切断电源,避免闲杂人误操作等意外事故的发生。c.设备每周进行维护保养一次。检查易损件的磨损情况,如有磨损严重的部件立即更换。保持设备的清洁及药品的卫生,定期为直线导轨和滚珠丝杆注油润滑,防止生产中由于丝杆运行不畅所造成的停工停产。定期进行电气线路的检修,防止机器外表面的线路由于风化或腐蚀造成漏电、短路或伤人的事故。

(2)中药大蜜丸生产线设备清洗

随着 GMP 要求的提高,为防止交叉污染,对设备清洗提出了更高的要求。此处特列出丸剂生产设备的清洗规程。

① 混合机 a.对于混合锅、搅拌桨、柱塞的清洗,打开电源开关,将工作台升起,将接水漏斗放在出料口下面,用蒸馏水清洗。b.对于整机的清洗,工作完成后,用清洗毛巾对整机进行表面擦拭,并对设备内部定期清洗。

② 挤出切片机 a.每天工作结束需对切刀进行清洗。用呆扳手拧松螺母,褪下夹块,取下切刀,送清洗间清洗。b.将切刀取下后,清除刀梁粘药,再用酒精布擦拭。c.工作完成后用清洁毛巾对整机表面进行擦拭。

③ 大蜜丸机 a.打开定位销,使推料机构逆时针方向旋转(45°～90°)用勾扳手打开锁紧螺母,取下锥形斗,用专用搬子卸下出条嘴及出条嘴套,用专用工具卸下螺旋推进器,将出条嘴、出条嘴套、锥形斗、推进器及锁紧螺母放入装有蒸馏水的容器中清洗干净。b.将托料盘取下,将送料箱体的环形手钮松开,取下上箱体,松开压板紧固螺栓,即可取出压板,将压板及送料上箱体放入装有蒸馏水的容器中清洗干净,将送料下箱体用蒸馏水进行清洗。c.用清洁毛巾擦拭干净托料盘、送丸带。d.用清洁毛巾擦拭干净。滚丸刀辊、托辊、送条轴、推条板。e.工作完成后用清洁毛巾对整机表面进行擦拭,并对设备内部定期进行清洁。f.生产之前用酒精对以上清洗、擦拭过的部件进行消毒,并安装好。

④ 晾丸机 a.清洗移动托盘。b.用干布将机器内部擦干净。c.用棉纱将机器外部擦净,达到整洁光亮。d.打扫机器周围地面,做到文明生产。

(3)常见故障及处理方法

① 混合机 见"混合机"部分。

② 挤出切片机 a.切片太厚时,应检查液压,检查控制。b.不挤出时应检查液压,检查控制光电。

③ 大蜜丸机 大蜜丸机常见故障与处理方法见表7-7-1。

表 7-7-1 大蜜丸机常见故障与处理方法

故障	原因	处理方法
丸型不圆	开合刀辊与中花辊没对正 药条直径不对	对正刀辊 调出条嘴微调
丸计量不准	推料速度与送条速度不匹配	调整相应速度
出条长度过长 或过短	推料速度不合适 光电位置或者光电信号延时不合适	调整推料速度 调整光电位置或者光电信号延时长短
出药条不能落 到刀辊之间	推条气缸速度不匹配 摆动位置不合适	调整气缸节流阀 调整摆动位置

故障	原因	处理方法
药丸之间粘连不断	刀辊间隙大 刷油少	重新对刀 加大刷油量
出药条落到刀辊下面掉条	前后刀辊开合太大	调整轧辊开合长度
出药条粘刀辊	刀辊无油 刀辊不清洁	刀辊刷油 清理刀辊
药条粗细不均	托条小辊转速过快或过慢	调送条转速

④ 玻璃纸机　玻璃纸机常见故障与处理方法见表 7-7-2。

表 7-7-2　玻璃纸机常见故障与处理方法

故障	原因	处理方法
包装纸反包	药丸位置不正（药丸的运行轨迹是否正确；抄纸板是否与药丸相碰） 包装纸未切断 纸位不正（通过抄纸板，包装纸在包住药丸后须要让包在外面的包装纸比药丸长一点）	调整顶杆上升高度 调整切刀的间隙 调整纸长调节螺栓
包装纸的长度各不相同（指同一）	检查送纸部件的同步带和各送纸、走纸轴、轴承是否完好 调整控纸连杆	调节同步带压紧轮活视情况，更换同步带 调长一些
包装完成后或无药丸时有小的包装纸条切出	送纸控制不佳	控纸连杆调短
空包或漏包	检查电脑板是否正常 检查光电跟踪中的接近开关是否都正常 检查电磁离合器是否正常工作	修理或更换各零部件

⑤ 扣壳机　扣壳机常见故障与处理方法见表 7-7-3。

表 7-7-3　扣壳机常见故障与处理方法

故障	原因	处理方法
药壳输送过多或过少产生堵壳或缺壳现象	送壳运行时间过长，或停顿时间过短 送壳运行时间过短或停顿时间过长	延长停顿时间或缩短运行时间 调整延长运行时间或缩短停顿时间
振动理壳速度与吸取壳不匹配	电振频率过低或过高	调整，排除
药壳不能全部吸取	吸盘有损坏漏气 吸盘与停壳位置没对正 负压不正常 电路失控	检查调整排除故障 更换吸盘
主输送不转动	暂停开关是否按下 两个输送集成块是否在原位上 下壳拍正、落丸导向、上壳扶正气缸磁性开关灯亮否 伺服系统是否正常	检查、修理、排除、故障
输送集成块不输送、不升降、不开合	各伺服系统是否正常 所有电眼位置是否正常，电眼被挡住时灯亮否 气压不足	紧固伺服电机插座 调整电眼位置 检查取丸、取上壳箱内信号气缸是否正常工作（给电眼信号）
药丸不能全部抓取	顶出装置是否正常 抓取装置位置是否对正	检查调整排除故障
上壳在待吸取位置重叠	上壳下电振振动过大 振板底面底于停壳底面 吸盘与停壳位置没对正	电振调小 调高
扣壳成品率达不到要求	药丸形状差异大 药壳质量不合格 上壳扶正板位置与模具板孔没对正 气压不足 真空负压不足	检查更换调整排除故障

⑥ 蘸蜡机　蘸蜡机常见故障与处理方法见表 7-7-4。

表 7-7-4　蘸蜡机常见故障与处理方法

故障	原因	处理方法
布丸结束后蜡筐上药丸数量不足	通道堵塞 支撑引蜡体底部的螺钉松动 布丸斗内药丸数量过少	疏通通道 紧固螺钉 添药丸
布丸过程中塑壳落入水中	支撑引蜡体底部的螺钉松动 蜡筐停止时的位置出现偏差 压丸轴周围有障碍 挡丸针的角度变形	紧固螺钉 调整停止位置或工步位置微调 清除障碍 用工具调整挡丸针角度
蘸蜡后蜡壳表面蜡堆积或蜡皮过厚	蜡液温度过低 蜡液中有杂质 引蜡状况不理想	蜡液升温 更换蜡液 更换引蜡体
蜡筐与水槽发生碰撞现象	弹簧过度疲劳或已经损坏 气缸磨损严重或损坏	更换弹簧 更换气缸
成品流出不顺畅或出现涡流现象	冷水槽中的挡丸板角度不理想 水流量过小 水量不足	调整挡丸板角度 拧动控水球阀调整流量 加水
蜡层过薄或挂蜡失败	蘸蜡次数过少 各工位间运行时间过短，蜡皮冷却不完全便进行二次蘸腊 蜡液温度过高	增加蘸蜡次数 通过控制系统调整工位间运行时间 调整蜡液温度
蜡裂	蜡液质量不合格 蜡层过薄	调换蜡液 增加蘸蜡次数或调整蜡液温度
蜡皮表面出现凹凸现象蜡皮不圆	水冷温度太高使蜡皮冷却速度过慢 蜡皮太厚冷却不充分	调整冷水温度 调整蘸蜡次数或蜡液温度
接通气源正常生产时个别气缸不动作	电磁换向阀不动作 气缸损坏 连动机械部件松动 电路故障	更换电磁换向阀 更换气缸 检查并更换损坏部件 检查排除故障
全部气缸均不动作	电路不通	检查排除故障
翻丸气缸翻转不到位或运动缓慢	摆动气缸损坏 管路损坏 气压不足 消音节流阀异常	更换气缸 检查并更换管路 检查排除故障 更换消音节流阀
气缸动作失调	电磁换向阀损坏 电路接触不良 气控方向有误	更换电磁换向阀 检查排除故障 调换管路
蜡温、水温异常	温度设定失误 温控表损坏 电热管损坏 电路异常	检查温度设定值 更换温控表 更换电热管 检修电路
触摸屏正常工作，电源指示灯不亮	指示灯内部短路损坏 线路搭接短路	更换指示灯 检查线路
触摸屏正常，但控制功能无法实现相应动作	交流接触器损坏 线路断路 动作元件损坏 PLC 损坏	更换交流接触器 检修电路 检修动作元件 更换 PLC
通电后电源指示灯不亮，触摸屏不显示	主电路断路 触摸屏损坏	检修电路 更换触摸屏

⑦ 印字机　印字机常见故障与处理方法见表 7-7-5。

表 7-7-5　印字机常见故障与处理方法

故障	原因	处理方法
字体线条毛糙、模糊	胶头表面破坏 油墨太干 印字模板字体太深、字体设计毛糙	更换胶头 适当调稀 更换印字模板
字体墨色浅淡	油墨太稀 印字模板字体磨损 字体深度不够	少加稀释剂 重刻字体或换印字模板 重刻字体
字体出现变形或字体深浅不匀	胶头压力太小或太大 字体超出印刷范围 胶头太小或太硬	更换胶头座，调整蘸墨印字电机旋转圈数 缩小印字模板字体 更换合适胶头
移印字体与蜡壳中心前后左右偏移	移印主体与机体位置没有调整准确	将移印主体与机体之间的螺丝松开，手动将托丸板升至静止工作状态下，点动蘸墨印字电机将胶头与托丸板上蜡壳对正后，将螺丝拧紧
胶头中心与印字模板字体中心偏移	左右位置出现偏移	印字模板字体与钢板位置不准确，修复或者更换模板
触摸屏正常，但控制功能无法实现相应动作	交流接触器损坏 线路断路 动作元件损坏 PLC 损坏	更换交流接触器 检修电路 检修动作元件 更换 PLC

三、中药小丸生产线

1. 中药小丸生产线工艺流程

混合→炼药→制丸→晾丸→撒粉→整形→筛丸→干燥→选丸→包衣

2. 中药小丸生产线工艺设备流程

中药小丸生产线工艺设备流程见图 7-7-14。

小丸生产工艺

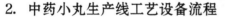

丸剂软材制备	小丸成型	小丸干燥	丸剂包衣	丸剂包装
原料混合-精混	制丸-凉丸-撒粉-整形-筛丸	干燥-选丸(筛丸)	包衣-上光	内包-外包

(a) 工艺流程图

(b) 设备图

图 7-7-14　中药小丸生产线

（1）软材制作

采用送料车将混合均匀的药粉送入缓冲间，由送料车将粉自动送入称量间。混合均匀的药粉通过电子秤称重后，由送料车将周转桶自动转至下出料混合机，并由真空吸料机自动加入混合锅内。浸膏按工艺文件比例要求称重后由提升翻转装置自动倒入下出料混合机内进行混合。混合桨和混合锅同时转动，无级变频调速。无轴端泄漏污染药物，混合更均匀。混合均匀后的药坨由下出料混合机的下口输送带送出并通过无轴螺旋输送到双层炼药机进料口进行精混，炼药机采用双螺旋双层挤压出条，无需人工操作，使药坨更均匀、密实、滋润。

另外，鉴于部分药厂厂房有限、产量不高的情况，也可用槽型混合机或者其他形式的混合机进行软材制作，不足之处就是产量相对较低，且无法连线生产，自动化程度较低。

（2）丸剂成型

精炼药坨加入制丸机料口。出条筒自带加热和冷却的夹层，对物料进行加热和冷却处理，使药条圆润光滑，多条同步。制丸模具采用精密锻造高强度铝合金，加工性、耐磨性更好。酒精喷洒采用蠕动泵，定量、定时、定点及定位。从出条到制丸采用光电开关检测药条上下限位置，在上下限位置范围内的药条为重量合格药丸。药条超过上限位置时，推条速度慢，药条被拉细，丸轻，推条速度通过变频调速自动加快；药条超过下限位置时，推条速度快，药条堆积，丸重，推条速度通过变频调速自动变慢。该设备可实现自动反馈控制，制成大小均一、表面圆润、色泽一致的药丸。经带有冷却风扇的晾丸机输送到撒粉机，通过螺杆下粉，滚筒转动，使药丸表面裹粉均匀。撒粉后的药丸自动进入连续整形抛光罐进行整形处理。整形抛光罐可以设置整形时间，正反转。转动可以变频无级调速。整型后的丸再输送到滚筒筛丸机进行大小筛选。筛选合格的丸进入复合热风多层智能隧道干燥机。不合格的丸由真空吸料机返回制丸机重新制丸。

（3）干燥

干燥机共五层，三层干燥，两层冷却。通过管道排湿比例阀门和自动变频调速排湿风机实现箱体和物料温湿度精准控制。通过水分在线检测，对输送带进行自动变频调速，使物料干燥水分合格。干燥后的药丸由真空吸料机吸至离心选丸机进行选圆处理并装入周转桶。

（4）包衣上光

检验合格的药丸由送料车送入翻转包衣上光锅室，由带有悬臂电子秤的真空吸料机计量吸入锅内，进行包衣抛光处理。根据物料重量，通过多台蠕动泵实现多种液体的定时、定量添加，通过可调喷粉加粉实现药粉和固体辅料的定时、定量添加，达到包衣上光效果。抛光锅翻转倒出药丸由输送带送入周转桶。

（5）内包

抛光后的药丸通过送料车将周转桶送入带有视觉检测的高速条板数粒机中，再经由高速理瓶机、高速数粒机、回转旋盖机、电磁封口机、高速贴标机组成的瓶装线完成药丸的数粒装瓶。

（6）外包

先数粒装瓶后再进入装盒机装盒。瓶、盖、丸、标签、盒自动供给。对于倒瓶、检测缺粒、旋盖不紧、封口不严、贴标不正，可自动检测剔除。再进入裹包机进行中包。然后由机械手抓取进行开箱，装箱，封箱，同时打印监管码。最后进行捆扎包装，并自动输送到立体库房储存。

3. 中药小丸生产线设备基本原理

（1）下出料混合机

下出料混合机（图7-7-15）采用行星式双桨搅拌结构，双搅拌桨与搅拌锅同时相对转动，外加底部刮料板对物料的翻转作用，使物料得到充分的混合。在搅拌过程中无死角及盲区，是一种较新的搅拌结构。锅底部自动出料，可自动排出混合好的物料。

（2）炼药机

炼药机是制丸线的配套设备，是制丸生产线的前级加工设备，一般按结构分为单层炼药机、双层炼药机和三层炼药机。适用于加工各种软硬不同的药坨及粉状的药剂，尤其适用于对高黏性、高硬度物料的加工。其中单层炼药机（图7-7-16）由螺旋推进料仓组成。

单层炼药机工作的基本过程：将已粗混合的药料投入到炼药机的入料口内，在压板和螺旋推进器的作用下混压成有一定直径的均匀药段，使药物和赋形剂充分挤压、混合，均匀分布。双层炼药机（图7-7-17）可以两层同时工作，形成软硬适中的药坨。

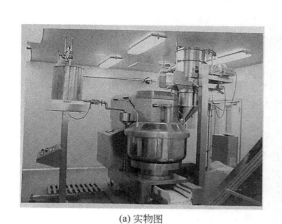

(a) 实物图

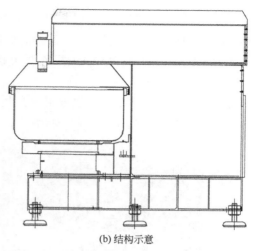

(b) 结构示意

图 7-7-15　下出料混合机

图 7-7-16　单层炼药机外形图

(a) 实物图

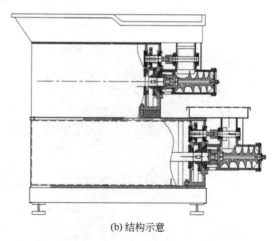

(b) 结构示意

图 7-7-17　双层炼药机

（3）制丸机

将混合均匀的药料投入到料斗内，通过进药腔的压药翻板在螺旋推进器的挤压下，推出多条相同直径的药条。在自控导轮的控制下同步进入搓动切药的工作过程后，连续制成大小均匀的丸剂。

图 7-7-18 为制丸机的实物与结构示意。推条料仓由进料翻板及螺旋推进器组成。进料翻板的旋转给物料一个向下的压力，使物料能够进入螺旋推进器，螺旋推进器的旋转，给物料一个向前的推力，通过这个推力物料将沿着出条模板形成一根或多根等径连续的圆柱形药条。

为使圆柱形药条通过光电轮进入输条机构，光电轮的信号反馈会自动跟踪从而调节输条速度；使药条根据料仓出条速度同步运行，输条机构会将药条送至搓丸机构内。搓丸机构为做往复揉搓的刀具机构，当药条输送至搓丸刀具时，药条通过搓丸刀具的揉搓变成球形的药丸。搓丸刀具是根据不同规格的药丸进行专门加工的，能够在搓丸过程中进行药条的切断和揉搓，使药丸能够紧密粘合，并保持药丸的球度。整机控制系统由可编程控制器 PLC、人机界面（触摸屏）、旋转编码器、控制模块等组成。操作人员可在触摸屏上来完成设备的操作。

这种制丸机一般用于制作小丸，也可用于大丸制作。只是用这种制丸机制作大丸时，丸型、光泽度以及成品效果不如小丸好，制作大丸还是推荐专门的大蜜丸机。

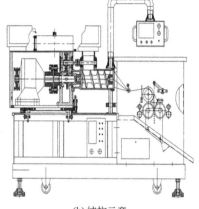

(a) 实物图　　　　　　　　　　　　　　(b) 结构示意

图 7-7-18　制丸机

（4）晾丸机

同"中药大蜜丸生产线中的晾丸机"。

（5）撒粉机

撒粉机（图 7-7-19）是中药丸剂生产线的配套产品。为各类制丸机制出的丸剂物料进行包粉加工，使物料表面附着一层均匀的粉料并且使丸剂物料之间互不粘连而顺利进入下一道工序。自动撒粉机适用于药厂的大批量丸剂物料进行包粉加工。

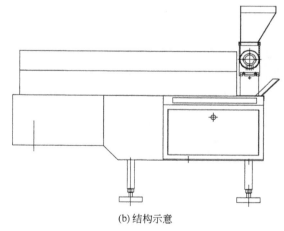

(a) 实物图　　　　　　　　　　　　　　(b) 结构示意

图 7-7-19　撒粉机

撒粉机的工作过程：将药粉存放到料斗内，通过螺杆输送，连续均匀地将药粉加入转动滚筒内。同时将制丸机制出的药丸输送到滚筒内，经滚筒连续滚动使药粉包裹药丸表面，达到药丸之间不粘连、包裹药粉均匀的目的。

（6）抛光整形系列设备

抛光整形设备分湿丸整形和干丸抛光。在湿丸整形过程中完成对湿丸表面的再处理，达到表面圆滑的目的，然后在干丸抛光中进一步实现光亮的目的。

抛光整形设备按整形锅可分三类：①荸荠型锅头，这也是最常用的锅形；②高脚杯型锅头；③两头开口的腰鼓型锅头。其中腰鼓型锅头不需要使用输送带进出物料，由多个锅头串在一起，实现整形生产线；另外两类锅头在整形生产中的进出物料需要配合输送带或真空吸料机。荸荠型锅头可实现180°翻转，高脚杯型锅头可实现一定角度的翻转，这两类均是利用锅头的翻转实现出料的。

① 基本原理　药丸在制丸过程中出现表面有裂纹等粗糙现象，通过抛光过程，使其表面变得光滑，椭圆的变得更圆。倾倒式抛光机为中药制丸生产线中的配套设备，适用于各种药丸的表面打磨、抛光。药丸在旋转锅体内不断地翻转，药丸之间不断覆盖、翻转及摩擦，使药丸表面变得光圆，达到整形抛光的目的；倾倒式抛光机每个锅体根据设定的时间能够自动翻倒出料，立正进料。倾倒式抛光机是由多个锅体组合而成，每个锅体可单独工作，几个锅体也可组合工作，可达到连续进料出料的效果，能够在丸剂流水线上实现连续生产的目的。

② 基本结构

a. 倾倒式抛光机　它是根据糖衣锅的原理通过实验研发出的一种最先进最理想的抛光机。本机由抛光锅体、倾倒机构、进料机构、出料机构、撒粉喷浆机构组成，如图7-7-20所示。

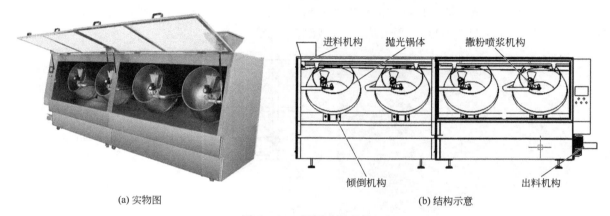

(a) 实物图　　　　　　　　　　　　(b) 结构示意

图 7-7-20　倾倒式抛光机

b. 翻转式整形机　抛光锅自身旋转的同时，又可以进行上料和出料时的翻转。上料时，抛光锅锅口朝上，物料通过输送带输送到抛光机内；上料结束后，抛光锅旋转进行圆丸整形，抛光结束后，抛光锅翻转，使锅口朝下进行出料。图7-7-21为翻转式整形机的实物及结构示意。

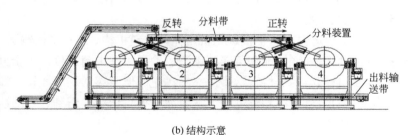

(a) 实物图　　　　　　　　　　　　(b) 结构示意

图 7-7-21　翻转式整形机

c. 整形上光机　它是由若干个滚筒为一组组成的，如图7-7-22所示。提升输送机将制丸机制出的药丸提升后，经料斗进入到第一个滚筒内，经过一定时间的正向滚动后，自动反转输送到第二个滚筒内，直至最后一个滚筒完成整形过程。从滚筒滚出的药丸经提升机输送到下道工序。整个过程由PLC程序控制，自动完成。

对于上述三种抛光机，倾倒式抛光机、翻转式整形机可以在生产过程中随时撒粉和喷浆，而整形上光机则无法做到撒粉和喷浆功能。

(a) 实物图

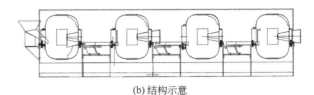
(b) 结构示意

图 7-7-22　整形上光机

（7）筛丸机系列设备

在制丸过程中由于出条稍有浮动偏差，药丸的大小出现误差，还会因药丸粘连出现双联丸或块状物料等现象。因此通过筛选才能选出标准的合格半成品药丸进入下道生产工序。筛选设备根据其结构形式主要分为丸粒滚筒筛（图 7-7-23）、平板选丸机、螺旋选丸机等。

(a) 实物图

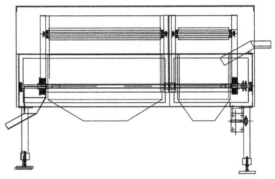
(b) 结构示意

图 7-7-23　丸粒滚筒筛

① 丸粒滚筒筛　提升机将成品药丸提升后经溜槽进入旋转的滚筒筛内，孔径按所需药丸直径冲制成方孔或圆孔，滚筒筛在主动摩擦胶轮的带动下，顺时针旋转，分别选出符合要求的各种丸剂。在筛选的过程中会出现丸剂直径正好与筛孔大小一致的情况（丸剂夹在筛孔上），这时安装在滚筒筛侧边的滚刷或硅胶压辊能将药丸挤出。

② 平板选丸机　平板选丸机由振动进料机构、倾斜平板输送机构、接料机构组成。药丸物料从振动进料机构均匀、连续地跌落在倾斜平板输送带左上角部位，由于丸形自身的滚动性差异，圆度相对较好的丸粒顺着倾斜的平板输送带由高点迅速向低点滚动从而在较近端的优丸出料口被收集，扁形或烂形或异形丸粒由于自身滚动速度慢，从而被平板输送带输送到远端的次丸出料口被收集，从而实现了对不同外形丸粒的筛选目的。

（8）微波干燥机

微波发生器产生微波，经馈能装置输入微波加热器中；物料由传输系统送至加热器中，此时物料中的水分在微波能的作用下升温蒸发，水蒸气通过抽湿系统排出，从而达到干燥目的。由于微波是直接作用于物料，所以干燥温度低、速度快，药物中有效成分的损失很小，并能使药物在干燥后保持不变色。图 7-7-24 所示为微波干燥机的实物图及结构示意。

（9）螺旋选丸机

螺旋选丸机一般为多层等螺距、不等径的螺旋轨道，根据不同的物料来制作其每次的离心坡度，如图 7-7-25 所示。由吸料机吸入的药丸跌落到螺旋轨槽内时，在底斜面上做匀速圆周运动，在离心力的作

(a) 实物图

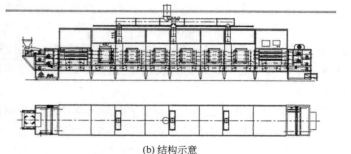
(b) 结构示意

图 7-7-24 微波干燥机

(a) 实物图 (b) 结构示意

图 7-7-25 螺旋选丸机

用下，圆药丸与次丸产生速度差，就能够将圆丸与次丸自动分开，由底部分别流入成品容器和废品容器内，从而达到筛选的目的。

（10）包衣机

干燥后的丸剂定量加入包衣锅内。包衣锅顺时针旋转，使药丸在锅内产生旋转，相互进行滚动，并定时、定量加入辅料和液体，经过一定时间后，使药丸表面光亮、圆整，从而达到包衣的目的。

4. 中药小丸生产线设备清洗、常见故障及处理方法等

（1）中药小丸生产线设备清洗

① 混合机　a. 打开电源开关，将工作台升起，将接水漏斗放在出料口下面，用蒸馏水清洗混合锅、搅拌桨、柱塞。b. 卸掉输送带固定螺丝，将输送带拉出，用蒸馏水清洗。c. 工作完成后，用清洗毛巾对整机进行表面擦拭，并对设备内部定期清洗。

② 炼药机　a. 整机表面需用清洁毛巾进行擦拭，并对设备内部定期进行清洁。b. 生产之前用酒精对以上清洗、擦拭过的部件进行消毒，并安装好。c. 用呆扳手卸掉制丸刀锁紧螺母，再用卸刀工具旋紧制丸刀，用呆扳手旋拧顶出螺栓，取下制丸刀，用温水将其清洗干净。d. 溜槽、托料盘、导条轮、导条架等擦拭干净。e. 将托料盘取下，将送料箱体的环形手钮松开，取下上箱体，松开压板紧固螺栓，即可取出压板，分别对压板及送料上、下箱体进行清洗。f. 打开定位销，使推料斗顺时针方向旋转（45°～90°），用扳手打开锁紧螺母，取下出条片，用专用工具卸下螺旋推进器，清洗推进器、出条片及锁紧螺母。g. 滚刷卸下后，放入温水中进行浸泡 1h 后，用毛刷清洗干净。h. 整机的清洗工作完成后，用清洁毛巾对整机表面进行擦拭，并对设备内部定期进行清洁。i. 生产之前用酒精对以上清洗、擦拭过的部件进行消毒，并安装好。

③ 撒粉机　每班停机后须将滚筒进行清洗，以防剩余药丸及药粉积存在滚筒内或滞留在夹层中，影响机器的正常工作。清洗步骤如下：a. 关闭电源；b. 打开上罩；c. 双手分别钩住滚筒两端头上边缘，

将滚筒向上提起（提时要使右手高于左手约 30mm，以防入药口挂住入药溜槽）；d．将提起的滚筒移出机座，放到清洗室，清洗洁净后，重新装到机座上，然后用手滚动滚筒，确认位置正确即可。

④ 翻转式整形机　工作完成后，如果锅内还有残留药物，请将药物清除干净后再进行如下清洗：a．锅体的清洗，为防止水渗透到机体内引起锈蚀，不可将大量清水倒入锅内进行清洗，可将清洁的毛巾放入热水中蘸湿后对锅内、外表面反复擦拭，风干后待用；b．机体外表面的清洗，用清洁的毛巾对其擦拭干净即可。

⑤ 整形上光机　a．每天工作结束需对各滚筒进行清洗。打开各观察门，因第一个滚筒上粘有药粉，应先用尼龙板将药粉清理后，再用清水清洗各滚筒，用毛巾擦拭滚筒内部，再用酒精布擦拭滚筒内部。清洗后按原样安装好。b．将每个滚筒前端进料斗和后端出料斗取下，用清水冲洗后用毛巾擦拭后，再用酒精布擦拭，再按原样安装好。c．工作完成后用清洁毛巾对整机表面进行擦拭。

⑥ 筛丸机　a．该设备的筛筒和筛筒下的接药丸内仓及下料口是接触药丸的关键部位，要重点清洗。b．筛筒部分清洗要用蒸馏水冲刷，内仓和下料口要用干净的毛巾擦拭，最后用热吹风吹干即可。c．要逐个检查是否清洗干净，严防遗漏药物，造成混药事故。d．将清理干净的设备机体披好防护布罩，下次使用时要用酒精消毒，方可投入使用。

⑦ 微波干燥机　a．每班工作前用清洁毛巾对机器表面进行擦拭。b．每班工作后打开各个观察门用干净毛巾擦拭加热箱体侧边和底部，清除散落的药丸和杂物。也可用吸尘器清扫。c．更换品种时或每周需要将进料仓、输送带、托辊瓷管及出料溜槽下卸下清洗。进料仓和出料溜槽可用热水浸泡后擦拭干净；输送带可用干净的热湿毛巾反复擦拭，更换品种时要将输送带用热水浸泡 10min，刷洗干净后用清洁毛巾擦干；托辊瓷管可用干净的热湿毛巾擦拭清洗。d．每周将排湿风罩卸下用清洁毛巾擦拭干净，保持风道畅通。

⑧ 螺旋选丸机　a．该机的存料仓和螺旋机体是接触药物的关键部分，应重点清洗干净。b．在清洗时要用干净毛巾，在蒸馏水中浸湿后擦拭，直到彻底干净。c．用后要用毡布罩盖好，待再用时要用酒精消毒，方可投入使用。

⑨ 包衣机　a．工作完成后，如果锅内还有残留药物，请将药物清放排空后再进行清洗。b．清洗时不可将大量清水倒入锅内进行清洗。可将清洁的毛巾放热水中蘸湿后对锅内、外表面反复擦拭，风干后待用。c．用清洁的毛巾对机体外表面擦拭干净即可。d．建议整机工作完成后即对表面进行擦拭，设备内部定期进行清洁

（2）常见故障及处理方法

① 混合机　同"中药大蜜丸生产线中的大丸混合机"。

② 撒粉机　每班停机后必须切断电源，并清理机器内外粉尘。表 7-7-6 为撒粉机常见故障及处理方法。

表 7-7-6　撒粉机故障及处理方法

故障	原因	处理方法
布粉不正常	滚筒内存粉过多或不足 刮粉筒转速过高或过低 刮粉电机不工作 存粉斗内无药粉	旋转调速手钮调整转速 检查排除故障 加足药粉
滚筒运转不正常或不运转	电机损坏 开关失灵 主动轮摩擦胶圈损坏 滚筒与传动轮接触不良 电机反转	检查更换 检查排除故障 更换胶圈 O 型 $\phi3.5\times85$ 重新摆正滚筒 检查改正

③ 整形上光机　滚筒出料口长时间没有药丸滚出，说明某个滚筒没转，原因是：a．皮带断了，需更换皮带；b．电机没转，需检查电机及线路。

滚出的药丸效果不好，原因是：a．滚动时间短，增加滚动时间；b．滚动时加粉太多或太少，调整加粉量。

④ 微波干燥机 表 7-7-7 为微波干燥机常见故障与处理方法。

表 7-7-7 微波干燥机常见故障与处理方法

现　象	原　因	处理方法
主控交流接触器吸合不上	QF42 断路器断开 急停开关损坏 低压控制部分局部短路 未送电 COM0 未接	合上 QF42 断路器 更换启停开关 找到短路点并排除 通知配电房送电 接上 COM0 对应的线号
高压加不上	温度开关损坏 加热器门未关好 门开关损坏 高压变压器短路 倍压整流电压短路 倍压电容击穿 磁控管损坏 断路器断开 冷却未开	更换温度开关 把加热器门关好 更换门开关 更换高压变压器 更换二极管 更换倍压电容 更换磁控管 合上断路器 打开冷却
微波管状态无指标	插头接触不良 高压变压器损坏 倍压整流二极管开路 倍压电容开路 磁控管老化或灯丝坏 光隔板上电子元件烧毁	检查并插好 更换高压变压器 更换二极管 更换倍压电容 更换磁控管 更换电子元件或光隔板
传动电机无法启动	三相电源缺相 变频器故障 调速电机损坏 调速电机卡死 三相断路器未合上 FX2N-485BD 通讯板及通讯线未安装好	检查缺相原因并排除 根据变频器使用说明书排除故障 更换调速电机 检查卡死原因并排除 合上对应的三相断路器 检查是否安装好
排湿风机无法启动	三相电源缺相 排温风机损坏 排湿风机卡死	检查缺相原因并排除 换排湿风机 检查卡死原因并排除
PLC、照明、监控、温控开不起来	3#、1#线断路 熔断器烧毁	更换熔断器
高压加上后烧保险	磁控管变压器短路 倍压整流二极管击穿 磁控管含气、漏气、阳极与阴极短路 倍压电容击穿	换变压器 换二极管 换磁控管 换倍压电容

四、中药泛丸生产线

1. 中药泛丸工艺

中药泛丸生产工艺流程为：起模→泛丸→筛丸→烘干→选丸→包衣。

① 起模 细粉与纯化水或黏合剂按比例通过起模机进行起模，丸径大小 $\phi 1.5 \sim 2$mm。细粉由螺杆加粉器定时定量加入，纯化水由蠕动泵定时定量加入。工作由 PLC 控制，触摸屏操作。

② 泛丸 起模后由真空吸料机加入翻转泛丸机内，翻转泛丸机由直径 $\phi 1000$mm 的荸荠型泛丸锅组成。泛丸过程可自动定量，定时加入纯化水和细粉，达到所需直径或重量时，通过翻转自动倒入输送带。

③ 筛选 泛丸后的药丸，送入丸粒滚筒筛进行大小筛选，设备同小丸生产设备。

④ 干燥 同"中药小丸生产线设备"。

⑤ 包衣 干燥后的药丸自动加入高效包衣机进行包衣处理。包衣材料可以定时定量加入。设备同小丸生产设备。

⑥ 内包　经过处理后的药丸自动进入瓶装和袋装进行包装。

⑦ 外包　最后再进入装盒机包装，由裹包机进行中包处理后，再开箱，装箱，封箱。同时进行监管码处理。最后进行捆包，由输送带传送至立体库房储存。

2. 中药泛丸生产线工艺设备流程

中药泛丸生产线工艺设备流程见图 7-7-26。

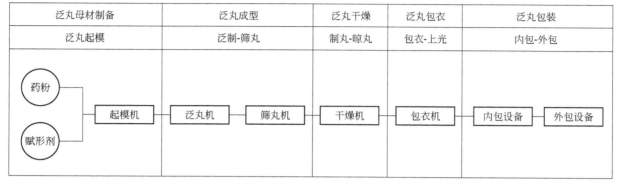

泛丸母材制备	泛丸成型	泛丸干燥	泛丸包衣	泛丸包装
泛丸起模	泛制-筛丸	制丸-晾丸	包衣-上光	内包-外包

药粉 赋形剂 → 起模机 → 泛丸机 → 筛丸机 → 干燥机 → 包衣机 → 内包设备 → 外包设备

图 7-7-26　中药泛丸生产线工艺设备流程图

3. 中药泛丸生产线实际布局

中药泛丸生产线实际布局范例见图 7-7-27。

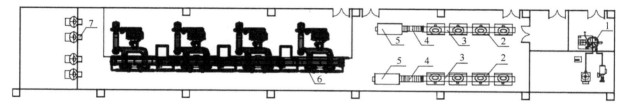

图 7-7-27　中药泛丸生产线布局图

1—起模机（包含辅机）；2—泛丸机；3—泛丸收料带；4—提升机；5—筛丸机；6—干燥机；7—包衣机

4. 中药泛丸生产线设备基本原理

（1）起模机

离心转盘带动物料在工作腔内旋转形成涡旋运动的粒子流，在此粒子流的表面喷洒适量的雾化的黏结剂，使粉料在黏结剂微小液滴的作用下凝聚成微小颗粒，此过程称为母粒（或称丸芯）制备。起模机的外形见图 7-7-28。

（2）翻转泛丸机

将起模机制成的丸芯加入翻转泛丸机内；同时，定时、定量加入药粉和液体，在翻转泛丸机内不断变大，直到达到所需丸径后，自动出料。图 7-7-29 所示为翻转泛丸机实物图。

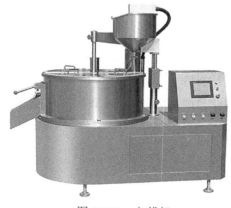

图 7-7-28　起模机

图 7-7-29　翻转泛丸机

（3）滚筒筛丸机

设备同"中药小丸生产线设备中筛丸机"。

（4）微波干燥机

设备同"中药小丸生产线设备中微波干燥机"。

（5）选丸机

设备同"中药小丸生产线设备中选丸机"。

（6）包衣机

设备同"中药小丸生产线设备中包衣机"。

5. 中药泛丸生产线设备可调工艺参数的影响

① 起模机　纯化水计量、辅料计量、药粉计量、浆转速可影响起模效果；采用电子称重控制纯化水、辅料、药粉计量，并采用变频调速控制浆的转速。

② 泛丸机　锅体转速、翻转速度、锅内泛丸重量可影响泛丸质量；采用变频调速控制锅体转速和锅体翻转速度。

③ 筛丸机　筛筒转速可影响筛丸效果；采用变频调速控制筛筒转速。

④ 微波干燥机　排湿风速、比例阀门开启大小、输送带速度、冷却水压力、箱体温度、物料温度、布料厚度以及微波功率大小均可影响干燥性和效果；采用温度传感器、PLC 程序控制、水压力表、变频调速可控制上述温度、速度、压力及功率。

⑤ 包衣机　锅体转速、药粉计量、水计量、物料计量可影响包衣效果；采用变频调速控制锅体转速，并采用电子称重控制粉量、水量及物料量。

6. 中药泛丸生产线设备特点

（1）起模机

a. 设备采用变频调速、PLC 控制、触摸屏操作，设备运行参数的显示设定以及故障报警均在触摸屏上显示及操作，方便直观。b. 采用立式供粉、伺服电机控制，供粉均匀，稳定性高，各层药剂的剂量能够做到精确控制。供粉绞龙可拆卸，方便清洗。c. 使用专用喷枪，雾化效果好。如包衣溶液中有杂质造成堵枪，可在触摸屏上自动清理。d. 设备进风口设有高效过滤器，保证空气净化等级要求。e. 除尘采用脉冲除尘，可在触摸屏上直接控制；并且清洗提升采用气动装置，省力可靠。

（2）翻转泛丸机

a. 该机抛光锅和外表面采用不锈钢制造，符合药典。b. 整机传动平稳，性能可靠，操作简单，维修和清洗方便。c. 效率高，可随生产工艺要求调节抛光锅角度，使用方便。d. 整套机组协调一致，生产效率高。e. 出料方便，便于收料。

（3）滚筒筛丸机

设备同"中药小丸生产线设备中筛丸机"。

（4）微波干燥机

设备同"中药小丸生产线设备中微波干燥机"。

（5）包衣机

设备同"中药小丸生产线设备中包衣机"。

7. 中药泛丸生产线设备清洗、常见故障及处理方法等

（1）中药泛丸生产线设备清洗

随着药品企业生产管理规范要求的提高，防止交叉污染的产生，对设备清洗提出了更高的要求。

① 起模机　见"起模机"部分。

② 泛丸机　a. 为防止水渗透到机体内引起锈蚀，不可将大量清水倒入锅内进行清洗。b. 可将清洁的毛巾放入热水中蘸湿后对锅内、外表面反复擦拭，风干后待用。c. 用清洁的毛巾对机体表面擦拭干净即可。d. 整机工作完成后即对表面进行擦拭，设备内部定期进行清洁。

③ 筛丸机　设备清洗同"中药小丸生产线设备中筛丸机"。

④ 微波干燥机　设备清洗同"中药小丸生产线设备中微波干燥机"。

⑤ 包衣机　设备清洗同"中药小丸生产线设备中包衣机"。

（2）中药泛丸生产线常见故障及处理方法

起模机常见故障及处理方法见表7-7-8。

表 7-7-8　起模机常见故障及处理方法

现象	原因	处理方法
通电后，电机不运转	电源线接触不良或电源插头松动 开关接触不良	必须切断电源，才能进行以下操作： 修复电源或调换同规格插头 修理或更换同规格开关
制丸时，轴刀转动或药面黏槽	出料挡板松动，与轴刀最底部产生距离，不能将药丸从轴刀槽内刮落	调整到出料板与轴刀槽的最底部距离（大约0.1mm），并将固定螺丝拧紧
工作时，电机突然停止转动	电容熔断 齿轮卡住	检查齿轮槽是否有杂物并做好清洁处理
工作时，轴刀轻微跳动	压紧块螺丝松动	将对应内六角螺丝拧紧
运转过程中，产生异常噪声	轴刀与机体摩擦部位干燥、无油	将数滴清洁食用油注入油眼处 各齿轮槽涂少量黄油
加热器发热失效	插头松动或电源线脱落	更换同规格插头或修复电源插座

第八节　滴丸剂生产联动线

一、概述

滴丸剂是指原料药物与适宜的基质加热熔融混匀后，滴入不相混溶、互不作用的冷凝介质中制成的球形或类球形制剂。

滴丸剂是我国特有的药品剂型，是由药物原料与基质熔融后，将均匀的料液滴入冷却液中收缩制成的球型或类球形制剂，其本质是药物分散体技术的具体应用结果。其制剂即有化学药品制剂，也有中药制剂。尤其在中药制剂中得到了广泛的应用。滴丸剂不仅吸收快，作用迅速，而且取得了很好的临床效果和广泛应用。滴丸剂的发展与应用在制药界赢得了广泛的认同和青睐，滴丸制剂理论和工艺日益成熟，与制药设备的融合也日益完善。单元式的滴丸生产设备及集成式的自动化滴丸生产线设备的市场化，满足了不同规模企业的药品生产需要，使之滴丸在行业内影响日增，在现代中药制剂发展上起了十分重要的作用。

二、滴丸剂的生产工艺基本流程

一般滴丸具有剂量小、生物利用度高、服用方便、可舌下含服等剂型优势特点，制剂过程无粉尘，具有良好的发展前景。滴丸剂的生产工艺基本流程见图7-8-1。

三、滴丸剂的生产设备

1. 滴丸剂的生产设备概述

滴丸剂的生产设备是根据滴丸工艺流程及工艺执行过程需要控制的工艺参数及要求而设计制造的，现阶段既有按照滴丸生产工序操作的要求，按单元操作技术要求制造的单元式的滴丸生产设备；也有按照滴丸生产工艺流程，将单元式的滴丸生产设备进行整合，形成滴丸生产集成式滴丸生产线，自动化程度比较高，生产效率显著提升，满足了滴丸药品生产厂家的生产要求的同时，也符合GMP法规监管要求。

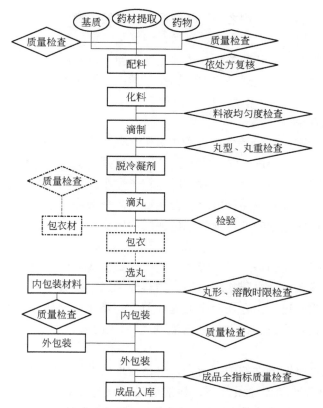

图 7-8-1   滴丸剂生产工艺流程图（虚框表示该工艺根据产品实际而定）

近几十年滴丸药品高速发展，促进了滴丸生产设备的研发，从自控简陋的单滴头滴制设备，逐步迈向了自动化程度控制较高的单元式滴丸设备的制造；以单元式滴丸设备为基础，也有专业制药设备厂家或滴丸生产厂家研发了集成式的滴丸自动生产线设备，并大规模应用于滴丸药品的生产；同时与滴丸制造相配套的脱冷却剂、选丸和滴丸内包装的设备也日益成熟，机械化和自动化程度越来越高。且随着计算机技术和 IT 信息技术兴起，计算机和信息技术相融合的数字化滴丸生产线也已有研发和日益成熟，将高频振动滴制和深冷气体冷却技术应用于滴丸生产，省去了脱冷却剂的操作，显著提升生产效率，同时生产过程中的工艺参数执行轨迹能够追溯，便于数据挖掘和分析，提升了生产过程的质量管理水平，满足 GMP 法规监管的要求。

2. 滴丸的化料设备

滴丸化料设备一般由主罐体、加热系统、搅拌系统、泵循环和控制系统组成，其工作原理是将滴丸基质和药物投入化料罐，通过控制系统输入化料参数并控制，对基质和药物加热熔融、搅拌和循环均质化，最终得到满足滴丸滴制的均一性的料液。根据设备不同，有的作为独立的工艺设备，先将原料药物（或中药浸膏）与滴丸基质加热共融后混匀，通过人工或管道将料液泵入滴丸中进行滴制；也有的将化料系统作为滴丸自动生成线设备的一部分，化料完毕后，根据滴丸滴制的要求和指令，自动将料液输送至保温的滴制罐进行滴制，确保滴制供料的平衡。

3. 滴丸的滴制设备

滴丸的滴制设备是滴丸制剂的主要设备。一般滴丸机通常包括热熔及保温系统、均质和料液输送系统、滴制系统、分离系统和冷却循环系统五个部分。而滴丸生产线还将化料与输送系统、脱冷却剂系统集成而形成自动化操作的滴丸生产线。

（1）热熔及保温系统

滴丸的制备首先需要将滴丸基质进行热熔，将药物加入进行分散、熔融、均质混悬，稳定均匀地分散于熔融的基质中，化好的料液被输送至保温罐，供后续滴制的持续使用，保温罐应具备良好的控温精度和温和的搅拌功能，为保证化好的料液在保温暂存期间能持续保持稳定的流体特性，同时不至于在保温期间造成有效成分损失，料液的保温温度和保温时长应通过研究确认并经过验证确认。

储液罐是全自动滴丸机的重要结构之一，是确保药液在储液罐内以合适的温度加热融化的部位。其技术要求如下：加热迅速、均匀；控制准确、灵敏，特别是温度传感器响应速度快、灵敏和准确可靠；保温效果良好；能灵活控制滴头的开和关；导热油更换方便，对药液无污染；清洁方便，同时滴头更换方便，无药液泄漏现象；加料口大小适当，方便加料；搅拌装置速度可调；在需要时作密封设计，加装一定的空压。

（2）均质和料液输送系统

对于特殊不易分散的药物，为保持生产过程中分散体的稳定，不发生固-液、液-液分离，在基质与药物熔融化料期间或者化料后料液进入滴制灌前，还需要根据物料的特殊性，配置相应的均质装置，以保证药物和辅料基质能稳定均匀地分散。分散溶质的粒子大小应根据产品特性通过细化研究来确定合理的工艺参数，分散度过高会造成料液黏稠度增加影响滴制，分散度过小容易造成药物分散不均，影响药物的含量均匀度。通常是在保温罐的调速搅拌部位加装均质头，通过高速剪切或胶体磨研磨进行均质化分散。

料液输送系统采用泵提供动力，用于料液的在线转运。在滴丸生产中，一般投料操作需要人工辅助进行，后续操作大多通过设备自动进行物料传送，如料液输送系统就是要借助输液泵或者真空实现料液的在线输送。滴丸剂料液输送过程中存在两个关键环节：一是化料罐料液进入保温罐；二是从保温输料管进入滴丸机的滴制灌。这两个过程都要借助料液输送系统完成。

（3）滴制系统

滴制系统是保证滴丸生产顺畅性的关键所在，也是技术要求最高的控制系统。料液进入滴制罐并保温，在自然重力作用下或者辅助加速条件下，料液通过适宜孔径的滴头，形成大小适宜的液滴，液滴在表面张力作用下自然收缩，并进入适宜的冷却介质内进一步冷却凝固收缩，形成球形或类球形滴丸。滴制系统需要精确控制滴灌内温度、料位高度和滴制速度，同时对滴头孔径和滴头的设计有着非常严格的要求。

滴制系统是滴丸机的核心，主要由滴头和温控构成。其技术要求如下：滴头孔径规格适宜，滴头数目适量；滴头可根据滴丸丸重的差异要求进行更换，并且简便易行；各滴头间的温度保持一致，温控传感准确、灵敏；生产过程滴制速度和液滴大小恒定，保证丸重差异符合要求；滴头设计简洁，便于安装、拆卸清洗。

（4）分离系统

分离系统可将冷却成型后的滴丸与冷却液分离，并将冷却液回流至制冷循环系统中。分离系统主要用于固体滴丸和液体冷却液分离，前端初始分离多用不锈钢筛、筛网轨道等，主要是把冷却液管路中的滴丸拦截导入滴丸收集器，手段多样，因不同设备和不同设计需求而异。初次收集的带冷却液的滴丸还需要经过离心分离，甩去多余的冷却液，再经过机械擦拭充分去除滴丸表面的冷却液。

传送分离系统用于实现滴制后的药丸与冷凝剂分离，由传送电机和传送链组成。其技术要求如下：滴丸分离时，滴丸所带冷却剂尽量少；无冷却剂泄漏现象；尽可能保持冷却剂温度，减少外界环境干涉；调节、清洗、维修方便。

（5）冷却循环系统

从滴头滴出的料液，需要滴入适宜的冷却介质，进行充分的冷却凝固收缩，形成固态的滴丸。在产业化大生产时，滴头数量多，滴制速度快，热交换量较高，滴丸设备需要提供充足冷却能力的冷却循环系统保证连续滴制。滴丸剂冷却系统主要由冷却介质、介质循环泵和热交换系统构成，液体冷却介质常用液状石蜡或二甲基硅油，冷却介质通过输液泵和限速阀的双向调节控制，使其在冷却桶内形成一定的高度，在适宜的液面高度下，介质形成冷却温度梯度并保持持续的缓慢流动状态，同时在冷却桶内形成缓慢的涡流自旋，以保证滴丸在冷却桶内形成螺旋式下降，防止粘连；附带滴丸的冷却介质与滴丸分离后，通过制冷后循环进入冷却桶，持续利用。

冷却系统主要由制冷机、循环泵、冷却槽、冷却液构成。其技术要求如下：制冷效果良好，能快速保证冷却液温度并保证温度恒定；槽内冷却液流动平稳，对滴丸成型无影响；清洁方便，无死角；无药液泄漏现象；温度传感器响应速度快、灵敏和准确可靠；使用的冷却剂尽量少；根据不同药物的需要，进行冷却梯度设计，使冷却液实现自上而下温度的梯度；冷却液必须安全无害，与药物不发生作用，且具有一定的黏度。

除了液体冷凝外，目前气体深冷技术已经在滴丸制备领域取得突破和长足发展，为滴丸制备技术提供了新的思路。

4. 集成式滴丸生产线设备

已有滴丸生产厂家自研集成式自动化滴丸生产线用于滴丸药品的滴制生产，也有专业化的药品生产设备厂家生产的集成式滴丸生产线。集成式滴丸生产线的主要设备系统包括滴丸各单元操作计算机控制系统、滴丸化料和输送系统、滴丸滴制和控制系统、冷却剂制冷和循环控制系统、滴丸脱冷机系统和集丸收集系统。根据各单元工艺操作的技术要求，均通过计算机控制系统进行工艺参数设置或 PLC 控制系统设置，使滴丸滴制过程自动化控制，大大提高了滴丸生产效率。图 7-8-2 为某滴丸药品所用的集成式滴丸生产线。

图 7-8-2　某滴丸药品所用集成式滴丸自动生产线

5. 滴丸的脱冷却剂设备

滴丸脱冷却剂设备，一般为离心机设备和转笼式干燥设备等。

（1）离心机设备

一般采用三足式离心机，由基座、机壳、转鼓、主轴、离心离合器和电动机等部件构成，如图 7-8-3 所示。使用离心机脱除滴丸表面上粘附的冷却剂时，将滴丸均匀散布在离心机转筒内，以尽量避免离心机偏心旋转。选择合适的转速，借助于离心机高速旋转产生的离心力，既保证滴丸的完整性又能保证冷却剂的脱除，将滴丸表面上的冷却剂甩脱并分离，得到初步脱除冷却剂的滴丸。

操作时注意开启离心机时必须将离心机盖子盖上，离心机运转时应识别离心机电机是否有异响，如有异响及时报修。

图 7-8-3　三足式离心机

图 7-8-4　转笼式干燥机设备

（2）转笼式干燥机设备

离心脱冷却液后的滴丸表面依然附着少量的冷却液，可以采用转笼式干燥机设备除去，它一般由控制系统、电机、转笼式滚筒、进风与加热等部件构成，如图 7-8-4 所示。通过添加干燥洁净的不脱纤维的吸附棉、方巾于滚筒中，加入滴丸，设定设备工艺操作参数，启动设备进行机械擦拭去除滴丸表面上的冷却剂。

操作方法步骤：①确认投入干燥洁净的方巾和滴丸比例；②投入滴丸和干燥洁净的擦拭方巾；③调节设备的进风量和温度至工艺要求的范围；④按工艺要求的时长擦拭；⑤取出方巾，回收处理；⑥收集处理好的滴丸，称量和标识，做好记录。

6. 滴丸的选丸设备

滴丸分选的目的是通过溜选和筛分分别去除不圆整异形丸、粘连丸和过大、过小的滴丸。溜选的主要设备为离心式自动选丸机，它是利用滴丸在重力作用下在斜坡面轨道上旋转下落过程产生的离心圈，对圆整度不同的滴丸进行拣选，剔除异形丸。常用的筛分设备为筛丸机，它是根据滴丸的丸径控制要求，选取适合孔径的筛网，通过振荡将不符合丸重要求的滴丸筛分去除。具体参见丸剂选丸机部分。

7. 滴丸包衣设备

通过溜选和筛分，可得到合格丸重的滴丸。如果批准的药品工艺没有包衣的要求，则可以进行除微生物检查外的全项检验，合格的滴丸则可以按生产管理要求直接开出批包装指令，按要求进行内包装和外包装入库。如果滴丸有包衣的要求，则应将滴丸转序进行包衣，包衣一般使用高效包衣机。

8. 滴丸内包装设备

无论滴丸有无包衣，下道工序就是进行滴丸的内包装，一般按生产管理流程的要求，预先开出批包装指令，主要信息包括生产日期、包装批号、有效期及包材使用信息等。按批包装指令的要求，由生产从车间领取相关批次合格的滴丸进行包装生产。

滴丸常规的内包装常采用铝塑复合袋包装机和聚乙烯（简称 PE）瓶包装灌装机两种方式，在 D 级洁净区域内完成。

① 铝塑复合袋包装机　具体参见制袋充填包装机部分。
② 瓶装灌装机　具体参见瓶装线部分。

9. 滴丸药品外包装设备

药品外包装包含贴签、装盒、装说明书、中包装塑封、装箱、打包及批号打印等工序。具体参见外包设备部分。

第九节　BFS 一体机

一、概述

吹塑、灌装、密封（简称吹灌封）设备在制药行业简称为 BFS（Blowing-Filling-Sealing）。吹灌封（BFS）一体机（图 7-9-1）是一种专用的无菌包装技术，在制药行业主要用于生产无菌大输液、塑料瓶安瓿水针（图 7-9-2）、口服液、滴耳剂、滴眼剂、吸入剂、冲洗剂、气雾剂等塑料容器的无菌包装，同时也应用于食品和化工行业，灌装量范围为可从 0.3～500mL。在行业内对于装量小于 50mL 的产品，定义为小容量产品；对于装量大于 50mL（包括 50mL）产品，定义为大容量产品。当然根据药品的性质划分，可分为滴眼剂类产品、安瓿水针类产品、口服液类产品、大输液类产品以及吸入剂、冲洗剂、气雾剂等。

该机器的操作类似于传统的吹塑（法），不同的是它在容器成型过程中增加了灌装和密封工序。BFS 将瓶子制作、瓶子灌装、瓶子上盖和封口整合到单一的一台机器上，以便更好地进行无菌环境控制，降低了对于空气洁净度的要求。采用 BFS 设备生产产品最突出的特点为可以实现无菌灌装。

图 7-9-1　BFS 一体机

图 7-9-2　塑料瓶安瓿水针

BFS 是可连续操作的将热塑性材料吹制成容器并完成灌装和密封的全自动机器。20 世纪 60 年代国外企业开始研发生产吹灌封（BFS）一体机，自 20 世纪 70 年代开始用于制药和医疗器械领域，20 世纪 80 年代进入中国市场，21 世纪初期，国内几大制药设备制造商开始研发相关设备，常规机型设备已经实现国产化。

二、分类

BFS 一体机采用多种技术，是一类技术水平很高的综合性设备，主要应用的技术包括机械、电气、流体、计算机、模具、气动、液压、真空、模具等。根据设备结构，BFS 可分为间断式和连续式；按模具运动方式划分为往复式和旋转式。

1. 间断式设备

颗粒状原料（PP/PE）在真空的作用下通过输送管道，由原料存储间输送到设备挤出机螺杆的原料暂存器内，原料在挤出机的螺杆内通过挤出机挤出，同时挤出机加热将原料熔化，通过此过程原料将由颗粒状固体变为液态，然后在经过挤出机模头时形成液态塑料管胚。液态塑料管胚在设备运行过程中不断挤出，无限长的塑料管胚通过热切刀被分割为固定长度的管胚。固定长度的管胚在模具中通过真空和压缩空气的双重作用首先形成容器主体，然后模具将由管胚工位移动到灌装工位，在此工位设备将为产品进行灌装操作，灌装完成后的产品在此工位直接封口完成产品的制作。

2. 连续式设备

塑料颗粒通过真空的方式输送到挤出机，经高温熔化，通过挤出形成一个大的椭圆的塑料管胚。塑料管胚在模具中成型，成型过程中随着管胚的挤出，模具不停向下移动，瓶子成型后直接进行灌装，头模进行产品封口，封口后产品夹具夹住产品上部，与模具工位一起往下移动。模具工位打开，模具工位上移到夹具工位上部，主模具闭合，塑料管胚在模具中实现瓶身的成型，模具工位随着管胚向下移动。以上动作往复执行，不断完成产品的生产，同时在产品冲裁工位的动力驱动下，将成型的产品不断由生产工位向冲裁工位输送。当产品到达冲裁工位时，由冲裁机实现产品与废边的分离，分离后的成品由输送线输送到下一工序，分离后的废料分切后由另外一条输送线输送到废料暂存间。

该设备采用黑白分区设计，将生产区域与设备动力区域通过隔离墙进行了分割。螺杆、液压、CIP/SIP、电气箱、颗粒料缓存区放置在黑区。产品的成型、灌装过程在白区，冲裁工位可以根据最终用户的厂房布局灵活放置在白区或者黑区。连续式 BFS 设备生产所需要的原料为颗粒状 PP/PE 料，对颗粒料的要求一般较高。颗粒料的性质将对设备的稳定运行影响很大，如果颗粒料性质不能满足设备要求，将严重影响产品成型，甚至导致设备无法正常运行。

3. 往复式设备

该结构是吹灌封（BFS）一体机的最常见形式，也是目前市场上占有率较高的设备。往复式 BFS 一体机按主要驱动方式划分，可分为电动驱动和液压驱动（图 7-9-3）；按 A 级（100 级）风淋形式又可分为空气除菌过滤形式（图 7-9-4）和高效过滤形式（图 7-9-5）。吹灌封（BFS）一体机本身自带风淋箱，并且通过除菌过滤器达到 A 级环境，是 BFS 设备最常见形式，其原理详见图 7-9-6。取自洁净间的空气，先后经初级过滤器与 0.22μm 的除菌空气过滤器过滤后，达到 A 级标准，进入风淋箱。无菌空气经风淋箱吹出口，笼罩在灌装部位。

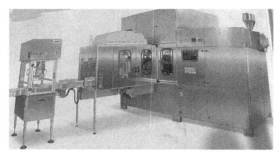

图 7-9-3　液压驱动方式

图 7-9-4　模具往复式 A 级除菌过滤器设备

图 7-9-5　模具往复式高效过滤器设备

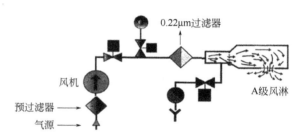

图 7-9-6　A 级风淋箱工作原理示意

图 7-9-7　模具旋转式设备

4. 旋转式

旋转式设备（图 7-9-7）可分为模具垂直旋转方式与模具水平面旋转方式，该机型产能最高可达 30000 瓶/小时。

三、工作过程与基本结构

1. 工作过程

BFS 一体机是采用一种专用无菌包装技术，将医用聚乙烯（PE）或聚丙烯（PP）颗粒制成容器，全自动地完成灌装和封口过程，快速地连续循环生产。具体操作有以下 5 个步骤（图 7-9-8）。

① 管坯挤出　颗粒状 PP/PE 原料在原料缓冲间，通过真空作用输送到挤出机螺杆，然后加入的塑料颗粒经过挤出机加热、挤压制成管胚，管胚不断向下输出进入打开的模具。

② 吹瓶成型　当管胚长度达到设定时，左右两侧模具同时向中间运行合并，然后分膜刀将膜筒切断，切断的热熔管胚在模具中真空作用下首先形成产品容器，同时在模具冷却水作用下将形成的容器冷却到一定的温度。

③ 精确灌装　模具中的容器在模具内由管胚工位在伺服电机驱动下移动到灌装工位，在灌装工位灌装往下移动，同时芯轴中的灌装嘴在程序控制下开始向成型瓶内灌装程序设定好的药液。

④ 瓶口密封　灌装完成后，芯轴向上移动回原位置，模具中的封口模块移动将瓶口焊接密封。

⑤ 成品输出　左右模具打开，最终产品通过输送带输出。对于 PP 类产品，因产品质地非常硬，很难手动将废料和成品分离，还需要将产品在冲裁机中将废料和成品分开。

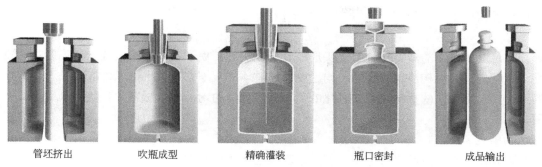

| 管坯挤出 | 吹瓶成型 | 精确灌装 | 瓶口密封 | 成品输出 |

图 7-9-8　BFS 一体机工作过程

2. 基本结构

（1）气动系统

气动系统主要由压缩空气系统、管道和软管分配器、控制和调节装置以及指示仪表组成。设备设有压缩空气中央分配区，从总进气口进入的压缩空气通过此分配区统一供给；中央分配区将进入的压缩空气分为工作用气和工艺用气两个回路进入设备。第一回路的压缩空气是工作用气，含有用于润滑气缸的油；第二回路的压缩空气是工艺用气（辅助和缓冲空气）需要经过过滤器。气缸和操作元件构成各个功能单元。

（2）液压系统

液压系统包含带油箱的油压发生系统、液压泵、高压软管、阀岛、调节器和控制系统。由比例控制阀控制液压关闭和打开模具的加速和延迟；油缸和操作元件构成各个功能单元；该系统配备冷却系统用于冷却液压油；安装有压力和温度指示。

（3）真空系统

真空系统用于热塑塑料管胚的稳定和成型。该系统由水环泵、带液体分离器的分布系统、软管和管道、隔膜阀控制系统、清洁管道等组成。可以使用不大于 60℃的热水清洁该系统。

（4）冷却水系统

设备安装有完整的冷却水分布系统，该系统起始于一个中央冷水连接的多回路流量调节器，并带有分流指示和温度指示，与用户的供排水管道和软管连接点。根据不同的安装，冷却系统和构成部件包括液压系统、真空发生器、模具的支架、头模具、主模具、模具底部、挤出机支架系统并带有颗粒吸入电子系统、电柜和项目选择设备；设备上安装有冷却水入口压力和温度指示器。

（5）控制系统

控制系统安装于全封闭防水、防尘的电器箱内，符合 IP54 防护标准；系统采用可编程控制器（PLC），并带有 15#彩色触摸显示屏（或者工控机）。显示屏可以显示以下内容：生产数据可以清晰显示，也可以彩色图表的方式显示；以文本形式显示设备操作指南和提供警示报告；设备的各种运行参数，包括挤出速度和温度、缓冲气压和灌装剂量都可以通过操作面板进行设定。设备具有存储和调用功能，包括以下数据：冷却水入口的压力，冷却水入口的温度，液压油的最高温度和最低平面（警示信息），挤出机的温度，挤出机的速度，缓冲罐的空气压力，带有打印机记录相关数据。

（6）主体框架

设备的主体框架为焊接结构。框架中包含安装合模装置、型坯头、挤出机等机构的安装框架。框架所使用材料的材质为 304 或碳钢框架。本设备使用不锈钢底撑，易于安全安装和调节，方便车间清洁。为了保证承受动载荷，设备支撑需锚接在地基上或重载荷固定；设备装有抛光的不锈钢防护板和经过专门焊接处理的框架以防止可能发生的事故；美观且可视度高的大视窗采用具防冲击的聚碳酸化合物玻璃制成；防护装置在没有使用专门的工具打开时，当门开启，设备将自动停止。此时为了避免挤塑机螺杆堵塞，挤塑机电机将继续工作。

（7）挤出机

挤出机包含塑料颗粒料斗、挤出套筒、挤出机轴套和挤出螺杆、加热区和风冷式异步电机。其中加热元件将被持续监控，超过设定值 10%的偏差将导致控制屏上出现报警信息并显示相应的加热区域，该偏差值可以在触摸屏上进行设定。

（8）型坯头

无限长的管坯由挤出的塑料通过型坯头形成。型坯头的芯模形成管坯的横截面，芯模的间隙决定管坯的厚度，中间的调节机构决定管坯的平均速度；通过洁净压缩空气的供给，可以确保管坯切除时前端是敞开的；带有温度探头的加热装置使融化的塑料保持温度的均一性；所有的参数可以单独调整以满足相应的要求。

（9）热切割装置

采用电阻式热切刀对管坯进行分切；管坯未膨胀之前由模具的真空支撑架支撑，在通入洁净空气膨胀的瞬间由热切刀分割；最优化的切割温度由电位器设定，切割速度由电-气动控制阀决定。

（10）合模装置

该装置承载模具并通过很高的液压闭合；主模和头模的液压闭合和打开由比例控制阀进行加速、减速和缓冲的调整，确保设备的同步运行有很高的精度，这些动作可以持续调整；模具的闭合可以用短迟滞时间以及高模具闭合力来优化模具闭合动作；相应瓶型规格的调整参数可以提前保存，在更换瓶型规格时直接调取；从挤出机到灌装工位的线性运动由移动装置驱动，此装置安装在稳定的线性导轨上并由伺服电机精确平稳地定位。

（11）模具

模具采用对称设计，由固定基座、真空支撑架、封口模具和容器模具组成。真空支撑架用于在管坯进入模具后的固定，保证切割时开口不闭合；固定基座用于固定封口模具和容器模具；封口模具和容器模具由高热传导性的材料制成；封口模具通过真空焊接边缘形成容器的头部轮廓并完全封口；容器模具形成整个塑料瓶并带有肩部，颈部和瓶体的底部；模具包含模具长条状分块并带有冷却通道和真空及排气用的小孔和槽，还包含所有固定在合模装置上必要的准备和所有辅助介质（冷却水，真空，真空区域的清洗）管道连接；可以根据客户的需求在瓶体上印字、商标。图 7-9-9 为 BFS 模具，图 7-9-10 为 BFS 滑道。

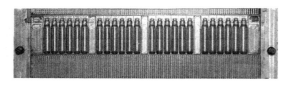

图 7-9-9　BFS 模具

图 7-9-10　BFS 滑道

（12）灌装装置

灌装装置由芯轴单元、支撑和调节单元、缓冲罐等组成。支撑和调节单元用于支撑芯轴单元，并在一定范围内通过气动线性导向装置驱动芯轴往复运动；由高质量不锈钢（AISI 316L）制成的芯轴单元用来在模具里直接把灌装产品灌装到容器里，芯轴的锥度与容器的设计完全相配；灌装嘴可精确定位，并且便于更换以适应不同的容器，可方便设定和调节灌装容量；采用时间压力法进行计量（TPD）；恒定的起始压力必须由一个带恒定缓冲压力控制的缓冲罐来保证；灌装介质管线可以通过 CIP 和 SIP 来进行清洁和消毒；计量原理参见包装设备计量原理部分。

（13）缓冲罐

缓冲罐由材质为 AISI 316L 的不锈钢制成，同灌装介质管线相连；缓冲罐的输入口易于产品流入，不受温度影响的变化；缓冲罐的设计适合 CIP 和 SIP，但也可拆卸便于手工清洁；设置产品液位调节器，用于产品管线阀门的控制、最大液位的灌装和溢流报警的控制；带有爆破片的法兰安装在紧靠缓冲罐的前端，用来保护、防止系统里不允许的过高压力；爆破片由电子继电器触发开关监控，当爆破片断裂或有细微裂纹泄漏将触发报警。

（14）自动加料单元

通过真空吸取将需要传送的物料从输入点（如物料储箱，粉碎机）送到挤塑机的真空密闭的物料漏斗中；塑料原料中的杂质通过带大面积的织物过滤器去除；所有与颗粒相接触的材料由 AISI 316L 不锈钢制造；

（15）冲切装置

冲切装置用来全自动从塑料框架中分离成品块；输出装置接管安瓿成品块并全自动定位，冲切模具将产品分成单容器或成品块；冲出的成品块经过一斜槽离开系统，余下的废料单独输出。冲切模具包含在冲切过程中用来精确定位和支撑安瓿成品块的支撑架，同时也包含用来分切成品废料的切刀。成品高度改变时，冲切模具可以调整以适应成品不同的高度。

四、可调工艺参数的影响

表 7-9-1 为 BFS 可调工艺参数的影响。

表 7-9-1　BFS 可调工艺参数的影响

项目	参数类型	影响
挤出机系统	加热温度设置	塑料颗粒塑化效果
挤出机模头供气	供气量大小及压力	容器成型质量
真空系统	真空度大小	容器成型质量
热切刀系统	热切刀工作温度	切割管坯质量，导致模具支撑架不工作
灌装系统	灌装时间和灌装压力	灌装精度
CIP 系统	清洗时间、清洗压力	清洗效果
SIP 系统	灭菌时间、灭菌温度和灭菌压力	灭菌效果

五、安装区域及工艺布局

我国 2010 版 GMP 第十七条和 EU GMP 附录 1《无菌药品的生产》第 26 条规定：用于生产非最终灭菌产品的吹灌封设备自身应装有 A 级风淋装置，人员着装应当符合 A/B 级洁净区的式样，该设备至少应当安装在 C 级洁净区环境中；用于生产最终灭菌产品的吹灌封设备至少应当安装在 D 级洁净区环境中。此外，EU GMP 附录 1 第 27 条规定：因吹灌封技术的特殊性，应当特别注意设备的设计和确认、在线清洗和在线灭菌的验证和结果的重现性、设备所处的洁净区环境、操作人员的培训和着装，以及设备关键区域内的操作，包括灌装开始前设备的无菌装配。图 7-9-11 为吹灌封（BFS）一体机生产工艺厂房布局图。

根据 GMP 要求，在工艺设计中主要会考虑以下问题：

① 对于吹灌封设备的工程选型，首先考虑挤出机和灌装机的基本功能，即能满足所选塑料粒子的吹制功能以及产品的规格、生产能力、模具等要求，又能满足灌装的速度、精度、灌装量以及灌装控制阀的选择和灌装管路系统的在线清洗和在线灭菌等要求。

② 吹灌封技术虽然在同一台机器上完成了制瓶、灌装和封口，并在 A 级风淋的保护下进行，但由于制瓶和灌装之间有段时间的暴露，开口的容器暴露过程并非完全密闭的无菌系统，考虑到开口容器暴露于生产环境中的时间只有短短数秒，且有 A 级风淋装置保护和人为干扰因素很小，因此，GMP 规定设备可以安装在 C 级区，而不是通常的 B 级无菌区。但当该设备安装在 C 级洁净区时，工程设计时要充分考虑并降低生产过程中容器和产品暴露于生产环境带来的无菌保证风险。

③ 废料的运输。吹灌封设备生产时会产生大量的下脚料和废料。自动的废料输送系统能较少洁净室内人员的活动。废料的存放间大小要合适。

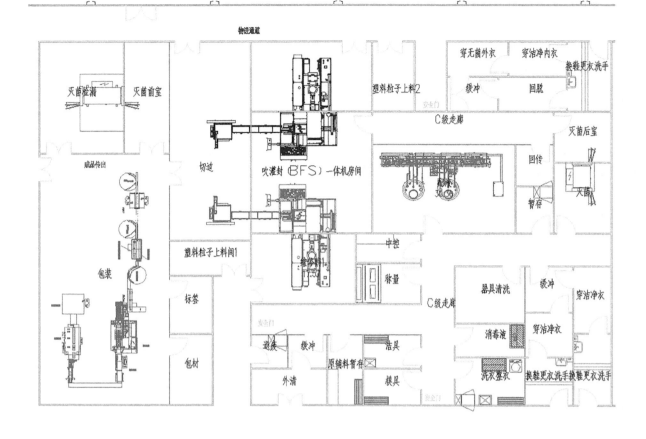

图 7-9-11 吹灌封（BFS）一体机生产工艺厂房布局图

④ 药液、洁净压缩空气的终端无菌过滤器的在线 CIP 和在线 SIP。若有无菌装配需要进行，由于在 C 级区无法进行暴露的无菌连接，设计中可考虑在 C 级区使用一次性无菌连接器。

⑤ 尽量选用设备操作和维护能分开的黑白分区型设备，减少人员干扰和减少洁净室面积。平面布置时还要考虑挤出机取出的维修空间。

六、设备特点

吹灌封（BFS）生产线将数个制造工艺集成在同一设备中，以单一工序在无菌状态下完成塑料容器的整个吹塑、灌装和封口等过程，能有效确保产品的使用安全，具有以下特点：

（1）人为干扰因素小，自动化程度高，防污染级别高

BFS 生产线采用吹灌封一体技术，直线式布置，占地面积小，减少了操作人员数量。BFS 设备本身装有 A 级风淋装置，在 A 级之外，装有控制 BFS 系统的触摸屏、PLC 等控制装置。通过这些控制装置，不仅可实现 BFS 系统本身的高度自动化，同时也可与其上下游的生产系统全面联接，以实现多个生产系统的自动、联动运行。也就是说，在生产过程中的许多操作，只需通过 BFS 的触摸屏设定，即可实现系统的调控，从而最大限度地避免操作人员对无菌生产的干扰，提供了更高级别的无菌保障。

（2）可实现药液管路的无菌生产准备

对缓冲罐、药液除菌过滤装置、空气除菌过滤装置以及灌装设备本身进行在线 CIP/SIP，甚至包括 A 级风淋装置；设备采用时间压力法灌装，灌装系统也能实现在线 CIP/SIP；所有过滤器都配有的完整性测试口，过滤器能在线进行完整性检测。在线 CIP/SIP 后，系统正压保持，防止再次污染。可以认为：CIP/SIP 后，BFS 的灌装系统或者是药液流经线路及药液可能接触的部位，等效于一个无菌封闭系统。

（3）容器的无菌保证

容器的成型方式是通过高温高压条件在密闭的环境中将塑料颗粒融化，形成管坯，通过吹塑或者真

空制成容器。管坯成型直到容器成型，全过程无菌空气保护，确保了容器本身的无菌性。

（4）其他特点

除了上述特点外，目前先进的 BFS 一体机通常还具有下列特点：

① 可采用时间压力法与称重法相结合的灌装技术，达到了更优的灌装结果。密闭式的自动真空上料装置，上料方便快捷，料被污染的程度最少。

② 所有参数能够设定并形成历史记录和批处理功能。PID 温度控制技术，温度控制精准，无污染。

③ 挤出机螺杆长径比可达 27∶1，其塑化充分，塑料粒子高温灭菌时间长，PP 与 PE 通用性好。

④ 配置动态挤出料管型坯热切断除烟雾装置，更大程度减少烟雾污染。

⑤ 配置料管型坯预闭合装置，能够有效保证料管型坯形状，减少料管型坯厚度，可以节约生产成本，提高制品透明度。

⑥ 配置 A 级层流装置，灌装封口部位位于 A 级环境，并且还可以实现动态的风速与尘埃粒子的在线监测功能。选配的黑白分区结构，将成型及灌装放置在 B 级洁净环境下，有效地实现无菌灌装。

⑦ 裁废边设备与主机通过分段输送轨道连接，可布置在一般区域，减小无菌面积，降低洁净室成本，有益于物料及废料的转运。

⑧ 采用带刹车功能的伺服灌装驱动系统，可精密调节灌装高度，避免非常规断电时灌装系统掉落的风险。

⑨ 自带半自动模具拆卸车，节省更换模具所需时间及人员。

⑩ 模具采用镶件形式制作，同一瓶型的多种规格产品只需更换瓶身镶件，即能更换规格降低规格件更换时间，减少模具采购成本。

七、操作注意事项、维护保养、常见故障及处理方法

1. 操作注意事项

该设备配置了多种安全防护装置，以确保操作及维修人员免受伤害；还提供了各种警告、危险信息标志，用以突出标识某些危险区域并提供适当的安全指令。为了尽可能安全地操作和维修该机器，请务必遵循以下指令。必须由经培训合格的人员来安装、运行和维护本机器！运行和维护机器之前，阅读并了解操作和维修指令！机器运行之前，所有的安全防护装置必须到位并处于工作状态！

① 开机前的检查：检查动力气源的手动阀是否打开，且供应是否正常；检查电源是否打开；检查是否按下暂停按钮，如果按下请复位；检查液压油泵电机是否开启，并注意观察油压；开机前检查和准备，检查设备的完好性，主模和模架中有无障碍物，加热区域有无电线、管路接触，避免加热时损坏。检查辅助设备有无异常。打开循环冷却水阀门、冷冻水阀门、压缩空气阀门、真空阀门，开冷水机。

② 检查设备台板，将无关元件或工具清理干净，尤其是滑架经过之处；检查伺服或油缸是否回到原点位置，如果不在原点位置，请将所有伺服回原点。

③ 检查冷却水、洁净空气、压缩空气是否供应正常；查看设备触摸屏，是否有报警，如有报警请先排除相应报警后开机；

④ 确定要生产前，请提前 2h 将挤出机的加热开启，所有温度达到设定温度时，开启挤出机电机。

⑤ 将型胚的厚度、大小、速度调试到预定值时，再开启设备运行。

⑥ 维护之前，请务必切断机器电源！切勿在启动模式下操作机器！机器循环时，千万不要触碰机器！切勿拆除或遮盖任何装在机器上的"小心""危险"标牌。小心被机器表面烫伤。机器运行时，切勿触摸型坯头或挤出器颈部！这些部件非常灼热，温度高达 150～230℃！小心被灼热材料烫伤。启动本机器要求操作人员在电源没有完全关闭的情况下接近型坯头部。启动操作过程中，切记要十分小心。SIP 时当心灼热表面！SIP 程序采用高压蒸汽来完成。在使用蒸汽过程中，请限制接近 CGF6 机器及所有连接区域。因液压系统和蓄能器都处于高压状态下，当心高压。只许经过培训的操作人员维护液压系统。在对液压系统进行维护之前，请确保已减压。即使当所有的液压油已清除时，液压蓄能器还会保持其内部高压。液压蓄能器应由经专项培训的人员来维护。切勿尝试将可燃液体与该机器放置在一起。

2. 安全注意事项

① 取料夹 取料夹附在模架上，并因此高速行进；机器运行时，不要试图将任何物体从取料夹移开；机器运行时，不要试图伸到任何防护装置的里边或周围，从取料区取出瓶子。

② 传送机 机器操作员须随时警惕衣物和布料可能会让运送带卡住或缠住；传送机运行时，不要试图清理、维修传送机。

③ 传送机调节 不需要任何调节或进行定期维护。建议机器每运作 2000h 更换一次传送带。调节传送带速度会影响磨切刀运作。瓶卡像塑料冷却一样收缩。切模前，更改传送带速度引起收缩值的变化。一个好的纯经验法则是冷却时间较长为宜。

④ 液压系统 此机器使用的液压油为易燃液体。如发生泄漏，请及时维护并清理泄漏油。定期检查安装于油箱上的温度计，如果温度超过 60℃ 请关闭液压泵。维护液压系统前，请关闭液压泵。液压系统蓄能器运行于高压下。只有专业人员方可对蓄能器进行维护。每月检查一次油罐油位，发生较大的泄漏后应进行检查。每月检查一次油过滤器。如需更换部件过滤器会自动显示。按要求进行更换。在泵运行时进行检查。每月检查一次液压汽缸是否发生泄漏，如有泄漏要按要求立即进行维护。每三个月一次对安装于液压冷却水供应管道处的过滤器进行清洗。每三个月一次对蓄能器的预充装置进行检查。检查前，请关闭泵并对蓄能器放电。按要求重新充电。

⑤ 气压系统 切断任何空气管道之前，断开并锁住空气供应。当维修气动设备时，要戴上眼镜。

⑥ 真空系统 维修之前，真空系统确保在机器关闭前关闭真空源或关闭阀门。

3. 常见故障及处理方法

表 7-9-2 为 BFS 一体机常见故障与处理方法。

表 7-9-2 BFS 一体机常见故障与处理方法

故障	原因	处理方法
滑架不循环	液压泵未打开 防护门未关闭 灌注喷嘴未处于高位 联动运行未开启 封口模未打开 底模未处于低位	启动液压泵 关闭防护门 灌装喷嘴升到高位 按下联动运行 打开封口模 检查底模位置
滑架启动但循环不完全	滑架接近开关未点亮 电路组件故障	调节或更换传感器 参考电路顺序并检查连续性
成型瓶子质量差	过多充气 真空不足 空腔表面有残渣 模具过冷或过热	将切刀运行时间提前 清理模真空孔和通道 清除残渣 调整冷却水流量
挤出系统驱动电动机未启动	断路器跳闸 型坯头未达到预设温度 挤出系统因警报而关闭 料斗缺料	检查断路器和电路 重新设置断路器 将型坯头加热 确认警报，恢复到自动准备状态 启动真空吸料装置，补充原料
挤出充气气压不稳定	气源不稳定 充气管路堵塞	检测气源 检测充气管路，疏通管路
挤出系统加热区过热	温度检测元件损坏 加热控制元件损坏	更换有缺陷的元器件
灌装喷嘴下降时带动管胚	管胚充气量偏小 管胚真空抽气时间过早 管胚真空偏小 管夹过冷 切刀运行时间偏早，导致管胚内充气泄漏	调节充气流量阀，增大充气量 调节管胚抽气时间 检查真空量及管道 调节冷却水流量 调节切刀延时时间
灌装量不稳定	缓冲罐压力不稳定 缓冲罐药液重量不稳定 管路堵塞 压力过高	检查产品压缩空气压力 检查在线称重电子秤 检查管道 调节灌装压力

故障	原因	处理方法
热切刀不加热	热切刀开关处于"关闭"状态。 热切刀加热功率百分比设置为"0" 电缆或切刀破裂	打开切刀热度开关，指示灯会呈现绿色 调整功率设置 更换电缆或切刀
热切刀切料不干脆	热切刀热度不够 刀片迟钝、有缺口或弯曲	提高加热功率 更换切刀
切刀运行循环不完整	切刀气缸限位位置开关未检测到	调节气缸限位开关位置
切刀下垂	切刀支架连接弹簧卡死	松开切刀支架，调节切刀弹簧
底模装置不能运行	滑架不在灌装工位 滑架灌装工位接近开关和直线位置变送器调节不当 底模位置检测开关未点亮	检查滑架位置 正确调节滑架灌装工位接近开关位置或位置变送器 调整底模位置检测开关位置
气缸不工作	气缸不能正常工作	检查压缩空气是否正常 通信网络是否正常 感应开关是否正常
通信故障	触摸屏通讯报警	检查通讯线是否松动 通讯设置是否正确
泵的噪声过大	油箱油位低 泵未注满	加油 加油
油的温度超过60℃	冷却剂供给关闭 冷却剂供给管道过滤器阻塞 冷却剂控制阀门损坏 油太少 热交换器阻塞	打开供给阀 清洗过滤器 更换阀 加油 清洗/更换热交换器

八、发展趋势

未来 BFS 一体机将以连续式 BFS 设备为主。连续式 BFS 设备具有原料利用率高、设备占地面积小，便于厂房布局，而且连续式 BFS 设备的生产速度更快、无菌控制工艺也将更加严格，从而使得产品染菌的风险更低。

第十节　小容量玻璃瓶口服液联动线

一、概述

小容量玻璃瓶口服液联动线由立式超声波洗瓶机、隧道式灭菌干燥机或远红外热风循环隧道式灭菌干燥机、口服液灌轧一体机三台单机组成，分为清洗、干燥灭菌、灌装轧盖三个工作区，如图 7-10-1 所示。每台单机可单机使用，也可联动生产，联动生产时可完成喷淋水、超声波清洗、机械手夹瓶、翻转瓶、冲水（瓶内、瓶外）、冲气（瓶内、瓶外）、预热、烘干灭菌、冷却、灌装、理盖、轧盖等二十多个工序。主要用于口服液瓶及其他小剂量溶液的生产。

口服液洗烘灌封
联动线（三刀）

图 7-10-1　小容量玻璃瓶口服液联动线

立式超声波清洗机和隧道式灭菌干燥机与安瓿灌封联动线中的设备相似，故不在此赘述。

二、基本原理、结构、特点、适用范围

口服液灌轧一体机采用大拨轮进瓶、往复回转跟踪灌装与单刀或三刀轧盖的方式，自动完成输瓶、进瓶、灌装、理盖、轧盖等工序。灌装形式可根据用户的要求配置玻璃泵、金属泵、陶瓷泵或蠕动泵进行灌装。

输瓶装置（图7-10-2）为储瓶及输送瓶用，它由交流电机提供动力，送瓶速度由变频器控制，可无级调速。包装瓶在输送带的推力下源源不断地送至绞龙，加瓶可在不停机情况下进行。

挤、缺瓶调整如图7-10-3所示，松开调节螺钉，调节挤瓶检测开关和缺瓶检测开关位置，使设备运行中输送带上的包装瓶松紧适当。

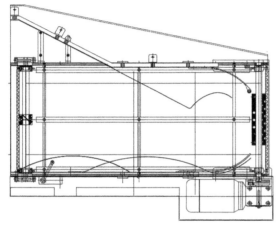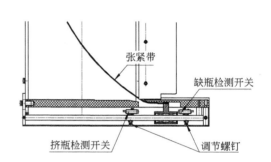

图 7-10-2　输瓶装置示意　　　　　　　　　　图 7-10-3　挤、缺瓶调整示意

进瓶部件（图7-10-4）主要由进瓶网带部分和大拨轮部分组成，进瓶冲击少，碎瓶概率低。

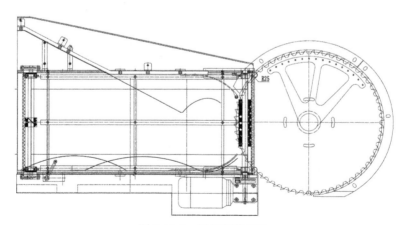

图 7-10-4　进瓶部件示意

柱塞玻璃泵（图7-10-5）采用快装结构，从拆卸到安装每一个柱塞玻璃泵仅需几分钟。它采用弹性定位，能有效防止别劲，提高使用寿命及灌装精度。

计量调整可统调也可微调，统调直接在触摸屏完成，通过设定伺服电机的工作行程来调节灌装摆杆的摆动角度，从而调节各个泵的装量；单个泵的装量可实现微调。

灌针跟踪（图7-10-6）采用在旋转大拨轮上往复跟踪灌装系统，简化机构传动结构，传输定位精确，走瓶平稳，噪声少，大大降低了故障率和使用成本。同时保证瓶子在传输过程中不产生污染颗粒，防止瓶子在传输过程形成的损伤与碎瓶。

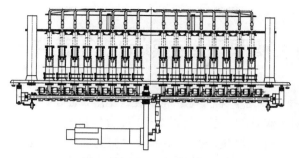

图 7-10-5　柱塞玻璃泵示意

理盖斗（图 7-10-7）主要利用电磁共振原理制成。理盖斗内设双通道螺旋线以满足高速理盖要求。调节调高手柄可调节出盖高低位置，调节振动电压可调节理盖速度，由理盖斗整理的盖子排列在通道中，灌好药的瓶子在中间输送带的传送下经过戴盖部位时，由瓶子挂着盖子经过压盖板下滑出，使盖子戴正，这样每过一个瓶子便戴上一个盖子。由于瓶子是主动件，故没有瓶子就不会戴上盖子，实现了无瓶不盖。

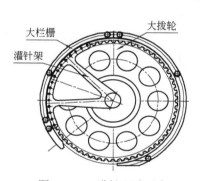

图 7-10-6　灌针跟踪示意

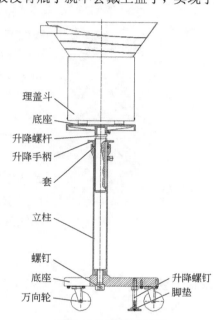

图 7-10-7　理盖斗示意

轧盖部件主要由托瓶部件、齿轮套部件、轧刀臂部件、轧盖凸轮、压盖凸轮等主要部分组成。轧盖方式分为三刀轧盖方式、中心单刀轧盖方式或旁置式单刀轧盖，具有结构简单、运转平稳、工作可靠等优点。

带好盖的瓶子进入轧盖组后，随着机器的运动，齿轮套部件沿着压盖凸轮轨迹向下运动，当旋转的压头接触瓶子后，托瓶轴会继续向下直至接触到托瓶部件里面的齿轮轴的锥面，两锥面贴和，产生摩擦，随即转动的齿轮轴与托瓶套同步旋转。与此同时，轧盖凸轮带着轧刀会缓慢靠近瓶颈，从而完成轧盖动作，轧好后轧刀松开。最后，压头随压盖凸轮的脱离瓶子，由于瓶子不再受力，托瓶轴与齿轮轴的锥面脱开、压头回到最高位。瓶子经由出瓶拨轮带出。

三、安装区域及工艺布局

小容量玻璃瓶口服液联动线的工艺布局要求：①洗瓶在 D 级，灌装、封口区在 C 级；②灌装可以考虑在 C 级或者 B 级环境下的 A 级下，采用活塞式计量泵灌封锁盖一体机。

四、操作控制要点

小容量玻璃瓶口服液联动线的操作控制要点：①纯化水压力不得小于 1.5kg；②装量不得小于规定的容量；③灭菌温度 350℃时，不得少于 5min；④出瓶口风压＞进瓶口风压。

第十一节 （无菌）滴眼剂灌封联动线（三件式滴眼剂联动线）

（无菌）滴眼剂灌封联动线主要用于无菌滴眼剂的灌封生产，通过更换模具，一线可以兼用很多规格、品种的灌封生产。还适用于滴鼻滴耳剂、搽剂等以2～3件套包材为主的药品高速灌装旋盖生产。可扩充到药品、食品、化工等领域，用作这类生产时，不需要实施无菌级别的要求，最高满足C级标准即可。本联动线后端可配套检漏机、人工灯检机、贴标机、喷码机、装盒机、装箱机等。

一、概述

国内目前大约有近千个品种，涉及上千种包装形式，装量一般在3～15mL，基本上都是采用PE、PET等塑料瓶包装。

图7-11-1 滴眼剂三件套包材

我国GMP（2010年修订）将滴眼剂纳入无菌生产制剂，滴眼剂产品是非终端灭菌药品，属于高风险药品品种。其灌封生产过程是关键、核心，其设备工艺设计、材料选用、结构配置、自动化程度、功能保护等显得十分重要，是符合新版GMP规范、保证质量的重中之重。

因每个企业的包材都有区别，所有的灌封联动线设备工艺原理基本上一样，但其布局、尺寸、模具等都不一样，属于非标定制设备。这对于设备厂家的研发设计能力、加工生产水平、经营诚信度等提出更高的要求，最终都必须满足GMP标准要求和用户需求。以下以三件套包材（图7-11-1）为主的高速灌封设备联动线为例进行介绍。

二、分类

1. 按结构形式分类

（1）组合式灌封线

包材为三件套，即瓶子、内塞、外盖，生产过程必须是理瓶、洗瓶、灌装、加塞、加盖旋盖；也有包材为两件套，即瓶子、外盖（含过滤器的呼吸盖），生产过程必须是理瓶、洗瓶、灌装、加盖压盖。其间按需做好包材的灭菌工艺。该联动线价格适中，通用性好，使用成本较低，是目前国内采用量最大的包装形式。

（2）BFS三合一灌封线

进料为塑料粒子，一次性瓶体成型、灌装、热封口，其间无需单独的包材灭菌工艺。该联动线价格高，专用性强，使用成本较高，药品质量保证系数高，风险小，是滴眼液包装的一种发展趋势。

2. 按生产能力分类

（1）高速灌封线

高速灌封线生产能力满足120瓶/分钟以上。目前国内高速灌封线设备已经满足160～200瓶/分钟的生产要求。适用于企业大批量生产。

（2）低速灌封线

低速灌封线生产能力在100瓶/分钟以内。目前国内使用最广泛的在80～100瓶/分钟，适用于企业小批量生产和科研中心、研究所、医院等单位。

3. 按灌装泵形式分类

（1）蠕动泵灌装机

采用高精度蠕动泵灌装，一般以进口品牌为主。后期使用费用较大，常需要实施精度值的调节补偿，操作、清洗灭菌简单方便，一般低速灌封线采用较多。

（2）柱塞泵灌装机

采用高精度陶瓷柱塞泵灌装。灌装量稳定可靠，无需经常实施精度值的调节补偿，使用寿命长，清洗灭菌较为复杂，目前使用最为广泛。

4. 按灌装头数分类

（1）单头灌装机

单头灌装机配置一套灌装泵和一根灌装针头，一次性灌装。生产能力低，可满足 60 瓶/分钟以内的生产要求，一般研发中心和企业作为报产品批文号使用，简单实用，可实施单机生产。

（2）双头灌装机

双头灌装机配置两套灌装泵和两根灌装针头，一次性灌装。生产能力较低，可满足 80～120 瓶/分钟以内的生产要求，是目前国内选用低速线最多的设备，实用性强，需要实施多机配套、自动联机生产。也有部分厂家采用四头灌装机，实施两次或多次灌装。

（3）多头灌装机

目前国内一般都配置 6～12 套灌装泵和相应数量的灌装针头，一次性灌装。生产能力大，满足 160～200 瓶/分钟的生产要求，是目前国内选用最多的高速线灌封设备，实用性强，需要实施多机配套、自动联机生产。

三、GMP 对（无菌）滴眼剂灌封联动线的法规要求

在无菌滴眼液的生产过程中，灌封系统主要是对滴眼液配制后的灌装、加塞、加盖、旋盖及输送。工艺必须满足从理瓶、洗瓶、灌封全套无菌保证要求。

《药品生产管理规范（2010 年修订）》对无菌药品的包装设备的设计和安装提出了一些原则要求。如第七十一条规定：设备的设计、选型、安装、改造和维护必须符合预定用途，应当尽可能降低产生污染、交叉污染、混淆和差错的风险，便于操作、清洁、维护，以及必要时进行的消毒或灭菌。第七十四条规定：生产设备不得对药品质量产生任何不利影响。与药品直接接触的生产设备表面应当平整、光洁、易清洗或消毒、耐腐蚀，不得与药品发生化学反应、吸附药品或向药品中释放物质。

四、设计原则

1. 操作智能化原则

采用高度集成、集中联动控制（PLC）、智能检测、联控保护、人机界面对话、一键式操作模式，在生产过程中杜绝人为因素干扰，保障生产连续性、有效性和产品合格率。整套联动线设备操作人员（含上料人员）不超过 3 人。

2. 无菌优先原则

整线生产环境为 B+A 级，从工艺布局、设计、零部件状态、材质、机构设置、气流走向、保护措施等方面，首要就是必须保证无污染、无交叉污染、无扰乱阻隔。

3. 模块化原则

模块化原则是解决智能化的基础保证，按性能、功能等分区划块，提高控制精度，缩短设备维护保养、调试、换件、停机时间，提高设备有效生产时间等。如整机实施"一轮式"高度调节法，拆装模具去工具化，换装模具无位化等。

4. 连续稳定原则

整线设备生产时，要注意：①药瓶无停留，连续顺畅（停留时有卡瓶、药液暴露时间过长的风险）；②药瓶输送、功能交接等动作柔和、平滑无冲击、不倒瓶（杜绝药液飞溅出来的风险）；③定位精准（杜绝因对位不准而造成灌装、加塞、加盖等不准带来的风险）；④防止瓶身被刮花或划伤。总之，杜绝生产出来的是次品或废品。

5. 安全环保原则

安全生产、环保生产是恒定不变的铁律。安全环保原则有：①凡是有运转的部件必须实施安全过载保护；②主机设备显眼、顺手处必须设有急停装置；③外露传动安全罩防护；④材料（含润滑油）无挥发、无毒害、无粉尘、无劣质等。

五、系统组成及特点

（无菌）滴眼剂灌封联动线由无菌滴眼剂水洗线和无菌滴眼剂灌封联动线组成。无菌滴眼剂水洗线由全自动理瓶机、洗瓶机、隧道式干燥机和灭菌系统组成，辅助储瓶器、离子风气洗、净化保护区等设备；无菌滴眼剂灌封联动线由全自动理瓶机、气洗机、灌装加塞旋盖机、RABS 系统、百级层流罩、在线检测系统组成，辅助储瓶器、离子风气洗、料液缓冲罐、储塞器、储盖器等设备。

1. 水洗瓶联动线

因避免原料包材受到污染，可选择上水洗线设备，由企业自己购买设备，对包材、瓶子、内塞、外盖进行清洗、烘干，再装袋、灭菌。这样，企业自己可以很好地掌控产品的质量，做到心中有数。

（1）全自动理瓶机

① 大容量储瓶仓　满足正常连续开机 25min 以上用量。

② 提升送瓶机　定量、自动起停送瓶子进理瓶区。

③ 除尘机构　将大一些、易脱落的微尘、杂物集中收集并单独排放。

④ 出瓶机构　把瓶子正立输送出来，不倒瓶，挤瓶停机保护。

（2）洗瓶机

① 进瓶机构　顺序、平稳送瓶进入洗瓶区，倒瓶自动剔除，挤瓶停机保护。

② 离子风气洗　用离子风对瓶子吹洗，去除静电，清除掉微尘并集中收集排放。

③ 水洗机构　瓶子倒立，机械手单个夹持，独立针管伸进瓶内冲洗，三水三气+两次瓶外清洗，洗完后瓶子正立输送出来。瓶内无存水、无杂物。

④ 过滤加温系统　最后一次为注射用水清洗，前几次为回收循环水，经过过滤、加温（水温≤65℃，以瓶子能承受为准）后粗洗用。

（3）隧道式干燥机

① 进瓶机构　顺序、平稳送瓶进入干燥区，挤瓶停机保护；从洗瓶机到干燥机进口实施密封隔离保护，干燥机进口上方设置百级层流 A 级保护区域。

② 干燥输送系统　输送网带，平整平稳，无冲击抖动，不倒瓶。

③ 热风系统　把风加热，经高效过滤后直吹瓶子实现干燥，干燥后冷却至室温（≤5℃）出瓶。温度、速度可调，自动控制，不伤瓶。干燥后的风直接排放出房间。瓶内干燥无湿，瓶体无损。

④ 出瓶系统　出瓶区域上方设置有百级层流 A 级保护区域。在此区域实现瓶子装袋（为多层呼吸袋，一般 2～3 层）后转运到灭菌工序（见隧道式灭菌干燥机）。

（4）灭菌系统

用户自备灭菌设备独立灭菌，也可集中运到专业灭菌公司灭菌后运回来。但一定要保证灭菌后有足够的灭菌介质的降解时间，保证安全、放心使用。目前，国内主要采用的灭菌介质有环氧乙烷、过氧化氢等，也有采用钴 60 辐照灭菌，各企业根据药品特性实际情况自行确定。

2. 无菌灌封联动线

对于清洗、灭菌好的瓶子（可自行清洗灭菌好，也可由提供包材的生产企业负责提供的无菌瓶），经无菌转移进入灌封房间→无菌脱包装料→开机生产。该线上所有设备都必须置于百级层流（A 级）保护下，放置在同一房间里（B 级）生产。

（1）全自动理瓶机

图 7-11-2 为全自动理瓶机结构示意。

① 脱包区　单独隔离小平台，储存含单层包装袋的瓶子。

② 大容量储瓶仓　满足正常连续开机 25min 以上用量，单独隔离保护。

③ 电磁送瓶机　定量、自动起停送瓶子进理瓶区。

④ 理瓶机　将瓶子理出来，保持正立顺序出瓶，反瓶自动剔除，单独隔离保护。

⑤ 除尘机构　这是一道保护措施，将可能还存在的、担心有微尘、杂物的集中收集并单独排放。

⑥ 出瓶（定向）机构　把瓶子正立输送出来，不倒瓶，挤瓶停机保护。

（2）气洗机

气洗机属于保护性设备，实施隔离保护。为了彻底消除微尘对无菌产品的影响，消除隐患。如果瓶子完全能够保证满足无菌要求的，也可取消该工序，理瓶后直接进入灌装工序。

① 进瓶机构　顺序、平稳送瓶进入洗瓶区，倒瓶自动剔除，挤瓶停机保护。

② 离子风气洗　用离子风对瓶子从上到下吹洗，去除静电，清除掉微尘并集中收集排放。

③ 气洗机构　采用洁净压缩空气，在独立的密封环境中，使瓶子倒立，机械手单个夹持，独立复合针管伸进瓶内吹洗、吸废，集中收集废气独立排放出房间。结合实际，对每个瓶实施 1～6 次瓶内吹洗，洗完后瓶子正立输送出来。图 7-11-3 为气洗机的实物图。

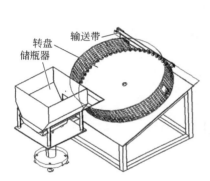

图 7-11-2　全自动理瓶机结构示意

图 7-11-3　气洗机

（3）灌装加塞旋盖机

灌装加塞旋盖机的结构见图 7-11-4。

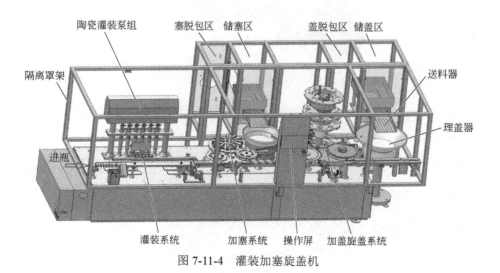

图 7-11-4　灌装加塞旋盖机

① 进瓶机构　顺序、平稳送瓶进入灌装区，倒瓶自动剔除，挤瓶停机保护。

② 灌装系统　陶瓷柱塞泵伺服跟踪连续灌装，将药液定量灌进瓶子里。保证灌装针头无滴漏、无挂滴、无冲击飞溅。

③ 理塞系统　独立内塞脱包区，大容量储塞器（满足正常连续开机 30min 以上用量），振荡理塞，将内塞按要求理顺并送出来。

④ 加塞系统　机械手定位连续取塞，跟踪加塞。

⑤ 理盖系统　独立外盖脱包区，大容量储盖器（满足正常连续开机 30min 以上用量），振荡理盖，将外盖按要求理顺并送出来。

⑥ 加盖旋盖系统　机械手定位连续取盖，跟踪加盖并旋紧盖。旋盖力矩可调，设有安全过载保护。

⑦ 其他系统　检测、保护、剔废、电控等。

（4）RABS 系统

保证灌封联动线在单独的 A 级净化环境下运行生产，主要就是钢化玻璃罩架，采用钢化玻璃实施各个功能区单独隔离保护，防止外界污染和区域内的交叉污染。

（5）料液缓冲罐

一般料液缓冲罐的容量为 20～30L，料液位自控，可实现在线自清洗、灭菌。

（6）A 级净化系统

整线配套百级层流罩系统（也称 FFU，专指风机滤网系统），实现设备线生产中的动态百级环境（即 A 级，无菌级别）。

（7）在线环境监测系统

在线环境监测系统主要配置层流风速仪、尘埃粒子监测、微生物取样（浮游菌）、沉降菌取样等，将其检测结果输入设备程控系统集中联控，保证生产环境符合要求，保证产品不受任何污染。

六、工艺原理

1. 工艺原理

图 7-11-5 所示为（无菌）滴眼剂灌封联动线；其工艺原理见图 7-11-6。

图 7-11-5　（无菌）滴眼剂灌封联动线

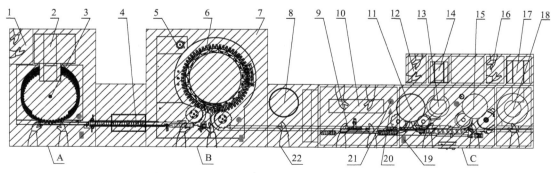

图 7-11-6　（无菌）滴眼剂灌封联动线工艺原理图

A—全自动理瓶机；B—立式气洗机；C—滴眼剂灌装加塞旋盖机；1—瓶脱包区；2—储瓶器；3—理瓶器；4—离子风气洗；5—气过滤系统；6—气洗区；7—百级层流罩；8—料液缓冲罐；9—灌装系统；10—陶瓷泵组；11—加内塞区；12—内塞脱包区；13—理塞器；14—储塞器；15—旋盖区；16—盖脱包区；17—储盖器；18—理盖器；19—风速仪；20—微生物取样点；21—尘埃粒子取样点；22—操作手套箱

2. 功能保护措施

（无菌）滴眼剂灌封联动线的功能保护措施有：①倒瓶自动剔除，卡瓶自动停机保护；②各料仓低料位报警或停机保护（含料液缓冲罐）；③各输送轨道上缺料时（缺瓶子、缺内塞、缺外盖）报警或停机保护；④无瓶不灌装、不加内塞、不加外盖；无内塞不加外盖；自动剔废；⑤层流风速低于设定下限值时报警并停机保护；⑥尘埃粒子检测超标时报警并停机保护；⑦防护门开门停机保护；⑧各台设备相关联前后自动联控保护操作。

七、可调工艺参数的影响

（无菌）滴眼剂灌封联动线可调工艺参数的影响见表 7-11-1。

表 7-11-1　（无菌）滴眼剂灌封联动线可调工艺参数的影响

项目名称		需满足的条件参数	不满足的影响
电		380V/220V 50Hz 三相五线制交流电	无法正常开机运转
水	水洗线	压力：0.15～0.25MPa 用量：0.5～0.8t/h 工作温度：≤65℃ 洁净注射用水	无法正常开机运转，清洗不彻底
	灌封线	压力 0.1～0.15MPa 洁净注射用水，清洗用	
气	水洗线	压力：0.5～0.7MPa 用量：55～60m³/h 洁净压缩空气（0.01μm 过滤）	无法正常开机运转，清洗不彻底
	灌封线	压力：0.5～0.7MPa 用量：55～60m³/h 洁净压缩空气（0.01μm 过滤）	
风　速		自上而下均匀流动 0.35～0.55m/s	净化环境不合格，产品质量不达标
房间风压风量		A 级区风压略大于房间风压，保持正压值	药品易受污染
层流高效过滤		风速均匀，无破损	净化环境不合格，产品质量不达标
在线检测		符合药典规定范围值	自动停机

八、生产工艺的技术保证

该联动线生产工艺的技术保证主要解决如何保证净化环境洁净度不受污染的问题，大致涉及以下几个方面。

① 无菌隔离　各个功能区单独隔离开，互不影响。

② 清洁卫生　设备台面板上、模具规格件、料液管路系统等无任何清洁卫生死角。

③ 润滑系统　《药品生产管理规范（2010 年修订）》中第七十七条规定：设备所用的润滑剂、冷却剂等不得对药品或容器造成污染，应当尽可能使用食用级或级别相当的润滑剂。在设备台面板上，一般都采用无油润滑技术。有相对滑动或摩擦的地方都实施密封保护。

④ 无气动元件干扰　台面板上不得单独裸装设气动元件工作，以免漏气造成干扰和污染。

⑤ 无交叉污染　模具规格件采用镂空设计，无大的平台单元，层流风无扰乱，不改变风向，配套隔离措施，保证净化环境和无菌效果。

⑥ 材质标准　同料液、内包材接触的金属材料为 SUS 316L 不锈钢和医用级塑料，其余外露件模具镂空设计，为 SUS 304 不锈钢和医用级塑料。所有材料均无毒害，能够使用酒精等的擦拭、清洗、消毒和灭菌。

⑦ 隔离操作　单面完成整套设备的操作和防护、手套深入工作无盲区。

⑧ 无菌转移　采用无菌转移车或转移桶，转移需要进入 A 级空间的物料，在转移时采用无菌对接技术，保证无污染风险。

九、安装布局要求

该联动线的安装布局要求有以下几点：

① 整线同一房间安装　整线设备布局在同一房间（环境为 B 级/C 级），不得跨房间。更不能跨越不同级别的区域。

② 底部要求　所有地脚支撑要均匀受力，设备调水平。从设备底板到地面可以实现全密封保护。若不密封时但要留出足够的高度空间，保证清洁卫生顺畅无阻、无死角。

③ 顶部要求　大多数企业采用的百级层流罩是直接取用房间洁净风，装设在设备顶部的钢化玻璃罩架上，同房间顶部、罩架之间密封保护。

④ 传送要求　不同净化级别区域有物料需要用输送带传送时，不得跨区域输送。传送带只能在同一净化区域内运转。

⑤ 线管要求　一般都是从房间顶部夹层走线，下垂到设备指定预点。电源线、空压管线等用不锈钢管套装后伸进净化区。

十、操作要点、维修保护要点

1. 操作要点

①检查设备正常，接通电源、压缩空气、照明灯具等。②房间净化级别高于 C 级标准时，启动百级层流罩工作。③无菌转移进料（含包装袋的包材、部分灭菌好的模具、规格件）。④准备工作结束，风淋 3～5min 后，包材脱包进料。⑤开机运转，确定装量精度，确定各项监测参数值。在工作区净化级别达到或高于 B 级标准时，才能启动在线检测机构工作。⑥生产结束，做完所有的收场工作，最后关闭百级层流罩。

2. 维修保护要点

《药品生产管理规范（2010 年修订）》中第七十九条规定：设备的维护和维修不得影响产品质量。第八十条规定：应当制定设备的预防性维护计划和操作规程，设备的维护和维修应当有相应的记录。第八十一条规定：经改造或重大维修的设备应当进行再确认，符合要求后方可用于生产。具体维修保护：①必须做好班前检查、维护保养，如紧固、润滑、校位等；②重点检查各安全防护措施，如离合器、防护罩、急停开关等；③设置有专门的模具、规格件放置台架，摆放位正确。

第十二节　玻璃安瓿瓶小容量注射剂联动线

一、基本组成

安瓿灌封联动线主要由安瓿立式超声波清洗机、隧道式灭菌干燥机、安瓿灌封机三台单机组成。每台可单机使用，也可联动生产，联动生产时可完成喷淋水、超声波清洗、机械手夹瓶、翻转瓶、冲水（瓶内、瓶外）、冲气（瓶内、瓶外）、预热、烘干灭菌、冷却、（前充气）、灌装、（后充氮）、预热、封口等二十多个工序。主要用于制药厂针剂车间小容量注射剂生产。

1. 安瓿立式超声波清洗机

待清洗西林瓶由人工去除外包装放入缓存区，放置到不锈钢的进料网带上并输送至洗瓶机的进料口，通过喷淋板预注水后至超声波水箱进行预清洗，然后由进瓶绞龙输送至提升鸟笼，并由提升拨块将玻璃瓶提升至大盘工位机械手处，机械手夹住瓶子并翻转 180°使瓶口朝下，机械手随转盘转动，针架随转盘做跟踪冲洗动作，进行交替水气冲洗，同时瓶外壁也进行交替水气清洗，清洗后的瓶子被机械手再次翻转 180° 使瓶口朝上，然后被传送至出瓶系统，玻璃瓶通过出瓶星轮和栅栏被输送至烘箱，如图 7-12-1 所示。

立式超声波清洗机（图 7-12-2）可自动完成从进瓶、注水、超声波粗洗、瓶内外壁精洗、出瓶的全套生产过程。

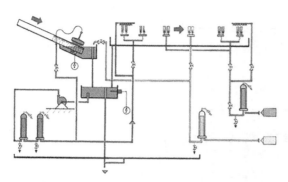

图 7-12-1　安瓿立式超声波清洗机工艺流程

图 7-12-2　安瓿立式超声波清洗机

（1）主要组成机构

该设备包括输瓶系统、注水系统、超声波粗洗系统、分瓶与提升、转盘系统、精洗系统、出瓶系统、防护系统和传动系统。图 7-12-3 为立式超声波清洗机结构示意。

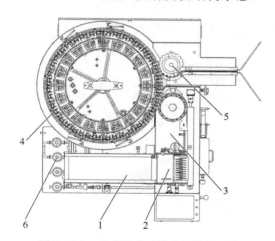

图 7-12-3　立式超声波清洗机结构示意

1—进瓶组件；2—超声波水箱组件；3—提升凸轮机构；4—主清洗组件；5—出瓶组件；6—管路组件

① 进瓶组件　由进瓶网带、变频驱动器等组成。主要功能为将安瓿瓶通过网带输送至提升水箱，在这过程中会经过喷淋装置，避免瓶子漂浮。

② 输瓶系统　主要由带电机减速机、网带、墙板、驱动轴、从动轴、张紧装置、角度调节装置、边罩等组成，如图 7-12-4 所示。其功能是摆放待清洗的瓶子，或与前置进瓶网带对接，将瓶子送经注水工位。

③ 超声波水箱组件　由提升水箱、超声波发生器等组成，如图 7-12-5 所示。安瓿瓶通过预注水组件后，进入超声波清洗区域，进行超声波预清洗。

④ 注水系统　主要由喷淋槽、走瓶板、挡瓶条、防挤瓶装置、防倒瓶装置等组成。注水系统可将经网带输送过来的瓶内注满水，防止浮瓶。喷淋槽高度可调节，以适用于不同规格的瓶子，使瓶口与喷淋槽保持一定距离。

⑤ 超声波粗洗系统　主要由安装支架、超声波换能器、超声波水箱等组成。瓶子进入到超声波换能器表面，利用超声波空化作用所产生的机械摩擦力，清除瓶内外粘附较牢固的物质，完成超声波粗洗。超声波的功率连续可调，以适用不同瓶子的要求，超声波工作状态在线监测。

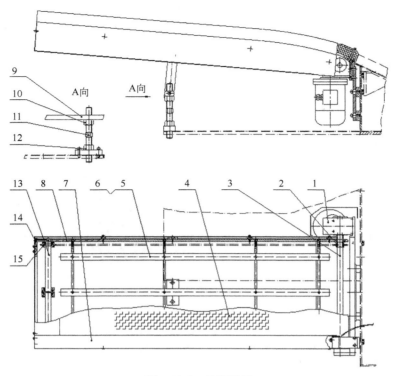

图 7-12-4 输瓶系统

1—带电机减速机；2—网带链轮 1；3—驱动轴；4—网带；5—垫条；6—滑动条；7—罩板；8—墙板；9—调整横梁；
10—螺母；11—调整螺杆；12—左旋螺母；13—从动轴；14—螺栓；15—网带链轮 2

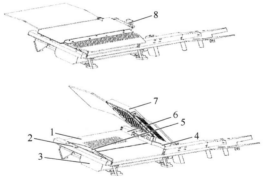

图 7-12-5 超声波水箱组件

1—走瓶板；2—左挡瓶条；3—超声波换能器；4，5—弹片；6—右挡瓶条；7—喷淋槽；8—挂架

⑥ 提升凸轮机构　由传输螺杆、提升鸟笼、提升凸轮、提升滑块等组成，如图 7-12-6 所示。主要功能为将安瓿瓶由进料网带输入通过螺杆运输及提升机构最终交接给机械手机构，从而进行下一步清洗。

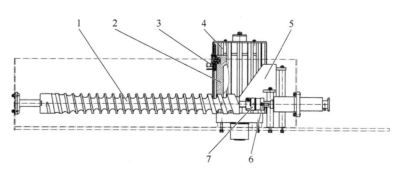

图 7-12-6 提升凸轮机构

1—绞龙部件；2—提升凸轮；3—拨块；4—提升轮体；5—圆弧栏栅；6—活动夹头；7—夹头

⑦ 分瓶与提升系统　主要由绞龙、提升凸轮、提升轮体和拨块等组成，如图 7-12-7 所示。利用绞龙部件分成单排、有序的瓶子，再由提升凸轮通过提升拨块将瓶子提升，再交到转盘的机械手上，将瓶子送入精洗工序。分瓶绞龙采用加长型变螺距绞龙，可有效地减少倒瓶、缺瓶现象。

⑧ 主清洗组件　由摆动盘、回转盘、固定圈等组成。清洗针需插入安瓿瓶内进行冲洗或气吹，喷针以及针架安装在摆动盘上，随摆动盘升降以及摆动；安装在固定圈上的固定喷嘴对安瓿瓶的外壁进行清洗。

⑨ 转盘系统　主要由转盘、回转支承、机械手、翻瓶装置、导向装置、升降机构、碰块和凸轮等组成。其功能是持瓶圆周运行，将容器送至出瓶系统拨瓶块中。机械手接过提升拨块送过来的瓶子后，在转盘的带动下将瓶子翻转 180°，使瓶口朝下，再送入精洗工序；通过水气交替清洗工序，来完成对瓶子的精洗；完成清洗的瓶子，机械手在转盘的带动下将瓶子翻转 180°，使瓶口朝上，再送入出瓶装置的出瓶拨轮中。

⑩ 精洗系统　包括循环水管路系统、注射用水管路系统、注射用水降级水系统、压缩空气管路系统，对瓶子内壁、外壁进行水气交替清洗清洁。瓶内壁清洗一般有"三水三气"，即循环用水→循环用水→压缩空气→注射用水→压缩空气→压缩空气。外壁清洗主要有循环水冲洗和压缩空气吹干两道工序。

a．出瓶组件　主要由拨盘、出瓶轴、出瓶立柱组成。主要实现将清洗后的安瓿瓶输送至下道工序。

b．出瓶装置　主要由主拨轮机构、从拨轮机构、栏栅部件、网带装置、取样盘等组成，如图 7-12-8 所示。机械手将清洗完的瓶子交接至主拨轮齿槽中，由主拨轮带动沿轨道方向运动，栏栅装置将瓶子从主拨轮齿槽中分离，在力的作用下，瓶子被送入烘干机的入口。从拨轮装置是取样设定的，将瓶子由主拨轮交接至从拨轮，再由从拨轮带动至网带机构，输送到取样盘，完成在线取样。为了监控其生产速度和产量，出瓶处安装了光电光纤。

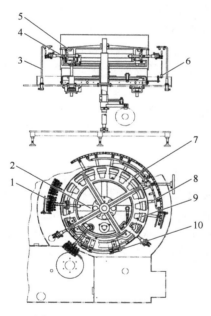

图 7-12-7　分瓶与提升系统

1—机械手；2—摆动架；3—外喷部件；4—滚子；5—导向块；
6—喷针部件；7—转盘；8—喷针架；9—伸缩凸轮；10—碰块

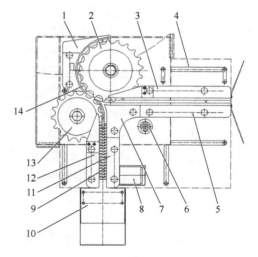

图 7-12-8　出瓶装置

1—圆弧栏栅；2—主拨轮；3—直栏栅 1；4—防罩部件；5—直栏栅 2；
6—分气座；7—转角栏栅；8—电机；9—网带；10—取样盘；
11—直栏栅 3；12—直栏栅 4；13—从拨轮；14—轨道

c．防护罩升降装置　主要由圆罩、锥罩、抽湿装置和升降装置构成，如图 7-12-9 所示。排湿装置是从转盘中心抽走一部分湿热空气，从而有效防止转盘中心的积水；升降装置可以使圆罩自动升降，方便清洗和维修，设有上下限位开关。圆罩设有一个排湿气口与客户端引风系统相连或采用风机强制排出湿热气体。防护罩设有感应开关。

d．管路组件　主要有清洗管路、气动隔膜阀、压力变送器、温度变送器、过滤器、水泵等组成。主要用于设备内部的清洗介质的传导、监测。

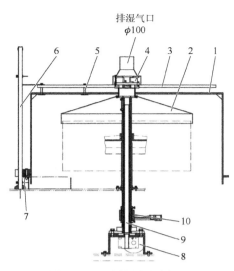

图 7-12-9 防护罩升降装置

1—圆罩；2—锥罩；3—玻璃罩安装架；4—轴流风机；5—吊杆；6—导向杆；7—导向块；
8—带电机减速机；9—升降螺杆；10—升降柱

（2）安瓿立式超声波清洗机的一般技术要求

①能够使用纯化水和注射用水对空安瓿瓶的内部和外部进行清洗；②能够在瓶清洗完后使用洁净压缩空气吹干；③与瓶接触的材料在整个工艺条件（压力、温度及超声波）下为化学惰性且防脱落；④与瓶接触的金属部分使用 316L 不锈钢（或具有相当防腐蚀性的材料）制造；⑤洗瓶机的焊接与表面适于传送及清洗工艺；⑥安瓿瓶应在清洗前通过超声波洗槽，去除或震碎所有大颗粒；⑦超声波洗槽用水浸泡并清洗整个玻璃瓶；⑧玻璃瓶的传送系统能够防止玻璃瓶倒瓶、损毁、刮伤、破裂或其他损坏；⑨使用后能彻底排水；⑩排水管必须装有反倒流或反倒吸系统；⑪洗瓶机应能与隧道式灭菌干燥机、灌封机在线相连，洗瓶机与隧道式灭菌干燥机、灌封机之间的传感器，可监控玻璃瓶超载情况，三台机器的速度需保持同步，便于操作；⑫洗瓶机外罩应装有蒸汽抽取系统，该系统须安装反倒流装置；⑬方便清洁；⑭压缩空气经过无菌过滤器过滤；⑮停电后，电源重新恢复后，在没有操作人员或通信线路输入指令的情况下，系统不重启；⑯操作人员应能够方便使用紧急制动按钮；应具有缺瓶、出瓶已满、压缩空气压力过低、清洗槽水温过低、循环水压力过低、纯化水或注射用水水压低等警报或警告；⑰洗出的瓶子质量应符合企业内控标准；⑱破损率应达到相应的要求。

（3）安瓿立式超声波清洗机的功能

①洗瓶工艺可以根据用户需求调整工艺；②适用于多种类型玻璃瓶，兼容多种规格；③可通过循环水对玻璃瓶进行内外部的清洗，能耗低；④自清洗，结构简单，性能稳定，清洗效果满足 GMP 清洗要求；⑤伺服驱动，针架定位，免润滑，减少瓶摩擦，定位开合 POM 瓶夹，连续运动，单个玻璃瓶独立运动，安全精确；⑥防护罩自动升降，便于维护；⑦可联动使用，也可单机使用。

（4）安瓿立式超声波清洗机可调工艺参数的影响

表 7-12-1 为该设备可调工艺参数的影响。

表 7-12-1　安瓿立式超声波清洗机可调工艺参数影响

工艺参数类型	影响
循环水箱水温	温度太高会对螺杆有影响，造成变形
超声波频率	超声波频率越低，在液体中产生的空化越容易，产生的力度大，作用也越强，适用于工件初洗；频率高则超声波方向性强，适合于精细的物件清洗；频率太大可能造成瓶的损伤，故频率需要经过验证
清洗水的水压、水温（如循环水和注射用水）	注射用水及循环水压力应该保持在使用标准范围内，水压过低会造成冲洗效果不理想，影响清洗效果和瓶的完整性 水温也会影响清洗效果
压缩空气压力	气压低影响瓶内干燥度，对残水量有影响，增加后续烘箱负荷，进而影响后续灭菌除热原效果；气压太高容易造成瓶位置偏移，造成碎瓶
洗瓶速度	速度超出供应商建议值和验证范围，影响清洗效果

（5）安瓿立式超声波洗瓶机操作注意事项、维护保养要点、常见故障及处理方法等

① 操作注意事项　a. 检查设备电器开关，仪表指示，设备传动是否正常；b. 先空机运转，检查设备和机械传动结构运转是否正常；c. 当有卡瓶情况时及时停机处理；d. 在理瓶转盘把瓶拨入拨瓶轮及轨道中，严禁倒瓶进入；e. 调试或更换尺寸件时，进入点动模式，并注意安全；f. 请勿用水或酒精等擦拭触摸屏表面。

② 常见故障及处理方法　该设备的常见故障及处理方法见表 7-12-2。

表 7-12-2　安瓿立式超声波清洗机常见故障及处理方法

故障	原因	处理方法
碎瓶	螺杆与螺杆或提升机构运动不匹配	以清洗站为基准，调节提升再调节螺杆，使其对接良好，运动畅通
清洗水压不足	公用工程供给不足	恢复公用工程压力
清洗水阀门未开启	开启清洗水阀门	开启清洗水阀门
主机无法启动	管路泄漏	检修管路
	电机电流过大	检查电路故障，并排除
	负载小于最小加载量	上瓶满足最小加载量
	报警未消除	排除报警问题，消除报警
清洗效果不达标	清洗水压力不够	加大清洗水压力
	清洗水喷射角度不合理	调整喷射角度，不留死角
	压缩空气压力不够	加大压缩空气压力
	气吹角度不合理	调整喷射角度，不留死角
网带不运转	减速机损坏	更换电机减速机
	链轮跑偏	调整链轮
	网带与过渡板干涉	调整过渡板与网带的距离
喷淋槽堵住	下水箱过滤网脱落	跟换新过滤网
	循环过滤器滤芯损坏	更换新滤芯
水槽内掉瓶	进瓶阻力大	调整进瓶弹片
	夹爪开启角度小或者夹持力度小	调整夹爪角度，调整弹簧，如失效更换弹簧
保护罩不升起	气压低	调节进气压力
	气缸密封失效	更换接头、气管或气缸
	电磁阀接线错	检查线路正确性
洗瓶洁净度不够	注射用水压力低	调节注射用水压力
	压缩空气压力低	调节压缩空气压力
	过滤器滤芯堵塞	更换滤芯

2. 隧道式灭菌干燥机

隧道式灭菌干燥机简称隧道烘箱，是采用长箱体热风循环或红外辐射加热方式进行干燥与灭菌的一种烘箱。其主要是为了满足针对连续生产、去热原灭菌所需。隧道烘箱一般用于小容量注射剂药品生产中对灌封前西林瓶的去热原灭菌处理，它是无菌灌装作业的一个重要组成部分，如图 7-2-10 所示。常用的隧道烘箱为热风循环式隧道烘箱，按照烘箱的冷却方式可分为风冷和水冷两种。

（1）隧道式灭菌干燥机基本工作过程

西林瓶随传送带依次进入隧道烘箱的预热段、高温灭菌段，经加热的空气在风机的带动下，经过高效过滤，单向流入输送网带，对西林瓶进行加热；输送带下面的空气又在风

图 7-12-10　隧道烘箱外形

机的带动下，经循环通道回流至风机。因加热段风压相对较高，故在电加热器前有新风补充。最后瓶子随传送带进入低温冷却段，经冷却的空气在风机的带动下，经过高效过滤，垂直流入输送网带，对灌装瓶进行冷却。输送带下面的空气又在风机的带动下，经循环通道回流至风机。输送带速度无级可调，温度监控系统设置无纸或有纸记录，如图 7-12-11 所示。

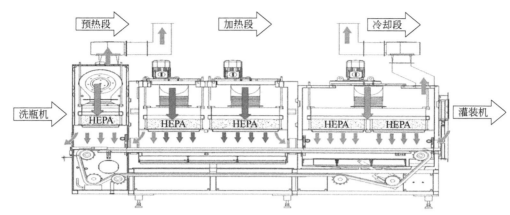

图 7-12-11　隧道烘箱工艺流程图

隧道烘箱应用流体层流原理，采用热（冷）空气交换，完成对经过密封隧道内的容器瓶进行高速干燥、灭菌、冷却的成熟工艺。设备正常工作运行中对温度、风压等均设有自动监控，实现了连续作业完成容器瓶的输入、预热、干燥、灭菌、在线灭菌、冷却、输出。

（2）隧道式灭菌干燥机基本结构

整个输送隧道密封系统分为预热层流段，干燥、灭菌层流段（加热段），冷却层流段三个主要部分。

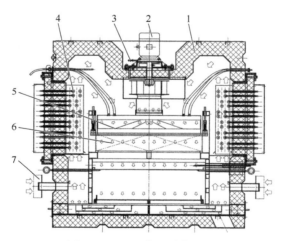

图 7-12-12　预热段结构示意

1—加热箱体；2—加热层流风机；3—冷却水管；4—电加热管；5—风罩；6—高温高效过滤器；7—初效过滤器

① 预热层流段　主要由初效空气过滤器、预热层流箱体、预热层流风机、风门调节器、风罩、高效过滤器、风罩压紧装置、过滤器安装框、超声波换能器、抽湿排风风机等组成，如图 7-12-12 所示。瓶子经过预热段的过程中，抽湿风机吸走瓶外的挂水和抽走加热段的湿热空气，来自加热段的热风将瓶子烘干并预热，确保隧道内的温度梯度，减少西林瓶热冲击。

工作时，空气由层流箱体上腔的预热层流风机吸入，经过初效过滤器，然后压入层流箱体下腔，经过风罩、预热段高效过滤器将洁净的空气压向容器，对容器进行层流风保护，然后由机器底部抽风机抽走。预热段隧道内的风压相对洗瓶间为正压（5~10Pa），使外面的低级别空气不能进入隧道内，以保持容器的洁净度。为保证干燥灭菌段的灭菌效果，预热段的空气不得进入干燥灭菌段；为此必须保证预热层流段和干燥、灭菌层流段有一定的压力差，即空气只能由干燥、灭菌层流段流向预热层流段；同时为使干燥、灭菌层流段的热风不至于大量流向预热层流段，设备正常工作时，设置干燥、灭菌层流段比预热层流段的压力高且为正压（1～2Pa）。预热层流段对药瓶预热的热量主要来自于干燥、灭菌层流段向预热层流段溢出的热风。

② 干燥、灭菌层流段　主要由加热箱体、加热层流风机、冷却水管系、电加热管、风罩、高温高效过滤器、初效过滤器等组成，如图 7-12-13 所示。加热段留有新风补风口，对腔内损失风量进行补充，封口处都配有初效过滤器。为了提高空气均匀性以达到良好的热均布性，在风机出口到高效过滤器上方和传输网带下方安装有均流装置。干燥、灭菌段是烘箱的主要功能段，高温灭菌和除热原的过程均在此功能段内完成。根据 GMP 要求，西林瓶在加热循环后，去热原工艺需要实现下降至少 3 个对数单位。

工作时，少量空气由初效过滤器进入烘箱内，按箭头方向（图 7-12-13）向上流经不锈钢电加热管、经电加热管加热后，被加热层流风机吸入，再按箭头方向经高温高效过滤器过滤后进入隧道内，对容器进行干燥和灭菌。箱体前端部分高温湿热气沿着箱体底部箭头方向被抽湿排风风机抽走。烘箱箱体中将过滤与加热用隔板分开，形成了如图 7-12-13 所示明显的循环层流风道。因而此结构正常工作时可使容器瓶在烘箱箱体内始终处在均匀的层流保护之下，避免了箱体外低级别空气进入隧道，从而保证了容器的洁净度。为保证灭菌效果，干燥、灭菌层流段的风压对预热层流段的风压应为正压。工作时，加热层流风机长期处于高温环境下运行，为防止加热层流风机的机件因高温过早损坏，设计有加热层流风机的冷却水管系，该管系的配置需用户按照本使用说明书的要求。

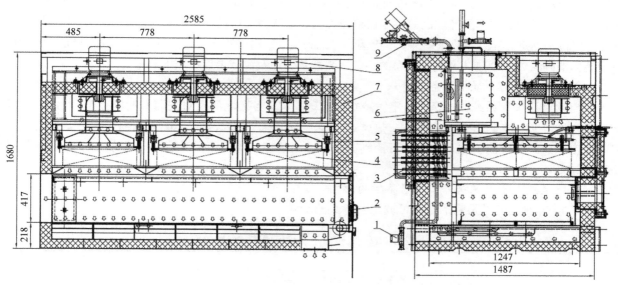

图 7-12-13　干燥、灭菌段结构示意

1—排水阀门；2—出口下塞块；3—电加热管；4—高温高效过滤器；5—风罩；6—表冷器；
7—冷却层流箱体；8—加热层流风机；9—在线灭菌管系

③ 冷却层流段　主要由排水阀门、出口下塞块、电加热管、高温高效过滤器、风罩、表冷器、冷却层流箱体、加热层流风机、在线灭菌管系等组成。冷却层流段将从加热层流段流入的高温瓶进行冷却，使烘箱出瓶温度接近于环境温度。与环境温度温差较大，会导致流入灌装线的瓶子表面产生结露现象。

a．正常工作时日间启动　开启表冷器的冷却水入口阀门和冷却水出口阀门；排水口阀门关闭，压缩空气入口阀门关闭，冷却水进入表冷器，热风机开启，吸入经表冷器的空气，吹向高温高效过滤器，空气经高效过滤器过滤后流经冷却腔体，回到加热器，经过加热器后流向表冷器进行冷热交换，对循环风进行降温。流量调节阀根据腔内温度传感器调节开度的大小来控制改变表冷器内的水流量，实现控制循环风的温度在设定值，冷却段层流风温度建议设定在 25℃。

b．开启冷却层流段在线灭菌模式　关闭表冷器的冷却水入口阀门和冷却水出口阀门；排水口阀门打开，压缩空气入口阀门打开，将表冷器内的管路中的水排空，排空后开启热风机，热风机开启后，吸入经表冷器流过的空气，吹向高温高效过滤器，空气经高温高效过滤器过滤后，流经冷却腔体，回到加热器，经过加热器后流向表冷器，加热器开启，如此循环开始加热，加热至设定温度（180～250℃）后，恒温一段时间（45～60min）再降温，恒温后开始采用自然冷却至150℃，采用压缩空气冷却，直至冷却至 60℃，冷却层流段就可以恢复到正常生产的状态，即完成了对冷却层流箱箱体内腔及表冷器等机件的在线灭菌要求。防止了本设备因长时间停机而重新启用本设备的初期阶段对已经过灭菌、干燥的容器瓶有可能造成的污染。

④ 传动系统　主要由主传动减速电机、传送网带、链条和链轮等组成。对灌装瓶进行平稳、可靠的传送，实现上游洗瓶机与下游灌装机的对接。网带张紧轮设在冷却层流段，链轮之间过渡顺滑，主动轮包角角度需要适宜，防止打滑。

⑤ 机架　作为支撑烘箱三段箱体及其他附件的重要组件，一般是由不锈钢方管焊接制成。

（3）隧道式灭菌干燥机的一般技术要求

①灭干燥后细菌内毒素水平至少下降 3 个对数单位；②应提供单项流保护；③出现与安全相关的偏差时能立即停止传送带运转，故障没有解决时隧道烘箱输送带应不会重启；④超范围偏差系统需提供警报；⑤生产能力能达到工艺要求；⑥洗瓶机、隧道烘箱、灌封机连接，各个机器运行速度需同步，能联动运行；⑦在设定时间内能由常温升到设定温度；⑧对于隧道烘箱传送带空载温度进行一致性测量；⑨传送带上方横向温度波动应达到要求；⑩出口处玻璃瓶温度能降至工艺要求温度；⑪隧道烘箱至少能记录预热层流段的温度，干燥、灭菌层流段的温度，冷却层流段的温度；⑫洗瓶机与隧道烘箱、灌封机之间设有传感器，监控玻璃瓶超载情况；⑬设备有紧急按钮，能保证在安全位置立刻停止运转；⑭当实际灭菌温度低于设定值时，传送带应自动停止；⑮工作段必须能够维持相对于外界环境正压；⑯气流从加热区流向进瓶（洗瓶）区和冷却区；⑰隧道烘箱须经过高效过滤器检漏确认、过滤器出口风速确认、隧道烘箱腔室内的洁净度确认、尘埃粒子测定、各区域的压差确认、灭菌程序的设定（即对网带传送速度和高温区温度设定）的确认、生产能力的确认、空载热（温度）分布的验证、装载热穿透及满载温度分布的验证等。

（4）隧道式灭菌干燥机具备的特点

①自动风压平衡系统，确保无菌室对冷却层流段、烘箱各段之间及对洗瓶间的压差符合 GMP 要求；②高效过滤器负压密封，模块化箱体，热风定向导流均布自动控温，安装维修方便，使用范围广；③烘箱配有电器控制柜，温度数显控制，可控制在任一恒温状态；④烘箱保温层内采用特殊的保温材料，保温性能良好。

（5）隧道式灭菌干燥机可调工艺参数的影响

表 7-12-3 为隧道式灭菌干燥机可调工艺参数的影响。

表 7-12-3　隧道式灭菌干燥机可调工艺参数的影响

工艺参数类型	影响
预热层流段温度	温度过低，不能去除瓶内残余水分，影响高温段的去热原效果 温度过高，超过高效过滤器耐热温度，导致高效过滤器泄漏，腔体内环境无法保证，导致烘箱微粒污染；同时温度太高，玻璃瓶有常温突然升至较高温，易破碎
干燥、灭菌层流段温度	温度过低，不能达到去热原效果，温度与网带速度需匹配并经过验证 温度过高，超过高效过滤器耐热温度，导致高效过滤器泄漏，腔体内环境无法保证
冷却层流段温度	应当监测冷却区温度，确保出隧道的物料已经冷却至适宜的工艺要求温度；否则温度过低会导致瓶上产生凝水，温度过高影响产品质量
网带速度	通常情况下网带速度可通过生产产量、瓶型规格以及网带宽度计算得出。实际运行中，如果网速过快会导致下游挤瓶，进而出现碎瓶现象，此时报警信号连续反馈，电控系统反复启动-停止容易损坏，而且网带速度过快，灌装瓶灭菌时间短，灭菌除热原不彻底；网带过慢，与下游灌装速度不匹配，导致运瓶不畅，网带上瓶子出现断层现象，故在实际设计中要与灌封机的速度匹配，网带速度过慢，使得灌装瓶在高温下维持时间太长，容易导致过烧
压差	若灌装间对冷却层流段压差、隧道烘箱内部各段间压差、烘箱各段间与环境的压差超出范围，会造成腔体内环境无法保证，并影响去热原效果
风机转速/风速	风速与压差相辅相成，风压小，风速相应降低，隧道内的压差梯度会影响，导致隧道内洁净度无法达到所要求的洁净环境；风压过大，风速相应较大，房间压差不稳定，风速过大或过小都会导致隧道内气流流向紊乱

（6）隧道式灭菌干燥机操作注意事项、维护保养要点、常见故障及处理方法等

① 操作注意事项　a. 开机前确认电源电压与使用相符，管道无漏气，风机转动灵活，方向正确等。b. 开机时，只有开风机才能开加热；关机时，依次按下各停止按钮，一旦风机停，加热也停止。c. 在安装或更换高效过滤器时，必须注意不能损坏高效过滤器，需遵从供应商说明书操作。

② 隧道式灭菌干燥机常见故障及处理方法　见表 7-12-4。

表 7-12-4　隧道式灭菌干燥机常见故障及处理

故障	原因	处理方法
温度升不高	电加热电压太低 风机转向不符 显示仪表不正确	提高网络电压，按要求供电 电源线两相任意对调 检查仪表各参数是否正确
箱内温差太大	百叶窗叶片调整不当 烘门未关严	左右两侧的百叶窗在调整叶片间距时，尽量使热风流通面积大（请注意最下部和最上部两张叶片不能移动） 检查密封处的密封条，若损坏则更换密封条
风机噪声大	风机螺栓松动 风机叶片碰壳，轴承磨损，电机二相运转	拧紧螺栓 检查叶片，校正与壳距离，更换轴承 检查线路及电器开关
干燥速度太慢	排湿选择不当 风量太小	调整排湿阀开度 检查风机是否漏风或叶片上吸有杂物
升温慢	加热管损坏 风机转速不够或损坏	更换加热管 加大风机的转速或更换风机
温度无法控制	控制温度传感器损坏或温控器损坏	更换

3. 灌装机

（1）灌装机基本原理

安瓿灌封机主要用于制药、化工等行业中安瓿灌装和拉丝封口。本设备采用直线间歇式灌装及封口，首先由灌注泵通过灌针将药液注入安瓿内实现安瓿灌装，然后对安瓿头部加热软化经拉丝钳拉丝封口。

（2）灌装机基本结构

安瓿灌封机由输瓶网带部件、绞龙拨块分瓶部件、行走梁间歇送瓶部件、药液灌装及其前后充氮部件、靠瓶部件、加热拉丝部件、转瓶部件、出瓶部件组成。

安瓿瓶在安瓿灌封机上由输瓶网带与输瓶绞龙将其分隔送入主传输系统，其中主传输系统包括进瓶拨块、主次行走梁、出瓶拨轮等。安瓿瓶的前后充气、安瓿灌封、拉丝封口等工序都在主传输上完成。在完成安瓿的拉丝封口后由出瓶拨轮将其导入出瓶盘，完成整个安瓿的拉丝灌封过程。

① 输瓶网带　主要由带减速机电机、网带、墙板、驱动轴、从动轴、张紧装置、角度调节装置、边罩等组成，如图 7-12-14 所示。其功能是承接及缓冲烘干机来瓶，并将瓶子送至绞龙。网带驱动电机由调速器控制转速。输瓶网带设有挤瓶、缺瓶感应装置。如图 7-12-14 所示，当网带上安瓿瓶过多或过少时，与挡瓶带 1 和重锤 2 相连的滑块 3 通过安装在限位套 4 上的传感器将信号传送至 PLC，以控制烘干机网带停转（挤瓶时）或控制进瓶绞龙停止工作（缺瓶时）。

② 绞龙拨块分瓶部件　如图 7-12-15 所示，输瓶绞龙 2 横置于网带出口端，由绞龙夹头 1 通过转动轴、同步带轮、同步带、传动齿轮组、电磁制动器、定位牙嵌式离合器等与主传动机构联动。其中离合器控制绞龙与主传动轴的断开与连接，制动器使绞龙迅速停止旋转。进瓶绞龙的螺旋式半圆形容纳槽在匀速转动过程中将安瓿瓶分隔成一定的间距，形成等距的"队伍"向拨块 3 推进。进瓶拨块 3 置于绞龙的末端，为扇形块形式且其圆弧边缘均匀布置有半圆形缺口，扇形块共两件每件扇形块由一个独立的伺服电机驱动与绞龙及前次行走梁 6 同步运行。承接绞龙推进的瓶子，并且将其送入前次行走梁 6 内进入行走梁间歇送瓶部件。进瓶栏栅 4 上的光电光纤 5 为无瓶不灌信号的采集器，在无瓶不灌模式下灌注泵只有在光电光纤检测到相对应位置的安瓿瓶时才进行灌装动作。

③ 行走梁间歇送瓶部件　如图 7-12-16 所示直线式间歇送瓶行走梁主要由前次行走梁 1、后次行走梁 3 和中间主行走梁 2 组成，每组行走梁都由一个圆柱凸轮和摆杆驱动。前次行走梁接收进瓶扇形块 7 传过来的安瓿瓶，然后将它送到主行走梁的容纳槽内。中间主行走梁每一个往返行程将安瓿瓶依次送到前充氮工位、灌装工位、后充氮工位、封口预热工位、拉丝封口工位，最后送到后次行走梁的容纳槽内。后次行走梁将安瓿瓶送到出瓶扇形块 6 的容纳槽内。出瓶拨块置于行走梁部件的末端，同进瓶拨块为扇形块形式且其圆弧边缘均匀布置有半圆形缺口，扇形块共两件，每件扇形块由一个独立的伺服电机驱动，

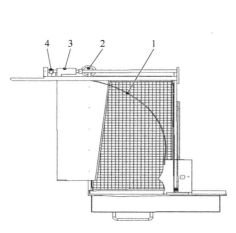

图 7-12-14　输瓶网带部件

1—挡瓶带；2—重锤；3—滑块；4—限位套

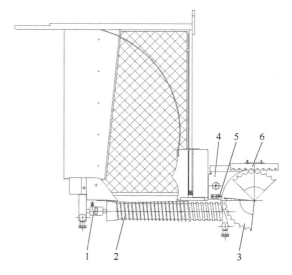

图 7-12-15　绞龙拨块分瓶部件

1—绞龙夹头；2—输瓶绞龙；3—拨块；4—进瓶栏栅；
5—光电光纤；6—前次行走梁

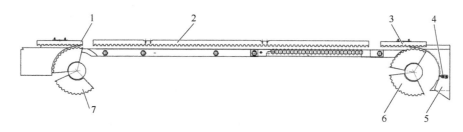

图 7-12-16　直线式间歇送瓶行走梁

1—前次行走梁；2—主行走梁；3—后次行走梁；4—光电光纤；5—出瓶栏栅；6—出瓶扇形块；7—进瓶扇形块

与后次行走梁协同运行将安瓿瓶由后次行走梁导入出瓶盘内。出瓶栏栅 5 上的光电光纤 4 能将对安瓿瓶的感应信号传至 PLC，经 PLC 计算出产量及当时的生产速度，并通过 HMI 显示这些数值。

④　药液灌装及其前后充氮部件　药液的供给就是将药液从用户端输送到机器的灌装系统缓冲罐。缓冲罐有两种形式：一种是桶式的容器，只有一个药液出口，独立于机器；另一种是管式的容器，多个药液出口，每一个出口与一个泵连接，有分液器的功能，安装于机器上。药液从用户端输送到缓冲罐内，用户端必须装备气动隔膜阀，缓冲罐配备液位监测装置，监测装置发出信号控制用户端气动隔膜阀的通断，保持罐内的液面在适合的范围内。药液从缓冲罐输送到机器的灌装系统，缓冲罐顶部配备呼吸器，输送过程中保持罐内压力恒定。药液从用户端输送到缓冲罐内，最大限度地避免了因晃动或冲击而导致气泡或泡沫的产生。

⑤　灌装系统　将产品（药液）按一定的装量灌装到容器（安瓿瓶）内。

⑥　伺服灌装泵部件　主要由伺服电机 1、滚珠丝杆副 2、升降杆 3、联杆 4、泵夹板 5、转阀活塞泵 6 和转阀驱动组 7 构成，如图 7-12-17 所示。转阀活塞泵包含一个可往复旋转的转阀、一个可上下移动的活塞杆和一个由泵夹板固定的泵缸组成。转阀位于泵缸内的上部，每一个泵的转阀都有一个独立的连杆与转阀驱动组联结，转阀驱动组由一个伺服电机驱动，这样，所有泵的转阀是同步旋转的。活塞杆位于泵缸内的下部，活塞杆的往返运动由一个独立的伺服电机通过滚珠丝杆副、升降杆、联杆精确控制，往返一次，可以使灌注泵按设定的量程完成对安瓿瓶药液的灌注。转阀活塞泵的灌装动作都可编程控制且可以在 HMI 人机界面设定调整配方参数（每一种灌装量对应一个配方，配方可存储可调用）。

⑦　充气管路部件　如图 7-12-18 所示，充气管路部件分为控制气体管路及保护气体管路。控制气体管路由过滤减压阀 1 及电磁阀 2 等组成；保护气体管路主要由气动隔膜阀 3、流量计 4、分气管 5 及充气针等组成。电磁阀通过对压缩空气通断的控制以启动气动隔膜阀的通断，从而达到对保护气体通断的控制。保护气体由气动隔膜阀直接控制，能有效避免电磁阀等元器件的油气对保护气体的污染。

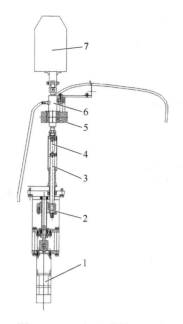

图 7-12-17　伺服灌装泵部件

1—伺服电机；2—滚珠丝杆副；3—升降杆；4—联杆；
5—泵夹板；6—转阀活塞泵；7—转阀驱动组

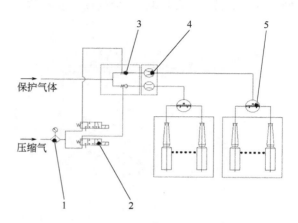

图 7-12-18　充气管路部件

1—过滤减压阀；2—电磁阀；3—气动隔膜阀；
4—流量计；5—分气管

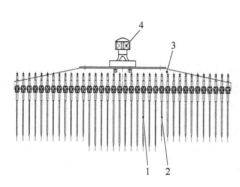

图 7-12-19　充气原理示意

1—灌针；2—充气针；3—固定板；4—捏手

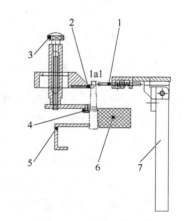

图 7-12-20　安瓿瓶定位结构

1—前靠瓶杆；2—瓶口靠板；3—捏手；4—上靠板；
5—下靠板；6—靠瓶凸轮；7—调节支杆

固定板 3 在主传动系统的盘形凸轮驱动下仅做垂直升降运动，随着针固定板的垂直升降运动，与灌注泵连接的灌针 1 和与充气系统连接的充气针 2 适时插入到容器（安瓿瓶）内分别对其灌注药液与充保护气体。灌针和充气针上升到最高位置时，此位置所处的时间可以在 HMI 中检测到，制动电磁铁工作使得摆杆脱离开盘形凸轮固定在高位，从而使灌针和充气针停留在最高位置。固定板的高度可以通过捏手 4 调整，以适应不同规格容器（安瓿瓶）的生产。同时灌针和充气针亦可单独调整其高度前后左右位置。

⑧ 安瓿瓶定位结构　安瓿瓶定位结构（图 7-12-20）能有效防止因安瓿瓶定位不准而导致的灌针插偏瓶口现象的发生，当直线式间歇送瓶行走梁将安瓿瓶送至充气或灌装工位时，下靠板 5、上靠板 4、瓶口靠板 2 以及前靠瓶杆 1 将在靠瓶凸轮 6 的驱动下同步运动将安瓿瓶压紧。每根靠瓶杆具有独立的伸缩量可以有效抵消安瓿瓶外径与设备零件加工偏差。当调节支杆 7 以及捏手 3 时能分别调整靠瓶杆与瓶口靠板的高度以满足不同规格的要求。

⑨ 封口系统　将灌了一定装量产品（药液）的容器（安瓿瓶）热熔封口。封口系统包含火板系统、转瓶系统、拉丝系统。

如图 7-12-21 所示火板有预热和拉丝两个工位，两个工位的燃烧气体分别由预热进气管 5 和拉丝进气管 3 导入，所以预热工位与拉丝工位的火焰可以分别调节。在火板系统中每支安瓿瓶都对应一个火嘴 1，所有火嘴安装在一块火板 2 上。火嘴与装火嘴的板统称火板。火板在垂直面内做升降运动。火板在低位时，预热工位对安瓿瓶加热，封口工位对安瓿进一点加热并进行拉丝封口，在高位时，火板火嘴离开安瓿瓶停止加热。火板的升降运动由主传动系统中的盘凸轮驱动。火板的高度可以通过捏手 4 调整，配合螺栓 6 与螺栓 7 可以调整火板的前后左右位置以适应不同规格容器（安瓿瓶）的生产。

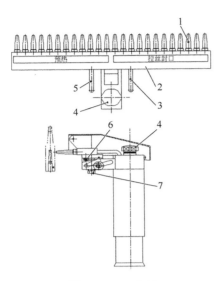

图 7-12-21　火板

1—火嘴；2—火板；3—拉丝进气管；4—捏手；
5—预热进气管；6，7—螺栓

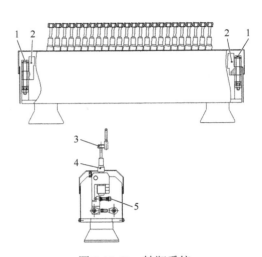

图 7-12-22　转瓶系统

1—调节杆；2—支座；3—橡胶滚轮；4—滚轮轴；5—调节螺钉

⑩　转瓶系统　驱动封口工位的安瓿瓶旋转，使得火嘴喷出的火焰能均匀加热安瓿瓶，如图 7-12-22 所示，转瓶系统由橡胶滚轮 3 和驱动滚轮旋转与摆动的机构组成。每支安瓿瓶都对应一个橡胶滚轮。所有橡胶滚轮通过同步带连在一起，由一个电机驱动，同步运转。火板对安瓿瓶加热时，橡胶滚轮贴紧瓶身，滚轮的旋转带动安瓿瓶的旋转。火板对安瓿瓶停止加热时，橡胶滚轮脱离安瓿瓶。橡胶滚轮这种贴近和脱离安瓿瓶的运动由凸轮和摆杆驱动完成。为适应不同规格容器（安瓿瓶）的生产，橡胶滚轮可做如下调整：橡胶滚轮安装在滚轮轴 4 上，调节滚轮轴可以单独调整个别橡胶滚轮的高度。所有滚轮部件都安装在由左右支座 2 支承的轴上，左右支座的高度由调节杆 1 控制，所以旋动调节杆可以调节所有橡胶滚轮的高度和倾斜角度。调节两颗调节螺钉 5 可以单独调整个别橡胶滚轮前后距离（贴近瓶身的距离）。

⑪　拉丝系统　拉丝钳利用安瓿瓶口受热熔化后的可塑性将安瓿瓶封口的装置。拉丝系统（图 7-12-23）由多对拉丝钳组成，组成拉丝钳的拉丝钳片 1 分为前拉丝钳片与后拉丝钳片。所有前拉丝钳片与后拉丝钳片分别由拉丝钳座 2 固定于前后两转轴 3 上。转轴可自转也可以绕中心轴 4 公转。当转轴自转时，拉丝钳做合拢与展开的夹持动作；当绕中心轴公转时，拉丝钳做摆动的动作。当转轴的自转与公转配合固定支架的升降运动，即可完成对安瓿瓶拉丝封口的一系列动作。PLC 检测到拉丝钳支架上升到最高位置时，制动电磁铁工作使得摆杆脱离开盘凸轮固定在高位，从而使拉丝钳停留在最高位置。

⑫　燃气管路系统　向火板供用燃烧气体，以加热熔化安瓿瓶瓶口。燃气由用户现场供气系统提供，如图 7-12-24 所示。机器上配有控制燃气与氧气通断的电磁阀 1，用户可以在 HMI 人机界面中控制电磁阀的开闭。燃气与氧气经回火器 2、流量计 3 与混气阀 4 后分成两支，一支流向预热工位的火嘴，一支流向拉丝工位的火嘴。每支管路上装有流量计，可以分别手动调节每条管中燃气与氧气的流量。排气系统将热熔封口区域的热空气抽走排出室外，避免环境温度的升高，使室温恒定。排气系统由吸风罩、抽风机和风管组成。吸风罩正对火板火嘴的前方，抽风机装在吸风罩的尾部，风管将抽风机出口连通至室外。室外排风口处用户可考虑安装引风机和过滤器装置，也可安装电动阀门，在灌封机停止工作时关闭排风口，防止室外空气倒灌入灌装间。

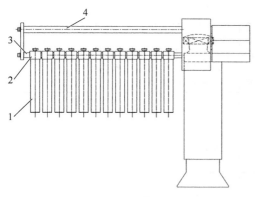

图 7-12-23 拉丝系统

1—拉丝钳片；2—拉丝钳座；3—转轴；4—中心轴

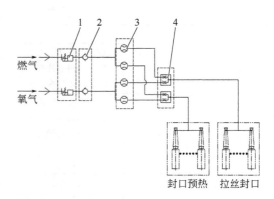

图 7-12-24 燃气管路

1—电磁阀；2—回火器；3—流量计；4—混气阀

（3）灌装机具备的特点

①无瓶不灌装，无瓶不压塞，自动剔除和取样功能；②每个灌装针可单独进行灌装量自动调节；③生产区与维护区分离，避免交叉污染的风险；④整机采用全伺服驱动，保证分装的精度及传输的稳定性；⑤根据程序设计可进行自动取样；⑥自动实现灌装结束时的药液回吸，防止滴落；⑦结构紧凑简单，便于清洁，符合无菌生产工艺要求，适用性和操作性强，快捷式非工具模具安装；⑧多种配方管理，简单明了的触摸屏界面操作；⑨可配备 ORABS、CRABS、ISOLATOR 隔离系统，配合同步传输功能实现多种附加功能，如充氮、称重等。

（4）灌装机可调工艺参数的影响

表 7-12-5 为灌装机可调工艺参数的影响。

表 7-12-5　灌装机可调工艺参数的影响

工艺参数类型	影响
灌装速度	灌装速度影响灌装精度，装量精度不符合要求时，产生不合格品
转盘转速	过慢会导致上游挤瓶，触发报警；转盘过快，与下游速度不匹配，容易导致倒瓶
充氮压力	导致含氧量不符合要求
风速	灌装区 A 级环境受影响
生产速度	影响产品生产效率

（5）灌装机操作注意事项、维护保养要点、常见故障及处理方法等

① 注意事项　a. 开机前确保灌装机电源插头接上相应电源，机器机箱接地线；b. 确保灌装机上的气压在合适的气压下；c. 确保缓冲罐的阀门和过滤装置的管道连接紧密，过滤装置完好无损。

② 常见故障及处理方法

表 7-12-6 为灌装机常见故障及处理方法。

表 7-12-6　灌装机常见故障及处理方法

故障	原因	处理方法
传动部件噪声大	减速器油位过低或过高 减速器转动不灵活 带传动时，噪声大 传动带过紧或过松	调整润滑油液位 检查或更换轴承 检查或调整传动带水平，调整张紧 检查或调整
传动部件抖动或不平稳	同步皮带过紧或过松 传动带链板调整不当 挡瓶栏杆调整不当 污物或碎玻璃片在输瓶通道出现卡滞	检查和调整同步带 检查和调整链板挡板松紧程度 检查和调整挡瓶栏杆 清除污物和碎玻璃
灌装工位不灌装	灌装机构设定限位超出行程 蠕动泵密封不良 蠕动泵吸液口密封不良	调整复位 检查或更换 检查胶管和胶垫密封情况

故障	原因	处理方法
灌装工位不灌装	蠕动泵损坏 吸液、出液管有死弯 主机速度过快	检查原因或更换 调整胶管角度，使其无死弯 调慢主机速度
无瓶不灌不加塞动作不对	光纤探头位置不正确 光纤测量探头损坏 光纤电缆折断 电磁阀损坏 气缸损坏	重新调整 更换 更换 更换 更换
针管错位	针管对中不好 电子凸轮初始位未对好	调整针管对中 调整电子凸轮初始位置
输塞不畅通卡阻	胶塞有较大及较多的毛边	筛出不合格胶塞 选用合格的胶塞
上塞盘上塞不好	高度位置未调好 上塞部件方向不对 上塞头、加塞头不光滑	重新对位 修光上塞头、加塞头
胶塞供应不上	理塞斗振荡弱理塞不快 有个别不合适盖子卡阻	增大理塞斗振荡 及时清除卡阻
理瓶盘倒瓶	未调整好	将理瓶盘调整水平 将理瓶盘的转速调合适
烘箱与灌装加塞机连接处缺瓶	控制接近开关的弹簧力调节得过小，造成瓶子之间未挤紧而接近开关就被导通 接近开关的安装位置不对 出口过渡板过高或不平	适当调整接近开关的位置及弹簧弹力 重新调整接近开关位置 调整过渡板位置
理塞斗速度跟不上	振荡斗固定螺钉松动 弹片弹力不够	紧固螺钉 在弹片之间增加垫片增大其弹性
上塞不顺畅	理塞斗与过塞板对中不好或上下位置对接不好 上塞速度过慢	调整好 适当加快上塞速度
吸塞盘吸塞不顺利	塞子没送到位 间隙过大 排气位置不正确	调整好 调整，塞子与吸塞盘一般不超过 1mm 小塞子的间隙应该更小 调整好排气位置

二、安装区域及工艺布局

目前小容量安瓿瓶灌封联动线有两种布局方式：直线式布局和 L 型布局。L 型布局设备将灌装系统部件设置在操作面，并使设备背面靠墙；设备操作包括正常的生产操作、取样和灌装部件的拆卸与安装都位于 C 或 B 级区域，设备的维护与保养位于 D 级洗烘间；安瓿通过洗烘设备后进入灌封机，灌装拉丝封口之后回到 D 级出料；实现操作区与维护区、人流与物流的有效分开，降低维护对环境的污染，降低生产对药品的污染。同时采用 L 型布局减小了 C 或 B 级区面积，降低运行成本。图 7-12-25 为某小容量安瓿瓶联动线安装的区域及工艺布局示例。

三、整机维护保养要点

整机维护保养要点有：①介质切断，设置警示标志并挂牌上锁，安全温度，个人防护用品穿戴齐全。②参考供应商手册，预防性维护应按照制定的年度预防性维护计划及月度预防性维护计划执行。③设备维护涉及与物料接触的部分，维护后应及时对设备进行清洁，如有必要还须进行消毒/灭菌，以保证再次使用时不会对产品质量产生影响。④执行预防性维护的人员必须进行过相应知识培训，并获得资质确认。⑤在执行维护活动前的准备工作中要进行检查确认，一旦发现有老化、破损、毛刺、锈迹、变形等现象，立即更换。⑥所用的润滑剂必须保证其长期使用的稳定性，且须保证使用同一品牌、型号的油润滑油，

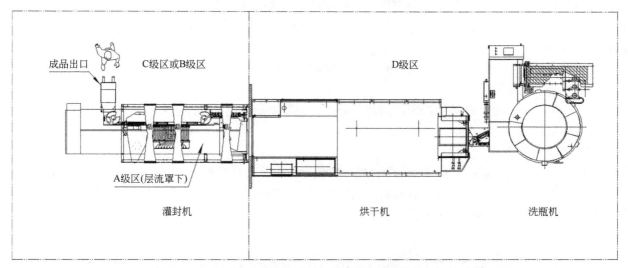

图 7-12-25　某小容量安瓿瓶联动线安装的区域及工艺布局

若要更换，务必避免混合使用（注意使用食品级润滑脂）。⑦关键部件及耗材应符合"等同替换"原则。⑧排出的制冷剂、润滑剂、酸碱液、粉尘及其他废弃物，不得就地排放或丢弃，不得直接接触和污染生产区域的地面及墙面，应进行收集和处理。⑨执行预防性维护的人员必须进行过相应知识培训，并获得资质确认。

四、生产控制要点

1. 清洗灭菌

（1）清洗灭菌生产控制要点

① 使用纯化水或注射用水进行清洗，以避免对容器的再次污染，最终淋洗水应符合注射用水的要求。

② 清洗工艺须经过验证。验证参数包括：超声水浴维持时间，水浴温度，容器中的喷淋水压，压缩空气的压力，通入压缩空气后的剩余水量，循环次数，洗瓶速度（瓶的破损率），水压，洗涤后安瓿瓶内的可见异物、不溶性微粒、化学指标、内毒素挑战试验等。

③ 内毒素挑战试验：将重溶内毒素溶液加到安瓿中进行，风干，清洗，使用阳性对照并测量内毒素的回收率，应证明该操作减少内毒素含量至少 99.9%。

（2）清洗灭菌工艺控制要点

瓶的洁净度观察；灭菌过程的温度观察与记录；空气及水的过滤器滤芯定时更换；空气及水过滤时的压力控制。

（3）清洗验证控制要点

清洗、灭菌时间的确认；空气压力和清洗水的压力确认；水温的确认；循环次数；灭菌设备单向流的洁净度确认；热原或细菌内毒素的确认。

2. 灌装控制要点

（1）生产管理要点

① 灌装准备　产品直接接触的设备部件需经过清洗和灭菌（或消毒）。可使用清洁剂和纯化水对其进行清洗，最后用注射用水进行一次或多次清洗；灭菌可经在线灭菌、高压灭菌柜等方式实现，不适于采用湿热灭菌的部件采用干热法灭菌；需要局部 A 级洁净度灌装的部件，灭菌后进行保护；使用经验证的清洁与灭菌程序对灌装机上液罐和管路进行清洁和灭菌；选用不脱落微粒的软管。

② 灌装过程　盛药液容器密闭，置换入的气体需经过滤；控制人员的操作行为，防止产生微生物污染；定期检查半成品的装量与可见异物；药液从稀配到灌装结束不超过规定时限；需充填惰性气体的产

品在灌封操作过程中注意气体压力的变化，保证充填足够的惰性气体；检查容器密封性、玻璃安瓿的形状和焦头等；灌封后应及时抽检可见异物、装量、封口等质量状况；调节熔封火焰位置，检查药液的颜色和可见异物。

③ 灌装结束　层流设备的检查；设备表面的清洗和消毒。

（2）质量控制要点

烘干容器的清洁度；药液的颜色；药液装量；可见异物；半成品的微生物污染水平；必要时测定充氮过程的残氧量。

（3）验证工作要点

灌装速度；药液装量；充氮及抽真空性能；灌装过程中最长时限的验证；灌封后产品密封的完整性；清洁灭菌效果；惰性气体的纯度；容器内充入惰性气体后的残氧量；灌装过程中最长时限的验证；灌封后产品密封的完整性；清洁灭菌效果。

第十三节　西林瓶小容量注射剂联动线

一、工艺过程

小容量西林瓶联动线主要是将无菌过滤的药液灌入经清洗、灭菌、除热原的西林瓶中，然后经过半加塞或全压塞后，通过理瓶装置整理成列，由网带输送至下道工艺或轧盖机进行轧盖。

二、基本组成

该联动线由立式超声波洗瓶机、隧道式灭菌干燥机、灌装加塞机、轧盖机等单机组成，如图 7-13-1 所示。每台可单机使用，也可联动生产，联动生产时可完成喷淋水、超声波清洗、机械手夹瓶、翻转瓶、冲水(瓶内、外)、冲气(瓶内、外)、预热、烘干灭菌、去热原、冷却、（前充氮）、灌装、（后充氮）、理塞、压塞、理盖、轧盖等二十多个工序。主要用于制药厂西林瓶水针剂和冻干粉针剂的生产。

图 7-13-1　西林瓶装小容量注射剂联动线

1. 立式超声波清洗机和隧道式灭菌干燥机

与小容量安瓿灌封联动线中的设备相同或相似。

2. 灌装加塞机

该设备可供制药厂家灌装液体类药物，并同机完成加塞（压塞）工序。可完成理瓶、灌装、理塞、输塞、压塞等工序。

液体灌装联动线依据结构不同，灌装加塞机分为桌板连续式灌装机和桌板间歇式灌装机；按灌装系统主要分为蠕动泵灌装和柱塞泵灌装。其中西林瓶的灌装根据不同的原理、结构等分类形式，又可分为不同的类型。通常灌装加塞机的分类方法如表 7-13-1 所示。

表 7-13-1　灌装加塞机分类

分类依据	主要类型	
运动方式	桌板连续式灌装	桌板间歇式灌装
灌装方式	桌板连续式灌装	桌板间歇式灌装
加塞方式	全加塞灌装	半加塞灌装
药液存储方式	西林瓶水针灌装	西林瓶粉针灌装

① 灌装机的基本工作过程　设备能自动完成理瓶→拨轮进瓶→前充氮→灌装→后充氮→加塞→剔废（取样）→出瓶等工序，如图 7-13-2 所示。其中进瓶转盘系统将无序排列瓶子整理成单个有序输出。主传送系统将西林瓶从进瓶工序获取，带动至下游工位。缓冲罐系统将药液存储在缓冲罐内并分配给蠕动泵。蠕动泵系统独立控制蠕动泵对药瓶进行定量分装。灌装系统使包材间隙式或连续式传送，灌装工位固定，上下随动实现灌装针在包材内自下而上灌装。加塞系统用于对瓶子加塞。理塞振荡料斗将杂乱分布的胶塞整理成单列输送给下游功能部件。出瓶可将加塞后的瓶子输送给下游设备。剔废是将未加塞瓶的不合格瓶剔除。

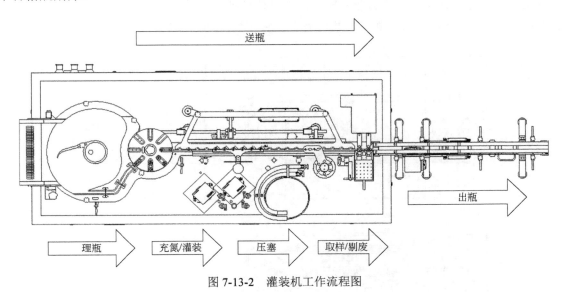

图 7-13-2　灌装机工作流程图

② 灌装机加塞机结构 1　图 7-13-3 为西林瓶灌装加塞机结构 1 的示意，由进瓶系统、运瓶系统、灌装系统、加塞系统、取样/剔废系统、出瓶系统组成。

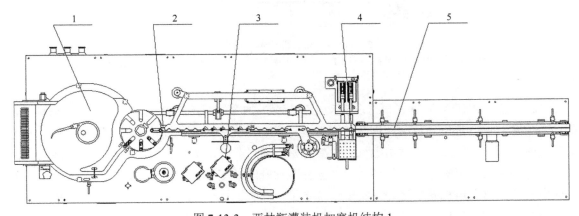

图 7-13-3　西林瓶灌装机加塞机结构 1

1—进瓶系统；2—运瓶系统；3—灌装系统；4—加塞系统；5—取样/剔废系统

a. 进瓶系统　该系统主要包括缓冲转盘和进瓶星轮。转盘收集来自烘箱的西林瓶，输送给二进瓶星轮，并将瓶子逐个地输送给运瓶系统。转盘具备瓶多瓶少检测传感器；具有倒瓶剔除功能。

b. 运瓶系统　该系统主要由输送块和输送电机等组成。运瓶系统接收来自进瓶星轮的西林瓶，匀速稳定地输送给灌装系统，并将灌装完的西林瓶传送至压塞工位。

c. 灌装系统　灌装系统主要包括跟踪灌装机构和灌装组件。跟踪灌装机构负责完成灌液针连续灌装的功能，它是由两个独立的伺服电机驱动针架做水平动作和垂直动作，从而完成灌液针连续跟踪灌装的动作。灌装组件采用蠕动泵或柱塞泵灌装，每个蠕动泵或柱塞泵都由独立的伺服电机驱动。具有无瓶止灌功能，由缺瓶光纤传感器检测到缺瓶时，控制空瓶工位对应的陶瓷柱塞泵停止灌装。

d. 加塞系统　加塞系统主要由压塞星轮接收来自运瓶系统的已灌装瓶子，稳定地传送给加塞站。加塞站对每一个瓶子进行全压塞或者半压塞；加塞完成后输送到出料系统。由伺服电机控制加塞盘进行加塞，加塞系统配备一个胶塞料斗和预进料斗，以便给加塞站输送胶塞，具有无瓶止塞功能。

e. 取样/剔废系统　在加塞机构之后配备了取样/剔废装置，对空瓶和未压塞的瓶子进行剔除，或进行取样。取样/剔废动作由真空吸盘完成，动作轻柔，成功率高。取样与剔废共用一个通道，节省空间。

f. 出瓶系统　西林瓶从加塞系统传送到出料星轮。瓶子通过出料星轮送入出料网带，然后进入托盘（单机）或进入自动进出料系统。输送链板采用特级耐磨材料，使用寿命长，不易磨损。

③ 灌装机加塞机结构2　灌装机加塞机还有另一种结构，如图7-13-4所示。

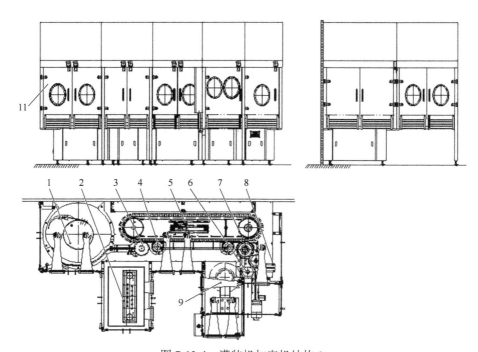

图 7-13-4　灌装机加塞机结构2
1—理瓶盘部件；2—灌装泵部件；3—进瓶拨轮；4—主传动部件；5—灌装跟踪部件；6—在线取样部件；
7—加塞部件；8—出瓶部件；9—理塞部件胶塞平台

a. 主机　由主电机直联减速机再直联驱动主输瓶带；加塞伺服电机直联减速机驱动加塞部件，出瓶拨轮部件由加塞部件经带传动驱动；进瓶伺服电机直联减速机驱动进瓶拨轮部件。跟踪部件与升降部件位于主输瓶带中部，其中跟踪部件由电机直联减速机，通过带传动驱动跟踪滑座，带动升降滑座做横向移动；升降部件由另一电机通过带传动经滚珠丝杆驱动升降滑座做上下运动。跟踪部件电机与升降部件电机组成电子凸轮与主电机同步运动，实现精确定位。灌装部件位于主输瓶带中部，由电机直联滚珠丝杆驱动柱塞泵的泵体上下运动；柱塞杆由电机直联减速机经齿轮啮合做间歇式同向圆周运动完成换向转阀，使柱塞泵实现不断吸排完成灌装。以上电机均为伺服电机。

b. 输瓶装置　输瓶装置为圆盘式理瓶机，作缓冲及输瓶用，由交流电机驱动，圆盘的转速通过调速器可无级调速。包装瓶在圆盘的带动下经一组栅栏理顺后成单列连续不断地送至进瓶部件，再转送到主输瓶带的输瓶块上。可实现倒瓶剔瓶，通过控制系统亦可实现无泵不进瓶。圆盘式理瓶机设有两处检测开关，可实现挤瓶缺瓶报警，报警信号可与隧道式灭菌干燥机以及灌装加塞机实现通信进行联动控制。

c. 灌装泵 　该机采用柱塞泵定量灌装，可为陶瓷泵或金属泵，泵的结构形式为二件式转阀泵。柱塞泵定量灌装是采用高精密柱塞泵加旋转阀进行定量灌装的，每次的灌装量由灌装泵的行程及泵的大小决定。为保证一定的计量精度，针对不同装量采用不同规格的灌装泵计量灌装。泵的驱动动力由伺服电机驱动柱塞泵，可在触摸屏上调节灌装量，包括统调和微调。

d. 灌装部件 　由伺服电机直联滚珠丝杆驱动柱塞泵的泵体上下运动，柱塞杆由伺服电机直联减速机经齿轮啮合做间歇式同向圆周运动完成换向转阀，使柱塞泵实现不断吸排完成灌装。可通过控制系统实现无瓶不灌装。

e. 理塞部件 　理塞部件主要利用电磁共振原理制成。理塞斗内设双通道螺旋线，单出口，以保证理塞速度。更换规格时，松开其安装座侧面的紧固螺钉，调节其底部调高螺杆可调节出塞高低，调节振动调速旋钮可调节理塞速度。理塞部件可配置低位检测系统，实现胶塞低位报警。

f. 上塞部件 　由理塞斗整理后的胶塞直接输送到上塞部件与加塞部件定位，上塞部件由气缸驱动，电磁阀控制气缸带动挡塞器运动实现无瓶不加塞。

g. 加塞部件 　回转的整体式加塞部件在上塞盘的吸头部位产生真空，将塞子吸住带走，灌好药液的瓶子经主输瓶带转送交接到加塞部件，瓶子在加塞部件内沿升降轨道上升，将胶塞压入瓶口并至合适深度后，此时真空消失，塞子连同瓶子一起下降脱离上塞盘完成压塞。

h. 出瓶拨轮部件 　出瓶拨轮部件自加塞部件将瓶子承接过来，并推送入出瓶盘部件内。其动力由加塞部件通过带传动驱动。

i. 进瓶拨轮部件 　由进瓶伺服电机直联减速机驱动，自理瓶盘部件将瓶子承接过来转入主输瓶带输瓶块上。进瓶拨轮上设有光电检测开关，传输信号，实现无瓶不灌装。

j. 出瓶盘部件 　出瓶盘部件是供加塞后的包装瓶中转暂时贮放用。

k. 检瓶部件 　由伺服电机直联驱动，通过控制系统按设定时间或即时操作跟随主机实现抽样取瓶，送入取瓶输送机。

l. IPC 在线称重 　在灌装前取样拨轮通过真空吸取连续的 5 个西林瓶并从同步齿形带中取出，并称每个瓶的重量后送回同步齿形带中。灌装后取样拨轮通过真空将已称空瓶重量并灌装的 5 个西林瓶从同步齿形带中取出，并称每个瓶的重量，系统自动计算分装量。对于计量不合格的情况，通过称重检测将信号反馈到灌装站，自动控制调节对应灌装的灌装量并将不合格品将自动剔除。

m. 取瓶输送机 　由交流电机驱动，输瓶速度通过调速器可无级调速。

3. 轧盖机

轧盖机（图 7-13-5）用于抗生素瓶的压盖与轧盖工序。可完成理瓶、理盖、输盖、轧盖、出瓶、剔废工序，凡与包装材料接触的零件均采用不锈钢或无毒工程塑料，无污染。采用变频器调整，操作简单，自动化程度高。

（1）轧盖机基本工作过程

瓶子进入轧盖机缓存转盘，随导向模具进入进料网带，后进入进料/剔废星轮，将不良品通过前剔废通道/网带剔除，进料/剔废星轮将合格品西林瓶分别倒入轧盖单元，轧盖单元压力即时监测，轧盖完成后进入剔废星轮，将不合格的经过剔废网带或通道剔除，合格的西林瓶传递给出料星轮，导出到出料网带，轧盖过程结束。图 7-13-6 所示为轧盖机的工作流程示意。

（2）轧盖机基本结构 1

轧盖机主要由进料系统、振动料斗、进料星轮系统、轧盖系统、抽铝屑系统、出瓶剔废系统、机架系统、控制系统组成，如图 7-13-7 所示。通常轧盖机处于"C+A"级或者是"B+A"级的环境下进行轧盖。

图 7-13-5　轧盖机外形

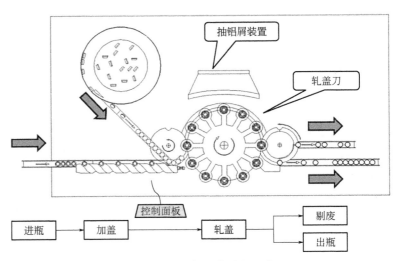

图 7-13-6　轧盖机工作流程示意

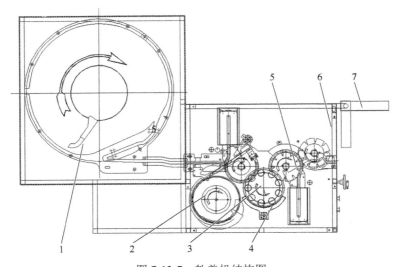

图 7-13-7　轧盖机结构图

1—进瓶系统；2—振动料斗系统；3—轧盖系统；4—抽铝屑系统；5—出瓶剔废系统；6—机架系统；7—控制系统

① 进瓶系统　该系统主要包括缓冲转盘、网带、进瓶星轮。转盘收集来自上游的西林瓶，输送给网带，然后输送给进瓶星轮。转盘具备瓶多瓶少检测传感器；具有倒瓶剔除功能。

② 振动料斗系统　振动料斗系统由振荡器、料斗、铝盖通道等部件组成，其功能为将包材整理至挂盖处。

③ 轧盖系统　轧盖系统是由压盖头、轧盖到、旋转工位等组成，经挂盖后的西林瓶运送至轧盖系统，轧盖刀旋转着将挂好盖的西林瓶旋转轧盖。压盖头和轧盖刀都可以调整，以满足不同的轧盖效果。根据刀具形式，轧盖机可以分为小单刀轧盖机和单固定刀轧盖机两种，如图 7-13-8 和图 7-13-9 所示。

图 7-13-8　小单刀轧盖机

图 7-13-9　单固定刀轧盖机

④ 抽铝屑系统　抽铝屑系统是由鼓风机、抽铝屑管路等组成，可以减少轧盖过程中因轧盖产生的铝屑。

⑤ 出瓶剔废系统　出瓶系统瓶子吸盘星轮、网带、接废盒等原件组成，对未轧盖的瓶子进行剔除。通过出料星轮送入出料网带，然后进入托盘或下道工序。

（3）轧盖机基本结构 2

轧盖机还有另外一种结构，如图 7-13-10 所示。

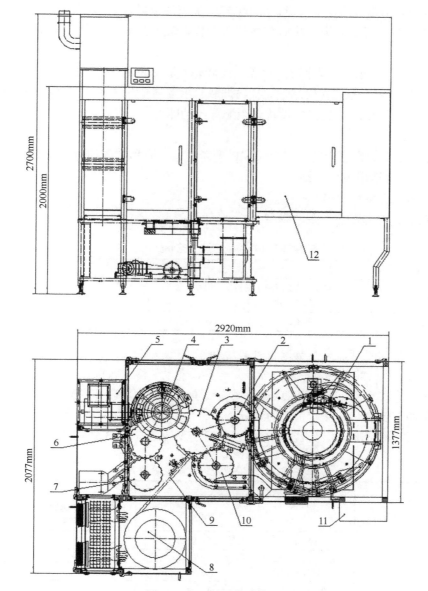

图 7-13-10　轧盖机结构 2

1—理瓶盘组；2—进瓶拨轮组；3—视觉检测组；4—轧盖组；5—负压抽屑装置；6—出瓶拨轮组；
7—后剔废组；8—理盖组；9—挂盖组；10—前剔废组；11—操作箱；12—机罩组

① 主传动　交流电机通过皮带轮将动力传给减速机，减速机的输出轴通过万向联轴器同进瓶拨轮齿轮相联，进瓶拨轮齿轮、轧盖齿轮、出瓶拨轮齿轮、出瓶分瓶齿轮相互啮合，完成瓶子在各个拨轮之间的相互交接。

② 圆盘输瓶装置　圆盘输瓶装置为圆盘理瓶及送瓶，可作缓冲及输送瓶的作用，主要适用于直径与高度比较大的瓶型（接近 1∶1）。它由交流电机提供动力，圆盘的转速由调速器控制，可无级调速。包装瓶在圆盘的带动下经一组栅栏列队后源源不断地送进进瓶拨轮。

③ 拨轮装置　绞龙、拨轮供送包装瓶，其动作应与轧盖同步，否则会碎瓶。

④ 理盖斗　理盖斗主要利用电磁共振原理制成，理盖斗内设多通道螺旋线以满足高速理盖要求。调节调高手柄可调节出盖高低位置，调节调速器可调节理盖速度。

⑤ 戴盖部件　由理盖斗整理的盖子排列在通道中，压好塞子的瓶子在进瓶拨轮经过戴盖部件时，由瓶子挂着盖子经压盖板，使盖子戴正，这样每过一个瓶子便戴上一个盖子。当瓶上没有塞子时，由于瓶子的整体高度过小，不能挂上盖子，从而实现无塞不上盖、无盖不轧盖功能。

⑥ 轧盖部件　轧盖部件主要由压头部件、轧刀座、轧盖凸轮、轧刀等组成。它改以前的三刀轧盖方式或中心单刀轧盖方式为旁置式单刀轧盖，具有结构简单、运转平稳、工作可靠等优点。带好盖的瓶子进入轧盖部件时，升降座带动瓶子向上运动与压头部件接触，压头不停地旋转带动瓶子转动，轧刀在轧刀凸轮的控制下向瓶子靠拢，从而完成轧盖动作。轧好后轧刀松开，瓶子下降，再由出瓶拨轮带出。

⑦ 剔废部件　出瓶分瓶组主要来对无铝盖、无胶塞和胶塞密封性不合格的瓶子进行剔除。

⑧ 胶塞密封性检测组　检测拨轮从进瓶拨轮把瓶子承接到光纤或者视觉检测相机前，由真空系统把瓶子吸住定位检测。对于 C/A 级轧盖的设备必须配置此功能。

（4）轧盖机的特点

①具有对胶塞和铝盖的剔废功能，符合 GMP 要求；②具有单独的抽铝屑装置，并放置在单独的场所，符合 GMP 要求；③适用多种规格。

（5）轧盖机可调工艺参数的影响

表 7-13-2 为轧盖机可调工艺参数的影响。

表 7-13-2　轧盖机可调工艺参数的影响

工艺参数类型	影响
网带速度	过慢会导致上游挤瓶，触发报警 网带过快，与下游速度不匹配，导致下游挤瓶，触发报警
轧盖速度	非验证过上下限速度，影响轧盖效果，密封性不受控

（6）轧盖机操作注意事项、常见故障及处理方法

① 注意事项　a. 开机前空转运行应正常，并无异常晃动、移位和报警；b. 轧盖过程观察轧盖质量，如有异常及时停机检查并调整；c. 应注意观察物料的量，并防止堵塞和卡壳；d. 轧盖快结束时应防止倒瓶，如运行过程中有倒瓶、碎瓶，需及时清除。

② 常见故障及处理方法　轧盖机常见故障及处理方法见表 7-13-3。

表 7-13-3　轧盖机常见故障及处理方法

故障	原因	处理方法
料斗及通道卡盖、反盖、掉盖	铝盖变形或尺寸问题或下盖通道不畅	将变形铝盖或尺寸有问题铝盖拿出或确保铝盖通道无异物，辅助拨动铝盖使卡盖畅通
剔废真空吸力不够	吸盘损坏或老化；过滤器堵塞；电磁阀损坏	更换吸盘；更换过滤器；更换电磁阀
轧盖效果不达标	轧盖刀头的位置不合适；整个压盖头的高度不合适；旋转电机不转动	调整轧盖刀头到合适位置；检查电机运行是否正常
主机无法启动	报警未消除；负载小于最小加载量	排除报警问题，消除报警；上瓶满足最小加载量

图 7-13-11　胶塞（铝盖）清洗机

4. 胶塞（铝盖）清洗机

胶塞铝盖清洗灭菌机见图 7-13-11。

三、安装区域及工艺布局

西林瓶清洗机与隧道式灭菌干燥机为联线生产，清洗机的进瓶区可安装在 D 级洁净区，隧道式灭菌干燥机的出口与灌装机的前转盘连接，为 A 级洁净区。

灌装区域为冻干制品生产的核心区域，一般设计为 B 级背景下的局部 A 级环境，灌装机转运的全过程均处

于 A 级层流保护下，药液从转运罐通过管路分配系统，由灌装泵和灌装针将药液注入西林瓶后，半压塞，同时完成装量抽样检测，整个过程在传送中无停顿地连续完成。

（1）西林瓶水针工艺布局范例 1（ORABS）

图 7-13-12 为西林瓶水针工艺布局范例 1。

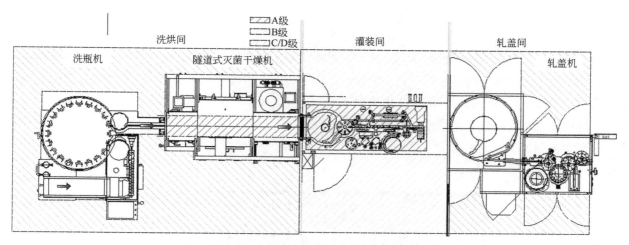

图 7-13-12　西林水针线工艺布局范例 1

（2）西林水针线工艺布局范例 2

图 7-13-13 为西林水针线工艺布局范例 2。

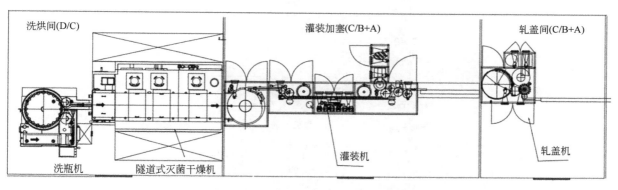

图 7-13-13　西林水针线工艺布局范例 2

四、设备特点

西林瓶小容量注射剂联动线特点：①凡与药物接触的零件均采用不锈钢或陶瓷制品，无污染。②采用伺服控制灌装，伺服驱动主机，装量调节在触摸屏上完成，并将调节结果保存在 PLC 中，以便日后调用。③操作简单，自动化程度高。④具有无瓶不灌、无瓶不加塞、自动计数显示等功能。⑤该机与洗瓶机、隧道式灭菌干燥机成 L 型布局，有效地减少高洁净区的面积，降低了制药企业的建设成本；减少了操作人员数量，且操作人员均在正面操作减少了操作人员在 B 级区域的移动，降低了传统方式对洁净区的污染风险，且有效降低了制药企业的运行成本。⑥本机可配置 ORABS 隔离系统，设备及相应的运输轨道具有 A 级环境的高效系统，其中 A 级环境的压差、风速、尘埃粒子数、沉降菌、浮游菌均可实现在线监控，以满足无菌生产的要求。

第十四节　冻干粉针剂设备

一、工艺流程

冻干粉针剂生产工艺流程见图 7-14-1。首先对冻干箱进行清洗，接着是灭菌，灭菌之后应做漏率检测，即压塞波纹管和蘑菇阀波纹管的完整性检测，再进行系统的漏率检测，证明系统真空良好，产品才能进箱。如果冻干机不带在位清洗和在位灭菌系统，则需人工清洗，并用其他合适的方法进行灭菌。整个冻干周期分为装料、预冻、抽空、干燥、压升、预放气、压塞、放气、存储、出料等，在自动运行模式下，冻干周期按上述步骤自动执行。

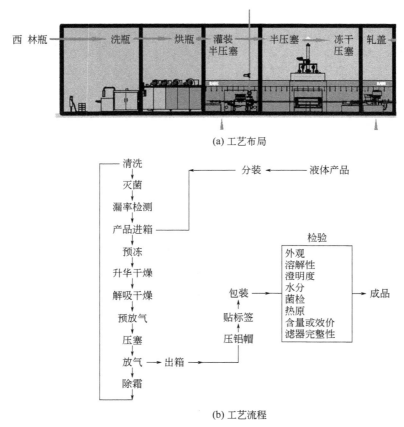

(a) 工艺布局

(b) 工艺流程

图 7-14-1　冻干粉针剂的工艺流程

在产品分装进箱完毕之后，进行产品的预冻，升华干燥（第一阶段干燥）和解吸干燥（第二阶段干燥），在预冻结束之前约 1h，要使冷阱提前降温到-40℃以下的低温，然后启动真空泵，抽空冷阱和冻干箱，当冻干箱的真空达到 0.1mbar 后升华开始，对产品进行加热，升华结束之后，提高产品温度进入解吸干燥阶段，直至产品达到合格的残余水分含量之后，干燥结束。

产品干燥结束之后，根据要求进行真空压塞或充氮压塞。如果是真空压塞，则在干燥结束后立即进行；如果是充氮压塞，则需进行预放气，使氮气充到设定的压力，一般在 500～600mmHg，然后压塞，压塞完毕之后放气到大气压出箱，出箱后继续后续操作。检验滤器完整性中的滤器是指冻干机的进气口无菌过滤器，如果进气过滤器的完整性测试通不过的话，该批产品属于报废产品，因此有些冻干机安装两个进气过滤器，串联使用；两个过滤器完整性检测同时不合格的概率极小。

二、冻干粉针剂设备

西林瓶冻干粉针剂设备在西林瓶小容量注射剂设备的基础上增加了冻干机及自动进出料系统。真空冷冻干燥机见第四章第六节"真空冷冻干燥设备"一节。

三、安装区域及工艺布局

图 7-14-2 为西林瓶冻干粉针剂设备安装区域及工艺布局，设备安装时要注意以下几点：

① 西林瓶清洗机与隧道式灭菌干燥机为联线生产，清洗机的进瓶区可安装在 D 级洁净区，隧道式灭菌干燥机的出口与灌装机的前转盘连接，为 A 级洁净区。

② 灌装区域为冻干制品生产的核心区域，一般设计为 B 级背景下的局部 A 级环境。灌装机转运的全过程均处于 A 级层流保护下，药液从转运罐通过管路分配系统，由灌装泵和灌装针将药液注入西林瓶后，半压塞，同时完成装量抽样检测，整个过程在传送中无停顿地连续完成。

③ 真空冷冻干燥机简称冻干机，由前箱、后箱和辅助机组组成。冻干机整体安装于一般生产区，自动进出料系统安装在灌装区。前箱与灌装间连接的部位开门，装有药液的半加塞的西林瓶，通过自动进出料系统转移到冻干机内完成冷冻干燥，冻干成粉末后压塞，再通过自动进出料系统转移到轧盖机操作，全程始终在 A 级保护下进行。

④ 注射用无菌分装产品在制剂方面的工艺较简单，即经无菌原料药或者无菌原料药和辅料的混合物分装进入西林瓶，压塞，轧盖，贴标，装盒，装箱等。无菌粉末的分装使产品暴露，灌装通常在 A 级单向流区域内进行，分装和压塞之间的时间间隔应最小化。

⑤ 由于压塞后的西林瓶在轧盖之前，被视为没有完全密封，因此轧盖区一般为 C 级背景下的局部 A 级环境，西林瓶在轧盖前要始终处于 A 级层流保护。铝盖轧盖过程中会产生大量铝屑，需要安装适当的捕尘装置，以避免铝屑的影响。

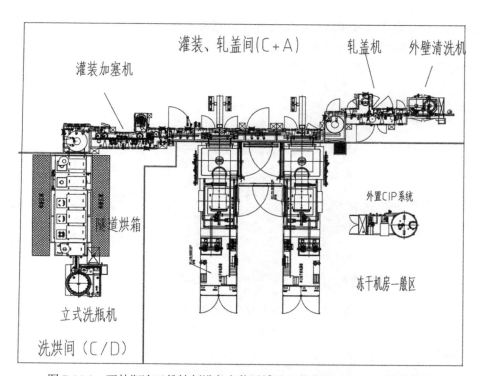

图 7-14-2　西林瓶冻干粉针剂设备安装区域及工艺布局（Isolator 隔离器）

四、生产控制要点

1. 西林瓶洗烘灌封工序控制要点

① 西林瓶清洗机、隧道式灭菌干燥机和灌装机为联动生产；西林瓶清洗机的清洗水压、水温和清洗针与瓶的相对位置是保证清洗效果的重要因素。

② 灭菌隧道预热段、灭菌段和冷却段高效过滤的泄漏率和风速需要定期监测，灭菌隧道通过调整排风风机的运转频率，控制隧道内压差对外保持相对正压。灭菌隧道各段高效过滤器前后的压差变化，是评价过滤器堵塞的重要指标，需要随时观察和记录。

③ 灌装区域为冻干产品的核心区域，需要时时监控 A 级环境的压差、风速、尘埃粒子数、沉降菌、浮游菌等动态监测项目。灌装机的灌装泵可以采用柱塞泵或蠕动泵，灌装精度一般优于 1%。

2. 真空冷冻干燥工序控制要点

① 由于冻干机在生产时，需要长时间处于真空状态下，因此冻干机的真空泄漏水平越高，对于产品的无菌保证水平越好，一般真空泄漏率会优于 0.02Pa·m³/s，从常压到达 10Pa 的时间应小于 30min，极限真空可以达到 1Pa 以下。

② 冻干机的板层控温精度应达到 ±1℃，板层内温度分布及板层间温度差异也应达到 ±1℃ 的水平。冻干机板层降温从 20℃ 到 -40℃，降温时间应小于 30min，后箱的极限温度应低于 -70℃。

③ 采用自动进出料装置的冻干机，板层平整度应达到 0.5mm/m 的水平，板层的定位精度应达到 ±0.5mm 以内，保证板层与自动进出料系统的平稳对接。

第十五节　无菌粉末分装粉针剂设备

一、工艺流程

将来自烘箱的瓶子收集到过渡转盘上，匀速送瓶至灌装压塞机进瓶侧，灌装前充氮，西林瓶灌装，灌装后充氮，之后西林瓶加塞，加塞后对不合格的西林瓶进行剔废，然后自动取样，最终由出瓶机构将合格的西林瓶运至下道工序，如图 7-15-1 所示。

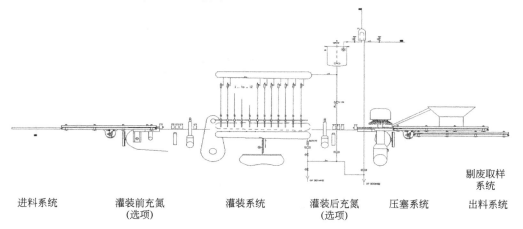

进料系统　　　灌装前充氮　　　灌装系统　　　灌装后充氮　　　压塞系统　　　剔废取样系统
　　　　　　　（选项）　　　　　　　　　　　（选项）　　　　　　　　　　出料系统

图 7-15-1　无菌粉末分装粉针剂工作流程

二、分装机结构

1. 无菌粉末分装粉针剂分装机结构 1（以螺杆粉末灌装机为例）

以螺杆粉末灌装机（图 7-15-2）为例，介绍无菌粉末分装粉针剂分装机构的一种常见结构，如图

7-15-3 所示。

（1）进瓶系统

该系统主要包括缓冲转盘、网带、进瓶星轮。转盘收集来自烘箱的西林瓶，输送给网带，然后输送给进瓶星轮，将瓶子逐个地输送给运瓶系统。转盘具备瓶多瓶少检测传感器；具有倒瓶剔除功能。

（2）运瓶系统

运瓶系统由运瓶滑块、挡板、伺服电机、直角减速机等部件组成，其功能为将包材从转盘及星轮处运送至分装灌装段。

图 7-15-2　螺杆粉末灌装机

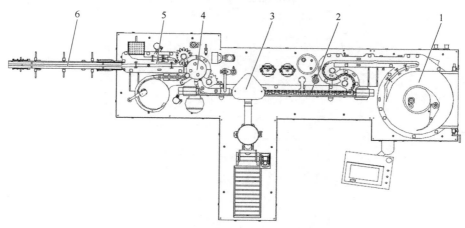

图 7-15-3　螺杆粉末灌装联动线

1—进瓶系统；2—运瓶系统；3—分装系统；4—加塞系统；5—取样剔废系统；6—出瓶系统

（3）分装系统

分装系统由储粉仓、无菌蝶阀、粉斗、分装螺杆、料管、粉嘴、伺服星轮等组成。通过送粉螺杆或者振动器将原料输送到分装部位粉仓内，通过分装螺杆进行计量间歇分装。粉末灌装机根据分装原理分为机械螺杆式粉末分装机、气流插管式粉末分装机和气流轮转式粉末分装机，分别如图 7-15-4～图 7-15-6 所示。

图 7-15-4　机械螺杆式粉末分装机

图 7-15-5　气流插管式粉末分装机

图 7-15-6　气流转轮式粉末分装机

（4）加塞系统

加塞系统是振动料斗通过振动将压塞通过滑道传递给压塞星轮，此时压塞星轮接收来自运瓶系统的已灌装瓶子。压塞星轮对每一个瓶子进行全压塞或者半压塞，压塞完成后输送到出料系统。

（5）取样剔废系统

取样剔废系统由吸盘星轮、网带、接废盒等元件组成，对空瓶和未加塞的瓶子进行剔除，或进行取样。

（6）出瓶系统

出瓶系统瓶子通过出料星轮送入出料网带，然后进入托盘（单机）或进入自动进出料系统。

2. 无菌粉末分装粉针剂分装机结构2

图 7-15-7 为另一种无菌粉末分装粉针剂分装结构示意。

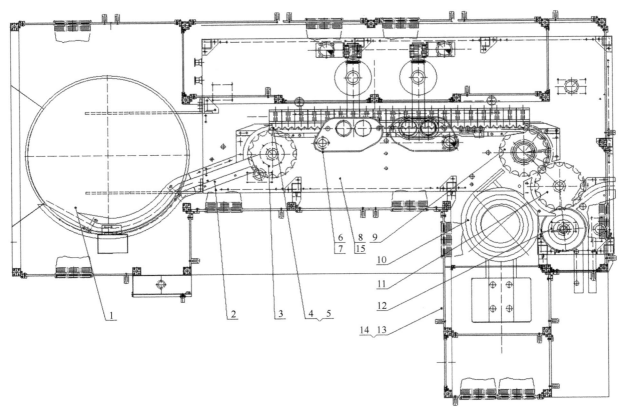

图 7-15-7　粉末灌装机基本结构

1—理瓶组；2—进瓶轨道；3—进瓶拨轮；4—输送组；5—培养灌装部件；6—左分装组；7—右分装组；8—机架组；
9—压塞组；10—理塞部件；11—出瓶拨轮组；12—取样组；13—层流支架组；14—在线检测组；15—铭牌

该设备采用间歇定位式灌装及圆盘提升轨道式压塞。抗生素瓶完成洗瓶灭菌工序后输到理瓶组 1 中，理瓶组 1 将杂乱的瓶子整理排成单列输送到与其相连的进瓶轨道 2 中，进瓶轨道 2 末端与进瓶拨轮 3 相连；主机为间歇运动，与进瓶轨道 2 相连的进瓶拨轮 3 将瓶子交接进入输送组 4 中，输送到左右分装组 6、7 的计量室下完成灌装，再由输送组输送入压塞拨轮完成加塞动作，最终输出到下道工序；药粉由进粉螺杆送入计量室中，再由计量室计量后灌入处在灌装拨轮中的西林瓶中。胶塞经电磁振荡整理后送入与压塞拨轮同步运转的压塞盘下并被真空吸住，随压塞盘运转，西林瓶在底部轨道的作用下上下运动完成加塞工序。

药粉传送及分装机构见图 7-15-8，其工作过程为：物料由储料桶落入进粉室内，再由进粉螺杆送入计量室内。当生产第一次进粉时在触摸屏上选择手动控制进粉螺杆进粉，当粉面到达计量室的观察窗下方时停止进粉，而生产过程中的进粉则为自动状态。进粉螺杆由计量螺杆控制，当计量螺杆动作一定次数之后进粉螺杆动作一定时间，这两个参数在屏幕上可设置到最佳值，以保持计量室中的药粉总量恒定。同时搅拌电机转动带动计量室中的搅粉法兰转动，搅粉法兰上的搅粉杆将药粉搅拌均匀，保持它的流动性；而伺服电机控制计量室中的计量螺杆转动一定的角度，将药粉计量后输出。

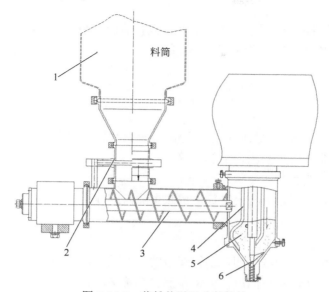

图 7-15-8 药粉传送及分装机构

1—储料桶；2—进料室；3—进粉螺杆；4—搅拌系统；5—计量室；6—计量螺杆

三、设备工艺布局

无菌粉末分装粉针剂设备工艺布局见图 7-15-9。

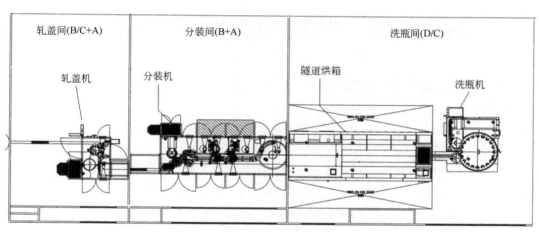

图 7-15-9 无菌粉末分装粉针剂设备工艺布局

四、生产控制要点

1. 生产管理要点

（1）分装前

①确认各分装设备清洁、干燥、装量符合规定后方可正式生产；②专人将原料分配至分装设备，加料前后仔细检查原料入口，以防异物落入；③气流式分装机所用压缩空气应经除油；④螺杆式分装机宜设有故障报警和自停装置，以防螺杆与漏斗摩擦产生金属屑；⑤按照经过验证的传递程序将物料转移至洁净区内；⑥按照现行 SOP 进行生产，在 B 级背景下的 A 级区内进行分装。

（2）分装过程

①分装过程中应定时进行装量检查，装量出现偏差时，应及时进行调整；②压塞工位的检查，控制压塞的质量；③装量监测；④定期检查中间产品内的可见异物。

（3）分装结束

①接触粉末的部件应按照 SOP 要求进行拆洗和灭菌，清洁分装机、消毒表面、消毒地面，清洁消毒灭菌程序应验证；②如领用的物料未使用完需做退库处理时，应向质量部门提出申请，由 QA 评估所剩物料质量是否受到影响。

2. 质量控制要点

（1）原料的质量控制

控制要点包括：含量、杂质、细菌内毒素、无菌检查、有机残留溶剂、酸碱度、溶液的澄清度、溶液颜色、水分、不溶性微粒、可见异物、溶解性等。

（2）分装后半成品的装量控制

装量控制项目在无菌分装开始后马上进行，按照企业内控标准严格控制，确保分装过程中的剂量准确性。

（3）轧盖工序控制要点

①轧盖效果检查一般采用三指法检测，当铝塑盖的尺寸过长或过短时，都会影响轧盖的效果，需要调整轧盖机的轧头压力和轧头的相对高度，使铝塑盖的铝边被轧紧后充分包住西林瓶的瓶口。②由于冻干产品在轧盖前，可能存在胶塞未压紧到西林瓶瓶口情况，这部分产品存在被污染的风险，因此需要轧盖机自动检测并剔除，一般采用胶塞高度检测装置或西林瓶内真空检测装置来进行判断。

3. 验证工作要点

①确认分装能力达到设计要求，不同分装速度下装量达到企业内控标准；②确保分装机装量稳定性；③确定实际生产中装量检查的频次；④层流罩洁净度测定。

第十六节　小容量注射剂预灌封设备

小容量注射剂预灌封灌设备用于分装药液，适用于疫苗、大分子生物药、小分子化学药、胰岛素、凝胶等产品的分装。

一、概述

常见小容量注射剂预灌封设备是预充式注射器。预充式注射器主要由针管、橡胶活塞、推杆、不锈钢注射针或锥头（鲁尔锥头）和针帽组成，如图 7-16-1 所示。患者使用时直接注射，非常方便。每个预充式注射器中已经包含了一份的药物剂量，用完后可以直接抛弃，避免了常规注射时药物被注进注射器中的潜在污染。

注射器组件与药品有良好的相容性，同时注射器本身具有很好的密封性能，药品可以长期储存。

对于黏度较大的药液，注射时需用较大的推力，这对手指夹持针筒的外卷边缘造成用劲不便，尤其对外径较细的针筒，需要配置助推器，套入针筒边缘，加大了卷边的面积，更易于用劲儿，便于持针以及避免推杆的误操作，也防止了使用之前活塞的移动。为了便于注射，还有一些更为复杂的助推和保护装置。预充式注射器以特殊包装形式（巢盒）包装（图 7-16-2），易于转运和操作。

二、基本结构

预充式注射剂灌封机（图 7-16-3）主要由拆包机、撕膜去内衬工位、灌装加塞工位三个部分组成。完成这三个工位的机器为拆外包机、拆内包机、灌装加塞机等。目前除了常规机械式结构，还有机器人结构（图 7-16-3）。通过两台无菌机器人采用协同控制技术，成功实现了预充式注射器撕膜、去内衬、灌装、加塞等工艺流程全自动化，进一步提高了生产速度；无人化操作，解决了人工操作带来交叉污染的风险。机器人结构具有生产速度快，性能稳定，无交叉污染等特点，与传统设备相比占地面积节约一半，环境与人工等费用降低 20% 以上。

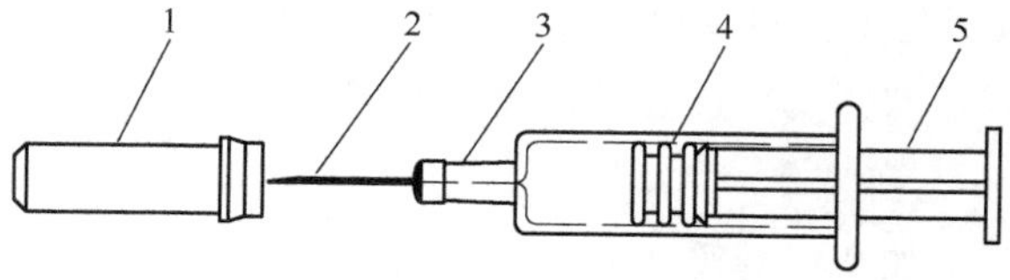

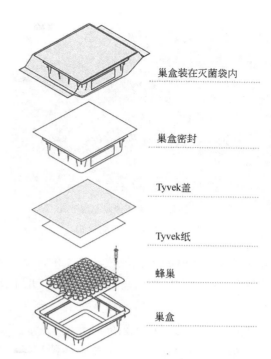

图 7-16-2　预充式注射器的注射针包装结构

巢盒装在灭菌袋内

巢盒密封

Tyvek盖

Tyvek纸

蜂巢

巢盒

图 7-16-1　预充式注射器包装结构示意

1—针帽；2—注射针；3—针管；4—橡胶活塞；5—推杆

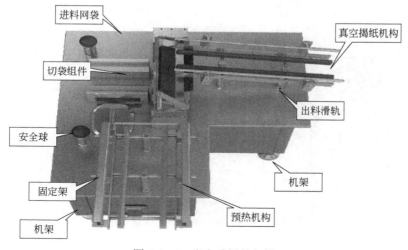

图 7-16-3　机器人预充式注射剂灌封机

1. 拆包机

拆包机可分为手动拆包、半自动拆包、全自动拆包三种机型。手动拆包是由操作人员通过手套进行开袋和转运至 B/A 级区域。半自动拆包是由操作人员通过手套将自动开袋的巢盒转运 B/A 级区域。全自动拆包无需操作人员干预，由拆包机自动完成开袋和转运至 B/A 级区域。图 7-16-4 所示为半自动拆外包机，用于预灌封注射器外部无菌保护袋的切割。

进料网袋

真空揭纸机构

切袋组件

出料滑轨

安全球

机架

固定架

机架

预热机构

图 7-16-4　半自动拆外包机

2. 撕膜去内衬工位

撕膜去内衬工位可分为手动撕膜去内衬、机械式自动撕膜去内衬、机器人自动撕膜去内衬。手动撕膜去内衬是由操作人员通过手套进行撕膜、用镊子去内衬，并转运至灌装加塞工位。机械式自动撕膜去内衬是由设备机械部件自动撕膜、去内衬。机器人自动撕膜去内衬是由机器人自动完成撕膜、去内衬（如图 7-16-5 所示）。

图 7-16-5　机器人自动机构

3. 灌装加塞工位

输送带上设置 4 个气缸挡料的位置：前 2 个为预备位置，第 3 个为蜂巢出盒位置，第 4 个为蜂巢装盒位置。通过程序控制，注射器盒前后有序地流经每一个位置。注射器盒送到出盒位置，真空气爪下降吸住蜂巢后上升将其提出盒内，然后转至 X-Y 轴工作平台的起始位置，气爪下降将蜂巢放到平台上，X-Y 平台托着蜂巢到达灌装位置开始灌装，蜂巢上第 3 列注射器开始灌装时，第一列同时开始加塞封口。

预充式注射器加塞形式主要有两种：套筒加塞和真空加塞。套筒加塞通过套筒引导胶塞到达适当的位置［图 7-16-6（a）］。首先通过压杆将胶塞压至套筒内，套筒、胶塞和压杆一同下降至注射器内，然后压杆和胶塞不动，套筒上升，退出注射器，最后压杆上升，退出注射器。真空加塞通过抽真空使预充式注射器内部形成负压，胶塞由大气压推送至适当位置［图 7-16-6（b）］。首先通过真空部件将注射器瓶口密封，抽真空，然后通过压杆将胶塞推进注射器瓶口，最后真空部件和压杆上升，离开注射器，胶塞在大气压的作用下滑动到适当位置。图 7-16-7 所示为全自动预灌封灌装加塞机，用于预灌封注射器的无菌分装和加塞保护。

设备还可根据需要配置在线称重以及灌装系统在线清洗和灭菌系统。

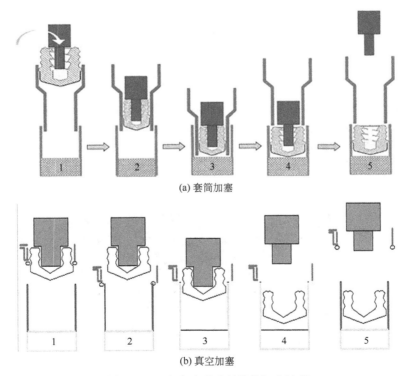

(a) 套筒加塞

(b) 真空加塞

图 7-16-6　全自动预灌封灌装加塞过程

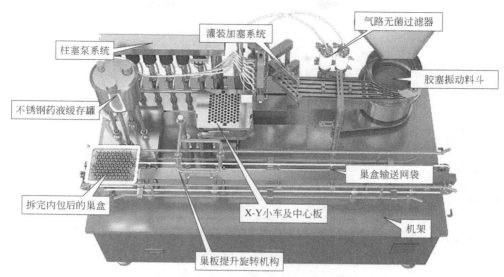

图 7-16-7　全自动预灌封灌装加塞机

三、简要工作过程

无菌保护袋入料→拆外包→巢盒四周预热→揭除封盒纸→揭除内衬纸→从巢盒中提出巢板放入中心板→X-Y 小车移动至灌装加塞工位→灌装→加塞→X-Y 小车返回原位→巢板入盒→巢盒出料。

四、可调工艺参数的影响

该设备可调工艺参数包括灌装量、速度、胶塞与液面之间的距离，具体影响见表 7-16-1。

表 7-16-1　设备可调工艺参数的影响

项目	工艺参数类型	影响
灌装量	灌装量可通过灌装机配置的灌装泵进行设定和调节。采用蠕动泵或柱塞泵，灌装范围一般为 0.2～20mL。具体灌装量以实际产品确定	装量不合格
速度	灌装机的速度也可通过触摸屏进行设定。最大产能取决于灌装机的针头数量和包材的规格两个因素。当然产品的黏稠度也会有影响，因此一般设备供应商会以注射水为灌装介质进行交付	速度大小影响产能（前提最差条件速度的设备性能经过验证）
胶塞与液面之间的距离	如果采用机械加塞方式，则加塞后胶塞和药液面之间的距离可根据需要进行调节	残留含氧量不达标

五、安装区域及工艺布局

预灌封灌装线在分装无菌产品时，且采用 ORABS 的隔离方式，则灌装机需要放置在 B 级环境的房间内。拆内包机和灌装机一起放置在 B 级房间。拆外包的房间无菌级别为 C 级，和灌装间通过鼠洞连接。

如果包材为 2 层无菌袋保护，则第一层无菌袋可在 D 级房间拆除，并将拆袋后的包材通过鼠洞传递进入 C 级房间拆除第二次无菌保护袋。

灌装加塞完毕后的预灌封注射器可以通过鼠洞传递进入包装房间，因为包装房间的级别一般为 D/E 级，为了防止包装间的气流进入灌装间，建议在两者之间用一个 C 级环境的缓冲间进行隔断。缓存间的压力比灌装间低，比包装间高。

图 7-16-8 为小容量注射剂预灌封设备安装的区域及工艺布局示意。

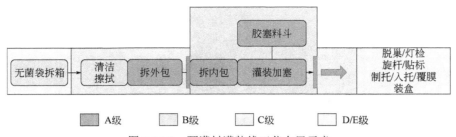

图 7-16-8 预灌封灌装线工艺布局示意

六、设备特点

①预灌封灌装机使用的是免清洗免灭菌的包材，不需要对包材进行再进行清洗和灭菌，因此可以节省设备的投入，相应地场地、人员、资金投入都能够大幅度地减少；②药液直接灌装到预灌封中，能预防注射中的交叉感染或二次污染；③规避药液从玻璃包装到针筒的转移，减少药物因吸附造成的浪费；④可在注射容器上注明药品名称，临床上不易发生差错；⑤操作简便，临床中比使用安瓿节省一般的时间，特别适合急诊患者。

七、操作注意事项、常见故障及处理方法

1. 操作注意事项

①在投入使用前，必须对电源电压是否与该设备使用相符、管道是否漏气、风机转动是否灵活、方向是否正确等工况进行仔细调整检查。②开机时，确保真空泵已经开启，压缩空气已经到位。③生产过程中不允许打开隔离器的玻璃门进行操作。④生产过程中如果胶塞或药液短缺，需及时补充，保证生产的连续。⑤在正常生产过程中，应根据运行状况适当调节主机、外包进料、理塞的速度，以使设备保持最佳运行状态。⑥建议如果停机间隔时间不长，可让层流风机一直处于开机状态，以保护未灌装完成的瓶与药液。⑦机器在运转过程中不管出现什么情况，绝对不允许用手或其他工具伸进工作部位上。⑧进行调整时必须把电源切断才进行。⑨当发生自动停机并报警时，必须先排除故障源才可点击"复位"项，以免发生意外。⑩指定有资质的操作人员进行操作。⑪不能在机器未处于正常工作条件下进行操作。⑫运行之前务必正确安装防护罩。⑬确保操作者工作地面没障碍和污渍。⑭紧急情况时，按蘑菇头型急停按钮（SB0），机器马上停机。持续错误地使用该按钮会对机器和电气系统造成无法估量的损失。⑮远离工作位置前，操作者要按照相关的关机操作来关闭机器。

2. 维护保养

①按时补充或更换真空泵润滑油。②按时检查密封圈是否有磨损并及时更换。③定期为轴承添加润滑脂。④定期检查同步带是否有松懈。

3. 常见故障及处理方法

故障	原因分析	处理方法
无菌袋切割失败	气缸压力不够 切刀磨损变钝	检查气缸压力管路压力值 更换新切刀进行效果检查
拆内包失败	预热温度没有达到设定值 用于吸纸的真空度达不到要求	检查温度实际达到的数值是否满足要求 检查真空管道的真空度是否满足要求
灌装过程中药液飞溅	灌装速度太快 灌装针头内径太细	检查灌装速度是否在建议的范围之内 检查灌装针头内径是否在建议范围之内
加塞后胶塞和瓶壁之间出现水雾或液体	灌装速度太快，针头接触到了药液 机械加塞过程中胶塞和液面距离太小，导塞筒触碰到药液 真空加塞过程中真空值太大或抽真空时间太长	观察针头外壁是否有药液附着 观察导塞筒外壁是否有药液附着 观察胶塞外壁的密封沟槽中是否有药液残留

八、发展趋势

预灌封灌装线的应用目前主要还是集中在疫苗领域，但是将有越来越多的生物制品和美容产品也会选择预灌封的包装方式。未来能够兼容预灌封、西林瓶和卡式瓶的三合一灌装机将成为市场的主流产品。

第十七节　大容量注射剂联动线

一、玻璃瓶装大容量注射剂联动线

玻璃瓶装大容量注射剂联动线主要用于制药厂玻璃瓶大容量注射剂的生产。

1. 联动线组成

玻璃瓶大容量注射剂生产线（图 7-17-1）由大输液理瓶机、大输液外洗机、大输液超声波粗洗机、大输液立式精洗机、重力旋转灌装普通加塞机或重力旋转灌装抽真空充氮加塞机、大输液压盖轧（旋）盖机等几台单机组成。每台可单机使用，也可联动生产，联动生产时可完成理瓶、瓶外壁清洗、超声波粗洗、冲循环水、冲注射用水、灌装（充氮）、理塞、压塞、理盖、轧盖、灯检、印字、贴标等二十多个工序。

图 7-17-1　大容量注射剂联动线组成

（1）大输液外洗机

大输液外洗机主要用于大规格玻璃瓶的外壁刷洗。采用多立轴毛刷配置多管喷水，对瓶子进行不同方位的刷洗，其洗涤效率高，洗刷质量优。

（2）大输液超声波粗洗机

大输液超声波粗洗机主要用于制药厂大输液玻璃瓶的粗洗，也可用于其他玻璃容器的粗洗。采用超声波清洗原理对玻璃瓶进行粗洗，可自动完成进瓶、喷淋水、超声波清洗到出瓶的全过程。

（3）大输液立式精洗机

大输液立式精洗机主要用于制药厂大输液玻璃瓶的粗洗或精洗。本机为立式转鼓结构，采用水气交替喷射冲洗的原理，对容器逐个清洗。循环水、压缩空气、注射用水均使用独立的喷针，插入瓶内冲洗；无交叉污染，水、气无压力损失，节约能源，且清洗效果好。同时还可目测到整个清洗过程，操作维护方便。

（4）重力旋转灌装加塞机

① 重力旋转灌装普通加塞机　采用气动隔膜阀灌装与旋转跟踪式加塞，恒压自流灌装，通过设定灌装时间来控制灌装量，其自动化程度高，灌装精度高，并且还可以实现无瓶不灌装功能以及在线清洗与在线灭菌功能。

② 重力旋转灌装抽真空充氮加塞机　采用抽真空充氮再灌装或恒压自流隔膜阀灌装以及抽真空充氮再进行加塞的结构。在加塞工位采用多次脉动抽真空充氮结构来置换瓶内的空气，降低了瓶内的氧气含量，有效保护了药品质量。并且还可以实现无瓶不灌装、在线清洗与在线灭菌功能。

（5）大输液压盖轧（旋）盖机

大输液压盖轧（旋）盖机主要用于制药厂玻璃输液瓶的封口，也可用于其他容器的封口。采用连续旋转式封口方式，可自动完成输瓶、上盖、封口到出瓶的全过程。采用先进的压盖、封口新工艺，此工艺先压后封，纠正挂盖偏差，封口平顺美观、合格率高。

2. 安装区域以及工艺布局

①洁净区为 C 级，包括称量室（或复称室）、浓配室、稀配室、瓶清洗室、胶塞清洗室、灌封室、铝盖清洗室、轧盖室、中间体检验室及其辅助房间（器具清洗存放、洁净服清洗存放、消毒液配制室、更衣室、洁具室、弃物室等）。②在精洗、灌封、轧盖、取胶塞等关键工序设置局部 A 级环境。③人员、物料出入与一般区相连的洁净区一般设有缓冲室（区），也是 C 级区管理，防止低级别空气倒灌或带入造成空气污染。④一般生产区包括玻璃瓶粗洗室、灭菌区（一般灭菌前区和灭菌后区要设有物理隔离措施）、灯检区、包装区域、物料入货区域和产品出货区域。生产人员、入货区和出货区域设有独立的通道。

3. 生产工序控制要点

①从配制开始到灌装结束时间≤12h。②灌装结束到灭菌开始时间≤4h，一般为连续灌装满一个灭菌柜的时间。③铝塑组合盖清洗后清洗机内存放时间≤24h。④清洗后胶塞 A 级下取出密闭存放，C 级下存放时间≤12h。⑤胶塞清洗机首次使用要自清洗；清洗灭菌后的胶塞检查澄明度和落屑，冷却后温度一般不高于 60℃。⑥轧盖工序后进行中间产品检查，包括外观、扭力矩（≥300N·m）、装量、可见异物检查。⑦CIP/SIP 系统参数：压缩空气、水、N_2、电导率、灭菌参数（121℃、30min）、吹扫 30min（根据设备而定）。⑧灯检岗位检查：外观、可见异物检查及装量检查，照度≥1000~1500lx；供试品至人眼距离 25cm，检查人员视力≥4.9。⑨灌装核心区、生产全过程（包括组装设备）进行悬浮粒子的在线监测，并进入批生产记录。⑩包装产品：包装材料的洁净。

二、塑料袋大容量注射剂联动线

常规的非 PVC 输液软袋（图 7-17-2）是由非 PVC 膜材(主要成分是 PP)、接口、密封盖以及用于印刷的色带制作而成。非 PVC 输液软袋全自动制袋灌封机的作用就是将上述包装材料按照既定的工艺制作成完整的输液软袋。

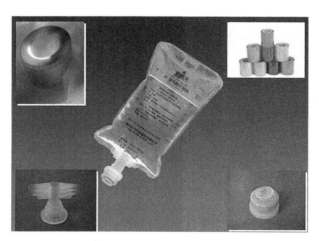

图 7-17-2　非 PVC 输液软袋

1. 非 PVC 输液软袋全自动制袋灌封机概述

非 PVC 输液软袋全自动制袋灌封机是在 20 世纪 90 年代依托于非 PVC 输液软袋的广泛应用而发展起来的。受历史因素影响，PVC 输液软袋在国外发达国家仍有比较大的市场占有率，非 PVC 输液软袋全自动制袋灌封机在新兴的第三世界国家市场接受程度比较高。

非 PVC 输液软袋全自动制袋灌封机在 20 世纪 90 年代末进入我国，初期以德国进口设备为主。随着近十几年来中国非 PVC 输液软袋市场的快速发展，以及中国制药机械生产厂家的技术进步，目前中国国内的各类型非 PVC 输液软袋全自动制袋灌封机有 600 多台，国产化率在 85%左右，年产非 PVC 输液软袋 35 亿袋左右。

非 PVC 输液软袋全自动制袋灌封机主要应用领域涵盖大输液的三大类别，即基础性输液、营养性输液和治疗性输液。基础性输液主要是葡萄糖、氯化钠等输液品种，用于补充能量、体液和作为其他药物输注的载体，这部分产品用量大、使用广泛，占据大输液总产量的90%以上；特点是产量大，产品附加值低，注重制造成本。营养性输液是以氨基酸、脂肪乳等肠外营养液为主的产品，产品附加值高，生产环节技术含量较高，对质量要求严格。治疗性输液是血液制品、透析液、抗生素等具有治疗效果的输液产品，产品附加值高，产量也比较大。

非PVC输液软袋按包装形式分类，分为单室袋、液液多室袋、粉液双室袋等；按口管形式分类，分为单硬管、双硬管、单座双阀、双软管、一体化口管等；按容量分类，分为小容量、大容量。

（1）基础输液非PVC软袋全自动制袋灌封机

此设备主要用于生产 1L 以下容量的输液软袋，是目前市场上的数量最多的产品系列，按适应的管口形式可分为硬管和软管两大类。可生产的药品包含了所有类型的软袋输液产品，如生理盐水、葡萄糖等基础性输液，脂肪乳等营养性输液，乳糖左氧氟沙星氯化钠等治疗性输液产品。

此类设备适应的管口形式众多，对应不同的管口，设备对应的定位装置、送料装置、焊接装置也不同。硬管可分为单硬管、双硬管、单座双阀；软管可分为单软管、双软管等。图 7-17-3 为部分非 PVC 输液软袋种类举例。

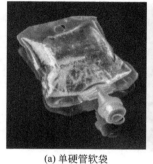

（a）单硬管软袋　　　　　（b）双硬管软袋　　　　　（c）单座双阀软袋　　　　　（d）双软管软袋

图 7-17-3　非 PVC 输液软袋种类举例

（2）大容量专用非 PVC 软袋全自动制袋灌封机

该设备主要用于生产 1L 以上容量的大容量输液软袋。可生产的药品主要包含腹膜透析液、冲洗液等品种。大容量输液软袋采用的管口主要是双软管形式，密封塞根据产品差异存在多种类别，如图 7-17-4 所示。

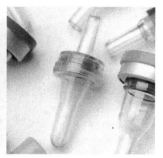

图 7-17-4　各种类型密封塞

（3）液液多室袋专用非 PVC 软袋全自动制袋灌封机

液液多室袋专用非 PVC 软袋全自动制袋灌封机主要用于肠外营养液等营养性输液品种的生产。为了满足液液多室袋的工艺要求，设备上需要配备弱焊功能、充氮功能。图 7-17-5（a）为液液多室袋的外形。

（4）粉液双室袋专用非 PVC 软袋全自动制袋灌封机

粉液双室袋专用非 PVC 制袋灌封机主要用于各品种粉液双室袋等治疗性输液品种的生产。为了满足粉液多室袋的工艺要求，设备上需要配备弱焊功能，后续还需要连接粉剂分装机、铝膜焊接机等配套设备。图 7-17-5（b）为粉液双室袋的外形。

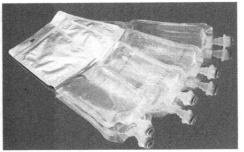

(a) 液液多室袋   (b) 粉液双室袋

图 7-17-5 其他非 PVC 输液软袋

2. 设备基本原理

非 PVC 软袋大输液生产线（图 7-17-6）由制袋成型、灌装与封口三大部分组成，可自动完成上膜、印字、接口整理、接口预热、开膜、袋成型、接口热封、撕废角、袋传输转位、灌装、封口、出袋等工序。还可以与接口上料机、组合盖上料机、软袋输送机、灭菌柜、上下袋机、软袋烘干机、检漏机、灯检机、枕式包装机、装箱机、封箱机等辅助设备组成整条软袋包装联动生产线。主要用于制药厂大输液车间 50～3000mL 非 PVC 软袋大输液的生产。

软袋大输液整体
方案

图 7-17-6 非 PVC 软袋大输液生产线

3. 生产过程

非 PVC 软袋大输液袋的生产过程见图 7-17-7。

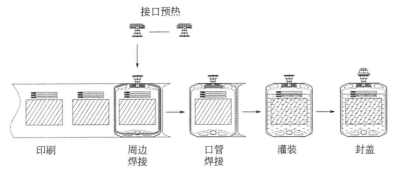

接口预热

印刷   周边焊接   口管焊接   灌装   封盖

图 7-17-7 非 PVC 软袋大输液生产过程

（1）包材的传输

通过膜卷滚筒、振动料斗、夹具等将膜卷、口管、密封盖按照要求输送至各个工作位置。传输的驱动力通过伺服电机、气缸等方式实现。

（2）包材的焊接

非 PVC 软袋的制作主要通过不同包材之间的热焊来实现，包括膜与膜之间的焊接、口管与膜之间的焊接、口管与盖之间的焊接。膜与膜之间的焊接、口管与膜之间的焊接均是依靠发热的焊接模具对包材进行加热，将包材内层熔化，同时施加压力将其焊接到一起。口管与盖之间的焊接是依靠高温的加热片对口管和盖的焊接区域进行烘烤，熔化后迅速加压将两者熔封到一起。

（3）药液的灌装

通过药液管道和计量装置对灌入袋内的药液进行输送和计量，以满足药品生产要求。

（4）袋子的印刷

采用热烫印技术，通过加热加压使色带上的颜料层与色带基材剥离，转而与非PVC薄膜的外表面升华染色附着结合，实现印刷功能。预先制作好的印刷凸版决定了印刷内容，不同的品种或规格需要更换不同的印刷凸版。

4. 基本结构

以单硬管非PVC软袋全自动制袋灌封机为例，详细介绍一下设备的基本结构。

非PVC软袋全自动制袋灌封机整机（效果图见图7-17-8）主要分为两大部分，分别完成制袋工序和灌封工序。整体采用模块化设计，分为十二个工位，各自完成上膜、印刷、拉膜、制袋、接口供给、接口预热、口管焊接、口管整形、转移、灌装、封口、下线功能，由制袋驱动装置和灌封驱动装置将各工位串联起来。设备包含以下子系统：控制系统、管路系统、加热系统、驱动系统，通过各子系统的配合实现各个工位的功能。

图7-17-8　非PVC软袋全自动制袋灌封机效果图

（1）控制系统

控制系统包含PLC、触摸屏、各种控制阀、检测开关等，主要控制设备的工艺动作，并反馈设备运行状态，实现人机交互。

（2）管路系统

管路系统包含压缩气管路、洁净气管路、药液管路、冷却水管路、排风管路、真空管路以及对应的控制阀等，为设备各工位所需要的工作介质进行传输。

（3）加热系统

加热系统由温控器、固态继电器、特制加热器和热电偶组成，主要控制各类模具温度，实现包材的热焊接、打印等功能。

（4）驱动系统

驱动系统由气缸、电机、伺服控制器、伺服电机和反馈系统组成，主要对各类运动进行精确定位控制。

5. 简要工作过程

根据图7-17-9所示工艺流程，非PVC软袋全自动灌封机分为以下十二个工位。

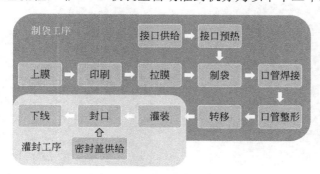

图7-17-9　制袋工艺流程图

（1）上膜工位

各种规格尺寸的非PVC膜卷，在程序控制下，向后面的各个工位提供膜材。上膜工位（图7-17-10）包括退卷滚筒、缓冲滚筒、导向滚筒三个部分。由气动张紧轴来固定膜卷，一台电机来驱动膜卷的滚动和停止，一根缓冲棒来控制膜在拉动过程中平稳运行。

（2）印刷工位

印刷工位（图7-17-11）采用热烫印技术，通过加热加压使色带上的颜料层与色带基材剥离，转而与非PVC薄膜的外表面升华染色附着结合，从而在软袋的外面印上药品的名字、生产日期、批号、有效日期以及与药品有关的内容。印刷模板与加热模板分离，为插槽式，更换品种时只需将印刷模板抽出更换即可。

图 7-17-10　上膜工位

图 7-17-11　印刷工位

（3）拉膜工位

拉膜的动作通过伺服电机带动直线驱动单元完成。在传送过程中，非PVC膜靠气缸与气爪同时夹紧，伺服电机的驱动可以保证膜材准确传送。在膜材传送的同时，使用固定的分膜刀将膜材分为两层，保证接口在运动的过程中准确放入膜材之中。

（4）制袋工位

制袋工位的主要功能是将袋子的周边焊接完整和切割成型，动作由气液增力缸完成。当非PVC膜材和预热的口管传送到这个工位时，气液增力缸驱动上模具快速运动，将软袋的周边和口管热合，然后增力缸转入力行程，将袋子切割成型。模具内嵌加热棒和热电偶，上下模具均有冷却板，内通冷却水，保护袋型内部非焊接区域免受高温影响。

（5）口管输送工位

由振动理料器将口管整理排列整齐，然后口管被送至口管滑道，通过专用夹送装置送至口管夹具上，随后由同步带带动逐步被送到后续工位。图7-17-12所示为口管输送工位。

（6）口管预热工位

因口管材质与膜材不同并且壁厚不均，为保证口管与膜的可靠焊接，减少微漏的概率，需在此工位上先对口管进行两次加热，保证膜材与口管能以最佳热的温度进行焊接。图7-17-13所示为口管预热工位。

图 7-17-12　口管输送工位

图 7-17-13　口管预热工位

（7）口管焊接工位

由导向气缸驱动焊接模具对口管和非PVC膜进行加温加压，将两者热焊到一起。该工位还实现对三角废料的全自动剔除功能（图7-17-14）。图7-17-15所示为口管焊接工位。

（8）撕边整形工位

焊接完成的袋子运行到此工位，使用和接口完全吻合的模具对焊接好的接口进行一次整形，同时气爪夹紧制袋余留下来的废料将其撕掉，使袋子成型完整，废边由专门的接料装置收集。到本工位，一个完整的空袋制作完成。

图7-17-14　三角剔除工位

图7-17-15　口管焊接工位

图7-17-16　灌装工位

（9）袋转移工位

利用取袋机构将软袋从制袋环形夹具上取下，然后转移到灌封夹具上，通过特定机构使软袋实现90°翻转，使袋子成竖立方向，以方便后续灌封工序的顺利进行。

（10）灌装工位

如图7-17-16所示，升降机构驱动灌装嘴与口管对接，灌装阀打开，药液通过管道系统进入到袋内，采用质量流量计计量；（结合计量装置）该工位还具有在线清洗、在线灭菌功能。

（11）封盖工位

密封盖通过振动理料器整理排序并输送到达预定位置；加热片温度达到600℃左右，对密封盖和口管加热，达到加热效果后，通过驱动装置将密封盖和口管压合。图7-17-17所示为封盖工位。

（12）下线工位

灌装密封好的软袋通过气爪从设备上取下来，将软袋平稳整齐地摆放在平行输送带上并输送到后续工序。图7-17-18所示为下线工位。

图7-17-17　封盖工位

图7-17-18　下线工位

6. 设备可调工艺参数的影响

非PVC软袋全自动制袋灌封机的可调工艺参数见表7-17-1。

表 7-17-1　设备可调工艺参数的影响

参数类别	可调参数名称	参数的影响
温度参数	印刷温度	决定了油墨能否从色带上剥离转印至非 PVC 膜上。温度过低油墨无法剥离完成印刷功能，温度过高可能会烫伤非 PVC 膜材
	预热温度	影响口管的预热效果。温度过低会造成口管焊接面预热不充分，影响最终焊接效果；温度过高会造成口管焊接面过度熔化，引起模具粘连、拉丝
	袋成型温度	影响非 PVC 膜的焊接效果。温度过低会造成焊接不充分，开焊造成漏袋；温度过高会造成膜材烫伤，影响焊接强度，造成袋破损
	口管焊接温度	影响口管与非 PVC 膜的焊接效果。温度过低会造成焊接不充分，口管和膜材可能会剥离；温度过高会造成膜材烫伤，影响焊接强度，造成袋破损
时间参数	印刷时间	影响热量传导时间。时间过短可能会造成温度传导不充分，达不到所需的工作温度；时间过长可能会造成工作温度过高，烫伤包材；时间过长也会影响设备运行速度
	预热时间	
	袋成型时间	
	口管焊接时间	
	压盖时间	影响密封盖焊封效果。时间过短可能造成盖子与口管熔封不充分，时间过长会影响设备运行速度
其他参数	加热片电流	影响加热片的发热温度，电流过低会造成发热温度低，口管与盖不能充分熔化；电流过高会造成发热温度高，可能超过燃点造成口管盖燃烧
	灌装量脉冲数	影响药液灌装量的大小。过高或过低造成灌装量超标
	环形带传送速度	影响设备运行速度和药液的晃动程度

7. 设备（联动线）安装的区域及工艺布局

非 PVC 软袋全自动制袋灌封机安装于 C 级背景下的 A 级区内，其安装区域及工艺布局见图 7-17-19。

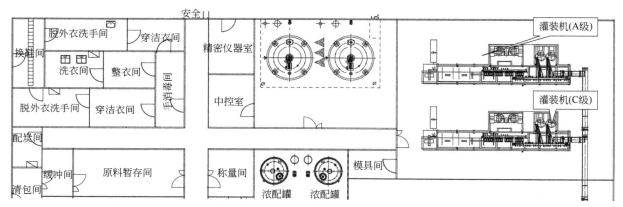

图 7-17-19　非 PVC 软袋全自动制袋灌封机（联动线）安装的区域及工艺布局

8. 特点

①采用 PLC 可编程控制器控制，功能强大，性能完善；②全中文彩色触摸屏操作，良好的人机对话界面，所有工艺参数都可通过触摸屏直接设置；③具有在线清洗和在线灭菌功能，节约清洗时间，保证灭菌效果；④模具和膜卷的更换简单快速，能够满足专业化大批量生产的需要；⑤对已确认的工艺参数具有良好的储存记忆功能，使用时可直接调用；⑥强大的智能控制系统，不合格袋子自动检测剔除；⑦参数超出设定值时，机器自动报警；⑧运行出现故障时，设备将自动停机；⑨可在设备上应用多色套印、电脑热打印、充氮等技术。

除此之外，各个工位具有以下特点：

（1）上膜工位

采用气胀轴滚筒固定膜卷机构，膜卷的设计易于更换膜卷，膜卷用气胀轴固定在卷轴上，上膜卸膜无需工具，只需进行简单的设定即可，方便省力。

（2）印字工位

采用热箔印刷技术，可完成多种颜色印刷。印刷版为活版，批号、生产日期、有效期为活字，更换时只需要简单工具，更换方便。印刷温度、印刷时间、印刷压力均可调。可以根据用户需求采用条形码印刷技术，满足可追溯性要求。

（3）口管供送工位

采用螺旋振荡器整理口管，洁净气流吹送，伺服驱动进行分隔，气爪或者真空吸盘取口管并进行交接。

（4）口管预热工位

采用二次口管预热工艺，每次预热温度、时间都可以独立调整，增加对各种包装材料的适应性，可避免袋成型时口管与膜因热传导的差异而造成封口不良现象，减少漏袋率。

（5）制袋成型工位

采用气悬浮式低摩擦力和紧凑型的开膜板，可以使开膜时开膜板对膜材的损伤降到最低，减少因开膜时产生的微粒而造成的废品。采用整体焊合成形模具，且袋热封成型与裁剪成型设计为同一工位，避免袋成型时因错位问题影响袋形美观，保证各袋形状的一致性。制袋接口焊接处采用浮动的柔性结构，可以在袋周边焊接成型的同时完成接口部位的焊接，减少漏袋率。成型模具采用特殊的优质材料加工而成，并采用特殊热处理和表面镀涂工艺，提高了模具加工质量和使用寿命。

（6）接口焊接工位

采用独立一对一的焊接模具和温度控制，对接口部位进行两次焊接和整形，可调范围更广，增加对包材的适应性，能有效控制接口部位的过焊和渗漏情况，保证了袋子的焊接质量，减少漏袋率。

（7）撕废角工位

简单有效的撕废角结构，减少操作人员的数量，同时降低工人的劳动强度，节约人力成本。

（8）灌装工位

采质量流量计与无菌阀、高速 PLC 控制相结合的灌装计量技术，灌装方式先进、计量准确。灌装量可通过触摸屏设定，计量调整方便。操作简单，可以很方便实现在线清洗和在线灭菌。采用伺服直接驱动来控制灌装头的上下运行，动作柔和，减少药液滴漏；灌装头被柔性连接，保证灌装时对接口的密封，防止灌装时喷液。

（9）充氮封口工位

采用非接触式热熔焊接技术，有利于保证袋口焊接的质量，同时还可以有效地避免在焊接后出现其他异物的现象。加热片采用独特的防碰撞专利结构，能够有效防止加热片被碰坏，延长加热片的使用寿命。采用先进的伺服直接驱动或气缸驱动来控制加热片的前后运行以及热合时组合盖的向下压合，其定位准确，减小设备运行的误动作。根据特殊要求，封口前，可实现充氮气保护，保证药品质量。

（10）出袋工位

灌封完成后的软袋产品从同步带上取出放至输送带上输送至下一道工序，进行灭菌。

9. 安装区域及工艺布局

可最终灭菌产品（$F_0 \geq 8$）塑料袋装大输液产品灭菌前主要包括下列工序：称量（复称）→调配（浓稀）→灌封→检漏→灯检→组装（输液管或引流袋）→真空包装内包材灭菌→灭菌后内包材存放。上述工序均在 C 级及 A 级洁净区内完成。

C 背景下 A 级房间包括灌封及其辅助房间，内包材（加药塞、药袋）灭菌后室，检漏、灯检、组装室（多袋包装）等。

C 级区房间包括真空包装、包材存放、包材灭菌室，器具清洗存放、洁净服清洗存放、消毒液配制室，更衣室，洁具室，弃物室等。

人员、物料出入与一般区相连的洁净区一般设有缓冲室（区）。缓冲室（区）按 C 级区管理，防止低级别空气倒灌或带入造成空气污染。

一般生产区包括产品灭菌区（一般灭菌前区和灭菌后区要设有物理隔离措施）、包装区域、物料入货区域和产品出货区域。生产人员、入货和出货区域设有独立的通道。

10. 大容量塑料袋操作注意事项、维护保养要点、常见故障及处理等

（1）操作注意事项

非PVC软袋全自动制袋灌封机是大型的自动化设备，在启动之前，需要做大量的准备工作，故需要对设备的状态有一个基本的了解，这样才能保证设备能够顺利运行。为了解设备目前的实际状态，判断是否具备了可以运行的条件，可以通过以下几个方面：a. 查看设备前一次运行记录，了解设备基本情况。b. 检查能源动力连接是否具备运行条件，主要包括设备电源、压缩空气、洁净压缩空气、冷却水。c. 检查各安全装置是否完好，主要包括安全门开关、急停开关。d. 检查各个部分的气动元件状态是否良好，连接是否紧固，气动管路和灌装管路连接和密封是否良好。e. 各主要部件关键部位的连接螺丝是否紧固。

（2）维护保养要点

清洗、润滑和维护工作都要由合格的专业人员按照操作指导，并做出事故预防措施。如不加以注意，将会造成人员伤害和/或机器损坏。只有在设备停机时才能进行维护，按照环保要求排放废油，保持使用合适的油罐和油枪以防污染，结合设备各零部件的磨损情况、性能、精度劣化程度以及故障发生的可能性等，制订出了各零部件的保养周期、保养内容和保养类别计划表，作为设备运行保养的依据。下面我们分别介绍一下维护计划的主要工作内容。

① 日维护计划（每运行8h维护计划）　a. 及时清洁生产中溅到设备上的药液及粉尘颗粒。b. 不要用水直接喷射到设备上，表面沾水后应及时擦干。c. 检查冷凝器中是否有凝结水，如有应立即排空；否则会导致凝结水进入压缩空气系统，损坏气动元件。d. 检查过滤网功能是否完好。e. 检查打印橡胶皮的状态是否良好，及时更换磨损严重的胶皮。f. 检查打印板是否损坏。g. 清洁编码器的转动轮，并检查状态是否良好。h. 检查接近开关。i. 检查加热片焊环有没有变形和损坏。j. 清洁接口和带密封盖的振荡理料器内部料盘、输送槽、直线输送轨道。k. 检查药液管路卡盘是否拧紧，及时更换损坏的垫圈。l. 检查预热模具的涂层是否损坏；清洁预热模具。m. 检查上膜和打印色带的气动轴状态是否良好。n. 检查共挤膜夹紧气缸的橡皮垫状态是否良好，是否紧固。

② 周维护计划（每运行40h维护计划）　a. 检查安全门开关性能是否完好。b. 清洁直线导轨，并为导轨和滑块重新润滑。c. 清洁气缸的导向轴并润滑。d. 清洁各传动、导向轴承并润滑。e. 封盖工位的电缆压块的两个连接点必需每周进行检查，并拧紧螺栓。f. 变压器的接线端子必须每周检查，并拧紧紧固螺栓。g. 检查近期使用的制袋模具上各弹簧是否有损坏。

③ 月维护计划（每运行160h维护计划）　a. 检查制袋设备的传送带的张力和其他情况，如张力过松请调整，如有损坏请更换。b. 检查间歇分割器的接近开关是否紧固。c. 检查打印工作台能否自由、轻快地调节，清洁并重新润滑滚珠丝杠和伞齿轮。d. 清洁并重新润滑导向柱，按照TOX说明书的要求和方法对气液增力缸进行保养。e. 检查线缆槽中的电缆和气管是否紧固，有没有损坏，如果需要，请调整并更换损坏件。f. 按照FESTO的说明书对设备上所有的气爪、驱动单元进行清洁、维护和保养。g. 检查各气动隔膜阀和手动隔膜阀的膜片，如果膜片损坏，请及时更换。h. 检查CIP/SIP系统内的所有垫片是否紧固，及时更换泄漏的垫片。i. 检查液压缓冲器的工作情况和连接是否，如果已经损坏或者松动，请及时更换和紧固。j. 检查主要的连接螺丝是否紧固，如有松动请及时拧紧。k. 检查所有的气缸接近开关是否紧固。l. 检查气动元件和管路的状态良好并紧固，如需要，请更换损坏的元件。

（3）常见故障及处理方法

表7-17-2为非PVC软袋全自动制袋灌封机常见故障及处理方法。

表7-17-2　非PVC软袋全自动制袋灌封机常见故障及处理方法

故障	可能原因	处理办法
设备不能运转	主开关切断	打开主开关
	启动紧急停车	松开紧急停车按钮
	安全防护装置打开	关闭安全防护装置
	保险丝烧断	更换保险丝
没有空气压力	启动紧急停车	松开紧急停车按钮
控制单元不能运转	保险丝烧断	更换保险丝

故障	可能原因	处理办法
袋切割不正确	切刀不锋利	更换切刀
口管焊接效果不良	温度设定不正确 加热时间太短 预热工位的温度不合适	更正设定值 延长加热时间 检查温度，并进行纠正
灌装头滴液	灌装阀膜片出故障	更换膜片
灌装误差太大	灌装流量测量装置出故障 灌装压力太高或太低 灌装压力不稳定	正确调节或修理流量测量系统 调节灌装压力 产品过滤器堵塞或比例调节不合适。拆下过滤器，检查灌装误差
推加热片伺服电机到位后不返回	卡嘴缸在推加热片快到位时阻挡电缸 推加热片伺服电缸端部轴承进糖盐，阻力过大，造成电机无法起动或无法到位	排除机械故障
温度控制出现报警，进入温度控制画面时温度正常	热电偶损坏，此时热电偶处于虚断状态，在设备运行时，线可能断开，温度报警	更换热电偶
口管盖输送时卡顿	包材尺寸不标准，造成轨道内卡阻	取出不合格的包材

11. 发展趋势

非 PVC 软袋全自动制袋灌封机是依托于非 PVC 软袋装药品的发展而发展的。传统的腹膜透析液采用的是 PVC 膜制成的软袋包装，而非 PVC 膜由其安全、环保的特点，是腹膜透析液的理想包装材料。我国在政策层面上支持并有计划进行包装材料的变换，同时逐步扩大腹膜的使用范围并纳入基本药物目录，随着国家医疗服务水平提高及保障机制，将扩大患者选择腹透的概率。国内已有数家药企开始进行非 PVC 包装腹透的前期市场投放或调研，未来前景广阔。

肠外营养是从静脉内供给营养作为手术前后及危重患者的营养支持，多采用液液多室袋包装。目前此类药品主要依赖进口，由于其具有较高的附加值，有实力的药厂已开发此类药品多年。在最近两年，国家通过了肠外营养产品的生产批文，市场迎来了转机。作为高利润、高附加值、高技术含量的产品，是非 PVC 软袋全自动制袋灌封机的重点发展产品。

即配型粉液双室袋是无菌静脉注射剂产品领域最高端的产品。粉液双室袋产品将药物粉剂与注射用溶剂包装于同一包装袋的两个腔室内。粉液双室袋所具有的特点使其在特定条件下具有先天的优势。随着药监局对粉液双室袋产品政策的逐步放开，部分有实力的药厂已开始了此类药品的研发，对应的配套设备将迎来良好的历史发展契机，推动粉液双室袋产品的发展。

第十八节　栓剂生产联动线

栓剂(suppository)是药物和适宜基质制成供腔道给药的固体制剂。栓剂根据用药部位分为肛门栓和阴道栓。肛门栓以子弹头型、鱼雷型为主；阴道栓以卵型、鸭嘴型为主。栓剂生产联动线用于制备栓剂，也可以加工成小剂量口服液、儿童食品。

栓剂设备是从国外引进的，国内早期采用模具浇注而成，进入 20 世纪 80 年代，基本是半自动栓剂灌封机组，需加工专用壳带；90 年代初出现自动栓剂灌封机组，21 世纪初开始有高速连续式栓剂灌封机组。

一、栓剂设备分类

（1）按生产速度和栓壳连续性分类

栓剂设备可分为普通栓剂灌封机组、高速连续式栓剂灌封机组。普通栓剂灌封机组速度较慢，在冷冻箱内剪切粒数固定。高速连续式栓剂灌封机组速度较快，能任意粒剪切。

（2）按包装材料分类

包装材料分为塑料PVC/PE和铝箔ALV包材两种，相应设备分别为双铝膜栓剂设备和PVC/PE膜栓剂设备，当前主要以PVC/PE膜栓剂设备较为多见。

（3）按栓剂生产线结构分类

按栓剂生产线结构来分类，栓剂设备可分为直线型栓剂设备和U型栓剂设备。如图7-18-1所示为U型栓剂自动生产线示意。

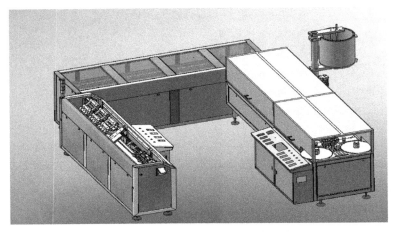

图7-18-1　U型栓剂自动生产线示意

二、基本原理

栓剂灌封机组的基本工作过程为制带、灌装、冷凝、封口、打印批号、齐上边、剪断等。成卷的塑料片材或铝箔片材经过栓剂制带机正压吹塑成型或由焊接模具将其焊合成型后，进入灌注工位，已搅拌均匀的药液通过高精度计量装置自动灌注到空壳内后，剪切成条后进入冷却工位，经过一定时间的低温定型，实现液态到固态的转化，变成固体栓剂。通过封口工位的预热、封上口、打批号、齐上边、计数剪切工序制成栓剂。

三、基本结构

栓剂自动生产线设备分为成型灌装部分、冷却部分、封尾部分。

（1）成型灌装部分

成型灌装部分由放膜盘、传送夹具、成型、修整底边、虚线切割、灌装泵、物料桶、物料循环泵和分段切刀工位组成，完成膜料的制壳、灌装，如图7-18-2所示。

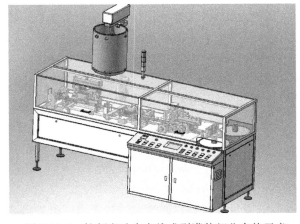

图7-18-2　栓剂自动生产线成型灌装部分实体示意

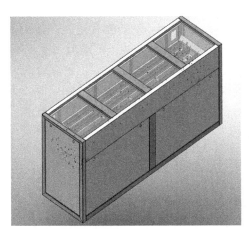

图7-18-3　栓剂自动生产线冷却部分实体示意

（2）冷却部分

冷却部分是由两组冷却隧道和冷风机组成，完成栓剂液态药品固化工序，如图 7-18-3 所示。

（3）封尾部分

封尾部分是将固化后的条带进行顶部封口、打印批号、裁剪成预定数量的成品过程，如图 7-18-4 所示。

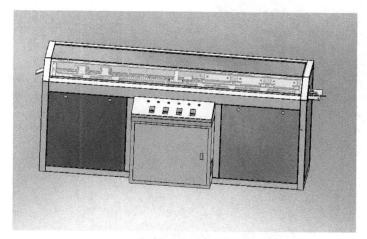

图 7-18-4 栓剂自动生产线封尾部分实体示意

四、简要工作过程

栓剂自动生产线的工作过程如下所示：

栓剂包装材料 PVC/PE 从成型灌装部分放膜盘经导向轮、传送夹具进入成型工位，该工位有预热、加热和成型模具，再通过插槽装有与之相对应的对接模具（吹气模具），才能形成 PVC/PE 膜的制壳过程。成型的膜料经过切边、虚线刀工位时，由切刀进行修整底边、虚线刀进行单粒的分割，使其成为具有统一的底形且利于分成单粒成条模型。

灌注部分由灌装泵、物料桶、搅拌器、循环泵组成，完成灌装等工序。灌装泵体有若干个柱塞泵，通过顶部的手柄调节来控制灌装量，泵体下部的注入器按生产所需分 6 头、7 头灌注头。物料桶内加入物料，加热元件使其保持一定的温度，搅拌器由减速电机带动，保持物料温度均匀，循环泵维持物料在灌装泵和物料桶之间的循环。物料经过灌注头灌装到 PE 壳内，灌注结束后，由半成品剪刀按设定把膜料分切成 30 粒/板或 28 粒/板的条块，以便进入下序冷却部分。

经过分段的条带进入冷却隧道进行逐级冷却，使物料条中的物料由液体逐渐变成固态。冷却箱内冷却是由冷水机供应冷水，经冷却风扇均匀分散，箱内温度控制在 8～16℃。冷却箱内循环器的交替往复运动将每节条带由前往后输送，直至送至封尾部分。

固化后的条带经封尾传送夹具进入模具预热、封尾和打批号，然后修整顶边，最后由最终切割分切成设定的栓剂产品。

图 7-18-5～图 7-18-7 所示为普通栓剂灌封机组（U 型）、高速连续式栓剂灌封机组和高速双铝栓剂灌封机组。

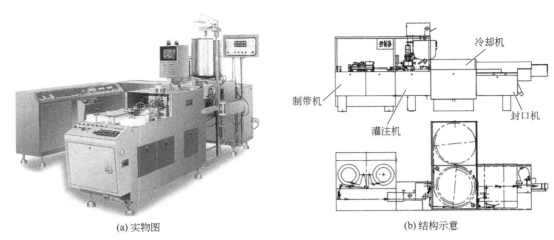

(a) 实物图　　　　　　　　　　　　　(b) 结构示意

图 7-18-5　普通栓剂灌封机组（U 型）

栓剂生产线

图 7-18-6　高速连续式栓剂灌封机组

(a) 全貌　　　　　　　　　　　　　(b) 局部

图 7-18-7　高速双铝栓剂灌封机组

五、可调工艺参数的影响

①　整机速度的调整　栓剂灌封机组变频调速，自动运行时调整速度只需调整制带电机频率，冷冻机和封口机的电机会自动与其匹配。

②　模具要求　栓剂灌封机组的模具是由三对模具组成的，分别是预热模具、焊接模具、滚花模具。其中预热模具和焊接模具是需要加热的。模具材质要求耐磨性、导热性要好，热变形要小。

③　温度的调整　栓剂灌封机组中制带机模具、灌注药液、封口机模具的温度要求应能设定，显示温度误差应不大于±2℃。制带机、封口机模具的温度因塑带批次不同，可能做微小的调整。其温度直接影

响焊接热封性、泡型饱满、焊接牢固性以及是否易于撕开。

④ 灌装量的调整　用户可根据需要在每枚规定范围内任意调整装量，调整在人机界面上进行，在灌注界面相应位置写入当前装量和当前密度，设备通过伺服电机自动调整到设定装量。每个通道可以通过微调灌注精度达到要求。

⑤ 送带行程的调整　夹带钳夹住栓带每输送一次所走的距离即送带行程。实际行程与理论行程上下误差要求不得大于 0.5mm。反之，栓带成型时容易出现裂泡、瘪泡、薄厚不均等现象。行程可通过调整杆进行调整。

⑥ 气动压力的调整　气动压力需满足规定要求。压力低时，密封不好；压力高时，不易撕开。

图 7-18-8 为 U 型栓剂设备工艺布局示意。

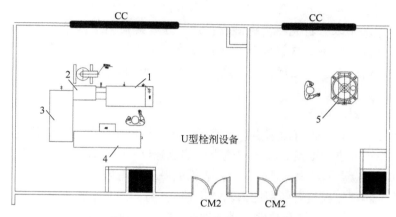

图 7-18-8　U 型栓剂设备工艺布局
1—制带机；2—灌注机；3—冷凝箱；4—封口机；5—均质机

六、设备特点

当代各栓剂灌封机组具备下列特点：①采用 PLC 可编程控制和人机界面操作，操作简便，自动化程度高。②采用插入式灌注，位置准确，不滴药、不挂壁。

普通栓剂灌封机组具有如下特点：①适应性广，可灌注难度较大的明胶基质和中药制剂。②储液桶容量大，设有恒温、搅拌装置。③装药位置低，减轻工人劳动强度，设有循环供药装置保证停机时药液不凝固。

相对普通栓剂，连续性栓剂机组还有以下优点：①灌注采用伺服电机系统，调整装量精确、方便；带有菜单存贮功能，转换规格方便。②停机冷却保护，连续出带，无断头，废品率低。③废品不灌注，并自动打孔，并在机器末端自动剔除。④联锁保护，智能报警，保证安全。⑤连续制带，连续封口，剪切粒数任意设置。

七、操作注意事项、维护保养要点、常见故障及处理方法

1. 操作注意事项及保养

（1）普通栓剂灌封机组

①每班前应检查水管、气管是否有泄漏点，正常后，可开机。②每周对模具气缸轴、吹泡气缸轴、切底边气缸轴、刻线气缸轴、插入气缸轴、冷冻抓带输送气缸轴、钳口输送轴进行加注 20#机油，并随时检查缺油情况，对搅拌电机每月加一次二硫化钼。③定期对剪断剪刀、齐上边剪刀和剪切粒数剪刀拆下，用油石备磨。④观察冷冻风机和主控箱排风扇是否工作。⑤每天对贮气罐和三联体进行排污处理。⑥每天用清洁热毛巾对机器外表面和内部进行擦拭清理。⑦对有泄漏的密封元件，应不定期进行更换，特别是灌注芯轴密封圈。⑧经常检查各部件螺丝是否松动。⑨观察保温桶水位，定期加纯净水。⑩每天检查调速接头是否松动变化，气管接头是否漏气。⑪每班后对切底边尾料、齐上边尾料、剪切尾料进行

清理。⑫定期检查磁性开关和电磁换向阀指示灯是否亮和正常工作。⑬每天对制带模具用酒精棉擦拭清洁。⑭设备每三个月进行为期一天的检修，六个月进行为期三天的中修，十二个月进行为期六天的大修。⑮设备超过 15 天闲置不用，应启动一次设备，进行 4h 空运载运行，以保证随时正常生产。⑯如出现无法处理的情况，请及时通知厂家派专业技术人员进行处理。

（2）高速连续式栓剂灌封机组

①每工作 200h 对制带、灌注、冷却、封口、灌注搅拌电机注一次二硫化钼。②工作 200h 检查封口小箱中凸轮的润滑情况，如缺油向油盒中加 20#机油。③每 100h 检查制带、灌注、制冷、封口中链条及齿轮、间歇机构的润滑情况。如缺油加二硫化钼润滑。④每工作 100h 检查供带刹车的磨损情况，如需要更换衬垫并清洗与刹车接触的板的下面部分。⑤每工作 200h 需清洁一次冷却部分的螺旋盘和链子，拆下上面的螺旋，如下执行：松开星形手扭，一只手握住中间的把手、另一只手放进与把手相对的用于空气流体的孔中将它拿下来。首先将上螺旋盘抽出，松开螺旋盘上两个传动链轮和固定螺栓，把整个螺旋盘抽出。用热水或蒸汽清洁螺旋和链子。待螺旋完全干燥后，按上述步骤反操作安装。用石蜡润滑链和导轨。正常运行后再整体运行。⑥在第一次工作 100h 以后就要检查链条的张紧情况，以后每工作 600h 定期检查一次。

（3）高速双铝栓剂灌封机组

①班前应检查水管、气管是否有泄漏点，正常后，可开机。②每天对三联体进行排污处理。③对有泄漏的密封元件，应不定期进行更换。④经常检查各部位螺丝是否松动。⑤观察保温桶水位，定期加纯净水。⑥工作 20～30h 后检查模具表面，如果模具表面变脏或粘有残留的胶质，这时模具需要及时清洗。用非金属或铝制的软金属片将模具上残留的聚乙烯刮掉，再将其浸在水和肥皂的溶液中清洗，并晾开（注意：千万不能用砂布、铁丝刷或其他腐蚀性工具清洗）。⑦经常检查制带机导杆及切底边部分导杆的润滑情况，如润滑不好加医用液体石蜡进行润滑。⑧经常检查剪断质量，如果剪断剪刀不快用油石进行备磨。⑨经常检查批号质量，如果批号有不清晰的，更换相应的硅胶垫。⑩每天结束后用热湿毛巾对封口部分的预热板、封口板、打批号板进行擦拭，至干净为止。⑪每日工作结束对吸料机内尾料进行清理。

2. 设备清洗

（1）普通栓剂灌封机组

①药液灌注完成后，打开回药管活接头，打开柱塞泵，将尾料排出。关掉柱塞泵，再将回料管活接头安装好，加 20L 80～90℃热水，再次打开柱塞泵和搅拌电机，让热水循环清洗 3～5min，先打开灌注开关，反复手动开、关灌注塞开关，让灌注体完成灌注动作，冲出残留尾药。打开药液回流管，将水放出，重复加水冲洗两到三次，直到水变清为止。②灌柱桶的清洗：关闭搅拌电机和柱塞泵，打开下料阀排料口，用 80～90℃热清水冲洗三次后，用热湿洁净口罩布擦拭清洁。③柱塞泵的清洗：将柱塞泵拆下后，卸下上下尼龙堵块，抽出柱塞放入热水中浸泡 5min，用细毛刷刷洗至柱塞及各部分没有残余药料，再用热湿洁净口罩布清洁待用。④灌注头的清洗：拔掉灌注头两端走料管堵头，旋掉 2 个灌注头固定手钮，并松开 6 个蕊轴备帽，将灌注头拆下后，拔出灌注塞，依次推出灌注阀。全部浸泡在热水中 5min，用细毛刷刷洗至没有残余药料。晾晒 10min，重新依次装入，待用（灌注用密封圈，密封垫如有破损及时更换）。⑤走料管的清洗：将下料阀至柱塞泵的走料管，柱塞泵至灌注头的走料管，灌注头至灌注桶回料管拆下，放入热水中浸泡 10min，然后管内倒入热水往复冲洗三次至管内壁无残留药物为止。将走料管挂起晾晒至管内无水。⑥走料轨道的清理与清洗：用热风机对灌注走料轨道进行清理，并用热毛巾擦拭。用热风机对冷冻走料槽进行清理，并用热毛巾擦拭。对封口部分的托料板，用镊子夹住热的洁净口罩布擦拭。

（2）高速栓剂灌封机组

每班停机后，必须将与药液接触各部件进行清洗，以防剩余药液积存在部件上从而影响机器的正常工作。拆卸清洗步骤如下：①关闭下料阀，排掉入走药管及灌注体和往复泵内药液。②关闭电源。③关闭气源。④松开各走料管卡箍，卸下各走料软管。⑤卸下连杆与横条的连接轴。⑥将横条及其连接的芯轴部分等一起向上平行拔出。⑦拔出传感接头上的温度传感器。⑧松开拉紧杆使其与拉紧体脱离。⑨旋开吸排料上面的两个 M8 的螺钉。⑩松开主联体右侧的顶丝。⑪用两手分别端住左料管右料管平行向外将灌注头总成取出。⑫将灌注头平放在工作台面上，取出灌注塞总成，注意组合一起为总成，其各部件在清洗及拆装时不需解体。⑬往复泵的拆卸及清洗：松开顶丝向侧方搬下左右拉板，然后拔下外插接头。向上取出加热套。向侧取出缸筒及相关整体组合，使其与气缸轴分离。摘开前缸头，取下缸筒。使后缸头与活塞体拉开距离（以方便清洗）。⑭恒温桶内桨叶及回药管的拆装及清洗；⑮桨与主轴间的拆卸，首先松开锁母使其与介轴脱离，然后顺时针将桨杆水平旋转 60°，使桨杆上的横杆与介轴两侧的槽口脱离，即可把桨叶总成从保温桶内取出。

3. 常见故障及处理方法

（1）普通栓剂灌封机组

普通栓剂灌封机组中制带机、灌注机、冷却机、封口机的常见故障及处理方法见表 7-18-1～表 7-18-4。

表 7-18-1　制带机常见故障及处理方法

故障	原因	处理方法
刹车盘刹不住	微动开关失灵 刹车锤没有到位 轴缺油，滑块不归位	更换微动开关 调整刹车锤到位（加长连接绳） 滑动轴上加注润滑油
泡形口不圆 泡形不泡满	吹泡器漏气 耐热布损坏 吹泡压力过小 吹泡温度低 压楞过浅（铝箔）	重新调整吹泡器位置，使其对正模具，并保证两侧及前后间隙均匀 更换耐热布 调高吹泡气压 调高吹泡器温度 调整压楞旋钮（铝箔）
成型栓带易开，不牢固	焊接模具温度低 电热管损坏 PE 膜粘不牢	调高焊接温度 更换电热管 更换片材
制带自动不运行或运行中突然停止	行程气缸磁性开关松动或位置不对	紧固磁性开关，调整磁性开关位置
泡形两侧薄厚不均	气压不稳 输送钳口行程变化	调整气压，调小压差 调整钳口输送行程
泡形有裂口或两侧片材粘在一起	预热、焊接模具温度高 压楞过浅（铝箔）	调低预热、焊接模具温度 调整压楞旋钮（铝箔）
两侧片材粘在一起，片材粘模具	分带器没有分开片材 模具上有脏物或模具温度过高	调整分带器 清洁模具，调整模具温度
模具、钳口、吹泡、刻线等某一动作失灵	电磁阀损坏	更换电磁阀
刻线和切三角底边不在中心	螺丝松动	对准后紧固螺丝
切三角底边有接茬	切三角底边模具不平行	调平切三角底边模具

表 7-18-2　灌注机常见故障及处理方法

故障	原因	处理方法
温度不正常	电热管损坏 电路不通 控制元件失灵 温控表损坏	检查更换排除故障
灌注嘴不出药	药液温度过低 药液内有气体 通路堵塞 灌注塞胶圈损坏	升高料桶及灌注体温度 排净药液及灌注体内气体 疏通药液通路 检查更换
吸灌药不正常；无升降动作	气压不足或气管漏气 气路有泄漏 升降机构活塞密封环损坏 电磁换向阀损坏	检查排除故障 检查排除故障 检查更换 检查电磁换向阀

故障	原因	处理方法
横向不动作	横向活塞密封胶圈损坏 气压不足或气管漏气 电磁换向阀不工作	参照上栏检查排除
换向柱塞处有漏药现象	柱塞上的 O 型圈损坏 柱塞磨损	检查更换

表 7-18-3　冷却机常见故障及处理方法

故障	原因	处理方法
冷凝不凝固	冷凝水温度高 蒸发器风机不转	降低冷却水温度 维修风机
输送动作不平稳、有冲击	输送气压过高	调整调速接头使气压平稳
箱内带有倒伏现象,运动轨迹不到位	输送气压低, 行程不够 气缸活塞 O 型圈磨损漏气	旋松输送调速接头, 调高气压 更换活塞 O 型密封圈
送带气缸不动	气缸磁性开关松动位置不对	调整紧固磁性开关, 磁性开关位置, 使灯常亮
只有升降动作没有前后动作,且升降光电开关不亮	升降光电开关备帽松动, 位置不对	备紧备帽, 调整光电开关位置
只有升降动作或前后动作,整个动作不够一个循环	升降、前后调速接头旋的过紧, 压力不足	调整调速接头增大压力, 使动作谐调

表 7-18-4　封口机常见故障及处理方法

故障	原因	处理方法
加热温度达不到预置温度	电热管损坏或电路有故障	检查电路及更换电热管
加热温度异常	传感器或电路有故障	检查电路及更换传感器
预热、封口、打批号单个气缸不动作	气缸损坏	更换气缸
预热、封口、打批号气缸都不动作	气路及电磁换向阀故障	检查气路及更换电磁阀
打开自动开关后不动作	输送气缸停车位置不正确或磁性开关松动	调整行程, 紧固磁性开关, 使灯常亮
当封口后的栓剂遮住光电开关后,输送 2 不动作	输送停车位置不对或磁性开关松动	调整行程, 紧固磁性开关, 使灯常亮
勾带爪拉不动带	勾带爪太低, 阻力太大	调高勾带爪
勾带爪气缸不动作	一组气缸都不动作 单个气缸不动作	检查电路及换向阀 修气缸
个别批号不清晰	批号底垫板损坏	更换垫板
齐上边有毛边	齐边剪刀不快	将齐边剪刀取下进行研磨或更换
剪不断栓剂	剪刀不快 剪刀没动	将剪刀取下, 研磨剪刀 检查气缸、电磁换向阀
剪切位置不在栓剂中间	剪切位置不对	松开螺钉移动剪切部分

（2）高速栓剂灌封机组

高速栓剂灌封机组中制带机、灌注机、封口机的常见故障及处理方法见表 7-18-5～表 7-18-7。

表 7-18-5　制带机常见故障及处理方法

故障	原因	处理方法
按下启/停按键设备不启动	气源没打开 塑带没有遮住光电开关 起始点不到位 冷冻机前或后缓冲带异常	打开气源 使塑带遮住光电开关 摇动曲柄让起始点到位, 指示灯亮 单启冷冻机或封口机至缓冲带正常
泡形不饱满	温度不够 气嘴插入过浅或不对中 电热管烧坏	调高预热、焊接模具温度 调整吹泡器 更换电热管
泡形有孔或粘在一起	温度过高	调低预热、焊接温度
模具温度达不到设置值	电热管烧坏	更换电热管

故障	原因	处理方法
模具温度异常	电热偶损坏	更换电热偶
个别泡口压瘪	夹带钳位置不对	调整夹带钳位置
纠偏失灵	行程大于理论行程	调整行程，使之略大于理论行程

表 7-18-6　灌注机常见故障及处理方法

故障	原因	处理方法
温度不正常	电热管损 电路不通 控制元件损坏 冷水循环不正常	检查更换 排除故障
灌注嘴不出药或药量不足 吸排药不正常	液温度过低 药液内混入气体 通路堵塞 灌注塞胶圈损坏 芯轴封环孔用密封圈损坏 插入机构或灌注机构匹配不正常 光电控制元件松动或损坏 气动控制换向阀或气缸损坏 桶内药液不足	升高恒温桶及灌注体温度 排净药液通道内气体 疏通药液通路 检查更换 检查更换 检查修整，排除故障 检查确认，修整，更换排除 检查确认，修整，更换排除 加足药液
往复泵不工作或药液不循环	气压不足或气动元件损坏 电路不通 药液温度不够或热水不循环	检查排除故障
搅拌桨不工作	搅拌电机损坏或减速机损坏 传动带松动或损坏 电路不通	检查排除故障
抱紧机构失灵	气压不足 气缸不工作或气动元件失灵 机件松动或轴承卡死 弹簧损坏	检查排除故障参照气动原理图及示意

表 7-18-7　封口机常见故障及处理方法

故障	原因	处理方法
加热温度达不到预置温度	电热管损坏或电路有故障	检查电路及更换电热管
加热温度异常	传感器或电路有故障	检查电路及更换传感器
预热、保温单个气缸不动作 预热、保温一对气缸不动作	气缸损坏 气路及电磁换向阀故障	更换气缸 更换电磁阀
停机保护没动作： ① 磁性开关亮，隔板不动 ② 磁性开关没亮	输送气缸没到位 磁性开关位置不对	输送轴上没有油，往轴上加点润滑油，按手动输送开关让输送气缸往复几次 把磁性开关复位
个别批号不清晰	批号底垫板损坏	更换垫板
批号及打撕口线没打印在栓剂的中间	批号没有正对栓剂中间 批号对中后，打撕口线仍不对中	旋转手扭使批号正对栓剂中间 松开底板固定螺钉将切底边部分向左或向右移动使撕口线对中
撕口线太深或太浅		调整
切底边有毛边	切底边剪刀不快	将切底边剪刀取下进行研磨或更换
齐上边有毛边	齐边剪刀不快	将齐边剪刀取下进行研磨或更换
剪不断栓剂	剪刀不快 剪刀没动 剪刀与拉杆联接螺钉脱落	将剪刀取下，研磨剪刀 接近开关或电磁铁失灵 重新联接
剪切位置不在栓剂中间	右主轮位置不对	松开右主轮上的螺钉，转动右主轮将剪刀对正栓剂中间位置锁紧螺钉
打孔的栓剂没剔除	检测孔光电开关位置不对翻板剔除气缸损坏 翻板剔除气缸电磁阀不换向	调整光电开关位置使其对正小孔 更换气缸 修理或更换

第十九节 气雾剂灌封联动线

气雾剂灌封联动线主要用于制药企业气雾剂的灌封生产。通过更换模具，一线可以兼用很多规格、品种的灌封生产。适用于食品、化工等领域，如空气清新剂、杀虫剂、清洗剂等。该联动线后端可配套喷码机、装盒机、装箱机等。

气雾剂药品（图 7-19-1）是国内目前正在兴起的一个新的剂型产品，发展速度快。制药行业药品的装量一般在 10～100mL（5～70g/瓶），基本上都是采用铝罐瓶包装，即以圆铝罐瓶、喷泵、喷阀、外盖为主的灌封设备联动线，瓶内容物为"药液+抛射剂"。

一、气雾剂灌封设备分类

（1）按抛射剂类别分

① 丙丁烷类 以前国内采用量较大。成本较低，同药液接触混合后使用，但必须全线防爆设计。

② 134A 类 新型的充填剂型，无需防爆。包材式样药液接触混合后使用，目前国内基本上都换用该类抛射剂。

③ 压缩空气类 最新类型，无需防爆。不同药液接触，直接使用药液，但目前生产这类气雾剂的全自动化灌封线还在研发过程中。

（2）按药液特性分

① 防爆型灌装机 凡是药液中含有乙醇（含量≥30%）的，必须设计制作全防爆型的灌装设备。

② 无菌型灌装机 要求实现无菌生产。

③ 普通型灌装机 以上两种以外的都属于普通型灌装机。

（3）其他分类方式

其他分类方式如按生产能力分类、按灌装泵形式分类、按灌装头数分类等，参见无菌滴眼剂。

二、设计原则

同本章无菌滴眼剂生产联动线中灌封设备的设计原则。

三、系统组成及特点

气雾剂灌封联动线由网带式送瓶机、吹瓶机、灌装轧盖机、灌气机、水浴检漏机、加阀加盖机组成，辅助料液缓冲罐、称重检测仪、防爆系统、喷码机等设备。

（1）网带式送瓶机

①一般采用大容量网带式上瓶台，人工上瓶进网带。视瓶型也可以采用转盘式进瓶。②将瓶子呈单列或双列理出来送进灌装机，保持正立顺序出瓶，不倒瓶。

（2）吹瓶机

同本章无菌滴眼剂灌封联动线中吹瓶机。

（3）灌装轧盖机（图 7-19-2）

① 进瓶机构 顺序、平稳送瓶进入灌装区，倒瓶自动剔除。

② 灌装系统 蠕动泵或陶瓷柱塞泵在控瓶盘里定位、间歇式灌装，将药液定量灌进瓶子里。如药液有特殊需要，在灌装前后可实施充氮保护。

③ 理喷泵系统 一般采用离心提升式和电磁振荡式理泵头，将泵头按要求理顺并送出来。

④ 轧喷泵系统（图 7-19-3） 机械手定位间歇式取喷泵、加喷泵。采用特殊纠偏机构和加泵头方式，克服吸管弯曲倾斜的影响，保证加泵头成功合格率。因吸管比瓶身尺寸长，必须克服在加喷泵后轧喷泵

前空挡区将泵头顶歪斜，导致无法轧紧泵头而漏液。轧喷泵有两种方式：一是大口瓶（口径≥Φ25mm），采用内撑胀式轧盖；二是小口径瓶（口径≤Φ20mm），采用外收口式轧花盖。

图 7-19-1　气雾剂包装

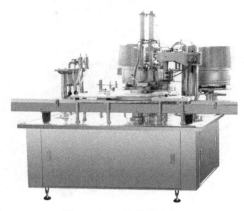

图 7-19-2　灌装轧盖机

（4）灌气机（图 7-19-4）

① 进瓶机构　顺序、平稳送瓶进入工作区。

② 灌注系统　采用恒积增压技术，在控瓶盘里定位、间歇式灌注抛射剂，将抛射剂通过小喷管恒压定量灌进瓶子里。

③ 回收系统　一般采用负压的方式，将泄漏出的废气（抛射剂）吸走直排出房间，保证安全生产。

图 7-19-3　轧喷泵系统

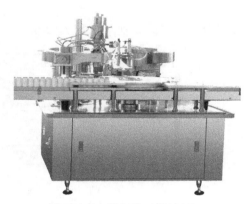

图 7-19-4　灌气机（抛射剂）

（5）检测系统

一是采用联控在线称重检测仪，将不合格品自动剔除；二是巡检人员随时抽检。

（6）水浴检漏机

一般都采用水浴检漏法。

① 进瓶输送机构　顺序、平稳送瓶进入工作区。单个机械手持瓶匀速前行，平行校位、倾斜入水、匀速传递、出水烘干，一链式工作。

② 水浴箱　水温、水位自动控制恒定，独立加热空间，人工观察窗口。一般最低保持瓶子在热水中浸没 3～5min。

③ 剔废机构　一般采用人工剔废（手工取出）或一键式剔废（手工操作、气缸剔废）。废品集中收集。

④ 干燥系统　采用热风将瓶口凹槽里和瓶身水汽吹干。温度、压力可调，保持恒定。

（7）加阀加盖机（图 7-19-5）

此两种工序功能设计成一体机完成。

① 理阀、盖系统　一般采用电磁振荡器将喷阀、外盖整理并正立输送出来，送到预定加阀、盖工位。

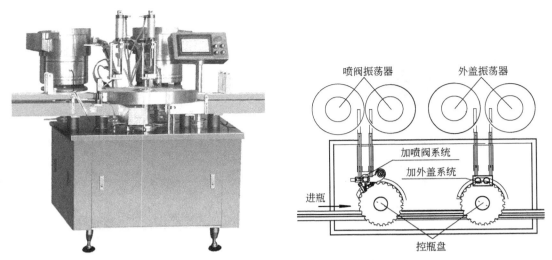

图 7-19-5 加阀加盖机及其工作原理图示

② 加阀、盖系统 在控瓶盘里定位间歇式加压喷阀、加压外盖，一般采用双头加装的方式保证合格率和产能。

（8）料液缓冲罐

一般容量为 50～100L，料液位自控，可实现在线自清洗、灭菌。

（9）其他

这种包材一般都采用瓶身印刷式标签，不需要自动贴标机，可配置喷码机实现瓶底部三期字符标印。

四、工艺控制

气雾剂灌封联动线工艺控制图见图 7-19-6。

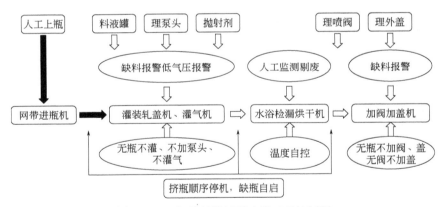

图 7-19-6 气雾剂灌封联动线工艺控制图

（说明：1. 挤瓶停机是从后向前依次顺序停机；2. 灌装机前轨道上设计有倒瓶自动剔除功能）

五、设备特点

①倒瓶自动剔除，卡瓶自动停机保护。②各输送轨道上缺料时（瓶子、喷泵、喷阀、外盖）报警或停机保护。③无瓶不灌装、不加喷泵、不加抛射剂、不加喷阀、不加外盖；无喷泵不加喷阀和外盖；无喷阀不加外盖。④灌装无滴漏挂滴、无冲击飞溅。加抛射剂无泄漏。⑤各台设备相关联前后自动联控保护操作。

六、安装布局要求

网带进瓶机+吹瓶+灌装轧盖机+灌气机 ⇨ 检漏机 ⇨ 加阀加盖机+喷码机

根据上图所示，气雾剂灌封联动线安装布局要求为：①整线多个房间布局安装独设立一个房间。

②底部要求、传送要求同"滴眼剂"。③对于线管，一般都是从房间顶部夹层走线，下垂到设备指定预点。电源线、空压管线等用不锈钢管套装后伸进净化区。如只能从侧墙进入的，则只能贴靠地面（高度150mm以上）走线，但必须设置保护支架罩。

七、操作注意事项、维护保养要点

1. 操作注意事项

①检查设备正常，接通电源、压缩空气等。②转移进料（含包装袋的包材、部分灭菌好的模具、规格件）。③准备工作结束，开机运转，确定料液装量精度、抛射剂压力和装量，确定各项监测参数值。④调速旋钮只能慢慢调节到规定合适的速度，不能猛开猛停。⑤不要经常将急停开关作为正常停机使用。⑥排风风机保持常开。工作结束后，收场完成再最后关闭风机。

2. 维保维护要点

①必须做好班前检查、维护保养，如紧固、润滑、校位等。②重点检查各安全防护措施，如离合器、防护罩、急停开关等。③设置有专门的模具、规格件放置台架，摆放位正确。

第二十节 喷雾剂灌封联动线

喷雾剂灌封联动线主要用于制药企业喷雾剂的灌封生产。通过更换模具，一线可以兼用很多规格、品种的灌封生产。适用于食品、化工等领域。该联动线后端可配套检漏机、贴标机、喷码机、装盒机、装箱机等。

喷雾剂药品是国内目前正在兴起的一类新的剂型产品，发展速度快，大约涉及近千种包装形式（每个生产企业的包材形状不一样），装量一般在10～100mL，基本上都是采用PE、PET等塑料瓶、铝罐瓶和玻璃瓶包装，如图7-20-1所示。

因每个企业的包材都有区别，所有的灌封联动线设备工艺原理基本上一样，但布局、尺寸、模具等都不一样，属于非标定制设备。这对于设备厂家的研发设计能力、加工生产水平、经营诚信度等提出了更高的要求，最终都必须满足GMP标准要求和用户需求。本节以塑料圆瓶包材为例，介绍由以圆塑料瓶、喷泵（旋盖）、外盖为主要工艺的灌封设备联动线。

图 7-20-1 喷雾剂包材式样

一、喷雾剂灌封设备分类

（1）按喷泵封口结构形式分类

① 旋盖式灌封机 喷泵自带螺纹，需要旋盖紧实现瓶口密封；是目前国内采用量最大的包装形式。适用于塑料瓶包装。

② 压盖式灌封机 喷泵无螺纹，直接压倒瓶口上，利用倒扣压紧实现瓶口密封。适用于塑料瓶、玻璃瓶包装。

③ 轧盖式灌封机 喷泵为铝塑材料，加到瓶口后利用轧刀轧紧铝盖实现密封。一般有轧平口、轧花口之分，适用于塑料瓶、玻璃瓶、铝罐瓶包装。

（2）按药液特性分类

① 防爆型灌装机 凡是药液中含有乙醇（含量≥30%）的，必须设计制作全防爆型的灌装设备。

② 无菌型灌装机 要求实现无菌生产。

③ 普通型灌装机 以上两种以外的都属于普通型灌装机（同气雾剂）。

（3）其他分类方式

如按生产能力分类、按灌装泵形式分类、按灌装头数分类、同小容量玻璃瓶口服液。

二、系统组成及特点

喷雾剂灌封联动线（图 7-20-2）由自动理瓶机、吹瓶机（图中未标出）、灌装旋盖机、加盖机、贴标机组成，辅助料液缓冲罐、喷码机等设备。

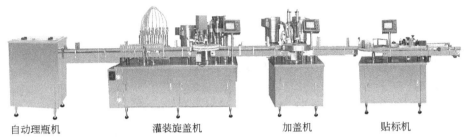

自动理瓶机　　　　灌装旋盖机　　　　加盖机　　　　贴标机

图 7-20-2　喷雾剂灌封联动线（多头灌装）

（1）全自动理瓶机

①适用于塑料瓶。②设有大容量储瓶仓，满足正常连续开机 20min 以上用量。③若为玻璃瓶或铝罐瓶时，则只需要配置人工上瓶台，取消自动理瓶机。④将瓶子理出来，保持正立顺序出瓶，不倒瓶，反瓶自动剔除，挤瓶停机保护。

（2）吹瓶机

同"小容量玻璃瓶口服液"。

（3）灌装旋盖机

灌装旋盖机包括进瓶机构、灌装系统、理泵头系统和旋盖（泵头）系统。前 3 个系统组成同气雾剂。图 7-20-3 为旋盖（泵头）系统，该系统的机械手定位取泵头、加泵头并伺服预旋，采用特殊纠偏机构和加泵头方式，克服吸管弯曲倾斜的影响，保证加泵头成功合格率。因吸管比瓶身尺寸长，必须克服在加泵头后旋泵头前空挡区将泵头顶歪斜，导致无法旋紧泵头而漏液。

（4）加盖机

加盖可单独一台设备完成，也可同灌装机设计制作成一体机。加盖机包括理盖系统和加盖系统：理盖系统根据包材特点，采用专业理盖机或者是振荡理盖器，将外盖按要求理顺并送出来。加盖系统（图 7-20-4）在控瓶盘里定位加盖，一般采用双头加盖的方式保证合格率和产能。

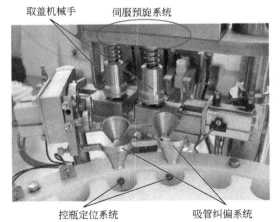

取盖机械手　　　伺服预旋系统

控瓶定位系统　　　吸管纠偏系统

图 7-20-3　旋盖（泵头）系统

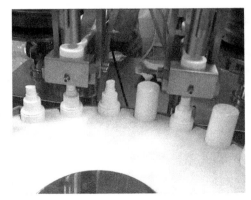

图 7-20-4　加盖系统

（5）料液缓冲罐

一般容量为 50~100L，料液位自控，可实现在线自清洗、灭菌。

（6）其他

若产品为无菌药品，则需要配置 A 级净化系统和在线环境监测系统。

三、设备特点

①倒瓶自动剔除，卡瓶自动停机保护。②各输送轨道上缺料时（缺瓶子、缺泵头、缺外盖）报警或停机保护。③无瓶不灌装、不加泵头、不加外盖；无泵头不加外盖。④灌装无滴漏挂滴、无冲击飞溅。⑤各台设备相关联前后自动联控保护操作。⑥三级密码保护。

四、工艺控制及安装布局要求

喷雾剂灌封联动线工艺控制见图 7-20-5。以上所有设备尽量放置在同一个房间里（灌装间）生产。单机可配套有机玻璃外罩。自动贴标机放置在外包间，可配置热打码机或喷码机实现三期标印。

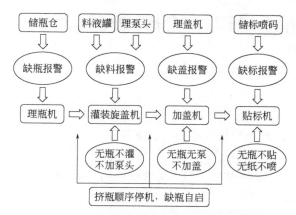

图 7-20-5　喷雾剂灌装线工艺控制框图

（说明：1. 挤瓶停机是从后向前依次顺序停机；2. 灌装机前轨道上设计有倒瓶自动剔除功能）

五、操作注意事项、维护保养要点

同"气雾剂灌封联动线"。

第八章

药品检测设备

第一节 片剂外观检测设备

一、概述

片剂外观检测设备用于对片剂进行外观检测，检测各类药片的瑕疵。药片正面、背面和侧面均可检测，实现360°全方位检测。

在2000年以前，国内没有一家药企对片剂外观进行检测。国外也仅是日本、美国有对片剂的外观检测设备。在2008年后国内开始研发生产。

二、简要工作过程

不论是何种片剂检测机的类型，均是对片剂进行单粒360°的检测，由此均需对每一粒片剂进行排列成单行或单排，或对片剂吸附，或对片剂进行翻面，以便相机从不种角度取图。当相机对单个片剂取到图片后提供给软件，由软件进行分析，给出OK/NG信号。剔除机构收到NG信号后对需剔除的产品进行剔除，对OK产品则流入到下一道工艺中。

三、基本结构

图8-1-1为片剂外观检测设备整机外观。

全自动药片
检测机

全自动软胶囊
检测机

图8-1-1　片剂外观检测设备整机外观

（1）提升机和下料器

当检测机的下料器中药片未到达设定量时（少料时），提升机进行工作，对药片进行提升。当药片到达设定量时（满料时），提升机停止工作。对药片不进行提升。

（2）储料器

当下料器上的药片进入到储料器时，由储料器上方的电机带动储料器内的毛刷进行工作，把药片排列到模具内。

（3）摆料机构

为了药片能顺利地进入模具内，储料器下方安装一个电机使储料进行纵向运动，同时安装下个电机带动横向的导轨，使储料器进行横向运动。

（4）药品模具

针对不同的产品需更换不同的药片模具，让药片进入到模具内进行拍照。

（5）光源

针对不同的产品配置不同的光源。打光方式决定了取图的好坏，从而决定了检测的精度和准确性。

（6）相机

针对不同产品，选用不种品牌的相机，以提供最好的图片。相机又分为面阵相机和线阵相机。从芯片上又分为 CCD 相机和 COMS 相机。

（7）剔除机构

选用高速电磁阀，确保剔除准确。

（8）清洗部分

选用高质量清洗装置，减少二次污染，由机器外置清洁气源进入到清洗机构内形成气幕，对运动过来的模具表面不停地吹，从而保证模具进入到储料器下方时模具的清洁。

（9）输送机构

单独剔除下料输送，不会产生混淆。当 OK 药片和 NG 药片从剔除机构下来时，会分别进入到不同的两根输送带上，由输送带把 OK 药片、NG 药片分别输送到机器外 OK/NG 药片收料器中。

（10）伺服电机

多个伺服电机保障速度的稳定性、精确性。伺服电机带动主轴使下料圆盘进行旋转，从而给药片运行、相机取图、药片剔除带来稳定性。确保每个工位都符合标准。

（11）电控部分

如计算机、PLC、不间断电源等。

（12）翻面机构

当片剂正面检测完毕后，片剂进入到翻面机构，由圆轮与双输送带包裹片剂，对片剂进行翻面（图8-1-2）。翻面好的片剂进入到第二组线阵相机进行取图分析，检测片剂的反面。药片翻转机构中药片由大圆轮与输送进行夹持，实现药片翻转。

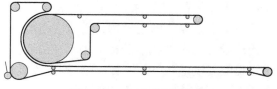

图 8-1-2　翻转示意图整机

（13）剔除工位

剔除工位对 NG 产品进行剔除，由软件给出信号，电磁阀开始动作，用压缩空气对 NG 产品进行剔除。

四、设备工艺布局

① 单机使用时　压片机→提升机→药片检测机。

② 联线使用时　理瓶机→药片检测机→数粒机→塞纸机→旋盖机→贴标机→铝箔封口机。

③ 联合使用时　药片检测机→铝泡罩机→泡罩板机测机→枕式包装机→装盒机→热收缩机。

五、设备特点

本机能实时监控生产过程中的状态。可在瓶装线和泡罩线之前，对每一粒药片进行检测。

六、操作注意事项及维护保养要点

1. 操作注意事项

①安装和故障检查必须由专业人员进行。②操作人员在操作中，若发现机器故障需及时通知设备维修人员或与供应商联系，不得私自处理。③在对设备进行机械维修或调整操作前，必须先停机，必要时需关闭电源和气源。④当需长时间对及其进行维护时，应关掉总电源，并在机器的显示处挂上"禁止开机"警示牌。⑤未经许可，不得拆除或改变机上零件，尤其是安全防护用零件，并在操作中保护好安全标识。⑥在对设备的运转部位进行检修维护时，必须关闭电源和气源。⑦当维修后需重新开机时，除清除现场外，应先用人力盘动一下运动部件或点动操作，看是否有障碍。⑧当所有操作者均离开所在工作区域时，应关掉电源并上锁，以免闲人乱开机。⑨任何电气操作只能由维修电工执行。电气检修操作时，设备必须处于断电状态。电气检修操作时，所有开关按钮和转换器必须处于断开状态。如需带电操作某个电气元件，则其他与该操作无关的电气元件必须断开电源。⑩电源电压必须符合设备的技术要求。

2. 维护保养

①设备安装使用环境应在常温室温下，若在高温、潮湿、有酸碱性的环境中使用，会影响视觉检测设备的寿命和生产效率。②工厂要设置专业技术人员对视觉检测设备进行管理，不要让非专业人士对镜头任意调动，免得影响检测精度。③对设备进行清理时，需要注意不要使用钢丝刷等对机械表面有损的工具，不能使用酸性溶液和带腐蚀性的塑料工具。④设备需要定期清理灰尘，镜头要用无尘布定期擦拭。⑤定期给各个部件上防锈油以免生锈。⑥为避免机器生锈或发生触电危险，严禁在机器运行过程中有水珠洒落在机器上。

第二节　泡罩异物检测设备

一、概述

泡罩异物检测设备用于对泡罩进行外观检测，可检测片剂和胶囊泡罩缺粒、半粒、混粒、切批号、字符打穿、字符打印不清、无批号、字符左右不明、批号过近泡罩、空泡、内凹药损、外凸异物、裂片、压泡、铝箔屑、细丝缺陷、头发丝、麻点缺陷、同色异物、毛边、铝箔走偏、铝箔接头、铝箔褶皱、淡色异物、网纹不清等。该设备适用于检测所有的铝塑药板（PVC+铝箔），不适用于铝泡罩板。

1994 年以前，我国没有泡罩外观检测设备。1997 年后，在铝塑泡罩机封膜前加装一个相机进行检测，可检测空泡、少粒、半粒等大缺陷，无法对封膜后缺陷进行检测。2008 年后可对铝塑泡罩机封膜后所生产的各种缺陷进行检测。

二、简要工作过程

铝塑泡罩机下料→并道（成一列）→进入到 YP 全自动药品检测机→药板吸附在真空腔上进行输送→第一个传感器感应到产品给出信号→相机→给出光源信号→光源点亮→相机取图→输送到软件进行分析→输出 NG 信号→剔除机构→进行剔除，输出 OK 信号→流入到下一道工艺。

三、基本结构

图 8-2-1 为自动药品检测机（泡罩板）的整机图；其产品检测的原理示意见图 8-2-2。

全自动泡罩板
检测机

图 8-2-1　自动药品检测机（泡罩板）

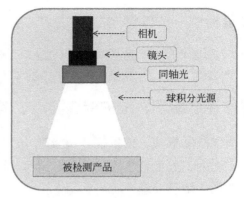

图 8-2-2　产品检测示意

（1）吸板工位

从前端输送带上药板进入真空腔吸附位置。

（2）真空腔输送

将吸附在真空腔上的药板通过输送带的运动，把药板输送到检测工位。当药板到达检测工位时，光源点亮，相机工作，把取到的图传输到主机，由主机软件进行 OK/NG 分析，并输送 NG 信号到剔除机构，对 NG 产品进行剔除。

（3）球积分光源

该机由不同的光源、镜头、相机组合而成，采用了高亮 LED 和独特的照射构造，LED 发出的光线经过球面内特殊的漫反射材料形成高亮且均匀地扩散光。球积分光源含有具有积分效果的半球面内壁，可均匀反射从底部 360° 发射出的光线，使整个图像的照度十分均匀。适合于曲面、表面凹凸、弧形表面检测。若药板上有数目不等的泡罩，或胶囊或药片的颜色不一，球积分光源均可给泡罩板这种凹凸不平的产品打光，真实地反映产品本身现状。

（4）同轴光源

同轴光源主要由高密度 LED 和分光镜组成。LED 发出光经过分光镜后，跟 CCD 和相机在同一轴线上，可有效消除图像的重影，适合光洁物体表面划痕的检测。同轴光这套机械视觉系统发挥着不可替代的作用，泡罩板在球积分光源的作用下，成像图中泡罩上有一层阴影，同轴光可削弱阴影，减小误判。

（5）相机

选用千兆相机（面阵相机），200 万/400 万像素。功耗小于 2W，相机发热量小，高可靠性、高稳定性。Bayer 颜色转换、颜色校正矩阵、查找表、热点修正、伽马校正等功能可以由相机内部硬件来完成，减轻 CPU 负载，使计算机可以跑更复杂的算法，相机提供了光耦隔离的触发输入和闪光同步接口。

（6）镜头

镜头选用百万像素多种焦距镜头，充分运用广播电视用高清镜头的高度光学设计技术，采用 1 片镜片就可完成数片镜片功能的玻璃材质非球面镜片。

（7）板卡

传感器发出信号及电磁阀接收信号都是由板卡做中转，PCI-1730U 数字 I/O 卡，是 32 通道隔离数字输入/输出卡（16 输出+16 输入）。它可以提供 2500 V 光隔保护。拥有的宽输入范围，使之更容易感应到外部设备的状态。无极性特征适合于各种工业应用。同时还拥有 5～35V 的宽输出范围，适用于继电器驱动和工业自动化应用。此外，在数字输入通道上还提供了两个中断源。

四、设备工艺布局

泡罩异物检测设备工艺布局为：铝塑泡罩机→全自动药品检测机（泡罩板）→枕式包装机→装盒机→在线检重称→热收缩→监管码→装箱。

五、设备特点

①本机对泡罩的生产起监控作用，能实时提供生产过程中的状态。②从铝塑泡罩机输出后，泡罩不需要进行翻转就可完成泡罩板朝下、铝箔面朝上。③速度可达到 700 板/min。

六、操作注意事项、维护保养要点、常见故障及处理方法

1. 操作注意事项、维护保养要点

同"片剂外观检测设备"。

2. 常见故障及处理

（1）电脑死机、软件崩溃

①电脑硬件本身的原因。②检测软件部分内存没有释放。③D 盘图片保存太多。

（2）光源不亮

①光源控制器没有通电。②光源与光源控制器连接处松动。③光源控制器上的常亮与频闪挡位调错。④光源自身问题。⑤光源控制器坏掉。

（3）光源控制器指示灯不亮

①光源控制器开关没有打开。②光源控制器供电线路有故障。③光源控制器自身问题。

（4）相机不能触发取像

①相机与 PC 相连的网线没有连接好。②相机的电源线没有插好。③相机电源线的线路没有接好。④PC 网卡上的"巨帧数据包"没有调到最大。⑤同时运行了两个及多个控制相机的软件（JAI Camera Contorl Tool 或检测软件）。⑥PC 上与相机连接的网口出现故障。⑦相机自身的问题。⑧放大器灵敏度调整不合适。⑨放大器线路没有接好。

（5）相机不能频闪

①频闪线路接线错误。②相机 DEMO 没有按照规定设置。③相机 I/O 口坏掉。④光源控制器坏掉。

（6）软件开始采集，电眼 2 不计数

①I/O 板卡型号与软件中的配置文件不相符。②电眼 2 灵敏度调节不合适。③光纤没有插到位。④板卡资源被占用，打开多个软件。

（7）电眼 2 计数不准

①电眼 2 灵敏度调节不合适。②光纤没有插到位。

（8）软件开始采集，相机不拍照

①电眼 1 灵敏度调节不合适。②光纤没有插到位。

（9）软件打开与关闭过于频繁、软件开始采集，相机不停拍照

①相机触发模式没有调整到"ON"的状态。②电眼 1 有物体干扰。

第三节　液体制剂异物检测系统

一、概述

异物自动检查机（以下简称自动灯检机）主要检测药品内的可见异物。根据 GMP 2010 修订版对"可

见异物"的描述：可见异物系指存在于注射剂、眼用液体制剂和无菌原料药中，在规定条件下目视可以观测到的不溶性物质，其粒径或长度通常大于 50μm。自动灯检机一般能够检查可见异物、液位（装量）和包装容器外观缺陷。其中可见异物包含金属屑、纤维、玻璃屑、毛发、黑块、白块等。对于熔封产品，包装容器外观缺陷一般检测是否存在炭化、黑块、勾头、泡头等拉丝缺陷，以及瓶身划痕和裂纹等缺陷，行业通用名称为焦头检测。对于轧盖密封产品，外观缺陷主要检测轧盖及胶塞质量、包装容器外观缺陷及胶塞质量，行业通用名称为轧盖检测。

日本和欧洲在 20 世纪 70 年代开始研发自动灯检机。我国起步稍晚，原国家医药局从 20 世纪 80 年代末组织有关厂家开展研制，因技术难以过关，最后没有研制成功。国外自动灯检机进入我国是在 2004 年的北京博览上，直到 2006 年才进入国内药厂。

二、异物检测分类

异物检测分为人工检测、半自动检测和全自动检测。

1. 人工检测

在两种颜色（黑白色）的背景下，在固定的时间内，操作工摇动一个或几个瓶子，凭肉眼检测瓶子中的异物，检测速度为几秒钟内 4～5 支瓶子。这种检测结果易受诸多因素影响，如检测者主观因素、身体因素、环境因素等。检测速度也因操作工的受训程度、经验程度而不同；同时与工作时间成反比。操作工无法在全部工作时间内集中精力，且每班的工作时间为 2h。

2. 半自动检测

输送系统简化了操作程序。操作工将瓶子放入机器中，瓶子在经过适当旋转并统一停在操作工前面的照明系统前时，操作工手动变换背景，凭视觉来判断"合格品"或是"不合格品"，并按下按钮将两类产品分开。

图 8-3-1 为异物半自动检查机。在不同灯光背景（白色、黑色背景）下，人工视觉检测液体内部不同性质的异物，即用机器替代了人体手工摇瓶动作，降低了一定的劳动强度，但增加了眼睛的疲劳强度。

3. 全自动检测

机器将瓶子运送到检测工位进行检测，每个检测工位由照明系统（从底部、侧面照射，人造偏振光板）和视觉系统（摄像系统和处理器）组成，其作用是鉴别产品中是否有异物或是瓶子损伤。整个系统由 PLC 控制（系统控制启动、停车、报警等）和电脑管理产品参数（显示报警和检测结果、产品数据、批次打印等）及操作界面。使用者/操作工的动作仅被简化为送瓶、收瓶和系统管理。自动系统时刻完全保证每个生产批次从头至尾的持续生产及检测的持续有效性。图 8-3-2 所示为全自动检查机局部图，机器旋转瓶子带动液体旋转，在不同灯光背景（白色、黑色背景）下，用物理方式检测液体内部异物及瓶体表面的缺陷，降低了人工劳动强度，提高了检测效果。

图 8-3-1　异物半自动检查机

图 8-3-2　全自动检查机局部图

另外，药品封装采用的容器多种多样，一种设备难以适用所有的容器；且药品特性不同，如有的为液体，有的为固体，有的为悬浊液，检测时，光源的照射方式不同，容器本身的检测缺陷也不一样。因此大多数生产厂家生产的自动灯检机一般按产品分类：安瓿瓶、西林瓶、口服液瓶和卡式瓶灯检机；大容量注射液灯检机；预充式注射器灯检机。其中安瓿瓶、西林瓶、口服液瓶和卡式瓶灯检机可检测液体/冻干品剂型。

三、全自动检测原理

全自动检查机采用机器视觉的原理进行检测。机器视觉是通过光源从不同角度照亮药品，将异物特征突出，相机对药品拍摄一系列图像，然后经过图像处理，通过计算可疑物的特征，判断是否为异物。上述三种异物检测方法的基本原理均是使瓶子摇动或旋转，配以适当的照明设施，经人眼或物理方式发现异物或瓶子损伤并排除。灯光可根据不同性质的缺陷和问题来改变。所有的手段都是为达到一个目的，即检测出混杂在产品中的异物和缺陷。液体内部异物一般分为可反射光异物和非反射光异物。其中可反射光异物有玻璃屑、塑料纤维等，在灯光照射下可向四周反射光亮，在黑色背景下检测。非反射光异物有黑点、毛发、炭点、橡胶屑等。在灯光照射下不向四周反射光亮，而是在白色背景下留有阴影。例如：安瓿瓶的主要问题是异物（根据不同的工艺而定），即在封口的时候会有玻璃屑落入药品中，玻璃这种颗粒属于可反射光异物，光源从底部照射是最好的发现办法，颗粒会在黑色背景和白色背景的反射线下被放大。如果是炭化的颗粒，即非反射光异物，则应选择光线从侧面照射，颗粒吸收光线，在白色背景下，黑色颗粒就能显现出来。对于西林瓶，其主要的异物是纤维和/或加盖时落入的橡胶屑或黑色的纤维，光源应从背面照射过来，增加了白色背景，以显示出黑色颗粒的形状。对于纤维的侦测，采用特殊的交叉人造偏振光板滤波器形成黑色的背景可衬托出纤维的形状。

检测系统（摄像系统）有两种感应方式（图8-3-3）：线性式和平面矩阵式。这两种方式的共同作用是将光线转化成电子信号。电子信号强弱主要取决于像素的数量或光电晶体管的数量。线性式是早期的感应方式，它的基本原理是在瓶子的两侧分别装有光线发生器和光线接收器，光线发生器发出一束光线，光线穿过瓶子达到对面的光线接收器，处理器通过对接收器接收到的光线数量，判断光线是否被切割，从而确定异物有无和大小。进入20世纪80年代，数码摄像技术产生，随之而来的就是将平面矩阵式感应方式应用于检测系统，它的基本原理是通过光线将异物形状呈现在电荷耦合器件图像传感器CCD上，经过处理器分析来判断异物形状和大小。伴随IT技术的快速发展，数码照相和处理技术已经将照片数量从最初的4张/次提高到现在的最高49张/次，如图8-3-4所示。

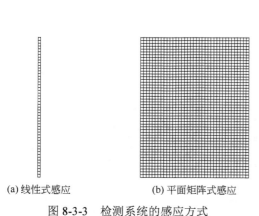

(a) 线性式感应　(b) 平面矩阵式感应

图8-3-3　检测系统的感应方式

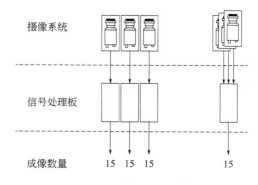

图8-3-4　全自动灯检机图像获取处理过程

目前市场上最先进的机器是每个摄像系统配一个信号处理器，它可以最多数量+最快速度成像和处理照片，检测效果最好。缺点是价格比较高。另一种组成是多个摄像系统配一个信号处理器，它的摄像数量和处理速度都慢于前者，检测效果也就不言而喻了，且价格也低于前者。

四、检测过程

1. 侦测方法

将每个瓶子旋转，突然急停，使瓶子停在光电系统前时，杂质（颗粒）还在随液体惯性而处在运动状态，以便获取成像。处理器将每个成像进行比较，然后侦测液体中的悬浮物质。成像数量可以根据不同产品的特性不同而变化，也可以根据产能的变化而变化，速度越快，产能越高，成像的数量也越少。

2. 获取成像

所有的成像系统都有 CCD 矩阵感应头。感应头有上千个元件构成，每个元件按比例向它接收的光源提供电能。成像系统的线路可测量感应头元件提供的电压值，然后转化成 CCIR（国际无线接收装置咨询委员会）标准的成像信号。该信号通过 SP 接口和处理板发出，记忆系统便会出现一个表格，并按照转换的编号将表格存档。每个编号代表在特定的点取像时灯的数量。这种方式叫做类似数字转化或数字化，如图 8-3-5 所示。

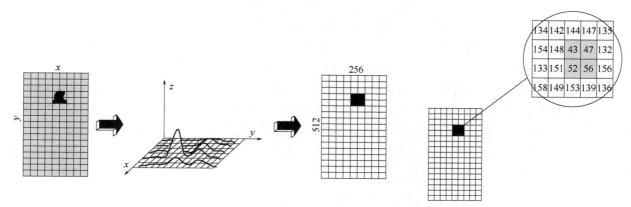

图 8-3-5　全自动灯检机获取成像及处理异物数学原理

3. 微粒检测

当进行手动视觉检测时，操作工需要连续晃动瓶中的液体，利用液体运动的惯性，使瓶子静止时微粒和液体还处在运动状态，在一个黑色背景下，从底部照射，便会看到白色微粒；若在白色背景下，看到的是黑色微粒。全自动灯检机运用的就是这个原理，如图 8-3-6 所示。最好的灯检机可以针对不同性质的微粒，采用多种组合照明系统，以便达到最有效的检测效果。

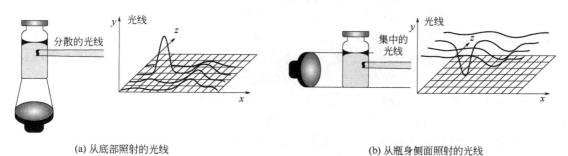

(a) 从底部照射的光线　　　　　　　　　　　　(b) 从瓶身侧面照射的光线

图 8-3-6　全自动灯检机微粒检测及处理异物数学原理

有些药品在生产过程中会产生气泡，在检测时，气泡会形同异物对检测产生干扰，影响检测结果的准确性，普通的检测方法无法克服这种影响。使用偏振光技术可减少由于气泡导致的误剔除。偏振片的特点是只让一个方向的光波通过，偏振片放置在光源和被检测物之间，光到达检测范围时是单一方向的偏振光，采用一个与第一个偏光板偏振轴方向相垂直的偏光板，到达摄像头的光线的亮度就会很弱。由于在两个偏振片之间运动的微粒可改变光波的方向，让一定量的光波穿过第二个偏振片，到达摄像头。偏振光检测原理见图 8-3-7。

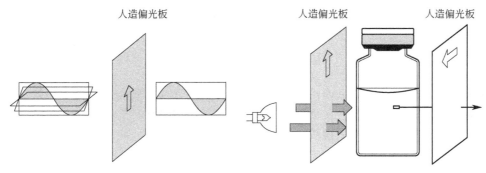

 人造偏光板　　　　　　人造偏光板　　　　　人造偏光板

图 8-3-7　偏振光检测原理图

五、设备验证

自动灯检机的验证与常规设备不同,为了验证灯检机的检测效果,一般采用 Knapp-Kushner 测试(以下适用简称 Knapp 测试)进行人机对比。Knapp-Kushner 测试程序是基于检测系统效能与生产中任何一个测试或医药产品的挑选方法效能之间的比较。在世界制药领域,Knapp-Kushner 作为一种官方测试手段,用于评估自动检测系统的有效性。这种手段被欧洲药典和美国 FDA 认可,它是通过在生产条件下,现有检测系统的有效性和医药产品经过测试及选择方法中筛选的手段进行比较而得来。

Knapp 测试是选取一定量的药品,药品由确定的不合格品和未检测药品组成;然后分别由多名代表平均水平的操作者和设备分别检测,每个操作操作者设备分别检测 10 次;然后统计大于 7 次检测数的瓶数,再根据相关公式计算出操作者的平均效能(FQA)和设备的效能(FQB),然后将设备的效能与人工的平均效能对比;设备的效能比操作者的平均效能高,说明设备检测效果比人工好,可以通过验证。操作者的平均效能和设备的效能计算公式如下:

$$FQA_{(7,10)} = \sum_{i=1}^{M} FQA_i \qquad FQB_{(7,10)} = \sum_{i=1}^{M} FQB_i$$

详细地说,Knapp-Kushner 测试法就是挑选 250 支药(40 支明显异物、40 支不明显异物及 170 支未检品。这 250 支药由主管挑选出,不告诉灯检工以及设备操作者)分别交给 5 个灯检工和机器去检测 10 次。以此统计人工与机器的效能值。如果机器的效能值大于人工的效能值,就能证明机器的准确性大于人工灯检机,是优于人工检测的。按照新版《GMP 验收指南　无菌制剂》,10 次检测中应该只选择 7 次以上(包含 7 次)的药品来进行统计,比如 250 支药中编号 01 的废品人工检测平均值是 10 次中有 7 次检测出,那么 01 号药瓶应该计入人工效能值的统计中。按此道理,Knapp 测试的最佳效果值应该是 10∶7=1.43,即机器把 250 支药的废品百分之百检测出,而人工 70%检测出。所以机器与人工比较值应该在 1~1.43。只要大于 1 就说明机器检测比人工平均值好。目前成熟的设备机器本身就带有 Knapp 检测程序。还可以根据数据绘画出曲线图或者柱形图。Knapp 测试验证不仅可以统计出机器与人工在漏检方面的区别,也可以统计出在误判方面的区别。

总的来讲,这种完全自动的检测系统可替代视觉和手动检测手段。评估手动检测效果的过程,需要测试大量的产品,还要逐项与自动检测步骤相比。Knapp-Kushner 测试法是将已知和现有检测质量的参数进行对比,自动检测系统将对现有手动、半自动和其他自动检测设备的系统再次检测,以取得有效结论。

六、安瓿注射液异物自动检查机

安瓿注射液异物自动检查机(以下采用制药行业通用名称:水针自动灯检机),主要检测玻璃安瓿封装的水剂,常规的功能包含异物和液位(装量)检测;扩展功能包含焦头和瓶体划痕裂纹检测等。水针自动灯检机通过更换模具,能够适用 1~20mL 不同标准的瓶型。

1. 基本原理

水针自动灯检机采用机器视觉的原理检测异物。为突出异物特征,一般采用从底部照亮药品。为提高检测效果，在设备上设置了三个检测站，对同一支重复检测三次。每次检测需要经历旋瓶、刹车、拍照三个过程；三次检测完成后，只要有一次检测到异物，则这支药品被判定为不合格品。每次检测的流程如图8-3-8所示。

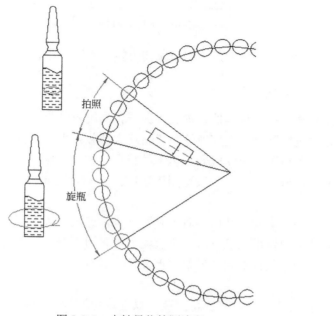

安瓿瓶灯检机

图 8-3-8　水针异物检测流程

2. 基本结构

水针自动灯检机整体结构示意见图8-3-9，一般包含进瓶装置、检测大盘和出瓶装置。由于进瓶装置、出瓶装置的式样非常多，图中仅列出绞龙进瓶和拨轮出瓶方式，其他方式在各部件详细介绍中将一一列出。

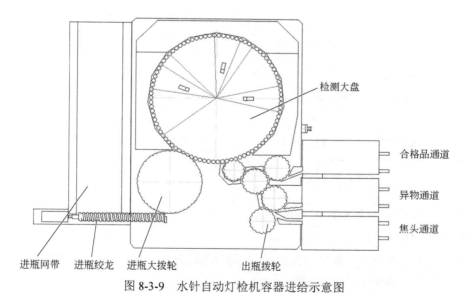

检测大盘

合格品通道

异物通道

焦头通道

进瓶网带　进瓶绞龙　进瓶大拨轮　　　　出瓶拨轮

图 8-3-9　水针自动灯检机容器进给示意图

3. 工艺流程

人工或者联线方式将药品输送到进瓶网带上，然后通过进瓶绞龙将药品有序化和分隔，并进入到进瓶大拨轮；然后输送到检测大盘上，检测大盘上一般设置有三个检测站点，每个检测站点设置有相同数量的工业相机（每个检测站点相机数量各个设备厂商稍有不同），通过不同的光源和检测手段重复检测三次，然后进入出瓶装置，出瓶装置剔除不合格品，将合格品和不合格品分开。其工艺简如图8-3-10所示：

图 8-3-10　水针灯检机工作流程

水针自动灯检机的检测速度不同，生产厂家拥有技术不同，在各个主要装置上，均有不同的细分结构，分别如下所述。

（1）进瓶装置

进瓶部分常用两种结构：一种为拨轮进瓶，另一种为绞龙进瓶（螺杆进瓶）。图 8-3-11 所示为拨轮进瓶结构示意，其包含进瓶网带、进瓶拨轮和栏栅三大部分。由于灯检机进瓶拨轮凹槽间隔较大，进瓶拨轮进瓶效率稍低，一般适用于 400 瓶/min 以下的机型。绞龙进瓶（螺杆进瓶）的进瓶效率较高，但相对于拨轮进瓶机构复杂，成本较高，一般适用于速度大于 400 瓶/min 的机型。

（2）检测大盘

检测大盘的主要区别在于旋瓶结构。对于旋瓶结构，绝大多数采用上下压的顶杆式结构。在上下压的顶杆式结构中，旋瓶动力位于大盘下方，旋瓶动力可采用伺服单独驱动每组旋瓶，也可采用搓瓶皮带驱动旋转。该结构在旋瓶时使药瓶定位较高，产生气泡较少。

（3）出瓶装置

出瓶装置常见的有摆动块出瓶和拨轮出瓶。摆动块出瓶只有合格品和废品两个通道；拨轮出瓶的机型一般设置三个通道。摆动块出瓶装置，结构简单，不需要压缩空气；但无法对不合格品的类型进行细分；而拨轮出瓶装置可设置多通道，但需要压缩空气，且对压缩空气的压力和流量要求较高；为防止压缩空气的波动影响剔废，一般要求带有压力检测和剔废确认功能。摆动块出瓶结构示意如图 8-3-12 所示。

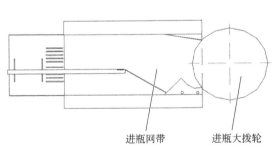

进瓶网带　　进瓶大拨轮

图 8-3-11　拨轮进瓶结构示意

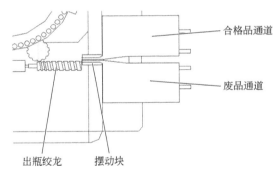

合格品通道

废品通道

出瓶绞龙　摆动块

图 8-3-12　摆动块出瓶结构示意图

（4）控制流程

水针灯检机的控制流程如图 8-3-13 所示。

4. 设备调节与维护

水针自动灯检机的设备调节与维护分为机械部分和检测部分。检测部分主要是光源亮度和检测参数；机械部分主要是输瓶是否顺畅、是否碎瓶等。

（1）机械部分

为做到药品输送稳定、顺畅，剔废准确，机械部分需要：①各栏栅和底部轨道交接处，一般从进瓶到出瓶，轨道要求平齐或者出瓶端轨道比进瓶端稍低。②各部件的零点位置要求准确，放入药品后，药品两侧间歇一致，否则会出现偶然性碎瓶。③凸轮结构的下压点和抬升点时间要求准确，否则在进瓶、出瓶时容易造成碎瓶。④相机跟踪稳定无抖动，要求从药品在拍摄图像在中间，且图像清晰。

（2）检测部分

①一般要求每班工作前，采用照度仪检测光源亮度值，并调整至验证时的亮度。②检查光源固定是

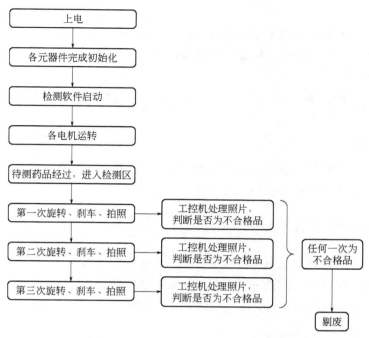

图 8-3-13　水针灯检机的控制流程图

否牢固，通光孔是否有异物。③检查光源中心是否与通光孔同轴。④检测参数一般不让调整，必须调整时，需要专业人员调整，且调整后需重新做验证。

七、口服液异物自动检查机

口服液异物自动检查机（以下采用制药行业通用名称：口服液自动灯检机）主要适用于各种类型的口服液瓶型。口服液瓶型常采用轧盖密封。故对于外观检测来说，主要检测轧盖质量；对于异物，主要检测玻屑、金属屑等大颗粒物体。

1. 基本原理

由于口服液一般为中药提取液，其澄明度相对于安瓿注射液较差，与水针灯检机一样，采用机器视觉原理。

2. 基本结构

口服液自动灯检机的设备结构与水针自动灯检机基本类似，主要区别在于光源安装形式和轧盖检测装置。图 8-3-14 为口服液自动灯检机运瓶结构示意。

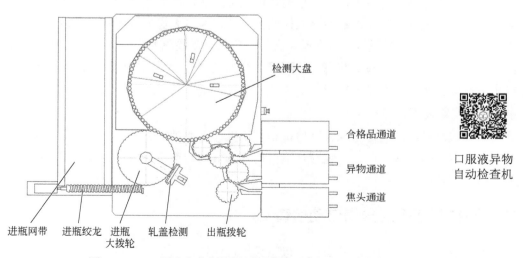

口服液异物
自动检查机

图 8-3-14　口服液自动灯检机运瓶结构示意

（1）光源安装形式

口服液自动灯检机一般采用背部光源。背部光源一般为定制产品，做成一定直径的扇形，以保证检测时口服液的光照均匀，且背部光源一般固定在设备台板上，不跟踪。

（2）轧盖检测装置

轧盖检测装置检测轧盖质量，如花盖、烂盖、轧盖边沿断裂等缺陷。各个厂家检测方式多样，此处不做详细介绍。

3. 设备调节与维护

口服液自动灯检机与水针灯检机的机械部分和检测原理一样；仅打光方式不同。因此相对于检测部分和机械部分的调节与维护同水针灯检机基本一样。

八、大输液异物自动检查机

大输液异物自动检查机（以下采用行业通用名称：大输液灯检机）主要适用于塑料瓶、玻璃瓶大输液的异物检查。玻璃瓶大输液采用轧盖密封；塑料瓶采用熔封头部，且熔封的头部内有胶塞，底部焊接有挂钩。因此玻璃瓶、塑料瓶的外观检测各不相同。特别是塑料瓶，外观检测的需求千变万化。表 8-3-1 仅列举出几种常见检测项目。

表 8-3-1　大输液异物自动检查机检测项目

序号	检测项目	玻璃瓶大输液	塑料瓶大输液
1	异物	玻璃屑、黑块、白块、金属屑、毛发纤维等	玻璃屑、黑块、白块、金属屑、毛发、漂浮物[1]
2	头部	轧盖质量	有无胶塞、焊接缺陷、拉环有无、拉环过高、瓶头歪脖等
3	瓶身		变形
4	底部		底部吊环缺失、粘环、断环等

[1] 漂浮物是塑料瓶大输液的特殊检测需求，目前尚无完善的检测方案。

1. 基本原理

大输液灯检机与水针灯检机一样。玻璃瓶大输液头部轧盖检测方案与口服液轧盖的检测方案类似。塑料瓶大输液需要检测底部吊环、头部拉环、胶塞等外观缺陷。由于外观缺陷多样，需要将光源从不同角度进行照射测试，才能有最佳光源照射方式。

2. 基本结构

大输液的瓶型直径较大，采用单列轨道输送药品，然后通过绞龙和进瓶拨轮将药品分隔到进瓶拨轮的凹槽中，形成固定工位。然后进入检测大盘，在检测大盘上设置有多个检测站，一般至少包含三个异物检测站。在出瓶拨轮处，一般会设置有一个头部外观检测站，对于玻璃瓶大输液则检测头部轧盖质量，而对于塑料瓶大输液则检测胶塞、拉环等。检测完成后，根据程序判定结果，自动剔除废品。大输液灯检机运瓶结构示意如图 8-3-15 所示。

3. 设备调节与维护

大输液灯检机的调节与水针灯检机相差不大，主要是检测部分一样，机械部分需调节栏栅、轨道保证输瓶顺畅。唯一区别就是大输液灯检机需要调节网带速度，保证剔废块进行剔废动作时，不干涉合格品通道上的药品。

九、西林瓶冻干剂异物自动检查机

西林瓶冻干剂异物自动检查机（以下采用行业通用名称：西林瓶灯检机）检测对象为冻干剂，适用于各种标准西林瓶的冻干剂。一般检测以下缺陷：①外观缺陷，如有无胶塞、轧盖质量。②粉饼缺陷，

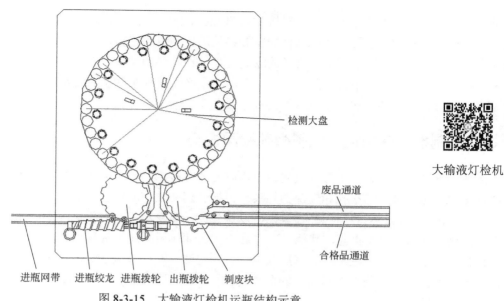

检测大盘

废品通道

合格品通道

进瓶网带　进瓶绞龙　进瓶拨轮　出瓶拨轮　剃废块

大输液灯检机

图 8-3-15　大输液灯检机运瓶结构示意

如粉饼歪斜、颠倒，粉饼回熔或萎缩，产品液化、粉化状。③异物，如粉饼上表面、下表面以及侧表面的异物（包含玻璃屑）。④装量，如装量过高、过低、空瓶、瓶身部分产品飞溅物等。

1. 基本原理

西林瓶灯检机依然采用机器视觉原理进行检测。由于冻干剂不透光，一般采用前置光源形式照亮药品。

2. 基本结构

图 8-3-16 为西林瓶冻干剂异物自动检查机运瓶结构示意。

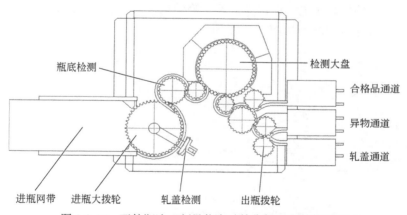

瓶底检测

检测大盘

合格品通道

异物通道

轧盖通道

进瓶网带　进瓶大拨轮　轧盖检测　出瓶拨轮

图 8-3-16　西林瓶冻干剂异物自动检查机运瓶结构示意

3. 工艺流程

人工或者联线将待检药品送到进瓶网带上，进瓶大拨轮与进瓶网带配合，将待检药品分隔到拨轮凹槽中；首先经过轧盖检测装置检测轧盖质量；然后在瓶底检测工位检测冻干剂瓶底粉饼表面是否有异物或其他缺陷；再次检测大盘上检测药品四周及粉饼上表面是否有缺陷或异物；最后通过出瓶拨轮出瓶，异物不合格品进入异物通道，轧盖不合格品进入轧盖通道，合格品进入合格品通道。

4. 设备调节与维护

①西林瓶灯检机的机械部分调试跟水针灯检机相差不大，设备栏栅、轨道调节需要输瓶稳定可靠，不碎瓶。②检测参数部分，各个厂家不一样，需要专业的调试工程师调试。③日常维护时，注意不要移动相机位置和光源位置。④光源亮度需要采用照度仪测量。

5. 发展趋势

随着"中国制造 2025"和"工业 4.0"的提出，制药行业的设备也朝智能化、互联网化方向在发展。

我国一些制药企业要求药品生产设备对接公司的 ERP、MES 或者 SCADA 系统，且能够实时监测设备的运行。自动灯检机朝智能化、互联网化的发展将是历史潮流和趋势，互联网化、检测数据上传、中央监控将会是标配功能。且对于对前后设备的联线也是一种趋势和发展方向。更进一步地发展，将有可能朝专家系统发展，自动根据不合格品的分类，对前面生产系统的某些工艺提出预警；对自身的状态进行实时监测，提出预防性的维护，使设备始终处于最佳工作状态。

十、液体制剂（注射剂）电子微孔检漏设备

液体制剂（注射剂）电子微孔检漏机采用高压放电技术，用于无菌药品容器密封性的检测。该设备主要检测缺陷包含裂缝、小孔和较深的划痕。根据《药品生产质量管理规范》2010 修订版 附录 1 第九十五条：无菌药品包装的容器应经过验证，以避免产品遭受污染，对于熔封的产品（如玻璃安瓿和塑料安瓿）应做 100% 的检漏实验，其他包装容器的密封性应根据适当规程进行抽样检查。目前经常采用的密封性检测技术主要有染色浴法、高压放电法、真空法和激光检测法等。由于生产过程中，任何环节均可出现导致产生裂缝和裂痕的风险，因此密封性检测最好放在生产加工的最后环节。

1．基本原理

在实际生产中，密封性检测的主要方法为染色浴法和高压放电法，少数采用真空法和激光检测法。目前来说，由于历史原因，染色浴法占了很大一部分；高压放电技术是近几年新兴的一种密封性检测技术，也是美国 FDA 推荐的一种密封性检测技术。

（1）染色浴法

通过在灭菌腔室中，添加染色液（一般为蓝色），然后将灭菌腔室抽真空，并保持 30min，使其处于负压状态下，染色液会通过裂缝进入容器，导致药液颜色发生变化，最后通过目检，剔除废品。

（2）高压放电法

通过在待检测物体上外加高压电，根据有、无缺陷的电学参数变化和表征的差异，实现对待检测品进行密封性测试。高压放电检测原理如图 8-3-17 所示。

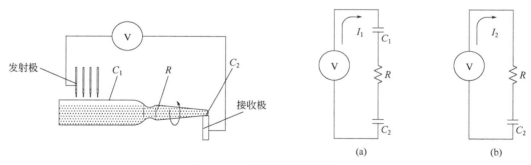

图 8-3-17　高压放电检测原理

玻璃安瓿高配检漏机

西林瓶高配检漏机

V 为高频高压检测电源，两端分别连接发射极和接收极；C_1 和 C_2 分别为正、负电极和药液之间的电容值；R 为药液的电阻值。当药品完好时，系统的简化电路如图 8-3-17（a）所示，整个检测系统产生微电流 I_1；当瓶发生泄漏时，高压电穿过裂缝或微孔，导致检测电极与药液之间直接导通，检测电极与药液之间的电容消失，此时系统的简化电路如图 8-3-17（b）所示，回路产生较大的微电流 I_2。为了将高压的微电流转换成数字信号，系统先经过电流互感器将微电流转为电压信号（行业通用名称：泄漏电压），然后采用 A/D 转换模块将电压信号数字化。

在设备实际运行过程中，首先要根据合格品的平均泄漏电压值，放大一定倍数，作为泄漏上限。

然后采集每支药品的泄漏电压值，与泄漏上限进行比较，如果泄漏电压值大于或等于泄漏上限，则判定为废品。

（3）真空法

将待测品放到密封容器中，然后对该容器抽真空一定时间后停止，并实时监测真空度，通过对比合格品和不合格品容器内真空度下降的速度判定是否为废品。

（4）激光检测法

该法适用于充有惰性保护气体的药品。通过激光检测药瓶顶空内某种气体（一般为氧气，下面以检测氧气含量介绍检测原理）成分的含量来判定是否存在密封性缺陷。特定波长的激光通过氧气区域时，会被氧气吸收而损失能力，根据 Beer-Lambert 公式，能量的损失一般与气体浓度成比例，通过测量激光损失的能量值，根据该 Beer-Lambert 公式可计算出氧气浓度。

（5）HGA（顶隙气相分析器）

该系统是用于检测透明瓶子(已封好盖)是否漏气的一种检测装置。它采用的是一种非接触的检测方法，因此，适合装有粉末、液体及冻干产品的瓶子的检测。HGA 装置通过用 TDLAS（可调谐激光二极管吸收光谱学）光谱技术测量一条光路上的氧气浓度，也包括冻干产品的顶隙的 O_2 分子的数量（"顶隙"指产品表面和瓶肩或瓶盖底部之间的空间）。该系统可与现有的自动检测设备联机使用。

2. 设备分类

在实际生产中，染色浴法不需要添加额外的设备，仅在灭菌腔室中添加染色剂。而真空和激光检测法实际生产中使用较少，下面仅介绍采用高压放电方法的设备。

采用高压放电进行在线、逐支检测时，需要根据容器的外形，选择合适的输送装置和布置检测电极，以保证能够对药品进行全覆盖式检测。目前来说，各个设备厂商主要生产的高压放电检测设备包含：①安瓿电子微孔检漏机，主要检测小直径圆柱形容器的药品，如玻璃安瓿瓶、西林瓶、口服液等。②软袋电子微孔检漏机，主要检测非 PVC 软袋及易变形的袋装药品。③塑料联排安瓿电子微孔检漏机，主要检测 BFS 设备生产的塑料联排安瓿或者其他外形类似塑料联排安瓿的药品。④大输液电子微孔检漏机，主要检测大直径的圆柱形容器包装的药品，如玻璃瓶大输液、塑料瓶大输液等。

由于原理一样，下面仅选择安瓿电子微孔检漏机和联排塑料安瓿检漏机为例，介绍安瓿电子微孔检漏机的基本结构和检测流程。

3. 安瓿电子微孔检漏机

安瓿电子微孔检漏机通过更换模具，能够适用于各种标准、不同规格的安瓿瓶水针、西林瓶水针和口服液；能够检测容器壁上存在的裂缝、小孔、比较深的划痕等可能造成药液泄漏的缺陷。

（1）主要结构

如图 8-3-18 所示，安瓿电子微孔检漏机的整个设备主要包含：进瓶网带，进瓶拨轮，绞龙，进瓶扭瓶栏栅，检测站，出瓶扭瓶栏栅，剔废块，废品通道，合格品通道及其他附属部件。各个部件的作用如下：

① 进瓶网带　暂存待检品。

② 进瓶拨轮　与进瓶网带配合，使药瓶进入进瓶拨轮凹槽，将药品分隔，形成固定工位。

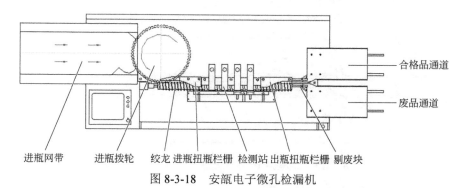

图 8-3-18　安瓿电子微孔检漏机

③ 进瓶扭瓶栏栅　与绞龙配合将药品由竖立状态翻转成水平状态。

④ 检测站　一般设置 4 个检测站，四个检测站配合一起，对药品表面进行全覆盖式检测。

⑤ 出瓶扭瓶栏栅　将药品由水平状态转换为竖立状态。

⑥ 剔废块　将合格品和废品分开，合格品进入合格品通道，废品进入废品通道。

⑦ 合格品通道　暂存合格品。

⑧ 废品通道　暂存废品。

（2）检测流程

人工或者联线使药品进入到进瓶网带上，进瓶网带将往进瓶拨轮方向输送，进瓶拨轮边沿设计有一圈比药瓶直径稍大的凹槽，药品进入凹槽，并被进瓶拨轮输送到绞龙处，完成药品的分隔和定工位；然后绞龙与进瓶扭瓶栏栅配合，将竖立的药品翻转为水平状态，然后绞龙将其输送到检测站，经过四个检测站检测后，绞龙与出瓶扭瓶栏栅将水平状态的药品翻回到竖立状态，然后剔废块根据检测结果将废品和合格品分开，并暂存在相应的通道中；等待人工收取或者联线输送。

（3）设备的维护与调整

安瓿电子微孔检漏机在设备调试和维护过程中，应该首先调试机械部分，即药品能够顺畅跑瓶，然后再调节高压电源参数。下面分别介绍机械部分和检测部分可以调节的参数。

① 机械部分

a. 进瓶网带的速度　进瓶网带速度应与设备的检测速度相匹配，一般根据进瓶拨轮凹槽中是否缺瓶来估计；在保证不缺瓶的基础上，将网带速度提高一点。

b. 各模具与药瓶的间隙　各规格件与药瓶一般间隙为 0.5～1mm 即可，但在拨轮进瓶的尖角处，缝隙要稍大，可以为 2～3mm。

c. 检测站正极与药瓶的距离　一般调节检测站的高度，使检测正极与药瓶的距离维持在 3～5mm。

d. 轨道高度　要求从进瓶方向到出瓶方向，轨道高度逐渐降低或者齐平，保证药品输送过程中无阻碍。

② 高压电源参数

a. 检测电压　检测电压不可超过击穿电压，即保证检测站的正负极不放电和不击穿药品容器壁。

b. 泄漏上限　实际生产过程中，通过判定药品的泄漏电压是否超过设置的泄漏上限，超过或等于即为废品。

c. 放大倍数　一般默认设置为 1 倍；当废品和合格品之间的泄漏电压值区别很小时，需要设置为较大倍数。当合格品的泄漏电压值很大时，此时可设置为较小倍数，使泄漏电压值不超过系统的检测范围。

4. 塑料联排安瓿电子微孔检漏机

塑料联排安瓿电子微孔检漏机适用于各种外形的塑料联排药品，或采用相似外形包装的药品的检测。由于塑料联排安瓿采用 BFS（吹、灌、封）一体机生产的，各个厂家生产的模具各不相同。因而一般塑料联排安瓿电子微孔检漏机均为半定制产品，需要生产厂家根据待检样品的外形，检测区域进行定制化设计检测站的检测电极及正、负检测电极的布置方式，且检测电极材料一般采用柔性材料。

（1）主要结构

图 8-3-19 为一种塑料联排眼药水的电子微孔检漏机，主要检测联排塑料安瓿的合模线和易撕裂口是否存在密封性缺陷。

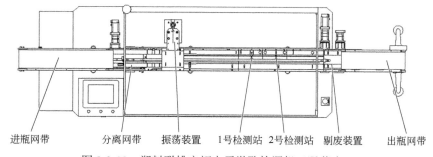

进瓶网带　　分离网带　　振荡装置　　1号检测站　2号检测站　剔废装置　　出瓶网带

图 8-3-19　塑料联排安瓿电子微孔检漏机（眼药水）

（2）检测流程

如图 8-3-19 所示，塑料联排药品经过人工摆放或者联线方式，进入到进瓶网带，然后经过分离网带输送到检测网带等间距的工位中，检测网带向前输送，依次经过振荡装置区域，振荡装置将药品振荡起来，使药液进入头部；然后经过 1、2 号检测站，分别检测联排塑料安瓿的上下两个面，检测完成后，经过剔废装置剔除废品；合格品通过出瓶网带进入后续工序。

（3）设备维护与调整

联排塑料药品的头部非常脆弱，稍微触碰就有可能导致易撕裂口裂开，因此要求在设备输送过程中，头部基本不受外力。设备在维护和调整过程中，需要时刻注意栏栅的宽度是否合适、栏栅是否光滑、检测电极针是否歪斜等。设备的高压电源参数与安瓿电子微孔检漏机一样调节，在此不做详细介绍。

① 分离网带　分离网带启动时间需要匹配，在检测网带速度一定时，分离网带速度启动时间尽量提前，只要不进入前一个工位即可。

② 振荡装置两侧栏栅　振荡装置两侧栏栅要求振荡块处于前后极限位置时，药品均能通过。

③ 检测电极高度　由于塑料联排安瓿的检测电极采用柔性材料，故检测电极要求与药品接触。

（4）发展趋势

在线密封性检测设备将会以高压放电检测技术为主、其他检漏技术为辅的发展趋势。高压放电检测适用于高压放电进行密封性检测的药品；其他检漏技术检测一些高压放电技术无法检测药品。此类设备将朝智能化、互联网化的方向发展，在物理层将与上、下游设备进行联线和联动，数据层将与整个生产系统紧密结合，生产系统能够实时监控设备运行状态，甚至远程操控设备。

第九章
公用系统设备

第一节 换热设备

一、概述

换热设备是进行各种热量交换的设备，通常称作热交换器。在制药行业中，许多制药的场所及过程都与热量传递有关，如生产药品过程中的各种化学反应及反应条件都要在适宜的温度下，才能完成各种化学反应，因此需要一些反应设备来进行热量传递，这个设备就是换热器。

换热器是一种在不同温度的两种或两种以上流体间实现物料之间热量传递的节能设备，是使热量由温度较高的流体传递给温度较低的流体，使流体温度达到流程规定的指标，以满足工艺条件的需要，同时也是提高能源利用率的主要设备之一。换热器行业涉及暖通、压力容器、中水处理设备、化工、石油等近30多种产业，相互形成产业链条。国内换热器行业在节能增效、提高传热效率、减少传热面积、降低压降、提高装置热强度等方面的研究取得了显著成绩。基于石油、化工、电力、冶金、船舶、机械、食品、制药等行业对换热器稳定的需求增长，我国换热器行业在未来一段时期内将保持稳定增长。

二、换热设备分类

根据不同的使用目的，换热器可分为四类：加热器、冷却器、蒸发器、冷凝器。按照传热原理和实现热交换的形式不同可以分为：间壁式换热器、混合式换热器、蓄冷式换热器（冷热流体直接接触）、有液态载热体的间接式换热器。衡量一台换热器好坏的标准是传热效率高，流体阻力小，强度足够，结构合理，安全可靠，节省材料，成本低，制造、安装、检修方便。

1. 管式换热器

管式换热设备是以管壁为换热间壁的换热设备。这类换热设备常用的有盘管式、套管式、列管式和翅片管式等。

（1）盘管式换热器

盘管式换热器又可分为沉浸式和喷淋式两种。沉浸式换热器是将盘管浸没在装有流体的容器中，盘管内通以另一种流体进行热交换。盘管形式很多，有的将若干段直管上下并列排列（称排管），有的将长管弯曲成螺旋形（称盘香管，图9-1-1），此外还有其他形式。这种换热器管径空间较大，因此管外液体流速较小，传热系数不高，传热效

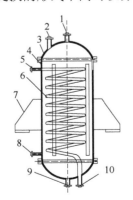

图 9-1-1　盘管式换热器示意

1—排气口；2—出水口；3—封头；4—筒体；
5—进液口；6—换热管；7—支座；
8—进水口；9—排污口；10—出液口

率低，是较古老的一种设备。其优点是结构简单，制造、维修方便，造价低，能承受较高压力。而喷淋式换热器是将一种流体分散成液滴形式从上面喷淋下来，经盘管外表面进行换热，通常用作冷却器。

与沉浸式相比，喷淋式管外流体传热系数有所提高，因此所需传热面积、材料消耗和制造成本都较低。此外清洗消毒也较为方便。同时，冷却水消耗量只有沉浸式的一半。不过这种设备占地面积大，操作时管外有水汽发生，对环境不利，故常安装在室外。同时，管子氧化快，使用寿命短，喷淋的液体量有变化时，温度反应极为敏感。

（2）套管式换热器

套管式换热器（图9-1-2）是用两根口径不同的管子相套而成的同心套管，再将多段套管连接起来，每一段套管称为一程。各程的内管用U形管相连接，而外管则用支管连接。这种换热器的程数较多，一般都是上下排列，固定于支架上。若所需传热面积较大，则可将套管换热器组成平行的几排，各排都与总管相连。操作时，一种流体在内管中流动，另一种流体则在套管间的环隙中流动。蒸汽加热时，液体从下方进入套管的内管，顺序流过各段套管。蒸汽从上方进入，冷凝水由最下面的套管排出。

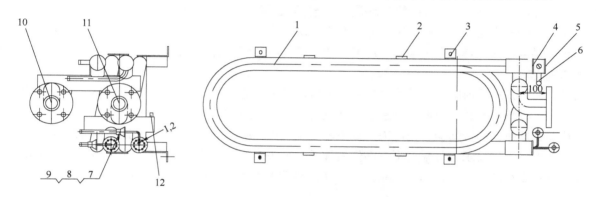

图 9-1-2　套管式换热器示意

1—套管组件；2—固定板；3—支架；4—堵盖1；5—堵盖2；6—出气管；7—分液器；8—分液管；
9—分液器连管；10—进水管组件；11—出水管组件；12—放水阀

最新的套管式换热器有三层同心套管。在这种换热器中，里外两层通入加热介质，一般使用过热水，中间一层通入产品。这样做的好处是产品两面都受到加热，大大扩大了传热面积。目前这种三层同心套管式换热器广泛使用于无菌包装前的物料杀菌和冷却。套管式换热器每程的有效长度不能太长，否则管子易向下弯曲，并引起环隙层中的流体分布不均匀。通常采用的长度为4~6m。在安装时，每程管子向上应有一定倾斜度，产品从下方进入，由下而上流过各程管子，从上方流出以避免由产品带入的气泡在管内积聚而影响传热效果。在套管式换热器中，通过选择合适的管径，可将内、外管间的环隙横截面做得很小，这样便于在载热体用量不大的情况下，也可以获得较高的流速，以保证内管两侧都能获得较高的传热系数，提高传热效率。

套管式换热器结构简单，能耐高压，可保证逆流操作，排数和程数可任意加减调节，伸缩性很大。适用于加热、冷却或冷凝，特别适用于载热体用量小或物料有腐蚀性时的换热。缺点是管子接头多，易泄漏，每单位管长的传热面积有限，因此往往设备体积较大，设备成本较高。套管式换热器适合于传热面积不需要太大的情况。

（3）列管式换热器

列管式换热器又称为管壳式换热器。这种换热器多应用于医药行业蒸馏回流、料液干燥、汽水换热等工艺。列管式换热器由管束、管板、壳体、封头、折流板等组成，见图9-1-3。管束两端固定在管板上，管子可以胀接（将管子内孔用机械方法扩张，使管壁由内向外挤压而固定在管板上）或焊接在管板上。管束置于管壳之内，两端加封头并用法兰固定。这样，一种流体从管内流过，另一种流体从管外流过。两封头和管板之间的空间即作为分配或汇集管内流体之用。两种流体互不混合，只通过管壁相互换热。如果列管式换热器两端封头分别设流体的进口和出口，同时封头内不另设隔板，则流体自一端进入后，一次通过全部管子从另一端流出。这种列管换热器称为单程式。为了使管内有一定流速，可将管束分为若干组，并在封头内加装隔板，即成为多程式。例如列管式换热器的系列有两程、四程、六程等。对于程数为偶数时，流体进出口在同一端。对于管外壳间的流体，也有同样的情况。为了使流体在管外分布均匀，或者为了当流量小时提高流速，以保持较高的传热系数，就在管外装设折流板（或挡板）。常用的折流板有两种形式：一种为弓形，另一种为圆盘环形。折流板对较长的列管式换热器来说也同时起着中间支架的作用，以防止管子弯曲与振动。这对卧式换热器来说尤为重要。列管式换热器是一种简单的刚性结构。管子紧密地固定在管架上，两块管架又分别焊在外壳的两端，然后再用螺栓与封头的法兰相连。这种结构称为固定管架式。

由于换热器管内、外温度不同，管壁温度和壳壁温度也就不同，致使管束与壳体的热膨胀程度不同。这种热膨胀作用所产生的应力往往使管子发生弯曲，或管子从管架上脱落，甚至会使换热器毁坏。所以当壳壁和管壁温差大于 50℃时，应考虑补偿措施以消除这种应力。 常用的补偿措施有浮头补偿、补偿圈补偿和 U 形管补偿。浮头补偿固定换热器两端的管架之一，不固定在外壳上，此端称为浮头，当管子受热或受冷时，浮头一端可以自由伸缩，不受外壳膨胀的影响。补偿圈补偿是在外壳上焊上一个补偿圈，当外壳和管子热胀冷缩时，补偿圈发生弹性变形，从而达到补偿目的。U 形管补偿是将管子弯成 U 形，管子两端均固定在同一管架上，因此，每根管子都可自由伸缩，而与其他管子及外壳无关；其缺点是弯管内面清洗困难。

列管式换热器是目前制药厂使用最多的换热器，易于制造，生产成本低，适用性强，可以选用的材料较广，维修、清洗都较为方便，特别是对高压流体更为适用。在制药工业中，列管式换热器常用作制品的预热器、加热器和冷却器；在冷冻系统中，可以用作冷凝器和蒸发器。在用蒸汽加热时，蒸汽在管外流动。考虑到卫生要求，可采用不锈钢作为管子、封头的材料。其缺点是结合面较多，易造成泄漏现象；要求流体必须清洁，否则污垢堵塞，将会使换热管效率下降，影响换热效果。

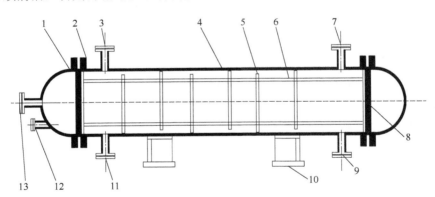

图 9-1-3　列管式换热器示意

1—封头；2—管板；3—进氟口；4—筒体；5—折流板；6—拉杆；7—充氟口；8—管箱；
9—出氟口；10—支座；11—排污口；12—进水口；13—出水口

（4）翅片管式换热器

常常会遇到这种情况，换热器间壁两侧流体的传热系数相差颇为悬殊，这时可考虑采用翅片管式换热器。例如医药工业中常见的干燥和采暖装置用蒸汽加热空气时，管内的传热系数要比管外的大几百倍，管外传热成了传热过程的主要阻力。这时采用翅片管式换热器是很有利的。一般来说，当两种流体的传热系数相差 3 倍以上时，就应考虑采用翅片管式换热器（图 9-1-4）。翅片管的形式很多，常见的有纵向翅片、横向翅片和螺旋翅片三种。安装翅片管式换热器时，务必使空气能从两翅片之间的深处穿过，否则翅片间的气体会形成死区，使传热效果下降。一般采用肋片管，以增加换热管外侧的表面积，从而在表面传热系数没有明显改善的情况下，使总的换热能力明显提高。翅片管式换热器既可以用来加热空气或气体，也可利用空气来冷却其他流体，后者称为空气冷却器。采用空气冷却比用水冷却经济，而且可避免废水处理和水源不足等问题，但是制造困难，需要有专门的设备，并且肋片上不能承重，否则容易变形，限制肋片管的应用范围。

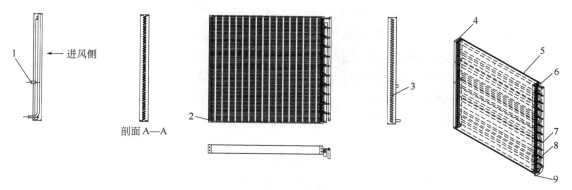

图 9-1-4　翅片管式换热器示意

1—出液口；2—U 型换热器；3—U 型弯；4—端板；5—翅片；6—水平端板；7—集气管；8—集液管；9—进气口

2. 板式换热器

板式换热器（图 9-1-5）是以板壁为换热壁的换热器，常见的有片式换热器、螺旋板式换热器、旋转刮板式换热器以及夹套式换热器等。该设备结构紧凑、体积小，相邻板之间纹路不同，凹凸不平，既保证了两种流体相互分离的交叉流动，又形成许多接触点。当作为冷凝器或蒸发器使用时，板式换热器的尺寸与重量是传统管式换热器的六分之一，可大大减小安装空间，减轻施工强度，应用广泛。

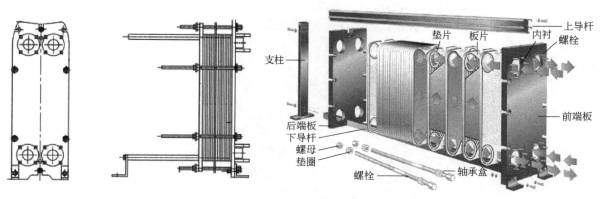

图 9-1-5　板式换热器示意

（1）片式换热器

片式换热器由许多薄的金属型板平行排列而成。型板（换热板）由水压机冲压成型，悬挂于导杆上，其前端有固定板，旋紧后支架上的压紧螺杆可使压紧板与各换热板叠合在一起。板与板之间在板的四周上有橡胶垫圈，以保证密封并使两板间有一定间隙。调节垫圈的厚度可调节板间流道的大小。每块板的四个角上，各开一孔，借圆环垫圈的密封作用，使四个孔中只有两个孔可与板面一侧的流道相通，另两个孔与另一侧的流道相通。这样，冷流体和热流体就在薄板的两侧交替流动，进行换热。

换热板是片式换热器的主要组件，决定了换热器的性能和造价。目前工业中应用了多种类型的换热板，其结构形式和性能均有较大差别，主要有如下几种：

① 平行波纹板　金属板波纹是水平的平行波纹。流体垂直流过波纹时，形成了水平的薄膜波纹。由于流体流动，其方向和流速多次变动，形成强烈湍流，表面传热系数增大。其传热系数可比管式换热器大四倍。此外，由于板面凹凸不平，传热面也相应增大了。平行波纹板还可以有多种形状。波纹板的间距一般为 3～6mm，流体流过的速度为 0.3～0.8m/s。为了防止因薄板两侧压差造成薄板变形，压板表面上经一定间隔加装凸起，以增加支点，保证板的刚度和板间距。

② 交叉波纹板　交叉波纹板的波纹不是水平的，而与水平方向成一角度，相邻两板的波纹方向正好相反。因此，两块板叠在一起时，波纹就成点状接触。这样可以增加板的强度，保持板间距离。当流体通过这样的通道时，流速时大时小。流过点状接触部分时，忽散忽聚，引起剧烈的扰动，从而提高了换热系数。与平行波纹板相比，当流速只有平行波纹板的一半时，即 0.25～0.3m/s 时，传热系数可相同。

缺点是制造技术要求高，两板叠合，公差不能太大，否则将影响传热。

③ 半球形板　在传热板上压出半球形凸起。相邻两块传热板的半球形凸起相互错开，起支点的作用，承受两侧的压力差，保证板的刚度和板间距。板间距一般为6～8mm。这种板形适用于黏性较大的流体。在半球形板上，由于许多球形凸起的存在，促使流体形成剧烈的湍流，流向不断发生急剧变化，成为网状的流型。故这种板属于所谓的网流板。

片式换热器是一种新型高效换热器，片式换热器具有许多优点，远非其他换热器所能比拟，主要优点有：

① 传热效率高　由于板间空隙小，冷热流体均能获得较高的流速，且由于板上的凹凸沟纹，流体通过时形成急剧湍流，故其传热系数较高。板间流动的临界雷诺数为180～200。一般使用的线速度为0.5m/s，Re数为5000左右，表面传热系数为5800W/(m·K)，故适于快速冷却和加热。

② 结构紧凑　在较小的工作空间内可容纳较大的传热面积，这是片式热交换器的显著特点之一。片式热交换器单位体积内可提供的传热面为250～1500m^2，这是任何其他换热器所不及的，如列管式换热器只有40～150m^2。

③ 操作灵活　当生产上要求改变工艺条件或生产能力时，可任意增加或减少板片数目，以满足生产工艺的要求。另外在同一台设备上还可任意分段成为预热、加热、冷却和热量回收等组合。

④ 适于热敏产品　热敏产品以快速薄层通过时，不至于有过热现象。

⑤ 卫生条件可靠　由于密封结构可保证两流体不相混合，同时拆卸装配简单易行，且又便于清洗，故可保证良好的卫生条件。单元性好，换热器容易并列组合，以适应换热要求。片式换热器凹凸图案复杂，水流高度絮乱，不易结冰；即使有局部结冰，也可以使用，因为片式换热器较传统壳管式换热器更能承受因结冻而生产的压力。

片式换热器主要缺点：密封周边长，需要较多的密封垫圈，且垫圈需要经常检修清洗，所以易于损坏。不耐高压，且流体流过换热器后压力损失较大。

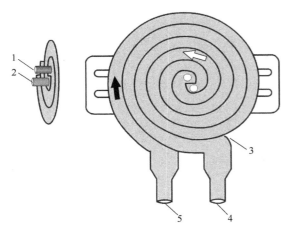

图9-1-6　螺旋板式换热器示意

1—热流体入口；2—冷流体出口；3—换热管；
4—热流体出口；5—冷流体入口

（2）螺旋板式换热器

螺旋板式换热器是用两张平行的薄钢板卷制成具有两条螺旋通道的螺旋体后，再加上端盖和连接管而制成的。螺旋通道之间用许多定距支撑，以保证通道间距，增加钢板强度。冷热流体在两个互不相混的通道内相互以逆流方式流动并通过钢板传热。

螺旋板式换热器设备主要有以下优点：①结构紧凑，体积小，重量轻，金属消耗量小，其单位传热面所占有的体积比列管式小好几倍。②效率高。流体在通道内流动时，在离心力的作用下，在低雷诺数下即可得到湍流，并且在设计中，允许液体流速较高（液体≤2m/s）又保证逆流操作，故传热效率很高。③有自洁作用。通道不易堵塞，适于处理含固体颗粒或纤维的料液以及其他高黏度液体。若通道局部为污物所堵，因截面积减小，局

部流速增大，因而对沉积物起着冲刷作用。这点与列管式换热器的管内流动截然相反。

螺旋板式换热器的缺点：①不易检修，钢板如有泄漏，要拆开修理较为困难。②所能承受的压力不高。③流动阻力和动力消耗较大。

（3）旋转刮板式换热器

这类换热器的原理是被加热或冷却的料液从传热面一侧流过，由刮板在靠近传热面处连续不断地运动使料液成薄膜状流动，故亦可称之为刮板薄膜换热器或刮面式换热器。刮板的作用不仅在于提高换热器的传热系数，而且还可以增强乳化、混合和增塑等作用。这种换热器是由内表面磨光的中空圆筒、带有刮板的内转筒以及外圆筒所构成。内转筒与中间圆筒内表面之间狭窄的环形空间即为被处理料液的通

道，料液由一端进入，从另一端排出。内转筒转速约为 500r/min，由金属或适宜的塑料制成的刮刀以松式连接固定在内转筒上。转动时，刮刀在离心力作用下贴紧传热面，从而使传热面不断地刮清露出。刀刃必须经常打磨，以保持平直锋利。中间圆筒的外部是夹套，夹套内流入加热介质或冷却剂。用液体冷却剂时，传热面两侧流体的流向应以逆向为宜。

旋转刮板式换热器（图 9-1-7）可以单独使用，也可以若干个串联使用，并配以料泵向换热器送料。这种换热器操作时的可变参数是料液流量和刮板转速。在加热（或冷却）剂温度一定的条件下，调节料液流量可得到工艺所要求的温度。这种换热器传热系数高，拆装清洗方便，又是完全密闭的设备，但功率消耗大。

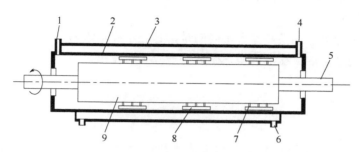

图 9-1-7　旋转刮板式换热器示意

1—料液进口；2—物料筒；3—夹套；4—料液出口；5—轴封；6—热介质进口；7—刮板；8—定位销；9—搅拌轴

（4）夹套式换热器

在制药工厂中使用的反应釜都属于夹套式换热器（图 9-1-8）。这种换热器有多种型式和用途。如有常压式、低压式或加压式；有的配有搅拌桨以加速换热。搅拌桨的类型有叶轮式、螺旋桨式、锚式和桨式等。容器有直立圆筒形或圆球形，可通过夹套进行加热或冷却。搅拌的目的是为了增加对流换热。搅拌桨类型的选择取决于产品的黏度。螺旋桨式搅拌桨用于黏度高达 2Pa•s 的产品，搅拌桨的直径大约为桶径的三分之一；叶轮式搅拌桨一般使用的直径也是桶径的三分之一，但使用黏度高达 50Pa•s；桨式搅拌桨使用直径较大，可以达到桶径的二分之一到三分之二，能使用于黏度达 1000Pa•s 的产品；对于更高黏度的产品，要使用锚式搅拌桨。

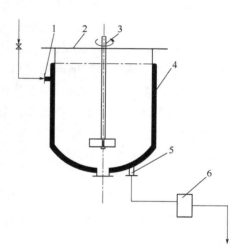

图 9-1-8　夹套式换热器示意

1—蒸汽/冷凝水进口；2—反应釜；3—搅拌轴；4—夹套；5—蒸汽/冷凝水出口；6—冷凝器排除器

3. 直接式换热器

直接式换热器也称为混合式换热器，其特点是冷、热流体直接混合进行换热，因此，在热交换的同时，还发生物质交换。直接式与间接式相比，由于省去了传热间壁，因此结构简单，传热效率高，操作成本低。但采用这种设备只限于允许两种流体混合的场合。

（1）蒸汽直接式换热器

蒸汽和液体混合直接加热是常见的一种加热方式。实践经验表明，在蒸汽和液体之间需要大的接触面，以利于蒸汽的快速冷凝，加速换热速度。研究表明，减小接触面，换热速率明显降低。在设备性能不正常时，如液滴太大或蒸汽泡太大，会导致换热速度低下。这种情况在高黏度产品时容易发生。

尽管在加热蒸汽和液体之间有很大的温度差，但这类设备的加热仍然是温和的。原因之一是加热时间很短，只有几分之一秒；另外一个原因，也许是更为重要的，是在蒸汽和物体之间立即形成一层很薄的冷凝液膜。这层液膜起到保护物体免受高温的影响。因此，蒸汽直接加热方式允许有很高的温度梯度，这是任何间壁式换热器无法做到的。这种换热器对蒸汽质量有一定要求，由于设备性能的需要和保证产品质量，蒸汽必须不含不凝结气体，因为不凝结气体会影响蒸汽冷凝、干扰换热过程。关于气源、蒸汽或锅炉用水，不应含有影响产品的物质。换句话说，锅炉用水应该具备饮用水的质量，非正常的水处理剂是不许使用的。在有些使用场合下，如药品提晶，需要除去蒸汽和产品混合时所增加的水分，以保持原有的组分不变。除去水分的方法通常是在真空下使水分蒸发。这是一举两得的做法，因为在真空闪蒸水分时，既除了水分，又可以使产品迅速冷却。通过温度控制（在蒸汽混合前、混合后以及蒸发后），可以做到处理前后产品的水分含量不变。

这种蒸汽直接加热设备有两种类型：喷射式和注入式。喷射式是在连续流动的液体中喷射蒸汽；注入式是在连续流动的蒸汽中注入液体。在蒸汽喷射式（蒸汽进入液体）中，蒸汽或者通过许多小孔，或者通过环状的蒸汽帘喷射入流体管道中。在蒸汽注入式（液体进入蒸汽）中，液体或者以膜的形式，或者以液滴的形式分布在充满高压蒸汽的容器中，落于容器底部，加热后的液体从底部排出。

（2）蒸汽喷射式换热器

蒸汽喷射式冷凝器也是混合式换热器。不同的是，它利用冷却水与蒸汽混合，使蒸汽冷凝，以除去水分。这在浓缩操作中是必须的。在浓缩操作中要快速除去蒸发出来的蒸汽，此外，还要在蒸发室内造成真空。

4. 冷凝器

（1）喷射式冷凝器

用断面逐渐收缩的锥形喷嘴进行水或其他液体冷却剂喷射时，水在喷嘴内的流速逐渐增快。速度越高意味着动能越大，而压力则越小。如果将喷嘴座板的喷嘴上、下游隔开，上游空间（即水室）通入高压水，则由于水的喷射就造成下游的低压，因而产生抽汽的作用。吸汽室将蒸汽吸入后，经过导向挡板使之从水流射束的四周均匀地进入混合室，而与许多聚集于喉部的射束表面相接触。因射束的流速高，其动能大，蒸汽即凝结在水柱表面而被带走。经过喷嘴所形成的射流速度一般为 15～30m/s。带走蒸汽的各射流在喉部准确聚集后，通过扩压管将动能转换为势能以后，再从尾管排出。由上述可知，喷射式冷凝器除了有混合冷凝作用外，还具有抽真空的作用。所以特别适用于真空系统中蒸汽的排除。例如食品工业中的真空浓缩、真空脱气、真空干燥等。当用这种水力喷射器作冷凝器时，就可以不再需要真空泵了。一般水力喷射冷凝器的高压水压力为 0.2～0.5MPa，可采用高压头的离心泵或多级离心泵供送。

（2）填料式冷凝器

冷却水从上部喷淋而下，与上升的蒸汽在填料层内接触。填料层是由许多空心圆柱形填料环或其他填料充填而成，组成两种流体的接触面。混合冷凝后的冷凝水从底部排出，不凝结气体则由顶部排出。

（3）孔板式冷凝器

孔板式冷凝器装有若干块钻有很多小孔的淋水板。淋水板的形式有交替相对放置的弓形式和圆盘圆环交替放置的形式。冷却水自上方引入，顺次经板孔穿流而下的同时，还经淋水板边缘泛流而下。蒸汽则自下方进入，以逆流方式与冷水接触而被冷凝。少量不凝结气体从上方排出。进入的冷却水经与蒸汽进行热交换后被加热，而后从下方尾管排出。

（4）低位式冷凝器

除喷射式冷凝器外，填料式和孔板式冷凝器都需要真空泵，使冷凝器内处于负压状态。在这种情况下，如无适当措施，冷凝水无法排出。通常采用两种方法，即低位式和高位式。

直接使用抽水泵将冷凝水从冷凝器内抽出，因而可以简单地安装在地面上，故名低位式冷凝器。高位式冷凝器不用抽水泵，而是将冷凝器置于 10m 以上的高度，利用其下部很长的尾管（称为气压管，俗称大气腿）中液体静压头的作用来平衡上方冷凝器内的真空度，同时抽出冷凝水。为了保证外部空气不进入真空设备，气压管应淹没在地面的溢流槽中。

（5）水帘（水幕）式空气冷却器

这种混合换热器常用作空气的冷却净化器。含尘空气进入后，经与冷却水的水幕接触而降温、增湿、净化。

三、换热设备维护

工业运转不可缺失换热设备，这类设备常态的运行很易凝结污垢，若没能及时予以消除将会累积更多。运转状态下的换热设备被损耗，从长期来看减低了本该有的设备性能，缩减可运转的年限。常见问题有结垢与腐蚀。

1. 运行中结垢

在换热器表层，日常运转时的设备内经由很多的流体，因而汇聚了固态性的污垢物质。水的硬度是水质标志之一，它反映了水的含盐特性，其值为水中钙、镁、铁、锰等溶解盐类的总量。固体及汇入进来的流体是彼此接触的，水垢带来了后续较大的运转干扰。换热设备凝集起来的表层污垢缩小了应有的换热实效，热阻由此也会提高。同时，若表层累积着偏多污垢，那么通道经由的流体也将变得更少并且增添了阻力。泵体功率被减低，耗费了较多的修护资金。

因此，对于换热设备要经常的清洗，在流体进入换热设备之前增加过滤设备，使得进入设备的流体无杂物；同时将进入的流体进行软化处理防止产生结垢。在后续运转中，要随时查验并调控各时点的温度及流速。可增设配备的旁路系统，维持初期设定好的温度条件及流速状态。及时修护设备，在更大范围内推迟结垢且延长可运转的总时间。运送至进口的物料总量也并非固定，是不断变更的。在各个阶段内都应测定聚集于换热器的污垢总量，测定酸碱值及微粒体积。针对各类状态下的结垢，都要配备不同添加剂，所以热交换设备用水必须经过软化处理；水软化方法通常有离子交换法、化学沉淀法和加热法等。

2. 腐蚀与维护

由于现场环境及流体的性质，换热器板材选择不当，会导致换热器发生腐蚀泄漏等状况。为防止这一现象的发生，选择换热器时需要明确流体的介质及使用地区的环境，同时在流体中增加缓蚀剂，以抑制腐蚀。一般腐蚀分为的化学反应腐蚀和电化学反应腐蚀两种。

第二节 冷水机组

一、概述

冷水机组是一个多功能机器，通过用人工的方法在一定的时间和一定的空间内将某物体或流体冷却，使其温度降低到环境温度以下并保持这个低温。冷水机组又称为冷冻机、制冷机组、冰水机组、冷却设备等，因各行各业的使用比较广泛，所以对冷水机组的要求也不一样。

在制冷行业中，根据冷凝方式的不同，冷水机组分为风冷式冷水机组、水冷式冷水机组、蒸发式冷水机组；根据压缩机不同又分为螺杆式冷水机组、涡旋式冷水机组、活塞式冷水机组；根据温度控制不同又可分为常温机组、低温机组和超低温机组。

二、水冷式冷水机组

1. 基本原理

水冷式冷水机（图 9-2-1）是利用壳管蒸发器使水与冷媒进行热交换，冷媒系统在吸收水中的热负荷使水降温产生冷水后，通过压缩机的作用将热量带至壳管式冷凝器，由冷媒与水进行热交换，使水吸收热量后通过水

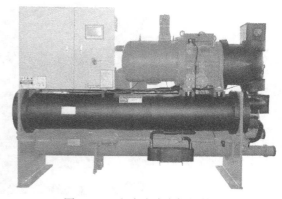

图 9-2-1 水冷式冷水机组外观

管将热量带出外部的冷却塔散失（水冷却）。

2. 基本结构

水冷式冷水机组主要由压缩机、冷凝器、膨胀阀、蒸发器等组成，还需外置一个冷却塔将冷却水降温，如图 9-2-2 所示。

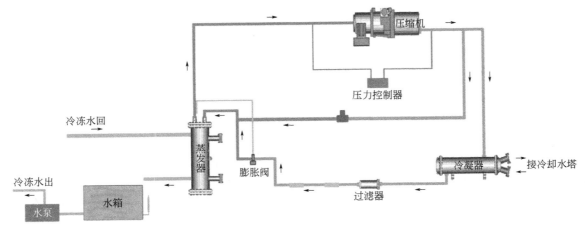

图 9-2-2　水冷式冷水机组结构示意

3. 工作流程

开始时由压缩机吸入蒸发制冷后的低温低压制冷剂气体，然后压缩成高温高压气体送至冷凝器。高温高压气体经冷凝器冷却后变为常温高压液体。当常温高压液体流入热力膨胀阀，经节流成低温低压的湿蒸汽，流入壳管蒸发器，吸收蒸发器内的冷冻水的热量使水温度下降；蒸发后的制冷剂再吸回到压缩机中，又重复下一个制冷循环，从而实现制冷目的。

4. 特点

该设备的优点：结构简单，能效比高于风冷机组，技术成熟，使用范围广，温度调节范围广；可靠性高，使用寿命长。缺点：需要专用机房、冷却塔、冷却水泵等设备，投资成本大，需要冷却循环水，水资源消耗大；水冷机组不仅要随机组进行维护，对冷却设施也需要很多的维护，较风冷机组相比维护成本高。

三、风冷式冷水机组

1. 基本原理

风冷式冷水机组是利用壳管蒸发器使水与冷媒进行热交换，冷媒系统在吸收水中的热负荷使水降温产生冷水后，通过压缩机的作用使热量带到翅片式冷凝器，再由散热风扇散失到外界的空气中（风冷却）。风冷式冷水机组（图 9-2-3）又可分为风冷螺杆机组、风冷箱型机组和风冷模块机组等。

图 9-2-3　风冷式冷水机组外观

2. 基本结构

风冷式冷水机组主要由压缩机、翅片冷凝器、蒸发器、膨胀阀、风机等组成。

3. 工作流程

图 9-2-4 风冷式冷水组结构示意。

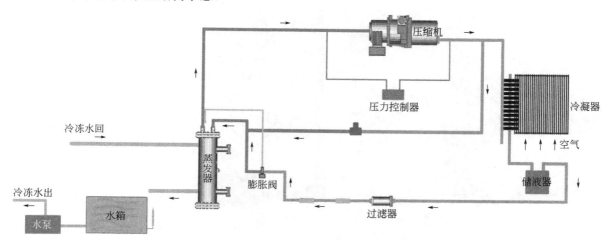

图 9-2-4　风冷式冷水机组结构示意

4. 特点

风冷式冷水机组为翅片式，采用波纹亲水铝箔，具有结构紧凑、体积小、重量轻、换热效率高的优点，并配置低转速的大叶轴流风机，可以有效降低运行噪声，减少对周围环境的影响，适用于缺水地区。缺点：机组能效比低，温度调节范围小，适用范围小，对于环境温度过高或过低的地区，风冷机组的性能降低，有些地区甚至无法使用。

四、蒸发式冷水机组

1. 基本原理

蒸发式冷水机组（图 9-2-5）是利用壳管蒸发器使水与冷媒进行热交换，冷媒系统在吸收水中的热负荷使水降温产生冷水后，通过压缩机的作用使热量带到盘管冷凝器，一部分上部喷淋管喷淋出来的水喷洒在盘管冷凝器与冷媒换热蒸发带走热量，一部分再由散热风扇散失到外界的空气中（蒸发冷却），未蒸发的水自然落下再由水泵抽水至喷淋管喷洒换热，以此循环往复。

2. 基本结构

蒸发式冷水机组由蒸发器、冷凝器、压缩机、膨胀阀、喷淋系统等组成。蒸发式冷水机组将冷却水系统与制冷主机的冷凝器集成合并设置，采用蒸发冷凝式冷凝器，取消了水冷制冷主机外配的冷却塔、冷却水泵及冷却水管道及其工程安装等，将传统冷却水的外循环方式改为内循环方式，大大简化了冷却水系统，同时降低了冷却水的漂水损失，从而大大提高了空调系统的能效比。一体化蒸发式冷水机组与其他制冷机组（水冷式和风冷式）的区别是其冷凝器主要利用冷却水蒸发吸收潜热从而使制冷剂蒸汽冷却，制冷剂蒸汽冷却时放出的热量通过油膜、管壁、污垢传递到管外水膜，再通过水的蒸发将热量传递给空气。图 9-2-6 为蒸发冷凝器的工作原理示意。

3. 特点

① 高系统能效与标准工况下整机能效之比达 3.5～5.5，比水冷式机组节能 20% 以上，更比一般风冷式机组节能 35% 以上。②无需配置冷却塔。采用平面液膜蒸发式冷凝技术，充分利用冷凝管表面水膜的蒸发，只需较小的风量及较少的冷却水量通过传质和传热即可实现管内冷媒的降温冷凝，无需配置冷却塔和大功率的冷却水泵、冷凝风机，水泵的配电动力及工程初投资明显降低。③冷凝效果大大优于直接采用室外空气作为冷却空气，避免了因空气置换通风而造成的能量损失，与现有的空调机组相比具有显著的节能效果，年运行费用可以节省 30%～40%。④节水效果显著。利用先进合理的水膜式布水冷方式，

图 9-2-5 蒸发式冷水机组外观

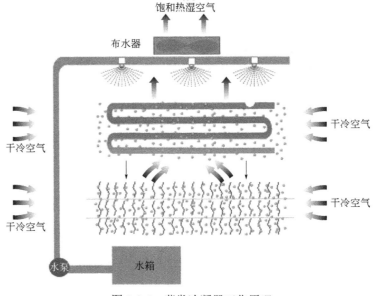

图 9-2-6 蒸发冷凝器工作原理

使冷却水大限度与冷凝管表面充分润湿，强化冷凝管的换热。此外，完全杜绝了冷却水塔存在的"飞水"现象。与使用冷却塔的水冷机组相比，可实现节水率 50%以上。如一体化式蒸发式冷水机组可模块化叠加制冷量，相比同等制冷量的水冷式冷水机组，能效高出 26%，省去了冷却塔、冷却泵的选择，也省却了冷却塔至机组之间的管路安装，可以直接放置在室外，无需机房建设，结构简单易操作。但是，对于水质较硬的地区，容易产生结垢，需要加装软化水处理装置。

4. 冷水机组的维护与保养、常见故障及处理方法

（1）冷水机组的维护与保养

冷水机组在正常运行过程中，免不了因为有污垢或其他杂质影响制冷效果。因此，为了能延长主机组使用寿命，使制冷效果达到更佳状态，应定期做好维护及保养工作，确保冷水机组运行质量，提高生产效率。

具体维护与保养要点如下：①定期检查冷水机电压、电流量是否稳定，压缩机运转声音是否正常。②定期检查冷水机冷媒是否有泄漏现象。③检查冷水机散热水系统是否正常。④冷水机组定期保养。⑤冷水机长时间不使用时应及时关闭水泵、压缩机总电源，尽可能将留存在机组内的水排掉，以免环境温度过低出现结冰冻坏换热管等。

（2）常见故障及处理方法

冷水机组常见故障及处理方法见表 9-2-1。

表 9-2-1　冷水机组常见故障及处理方法

故障	原因	处理方法
蒸发压力低	冷水量不足 冷负荷小 节流板故障 蒸发器的传热管因水垢等污染而使传热恶化 冷媒量不足	检查冷水回路，使冷水量达到额定水量 检查自动启停装置的整定温度 检查膨胀节流管是否畅通 清扫传热管 补充冷媒至所需量
冷凝压力过高	冷水量不足 冷却塔能力降低 冷水温度太高，制冷能力太大使得冷凝器负荷加大 有空气存在 冷凝器管子因水垢等污染，传热恶化	检查冷却水回路，调整至额定流量 检查冷却塔 检查膨胀节流管，使冷水温度接近额定温度 进行抽气运转排出空气，若抽气装置需频繁运行，则必须找出空气漏入的部位消除
主机过电负荷	电源相电压不平衡 电源线路电压降大 供给主电机的冷却用制冷机量不足	采取措施使电源相电压平衡 采取措施减小电源线路电压降 检查冷媒过滤器滤网并清扫滤网；开大冷媒进液阀

第三节 清洗设备

一、自动清洗系统

1. 制药用器具清洗机

制药用器具清洗机能够完成对物品的预洗、清洗、中和、冲洗、漂洗和干燥，是一种实现了可重现的"能被记录和验证"的清洗机。该清洗机具有容积大、清洗彻底、自动化程度高的特点，各项技术指标均能达到或接近国外同类产品。同时设备可以配置整套符合 FDA 要求的文件体系，是国内生物制药厂家的首选设备。

密封门采用了电动升降和充气胶条密封技术，在实现可靠密封的同时，大大减少了劳动者开关门的劳动强度，使该清洗机的自动化程度达到新的水准。上位机采用了新型 HMI 控制方式——触摸屏作为人机控制界面，可动态显示工作流程及工作过程中的时间、温度、压力等参数，使得操作更加直观、方便，用户还可根据需要方便地进行手动操作。下位机采用了现代新型控制装置——可编程逻辑控制器(简称 PLC)进行程序控制，具有功能强、可靠性高、使用灵活等特点。对于双扉（门）的设备，可有效隔离设备前后两操作端，满足我国 GMP 规范要求。图 9-3-1 为在位清洗（CIP）逻辑程序示意。

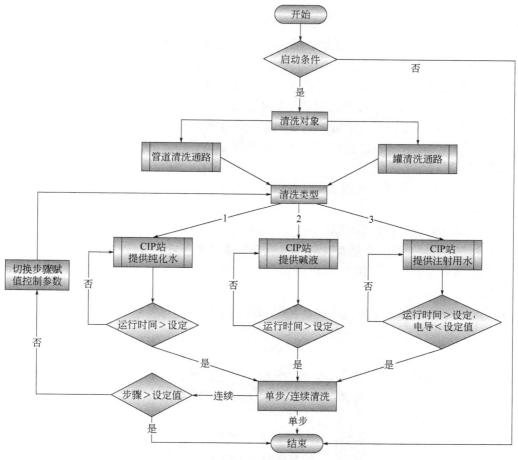

图 9-3-1　CIP 逻辑程序示意

2. 清洗机分类

制药用器具清洗机按结构分为自动升降门、手动门以及连续式；按容积分为 270～8000L；按照生产领域分为生产型和实验室型；按照使用环境分为常规设备和防爆型设备。

3. 基本原理

自动清洗系统的外形见图 9-3-2，其工作原理见图 9-3-3。以注射水和纯化水作为工作介质，并自动加入适量的清洗剂，通过大流量循环泵，使清洗溶液在清洗舱和清洗管路中循环，并通过旋转喷射臂将带有压力的清洗溶液均匀地、强有力地喷射到被清洗物品上，对物品进行有效清洗。清洗后，使用所选水源对物品进行多次漂洗，直至污物残留浓度符合清洗效果，最后通过热风对设备的内外表面进行干燥。

图 9-3-2　自动清洗系统外形

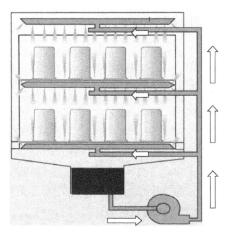

图 9-3-3　自动清洗系统原理

4. 基本结构

清洗机由舱体组件、框架组件、密封门组件、管路系统、外罩附件、电气控制系统等组成。

（1）舱体部分

采用优质镜面板进行大圆弧角折弯一体成型、无死角无死区、舱体底部及储水槽应用大角度倾斜可彻底排水设计，舱体左右侧板采用压筋结构增加整体强度，焊接处为氩弧焊接成型，焊接致密，焊缝钝化磨光处理。内室表面焊接处进行人工磨光镜面，最终粗糙度 Ra 小于 0.4μm。采用耐高温橡塑海绵进行保温，保温厚度达到 10mm，外表面温度不超过环境温度 25℃

（2）框架组件

框架组件为 304 不锈钢材质，拼接框架结构，承载设备。

（3）密封门组件

采用不锈钢框架+双层中空钢化玻璃结构，隔热降噪，可实时观察内部清洗状态。采用电机驱动，一键式开/关门，方便快捷（仅限于垂直升降门和水平平移门设备）。密封胶条材质为医用硅橡胶，对酸性或碱性清洗剂具有优良的耐腐蚀性。

（4）管路系统

与内室相通的管道采用 316L 材质，其余采用 304 材质内外抛光无缝不锈钢卫生级管件，可追溯材料成分。

（5）外罩组件

外罩组件采用优质不锈钢拉丝板加工而成，表面卫生、易清洁、耐腐蚀；采用内侧隐藏式固定结构，螺栓螺纹无外漏，折弯藏角及圆角设计，无锋利边缘，无焊缝外漏，尽显美观整洁。

（6）高效率空气加热系统

高效率空气加热系统由大风量风机、加热系统和高效空气过滤器组成。能在最短的时间内将空气加热到所需温度，节省干燥时间。独特的空气预热系统，消除了因为环境温度不同对空气加热系统的影响。

（7）电气控制

控制柜用碳钢喷塑/不锈钢制成，防护等级为 IP54，并分成强电动力箱（断路器、交流接触器等）和弱电控制箱（PLC、电源、继电器等）两部分。

在清洗机前、后两端（双扉设备）均设有操作面板，前操作面板上主要有触摸屏、打印机、电源开关和急停开关。后操作面板上主要有指示灯、操作按钮和急停开关。前、后控制面板的全部装配及电缆和接线端子排是作为成套单元连接到控制箱的，便于维护、保养。

5. 工艺流程

（1）预备阶段

在预备阶段，要满足下列所有条件才能启动程序：①程序在自动状态；②门在密封状态；③舱体内没有水；④压缩气压力正常。若有上述条件不满足，当按下参数确认界面的"选择完毕"按钮时，产生声音警报而且触摸屏显示报警信息。此阶段结束条件为操作人员按下"启动程序"按钮。

（2）清洗阶段

从预洗到漂洗分为预洗、清洗、冲洗1、冲洗2、漂洗1、漂洗2共6个水洗阶段，工作流程相同，分为进水、加热、计时、排水，在漂洗2的排水阶段，对电导率进行检测。

① 进水阶段　进水阀打开，相应水源经过进水阀注入清洗舱内。当检测到上水位信号后，进水阀关闭，循环泵开始运行。此阶段结束条件是舱内有上水位信号。

② 加热阶段　循环泵运行过程中，如果程序设定的温度高于舱内水的即时温度，则开始加热，加热到设定的温度后，停止加热。此阶段结束条件是循环水温度达到设定值。

③ 计时阶段　水温达到设定温度后，根据程序设定的阶段计时时间开始计时，计时时间到达后，循环泵停止运行。此阶段结束条件是计时器到达设定时间。

④ 排水阶段　a. 大排阀、泵排阀、支路排水阀开启，舱体内的循环水进入排水口，开始排水。b. 当系统检测到舱内水压为零位时，排水结束，排水阀关闭。漂洗2阶段将进行电导率的检测，若检测合格，则进行干燥阶段。若检测不合格，可以选择继续漂洗直到合格为止，或者选择"停止漂洗"后，直接进行干燥程序。

⑤ 干燥阶段　a. 进气阀、风机、电加热管、排水阀依次开启，内部计时器开始计时。冷空气由风机通过电加热管的加热后吹入清洗舱内。b. 当加热温度到达设定温度后。加热管在热风温度的控制下间断开启。c. 内部计时器到达设定值后，电加热管停止工作。d. 进气阀、风机和排水阀继续开启，内部计时器开始工作，冷风由风机经过进气阀进入内室，对内室进行冷却，内部计时器开始工作。e. 当所有检测温度均低于开门设定温度后，风机停止工作。此阶段结束条件是计时器到达设定时间、所有温度低于开门设定温度。

⑥ 结束阶段　打印机停止工作，蜂鸣器声音提示。除了标准程序外，还有若干简化程序和自定义程序，所有程序的工作流程都相同。

6. 特点

①达到卫生级要求，即与清洗溶液接触的物品表面均是光滑洁净的，满足材质的选择、管路的设计和表面的处理精度等要求。②过程监控，即能监控清洗过程中的关键工艺参数，如清洗水温、清洗水压、漂洗水电导率等参数。③过程记录，即设备配备打印机，可实时打印清洗过程中的关键工艺参数，记录项目与监控参数基本一致。

7. 设备维护与故障处理

自动清洗设备具有非常完善的报警系统。当设备出现异常时，系统首先关闭可能出现危险的相关驱动部件，同时人机界面显示报警文字信息，蜂鸣器响，柱状报警指示灯红灯亮，以从听觉和视觉上提示用户设备的当前状态。自动清洗设备部分常见故障分析见表9-3-1。

表9-3-1　自动清洗设备部分常见故障分析

报警信息	报警描述	原因分析及解决方案
电机过载！	在开、关密封门的过程中出现门电机过载保护时产生此报警并取消开、关门操作！	原因：①密封门电机保护器电流调节过小，门运行不畅；②运行阻力过大 解决方案：①顺时针调大即可；②找到阻力大的位置处理即可
门障碍！	密封门在关闭过程中，遇到障碍物后，会产生此报警，并停止关门动作，反向开门	原因：密封门在运行中遇到障碍物 解决方案：拿走障碍物即可

报警信息	报警描述	原因分析及解决方案
密封门未关！	密封门没有关位信号时，启动程序或者手动进水时都会引起报警！	原因：①密封门没有关闭；②密封门关位开关故障 解决方案：①先关掉密封门再开密封门；②换新的密封门关位开关
密封门未密封！	密封门密封胶条没有充气，启动程序、手动运行循环泵时便会触发此报警！	原因：密封被手动泄压后未密封 解决方案：①手动密封；②重新开关一次密封门
急停！	当急停按钮被按下时产生此报警！	原因：急停按钮被按下 解决方案：待问题解决后松开急停，在触摸屏上确认报警即可
门密封压力过高！	门密封压力高于允许值时产生此报警！	原因：①过滤减压阀坏故障；②有人误操作把空气过滤器调大 解决方案：①更换过滤减压阀；②手动调节空气过滤器调节阀到设定的范围内
门密封压力过低！	门密封压力低于允许值时产生此报警！	原因：①过滤减压阀坏了；②气源压力低；③人为调低了空气过滤器的调节阀 解决方案：①更换过滤减压阀；②从气源处调节压力到正常值；③手动调空气过滤器调节阀到设定范围
泵压过低！	当循环水出水口压力连续 1min 小于 25kPa 时，产生此报警	原因：①设备漏水；②设备在高温阶段运行时间过长，水汽化现象严重 解决方案：①找到漏水的地方处理掉；②调整至合理的运行时间
过滤器堵塞！	空气过滤器两边的压差高于设定值时，触发此报警	原因：过滤器堵塞 解决方案：更换新的空气过滤器
过滤器泄漏！	空气过滤器两边的压差低于设定值时，触发此报警	原因：过滤器漏掉 解决方案：更换新的空气过滤器
开门温度过高，需冷却！	热风加热阶段或者开门时，任何一个温度高于设定的开门温度时会触发此报警	原因：①开门温度设置过低；②温度确实过高，冷却即可 解决方案：①重新设置开门温度；②冷却，等待降温，切勿断电
电导率不合格！	在安装有电导率仪的设备中，如果在漂洗 2 阶段完毕后，电导率值大于设定值时，产生此报警	原因：清洗工艺待改进 解决方案：清洗参数需要重新设定
请退出手动操作后再启动程序！	在有手动操作未退出的情况下启动程序时产生此报警！	原因：没有退出手动状态 解决方案：待确定没有需要手动的地方后，复位程序进入手动界面，解除手动状态即可

设备维护的时间间隔取决于水源的质量和设备使用的频率，还应该针对具体的情况来决定维护的间隔。

8. 发展趋势

①市场应用领域越来越广，从开始的生物无菌制剂领域，逐渐向原料药、香精香料、食品等行业拓展。②设备形式多样化，机动门、手动门、平移门等设备形式逐步丰富着用户的使用体验。③清洗工艺不断创新，高压清洗、干冰清洗等不同的新清洗模式开始起步，逐渐应用在实际生产中。

二、料斗清洗机

1. 概述

料斗清洗机（图9-3-4）是针对固体制剂用混合料斗和周转料斗的清洗设备，是固体制剂药品生产过程中执行卫生标准的必要装备之一。该设备可有效清除残留在料斗（图9-3-5）内外表面的异物（主要是化学残留物），从而防止药品生产过程中各种成分的交叉污染，为容器清洗提供统一的清洗标准，减少劳动强度，提高生产效率，易于清洗过程的追溯和认证。它是固体制剂工艺生产流程中常用的清洗设备；是应用 PLC 程序控制技术的机电一体化制药企业装备，更是固体制剂药品生产过程中符合 GMP 规范的必要装备之一，实现了由人工清洗向设备自动清洗的转化。

固体制剂领域十分注重清洁作业，防止交叉污染（不同原料、辅料及产品之间发生的相互污染），我国 GMP 也有大量的篇幅对于操作、清洁、维护等环节做了控制要求，如 GMP 2010 年修订版关于"清洁的控制"有如下描述："第八十四条　应当按照详细规定的操作规程清洁生产设备。生产设备清洁的操作规程应当规定具体而完整的清洁方法、清洁用设备或工具、清洁剂的名称和配制方法、去除前一批次标识的方法、保护已清洁设备在使用前免受污染的方法、已清洁设备最长的保存时限、使用前检查设备清洁状况的方法，使操作者能以可重现的、有效的方式对各类设备进行清洁。如需拆装设备，还应当规定设备拆装的顺序和方法；如需对设备消毒或灭菌，还应当规定消毒或灭菌的具体方法、消毒剂的名称和配制方法。必要时，还应当规定设备生产结束至清洁前所允许的最长间隔时限。"

图 9-3-4 料斗清洗机

图 9-3-5 料斗

在新旧版 GMP 要求中，药品生产者逐渐认识到清洁的重要性，形成了通过验证来保证有效性的方法，由此逐步衍生出针对主要工艺设备、物料转移容器、必要的工器具等的各自对应的自动/半自动清洁设备。其中全自动料斗清洗机也是根据 GMP 要求以及市场的需求应运而生的，相对来讲，国内在料斗清洗领域的专业设备，起步是比较晚的，直到 2000 年以后才有真正投放于市场的全自动清洗设备。

2. 设备分类

料斗清洗机按照门的形式可分为手动铰链门和自动平移门设备；按照舱体数量可分为单舱式和双舱式；按安装形式可分为地面安装和地坑安装；按转盘功能分为带转盘的料斗清洗机和不带转盘的料斗清洗机；按烘干功能的配置与否分为清洗烘干一体机和不带烘干功能的清洗机。

3. 基本原理

公用工程管道的清洁用水（城市用水、清洗剂溶液、热水、纯化水等）在泵增压后，通过清洗管路，在系统控制不同的出水阀门作用下，经伸缩清洗球和喷嘴分别喷射到腔体内的料斗内外表面，形成水量冲刷和水压冲击作用，去除药物残留。同时，待清洁料斗在转盘带动下做旋转运动，使其覆盖面更加完整和均匀。在不同工艺参数（时间、压力、温度）组合下，完成料斗的清洗，再经洁净压缩空气吹扫，去除表面大量水珠。泵站系统也可配置加热器，直接加热自来水得到热水。洁净热风处理系统提供10 万级洁净热风，温度可调控，腔内部在排风机作用下形成负压，洁净热风随之进入，在不同工艺参数（时间、温度等）组合下，完成对料斗内外部的烘干。图 9-3-6 为料斗清洗机原理示意。

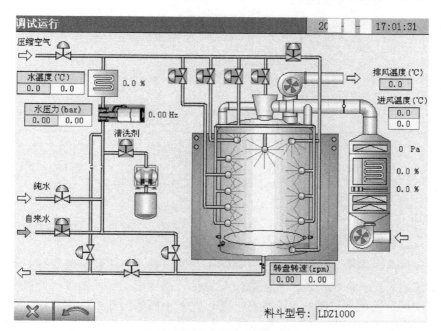

料斗清洗机
（带转盘功能
清洗机）

图 9-3-6 料斗清洗机原理示意

4. 基本结构

该设备由框架腔体、门体、增压泵站系统、管道分配系统、热风净化处理系统、控制系统组成。所有的操作均人机界面。料斗清洗机结构示意如图9-3-7所示。

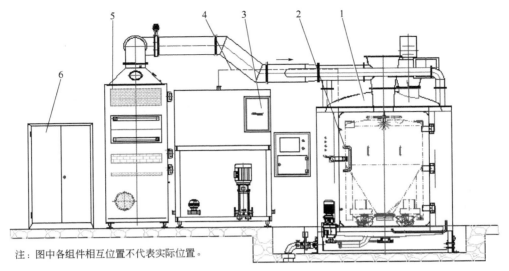

注：图中各组件相互位置不代表实际位置。

图9-3-7　料斗清洗机结构示意

1—框架腔体；2—门体；3—增压泵站系统；4—管道分配系统；5—热风净化处理系统；6—控制系统

5. 清洗操作过程

工作时，开启清洗室入口门，将待清洗的料斗从待清洗区推入清洗室并使料斗靠紧定位机构，关闭入口门做好清洗准备。按工艺要求设定清洗程序、清洗时间和干燥时间，确认后开机即可自动完成料斗清洗工作。清洗室内腔四周的喷头对容器的外表面进行加压喷淋清洗，可伸缩的液力旋转喷头清洗容器内表面，顶、底喷头对容器上、下进出口进行清洗。清洗完毕，设备按设定程序完成烘干、冷却后，打开已清洗区的门，将料斗拉出，再送到中间站，以备下一道生产工序使用。

如图9-3-8所示，清洗操作流程为：操作准备→检查→设置工艺参数→工艺参数调用→预洗→清洗→漂洗→纯水洗→压缩空气吹→料斗烘干→打印记录→打印。

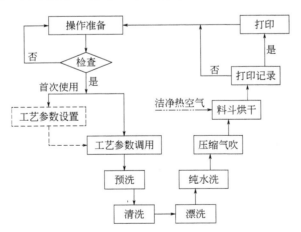

图9-3-8　料斗清洗机工作流程示意

6. 设备可调工艺参数的影响

料斗清洗机是集清洗、烘干、旋转功能为一体的综合性设备，为达到快速、有效清洗干燥的目的，其各环节参数都至关重要。清洗机可调工艺参数主要包括转盘转速、进风温度、排风温度、清洗压力、水温等。清洗覆盖及可达性是最基础的一个指标，所以对于不同的料斗，高度方向上会考虑覆盖率的问题；喷嘴布局时，必须考虑喷嘴最大喷射锥角外围，以及两个相邻喷嘴外围相交处一定要大于料斗外围，这样就可以达到清洗更优的效果。同时根据斗体的宽度，合理设置喷嘴至料斗表面的距离以及角度，如图 9-3-9 所示，保证水流碰撞时的击打力。

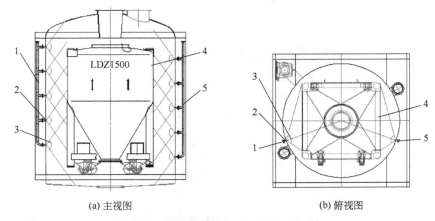

(a) 主视图　　　　　　　　　(b) 俯视图

图 9-3-9　料斗清洗机主视图和俯视图

1—左侧喷管；2—喷嘴；3—喷射角度；4—待清洁料斗；5—右侧喷管

另外，清洗水温以及是否采用洗涤剂清洗，使得清洗液更具活性，都对清洗效果以及时间产生直接影响，这些参数都可在程序中自由组合；还可根据料斗清洗的频次（残留时间的长短），设置不同的清洗配方。另外，程序当中对清洗阀路的设置，可分部位重点清洗，再加上灵活的清洗时间设置，可获得良好的清洗效果。

同样，风温的设置、阀门的开关时间点设置都对烘干效果产生很大的影响；此外，热风烘干前，压缩空气的反吹时间、分部位进行，都可减少残留水分的附着，从而促进料斗的快速烘干。

7. 设备安装区域及工艺布局

（1）安装区域

一般将设备安装在辅机房，在主机框架前、后面侧向对接做彩钢板，将技术区与洁净区（待清洗区和已清洗区）隔离，中间设置为技术区。其中主机腔体的安装受到安装区域的限制，会有不同的安装方案；一般此类设备都会在工艺设计阶段就预留基坑，不管是楼面还是地面安装。图 9-3-10 所示为料斗清洗机安装区域及工艺布局。

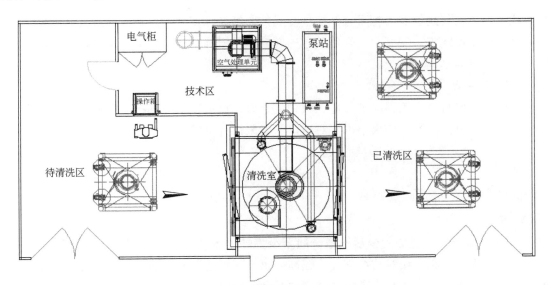

图 9-3-10　料斗清洗机安装区域及工艺布局

另外，对于旧厂房改造项目，特别是楼面安装的，如果没有办法做楼面加固基坑，则只有通过配置专用的提升平台或者借助其他提升装置，通过升降动作使料斗克服落差，顺利送入及接出清洗腔体。此外，对于因场地原因只能做单向进出的（虽然不推荐），需要设计成单门，并对检修空间做特殊设计。设备安装基础应是坚实、平整的混凝土地面或楼面，混凝土标号不低于C20。

（2）装载方式

料斗清洗机装载方式见表9-3-2。

表9-3-2　料斗清洗机装载方式

序号	装置方式	参数描述
1	外部升降台装载	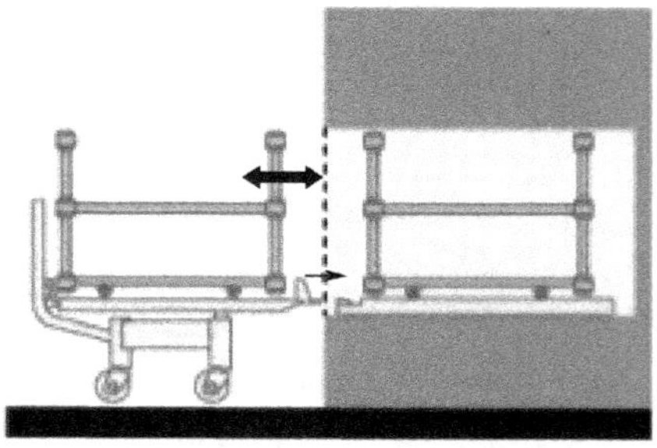
2	地坑安装	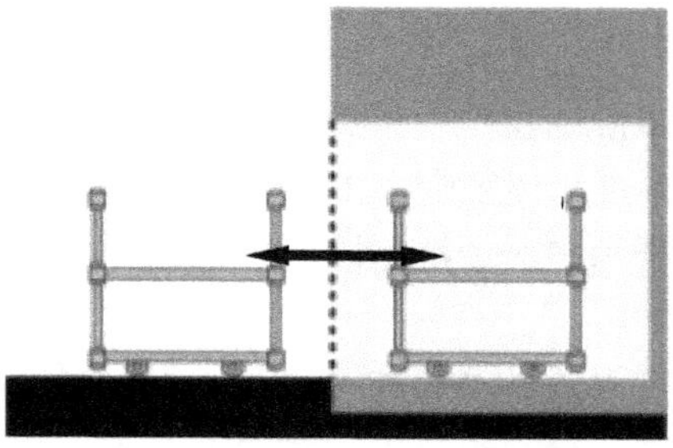

（3）设备主体安装就位

将主机腔体落入基坑后，按布局尺寸调整到位；再将增压泵站系统摆放到位，其管路与主机接口对接完成；然后洁净热风处理系统的出风口与主机风口对接完成；最后将电器柜、操作箱安装就位。注意安装时要整体考虑几大部件之间的位置，需要充分协调固定，不能出现单方面固定到位而其他部件无法顺利接入的情况。安装时应根据供需双方共同确认的安装平面图对清洗站单元定位。

（4）管线连接

待设备几大主体安装到位后，将所有的控制管线按图纸、标识完成点对点的连接，如信号线从传感器到继电器以及模块I/O点，压缩空气管线从电磁阀到执行元件，动力线从电机到接触器，等等；也包括主电气箱与分电器盒之间的连接。

（5）公用工程连接

设备安装最后，要将公用工程（水、电、汽、气、风、排放）从外部接驳到位。首先注意接口要对应，阀门也要安装到位；其次接口大小也要对应，一般来讲外部管径应不小于内部管径。特别是进排风管、进排水管要根据距离的远近做适当的放大。

（6）安装程序

料斗清洗机安装程序见图9-3-11。

8. 性能特点

①对于固体制剂来讲，清洗的最后一道一般至少为纯化水，也有用注射用水的（等级要求高的）；②水管道阀门一般为膜片阀，相对洁净程度比较高；也有配置普通球阀的；③管路设计要有3D概念，特别是对于纯化水进水管路；④具有高阶多维度安全互锁功能，如前后门互锁，同时只能开一边的门；⑤进入腔体的热风洁净等级达到10万级标准（一般至少为H13），进入腔体的热风温度一般不超过80℃，风温控制在±5℃；⑥具有最低水位监测功能；⑦具有温度自动控制功能；⑧具有水压控制功能；⑨具有实时记录功能。

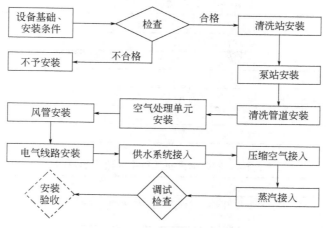

图 9-3-11　料斗清洗机安装程序

9. 适用范围

料斗清洗机广泛应用于中药、西药以及食品行业中，具有相当规模和数量的物料容器的车间；尤其对于过程管控有更高要求的药品生产企业，清洗作业的标准化、验证重现性都是最基本的要求，故对应的料斗清洗机是必备的清洗设备。

10. 设备特点

该设备适合混合料斗、周转料斗及料桶的自动化清洗，为容器清洗提供统一的清洗标准，减少劳动强度，提高生产效率，易于清洗过程的追溯和认证。图 9-3-12 为料斗清洗机详细结构示意。

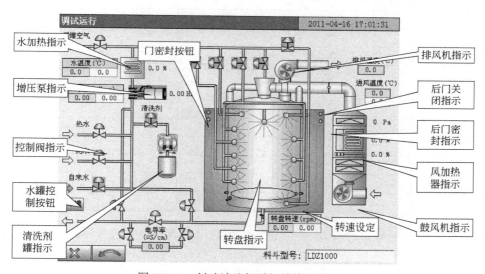

图 9-3-12　料斗清洗机详细结构示意

11. 设备维护与故障处理

（1）设备维护

料斗清洗机具有非常完善的报警系统。当设备出现异常时，系统首先关闭可能出现危险的相关驱动部件，同时人机界面显示报警文字信息，蜂鸣器响，柱状报警指示灯红灯亮，以从听觉和视觉上提示用户设备的当前状态。部分常见故障分析如下：

① 设备日常维护与保养

表 9-3-3 为料斗清洗机日常检点表。

② 设备运行中的监视

表 9-3-4 为料斗清洗机运行中要监视的内容。

表 9-3-3　料斗清洗机日常检点表

项目	内容
电器箱	用柔软的干清洁布擦拭
清洗室门	密封条压牢
管道接头	旋紧卡扣螺旋
空气处理单元	清除吸气口尘埃及异物
压缩空气管道	拧紧接头
排水地漏	清除杂物或粗大垃圾

表 9-3-4　料斗清洗机运行中要监视的内容

项目	内容
报警系统	设备系统出现故障时系统会自动报警，在操作中应注意报警系统发出的任何光、声信号，以便采取紧急措施
触摸屏显示	从画面显示获得设备运行的状态信息
给排水系统	流量是否充足，排水是否畅通等
清洗管路	是否有泄漏或渗漏
压缩空气	是否正常供给，管路是否有脱开等
高压蒸汽	气压、温度等是否正常，管道是否有泄漏

③ 设备定期保养的项目

表 9-3-5 为料斗清洗机定期保养项目。

表 9-3-5　料斗清洗机定期保养项目

项目	内容	频次
电气控制箱	接地与绝缘	每月
清洗站	水平	每年
	清洗室门行程开关	每月
	内洗气缸磁感应开关	每月
泵站	增压泵与计量泵	每年
	排废	每周
	管道与阀门	每月或长期停放前
	换热器	每年或长期停放前
空气处理单元	过滤器	每年或长期停放前
	换热器	每年或长期停放前
大修	出厂检验全部项目	视情况 5 年左右

④ 设备长期停放时的维护与保养　a. 长期停放前，应将热空气通入清洗室 20min，保证各管道及清洗室内完全干燥。b. 长期停放时应切断电源，以尼龙袋或其他包装袋罩住电气控制箱、清空洗涤剂罐内残余洗涤剂，还应在清洗站上悬挂设备停放的标识牌。c. 重新开机前应重新进行设备性能确认。

（2）常见故障处理

设备工作中即时故障均会在界面中显现出来。即时信息包括当前故障数量、状态、时间。PLC 为警报装置监控所有的系统数据，HMI 要在监控面板指示报警状态。危机报警要中止所有清洗程序，而且 PLC 安排所有装置进入断电状态，系统失去能源进入非安全状况，PLC 程序存储在 RAM，数据将不会丢失。通过后备电池恢复损失，一旦电力恢复，当前循环继续，所有装置回到断电前状态。

非紧急报警将以报警信息条的形式在触摸屏上显示出来。设备维护人员根据屏幕提示查找原因，极易排除故障。故障内容排列在显示区内，常见故障与报警信息分析及其解决方案请见表 9-3-6。当设备运行中发生错误或者某种关键资源缺失时，报警被触发。报警发生时报警灯闪烁，蜂鸣器闪鸣（滴——滴——滴——）。确认后，蜂鸣器静音。

表 9-3-6　常见故障、原因分析与解决方案

报警信息	报警描述	原因分析及解决方案
电机过载!	在设备运行过程中出现减速电机过载保护时产生此报警并停机!	原因：①减速电机保护器电流调节过小，门运行不畅；②运行阻力过大 解决方案：①顺时针调大即可；②找到阻力大的位置处理即可
密封门未关!	密封门没有关位信号时，启动程序或者手动进水时都会引起报警!	原因：①密封门没有关闭；②密封门关位开关坏了 解决方案：①先关掉密封门再开密封门；②换新的密封门关位开关
密封门未密封!	密封门密封胶条没有充气，启动程序、手动运行循环泵时便会触发此报警!	原因：被手动泄压后密封门未密封 解决方案：①手动密封；②重新开关一次密封门
急停!	当急停按钮被按下时产生此报警!	原因：急停按钮被按下 解决方案：待问题解决后松开急停，在触摸屏上确认报警即可
门密封压力过高!	门密封压力高于允许值时产生此报警!	原因：①过滤减压阀坏了；②有人误操作把空气过滤器调大了 解决方案：①更换过滤减压阀；②手动调节空气过滤器调节阀到设定的范围内
门密封压力过低!	门密封压力低于允许值时产生此报警!	原因：①过滤减压阀坏了；②气源压力低；③人为调低了空气过滤器的调节阀 解决方案：①更换过滤减压阀；②从气源处调节压力到正常值；③手动调空气过滤器调节阀到设定范围
泵压过低!	当循环水出水口压力连续 1min 小于 25kPa 时，产生此报警	原因：①设备漏水；②设备在高温阶段运行时间过长，水汽化现象严重 解决方案：①找到漏水的地方处理掉；②调整至合理的运行时间
过滤器堵塞!	空气过滤器两边的压差高于设定值时，触发此报警	原因：过滤器堵塞 解决方案：更换新的空气过滤器
过滤器泄漏	空气过滤器两边的压差低于设定值时，触发此报警	原因：过滤器漏掉 解决方案：更换新的空气过滤器
开门温度过高，需冷却	热风加热阶段或者开门时，任何一个温度高于设定的开门温度时会触发此报警	原因：开门温度设置过低，温度确实过高，冷却即可 解决方案：重新设置开门温度冷却，等待降温，切勿断电
电导率不合格	在安装有电导率仪的设备中，如果在漂洗 2 阶段完毕后，电导率值大于设定值时，产生此报警	原因：清洗工艺待改进 解决方案：清洗参数需要重新设定
请退出手动操作后再启动程序	在有手动操作未退出的情况下启动程序时产生此报警!	原因：没有退出手动状态 解决方案：待确定没有需要手动的地方后，复位程序进入手动界面，解除手动状态即可

设备维护的时间间隔取决于水源的质量和设备使用的频率，还应该针对具体的情况来决定维护的间隔。

12. 发展趋势

随着药品生产管理的日趋完善，并伴随着药品一致性评价的全面开展，清洁作为生产流程中一个最关键的环节，被重视程度会进一步提升一个层面。随着各项技术的发展和应用，影响清洗机的发展会有几个方面的趋势：①法规对于过程记录日趋严格，使得设备对于功能参数的记录和打印要求更高，数据的采集、分析、处理，包括计算机化验证都对软件控制系统提出更高的要求。②在线检测技术的发展和应用，如终点判断所用的电导率仪、TOC 检测等技术会在清洗机上得到普及应用。设备的检测升级，更加智能。③结合产线自动化、智能化包括 MES 信息化的发展，清洗机会被纳入为"清洗线"，进出料斗会被接入自动轨道或自动输送车（如 AGV）的接驳；实现条码/射频自动读写识别；当然前后门体也都会要求为自动开关门等；设备外延的自动化对接升级。④节能环保、绿色制造理念的进一步普及，对于清洗机在能耗设计、工作效率提升方面，会逐渐深入到水压、水量、风温、风量以及结构方面的突破。

料斗清洗机的未来发展方向是快速化和智能化。快速化即提高料斗的清洗速度，提高效率；智能化即料斗从开始使用到表面清洁处理再到储存，整个过程为全自动运转，无需人工操作，真正实现智能工厂。

三、移动式清洗机

移动式清洗机（图 9-3-13）主要用于制药工业固体制剂生产中对容器清洗或固定型设备、大型不便移动和拆卸的设备，配液罐、大型的混合/周转料斗等进行清洗，根据需要也可对其他任何适于冲淋清洗的物品、器件进行清洗。本机同时可应用于食品、化工行业中的清洗作业。整机可方便移动，优化了生产工艺。

1. 基本原理

工作时，将待清洗的混合料斗、周转料斗或者移动罐等推到清洗间，打开斗盖或者上部接口，放上专有清洗旋转球的斗盖或者接口座，做好清洗的准备。按工艺要求设定清洗程序，确认后按设定的程序清洗内表面，容器的外表面有人工用高压水枪清洗。将清洗后的容器送到烘干室进行干燥，以备待用。移动式清洗机工作原理见图9-3-14。

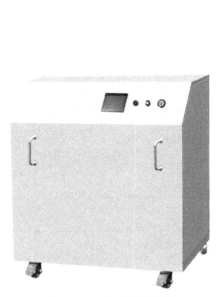

图 9-3-13　移动式清洗机

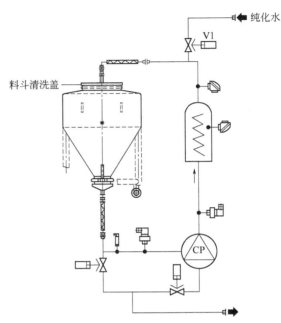

图 9-3-14　移动式清洗机工作原理示意

2. 基本结构

料斗清洗机在结构上可分为框架部分、管路部分和电气控制系统。

① 框架部分　支撑移动清洗机上各个部件。底部设有脚轮，可方便移动。

② 管路部分　主要由循环泵和配套管路组成。与清洗物品连接一般为软连接。可根据需要配置碱液回收箱等节能措施。入口四路，出口两路（内洗配有一个 360°旋转的清洗球，清洗料斗内表面；外洗配有一把高压水枪，人工清洗料斗外表面）。

③ 电气控制系统　控制系统为按钮、继电器控制和 PLC 触摸屏控制两种选择。高端设备包含触摸屏、打印机和电气元件等，实现程序的自动运行和数据打印。

3. 工艺流程

移动式清洗机的清洗流程：人工扣盖、连接底部管路、选择程序→预洗→清洗液清洗→漂洗 1→漂洗 2→人工拆卸清洗附件。

4. 发展趋势

① 高压清洗　通过提供清洗水的压力，实现快速清洗物品表面的目的，同时可实现节能的效应。

② 节效清洗　通过设置一定的回收装置，回收高成本的清洗剂，实现资源的重复利用。

第四节　管道系统

一、概述

在小容量注射剂生产中，洁净管道系统主要用于对工艺用水、工艺用气、配制后药液的输送和分配，如注射用水、纯化水、纯蒸汽、洁净压缩气体等。

《药品生产管理规范（2010 年修订）》对包括管道系统在内的制药设备的设计和安装提出了一些原则要求。如对于管道设计安装要求有："第七十四条　生产设备不得对药品质量产生任何不利影响。与药品直接接触的生产设备表面应当平整、光洁、易清洗或消毒、耐腐蚀，不得与药品发生化学反应、吸附药品或向药品中释放物质。"在制药用水部分第九十八条中，"纯化水、注射用水储罐和输送管道所用材料应当无毒、耐腐蚀；储罐的通气口应当安装不脱落纤维的疏水性除菌滤器；管道的设计和安装应当避免死角、盲管。"在制药用水部分第九十九条中，"纯化水、注射用水的制备、贮存和分配应当能够防止微生物的滋生。纯化水可采用循环，注射用水可采用 70℃以上保温循环。"

管道系统的设计和选型是否合理、是否满足工艺生产的特点、是否符合 GMP 的要求显得十分重要，这些在很大程度上影响药厂的 GMP 认证和生产。

二、管道系统的要求

对于采用多台独立灌封机生产的企业而言，管路分配系统尤为重要。分配系统管路应在设计时考虑合理的倾斜度，分支管路的流量，上机压力应均衡、平稳，各分配管路应有效的独立控制设施，并配有检测系统。从浓配至灌封结束，所有的物料输送应全部通过密闭管路系统完成。

三、管道系统的基本组成

（1）管件

根据系统的设计方案，管道系统根据焊接方式分为加长式管件（管件带直段≥40cm）（自动焊接管件）和普通管件（零直段）（手工焊接管件）；根据材质分为 316L 管件与 304L 管件。

（2）阀门

根据制药行业工艺用水的不同类型，阀门的种类繁多，用途各异。制药用水对阀门的基本要求是在系统运行中，使用的阀门对工艺用水无污染、无脱落物；阀门材料具有良好的化学惰性；阀门的结构形式应不利于微生物和杂质的滞留，不会支持微生物的生长。应用在小容量注射液管路上的阀门，应采用洁净隔膜阀。

（3）离心泵

制药用水系统中水的输送主要是靠洁净离心泵。根据所能达到的流量和扬程范围可分为单级离心泵和多级离心泵。

（4）其他管道附件

在制药工艺管路系统中，管路附件一般包括卫生级隔膜阀、压力表、温度计、旋转清洗球、不锈钢过滤器等。

四、管道系统的设计原则

① 无死角、可排净和易清洁。

② 在洁净区内主管应走技术夹层，支管应竖直接向使用点，走向尽量短，管件尽量少，避免水平管；洁净管道的走向比一般管道和支架享有优先权。

③ 管道连接件应尽量使用焊接，设备接管道，尽量使用短平接头。

④ 管道在洁净区内应尽量避免使用支吊架，如果需要，应使用卫生型支吊架。

⑤ 洁净区内应避免设立钢平台（B、C 级禁止），应用外表面抛光的不锈钢（方钢或圆钢）代替一般型钢，并且平台上要镂空。

⑥ 在洁净区内明敷管道，如需保温、防烫，外壳需使用不锈钢材料。

五、管道的清洗、钝化、灭菌

（1）管路清洗

在安装施工的过程中，在管道的内外表面会附着或进入灰尘及杂物，管路的清洗就成为必然。管路的清洗一般分为下列步骤：①用干燥的经无菌过滤的压缩空气吹洗数遍，将存留在管路系统中的尘埃杂物吹出系统。②用清洗液（可用纯化水或注射用水）泵入管路系统中，循环 20min 左右。在此期间，工艺用水系统中所有的阀门及排放口都应在关闭的情况下开启至少 3 次。③最终将系统内部残留的清洗液完全排放干净。

（2）管路的钝化

管路钝化的方法很多，下面是一种通用的方法：

①用注射用水及分析纯硝酸配制 8%的酸液，在 49～52℃的温度下循环 60min 后排放；或者用 3%氢氟酸、20%硝酸、77%注射用水配制溶液，溶液温度在 20～30℃，循环处理 10～20min，然后排放。②初始冲洗　用常温注射用水冲洗，时间不少于 30min。③最后冲洗，直到进出口与注射用水的电阻率一致。

（3）管路的灭菌

一般采用饱和流通蒸汽灭菌。

第五节　厂房设施与空调系统

一、厂房设施概述

《药品生产质量管理规范（2010 年修订）》在药品生产企业的实施包括两方面的内容：软件和硬件。软件是指先进可靠的生产工艺，严格的管理制度、文件和质量控制系统；硬件是指合格的厂房、生产环境和设备。硬件设施是药品生产的基本条件。我国 1998 版 GMP 第三章"厂房与设施"共 23 条，2010 年修订 GMP 吸收国外发达国家 GMP 相关条款并结合我国药品生产企业现状，将第四章"厂房与设施"条款增加到 33 条，说明厂房与设施作为硬件在药品生产中起到重要作用。

药品生产企业厂房设施主要包括：厂区建筑物实体（含门、窗），道路，绿化草坪，围护结构；生产厂房附属公用设施，如洁净空调和除尘装置，照明，消防喷淋，上、下水管网，洁净公用工程（如纯化水、注射用水、洁净气体的产生）等。对以上厂房的合理设计，直接关系到药品质量。

医药工业洁净厂房设施的设计除了要严格遵守 GMP 的相关规定之外，还必须符合国家的有关政策，执行现行有关的标准、规范，符合实用、安全、经济的要求，节约能源和保护环境。在可能的条件下，积极采用先进技术，既满足当前生产的需要，也要考虑未来的发展。对于现有建筑技术改造项目，要从实际出发，充分利用现有资源。图 9-5-1 为某企业洁净厂房示意。

厂房设施作为药品生产的基础硬件，是质量系统的重要组成要素。它们的选址、设计、施工、使用和维护情况等都会对药品质量产生显著的影响。厂房设施的合理布局、高质量的施工以及必要的维护活动能够为药品的生产和贮存等提供可靠的保障（如洁净环境、适宜的温湿度等）；可以最大限度地降低影响产品质量的风险（如交叉污染等）；同时能够确保员工健康和生产安全并对环境提供必要的保护。

药品生产企业必须有整洁的生产环境，厂区的地面、路面及运输等不能对药品生产造成污染；生产、行政、生活和辅助区的总体布局应合理，不得互相妨碍。厂房应该按照生产工艺流程及所要求的空气洁

图 9-5-1 洁净厂房示意

净等级进行合理布局，同一厂房间内及相邻之间的操作不得相互妨碍。人流、物流应遵循洁净级别由低向高方向，不同的洁净级别应有缓冲过渡。

厂房应有防止昆虫和其他动物进入的设施；在设计和建设厂房时，应考虑便于清洁工作。洁净室的内表面应平整、光滑、无裂缝、接口严密、无颗粒物脱落，并能耐清洗和消毒，墙壁和地面的交接处宜成弧形或采取其他措施，以减少灰尘积聚，以便于清洁。生产区和储存区应有与生产规模相适应的面积和空间用以安置设备、物料，便于生产操作，存放物料、中间产品、待验品和成品，应最大限度地减少差错和交叉污染。洁净区内的各种管道、灯具、风口以及其他公用设施，在设计和安装时应考虑避免出现不易清洁的部位；管道应减少弯曲，灯具采用嵌入式，上检修，风口应平整，接口要密封；洁净区应根据生产的要求提供足够的照明。对照度有特殊要求的生产部门可设置局部照明。厂房应设有应急照明设施。灯具需要定期检查、更换；设置安全出入口，工作人员需要通过比较长的卫生通道才能进入洁净室，因此在车间厂房必须设置利于疏散的通道。安全出入口只能作为应急使用，平时不能作为人员或物料通道，以免产生交叉污染。

二、空气过滤器

1. 概述

空气过滤器（图 9-5-2）是空调净化系统的核心设备，过滤器对空气形成阻力，随着过滤器积尘的增加，过滤器阻力将随着增大。当过滤器积尘太多，阻力过高，将使过滤器通过风量降低，或者过滤器局部被穿透，所以，当过滤器阻力增大到某一规定值，过滤器将报废。因此，使用过滤器，要掌握合适的使用周期。在过滤器没有损坏的情况下，一般以阻力判定使用寿命。

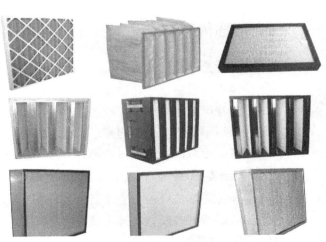

图 9-5-2 各种空气过滤器

过滤器的使用寿命除了取决于其本身的优劣，如过滤材料、过滤面积、结构设计、初始阻力等，还与空气中的含尘浓度、实际使用风量、终阻力的设定等因素有关。

洁净室中高效过滤器的安装密封，是确保洁净室洁净度的关键因素之一。因此，在洁净室设计时，应该选择先进的密封技术和可靠的密封方法，大致分为接触填料密封、液槽刀口密封、负压泄漏密封。

2. 基本原理

空气汇总的尘埃粒子，随气流做惯性运动或无规则布朗运动或受某种场力的作用而移动，当微粒运动撞上其他物体，物体间存在的范德华力（分子与分子、分子团与分子团之间的力）使微粒粘到纤维表面。进入过滤介质的尘埃有较多撞击介质的机会，撞上介质就会被粘住，从而起到过滤的作用。空气过滤器按我国 GB/T 14295—1993 和 GB 13554—1992 两个标准分类，如表 9-5-1 所示。

表 9-5-1　过滤器种类及性能

性能指标　　类别	额定风量下的效率/%	额定风量下的初阻力/Pa	备注
初效	粒径≥5μm，80>η≥20	≤50	效率为大气灰尘计数效率
中效	粒径≥1μm，70>η≥20	≤80	
高中效	粒径≥1μm，90>η≥70	≤100	
亚高效	粒径≥0.5μm，99.9>η≥95	≤120	
高效 A	≥99.9	≤190	A、B、C 三类效率为钠焰法效率；D 类效率为计数效率；C、D 类出厂要检漏
高效 B	≥99.9	≤220	
高效 C	≥99.9	≤250	
高效 D	粒径≥0.1μm，≥99.9	≤280	

3. 分类

根据过滤器的过滤效率分类，通常可以分为初效、中效、高中效、亚高效和高效过滤器等。按照材料的不同可以分为：

（1）滤纸过滤器

这是洁净技术中使用最为广泛的一种过滤器，目前滤纸常用玻璃纤维、合成纤维、超细玻璃纤维以及植物纤维素等材料制作。根据过滤对象的不同，采用不同的滤纸制作成 0.3μm 级的普通高效过滤器或亚高效过滤器，或做成 0.1μm 级的超高效过滤器。

（2）纤维层过滤器

这是各种纤维填充制成过滤层的过滤器，所采用的纤维有天然纤维，是一种自然形态的纤维，如羊毛、棉纤维等。通常用作中等效率的过滤器。

（3）泡沫材料过滤器

这是一种采用泡沫材料的过滤器，此类过滤器的过滤性能与其孔隙率关系密切，但是目前泡沫塑料的孔隙率控制困难，所以基本不用。

图 9-5-3　洁净室传递窗

三、洁净传递窗

1. 概述

洁净室传递窗是一种洁净室的辅助设备，主要用于洁净区与洁净区之间、洁净区域与非洁净区域之间小件物品的传递，以减少开门次数。它设有两扇不能同时开启的窗，可将两边的空气隔断，防止污染空气进入洁净区，把对洁净室的污染降到最低程度。

2. 基本原理

洁净传递窗是设置在洁净室出入口或不同洁净度等级房间之间，传递货物时阻断室内外气流贯通的装置，以防止污染空气进入较洁净区域和产生交叉污染。

3. 分类

洁净传递窗一般分为电子联锁传递窗、机械联锁传递窗、自净式传递窗。

4. 使用方法

物料进出洁净区，必须严格与人流通道分开，由生产车间物料专用通道进出。物料进入时，原辅料由工作人员脱包或外表清洁处理后，经传递窗送至车间原辅料暂存间；内包材料在其外暂存间拆去外包装后，经传递窗进入内包间。通过传递窗传递时，必须严格执行传递窗内外门"一开一闭"的规定，两门不能同时开启。开外门将物料放入后先关门，在开门将物料拿出，关门，如此循环。洁净区内的物料送出时，应先将物料运送至相关的物料中间站内，接物料进入时相反程序移出洁净区。所有半成品从洁净区运出，均需从传递窗送至外暂存间经物流通道转运至外包装间。极易造成污染的物料及废弃物，均应从其专用传递窗运到非洁净区。物料进出结束后，应及时清理各包间或中间站的现场及传递窗的卫生，关闭传递窗的内外通道门，做好清洁消毒工作。

5. 注意事项

①由于传递窗是带互锁的，所以当一边的门无法顺利打开时，是由于另一边的门没有关好造成，切忌用力强行打开，否则会损坏互锁装置。②物料从低级别到高洁净级别时，应做好物料表面的清洁工作。③传递窗的互锁装置无法正常工作时，应及时维修，否则不能使用。④经常检查紫外灯的工作情况，定期更换紫外灯管。⑤传递窗内不能存放任何物料或杂物。

四、洁净层流工作台

1. 概述

洁净层流工作台（图9-5-4）是静脉配制中心内使用的最主要的净化设备。因为所有的无菌静脉药物配置均需在洁净层流工作台内完成，无菌物品亦需放置在洁净工作台内。该设备广泛适用于医药卫生、生物制药、食品、医学科学实验、光学、电子、无菌室实验、无菌微生物检验、植物培接种等需要局部洁净无菌工作环境的科研和生产部门，也可连接成装配生产线；具有低噪声、可移动性等优点。它是一种提供局部高洁净度工作环境通用性较强的空气净化设备，它的使用对改善工艺条件，提高产品质量和增加成品率均有良好效果。

图9-5-4　洁净层流工作台

2. 基本原理

洁净层流工作台的工作原理是通过加压风机将室内空气经高效过滤器过滤后送到净化工作台区域，最终使得净化工作台内区域达到局部百级的操作环境。

3. 分类

根据风向方向不同，洁净层流工作台可分为水平层流工作台和垂直层流工作台。

水平层流净化工作台属于通用性较强的局部净化工作台，适用于国防、电子、精密仪器、仪表、制药领域；垂直层流净化工作台大部分应用在需要局部洁净的区域，如生物制药、实验室、微电子、光电产业、硬盘制造等领域。垂直单向流净化工作台具备高洁净度，能够连接成装配生产线，具有低噪声、可移动性等优点。

目前用户大部分会选择垂直层流净化工作台，垂直送风的方式就是风垂直向下吹，垂直流形，准闭合式台面，能够有效避免外部合流透入及操作异味对人体的侵害，还能够保证气流可以没有阻挡的通过。当然也可根据实验特点的要求进行选购。

4. 基本作用

该设备可为静脉药物配置工作区域创造百级的工作区域。通过提供稳定、净化的气流，防止层流台外空气进入工作区域，从而避免工作台外空气对所配置的药物产生污染，将人员和物料（输液袋、注射器、药品等）带入的微粒清除出工作区域。

五、洁净空调系统

1. 概述

洁净空调系统是空调工程中的一种，它不仅对室内空气的温度、湿度、风速一定的要求，而且对空气中的含尘数、细菌浓度等都有较高的要求，因此相应的技术成为空气洁净技术。

2. 基本原理

来自室外的新风经过过滤器将尘埃杂物过滤后与来自洁净室内的回风混合，通过初效过滤器过滤，再分别通过表冷段、加热段进行恒温除湿处理后经过中效过滤器过滤，然后经加湿段加湿后进入送风管道，通过送风管道上的消声器降噪后进入管道最末端的高效过滤器后进入房间，部分房间设有排风口，由排风口排出室外，其余的风通过回风口及回风管道与新风混合后进入初效过滤器前循环。

3. 分类

（1）集中式洁净空调系统

在系统内单个或多个洁净室所需的净化空调设备都集中在机房内，用送风管道将洁净空气配给各个洁净室。

（2）分散式洁净空调系统

在系统内各个洁净室分别单独设置净化设备或净化空调设备。

（3）半集中式洁净空调系统

在这种系统中，既有集中的净化空调机房，又有分散在各洁净室内的空气处理设备，是一种集中处理和局部处理相结合的形式。

4. 洁净空调形式

洁净空调系统按照送回风形式分为全新风系统、一次回风系统、二次回风系统；按照风量分为定风量和变风量系统；按照送风气流形式分为单向流（层流、垂直流）、乱流。

5. 基本构成

洁净空调系统由加热或冷却、加湿或去湿以及净化设备组成；辅助系统包括将处理后的空气送入各洁净室并使之循环的空气输送设备及其管路和向系统提供热量、冷量的热、冷源及其管路系统。

6. 特点

（1）风量大，风压高

按国外统计，一般办公楼建筑和工业洁净室（半导体工厂）、制药洁净室的送风量远大于民用建筑。因是三级空气过滤系统，比一般空调系统风机风压高 400Pa 以上，因此空气输送能耗大。随着过滤器阻力的增加，系统风量会变化，所以要配置风量装置恒定风量。

（2）空调冷负荷大，负荷因素特殊

办公楼、旅馆、单位面积冷负荷在 $100\sim130W/m^2$ 范围内，而半导体厂的冷负荷高达 $500\sim1000W/m^2$。同时负荷的构成因素也比较特殊，主要为工艺设备、新风和输送能耗。因为洁净室一般为 24h 运行，因此耗能也比其他建筑物大。

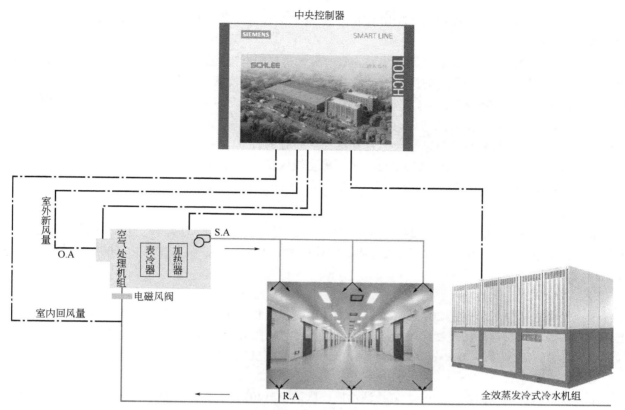

图 9-5-5　空调系统组成示意

（3）正压控制严

洁净室要保持恒定的正压，才能防止邻室不同级别的空气对它产生干扰。通常通过合理的风量平衡设计和设置余压阀来保持。

（4）采用两次回风方式

因为洁净所需风量远远大于空调控制冷热的风量，因此基本通过两次回风方式或短循环方式来满足此要求。

六、洁净级别确认

1．GMP 洁净区等级划分

洁净室需要将一定范围内空气中的微粒子、有害空气、细菌等污染物排除，并将无尘室室内温度、洁净度、室内压力、气流速度与气流分布、噪声振动及照明、静电控制在某一需求范围内，为了达到这些效果而专门设计的无尘室不论外部空气如何变化，其室内均能有效维持原先设定要求的洁净度、温湿度及压力等性能。之前，按照每立方英尺（约 $0.028m^3$）大于 $0.5\mu m$ 的个数，洁净级别分为几个级别：1 级、10 级、100 级、1000 级、10000 级、100000 级、300000 级。洁净度值越小，净化级别越高。

1 级：主要应用于制造集成电路的微电子工业，对集成电路的精确要求为亚微米。

10 级：主要用于带宽小于 $2\mu m$ 的半导体工业。

100 级：这一级别的洁净室是最常用的，因此是最重要的洁净室，通常被称为无尘洁净室；这一洁净室大量应用于植物体内物品的制造、外科手术（包括移植手术）、集成器的制造。

100 级洁净间的气流形式是层流方式，空气以均匀的端面速度沿平行流线流动，与流体力学的层流概念不太相同，具体是垂直层流侧回风。和百级以上洁净间所采用的混流或乱流方式（即空气以不均匀的速度呈不平行流线流动）相比较，它具有效果完全、转速稳定、粉尘堆积与再漂浮极少以及易于管理等优点，但是设备造价非常高，维护费用也很高。

当前《药品生产质量管理规范（2010年修订）》中规定洁净度等级分为A、B、C、D四个级别，同时分为静态和动态。

A级：高风险操作区，如灌装区、放置胶塞桶与无菌制剂直接接触的敞口包装容器的区域及无菌装配或连接操作的区域，应当用单向流操作台（罩）维持该区的环境状态。单向流系统在其工作区域必须均匀送风，风速为0.36～0.54m/s（指导值）。应当有数据证明单向流的状态并经过验证。在密闭的隔离操作器或手套箱内，可使用较低的风速。

B级：无菌配置和灌装等高风险操作A级洁净区所处的背景区域。

C级和D级：无菌药品生产过程过程中重要程度较低操作步骤的洁净区。

2. 洁净区的要求

（1）A级洁净区

洁净操作区的空气温度为20～24℃；洁净操作区的空气相对湿度应为45%～60%；操作区的水平风速≥0.54m/s，垂直风速≥0.36m/s；高效过滤器的检漏率＞99.97%；照度：＞300～600lx；噪声≤75dB（动态测试）。

（2）B级洁净区

洁净操作区的空气温度为20～24℃；洁净操作区的空气相对湿度应为45%～60%；房间换气次数≥25次/h；B级区相对室外压差≥10Pa，同一级别的不同区域按气流流向应保持一定压差；高效过滤器的检漏率＞99.97%；照度＞300～600lx；噪声≤75dB（动态测试）。

（3）C级洁净区

洁净操作区的空气温度为20～24℃；洁净操作区的空气相对湿度应为45%～60%；房间换气次数≥25次/h；C级区相对室外压差≥10Pa，同一级别的不同区域按气流流向应保持一定压差；高效过滤器的检漏率＞99.97%；照度＞300～600lx；噪声≤75dB（动态测试）。

（4）D级洁净区

洁净操作区的空气温度为18～26℃；洁净操作区的空气相对湿度应为45%～60%；房间换气次数≥15次/h；100000级区相对室外压差≥10Pa；高效过滤器的检漏率＞99.97%；照度＞300～600lx；噪声≤75dB（动态测试）。

3. 洁净级别的确认

为确认洁净区的界别，每个采样点的采样量不得少于1m³。A级洁净区空气悬浮粒子的级别为ISO 4.8，以≥5.0μm的悬浮粒子为限度标准。B级洁净区（静态）的空气悬浮粒子的级别为ISO 5；C级洁净区（静态和动态）而言，空气悬浮粒子的级别分别为ISO 7和ISO 8。对于D级洁净区（静态）空气悬浮粒子的级别为ISO 8。

在确认级别时，应当使用采样管较短的便携式尘埃粒子计数器，避免≥5μm悬浮粒子在远程采样系统的长采样管中沉降。在单向流系统中，应当采用动力学采样头。动态测试可在常规操作、培养基模拟灌装过程中进行，证明达到动态的洁净度级别，但培养基模拟灌装试验要求在"最差状况"下进行动态测试。

七、空调系统的确认与验证

因为厂房新建项目重大，空调系统所占比重较重，所以为了保证后期厂房的安全及有效使用，空调系统在安装调试后，需要进行空调系统的确认及验证。对空调系统的选型、安装进行确认，是否符合设计和工艺的要求，确认设备的运行性能，确认系统运行后的温度、湿度、尘埃粒子数、沉降菌落数符合要求。

空调系统的确认与验证分为预确认、安装确认、运行确认。

（1）预确认

从设备生产厂家、价格、性能及设计要求的参数等加以考察，考察其是否符合设计、维修保养等方面的要求，是否能够满足设计要求，价格是否合理。

（2）安装确认

检查并确认制冷机组（空调风管式机组）的安装符合设计要求，设备资料和文件符合 GMP 管理的要求。

① 开箱确认　检查合格证、说明书等文件资料是否齐全；配备件是否与装箱单及合同一致；设备外观是否完好，无残缺。

② 空调机及风管设备安装确认　电气安装是否符合设备要求；安装位置是否符合设备和设计要求；辅助设备是否连接到位。

③ 管道安装确认　检查风管的材料、保温材料、安装紧密程度等，确认安装过程符合规范的要求。

④ 安装要求　a. 镀锌钢板的拼接采用单咬口或转角咬口，法兰、铆钉翻边四角处应涂环氧树脂密封胶密封。b. 制作风管不得有横向拼接，尽量减少纵向拼接。c. 矩形风管底宽在 900mm 之内的不得有纵向拼接封，在 900mm 以上应尽量减少接缝。d. 铆接法兰、加固框及部件采用镀锌铆钉。e. 法兰铆钉孔、螺栓孔间距不大于 100mm。f. 法兰垫料及清扫口、检视口的密封垫料采用闭孔海绵橡胶板，厚度在 4～6mm。g. 不得选用空心铆钉，应尽量减少接头。h. 接头处采用梯形或企口形，并且涂上密封胶，严禁采用厚纸板。i. 风管支吊托架应设置于保温层外部，并在支吊托架与风管间安一垫片，在调节阀等零部件处设置支吊托架，避免在法兰侧定孔。j. 调节阀、蝶阀等调节配件必须，操作手柄安装在便于操作的部位。

（3）运行确认

试运行，空调风管式机组、空调送风机组和空调机应逐台启动运转，检查单机的运行情况。单机运行应运行正常，符合设计要求。

① 系统运行要求　净化区的尘埃最大允许数/立方米≤3500000（≥0.5μm），≤20000（≥5μm）；沉降菌≤10cfu/皿；温度 18～28℃；湿度 45%～65%。

② 洁净区压力　不同级别的洁净区之间≥5Pa 压力，洁净区与室外之间≥10Pa 压力。

③ 系统的测定与调整　测量风机的风量、风压，按动压流量等比法调整系统的风量平衡。净化空调系统测试不合格时应重新调整以确保洁净度符合要求。风量调整好后，应保持所有风阀固定，并在调节手柄上刷上刻度标记。测定调整后室内温度、湿度能否达到设计规定数值。将各个自控系统逐个投入运行，按设计要求调整设定值，逐一考核其动作的准确性和可靠性，必须调整各项控制指标符合设计要求。根据实际气象让系统连续运行不少于 24h，并对系统进行全面的检查，调整考核各项指标，全部达到设计要求为合格。

八、洁净级别的监测

洁净级别的监测是为了持续证明该洁净级别的房间或区域没有从正常的状态偏离。

洁净区级别监测原则如下：

① 监测布点应根据洁净度级别和空气净化系统确认的结果及风险评估，确定取样点的位置并进行日常动态监控。日常监测的采样量可与洁净度级别和空气净化系统确认时的空气采样量不同。

② A 级洁净区监测的频率及取样量，应能及时发现所有人为干预、偶发事件及任何系统的损坏。灌装或分装时，由于产品本身产生粒子或液滴，允许灌装点≥5.0μm 的悬浮粒子出现不符合标准的情况。

③ B 级洁净区可采用与 A 级洁净区相似的监测系统。可根据 B 级洁净区对相邻 A 级洁净区的影响程度，调整采样频率和采样量。

④ 在 A 级洁净区和 B 级洁净区，连续或有规律地出现少量≥5.0μm 的悬浮粒子时，应当进行调查。生产操作全部结束、操作人员撤出生产现场并经 15～20min（指导值）自净后，洁净区的悬浮粒子应当达到"静态"标准。应当按照质量风险管理的原则对 C 级洁净区和 D 级洁净区（必要时）进行动态监测。监控要求以及警戒限度和纠偏限度可根据操作的性质确定，但自净时间应当达到规定要求。应当根据产品及操作的性质制定温度、相对湿度等参数，这些参数不应对规定的洁净度造成不良影响。悬浮粒子的监测系统应当考虑采样管的长度和弯管的半径对测试结果的影响。

九、工艺性中央空调

在制药行业中，为保证药品成型及药性良好，必须对制药过程（如制丸、定型、干燥、选丸、包装等多道普通工序）的环境条件进行严格控制。因此必须对制药车间的温度、湿度进行控制，故在实际生产过程中普遍采用中央空调系统营造必要的工艺性空调环境。

1. 分类

按空气处理过程的除湿原理，中央空调系统可分为普通冷冻除湿中央空调系统、吸湿剂除湿机组中央空调系统及高端中央空调系统三大类。

目前国内外公认的除湿方法与除湿范围如图 9-5-6 所示。由该图可以看出，普通冷冻除湿机组通常应用于露点温度大于 10℃ 的生产工艺，而欲使送风状态的露点温度满足小于 10℃ 的要求，必须采用普通转轮除湿方法进行深度除湿。

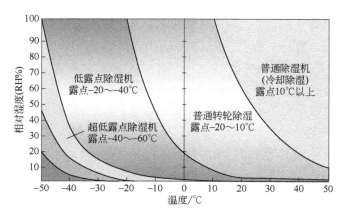

图 9-5-6　普通冷冻除湿机与普通转轮除湿机工作区域图

普通转轮除湿方法技术相对成熟，因其初期投资较低而被广泛应用。但该除湿技术运行过程能耗大、运行费用高，特别是在应用于软胶囊生产、中药丸生产等工艺时，因软胶囊、中药丸的"带油"，经常使转轮的轮芯因"油"而失效，故在实际应用中需更换新的转轮轮芯，给生产厂家带来很大不便，严重影响正常生产。

高端中央空调系统不仅能够将送风状态露点温度降低为5℃或更低到-20℃，而且，实现这一状态所消耗的能量仅为采用普通转轮除湿方法进行深度除湿所消耗的能量的 1/4～1/6。更值得一提的是，新型的热管热泵节能空调机组不会因软胶囊、中药丸加工工艺的"带油"而影响使用效果。

2. 普通转轮除湿型中央空调系统

（1）基本原理

普通转轮除湿型中央空调系统的基本原理是将待要处理空气经过制冷系统的表冷器冷却处理到一定状态后，送进转轮除湿机的扇形区域，让空气中的水分子被转轮内的吸湿剂吸收后，处理到设定的露点温度，然后将转轮除湿机出来的空气进行后冷却处理，达到要求的送风温度后送入空调房间。

除湿转轮在除湿过程中，转轮不断缓慢转动。当处理空气区域的转轮扇面吸收了水分子，变成相对饱和的状态后，被转到再生空气端。这时，高温的再生空气（120～135℃）流过转轮轮芯，将轮芯中之水分子带出，吸收湿分后的再生空气则由再生风机排至室外。图 9-5-7 为转轮除湿的工作原理示意。

图 9-5-8 为标准型转轮除湿机的除湿性能曲线。如图 9-5-8 所示，采用转轮除湿系统进行除湿时，首先必须将空气冷却处理到"含湿量 14g/kg、温度 20℃"的状态才能进入转轮除湿机，然后该状态空气在转轮除湿机内被处理到 "含湿量 4.7g/kg、温度 54℃" 的状态，最后从转轮除湿机出来的54℃的高温空气必须被冷却到送风温度（如 15℃）后才能送入空调房间。

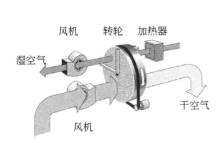

图 9-5-7 转轮除湿工作原理

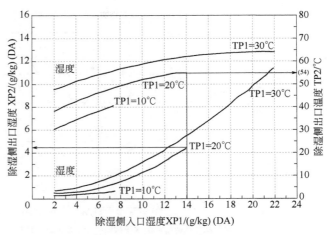

图 9-5-8 标准型转轮除湿机的除湿性能曲线

（2）基本结构

本设备主要由风机、转轮、加热器等组成，如图 9-5-9 所示。一个不断转动的蜂窝状转轮是除湿机中吸收水分为重要部件，它是由特殊复合耐热材料制成的波纹状介质所构成的，波纹状介质中载有干燥剂（高效活性硅胶、分子筛等）。这种设计，结构紧密，且提供了巨大的除湿表面。除湿转轮由含有高度密封填料的隔板分为两个区：一个是处理空气端 270°的扇形区域；另一个是再生空气端 90°扇形区域。

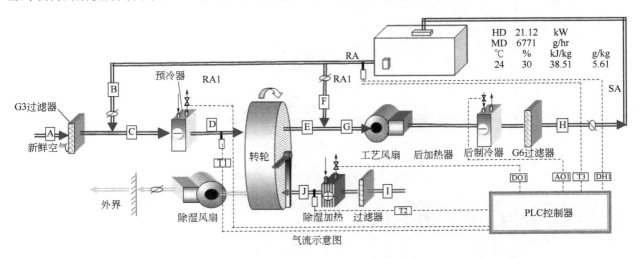

图 9-5-9 转轮除湿中央空调示意

（3）特点

普通转轮除湿型中央空调是目前应用最为广泛的低湿中央空调系统，运行稳定性较好，但运行过程一方面能耗较大，另一方面除湿后空气的温度大幅度升高，必须再次进行低温冷却，造成能源的浪费和运行费用的增加。

3. TLW 系列高端中央空调系统

（1）基本原理

TLW 系列中央空调系统的基本原理见图 9-5-10。在引风机的作用下，待处理的空气首先被内外复合式两相流热管冷量回收子系统中的多个蒸发器冷却降温，接着又被带排热热泵循环子系统的多个蒸发器再进一步冷却，最后被无排热的内外复合式热泵循环子系统的多个蒸发器再一次深度冷却，被处理的空气最终达到了设定的露点状态。随后，经挡水板去除空气中夹带的液态水滴后，被处理的空气流经两相流热管冷量回收子系统中的多个冷凝器被适度加热，再进入无排热的内外复合式热泵循环子系统的多个冷凝器进一步加热，达到设定的出风温度后，进入空气后处理段，完成空气的调温调湿处理过程。

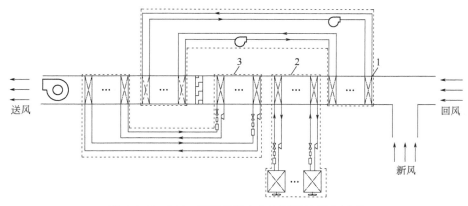

图 9-5-10　TLW 系列高端中央空调系统基本原理

1—内外复合式两相流热管冷量回收子系统；2—并联复合式压缩制冷子系统；3—热泵循环子系统

（2）基本结构

本设备将室外新风初效过滤段、降温除湿并适度加热段（核心段）、风机段等有机联接为一体，如图 9-5-11 所示。

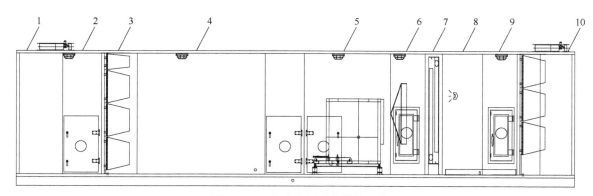

图 9-5-11　中央空调系统结构示意

1—新风段；2—检修段；3—初效过滤段；4—核心段；5—送风机段；6—均流段；7—钢管蒸汽盘管段；
8—检修段；9—中效过滤段；10—出风段

图 6-9-12　热管热泵高效节能空调机组

该机动力源部分采用的是将内外复合式两相流热管冷量回收技术、并联复合式压缩制冷技术、内外复合式热泵节能技术等有机结合而形成的空气处理方法，无需消耗任何冷气（水）及热气（水），只需较少量的电能便可完成调温调湿空气处理工艺，是一种高效节能型调温调湿空气处理方法。

图 9-5-12 为热管热泵高效节能空调机组照片。

（3）工作（操作）过程

首先，开启电源开关，然后对送风温度、露点温度等参数进行设定。设定完毕后点按"启动"键，该高效节能性热管热泵空调机组即进入自动运行状态。

（4）特点

使用该机与使用原有实现低温低湿的空调设备相比，具有下列特性：

① 与采用转轮除湿的方法相比，该机组所采用的调温调湿空气处理方法的能耗仅为转轮除湿方法的 1/5～1/3，而其机器露点温度也能够长期稳定地控制在 5℃ 或更低，大幅度节约了能源，降低了低湿空气处理过程的运行成本；

② 与通常采用的利用 7～12℃ 的冷冻水作冷媒来冷却被处理空气的冷冻除湿法相比，该机组被处理空气的机器露点温度由 14℃ 以上降低为 5℃ 或更低，实现了深度除湿；

③ 与通常采用的利用 7～12℃ 的冷冻水作冷媒来冷却被处理空气的冷冻除湿法相比，该机组利用热

泵节能技术，既实现了高效冷冻除湿过程，还实现了高效加热过程，节省了加热过程能耗；

④ 与目前采用的直膨式冷冻除湿方法相比，该机组采用内外复合式两相流热管冷量回收子系统，有效回收利用了达到机器露点的空气中的冷能，大幅度降低了能耗；

⑤ 与目前采用的直膨式冷冻除湿方法相比，该机组通过内外复合式无排热热泵循环子系统与内外复合式带排热热泵循环子系统的有机组合，在不出现结冰的情况下，能够将被处理空气的机器露点温度降低为5℃或更低，实现了无除冰过程的长期稳定运行；

⑥ 与目前采用的直膨式冷冻除湿方法相比，该机组通过内外复合式无排热热泵循环子系统与内外复合式带排热热泵循环子系统的有机组合，能够有效利用冷凝器中排出的热量来加热低温低湿空气，既省去了加热过程能耗，还提高了制冷效率；

⑦ 与目前采用的直膨式冷冻除湿方法相比，本机组采通过利用并联复合式压缩制冷技术，提高了制冷降温过程的工作效率。

4. 中央空调操作注意事项、维护保养要点、常见故障及处理方法等

（1）操作注意事项

①在投入使用前，必须对电源电压是否与本设备使用相符进行仔细调整检查，电源电压应稳定，波动范围满足(380±20)V 的要求，且在电源控制房间内应为其提供专用空气开关一个；②外电源突然停电后，该设备自动停机，来电后动力系统需重新启动，才能进入正常工作状态。③要经常注意每套压缩机的吸气压力和排气压力，按使用说明中动力系统调试的指标要求分析是否正常运行，否则，应适量充加制冷剂。

（2）维护保养要点

①风机每年维护一次，检查风机内有无堆积物；检查并紧固轴承螺母和轴套；检查皮带。②应经常注意观察各压力表的压力指示，保证系统处于正常工作状态。

（3）常见故障及处理方法

中央空调常见故障及处理方法见表 9-5-2。

表 9-5-2　中央空调常见故障及处理方法

故障	原因	处理方法
压机不启动	压力太小 熔芯断路	检查漏点 更换
风机不能启动 噪声大	风机卡死 电机单相运行 主线路接触不良 电机轴承损坏	调整间隙 检查电源电压 紧固各接线端子 加油或更换
温度失控	机组结冰 仪表损坏	化霜 修理更换

第六节　隔离系统

一、概述

隔离器（isolator）通常是一个与周围环境隔离的舱体、箱体或者空间。在制药领域根据工艺用途，使用隔离器的目的是将污染源与需要控制或保护的对象环境隔离开。在非最终灭菌的制剂生产过程中，随着 cGMP 对污染风险控制的认识不断提升，隔离器的应用越来越受到关注。

1. 发展历史

追溯药用隔离器的发展历史，需要关注三个方面技术的发展。

第一个是医疗技术，开启了对微生物污染的认知。1865 年，Lister 发现引起伤口感染的原因是细菌，使用碳酸能够降低干扰的发生概率。1900 年，外科医生开始穿戴手术手套、手术服和口罩。而手术室被设计为封闭的，带有圆弧角便于清洁的设计。1960 年，手术室设计了单向向下的气流，并改进了手术服，有数据显示一项髋部手术的感染率从 10% 下降到了 1%。

第二个是密闭技术（containment），指将毒性物质密闭在一个与外界环境和人员隔离的环境中的一种技术。隔离器（isolator）最早被称为手套箱（glovebox），用于放射性物质、生化研究的人员防护，主要

图 9-6-1　影视作品中的手套箱

用于将危害物密闭在隔离舱体内，从而避免环境和人员受到伤害。经常可以在科幻题材的电影中看到这类手套箱的身影，图 9-6-1 为电影《异星觉醒》中在空间站实验室的手套箱。通常这类隔离器为全密封设计，箱体内部相对于外界环境为负压，根据内部处理的物质，配置有相应的灭活装置。当处理放射性物质时，隔离器的舱体使用加铅的钢板来防止放射性物质的扩散。

第三个是单向洁净气流技术，随着使用高效空气过滤器（HEPA filter）应用于洁净室形成单向气流（unidirectional airflow），一项由美国空军建立的 T.O.00-25-203 标准于 1961 年颁布。紧接着在 1963 年，美国 Federal Standard 209 颁布，这项标准被认为是 ISO14644-1 的基础。在安装有高效过滤器的洁净室中，在单向气流下，训练穿着洁净服的人员如何保证洁净卫生以及控制行动，在当时被认为是需要被执行的洁净工艺（NASA，1968）。直到大约在 1980 年，这项技术才逐渐被使用到制药行业（图 9-6-2）。

人是无菌生产中最大的"污染源"的概念逐渐被认识到。于是将操作者隔离到生产区以外的概念被欧美一些药厂所提出。图 9-6-3 为早期隔离器的代表，使用软性塑料材质为隔离器的隔离屏障，使用半身服，紊流设计是当时隔离器的特点。

图 9-6-2　1980 年无菌注射剂生产

图 9-6-3　早期的隔离器

随着设备自动化发展的推进，以及生产设备稳定性的提高，相当程度地减少了人员的干预，使得隔离器被更多的药厂使用。无菌制剂生产过程中的核心区域在隔离器内部由单向气流保护，隔离器相对背景洁净室为正压；通过在特定的位置安装手套进行工艺干预；配置相应的装置进行无菌物品的传递（传入/传出）；隔离器集成汽化过氧化氢灭菌功能；通过独立的空调系统对隔离器内部生产环境进行温湿度调节。赋予隔离器内环境的所有控制都基于药品生产过程以及药品特性对环境的需要。图 9-6-4 为典型的大批量注射剂生产线隔离器。

2. 分类

（1）根据隔离器的应用的保护对象分类

① 毒性密闭隔离器（containment isolator）　保护对象为操作者和环境，通常处理非无菌的毒性物

图 9-6-4　大批量注射剂生产线隔离器

质，如高活性或者毒性的原料药。行业内将职业暴露水平（occupational exposure level，简称 OEL，指一种物质在 8h 工作时间内可以暴露在空间中的最高浓度）小于 $10\mu g/m^3$ 的物质定义为毒性，需要采取防护和密闭措施来保护操作者。

② 无菌隔离器（aseptic isolator）　保护对象为无菌药品，将操作者和背景环境隔离在无菌工艺生产环境之外。降低生产过程中产品污染的风险。

③ 无菌且毒性密闭隔离器（aseptic & containment isolator）　这类隔离器既要保证无菌生产不受到污染，同时又要考虑操作人员和环境的安全。这类隔离器的要求相对较高，设计也比较复杂。

（2）根据 FDA cGMP 2004 的附录 1 无菌工艺分类

① 封闭式隔离（closed isolator）　通过无菌连接到辅助设备完成材料转移，而不是使用通向周围环境的开口，从而隔离了隔离器内部的外部污染。在整个操作过程中保持隔离器的封闭，如无菌检查隔离器，见图 9-6-5。

② 开放式隔离器（open isolator）　设计成允许在操作期间通过一个或多个开口连续或半连续地进入和/或排出材料。设计开口（如使用连续过压）以避免外部污染物进入隔离器。例如无菌注射剂生产线隔离器，见图 9-6-6。

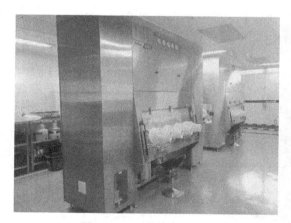

<table>
<tr><td align="center">图 9-6-5　无菌检查隔离器</td><td align="center">图 9-6-6　无菌注射剂生产线隔离器</td></tr>
</table>

（3）根据隔离器中执行的操作分类

对原料药进行称重、分装、取样等操作的称重、分装、取样隔离器；用于无菌制剂出厂前的无菌检查的无菌检查隔离器（sterility testing isolator）。

本节将以无菌注射剂生产线隔离器为代表进行具体介绍，同时对集成于这种隔离器上的汽化过氧化氢灭菌系统进行说明。

二、无菌注射剂生产线隔离器

1. 基本原理

隔离器技术涉及制药工艺技术、机械与自动化控制技术、空调和净化技术、微生物等多个学科。本节着重对基本应用原理进行说明。

无菌注射剂生产线根据药品是否有毒性，分为无菌设计和无菌且毒性密闭设计两种类型。

隔离器用于为无菌和/或毒性工艺生产形成一个封闭的可控环境，通过将操作人员和工艺生产的隔离，降低无菌产生的污染风险或减少产品毒性对人员健康产生的影响。隔离器内部的环境需要满足工艺和 cGMP 的要求，这些要求可能包括洁净度等级（A 级）、微生物的控制、单向气流设计、压差、温湿度、泄漏率、光照等。无菌传递装置、手套或半身衣用于生产过程中的物料传递或工艺干预。注射剂生产线隔离器一般与上下游工艺设备对接和集成，包括去热原隧道烘箱、灌装机、冻干机及其进出料系统、轧盖机、外壁清洗机（生产毒性产品时应用）等。鼠洞用于连接隔离器的不同工艺区域。无菌工艺关键区域设计有单向气流。连续非活性粒子监测和微生物采样系统配置于隔离器中的核心工艺位置。隔离器集成汽化过氧化氢灭菌系统，用于隔离器腔体表面和工艺设备表面（不直接与产品接触的表面）的灭菌。一般对暴露的表面灭菌效果能够达到高抗性生物指示剂下降大于 6 个对数值。在灭菌循环结束后，经过通风阶段，隔离器箱体中的过氧化氢浓度降低至工艺可接受范围以下。

图 9-6-7　无菌注射剂生产线隔离器

（1）无菌隔离器

图 9-6-7 为典型的无菌隔离器设计。其特点有：①隔离器舱体内，通过风机过滤器单元（FFU）形成单向气流，其中一半多用 H14 级的高效过滤器。②单向流由双层回风墙或者双层回风玻璃门形成内循环。通过新风和部分回风进入空调系统（HVAC）调节隔离器内部空气的温度和湿度。

图 9-6-8 为应用于西林瓶冻干制剂生产线的无菌隔离器的基本原理图。隔离器各段舱体通过控制进风量、排风量（风机转速、阀门开度）控制各段的压差。一般隔离器舱体内相对于洁净室压差为 +15～50Pa。而在隔离器上下游不同的功能段之间也必须形成一定的压差梯度，使气流从最关键的核心区域流向次关键的区域，如灌装段隔离器舱体压差高于冻干进出料段或者轧盖段。

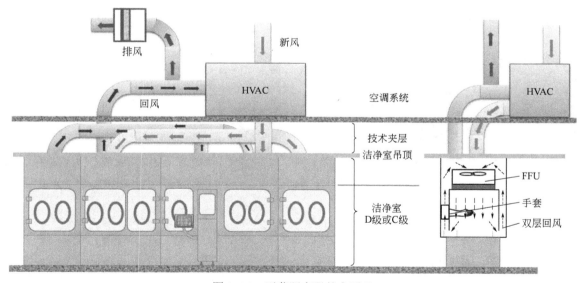

图 9-6-8　无菌隔离器基本原理

（2）无菌且毒性密闭隔离器

当产品具有毒性时，隔离器需要密闭设计（containment design），密闭设计除了传统理解上的泄漏控制外，还要保证物料进出、维护维修过程中都不能有残留的毒性物质暴露。在生产过程中，毒性物质将仅仅在隔离器舱体内暴露，使用风管回风，并且回风经过袋进袋出（BIBO）高效过滤器过滤，才能回到隔离器中或进入空调系统（HVAC）中处理。图 9-6-9 为无菌且毒性密闭隔离器的基本原理。隔离器在生产结束后，必须将毒性物质去除后才能打开设备。去除毒性物质的常用方法是通过使用化学介质进行中和或者用水进行洗涤冲洗。因此从图 9-6-9 中可以看到，无菌且毒性密闭隔离器使用的是在位自动清洗（CIP）的回风风管。

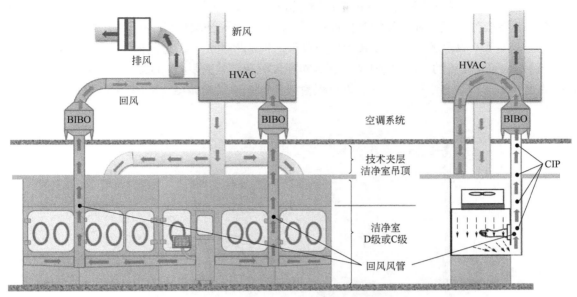

图 9-6-9　无菌且毒性密闭隔离器基本原理

（3）汽化过氧化氢灭菌原理

目前制药行业中使用的隔离器 90% 以上都是使用汽化过氧化氢进行"灭菌"的。

$$2H_2O_2 \longrightarrow 2H_2O + O_2$$

如以上化学反应式所示，过氧化氢分解后，产物仅为水和氧气。由于相对甲醛、臭氧等消毒方式环保安全，目前也广泛地应用于洁净室、实验室等大环境的消毒。这里的"灭菌"或者称为"去除污染"（decontamination）与传统的湿热、干热灭菌（sterilization）不同，从杀灭的目标来说是有区别的。

汽化过氧化氢（vapor phase hydrogen peroxide，简称 VPHP）渗透性较弱，通常只用于对无菌生产环境中不和药品直接接触的物品表面进行灭菌。虽然 VPHP 的 SAL 能达到 10^{-6}（SAL，无菌保障水平，微生物存活概率为百万分之一），但在隔离器中一般要求能够达到高抗性生物指示剂下降大于 6 个对数值。有关生物指示剂的相关内容可参考 ISO 14161。灭菌系统的基本原理是将汽化的过氧化氢通过送风系统或者直接通入隔离器舱体，在经过验证的时间内充分接触被灭菌环境表面，使过氧化氢在表面形成微量的凝结，从而快速地杀灭表面的微生物。过氧化氢灭菌是一个生化反应过程。正常微生物代谢过程中产生的过氧化物会被过氧化氢酶分解，而当过氧化氢接触到微生物时，大量的过氧化氢与过氧化氢酶反应过程中破坏了原本的平衡，产生大量的自由基，破坏细胞的细胞壁、DNA 以及其他组成，最终杀灭微生物。

2. 基本结构

（1）物理屏障

物理屏障用于对人员/背景环境和关键工艺区域的物理隔离，同时需考虑内部工艺操作要求，用于操作组件的安装固定。根据其实际作用，可将物理屏障分为物理隔离结构及可视窗口（viewing panel）。隔离器的主体结构通常使用标准的奥氏体不锈钢材料，内部使用美标 AISI 316L 不锈钢制造并保证内部表面处理的粗糙度 $Ra<0.8\mu m$。为保证内部舱体结构便于清洁，内部边角应为圆弧角设计，通常半径应在 $(15\pm3)mm$。外部材料通常使用 304 不锈钢制造且外部表面处理的粗糙度 $Ra<1.6\mu m$。隔离器的可视窗口通常使用钢化玻璃制成，用于提供良好的视野及长期的完整性。同时可视窗口上设计有手套法兰（对于手套组件）或半身服法兰，用于操作组件的安装。物理屏障的整体结构应保证良好的完整性，具体性能可通过泄漏测试进行检测。

（2）操作组件

操作组件用于在隔离器内部执行工艺过程或使用工具对整个产品生产过程进行干预。其通常使用手套组件执行相关操作；如对较重的物品或较为复杂的操作活动，则会使用半身服执行操作。特殊情况下，如执行放射性药品的操作，会使用特殊设计的操作部件执行相关操作。

① 手套组件　用于操作的手套组件可根据操作人员的要求设计为不同尺寸、材料、强度的类型。如使用厚手套，具有较好的机械强度及抗撕扯性能，但操作人员无法取用较小的物品或执行复杂的操作；如使用薄手套，便于小物品的取用及复杂操作的执行，机械性能较差，易破损。目前使用的手套组件通常为 0.4mm 或 0.6mm 厚度的手套。同时考虑到其对内部灭菌剂的耐受性，通常使用氯磺化聚乙烯（CSM）材料制成的手套组件。手套组件通常安装于可视窗口上，基本结构如图 9-6-10 所示。

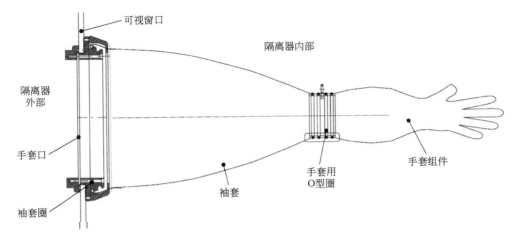

图 9-6-10　手套组件的基本结构

手套口通过锁定的法兰安装于可视窗口上，袖套的 O 型圈安装于袖套圈上，用于保证袖套部分的气密性。同时锁定的法兰两端设计安装有 O 型圈，以保证手套口的安装不对物理屏障的完整性造成影响。可依照 ISO 14644 7:2004 Annex C 的方法对隔离器手套组件进行更换。由于手套组件属于柔性组件，实际灭菌过程中产生的交叠面应通过手套支架进行支撑，尽可能减少其交叠面。

② 半身服　半身服（half-suit）通常用于隔离器内部较重物品的操作或大范围的操作组件。整个组件通过一个安装法兰安装于隔离器主体结构上，为单层或双层结构设计，用于在隔离器内部执行活动范围大于 180° 的操作活动，整个操作范围在 1m 以上。为保证人员舒适度，目前常使用双层塑料材质设计并在内部配置有独立的通风控制系统，将室内新风导入操作人员的内部。半身服通常设计为垂直安装，具体可参见图 9-6-11。

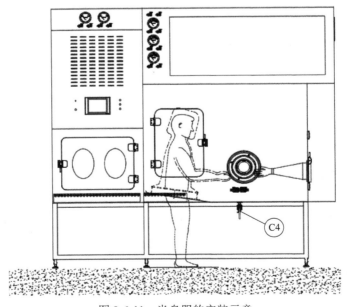

图 9-6-11　半身服的安装示意

（3）气流控制系统

对于无菌注射剂生产线隔离系统而言，气流控制系统用于对整个工艺过程提供单向气流保护及动态压差控制，保证其与操作人员/背景环境的动态隔离。整个风速、气流及压差控制通过集成于隔离系统内部的风机-高效组件（fan-filter- unit，FFU）进行。

① 风机系统　作为气流循环及压差控制的动力，风机系统需进行良好设计，同时保证风量及输出压力的要求。设计风量用于对内部的气流风速进行保障，输出压力用于对可能的结构阻力进行克服，确保对应的气流风速控制在 0.36～0.54m/s。由于隔离器内部空间较小，风机系统的发热量对隔离器内部的温升影响应予以考虑，尽可能选用发热量小的风机系统。对于特殊要求的环境，如防爆车间等，应考虑使用合理的防爆风机设计。

② 高效过滤器　隔离器中最常用的高效过滤器为 H14 级，过滤效率为 99.99%。图 9-6-12 所示为高效过滤器结构示意。

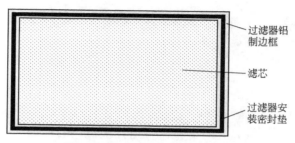

图 9-6-12　高效过滤器结构示意

所有高效过滤器两端应配置有压差监测装置，用于对两端压差进行表征，便于后续长时间使用后的更换。为保证进出接口的密封性能，通常在高效过滤器边框外部增加密封接口。这些密封结构可分为硅胶条密封结构和液槽密封接口，具体结构参见图 9-6-13。隔离器的物理屏障、工艺设备台面与循环风机以及空气过滤器形成的空间一般称为隔离器的舱体（chamber），即为无菌生产所在的环境。

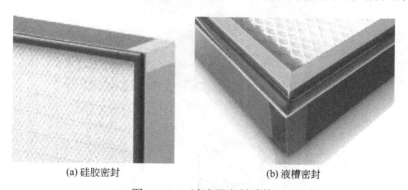

(a) 硅胶密封　　　　　　　　(b) 液槽密封

图 9-6-13　过滤器密封结构

高效过滤器的完整性通常使用光度计法或 DPC 法进行测试。

③ 袋进袋出高效过滤器（bag-in bag-out HEPA filters，BIBO）　对于毒性或活性物质的生产过程而言，隔离器系统的排气系统需通过过滤系统对活性物质进行有效拦截并不对其造成人员危害。袋进袋出高效过滤器设计安装于隔离器的回风风管中，用于对生产过程中的活性物质进行阻挡。该过滤器通常用于需高风量的活性物质的生产过程中，保证所有的活性产品截留在隔离器内部并在过滤器更换过程中不造成任何的人员危害或影响。图 9-6-14 说明了袋进袋出高效过滤器更换的过程。

④ 阀门　作为隔离器与背景环境的接口，为保证隔离器内部的完整性，控制新风、排风的阀门通常为具有密封功能的阀门，以蝶阀为主，一般用气动控制。

（4）清洗系统

在生产结束后，隔离器舱体中可能会有产品的残留，有的药品可能是有毒性的，因此，不能直接打开隔离器进行人工清洁，而是通过隔离器内配置的清洗装置进行清洗。隔离器舱体一般可配置手动或自

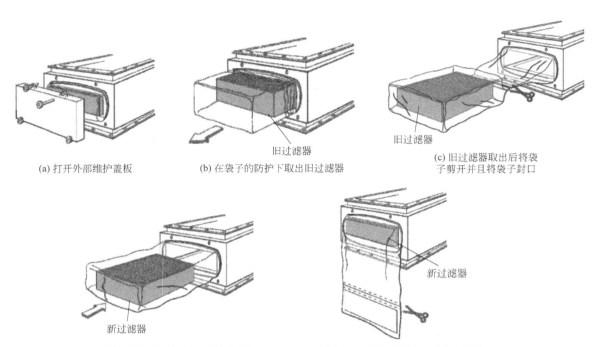

(a) 打开外部维护盖板 　　(b) 在袋子的防护下取出旧过滤器 　　(c) 旧过滤器取出后将袋
子剪开并且将袋子封口

(d) 将新的过滤器套在袋子中安装入壳体 　　(e) 减去多余的袋子并且封口后盖上盖板

图 9-6-14　袋进袋出高效过滤器更换过程

动清洗装置，操作人员在隔离器处于密闭的状态下，通过手套持清洗喷枪进行清洗，见图 9-6-15（a）。
而隔离器中回风管道则通过安装的固定喷淋系统进行清洗，见图 9-6-15（b）。

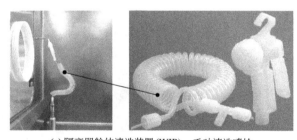

(a) 隔离器舱体清洗装置（WIP）：手动清洗喷枪

(b) 隔离器回风管自动清洗（CIP）装置图

图 9-6-15　隔离器的清洗系统

　　清洗验证时需要测试清洗装置的清洗覆盖范围，确认清洗相关参数，验证清洗效果。测试时将核黄
素涂抹或喷洒于清洗区域表面,清洗后通过紫外灯照射观察是否有残留的核黄素在表面产生的荧光反应,
如图 9-6-16 所示。

　　（5）环境监测系统

　　GMP 对洁净环境分为 A、B、C、D 四个等级，在各个级别中的粒子和浮游菌如表 9-6-1 所示。无菌
隔离器中为核心生产区域，内部维持 A 级。根据法规要求，需要对内部环境进行动态监测。在线粒子计
数器、浮游菌采样器将被配置在核心生产区域。

 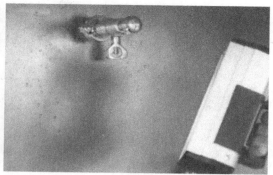

(a) 清洗前　　　　　　　　　　　　　　(b) 清洗后

图 9-6-16　　核黄素测试

表 9-6-1a　《药品生产质量管理规范（2010 年修订）》附录洁净区空气悬浮粒子的标准

洁净度级别	悬浮粒子最大允许数/立方米			
	静态		动态	
	≥0.5μm	≥5.0μm	≥0.5μm	≥5.0μm
A 级	3520	20	3520	20
B 级	3520	29	352000	2900
C 级	352000	2900	3520000	29000
D 级	3520000	29000	不作规定	不作规定

表 9-6-1b　《药品生产质量管理规范（2010 年修订）》洁净区微生物监测的动态标准

洁净度级别	浮游菌 /(CFU/m³)	沉降菌（φ90mm） /(CFU/4h)	表面微生物	
			接触（φ55mm） /(CFU/碟)	5 指手套 /(CFU/手套)
A 级	<1	<1	<1	<1
B 级	10	5	5	5
C 级	100	50	25	—
D 级	200	100	50	—

环境监测系统的其他结构均设计安装于舱体下部或外部环境中，具体见图 9-6-17。

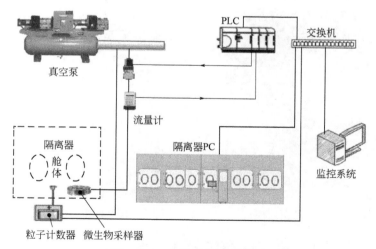

图 9-6-17　环境监测系统示意

① 粒子监测　　隔离器内部的悬浮粒子通常使用激光式尘埃粒子计数器［图 9-6-18（a）］进行在线监测。设备内部应布置有设计合理的粒子采样头，用于对关键工艺区域的空气进行等动力取样。如采样头的采样速度远高于气流流速，会导致隔离器内部的气流出现异常；如采样头的采样速度远低于气流流速，会导致隔离器内部的悬浮粒子采样过程不具备代表性，具体如图 9-6-18 所示。

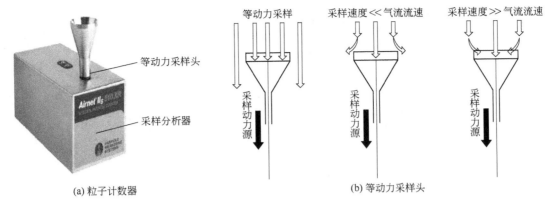

| (a) 粒子计数器 | (b) 等动力采样头 |

图 9-6-18　粒子计数器与等动力采样

尘埃粒子的环境监测控制阀门设计安装于舱体外部，根据采样的过程进行开关。下部安装有尘埃粒子传感器，使用激光头对空气中不同粒径的悬浮粒子（主要为 0.5μm 及 5μm 的粒子）进行监测。部分传感器会不对采样用真空源，会在后端进行真空源的连接。悬浮粒子传感器前端的管路应采用无尘的洁净管路，防止管路中产生粒子。同时连接管路应尽量避免大的转角并设计为尽可能短的管路，防止大粒径的粒子在管道内部沉降，造成环境监测的"假阴性"。管路长度通常应不超过 1.8m，管路弯折的角度应不大于 30°。

② 浮游菌监测系统　设备内部应布置有设计合理的浮游菌采样头，用于对关键工艺区域的空气进行等动力取样。环境监测系统的其他结构均设计安装于舱体下部或外部环境中，具体见图 9-6-19。

（6）灭菌系统

隔离器内部常用汽化过氧化氢灭菌系统（vaporized phase hydrogen peroxide，VPHP）对隔离器舱体表面及其他设备表面进行灭菌。整个灭菌系统由汽化单元、进液系统及分配管路几个部分组成。具体见图 9-6-20。

图 9-6-19　在无菌生产线中的浮游菌采样头

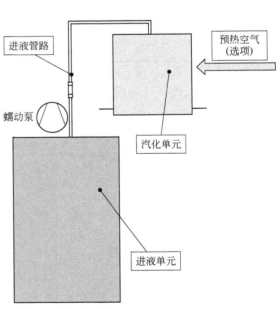

图 9-6-20　典型的过氧化氢汽化系统

① 汽化单元　汽化单元是用于将过氧化氢溶液汽化的单元。通常情况下，使用的过氧化氢溶液为食品级/分析纯级别、浓度为 30%～50%（W/W）的溶液，温度控制在 102～160℃的范围内，将过氧化氢汽化并通过分配管路进入隔离器内部。

② 进液系统　进液系统用于将过氧化氢液体由储液罐吸出，在蠕动泵的作用下通过管路系统将其分配至汽化单元。进液系统部件包括：

a. 过氧化氢储液罐：用于盛装液体过氧化氢，通常由对过氧化氢兼容性良好的材料制成，如 PP 塑料、不锈钢等。

b．蠕动泵：用于对过氧化氢溶液进行分配，进液控制速度通常为 1～10g/min 不等。整体过程应能将过氧化氢进液量控制在 10%范围内。

c．称重传感器：安装于储液罐底部，用于对过氧化氢的注入量进行实时监测。

d．液体分配管路：用于配合蠕动泵对过氧化氢溶液进行分配，通常使用对过氧化氢溶液兼容性良好的材料制成，如硅胶管路等。

③ 分配管路　通过上述两个结构产生的汽化过氧化氢需通过适当的分配管路进入隔离器内部并通过循环的方式迅速提高舱体内部的过氧化氢含量，以保证短时间内达到预期的灭菌效果。目前对于灭菌系统与隔离器对接，存在两种方案：a．整个设备集成于隔离器内部，包括汽化单元及进液系统；b．灭菌系统设计为独立的灭菌设备，通过管路系统与隔离系统对接，具体如图 9-6-21 所示。

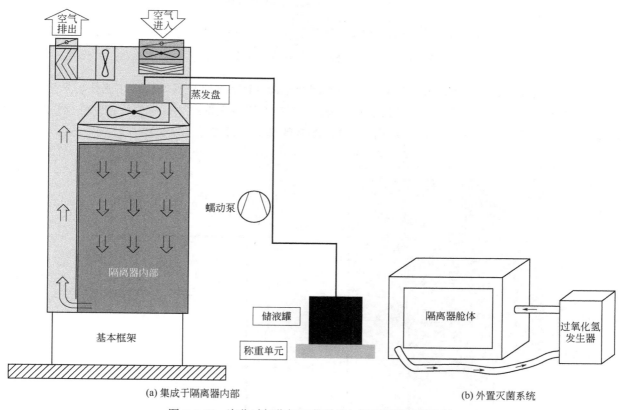

图 9-6-21　汽化过氧化氢灭菌系统与隔离器的对接方法

（7）物料传递接口

无菌注射剂生产线隔离器设计为相对封闭的结构，而在实际生产过程中，大量的物料需传入或传出隔离器。这些物料传递过程对于维护隔离器的完整性而言，是非常重要的操作过程，特别是对于无菌毒性隔离器。图 9-6-22 中所示为进出隔离器的物料及对应使用的物料传递接口。

① 灭菌传递舱　灭菌传递舱可设计为不同的尺寸并集成有灭菌系统，该灭菌系统采用汽化过氧化氢或其他的灭菌方法。可用于产品、包材、工具、容器具及环境监测物料等固体物料向隔离器内部无菌环境的传入，也可用于废弃物料、采样完成的环境监测碟、使用完成的工具及容器具等的传出。当执行物料传入时，将待传递的物料放入传递舱体内部并依照经验证的参数执行灭菌过程，完成后开启传递门将这些物料由传递舱传入隔离器内部；当执行物料传出时，依照经验证的参数执行灭菌过程，完成后开启传递门将这些废弃物料等传出（执行毒性产品的生产时，不宜使用传递舱执行物料传出操作，可能造成毒性物质的逸散）。整个传递舱内部环境通过内部设计的高效过滤器进行保护并配置有与隔离器内部基本一致的灭菌系统。根据实际的需求，灭菌传递舱可固定安装于隔离器内部，也可通过特殊设计为移动式设备，通过 RTP 等快速传递接口进行大批量物料或容器具的传递。

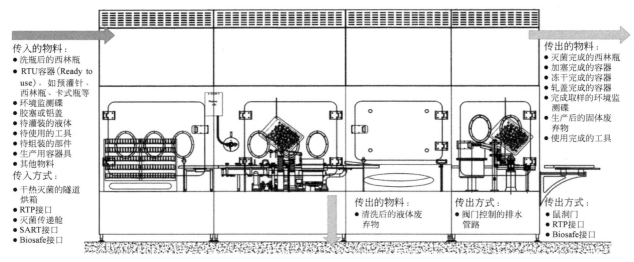

传入的物料：
● 洗瓶后的西林瓶
● RTU容器（Ready to use），如预灌针、西林瓶、卡式瓶等
● 环境监测碟
● 胶塞或铝盖
● 待灌装的液体
● 待使用的工具
● 待组装的部件
● 生产用容器具
● 其他物料
传入方式：
● 干热灭菌的隧道烘箱
● RTP接口
● 灭菌传递舱
● SART接口
● Biosafe接口

传出的物料：
● 灭菌完成的西林瓶
● 加塞完成的容器
● 冻干完成的容器
● 轧盖完成的容器
● 完成取样的环境监测碟
● 生产后的固体废弃物
● 使用完成的工具

传出的物料：
● 清洗后的液体废弃物

传出方式：
● 阀门控制的排水管路

传出方式：
● 鼠洞门
● RTP接口
● Biosafe接口

图 9-6-22　生产过程中需传递物料及传递方法

对于移动式设计的传递舱，应配置有合适的不间断电源（UPS）维持移动过程中的无菌保护。

② RTP 接口　快速传递接口（rapid transfer ports，RTP）用于在低级别区域执行物料的传入/传出操作，而不影响设备的完整性且不引入任何污染物。RTP 的基本原理参见图 9-6-23。

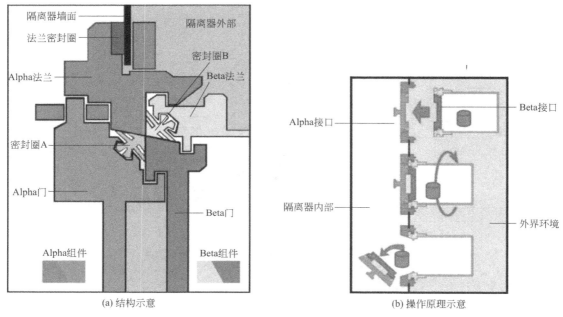

(a) 结构示意　　　　　　　　　　　(b) 操作原理示意

图 9-6-23　RTP 结构及操作原理示意

RTP 接口由一组 Alpha 接口及一组 Beta 接口组成，通常情况下 Alpha 接口设计安装于隔离器腔体上（图 9-6-24），Beta 接口安装于相应的传送器具或传递桶、传递推车等设备。当进行无菌或毒性物质传递时，将物品放置于安装有 Beta 接口的容器内部，使用特定的灭菌方式进行灭菌，保证物品的无菌性；两个接口对接后，旋转 Beta 接口约 30°确保其两个接口锁紧；在隔离器内部通过操作组件打开锁紧的大门，确保两个无菌环境联通后将所需的物料传入隔离内部。如需传出物料，在隔离器内部将物料放入后分离两个接口即可传出物料。

③ SART 接口　在无菌隔离器与背景环境之间液体的无菌传递可通过 SART（sartorius aseptic liquid transfer system，SART）接口进行。整个 SART 接口包括一个外部接口、一个内部接口，所有接口均使用 316L 制成。SART 接口的实物图如图 9-6-25 所示。

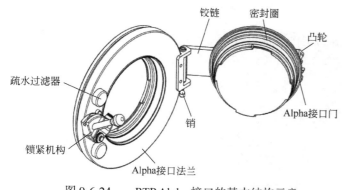

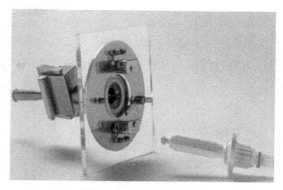

图 9-6-24　RTP Alpha 接口的基本结构示意　　　　图 9-6-25　SART 接口

④ 鼠洞门　鼠洞门用于不同隔离器区域之间的中间品、完成特定工艺过程的物料等进行的连续传递，通过良好的气流控制系统保证鼠洞两侧的隔离器区域压差梯度良好。鼠洞门通常设计为带有气密封结构的小门结构，用于相关物料的连续传递。由于两侧腔体良好的压差控制，鼠洞口存在"过压"现象保证良好的无菌传递过程。为尽量减少的风量损失，根据传递物料的大小应尽可能减小鼠洞口的尺寸。如可能，在鼠洞口增加鼠洞挡板。鼠洞门的气密封通过设置的气密封流量计进行监测。如气密封出现泄漏，流量计数值超标，则触发报警。

⑤ 排水管路　对于整个清洗过程，清洗过程中的液体废弃物通过设计的排水管路排出隔离器内部。当使用清洗喷淋球时，大量的清洗溶剂需通过排水管路排出，排水管路的排水口大小应设计大于 1.5 英寸（40mm）。同时考虑到清洗验证及灭菌死角的问题，排水管路下部应设计有排水控制阀门，阀门与舱体的距离越小越好，应遵循 3D 的原则。同时为保证排水管路的有效排水，排水管路应设计有最低点，排水管路的倾角应大于 1°。

⑥ 空气处理系统（AHU）　对于无菌注射剂生产线隔离器而言，空气处理系统（AHU）用于对隔离器内部的温湿度调节并提供其维持 A 级环境所需的风量。整个空气处理系统与隔离器的相对布局及联动方法可参见基本原理部分的相关图片。整个空气处理系统包括表冷单元、加热单元、加湿单元、空气过滤单元等，用于对新风进行温湿度调节后输送至隔离器内部，对内部的环境参数（如温湿度等）进行调节。AHU 系统的基本结构如图 9-6-26 所示。

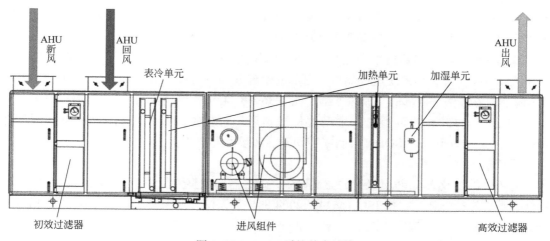

图 9-6-26　AHU 系统基本结构

室外的新风通过初效过滤后，使用表冷单元、加热单元及加湿单元进行温湿度调节后经过滤器净化后进入隔离系统。隔离器系统的排风通过连接风管回到空调箱内部，重新进行温湿度调节后再次进入隔离器内部，用于对内部温湿度进行调节。相对洁净空间的空气处理系统，隔离器配置的空气处理系统应单独设计有独立的排风箱，用于灭菌完成后对隔离器内部高浓度灭菌剂的排除。排风箱内部应设计有独立的风机组件并配置有催化分解单元，用于对高浓度的灭菌剂进行去除，防止其对环境的污染。

3. 简要工作过程

根据无菌注射剂实际生产的要求，无菌隔离器的工作过程可分为生产过程、泄漏测试过程、灭菌过程、清洗过程，具体的工作流程图参见如图9-6-27。

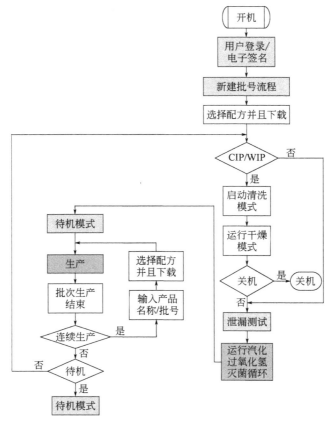

图 9-6-27　隔离器基本工作流程

（1）生产过程

隔离器的生产过程用于在隔离器内部产生单向气流，对隔离器内部的关键工艺区域进行气流保护。同时在隔离器内部进行压差控制，确保背景环境与隔离器内部压差、隔离器之间的压差梯度，便于产品的连续传递及动态隔离。在隔离器生产过程中，除鼠洞门以外的所有物理屏障均处于密闭状态。所有的新风/排风阀门开启，配合空调系统进行隔离器内部的温湿度调节；同时隔离器内部的气流控制系统开启，通过 VFD 调节的方式保证内部的气流风速维持在 0.36～0.54m/s，维持配方中设定的压差梯度，静态情况下维持在设定压差±5Pa 的范围内。生产过程稳定后，可根据药品工业的环境监测标准操作规程（standard operation procedures，SOP）自动或手动开启环境监测过程。

（2）泄漏测试过程

作为无菌环境维持及人员/环境保护的关键设备，隔离器的完整性至关重要。泄漏测试过程用于对隔离器的整体完整性进行确认，根据 ISO 14644-7:2004 的建议方法，通常隔离器的泄漏测试过程使用压降法（pressure decay method）或恒压法（consistent pressure method）进行。

① 压降法　压降法的主要原理为通过合适的加压方法将隔离器内部的压力增加至设定值后等待预设的时间观察内部压力的下降值。根据 ISPE Baseline Volume 3 "sterile product manufacturing facilities" 的建议，初始测试的压力值设定为高于最大工作压力即可，典型的初始测试压力为大于工作压力。通常情况下，关闭隔离器内部所有与背景环境联通的接口后，使用压缩空气管路对内部进行升压直至达到设定值后，等待 3～10min 后观察内部压力的下降值。隔离系统内部设计有监测压差的压差变送器，其精度应小于 1% FS。

压降法测试用于测试隔离器舱体完整性时，内部温度的变换会对显示的压力值造成极大的影响，通常 0.1℃的变化会造成约 35Pa 的读数偏差，因此整个测试过程中隔离器内部应无温差极大的热源或冷源，防止测试过程中温度变化造成的结果异常，进而影响无菌保护或人员/环境保护。

② 恒压法　恒压法的主要原理是通过合适的加压方法，将隔离器内部的压力增加至设定值后，通过小流量的针阀对隔离器进行加压，维持压力在设定值范围内。外部配置有独立的流量计用于检测维持压力所需的气体流量。

（3）清洗过程

隔离器内部的清洗过程用于去除隔离器内部的活性物质或污染物，本节中以结构最复杂的无菌毒性隔离器进行过程描述。首先开启舱体或风管排水管路的控制阀门，分别执行回风风管清洗及舱体内部清洗过程。回风风管执行使用经验证的冲洗时间及冲洗压力进行自动清洗过程，舱体内部使用清洗喷枪手动执行清洗过程。

① 回风风管清洗　开启袋进袋出过滤器下方的回风风管管路中的气动阀门执行 CIP 操作过程，使用经验证的清洗时间喷洒灭活剂，完成后使用纯化水冲洗多次并在最后一次淋洗过程中使用注射用水冲洗设定的时间。

② 舱体内部清洗　开启清洗喷枪的清洗溶剂供应阀门，使用手套或半身服组件手动执行舱体内部的清洗操作。首先使用灭活剂进行毒性物质进行中和操作后，使用纯化水/注射用水进行淋洗操作。淋洗操作完成后，使用压缩空气对供应管路内部的残留液体进行排空，并对舱体内部的排水进行处理。

所有清洗操作完成后，在空气处理系统的配合下使用热空气对内部的液体进行干燥，部件的运行状态基本与生产模式状态下一致。

（4）灭菌过程

整个灭菌过程使用经验证的参数对隔离器内部的暴露表面及内部空间进行灭菌操作，保证隔离器内部的无菌水平。对于整个汽化过氧化氢灭菌过程，通常可分为四个阶段：预处理阶段、充气阶段、保压阶段及通风除残阶段。

① 预处理阶段　无菌注射剂生产线隔离器在预处理阶段通过 AHU 系统对内部温湿度进行调整，主要降低舱体内部的湿度。同时对汽化或者蒸发系统进行预热。

② 充气阶段　隔离系统的所有进出阀门均关闭。过氧化氢进液系统中的蠕动泵以较高的速度将过氧化氢液体注入汽化单元。设定的灭菌时间到达后，自动进入下一阶段。

③ 灭菌阶段　在该阶段，隔离系统的所有部件状态基本与充气阶段一致。进液系统中的过氧化氢溶液以较低的速度注入，维持舱体内部的灭菌效力。设定的灭菌时间到达后，自动进入下一阶段。

④ 通风除残阶段　在该阶段，隔离系统的空间内部及暴露表面灭菌过程基本完成，为防止高浓度的过氧化氢蒸汽对产品及环境监测系统的影响，需对内部的过氧化氢蒸汽进行除残。

4. 设备可调工艺参数的影响

无菌注射剂生产线隔离器的关键工艺参数包括单向气流的风速控制、压差控制、气流流型、内部温湿度、内部洁净度、灭菌的性能、清洗性能等，这些工艺参数的变化会对整个隔离系统的无菌保护造成极大的影响，甚至造成产品的微生物染菌或热原超标。

（1）单向气流的风速控制

一般单向流的风速法规推荐控制在 0.36～0.54m/s 的范围内，隔离器单向流风速在均流膜下方的150～300mm 的范围进行测试。单向流风速过高，特别是个别位点出现高风速时，可能导致气流遇到工作面的障碍物时产生反弹，造成不同关键工艺区域的交叉污染。同时风速过高时，可能导致内部设计的高效过滤器压力过大，影响高效过滤器的使用寿命，甚至造成过滤器破损，造成隔离器内部的洁净环境的破坏。隔离器内部应设计有风速传感器及检测高效过滤器两端压差的传感器。当风速超过预设范围时触发报警，防止可能的洁净环境破坏或产品的"阳性"。

（2）压差控制

根据 GMP 要求，不同洁净区域的压差应控制在 9～15Pa（推荐值）。在注射剂隔离器中，为保证可使用鼠洞实现完成工艺过程的产品进行连续无菌传递，不同的隔离器区域应维持设定的压差控制。对于典型的无菌注射剂生产线隔离系统，基本的压差梯度设计如图9-6-28所示。图9-6-28（a）为冻干制剂进料模式/液体制剂灌装模式的压差梯度设计，由于液体毒性物质的扩散性相对较差，通常整线的压差梯度设计为正压，外壁清洗区域设计为负压，用于毒性物质产品由隔离器向背景环境的传出。图9-6-28（b）为冻干制剂出料模式的压差梯度设计，冻干制剂冻干为粉体后，扩散性能较高，易造成逸散，整个压差设计为负压设计，重点用于对人员的保护。

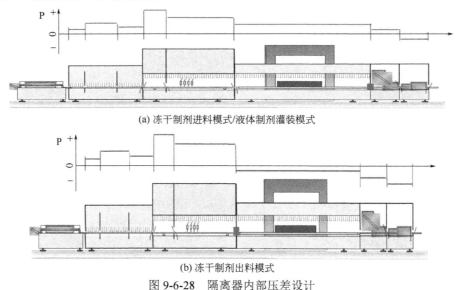

(a) 冻干制剂进料模式/液体制剂灌装模式

(b) 冻干制剂出料模式

图 9-6-28　隔离器内部压差设计

在生产过程中，由于不同的生产过程中可能涉及鼠洞门的开关、烘箱小门的开关、冻干小门的开关及使用手套组件执行干涉操作，这些过程均会影响压差，这个过程中的瞬间压差应高于0Pa并在程序设定的时间内恢复。而对于整个灭菌过程，为防止隔离器灭菌完成后舱体内部再次污染，应在整个灭菌过程中保持正压模式，维持在+10～+15Pa的压差梯度。如在生产过程中压差梯度无法维持，关键操作区域可能会受到其他区域的污染，造成交叉污染。而隧道烘箱与隔离器之间的压差梯度异常时，可能造成隧道烘箱灭菌段与表冷段的压差失效，从而导致干热灭菌失效甚至导致内部高效过滤器着火；如外壁清洗区域的压差失效，可能导致毒性物质逸散，造成人员危害或环境污染，甚至人员受伤或死亡。如在灭菌过程中无法维持正压，关键操作区域在灭菌完成后可能再次被背景环境污染，造成产品污染甚至形成阳性结果。隔离器内部应设计有监测隔离器内部的压差变送器，当舱体内部超过预设范围时触发报警，防止可能的洁净环境破坏或产品的污染。

（3）气流流型

无菌注射剂生产线隔离器内部设计为A级洁净环境，内部通常设计为单向气流，用于对内部直接与产品接触物料的气流保护。通常气流流型测试应对均流膜下方平面及工作面进行，整个气流流型测试应对生产过程中的生产前安装（如灌装针头组装等）、生产中干扰操作（如卡塞、传感器调整、碎瓶处理、环境监测操作等）等操作状态下的气流流型进行测试并录像。整个气流流型应无明显的气流旋转或翻滚、无明显的气流滞留且无明显死角。如气流流型有明显的紊流或死角等，表征隔离器内部部分区域存在明显的交叉污染点位，可能造成开口容器的污染，导致产品出现阳性结果。如在执行生产操作过程中出现明显的紊流或死角等，应根据气流流型录像对整个过程的标准操作规程进行重新规范，防止可能出现的交叉污染。

（4）内部温湿度

隔离器内部生产的产品所需的温湿度要求：对于配置有清洗系统的隔离器而言，需提供较高的温度控制以保证隔离器内部清洗后的残留溶液得以烘干；整个汽化过氧化氢灭菌过程需提供稳定的湿度控制措施。通常情况下，生产线隔离器的温度应控制在(22±3)℃，同时湿度应控制在45%～65%RH的范围内。对于清洗后的干燥过程，内部的温度应达到30℃以上并能保证隔离器内部清洗后接近100%RH湿度的环境得以在短时间内降低至生产所需的要求。对于灭菌的预处理阶段，应能保证隔离器内部湿度降低至45%RH以下。生产过程中的温湿度控制，应根据药品特性而定。隔离器内部应设计有监测隔离器内部温湿度的变送器，当舱体内部温湿度超过预设范围时触发报警。

（5）内部洁净度在线监测

内部洁净度在线监测通过内部集成的环境监测系统进行，用于实时监测隔离器内部环境。所有的环境监测位点均设置于生产的关键工艺位点，采集的数据用于合格批次的产品放行或不合格批次原因分析的关键数据。如在线监测系统出现"假阳性"，可能导致产品批次的调查处理频次，造成大量的人员及调查资源的浪费；如在线监测系统出现"假阴性"，因执行的产品批次无法得到检查，可能导致染菌的产品放行进入市场，危害患者的健康。

（6）灭菌性能

集成于隔离器内部的灭菌系统用于降低隔离器内部空间及暴露表面的生物负载，保证隔离器内部空间的洁净环境。由于汽化过氧化氢灭菌过程受多个因素的影响，无法像湿热灭菌或干热灭菌那样通过单个物理参数进行日常监测过程，即通过浓度数据进行监测的方式不能作为其灭菌性能判断的依据。根据UPS 40 <1229.11>的说明，汽化过氧化氢浓度无法作为整个灭菌过程灭菌效力的判断依据。因此整个灭菌过程有以下几个方面的物理参数需要测试和确认。

① 汽化单元的温度　根据不同厂家的汽化过氧化氢发生原理，汽化单元的温度控制在 102～165℃不等。而在实际运行过程中，这一参数通常作为默认数据进行控制并监测关键的数据报表。如汽化单元温度出现异常，可能造成隔离器内部的汽化过程出现问题，导致之前经验证的灭菌过程无法达到实际的灭菌效果，导致内部洁净环境微生物的滋生，出现可能的污染。汽化单元中设计有监测温度的温度传感器，当温度超过设计的温度范围时，触发报警并停止过氧化氢汽化过程。

② 过氧化氢进液精度　作为汽化过氧化氢发生的源头，过氧化氢进液的精度极大地影响隔离器灭菌过程。通常要求的过氧化氢进液精度控制在±10%的范围内，用于保障灭菌过程的可重复性。如进液精度出现极大的偏差，会导致灭菌过程失效，出现可能的污染或交叉污染。过氧化氢的进液量通过安装于储液罐下部的称重传感器进行实时监测并记录在报表中。

③ 灭菌表面的温湿度　温度和湿度会影响隔离器内部汽化过氧化氢的分布状态，如果温湿度波动较大则会造成过氧化氢在内部分布的不均匀，从而导致灭菌效果不好。因此，因当考虑灭菌时隔离器舱体内部部件或设备表面的温度，尤其是某些经过蒸汽灭菌的设备和部件。

（7）清洗性能

作为活性物质去除及污染物清除的关键工艺，清洗系统的清洗性能对于防止产品间的污染/交叉污染及活性物质对人员健康危害起着至关重要的作用。对于隔离器而言，应对其覆盖范围进行确认，执行核黄素测试，核黄素浓度使用 0.02%或 0.1%。清洗参数包括清洗水用量、水压等参数。

5. 设备安装的区域及工艺布局

（1）背景环境洁净度

根据 GMP 法规要求，无菌隔离器的背景环境级别至少为 D 级区域。同时提出对于隔离系统，要求的背景环境需根据隔离器的设计、应用或达到灭菌效力方法等因素进行选择，整个背景环境应根据有文档记录的风险过程进行确认，如有物品进入隔离器内部，应考虑使用级别更高的背景环境。通常情况下，大部分用于无菌注射剂生产的隔离器背景环境级别为 C 级，个别药厂处于风险控制的角度，将生产型隔离器的背景环境放置于 B 级环境中。

（2）人机工程学设计

不同于洁净区域作为背景环境，当使用隔离系统时，所有的工艺操作及人员操作均只能通过手套组件或半身服进行操作，整个覆盖范围为旋转 180°、1m 以下的区域。在设计前应根据其工艺过程（生产前部件组装、生产中正常操作、生产中干扰操作及生产后的清洗等操作）进行模拟，避免后期生产过程中无法操作等情况。同时隔离系统内部的可视窗口及对应固定安装于其上的操作组件应进行工艺过程布局。如可能，执行模拟操作（Mock-up）过程。Mock-up 过程在设计前对可能涉及的无菌工艺操作在木模制成的隔离器舱体内部进行模拟，确认相关工艺操作过程的有效性及手套等操作组件与其的匹配度。图 9-6-29 为 Mock-up 过程示例，通过详细涉及的木制模型，对整个生产过程进行模拟，确认隔离器部分与无菌工艺的优化设计。

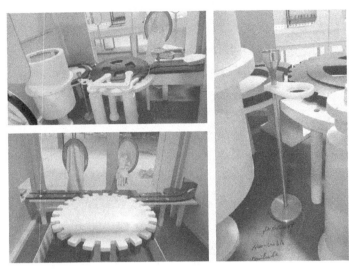

图 9-6-29 Mock-up 示例过程

（3）公用工程的对接

无菌注射剂生产线隔离器使用的公用工程对接包括袋进袋出壳体安装空间、清洗系统的连接接口、AHU 系统及排风箱的放置、真空源的放置、电气柜的放置、总排水管路的位置等方面内容。

6. 特点

①使用物理隔离及动态隔离将关键工艺区域与操作人员进行隔离，有效降低了污染风险。②隔离系统设计，在执行活性产品的生产过程中有效保护人员及背景环境。背景环境由 B 级区域变为 C 级/D 级区域，有效减少人员更衣操作成本并提高操作人员的舒适度。③配置有可重复灭菌的灭菌系统，克服了传统洁净区域无法有效保证灭菌有效性的缺陷，提供更高的无菌保证值。④所有关键参数可通过隔离系统的数据系统进行集成，便于后续的数据溯源。⑤更小的洁净区域面积，有效降低日常运行成本。

7. 操作注意事项、维护保养要点等

（1）操作注意事项

① 过氧化氢安全处理　直接接触过氧化氢液体会导致皮肤组织和眼睛的起泡和烧伤。过氧化氢蒸汽会对眼睛、鼻子、喉咙和肺产生刺激作用。因此当处理过氧化氢时，需穿戴尼龙手套、长袖套，并佩戴护目镜。

若过氧化氢溢出，使用带大量水的拖把拖拭，将污水引入废水池处理，至少以 20：1 的比例稀释。

人员接触过氧化氢溶液的紧急措施如下：

眼睛	使用无菌蒸馏水冲洗至少 10min
肺	立刻将伤者移送到空气清新的地方，保持温暖进行休息
皮肤	脱去衣物，将受伤部位浸泡在水中
口腔	使用蒸馏水彻底冲洗，然后大量喝水

② 公用工程检查

a．电源检查：电源接线正确。电源接地已完成。同时使用万用表对隔离器进行检查，电源应满足设

计要求。b. 压缩空气检查：压缩空气气源压力应维持在 $6\sim8kgf/cm^2$ 范围；流量应满足要求，通常流量为 $200\sim300L/min$。c. 清洗用水检查：清洗用水的压力应维持在 $3\sim5bar$ 的范围内，流量设计为 $200L/min$ 以上。

③ 电气安全检查　设备应可靠接地。设备内部或周围禁止使用可燃性液体或气体。打开电器柜检修门或静压箱盖板前，请确认总电源已切断。在切断总电源之前，先确认触摸屏电源已经关闭。设备操作前请操作人员仔细阅读使用说明书，在经过培训合格后方可进行设备的操作。

④ 生产前自检检查

a. 手套完整性检查：手套完整性应该在生产前后进行检查。首先，观察手套，检查手套表面是否有裂缝或者孔洞；其次，使用手套检漏仪通过压力衰减检测手套完整性。所有手套完整性需通过检测用才能进行生产操作。b. 灭菌前手套检查：在灭菌前所有手套均使用特殊设计的手套支架进行支撑。c. 过氧化氢溶液质量检查：过氧化氢溶液的质量在过氧化氢灭菌之前应大于一个确定数值，该数值基于两个腔体的灭菌工艺开发过程。d. 设备检查：微型断路器应开启，电机启动器应处于开启状态。同时确认急停按钮未被错误地按下。e. 所有隔离器大门是否正常关闭到位，控制系统没有报警或警告。f. 在进行灭菌前，隔离器内部应该完全被干燥，无明显可见水珠。

⑤ 生产过程中出现的异常处理　当隔离系统的灭菌循环由于停电或者其他原因终止时，不要打开隔离系统的门。当重新通电后，手动启动通风模式直到过氧化氢浓度下降至安全水平后重新开启灭菌过程。

（2）维护保养

根据隔离器的要求，应定期就一些项目进行监测，确认设备本身的性能。根据周期性维护保养的数据对执行如下操作：a. 当高效过滤器两端压差大于高效初过滤器两倍以上时，依照维护手册中的步骤对高效过滤器进行更换。b. 根据手套组件完整性测试结果，当结果多次失效时，对手套组件进行更换。c. 当出现隔离器中出现过氧化氢溶液不足时，操作人员应戴上手套及护目镜后向过氧化氢储液罐中注入过氧化氢液体，用于后续灭菌过程。d. 当蠕动泵校准过程中注入量无法调整或发现蠕动泵泵管出现漏液现象时，操作人员对蠕动泵泵管进行更换。e. 报警测试中如出现异常情况时或周期性校准过程中，传感器出现异常，应根据用户手册中的步骤对相应的传感器进行更换。

（3）发展趋势

① 无手套，0干预　随着自动化程度的深入发展，人员操作和干预将更大程度地降低，机械手、智能制造、在线实时微生物检测等技术已经应用到无菌制剂的生产中。在这种趋势下，隔离器的手套将逐渐被取消，在生产过程中没有任何人工干预。

② 过氧化氢快速灭菌技术　隔离器中的汽化过氧化氢灭菌整个循环在 $3\sim6h$，对于某些对氧化剂敏感的药品生产线，循环时间更长，往往会影响生产现场的生产效率和设备利用率。因此过氧化氢快速灭菌技术已经成为一种趋势。

第七节　制药用水系统

一、概述

水在制药工业中是应用最为广泛的工艺原料，它既用作药品的成分、溶剂、稀释剂，也用作清洗器具、容器的清洗溶剂等。制药用水通常是指制药工艺过程中用到的各种质量标准的水。制药用水是制药生产过程中重要原料，参与了整个生产工艺过程，包括原料药材清洗、分离纯化、成品制备、容器清洗和消毒、最终灭菌等。所以不管哪个环节都离不开水的参与。鉴于水在制药工业中既作为原料又作为清洗剂，各国药典对制药用水的质量标准、用途都有明确的定义和要求；各个国家和组织的GMP将制药用水的生产和储存分配系统视为制药生产的关键系统，对其设计、安装、验证、运行和维护等提出明确要求。

1. 制药用水系统的组成

在制药行业中，对于制药企业来讲最关心的制药用水主要是原料水，即纯化水、高纯水、注射水等多种参与制药过程的水。从系统的功能来分类，制药用水系统主要由制备系统和储存与分配系统两部分组成（图9-7-1）。制药用蒸汽系统主要由制备系统和分配系统两部分组成。

(a) 制备系统   (b) 储存与分配系统

图 9-7-1 制药用水系统组成

制备系统主要包括预处理单元、纯化水机、蒸馏水机、纯蒸汽发生器等。主要功能是能够连续、稳定地将原水处理成符合制药企业内控指标或药典要求的制药用水；储存与分配系统主要包括储存单元、分配单元和用水点管网，其主要功能为以一定缓冲能力，将制药用水输送到所需的工艺点，满足相应的流量、压力和温度等需求，并维持制药用水的质量始终符合药典要求。

制药用水极易滋生微生物，微生物指标是其最重要的质量指标之一。在制药用水系统的设计、安装、验证、运行和维护中需采取各种措施抑制其微生物的繁殖。

2. 制药用水的定义、用途

制药用水通常指制药工艺过程中用到的各种质量标准的水。对制药用水的定义和用途，通常以药典为准。各国药典对制药用水通常有不同的定义、不同的用途规定。

客观来说，制药工艺过程中用到的各种质量标准的水并不仅仅局限于药典质量标准，制药用水可分为药典水和非药典水两大类。药典水特指被国家或组织收录的制药用水。例如，《中国药典》收录了纯化水、注射用水和灭菌注射用水；《欧洲药典》收录了散装纯化水、包装纯化水、高纯水、注射用水和灭菌注射用水等；《美国药典》收录了纯化水、血液透析用水、注射用水、纯蒸汽、抑菌注射用水、灭菌吸入用水、灭菌注射用水、灭菌冲洗用水和灭菌纯化水等多种药典用水。非药典水特指未被药典收录，但可用于制药生产的制药用水，如饮用水、软化水、蒸馏水和反渗透水等。非药典水只是要符合饮用水的要求，通常还需要进行其他的加工以符合工艺要求，非药典水中可能会包含一些用于控制微生物而添加的物质，因而不必符合所有的药典要求。有时，非药典用水会用其所采用的最终操作单元或关键纯化工艺来命名，如反渗透水；在其他情况下，非药典水可以用水的特殊质量属性来命名，如低内毒素水。值得注意的是，非药典水的质量不一定比药典水的差，事实上，如果应用需要，非药典水的质量可能比药典水的质量更高。

（1）常见的药典水

① 纯化水   为饮用水经蒸馏法、离子交换法、反渗透法或其他适宜的方法制得的制药用水。不含任何添加剂，其质量应符合纯化水项下的规定。

② 注射用水   为纯化水经蒸馏所得的水。应符合细菌内毒素试验要求。注射用水必须在防止细菌内毒素产生的设计条件下生产、贮藏及分装。其质量应符合注射用水项下的规定。

③ 灭菌注射用水   本品为注射用水照注射剂生产工艺制备所得。不含任何添加剂。

表9-7-1所示为常见的制药用水（药典水）应用范围。

表 9-7-1　常见的制药用水（药典水）应用范围

类别	应用范围
纯化水	非无菌药品的配料及直接接触药品的设备、器具和包装材料的最后一次洗涤用水；非无菌原料药精制工艺用水；制备注射用水的水源；直接接触非最终灭菌棉织品的包装材料的粗洗用水等 纯化水可作为配制普通药物制剂用的溶剂或实验室用水；可作为中药注射剂、滴眼剂等灭菌制剂所用饮片的提取溶剂；口服、外用制剂配制用溶剂或稀释剂；非灭菌制剂用器具的精洗用水 也用作非灭菌制剂所用饮片的提取溶剂。纯化水不得用于注射剂的配制与稀释
注射用水	直接接触无菌药品的包装材料的最后一次精洗用水；无菌原料药精制工艺用水；直接接触无菌原料药的包装材料的最后洗涤用水；无菌制剂的配料用水等 注射用水可作为配制注射剂、滴眼剂等的溶剂或稀释剂及容器的精洗
灭菌注射用水	灭菌注射用灭菌粉末的溶剂或注射剂的稀释剂。其质量应符合灭菌注射用水项下的规定

（2）常见的非药典水

① 饮用水　为天然水经净化处理所得的水，其质量必须符合现行中华人民共和国国家标准，它是可用于制药生产的最低标准的非药典用水。例如，中华人民共和国 GB 5749—2006《生活饮用水卫生标准》规定，饮用水的微生物指标必须符合如下标准：总大肠菌群（CFU/100mL）不得检出；耐热大肠菌群（CFU/100mL）不得检出；总大肠杆菌（CFU/100mL）不得检出；菌落总数（CFU/100mL）小于等于100。饮用水可作为药材精制时的漂洗、制药用具的粗洗用水。除另有规定外，也可作为药材的提取溶剂。

② 软化水　指饮用水经过去硬度处理所得的水，将软化水处理作为最终操作单元或最重要操作单元，以降低通常由钙和镁等离子污染物造成的硬度。

③ 反渗透水　指将反渗透作为最终操作单元或最重要操作单元的水。

④ 超滤水　指将超滤作为最终操作单元或最重要操作单元的水。

⑤ 去离子水　指将离子去除或离子交换过程作最终操作单元或最重要操作单元的水。当去离子过程是特定的电去离子法时，则称为电去离子水。

⑥ 蒸馏水　指将蒸馏作为最终单元操作或最重要单元操作的水。

⑦ 实验室用水　指经过特殊加工的饮用水，使其符合实验室用水要求。

非药典水也可以应用到整个制药操作中，包括生产设备的清洗、实验室用水以及作为原料药生产或合成的原料。但是，需要注意的是，药典制剂的配制必须使用药典水。无论是药典水还是非药典水，企业均应制定适宜的微生物限度标准，应根据产品的用途、产品本身的性质以及对用户潜在的危害来评估微生物在无菌制剂中的重要性，并期望生产者根据所用制药用水的类型来制定适当的微生物数量的警戒限和行动限，这些限度的制定应基于工艺要求和系统运行的历史记录。

3. 药典水的质量标准

在《中国药典》2015 版中，规定纯化水检查项目包括：性状；pH/酸碱度；氨；不挥发物；硝酸盐；亚硝酸盐；重金属；易氧化物；总有机碳；电导率；微生物限度（需氧菌总数），其中总有机碳和易氧化物两项可选做一项。在《中国药典》2015 版中，规定注射用水检查项目包括：性状；pH/酸碱度；氨；不挥发物；硝酸盐；亚硝酸盐；重金属；总有机碳；电导率；细菌内毒素；微生物限度（需氧菌总数）。在《中国药典》2015 版中，规定灭菌注射用水检查项目包括：性状；pH/酸碱度；氯化物；硫酸盐；钙盐；二氧化碳；易氧化物；氨；不挥发物；硝酸盐；亚硝酸盐；重金属；电导率；细菌内毒素。

纯化水和注射用水检测指标中外药典对比见表 9-7-2 和表 9-7-3。

表 9-7-2　纯化水检测指标中外药典对比

检验项目	《中国药典》2015 版	《欧洲药典》9.1 版	《美国药典》42 版
性状	无色的澄清液体；无臭	—	—
pH/酸碱度	应符合规定	—	—
氨	≤0.3μg/mL	—	—
不挥发物	≤1mg/100mL	—	—
硝酸盐	≤0.06μg/mL	≤0.2μg/mL	—
亚硝酸盐	≤0.02μg/mL	—	—
重金属	≤0.1μg/mL	≤0.1μg/mL	—

检验项目	《中国药典》2015 版	《欧洲药典》9.1 版	《美国药典》42 版
铝盐	—	不高于 10μg/mL 用于生产透析液时需控制此项目	—
易氧化物	符合规定	符合规定	符合规定
总有机碳（TOC）	≤0.5mg/L	≤0.5mg/L	≤0.5mg/L
电导率	应符合规定	应符合规定	应符合规定（三步法测定）
细菌内毒素	—	<0.25EU/mL；用于生产渗析液时 需控制此项目	—
微生物限度	需氧菌总数≤100CFU/mL	需氧菌总数≤100CFU/mL	菌落总数≤100CFU/mL

表 9-7-3   注射用水检测指标中外药典对比

检验项目	《中国药典》2015 版	《欧洲药典》9.1 版	《美国药典》42 版
性状	无色的澄清液体；无臭	无色澄明液体	—
pH/酸碱度	5.0～7.0	—	—
氨	≤0.2μg/mL	—	—
不挥发物	≤1mg/100mL	—	—
硝酸盐	≤0.06μg/mL	≤0.2μg/mL	—
亚硝酸盐	≤0.02μg/mL	—	—
重金属	≤0.1μg/mL	≤0.1μg/mL	—
铝盐	—	不高于 10μg/mL 用于生产透析液时需控制此项目	—
易氧化物	—	—	—
总有机碳（TOC）	≤0.5mg/L	≤0.5mg/L	≤0.5mg/L
电导率	应符合规定（三步法测定）	应符合规定（三步法测定）	应符合规定（三步法测定）
细菌内毒素	<0.25EU/mL	<0.25EU/mL	<0.25EU/mL
微生物限度	需氧菌总数≤100CFU/mL	需氧菌总数≤100CFU/mL	菌落总数≤100CFU/mL

二、制药用水设备及蒸汽技术要求

1. 纯化水系统

纯化水系统以饮用水作为原料水，采用多种过滤及去离子的组合方法。纯化水系统的处理工艺主要经过了 3 个发展阶段。第一阶段采用"预处理+离子交换法"工艺，运行中需要大量的酸碱来再生阴阳离子树脂；第二阶段采用"预处理+反渗透"工艺，反渗透技术的应用极大低降低了制水过程中的酸碱的耗量，但是不能制备较低电导率的纯化水；第三阶段采用"预处理+反渗透+EDI"工艺，有效避免了再生时的酸碱耗量，同时能制备较低电导率的纯化水。

原水水质应达到饮用水标准——GB 5749—2006《生活饮用水卫生标准》，方可作为制药用水或纯化水的起始用水，如果原水达不到饮用水标准，那么就要将原水首先处理到饮用水的标准，在进一步处理成为符合药典要求的纯化水。图 9-7-2 为纯化水制备方法示意。纯化水系统需要进行定期的消毒和水质的

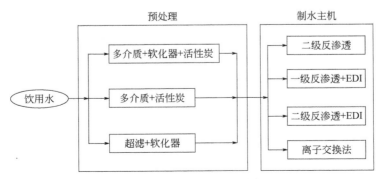

图 9-7-2   纯化水制备方法

监测来确保所有使用点的水符合药典对纯化水的要求。纯化水制备工艺流程的选择需要考虑到以下因素：原水水质、产水水质、设备运行的可靠性、系统微生物污染预防措施和消毒措施、设备运行及操作人员的专业素质、不同原水水质变化的适应能力和可靠性、设备日常维护的方便性、设备的产水回收率及废液排放的处理、日常的运行维护成本、系统的监控能力。

纯化水的预处理系统主要包含以下几个方面。

（1）原水水质

水质是指水和水中杂质共同表现出来的综合特征。衡量水质好坏的标准和尺度称为水质指标。水质指标是判断水质是否满足某种特定要求的具体衡量尺度，表示水中杂质的种类和数量。水质的质量标准是指针对水质存在的具体杂质或污染物提出相应的最低数量或浓度的限度和要求。常用水质指标包括物理指标、化学指标和生物指标。

① 物理指标　主要由固定物质、浊度、污染指数、温度、臭和味、色度、电导率等组成。水中的固体物质包括悬浮固体和溶解固体两大类。悬浮固体和溶解固体的和称为总固体物质。悬浮固体也称悬浮物，无法通过过滤器，它是反映水中固体物质含量的一个常用的重要水质指标。溶解固体也称为溶解物，是指溶于水的各种无机物质和有机物质的总和，可通过过滤水样并蒸干滤液测其重量。

浊度是指水中悬浮物对光线透过时所发生的阻碍程度。水中的悬浮物一般指泥沙、砂粒、微细的有机物和无机物、浮游生物、微生物和胶体物质等。水的浊度不仅与水中悬浮物的含量有关，而且与它们的大小、形状及折射系数等有关。污染指数是水质指标的重要参数之一，常用 SDI 表示。

臭和味是判断水质优劣的感官指标之一。水中的臭和味主要来源于生活污水和工业废水中的污物、天然物质的分解或与之有关的微生物活动。

色度是由亮度和色度共同表示的，色度是不包括亮度在内的颜色的性质，它反映的是颜色的色调和饱和度。

电导率表示水导电的能力，它可间接反映水中溶解盐的含量，是制药用水水质监测中最为关键的指标之一。

② 化学指标　主要由 pH、酸碱度、硬度、总含盐量、总需氧量、生化需氧量、化学需氧量、总氮和有机氮、有毒物质的组成。

③ 生物指标　主要由细菌总数和总大肠杆菌数等组成。

（2）原水箱

原水箱一般作为整个系统的原水的缓冲水箱，容积的配置需要与系统产能匹配，并具备一定的缓冲时间来保证整套系统的连续运行。原水箱的材质可以是 PE，也可以是不锈钢，只要不产生溶出物或与添加药剂发生反应。所以可按预处理的消毒方式来选择不同的材质。由于原水箱具有一定缓冲时间导致流速较慢，存在微生物滋生风险。在原水箱进水前加入一定量的次氯酸钠溶液，能有效地降低微生物滋生风险。建议添加后的浓度在 0.3～0.5mg/L，可通过余氯检测仪或 ORP 表进行自动检测，并在进入 RO 膜前将余氯降低到 0.1mg/L。

（3）多介质过滤器

多介质过滤器又称为机械过滤器或砂滤，过滤介质由不同直径的石英砂分层填装，较大直径的介质通常位于过滤器底部，顶部可装填无烟煤等。水流自上而下通过过滤的介质层，通常情况下介质床的孔隙率应允许去除微粒的尺寸最小为 10～40μm，故过滤器主要用于过滤除去原水中的大颗粒、悬浮物、胶体及泥沙等，以降低原水浊度对膜系统的影响，同时降低 SDI（污染指数）值，出水浊度<1，SDI<5，方能达到反渗透系统进水要求。根据原水水质的情况，需要对原水中的浊度和硅化物含量进行分析，当原水中含有较高浊度和较高浓度的硅化物时，需要在多介质过滤器前投加絮凝剂。通过絮凝作用和混合脱硅作用分别降低水中的浊度和硅化物负荷，使水中大部分悬浮物和胶体变成微絮体从而在多介质滤层中被截留去除。

多介质过滤器的日常维护比较简单。其运行成本也相对比较低，只需在日常运行中定期正反洗，将截留在滤料空隙中的杂质冲出，就能恢复多介质过滤器的处理效果。过滤器可以通过 SDI 检测、进出口压力或设定反洗周期来进行清洗。一般情况下，反洗液可以采用清洁的原水，通常以 2 倍以上的设计流速冲洗约 10min 以上，反向冲洗结束后，再进行短暂正向冲洗，使介质床复位。通常情况下设计时原水泵采用变频控制或者增设反洗泵来提升反洗时的流量。当过滤器设计直径较大或原水水质较差的情况下，可考虑设计增加空气擦洗功能，能大大提高反洗的效果。为了保证系统有良好的运行效果，需对多介质过滤器内的填料进行定期更改，更换周期一般为1~3年/次。

（4）活性炭过滤器

活性炭过滤器装置主要是通过碳表面毛细孔的吸附能力和活性自由基去除水中的游离氯、色度、有机物以及部分重金属等有害物质，以防止它们对反渗透膜系统造成影响。过滤介质通常是由颗粒活性炭（如椰壳、褐煤或无烟煤）构成的固定层，过滤器底部铺有一层石英砂，减缓反冲洗时对活性炭的冲击。经过处理后的出水余氯应<0.1mg/L。对水中余氯的去除能力是活性炭过滤器最主要的考察指标，同时，活性炭也具有一部分吸附有机物的能力。

由于活性炭具有多孔吸附的特性，大量的有机物被吸附后会出现微生物繁殖，长时间运行后产生的微生物一旦泄漏至后面设备，将会对后面单元的使用效果产生影响，并带来很大的微生物污染风险。因此，定期对活性炭过滤器进行消毒，使其微生物风险得到有效的控制，如巴氏消毒法或纯蒸汽消毒法。

（5）阳离子软化器

软化器通常由盛装树脂的容器、树脂、阀或调节器以及控制系统组成。过滤介质为树脂，目前主要是用钠型阳离子树脂中有可交换的 Na^+ 阳离子来交换出原水中的钙、镁离子而降低水的硬度，以防止钙、镁等离子在 RO 膜表面结垢，使原水变成软化水后，出水硬度能达到<1.5mg/L。由于软化器中的树脂需要通过再生才能恢复其交换能力，为了保证纯化水系统连续稳定的运行，软化器通常配备两个，且采用串联式运行。当一个软化器进行再生时，另一个可以继续运行且完全满足纯化水系统的运行。采用串联式运行能有效地避免水中微生物的快速滋生。软化器筒体部分通常采用玻璃钢、不锈钢、有机玻璃等材质组成。通过 PLC 控制系统来对软化器装置进行自动控制。图 9-7-3 为串联式软化器工作原理示意。

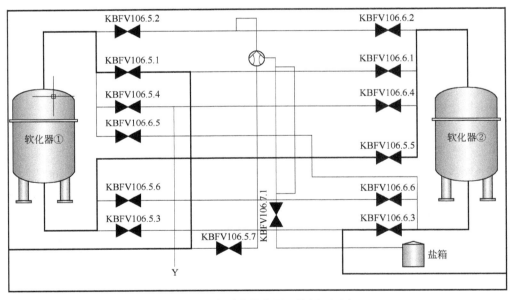

图 9-7-3　串联式软化器工作原理示意

软化器的再生通过食盐水进行置换来完成。软化系统需提供一个盐箱，盐箱中保持饱和食盐水，最终再生浓度约为 8%。软化树脂本身是不耐氧化的，氧化会造成树脂功能基团的破损，最终影响交换能力。当次氯酸钠浓度不高于 1mg/L 时，其对树脂的氧化伤害作用相对较小。当控制预处理系统中次氯酸钠浓度在 0.3~0.5mg/L 时，可将软化器设置在活性炭过滤器之前。这样能有效利用预处理系统中次氯酸钠的杀菌作用，预防微生物在软化器中的快速滋生。同时软化树脂能耐受 120℃的高温，也可以进行巴氏消毒。

（6）加药装置

在制药用水系统中，化学加药是必不可少的组成部分。稳定的加药装置设计不仅是系统保持长期高效运行也是最终水质要求达标的重要保障。常用的加药装置为絮凝剂 PAC（聚合氯化铝）、氧化剂（次氯酸钠）、还原剂（亚硫酸氢钠）、阻垢剂、pH 调节剂（氢氧化钠）。

聚合氯化铝是一种由氢氧根离子的架桥作用和多价阳离子的聚合作用而产生分子量较大、电荷较高的无机高分子水处理药剂。絮凝剂的净化原理主要通过压缩双电层、吸附电中和、吸附架桥、沉淀物网补等机制作用，使水中细微悬浮粒子和胶体粒子凝聚、絮凝、混凝、沉淀，最终通过石英砂滤层后，截留下来，达到净化的效果。在水系统中，通常在过滤器的入口处设计絮凝剂加药系统。

次氯酸钠（NaClO）溶液是含氯消毒剂的一种，也是一种强氧化剂。投入水中的次氯酸钠会立即分解成次氯酸和次氯酸根，这两种化学物质是次氯酸钠溶液主要的杀菌成分。常规的次氯酸钠溶液的浓度一般是 10%。如果原水中供水余氯浓度小于 0.3mg/L，就可以考虑设计次氯酸钠溶液加药装置。

次氯酸钠溶液投加量一般与后续的余氯传感器进行 PID 连锁控制。浓度控制在 0.3～0.5mg/L，因为浓度过低有微生物滋生风险，浓度过高导致活性炭吸附的压力过大或者添加更多的还原剂（亚硫酸氢钠）来还原，无形中人为添加了离子，加重了 RO 膜的负担。

亚硫酸氢钠（$NaHSO_3$）溶液在水系统常作为水体中余氯的还原剂，一般浓度为 10%。亚硫酸氢钠溶液极不稳定，所有现在配置加药溶液的设计容量不宜过大，建议配备用量为 1 周以内。为了保证亚硫酸氢钠溶液与水中的余氯有充分的反应时间，应尽量远离 RO 膜的入口或增加混合装置。投加量是次氯酸钠的 3～5 倍。

阻垢剂加药装置是在反渗透进水中加入阻垢剂，防止反渗透浓水中碳酸钙、碳酸镁、硫酸钙等难溶盐浓缩后析出结垢堵塞反渗透膜，从而损坏膜元件的应用特性。因此在进入膜元件之前设置了阻垢剂加药装置。常用阻垢剂有六偏磷酸钠和有机化合物。主要阻止 SO_4^{2-} 的结垢，它的主要作用是相对增加水中结垢物质的溶解性，以防止碳酸钙、硫酸钙等物质对膜的阻碍，同时也可以降低铁离子堵塞膜。不同的水质，不同的阻垢剂加药量不同，应根据阻垢剂厂家核算后进行加注。

（7）pH 调节剂加药系统

反渗透膜对气体的截留率很低，所以水中 CO_2 会透过 RO 膜，从而溶解在纯水中，最终影响水的电导率。氢氧化钠（NaOH）溶液的投加是为了适当地提高水的 pH 值，从而将水中的 CO_2 的转化成 HCO_3^- 和 CO_3^{2-}。最终通过 RO 膜进行去除。通常情况，控制 RO 进口的 pH 值在 7.8～8.5 之间，这对 CO_2 的去除率最高。

（8）脱气装置

由于在纯化水制备系统中，RO 膜不能去除气体。而水中的二氧化碳会对电导率产生影响。所以为了降低电导率通常采用两种方法：调节 pH 和脱气。脱气主要依靠脱气膜，它是一种中空纤维膜，膜的一侧是液相侧，另一侧是气相侧，被去除的气体可通过真空抽吸、气体吹扫或二者结合的方式提取。该纤维膜是疏水性的，水不能透过膜孔，被去除的气体降低了气相的分压，使气体从液相扩散到膜变成气相。

（9）膜分离技术

见分离设备。

（10）EDI 装置

EDI 装置又称为电去离子装置，其主要功能是为了进一步除盐。EDI 系统中设备主要包括反渗透产水箱、EDI 给水泵、EDI 装置及相关的阀门、连接管道、仪表及控制系统等。电去离子装置利用直流电的活性介质和电压来运送离子，从水中去除电离的或可以离子化的物质。电去离子与电渗析和通过电的活性介质来进行氧化/还原的工艺是有区别的。

在电去离子装置中，电的活性介质用于交替收集和释放可以离子化的物质，便于利用离子或电子替代装置来连续输送离子。电去离子装置可能包括永久的或临时的填料，操作可能是分批式、间歇的或连续的。对装置进行操作可以引起电化学反应，这些反应是专门设计来达到或加强其性能的，可能包括电活性膜，如半渗透的离子交换膜或两极膜。连续的电去离子（EDI）工艺区别于收集/排放工艺（如电化学离子交换或电容性去离子），这个工艺过程是连续的，而不是分批的或间歇的，相对于离子的能力而言，活性介质的离子输送特性是一个主要的选型参数。

EDI 单元是由两个相邻的离子交换膜或由一个膜和一个相邻的电极组成。EDI 单元一般有交替离子损耗和离子集中单元，这些单元可以用相同的进水源，也可以用不同的进水源。水在 EDI 装置中通过离子转移被纯化。被电离的或可电离的物质从经过离子损耗的单元的水中分离出来而流入到离子浓缩单元的浓缩水中。

在 EDI 单元中被纯化的水只经过通电的离子交换介质，而不是通过离子交换膜。离子交换膜是能透过离子化的或可电离的物质，而不能透过水。纯化单元一般在一对离子交换膜中能永久地对离子交换介质进行通电。在阳离子和阴离子膜之间，通过有些单元混合（阳离子和阴离子）离子交换介质来组成纯化水单元；有些单元在离子交换膜之间通过阳离子和阴离子交换介质结合层形成了纯化单元；其他的装置通过在离子交换膜之间的单一离子交换介质产生单一的纯化单元（阳离子或阴离子）。CEDI 单元可以是板框结构或螺旋卷式结构。

通电时在 EDI 装置的阳极和阴极之间产生一个直流电场，原料水中的阳离子在通过纯化单元时被吸引到阴极，通过阳离子交换介质来输送，其输送或是通过阳离子渗透膜或是被阴离子渗透膜排斥；原料水中的阴离子被吸引到阳极，并通过阴离子交换介质来输送，其输送或是通过阴离子渗透膜或是被阳离子渗透膜排斥。离子交换膜包括在浓缩单元中和纯化单元中去除的阳离子和阴离子，因此离子污染就从 EDI 单元里去除了。有些 EDI 单元利用浓缩单元中的离子交换介质。

EDI 技术是将电渗析和离子交换相结合的除盐工艺，该装置取电渗析和混床离子交换两者之长，弥补对方之短，即可利用离子交换做深度处理，且不用药剂进行再生，利用电离产生的 H^+ 和 OH^-，达到再生树脂的目的。由于纯化水流中的离子浓度降低了水离子交换介质界面的高电压梯度，导致水分解为离子成分（H^+ 和 OH^-），在纯化单元的出口末端，H^+ 和 OH^- 连续产生，分别地重新生成阳离子和阴离子交换介质。离子交换介质的连续高水平再生使 EDI 工艺中可以产生高纯水（$1\sim18M\Omega$）。EDI 的工作原理如图 9-7-4 所示。

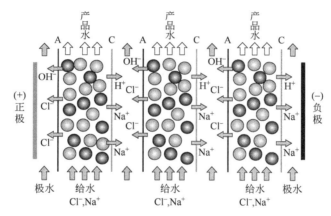

图 9-7-4　EDI 工作原理图

EDI 单元不能去除水中所有的污染物，主要是去除离子的或可离子化的物质。EDI 单元不能完全纯化进水流，系统中的污染物是通过浓缩水流来排掉的。EDI 在实际操作中是有温度限制的，大多数 EDI 单元是在 10～40℃进行操作。EDI 单元可避免水垢的形成，还有污垢和受热或氧化退化。预处理及反渗透装置能明显地降低硬度、有机物、悬浮固体和氧化剂，从而达到可以接受的水平。EDI 单元主要用一些化学剂消毒，包括无机酸、碳酸钠、氢氧化钠、过氧化氢等。特殊制造的 EDI 模块可以采用 80℃左右的热水消毒。

2. 注射用水系统

注射用水是无菌生产工艺中最为重要、应用最为广泛的一种原料，同时，在设备、包装材料的清洗过程中，注射用水也会大量使用。注射用水制备工艺流程的选择需要考虑以下一些因素：原料水水质、产水水质、设备工艺运行的可靠性、系统微生物污染预防措施和消毒措施、设备运行及操作人员的专业素质、适应不同原水水质变化的适应能力和可靠性、设备日常维护的方便性、设备的产水回收率及废液排放的处理、日常的运行维护成本、系统的监控能力。《中国药典》（2015 版）规定"注射用水为纯化水经蒸馏所得的水"。注射剂若含有超过药典规定的细菌内毒素含量将极有可能产生热原反应，蒸馏水机的最主要功能是去除水中的细菌内毒素，同时，也极大地控制了水中的微生物含量。

注射用水是生产注射剂最为关键、最基础的一种原料，热原控制尤为关键。热原主要来源于细菌死亡后的包涵体释放物。热原是导致体温升高的致热物质。所以注射用水应严格控制热原的含量。采用蒸馏法制备注射用水的注射水设备主要有单效蒸馏水机、多效蒸馏水机、热压式蒸馏水机。蒸馏是通过气液相变法和分离法来对原料水进行化学和微生物纯化的工艺过程。在这个工艺中纯化水被蒸发，产生的蒸汽从水中脱离出来，而流到后面去的未蒸发的水溶解了固体、不挥发物质和高分子杂质。在蒸馏过程当中，小分子杂质可能被夹带在水蒸发后的蒸汽中，所以需要通过一个分离装置来去除细小的水雾和夹带的杂质，这其中包括内毒素。纯化了的蒸汽经冷凝后成为注射用水。通过蒸馏的方法至少能减少99.99%内毒素含量。

（1）单效蒸馏水机

单效蒸馏水机主要用于实验室或科研机构的注射用水制备。通常情况下产量较低。单效蒸馏水机主要由蒸发室、分离室、冷凝器组成。原料水通过蒸发室加热成蒸汽后，通过分离室进行分离，再进入冷凝器，最终的冷凝水即成为注射用水。由于单效蒸馏只蒸发一次，加热蒸汽消耗量较高，能源浪费比较大，所以逐渐被淘汰。

（2）多效蒸馏水机

多效蒸馏水机设备（图9-7-5）通常由两个或更多蒸发换热器、分离装置、预热器、两个冷凝器、阀门、仪表和控制部分等组成。一般多效蒸馏水机有3～8效，每效包括一个蒸发器、一个分离装置和一个预热器。

图 9-7-5　多效蒸馏水机

在一个多效蒸馏设备中，经过每效蒸发器产生的二次蒸汽(纯蒸汽)都是用于加热原料水的，并在后面的各效中产生更多的纯蒸汽，纯蒸汽在加热蒸发原料水后经过相变冷凝成为注射用水。由于在这个分段蒸发和冷凝过程中，只有第一效蒸发器需要外部热源加热，经最后一效产生的纯蒸汽和各效产生的注射用水的冷凝是用外部冷却介质来冷却的，所以在能源节约方面效果非常明显，效数越多，节能效果越好。在注射用水产量一定的情况下，要使蒸汽和冷却水消耗量降低，就得增加效数。但是效数越多，投资成本越高，所以合理选择效数是使用方应该考虑的问题。

参考《中华人民共和国制药机械行业标准》（JB 20030—2004）中，多效蒸馏水机的标准见表9-7-4，我们可以分析多效蒸馏水机的运行参数。

表 9-7-4　多效蒸馏水机标准

型式		列管式			
效数		3	4	5	6
比值	Q_A/Q	≤0.45	≤0.34	≤0.27	≤0.23
	Q_B/Q	≤1.97	≤1.11	≤0.58	≤0.21
	Q_C/Q	≤1.15	≤1.15	≤1.15	≤1.15

注：Q 为单位时间内测得的注射用水产量，L/h；Q_A 为单位时间内生产一定量的注射用水所需消耗的蒸汽量，L/h；Q_B 为单位时间内生产一定量的注射用水所需消耗的冷却水量，L/h；Q_C 为单位时间内生产一定量的注射用水所需消耗的原料水量，L/h。Q_A、Q_B、Q_C 是多效蒸馏水机的3个主要经济消耗指标。

根据表 9-7-4，每生产 1000kg 注射用水，对于 4 效蒸馏水机来说，消耗 340kg 蒸汽，1110kg 冷却水，1150kg 原料水；对于 5 效蒸馏水机来说，消耗 270kg 蒸汽，580kg 冷却水，1150kg 原料水；对于 6 效蒸馏水机来说，消耗 230kg 蒸汽，210kg 冷却水，1150kg 原料水。

以上是多效蒸馏水机多年来的实测和热平衡计算得来的数据，是多效蒸馏水机效数选择和投资成本平衡的依据。由于我国的能源价格不断上升，所以多效蒸馏水机的节能成本计算也是必要的。

为了防止系统发生交叉污染，多效蒸馏水机的第一效蒸发器、全部的预热器和冷凝器均需采用双管板结构。内管板采用胀接，外管板采用焊接或者内外管板均采用胀接的加工方法。

多效蒸馏水机的工作原理见图 9-7-6。原料水（纯化水）先经过冷凝器（根据设备大小，进一个或两个冷凝器）的管程后，串联进入各效预热器。此时，原料水被含纯蒸汽和蒸馏水的汽-液混合物加热，进入第一效蒸发器，在布水盘的作用下，纯化水均匀地从蒸发器的列管内壁流下，在蒸发列管内形成均匀的液膜，同时列管外壁流动的工业蒸汽进行热交换，迅速蒸发成为蒸汽和部分未蒸发的原料水，在压力差的作用下向蒸发器下部运动，未蒸发的原料水被压入下一效蒸发器。蒸发产生的纯蒸汽通过分离装置后作为下一效的热能对未蒸发的原料水进行加热蒸发，纯蒸汽冷却后变成蒸馏水。依次类推，直到最后一效产出的纯蒸汽与前面产出蒸馏水一同进入冷凝器，在原料水和冷却水作用下，成为设定温度的蒸馏水，经电导率仪在线检测合格的蒸馏水作为注射用水输出，不合格的蒸馏水将自动排放。

从热能的综合利用来看，原料水经过冷凝器和预热器，把原料水的温度升到 100℃左右。进入蒸发器后第一效蒸发器产生的蒸汽能用于加热下一效的原料水，这种热能的重复利用大大降低了热能的消耗。多效蒸馏水机的效率取决于加热蒸汽的压力和蒸馏水机的效数。工业蒸汽的压力越大，能够产出的蒸馏水越多，效数越多则热能的利用率越高。

在多效蒸馏水中关键的技术是气-液分离技术。蒸馏法对原水中不发挥性的有机物、无机物包括悬浮物、胶体、细菌、病毒、热原等杂质有很好的去除作用。目前，多效蒸馏水机主要的分离技术有重力分离、螺旋分离、导流板撞击分离等。

（3）S 型蒸馏水机

S 型蒸馏水机通常是指采用丝网分离的蒸馏水机机型。重力分离是利用液滴本身的重力来实现气-液分离的方法。原料水从列管中流下时，经过工业蒸汽闪蒸后，纯蒸汽和多余的料水直接进入分离器底部，气流经 180℃转向向上，这使一部分液滴从气流中分离并沉降下来。上升的气流经过上端丝网时，速度再次降低到，细小的液滴经过丝网的阻挡后再次沉降滴落。

（4）F 型蒸馏水机

F 型蒸馏水机通常指采用螺旋分离的蒸馏水机机型，可有效实现汽-液分离。热原具有水溶性，仅存在于水以及蒸汽/水混合液滴中。由于液滴与蒸汽的密度差，在沿着螺旋轨道高速运动时，液滴和蒸汽的离心力存在非常大的差异，从而可以实现汽-液分离。基于螺旋轨道半径可使离心力产生差异，螺旋分离可分为内螺旋分离和外螺旋分离两种方式。内螺旋分离方式受其结构限制，离心加速度低于外螺旋分离方式，除沫效率不足，所以一般需增加丝网除沫进行再次分离。丝网除沫器利用惯性碰撞、气体吸附、截留作用以及静电吸附等原理来实现分离。外螺旋分离由于螺旋高度足够，气流上升时旋转气流对液滴产生的离心力非常大，能够充分将液滴分离出去，达到非常理想的分离效果。

（5）B 型蒸馏水机

B 型蒸馏水机通常采用导流板撞击式分离。导流板撞击式分离是一种分离效果较好的分离技术。当带有液滴的气流通过这种通路时，液滴会和挡板发生碰撞，之后液滴停留在上面，最终形成大液滴经排液管排出。由于汽-液折返角度不大，虽进行多次折返，但是如果气流的减速效果不理想时，撞击力偏小，导致分离效果不一定最好，所以在出汽的末端再经过换向和丝网，能大大提高蒸馏水的品质。

B 型蒸馏水机与 S 型蒸馏水机和 F 蒸馏水机的区别不仅仅是分离方式不同。蒸发的方向上也有区别：B 型蒸馏水机采用下蒸发原理，其蒸发部分在下部，蒸汽是自然上升，而且原料水与工业蒸汽属于全接触式（浸没式）。而 S 型和 F 型蒸馏水机采用上蒸发原理，而且蒸发的效果与原料水的布水方式和效果有直接的关系。所以在能源消耗上 B 型蒸馏水机要优于其他两种。

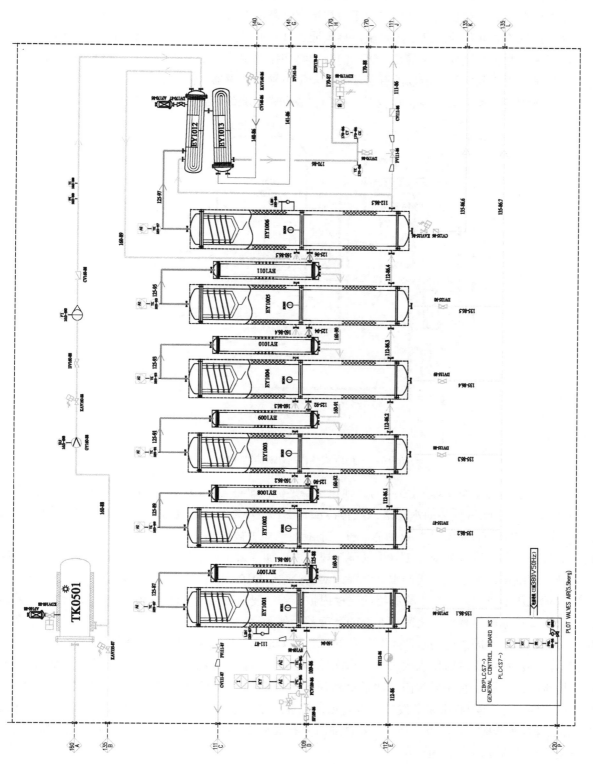

图 9-7-6 多效蒸馏水机工作原理图

（6）热压式蒸馏水机

热压式蒸馏水机也称蒸汽压缩式蒸馏水机，主要利用电机作为动力对蒸汽进行二次压缩、提高温度和压力后蒸发原料水而制备注射用水。

在热压式蒸馏水机中，进料水在列管一侧被蒸发，产生的蒸汽通过分离空间后再通过分离装置进入压缩机，通过压缩机的运行使被压缩蒸汽的压力和温度升高，然后高能量的蒸汽被释放回蒸发器和冷凝器中，在这里蒸汽冷凝并释放出潜在的热量，热量通过列管的管壁传递给水，水被加热蒸发得越多，产生的蒸汽就越多，此工艺过程不断重复。流出的蒸馏物和排放水流用来预热原料水，这样可节约能源。因为潜在的热量是重复利用的，所以没有必要配置一个单独的冷凝器。热压式蒸馏水机的主要组成部件包括蒸发器、压缩机、换热器、泵、呼吸器、阀门仪表和控制系统等，如图 9-7-7 所示。

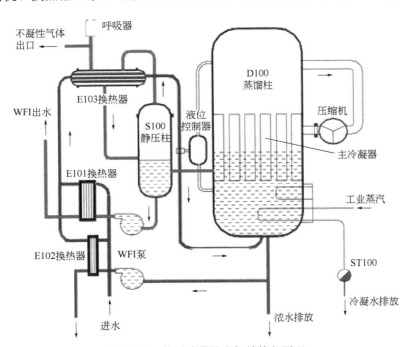

图 9-7-7　热压式蒸馏水机结构与原理

热压式蒸馏水机的工作原理见图 9-7-7。纯化水经逆流的换热器 E101（注射用水）及 E102（浓水排放）加热至约 80℃。此后预热的水再进入气体冷凝器 E103 外壳层，温度进一步升高。E103 同时作为汽-液分离器，壳内蒸汽冷凝成水，返回静压柱，不凝性气体则被排放。预热水通过机械水位调节器（蒸馏水机的液位控制器）进入蒸馏柱 D100 的蒸发段，由电加热或工业蒸汽加热。达到蒸发温度时产生纯蒸汽并上升，含细菌内毒素及杂质的水珠沉降，实现分离。D100 中有一个圆形罩，有助于汽-液分离。纯蒸汽由容积式压缩机吸入，在主冷凝器的壳程内被压缩，使温度达到 125～130℃。压缩蒸汽（冷凝器壳层）与沸水（冷凝器的管程）之间存在高的温度差，使蒸汽完全冷凝并使沸水蒸发，蒸发得到了充分的利用。冷凝的蒸汽（即注射用水和不凝气体的混合物）进入 S100 静压柱，S100 静压柱如同一个注射用水收集器。静压柱中的注射用水由泵 P100 增压，经 E101 输送泵输送至储罐或用水点。在经过 E101 后的注射用水管路上要配有切换阀门，如果检测到电导率不合格，阀门就会自动切换排掉不合格水。随着纯蒸汽的不断产生，D100 中未蒸发的浓水会越来越多而导致电导率上升，所以浓水要定期排放。热压式蒸馏水机的汽-液分离主要靠重力作用，即含细菌内毒素及其他杂质的小水珠依靠重力自然沉降，而不是依靠螺旋离心力来实现分离的。

热压式蒸馏水机的主要结构分为蒸发器、压缩机和预热单元三部分。蒸发器的主要功能是将热压式蒸馏水机的进水和经压缩机压缩后的蒸汽进行换热。蒸发器中蒸汽的温度要高于进水温度，它会在蒸发器中冷凝并释放汽化潜热，而进入热压式蒸馏水机的原水温度较低，会吸收蒸汽冷凝时释放的汽化潜热，从而被蒸发为蒸汽。按蒸发器的安装形式划分，热压式蒸馏水机分为立式与卧式两种（图 9-7-8）。

(a) 立式　　　　　　　　　　　(b) 卧式

图 9-7-8　热压式蒸馏水机的类型

（7）非蒸馏注射用水机

《美国药典》规定"注射用水经蒸馏法或比蒸馏法在移除化学物质和微生物水平方面相当或更优的纯化工艺制得"。《美国药典》《欧洲药典》与《中国药典》均要求注射用水的细菌内毒素含量应小于0.25IU/mL 或 0.25EU/mL，同时对微生物污染水平也给出了明确的要求，即每 100mL 供试品中需氧菌总数不得超过 10CFU。因此，为了制备符合药典要求的注射用水，纯化法应在微生物含量及内毒素含量两方面对原水进行有效控制。终端超滤法是一种较为成熟的用于制备注射用水的纯化工艺，终端超滤装置在制药用水系统中的主要用途是降低微生物及内毒素的负荷，与 RO、EDI 等单元操作相结合，其产水水质可满足注射用水的水质需求。

早在 1988 年日本在第十一次修订药典时，就已正式将超滤法作为一种生产注射用水的重要方法载入其中，《日本药典》接受 6000 MWCO 精度的切向流超滤（tangential flow filtration-ultrafiltration，简称 TFF-UF）装置作为制备注射用水的重要方法。在欧美，超滤法作为去除热原的方法之一被一些厂家使用。但是，该方法在注射用水生产中的应用一直未被《中国药典》和《欧洲药典》认同。2016 年 3月欧洲药典委员会通过了注射用水专论（0169）的修订，此次修订允许注射用水通过相当于蒸馏的纯化技术进行制备，如反渗透及附加的适当技术，这次修订于 2017 年 4 月生效，这就意味着，在不久的将来终端超滤法（膜法水处理）制备注射用水将逐渐被各国官方接受，终端超滤装置的应用也将会越来越广泛。

使用终端超滤法生产注射用水的设备（图 9-7-9），可通过截留分子量 6000 以下的超滤膜组件对纯化水进行过滤，从而获取注射用水。从微生物及内毒素的挑战性测试看，终端超滤法的产水水质可完全满足注射用水需求。与传统的蒸馏法制备注射用水的设备相比，终端超滤法的运行能耗会大大降低，超滤法仅需提供足够的纯化水流量和适当的压力即可正常运行，而多效蒸馏法除需提供水泵的动力以外，还需使用大量的工业蒸汽及一定量的冷却水。

在制药用水的制备环节，除了切向流超滤（TFF-UF）装置外，部分直流过滤器（带 Zeta 正电势，如 NFZ）、深层过滤器（如 SUPRA EK1P）等过滤装置针对上述注射用水的微生物和内毒素同样具有较好的去除能力。

（8）注射用水分配系统

注射用水的储存与分配系统包括储存单元、分配单元和用点管网单元（图 9-7-10）。一个良好的储存与分配系统的设计需兼顾法规、系统质量安全、投资和实用性等多方面的综合考虑，并杜绝设计不足和设计过度的发生。在最合理的成本投入下，应采用能最大限度降低运行风险和微生物污染风险的设计特性。设计特性的选择应基于"投资回报"理念，其中的"回报"主要是指对风险的降低，采用这种理念将有助于控制系统成本和评估不同的设计形式。系统将符合药典要求的水连续输送到使用点的能力可用来衡量系统的设计是否成功。因此，选择哪些设计特性才能以最高的投资回报率达到要求的水质标准是制药工程所面临的挑战。

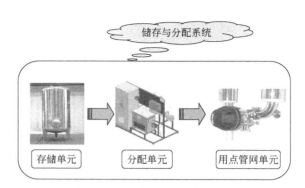

储存与分配系统

| 存储单元 | 分配单元 | 用点管网单元 |

图 9-7-9　终端超滤装置　　　　　　　　　图 9-7-10　储存与分配系统的组成

储存与分配系统的正确设计对注射用水系统成功与否至关重要。任何注射用水储存与分配系统都必须达到下列三个目的：①保持注射用水水质在药典要求的范围之内。②将注射用水以符合生产要求的流量、压力和温度输送到各工艺使用点。③保证初期投资和运行费用的合理匹配。

注射用水储存与分配系统的设计形式多种多样，选择何种设计形式主要取决于用户需求与生产要求。

注射用水系统分配单元是整个储存与分配系统中的核心单元。分配系统的主要功能是将符合药典要求的注射用水输送到工艺用点，并保证其压力、流量和温度符合工艺生产或清洗等需求。分配系统采用流量、压力、温度、TOC、电导率、臭氧等在线检测仪器来进行水质的实时监测和趋势分析，并通过周期性消毒或灭菌的方式来有效控制水中微生物负荷，按照质量检测的有关要求，整个分配系统的总供与总回管网处还需安装取样阀进行水质的取样分析。图 9-7-11 是注射用水储存与分配系统的基本原理。

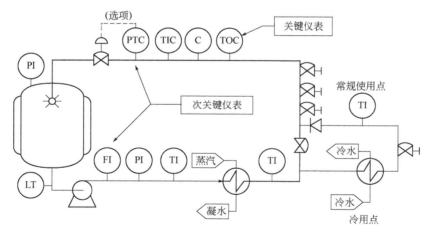

图 9-7-11　注射用水储存与分配系统

分配系统主要由以下元器件组成：带变频控制的输送泵、换热器及其加热或冷却调节装置、取样阀、隔膜阀、316L 材质的管道管件、温度传感器、压力传感器、电导率传感器与变送器、TOC 传感器及其配套的集成控制系统（含控制柜、I/O 模块、触摸屏、有纸记录仪等）。图 9-7-12 是一个典型的分配系统。

取样是注射用水系统进行性能确认的一种关键措施，FDA 规定，注射用水取样量不得小于 100mL，以 100～300mL 为宜。为保证取样的安全性，防止人为交叉污染，ISPE 推荐采用卫生型专用取样阀进行纯化水和注射用水的离线取样。图 9-7-13 是注射用水系统中两种常见的专用取样阀。取样阀主要安装于制水设备出口、分配系统总供、总回管网以及无法随时拆卸的硬连接使用点处。

图 9-7-12 典型的分配系统

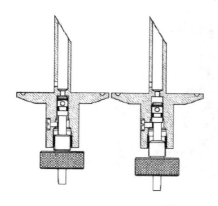 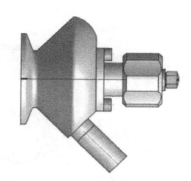

图 9-7-13 专用取样阀

注射用水用点管网单元是指从制水间分配单元出发，经过所有工艺用水点后回到制水间的分配系统，其主要功能是通过管道将符合药典要求的制药用水输送到各使用点。用点管网单元主要由以下元器件组成：取样阀、隔膜阀、管道管件、支架与辅材、保温材料等。对于注射用水系统，还包含冷用点降温模块。用点管网单元的管道管件主要由管道、弯头、三通、U型弯、变径、卡箍、卡盘和垫圈组成，如图 9-7-14 所示。

3. 纯蒸汽系统

纯蒸汽通常是以纯化水为原料水，通过纯蒸汽发生器或多效蒸馏水机的第一效蒸发器产生的蒸汽，纯蒸汽冷凝时要满足注射用水的要求。软化水、去离子水和纯化水都可作为纯蒸汽发生器的原料水，经蒸发、分离(去除微粒及细菌内毒素等污染物)后，在一定压力下输送到使用点。

纯蒸汽发生器（图 9-7-15）通常由一个蒸发器、分离装置、预热器、取样冷却器、阀门、仪表和控制部分等组成。分离空间和分离器可以与蒸发器安装在一个容器中，也可以安装在不同的容器中。

图 9-7-14 不锈钢管件 　　　　　　图 9-7-15 纯蒸汽发生器

纯蒸汽发生器设置取样器，用于在线检测纯蒸汽的质量，其检验标准是纯蒸汽冷凝水是否符合注射用水的标准，在线检测的项目主要是温度和电导率。

当纯蒸汽从多效蒸馏水机中获得时，设计时需要考虑是否产水和产汽同时制备。如果同时制备，第一效的蒸发器必须要加大，并考虑输送的纯蒸汽和制水的纯蒸汽之间的匹配度。如果不需要同时制备，那么需要增加阀门进行切换。

如图 9-7-16 所示，原料水通过原料水泵进入蒸发器 EY0501 的管程与进入壳程的工业蒸汽进行换热，原料水蒸发后通过分离器 EY0502 进行分离变成纯蒸汽，由纯蒸汽出口输送到使用点。纯蒸汽在使用之前进入复冷器 EY0503 冷却后取样和在线检测，并在要求压力值范围内输送到使用点。复冷器的冷却水可以用原料水冷却也可以外接冷却水。

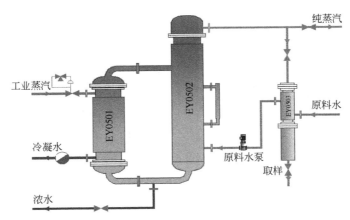

图 9-7-16　纯蒸汽发生器原理

纯蒸汽可用于湿热灭菌和其他工艺，如设备和管道的消毒。其冷凝物可直接与设备或物品表面接触，或者接触到用以分析物品性质的物料。纯蒸汽还用于洁净厂房的空气加湿，在这些区域内相关物料直接暴露在相应净化等级的空气中。

纯蒸汽的主要检测指标有：不凝气、过热度、干燥度，冷凝水符合注射用水标准。

① 不凝气体（如空气、氮气）　可以在纯蒸汽发生器出口夹带在蒸汽中，将原本纯净的蒸汽变成了蒸汽和气体的混合物。根据 HTM 2010 第 3 部分的规定，每 100mL 饱和蒸汽中不凝气体体积不超过 3.5mL。

② 过热度　根据 HTM 2010 第 3 部分的规定，过热度不超过 25℃。

③ 干燥度　是检测蒸汽中携带液相水的总量。例如，一个干燥度为 95% 的蒸汽，其释放的潜热量约为饱和蒸汽的 95%。换言之，除了引起载体过湿现象之外，当蒸汽干燥度小于 1 时，其潜热也明显小于饱和蒸汽。干燥度可以通过检测加以确定，所得的数值多为近似值。根据 HTM2010 第 3 部分的规定，干燥值不低于 0.9（对金属载体进行灭菌时，不低于 0.95）。

与制药用水系统一样，纯蒸汽也需要通过分配管路输送到各个使用点。纯蒸汽使用点的设计通常由使用点阀门、疏水阀等组成。使用点阀门的供应管道通常被设计成是从顶部主管道到冷凝水疏水阀的一个分支。纯蒸汽分配系统应采用轨道焊接，安装后需要钝化处理，分配管道坡度不应逆蒸汽流方向设计，以防蒸汽夹带水和冷凝水聚集。纯蒸汽分配系统应有充分排除空气的装置。每 30～50m 处需要在垂直上升管的底部安装一个热静力疏水阀。

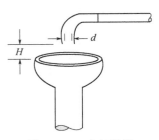

图 9-7-17　空气阻断

④ 空气阻断　也称空气隙，如图 9-7-17 所示。ASME BPE 标准建议，在设备或系统末端，采用空气隔断的方式能有效避免反向污染，因为排水系统可能形成背压而导致冷凝水或废水反向流动，从而对纯蒸汽系统形成污染。因此，当排水管内径 $d \geq$ 12.7mm 时，排水口与地漏的距离为 $2d$；当 $d < 12.7$mm 时，H 为 25mm。

4. 储存与分配系统

纯化水与注射用水的储存与分配在制药工艺中是非常重要的，因为它们将直接影响到药品生产质量合格与否。

制药用水的储存与分配系统（图9-7-18）包括储存单元、分配单元和用水点管网。一个良好的储存与分配系统的设计需兼顾法规、系统质量安全、投资和实用性等多方面的综合考虑，并杜绝设计不足和设计过度的发生，以最大限度降低运行风险和微生物污染风险的设计原则。

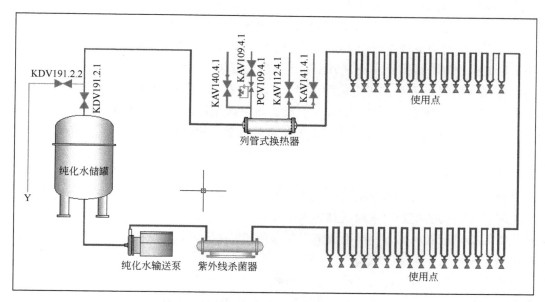

图9-7-18　储存与分配系统示意

储存系统用于调节高峰流量需求与使用量之间的关系，使二者合理地匹配。储存系统必须维持进水的质量以保证最终产品达到质量要求。储存系统允许使用量较小、成本较低的处理系统来满足高峰时的需求。较小的处理系统的操作更接近于连续的及动态流动的理想状态。对于较大的生产厂房或用于满足不同厂房的系统，可以用储罐从循环系统中分离出其中的一部分和其他部分来使交叉污染降至最低。

单独的储存与分配的投资成本相对来说比较高，包括储罐、泵、呼吸器及仪表阀门的成本。但是实际运行时，用水量有高峰和低谷，考虑到高峰时用水量的设备选型与储罐大小的选择，最终的成本相差非常大。所以设备选型时应从总的用水量来考虑设备大小，而不应从峰值用量来选型。合理的设计储存与分配系统将大大降低系统的投资成本。

影响储存能力的因素包括：用户的需求或使用量，持续时间，时间安排、变化，平衡预处理和最终处理水之间的供应，系统是不是再循环。

储罐应该提供足够的储存空间来进行日常维护，并在紧急情况下系统有序地关闭，时间可能是很短到几个小时不等，这取决于系统的选型和配置，还有维护程序。

对于储存与分配系统，储罐的容积与输送泵的流量之比称为储罐的周转或循环周转。一般储罐的腾空次数在1～5次/h，建议2～3次/h。对于生产、储存与分配系统，储罐容积与制水设备产能之比为系统周转或置换周转。一般建议1～2h置换成新水。

（1）储存单元

储存单元用来储存符合药典要求的制药用水并满足系统最大峰值用水量的要求。储存系统必须保持供水质量，以便保证使用点的质量合格。储存系统允许使用产量较小、成本较少并满足最大生产要求的制备系统。储罐的内表面水流速度缓慢，容易滋生微生物膜，特别是储罐的顶部是一个盲区。因此对储罐的消毒和保证罐内水的连续循环是非常重要的。通过安装罐体喷淋球，使水连续冲刷储罐顶部内表面，可进一步降低微生物膜的形成。从控制微生物滋生的角度来看，储罐越小越好，这样系统循环率会较高。

（2）分配单元

制药用水系统分配单元是整个储存与分配系统中的核心单元。分配系统的主要功能是将符合药典要求的制药用水输送到工艺用水点，并保证其压力、流量和温度符合工艺生产或清洗等的需求。分配系统采用流量、压力、温度、TOC、电导率等在检测仪器来进行水质的实时监测和趋势分析，并通过周期性消毒或灭菌的方式来有效控制水中微生物负荷，按照质量检测的有关要求，整个分配系统的总送与总回管网处需安装取样阀进行水质的取样分析。

分配单元主要由输送泵（变频）、紫外线杀菌（纯化水可选）、换热器及仪器仪表、管阀件组成。分配单元正常运行保证管道内流速不低于 1.0m/s，当用水高峰时短时间内应不低于 0.6m/s。为了实现此要求，输送泵采用变频控制，根据回水流量或流速进行自动变频。

储存与分配系统的消毒灭菌方式有化学消毒、巴氏消毒、纯蒸汽灭菌、过热水灭菌。化学消毒由于残留的问题目前很少再使用。纯化水储存与分配系统多采用巴氏消毒，消毒时系统温度维持在 85℃并保持 1～2h；注射用水储存与分配系统采用纯蒸汽或过热水灭菌时，系统温度维持在 121℃并保持 30min。

（3）用水点管网单元

用水点管网单元是指从制水间分配输出后经过所有工艺用水点后回到制水间的分配系统，其主要功能是通过管道将符合药典的制药用水输送到各用水点。

分配系统管网都采用 304 或 316L 不锈钢。为了保证焊接质量，焊接采用氩气保护的自动焊接，保证管道内外成型，减少微生物滋生风险。

在用水点管网中，使用点采用的阀门也至关重要。目前，通常采用 U 型三通+隔膜阀、T 型阀。对于死角长度来讲，T 型阀更越于 U 型三通+隔膜阀。T 型阀可以达到 2D 或无死角，U 型三通+隔膜阀只能满足 3D 要求，但对于用点阀门较小的话满足 3D 更难。

三、制药用水系统的验证

验证是建立一个书面证据，通过用一个特殊的过程来证明系统始终如一地生产产品并保证符合客户预先确定要求的质量特性。要进行验证工作，先必须按照验证生命周期设计出一套完整的验证计划及有效的测试方法。通过系列化的研究来完成的过程称为生命周期，验证生命周期以制定用户需求说明为起点，经过设计、制造、安装、运行和性能确认来证实用户需求说明是否完成的一个周期，V-模型是验证生命周期的常用模式（图 9-7-19）。

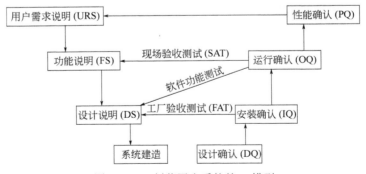

图 9-7-19　制药用水系统的 V-模型

V-模型描述了需要在设计确认阶段进行测试的重要项目要求，由三组文件包组成。这些文件包括用户需求说明（URS）、功能说明（FS）、设计说明（DS），其中控制系统的设计说明又可分为硬件设计说明（HDS）和软件设计说明（SDS）。根据项目执行的策划以及项目的复杂程度，这些文件也可以适当组合，最终关于用户需求中技术要求的内容应该分解到这三部分文件中。

（1）验证计划

验证总计划（VMP）是为整个项目及总结生产者全部的观点和方法而建立的保护性验证计划，它是一份较高层次的文件，用来保证验证执行的充分性。验证总计划提供了验证工作程序的信息，并说明了执行验证工作时间的安排，包括与计划相关责任的统计。

验证总计划中应当要对完成整个验证所需的人员、设备和其他特殊要求进行估计，包含整个项目的时间安排及子项目的详细规划，其中时间安排可以包括在验证矩阵中，也可单独编制。验证时间安排需要进行定期更新。一旦设备列表和系统影响性评估完成，应当制订一个详细的计划进度表。进度表中应该整合确定工作和设备制造、调试、运行的时间表，以便能了解设备供应商的工作进度。这份进度表根据实际的进度应定期更新。

制药用水系统从设计到运行的整个阶段中，项目控制是非常重要的，在项目实施过程中产生的文件记录将是验证活动的依据。

（2）用户需求说明

用户需求说明（URS）是指制药企业根据自己的使用目的、环境、用途等对设备、厂房、硬件设施和软件控制等提出自己的使用需要说明。在制药用水或蒸汽系统概念设计阶段开始编制。正常用户技术要求说明在详细设计开始之前确定下来。一旦验证开始，就应当避免 URS 的修订，以防止验证的调整造成成本和时间的浪费。

在设计确认过程，URS 被详细回顾检查，以确保设计满足使用者的期望。URS 回顾检查的结果应该在设计确认总结报告中进行总结。URS 描述制药用水或纯蒸汽系统制备和分配的产品要求。一般地，URS 要全面地描述水和蒸汽系统的性能和能力。URS 应当给出可以接受的质量标准，包括水和蒸汽的品质要求，例如总有机碳（TOC）、电导率、微生物和细菌内毒素等。原水水质与季节变化可能会直接影响最终的产品品质，所有系统设计时原水水质报告应当包含在 FS 或 DS 中。同时 URS 还应提出自动化程度的要求以及一些特殊要求，如预处理单元配置、消毒方式的选择等。

（3）设计确认（DQ）

设备生产之前，制药用水系统的设计文件（URS、FS、DS）都要逐一进行检查，以确保系统能够完全满足 URS 及 GMP 中的所有要求。设计确认应该贯穿整个设计阶段，从概念设计到开始采购施工，这应该是一个动态过程。设计文件最终确定后总结一份设计确认报告，其中包括对 URS 的审核报告。设计确认主要是对设备/系统选型和计时规格、技术参数和图纸等文件的适用性审查，通过审查确认设备/系统用户要求说明中各项内容得以实施；并考察设备、系统是否适合该产品的生产工艺、校准、维修保养、清洗等方面的要求，同时设计确认也将提供有用的信息以及必需的建议，以利于设备/系统的制造、安装和验证。

（4）安装确认（IQ）

安装确认是通过用文件记录的形式证明所安装的设备/系统符合已批准的设计要求。安装确认的目的是检查并证明系统的制造和安装都符合设计标准。安装确认包括系统竣工文件图纸确认、工程施工记录文件、设备安装确认、仪器仪表阀门安装确认、管道试压清洗钝化确认、管道坡度确认、管道死角确认、电气硬件安装确认。

（5）运行确认（OQ）

运行确认是通过有文件记录的形式证明所安装的设备/系统在预期参数范围之内按用户需求说明中的运行方式稳定运行。运行确认通过检查、检测等测试手段，用文件的形式证明设备/系统运行符合功能描述中要求。运行确认应在安装确认完成后进行，并且安装确认的偏离项并不影响运行确认执行。运行确认包括设备/系统的整机运行、控制参数的确定、访问权限、数据记录、报警及联锁、系统消毒灭菌、系统清洗、系统的操作维护 SOP 文件。

（6）性能确认（PQ）

性能确认是为了证明所安装的设备/系统按照预定的操作程序在规定的操作参数内运行，并通过连续的检测使最终生产产品符合 URS 要求和 GMP 要求。性能确认应在安装确认和运行确认完成之后执行。性能确认的目的是整合制水系统运行所需的程序、人员、系统、材料，证明系统能持续满足 URS 提出的质量要求。制药用水系统的性能确认一般采用三阶段法，在性能确认过程中制备和储存分配系统不能出现故障和性能偏差。

第一阶段，连续取样 2～4 周，按照药典检测项目进行全检。目的是证明系统能够持续产生和分配符合要求的纯化水或者注射用水，同时为系统的操作、消毒、维护 SOP 的更新和批准提供支持。

第二阶段，连续取样 2～4 周，目的是证明系统在按照相应的 SOP 操作后能持续生产和分配符合要求的纯化水或注射用水。取样安排与第一阶段一致。

第三阶段，根据已批注的 SOP 对纯化水或注射用水系统进行日常监控。测试从第一阶段开始持续一年，从而证明系统长期的可靠性，以评估季节变化对水质的影响。

三阶段法纯化水性能确认取样点及检测计划的示例见表 9-7-5 和表 9-7-6。

表 9-7-5　纯化水性能确认取样点及检测计划

阶段	取样点位置	取样频率	检测项目	检测标准
第一阶段	原水	每月一次	国家饮用水标准	国家饮用水标准
	多介质过滤器	每周一次	SDI	<5
	活性炭过滤器	每周一次	余氯	0.1mg/L
	软化器	每周一次	硬度	1.5 mg/L
	制备系统产水	每天	全检	药典或者内控标准
	纯化水储罐	每天	全检	药典或者内控标准
	分配总送	每天	全检	药典或者内控标准
	分配总回	每天	全检	药典或者内控标准
	用水点	每天	全检	药典或者内控标准
第二阶段	原水	每月一次	国家饮用水标准	国家饮用水标准
	多介质过滤器	每周一次	SDI	<5
	活性炭过滤器	每周一次	余氯	0.1mg/L
	软化器	每周一次	硬度	1.5 mg/L
	制备系统产水	每天	全检	药典或者内控标准
	纯水储罐	每天	全检	药典或者内控标准
	分配总送	每天	全检	药典或者内控标准
	分配总回	每天	全检	药典或者内控标准
	用水点	每天	全检	药典或者内控标准
第三阶段	原水	每月一次	国家饮用水标准	国家饮用水标准
	多介质过滤器	每月一次	SDI	<5
	活性炭过滤器	每月一次	余氯	0.1mg/L
	软化器	每月一次	硬度	1.5 mg/L
	制备系统产水	每天	全检	药典或者内控标准
	纯水储罐	每天	全检	药典或者内控标准
	分配总送	每天	全检	药典或者内控标准
	分配总回	每天	全检	药典或者内控标准
	用水点	每天取样，每月轮检一遍	全检	药典或者内控标准

表 9-7-6　注射用水性能确认取样点及检测计划

阶段	取样点位置	取样频率	检测项目	检测标准
第一阶段	纯化水	每周一次	全检	药典或者内控标准
	蒸馏水机出口	每天	全检	药典或者内控标准
	蒸馏水储罐	每天	全检	药典或者内控标准
	分配总送	每天	全检	药典或者内控标准
	分配总回	每天	全检	药典或者内控标准
	用水点	每天	全检	药典或者内控标准

阶段	取样点位置	取样频率	检测项目	检测标准
第二阶段	纯化水	每周一次	全检	药典或者内控标准
	蒸馏水机出口	每天	全检	药典或者内控标准
	蒸馏水储罐	每天	全检	药典或者内控标准
	分配总送	每天	全检	药典或者内控标准
	分配总回	每天	全检	药典或者内控标准
	用水点	每天	全检	药典或者内控标准
第三阶段	纯化水	每月一次	全检	药典或者内控标准
	蒸馏水机出口	每天	全检	药典或者内控标准
	蒸馏水储罐	每天	全检	药典或者内控标准
	分配总送	每天	全检	药典或者内控标准
	分配总回	每天	全检	药典或者内控标准
	用水点	每天取样,每月轮检一遍	全检	药典或者内控标准

（7）验证总结报告

所有的验证活动完成后最终需要完成验证的总结报告，每个报告为所对应的验证方案内提到的与验证活动相关的验证工作的详细总结。验证报告通过对所有验证活动进行总结，对验证过程和结论有清晰的理解。

DQ、IQ、OQ、PQ 是分开的，依据各自的方案得出报告。报告涵盖了所有方案中的内容，不能缺少和多余，需保持与方案的一致性，最终记录偏差和未完成的工作，并写明解决偏差的建议和方法。如果需要变更的，写明变更情况和变更结果，最终得出确认结果是否通过。

（8）再验证周期

要确保制药用水系统在整个使用周期内良好运行，需要在运行一定时间后定期进行再验证，这应包括系统的使用定期性能评估、系统变更的性质和程度、系统未来预期使用的变更以及公司合适的质量系统。计划中应考虑的项目如下：

① 维护　系统常规的维护保养工作，比如说更换易损易耗件、定期清洗、更换小部件等一般不用再验证。

② 改造　改造一般指更换或增加不同的部件，改变系统配置或控制程序。改造如果不改变原始设计，则不需要完整的重复验证。可以部分的验证，例如安装确认中确认更换是部件，运行确认中确认控制方式或参数界限等。再验证的程度取决于改造给系统带来的潜在影响。

③ 设计变更　设计变更意味着对原始设计的重大改变，需要对系统再验证。例如在纯化水制备系统中增加软化器或 EDI 装置类似的部件，最终改变系统的产水质量、控制程序等，这种情况一般都需要再验证。若系统性能不稳定，出现重大偏差，需要对偏差进行调查，必要时对系统进行再验证。

第二篇

工 艺 篇

第十章
饮片炮制生产工艺

第一节　概述

炮制是制备中药饮片的一门传统制药技术，也是中医药学特定的专用制药术语，历史上又称"炮炙""修治""修事"。中药炮制是按照中医药理论，根据药材自身性质以及调剂、制剂和临床应用的需要，所采取的一项独特的制药技术。它是中医药理论在临床用药上的具体表现，是我国具有自主知识产权的制药技术，是保证饮片质量的关键。中药炮制品的功效是中医长期临床用药经验的总结，炮制工艺的确定以临床需求为依据，炮制工艺是否合理，方法是否恰当，直接影响到临床疗效。

一、中药饮片生产概况

早在东汉时期，葛玄（葛洪的祖先）就对药物药性、疗效、识别、鉴定、加工炮制等积累了很多经验，被称为中药材加工炮制的创始人。随着成药被广泛应用，药物生产也逐步向手工业发展，而生产力的发展，又促进了行、号、庄、店等独特的中药饮片加工的经营实体的出现，因此"前店后厂"的作坊式饮片工业也随之产生。

新中国成立后，随着国民经济的发展，新的饮片加工厂也发展起来了，并且走向机械化、规范化，提高了生产效益，饮片的质量也大为改观。2008年以来，中药饮片生产企业实施 GMP 认证和饮片必须有固定包装的要求，以及中药炮制自动化设备和生产线的研制及应用，使生产过程从人工控制向自动控制转变，进一步推动中药饮片生产向着炮制工艺规范化、炮制机械现代化、检测手段科学化、质量控制客观化、饮片质量标准化、包装计量规格化、生产经营规模化及药材来源基础化的方向发展。

二、中药饮片生产工艺的发展

中药饮片生产的工艺越来越精湛，生产工艺在原料的选择工艺上必须进行真伪鉴定和优劣鉴定，选用符合《中国药典》标准的优良道地药材。净制工艺必须对药材进行筛选、拣洗、净制处理，去除泥沙杂质及非药用部分。软化工艺必须对干燥的原药材进行浸润等软化处理，根据药材的质地不同，选用淋润、焖润或泡润。切制工艺选用适宜的机械设备，将软化后的净药材切制成一定规格的片状或粒状等，使之便于炮炙、干燥、定量包装、调剂和煎煮。炮制工艺根据临床需要，按照炮制规范对切制后需要进一步加工的药材进行炮制，常用的炮制方法有炒、炙、煅、煮、蒸等。干燥工艺选用适宜的干燥设备，在适宜温度条件下，对经过软化处理后切制的饮片或炮制后需要进一步干燥的饮片进行干燥处理，使含水量控制在安全标准之内，防止贮存过程中霉烂变质。灭菌工艺选用适宜的灭菌设备，对干燥或炮制后的饮片进行灭菌处理，使其微生物含量达到规定的限量标准，保证饮片包装后在贮存期内不会发霉变质和发生虫蛀。包装工艺选用合格的一次性绿色环保包装材料，进行单味定量密封包装，精致饮片采用定量中包装，还可根据不同要求对贵重细料饮片采用小包装。成品要检验水分、性状、装量、包装、粒度、含量、浸出物、封口，以及加印内容是否齐全、准确，各项指标均合格，填写合格证。装箱、外包装工艺要选用适宜的包装材料，如纸箱等进行外包装，箱内加合格证。

第二节　炮制生产工艺

炮制是制备中药饮片的一门传统制药技术，药材经净制、切制或炮炙等处理后，方称为"饮片"；而药材必须净制后方可进行切制或炮炙等处理。

本书中所指饮片规格均为药典规定的各饮片规格，即临床配方使用的饮片规格。制剂中使用的饮片规格，应符合相应制剂品种实际工艺的要求。

一、净制

1. 工艺简介

净制即净选加工。可根据具体情况，分别使用挑选、筛选、风选、水选、剪、切、刮、削、剔除、酶法、剥离、挤压、燀、刷、擦、火燎、烫、撞、碾串等方法，达到分离药用部位、除去非药用部位、除去泥沙杂质及虫蛀霉变品和大小分档的目的，以达到净度要求。

2. 注意事项

（1）净洗程度把控

不同品种的入药部位、质地、化学成分特点等均存在差异。净洗过程如不充分，杂质或泥土附着较大，不符合临床用药需求；净洗过度亦会造成成分流失或改变。因此，对于净洗工艺，有必要开展深入研究，根据其形态、化学成分特点等配备适宜的设备及方法。

（2）非药用部位去除

中药品种对于药用部位的限定较为明确，非药用部位一般成分含量偏低甚至有毒或功效具有明显差异。因此，有必要在净制过程中有效去除非要用部位。为保证此工艺环节的有效和高效开展，需在拣选间规划足够的空间和场地，并配备剪、锉、刀等常用工具，以保证叶、枝、须、木心、栓皮、绒毛、核等的有效去除。

（3）大小分档

饮片炮制涉及炒、蒸、煮等工序的，如规格大小不均一易造成炮制程度上的不统一，为保证饮片临床应用的疗效，需对大小进行有效分档。根据不同品种的形态及大小，定制相应规格的筛网，以实现不同品种不同规格的有效分档。

二、切制

1. 工艺简介

将净选后的药物进行软化，再切成一定规格的片、丝、块、段等炮制工艺，称为饮片切制。切制时，除鲜切、干切外，均须进行软化处理，其方法有喷淋、抢水洗（清水洗涤药材的方法，药材与水接触时间较短）、浸泡、润、漂、蒸、煮等。亦可使用真空加温润药机、回转式减压浸润罐、气相置换式润药箱等软化设备。切制品有片、段、块、丝等。其规格厚度通常为：①片，极薄片0.5mm以下，薄片1～2mm，厚片2～4mm。②段，短段5～10mm，长段10～15mm；③块，8～12mm的方块。④丝，细丝2～3mm，宽丝5～10mm。其他不宜切制者，一般应捣碎或碾碎使用。

2. 注意事项

（1）软化程度

切制前需对药材进行有效软化，应根据药材自身质地及化学成分特点合理选择适宜的软化方式。软化处理应按药材的大小、粗细、质地等分别处理。分别规定温度、水量、时间等条件，应少泡多润，防止有效成分流失。切后应及时干燥，以保证质量。对热不敏感品种可采用蒸汽蒸烫法使之软化，而后趁热切制；常规品种软化应与净制相结合，采用少泡多润的原则，使之既软化适度又避免伤水。

（2）片形及厚度

饮片临床应用均有法规规定的厚度或规格，片形的完整性及厚度的统一性对临床功效的稳定具有关键性意义。因此，需明确法规对于饮片片形和厚度的要求，根据药材形态和切制要求合理配备设备。

（3）切片产能

中药材除部分允许产地趁鲜加工切片外，绝大多数均需进行切制处理，切制工艺中的布料、切制等工序又相对耗时，故应该增设切制线，以确保其破碎、粉碎、切制多品种的同步进行。

三、炒制

炒制分单炒（清炒）和加辅料炒。需炒制者应为干燥品，且大小分档；炒时火力应均匀，不断翻动。炒制时应掌握加热温度、炒制时间及程度要求。

1. 单炒（清炒）

取待炮制品，置于炒制容器内，用文火加热至规定程度时，取出，放凉。需炒焦者，一般用中火炒至表面焦褐色，断面焦黄色为度，取出，放凉；炒焦时，易燃者，可喷淋清水少许，再炒干。注意事项包括：①药物必须大小分档；②炒前锅要预热；③炒制时选择适当火力；④搅拌要均匀，出锅要迅速。

（1）炒黄（包括炒爆）

① 工艺简介　炒黄是将净制或切制过的药物，置于炒制容器内，用文火或中火加热，并不断翻动和搅动，使药物表面呈黄色或颜色加深，或发泡鼓起，或爆裂，并逸出固有气味的方法。炒黄是炒法中最基本的操作。

② 控制要点　炒黄的操作虽然简单，但炒制程度却较难判定。因为很多药物表面就是黑色、黄色或灰色的，根据经验，可以从以下几个方面判定：

a. 对比看：炒制时可以留少许生品，一边炒，一边与生品比较，颜色加深即可。

b. 听爆声：很多种子类药材，在炒制过程中都有爆鸣声，一般在爆鸣声减弱时即已达到炒制程度，不要等到爆鸣声消失。

c. 闻香气：种子类药材炒制过程中都有固有的香气逸出，所以嗅到香气时，也就炒好了。

d. 看断面：当看表面和听爆鸣声仍难以判定时，可以看种子的断面。断面呈淡黄色时即达到了炒制程度。该条是判定标准中最关键的一条，可以说炒黄的程度体现，在多数情况下就是看断面的颜色。

（2）炒焦

炒焦是将净选或切制后的药物，置于炒制容器内，用中火或武火加热，炒至药物表面呈焦黄或焦褐色，内部颜色加深，并有焦香气味。炒焦的主要目的是增强药物消食健脾的功效或减少药物的刺激性。

（3）炒炭

① 工艺简介　炒炭是将净选或切制后的药物，置于炒制容器内，用武火或中火加热，炒至药物表面焦黑色或焦褐色，内部呈棕褐色或棕黄色。炒炭要求存性。经炒炭炮制后可使药物增强或产生止血、止泻作用。

② 控制要点　a. 操作时要适当掌握好火力，质地坚实的药物宜用武火，质地疏松的花、花粉、叶、全草类药物可用中火，视具体药物灵活掌握。b. 在炒炭过程中，药物炒至一定程度时，因温度很高，易出现火星，特别是质地疏松的药物如蒲黄、荆芥等，需喷淋适量清水熄灭，以免引起燃烧。取出后必须摊开晾凉，经检查确无余热后再收贮，避免复燃。

（4）清炒关键工艺点

传统直火加热火力不集中有高低变化差异，对于饮片炒制的火色及焦斑等特征有一定的经验性。现代电加热炒制设备火力相对均匀，饮片受热在锅体环境中较为持续，故饮片炒制的火色与传统有差异，焦斑特征不易呈现。为保证清炒饮片的质量，需以炒制适宜程度的化学指标为主要参考依据，适当弱化外观性状判断的标准。

2. 加辅料炒法

（1）麸炒

将净制或切制后的药物用麦麸熏炒，这种方法称为麸炒。先将炒制容器加热至撒入麸皮即刻烟起，随即投入待炮制品，迅速翻动，炒至表面呈黄色或深黄色时，取出，筛去麸皮，放凉。除另有规定外，每100kg待炮制品，用麸皮10～15kg。

① 净麸炒　先用中火或武火将锅烧热，再将麦麸均匀撒入热锅中，至起烟时投入药物，快速均匀翻动并适当控制火力，炒至药物表面呈黄色或深黄色时取出，筛去麦麸，放凉。麦麸一般用量：每100kg药物，用麦麸10～15kg。

② 蜜麸炒　先用中火或武火将锅烧热，再将蜜麸均匀地撒入热锅中，至起烟时投入药物，快速均匀翻动并适当控制火力，炒至药物表面呈黄色或深黄色时取出，筛去麦麸，放凉。蜜麸一般用量：每100kg药物，用蜜麸10kg。

③ 糖麸炒　先用中火或武火将锅烧热，再将糖麸均匀地撒入热锅中，至起烟时投入药物，快速均匀翻动并适当控制火力，炒至药物表面加深时取出，筛去糖麸，放凉。糖麸一般用量：每100kg药物，用糖麸10kg。

④ 注意事项　a．辅料用量适当。麦麸量少则烟气不足，达不到熏炒效果；麦麸量多，使温度下降过快，延长饮片受热时间，亦达不到麸炒要求且造成浪费。b．注意炒制火力适当。麦麸一般用中火或武火，并要求火力均匀；锅需事先预热；可取少量麦麸投锅预试，以"麸下烟起"为度。c．注意操作方法。麦麸撒布要均匀，待起烟投药。d．麸炒的药物要求干燥，以免药物粘附焦化麦麸。e．麸炒药物达到标准时要求迅速出锅，以免造成炮制品发黑、火斑过重等现象。

（2）米炒

① 工艺简介　将净制或切制后的药物与米同炒，这种方法称为米炒。米炒药物一般以糯米为佳，有些地区用"陈仓米"，现通常多用大米。操作方法有米拌炒法和米上炒法。米拌炒法即先将锅烧热，加入定量的米，用中火炒至冒烟时，投入药物，拌炒至所需程度，取出，筛去米，放凉。米上炒法即先将锅烧热，撒上浸湿的米，使其平贴锅上，用中火加热炒至米冒烟时投入药物，轻轻翻动米上的药物，至所需程度取出，筛去米，放凉。米的用量一般为：每100kg药物，用米20kg。

② 注意事项　炮制昆虫类药物时，一般以米的色泽观察火候，炒至米变焦黄或焦褐色为度。炮制植物类药物时，观察药物色泽变化，炒至黄色为度。

（3）土炒

① 工艺简介　将净选或切制后的药物与灶心土（伏龙肝）拌炒，这种方法称为土炒。亦有用黄土、赤石脂炒者。操作方法即将灶心土研成细粉，置于锅内，用中火加热，炒至土呈灵活状态时投入净药物，翻炒至药物表面均匀挂上一层土粉并透出香气时，取出，筛去土粉，放凉。土的用量一般为：每100kg药物，用土粉25～30kg。

② 注意事项　a．灶心土灵活状态时投入药物后，要适当调节火力，一般用中火，防止药物烫焦。b．用土炒制同种药物时，土可连续使用。若土色变深，应及时更换新土。

（4）砂炒

① 工艺简介　将净选或切制后的药物与热砂共同拌炒，这种方法称为砂炒法，亦称砂烫法。取制过的砂置于炒制容器内，用武火加热至滑利状态，容易翻动时，投入药物，不断用砂掩埋，翻动，至质地酥脆或鼓起，外表呈黄色或较原色加深时，取出，筛去砂，放凉。如需醋淬时，筛去砂后，趁热投入醋液中淬酥，取出，干燥即得。除另有规定外，砂的用量以能掩盖所加药物为度。

制砂方法有以下两种：

a．制普通砂　选用颗粒均匀的洁净河砂，先筛去粗砂粒及杂质，再置于锅内用武火加热翻炒，以除净其中夹杂的有机物及水分等。取出晾干、备用。

b．油砂　取筛去粗砂和细砂的中粗河砂，用清水洗净泥土，干燥后置于锅内加热，加入1%～2%的食用植物油拌炒至油尽烟散，砂的色泽均匀加深时取出，放凉备用。

② 注意事项　a. 用过的河砂可反复使用，但需将残留在其中的杂质除去。炒过毒性药物的砂不可再炒其他药物。b. 若反复使用油砂时，每次用前需添加适量油拌炒后再用。c. 砂炒温度要适中，温度过高时可采取添加冷砂或减小火力等方法调节。砂量也应适宜，量过大易产生积热使砂温过高，反之砂量减少，药物受热不均匀，易烫焦，也会影响炮制品质量。d. 砂炒时一般使用武火，温度较高，因此操作时翻动要勤，成品出锅要快，并立即将砂筛去。药物如需醋浸淬，砂炒后应趁热浸淬，干燥。

（5）蛤粉炒

① 工艺简介　将净制或切制后的药物与蛤粉共同拌炒，这种方法称为蛤粉炒或蛤粉烫。将研细过筛后的净蛤粉置于热锅内，中火加热至蛤粉滑利易翻动时减小火力，投入经加工处理后的药物，不断沿锅底轻翻烫炒至膨胀鼓起且内部疏松时取出，筛去蛤粉，放凉。除另有规定外，每100kg 药物，用蛤粉 30～50kg。

② 注意事项　a. 胶块切成立方丁，再大小分档，分别炒制。b. 炒制时火力不宜过大，以防药物黏结、焦糊或"烫僵"。如温度过高可酌加冷蛤粉调节温度。c. 胶丁下锅翻炒要速度快而均匀，否则会引起互相粘连，造成不圆整而影响外观。d. 蛤粉烫炒同种药物可连续使用，但颜色加深后需及时更换。e. 贵重、细料药物如阿胶之类，在大批炒制前最好先采取试投的方法，以便掌握火力，保证炒制品质量。

（6）滑石粉炒

① 工艺简介　将净制或切制后的药物与滑石粉共同拌炒，这种方法称为滑石粉炒或滑石粉烫。将滑石粉置于热锅内，用中火加热至灵活状态时，投入经加工处理后的药物，不断翻动，至药物质酥或鼓起或颜色加深时取出，筛去滑石粉，放凉。除另有规定外，每100kg 药物，用滑石粉 40～50kg。

② 注意事项　a. 滑石粉炒一般用中火，操作时适当调节火力，防止药物生熟不均或焦化。如温度过高时，可酌加冷滑石粉调节。b. 滑石粉可反复使用，色泽变灰暗时应及时更换，以免影响成品外观色泽。

（7）加辅料炒关键工艺点

加辅料炒关键工艺点包括辅料的加入量、辅料炒制的适宜程度判断、加辅料炒制过程中的高效翻拌及炒制终点的判断。为保证饮片质量，建议应用转速较快可以充分翻拌的滚筒炒药机操作。首先将锅温升至适宜温度，按《中国药典》规定的量先投入辅料，炒制适宜状态，再投入待炮制品进行炒制。过程中随时关注饮片状态，待达到炮制终点时迅速出锅。

四、炙法

炙法是将药物与液体辅料共同拌润，并炒至一定程度的方法。炙法可以分为酒炙、醋炙、盐炙、姜炙、蜜炙、油炙。

1. 酒炙

（1）工艺简介

取净制或切制后的药物，加黄酒拌匀，焖透，置于炒制容器内，用文火炒至规定的程度时，取出，放凉。酒炙时，除另有规定外，一般用黄酒，用量一般为每100kg 药物用黄酒 10～20kg。操作方法分为以下两种。

① 先拌酒后炒药　将净选或切制后的药物与定量黄酒拌匀，稍焖润，待黄酒被吸尽后，置于炒制容器内，用文火炒干，取出晾凉。此法适用于质地较坚实的根及根茎类药物。

② 先炒药后加酒　先将净制或切制后的药物，置于炒制容器内，文火加热至一定程度，再喷洒定量黄酒炒干，取出晾凉。此法多用于质地疏松的药物。

一般多采用第一种方法，因第二种方法不易使酒渗入药物内部，加热翻炒时，酒易迅速挥发，所以一般少用，只有个别药物使用此法。

（2）注意事项

①加黄酒拌匀焖润过程中，容器上面应加盖，以免黄酒迅速挥发。②若黄酒的用量较少，不易与药物拌匀时，可先将黄酒加适量水稀释后，再与药物拌润。③药物在加热炒制时，火力不宜过大，一般用文火，勤加翻动，炒至近干，颜色加深时，即可取出，晾凉。

2. 醋炙

（1）工艺简介

取净制或切制后的药物，加醋拌匀，焖透，待醋被吸尽后，置于炒制容器内，炒至规定的程度时，取出，放凉。除另有规定外，每100kg药物，用米醋20～30kg，最多不超过50kg。操作方法分为以下两种。

① 先拌醋后炒药　将净制或切制后的药物，加入定量米醋拌匀，焖润，待醋被吸尽后，置于炒制容器内，用文火炒至一定程度，取出晾凉。此法适用于大多数植物类药物。

② 先炒药后喷醋　将净选后的药物，置于炒制容器内，炒至表面熔化发亮（树脂类）或炒至表面颜色改变，有腥气逸出（动物粪便类）时，喷洒定量米醋，炒至微干，取出后继续翻动，摊开晾干。此法适用于树脂类、动物粪便类药物。

（2）注意事项

①醋炙前药物应大小分档。②若醋的用量较少，不易与药物拌匀时，可加适量水稀释后，再与药物拌匀。③一般用文火炒制，勤加翻动，使之受热均匀，炒至规定的程度。④树脂类、动物粪便类药物必须用先炒药后喷醋的方法；且出锅要快，防熔化粘锅，摊晾时宜勤翻动，以免互相黏结成团块。

3. 盐炙

（1）工艺简介

将净制或切制后的药物，加盐水拌匀，焖透，置于炒制容器内，以文火加热，炒至规定的程度时，取出，放凉。盐炙时，用食盐，应先加适量水溶解后，滤过，备用，除另有规定外，每100kg药物用食盐2kg。操作方法有以下两种。

① 先拌盐水后炒　将食盐加入适量清水溶解，与药物拌匀，放置焖润，待盐水被吸尽后，置于炒制容器内，用文火炒至一定程度，取出晾凉。

② 先炒药后加盐水　先将药物置于炒制容器内，用文火炒至一定程度，再喷淋盐水，炒干，取出晾凉。含黏液质较多的药物一般用此法。

（2）注意事项

①加水溶解食盐时，一定要控制水量。水的用量应视药物的吸水情况而定，一般以食盐的4～5倍量为宜。若加水过多，则盐水不能被药吸尽，或者过湿不易炒干；水量过少，又不易与药物拌匀。②含黏液质多的车前子、知母等药物，不宜先用盐水拌匀。因这类药物遇水容易发黏，盐水不易渗入，炒时又容易粘锅，所以需先将药物加热炒去部分水分，并使药物质地变疏松，再喷洒盐水，以利于盐水渗入。③盐炙法火力宜小，采用第二种方法时更应控制火力。若火力过大，加入盐水后，水分迅速蒸发，食盐即黏附于锅上，达不到盐炙的目的。

4. 姜炙

（1）工艺简介

将净制或切制后的药物与定量的姜汁拌匀，焖润，使姜汁逐渐渗入药物内部，然后置于炒制容器内，用文火加热，炒至规定的程度时，取出，放凉。除另有规定外，每100kg药物用生姜10kg。若无生姜，可用干姜煎汁，用量为生姜的三分之一。姜汁的制备方法如下：

① 榨汁　将生姜洗净切碎，置于容器内捣烂，加适量水，压榨取汁，残渣再加水共捣，压榨取汁，如此反复2～3次，合并姜汁，备用。

② 煮汁　取净生姜片，置于锅内，加适量水煮，过滤，残渣再加水煮，再过滤，合并两次滤液，适当浓缩，取出备用。

（2）注意事项

①制备姜汁时，水的用量不宜过多，一般以最后所得姜汁与生姜的比例为1：1较适宜。②药物与姜汁拌匀后，需充分焖润，待姜汁被吸尽后，再用文火炒干，否则，达不到姜炙的目的。

5. 蜜炙

（1）工艺简介

蜜炙时，所用蜂蜜都要先加热炼制。炼蜜的用量视药物的性质而定。一般质地疏松、纤维多的药物用蜜量宜大；质地坚实，黏性较强，油分较多的药物用蜜量宜小。除另有规定外，每100kg药物用炼蜜25kg。蜜炙常用的操作方法如下所述。

① 先拌蜜后炒药　取定量熟蜜，加适量开水稀释，加入药物中拌匀，闷润至透，置于炒制容器内，用文火炒至颜色加深、不粘手时，取出晾凉，凉后及时收贮。

② 先炒药后加蜜　将药物置于炒制容器内，用文火炒至颜色加深时，加入定量熟蜜，迅速翻动，使蜜与药物拌匀，炒至不粘手时，取出晾凉，凉后及时收贮。

一般药物采用第一种方法炮制。但有的药物质地致密，蜜不易被吸收，可采用第二种方法先处理，先除去部分水分，并使质地略变酥脆，则蜜就较易被吸收。

（2）注意事项

①炼蜜时，火力不宜过大，以免溢出锅外或焦化。此外，若蜂蜜过于浓稠，可加适量开水稀释。②蜜炙药物所用的熟蜜不宜过多过老，否则黏性太强，不易与药物拌匀。③熟蜜用开水稀释时，要严格控制水量（为熟蜜量的1/3～1/2），以蜜汁能与药物拌匀而又无剩余的蜜液为宜。若加水量过多，则药物过湿，不易炒干，成品容易发霉。④蜜炙时，火力一定要小，以免焦化。炙的时间可稍长，要尽量将水分除去，避免发霉。⑤蜜炙药物须凉后密闭贮存，以免吸潮发黏或发酵变质；贮存的环境除应通风干燥外，还应置阴凉处，不宜受日光直接照射。

6. 油炙

（1）工艺简介

将净制或切制后的药物与定量的食用油脂共同加热处理的方法称为油炙法，又称为酥炙法。油炙通常有三种操作方法，即油炒、油炸和油脂涂酥烘烤。

① 油炒　先将羊脂切碎，置于锅内加热，炼油去渣，然后取药物与羊脂油拌匀，用文火炒至油被吸尽，药物表面呈油亮光泽时，取出，摊开晾凉。

② 油炸　取植物油，倒入锅内加热，至沸腾时，倾入药物，用文火炸至一定程度，取出，沥去油，粉碎。

③ 油脂涂酥烘烤　动物类药物切成块或锯呈短节，放炉火上烤热，用酥油涂布，加热烘烤，待酥油渗入药物内部后，再涂再烤，反复操作，直至药物质地酥脆，晾凉，或粉碎。

（2）注意事项

①油炸药物因温度较高，一定要控制好温度和时间，否则，易将药物炸焦，致使药效降低或失去药效。②油炒、油脂涂酥，均应控制好火力和温度，以免药物炒焦或烤焦，使有效成分被破坏从而疗效降低；油脂涂酥药物时，需反复操作直至酥脆为度。

7. 炙法工艺关键点

炙法工艺关键点包括辅料的加入量、液体辅料的闷润程度、炒制过程中的高效翻拌及炒制终点的判断。为保证饮片质量，建议应用转速较快可以充分翻拌的滚筒炒药机操作。首先按《中国药典》规定的辅料量进行辅料喷淋，而后充分搅拌并闷润，过程中随时翻拌以确保物料与辅料充分接触。而后将锅温升至适宜温度，投入待炮制品，以文火炒制，过程中随时关注饮片状态，待达到炮制终点时迅速出锅，及时摊晾包装。

五、煅法

煅法将药物直接置于无烟炉火中或适当的耐火容器内煅烧的一种方法。煅法操作应注意掌握药物粒度的大小与煅制温度、煅制时间的关系；注意药物受热均匀，掌握煅至"存性"的质量要求，植物类药要特别注意防止灰化。矿物类及其他药物，均需煅至"体松质脆"的标准。依据操作方法和要求的不同，煅法分为明煅法、煅淬法、扣锅煅法（焖煅）。

1. 明煅法

（1）工艺简介

取待炮制品，砸成小块，置于适宜的容器内，煅至酥脆或红透时，取出，放凉，碾碎。含有结晶水的盐类药材，不要求煅红，但需使结晶水蒸发至尽，或全部形成蜂窝状的块状固体。明煅法的操作方法分为以下几种。

① 敞锅煅 即将药物直接放入煅锅内，用武火加热的煅制方法。此法适用于含结晶水的易熔矿物类药。

② 炉膛煅 将质地坚硬的矿物药，直接放于炉火上煅至红透，取出放凉。煅后易碎或煅时爆裂的药物需装入耐火容器或适宜容器内煅透，放凉。

③ 平炉煅 将药物置于炉膛内，武火加热并用鼓风机促使温度迅速升高和升温均匀。在煅制过程中，可根据要求适当翻动，使药材受热均匀，煅至药材发红或红透时停止加热，取出放凉或进一步加工。此法煅制效率较高，适用于大量生产。本法适用范围与炉膛煅相同。

④ 反射炉煅 将燃料投入炉内点燃，并用鼓风机吹旺，然后将燃料口密闭。从投料口投入药材，再将投料口密闭，鼓风燃至指定时间，适当翻动，使药材受热均匀，煅红后停止鼓风，继续保温煅烧，稍后取出放凉或进一步加工。此法煅制效率较高，适当于大量生产。其适用范围与炉膛煅相同。

（2）注意事项

①将药物大小分档，以免煅制时生熟不均。②煅制过程中宜一次煅透，中途不得停火，以免出现夹生现象。③煅制温度、时间应适度，要根据药材的性质而定。如主含云母类、石棉类、石英类矿物药，煅时温度应高，时间应长。这类矿物药，短时间煅烧即使达到"红透"，其理化性质也难以发生很大改变。而对主含硫化物类和硫酸盐类药物，煅时温度不一定太高，时间需稍长，以使结晶水彻底挥发以及药物的理化性质发生变化。④有些药物在煅烧时产生爆溅，可在容器上加盖（但不密闭）以防爆溅。

2. 煅淬法

（1）工艺简介

将药物在高温有氧条件下煅烧至红透后，立即投入规定的液体辅料中，淬酥（若不酥，可反复煅淬至酥），取出，干燥，打碎或研粉。

（2）注意事项

①煅淬要反复进行几次，使液体辅料吸尽、药物全部酥脆为度，避免生熟不均。所用的淬液种类和用量根据各药物的性质和煅淬目的而定。②承装物料的容器材质需耐高温且自身不会与炮制物料发生化学反应，建议以厚壁光面的陶制料槽作为承装物料的内胆。③煅炉内温度符合工艺要求且可维持稳定，建议以电加热煅药炉实现恒温煅制。④煅淬品需保证高温出炉及淬火时的操作安全。建议增设长柄铁钩和轨道车将煅炉内的料槽拉出推入封闭式淬火罩内，而后再进行淬火。

3. 扣锅煅法

（1）工艺简介

药物在高温缺氧条件下煅烧成炭的方法称扣锅煅法，又称密闭煅、焖煅、暗煅。适用于煅制质地疏松、炒炭易灰化或有特殊需要及某些中成药在制备过程中需要综合制炭的药物。

操作方法：将药物置于锅中，上盖一较小的锅，两锅结合处用盐泥或细砂封严，扣锅上压一重物，防止锅内气体膨胀而冲开扣锅。扣锅底部贴一白纸条或放几粒大米，用武火加热，煅至白纸或大米呈深黄色，药物全部炭化为度。亦有在两锅盐泥封闭处留一小孔，用筷子塞住，时时观察小孔处的烟雾，当烟雾由白变黄并转呈青烟之后逐渐减少时，降低火力，煅至基本无烟时，离火，待完全冷却后，取出药物。

（2）注意事项

①煅烧过程中，由于药物受热炭化，有大量气体及浓烟从锅缝中喷出，应随时用湿泥堵封，以防空气进入，使药物灰化。②药材煅透后应放置冷却再开锅，以免药材遇空气后燃烧灰化。③煅锅内药料不宜放得过多、过紧，以免煅制不透，影响煅炭质量。④判断药物是否煅透的方法，除观察米和纸的颜色外，还可用滴水即沸的方法来判断。⑤扣锅煅制工艺目前多以煤炭作为煅制热源，煅制过程中需有效密封，多采用原始人工方式以使煅炉内空气隔绝。室内封闭车间不宜进行扣锅煅生产。为保证环保及安全管理要求，建议扣锅煅工艺在半开放式的操作间进行。

六、蒸法

1. 工艺简介

蒸法是指将净制或切制后的药物加液体辅料或不加辅料置于蒸制容器内，隔水加热至一定程度的方法。根据药物的性质和要求的不同，蒸法分为清蒸法、加辅料蒸法和炖法三种炮制方法。

（1）清蒸法

取净药材，大小分档，置于适宜的蒸制容器内，用蒸汽加热蒸至规定程度，放凉，取出，晾至六成干，切片或段，干燥。

（2）加辅料蒸法

取净药材，大小分档，加入液体辅料拌匀，润透，置于适宜的蒸制容器内，用蒸汽加热蒸至规定程度，取出，稍晾，拌回蒸液（蒸后容器内剩余的液体辅料），再晾至六成干，切片或段，干燥。

（3）炖法

取净药材，大小分档，加入液体辅料拌匀，润透，置于适宜的蒸制容器内，密闭，隔水或用蒸汽加热炖透，或炖至辅料完全被吸尽时，放凉，取出，晾至六成干，切片或段，干燥。

蒸制的操作工序：一般要求先将净药材分档，加辅料蒸或炖法，还要加入辅料与药物拌匀，再隔水或用蒸汽蒸制。质地坚硬的药物，在蒸制前，可先用水浸泡 1～2h，以改善蒸制效果。蒸制时间一般视药物性质而定，短者1～2h，长者数十小时，有的要求反复蒸制，如九蒸九晒法。

2. 注意事项

①需用液体辅料拌蒸的药物，应待辅料被药物吸尽后再蒸制。②蒸制时一般先用武火加热，待"圆汽"（即水蒸气充满整个蒸制容器并从锅盖周围大量溢出）后改为文火，保持锅内有足够的蒸汽即可。但在非密闭容器中酒蒸时，从开始到结束要一直用文火蒸制，防止酒很快挥发，达不到酒蒸的目的。③蒸制时要注意火候，若时间太短则达不到蒸制目的；若蒸得过久，则影响药效，有的药物可能"上水"，致使水分过大，难于干燥。④需长时间蒸制的药物，应不断添加开水，以免蒸汽中断，特别注意不要将水蒸干，影响药物质量。需日夜连续蒸制者应有专人值班，以保安全。⑤加辅料蒸制完毕后，若容器内有剩余的液体辅料（蒸液），应拌入药物后再进行干燥。⑥蒸制过程中渗出滴落汁液的有效收集和回拌，建议物料箱底部增设渗出液回收装置，在蒸制结束后，物料干燥前进行回拌。⑦蒸制容器内温度的稳定和均一，建议开发蒸制过程中可回旋翻转的蒸制罐，以保证物料受热程度的均一。

七、煮法

1. 工艺简介

将净选过的药物加辅料或不加辅料放入锅内（固体辅料需先捣碎或切制），加适量清水同煮的方法称为煮法。煮制的操作方法因各药物的性质、辅料种类及炮制要求不同而异，分为清水煮、药汁煮或醋煮、豆腐煮三种方法。

（1）清水煮

药物净制、大小分档后，加水浸泡至内无干心，取出，置于适宜容器内，加水没过药面，武火煮沸，改用文火煮至内无白心，取出，切片。或加水武火煮沸，投入净药材，煮至一定程度，取出，焖润至内外湿度一致，切片。

（2）药汁煮或醋煮

药物净制、大小分档后，加药汁或醋拌匀，加水没过药面，武火煮沸后，改用文火煮至药透汁尽，取出，切片，干燥。

（3）豆腐煮

将药物置于豆腐中，放置于适宜容器，加水没过豆腐，煮至规定程度，取出放凉，除去豆腐。

2. 注意事项

①大小分档。大小不同的药材对煮制时间不同，为保证产品质量均匀一致，大小不同药材要分别炮制。②控制适宜加水量。加水量多少根据要求而定。如毒剧药清水煮时加水量宜大，要求药透汁不尽，煮后将药捞出，去除母液。加液体辅料煮制时，加水量应控制适宜，要求药透汁尽，加水过多，药透而汁未吸尽，有损药效；加水过少，则药煮不透，影响质量。煮时中途如需加水，应加沸开水。③掌握适当火力。先用武火煮至沸腾，再改用文火，保持微沸，否则水迅速蒸发，不易向药物组织内部渗透。④及时干燥或切片。煮好后出锅，应及时晒干或烘干。如需切片，则可焖润至内外湿度一致，先切成饮片，再进行干燥，或适当晾晒，再切片，干燥。

八、燀法

1. 工艺简介

将药物置于沸水中浸煮短暂时间，取出，分离种皮的方法称为燀法。燀法的操作方法：现将多量清水加热至沸，再把药物连同具孔盛器（如笊篱、漏勺等），一起投入沸水中，稍微翻烫 5～10min，加热烫至种皮由皱缩到膨胀，种皮易于挤脱时，立即取出，浸漂于冷水中，捞起，搓开种皮、种仁，晒干，簸去或筛去种皮。

2. 注意事项

①燀法工艺分为煮水、物料热水中略煮烫、物料过冷水搓去皮、干燥等过程。其中物料热水中略煮烫和在冷水中的处理对质量影响较大。因针对品种质量特点，开展用水量、热处理时间两项关键因素的考察，针对具体品种设定专项工艺条件。②用水量宜大，以确保水温，一般为药材量的 10 倍以上。若水量小，投入苦杏仁后，水温迅速降低，酶不能很快被灭活，反而使苷被酶解，影响药效，亦影响白扁豆的去毒效果。③水沸腾后投入药物，加热时间以 5～10min 为宜。若水烫时间过长，易导致成分损失。④去皮后，宜当天晒干或低温烘干。否则易泛油，色变黄，影响成品质量。

九、复制法

1. 工艺简介

将净选后的药物加入一种或数种辅料，按规定操作程序，反复炮制的方法，称为复制法。复制法没有统一的方法，具体方法和辅料的选择可视药物而定。一般将净选后的药物置于一定容器内，加入一种或数种辅料，按工艺程序，或浸、泡、漂，或蒸、煮，或数法共用，反复炮制达到规定的质量要求。

2. 注意事项

本法操作方法复杂，辅料品种较多，炮制一般需较长时间，故应注意：①可选择在春、秋季，避免温度过高导致发霉腐烂（化缸）。②应选择在阴凉处，避免暴晒，以免腐烂，并可加入适量明矾防腐。③如需加热处理，火力要均匀，水量要多，以免糊汤。

十、发酵法

1. 工艺简介

取经净制或处理后的药物加规定的辅料拌匀后，制成一定形状，置于适宜的湿度和温度下，使微生物生长至其中酶含量达到规定程度，晒干或低温干燥。注意发酵过程中，若发现有黄曲霉菌，应禁用。

根据不同品种，将发酵原料采用不同的方法进行加工处理后，再置于温度、湿度适宜的环境中进行发酵。发酵过程主要是微生物新陈代谢的过程，因此，此过程要保证其生长繁殖的条件。发酵法的主要条件如下：

① 菌种　利用空气中微生物自然菌种进行发酵，但有时会因菌种不纯，影响发酵的质量。

② 培养基　主要为水、含氮物质、含碳物质、无机盐类等。

③ 温度　一般发酵环境的最佳温度为 30～37℃。温度太高则菌种老化、死亡，不能发酵；温度过低，虽能保存菌种，但繁殖太慢，不利于发酵，甚至不能发酵。

④ 湿度　一般发酵的相对湿度应控制在 70%～80%。湿度太大，则药料发黏，且易生虫霉烂，造成药物发暗；过分干燥，则药物易散不能成型。以"握之成团，指间可见水迹，放下轻击则碎"为宜。

⑤ 其他方面　适宜的 pH、溶氧、无机盐等。

2. 注意事项

发酵制品的质量以曲块表面酶衣黄白色，内部有斑点为佳，同时应有酵香气味。不应出现黑色、霉味及酸败味。故应注意：①原料在发酵前应进行杀菌处理，以免杂菌感染，影响发酵质量。②发酵过程须一次完成，不中断，不停顿。③温度和湿度对发酵的质量影响很大，应随时检查和监控温湿度的变化。

十一、发芽法

1. 工艺简介

将净选后的新鲜成熟的果实或种子，在一定的温度或湿度条件下，促使萌发幼芽而产生新的药效作用的炮制方法称为发芽法。

发芽法的操作方法：选择新鲜、粒大、饱满、无病虫害、色泽鲜艳的种子或果实，用清水浸泡适度，捞出，置于能透气漏水的容器中，或已垫好竹席的地面上，用湿物盖严，每日喷淋清水 2～3 次，保持湿润，经 2～3 天即可萌发幼芽，待幼芽长出 0.2～1cm 时，取出干燥。保持密闭，以防烂芽。一般芽长不超过 1cm。

2. 注意事项

①发芽温度一般以 18～25℃为宜，浸渍后种子或果实的含水量控制在 42%～45%为宜；在发芽过程中，要勤加检查、淋水，以保持所需湿度，并防止发热霉烂。发酵与发芽对于炮制环境的温湿度要求较为严格，同时其环境的洁净程度亦是影响饮片质量的关键。②种子的浸泡时间应依气候、环境而定，一般春、秋季宜浸泡 4～6h，冬季 8h，夏季 4h。③选用新鲜成熟的种子或果实，在发芽前应先测定发芽率，要求发芽率在 85%以上。④适当避光并选择有充足氧气、通风良好的场地或容器进行发芽。⑤发芽时先长须根而后生芽，不能把须根误认为是芽。以芽长至 0.2～1cm 为标准，发芽过长则影响药效。

十二、制霜法

药物经过去油制成松散粉末或析出细小结晶或升华的方法称为制霜法。制霜法根据操作方法不同分为去油制霜法、渗析制霜法、升华制霜法等。

（1）去油制霜法

使药物经过适当加热去油制成松散粉末的方法称为去油制霜法。注意事项：①药物加热时所含油质易于渗出，故去油制霜时多加热或放置热处。②有毒药物去油制霜用过的布或纸要及时烧毁，以免误用。

（2）渗析制霜法

使药物与物料经过加工析出细小结晶的方法，称为渗析制霜法。

（3）升华制霜法

使药物经过高温加工处理，升华成结晶或细粉的方法，称为升华制霜法。

十三、烘焙法

1. 工艺简介

将净选或切制后的药物用文火直接或间接加热，使之充分干燥，这种方法称为烘焙法。烘焙法主要适合于某些昆虫或其他药物，目的是使药物充分干燥，便于粉碎和贮存。

2. 注意事项

烘焙法不同于炒法，一定要用文火，并要勤加翻动，以免药物焦化。

十四、煨法

1. 工艺简介

取净制或切制后的药物用面皮或湿纸包裹，或用吸油纸均匀地隔层分放，进行加热处理；或将药物与麦麸同置于炒制容器内，用文火加热，炒至规定程度取出，放凉。除另有规定外，每 100kg 药物用麸皮 50kg。

2. 注意事项

①药物应大小分档，以免受热不均匀。②煨制时辅料用量较大，以便于药物受热均匀和吸附油质。③煨制时火力不宜过强，一般以文火缓缓加热，并适当翻动。

十五、提净法

某些矿物药，特别是一些可溶性无机盐类药物，经过溶解、过滤、除尽杂质后，再进行重结晶，以进一步纯净药物，这种方法称为提净法。

十六、水飞法

1. 工艺简介

某些不溶于水的矿物药，利用其粗细粉末在水中悬浮性不同，将不溶于水的矿物、贝壳类药物经反复研磨而分离制备成极细腻粉末，这种方法称为水飞法。水飞法的操作方法：将药物适当破碎，置于乳钵中或其他适宜容器内，加入适量清水，研磨成糊状，再加多量水搅拌，粗粉即下沉，立即倾出混悬液，下沉的粗粒再行研磨，如此反复操作，直至研细为止。最后将不能混悬的杂质弃去。将前后倾出的混悬液合并静置，待沉淀后，倾去上面的清水，取沉淀物，干燥，研磨成极细粉末。

2. 注意事项

①在研磨过程中，水量宜少。②搅拌混悬时加水量宜大，以除去溶解度小的有毒物质或杂质。③干燥时温度不宜过高，以晾干为宜。④朱砂和雄黄粉碎要忌铁器，并要注意温度。

十七、干馏法

将药物置于容器内，以火烤灼，使产生汁液的方法称为干馏法。

十八、特殊制法

某些药物用一些特殊工艺加工而成，其目的在于制备新的药物，产生新的临床功用。例如铜绿是铜器锈蚀后的产物，铅加工后可得铅丹、铅粉和密陀僧等药物。

第三节　饮片炮制车间布局

饮片炮制车间规划净制、切制（切、破碎、粉碎）、炮炙（炒、蒸、煮、煅、发酵）、干燥、中间站、洁具清洗、器具暂存、包装等独立操作间，以满足常规饮片及毒性饮片的工艺要求。

一、净制间

1. 工艺要求

根据药材入药部位和形态的不同，需满足花类、种子类、果实类、草类、皮类及团块状、条枝状的净制工艺要求。根据药材不同洁净度和质量的需要，需满足去毛、去皮、去心、去杂质、去泥土砂石等的工艺要求，具备风选，清洗（淋洗、浸洗、抢水洗），拣选，刷，刮，抽心等生产工艺条件。

2. 车间规划

（1）风选间

风选间1间，用于处理质地轻抛品种的杂质分离。规划18m²（3m×6m），卧式风选机纵向设备布局于房间中部，配备饮用水管道与压缩空气管道，预留样品处理前暂存区及风选后暂存区。

（2）洗药间

洗药间1间，用于需要用水洗方式实现净制的样品处理，洗药间尽可能邻近煮制间（便于抢水洗的用水加热和转运）。规划40m²（5m×8m），滚筒式洗药机位于洗药间一侧，用于团块类一般枝条类的清洗。周围或另一侧可修建洗药水池，用于常规淋洗、浸洗或抢水洗。为实现大品种规模化联动生产，可增设自动淋洗/浸洗及烘干一体化设备。此外，需考虑能耗加大及设备清洁难度加大的问题。配备饮用水管道与压缩空气管道，地漏及洗药池需增加有效过滤钢网。

（3）拣选间

拣选间1间，用于需要用手工挑拣、刷、刮、抽心等方式实现净制的样品处理。规划30m²（5m×6m），机械化挑拣机组两条，其中一条加配备吸风式风选机，用于品种的手工净制操作并以吸风吸走细小灰尘或杂质，通过人工及不同工具的搭配能够实现基本手工净制处理工作。操作间配饮用水管道与压缩空气管道，预留样品净制前暂存区及净制后暂存区。

（4）分档过筛操作间

分档过筛操作间1间，通过过筛处理，满足后续炮制需大小分档的工艺要求。规划25m²（4m×6m），振荡筛纵向设备布局于房间中部，配备多型号筛网，以实现不同品种分档的要求。操作间配饮用水管道与压缩空气管道，预留样品分档前暂存区及分档后暂存区。

二、切制间

1. 工艺要求

根据药材形态及质地的差异，结合饮片炮制的规格限定与提取粒径要求，需满足焖润、切片、压扁、破碎、粉碎等的生产工艺条件。

2. 车间规划

（1）切制间

法规对于中药饮片规格片形及片厚的限定较多，故为保证产能及适应性，规划切制间3间，分别用于团块类的选料式切片，常规条枝类的直、斜片切制，特殊薄片或及薄片的刨片式切制。

（2）旋切间

旋切操作间1间，满足团块类药材的软化和切制工艺要求。规划20m²（4m×5m），两台旋料式切药机分别布局于房间中部，配备饮用水管道与压缩空气管道，预留样品切制前暂存区及切制后物料架车暂存区。

（3）常规直、斜切片间

常规直、斜切片操作间1间，满足条枝类药材的软化和切制工艺要求。规划20m²（4m×5m），直线往复式切药机及剁刀式切药机分别布局于房间中部，配备饮用水管道与压缩空气管道，预留样品切制前暂存区及切制后暂存区。

（4）刨片间

刨片切制间 1 间，满足团切刨片、极薄片或质地坚硬不易软化品种的切制工艺要求。规划 12m²（3m×4m），一台刨片机布局于房间中部，配备饮用水管道与压缩空气管道，预留样品切制前暂存区及切制后物料架车暂存区。

（5）压扁间

在现行法规和传统煎煮理念中，均有"逢子必捣"或"用前压扁"等的要求，为保证果实、种子类或相关品种提取的合规性和充分性，规划压扁间 1 间。规划 16m²（4m×4m），压扁机布局于房间中部，配备饮用水管道与压缩空气管道，预留样品压扁前暂存区及压扁后暂存区。

（6）破碎间

针对法规所述破碎成相应规格碎块的品种，规划破碎间 1 间。规划 30m²（5m×6m），两台强力破碎机分别布局于房间中部，配备饮用水管道与压缩空气管道，棚顶设置排风装置，预留样品破碎前暂存区及破碎后暂存区。

（7）粉碎间

针对法规所述打粉冲服的品种，规划粉碎间 1 间。规划 20m²（4m×5m），一台球磨粉碎设备布局于房间中部，配备饮用水管道与压缩空气管道，棚顶设置排风装置，预留过筛操作区。

三、炒法炙法间

1. 工艺要求

根据饮片炮制工艺需求，结合饮片产能，需具备有效加热、过程控温及及时变温、充分翻拌等的炒法与炙法生产工艺条件。

2. 车间规划

饮片炒与炙可归纳为清炒、加固体辅料拌炒、加液体辅料炙等，故结合品种普适性和产能的有效分配，规划炒炙间 3 间，组合用于液体辅料制备以及不同产能的炒、炙炮制生产。

（1）分段控温连续式炒炙间

规划 50m²（5m×10m），一台分段控温连续式电磁炒药机布局于房间中部，配备饮用水管道与压缩空气管道，棚顶设置排风装置，预留临时摊晾冷却不锈钢地台并配备冷却风扇。分段式控温可以有效对炒炙过程进行温度切换，保证炒炙质量；同时，连续进料、连续炒制、连续出料的动态化生产设置适合于较大规模品种的炒或炙法作业。

（2）滚筒式炒炙

固体辅料炒制与液体辅料炙法均需辅料与物料充分混合并有效翻动，部分品种辅料与待炮制物料需分次序加入。为满足工艺要求，采用滚筒式炒炙设备，能够实现较大范围的温度设定和有效翻拌，炒炙终点判断直观，利于饮片质量的保证。同时，滚筒式炒炙设备适合于中等及较小规模的品种的清炒和炒炙作业。规划 42m²（6m×7m），2 台滚筒式电磁加热炒药机并向布局于房间中后部，配备饮用水管道与压缩空气管道，棚顶设置排风装置，炒药机前部预留临时摊晾冷却不锈钢地台并配备冷却风扇。

（3）敞锅搅拌式炒炙

炙法中常涉及炼蜜、盐水稀释、甘草煎煮等液体辅料的制备过程，同时，部分炙法需要较快的水分蒸发或散失。为此，设置敞锅搅拌式炒炙间，以满足上述所需的工艺条件。规划 25m²（5m×5m），1 台敞锅搅拌式炒炙设备布局于房间中部，配备饮用水管道与压缩空气管道，棚顶设置排风装置，炒药机前部预留临时摊晾冷却不锈钢地台并配备冷却风扇。

四、煅法间

1. 明煅及煅淬法

煅制间 1 间，规划 25m²（5m×5m），1 台电加热煅药炉布局于房间中部，配备饮用水管道与压缩空气管道，棚顶设置排风装置。配置送料车及出料钩，额外定制煅淬专用防护及淬液喷淋装置。

2. 扣锅煅法

扣锅煅制工艺目前多以煤炭作为煅制热源，煅制过程中需有效密封，多采用原始人工方式，室内封闭车间不宜进行扣锅煅生产。为保证环保及安全管理要求，建议扣锅煅工艺在半开放式的操作间进行。

五、蒸法间

根据现行饮片炮制法规及生产经验，蒸法多见于清蒸、液体辅料拌焖后蒸等两种，此外还常用于药材切制前的软化处理。结合饮片质量保证及产能因素考量，规划蒸制间 2 间。其中一间放置高压蒸制设备，用于熟饮片的蒸制，设备需对蒸制过程中的渗出液进行有效保留和定期回拌。另外一间蒸制间放置常压蒸制设备，用于日常切制前需蒸制软化处理的工艺。

规划每蒸制间面积约 50m²（7m×7m），蒸制设备布局于房间中部，配备饮用水管道与压缩空气管道，棚顶设置排湿气的通风装置。

六、煮法间

煮法炮制在常用饮片中并不多见，除毒性品种需单独规划操作车间外，常规饮片中仅液体辅料制备或制巴戟天、制吴茱萸、制远志等有此工艺需求。此类工艺无特殊技术要求，仅以容器加热实现物料在沸腾液体中共煮即可。为有效利用空间，实现合理布局。常规饮片煮制与敞锅搅拌式炒炙法相结合，利用此设备实现此工艺操作。

七、燀法间

燀法在常规饮片中仅涉及桃仁、苦杏仁、白扁豆三个品种，品种较为限定，且产量相对有限。就燀法的工艺而言，大体可分为煮水、物料热水略煮、物料过冷水搓去皮、干燥等过程。根据整体炮制车间功能设置，结合有效利用空间的理念，上述工艺可依次于敞锅搅拌设备煮水及物料略煮，洗药水槽冷浸并搓皮、风选或拣选操作去皮及干燥中实现。因此不建议额外针对燀制而规划建设车间。

八、发酵法、发芽法间

发酵法及发芽法在常规饮片中仅涉及六神曲、建曲、淡豆豉、麦芽、稻芽等品种，品种相对限定。发酵与发芽法的技术核心为适宜的温湿度环境。据此，发酵间 1 间，以密闭箱体中控温并引入蒸汽，根据具体品种制造适宜的发酵或发芽环境，以实现工艺的要求。规划 35m²（5m×7m），一台可控温湿度的发酵箱布局于房间角落，以洁净蒸汽管道与之相通，箱体对面区域预留于物料架车作暂存区，箱体对角配备制曲和托设备及切丁设备。整个操作间预留饮用水管道与压缩空气管道。

九、干燥间

1. 工艺要求

饮片净洗、切制、蒸制、煮制、发酵后多有需干燥的工序，干燥需在满足饮片洁净度的环境下进行，其温度可以根据不同品种进行调整设定，干燥环境需具备良好的排湿性能。

2. 车间规划

车间规划干燥间 2 间，可并行进行两个品种的干燥处理。每干燥间规划面积约 50m²（8m×6m），烘房箱体布局于操作间中后部。箱体以蒸汽为热源，通过盘管实现整个箱体内的 40～80℃温度设定与保持，并有调试良好的排湿性能。物料通过镂空货盘平铺于立体架车之上，架车在推于烘房内部实现物料烘干操作。配备饮用水管道与压缩空气管道，预留样品暂存区。

十、毒性饮片炮制间

毒性常用饮片工艺多为复制法。处理毒性原料所涉及的工艺主要为净制、切制、浸泡、煮制、干燥等；涉及辅料的处理主要为净制、切制、粉碎、干燥等。根据 GMP 对于毒性饮片的生产管理要求，毒性饮片需在独立区域开展生产，根据整体炮制车间功能设置，结合有效利用空间的理念，因辅料多为无毒品种，可以在一般饮片炮制区进行操作。因此毒性饮片炮制区仅规划净制、切制、浸泡、煮制、干燥等生产区即可。同时，需对中间站、洁具清洗、器具暂存、包装等规划独立操作间。

第四节　饮片炮制案例及经验分享

一、炒制工艺案例及经验分享

炒制中的清炒多为炒制后，利于成分煎出，改变或缓和药性等。传统工艺对于火力的应用及成品火候的判断较为重要，不及则功效难求，太过而功效反失。

以代表性品种针对炒黄、炒焦、炒炭、炒爆花等工艺，运用连续式电磁加热炒药机开展炮制工艺研究，以传统直火炒制生制品理化指标变化为标准，通过调整设备温度进行适宜的火力摸索和过程锅温切换规律，最终建立了各类型品种的适宜炮制工艺。

二、蒸法工艺案例及经验分享

蒸制工艺传统多有"九蒸九晒"的记载和论述，而随着科技、文化等的发展和生产力的提高，较多科研证实，传统所谓的"九"有传统文化的仪式感概念，对于饮片的理化指标或药理作用并无明显的提高，甚至尚有降低。现代关于蒸制工艺的研究多以适宜蒸制时间的保证为主要论据，及合理时间的蒸制实现生熟异制，保证理化指标和药理作用的最优化。现代蒸制饮片的生产亦多以现代化设备进行合理蒸制时间的摸索，使饮片外观形状及内在指标均符合法规要求即止。

蒸法工艺炮制周期长，过程中成本变化复杂。应以制何首乌、酒黄精、醋五味子、熟地黄为代表，根据蒸制过程中药材内部指标成分从生品到各时间的变化进行系统分析和比较，根据原有成分降低及新成分积累增长的规律，结合各成分在药理及临床功效的报道进行综合分析，制定适宜的蒸制工艺。

三、燀法案例及经验分享

燀法多以去除种仁的外皮为目的，对于种仁内在的成分指标则尽可能少流失。其工艺为：种仁于开水中略煮烫，待烫至种皮由皱缩到膨胀且易于挤脱时，立即取出，浸于冷水中片刻，捞出，通过热胀冷缩而搓去种皮，使皮仁分离再晒干。燀法的关键是以尽可能快速且较少成分流失为前提，使种皮剥离。

据此，应针对苦杏仁品种，以热水使用量、热处理时间、冷水使量为影响因素，开展正交试验设计，以指标成分含量和提取收率最大化保留为原则，优选并建立最优工艺。

四、毒性饮片案例及经验分享

毒性饮片多采用复制法进行炮制，即将净选后的药物加入一种或数种辅料，按规定程序，或浸、泡、漂，或蒸煮或效法共用，反复炮制至规定程度的一种炮制方法。主要适用于毒剧类药物，该类药复制可降低或消除药物的毒性，如半夏、天南星、白附子。

该类饮片以清半夏、法半夏、姜半夏、制白附子、制天南星等品种开展复制法工艺研究，针对浸泡用水量、浸泡时间、搅拌方式、煮制时间等开展质量对比，以药典有效成分保留最大化，有毒成分限量符合限度要求为原则，优选形成较优工艺。

第十一章

中药提取生产工艺

第一节　浸出

一、浸出的概念

中药的原料主要是中药材或中药饮片，而中药材、中药饮片中有效成分含量比较低，一般都需用一定的提取介质和方法将原药材中所含的有效成分提取出来。所以提取在中药制剂生产中占有很重要的地位，是中药生产所必需的一个最重要的环节。中成药中除丸剂（不包括浓缩丸、滴丸）、散剂等直接将原药材粉碎制成制剂外，其他大部分制剂属于浸出制剂，在中成药中占相当大的比例。目前中药提取生产技术还相对落后，溶媒量大，收率低，能耗高，是中药生产中急需解决的问题。

我们常说的"提取"应该称为"中药有效成分的浸出"，是中药生产中的重要单元操作之一，在化工操作单元中称为固液萃取，即用适当的溶剂及方法从固体状中药材中把可溶性的有效成分溶解出来的操作。

中药的有效成分比较复杂，而且一般中药的生产均为"群药共煎"，即由几种或几十种药材组成的复方，按处方把药材混合在一起进行浸出。在这种情况下，我们可把药材看成由可溶物（溶质）和不溶物（药渣）所组成。浸出过程就是将固体药材中的可溶物由固体团块中转移到液体中（即由固相转移到液相中来）得到含有溶质的浸出液。因此浸出实质就是溶质由固相传递到液相中的传质过程。中药浸出过程比较复杂，以扩散浸出最为常见。

一般中药在浸出过程中，可分为三个阶段：第一步是溶剂浸入药材；第二步是溶剂溶解药材中的可溶物质；第三步是溶质通过药材组织向外扩散。在药材组织和细胞中已被溶剂溶解的溶质，因浓度大产生了渗透压，由于渗透压的存在产生了溶质的扩散。扩散作用的实质就是指含有不同浓度溶质的溶液，当相互接触时彼此之间将相互参透，被浸出物从高浓度的部位向低浓度部位扩散。所以扩散的实质就是溶质从高浓度向低浓度的转移，浓度差是扩散的动力，遵从菲克定律。

二、影响浸出的主要因素

（1）浸出溶剂

浸出过程中，溶剂的性质和用量对有效成分提取率有较大影响，应根据有效成分性质选择适宜的提取溶剂或辅助浸提溶剂。加大溶剂量可延长药材有效成分扩散达到平衡的时间，有利于药材有效成分的充分扩散，但过大会给后续工艺操作带来不便，如蒸发、浓缩及乙醇等有机溶剂的回收等。

（2）浸出温度

浸出温度越高，扩散作用的速度越快，浸出速度也越快。因此提高浸出温度能加快浸出速度。如上所述，浸出的过程第一步是溶解，绝大部分物质的溶解度随温度上升而提高，所以提高浸出温度有利于提高浸出的效率。但是提高浸出温度可能会破坏某些药材的有效成分，所以不能盲目地提高浸出温度，一般中药的浸出温度都在100℃以下进行。

（3）浓度差

如上所述，扩散的实质就是溶质从高浓度向低浓度的转移，浓度差是扩散的动力，提高浓度差无疑可以浸出提取的效率，在实际生产中这也是我们最常用的提高浸出效率的方法之一。如分次加入溶媒、逆流提取等。

（4）药材中有效成分的性质和药材的粒度

药材中小分子类有效成分由于分子半径小、运动速度快，具有较大的扩散系数，与大分子有效成分相比容易浸出。另外，药材中有效成分的浸出速度与其溶解特性有关，符合"相似相溶"原理。粉碎后的药材颗粒越小其表面积越大，浸出速度也越快，但在实际生产中并不是粒度越小越好，如粉碎粒度太小，药材细胞壁被破坏后会使药材中的胶体物质、淀粉等被大量浸出从而使浸出液黏度增加，不仅无效物质增加，还会造成浸出液难以过滤分离，不利于有效成分的浸提。

（5）浸提方法

不同的浸提方法提取效率不同。近年来一些提取新技术，如超声波提取法、电磁场或电磁振动浸提、逆流浸提、脉冲浸提等新技术的应用，可大大提高浸提效果、缩短浸提时间等。

（6）浸出压力

在一定范围内提高浸提压力有利于药材有效成分的浸出，如生产中多采用加压提取。

三、常用提取方法及设备

在实际生产中要根据中药处方中各种药材的性质及其有效成分来选择合适的溶媒、提取方法、工艺条件和提取设备。最佳的工艺和设备应该具有浸出效率高、产品质量好、生产成本低等优点。

1. 浸出的溶媒

根据中药处方中各种药材的性质及其有效成分的理化性质来选择合适的溶媒。

（1）水

水是中药浸出操作最常用的溶媒。水作为浸提溶媒具有极性大、溶解范围广、经济易得而且使用安全等优点。但对药材中成分的选择性差，浸出液杂质较多。此外，部分药材的有效成分（如苷类）还可能在水的存在下发生水解或分解作用，这一点应在生产中加以注意。

（2）乙醇

乙醇的溶解性能界于极性与非极性之间。在生产中常常根据药材有效成分的理化性质，选用不同浓度的乙醇作为浸出溶媒。50%以下的乙醇也可浸提一些极性较大的黄酮类、生物碱及其盐类、苷类等；50%～70%乙醇可以浸提生物碱、苷类等；70%～90%乙醇可以浸提香豆素、内酯及一些苷元等；90%以上乙醇适于浸提挥发油、树脂、叶绿素等。

虽然在中药生产中可能会使用其他溶媒，但从安全生产、溶剂残留、生产成本等方面考虑，实际生产中常用的溶媒就是水和不同浓度的乙醇。

2. 浸出的工艺及设备

（1）浸渍法

浸渍法是指用定量的溶剂，在一定温度下，将药材浸泡一定的时间，以达到浸出药材有效成分的目的的一种方法，多用于黏性药物、新鲜及易膨胀的药材，及有效成分遇热易挥发或破坏的药材。浸渍法可分为冷浸法与热浸法两种。冷浸法在室温下进行，一般要浸几天甚至十几天。热浸法一般在40～60℃进行，以缩短浸渍时间。浸渍法操作简单，但操作时间长，使用的溶媒量大，浸出效率差，浸出不完全，在实际生产中已很少使用。因其浸出液澄明度好，常用于酒剂、酊剂等传统剂型的生产。浸渍法的常用的设备为浸渍罐。

（2）渗漉法

渗漉法是指将药材适度粉碎后装入特制的渗漉筒或渗漉罐中，然后由渗滤罐上部连续加入浸出溶媒，使其渗过药材粉末，自下部流出浸出液而浸出药材有效成分的方法，所得的浸出液称为渗漉液。在渗漉法中可以把装在渗漉容器中的药材看成自上而下地排列成了很多层。当溶媒通过每一层药材颗粒就发生一次溶媒浸入药材、溶解溶质和溶质向外扩散的扩散平衡过程，然后溶媒再进入下一层药材，这样不断进行扩散平衡、再扩散再平衡的渗漉浸出过程。浸出溶媒形成无限多份，一份一份地加入浸渍过程，溶媒每渗过每一层药粉时，就进行了一次浸出，由于浸出液不断向下一层药材移动，从而造成了良好的浓度差，使扩散能较好地进行。所以渗漉法是在同一个渗漉罐中，溶媒在向下渗漉过程中逐步增加浸出液的浓度，好像一个多次浸出过程，浸出液可以达到较高的浓度。所以渗漉法使用的溶剂的用量比较小，浸出效率高。渗漉法常用的设备为渗漉筒或渗漉罐，可分为圆柱形和圆锥形两种。

（3）煎煮法（热回流法）

煎煮法是指将药材适当切制或粉碎后，放置在适宜的煎煮容器中，加适量水浸没药材，浸泡适宜时间后加热至沸，保持微沸浸出一段时间，分离浸出液，药渣依法浸出2～3次，收集各次煎出液合并，从而达到浸出药材有效成分目的的方法。当以乙醇等有机溶剂作浸出溶媒时，也称作热回流提取法。煎煮法适用于有效成分溶于水，对湿、热均较稳定的药材。此法简单易行，安全方便，能煎出大部分有效成分，而且符合传统中药用药习惯，是目前中药生产中最常用的浸出方法。煎煮法常用的设备为多功能提取罐。

（4）水蒸气蒸馏法

水蒸气蒸馏法是指将药材适当切制或粉碎后，浸泡润湿，直火加热蒸馏或通入水蒸气蒸馏，也可在多能式中药提取罐中对药材边煎煮边蒸馏，药材中的挥发成分随水蒸气蒸馏而带出，冷凝后分层，收集挥发性的方法。水蒸气蒸馏法适用于具有挥发性，能随水蒸气蒸馏而不被破坏，难溶或不溶于水的化学成分的提取和分离，如挥发油的提取。多功能提取罐多带有冷凝器及油水分离器，可进行水蒸气蒸馏的操作。

（5）逆流提取法

上述几种浸出方法和浸出设备都属于单罐浸出法，存在着许多缺点，如浸出溶媒用量大、浸出液体积大、能源消耗高、浸出效率低、经济效益差等。近年来，随着中药制药装备技术与水平的不断提高，在单罐提取基础上的逆流提取罐组使用日益广泛。所谓逆流提取罐组是将一定数量的提取罐按照顺序编成罐组，浸出溶媒依次通过各个提取罐，最新加入的溶媒进入最后的提取罐，而最后的溶媒加入最新加入药材的提取罐，从而形成溶媒与药材的相向运动，即成为所谓的"逆流"浸出。逆流提取法的实质就是溶媒的套用，是最大限度地利用药材与溶媒之间的浓度差，可最大限度地浸出溶质。逆流提取法使用溶媒量比较小，浸出液浓度高，能源消耗低。此外，也有一些连续式逆流浸出设备，如螺旋推进式浸出器、U型螺旋式浸出器、履带式连续浸出器、千代田式连续浸出器等，在中药生产中还很少使用。

四、中药浸出生产实践

1. 浸出生产的主要工艺参数及质控点

中药浸出的主要工艺参数包括：选用哪种提取溶媒及溶媒的浓度；溶媒的实际使用量；浸泡时间；浸出操作的时间；浸出操作时溶媒的温度；浸出操作的次数；浸出操作时的压力次数等。对于浸出操作所得到的浸出液应设置中间产品的控制点，如：所得到的浸出液数量；浸出液外观性状（浸出液颜色、澄明度等外观指标）等。

（1）煎煮法（包括热回流提取法）

煎煮法的主要工艺参数包括：溶媒种类，溶媒浓度，溶媒使用量，浸泡时间，浸出时间，浸出温度，浸出次数，浸出压力，产品数量，产品性状。

（2）渗漉法

渗漉法的主要工艺参数包括：溶媒种类，溶媒浓度，溶媒使用量，浸泡时间，渗漉时间，渗漉温度，渗漉速度，产品数量，产品性状。

（3）浸渍法

浸渍法的主要工艺参数包括：溶媒种类，溶媒浓度，溶媒使用量，浸渍时间，浸渍温度，产品数量，产品性状。

2. 浸出生产中常见的问题

（1）设计中药浸出工艺应主要考虑哪些问题

中药的浸出工艺应该能从药材中最大限度地提取得到有效成分、有效部位或提取物，并能最大限度地除去无效杂质，保证制剂稳定性及用药安全。

根据处方组成及所含主要（药效）成分性质选择提取溶剂及提取方法，分析是单味还是复方，该方中君、臣、佐、使的配伍和药性特点，找出组方各药材所含众多成分中具生物活性的药效成分（或主要指标成分），分析其理化性质，从而选择合适的溶媒和浸出方法。

中药浸出工艺的设计还要考虑许多问题，比如浸出工艺能否达到一定的指标成分转移率；浸出工艺是否适合大规模工业化生产；浸出工艺是否与生产企业设备设施相匹配；浸出工艺对周边环境有无影响，是否符合环保要求等。

（2）如何优选煎煮法的工艺条件

煎煮法是最常用的浸出方法，符合中医传统用药习惯，适用于有效成分能溶于水且对湿热较稳定的药材，而且浸提成分范围广，目前仍是制备多种中药制剂如汤剂、合剂及部分散剂、丸剂、颗粒剂、片剂、注射剂或提取某些有效成分的基本方法之一。

在进行煎煮法操作时，对浸出效率产生影响的因素有药材粒径、煎煮用水量、煎煮次数与时间等。确定煎煮的工艺条件时应研究、比较、筛选，优选出合理可行的煎煮工艺，一般采用正交试验法，主要以加水量、煎煮次数、煎煮时间为因素，也可增加药材粉碎度、煎煮温度等因素。然后各个因素设计不同水平进行正交试验，优选出各因素下的最佳水平，结合对实验数据的方差分析明确各因素对结果的影响大小或主次，优选出最佳工艺条件。

（3）如何设计煎煮法工艺研究中的考察指标

煎煮法主要有以下几个因素影响中药材有效成分的浸出：

① 煎煮用水的量　煎煮用水是影响浸出成分收率的重要因素，一般通过实验室小试，加不同量的水，以确定加水量为药材量的几倍比较合适。一般加水量为药材量的8～10倍。第一次加水考虑药材的吸附可适当增加。

② 煎煮次数　实践证明一次煎煮，有效成分浸出不多，一般均煎煮2～3次。煎煮次数过多，不仅提高生产成本，也使煎出液中杂质增多，意义不大。对组织致密或有效成分难于浸出的药材，也可酌情增加煎煮次数或延长煎煮时间。

③ 煎煮时间　煎煮时间主要考虑药材的质地及药材成分的理化性质、煎煮工艺与设备等因素，一般以 60～120min 为宜。此外，药材的粉碎度也对浸出效率有一定影响。从理论上讲，药材粒径越小，成分浸出率越高。但是，粉粒过细，会给过滤带来困难。在确定以上主要影响煎煮工艺的因素后，需要采用优选的方法，通常用正交试验确定3～4个因素，同时对各因素选择3个水平，进行正交试验，以确定最佳的工艺。

（4）中药生产中的"单煎"与"混煎"

中药浸提时，根据中药材的质地及所含有效成分性质不同，常采用单煎或混煎的方法。中药复方一般采用混煎的方法，可能会产生复杂的新成分，或在煎煮的过程中产生化学变化。中药复方混煎产生沉淀反应可能有下列情况：①含鞣质药材与含生物碱药材混煎时产生沉淀反应。②有机酸与生物碱的沉淀作用，如金银花中的绿原酸与异绿原酸可使小檗碱及延胡索的生物碱生成沉淀。③鞣质与蛋白质生成沉淀。④鞣质与皂苷结合成沉淀。柴胡等含皂苷的中药可与拳参等多种含鞣质的中药生成沉淀。⑤无机离子钙与有机酸产生沉淀。石膏中钙离子可与甘草酸（甘草皂苷），绿原酸（金银花、茵陈中含之），黄芩苷（分子中有羧基）生成难溶于水的钙盐。

（5）中药生产中的"先煎"与"后下"

遵从中药传统用药习惯，对中药材进行浸出操作时还要注意"先煎"与"后下"的问题。所谓"先煎"就是对于矿物药，贝壳、甲、骨类动物药等质地坚硬，不易煎出有效成分的药材，先煎40～60min，再加入其他药物共煎的方法。先煎的药材如自然铜、石膏、牡蛎、草乌、附子等；所谓"后下"是指轻清凉散类药材。其有效成分易挥发逸散，或受热时间稍长容易分解破坏者，应在煎煮结束前加入共煎，后下的药材如薄荷、豆蔻、砂仁、细辛、菊花、香薷等。

（6）提高中药材指标成分转移率

考察浸出工艺设计，有效成分从中药材中提取出来的量即提取的转移率是重要指标之一。如果设计的工艺转移率不够高，说明工艺设计存在问题，必须分析其原因，一般应该考虑如下几个方面：

① 浸出溶媒的选择　最常见的就是中药材中指标成分是脂溶性成分，工艺却采用水煎煮，很难浸出脂溶性成分，应具体考虑该成分的理化性质，换用不同浓度的乙醇作为浸出溶媒来提高转移率。

② 工艺条件的确定　应首先考虑影响浸出的主要因素，其次考虑该因素下的水平，选择的因素应该是影响浸提效率的主要因素，设置的水平应能在该因素下显示出差异，然后采用正交设计进行优选。

③ 浸出方法的确定　如有些药材所含有效成分对热敏感，在加热提取时不稳定，导致有效成分降低，那么对这些热敏的成分提取时，尽量考虑用不需加热或低温提取的方法。

（7）水蒸气蒸馏法的使用及特点

水蒸气蒸馏法系指将含有挥发性成分的药材与水共蒸馏，使挥发性成分随水蒸气一并馏出，并经冷凝分取挥发性成分的一种浸提方法。生产中可分为共水蒸馏法（直接加热法）和通水蒸气蒸馏法。

① 共水蒸馏法　中药材经适当前处理放入蒸馏器中，加入适量水，浸泡一定时间（30～60min）直接加热，将中药与水共煎煮沸时，挥发油随水蒸气一并馏出，经过油水分离器得到挥发性成分。此法虽简单，但往往与水分离不好，得到的仅仅是芳香水，还需要进一步精制，而且因为温度较高，还可能使挥发油的某些成分发生分解，影响挥发油的质量。

② 通水蒸气蒸馏法　中药材适当粉碎放入容器中，加入适量的水浸泡，然后将水蒸气直接通入蒸馏器中，使挥发油随导入的蒸汽一并馏出，再经过油水分离器得到挥发性成分。水蒸气蒸馏法适用于具有挥发性，能随水蒸气蒸馏而不被破坏，与水不发生反应，又难溶或不溶于水的化学成分的提取、分离，如挥发油的提取。

第二节　浓缩

一、浓缩的概念

制备中药制剂时，一般都需用一定的浸出溶媒和方法将原药材中所含有效成分浸出，但所获得的浸出液往往由于浓度太低，不能直接使用，除个别剂型外（如汤剂），无法直接应用于制剂的生产。另外，如果使用的浸出溶媒是有机溶剂时，则还需要回收有机溶剂。因此，必须对浸出液进行蒸发浓缩。蒸发是指对水溶液或有机溶剂所形成的溶液加热，使水或有机溶剂汽化从而将溶液浓缩的操作。浓缩是蒸发的目的，蒸发是浓缩的手段。对于液相的浓缩，通常采用蒸发的方法使溶液中的溶剂汽化，为了使溶剂蒸发，需要对溶液加热；为了将汽化生成的蒸汽不断被移去，需要将溶剂蒸汽冷凝。所以，浓缩就是对浸出液加热，同时对溶剂蒸汽冷凝的单元操作。

在中药提取生产过程中，浓缩指对浸出液加热，使一部分浸出液汽化，从而溶液获得浓溶液或析出固体物质的过程。浓缩的必备条件是不断供给热量和不断排出产生的蒸汽。蒸汽的排出一般需要冷凝。蒸发可在沸点或低于沸点时进行。而前者的速度较快，所以中药生产中常用沸腾蒸发。蒸发又可在常压、减压或加压条件下进行。因常压蒸发时效率比较低，另外蒸发温度比较高，可能造成对中药有效成分的破坏，所以目前中药生产中一般采取减压浓缩，也称真空浓缩。

通常在中药生产中浓缩是从浸出液中除去大部分溶媒，最后得到中药流浸膏或稠浸膏。浓缩是中药提取过程的重要操作单元之一，但是目前仍存在蒸发速度慢、温度高、能源浪费严重等问题，仍有很大改进空间。

二、影响浓缩的主要因素

（1）温度差

在蒸发的过程中需要不断地向被蒸发物料提供热能，而温度差是热传导的动力，加大加热剂与被蒸发物料之间的温度差，有利于加快热传导，有利于加快蒸发的速度与效率。

（2）压力（真空度）

液体的沸点在真空条件下会下降，在沸腾蒸发的情况下，被蒸发物料沸点的下降，实际上就是加大了加热剂与被蒸发物料的温度差，不仅有利于热传导，更有利于加快蒸发的速度与效率。同时，浓缩温度的下降也避免了高温条件下中药有效成分的破坏。

（3）设备因素

设备因素包括两个方面：一是不同设备结构不同，加热面积也不一样，设备加热器的换热面积增大，相当于直接增加了蒸发面积，加热面积大蒸发量也大；二是设备本身的因素，如换热器本身的传热系数（K）或热阻，以及加热器导热面的结垢，直接影响传热系数，导致蒸发效率的下降。

（4）蒸汽压力

生产中最常用的加热剂就是饱和蒸汽。蒸汽压力不同，汽化潜热不同，温度不同。蒸汽压力高，温度也高，适当增加蒸汽压力可提高蒸汽的温度，即增加与被浓缩物料的温度差，有利于提高蒸发速度，但提高蒸汽压力不是无限度的。

（5）冷凝

浓缩是使溶液中的溶剂蒸发汽化，并将汽化生成的蒸汽不断除去的过程。及时除去蒸发过程中产生的二次蒸汽，有利于蒸发过程的顺利进行。生产中除去二次蒸汽的方法是冷凝，所以冷凝的效果也直接影响浓缩的效率。冷凝器足够的换热面积，温度足够低的冷凝介质，良好的冷凝效果都是影响浓缩的因素。

三、常用浓缩方法及设备

1. 浓缩的方法

浓缩操作采用蒸发手段，为了加速蒸发必须进行加热，所以浓缩设备必须采用加热剂，最常用的加热剂是饱和水蒸气。被蒸发溶液与加热剂之间通过分隔此两种物质的间壁以间壁式传热的方式来进行。供被蒸发溶液与加热剂进行换热的设备叫做加热器；浸出液中部分溶媒蒸发汽化，为了将汽化生成的蒸汽不断被移去，需要将溶媒的蒸汽冷凝成为液体，所以浓缩设备还必须采用冷凝剂，最常用的冷凝剂是循环冷凝水。溶媒的蒸汽与冷凝剂之间通过分隔此两种物质的间壁以间壁式传热的方式来进行。溶媒蒸汽与冷凝剂进行换热的设备叫做冷凝器。加热器与冷凝器只是作用不同，结构相同，实质上都是换热器。目前中药提取生产中常用的就是列管式换热器和板式换热器。

浓缩操作可在常压、减压和加压条件下进行。常压浓缩能耗大，温度高，而且不符合 GMP 的相关要求，在生产中已逐步淘汰。加压浓缩会使得溶液的沸点升高，改善传热的效果，以提高热能的利用，但温度过高，可能破坏药物成分，在中药生产过程中也很少采用。

减压（真空）浓缩是指在减压（真空）的情况下蒸发，将二次蒸汽在特殊设计的冷凝器中冷凝，并以真空泵抽去不凝性气体形成设备中的真空。减压浓缩的主要优点有：①减压下溶液的沸点降低，增大了加热蒸汽与物料之间的传热推动力，即增大了温度差。②可以防止或减少热敏性物质的分解。如用水作为溶剂进行提取的提取液，在常压时，要在 100℃ 以上才能达到沸腾，但当减压到-0.08MPa 时，在 60℃ 就可沸腾，这样可以大大减少提取液中有效成分的分解与破坏。③由于减压后溶液的沸点降低，对加热热源的要求也可降低，有可能充分利用二次蒸汽作为热源。④与周围环境温差相对小，热能损失也较小。

⑤减压浓缩需要增设真空泵，必须采用密闭的设备。⑥减压浓缩温度低、效率高，是目前中药生产中最常用的浓缩方式。

2. 浓缩的设备

浓缩设备由主要由蒸发器和冷凝器两部分组成，冷凝部分大同小异。浓缩设备的主要部分是蒸发器，而加热室加上分离室即成为蒸发器。加热室是传热面的所在地进行溶液的蒸发；分离室是分离二次蒸汽和溶液的地方。分离室或二次蒸汽的分离空间，是蒸发器和换热器在构造上的主要区别。浓缩设备详细内容见相关章节。

根据沸腾液体在蒸发器中运动的特性可将蒸发器分为四类：自由循环的蒸发器、自然循环的蒸发器、强制循环的蒸发器、膜式蒸发器。

四、中药浓缩生产实践

1. 浓缩生产的主要工艺参数及质控点

中药浸出液浓缩过程的主要工艺参数包括：浓缩操作时浸出液的温度；浓缩操作时浓缩器内的真空度；浓缩操作时蒸汽的压力；浓缩操作所用的时间等。对于浸出液浓缩所得到的浸膏应设置中间产品的控制点，如：浸膏数量；浸膏外观性状（浸膏的颜色、澄明度、均匀度、有无沉淀焦屑等外观指标）；浸膏密度；浸膏固形物含量（或水分）；定量检测指标的含量等。

（1）减压浓缩法

减压浓缩法的主要工艺参数包括：浓缩温度，真空度，蒸汽压力，浓缩时间，浸膏数量，浸膏温度，浸膏密度，浸膏性状，水分（固形物），含量。

（2）多效浓缩法

多效浓缩法的主要工艺参数包括：每效的浓缩温度，每效的真空度，每效的蒸汽压力，浓缩时间，浸膏数量，浸膏温度，浸膏密度，浸膏性状，水分（固形物），含量。

2. 浓缩生产中常见的问题

（1）选择浓缩设备的考虑因素

目前中药浓缩设备比较多，而且中药的特点及提取方法的不同，在中药提取液中存在着复杂的混合物，以及各成分的相互影响，导致浸出液性质的差异，如有效成分遇热易分解破坏；浸出液在蒸发过程中易起泡；浸出液浓缩后黏度增大等。因此，必须根据浸出液的性质及对浓缩产品的要求来选择符合工艺要求的浓缩设备。浓缩设备选型主要考虑如下几个方面：

① 浸出液处理量的大小　物料处理量大宜选择加热面积大的浓缩设备，如升膜式蒸发器、降膜式蒸发器、多效蒸发器、外加热自然循环蒸发器等。

② 浸出液的易发泡性　中药材中有些成分如皂苷等在浓缩过程中往往容易造成浸出液起泡，而易起泡物料的浓缩，在真空条件下会加速溶液的发泡，导致充满蒸发器顶部的汽液分离空间，泡沫随二次蒸汽排出，造成料液的大量夹带损失。对于易发泡物料的蒸发，可采用强制循环式蒸发器及设有破沫装置的外加热式蒸发器等。

③ 易结垢的物料　物料在换热面上结垢是由于浸出液被浓缩后的黏度增大、悬浮的微粒沉积、无机盐的晶析以及局部过热焦化等原因所致。无论浸出液的性质如何，长期使用后的蒸发器传热面总有不同程度的结垢。垢层的产生导致传热系数变小，导热性能变差，明显影响了蒸发效果，严重的甚至造成堵塞，使蒸发操作无法运转。因此，对于容易结垢的物料蒸发，应首先考虑选择容易清洗和清除结垢的蒸发设备，如外加热式蒸发器、强循环式蒸发器等。另外还要严格控制出料的浓度。

④ 物料的热稳定性　热敏性的物料在较长时间受热或在较高温度时，物料容易发生分解。因此，一般选择储液量少、停留时间短的蒸发器。如外循环蒸发器，并应采用真空操作，以降低料液的沸点和受热温度。

⑤ 浸出液的黏度　浸出液在浓缩过程中黏度的变化也是考虑的因素之一。

（2）目前最常见的两种中药浓缩设备

在中药生产过程中所用的蒸发设备种类很多，结构各异。如何根据浸出液的性质及产品特点选择合适的浓缩设备对中药生产整个过程来说是非常重要的。以下是目前最常见的两种中药浓缩设备及其特点。

① 外加热自然循环蒸发器　在加热时，被加热的溶液内各部分的密度不同而产生溶液的循环。外加热自然循环蒸发器换热面积大，蒸发量大，适合大规模生产，二次蒸汽可以利用，但要严格控制出料的浓度，防止结垢、焦化。

② 夹套式真空浓缩釜　也叫真空浓缩罐，为典型的釜式自由循环蒸发器，靠夹套加热，加热面积小，蒸发量小且料液受热时间长，主要用于黏度较大，但不易起泡的料液的浓缩。优点是真空操作、设备简单、操作方便，还可以加刮板，可应用于工艺要求密度大的中药浸膏的生产。

在选择浓缩设备时，应根据被浓缩物料的物性，如溶液的黏度、发泡性、热敏性以及是否容易结垢或析出结晶等诸多方面来考虑，使选用的浓缩设备既能符合工艺生的要求，又能保证产品的质量。

（3）单效蒸发与多效蒸发

在浓缩过程中的两个主要技术指标是浓缩器的生产能力和能源消耗。能源消耗主要指加热蒸汽的消耗量，关系到生产成本，而生产能力则关系到的设备投资。选择单效浓缩器还是多效浓缩器要考虑以上两个因素。单效蒸发与多效蒸发的主要区别在于二次蒸汽的利用与否。

单效蒸发指料液在蒸发器内被加热汽化，产生的二次蒸汽由蒸发器引出后排空或冷凝，不再利用。多效蒸发器指将多个蒸发器连接起来，后一效的操作压力和溶液沸点均较前一效低，仅在压力最高的第一效加入新鲜的加热蒸汽，在第一效产生的二次蒸汽作为第二效的加热蒸汽，依此类推。也就是后一效的加热室成为前一效二次蒸汽的冷凝器。只有末效的二次蒸汽才用冷却介质冷凝。这样，蒸汽被二次利用即称为双效浓缩器，三次利用即称为三效浓缩器。

采用多效蒸发的目的是为了节省加热蒸汽的消耗量，而且多效蒸发还相应减少了冷凝水的用量。但是对于多效蒸发操作，加热蒸汽的节省是有限度的，是以增加设备投资作为代价的。

此外要注意，多效浓缩器的应用目的在于节省加热蒸汽的用量，使用多效蒸发器并不能提高生产能力。采用多效蒸发器很容易使人误认为多效蒸发器的生产能力比单效蒸发器的生产能力大若干倍。其实不然。在相同操作条件下，如单效蒸发器的加热面积与三效蒸发器中的一效相同，单效蒸发器的温度差与多效蒸发器的总温度差相等，则单效蒸发器的蒸发能力与多效蒸发器的蒸发能力是相同的。实际上如果考虑系统内沸点升高以及液柱静压头等其他一些因素，多效蒸发器的生产能力反而比单效蒸发器要小。因此，采用多效蒸发器并不能提高生产能力。

（4）决定浓缩器浓缩能力的因素

浓缩器的生产能力是蒸发器操作的一个重要指标。在工艺条件及浓缩器的形式确定以后，要提高蒸发器的生产能力，主要依靠提高传热系数和增大温度差两个方面。

在所浓缩的物料热敏程度允许条件下，要提高浓缩的温度，加大物料与加热剂之间的温度差，主要取决于加热蒸汽的压力和蒸发室的真空度。加热蒸汽的温度随压力增加而升高，但是水蒸气的温度随压力增加而升高是有限的。提高蒸发室的真空度不仅考虑真空设备的选择，增加设备投资的同时还要增加动力消耗。

所以提高浓缩器的浓缩能力主要途径应还是从提高传热系数入手。在许多情况下，管内的污垢是影响传热系数的主要因素。尤其是在处理容易结垢的物料时，需要经常清洗加热器，防止结垢。另外将蒸发器加热管抛光，可以减少结垢的速度。

此外，浓缩气的生产能力还与冷凝系统有关，受到冷凝水温度的直接影响。稳定有效的冷凝系统也是保证浓缩器浓缩能力的重要方面。

（5）浓缩易起泡的物料

很多中药材因含有皂苷等成分而在浓缩过程中经常容易起泡。浸出液容易起泡，说明溶液的表面张力低，在其他行业生产中可以添加一些表面活性剂作为消泡剂，加以解决，但在药品生产中一般不能随意使用消泡剂。因此，正确选择适宜的操作方法与设备成为处理易起泡料液的关键。

对于易起泡料液的浓缩，自然循环式或强制循环式蒸发器由于具有较大的分离空间，加上在分离器中可以设置合适的泡沫捕集装置，因此，采用单效自然循环式或强制循环式蒸发器比较适合易起泡浸出液的浓缩。而带搅拌夹套式真空蒸发器由于其分离空间较小，且无泡沫捕集装置，故此类蒸发器不宜采用。

在浓缩易起泡浸出液时，应根据料液的具体情况制定合适的浓缩操作条件。比如对于非常容易起泡的料液，开始操作时可先不加热，逐步增加真空度，在达到真空度要求时，缓慢分阶段进行加热、浓缩。并随时观察浓缩状态，调整真空度及加料速度，必要时可采取破坏真空的方法进行消泡。

（6）浸出液的浓缩程度

浸出液要浓缩到怎样的程度，要根据产品的生产工艺来确定。在中药生产中浸出液的浓缩程度一般用相对密度来表示（25℃）。

如果要进一步加工干浸膏，浓缩程度与下一步的干燥方式有关。如采用真空箱式干燥，那么浓缩的程度尽可能浓些，以缩短干燥时间；如果使用真空带式干燥，为了良好的流动性，浓缩程度要适当；如采用喷雾干燥则浓缩程度不能太高，否则因浓缩液过于黏稠导致喷雾干燥的雾化器雾化困难。

如果下一步直接用于制剂生产，则与具体剂型的工艺特点有关。流浸膏剂、糖浆剂等可直接浓缩到所需要的程度；煎膏剂则在不产生焦化而影响产品质量的前提下，尽可能浓缩。口服固体制剂，如果采用湿法制粒，为保证载药量一般也要在不影响产品质量的前提下，尽可能浓缩。如采用一步制粒等方式，则要按照具体要求决定浸出液的浓缩程度。总之浸出液的浓缩程度必须试验和验证，尤其在固体制剂的生产中要充分考虑后续干燥、制粒等工序的工艺与设备情况。

第三节　干燥

一、干燥的概念

干燥是除去物料中的水分或溶剂获得固体产品的操作，通过加热的方式，使物料中的湿分蒸发而除去，这一过程称为干燥。在实际生产中，除去的湿分一般是水，带走湿分的干燥介质一般是空气。常见的干燥的方式有以下几种：用干燥剂（如热空气等）同被干燥的物质直接接触的方法叫做对流干燥；用某种载热体经传递热量的间接加热被干燥物质的方法叫做接触干燥；在高真空条件下使被干燥的物质中的水分处于冷冻状态下升华叫做冷冻干燥；另外还有用红外线辐射加热被干燥的物质的方法叫做辐射干燥。生产中最常应用的干燥方式是对流干燥。

物料进行对流干燥时，有两个基本过程同时进行：①热空气将热能传至物料表面，因温度差再由表面传至物料的内部，这是一个传热的过程。②湿物料得到热量后，其表面水分汽化，物料内部水分因浓度差而以液态或气态扩散到物料的表面，这是一个传质的过程。物料干燥过程中传质、传热过程同时进行，方向相反，相互关联。作为干燥介质的热空气不断把热能传递给湿的物料，湿物料表面水分不断汽化，并扩散到热空气中被带走，物料内部的水分以液态或气态不断地扩散到物料表面，这样物料中的湿分不断减少而被干燥。因此，干燥过程是湿分从物料内部，到达物料表面，再被汽化而除去的过程。

生产中会有对不同相系物质的干燥：①气体的干燥，如压缩空气的干燥；②固体的干燥，如湿法造粒的湿颗粒干燥成为干颗粒；③液体的干燥，如中药稠浸膏干燥成为干浸膏等。有些干燥设备主要用于液体物料的干燥，如喷雾干燥；有些干燥设备可以兼做固体物料的干燥和液体物料的干燥，如箱式干燥；有些主要用于固体物料的干燥，如沸腾干燥。这部分内容主要是中药的浸出、浓缩、干燥，因此本节主要介绍液体干燥。

二、影响干燥的主要因素

（1）干燥介质的状况

生产中最常用的干燥介质就是热空气，干燥的速度与效率与热空气的性质（如温度、湿度、流速等）

密切相关。热空气温度高，可使被干燥物料表面温度高，加快蒸发的速度，有利于干燥；热空气的湿度低，可以减低干燥室的相对湿度，干燥速率加大，可以提高干燥效率；热空气流动速度快，可以更快带走蒸发出的水分，对干燥效率也有一定影响。

（2）物料本身性质

被干燥物料的本身性质也是影响干燥效率的主要因素，比如物料的形状大小、物料中水分结合方式、物料层的薄厚等。

（3）干燥的方式与速度

干燥的方式对干燥效率具有一定的影响，如相对于静态的干燥而言，动态干燥的物料处于悬浮运动的状态，增加了其蒸发表面积，提高了干燥效率。另外，干燥速度也有一定影响，如果干燥速度过快，可能会使物料表面蒸发速度大于内部水分扩散到物料表面的速度，物料表面的干燥妨碍了内部水分的扩散与蒸发，进而影响干燥效果。

三、常用干燥方法及设备

中药生产中干燥的方法与设备密切相关，以下简述几种中药浸膏干燥的常用设备，详细内容请参看相关设备章节。

（1）箱式干燥器与真空箱式干燥器

箱式干燥器是一种间歇式的干燥器，小型的称为烘箱，大型的称为烘房。这是一种最简单的间歇式干燥器。箱式干燥器主要是以热风通过湿物料的表面达到干燥的目的。热风沿着湿物料的表面通过，称为水平气流箱式干燥器；热风垂直穿过物料，称为穿流气流箱式干燥器。箱式干燥器广泛应用于干燥时间较长、生产量较小的物料，在常压状态下主要适用于各种颗粒状、粉末状物料的干燥。当箱式干燥器处于真空条件下进行干燥时，称为真空箱式干燥器。真空箱式干燥器是用于不耐高温、易于氧化的物料及泥状、膏状物料的干燥。箱式干燥器结构简单、设备投资少，适应性强，缺点是干燥速度慢。干燥时间长，生产能力有限，而且间歇式操作，每次操作都要装卸物料，劳动强度大，设备利用率低。

（2）真空带式干燥器

真空带式干燥器是近年来应用越来越广泛的干燥设备。真空带式干燥器是一种连续式干燥装置。待干燥的物料通过输送机构直接进入处于真空状态下的干燥器，摊铺在干燥带上，电机驱动干燥带沿干燥机筒体方向移动。干燥带下设有加热板及冷却板，以接触传热方式将热量传导给物料。当干燥带从筒体一端运动到另一端时，物料被干燥并冷却，干燥带折返时料饼被剥离，进入粉碎装置粉碎后的物料通过气闸式出料斗出料，完成整个干燥过程。真空带式干燥器属于连续式干燥设备，生产能力较大，设备利用率高，真空带式干燥器的干燥制品质地疏松，溶解性好，流动性好，而且带式真空干燥器相比喷雾干燥应用范围更广，所以近来使用越来越多。

（3）喷雾干燥设备

喷雾干燥就是将液态或流浸膏状物料雾化成为雾状液滴，悬浮在热空气气流中被干燥脱水的过程。喷雾干燥设备使被干燥的浸出物喷成微小的雾状液滴，使其具有极大的表面积，在蒸发器内液滴于热空气直接接触混合，因而传热和蒸发水分迅速，能显著地缩短干燥时间。而且在水分高速蒸发式冷却的影响下，雾滴温度在它的水分蒸发完以前总是低于干燥介质，所以虽然喷雾干燥进风温度很高，但对热敏性物料影响不大。喷雾干燥的制品为细小的粉末，干燥受热时间很短，溶解性能好。喷雾干燥设备的缺点是设备体积大、能耗高，而且有局限性，对一些物料不适用。

此外，近年来冷冻干燥、微波干燥等设备在中药浸膏干燥中应用越来越广泛。

四、中药干燥生产实践

1. 干燥生产的主要工艺参数及质控点

中药浸膏干燥过程的主要工艺参数包括：干燥操作时的温度；干燥操作时的真空度；干燥操作所用的时间等。对于干燥操作所得到的干浸膏应设置中间产品的控制点，如干浸膏的数量，干浸膏的外观性状（浸膏的颜色、粒度、溶化性等外观指标），干浸膏的水分，定量检测指标的含量等。

（1）箱式干燥器

箱式干燥器的主要工艺参数包括：干燥温度，真空度，干燥时间，装量，浸膏数量，浸膏性状，水分，含量。

（2）带式干燥器

带式干燥器的主要工艺参数包括：干燥温度，真空度，干燥时间，给料速度，传送速度，浸膏数量，浸膏性状，水分，含量。

（3）喷雾干燥器

喷雾干燥器的主要工艺参数包括：进风温度，出风温度，喷盘转速，给料速度，浸膏数量，浸膏性状，水分，含量。

2. 干燥生产中常见问题

（1）干燥设备的选择

干燥设备的选择应依据需要干燥物料的形状、性质、产品的最终状态及操作方式进行。在中药生产过程中，由于生产工艺不同，被干燥物料的形态差异很大。

在中药饮片生产过程中，饮片的干燥一般采用烘房或隧道式干燥设备；口服固体制剂中颗粒的干燥一般采用沸腾干燥设备或箱式干燥设备。

中药提取、浓缩后稠浸膏的干燥则要根据产品的工艺特点及产量来选择合适的干燥设备。箱式干燥设备操作简单，适应性强，应用范围广，但属于非连续性操作，产量有限，不适用于大规模生产。喷雾干燥设备为连续性操作，产量大，但应用有局限性，对于黏液质多、含有果胶等成分的物料雾化困难，无法干燥。带式干燥设备也属于连续性操作，产量大，应用范围相对广，目前使用越来越多。

干燥设备的选择是一个受许多因素影响的过程，应根据被干燥物料的形状、性质及产品的要求进行综合考虑。

（2）喷雾干燥雾化困难

在喷雾干燥操作过程中，由于被干燥物料的物性差异，尤其是一些含有黏液质、果胶等成分的物料可能会产生雾化困难甚至无法雾化的现象。解决办法主要是：降低浸膏中的固形物含量，使用助干剂，降低给料速度，适当提高进风温度。

（3）干燥成品吸潮结块

物料经喷雾干燥后，干粉一般经旋风分离器分离后在收料器中收集。在生产过程中经常会发现干粉在收料器中发生吸湿、结块现象，严重影响了生产的正常操作。

干粉吸湿是由于干粉与喷雾干燥器内的热湿空气处于同一个容器内，热湿空气与干粉通过气流管道经过旋风分离器分离，干粉在收料器中收集，热湿空气排出。此时干粉中水分含量很低，随着出料时温度的降低，热湿空气中的水分重新返回到干粉中，随着时间的延长，干粉与空气中的湿度又会达到一个新的平衡。所以物料的吸湿性越强，干粉吸湿的水分越多，以至于结成一个大块。

要解决干粉的吸湿就必须将干粉与热湿空气进行隔离，使干粉单独处于一个系统，以杜绝干粉的吸湿。

第十二章

综合口服固体制剂生产工艺

固体制剂是当前常见的剂型，在药物制剂中占有率高达70%，主要包括片剂、散剂、颗粒剂以及胶囊剂等。制备固体制剂时，药物一般经过相似的前处理工序，如药物的粉碎、筛分和混合等，并根据药物的性质和使用要求，加入适宜的辅料以改善流动性或压缩成型性能等，如散剂、胶囊剂中常使用的稀释剂，颗粒剂和片剂中常使用的稀释剂或者黏合剂；丸剂中常使用的基质等。后续处理中，如与其他组分均匀混合后直接分装，即可获得散剂；将混合均匀的物料进行制粒、干燥后分装，便得到颗粒剂；将颗粒压片可制成片剂；将混合均匀的粉末或颗粒填入空胶囊，可制备成胶囊剂等。对固体制剂来讲，物料的混合均匀度、流动性、填充性非常重要，粉碎、过筛与混合是保证药物混合均匀性的主要单元。固体制剂的制备工艺流程如下：

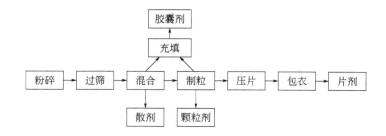

第一节 片剂生产工艺

片剂是药物与辅料均匀混合后压制而成的片状或异形片状的固体制剂。片剂以口服普通片为主，也有含片、舌下片、口腔贴片、咀嚼片、分散片、可溶片、泡腾片、阴道片、缓释片、控释片、肠溶片与口崩片等。

一、片剂生产工艺流程

片剂生产工艺流程见图12-1-1。片剂的制法可分为直接压片法和颗粒压片法两大类，目前以颗粒压片法应用最多。颗粒压片法又可分为湿法制粒压片法和干法制粒压片法。直接压片法的工艺比较简单、设备少、辅料用量少、产品崩解和药物的溶出较快。

（1）制粒工序

制粒是压片的前过程，也是一个重要的环节。制粒的优点主要是改善物料的流动性；防止片剂各种成分因粒度、密度的差异在混合过程中产生离析等；避免或者减少粉尘及微生物的污染；调整松密度，改善溶出与崩解时限及压片过程中压力传递的均匀性。

① 湿法制粒 湿法制粒系指混合均匀的药物和辅料加入润湿剂或黏合剂制成颗粒的方法。制颗粒的方法主要分为两步湿法制粒、流化喷雾制粒法、滚转制粒法和喷雾干燥制粒法。

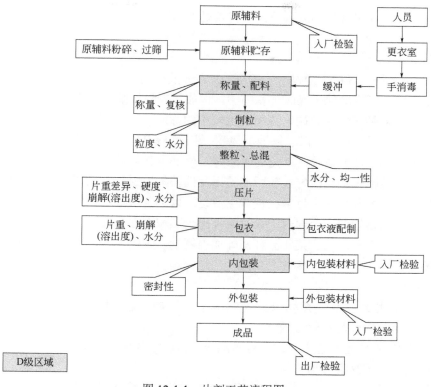

图 12-1-1 片剂工艺流程图

a. 两步湿法制粒 主要包括制软材、制湿颗粒、湿颗粒干燥、干颗粒整粒等几个过程。

制软材：将原料、辅料细粉置于混合机中，加适量润湿剂或黏合剂，使用混合机混匀即成软材。软材的干湿程度应适宜，生产中多凭经验掌握，以"用手紧握能成团而不粘手，用手指轻压能裂开"为度。

制湿颗粒：软材置于颗粒机的不锈钢料斗中，其下部装有六条绕轴往复转动的六角形棱柱，棱柱之下有筛网通过固定器固定并紧靠棱柱，当棱柱做往复运动时，将软材压、搓过筛孔而成湿颗粒。少量生产时可用手将软材握成团块，用手掌轻轻压过筛网即得。

湿颗粒干燥：湿颗粒制成后，应立即干燥，以免结块或受压变形。干燥温度一般根据原料的性质而定，以 50～60℃ 为宜。

b. 流化喷雾制粒法 流化喷雾制粒法是指将粉末的沸腾混合、黏结剂的喷雾制粒和热风干燥等工序在一套设备中完成，又称一步制粒法。其主要过程是混合均匀的原料、辅料被投放到密闭的容器内，在热气流作用下形成流化状态并实现粉体的再次混合及加热；然后连续喷入黏合剂，粉体互相凝聚成颗粒。与两步湿法制粒相比，流化制粒法简化了操作工序和设备，便于生产过程的自动化、减少了粉尘飞扬损失和交叉污染，有利于劳动保护。主要工艺参数是热风温度及风速、黏合剂温度、喷雾快慢（即蠕动泵的转速）等。此制法适用于对湿和热比较稳定的药物制粒。本法对密度差悬殊的物料制粒不太理想。

c. 滚转制粒法 滚转制粒法是指物料混合均匀后，加入一定的润湿剂或黏合剂，在转动、摇动、搅拌作用下使药粉聚结成粒的方法。滚转颗粒的特点就是润湿粘合成粒。主要适用于中药浸膏及黏性强的药物制粒，多用于药丸的生产。

d. 喷雾干燥制粒法 喷雾干燥制粒法是将物料溶液或混悬液喷雾置于干燥室内，在热气流的作用下使雾滴中的水分迅速蒸发直接获得球状干燥细颗粒的方法。喷雾干燥制粒法的特点：由液体直接得到固体粉末颗粒，雾滴比表面积大，干燥速度快，干燥物料的温度较低，适用于热敏性物料的处理；所得颗粒多为中空球状粒子，具有良好的溶解性、分散性和流动性；设备费用高、能耗大、操作费用高；黏性大的料液易粘壁。

② 干法制粒 干法制粒指不用润湿剂或液态黏合剂而制成颗粒的方法，可分为滚压法和重压法。主

要是将药粉压制成大片，并将其破碎成颗粒。其特点是物料不经过湿和热的处理，适用于对湿、热敏感的药物。

（2）整粒、总混工序

① 整粒　整粒指颗粒干燥后再通过一次筛网，使之分散成均匀的干颗粒。整粒所用筛网的孔径与制湿颗粒时相同或稍小些，因为颗粒干燥时体积缩小。但如果颗粒较疏松，宜选用孔径较大的筛网，以免破坏颗粒和增加细粉；若颗粒较粗较硬，应用孔径较小的筛网，以免颗粒过于粗硬。

② 总混　总混指添加挥发油、挥发性药物、润滑剂、崩解剂等在混合机内进行最终混合的过程。某些片剂处方中含有挥发油，如薄荷油、八角茴香油等，最好是整粒后自混匀的干颗粒中筛出部分细粉，与挥发油混匀后，再与其他干颗粒混匀。若所加的挥发性药物为固体，如薄荷脑、冰片等，可用少量乙醇溶解后或与其他成分研磨共熔后，喷雾在颗粒上混匀。以上各法最后均应放置桶内密闭贮放数小时，使挥发性成分在颗粒中渗透均匀，否则由于挥发油吸附于颗粒表面，压片时易产生裂片。润滑剂常在整粒后用五号筛筛入干颗粒中，混匀。某些品种需外加崩解剂，则需将崩解剂先干燥过筛，在总混时加入干颗粒中，充分混合。

③ 混合的影响因素

a. 颗粒大小　颗粒的大小差异越大，越不容易混合。细颗粒容易相互黏附，妨碍颗粒之间的相互移动，不易均匀分散。因此混合起来比较困难。

b. 颗粒密度　颗粒密度差异越大，越不容易混合。密度小的颗粒易上浮，混合时，始终浮于上方，很难混入较重颗粒里面，不易混合均匀。

c. 颗粒的流动性　颗粒流动性差，混合过程中相互粘附，不利于颗粒之间穿插移动、对流，不易与其他颗粒混合均匀。

d. 颗粒的其他性质　颗粒的其他性质包括：粒子的粒度与粒度的分布，粒子的形状、粗糙度，粒子的密度、静电荷、水分含量、脆碎性、休止角、流动性、结团性以及弹性等。例如粒子的形状影响粒子的流动性，粒子的密度差异在混合中会发生密度偏析作用。

e. 混合机转速　混合机转速与混合时间对混合均匀性有很重要的影响。混合机转速较慢，要求混合时间就长；如果混合机转速比较快，混合时间经过混合均匀度的测试可以相应减少。

（3）压片工序

压片是将混合均匀的物料经压片机压制成片剂的过程。一般分为颗粒压片法和粉末直接压片法，其中颗粒压片法应用较多。

① 颗粒压片法　它是指混合均匀的原辅料通过制颗粒、整粒、总混后通过压片机压制成片剂的方法。颗粒压片由于颗粒流动性好，耐磨性强、压缩成型性好，压出的片剂圆整美观。

② 粉末直接压片法　它系指将药物粉末与适宜的辅料混匀后，不经过制颗粒而直接压片的方法。粉末直接压片法避开了制粒过程，因而具有省时节能、工艺简便、工序少、产品的崩解或溶出较快等突出优点，适用于对湿热不稳定的药物，但也存在粉末流动性差、片重差异大以及压缩成型性差，易松片、裂片等缺点，致使该工艺的应用受到了一定限制。

（4）包衣工序

包衣一般是指在片剂（常称为片芯或素片）的外表面均匀地包裹上一定厚度的衣膜。包衣的主要目的是：避光、防潮，提高稳定性；遮盖药物不良气味；隔离配伍禁忌成分；包有色衣，增加药物识别；包衣后表面光洁，更加美观；改变药物释放位置及速度，如胃溶、肠溶、缓控释等。包衣片按照包衣层的材料可以分为糖衣片、薄膜包衣片、肠溶衣片等。常用的包衣方法有以下三种。

① 滚转包衣法　亦称锅包衣法，是经典且广泛使用的包衣方法，可用于包糖衣、包薄膜衣以及包肠溶衣等，包括普通滚转包衣法和埋管包衣法。

② 流化包衣法　与流化制粒原理基本相似，是将片芯置于流化床中，通入气流，借急速上升的空气流动力使片芯悬浮于包衣室内，上下翻动处于流化（沸腾）状态，然后将包衣材料的溶液或混悬液以雾化状态喷入流化床，使片芯表面均匀分布一层包衣材料，并通入热空气使之干燥，如此反复包衣，直至达到规定要求。

③ 压制包衣法　一般采用两台压片机联合起来实施压制包衣。两台旋转式压片机用单传动轴连接配套使用。包衣时，先用一台压片机将物料压成片芯后，由传递装置将片芯传递到另一台压片机的模孔中，在传递过程中由吸气泵将片外的细粉除去，在片芯到达第二台压片机之前，模孔中已填入部分包衣物料作为底层，然后片芯置于其上，再加入包衣物料填满模孔，进行第二次压制成包衣片。此种包衣方式可以避免水分、高温对药物的不良影响，生产流程短、自动化程度高、劳动条件好，但对压片机械的精度要求较高。

二、片剂生产工艺设备流程举例

图 12-1-2 为某片剂工艺设备流程。

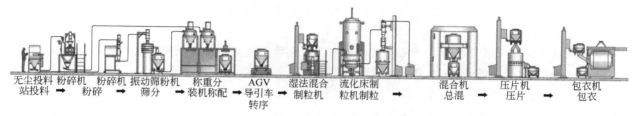

无尘投料　粉碎机　粉碎机　振动筛粉机　称重分　AGV　湿法混合　流化床制
站投料 → 粉碎 → 粉碎 → 筛分 → 装机称配 → 导引车 → 制粒机 → 粒机制粒 →
　　　　　　　　　　　　　　　　　　　　　　　　转序

混合机　　压片机　　　包衣机
总混 → 压片 → 包衣

图 12-1-2　某片剂工艺设备流程

三、片剂生产控制要点、注意事项、常见问题及解决

（1）制粒工序

① 工艺控制要点

a．含量　按该片剂成品的检验方法进行测定。

b．水分　中药压片用干颗粒含水量一般为 3%～5%；化学药干颗粒含水量为 1%～3%，但个别品种可例外。

c．颗粒大小、松紧度　颗粒过硬，压片易产生麻面；松颗粒易碎成细粉，压片时易产生松片、裂片等。

② 注意事项　制粒干燥时对湿热不稳定的药物应该缩短干燥的时间。对湿热稳定的药物，其干燥温度可适当增高到 80～100℃。含结晶水的药物，干燥温度不宜高，时间不宜长，因为失去过多的结晶水可使颗粒松脆而影响压片及崩解。干燥时温度应逐渐升高，否则颗粒表面干燥后结成一层硬膜而影响内部水分的蒸发。颗粒中如有淀粉或糖粉，骤遇高温时能引起糊化或熔化，使颗粒变硬不易崩解。颗粒的干燥程度可以通过检测颗粒的水分来控制，如果不控制水分，将会影响压片工序。含水量太多易发生粘冲，太低则不利于压片成型。

③ 常见问题及解决

a．流化床制粒中易出现的问题　流化床制粒过程中微粒长大的机理分为包衣长大和团聚长大。包衣长大是指黏合剂以雾滴形式铺展在颗粒表面，层层包裹，使颗粒长大；团聚长大是指两个或两个以上的颗粒由黏合剂形成的液体桥或固体桥而团聚在一起，使颗粒长大。在制粒过程中，经常遇到的问题有以下几个方面。

（i）颗粒粒径分布较宽，细粉太多　风机频率太高或喷枪位置较高，增加了黏合剂的溶剂挥发，造成物料不能完全润湿，颗粒间不能形成稳定的固体桥，呈现喷雾干燥现象，阻断颗粒团聚长大。黏合剂的用量较少，可以增加黏合剂的用量，使较多的颗粒间形成固体桥，促进颗粒长大。黏合剂的种类或浓度不合适，颗粒间不能形成稳定的固体桥，建议更换黏度较大的黏合剂，但同时需注意黏合剂黏度太大会造成堵枪。喷枪的喷雾范围小于物料床的面积，造成中间物料因接触较多黏合剂而形成较大颗粒，而外围物料因接触黏合剂较少而形成的颗粒较小。此时应调节喷枪的喷雾范围使其与物料床面积相同（若黏合剂喷雾范围过大，则造成湿物料贴壁）。此外也可调整物料的流化状态，若物料的流化状态好，也能使物料颗粒的粒径分布符合要求。

（ii）颗粒中有较大颗粒，甚至塌床　颗粒较大的原因是黏合剂与颗粒接触后不能及时干燥，黏合剂在大量粉末颗粒间形成液体桥使物料团聚形成较大颗粒。防止形成较大颗粒或塌床的方法有：增加雾化压力或降低供液速度，使雾滴减小，黏合剂与颗粒接触后及时干燥，防止黏合剂与大量物料团聚；增加风机频率，改善物料流化状态，防止物料粘连结块；升高进风温度，使雾滴与颗粒接触后能及时干燥，防止物料继续长大；注意空气湿度，当空气湿度较大时，物料的干燥效率降低。因此，应降低供液速度或提高进风温度。当物料中有低温熔化的物料时，应注意控制进风温度和流化状态，防止局部温度过高，物料熔化堵塞分布板，导致物料结块或塌床。

（iii）药粉堵枪头　风机频率太高或枪头的位置太低，造成沸腾的物料与枪头的距离太近，湿物料粘在枪头上造成堵枪。物料的供液速度太大，造成湿物料不能及时干燥，细粉粘在枪头上，时间越长物料越多，最后造成堵枪。黏合剂的黏度大，且黏合剂内有不溶性颗粒，易造成堵枪，因此黏合剂为混悬液时，使用前应过筛。

（iv）颗粒的含量或收率较低　一般制粒过程中，流化床的捕集袋只能收集 20μm 以上的物料，若物料的粒径较小，细粉易被气流被吹走，或因静电作用吸附在捕集袋上，即使抖袋也无法将药物完全收集起来。因此，注意物料的粒径，减少物料损失。制粒开始时风量要小，此时颗粒尚未形成，风量过大会将粉末吹走，含量容易偏低；随着制粒时间增加，颗粒形成，物料密度增大，风量需要及时调大；黏合剂喷完后，逐渐进入干燥阶段，黏合剂溶媒蒸发，颗粒密度减小，风量需要逐渐调小。对于含量较低的药物，在制粒时，一般将药物加入黏合剂中，药物与黏合剂一起均匀喷洒在物料上，但是应注意控制风机频率和供液速度，减少喷雾干燥现象，减少物料损失。

（v）颗粒外干内湿　流化床的进风温度太高，颗粒表面的溶媒过快蒸发，阻挡内层溶媒向外扩散，应适当降低进风温度。熔点低的物料熔化团聚后，出料时也容易发现类似的颗粒外干内湿现象。因此若物料内有熔点较低的物料时，应注意排除物料熔化的原因。

（vi）制粒过程中物料静电严重　流化床制粒开始时，物料的静电最严重，可采用提高供液速度，增加空气湿度，或加入少量的微粉硅胶对于消除静电也非常有帮助。除此之外，由于物料的粒径越小，制粒时静电越严重，物料贴壁越严重，可适度增加物料粒径。

b. 湿法制粒常见问题

（i）物料结块严重　即过度制粒。当黏合剂加入过快、过量或是制粒时间过长时，就会造成过度制粒现象，因此在制粒时应注意观察软材和湿颗粒情况，防止过度制粒。

（ii）颗粒松散且细粉较多　黏合剂中含有乙醇时，且乙醇的含量较高时，制得的颗粒会较为松散；黏合剂的加入量少，或制粒时间短，部分物料并未形成颗粒，则制得的颗粒中细粉较多；黏合剂种类选择不合适，粉末之间不能形成固体桥，建议更换黏度较大的黏合剂。

（iii）制粒过程中物料中有较大的过湿颗粒　物料中有较大的过湿颗粒，但其他物料仍成粉状。可能原因有：制粒用的高速搅拌切割制粒机的搅拌速度和制粒刀的转速较低，不能将黏合剂迅速分散；物料中有易溶于黏合剂溶液的物料，建议更换黏合剂溶剂；物料中有遇水后黏度较大的物料，可选用乙醇或部分比例的乙醇溶液作为黏合剂。

c. 干法制粒常见问题

（i）颗粒过硬　干法制粒过程中，如果压辊压力过高，则压得颗粒过硬，导致颗粒的可压性降低，在接下来的压片时，需要较大压力才能压制成型，或制得的片剂硬度较小；当部分颗粒过硬时，也易产生花片现象。当干颗粒过硬时，还使得颗粒难以溶于水，影响到颗粒的崩解。

（ii）颗粒的圆整度低　颗粒的圆整度直接影响颗粒的流动性。干法制粒所得颗粒的圆整度相对于湿法制粒稍差，制粒过程中可通过调节干法制粒机压片的片厚和整理器的结构来控制颗粒的圆整度。

（iii）制粒后颗粒细粉仍较多　物料的可压性差，更换可压性好的物料，如微晶纤维素，预胶化淀粉；干燥黏合剂的用量较少，可增加干燥黏合剂的用量；压辊的压力小，压片易碎，可增加压辊的压力或送料速度。

（iv）物料粘压辊　物料中润滑剂的用量较少，应增加润滑剂的含量，但应注意润滑剂的总用量，在能改善或解决物料粘压辊的前提下，能少加则少加。物料中有吸湿性物料，也会引起物料粘压辊的现象。

（v）制粒过程中送料不连续导致压出的薄片不连续　原辅料混匀后流动性太差，更换流动性好的物料或物料中添加助流剂。

（2）压片工序

① 松片

a. 现象　片剂压成后，硬度不够，表面有麻孔，用手指轻轻加压即碎裂。

b. 原因分析及解决方法　（i）原辅料粉碎细度不够、纤维性或富有弹性物料或油类成分含量较多而混合不均匀。可将药物粉碎过100目筛、选用黏性较强的黏合剂、适当增加压片机的压力、增加油类药物吸收剂充分混匀等方法加以克服。（ii）黏合剂或润湿剂用量不足或选择不当，使颗粒质地疏松或颗粒粗细分布不匀，粗粒与细粒分层。可选用适当黏合剂或增加用量、改进制粒工艺、延长软材搅拌时间、混均颗粒等方法加以克服。（iii）颗粒含水量太少，过分干燥的颗粒具有较大的弹性、含有结晶水的物料在颗粒干燥过程中失去较多的结晶水，使颗粒松脆，容易出现松裂片。故在制粒时，按不同品种应控制颗粒的含水量。如制成的颗粒太干时，可喷入适量稀乙醇（50%～60%），混匀后压片。（iv）颗粒的流动性差，填入模孔的颗粒不均匀。（v）有较大块或颗粒、碎片堵塞刮粉器及下料口，影响填充量。（vi）压片机械的压力过小，多冲压片机冲头长短不齐，车速过快或加料斗中颗粒时多时少。可调节压力、检查冲模是否配套完整、调整车速、勤加颗粒使料斗内保持一定的存量等方法克服。（vii）片剂露置过久，吸湿膨胀而松片，应在干燥、密闭条件下贮藏。

② 裂片

a. 现象　裂片也称为分层，较明显的分层在压片机出料部位就能看出有不完整的薄片。片剂受到震动或经放置时，从腰间裂开的称为腰裂；从顶部裂开的称为顶裂。腰裂和顶裂总称为裂片。

b. 原因及解决方法　裂片主要由于颗粒的可压性差导致。

（i）处方原因　处方本身可压性差，这往往出现于大规格的片剂中，处方中原料占比大但可压性极差，在处方开发时需要尽量增加可压性辅料的用量。物料本身弹性较强、纤维性物料或因含油类成分较多，可加入糖粉以减少纤维弹性，加强黏合作用或增加油类物料的吸收剂，充分混匀后压片。黏合剂或润湿剂不当或用量不够，颗粒在压片时黏着力差。颗粒太干、含结晶水物料失水过多造成裂片，解决方法与松片相同。有些结晶型物料，未经过充分的粉碎，可将此类药物充分粉碎后制粒。

（ii）颗粒问题　湿法制粒的品种一般都是在原辅料粉末状态下可压性太差，需要将物料制成颗粒从而提高其可压性。若制湿颗粒的环节出现颗粒过少、过松会使最终干颗粒整粒后细粉增多。这就需要制粒过程中尽量成粒，且在后续的操作过程中尽量不破坏颗粒。可以尝试将制粒时间延长、软材制粒与干颗粒整粒筛网目数尽量相同避免损坏颗粒、提高干颗粒水分。

（iii）压片机主、预压的调整　使用单冲压片机手动压片不容易出现裂片，原因是片子在外力下缓慢形成，而机械化后其速度达数十万片每小时，素片在很短时间内成型，物料瞬间承受的压力增大，自身反作用力也会增大，当大于结合力时就会形成裂片。现有的压片机通过预压轮先将片子压到一定程度，再通过主压轮进行最终压片，因此可以在一定程度上通过调整预压强度来改善裂片。

（iv）压片机压力过大，反弹力大而裂片；车速过快或冲模不符合要求，冲头有长短，中部磨损，其中部大于上下部或冲头向内卷边，均可使片剂顶出时造成裂片。可调节压力与车速，改进冲模配套，及时检查调换。

（v）压片室室温低、湿度低，易造成裂片，特别是黏性差的药物容易产生。调节空调系统可以解决。

（vi）空气排空的影响：压片机将一定体积的颗粒压成片时，会伴随空气排出的过程，如粉末中部分空气不能及时逸出而被压在片剂内，当解除压力后，片剂内部空气膨胀造成裂片。另外，细粉过多、润滑剂过量均可以引起裂片。

（vii）降低压片机转速、筛去部分细粉与适当减少润滑剂用量等都有利于改善裂片情况。

③ 粘冲与吊冲

a. 现象　粘冲是指压片时片剂表面细粉被冲头和冲模黏附，致使片面不光、不平有凹痕，刻字冲头更容易发生粘冲现象。吊冲是指冲杆在转台的冲杆孔内不能跟随转台的旋转在轨道（凸轮曲线）上做自由的上下运动。一旦发生吊冲之后，产生的后果是相当严重的。

b．原因及解决方法

（i）颗粒含水量过多、含有引湿性物料、操作室温度与湿度过高等情形易产生粘冲。由于含水量过高而产生粘冲，在生产中的现象是冲的表面由光滑开始慢慢变成雾蒙蒙，一些刻痕或字体周围粉末聚集，导致素片表面缺损或呈现褶皱。粘附上的物料用工具较难清除，需用纯化水或75%酒精才能使冲表面重新光滑。这种粘冲现象最主要的原因是物料水分过高或润滑剂量不够，这种粘冲表现在物料主动粘附于冲上。解决方案是研发时尽量提高润滑剂比例，生产时注意操作室的温湿度，尽量将水分控制在下限区间，压片时供料装置速度减慢，减少颗粒损伤。

（ii）润滑剂用量过少或混合不匀、细粉过多。主要原因是细粉多，可压性降低导致粉末之间黏性偏低，被动粘附在冲头表面。在生产中的现象是细粉直接在刻痕或刻字周围聚集，若冲表面不带刻痕或刻字则会直接避免，粘附上去的冲不规律，粘附物容易去除，去除后片面光滑。解决方案是需提高颗粒硬度，干燥水分不能过低，以免整粒时产生更多的细粉；压片机降低速度也会有些改善，使得物料充分受力接触后不易被冲头的作用力带走；或适当增加润滑剂用量并充分混合，可解决粘冲问题。

（iii）冲头表面不干净，有防锈油或润滑油、新冲模表面粗糙或刻字太深有棱角。可将冲头擦净、调换不合规格的冲模或用微量液状石蜡擦在刻字冲头表面使字面润滑。此外，如为机械发热而造成粘冲时应检查原因，检修设备。

（iv）冲头与冲模配合过紧造成吊冲。应加强冲模配套检查。注意压片机的清洁保养，特别是冲杆孔及冲模的清洁。注意压片机轨道与冲模之间的润滑。经常检查转台冲模孔是否处于超差状态，检查冲模及轨道是否已经磨损，轨道是否松动。物料（颗粒）细粉不宜过多、不宜过黏、不宜过湿（16~60目细粉含量<10%）。控制适宜的环境温度与湿度，压片机较佳的工作温度为23~25℃，相对湿度为55%。以上方法可防止吊冲。

（v）压片机的压力不足，造成粘冲。调压器未锁紧或换批后未调整压力。

（vi）刻字设计不合理，相应更换冲头或更改字符设计。冲头刻字太深，笔画有棱角、未成圆钝形。冲头凹度太深，在顶部容易粘冲。

④ 片重差异超限

a．现象　片重差异超限指片重差异超过规定的限度。

b．原因及解决方法

（i）颗粒粗细分布不匀，压片时颗粒流速不同，致使填入模孔内的颗粒粗细不均匀，如粗颗粒量多则片轻，细颗粒多则片重。应将颗粒混匀或筛去过多细粉。如不能解决时，则应重新制粒。

（ii）如有细粉粘附冲头而造成吊冲时可使片重差异幅度较大，此时下冲转动不灵活，应及时检查，拆下冲模，擦净下冲与模孔即可解决。

（iii）颗粒流动性不好，流入模孔的颗粒量时多时少，引起片重差异过大而超限，应重新制粒或加入适宜的助流剂如微粉硅胶等，改善颗粒流动性。

（iv）加料斗被堵塞，此种现象常发生于黏性或引湿性较强的药物。应疏通加料斗、保持压片环境干燥，并适当加入助流剂解决。

（v）冲头与模孔吻合性不好，例如下冲外周与模孔壁之间漏下较多药粉，致使下冲发生"涩冲"现象，造成物料填充不足，对此应更换冲头、模圈。

（vi）车速过快，填充量不足。

（vii）下冲长短不一或者饲粉器未安装到位，造成填料多少不一。

⑤ 崩解迟缓

a．现象　一般的口服片剂都应在胃肠道内迅速崩解。若片剂超过了规定的崩解时限，即称为崩解超限或崩解迟缓。水分的透入是片剂崩解的首要条件，而水分透入的快慢与片剂内部的孔隙状态和物料的润湿性有关。

b．原因及解决方法

（i）原辅料的可压性　可压性强的原辅料被压缩时易发生塑性变形，造成片剂的崩解较慢，应该选择合适的原辅料。

（ⅱ）颗粒的硬度　颗粒的硬度较小时，易因受压而破碎，造成崩解时间延长；颗粒干燥温度过高或干燥时间过长影响颗粒过干，过硬，造成水分透入得比较慢，影响崩解。

（ⅲ）压片力　在一般情况下，压力越大，片剂崩解越慢。因此，压片时压力应适中，否则片剂过硬，难以崩解。但是，也有些片剂的崩解时间随压力增大而缩短。

（ⅳ）黏合剂　黏合剂黏性太强或用量太多；润滑剂疏水性太强与用量太多。黏合剂用量过多，搅拌时间太长，黏合力越大，片剂崩解时间越长。在生产中应选用适当的黏合剂以及适当的用量，注意控制搅拌时长。

（ⅴ）崩解剂　崩解剂选择不当，内崩解剂用量太少或不足。

（ⅵ）片剂贮存条件的影响　片剂经过贮存后，崩解时间往往延长，这主要和环境的温度与湿度有关，亦即片剂缓缓地吸湿，使崩解剂无法发挥其崩解作用，片剂的崩解因此而变得比较迟缓。贮存温度较高或引湿后，含胶、糖或浸膏的片子崩解时间可能会延长。

⑥ 压片操作注意事项　压片机运行过程中应经常注意主压轮受力情况，当主压轮受力超出设定上下限造成机器停机时，应注意剔废器是否将不合格素片剔除。清理冲模，检查饲粉器是否充满药粉，检查颗粒粒度比例。压片机运行过程中，应经常注意素片外观，如外观出现污渍，片面有缺角、不光滑的现象应立即停机，检查上下冲边缘有无缺口，冲模内表面是否光洁明亮等。为保持片重及片重差异稳定，压片机的速度应逐步慢慢提高。

（3）包衣（非糖衣）工序

包衣工序遇到的问题主要是磨损、粘片、外观不光滑等。

① 片面磨损、膜边缘开裂以及剥离磨损

a. 现象　药片表面或边缘衣膜出现裂纹、破裂、剥落或者药片边缘磨损。片芯冠部表面的硬度最小，在包衣过程中易受强烈的摩擦力和应力作用，片面掉粉或掉颗粒，致使片芯表面出现麻面或毛孔，即为片面磨损。有刻痕的片子和负重大的包衣机更易发生磨损。薄膜衣片中衣膜最脆弱的部分是边角，当衣膜的粘附力或强度不够时，易发生膜边缘开裂和剥离。

b. 原因及解决方法　磨损现象是由于溶剂的挥发使薄膜收缩，衣膜和片芯过度膨胀使薄膜内应力增加，超过衣膜的拉伸强度所致。

（ⅰ）片形　合理的包衣片片形有利于包衣。片面有明显突起的、带字带刻痕的，易于出现磨损，严重者在素片预热时轻微转动下就出现磨损。

（ⅱ）处方　无论是醇包衣、水包衣还是其他溶剂包衣，工艺均为包衣液先与素片接触润湿后，再将包衣溶剂蒸发留下包衣材料。处方中若有与溶剂接触后快速吸收且迅速变软的成分（如大比例的微晶纤维素、淀粉等），易于被其他药片或锅壁刮去表面部分造成磨损。

（ⅲ）片芯　片芯质量不好，硬度和脆碎度都较小。在包衣过程中，片芯在包衣锅内滚动时受到强烈的摩擦，要求片芯有足够的硬度。调整片剂的处方或生产工艺，提高片芯的硬度，在片形的选择上尽量选用圆的双凸面片形进行包衣，可以降低此类现象的发生。

（ⅳ）操作　包衣液的喷雾速度太慢、进风量大或进风温度高均会造成操作过程中药片干燥速度过快，使片芯成膜慢，片芯在包衣锅中的空转时间长，磨损时间长。因此，在包衣操作中，要提高喷雾速度，尤其开始包衣时，喷雾速度要略快，使片芯在较短的时间内包上一层膜，起到保护片芯的作用。提高喷雾速度也可降低片床温度、蒸发速度和膜温度，降低了内应力，从而降低了膜开裂的发生率。

（ⅴ）包衣锅转速过快或挡板设置不合理，片子受到的摩擦力大，也会出现片面磨损。操作过程中要将包衣锅的转速调节到最佳状态，合理设置挡板，降低摩擦力，减少磨损。

（ⅵ）经验　不同的操作人员包出的包衣片有差异，因为包衣过程中从预热到首次喷浆再到持续包衣都需要不停地检查外观，及时调整转速、进风温度、喷浆量、喷枪高度及雾化程度等。

② 粘片与起泡

a. 现象　包衣过程中，当喷雾和干燥之间的平衡不好时，片子过湿，片子会粘在锅壁或相互粘结，还会造成粘连处衣膜破裂，即为粘片；在喷雾中当雾滴未充分干燥时，未破裂的雾滴会停留在局部衣膜中，存在小气泡，形成带泡衣层，使包衣片出现起泡。

b. 原因及解决方法　粘片的原因是包衣液中的溶剂没有快速蒸干，或由于包衣液黏度过大。

（i）喷雾和干燥之间不平衡　喷雾速度过快或雾化气体体积过量，因进风量过小或进风温度过低，片床温度低，导致干燥速度太慢，片子没有及时层层干燥而发生粘连或起泡。操作中主要是调整喷雾与干燥速度，使之达到动态平衡。降低喷雾速度，提高进风量和进风温度，提高片床温度和干燥速度。

（ii）由于喷雾角度或距离不合适　喷雾形成的锥面小，包衣液集中在某一区域，造成局部过湿，导致粘连。解决方法是调整角度加大喷雾的覆盖面积，减小平均雾滴粒径或调整喷枪到片床的距离，使短暂的粘连发生率随着喷枪与片床距离的调整而下降。

（iii）包衣锅转速　包衣锅转速慢，离心力太小，片子滚动不好也会产生粘连。解决方法是适当提高包衣锅的转速，增加片床的离心力。

（iv）包衣液的黏度太大　包衣液黏度大，易形成较大的雾滴，它渗透进入片芯的能力就较差，片面聚集较多而产生粘连。主要需要调整包衣液的处方，在黏度允许的范围内，增加包衣液中的固体含量，减少溶剂用量。

（v）片形不合适　解决方法是选择适当的片形包衣。

③ 片面粗糙、不光滑

a. 现象　在包衣过程中，由于包衣液没有很好地铺展，在片子表面不规则地沉积或粘附，造成片子外观色泽不好，表面不平整，甚至衣膜出现波纹，即皱皮或"橘皮"膜。

b. 原因及解决方法

（i）片芯因素　片芯初始表面粗糙度越大，包衣后产品的表面粗糙度也越大，而片芯初始表面粗糙度取决于制备过程中的压力和片形。为了解决片面粗糙、不光滑的问题，要改善片芯质量。此外，包衣过程中有碎片产生也会导致片面粗糙、不光滑，在包衣前要测定片芯的硬度和脆碎度，以减少包衣过程中细粉的脱落。

（ii）包衣液因素　片面粗糙也与包衣材料的细度、配制包衣液搅拌时间、包衣液的黏度有关。配制包衣液需充分搅拌使包衣材料溶解，胶体磨调到较细粒径，雾化调足够大。薄膜衣片面的粗糙度与包衣液的黏度几乎呈线性，随着黏度的增加而增加。另外，包衣液中固体含量太高也易引起片面粗糙，生产中需调整包衣液处方，降低包衣液的黏度或固体含量。

（iii）包衣操作因素　包衣操作过程中雾化速度过低，不足以使雾滴铺展，使片面形成皱皮。而干燥空气体积过量或温度过高，蒸发快，尤其是空气流量过大，产生涡流，也有可能使液滴铺展不好。如果片床温度高，就降低进风量和进风温度。若是喷雾方面的原因，应增加雾化压力，使喷雾速度加快，并提高雾化程度及喷射气量，使雾滴在片子表面强制性铺展，使之形成平均直径较小的雾滴，防止大雾滴发生，黏度较大的包衣液尤其如此。还可调整喷枪与片床之间的距离。

④ 架桥

a. 现象　架桥是指刻字片上的衣膜造成标识模糊。架桥主要发生在片表面有刻痕或标识的片子。由于衣膜的机械参数欠合理，如弹性系数过高、膜强度较差、黏附性不好等，在衣膜干燥过程中产生高回拉力，将衣膜表面从刻痕中拉起，薄膜回缩而发生架桥现象，从而使片面刻痕消失或标识不清楚。

b. 原因及解决方法　产生这种现象的主要原因在于包衣液的处方。解决办法主要是：调整包衣液的处方，使用低分子量的聚合物或高黏附力的成膜材料；增加溶剂量，降低包衣液的黏度；增加增塑剂的用量，减少内应力。也可降低喷雾速度、增加进风温度，提高片床温度，使形成的包衣膜坚固，但要防止边缘开裂。在设计有标识的冲模时，应注意切角宽度等细微之处，尽量防止架桥现象发生。

⑤ 色差

a. 现象　许多包衣液处方中有色素或染料，它们混悬于包衣液中，由于包衣操作不当，导致颜色分布不均匀，片与片之间或片的不同部位产生色差。

b. 原因及解决方法　原因可能在于：包衣锅转速太慢或混合效率差；有色包衣液中色素或染料的浓度过高、包衣液搅拌不匀、固体含量过高、固体状物质细度不够；包衣液的喷速过快；片床温度过高，以致有色包衣液未及时铺展；片子粘连、片形不合适；也可能是喷液时喷射的扇面不均。最主要的解决方法是：增加包衣锅的转速或挡板数，调整至适当状态，使片子在锅中均匀翻滚；或调节好喷枪喷射的角度，降低包衣液的喷雾速度，降低片床温度。在有色包衣液处方设计中，降低色素或染料的用量和固体含量，配包衣液时应充分搅拌均匀。

⑥ 糖衣剥落（掉皮）　糖浆的浓度过高会导致包衣时干燥不彻底，水分贮留在包衣层内。当温度升高时水分变为气体而膨胀，压迫衣层脱落，发生掉皮现象。故应保证包衣片层层干燥。

⑦ 衣膜表现出现"喷霜"　"喷霜"是指包衣液过早干燥变成粉末附着在片子上。这种情况是由于热风湿度过高、喷程过长、雾化效果差引起的。此时应适当降低温度，缩短喷程，提高雾化效果。

⑧ 衣膜表面有针孔　这种情况是由于配制包衣液时卷入过多空气而引起的。因而在配液时应避免卷入过多的空气。

⑨ 包衣操作注意事项

a. 配置包衣液时要做好防火、防爆措施。

b. 预热素片时，应间歇点动包衣机，翻滚素片。避免加热不均匀，同时防止素片磨损过多。

c. 包衣过程中如停电或因其他故障停机，应立即关闭蠕动泵，将喷枪移出包衣锅，并将粘连药片挑出，每隔数分钟手动翻动药片一次。

d. 包衣过程中注意药片表面磨损情况，及时微调喷浆量和出风温度。

第二节　硬胶囊剂生产工艺

一、硬胶囊剂生产工艺流程

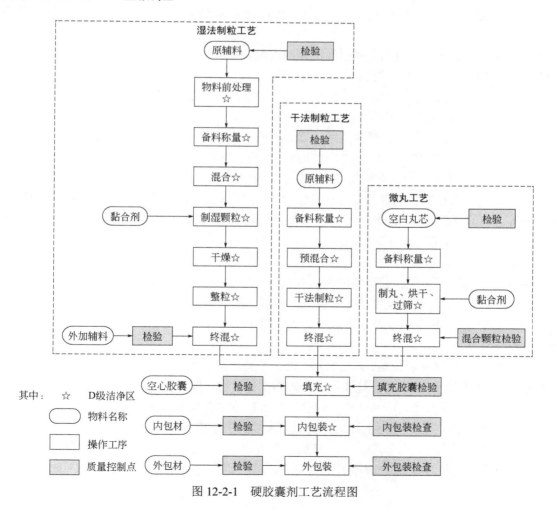

图 12-2-1　硬胶囊剂工艺流程图

图 12-2-1 为硬胶囊剂工艺流程，包括湿法制粒工艺、干法制粒工艺、微丸工艺和胶囊填充工艺及包装。

（1）湿法制粒工艺

① 原辅料　经合格的供应商处购买原料药与所需要的辅料，根据企业内控标准的要求，对购进物料进行相关项目检查，检验合格后，出具合格的原辅料检验报告书，生产车间方可领取生产所需的合格的原辅料。

根据工艺的处方领取所需的物料，需要粉碎的原料药或者辅料，进行粉碎后再进行备料称量。

② 备料称量　操作人员根据指令领取原辅料(有些原辅料需要经过物料前处理：按前处理工艺要求，将待处理物料用真空吸到干燥设备内，按工艺要求和设备操作规程设置干燥设备参数，开机进行干燥，干燥结束，取样检测水分，出料)，根据处方量与混合设备的负载量，逐件称取所需的辅料、原料药，填写好物料卡，防止物料混淆。

③ 混合　将备好的原辅料，按工艺要求的投料顺序，依次放置于混合设备中，按工艺要求及设备操作规程设置混合设备的参数进行混合。

④ 制湿颗粒　将制得的黏合剂缓缓加入混合设备中，按工艺要求及设备操作规程设置混合设备参数进行制粒，出料。将制得湿颗粒按工艺要求的目数进行整粒，得符合目数要求的湿颗粒。

⑤ 干燥　将湿颗粒置于烘箱或其他干燥设备中，按工艺要求及设备操作规程设置参数进行干燥，出料。

⑥ 整粒　将制得的干颗粒按工艺要求目数进行整粒，得到符合要求的干颗粒。

⑦ 终混　将所得干颗粒称重，称取相应经检验合格的外加辅料，将其置于混合设备中，按工艺要求及混合设备操作规程设置机器参数进行混合，混合完毕，出料。取样检测混合颗粒含量与水分。检验合格，出合格中间体报告，质管员出合格证，生产车间方可领取该批中间体，进行胶囊填充。

（2）干法制粒工艺

操作步骤同湿法制粒工艺中的①、②、③步骤，领取合格原辅料，备料称量，混合，干法制粒得颗粒。

（3）微丸工艺

① 备料称量　操作人员根据指令领取经粉碎的原料、微丸丸芯，根据处方量与小丸包衣设备的负载量，逐件称取所需的物料，填写好物料卡，防止物料混淆。

② 黏合剂配制　取处方量的溶剂，真空吸入配浆罐中，打开磁力搅拌器调至适宜转速，缓缓加入黏合剂，使黏合剂完全溶解在溶剂中成透明状即可。

③ 制丸　原料分阶段按顺序包裹在微丸丸芯上，每个阶段的加粉过程都是在设备设定好的程序内不断进行重复喷浆、加粉。基本程序步骤如下：喷浆、加粉、混合、喷浆、加粉、混合、喷浆、干燥的步骤，直至加粉喷浆完全为止。待全部粉与浆加完后，干燥，出料，过筛，选取符合工艺要求目数的小丸。

④ 终混　将制得合格的小丸置于混合设备中，按工艺要求及混合设备操作规程设置机器参数进行混合，混合完毕，出料。取样检测混合小丸含量、乙醇残留量、释放度等。检验合格，出合格中间体报告，质管员出合格证，生产车间方可领取该批中间体，进行胶囊填充。

（4）胶囊填充工艺及包装

① 胶囊填充　领取所需经检验合格的空心胶囊及合格的混合颗粒（混合小丸），根据装量差异要求，按工艺要求与设备操作规程设置胶囊填充机参数，调试机器试生产，检测装量，装量差异合格后，方可正式生产。填充过程中，监测粒重及粒重差异、外观质量，保证产品质量。胶囊经抛光机抛光后，得合格的胶囊。

② 铝塑铝包装　领取合格胶囊、内包材料，按工艺要求及设备操作规程设置泡罩包装机参数，装好批号，开机试生产出铝塑铝板，检查其批号及有效期是否合格，检测热封强度，合格后与外包岗位联机正式生产，监控生产过程，保证产品质量。内包装形式除泡罩包装外，还有瓶装。

③ 外包装　按药品电子监管码系统操作规程录入本批产品相关信息，按工艺要求及装盒机、热缩捆扎机操作规程调试生产线，装好批号、生产日期、有效期试生产。首个包装品检查其批号、生产日期、有效期和包装质量是否符合要求，达标后正式生产，监控生产过程，保证产品质量。按包装规格进行装箱，打包。

二、胶囊剂生产工艺设备流程

胶囊剂生产工艺设备流程依次为湿法混合制粒机、摇摆式颗粒机、烘箱、小丸包衣机、混合机、填充机、铝塑铝包装机、装盒机等。图 12-2-2 所示为某胶囊剂设备工艺流程。

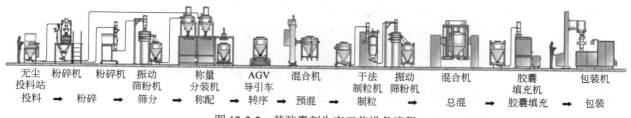

图 12-2-2 某胶囊剂生产工艺设备流程

三、硬胶囊剂生产控制要点、注意事项、常见问题及解决

（1）配料工序

① 物料的准备　根据计划生产量采购生产所需物料，物料有不同的原辅料供应商，处方中各物料的属性（如水分、粒度分布、流动性、杂质、晶型）均在一定范围内波动，若出现较为大的波动则会直接影响到后续的生产。

② 原辅料本身问题　例如，一个处方原料 50g，内加辅料若干共 30g，外加辅料若干 8g，一直以来原料的含量均在 98%～101%附近，连续几年生产均无任何异常。某一批含量 99.6%（验收标准 92%～101%）其他指标无明显差异的原料，压片时粘冲，反复试验调查等均找不出原因，更换原料批次后即恢复正常。所以对物料供应商选择需要谨慎，验收标准制定尽量窄，且需要根据生产的反馈及时调整。

③ 贮存问题　原辅料在贮存期间发生变化，这个变化不是指不按照贮存条件贮存使其潮解、风化、变质，而是指按照正常的条件贮存其发生因重力、挤压、静电等产生的结团，有些容易发现而有些不容易发现，特别小剂量处方的原料或占用比例较小且具有特定作用的辅料，这些成分若是结块则直接导致含量的不合格及混合颗粒（粉末）物性变化。

④ 前处理问题　进厂原辅料不符合处方要求，通常会对原料或辅料进行过筛（粉碎）或干燥除水，同一物料不同批次存在差异，如若物料进厂时静电太大或过硬则会导致过筛（粉碎）困难，长时间摩擦使得物料与设备之间产热甚至变质，使原料含量降低，杂质升高。一些需要干燥的物料由于初始水分差异，也会导致在规定的时间干燥出来的物料水分不合格。这些均会影响到产品质量。

⑤ 粉碎操作　a. 粉碎操作应避免一次加入过多物料造成粉碎机堵塞。b. 粉碎完一种物料对粉碎岗位清洁后，方可粉碎另一种物料。

⑥ 物料称量　a. 只有完成一种物料称量后，才能进行下一个物料的称量。b. 称量时，必须做到一料一铲，防止交叉污染。

（2）混合工序

① 混合参数的选择　混合可以采用不同的方法，如制粒机、混合机、沸腾床等。无论采用何种方法都需要设置一个混合时间限度，混合时间过短则混合不均匀，导致加黏合剂时各物料不能充分接触使制成的软材不均匀；时间过长若产热则会导致有关物质增加。

② 加料方式　加入小剂量原料最好使用逐步加料以减少一次性加入造成的混合时间增加。可以在PE 袋中加入一些内加辅料先混合，再与其他剩余物料一起混合；或者使用不同型号的设备，先混一部分再一起混合。

③ 混合操作　a. 投料混合前，应再次核对所投物料的品名、数量，避免误投。b. 投料时要按投料顺序逐一投料。c. 混合完毕后，为防止扬尘，静置 2min 后打开盖出料。

（3）制软材/颗粒工序

① 加浆方式　加浆分为一次性加浆和持续性加浆，持续性加浆可以使黏合剂更均匀地与物料混合。

② 软材过硬　通常软材制硬一点，颗粒硬度会提高；对于胶囊剂特别是装量达到胶囊容量上限的情况下，软材制得越硬则体积越小，填充时就不会将其填成一个粉柱，影响其溶出。但软材过硬会导致制粒难度增加，如软材以一定目数制粒时，因软材粘附在筛网网孔周围使其实际通过的孔径越来越小，制粒时间本就缓慢，若软材过硬过多更会降低制粒效率，延长制粒时间，影响生产效率。软材过硬，干燥后干颗粒更硬，在干颗粒整粒时存在破坏筛网的风险；且干颗粒过硬时通过网孔难度增加，导致整粒机的转动臂长时间与颗粒作用反而破坏了颗粒。

③ 制粒操作　a.湿法制粒过程中，在适当时间应密切注意锅内软材成粒情况，如软材干，颗粒少且松散，可适当补加润湿剂，但特别注意不能加入过量，否则易导致颗粒成团、坚硬。b.补加润湿剂应尽量一次性补加至足量，避免由于多次补加造成润湿剂分散不均匀。c.制粒过程中，注意检查颗粒外观，如发现粒径较大颗粒，应停机，检查筛网有无有破损，如有破损应立即更换筛网。

（4）干燥工序

干燥设备一般有减压干燥烘箱、沸腾干燥机、双锥干燥机、热风循环干燥烘箱等。干燥的程度与设备的热分布有关，热风循环干燥烘箱热分布差，干燥完成后会出现颗粒干湿不一致情况。

① 水分　干颗粒干燥水分监测标准是一个波动范围，如2%～4%。干燥水分低，颗粒硬度变大，干颗粒流动性变好。要根据产品要求，控制颗粒水分。

② 出料时间　干燥完成后需要对物料进行降温，有利于操作人员将其移出。但同水分的物料越热则越软，且物料在降温过程中会有水分损失，故不能使物料降温太长时间。物料温度不能超出外加辅料的熔点。

③ 干燥操作　a.启动沸腾床干燥时，密切关注进风温度的上升趋势。b.干燥过程中，根据物料性质严格控制进风的最高温度。c.用烘箱干燥物料时，应注意观察烘箱温度。如温度较高，报警灯亮起，应立即启动烘箱备用风机，使温度降低。

（5）整粒工序

操作中应按照筛网的操作管理程序，检查筛网的完整性及过程监控筛网状态。

（6）终混（总混）工序

① 加料次序　由于外加辅料较少，遵从干颗粒→辅料→干颗粒加料方式，有利于混匀。

② 混合时间不应过长　混合时间越长，颗粒破坏越多，细粉越多，物料流动性越差。特别是一些物料，比如硬脂酸镁长时间混合后会包裹物料，导致压片硬度不符合要求。

（7）胶囊剂充填工序

胶囊充填工序的异常情况及处理见表12-2-1。

表 12-2-1　胶囊充填工序异常情况及处理

胶囊生产异常情况	处理方法
空心胶囊不能打开	检查真空泵的管道及过滤器有无堵塞
装量及装量差异波动过大	及时停机，检查粉盘粉面高度是否过低，粉面感应器是否灵敏
	及时停机，检查填充杆上方弹簧有无断裂，是否需更换
	检查刮粉器有无磨损，是否需更换
自动停机	检查空压是否达到要求
	检查粉盘粉面高度是否达到要求
	检查空囊是否低于空囊感应器高度
	检查吸尘器是否堵塞
没有下空囊	检查空囊槽板有无堵塞，弹簧片有无变形
没有出填充胶囊	检查鼓风机、磨光机是否堵塞
临时停电	当接到停电通知，应问清楚停电时间，停机等待供电恢复，恢复供电后机器模块上的胶囊应作不合格品处理

① 制成胶囊剂的物料要求　a. 原料及处方中的辅料与囊壳无化学反应，其相容性试验结果正常；若与囊壳反应则会造成囊壳变质固化，影响溶出。b. 空心胶囊，无论是明胶还是其他成分的，为了使其保持形态，基本上都有较高的含水量，对于对水分敏感的品种不适合使用胶囊剂型。对于对水分敏感且不得不使用胶囊剂型的药物，辅料需要进行处理（干燥）控制水分，生产时尽量降低中间产品暴露时间，且控制环境湿度。

② 湿法制粒后需要进行干燥，对于温度敏感的产品（高温变质、融解）需要控制干燥温度与干燥时间。

③ 对于水分敏感的胶囊剂尽量避免铝塑包装。因为 PVC 不能完全隔水，会加速产品有关物质的含量上升，尽量使用铝塑铝、双铝、瓶装的方式，包装内放置干燥剂等。

④ 对于微丸的缓释胶囊剂，在配料过程中黏合剂和细粉加入速度需要尽量保持均匀一致。黏合剂加入过快则会出现大量粘连的"双胞胎"微丸且释放度不合格；细粉加入过快会使包裹不紧，微丸易碎裂，释放度不合格。

⑤ 内包装操作　a. 机器运行过程中，应经常关注复合膜的外观，如发现光标错位或复合膜表面出现色斑、开裂等，应立即停机按偏差处理。b. 包装机运行时应注意 PVDC、铝箔、冷成型铝有无错位现象，如发现错位应及时调整。正常后方可继续开机。

第三节　散剂生产工艺

散剂系指药物与适宜的辅料经粉碎、均匀混合制成的干燥粉末状制剂，多为中药制剂。

一、散剂生产工艺流程

散剂的制备工艺主要包括粉碎、过筛、混合、分剂量、包装等操作。图 12-3-1 为散剂生产工艺流程图。

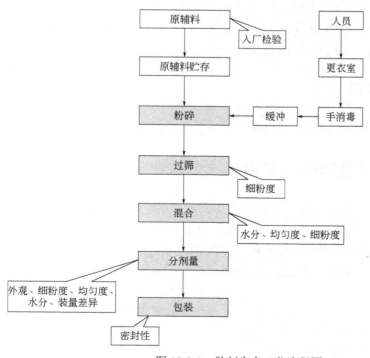

图 12-3-1　散剂生产工艺流程图

（1）粉碎

按照药物本身性质及临床用药的要求，采取适宜的粉碎方法粉碎。这样可以大大降低固体药物的粒度，有利于各组分混合均匀，并且可改善难溶性药物的溶出度。但是粉碎操作对药物的质量和药效等可能产生影响，如药物的晶型转变或热降解等。

（2）过筛

过筛是借助筛网将物料按粒度大小进行分离的操作，主要目的是为获得大小比较均匀的粒子群或除去异物。

（3）混合

混合是指多种固体粉末交叉分散的过程，主要是以含量的均一性为目的。通过操作可以使散剂中各药物混合均匀，色泽一致。在固体混合中，粒子是分散单元，因此需尽量减小各成分的粒度，以满足固体混合物的相对均匀。散剂混合的方法一般有研磨混合法、搅拌混合法和过筛混合法。当各组分的混合比例较大时，应采用等量递加混合法，即先称取小剂量的药粉，然后加入等体积的其他成分混匀，依次倍量增加，直至全部混匀，再过筛混合即可。

（4）分剂量

分剂量是指将混合均匀的散剂，按照剂量的需要分成相等质量的若干份。分剂量的方法有目测法、重量法和容量法等。容量法是目前常用的分剂量法，适用于一般散剂的分剂量，方便、高效、误差小。

（5）包装

散剂粒度小且比表面积较大，易出现潮解结块，甚至变色、降解或霉变等不稳定现象，影响疗效及服用。因此，散剂采用适宜的包装材料和贮藏条件以延缓散剂的吸湿。含挥发性药物或易吸潮药物的散剂应密封贮存。

对于特殊的物料，如含毒性药物的散剂、含低共熔混合物的散剂、含液体药物的散剂、眼用散剂，应采用特殊制法。含毒性药物的散剂，毒性药物的含量比较小，不容易准确称取，多采用单独粉碎再以配研法与其他药物混合混匀。含低共熔混合物的散剂，可以采用先形成低共熔物后再与其他固体粉末混合均匀或分别以固体粉末稀释低共熔物后混合均匀。含液体药物的散剂是指含有挥发油或者非挥发性液体药物。根据其性质、剂量及其他固体的多少采用不同的方法。液体组分比较小的可以利用处方中其他固体组分吸收后再研匀；液体组分量较大时，处方中液体不能完全吸收，可另加赋形剂吸收。液体组分量比较大且有效成分为非挥发性的可加热除去大部分水分后配研。一般眼用散剂要求无菌且药物多经过水飞工艺或直接粉碎成极细粉，以减少对眼睛的机械刺激。

二、散剂生产工艺设备流程

散剂生产工艺设备流程依次为粉碎机、旋振筛、混合机、散剂分装机、装盒机。

三、散剂生产控制要点、注意事项、常见问题及解决

散剂在生产和贮藏过程中，主要注意：①按照药典要求口服散剂为细粉，局部散剂应为最细粉；②应防止结块，需干燥、松散，混合均匀；③色泽一致；④应密闭贮存，含挥发性或吸潮药物的散剂应密封贮存；⑤用于烧伤或创伤的局部用散剂应无菌。防止散剂结块主要方法是添加适量的抗结剂、严格控制产品水分、维持适宜的贮存温度、进行密闭包装等。

附：颗粒剂设备工艺流程图

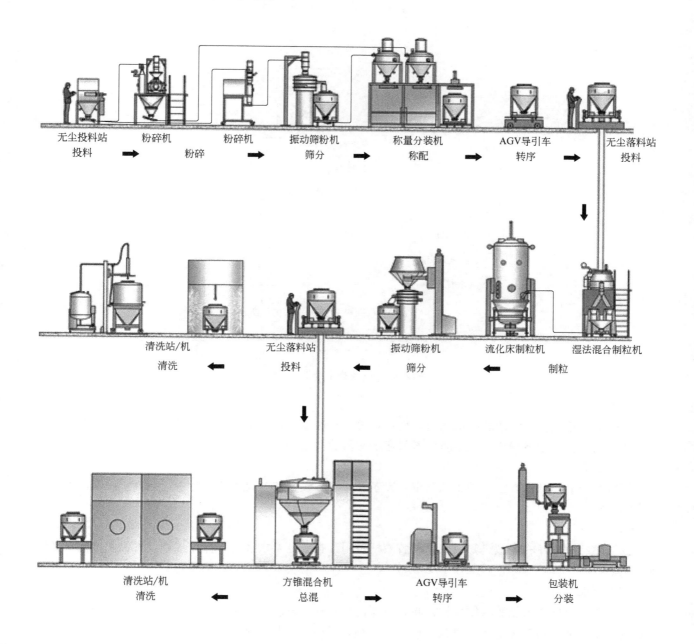

无尘投料站 投料 → 粉碎机 粉碎 → 粉碎机 → 振动筛粉机 筛分 → 称量分装机 称配 → AGV导引车 转序 → 无尘落料站 投料

清洗站/机 清洗 ← 无尘落料站 投料 ← 振动筛粉机 筛分 ← 流化床制粒机 制粒 ← 湿法混合制粒机

清洗站/机 清洗 ← 方锥混合机 总混 → AGV导引车 转序 → 包装机 分装

第四节　软胶囊剂生产工艺

一、软胶囊剂生产工艺流程

软胶囊生产工艺流程见图 12-4-1。

（1）软胶囊辅料及内容物

经合格的供应商处购买软胶囊辅料及内容物或自制内容物，根据企业内控标准的要求，对购进物料进行相关项目检查，检验合格后，出合格的原辅料检验报告书，生产车间方可领取生产所需的合格的原辅料。并根据工艺要求按处方进行备料称量，填写好物料标识卡，防止物料混淆。

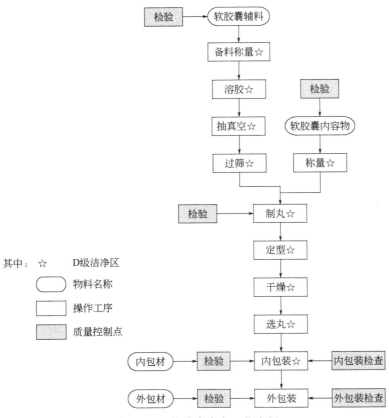

图 12-4-1　软胶囊生产工艺流程

（2）溶胶

操作人员根据指令领取软胶囊辅料，根据处方量与溶胶设备的负载量，按工艺顺序要求投入溶胶设备，按工艺要求及设备操作规程设置溶胶设备的参数进行溶胶。

（3）抽真空

溶胶结束后，开启真空，按工艺要求及设备操作规程设置溶胶设备的参数进行抽真空操作，抽除胶液中的气泡。

（4）过筛

抽真空结束后，将胶液过筛放入保温胶液桶备用，按工艺要求及设备操作规程设置保温桶的参数进行保温。

（5）制丸

将胶液保温桶接入软胶囊制丸机，将软胶囊内容物注入软胶囊机主料药斗，按工艺要求及设备操作规程设置软胶囊设备参数进行制丸操作制造软胶囊，随时取样检测所制软胶囊质量。

（6）定型

制好的软胶囊经检测合格后送入软胶囊定型设备中，按工艺要求及设备操作规程设置软胶囊定型设备参数进行定型。

（7）干燥

将定型完毕的软胶囊送入软胶囊干燥设备中，按工艺要求及设备操作规程设置软胶囊干燥设备参数进行干燥。

（8）选丸

将干燥完毕的软胶囊按工艺要求进行选丸操作，剔除丸形不良品。

（9）内包装

领取软胶囊及合格的内包材料，按工艺要求及设备操作规程设置泡罩包装机（或其他内包装设备）参数，装好批号，开机试生产，检查其批号及有效期是否合格，检测内包装气密性，合格后与外包岗位联机正式生产，生产过程监控，保证产品质量。

（10）外包装

按药品电子监管码系统操作规程录入本批产品相关信息，按工艺要求及装盒机、热缩捆扎机操作规程要求调试生产线，装好批号、生产日期、有效期，试生产。首个包装品检查其批号、生产日期、有效期和包装质量是否符合要求，达标后正式生产，监控生产过程，保证产品质量。按包装规格进行装箱，打包。

二、软胶囊剂生产工艺设备流程

软胶囊剂生产工艺设备流程依次为软胶囊溶胶设备、软胶囊制丸机、软胶囊定型机、软胶囊干燥机、铝塑泡罩包装机（或其他内包装设备）、装盒机。

三、软胶囊剂生产控制要点、注意事项、常见问题及解决

（1）溶胶工序

根据计划生产量采购生产所需物料，物料有不同的原辅料供应商，处方中各物料的属性（如冻力、黏度、水分、杂质）均在一定范围内波动，若出现较大的波动则会直接影响到后续的生产。

① 原辅料本身问题　易出现质量不均一问题，所以对物料供应商选择需要谨慎，且需要根据生产的反馈及时调整。

② 贮存问题　原辅料在贮存期间发生变化，不按照贮存条件贮存易发生吸潮、发霉、结块等问题。

③ 溶胶过程问题　操作过程易出现溶胶不充分、气泡除不尽等问题，会导致最终软胶囊渗漏问题，需要严格控制。

（2）制丸工序

① 制丸参数的选择　制丸机参数复杂，转速、胶皮厚度、喷体温度、胶盒温度等需仔细设置。

② 调试　调试时，仔细检查模具对孔位置不能有丝毫偏差，调整给药时间必须精准，防止主药注入软胶囊外部造成浪费，同时造成装量不准、软胶囊接缝质量差。

（3）定型工序

软胶囊需进行充分定型，防止出现变形不良品。

（4）干燥工序

软胶囊干燥要求低温低湿干燥，否则影响崩解时限，必须按工艺要求仔细设置干燥参数。

第五节　大蜜丸生产工艺

一、大蜜丸生产工艺流程

大蜜丸生产工艺流程见图 12-5-1。

（1）中药材及蜂蜜

经合格供应商处购买中药材与所需要的蜂蜜，根据企业内控标准的要求，对购进物料进行相关项目检查，检验合格后，出合格的原辅料检验报告书，生产车间方可领取生产所需的合格的原辅料。

中药材需根据工艺要求进行前处理（洗、切、破碎、蒸、干燥、炒、炙等），前处理后再按处方进行备料称量。

（2）中药材备料称量

操作人员根据指令领取中药材，根据处方量与粉碎设备的负载量，逐件称取所需的中药材，填写好物料标识卡，防止物料混淆。

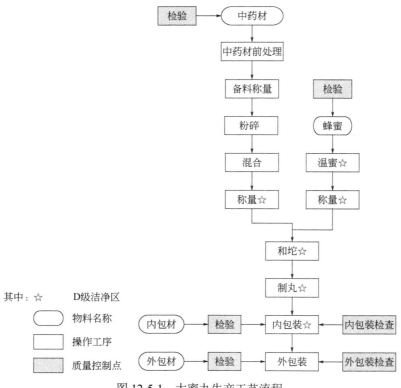

图 12-5-1　大蜜丸生产工艺流程

（3）粉碎

将备好的中药材，按工艺要求投入粉碎设备中，按工艺要求及设备操作规程设置粉碎设备的参数进行粉碎，粉碎完毕。

（4）混合和灭菌

将粉碎好的药粉，按工艺要求的投料顺序，依次放置于混合设备中，按工艺要求及设备操作规程设置混合设备的参数进行混合，混合完毕。药粉灭菌是丸剂生产的一个重要工艺环节，可采用辐射灭菌等方式灭菌。

（5）炼蜜

将蜂蜜加入温蜜设备中，按工艺要求及设备操作规程设置温蜜设备参数进行温蜜，达到工艺要求后备用。炼蜜有嫩蜜、中蜜和老蜜之分。根据物料性质选择炼蜜程度。大蜜丸对蜂蜜的水分有严格要求，否则做出来的蜜丸会有质量问题。

（6）和坨

药粉及炼蜜按处方及工艺要求称量后投入和坨设备中，按工艺要求及设备操作规程设置和坨设备参数进行和坨，出料。根据物料性质选择和坨蜜温。需要热蜜混合时，混合温度较高，不能马上制丸，先饧坨，饧坨后药丸较滋润。大蜜丸制备出来后表面比较黏，易粘连，需要晾丸，相关工艺参见丸剂设备部分。

（7）制丸

将制好的药坨按工艺要求投入制丸设备中，按工艺要求及设备操作规程设置制丸设备参数进行制丸，得药丸。

（8）包装

塑壳蘸蜡包装和泡罩包装是大蜜丸包装两种形式。塑壳蘸蜡包装工艺参见丸剂设备部分。铝塑泡罩包装时，领取药丸及合格的内包材料，按工艺要求及设备操作规程设置泡罩包装机参数，装好批号，开机试生产出铝塑泡罩板，检查其批号及有效期是否合格，检测铝塑泡罩板气密性，合格后与外包岗位联机正式生产，生产过程监控，保证产品质量。

（9）外包装

按药品电子监管码系统操作规程录入本批产品相关信息，按工艺要求及装盒机、热缩捆扎机操作规程要求调试生产线，装好批号、生产日期、有效期，试生产。首个包装品检查其批号、生产日期、有效期和包装质量是否符合要求，达标后正式生产，监控生产过程，保证产品质量。按包装规格进行装箱，打包。

二、大蜜丸剂生产工艺设备流程

大蜜丸剂生产工艺设备流程依次为：中药材前处理设备（如洗药机、蒸药设备、切药机、炒药机等），粉碎机，混合机，温蜜设备，和坨机，大蜜丸制丸机，扣壳机，蘸蜡机（铝塑泡罩包装机），装盒机。

三、大蜜丸剂生产控制要点、注意事项、常见问题及解决

（1）配料工序

根据计划生产量采购生产所需物料，物料有不同的原辅料供应商，处方中各物料的属性（如水分、有效成分含量、非药用部位杂质）均在一定范围内波动，若出现较大的波动则会直接影响到后续的生产。

① 原辅料问题　原辅料易出现质量不均一问题，所以对物料供应商选择需要谨慎，且需要根据生产的反馈及时调整。

② 贮存问题　原辅料在贮存期间发生变化，不按照贮存条件贮存易发生吸潮、发霉、生虫、结块等问题。

③ 前处理问题　由于一些进厂中药材初始水分差异，会导致大蜜丸水分不合格，需要严格控制。

（2）混合工序

① 混合参数的选择　混合需要设置一个混合时间限度。混合时间过短或过长会导致混合不均匀。

② 加料方式　对于处方量相对很小的原料最好使用逐步加料以减少一次性加入造成的混合不匀。可以使用不同型号的设备，先混一部分再一起混合。

（3）和坨工序

药粉及炼蜜加入后，随着搅拌像和面团一样变成一团，根据经验控制所制备的药坨的标准时以"一握成团，一掰即开"为宜。

（4）制丸工序

制丸工序的控制项目为丸重、外观质量。

① 丸重　丸重的影响因素：往制丸机里续坨的速度要均匀，制丸机出条速度要合适。

② 外观（形状）　药坨温度太高、出条速度太快会导致药丸不圆整。

第六节　水蜜丸剂生产工艺

一、水蜜丸生产工艺流程

水蜜丸生产工艺流程见图 12-6-1。

（1）中药材、蜂蜜及纯净水

经合格的供应商处购买中药材与所需要的蜂蜜，根据企业内控标准的要求，对购进物料进行相关项目检查，检验合格后，出合格的原辅料检验报告书，生产车间方可领取生产所需的合格的原辅料。自制纯净水须经检测合格方可使用。

中药材需根据工艺要求进行前处理（洗、切、破碎、蒸、干燥、炒、炙等），前处理后再按处方进行备料称量。

（2）中药材备料称量

操作人员根据指令领取中药材，根据处方量与粉碎设备的负载量，逐件称取所需的中药材，填写好物料标识卡，防止物料混淆。

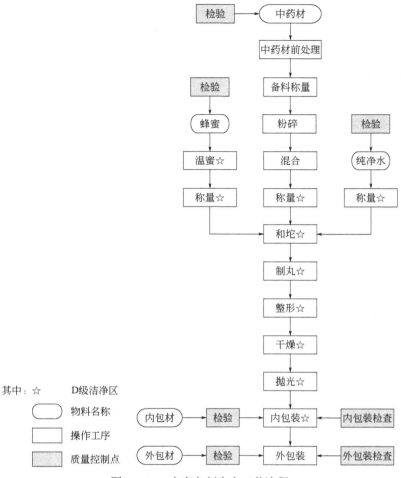

图 12-6-1 水蜜丸剂生产工艺流程

（3）粉碎

将备好的中药材，按工艺要求投入粉碎设备中，按工艺要求及设备操作规程设置粉碎设备的参数进行粉碎，粉碎完毕。

（4）混合

将粉碎好的药粉，按工艺要求的投料顺序，依次放置于混合设备中，按工艺要求及设备操作规程设置混合设备的参数进行混合，混合完毕。

（5）温蜜

将蜂蜜加入温蜜设备中，按工艺要求及设备操作规程设置温蜜设备参数进行温蜜，达到工艺要求后备用。

（6）和坨

药粉、蜂蜜及纯净水按处方及工艺要求称量后投入和坨设备中，按工艺要求及设备操作规程设置和坨设备参数进行和坨，出料。

（7）制丸

将制好的药坨按工艺要求投入制丸设备中,按工艺要求及设备操作规程设置制丸设备参数进行制丸，得水蜜丸，送入水蜜丸整形机。

（8）整形机

将制丸机送来的水蜜丸投入整形机，按工艺要求及设备操作规程设置整形机参数进行整形，送入水蜜丸干燥机。

（9）干燥机

将整形机送来的水蜜丸投入干燥机，按工艺要求及设备操作规程设置干燥机参数进行干燥，达到干燥标准后送入水蜜丸抛光机。

（10）抛光机

将干燥机送来的水蜜丸投入抛光机，按工艺要求及设备操作规程设置抛光机参数进行抛光，达到标准后出料，送入内包装室。

（11）内包装

领取药丸及合格的内包材料，按工艺要求及设备操作规程设置内包装机参数，装好批号，开机试生产，检查其批号及有效期是否合格，检测内包装气密性，合格后与外包岗位联机正式生产，监控生产过程，保证产品质量。

（12）外包装

按药品电子监管码系统操作规程录入本批产品相关信息，按工艺要求及装盒机、热缩捆扎机操作规程要求调试生产线，装好批号、生产日期、有效期，试生产。首个包装品检查其批号、生产日期、有效期和包装质量是否符合要求，达标后正式生产，生产过程监控，保证产品质量。按包装规格进行装箱，打包。

二、水蜜丸剂生产工艺设备流程

水蜜丸剂生产工艺设备流程依次为：中药材前处理设备（如洗药机、蒸药设备、切药机、炒药机等），粉碎机，混合机，温蜜设备，和坨机，水蜜丸制丸机，整形机，干燥机，抛光机，内包装机，装盒机。

三、水蜜丸剂生产控制要点、注意事项、常见问题及解决

（1）配料工序

根据计划生产量采购生产所需物料，物料有不同的原辅料供应商，处方中各物料的属性（如水分、有效成分含量、非药用部位杂质）均在一定范围内波动，若出现较大的波动则会直接影响到后续的生产。

① 原辅料问题　原辅料易出现质量不均一问题，所以对物料供应商选择需要谨慎，且需要根据生产的反馈及时调整。

② 贮存问题　原辅料在贮存期间发生变化，不按照贮存条件贮存易发生吸潮、发霉、生虫、结块等问题。

③ 前处理问题　由于一些进厂中药材初始含糖量差异较大，会导致药粉黏度差异较大，最终造成水蜜丸丸重不合格，需要严格控制。

（2）混合工序

① 混合参数的选择　混合需要设置一个混合时间限度。混合时间过短则混合不均匀。

② 加料方式　对于处方量相对很小的原料最好使用逐步加料以减少一次性加入造成的混合不匀。可以使用不同型号的设备，先混一部分再一起混合。

（3）和坨工序

在药粉、蜂蜜及纯净水加入后，随着搅拌像和面一样变成一团，要根据经验控制所制备的药坨"一握成团，一掰即开"。

（4）制丸工序

制丸工序的控制项目为丸重、外观质量。

① 丸重　往制丸机里续坨的速度要均匀，制丸机出条速度要合适。

② 外观（形状）　药坨温度太高、出条速度太快会导致药丸不圆整。

（5）干燥工序

正确设置干燥机参数，防止出现药丸干裂、外干里不干等问题。

（6）抛光工序

易出现花色问题，需注意操作手法，如操作人员经验不足，建议由经验丰富的操作人员指导完成。

第七节　水丸剂生产工艺

水丸系指饮片细粉以水（或根据制法用黄酒、醋、稀药汁、糖液、含 5%以下炼蜜的水溶液等）为黏合剂制成的丸剂。

一、水丸剂生产工艺流程

水丸剂生产工艺流程见图 12-7-1。

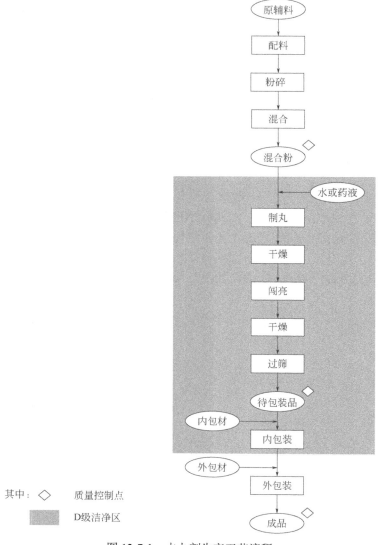

图 12-7-1　水丸剂生产工艺流程

（1）原辅料

经合格的供应商处购买原料药与所需要的辅料，根据企业内控标准的要求，对购进物料进行相关项目检查，检验合格后，出合格的原辅料检验报告书，生产车间方可领取生产所需的合格的原辅料。根据工艺处方要求，领取所需的物料，需要炮制的原辅料按其炮制标准进行炮制，备用；需要破碎的原料或者辅料，进行破碎后再进行备料称量（破碎度一般为 1～1.5cm）。

（2）配料

操作人员根据生产指令领取原辅料（有些原料根据处方要求和其炮制标准进行炮制；有些原辅料需

要经过物料前处理，按前处理工艺要求，将待处理物料用真空吸到干燥设备内，按工艺要求和设备操作规程设置干燥设备参数，开机进行干燥，干燥结束，取样检测水分，出料），根据处方量与混合设备的负载量，逐个称取所需的辅料、原料，填写好物料货位卡，防止物料混淆。

① 粉碎　操作人员将备好的原辅料进行拌料或将原辅料进行分组，依次投入粉碎设备中，按工艺要求及粉碎岗位操作规程设置粉碎设备的参数进行粉碎，粉碎成细粉。药粉细度要求为 95%过六号筛，并且全部能通过五号筛，将合格药粉装入内有塑料袋的布袋中（塑料袋是无菌的塑料袋）。常用粉碎设备有粉碎机、振荡筛等。

② 混合　将粉碎好的原辅料放置于混合设备中，按工艺要求及设备操作规程设置混合设备的参数进行混合，混合完毕，过筛（40目），将合格药粉装入内有塑料袋的布袋中（塑料袋是无菌的塑料袋）。取样检测混合粉含量、一般检查项与微生物。检验合格后，出合格中间品报告，质监员出合格证，生产车间方可领取该批混合粉，进行制丸。常用混合设备有二维混合机、三维混合机等。

（3）泛制法制丸

① 起丸模

a. 配料　操作人员依据岗位标准操作规程操作，按照工艺规程领取起模用药粉量（质量约为整批次质量的1/6）。

b. 起丸模　用糖衣机起丸模，每次加入少量药粉及纯化水，待药粉与水全部融合后，再加入水量药粉及水，团揉动作较轻，每次以罐中不见水流为准、药粉均匀覆盖中丸模。重复多次后出罐、过筛，把符合质量要求的丸模放入塑料箱内，过小的丸模回罐，撒上少量药粉，重复上述操作。不同品种需根据产量、成品丸重、丸数计算出丸模的质量、数量，并选取合适的筛孔直径。

水应使用纯化水。常用起丸膜设备有糖衣机、振荡筛等。

② 制丸

a. 配料　操作人员根据岗位操作规程操作，按照工艺工程领取丸模、药粉。

b. 泛丸　用糖衣机泛丸，选择适宜网孔径，围丸至湿丸重符合规定时，出罐。泛好的湿丸经药丸筛分机筛选，合格的丸药然后置于塑料箱内，贴上相关标签。常用泛丸设备有糖衣机、滚筛。

（4）机制法制丸

① 和坨　药粉及纯净水按处方及工艺要求称量后投入和坨设备中，按工艺要求及设备操作规程设置和坨设备参数进行和坨，出料。

② 制丸　将制好的药坨按工艺要求投入制丸设备中，按工艺要求及设备操作规程设置制丸设备参数进行制丸，得水丸。常用制丸设备有水丸制丸机。

（5）湿丸干燥

领取合格的湿丸，放置于干燥设备中，按工艺要求及设备操作规程设置干燥设备的参数对湿丸进行干燥，干燥完毕，对干丸进行检验。常用湿丸干燥设备有箱式烘箱、带式干燥机、滚筒式干燥机等。

（6）闯亮

称取相应经检验合格的外加辅料，将其置于糖衣机中，按工艺要求及混合设备操作规程设置机器参数进行包衣，包衣完毕，包衣后将药丸放入塑料箱中。常用包衣设备为糖衣机、包衣罐等。

（7）干燥

包衣之后，领取合格的湿丸，放置于干燥设备中，按工艺要求及设备操作规程设置干燥。设备的参数对湿丸进行干燥，干燥完毕。对干丸进行检验：取样检测水分，合格的丸药然后置于塑料箱内，贴上相关标签。常用干燥设备有箱式烘箱、带式干燥机、滚筒式干燥机等。

（8）选粒

根据工艺要求，将晾过的药丸选择适宜筛网孔径的药丸筛分机筛选，筛除去不规则丸药。对待包装品进行检验：取样按照产品的质量标准检测水分、溶散时限、检查、鉴别等。检验合格，出合格中间品报告，质监员出合格证，包装车间方可领取该批待包装品进行包装。常用选粒设备有溜药机等。

（9）内包装

领取所需经检验合格的药用包装材料及合格的待包装品，根据装量/重量差异控制卡，按工艺要求与设备操作规程设置水丸包装机参数，调试机器试生产，检测装量/重量差异合格后，方可正式生产。包装过程，监测装量/重量差异、外观质量、气密性，保证产品质量。常用内包装设备有颗粒包装机、大丸数粒包装机等。

（10）外包装

按药品电子监管码系统操作规程录入本批产品相关信息，按工艺要求及装盒机、热缩捆扎机操作规程要求调试生产线，装好批号、生产日期、有效期，试生产。首个包装品检查其批号、生产日期、有效期和包装质量是否符合要求，达标后正式生产，监控生产过程，保证产品质量。按包装规格进行装箱，打包。常用外包装设备有装盒机、捆包机、打码机等。

二、水丸剂生产控制要点、注意事项、常见问题及解决

（1）配料工序

根据计划生产量采购生产所需物料，物料有不同的原辅料供应商，处方中的各物料的属性（如水分、粒度分布、流动性、杂质、晶型、药用成分含量）均在一定范围内波动，若出现较为大的波动则会直接影响到后续的生产。

① 原辅料问题　对物料供应商选择需要谨慎，某一原料多批含量验收标准均应在制定范围内，而且验收标准制定得要尽量窄，且需要根据生产的反馈及时调整。

② 贮存问题　原辅料在贮存期间可能发生变化，这个变化不是指不按照贮存条件贮存使其潮解、风化、变质，而是指按照正常的条件贮存因重力、挤压、静电等发生的结团，有些容易发现而有些不容易发现，特别小剂量处方的原料或占用比例较小且具有特定作用的辅料，这些成分若是结块则是直接导致含量不合格及混合粉属性降低。

③ 前处理问题　由于进厂原辅料的标准达不到处方要求，通常会对原料或辅料进行过筛（粉碎）或干燥除水。同一物料不同批次存在差异，如若物料进厂时静电太大或过硬则会导致过筛（粉碎）困难，长时间的摩擦使得物料与设备之间产热甚至变质，使得原料含量降低，杂质升高。一些干燥的物料由于初始水分差异，也会导致在规定的时间干燥出来的物料水分不合格。这些均会影响到产品质量。

（2）粉碎混合工序

① 分组问题　粉碎前原料的分组处理存在两种方式：一种为将原料进行拌料，充分混匀；另一种为将原料进行分组。以上两种方式是根据环境设备条件决定的，在有混合用槽、排风罩等条件下，选择第二种更有利于混合粉的粉碎，中和了不同原料的黏性、油性，使粉碎进程更顺畅，同时也使混合粉中各原料均匀分布。而在条件不允许的情况下，可将不同原料进行分组，也可达到以上目的，但混合粉中原料分布不均匀，必须进行混合工序。

② 药粉细度　药粉细度对丸模的质量影响很大。粉末太粗，粉粒间不易黏合，也不容易粘附在粉团上，因此较难形成丸模，即使成模也常会导致模中夹粉或时有产生新的小模，丸粒大小不一，成模率、合格率均不高。因此应根据处方的药物特性、前人经验及临床要求，综合考虑粉量、粉黏性。纤维性大、黏性强、不易粉碎的不能打粉，黏性过大或过小的粉料不能用于起模。药粉的细度对崩解时限亦有影响，药粉越细，崩解时限越长。因此，在不影响外观时，药粉细度可适当放宽些，一般用细粉（全部过五号筛）、部分为最细粉（≥95%过六号筛）泛出的丸模能一致、圆整、表面细腻、光滑、美观。成品丸药粒径越小则粉粒准备要越细。

③ 原料性质　粉碎机产生热能较大，部分原料的有效成分遇热会有较大程度的损失，故需要运用水冷型粉碎机，如牡丹皮中的丹皮酚。部分原料黏性强，会黏附在粉碎机腔中，导致损耗较大，甚至设备抱死。实际操作的解决办法一般为使原料去黏性或将原料进行冷冻后粉碎，如黏米。

④ 混合参数的选择　混合可以采用不同的方法，同一种混合机也存在不同规格，无论采用何种方法都需要设置一个混合时间限度。混合时间过短则混合不均匀，导致加黏合剂时各物料的充分接触使制

成的丸剂的致密性不均一；混合时间过长若产热则会导致物料中易挥发物质挥发，可能造成后期产品不合格。

（3）起丸模工序

起丸模是用水的湿润作用诱导出药粉的黏性，水可以溶解药粉中的黏液质、糖、淀粉、胶质等，从而产生黏性、促进黏合聚力。起丸模以方中黏性适中药粉，黏性大的药粉加液体时，先湿润部分产生黏性加强，易相互黏结成块，且不易撞散开。

起丸模是水泛丸的基础，也是水泛丸制备的关键技术，操作人员必须做到以下几点：①起模丸的大小要求均匀，通常过筛选掉大的、除去小的、保留中间的，力求将模丸的大小误差控制在最低限度(一般为3～5g以内)。②掌握好用水量和粉量，模丸的干湿度要求均匀，以不黏结成团为宜，涂水要分布均匀，否则水多的地方药粉和小丸粒会紧粘匾上，不能分开和难撞散；加粉量由施水量确定，加粉过多，会出现多余药粉不粘附在丸粒上面而游离在小丸粒之间；加粉过少，易造成水丸粒相互黏连成团块；只有加粉均匀，才可不会出现异形的丸模。③计算好所生产药品的模丸用量。

丸粒在增大过程中的特性：丸模起点前，开始水粉轮换加入。药匾旋转时，颗粒会被吸附在药匾刷水区，需要借助于刷子刷下。随着颗粒的增大、旋转到刷水区时被药匾吸附得越来越少，丸粒不吸附药匾时就能通过多途径阻止新颗粒的产生从而固定丸模数。丸模起点后，不管是加粉或加水，每次药匾旋转结束，小的丸模都易在下层、黏粒（把丸）都易在上层。小丸粒易吸附到水及粉，这有利于小丸粒快长而均匀。

（4）制丸工序

① 泛丸中基本动作及作用

a．团（南方）旋（北方）　团即让药丸在药匾中朝一定方向做大规模的绕圈运动，要求用力适中，操作药匾在来回扯动中带有一定的旋转动作，并配合靠胯和送胯。团主要用来使整匾丸粒均匀吃水吃粉，搓圆搓紧。旋用手执匾一端向上方拥推，另一手向后拉，使丸粒在匾内做圆周滚动，丸粒达到光滑圆整，药粉固定不掉，粘附在匾内的药粉或赋形剂也与丸粒撞碰结合。

b．揉　揉即让药丸在匾的一侧做小规模的绕圈运动。要求用力较小，只需轻轻旋转药匾。也可不必靠胯送胯。揉主要用来使药丸分层（大丸在上、小丸在下），以保证小丸充分吃粉，也可使丸粒表面细腻光滑。

c．撞（闯）　撞即让药丸撞击药匾或相互剧烈碰撞，要求用力要大，扯动药匾时，或带一定的旋转动作，密切配合靠胯送胯。撞可用来撞散团块、撞击棱角、撞紧药丸等。摔（跌）：通过泛制的丸粒，质地疏松，一般需经过摔的动作，即用两手执匾、稍旋起泛匾的前端，使丸粒抛起由前向后摔跌而使丸粒紧实。

d．翻　将泛匾下方的丸粒，抛起翻向匾上方，称为前翻，反之称后翻。这样使大小丸粒分开，便于将药粉加于小丸粒上，而使丸粒均匀加大。

e．手工泛丸的姿势　首先要求腰板挺直，手挂匾时，两腿自然分开，一条腿位置靠前，以便随时送出胯部，可控制药丸短线运动，胯部将协助完成泛丸的团揉操作。手拉匾时，突然靠胯部或上身用力，可使药匾立即静止而药丸由于惯性仍然保持运动状态，从而使之撞击、翻边等动作自如连贯。泛丸时这4种动作要交替进行，这不但是保证泛丸质量的需要，而且可使身体不同部位的运动肌轮流用力和休息，不易疲劳。

② 泛丸注意事项

a．掌握加水和加粉量。由于水的湿润作用和包衣锅转动挤压使药粉黏合成丸，有些药材黏性大，如果加水快而加药粉速度慢，就会延长成丸时间致其黏合紧密，丸干燥后质体坚硬，不利于水分渗入而影响溶散时限。一般以表面均匀湿润和每次所加药粉全部黏附为宜。含黏性成分多的水丸，含水量对其溶散时限影响较大。当然，并非含水量越高越好，过高，则易产生霉变，不利储存。一般不宜超过8%。含纤维性较多的药粉，加水量宜多些；含黏性成分较大的药粉，加水量宜少些。随着丸粒的增大逐渐增加加水量和加粉量。

b．加粉后应轻揉，以免粉尘飞扬损耗和影响分布均匀，加水后要用力滚，可避免粘连，并使丸粒表面均匀湿润。若出现粘块可在加粉后一边翻揉，一边用手在匾内轻轻揉搓，使其脱落。

c．如遇到用水为湿润剂致黏合力太强而泛丸困难者，可用酒或不同浓度的药用乙醇；如遇到黏性太差而无法成型的药粉，可在水中适当添加药用糊精以增加黏性。量较少的贵重药材、毒麻类药材及含有芳香挥发性或特殊气味或刺激性极大的药物，最好分别粉碎后泛于丸子的中层，可避免挥发或掩盖不良气味，发挥最大效用。

d．如有过多的细丸粒和不成型的或较大的丸粒，在剩余足够药粉的情况下，可将其加水打成浆糊再泛制在丸上；若剩余药粉不多了，可将其干燥、打粉，重新泛在丸粒上。

e．丸粒大小明显不均匀时，在成型阶段每次加粉前可将丸粒滚揉至药匾的一边，并将这边急速翘动，使丸粒扬起，摆平药匾，这样滚揉在下面的较小的丸粒被翻到上面，将药粉加在上面，可增加小丸粒黏附药粉的机会，缩小粒度差，最终使丸粒尽可能大小一致。

f．泛丸速度：泛丸时间越长，药物与黏合剂或湿润剂作用时间就越长，使丸质过于紧密，也是使药物粉粒内的黏性物质较易溶出而增大黏性，给崩解带来不利影响。因此，当起好模后，就要严格掌握泛丸速度适中，不得过慢，也不要过快。在生产过程中，常见同样的药粉，相同的工艺条件、熟练地操作工，因药丸成型较快而得到较易崩解的药丸。反之，非熟练操作工，常因成型速度过慢，药丸在泛丸机内滚动时间过长而致崩解时间延长。所以，泛丸速度也是影响崩解时间的一项重要因素。

（5）干燥工序

① 晾药。水泛丸制备成功后，干燥前将药丸均匀地摊放在药架上，药丸不能堆放过厚，干燥过程中要经常筛动翻面：一是防止药丸挤压变形；二是防止药丸之间不透气，而导致药丸烘干不均匀，出现"阴阳面"；三是缩短了药丸干燥时间，提高了成品率。

② 不同的品种根据处方的理化性质及实际需要选择适宜的干燥设备，如滚筒式干燥机、控温房、热风循环干燥烘箱等。

③ 干燥温度、干燥程序及干燥时间是影响水丸溶散时限的最主要因素之一。干燥温度过高，升温过程过短、速度过快或干燥时间过长等，都会导致淀粉糊化，或蛋白质凝固，或树脂、油脂氧化等，在水丸内部形成隔离层、毛细管堵塞等不利于水分渗入状况，造成崩解时间延长，甚至超时限。一般水丸干燥温度可控制在 60～80℃，干燥时间在 8～12h 之间较宜。富含黏液质成分或油脂、树脂成分，以及挥发性成分中药材的水丸，宜采用低于 60℃ 条件下干燥。还可以采用"低-高-低"的方法干燥水丸，使其内部水分逐步向外扩散，有利于充分干燥和确保其崩解时限达标。

（6）闯亮工序

闯亮遇到的问题主要是磨损、粘丸、外观不光滑等。

① 磨损　包衣机原理基本相同，构造基本相同，基丸在包衣过程中均会有些损伤，负重越大的包衣机产生的力越大，越易磨损。磨损的主要原因包括：

a．处方　水泛丸的颜色分为多种，根据不同的颜色选择不同的包衣辅料，无论是滑石粉包衣、水包衣、石蜡包衣还是其他溶剂包衣，工艺均为包衣液先与基丸接触润湿后，将包衣溶剂蒸发留下包衣材料。处方中若有与溶剂接触后快速吸收且迅速变软的成分（如大比例的微晶、淀粉等），会在瞬间被其他药丸或锅壁的力刮去表面部分造成磨损。

b．经验　不同的操作人员包出的丸有差异，因为包衣过程中从预热到首次喷浆再到持续包衣都需要不停检查外观，及时调整锅速、进风温度。

② 粘丸　粘丸的原因是包衣液中的溶剂部分没有快速蒸干，由于包衣液黏度很大，会造成粘丸，所以包衣过程中应密切注意药丸温度，不能过低，喷浆不能过大。

③ 外观不光滑　与包衣材料的细度、配制包衣液搅拌时间有关，配制包衣液需充分搅拌使包衣材料溶解。

第八节　滴丸剂生产工艺

一、滴丸剂概述和生产工艺流程

滴丸剂是我国特有的药品剂型，是由药物原料与基质熔融后，将均匀的料液滴入冷却液中收缩制成的球型或类球形制剂，其本质是药物分散体技术的具体应用。其制剂既有化学药品制剂，也有中药制剂。尤其在中药制剂中得到了广泛的应用，有数十个滴丸药品均有规模化的生产。该滴丸药品不仅吸收快，作用迅速，取得了很好的临床效果和广泛应用，获得了广大患者的青睐，也为相关药品生产企业赢得了较大的经济效益，同时为滴丸剂药品和滴丸制药设备的研发和进步提供了强大的动力。滴丸制剂理论和工艺日益成熟，与制药设备的融合也日益完善，单元式滴丸生产设备及集成式自动化滴丸生产线设备的市场化，满足了不同规模企业的药品生产需要，使滴丸这个剂型在现代中药制剂发展上起了十分重要的作用。

1. 滴丸的定义、特点与分类

滴丸剂是指原料药物与适宜的基质加热熔融混匀后，滴入不相混溶、互不作用的冷凝介质中制成的球形或类球形制剂。

一般滴丸具有剂量小、生物利用度高、服用方便、可舌下含服等优点，制剂过程无粉尘，具有良好的发展前景。滴丸基质包括水溶性基质和非水溶性基质两大类。

2. 滴丸常用的基质与冷却剂

常用的水溶性基质包括聚乙二醇（PEG）类（如 PEG 8000、PEG 6000、PEG 4000），硬脂酸聚烃氧（40）脂（S-40），硬脂酸钠（Soldiumstearate），泊洛沙姆（Poloxamer），明胶（Gelatin）等。常用的非水溶性滴丸基质包括硬脂酸（Stearic acid），单硬脂酸甘油酯（Glycerylmonostearate），十八醇（硬脂醇，Stearyl alcohol），十六醇（琼蜡醇，Palmitylalcohol），氢化植物油（Hydrogenated vegetable oil）等。

就中药滴丸而言，一般都是以中药提取得到的浸膏为原料，采用水溶性基质混合熔融后制成滴丸。最常使用的是聚乙二醇（PEG）类如 PEG 6000 等，不仅来源易得和经济，更为重要的是分散效果好，滴丸成型性及成品率均高，在很多药品中得到了很好的应用。

滴丸剂冷却剂的选择，主要遵循"不溶解主药与基质、不发生化学反应"的原则，且密度适宜，使滴丸缓缓下沉或上浮。常见的冷凝介质有二甲硅油、液体石蜡、甲基硅油、植物油等。

3. 滴丸的工艺开发研究

滴丸药品的工艺开发，是实现药品生产过程的一个十分重要的环节。随着药品研发的完成、申报和审批成功，标志着药品产业化的开始，即滴丸药品的工艺路线及参数的确认，也意味着产品工艺设备生产线的配套及落地实施。因此，在滴丸药品工艺开发研究中，滴丸工艺路线和关键工艺参数的确认和验证是至关重要的，是新药研发申报成功的关键因素之一，更是顺畅实现产业化最为重要的关键所在。此外，滴丸药品的工艺研发应考虑顺畅落地及规模化生产的需要。首先，应基于质量源于设计（QBD）的理念，认真思考具体滴丸药品开发需要达到的综合性总体质量目标，充分考虑药品原料和基质的物料属性对药品开发过程中的质量影响，从而从保证滴丸工艺研发过程中满足产品质量属性的要求出发，综合规划出滴丸的具体实验研究方案，并按实验方案小心实验，多方位和多角度地逐步验证确认，并通过药理、药效、安全性和临床验证，优化确认滴丸产品的工艺路线和参数，最终完成滴丸药品的工艺开发。就滴丸药品研发而言，其药物的特性及关键的制剂工艺参数选择，对滴丸工艺成功与否至关重要，特别应注意以下几个方面条件。

（1）活性高的药物适合滴丸制剂的开发

药物的活性越高越有利于滴丸开发，药物与基质的比可调性就越好。高活性的药物适合滴丸药品的开发，在于滴丸剂的载药量一般不会超过40%。滴丸载药比过高，一是影响药物与滴丸基质熔融化料的均一性；二是影响滴丸的成型性。尤其中药复方滴丸制剂，为了控制载药比，一般大处方的中药复方，不会用于滴丸剂型的开发。含药味较少的复方中药，一般也会经过提取和纯化步骤，控制出膏率或提取得到有效部位，再与合适的滴丸基质混合熔融，得到均一性的料液，再滴制成滴丸。

（2）合适滴丸基质及其与药物比例的选择很重要

滴丸基质的选择关系到滴丸的成型性和经济性。对于快速释放的滴丸，一般多采用PEG系列基质，不仅成型性好，成品率高，而且载药量适中，经济成本低，有利于规模化生产。同时，在选定滴丸基质的同时，应考虑基质与药物的比例要求，在尽可能保持高药物载药量的基础上，确保滴丸成型的顺畅性和成品率，最大限度地高效经济地生产，且绿色环保。

（3）选择合适的药物与基质的熔融化料温度

一般情况下，基质在50℃左右就开始融化，滴制料液的黏度不仅对快速混匀和滴丸成型性造成影响，也会影响滴制速度，直接影响滴制效率。因此，在滴丸工艺开发过程中，优化选择合适的化料温度，将有利于使药物与基质的快速混匀，使滴制料液均质化，同时能够很好地控制滴制料液的黏度，便于顺畅和快速滴制，提升生产效率。药品市场上常见的滴丸药品，多以PEG系列基质与药物熔融制成，因此一般化料温度及料液滴制过程中的温度大多控制在60～90℃，视品种不同，最优化的控制温度范围应有所差异。

（4）滴制料液中含水量应适度控制

在控制化料温度下，让滴制料液中含适量的水分，有利于料液保持均匀性，也有利于保持料液的适度黏性，使滴丸滴制过程顺畅。滴丸更易在冷却液中的收缩成球形和类球形，减少粘丸和小丸的形成，控制丸重差异，提高成品率，同时也有利于常温下使滴丸保持稳定的形态，使后续工序的处置更顺畅。

（5）合适的料液滴制的高程

合适的料液滴制的高程指的是料液从滴嘴滴出至落入冷却剂内的距离。尽管它不是一个特别重要的工艺参数，但是控制好滴距对滴丸成型是有利的。一般滴距保持在10~30cm，便于液滴滴出后在滴距内借助液滴的表面张力收缩，滴入冷却剂内迅速收缩成球形和类球形滴丸，减少滴丸粘连的发生，确保滴制顺畅。一般而言，滴距的大小，视滴丸品种不同而不同，由具体滴丸品种的工艺验证最终确认。

（6）合适的冷却剂及温度选择

冷却剂的黏性、高程、温度对滴丸的成型至关重要。对滴丸冷却剂而言，常用的就是液体石蜡、二甲硅油和食品油等，基本都能满足要求，但滴丸品种成型性要求，各有不同的选择，最常使用的是液体石蜡和二甲硅油，后者的成型性更好一些，但成本相对高些。对大多数的滴丸产品而言，一般液体石蜡作为滴丸滴制过程的冷却剂，成型性比较好，也多采用液体石蜡。

为保证滴制过程中的滴丸成型，应控制冷却剂的温度，一般维持3~15℃。不同产品控制温度范围不同，通过滴制实验得到滴丸的圆整性及硬度来确定冷却剂控温范围。冷却筒内的冷却剂是通过冷却剂循环系统维持冷却剂进出平衡，从而保持冷却剂的高程，其目的是保证滴入的滴丸能够缓慢沉降或上升，通过冷热交换降低药滴内的温度并收缩成球形滴丸，并保持滴丸间的移动尽量不出现粘连的情况。另外，在维持冷却剂高程和冷却温度的同时，还需要维持冷却剂的温度梯度，便于滴丸在滴入冷却剂中逐步进行冷热交换并收缩成球形滴丸。一般由高向低形成温度梯度，便于滴丸的收缩成丸。一般通过滴丸生产工艺验证来确认冷却剂的温度梯度并固化，作为滴丸生产的工艺执行的控制点。

二、滴丸生产工艺基本流程

滴丸制剂生产工艺流程见图12-8-1。

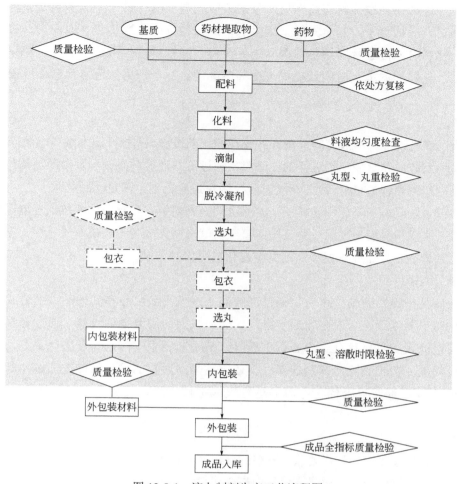

图 12-8-1 滴丸制剂生产工艺流程图
虚框表示该工艺根据产品实际而定，灰色表示 D 级洁净区

滴丸的主要生产工艺流程包括：称量与配料工序、化料工序、滴制工序、脱冷却剂工序、选丸工序、包衣工序、内包装工序和外包装工序，并分别给予阐述。

（1）称量与配料工序

由生产现场管理人根据排产计划，申请仓储部门配送相应数量的原辅料或安排人员准备领料单向仓储部门申请领料，按照质量管理要求和工艺要求对原辅料进行必要的过筛等预处理操作，存放于指定区域，以备处方配料所需。

正式生产时，按制剂批处方的需求量从原辅料存放间领取已备好并检验合格的原料和辅料，物料管理员复核品名、批号、数量，并填写物料台账和结存卡。复核无误后将原料、辅料领入称量间，进行称量备料操作。

严格按配料标准操作规程的要求进行称量、复核、填写记录和签名与日期。称量配料操作结束后，已称好的原料、辅料和可回收品系好扎带，粘贴有关备料标签，放在相应的备料垫板或备料小车上，清点袋数，做好标识，放置在指定的区域，并将剩余原料、辅料系好扎带，称量剩余物料填写并粘贴物料签，退回原辅料存放间。物料管理员复核品名、批号、数量，填写物料台账和结存卡。

（2）化料工序

滴丸药品的化料工序是将药物与滴丸基质投入化料罐中，通过加热熔融和机械分散手段形成均一稳定的均相体系的操作过程。基于药物和辅料的性质以及要控制的化料温度范围，选择化料设备的搅拌方式和加热方式。化料搅拌类型可根据分散的难易程度选择慢速搅拌、快速搅拌和高速均质分散；

或者在化料过程中逐渐提高搅拌转速达到均质目的。应根据产品物料的特点和工艺要求，确定物料和基质的加入顺序。一般情况下，基质先加入熔融后再加入量少的提取物和其他药物，边搅拌边分散加入，便于混匀。化料时应注意物料熔融前搅拌速度要慢，熔融后搅拌可适度加快，避免搅拌阻力过大损坏设备。总之，化料的温度、时间及搅拌速度与时间的选择，严格按照《化料标准操作规程》操作即可。

（3）滴制工序

滴制工序通过滴丸设备将料液滴制成滴丸并收集的工艺过程。先打开滴丸设备电源开关，接通电源；开启冷却介质循环系统，并对冷却剂进行制冷降温，通过冷却液循环系统，调节限流阀使冷却液液面上升至规定高度（冷却液高程），保持冷却介质温度控制在适宜范围，满足滴制要求。

开启循环续料系统或人工将化好的料液转入保温的滴制灌中，开启搅拌并控制温度至所需范围。开始滴制，控制续料速度和料液高度至适合范围，直至料液滴制完成为止。滴制过程中，及时移出滴丸，按规定进行滴丸重量抽查，适度掌握和控制丸重变化情况，并记录。

（4）脱冷却剂工序

脱冷却剂工序是指滴丸滴制结束后，通过在线离心或者离线离心和其他适宜的方式将滴丸表面附着的冷却剂去除的工艺过程。一般分为两步操作：滴制成型的滴丸自动收集，通过在线离心机离心脱冷却剂；或通过过滤人工收集滴丸至离心机中离心，按工艺要求的离心速度进行离心，脱除滴丸表面附着的较多的冷却剂。初步脱除冷却剂的滴丸，还需要采用适宜的设备如转笼式脱冷却剂设备，通过添加干燥洁净的不脱纤维的吸附棉、方巾等进行机械擦拭去除，收集处理好的滴丸，称量、记录和转序。

（5）选丸工序

选丸工序是通过溜选和筛分分别去除不圆整的异形丸、粘连丸以及过大、过小的滴丸，得到丸重符合质量要求的滴丸的操作过程。一般溜选设备为离心式自动选丸机，利用滴丸在重力作用下在斜坡面轨道上旋转下落过程产生的离心圈，对圆整度不同的滴丸进行拣选，剔除异形丸。

溜选后的滴丸通过筛丸机，根据滴丸的丸径控制要求，选取适合孔径的筛网，将不符合丸重要求的大小滴丸筛分去除。并对合格滴丸进行取样检测丸重，丸重差异应当符合预期标准。

（6）包衣工序

依滴丸产品工艺而定，批准的工艺有的有包衣要求，有的无包衣要求。滴丸有包衣工序的主要操作是将上道工序转序的合格滴丸，依据工艺和SOP的规定，配制包衣料液。将滴丸转入包衣机包衣床中，依据包衣机标准操作规程要求，开启包衣机，设置包衣工艺参数，使其处于正常工作状态，然后进行滴丸包衣操作，直至包衣结束。将包衣滴丸从包衣机中取出，称量、检测和转序；及时记录包衣过程的工艺参数，签名和日期；按要求关闭包衣机，完成清场操作和记录。

（7）内包装工序

滴丸内包装工序是将合格滴丸灌入直接接触药品的内包材并封闭包装的过程。生产前一般需要根据生产排产下发批包装指令及开具外包装流程单，主要信息包括生产日期、包装批号、有效期至及包材使用信息等。

滴丸常规的内包装方式主要有两种：铝塑复合袋包装和聚乙烯（简称PE）瓶包装。内包装工序在D级洁净区域内完成。通过缓冲间将内包装好的滴丸转入外包装进行外包装。

（8）外包装工序

将已内包装好的药品，进行外包装，包含贴签、装盒、装说明书、中包装塑封、装箱、打包及批号打印等工序。外包装工序由人工包装和单台设备包装结合进行，也可由连续化的外包装线完成。不同剂型之间大同小异，一般因包外装设备线不同而异。

三、滴丸剂生产工艺设备流程

滴丸剂生产工艺设备流程依次为：化料罐、滴丸机、在线离心机、选丸机、包衣机、内包设备、外包设备。

四、滴丸剂生产控制要点、注意事项、常见问题及解决

针对滴丸正常生产过程，主要依据滴丸生产工艺流程及生产工序，从保证产品质量的角度出发，阐明各生产工序的控制要点、注意事项、工艺过程中常见问题及解决方法。

1. 称量与配料工序的生产控制要点、注意事项、常见问题及解决方法

（1）生产控制要点

根据排产计划，生产现场管理人员申请仓储部门配送相应数量的原辅料或安排人员准备领料单向仓储部门申请领料，按照质量管理要求和工艺要求对原辅料进行必要的过筛等预处理操作，存放于指定区域，以备处方配料所需。为保证滴丸批次间质量的一致性，根据生产管理要求，一般由生产计划部门按生产管理的要求，提前2~3天发放批生产指令，便于各部门做好生产准备工作。

正式生产时，按制剂批处方的需求量从原辅料暂存间领取已备好并检验合格的原料和辅料，物料管理员复核品名、批号、数量，并填写物料台账和结存卡。复核无误后将原料、辅料领入称量间，进行称量备料操作。

严格按配料标准操作规程的要求进行称量、复核、填写记录和签名与日期。称量配料操作结束后，已称量好的原料、辅料和可回收品系好扎带，粘贴有关备料标签，放在相应的备料垫板或备料小车上，清点袋数，做好标识，放置在指定的区域。并将剩余原料、辅料系好扎带、称量剩余物料填写并粘贴物料签，退回原辅料存放间。物料管理员复核品名、批号、数量，填写物料台账和结存卡。

（2）注意事项

① 严格按滴丸制剂的配料单，核对辅料和原料的批号、检验报告单等，合格物料方可使用。

② 使用校验合格的衡器进行物料的称量，并做好双人称量复核工作，一般一人称量一人复核，并及时记录签名和日期。

③ 称量注意使用的衡器精度要求。严格按照称量物料的量，选择合适精度的秤进行称量，保证制剂的要求，一般按称量误差不超过0.1%的精度选择即可。

④ 所有物料称量后，应做好标识，放到指定位置存放。剩余物料应做好标识转入暂存间并做好交接手续并有记录。

（3）工艺过程中常见问题及解决方法

① 物料称量时，选错称量精度不同的衡器称量。在批记录中，明确各物料称量应使用的衡器型号，避免操作失误。

② 物料称量时，未严格按照复核流程的要求进行复核，可能导致称量误差。对于称量无打印的衡器使用，加强称量人员的培训，明确称量要求，增强责任意识，严格按照称量复核的要求进行称量复核操作。另外，可配置带称量打印功能的衡器，一旦称量完毕自动打印，并使复核人员在场，保证称量准确。

2. 滴丸化料工序的生产控制要点、注意事项、常见问题及解决方法

（1）生产控制要点

化料操作的目的就是将药物均匀分散于基质中，并形成质量均一的可供滴制的料液。因此，化料工序操作的控制要点是严格按照化料操作规程操作，包括化料过程中化料的温度控制、搅拌速度的控制、化料时间以及化料后水分的控制。因化料工序是滴丸生产中的关键工序，其各工艺参数必须控制在批准

的工艺参数范围内，经过工艺验证确认后，形成化料操作规程。严格执行化料操作规程，是滴丸能够顺畅进行的关键环节。此外，应根据产品物料的特点和工艺要求，严格物料和基质的加入顺序，也是影响化料质量的关键环节。一般情况下，基质先加入熔融后再加入量少的提取物和其他药物，边搅拌边分散加入，便于混匀。

（2）注意事项

① 注意物料的投放顺序。由于滴丸基质为固态物质，一般通过加热后先熔融，再加入药物组分。熔融的基质阻力变小，有利于与药物混匀。故一般先加入基质，搅拌时，先缓慢待加热熔融后，搅拌速度可适度加快，有利于降低搅拌电机的阻力，保护化料设备使用的安全性。

② 与熔融基质易混匀的药物，一般可直接加入熔融的基质中，进行搅拌混匀。对于难混匀的固态药物，应将其粉碎至一定细度或用适宜溶剂溶解后分散加入，进行充分的搅拌，确保化料液均一，满足制剂的要求。

③ 化料液中含一定水分，有利于调节化料液的黏性，往往有利于滴丸成型。应注意保持化料液的水分，化料工艺是通过验证确认的，注意严格执行工艺就能得到保证。

对于批量大的滴丸，应注意控制不同罐化料时间间隔。对于以中药浸膏为原料的滴丸药品，其化料液恒温保持的时间不同，会导致药液失水，甚至化料液的色泽明显变化，这将会影响滴丸滴制成型和滴丸质量的稳定性。故应控制各罐化料的间隔，保证各罐化料液恒温保持和滴制的时长相对稳定，以保证滴丸的成型性和质量的均一性。

④ 应严格执行设备的操作规程，出现故障应及时呈报，由设备专业人员修理到位并经确认后，方可再行使用。

（3）工艺过程中常见问题及解决方法

① 化料液的均一性出现问题。工艺是验证确认的，严格按照操作规程操作，可避免化料液不均一的情况出现。对以中药浸膏为原料的滴丸，一般化料液从上往下流落，对光观察是均一性的黏性流体；而一旦对光观察出现黑点，表明化料液的不均一性出现了，可能是操作过程导致化料液中的水分散失的缘故。解决方法是：一般可适度加入少量水并记录，搅拌后化料液就能得到很好的改善；此外，将浸膏中的水分纳入质量标准，确保水分满足化料的要求，同时在化料过程中，应盖好化料罐投料口，避免水分的散失，确保化料液的水分控制在合适范围内，保证化料的均一性。若发现固态药物的化料液有不均一的情况，可能是化料时用品加入的操作不规范及时间点有细微改变所致，除了将固态药物高度粉碎后，应保证严格均匀撒布时间和间隔，控制好搅拌速度和方式，从而保证化料液的均一性。

② 不同罐化料液滴制滴丸外观色泽差异。对于中药滴丸而言，易出现此种情况，一般是由于各罐化料后，在较高的温度下保存，因滴制时长的不同所致。解决方法是：根据生产实际情况，从滴制时长考虑，合理安排各罐化料的时间间隔，保持各罐化料液保存及滴制时间的相对稳定，使滴丸外观色泽一致。

3. 滴丸滴制工序的生产控制要点、注意事项、常见问题及解决方法

（1）生产控制点要点

滴丸滴制是滴丸成型的最关键的操作。其工艺是严格工艺验证确认，并在工艺规程中对相关工艺参数及范围进行限定，滴制的操作规程中均有详细的描述。品种不同，其药品规格不同（丸重大小），对滴头、料液温度、滴距（滴头至冷却液面的高度）、冷却剂温度范围及循环速度也有不同，严格按滴制的操作规程操作和控制是基本要求。此外，应控制料液在滴筒内的料液高度并做好保温，保证在自然重力作用下，各滴丸机中滴制时的液滴大小和速度基本一致，使得到的滴丸的每丸重量保持基本稳定和质量的均一性。

（2）注意事项

① 应严格按滴丸滴制的操作规程操作。滴制前，应确认安装的滴头与滴制的产品规格要求一致，确

保得到的滴丸满足质量要求。

② 滴制过程中，应加强巡视，确认滴制料液高度和冷却液温度与范围符合生产要求，出现偏离应及时进行补料和调整制冷能力，确保滴制料液高度和冷却液温度范围符合滴制要求，保证滴丸生产的顺畅性和质量的符合性。

③ 应定时对滴制得到的滴丸进行丸重抽检，确认每百丸质量是否满足质量要求，适度掌握和控制丸重变化情况并进行记录；出现偏离，应及时反馈，便于在工艺参数范围内，细化调整料液温度和滴制料液高度，使制备的滴丸丸重符合产品的质量要求。

④ 应严格执行滴丸设备的操作规程，出现故障应及时呈报，由设备专业人员修理到位并经确认后，方可再行使用。

（3）工艺过程中常见问题及解决方法

① 滴丸生产过程中，出现滴丸圆整性不够。一般应先排除滴丸的料液黏性过大外，还有可能是滴制料液的水分散失所致。水分过低，不仅造成化料液分散均匀性不好，也能造成滴丸的圆整性不好。料液的储存罐应盖好，避免水分散失，必要时加入少量水搅拌至匀，使料液均匀、黏性适宜，提高滴丸滴制的圆整性。此外，冷却剂中含水分过高（如高温高湿季节），导致循环冷却剂中的乳化程度较高，改变了滴丸滴入冷却剂中冷热交换的正常状态，导致液滴冷却收缩呈"非正常"状态，造成滴丸的圆整性不好。一般可每天生产结束后将冷却剂集中存储和静置，使用前排除冷凝水，再供对冷却剂制冷循环使用，必要时及时更换新批次冷却剂，确保滴丸滴制的圆整性。

② 生产过程中滴丸丸重偏低或偏高的问题。产品的滴制工艺是通过验证确认的，一般按照规定选用滴头，并验证确认的工艺参数进行生产，得到的滴丸丸重一般都能满足质量标准规定的要求。但因为物料如浸膏含水量不同，化料料液的温度波动，可能导致滴丸时的滴速不同，形成的液滴大小不同，最终导致滴丸丸重偏高或偏低。解决方法是：在工艺参数范围内，通过调整料液的温度降低或提升料液的黏性，使滴丸滴制时的滴速恢复正常状态，从而使滴丸的丸重差异符合质量要求。

③ 滴丸滴制时出现小丸较多。一般出现此种情况时，往往是料液黏性大的缘故，料液从滴头形成液滴时，带有小"尾巴"，滴入冷却液中形成正常滴丸和小丸。可通过在正常工艺要求的温度范围内，适度提高料液的温度，使料液黏性降低，使料液从滴头滴出形成正常的液滴，从而避免小丸的过多形成。

④ 滴丸的外观色泽有差异。应是较高温度的化料液滴制成滴丸前，存储的时间间隔不同所致。可通过前后工序的人员沟通，合理安排不同罐滴丸物料化料时间，使料液滴制的时间与均匀的化料液供料时间相衔接，从而达到不同罐化料液在相同的时间间隔内完成滴制，消除滴丸的外观差异。

4. 滴丸脱冷却剂工序的生产控制要点、注意事项和常见问题解决方法

（1）生产控制要点

生产过程中，必须使用冷却剂使滴丸成型。得到的滴丸黏附冷却剂为非功效成分，应尽可能除去。因此，通过滴制得到的滴丸，必须有脱除冷却剂的工艺步骤。一般脱冷却剂的步骤分两步，即采用离心和进一步的脱冷却剂工艺，其工艺也会通过工艺验证确认。因此，严格执行滴丸脱冷却剂的操作规程，按确定的工艺参数和要求即可。

离心机脱冷却剂，只需控制好离心转数和时间即可。经离心脱冷却剂后的滴丸，需进一步脱除滴丸表面残留的冷却剂；还需要采用适宜的设备如转笼式脱冷却剂设备，严格控制添加干燥洁净的不脱纤维的吸附棉、方巾等进行机械擦拭去除，收集处理好的滴丸，称量、记录和转序。

（2）注意事项

形成的滴丸，一般含有一定的水分，相对比较软。在使用离心机脱冷却剂时，滴丸的加操作应平缓，应注意离心机的转数和时间的确认，确认设置无误后，方可进行离心操作，避免因误操作导致离心力过大或滴丸压扁或破碎的情况出现。

在进行进一步的滴丸脱冷却剂时，应根据滴丸表面冷却剂残留的情况，确认加入滴丸量与洁净的不脱纤维的吸附棉或方巾的比例，设置规定的设备操作参数进行擦拭操作，以达到既脱除冷却剂同时又保证滴丸表面光亮完整，以满足后续工序操作的需要。必要时可适度增加擦拭的方式和擦拭的时间，满足滴丸擦拭的质量要求。

应严格执行相关设备的操作规程，出现故障应及时呈报，由设备专业人员修理到位并确认后，方可再行使用。

做好物料平衡，及时记录纳入批记录管理，做好滴丸的标识管理。

（3）工艺过程中常见问题及解决方法

滴丸表面冷却剂量较多，不满足后续工序操作要求。造成的原因在于机械擦拭过程中，不脱纤维的吸附棉或方巾加入的量不够，难于完全吸附滴丸表面上的冷却剂所致。可适度增加加入方巾量和机械擦拭时间，使滴丸表面上的冷却剂吸附到位，满足后续工艺的处理要求。

5. 滴丸选丸工序的生产控制要点、注意事项、常见问题及解决方法

（1）生产控制点要点

滴丸选丸工序是通过溜选和筛分分别去除不圆整的异形丸、粘连丸以及过大、过小的滴丸，一般采用遛选和筛分两种方式。因此选择合适的溜选和筛分设备是至关重要的。

遛选和筛分的工艺一般也是通过工艺验证确认的，并在操作规程中均有详细的描述，严格按照滴丸遛选和筛分的操作规程操作，保证滴丸遛选和筛分的质量。一般多采用离心式自动选丸机，利用滴丸在重力作用下在斜坡面轨道上旋转下落过程产生的离心圈，对圆整度不同的滴丸进行拣选，剔除异形丸。遛选后的滴丸，根据滴丸的丸重差异的质量要求，选择不同内径的两层筛网，通过振荡将大丸、小丸与合格滴丸分离，以满足后续工艺操作的要求。

（2）注意事项

① 选择适宜的离心式自动选丸机。主要考虑斜坡面轨道角度，保证圆整度合格的滴丸能够借助重力沿斜坡面式轨道从上旋转下落，并能顺畅收集，而不圆整的滴丸能够在轨道上被截留，达到剔除异形丸的目的。产品不同，规格也不同，受重力从上旋转下落的效果也有差异，因此应在工艺验证时确认合适的选丸机，尤其斜面式的轨道角度，以满足遛选的质量要求。

② 滴丸筛分机主要是借助筛分网的孔径大小，通过振荡将大小丸与合格滴丸分开。应按产品丸重差异的要求，选择上、下孔径适宜的筛网，以保证筛分的质量和效率。滴丸筛分前，应对筛丸机安装的筛网孔径进行确认，确认孔径符合要求并无破损后，方可进入正常滴丸筛分生产。

③ 滴丸的整个筛分过程中，应根据质量标准的要求，对筛分后合格的滴丸定时取样进行丸重差异检查，应符合标准规定，纳入批记录，生产操作结束后，应计算物料平衡和合格率，及时记录纳入批记录管理。

（3）工艺过程中常见问题及解决方法

筛分合格的滴丸进行丸重差异检查，若出现大丸不合格的情况，一般是筛网长期使用磨损或使用过程中出现破损所致，应立即将破损的筛网进行更换，并重新对收集的滴丸重新进行筛分。

6. 滴丸包衣的生产控制要点、注意事项、常见问题及解决方法

（1）生产控制点要点

滴丸包衣的目的是防止滴丸水分和挥发性成分的散失，阻隔氧气和光线对产品的影响，提高产品稳定性。包衣也是药品研发注册时经批准的工艺步骤，大生产前其工艺及操作也是经过工艺验证确认的，并在滴丸包衣操作规程中有明确的描述。因此，应严格执行滴丸包衣操作规程。

在滴丸包衣操作前，应确认设备处于正常状态。正常状态下的包衣机，方可用于滴丸的包衣操作。

（2）注意事项

① 严格执行操作规程。应根据每批包衣滴丸的转序总量，计算需要使用的包衣料量并备料。同时依据包衣锅数，按比例配制各自的包衣液，确保包衣滴丸的增重的一致性。

按包衣机标准操作规程要求，开启包衣机，设置包衣工艺参数，确认其处于正常工作状态才能进行

滴丸包衣操作，直至包衣结束。

②　应实时注意滴丸包衣状态，确保包衣过程的顺畅进行，确保滴丸包衣层的均匀和滴丸增重符合规定要求。

③　操作人员应严格执行滴丸包衣机操作规程，使用过程中出现故障应及时呈报修理，应由设备工程师修理。确认修理到位后方可再行使用。

④　操作结束后做好物料平衡，及时记录纳入批记录管理，做好包衣滴丸的标识管理，定置存放。

（3）工艺过程中常见问题及解决方法

①　滴丸包衣粘连　可能是包衣液喷雾速度过大，而干燥的温度不能满足滴丸表面喷雾的包衣液的快速干燥，导致潮湿的滴丸间发生粘连。在工艺参数范围内，可适度调低包衣液的喷雾速度、调高干燥的引风温度和风量，使滴丸表面喷雾上的包衣液即时干燥，保证包衣顺畅地进行。

②　包衣滴丸表面出现麻点情况　可能是包衣液喷雾的雾滴太大，导致喷雾不均，致使干燥后包衣滴丸表面出现麻点。可通过调节雾化喷雾参数，提高包衣液雾化效果，降低雾化的包衣液液滴，同时适度增加喷雾速度，使包衣时能够均匀雾化和喷雾，在滴丸表面形成良好的包衣层，从而达到消除滴丸包衣麻点的情况

7. 滴丸内包装的生产控制要点、注意事项、常见问题及解决方法

（1）生产控制点要点

①　滴丸内包装也是滴丸生产过程中一个关键点工序，主要确保灌装（质量或滴丸粒数）的准确性。尽管在批准的工艺中并没有特别的要求，但药品上市后直接面对的是患者，包装质量的好坏，关乎公司的信誉。因此，内包装工艺必须通过工艺验证确认，并形成内包装操作规程。

②　首先应提前根据生产排产计划下发批包装指令及开具外包装流程单，主要信息包括生产日期、包装批号、有效期至及包材使用信息等，提前做好滴丸内装准备工作。正式生产时，应严格执行滴丸内包装操作规程，确保内包装顺畅进行；在内包装前，必须试机确认各台滴丸内包装机性能满足正常内包装生产的要求，尤其供料系统、自动检重秤和废品剔除系统等性能符合要求，确认后才能进行正常包装。

（2）注意事项

①　严格执行滴丸内包装机操作规程。应先行确认滴丸包装机性能符合生产要求后，方可开始正式内包装生产，并实时注意滴丸内包装机的运行状态，不得随意接触运行中的设备，避免造成人身伤害。设备出现故障，必须及时按流程上报，由巡检的专业设备人员修理到位并确认后方可重新启用运行。

②　对于内包装好的药品，应做好质量抽验工作，按规定要求抽验，确认包装的准确性，其装量应符合质量标准规定的要求，并及时填写检查记录。

生产结束后对内包装好的滴丸药品，做好统计和物料平衡后，及时记录纳入批记录管理。

内包装好的滴丸应通过缓冲间转入外包装车间进行外包装，必要时做好交接手续。

（3）工艺过程中常见问题及解决方法

①　生产过程中滴丸包装质量抽验检查时，发现滴丸灌装装量偏离。可能是光电位置调整不当，导致光电检测误差；也可能是光电损坏，导致实时监测故障所致。应立即停机报修，由巡检的专业设备人员修理。修理完毕后，重新确认滴丸包装机的性能满足滴丸的内包装要求后，方可再行启动使用。

②　上料的轨道运行不畅。可能是轨道上物料太多，加强人工巡检，及时提供人工干预，确保物料轨道运行畅通，保证内包装的顺畅性。

第十三章
注射剂生产工艺

第一节　大容量注射剂生产工艺

一、大容量注射剂的概述

液体注射剂按容量分为小容量注射剂（20mL 以下，常规为 1mL、2mL、5mL、10mL、20mL）、大容量注射剂（50mL 以上，常规为 50mL、100mL、250mL、500mL 等）。

大容量注射液俗称大输液（large volume parenteral，LVP），通常是指容量大于等于 50mL 并直接由静脉滴注输入体内的液体灭菌制剂，按其临床用途，大输液大致可分为 4 类：电解质输液（体液平衡类）、营养输液、胶体输液、治疗性输液。

从临床应用以来，输液产品包装容器经历了三代变化，目前在我国输液市场上存在的包材主要有玻璃瓶、塑料瓶、非 PVC 软袋（标准软袋，也称软袋）和直立式软袋四种形式，其中直立式软袋是塑料瓶与标准软袋间的过渡产品。非 PVC 软袋输液包装技术安全、有效，符合药用和环保要求，是大输液包装技术主要发展方向。

二、大容量注射剂不同包装的特点

大容量注射剂的容器除了需要具有基本的透明性、密闭性、耐冲击性、温度适应性、化学安全性、生物安全性等以外，因为直接接触药液并且大多数经过高温灭菌，还需要充分评价容器与药液之间的相容性。作为大输液产品组成部分的容器本身，容器的设计还必须满足临床使用的操作要求，如悬挂性能、穿刺性能、足够的加药空间和加药混合性能、相对稳定的排液性能（密闭容器需要控制输液滴速）、尽量少的药液残留等。三种常见输液产品包装容器的各项性能情况比较可见表 13-1-1。

表 13-1-1　常见输液产品包装容器的各项性能情况比较

项目	玻璃瓶	塑瓶（PP/PE）	非 PVC 软袋
透明度	好	一般	好
灭菌后透明度	好	一般	好
坠落试验	差	较差	好
生产安排	一般	不易停机	好安排
温度适应性	差（低温度）	差（PP 低温）	尚可，低温有漏液
灭菌温度范围	好	一般	好
废料量	大	很少	很少
透气性指示	好	一般	好
透水性指示	好	一般	好，不如玻璃

项目	玻璃瓶	塑瓶（PP/PE）	非PVC软袋
可回复性	很差（需进空气）	较差	好
药物相容性	好	一般	好
毒性	无	无	无
环保问题	一般	无	无

大容量注射剂不同包材的特点：玻璃瓶的优点是气体水分遮断性高、耐热强、透明度好，但同时也有易破损、操作性差、重量大、不易搬运、输液时候需要通气针的缺点；塑料瓶容易操作、重量轻、强度大，但同样需要通气针，而且废弃物体积大；软袋相对柔软，输液时候无需通气针，容量大、重量轻、易运输、易销毁，废弃物体积小，但其气体水分遮断性较差，而且自立性差。相对来说，非PVC软袋是大输液包装技术的主要发展方向，有很大优势，但是其他包装也有很大的临床价值。

近20年来，软袋包装技术在接口形式上陆续出现了双软管、圆口管、双硬管、船型单口管、船型双口管等多种设计，在密闭盖的设计方面也具有拉环式、组合盖、贴膜式组合盖、易折盖、嵌入式盖、欧洲双软管密封盖等多种形式。

图13-1-1为不同包装大输液工艺流程。

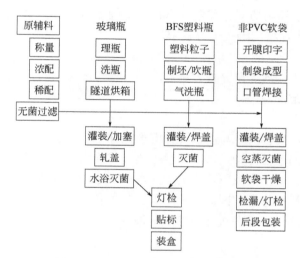

图 13-1-1　不同包装大输液工艺流程

三、玻璃瓶大容量注射剂生产工艺流程

1. 配制工序

（1）配制的定义

大容量注射剂配制工序，是指用注射用水将原料药溶解并配制成各种液体分散体系的过程。

（2）原辅料的选择和处方的确定

注射剂所采用的原辅料，分为固体、液体、气体（少部分产品可能会用到二氧化碳或氮气一类的气体保护），注射剂原料一般要求使用注射级规格，辅料至少使用药用级规格，如果达不到要求，可以自己进行再处理（比如精制），以达到注射级要求。大容量注射剂和小容量注射剂原辅料要求一致，注射剂原辅料对微生物限度和热原有控制要求。注射剂原辅料应从经审计评估确认的合格供应商处购买，并且每批物料必须根据企业内控标准进行检验检测，检验合格出具合格的原辅料检验报告书，方可领用。

（3）备料称量

操作人员根据指令领取原辅料（备注：有些原辅料需要按照前处理工艺进行物料前处理，如粉碎、研磨、乳化等），根据处方量（标准量）与配制批量，称取所需的原料、辅料，填写好物料标识，防止物料混淆。

（4）投料

在混合设备（如混合罐、配料罐等）中加入一定量的注射用水，然后将备好的原辅料，按工艺要求的投料顺序，依次投入混合设备中。

（5）定容

向混合设备中继续加入注射用水，制成预定批量。

（6）混合

开启混合设备（如搅拌桨）进行混合，至预定的混合时间结束（该时间应能保障混合液混合均匀）。

（7）过滤

将上一步所得的混合液进行过滤，所得滤液经检测合格后放行灌装（根据工艺和风险确定检测项目）。

2. 配制方法

配制方法可以分为浓配-稀配法和一步配制法。

（1）浓配-稀配法

它是指将全部药物用部分处方量的溶剂在浓配罐中溶解，配制成浓溶液，加热或冷藏后过滤到稀配罐中，然后稀释至所需浓度。浓配的重点在于用部分处方量的溶剂将药物全部溶解，是一个溶解的过程，常使用加热搅拌或先加热再冷藏等方式。稀配的重点在于确保药液符合预定的质量标准，是一个定容的过程，如有 pH 值等要求，也在稀配阶段进行调节。

（2）一步配制法

它是指在同一个配液罐中加入大部分处方量的溶剂，搅拌溶解全部原辅料，然后直接加溶剂至处方量，过滤，得到符合质量标准的溶液。

（3）过滤

在浓配或者稀配过程中，药物成分与溶剂搅拌混合充分溶解之后，都必须要进行循环过滤。由于认识到活性炭的使用对洁净区的潜在污染及微小粒径很难过滤除去，使得现阶段制药行业对活性炭在过去常规工序的认识上有了进步。活性炭吸附热原的功能可以由超滤较好地替代，但在一些注射剂工艺中，活性炭还具有脱色和吸附杂质的作用。因此对于不同的品种和工艺，活性炭使用的取舍要衡量利弊，综合考虑。稀配或一步配制后均采用无菌过滤直接进入灌装工序。

3. 洗瓶工序

当前的洗瓶、干燥灭菌、灌装、加塞、轧盖（或封口）被整合到洗烘灌封联动线上完成。玻璃瓶灌装系统一般由洗瓶机、灭菌隧道（选配）、灌装加塞机、轧盖机组成。部分最终灭菌的玻璃瓶大输液产品工艺可以不采用隧道烘箱进行灭菌、干燥，直接洗瓶、洁净压缩空气吹干后，即可进入灌装工序。

玻璃瓶灌装主要涉及的容器和材料有钠钙玻璃瓶、低硼硅玻璃瓶、中硼硅瓶玻璃瓶、丁基胶塞、铝盖等。玻璃瓶灌装通常包括洗瓶、瓶灭菌（选配）、灌装、胶塞清洗、胶塞灭菌（可选）、加塞、轧盖等工序。玻璃容器的清洗过程能有效去除容器内的污染物。初洗可使用纯化水或注射用水进行淋洗，以去除玻璃容器内外表面附着的污染物。最终淋洗水应符合《中国药典》注射用水的要求。灌装清洗工艺需要关注以下污染物并对其进行控制：①微生物污染水平；②内毒素与热原；③不溶性微粒，即药物在生产或应用中经过各种途径污染的微小颗粒杂质，其粒径在 1～50μm，是肉眼不可见、易动性的非代谢性的有害粒子；④可见异物，即在规定条件下目视可观测到的不溶性物质，其粒径或长度通常大于 50μm，一般来自于容器生产、包装以及运输的固体微粒物质（如玻璃碎片）；⑤化学污染物，如用于表面处理的多余的化学物质。

清洗设备设计成旋转式或者箱体式系统。清洗介质包括无菌过滤的压缩空气、纯化水（仅限初洗）或与注射用水相连的循环水。最后冲淋水，必须使用注射用水。清洗程序包括以下步骤：①超声波初洗，通过喷嘴用纯化水或循环注射用水喷淋瓶内外，瓶子注满水后通过超声波清洗段；②纯化水清洗，经过超声波初洗的瓶子通过"三气三水"交替反复清洗，该步骤目前多数情况下使用注射用水；③注射用水喷淋，使用注射用水进行最后一次淋洗，通入无菌过滤的压缩空气吹干。

4. 干燥灭菌工序（选配）

对于经过清洗的玻璃容器，由传送带送入隧道式烘干机进行烘干灭菌。隧道式烘干机一般使用单向热风通道，采用干热灭菌的方法，对清洗后的玻璃容器进行灭菌和干燥。该工序需要关注和控制的污染为微生物、热原与内毒素、不溶性微粒、可见异物。生产无菌药品所用到的物料容器（如桶、罐）要保持干燥，从清洗到灭菌的时间要尽可能短。灭菌后的容器应有储存时限，储存时限应经过验证。最终清洗后的内包装材料、容器和设备的处理应避免被再次污染。

5. 胶塞清洗和灭菌

药品生产使用丁基胶塞，按胶种分为氯化丁基橡胶塞、溴化丁基橡胶塞；按用途胶塞可分为粉针胶塞、冻干胶塞、输液胶塞、预灌封胶塞等；按是否覆膜分为覆膜丁基橡胶塞和不覆膜丁基橡胶塞。

为了减少胶塞和振荡料斗及胶塞和轨道之间的摩擦力，提高胶塞输送的流畅性，提高上机率和压塞率，同时避免胶塞之间的粘连，之前由药厂在清洗胶塞时进行硅化，即在清洗用水（注射用水）中加入硅油使胶塞表面形成硅油乳膜，但是硅化会增加注射液被污染的可能性，并使玻璃瓶颈处产生"挂油"现象。

目前普遍采用以下方法：①胶塞出厂前进行表面硅化，到药厂只进行清洗灭菌；②在胶塞生产过程硫化之前硅化，称为固化硅油；③采用覆膜胶塞，不需要硅化。

胶塞清洗后采用热压灭菌法进行灭菌。胶塞清洗后到使用前的转运过程中应避免被二次污染。

6. 灌装工序

大容量注射剂的灌装工艺指将配制好的药液，按照规定的装量，灌入预定的容器中，并进行密封。大容量注射剂的灌装工艺按照是否进行最终灭菌，可分为非无菌灌装（适用于最终灭菌产品）和无菌灌装（适用于部分非最终灭菌产品，大输液一般不推荐非最终灭菌工艺）。按照灌装容器的形式，可分为玻璃瓶灌装、非 PVC 软袋灌装、塑料容器灌装和吹灌封（BFS）一体化等形式。

玻璃瓶灌封分为灌装、压塞、轧盖三个部分。在灌装过程中，灌装精度及其稳定性关系到产品的装量差异，因此应定时进行监测。还需注意对灌装区域洁净环境的定期监测（包括静态条件及动态条件）。

玻璃瓶灌装作为大容量注射剂的一种常见灌装技术，它的市场份额正在逐步被非 PVC 软袋灌装及 BFS 吹灌封一体化等技术替代。玻璃瓶灌装技术有如下特点：外购玻璃输液瓶需要建造较大的内包材库房；洗、灌、封、灭菌及后处理设备多，组成的生产线长，占用厂房面积大，基础建设成本高；洁净生产区面积大，区域划分复杂，控制和检测难度大；洗瓶工序用水多，容器、成品需二次灭菌，能源消耗大；操作岗位多，管理风险大；产品易破碎，包装、运输成本都很高。玻璃瓶灌装，适用于性质稳定、耐热性能较好的药液的灌装。

7. 灭菌工序

对于大输液产品，应当尽可能采用湿热灭菌方式进行最终灭菌，最终灭菌产品中的微生物存活概率不得高于 10^{-6}。采用湿热灭菌方法进行最终灭菌的，首选过度灭菌法，即 F_0 大于 12；如果药品不能耐受过度灭菌法，则选择灭菌工艺 F_0 值应当大于 8。对热不稳定的产品，可采用无菌生产操作或过滤除菌的替代方法（一般大输液产品不建议采用非最终灭菌工艺）。

四、BFS 塑料瓶大输液生产工艺简介

BFS（Blow-Fill-Seal）吹灌封三合一设备，是以塑料粒子（PP 或 PE 颗粒）在同一台设备上完成注塑、吹瓶、灌装、封口等操作。塑料粒子经高温、高压挤出，无菌压缩空气吹瓶成型，可使包装材料实现无菌，在同一工序完成注塑吹瓶、药物灌装、热熔封口等全过程，采用密封操作，暴露于环境中的程度最小，可以大大降低污染风险。

BFS 技术起源于德国，20 世纪 60 年代主要用于冲洗剂，70 年代用于小容量注射剂，80 年代用于大容量注射剂，现在 BFS 技术广泛应用于塑料包装最终灭菌产品、非最终灭菌产品，适用于大批量、连续化生产。

BFS 技术使"吹瓶""灌装""封口"三个工艺在同一台设备上完成，最大限度地避免了操作人员对无菌生产过程的干扰，提供了更加可靠的无菌保证，具有微粒污染和无菌控制风险较低、交叉污染概率较小、容器本身可塌陷等优点而被广泛使用。据悉，德国 BFS 输液产品的市场占有率超过 75%，一些欧美国家 BFS 产品达到 70%以上市场份额，很多国家也正在从玻璃输液产品逐步转向使用 BFS 技术产品。

如图 13-1-2（a）所示为挤出制坯工序：洁净的塑料粒子在注塑机内经挤压热熔（170～230℃，35MPa），由挤出头进入打开的模具中成坯，型坯内连续吹出无菌压缩空气。

图 13-1-2（b）所示为吹瓶成型工序：主模具合拢，洁净无菌压缩空气将型坯吹制成瓶。

图 13-1-2（c）所示为灌装工序：通过特制的芯轴，采用精确的灌装计量装置将除菌过滤后的药液灌注到已成型的塑料容器内。

图 13-1-2（a）所示为密封工序：灌装完成后，特制的芯轴单元抽回，头模合拢立即进行容器密封。

图 13-1-2（d）所示为模具打开工序：模具打开，塑料瓶被送入下一个工序，完成切边、分切和出料。

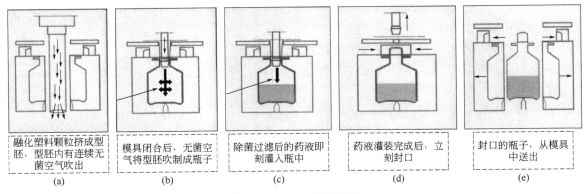

融化塑料颗粒挤成型胚，型胚内有连续无菌空气吹出	模具闭合后，无菌空气将型胚吹制成瓶子	除菌过滤后的药液即刻灌入瓶中	药液灌装完成后，立刻封口	封口的瓶子，从模具中送出
(a)	(b)	(c)	(d)	(e)

图 13-1-2　BFS 工艺流程

目前，随着 BFS 技术的发展，除了常规的液体药物灌装外，还可以包装高黏度的液体、半固体，如糖浆、软膏等药物，以及含维生素或酒精的产品，并且可以适应 0.1～2500mL 多规格的塑料容器的无菌包装，被广泛应用于大输液、小容量注射剂、滴眼剂、滴耳剂、滴鼻剂、软膏剂等产品。

BFS 吹灌封一体化技术具有容器敞口时间短、药液暴露时间短、自动化程度高、人为干扰因素小等优点，同时可采取紧凑的模块化布局，使得洁净厂房的面积大大减小，采取隔离技术也可以降低设备安装环境的洁净级别，采用在线 CIP/SIP，可以有效防止污染、交叉污染和二次污染，无菌保证水平远高于常规的无菌生产工艺。

BFS 大输液的配制工序同玻璃瓶大输液配制。BFS 大输液通常为最终灭菌产品，灭菌要求同玻璃瓶大输液。BFS 工艺更容易实现无菌灌装要求，也适用于小容量非最终灭菌产品。

五、非 PVC 软袋大输液工艺简介

软袋大输液制剂目前多数采用非 PVC 多层共挤膜现场直接进行软袋制备的方式灌装生产。工艺布局是将包装膜（如非 PVC 多层共挤膜）、口管、组合盖（带胶塞）等直接接触药品的包材在单向流保护下传入 C 级背景下的 A 级保护生产设备上。首先加热模具将双层包装膜按照固定时间进行热合、冷却，最后裁切，可以两侧、底部分别熔封，也可三方一次成型。其次，对口管预热，然后吸开待熔封部，加入口管、熔合、冷却；再次液体充填；最后加热管口和组合盖，直接熔合。考虑不同的产品要求，加工工艺会有所区别，如部分三室袋产品有胶塞密封、室间密封等要求。产品包装如采用现场印字或其他印刷工艺，应考虑印刷材料对袋体本身污染的影响。

软袋设备生产线通常设计离子风去静电装置，对运输、切割等环节产生的微粒污染进行吹除，吹除效果应进行验证。供应商应保证胶塞、接口管、包装膜等表面微生物限度、微粒污染物符合质量标准，使用前应进行必要的检测。

软袋灌装的特点是：系统密闭，输液时不用通气针即可滴注，药液不接触外界空气，从而保持洁净；容器柔软，混加其他药时，不需通气针也能很方便地加入数十毫升至数百毫升；穿刺针方便，针刺阻力小；容器柔软可塑，输液结束后便于废弃处理；方便运输，可减少运输过程中的破损。

软袋装大输液的配制工序同玻璃瓶大输液配制。软袋装大输液通常为最终灭菌产品，灭菌要求同玻璃瓶大输液。

第二节 小容量注射剂生产工艺（安瓿瓶/西林瓶小容量注射剂、冻干粉针剂）

一、小容量注射剂概述

小容量注射剂分小容量液体制剂（水针剂）、小容量冻干粉针剂、小容量无菌粉针剂，其中小容量液体制剂（水针剂）根据包装材料的不同，又分为西林瓶、安瓿瓶、预灌封、BFS吹灌封。小容量冻干粉针剂是先进行液体的无菌灌装，再进行冻干最终轧盖制成无菌冻干粉末。小容量无菌分装粉针剂是无菌粉末直接分装。小容量冻干粉针、小容量无菌分装粉针通常采用西林瓶作为内包装容器。

图13-2-1为不同包装形式的小容量注射剂工艺流程示意。除了无菌粉针分装的无菌原料药不需要用溶剂配液之外，其他包装规格的剂型都需要将原辅料按照投料顺序加入配液罐，在溶剂中充分溶解、混合均匀、无菌过滤，然后经各种不同形式的灌装工序。其中冻干粉针使用西林瓶灌装、半加塞，需要经冻干后再压塞、轧盖、灯检，然后包装。因为安瓿瓶小容量注射剂、西林瓶小容量注射剂、冻干粉针剂工艺流程中都有液体溶液配制和洗烘灌封工序，故本书放在一起讲述，而无菌分装粉针剂下节单独讲述。

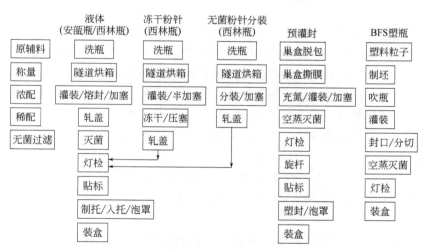

图13-2-1 不同包装形式的小容量注射剂工艺流程

二、安瓿瓶/西林瓶小容量注射剂生产工艺

1. 原辅料称量

通常小容量注射剂的原辅料和大容量注射剂的原辅料要求一致，注射剂原料一般要求使用注射级规格，辅料至少使用药用级规格，如果达不到要求，可以自己进行再精制，以达到注射级要求。注射剂原辅料对微生物限度、内毒素、热原有控制要求。

对于不能无菌过滤的液体制剂和无菌粉针直接分装制剂，需使用无菌级原辅料，并按照无菌工艺进行配液（或总混）、无菌灌装（或分装）生产。对于灌装后的产品无法进行最终灭菌的，也需要按照无菌工艺进行无菌灌装（或分装）生产。

产品能够耐受最终灭菌条件的，优先使用最终灭菌工艺，并不得以无菌工艺代替最终灭菌工艺。

同时，注射剂原辅料必须在洁净区内进行称量，避免受到环境的污染。根据原辅料的物理特性和生物活性，其称量应在完全独立的区域内完成（独立的气流保护和粉尘捕集）。根据投料环境级别要求或工艺风险评估结果，选择 D 级、C 级或 A 级称量环境。

无菌药物在 A 级条件下的灭菌后容器内进行称量，然后在 A 级洁净级别下转移至药液容器内，其背景环境必须符合 B 级洁净级别的要求。

由于空气中会含有粉尘（来自固体物料）或微粒，可能对人员造成影响，物料的处理过程必须对人员进行防护。无菌物料的称量时，人员着装须符合 B 级洁净级别的要求，除了降低人员对物料的无菌风险外，也起到对人员保护的作用。

原辅料称量有两种方法：一种方法是在原辅料仓库附近设置与生产环境相同洁净级别的原辅料处理、称量分零室，从仓库取出生产所需原辅物料，按照药品处方和生产批量，对原辅料进行称量、分装，并将分装后的原辅料在双层塑料袋内封口后放置在加盖塑料桶内，按照每批投料量送至生产区的称量室进行复核确认、投料、配液。另一种方法是按照原辅料的包装大小从仓库领出一定数量的原辅料，放置于生产区的原辅料暂存室内。根据批生产指令，从原辅料暂存室取出该批生产所需原辅料，在该生产区称量室内的单向流下选择适当精度的计量装置分别对原辅料进行称量和复核，并将其存放在双层塑料袋内封口后、备用。

2. 内包装材料（瓶、塞）、器具的清洗、灭菌、转运

（1）胶塞的清洗、灭菌

① 工艺简介　胶塞的清洗、硅化、灭菌、干燥等处理对产品质量起着至关重要的作用，应严格监控每一步骤的质量情况，如清洗过程中检测清洗水的不溶性微粒和可见异物，按照验证的要求进行硅化，确认硅油数量、硅化时间等，严格监控灭菌、干燥的时间、温度、压力等，监测胶塞的无菌性，并检测内毒素应符合要求。

目前，多数企业选用胶塞清洗灭菌机，胶塞的清洗、硅化、灭菌、干燥等步骤可一并完成，能较好满足生产的需求。也有不少企业开始选用即用型或免洗型胶塞（供应商完成清洗），药企只进行灭菌，即可投入使用。不具备灭菌条件的药企，还可以直接采购免洗无菌胶塞。

胶塞的处理要通过清洗、灭菌、烘干等程序，这些程序可以分开，也可以组合成一个连续的处理系统，以消除或者降低胶塞在处理过程中可能出现的再次污染的风险。如有需要还有硅化工序。目前可采用全自动胶塞清洗机来实现胶塞的清洗、硅化、灭菌、干燥功能，需要根据胶塞的使用要求，规定其清洗程序并对其进行验证。

② 胶塞的清洗、灭菌工艺要点　胶塞和淋洗水的洁净度观察；清洗灭菌过程的温度观察与记录；清洗后待使用的胶塞在储存过程中应有防止二次污染的措施；为降低污染风险，必须在经验证的储存时间内使用完毕。

③ 胶塞的清洗、灭菌验证要点　清洗、灭菌、干燥时间的确认；装载量的确认；水温的确认；清洗后待使用胶塞的微限或无菌、热原或内毒素的确认；清洗后待使用胶塞的贮存条件和贮存时间的确认。

经清洗灭菌后的胶塞必须在与灌装环境相同的条件下进行转移。无菌灌装用胶塞必须在 B+A 级环境下或 RABS 内的胶塞清洗机出口处，对清洗、灭菌、干燥后的胶塞使用双层无菌袋进行分装。将双层无菌袋包装好的胶塞用小车运输至灌装机的 RABS 旁，在灌装机的 RABS 胶塞缓冲区内除去第一层包装后进入 RABS，在 RABS 内开启第二层内包装。操作人员通过物料口手套箱操作，将胶塞倒入灌装机的胶塞料斗内。

西林瓶的灌装需要胶塞、铝盖，安瓿瓶的灌装不需要胶塞、铝盖。

（2）安瓿瓶/西林瓶的清洗灭菌

① 工艺简介　安瓿瓶清洗和灭菌自动化程度比较高，目前采用洗烘灌封（轧）联动生产线，可有效提高洗瓶效率，也可避免生产过程中的污染。在生产过程中，应定时抽取安瓿瓶/西林瓶检查洁净度，控

制洗瓶速度、检查注射用水压力、洁净压缩空气压力，监控隧道烘箱的温度、压差、网带速度等，此外，还应定期监测隧道烘箱内的悬浮粒子等。宜规定灭菌后安瓿瓶/西林瓶的使用时限。

洗烘部分工艺流程基本如下：超声波清洗→循环注射用水粗洗西林瓶内壁、外壁→压缩空气气洗→注射用水精洗内壁→压缩空气气洗内壁、外壁→隧道烘箱灭菌。

② 工艺要点　安瓿瓶/西林瓶的洁净度检查；灭菌过程的温度观察与记录；空气及水的过滤器滤芯定期更换；空气及水过滤时压力控制。

③ 验证要点　清洗、灭菌时间的确认；空气压力和清洗水的压力确认；水温的确认；循环次数；灭菌设备单向流的洁净度确认；热原或细菌内毒素的确认。

3. 配制工艺

配制是指在灌装前将各种原辅料和溶剂混合均匀的过程，包括简单的液体混匀、固体原料的溶解等，也包括乳化等复杂操作；对于液体注射制剂而言，注射用水常作为溶剂来使用。往调配罐内按照工艺要求加入适量的溶剂至适配温度。将称量好的原辅料按照工艺要求的投料顺序投入调配罐内，将药液搅拌均匀溶解，调节 pH 至工艺要求。符合中间体质量标准后，将药液依次经 0.45μm、0.22μm 过滤器过滤后打入储存罐，完成配制工序操作。小容量注射剂的配制工艺，与大容量注射剂的配制工艺相一致。图 13-2-2 为配制过程流程。

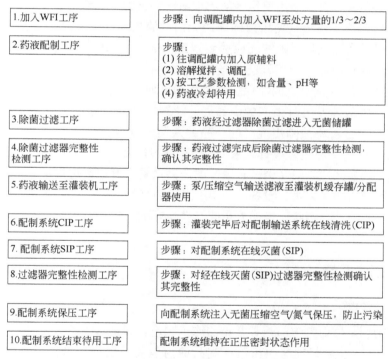

图 13-2-2　配制过程流程

对于不能做无菌过滤的液体制剂，需要使用无菌级原辅料，并按照无菌工艺进行配液、无菌灌装生产。

4. 灌装工艺

对于最终灭菌小容量注射剂，一般灌装封口可以在 C 级环境下进行，对于高污染风险的最终灭菌产品，一般要求在 C 级背景下的局部 A 级进行灌装封口。

对于非最终灭菌液体灌装（如冻干粉针类产品），由于无法对灌装后产品进行灭菌处理，该类灌装操作必须在 B 级区背景下的 A 级进行，并且考虑到无菌生产工艺的特殊性，物料转移一般均需要在 B 级背景下密闭转移，或者在 B+A 环境下转移。

非最终灭菌的药液灌装必须在无菌环境下进行。并且尽量采用自动化灌装系统。若自动化设备安装在隔离器内，将最大限度地减少污染风险，可以降低背景区域环境级别。

① 工艺简介　对于无菌灌装工艺，在 A 级区（或在 RABS）保护下的西林瓶/安瓿瓶通过传送进入灌装机；器具暂存室已灭菌各种器具（如灌装针头、灌装软管、灌装泵组件），在单向流 A 级区或 RABS 内打开内包装，连接灌装机入口泵，启动灌装机。把胶塞转移至加塞器旁，在单向流或 RABS 下，把胶塞倒入加塞器上；半加塞后的西林瓶，在单向流保护下送至冻干机内；进料完毕后，插好板层探头，关闭冻干机门，按照规定的冻干曲线进行冻结干燥过程；冻干结束后，开启干燥箱门，在单向流保护下从下至上依次将全压塞的干燥半成品从冻干机干燥箱内取出，送至轧盖缓冲台上。

西林瓶液体灌装、半加塞、冻干、轧盖等工序可以实现全自动化联动线，冻干机可以采用全自动的物料转移及进出料系统。

对于西林瓶、安瓿瓶的液体灌装、配液工艺、灌装工艺是一样的，只是封口工艺有所区别：西林瓶液体制剂需要全加塞、轧盖；西林瓶冻干粉针制剂需要半加塞、冻干、压塞、轧盖；安瓿瓶液体制剂则不需要加塞、轧盖，直接熔封即可。

对于安瓿瓶/西林瓶的最终灭菌产品的灌装，不需要严格的无菌工艺。

对于不需要冻干的西林瓶产品，则采用全加塞工艺，直接去轧盖，然后去产品灭菌。

对于安瓿瓶灌装，则不需要加塞、轧盖，灌装后直接加热熔封，然后去最终灭菌。

② 工艺要点

a. 灌装准备　灌装管道、针头使用前用注射用水清洗并灭菌。应选用不脱落微粒的软管。直接接触药液的气体应经过监测并符合要求。使用前确保经无菌过滤处理，其所含不溶性微粒、无菌、无油项目应符合要求。如果使用惰性气体，则纯度应达到规定标准。按无菌操作安装灌装设备（泵组、针头、管路、保护性气体过滤器和药液分配器），检查清洗设备和隧道烘箱（介质压力、温度、规格、速度等参数）；检查 A 级区的层流装置，单向流保护罩发生故障时，应采取应急措施，防止在灌装过程中产生污染，并适当抽样，将故障发生时生产的产品另外放置，并做好标记，当调查结果证明故障对产品质量未造成质量影响时，方可将故障出现时的产品并入同一批内。

b. 灌装过程　灌装过程中应定时检查装量，出现偏离时应及时调整；控制压塞的质量；根据风险评估的结果，需将灌装生产最开始阶段（调试阶段）的产品适量舍弃。需进行生产过程中悬浮粒子、空气浮游菌、沉降菌、表面微生物（人员、设备、厂房）各项目环境监测；灌装结束灌装机、操作台面、地面、墙壁等厂房设备设施清洁、消毒；操作人员应具备良好的卫生和行为习惯，应控制洁净区内的人员数量（应符合验证的要求）。

三、冻干粉针剂生产工艺

1. 玻璃瓶冻干粉针剂

玻璃瓶冻干粉针制剂是注射剂中的一种常见的冻干制剂。通常的制备流程（图 13-2-2）是：原辅料的称量→药液的配制→经过除菌过滤的药液→制品的内包装容器→药液灌装、半加塞→冷冻真空干燥→压塞→轧盖→检漏/灯检→包装。

2、预灌装注射器冻干制剂

预灌装注射器冻干制剂是将冻干制剂和助溶剂，由密封材料隔断并组合在一起的制剂。使用时，推注射器使助溶剂进入冻干粉针剂的空间，并迅速溶解成为注射液的制剂。其主要工艺过程为：药液的配制→经过除菌过滤的药液→注射器形式的内包装容器→药液灌装→冷冻真空干燥→冻干机干燥箱体内注射器中部密封→再将另外制造的溶解液灌装在与冻干药品存放腔室相邻的腔体内→注射器密封。

3. 冻干

冷冻干燥（freeze drying）全称为真空冷冻干燥（vacuum freeze-drying，简称冻干），是指将被干燥含水物料冷冻到其共晶点温度以下，凝结为固体后，在适当的真空度下逐渐升温，利用水的升华性能使冰直接升华为水蒸气，再利用真空系统中的冷凝器（捕水器）将水蒸气冷凝，是物料低温脱水而达到干燥目的的一种技术。

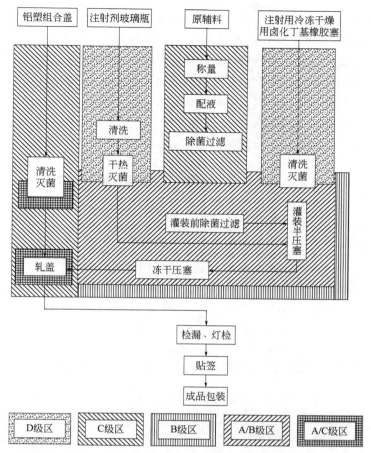

图 13-2-3　玻璃瓶冻干制剂工艺流程图（轧盖区域也可根据设备的性能设置为 A/B 级区）

① 冻干工艺简介　在无菌条件下将半压塞后的西林瓶转移至冻干箱内。图 13-2-4 为冻干工艺示意。溶液的预冻：将半压塞后的西林瓶置于冻干箱的搁板上面。箱体抽真空并对搁板升温，以便在冷冻状态下通过升华除去水分。全压塞密封：通常由安装在冻干机内的液压式或螺杆式压塞装置完成。

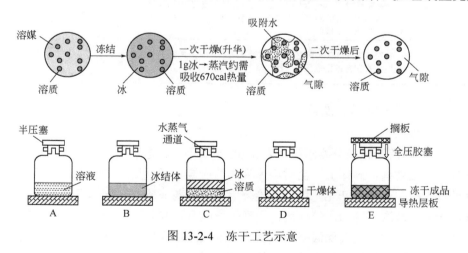

图 13-2-4　冻干工艺示意

② 技术要点　溶液的共晶点较为重要，它是制定冻干工艺的主要依据。预冻时，产品必须冷冻到共晶点以下的温度；而升华时，又不能超过共晶点温度，因此共晶点温度是产品预冻阶段和升华阶段的最高许可温度。另一个重要因素是溶液的浓度，它能影响冻干的时间和产品的质量，浓度太高或太低均对冻干不利。因此，冻干产品的浓度一般应控制在 4%～25% 之间。由于大多数药品都要求含有较低的残留水分，因此为了确保较低的残留水分，冷凝器的极限温度必须低到一定的温度，如 -70℃ 或以下。冻干过程应按照产品的冻干曲线进行冻干，如果产品数量和冻干机状态变化不大的话，各关键控制点的数据应与冻干工艺曲线接近。生产中，应密切关注搁板温度、制品温度、冷凝器温度、真空度等的变化，确

保其符合工艺要求；同时关注时间和温度的变化速率，尽可能选用自动控制模式。

③ 冻干工艺对环境的要求　B 级背景下的 A 级：产品的灌装、半压塞；冻干过程中制品处于未完全密封状态下的转运；直接接触药品的包装材料、器具灭菌后的装配、存放以及处于未完全密封状态下的转运。B 级：冻干过程中制品处于未完全密封状态下的产品置于完全密封容器内的转运；直接接触药品的包装材料、器具灭菌后处于密闭容器内的转运和存放。

4. 无菌冻干粉针剂生产工艺常见问题及解决方法

无菌冻干粉针剂生产工艺常见问题及解决方法见表 13-2-1。

表 13-2-1　无菌冻干粉针剂生产工艺常见问题及解决方法

常见问题	原因分析	解决方法
产品抽真空时有喷瓶现象	产品还没有冻实就抽真空，预冻温度没有低于共晶点温度，或者低于共晶点温度，但是预冻时间不够，产品的冻结还没有结束	降低预冻温度或者延长预冻时间
产品有干缩和鼓泡现象	加热太高或者局部真空不良使产品温度超过了共晶点或崩解点温度	减低加热温度和提高冻干箱的真空度，应控制产品温度，使他低于共晶点或崩解点温度 5～10℃
无固定形状	产品中的干物质太少，产品浓度太低，没有形成骨架，甚至已干燥的产品被升华气流带到容器的外边	增加产品浓度或者添加赋形剂
产品未干完	产品中还有冻结冰存在时就结束冻干，出箱后冻结部分熔化成液体，少量的液体被干燥产品吸走，形成一个"空缺"，液体量大时，干燥产品全部溶解到液体之中，成为浓缩的液体	增加热量供应，提高搁板温度或采用真空调节，也可能是干燥时间不够，需要延长升华干燥或解析干燥的时间
产品上层好，下层不好	升华阶段尚未结束，提前进入解析阶段，这等于提前升高搁板温度，结果下层产品受热过多而熔化；有些产品由于装载厚度太大，或干燥产品的阻力太大，当产品干燥到下层时，升华阻力增加，局部真空变坏也会引起下层产品的熔化	延长升华阶段的时间 制品装量高度适当调整 更换制品中赋形剂，更换为冻干后间隙疏松的赋形剂 冻干工艺中预冻时间加长 降低搁板温度和提高冻干箱的真空度
产品上层不好，下层好	冷冻时产品表面形成不透气的玻璃样结构，但未做回热处理，升华开始不久产品升温，部分产品发生熔化收缩，当产品的收缩使表层破裂，因此下层的升华能正常进行	预冻时做回热处理
产品水分不合格	解析阶段的时间不够，或者解析干燥时没有采用真空调节，或用了真空调节，但产品到达最高许可温度后未恢复高真空	延长解析干燥时间，使用真空调节并在产品到达最高许可温度后恢复高真空
产品溶解性差	产品干燥过程中有蒸发现象发生，产品发生局部浓缩，例如，产品内部有夹心的硬块，它是在升华中发生熔化，产生蒸发干燥，产品浓缩造成的	适当降低搁板温度，提高冻干箱的真空度，或延长升华干燥的时间
产品失真空	真空压塞时，瓶内真空良好，但贮存后不久即失真空，可能是瓶塞不配套或铝盖压得太松，漏气而失真空	更换瓶塞或调整铝盖的松紧度；也可能是产品含水量太高，由水蒸气压力低引起的失真空，解决方法是延长解析阶段的时间

5. 无菌冻干粉针剂关键工艺设备

（1）配制过滤设备

① 浓配　所有与药液接触部分要求材质为 316L 不锈钢，并电解抛光处理。配制罐的容积应根据产能设计，配制罐为立式结构，罐体上端盖与罐体为法兰连接，便于彻底清洁罐体内部和维修使用。如罐体较大，可以设置人孔。上端盖开孔，用于连接公用介质和药液输入，罐体下端最低点安装罐底阀门。罐体夹套可以连接工业蒸汽、冷却水等介质，实现罐体的升温和降温功能，夹套可以选择全夹套、半管夹套和蜂窝夹套等不同形式，夹套保温采用聚氨酯发泡或岩棉充填。配制罐配制搅拌装置，可以选择磁力搅拌和机械式搅拌。磁力搅拌一般安装于罐体下部，磁力驱动，需要注意避免干磨，以免造成搅拌器损坏。机械式搅拌一般安装于罐体顶部，动力为电机传动，需要注意机械密封的设计，以免机械密封的磨损造成异物进入罐体内部。配制系统需要具备在线清洗（CIP）和在线灭菌（SIP）功能。配制罐内设置清洗球，清洗球可根据罐体内部结构采用固定式或旋转式。配制罐一般为压力容器，需要安装呼吸器、安全阀和温度检测装置，需要计量罐内药液的配制罐，可以采用液位检测装置或在线称重系统。

② 稀配　稀配系统与浓配系统设备类似，只是生产工艺要求不同，对于无菌要求更为严格，一般设计为全密闭操作系统。

③ 除菌过滤器　除菌过滤器的外壳一般为圆柱体筒状结构，材质为 304 或 316L 不锈钢，滤芯材质分为亲水性和疏水性，分别应用于液体过滤和气体过滤。除菌过滤器使用前后，需要对除菌过滤器的完整性进行检测。亲水性滤芯可以采用泡点检测；疏水性滤芯可以采用水侵入的方法检测。冻干制剂产品属于非最终灭菌产品，由于除菌过滤是最终和唯一的除菌/灭菌手段，所以对除菌过滤前的药液微生物污染还需要严格控制。常见的除菌过滤器控制要求为：药液微生物污染水平不高于10CFU/100mL。

（2）胶塞清洗设备

胶塞清洗机的关键部件包括清洗筒、清洗箱、清洗管路、真空泵、主传动机构等部件组成。清洗筒安装于清洗箱内，可旋转，由特殊加工的带小孔钢板弯卷焊接成圆筒结构，材质为 316L 不锈钢，胶塞在清洗筒内完成清洗、硅化、漂洗、灭菌、烘干、冷却等过程。清洗箱会略大于清洗筒尺寸，并设置溢流装置，保证清洗筒中的胶塞随着清洗筒慢速转动时，能保持一定的漂浮状态，便于胶塞翻转和易于污物排出。胶塞清洗机配置的真空泵为水循环真空泵，用于提供清洗时的真空来源。在灭菌结束后，胶塞干燥冷却时提供真空保证。胶塞清洗机的主传动机构，用于实现清洗罐在清洗、灭菌、干燥和冷却过程中缓慢转动，以达到清洗、灭菌和干燥的均一性。

（3）西林瓶洗烘灌封设备

西林瓶洗烘灌封联动线可完成清洗、灭菌干燥、理瓶、灌装、理塞、输塞、压塞等工序。凡与药物接触的零件均采用不锈钢或陶瓷制品，无污染。采用伺服控制灌装，伺服驱动主机，装量调节在触摸屏上完成，并将调节结果保存在 PLC 中，以便日后调用。操作简单，自动化程度高。具有无瓶不灌、无瓶不加塞、自动计数显示等功能。

西林瓶清洗机分为直线式和旋转式，直线式便于检修，占地面积较大；旋转式结构紧凑，占地面积较小。以旋转式洗瓶机为例，主要机构包括上瓶翻转机构、进瓶系统、提升系统、洗瓶和吹干工位、西林瓶排放工位、循环 WFI 工位、水汽排放口、手动控制开关、控制系统等。西林瓶清洗工艺流程包括：西林瓶倒立，压缩空气吹扫内壁→循环水冲洗内外壁 2 次→压缩空气吹干内外壁→注射用水冲洗内壁→压缩空气吹干内壁 2 次→西林瓶正立。

隧道烘箱分为预热段、灭菌段和冷却段三个部分。每个区域都有独立的带高效的空气循环系统，清洗干燥后的西林瓶被排放到隧道烘箱的进口，通过链条传动依次通过预热、灭菌和冷却区域。在灭菌段西林瓶会被加热到 300℃以上的高温进行灭菌和除热原。在冷却段经层流空气冷却至室温 25℃后，通过出瓶转盘供给灌装机使用。冷却段可以采用风冷和水冷两种方式，水冷的降温速度更快，因此隧道长度也会相应更短，水冷形式需要考虑西林瓶对降温速度的承受能力以及冷却水管中冷凝水的排出问题。风冷的降温速度比较缓和，需要考虑冷却时大量排风对洁净区空调系统的影响。

灌装加塞机与洗瓶机、烘干机成 L 型布局，可有效地减少高洁净区的面积，降低了制药企业的建设成本；减少了操作人员数量，且操作人员均在正面操作，从而减少了操作人员在 B 级区域的移动，降低了传统方式对洁净区的污染风险，且有效降低了制药企业的运行成本。本机可配置 ORABS 隔离系统，设备、相应的运输轨道具有 A 级环境的高效系统，其中 A 级环境的压差、风速、尘埃粒子数、沉降菌、浮游菌均可实现在线监控，以满足无菌生产的要求。

灌装机为直线式结构，采用 L 型布局，将检修区域设置在低洁净级别一侧，实现黑白分区。灌装泵可采用柱塞式灌装泵或蠕动泵，柱塞泵的灌装精度优于蠕动泵，但蠕动泵便于实现在线清洗（CIP）与在线灭菌（SIP）。柱塞泵的材质可以选择 316L 不锈钢或陶瓷。不锈钢柱塞泵出现微小磕碰时，容易产生表面破损，从而影响灌装精度，而陶瓷泵在这方面的表现要优于不锈钢泵。高速灌装机需要配置多个灌装泵，通过分配管将药液均匀分配到每个灌装泵中，分配管有排除气泡的功能。灌装时，灌装针头与瓶保持相对静止地同步移动，针头准确定位插入瓶口，不产生晃动，不与瓶壁接触，插入深度随液面同步上升，避免液体进溅和产生气泡。灌装机具备在线抽样检测重量的功能，通过两台在线称重设备检测瓶重和瓶加药液的重量，从而得出药液重量。药液灌装到西林瓶后，自动压塞机构会将胶塞自动压倒西林瓶瓶口的位置，保留一定的高度，便于冻干时水汽逸出。

（4）冻干机

冻干机主要包括制冷系统、真空系统、硅油循环系统、液压系统和控制系统等部分。制冷系统包括多台制冷压缩机，可以同时制冷也可单独制冷。压缩机的稳定性决定了冻干机的性能，是冻干机最核心的设备。冻干机常见配置的压缩机有活塞式和螺杆式。真空系统有三类真空泵组成：干式真空泵、罗茨泵和水环泵。干式真空泵和罗茨泵可联合使用，为冻干机提供工艺要求的真空系统；其中干式真空泵为前级泵，罗茨泵为增压泵。水环泵主要用于清洗灭菌后快速抽干箱体水分的情况。硅油循环系统包括板层、加热器、热交换器和平衡桶。其中板层为中空结构，且有导流设计，硅油在板层中流动，实现对产品的升温和降温；加热器为电加热，用于硅油的升温；热交换器通过压缩机提供制冷剂对硅油降温；平衡桶用于补偿硅油系统因冷热变化产生的体积变化。液压系统通过油缸实现冻干机前箱板层的升降动作，配合编码器可以实现精确定位，便于与冻干自动进出料系统对接。控制系统用于输入或编辑冻干程序，实现冻干程序自动运行，并监控过程参数。

真空冷冻干燥机集冷冻技术、干燥技术、流体技术于一体，由箱体、箱门、冷阱、板层、制冷系统、真空系统、液压系统、循环系统、控制系统等几大部件或系统所组成，还需根据用户需求增加 CIP/SIP 系统、CIP 清洗站等。设备的整个冻干周期分为：装料、预冻、抽空、干燥、压升、预放气、压塞、放气、存储、出料等。在自动运行模式下，冻干周期按上述步骤自动执行。按产能大小可分为生产型冻干机和实验型冻干机。

① 冻干机工艺流程　冻干机工艺流程为：冻干箱清洗，灭菌，灭菌、漏率检测（压塞波纹管和蘑菇阀波纹管的完整性检测，系统的漏率检测，证明系统真空良好，产品才能进箱）。如果冻干机不带在位清洗和在位灭菌系统，则需人工清洗，并用其他合适的方法进行灭菌。

在产品分装进箱完毕之后，进行产品的预冻、升华干燥（第一阶段干燥）和解吸干燥（第二阶段干燥）。在预冻结束之前约 1h，要使冷阱提前降温到-40℃以下的低温，然后启动真空泵，抽空冷阱和冻干箱，当冻干箱的真空达到 0.1mbar（10Pa）后升华开始，对产品进行加热，升华结束之后，提高产品温度进入解吸干燥阶段，直至产品达到合格的残余水分含量之后干燥结束。

产品干燥结束之后，根据要求进行真空压塞或充氮压塞。如果是真空压塞，则在干燥结束后立即进行，如果是充氮压塞，则需进行预放气，使氮气充到设定的压力，一般在 500～600mmHg，然后压塞，压塞完毕之后放气到大气压出箱，出箱后继续后续操作。检验滤器完整性是指检验冻干箱的进气口无菌过滤器的完整性，如果进气过滤器的完整性测试通不过的话，该批产品属于报废产品，因此有些冻干机安装两个进气过滤器，串联使用；两个过滤器完整性检测同时不合格的概率极小。

② 真空冷冻干燥工序控制要点

a. 由于冻干机在生产时，需要长时间处于真空状态下，因此冻干机的真空泄漏水平越高，对于产品的无菌保证水平越好，一般真空泄漏率会优于 0.02Pa·m³/s，从常压到达 10Pa 的时间应小于 30min，极限真空可以达到 1Pa 以下。

b. 冻干机的板层控温精度应达到 ±1℃，板层内温度分布及板层间温度差异也应达到 ±1℃ 的水平。冻干机板层降温从 20℃ 到-40℃，降温时间应小于 30min，后箱的极限温度应低于-70℃。

c. 采用自动进出料装置的冻干机，板层平整度应达到 0.5mm/m 的水平，板层的定位精度应达到 ±0.5mm 以内，以保证板层与自动进出料系统的平稳对接。

（5）自动进出料系统

自动进出料系统是连接灌装机与冻干机以及冻干机与轧盖机的装置，分为固定轨道式和移动小车式两种，主要包括：缓冲传送带、累积平台、进出料装置。

（6）轧盖机

轧盖机包括进瓶传送带、铝盖进料装置、锁盖站、西林瓶传送系统、出瓶传送带、检测、控制系统等工位，从而完成理瓶、进瓶、加盖、卷边、出瓶的完整轧盖工序。轧盖机进料工位设置高度检测传感器，自动剔除胶塞未压紧到西林瓶瓶口的产品，铝盖经灭菌后传入铝盖进料装置，通过振荡锅将铝盖输送到锁盖站，锁盖站为多刀多头形式，每个工位对应一把轧刀，轧刀的高度可根据产品和包材情况进行调整。

轧盖控制要点：①轧盖效果检查一般采用三指法检测，当铝塑盖的尺寸过长或过短时，都会影响轧盖的效果，需要调整轧盖机的轧头压力和轧头的相对高度，使铝塑盖的铝边被轧紧后充分包住西林瓶的瓶口。②由于冻干产品在轧盖前，可能存在胶塞未压紧到西林瓶瓶口的情况，这部分产品存在被污染的风险，因此需要轧盖机自动检测并剔除，一般采用胶塞高度检测装置或西林瓶内真空检测装置来进行判断。

第三节　无菌分装粉针剂生产工艺

一、无菌分装粉针生产工艺流程

无菌分装粉针的生产工艺是在无菌条件下，分装人员通过无菌操作，将无菌原料药分装至已灭菌（除热原）的西林瓶内，加胶塞，并进行轧盖，获得最终的无菌产品的过程。图 13-3-1 所示为无菌分装粉针剂工艺流程。

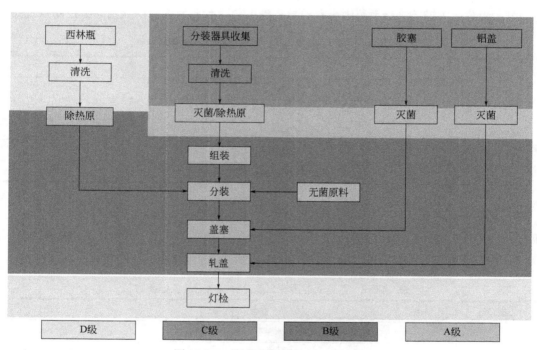

图 13-3-1　无菌分装粉针剂工艺流程

（1）无菌原料

已经检验合格的无菌原料，通过无菌转移的方式，转移到无菌存放区域。在无菌存放区的层流下，打开无菌原料桶的桶盖，加装蝶阀。再通过层流车或者其他无菌转移方式，转移至分装区域待用。在分装前，操作人员通过无菌操作，将无菌原料药转移至分装机的粉箱内，等待分装。

（2）无菌西林瓶

无菌分装西林瓶的清洗、干燥、灭菌工艺与西林瓶液体制剂相同。

（3）无菌胶塞、铝盖

无菌胶塞、铝盖的清洗、灭菌工艺，和西林瓶液体制剂相同。

（4）分装

待无菌原料药进入粉箱，西林瓶进入分装机分装位置，操作人员将通过无菌操作，将胶塞加入胶塞振荡器内，胶塞进入加塞轨道。操作人员开始调节装量，装量调节完成后，开始分装。

（5）轧盖

将铝塑组合盖加入轧盖机的料斗内，待分装后的产品进入轧盖机位后，开始进行轧盖。

（6）灯检

灯检人员目视检查已轧盖的产品，挑选出有异物、瓶身裂纹、轧盖有缺陷的产品，并汇总统计缺陷数量和种类。

（7）包装

灯检后的产品，在贴签机上完成贴签后，人工或通过轨道转移至装盒机，完成装盒，装盒后，再放置到外箱，打包，完成包装。

二、无菌分装粉针剂生产工艺设备流程

无菌分装粉针剂生产工艺设备流程依次为：洗烘灌封联动线，灯检机，装盒机，装箱机。

三、无菌分装粉针剂生产控制要点及关键参数

1. 胶塞的清洗灭菌

不同型号的设备，关键控制参数范围会有差异。表 13-3-1 为胶塞的清洗灭菌关键控制点及关键参数。

表 13-3-1　胶塞灭菌关键控制点及关键参数

工艺步骤	关键工艺参数	范围
胶塞灭菌	装载数量	5400~45000
	清洗时间	40min
	灭菌温度	(122±1)℃
	灭菌时间	30min
	灭菌完成至使用时间	≤48h

2. 西林瓶的清洗灭菌

不同型号的设备，关键控制参数范围会有差异。表 13-3-2 为西林瓶的清洗灭菌关键控制点及关键参数。

表 13-3-2　西林瓶的清洗灭菌关键控制点及关键参数

工艺步骤	关键工艺参数		范围
注射剂瓶清洗	循环水温度		70~90℃
	循环水压力		≥1.2bar（120kPa）
	注射用水压力		≥1.0bar（100kPa）
	压缩空气压力		≥1.0bar（100kPa）
注射剂瓶去热原	去热原温度	规格：500mg/瓶	(350±10)℃
		规格：1000mg/瓶	(330±10)℃
	冷却段 1 风速		≥0.4m/s
	冷却段 2 风速		≥0.4m/s
	冷却段温度		≤25℃
	灌装轧盖间→西林瓶清洗间压差		≥25Pa

3. 常见问题及注意事项

（1）洗瓶灭菌工序

该工序常见的问题在于洗瓶机压力不足，或者注射用水质量不合格，导致洗瓶的效果达不到预期的

目的。所以在生产时，需要定期检查洗瓶机的水压，并取注射用水的样品进行检验，确认注射用水质量符合要求。

（2）西林瓶灭菌工序

该工序常见的问题在于隧道烘箱运行时，灭菌温度达不到规定的要求。通常情况下，隧道烘箱的设备厂家会设计当灭菌段温度低于规定值时，隧道烘箱的网带会停止运行直到温度达到要求。另外，由于西林瓶材质或者分装运行不顺利，导致网带内停滞西林瓶，量积累到一定程度，会引起西林瓶的破裂，通常这种情况下，会清理掉整个隧道烘箱内的西林瓶，已避免炸裂的西林瓶碎片进入已灭菌的西林瓶内，被后续工序使用，流入市场。西林瓶的炸瓶问题影响因素较多，很难单纯通过检验或过程控制的方式解决。现在也有公司在研发类似的检测装置，安装在分装机前，用以检验出类似的缺陷品。

（3）分装轧盖工序

① 装轧盖工序的基本步骤　称量皮重→灌装→称量毛重→盖塞→压盖→传送至外包间。

② 分装轧盖关键控制点　见表 13-3-3。

表 13-3-3　西林瓶分装轧盖关键控制点及关键参数

工艺步骤	关键工艺参数	范围
药粉分装	装量	±7%
压塞压盖	产品压塞轧盖效果	外观检查符合要求

③ 常见问题　对于一些流动性不好的品种，分装时的装量是一个困扰的问题。通常情况下，这需要研发和生产人员明确对于原料药的流动性有影响的因素，如水分、粒径分布等指标，来要求原料药供应商提供合格的产品。随着现在设备的进步，IPC 在线称量技术，可以保证每瓶产品的装量检查，自动剔除不合格品，保证产品的装量合格。

（4）灯检工序

① 灯检工序的基本步骤　图 13-3-2 为无菌分装粉针剂灯检工序的基本步骤。

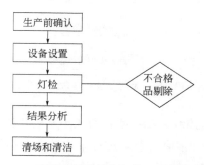

图 13-3-2　无菌分装粉针剂灯检工序的基本步骤

② 关键控制点　西林瓶灯检工序关键控制点见表 13-3-4。

表 13-3-4　西林瓶灯检工序关键控制点

项目	内容
工序标识牌	根据批生产记录，填写工序标识牌的产品规格、批号等信息
清洁和消毒有效期检查	上次清洁和消毒时间，确认是否还在有效期内
灯检机确认	设备应正常运行，且灯检机内的照度符合规定的要求（2000~3750lx）
清场检查	检查外包间的清场：贴标机转盘、灯检机、灯检转盘和传送带以及地面应无上批遗留产品；现场应无本批相关的记录；现场应无生产废弃物

③ 灯检不合格品举例

a. 整体　无塞、无盖、空瓶。

b. 外观　外壁不洁净干净、有粉末油污、裂瓶、划痕/擦痕、畸形瓶身、划痕压紧、裙边、裂盖、坏盖、铝盖严重歪斜。

c. 异物　如黑点、胶粒、玻璃碎片、纤维。

d. 装量　药粉过多或过少。

e. 常见问题　灯检人员严格意义上来说，更像检验人员，而非生产人员。所以为了保证灯检的准确性，灯检人员需要进行严格的岗前培训和确认，确保能百分之百能把关键的缺陷品挑出。为了保证灯检人员的工作状态，灯检人员通常会要求每半个小时休息一次，已确保灯检人员不会因为视觉疲劳而导致遗漏缺陷品。

（5）外包装工序

① 外包装的基本步骤　图13-3-3为无菌分装外包装基本步骤。

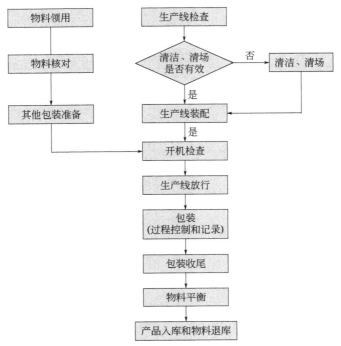

图 13-3-3　无菌分装外包装基本步骤

② 关键控制点　贴签工序过程控制包括：西林瓶大小是否正确；贴签平整、牢固、高低适中，歪斜不超过2mm；打印内容是否正确和清晰；包装过程中若发现有贴签不合格品则置于贴签不合格收集器中。

a. 装纸盒过程控制　检查每盒是否数量准确；检查每盒是否放有说明书。

b. 中盒喷码及装箱过程控制　检查中盒喷印信息正确；检查喷印字迹清晰，位置适中；检查每箱中盒数量是否准确；包装过程中若发现有喷码不合格品则置于中盒喷码不合格收集器中。

纸箱贴签及打包称量过程控制：检查标签喷印信息正确，字迹清晰，位置适中；封口及打包位置准确，美观及打包松紧适中；每箱称量无较大的差异。目前很多公司使用自动包装设备，自动包装设备可以实现在线检查，并剔除不合格品。

③ 常见问题　在引起产品召回的原因中，外包装的缺陷一直占据着前列。外包装岗位往往是最容易产生混淆的地方，因此绝对不允许同一生产线上，同时进行多个品种的包装。如果同时进行包装，必须有物理隔绝，以防止交叉污染。

第四节 无菌生产工艺与无菌保证

一、无菌生产工艺

根据中国 GMP（2010 年修订版）附录无菌药品内第十三条的规定，无菌药品的生产操作环境可参照表 13-4-1 和表 13-4-2 中的示例进行选择。

表 13-4-1 非最终灭菌产品的生产工序所需洁净级别

洁净度级别	非最终灭菌产品的无菌生产操作示例
B 级背景下的 A 级	处于未完全密封①状态下产品的操作和转运，如产品灌装（或灌封）、分装、压塞、轧盖②等 灌装前无法除菌过滤的药液或产品的配制 直接接触药品的包装材料（西林瓶、安瓿、胶塞）、器具灭菌后的装配以及处于未完全密封状态下的转运和存放 无菌原料药的粉碎、过筛、混合、分装
B 级	处于未完全密封①状态下的产品置于完全密封容器内的转运 接接触药品的包装材料、器具灭菌后处于密闭容器内的转运和存放
C 级	灌装前可除菌过滤的药液或产品的配制 产品的过滤
D 级	直接接触药品的包装材料、器具的最终清洗、装配或包装、灭菌

①轧盖前产品视为处于未完全密封状态。②根据已压塞产品的密封性、轧盖设备的设计、铝盖的特性等因素，轧盖操作可选择在 C 级或 D 级背景下的 A 级送风环境中进行。A 级送风环境应当至少符合 A 级区的静态要求。

表 13-4-2 最终灭菌产品的生产工序所需洁净级别

洁净度级别	最终灭菌产品生产操作示例
C 级背景下的局部 A 级	高污染风险①的产品灌装（或灌封）
C 级	产品灌装（或灌封） 高污染风险②产品的配制和过滤 眼用制剂、无菌软膏剂、无菌混悬剂等的配制、灌装（或灌封） 直接接触药品的包装材料和器具最终清洗后的处理
D 级	轧盖 灌装前物料的准备 产品配制（指浓配或采用密闭系统的配制）和过滤 直接接触药品的包装材料和器具的最终清洗

①此处的高污染风险是指产品容易长菌、灌装速度慢、灌装用容器为广口瓶、容器需暴露数秒后方可密封等状况。②此处的高污染风险是指产品容易长菌、配制后需等待较长时间方可灭菌或不在密闭系统中配制等状况。

对于无菌生产来说，即使所有与产品无菌性有关的设备部件、容器以及原料都经过有效的灭菌处理，但当这些生产要素在实际工艺条件下组合在一起时，仍有可能因各种原因导致产品被污染，无菌性得不到保证。因此对于无菌工艺无菌性的评估、验证必须从工艺整体考虑。

二、无菌工艺模拟试验

无菌工艺模拟试验是指采用微生物培养基代替产品对无菌工艺进行评估的验证技术。无菌工艺模拟试验也被称为培养基灌装或培养基灌装试验。通常需要将培养基暴露于设备、容器密封系统的表面和关键环境条件中，并模拟实际生产完成工艺操作。然后将装有培养基的密封容器进行培养以检查微生物的生长，并对结果进行评价，借以确定实际生产中产品被污染的概率。

培养基灌装试验需要模拟整个工艺过程，包括从部件、材料的灭菌准备，配制混合，无菌过滤，灌装，一直到完成容器密封的整个过程。培养基灌装是用于评估整个无菌工艺过程，用以表明如果严格按照工艺要求生产，产品的无菌性有可靠保证。但必须承认，不管模拟试验还是实际生产总是存在差异的，因此不能将培养基灌装结果与实际生产中的污染概率等同起来，即使获得很好的培养基灌装结果，也不能排除实际生产发生污染的可能性。

培养基灌装应在实际生产相同的条件（环境、设备等）下尽量模拟实际生产完成操作。应充分考虑生产时可能造成污染的各种因素，应对常规生产中的各种干扰活动进行模拟，应模拟常规生产可能遇到的最差条件状况下的操作。

1. 培养基灌装技术要点

培养基的选择和处理，培养基灌装试验频率，生产线最长允许运行时间（长时间生产可能导致污染风险增加，例如人员疲劳导致操作失误带来污染），班次更换、暂停及必要的更衣，灌装批次量，生产线的运行速度及设置，实际生产可能出现的正常干扰次数、类型及复杂程度，以及非常规的干扰和活动（如设备维修、中断、设备的各种调整），环境监测方案和取样操作，关键区域内最多可容纳的总人数及人员可能的活动，容器的密封系统（如规格/大小、类型、对设备的兼容性），无菌条件下的运输、转移次数（如容器转移、加胶塞、加无菌原辅材料），只有经过培养基灌装的人员才能参与实际无菌生产，培养基灌装后应随即对生产设施和设备清洗、消毒和灭菌，避免残留培养基造成污染。

2. 培养基灌装培养基的选择

胰酪大豆胨液体培养基（TSB）是一种广谱性培养基，特别对无菌工艺环境中源自人体的细菌、芽孢和真菌有良好的促生长效果，是无菌工艺模拟试验常用的培养基。如果产品需充入惰性气体、储存在无氧条件，无菌操作在严格的厌氧环境（即氧气浓度低于 0.1%）中进行时，应评估是否采用厌氧培养基，如硫乙醇酸盐液体培养基（FTM）或其他适宜的培养基。在厌氧的无菌工艺环境监控中反复发现厌氧微生物或在产品无菌检查中发现厌氧微生物时，需评估增加厌氧培养基。用于模拟抑菌性产品的培养基，如有必要需评估抑菌性产品残存对其促生长能力及模拟试验结果的影响。促生长试验的指示菌除了相关药典规定以外，还应考虑使用环境监控和无菌检查中的分离菌，以代表实际生产中的可能遇到的污染菌。促菌生长试验的接种量应不超过 100CFU。对于包含动物来源成分的培养基，应考虑培养基引入外源性病毒污染的风险，如 BSE（可传染性海绵脑病）/TSE（疯牛病）的风险，亦可选用植物来源的培养基。

3. 培养基灌装运行试验次数及频率

新建无菌生产线，在正式投产之前，每班次应当连续进行 3 次合格的模拟试验。正常生产期间应当按照每条生产线每班次每半年进行一次试验，每次至少一批。对于因其他原因停产一定周期的生产线，在恢复正式生产前应进行无菌工艺模拟试验。如是再验证，日常生产中，针对微生物污染事件而制定了纠正措施，在模拟试验时，可对纠正措施的有效性给予确认。若空气净化系统、生产用设备、无菌生产工艺及人员有重大变更，或设备有重大维修后，应通过风险评估确定无菌工艺模拟再试验的批次数，充分评估生产线的风险。在发现设施、人员、环境或工艺的持续监测出现不良趋势或无菌不合格时，也应考虑再次进行模拟试验。

4. 培养基灌装数量及模拟持续时间

无菌工艺模拟灌装数量应足以保证评价的有效性及完成模拟方案中设计的各种干预活动。应通过风险评估对所设计的灌装数量、持续时间、模拟方式、预期收率作出合理说明。

生产批量小于 5000 支，模拟灌装批量应至少与生产批量相同；产品的生产批量在 5000～10000 支，模拟灌装数量应与产品实际的生产批量相当；大规模生产，即产品的生产批量大于 10000 支，最低模拟灌装数量应不得低于 10000 支；对于超大批量的生产规模，如大于 100000 支，则应考虑适当增加模拟的灌装数量；如采用密封性生产设备，可适当降低模拟数量。

5. 培养基灌装运行速度

培养基灌装试验方案应阐明生产线运行的速度范围。每次运行试验中，应对单一生产线的速度作出评估并说明锁定速度的理由。比如，大敞口容器的低速运行一般适用于评估无菌产品、容器、胶塞在无菌区暴露时间比较长的工艺。高速运行则比较适用于评估那些存在大量手工干扰的生产工艺。

6. 培养基灌装容器装量

容器中培养基灌装体积应考虑适宜微生物生长的需要和容器内表面覆盖的要求。灌装体积不必与产品相同，但合适的灌装量既应保证产品通过倒置和旋转接触到所有内表面并有足够的氧气支持微生物的生长，又应利于对培养基的观察。

7. 培养基灌装干预设计

干预是指由操作人员按照相关规定参与无菌工艺生产的所有操作活动。干预可分为固有干预和纠正性干预。固有干预是指常规和有计划的无菌操作，如装载胶塞、环境监控、设备安装、部件组装等；纠正性干预是指对无菌生产过程的纠正或调整，如生产过程中清除破碎的瓶子、排除卡住的胶塞、更换部件、设备故障排除等。

无菌模拟试验方案中应明确规定固有干预和纠正性干预的频次、类型及复杂程度，如倒瓶剔除等进行简单干预；灌装机泵及针头装配、设备故障维修等进行复杂干预。

固有干预及经常发生的纠正性干预一般应在每次模拟中都实施，偶发性的干预可周期性地模拟，如无菌生产过程意外暂停或重启，无菌状态下设备、设施偶发故障排除等。

模拟试验应设计并实施足够数量的纠正性干预。干预频次的设计应考虑实际生产情况，按比例覆盖模拟试验的全过程。对于无菌取样、调整装量过程，均应考虑在分装的前、中、后阶段进行。

实施干预的人员（应包括操作、维修人员等）应经过相关的培训和考核，并能按规定的程序实施各种干预。标准化的、简单的固有干预可由部分操作人员实施并据此评价其他人。对于复杂操作，如装配灌装机等，每个从事该操作的人员都应在验证过程中模拟，操作条件不应优于日常生产的操作条件。

8. 干预后产品（容器）的处理

实际工艺中如明确规定受干预影响的产品（容器）应从生产线上剔除，在模拟试验时也可剔除。模拟试验时产生的这类产品（容器）可不培养，但不培养的容器应予以记录并评估其合理性。如在干预发生前已经密封，在日常生产中按规定不需要剔除的产品，模拟试验时也应保留、培养并纳入评估。

模拟试验过程中的所有干预必须记录。纠正性干预记录的内容至少应包括纠正性干预的类型、位置、次数；固有干预记录至少包括干预内容和发生频率。

9. 环境条件及监测

培养基灌装试验的环境条件应充分体现生产操作的实际情况。不应该采取特别的生产控制和预防措施，制造特别良好的工艺环境，这样会导致不准确的评估结论，造成工艺条件良好的假象。需要注意的是，不应当人工创造极端的环境条件（如对净化空调重新调整，使其在最差的状态下运行）进行验证，对于环境最差条件的挑战应当是在工艺允许的苛刻条件范围内对环境受干扰程度（如生产现场人员最多、生产活动频率最高）的挑战。

在培养基灌装过程中也应当进行环境监测，环境监测的方案可以与日常监控不同，但监测要求不能低于日常生产。

10. 人员培训

所有被授权在生产时进入无菌区的人员，包括观察人员和维修人员，每年至少应参加一次培养基灌装试验。所有实际生产中将在关键区域进行操作的人员都应该参加每次的培养基灌装。参与人员应按照常规生产的职责模拟与其相关的活动。

在培养基灌装前必须准备好方案和相关文件，应对人员职责进行方案说明，比如监督和观察职责如何实施。所有参与培养基灌装的人员应当经过适当培训以保证他们对方案和实际实施有足够的了解。

11. 容器/密封件规格及切换

有些情况下同一生产线可能用于不同大小容器的灌装。一般来说培养基灌装可以针对规格最大和规格最小的容器进行，除非其他不同规格容器的灌装工艺有很大差别。在初始验证时可以进行两次大规格容器和一次最小规格容器的灌装挑战。在以后的周期性半年度灌装可以轮换，每次挑战一种规格。对于生产线切换不同规格产品的操作会增加污染的风险，因此在验证时也要挑战切换操作。

12. 容器/密封件系统的完整性测试

无菌容器/密封件系统的完整性测试可以在培养基灌装时进行。可以采用微生物侵入试验来评价系统的密封完整性，即将灌装了无菌培养基的容器按照实际生产的流程进行密封后置于浓度不低于 10^6 CFU/mL 的菌悬液中，然后进行培养检查以评估系统的完整性。

13. 培养基灌装培养与检查

① 培养条件：应对容器进行翻转、倒置等，确保培养基接触容器（包括密封件）的所有内表面。培养时间至少 14 天。可选择两个温度进行培养：在 20～25℃培养至少 7 天，然后在 30～35℃培养至少 7 天。如选择其他培养计划，应有实验数据支持所选培养条件的适用性。在整个培养期间应连续监控培养温度。

② 培养结束后，应对所有模拟灌装产品逐一进行无菌性检查，通常应在合适的照度下进行目视观察。在培养期间定期观察培养基的培养情况，如在培养期间发现异常情况时应进行进一步调查。如在检查中发现密封缺陷的灌装产品，应进行适当的原因调查并采取纠正措施。

③ 计数与数量平衡：为保证模拟试验结果的可靠性，应对各阶段灌装数量进行准确计数，如灌装数量、干预剔除数量、培养前和培养后无菌检查数量，各阶段数量应平衡。如发现不平衡，应调查原因并判断本次模拟试验结果的有效性。

④ 接受标准：灌装数低于 5000 时，不得检出污染。当有 1 瓶污染时，需进行调查，并重新进行再验证。

灌装数在 5000～10000 时，当有 1 瓶污染时，需进行调查，并应考虑重复培养基灌装；当有 2 瓶污染时，需进行调查，并应考虑重新进行再验证。

灌装数超过 10000 时，当有 1 瓶污染时，需进行调查；当有 2 瓶污染时，需进行调查，并应考虑重新进行再验证。

第三篇

管理篇

第十四章
厂房设施设备系统生命周期管理

第一节　厂房设施设备系统 URS

一、用户需求说明概述

　　用户需求说明（user requirement specification，URS）是指使用方从用户角度对厂房、设施、设备或其他系统提出的满足预定用途的要求及期望。用户需求是综合使用目的、环境、用途等提出的技术说明文件，重点强调产品（设备）参数和工艺性能参数，需求的详细程度与产品风险、设备复杂程度相匹配。

　　用户需求说明通常由设备所属部门或者使用部门在设备技术部门和质量管理部的支持下起草，通过相关技术部门或者团队审核，最后批准。用户需求说明是设备采购、设计制造、设备安装调试验收，直至设计、安装、运行、性能确认所依据的技术文件。用户需求说明是用户对系统/设备的各个部件或单元的结构、性能、操作等具体要求的描述，是用户对系统/设备的性能期望，是系统/设备确认的源头，是贯穿系统/设备验证生命周期中的一个参考点。

二、用户需求说明的法规要求

1. 中国 GMP(2010 年修订版)

　　《确认与验证》附录第十一条：企业应当对新的或改造的厂房、设施、设备按照预定用途和本规范及相关法律法规要求制定用户需求，并经审核、批准。

　　《确认与验证》附录第五十四条：术语（九）　用户需求是指使用方对厂房、设施、设备或其他系统提出的要求及期望。

2. 欧盟 GMP 附录 15：确认与验证

　　对于设备、设施、公用系统或系统的要求应该在 URS 和/或功能说明中定义。必要的质量要素应该在这一阶段明确并将 GMP 风险降至可接受的水平。URS 应该是贯穿验证生命周期中的一个参考点。

3. WHO GMP 验证　附录 6 确认指南（2018 年征求意见稿）

　　包括但不限于设施和设备，都应有 URS。在确认的后续阶段应使用 URS 来确认所购买的和供应的设施或设备符合其用户需求。

三、用户需求说明的"SMART"特性

　　用户需求说明是用户以产品工艺需求为基本原则，明确设备技术参数、GXP 要求等标准。一个良好的用户需求说明中描述的具体需求应具备"SMART"特性：S 指 Specification，即每个需求应具有明确

的标准；M 是 Measurable，即每个需求都能够通过测试或确认来证实该设备是否满足用户需求；A 是 Achievable，即每个需求都应该是能够实现的、清楚和明确的；R 是 Repeat，即每个需求的测试结果均可重复测得；T 是 Traceability，即每个需求都能够通过设计和测试进行追踪。

四、用户需求说明的内容

（1）URS 准备工作

熟悉设备/系统在产品工艺流程的用途和地位；收集并熟悉设备/系统相关法规、国际标准、国家标准、行业标准等资料；收集设备/系统技术资料。

（2）URS 的内容

① 目的　用于描述起草设备/系统 URS。例如，本用户需求说明概述了××车间××设备/系统的工艺需求、安装需求、法规需求等用户需求说明，是××设备/系统的采购、设计、安装、调试、验收等的依据。本用户需求说明中用户仅提出最低限度的技术要求和设备的最基本要求，并未涵盖和限制卖方设备具有更高的设计与制造标准和更加完善的功能。卖方应在满足本要求书的前提下提供卖方能够达到的更高标准和功能的高质量设备及其相关服务。卖方的设备应满足中国有关设计、制造、安全、环保等规程、规范和强制性标准要求。如遇与卖方所执行的标准发生矛盾时，应按较高标准执行（强制性标准除外）。供应商一旦接受了 URS 文件，即意味着可以提供 URS 所含的全部要求。

② 范围　用于描述起草设备/系统 URS 的范围。例如，本用户需求说明适用于××车间××设备/系统，作为公司采购××车间××设备/系统的技术要求。

③ 设备/系统描述　用于描述设备/系统功能、结构、性能、原理、安装区域等。以小容量注射剂注射用水制备和分配系统为例。该系统主要由纯化水供水循环管路、蒸汽加热管路、多效蒸馏水机、注射用水贮罐、纯蒸汽发生器、注射用水工艺用水循环管路、卫生泵、水质在线监测系统及控制系统等组成。注射用水系统工作时以二级反渗透系统制备的纯化水为原料水，经多效蒸馏水机蒸馏而得到注射用水，同时具备纯蒸汽生产能力，合格注射用水进入注射用水贮罐（不合格水自动排放），以一定流速，在 70℃以上通过循环管路保温循环供各使用点使用。本系统安装于小容量注射剂车间制水间。

④ 设备/系统参考标准/指南　用于描述本 URS 适用的、参考的法律、法规、国际标准、国家标准、行业标准、公司指南、公司标准操作程序（SOP）等技术资料。例如，××设备/系统必须满足《药品生产质量管理规范》（2010 年修订版）、《中国药典》（2015 年版）的要求，设计、制造、材料、所有部件的供应以及配置必须基于并符合中华人民共和国相关规范、要求和准则。

⑤ 术语　用于解释和说明本 URS 中用到的专业术语、缩略语。如表 14-1-1 为相关术语。

表 14-1-1　术语

缩写	定义
BL	Biohazard Level（生物危害水平）
CFR	Code of Federal Regulations（联邦条例法典）
EMI	Electro-Magnetic Interference（电磁干扰）
HMI	Human-Machine Interface（人-机界面）
ISO	International Organization for Standardization（国际标准化组织）
OIP	Operator Interface Panel（操作员界面面板）
RFI	Radio Frequency Interference（无线电频率干扰）
URS	User Requirement Specification（用户需求标准）
FS	Function Specification（功能标准）
HDS	Hardware Design Specification（硬件设计规范）
SDS	Software Design Specification（软件设计规范）
DQ	Design Qualification（设计确认）
FAT	Factory Acceptance Testing（工厂验收测试）

缩写	定义
SAT	Site Acceptance Testing（现场验收测试）
IQ	Installation Qualification（安装确认）
OQ	Operation Qualification（运行确认）
PQ	Performance Qualification（性能确认）

⑥ 用户需求内容　用于描述设备/系统需求的具体内容，针对不同的设备/系统其内容有所不同，但通常至少包含以下内容：

a．工艺需求　用于描述设备/系统工艺参数范围（如速度、温度、压力、转速等），设备效率/产能，清洁消毒灭菌参数及方法等。

b．安装需求　用于描述设备/系统安装房间环境温湿度，可用的公用系统（如压缩空气、氮气、洁净蒸汽、真空系统、水、电等），材质要求（重点考虑与产品直接接触的部件，此外该项也可以根据实际情况单列），安装尺寸等。

c．法规需求　用于描述设备/系统的 GMP 要求，环保要求（噪声、排污等），安全要求(电气保护、压力保护、机械锁等)。

d．操作和功能需求　用于描述设备/系统的电器、自动控制过程的要求，明确设备/系统的运行模式以及相应的硬件要求（PLC、触摸屏、仪表等）。

e．文件需求　用于描述供应商应提供设备/系统的使用说明书，维护说明书，图纸（机械、电气、管道 PI&D 等），产品出厂合格证，材质证明书，压力容器证书，备品备件清单等文件。

f．验证需求　用于描述供应商应提供或协助进行的验证需求（DQ、FAT、SAT、安装调试等）。

g．其他需求　用于描述培训需求、售后服务需求（维护和维修需求）等其他需求。

（3）URS 起草的注意事项

①每个需求描述要求准确，切记产生歧义。②内容必须全面，防止项目遗漏。③关注设备/系统的可操作性及易维护性、稳定性、安全性。④每个需求应满足"SMART"特性。⑤URS 文件生效前需经批准，一旦批准不得随意更改，需要更改时应按变更控制要求进行，最终需再经批准方可生效。⑥URS 文件应按文件管理要求进行编号管理，以便于追溯。⑦URS 是集合团队智慧，是各专业人员保持良好的沟通交流的结果。

第二节　设备/系统设计与选型原则

药品生产实现过程主要是通过软件和硬件两方面来实现的，其中软件包括企业文化、管理制度、文件、记录等；硬件包括厂房、设施、设备、仪器。GMP 的核心是最大限度地降低药品生产过程中污染、交叉污染以及混淆、差错等风险。硬件是药品生产的基本条件，药品生产离不开良好的硬件设施，因此对于药品生产企业配备足够的、符合要求的厂房设施和设备尤其重要。

一、设备/系统设计与选型的法规要求

中国 GMP（2010 年修订版）从第三十八条到第九十九条，见第十五章 GMP 简介章节详细条款。

二、设备/系统设计与选型原则

设备/系统设计与选型需要慎重，不仅仅要符合 GMP 规范，还必须考虑工艺需求、安全环境健康等诸多因素。通常通过起草《用户需求》（URS）文件来指导设计选型，需要有经验和知识的专业人员起草

讨论定稿。

（1）符合性原则

设备/系统应首先能满足产品工艺需求，符合预定用途，特别是多产品/剂型共用厂房设施、设备，其次应符合 GMP 规范、国家行业标准、国际通用标准。

（2）可靠性原则

设备/系统应能满足在其寿命周期能持续稳定地满足工艺需求，生产出符合预定用途的药品。

（3）先进性原则

设备/系统设计与选型应能满足发展需求，不仅仅满足当前要求，应考虑到未来发展需要。

（4）安全、环保、健康原则

当前国家对于企业生产安全，废气、废渣、废水等环保要求，职工健康要求越来越高，促使企业对厂房设施设备选型过程中必须考虑安全、环保、健康要求。

（5）经济性原则

企业的资源是一定的，在设备/系统满足上述四个原则基础上，设备/系统的购买及使用维护保养过程的成本将会是一个考虑因素，这是不可回避的。

此外，企业设备/系统设计与选型还要考虑配套的售后服务、能耗等其他因素。总而言之，用于药品生产的设备/系统以满足产品工艺需求和现行 GMP 为最基本要求，在可能的条件下，积极采用先进技术，既满足当前生产的需要，也要考虑未来的发展。

第三节　验证主计划与验证的风险评估

一、验证主计划

1. 验证主计划概述

验证主计划（validation master plan，VMP）是公司确认和验证的纲领性文件，是阐述企业应进行验证的各个系统及工艺验证所遵循的规范、各系统验证应达到的目标，即合格标准和实施计划；是项目工程整个验证计划的概述，也称为验证总计划。验证总计划一般包括：项目概述、验证的范围、所遵循的法规标准，被验证的厂房设施、设备、系统、生产工艺，验证的组织机构，验证合格的标准，验证文件管理要求，验证大体进度计划等内容。

验证主计划（VMP）应当包括所有和生产检验关键操作相关的验证活动，所有和公司产品生产、过程控制和质量检验等相关的验证活动，包括厂房设备设施的确认、检验仪器确认、检验方法确认与验证、清洁验证、工艺验证、计算机化系统验证等。它总结公司确认和验证的整体策略、目的和方法，确立了确认和验证的策略、职责以及整体的时间框架；同时，它是一份描述公司有关验证的方针、策略的文件，并描述验证程序、验证组织结构、时间安排和责任等关键部分，即说明了"为什么，干什么，在哪里，谁，怎样做和什么时间的问题"。

2. 验证主计划（VMP）的法规要求

（1）中国 GMP（2010 年修订版）

中国 GMP（2010 年修订版）第一百四十五条和第一百四十六条，以及附录11"确认与验证"第三、四、五条。见第十五章 GMP 简介章节详细条款。

（2）欧盟 GMP 附录15：确认与验证

工厂确认与验证项目的关键要素，应该在验证主计划（VMP）或者等效文件中明确定义并记录。

VMP 或等效文件应该对确认/验证系统定义，同时至少包括或参考以下信息：i. 确认与验证方针；ii. 组织机构，包括确认与验证活动的角色和职责；iii. 概述工厂的设施、设备、系统、生产工艺，以及确认与验证状态；iv．确认与验证的变更控制和偏差管理；v．制定可接受标准的指南；vi．参考的现有文件；vii．确认与验证策略，包括适当的再确认。

对于大而复杂的项目来说，计划显得更加重要，独立的验证计划可能使项目更加清晰明了。

（3）WHO GMP 验证指南（2016 年征求意见稿）

生产商应有一份 VMP 反映验证的关键要素。它应该简洁清晰并至少包括：书名页和批准（批准签名和日期），目录，缩写和术语，验证方针，验证的原理、目的和方法，相关人员的角色和责任，确保验证执行的资源，外包服务（选择、确认和生命周期管理），验证偏差管理，验证变更控制，验证风险管理规则，培训，验证的范围，确认和验证所需的文件（如规程、证书、方案和报告），设施确认，公用设施确认，设备确认，工艺验证，清洁验证，人员确认（如分析人员确认），分析方法验证，计算机化系统验证，建立接受标准，生命周期管理（包括退役的方针），再确认和再验证，与其他质量管理要素的关系，验证矩阵，参考文献，VMP 应该每隔一段时间回顾并保持持续符合现行 GMP。

3. 验证主计划（VMP）的内容

（1）准备工作

熟悉验证主计划项目内容；组建验证组织机构和确立职责；收集详细的厂房设备设施清单、厂房工艺布局图、设备布局图等；收集涉及的产品生产工艺（包括工艺流程图、工艺描述、关键质量属性、关键工艺参数等）；收集涉及的项目检验仪器设备清单；收集涉及的检验方法相关内容；收集相关支持性文件（验证管理 SOP、培训管理、偏差处理、变更控制、校准等）。

（2）验证主计划的内容

① 目的　描述验证主计划的目的。例如，根据中国 GMP（2010 年修订版）及公司《验证管理规程》的要求，编制验证总计划（VMP）用于指导验证相关工作，VMP 的目的是总结××车间确认和验证工作的基本原则和方法。该文件规定了××车间项目验证的方针、职责、策略（验证方法和可接受标准）、时间进度。

② 验证方针　描述验证主计划的验证方针。例如，为使公司能生产出符合预定用途和注册要求的产品，最终保证患者的健康，验证应符合 GMP 和客户的要求，验证工作应有计划、有组织、有控制地进行，确保验证建立在风险评估的基础上，确保与 GMP 相关的厂房设施、仪器设备、生产工艺、清洁方法、检验方法、计算机化系统等都进行验证、充分认识、高度重视、客观记录、科学分析、慎重结论。

如有以下情况需进行验证：所有新的生产工艺、处方、检验方法、操作规程以及新的关键系统、设备在投入使用前应经验证；当验证状态发生漂移时应进行再验证；当发生的变更影响产品质量时，所涉及的变更应经过验证；检验方法发生变更时应进行验证。法规强制规定需要验证的应进行验证和再验证。

③ 范围　描述验证主计划的范围。例如，本 VMP 适用于××车间，涵盖了该车间涉及的厂房设施、公用系统和设备的调试/确认以及生产工艺和清洁方法验证活动，以上活动都将以该文件作为指导文件。该 VMP 的验证策略主要用于以下活动：厂房设施、公用系统、工艺设备；计算机化系统；工艺验证；清洁验证；其他验证（清洁消毒效果、更衣程序等）；此外如有需要，还可界定该 VMP 不包含哪些验证活动。

④ 职责　描述验证组织机构及职责，除了用文字描述各机构验证职责，必要时可增加验证职责矩阵来明确，如表 14-3-1 所示。

表 14-3-1　验证职责矩阵

工作内容	供应商	车间	生产部	设备部	验证部	QC	QA	验证委员会/质量负责人
VMP	—	R/E	R/E	R/E	W/R/E	R/E	R/E	A
SIA	—	R	R	R	W	R	R	A
CCA	—	R	R	R	W	R	R	A
DQ	W/E	R	R	W/E	R	R	R	A
调试	W/E	R	R	W/E	R/E	R	R	A
FAT/SAT	W/E	R/E	R	W/E	—	—	R	A

工作内容	供应商	车间	生产部	设备部	验证部	QC	QA	验证委员会/质量负责人
IQ	W/E	R/E	R	W/E	R	R	R	A
OQ	W/E	R/E	R	W/E	R	W/E	R/E	A
分析方法验证	—	—	—	—	R	W/E	R	A
PQ	—	W/E	R	R	—	W/E	W/R/E	A
清洁、消毒程序的验证	—	W/E	R	R	—	W/R/E	R/E	A
清洁验证	—	W/E	R	—	—	R/E	R	A
工艺验证	—	W/E	R	—	—	R/E	R	A
SOP 编制	—	W	W/R	W	W	W	W/R	A
VMP 总结报告	—	R	R	R	W	R	W/R	A
备注				W：编写　R：审核　A：批准　E：执行				

⑤ 参考标准/指南　用于描述该 VMP 适用的、参考的法律、法规、国际标准、国家标准、行业标准、公司指南、公司标准操作程序（SOP）等技术资料。

⑥ 术语　用于解释和说明该 VMP 中用到的专业术语、缩略语。

⑦ 系统描述　用于描述该 VMP 范围内涉及的厂房设施设备，产品工艺（工艺流程图、工艺描述等），实验室仪器设备，检验方法，清洁方法等。

⑧ 验证策略　用于描述该 VMP 范围内各种验证方法及可接受标准。

⑨ 运行确认（OQ）　应当证明厂房、设施、设备的运行符合设计标准。运行确认是确认和记录系统的功能达到设计的要求，确认活动将在系统的最小和最大运行参数下（如产量、速度、容量）进行。所有被评为"直接影响"的系统都应当进行运行确认。在开始某一系统的 OQ 之前，该系统的 IQ 已经完成，IQ 报告已经经过审查，已经批准可以进行 OQ。

OQ 方案的执行将按照经过预先批准的测试方法和合格标准的方案进行。每个 OQ 方案中均包括多项测试，但是其主要功能都是围绕系统/设备的功能性来进行的，包括：登录确认，界面导航确认，报警联锁确认，故障排除功能模拟测试，基本功能确认（如单机运行）；工艺功能测试（如加热、搅拌）；辅助功能测试（如电子记录、程序设置）；确认最高与最低的运行限度，和/或"最坏情况"条件的测试。

⑩ SOP 签批　运行确认完成之前，维护计划、标准操作与清洁规程、操作人员培训及预防性维护要求应最终确定。

⑪ 可接受标准　通用的可接受标准属于系统特定测试的可接受标准。在实际的确认文件中应列出：所有的 OQ 工作按照已批准的方案执行；仪器仪表按照批准的程序、使用可追溯为国家计量标准的参考标准进行校准；参考标准的校准证书的复印件应附到相应报告中；应列出 SOP、操作说明书、关键仪表的校准、设备清洁和维护、人员培训和变更控制，SOP 应经过批准，至少是草稿版；OQ 测试仪器应被校准过，相关的证书应可溯源至国家计量标准，并将复印件附在相应的报告中；检查控制回路的关键参数符合要求；系统报警和联锁应当按照设计标准运行；系统所用的公用设施应当在规定范围以内（温度、压力、流量）可用；所有关键运行参数和功能测试均符合方案中所规定的预先确定的标准。

⑫ 确认与验证文件要求　用于描述该 VMP 涉及的验证方案、报告的要求、编号、审核和批准程序等，若公司已有文件程序规定，可引用文件名称及编号，不必详述。

⑬ 验证支持性文件　用于描述该 VMP 涉及的验证支持性文件。一般包含偏差处理、变更控制、培训管理、校准管理、环境监测等文件，若公司已有文件程序规定，可引用文件名称及编号，不必详述。

⑭ 验证时间矩阵　用于描述该 VMP 涉及的验证项目时间安排，一般明确到月份即可，如表 14-3-2 所示。

表 14-3-2　验证时间矩阵

验证对象		验证时间计划											
		1月	2月	3月	4月	5月	6月	7月	8月	9月	10月	11月	12月
厂房设施	DQ												
	IQ												
	OQ												
	PQ												
空调净化系统	DQ												
	IQ												
	OQ												
	PQ												
纯化水系统	DQ												
	IQ												
	OQ												
	PQ												
压缩空气系统	DQ												
	IQ												
	OQ												
	PQ												
××设备	DQ												
	IQ												
	OQ												
	PQ												
××检验仪器	DQ												
	IQ												
	OQ												
	PQ												
检验方法													
生产工艺													
清洁验证													

⑮ 验证状态维护　用于描述验证状态维护方法。例如，企业的厂房、设施、设备和检验仪器在经过确认后，应当采用经过验证的生产工艺、操作规程和检验方法进行生产、操作和检验，并保持持续的验证状态。对验证状态保持的方法包括：预防性维护保养；校准；变更控制；产品过程质量监控；回顾性审核，如产品年度回顾；再验证。

二、验证的风险评估

1. 风险评估概述

质量风险管理是指在整个产品生命周期中对药品的质量风险进行评估、控制、沟通和审核的系统化过程；是 GMP（2010 年修订版）最新引入的一个管理理念和方法。质量风险管理对药品质量风险进行评价是基于科学知识和最终与对患者的保护相关联；同时质量风险管理过程的投入资源、正式程度和文件化程度都应该与风险水平相适应。

风险评估的基本术语如下。

① 风险　伤害发生的概率以及伤害的严重性的结合(ISO/EC 指南 51)。

② 伤害　对健康的损害，包括可能由于产品质量或有效性损失引起的损害。

③ 危险　潜在的伤害来源。

④ 严重性　对于某个危险因素可能结果的度量。

⑤ 可能性　对于某个危险因素发生的概率度量或估计。

⑥ 可检测性　发现或确定某个危险存在、出现或事实的能力。

⑦ 风险识别　系统地运用信息来辨识风险问题或描述的伤害（危险因素）潜在来源。

⑧ 风险分析　对风险与已经辨识的危险因素的估计。

⑨ 风险评价　用一个定性或定量尺度对已经估计风险与给定的风险标准进行比较以确定风险显著性。

⑩ 风险评估　在一个风险管理过程中用于支持所做的风险决策的组织信息的系统过程。其包含对危险因素的识别，对暴露的这些危险因素相关风险的分析、评价。

⑪ 风险控制　实施风险管理决策的行动。

⑫ 风险降低　用于减少伤害发生的概率以及伤害的严重性所采取的行动。

⑬ 风险接受　接受风险的决定。

⑭ 风险沟通　在决策者和其他风险涉众之间分享有关风险以及风险管理的信息。

⑮ 风险审核　考虑（如果可能）运用关于风险新的知识和经验来评审或监测风险管理过程的输出/结果。

⑯ 风险管理　系统化应用质量管理方针，程序以及对风险评估、控制、沟通以及评审任务中的实践。

2. 风险评估流程概述

质量风险管理流程如图 14-3-1 所示。

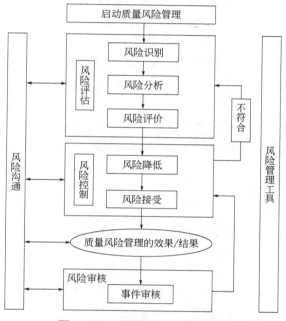

图 14-3-1　质量风险管理流程图

（1）风险评估

风险评估包括风险识别、风险分析、风险评价三个步骤，其中对于明确定义风险比较重要的三个问题：什么可能出错？会出错的可能性（概率）是什么？结果（严重性）是什么？

（2）风险识别

风险识别是指参照风险问题或问题描述，系统地运用信息来辨识危险因素。这些信息可能包括历史数据、理论分析、意见以及风险涉众的考虑。风险识别关注"什么可能出错？"这个问题，包括识别可能的结果。这为进一步的质量风险管理过程奠定了基础。

（3）风险分析

风险分析是对风险所关联已经识别了的危险因素进行估计。它是对风险可能性与严重性进行定量或定性过程。在一些风险管理工具中，探测伤害的能力（可检测性）同样是在估计风险中的因素。

（4）风险评价

风险评价是将已经识别和分析的风险与给定的风险标准进行比较。风险评价考虑到了所有这三个基本问题的证据强度。典型的风险评估输出既可以对风险定量估计，也可以采用定性描述。当风险被定量地表达，则运用数值（如 1，2，3……）表达它的严重性、可能性、可检测性。当风险被定性描述，则可以采用"高""中"或"低"等定性描述词来表达它的严重性、可能性、可检测性，从而完成风险评估过程。

（5）风险控制

风险控制包括做出的降低和/或接受风险的决定。风险控制的目的是降低风险到一个可接受的水平。用于风险控制所投入的资源应该与风险的范围和程度相称。对于实现风险控制比较重要的 4 个问题：是否风险超过了一个可接受的水平？什么方法可以用来降低或消除风险？效益、风险和资源之间的恰当的平衡点是什么？控制已经所识别的风险是否引入新的风险？

（6）风险降低

风险降低包括采取行动降低风险发生的严重性和可能性；采取一些方法或程序提高质量风险的可检测性；消除风险发生的根本原因；此外在实施风险降低的行动时，可能会引入一些新的风险或提高已存在的其他风险的程度，及所谓的风险的转移或分担。

（7）风险接受

风险接受即将质量风险已降低到一个特定(可接受)的水平。将质量风险完全消除是一个理想的状态，通常情况下最好的质量风险措施也未必能全部消除风险。

（8）风险沟通

质量风险管理过程的输出/结果应当进行适当的沟通和存档，沟通有可能包括这些相关方，如，药政与业界，业界与患者，在一个公司、业界或药政当局内部等。所包括的信息应该为质量风险的存在性、性质、形式、概率、严重性、可接受性、控制、处理、可检测性或其他有关方面。这种交流不需在每个风险认可中进行，对于企业或管理当局间就质量风险管理决定进行通报时，可利用现有法规与指南所规定的已有途径。

（9）风险审核

对风险管理过程输出/结果进行审核应当考虑采用新的知识和经验。风险管理是一个持续动态的质量管理活动，应建立并实施对风险活动定期审核的机制，审核频率取决于风险水平。此外，风险审核可能还包括对风险接受决策重新考虑。

3. 验证的风险评估法规要求

（1）中国 GMP（2010 年修订版）

中国 GMP（2010 年修订版）第十四条、第十五条、第一百三十八条，以及附录 11 "确认与验证"第二条、第五十二条（详见第十五章 GMP 简介章节）。

（2）欧盟 GMP 附录 15：确认与验证

质量风险管理的方法应该贯穿于药品生命周期的全过程。作为质量风险管理系统的一部分，确认和验证的范围和程度需要基于对设施、设备、公用系统和工艺的合理的文件化的风险评估来确定。

应该将质量风险管理方法应用于确认与验证活动。随着从项目阶段或者商业生产中任何变更中获得的知识和增长的理解力，按需要应重复风险评估活动。应该详细记录用于支持确认与验证活动的风险评估方法。

应该采用质量风险管理来评估计划的变更，以确定对产品质量、药品质量体系、文件系统、验证、监督状态、校准、维护和其他系统的潜在影响，从而避免意外的结果和计划所需的工艺验证、确认或再确认活动。

（3）WHO GMP 验证指南（2016 年征求意见稿）

验证的范围和程度应该基于知识和经验，以及描述于 WHO 质量风险管理指南中的质量风险管理规则的结果来决定。

再验证的频率和范围应该使用一个基于风险的方法结合历史数据回顾来决定。

4. 验证的风险评估内容

风险评估工具有很多种，基于不同的风险活动采取的工具也不一样。对于厂房、设施、设备确认的范围与程度，风险评估一般可以考虑采用系统影响性评估、部件关键性评估和关键部件 FMEA 风险评估相结合的方法进行。

（1）系统影响性评估（SIA）

根据系统对产品质量影响的程度，将厂房、设施、设备分为三类，即直接影响系统、间接影响系统、无影响系统。系统是指具有某种特定操作功能的一组工程组件。系统影响性评估是指评估系统的运行、控制、报警和故障状态对产品质量影响的过程。

① 直接影响系统 对产品质量具有直接影响的系统，除了需参照 GEP 外还需进行确认。

② 间接影响系统 对产品质量无直接影响，但一般会对直接影响系统有支持作用，通常仅需遵循 GEP 进行安装调试验收即可。

③ 无影响系统 对产品质量不会有任何直接或间接影响的系统，通常仅需遵循 GEP 进行安装调试验收即可。

④ 系统影响性评估（SIA）流程

a．确定系统 系统是具有某种特定功能的一组工程组件，系统的确定过程应考虑整个系统，而不是考虑系统中某些部件。例如空调系统、纯化水系统、三维运动混合机、全自动硬胶囊填充机等。

b．系统范围界定 系统范围界定应考虑系统的范围是什么，哪些应该在该系统中，哪些不应该在该系统中。系统范围的界定可以使用设备清单、P&ID 等工程文件，根据系统设计的目的和范围，将对其具有直接影响的部件归入最适宜的系统之中。

c．系统影响性评估 在进行影响性评估时，将根据下列 9 个问题对各系统/设备进行评估，具体如下：

Q1：系统是否直接影响关键工艺参数或关键质量属性？

Q2：系统是否与产品或工艺流直接接触，并对最终产品质量有潜在影响或给患者带来风险？

Q3：系统是否提供辅料或用于生产某一组分或溶剂，而这些物质的质量（或缺失）可能对最终产品质量有潜在影响或给患者带来风险？

Q4：系统是否用于清洁、消毒或灭菌，并且系统故障可能导致清洁、消毒或灭菌的失败，从而给患者带来风险？

Q5：系统是否提供一个合适的环境（如氮气保护、温湿度的维护，且这些参数为产品 CPP 的一部分时）来控制与患者相关的风险？

Q6：系统是否产生、处理或存储用于产品放行或拒收的数据，关键工艺参数或 GMP 规范所要求的电子记录［21CFR Part 11、EU GMP Vol 4、Annex 11、GMP（2010 年修订版）及计算机化系统附录］？

Q7：系统是否提供容器密封或产品保护，如失败将会给患者带来风险或导致产品质量下降？

Q8：系统是否提供产品识别信息（如批号、有效期、生产日期、防伪标识）？

Q9：系统是否对产品质量没有直接影响，但是支持直接影响系统？

上述 Q1～Q8 问题中任何一个的答案为"是"，系统即被评估为直接影响系统；上述 Q1～Q8 问题中所有的答案为"否"，Q9 问题的答案为"是"，系统即被评估为间接影响系统；上述 Q1～Q9 问题中所有的答案为"否"，系统即被评估为无影响系统。

直接影响系统按照良好工程管理规范（GEP）要求进行安装调试验收后还需要进行设计、安装、运行、性能确认；间接影响系统和无影响系统，通常只需要按照良好工程管理规范（GEP）要求进行安装调试验收即可。图 14-3-2 为系统影响性评估流程。

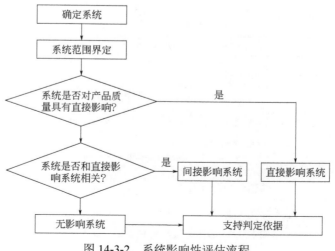

图 14-3-2 系统影响性评估流程

以三维运动混合机为例来说明系统影响性评估流程（表14-3-3）。

表 14-3-3　三维运动混合机系统影响性评估

系统/设备名称	系统/设备编号	依据说明	问题（对于问题回答"是"用"Y"，"否"用"N"）									影响类型（D/I/N）	备注
			Q1	Q2	Q3	Q4	Q5	Q6	Q7	Q8	Q9		
三维运动混合机	×××	用于固体粉粒物料均匀混合的设备、与原辅料直接接触，并对产品质量起关键作用	Y	Y	N	N	N	N	N	N	N	D	

注：影响类型："D"为直接影响系统；"I"为间接影响系统；"N"为无影响系统；

（2）部件关键性评估（CCA）

部件关键性评估是指通过对直接影响系统的关键性部件进行风险评估，确定其在整个系统中的风险程度，并建议控制措施降低其风险。

关键性部件是指系统的某个部件，其运行、接触、数据、控制、报警或故障会对产品的质量参数（功效、特性、安全、纯度、质量）有直接的影响。

非关键性部件是指系统的某个部件，其运行、接触、数据、控制、报警或故障会对产品的质量参数（功效、特性、安全、纯度、质量）有间接的影响或没有影响。

根据功能和部件对产品的影响来评估其GMP关键程度。功能和部件的GMP影响评估以产品的5个质量参数（功效、特性、安全、纯度、质量）为基础。

对于每一项会对产品质量产生影响的功能及所有提供该功能的设备、部件或仪表都归类为关键和非关键两种。

在进行影响性评估时，将根据下列7个问题对系统/设备的各部件进行评估。

Q1：部件是否用于证明符合注册工艺的规定？

Q2：功能/部件是否用于控制一个关键工艺参数？

Q3：功能/部件的正常操作或控制对产品质量或功效具有直接的影响？

Q4：从功能/部件获取的信息被记录为批记录、批放行数据或其他GMP相关文件的一部分？

Q5：部件是否与产品、产品成分或产品内包材直接接触？

Q6：功能/部件是否用于获得、维护或测量/控制可以影响产品质量的关键工艺参数，而对控制系统性能无独立的验证？

Q7：功能/部件是否用于创建或保持某种系统的关键状态？

上述Q1～Q7问题中任何一个的答案为"是"，部件即被评估为关键部件；上述Q1～Q7问题中所有的答案为"否"，部件即被评估为非关键部件。图14-3-3为部件关键性评估（CCA）流程。

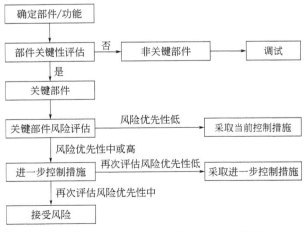

图 14-3-3　部件关键性评估（CCA）流程

以三维运动混合机关键性部件评估为例进行介绍，如表 14-3-4 所示。

表 14-3-4　三维运动混合机关键性部件评估

功能/部件	依据说明	问题（对于下列问题"是"用"Y"，"否"用"N"）							是否关键（Y/N）	备注
		Q1	Q2	Q3	Q4	Q5	Q6	Q7		
机座	用于机器承载的部件	N	N	N	N	N	N	N	N	
混合桶	用于存放待混合的物料，与物料直接接触	N	N	N	N	Y	N	N	Y	
万向摇臂机构	实现三维运动的机械部件	N	N	N	N	N	N	Y	Y	
传动系统	实现三维运行的机械部件	N	N	N	N	N	N	Y	Y	
电气控制系统	用于控制和显示混合时间、混合频率以及三维运动控制	Y	Y	N	Y	N	Y	Y	Y	

（3）关键性部件 FMEA 风险评估

① 风险评级方法　采用失效模式与影响分析（FMEA）方法，将各不同因素相乘：严重程度（S）、可能性（P）及可检测性（D），风险优先系数：RPN＝S×P×D。将S、P、D不同水平以数值区间区分开，并将不同水平等级数值化。

a．严重程度（S）　主要针对厂房设施设备对产品质量的影响程度，将严重程度分为三个等级，见表14-3-5。

表 14-3-5　对厂房设施设备对产品质量的影响程度

严重程度(S)	描述
高(3)	直接影响产品质量要素或工艺与质量数据的可靠性、完整性或可跟踪性。此风险可导致产品召回或退回 未能符合一些 GMP 原则，或直接影响 GMP 原则，可能引起检查或审计中产生偏差。危害生产厂区活动
中(2)	尽管不存在对产品或数据的相关影响，但仍间接影响产品质量要素或工艺与质量数据的可靠性、完整性或可跟踪性 此风险可能造成资源的极度浪费或对企业形象产生较坏影响
低(1)	尽管此类风险不对产品或数据产生最终影响，但对产品质量要素或工艺与质量数据的可靠性、完整性或可跟踪性仍产生较小影响

b．可能性程度（P）　评估风险发生的可能性，为建立统一基线，将可能性分为三个等级，见表14-3-6。

表 14-3-6　对厂房设施设备对产品质量的影响程度

可能性(P)	描述
高(3)	经常发生，影响产品质量的概率比较大
中(2)	比较少发生，可能影响产品质量
低(1)	发生可能性极低

c．可检测性（D）　在潜在风险造成危害前，检测发现的可能性，将可检测性分为三个等级，见表14-3-7。

表 14-3-7　对厂房设施设备对产品质量的影响程度

可检测性(D)	描述
低(3)	通过检测、复核、检查、抽查等方法也难以发现错误
中(2)	通过检测、复核、检查、抽查等方法可能发现错误
高(1)	通过检测、复核、检查、抽查等方法可以发现错误

② RPN（风险优先系数）计算　将各不同因素（严重程度、可能性及可检测性）相乘，可获得风险系数（RPN＝S×P×D）。

a. 当 RPN≥8 时　界定为高风险水平（此为不可接受风险），必须尽快采用控制措施，通过降低风险发生的可能性及（或）提高可检测性来降低最终风险水平。

b. 当 8＞RPN≥4 时　界定为中等风险水平，此风险要求采用控制措施，通过降低风险发生的可能性及（或）提高可检测性来降低最终风险水平，所采用的措施可以是规程或技术措施。

c. 当 RPN＜4 时　界定为低风险水平，此风险水平为可接受，无需采用额外的控制措施。

以三维运动混合机的关键性部件 FMEA 风险评估为例进行介绍，见表 14-3-8。

表 14-3-8　三维运动混合机关键性部件 FMEA 风险评估

编号	关键性部件/功能	采取措施前								需采取的确认或控制措施	采取措施后					
		风险识别	风险分析					风险评价			严重性(S)	发生的可能性(P)	可检测性(D)	RPN=S×P×D	风险水平	风险是否能接受
		潜在的失效模式	潜在失效后果	严重性(S)	失效模式的可能原因	发生可能性(P)	现行控制措施	可检测性(D)	RPN=S×P×D	风险水平						
1	混合桶	材质不符合要求	可能污染产品	3	材质设计选型不符合要求；日常清洁不到位	1	设计选型时加强对材质审核确认	2	6	中等风险	1. DQ、IQ 对混合桶材质进行确认；2.建立设备使用、维护保养与清洁操作规程					
2	万向摇臂机构	故障	无法实现三维混合	2	日常维护保养不到位	1	加强日常维护保养	2	4	中等风险	1. OQ 对设备空载运行进行确认；2.建立设备使用、维护保养与清洁操作规程					
3	传动系统	故障	无法实现三维混合	2	日常维护保养不到位	1	加强日常维护保养	2	4	中等风险	1. OQ 对设备空载运行进行确认；2.建立设备使用、维护保养与清洁操作规程					

第四节　厂房设施设备系统设计确认

一、设计确认（DQ）概述

设计确认（design qualification，DQ）是指有文件记录证明厂房设施、公用系统、设备设计符合其预定用途和 GMP 规范的要求。新的或改造的厂房、设施、设备确认的第一步为设计确认，设计确认是整个确认活动的起点，经过批准的设计确认报告是后续安装确认、运行确认、性能确认活动的基础。

设计确认主要是针对设备/系统选型和设计的技术参数和技术规格对生产工艺适用性和 GMP 规范适用性的审查，通过对照供应商提供的设计图纸、技术文件、使用说明书和供应商对用户需求说明回应，考察设备/系统是否适合产品的生产工艺、清洁消毒、维修保养等方面要求。质量源于良好的设计。良好的设计确认能有效避免设备/系统设计缺陷，降低设备/系统对产品质量的风险；是用户需求得到有效实施的保证。

二、设计确认的法规要求

1. 中国 GMP（2010 年修订版）

第一百四十条　应当建立确认与验证的文件和记录，并能以文件和记录证明达到以下预定的目标：（一）设计确认应当证明厂房、设施、设备的设计符合预定用途和本规范的要求。

附录 11 "确认与验证"第十二条　设计确认应当证明设计符合用户需求，并有相应的文件。

附录 11 "确认与验证"第五十四条　术语　（六）设计确认：为确认设施、系统和设备的设计方案符合期望目标所作的各种查证及文件记录。

2. 欧盟 GMP 附录 15：确认与验证

设备、设施、公用系统确认的下一阶段的工作是 DQ，在这一阶段中证明设计符合 GMP，并进行记录。在设计确认过程中，应当核实用户需求说明的要求。

3. WHO GMP 验证附录 6 确认指南（2018 年征求意见稿）

DQ 应证实所设计的系统符合 URS 中定义的预期用途。

三、设计确认的内容

（1）设计确认的准备工作

确认 URS 是现行版本且已经得到批准并得到供应商的回应；确认供应商提供的设备/系统的设计技术文件是现行版本且已经得到批准。

（2）设计确认内容

① 目的　用于描述设备/系统设计确认的目的。例如，本设计确认目的为确认××车间的××设备/系统，是按照中国 GMP 以及用户需求说明进行设计。本设计确认主要是对××设备/系统选型和技术规格、技术参数和图纸等文件对生产工艺适用性的审查，通过审查确认系统/设备用户要求说明中的各项内容得以实施；并考察系统/设备是否适合该产品的生产工艺、维修保养、清洗等方面的要求。

② 范围　用于描述设备/系统设计确认的范围。例如，本设计确认的范围为××车间的××设备/系统的设计确认。设备型号规格：××。

③ 职责　用于描述设备/系统设计确认小组成员或部门职责。

④ 设备/系统描述　用于描述设备/系统功能、结构、性能、原理、安装区域等。例如，以某公司纯化水制备系统为例：××车间的纯化水制备系统主要由机械过滤器、活性炭过滤器、保安过滤器、二级反渗透系统、EDI 单位、纯化水贮罐等组成，安装于××车间制水间（房间编号：××）设计产量为 $10m^3/h$，纯化水机制备的纯化水储存在储罐内，主要供××车间、注射用水和纯蒸汽原料水使用。该系统能持续提供符合中国现行药典 ChP 2015 版相关规定和 GMP 要求的纯化水。该系统采用西门子 PLC 控制系统，通过触摸屏进行操作。可以在线监测进水流量、各单元产水指标、产水温度、电导率等并设有适当的报警。

⑤ 设备/系统参考标准/指南　用于描述本设计确认适用的、参考的法律、法规、国际标准、国家标准、行业标准、公司指南、公司标准操作程序（SOP）等技术资料。

⑥ 术语　用于解释和说明设计确认中用到的专业术语、缩略语。

⑦ 设计确认内容　用于描述设备/系统设计确认的具体内容，针对不同的设备/系统其内容有所不同，但通常至少包含以下内容：

a. 文件条件　用于确认设备/系统设计确认需要的 URS 和设计技术文件及图纸确认。检查××设备/系统 URS 和供应商提供的设计技术文件、图纸齐全且是经过批准的现行版本，并为后续的确认提供帮助。

b. 培训确认　用于确认设备/系统设计确认所有参与人员经过培训。

c. 部件确认　用于确认设备/系统关键部件选型符合 URS 和 GMP 规范要求。

d. 材质确认　用于确认设备/系统的材质特别是与物料直接接触的部件材质符合 URS 和 GMP 规范

要求。该部分也可以与第三项部件确认合并进行。

e. 设计/运行参数确认　用于确认设备/系统设计/运行参数（在线清洗或灭菌可以在该部分体现，也可以单独体现）符合 URS 和 GMP 规范要求。

f. 安装要求确认　用于确认设备/系统（特别是厂房、空调系统、水系统等）的安装过程和安装质量符合 URS 和 GMP 规范要求。

g. 安全确认　用于确认设备/系统安全设计符合 URS 和 GMP 规范要求。

h. 公用工程确认　用于确认设备/系统需要的公用工程（压缩空气、氮气、水、电、真空系统等）能符合 URS 和 GMP 规范要求。

i. 控制系统确认　用于确认设备/系统的控制系统设计能满足 URS 和 GMP 规范要求。

（3）设计确认过程注意事项

① 设计确认过程记录、数据应满足数据可靠性要求，并及时整理、汇总和分析。

② 发生的偏差和变更应按偏差控制和变更管理要求进行处理。

③ 对比用户需求说明和供应商技术文件建议采用表格的方式，逐条对比并及时记录对比结果。

④ 设计确认不仅仅将用户需求说明与供应商提供的技术参数、规格对比，更重要的是通过对比过程将设备/系统对产品质量的风险在设计阶段予以降低或避免。

第五节　厂房设施设备系统工厂验收与现场验收

一、工厂验收测试（FAT）

1. 概述

工厂验收测试（factory acceptance testing，FAT）是指系统、设备或设施完成生产制造后，发货前在系统、设备或设施制造场所由供应商主导客户参与，对即将交付的系统、设备或设施进行相关测试以确保其符合预期标准的一系列测试活动。工厂验收测试通常由设备/系统供应商进行客户参与的在发货前对设备进行检查并测试设备/系统的文件、安装和功能的符合性，以便及时发现设备/系统的缺陷并更快、更有效地进行补救，也避免了设备/系统运输到客户现场后才发现缺陷而延迟工期。工厂验收测试也可以委托有资质的第三方进行，完成测试后经签字确认，各项指标符合供应商与客户约定的验收要求后就可以安排交货。

2. 法规要求

（1）欧盟 GMP 附录 15：确认与验证

设备，尤其是具备新的或者复杂技术时，如果可行，可在供应商交货前进行评估。

如果可行，设备在安装前应在供应商处确认与 URS 或者功能说明的符合性。

如果能证明运输和安装不会影响设备的功能，文件审核和一些测试只要在 FAT 阶段进行即可，而不需要在现场 IQ/OQ 期间再次重复，这样是合适的也是合理的。

（2）WHO GMP 验证附录 6：确认指南（2018 年征求意见稿）

当设施或设备在买方之外其他场地或最终使用方场地完成组装或部分组装，根据风险管理原则，可以进行测试和确认以确认其适用并可以发货。

工厂验收测试（FAT）期间进行的检查和测试应被记录。

在发运前，FAT 报告的结论应描述设施或设备的装配和总体状态的可接受性。

3. 工厂验收测试的内容

工厂验收测试属于良好工程管理规范（GEP）的一部分，有助于在设备安装、运行、性能确认前发现问题并在设备制造场所解决，其测试内容可能包括安装确认、运行确认中的一些测试内容，通常为不受运输或安装影响的测试内容；若在工厂验收测试中严格按照 GMP 要求进行测试、复核和记录，则后续的确认可以引用这一部分内容不需要重复进行。工厂验收测试方案和报告通常是由供应商起草并执行，在客户或经客户认可的第三方见证下，经客户审核，双方签字批准。其测试内容一般包含如下内容：文件资料确认（设备使用、维护保养、安装说明书、备品备件清单、材质证明、P&ID 图、电气图等）；设备材质和主要部件确认；控制系统的软硬件确认（包括软件输入/输出的 I/O 接口）；公用工程连接、标识和参数确认；设备的空载运行测试（包括报警和联锁测试）；必要时根据客户提供的物料进行负载功能测试。

二、现场验收测试（SAT）

1. 概述

现场验收测试（site acceptance testing，SAT）是指系统、设备或设施完成运输到达客户现场后，在系统、设备或设施客户的设备使用场所进行的由供应商主导客户参与，对即将交付的系统、设备或设施进行相关测试以确保其符合预期标准的一系列测试活动。与工厂验收测试相比，工厂验收测试是在设备的制造场所进行，现场验收测试是在客户的设备使用场所进行的相关测试以确保其符合预期标准的一系列测试活动，通常现场验收测试更偏重于在设备的制造场所无法进行的测试。此外现场验收测试可以与设备现场安装调试一起进行。

2. 法规要求

（1）欧盟 GMP 附录 15：确认与验证

可以在生产现场收到设备后进行 SAT，以对作为 FAT 的补充。

（2）WHO GMP 验证附录 6：确认指南（2018 年征求意见稿）

根据风险管理原则，设施或设备的可接受测试可以在最终用户接收后进行，此为现场验收测试（SAT）。应记录测试的结果，并在 SAT 报告的结论章节记录设施或设备的可接受性。

3. 现场验收测试的内容

现场验收测试是由供应商在客户设备使用场所在移交设备给客户之前进行的一系列测试活动，其部分测试内容可能与工厂验收测试相同，建议侧重于测试在设备制造场所无法进行的测试。现场验收测试方案和报告通常是由供应商起草并执行，在客户或经客户认可的第三方见证下，经客户审核，双方签字批准。此外若在现场验收测试中严格按照 GMP 要求进行测试、复核和记录，则后续的确认可以引用这一部分内容不需要重复进行。

第六节　厂房设施设备系统安装确认

一、安装确认（IQ）概述

安装确认（installation qualification，IQ）是指为确认安装或改造后的设施、系统和设备符合已批准的设计及制造商建议所作的各种查证及文件记录。应对新的或改造之后的厂房、设施、设备等进行安装确认。

安装确认（IQ）是设备/系统安装后进行的各种系统检查及技术资料的文件化工作；是对供应商提供的技术资料（使用说明书、安装手册、设备图纸、产品合格证等）的核查，对设备、备品备件的检查验收以及设备的安装检查，以确认其是否符合 GMP、厂商的标准及企业特定技术要求的一系列活动；是根据用户需求和设计确认中的技术要求对厂房、设施、设备进行验收并记录。

二、安装确认的法规要求

1. 中国 GMP（2010 年修订版）

中国 GMP（2010 年修订版）第一百四十条以及附录 11 "确认与验证" 第十三条、第十四条，见第十五章 GMP 简介章节。

安装确认至少包括以下内容：根据最新的工程图纸和技术要求，检查设备、管道、公用设施和仪器的安装是否符合设计标准；收集及整理（归档）由供应商提供的操作指南、维护保养手册；相应的仪器仪表应进行必要的校准。

附录 11 "确认与验证" 第五十四条　术语（一）安装确认：为确认安装或改造后的设施、系统和设备符合已批准的设计及制造商建议所作的各种查证及文件记录。

2. 欧盟 GMP 附录 15：确认与验证

设备、设施、公用系统或系统都需要 IQ 确认。

IQ 包括但不仅限于以下内容：确认组件、仪器仪表、设备、管道工程和服务设施按照设计图纸和规格说明正确安装；确认按照预定标准正确安装；收集并核对供应商的操作手册和维修要求；仪表校准；材质的确认。

3. WHO GMP 验证附录 6：确认指南（2018 年征求意见稿）

设施和设备应在合适的位置安装正确。安装应有文件证实。应符合 IQ 方案，包括所有相关细节。IQ 应包括相关部件的鉴定、核实和安装，如服务器、控制器和计量。仪器、控制和显示设备的校准应在现场进行，除非经过适当论证。校准应可追溯至国家或国际标准。应有可追溯的证书。方案的执行应在报告中记录。报告应包括，如标题、目的、位置、供应商和生产商的详细信息、系统或设备的名字以及唯一编号、型号和序列号、安装日期、所执行的测试、部件及其标识号或代码以及构成材料、测试的实际结果和测试、检验遵循的相关规程和证书（如适用）。偏差和不符合情况应被记录，调查和纠正或论证，包括那些不符合 URS、DQ 和既定接收标准的情形。通常在 OQ 开始前，应在报告的结论中记录 IQ 的结果。校准、维护和清洁的要求和规程通常在 IQ 或 OQ 期间完成。

三、安装确认的内容

1. 安装确认的准备工作

① 确认设备/系统设计确认报告已完成并经批准，没有未关闭的偏差或存在的偏差不影响安装确认；

② 确认现场安装调试报告（SAT）已完成并经批准，没有未关闭的偏差或存在的偏差不影响安装确认；

③ 检查安装确认需要的设备/系统的使用说明书、图纸、备品备件清单、与药品直接接触部件材质证明和粗糙度证明、仪器/仪表一览表等齐全。

2. 安装确认内容

① 目的　用于描述设备/系统安装确认的目的。例如，本安装确认的目的为检查和证明××车间的××设备/系统是按照相应设计标准设计，并按照生产商/供应商所提供安装手册要求进行安装，关键部件安装正确且和设计要求一致，设备应配备的技术资料齐全，能够满足中国 GMP 要求。安装确认检查将按照该确认方案实施并记录。

② 范围　用于描述设备/系统安装确认的范围。例如，本安装确认的范围为××车间的××设备/系统的安装确认。设备型号规格：××。

③ 职责　用于描述设备/系统安装确认小组成员或部门职责。

④ 设备/系统描述　用于描述设备/系统功能、结构、性能、原理、安装区域等。参照设计确认中关于设备/系统的描述。

⑤ 设备/系统参考标准/指南　用于描述本安装确认适用的、参考的法律、法规、国际标准、国家标

准、行业标准、公司指南、公司标准操作程序（SOP）等技术资料。

⑥ 术语　用于解释和说明安装确认中用到的专业术语、缩略语。

⑦ 安装确认内容　用于描述设备/系统安装确认的具体内容，针对不同的设备/系统，其内容有所不同，但通常至少包含以下内容：

a. 先决条件确认　用于确认设备/系统安装确认需要的设计确认和现场安装调试验收测试报告已完成并经批准，且没有未关闭的偏差或存在的偏差不影响安装确认，并为后续的确认提供帮助。

b. 人员确认　用于确认所有参与执行 IQ 方案的人员并签名确认。

c. 文件确认　用于确认检查、安装、维修设备/系统所需文件的完整性、可读性；核查并记录这些文件和资料的文件名称、编号、版本号以及存放位置（含图纸，如洁净区工艺平面布局图等还需要有专门的"竣工"标识）。

d. 培训确认　用于确认设备/系统安装确认所有参与人员经过培训。

e. 部件确认　检查和记录设备/系统部件的名称、规格、型号、技术参数、制造商等信息，应与供应商提供的部件清单和设计标准一致。

f. 材质和表面粗糙度确认　检查和复印供应商提供的设备/系统材质证明和表面粗糙度证明，并核查是否与供应商提供的部件材质描述和设计标准一致。

g. 仪器/仪表校准确认　检查和记录仪器/仪表的名称、规格型号、编号、用途、安装位置、校准证书（并附上校准证书复印件）等，并核查所有仪器/仪表是否经过校准并在有效期内。

h. 安装情况确认　对照设备/系统的图纸和供应商提供的安装手册检查设备/系统的机械、电气安装等是否与供应商提供的安装手册和设计标准一致。此外如水系统管路涉及焊接还应进行焊接情况检查确认等。

i. 公用系统安装连接确认　检查公用系统与设备连接情况，并确认公用系统的技术参数能满足设备/系统的使用要求。

j. 软件安装确认　涉及计算机化系统的设备/系统还应对软件安装情况进行检查确认，检查并记录设备/系统软件名称、版本号并按照供应商提供的安装手册安装成功且与设计标准一致。

k. 控制系统确认　检查设备/系统的控制系统安装与设计标准一致。

l. 其他确认　此外根据设备/系统情况可能还会进行一些其他项目确认，如润滑剂确认、排水能力确认、管道压力测试等确认。

3. 安装确认过程注意事项

① 安装确认过程记录、数据应满足数据可靠性要求，并及时整理、汇总和分析。

② 发生的偏差和变更应按偏差控制和变更管理要求进行处理。

③ 若安装调试验收与安装确认同步进行时，调试验收过程按照安装确认要求进行的测试或检查记录可以以附件形式作为安装确认记录，不需要重复测试，但是必须保证调试验收的文件记录符合 GMP 要求并有质量管理部的参与。

④ 安装确认可以请第三方或供应商参与，但参与者必须具有相应资质并经过培训，且药企自己必须参与并对方案和报告进行审核、批准。

第七节　厂房设施设备系统运行确认

一、运行确认（OQ）概述

运行确认（operation qualification，OQ）是指为确认已安装或改造后的设施、系统和设备能在预期的范围内正常运行而进行的试车、查证及文件记录。运行确认应在安装确认完成之后进行，其测试项目应根据工艺、系统和设备的相关知识制定，应包括操作参数的上下限度（最高温度和最低温度、最快转速和最慢转速、最快速度和最慢速度等），必要时应选择"最差条件"；此外测试应重复足够的次数以确保结果可靠并且有意义。

运行确认是通过功能测试等方式，证实设备/系统各项运行技术参数（包括运行状况）能满足用户需求说明和设计确认报告的技术标准，证明设备/系统各项技术参数能否达到预定用途的一系列活动。运行确认是确认设备/系统有能力在规定的限度和允许范围内稳定可靠运行。

二、运行确认的法规要求

1. 中国 GMP（2010 年修订版）

中国 GMP（2010 年修订版）第一百四十条，详见第十五章 GMP 简介。

附录 11：确认与验证第十五条　企业应当证明厂房、设施、设备的运行符合设计标准。运行确认至少包括以下方面：根据设施、设备的设计标准制定运行测试项目。试验/测试应在一种或一组运行条件之下进行，包括设备运行的上下限，必要时选择"最差条件"。

附录 11"确认与验证"第十六条　运行确认完成后，应当建立必要的操作、清洁、校准和预防性维护保养的操作规程，并对相关人员培训。

附录 11"确认与验证"第五十四条　术语　（一）运行确认：为确认已安装或改造后的设施、系统和设备能在预期的范围内正常运行而做的试车、查证及文件记录。

2. 欧盟 GMP 附录 15：确认与验证

通常 IQ 结束后开始执行 OQ，但根据设备的复杂程度，也可以将二者合并为 IOQ 执行。

OQ 包括并不仅限于以下内容：依据工艺、系统和设备相关知识制定测试内容，以证明系统能够按照设计运行。测试需要确认设备运行的上下限和/或最差条件。

OQ 完成后，应当建立标准操作和清洁程序，操作人员培训以及预防维护保养要求。

3. WHO GMP 验证附录 6：确认指南（2018 年征求意见稿）

设施和设备应正确运行，并且其运行应被确认符合 OQ 方案。OQ 通常在 IQ 之后，但是根据设施或设备的复杂性，也可以组合进行安装/运行确认（IOQ）。

OQ 应包括但不限于如下：基于工艺、系统和设备知识而进行的测试，以确保设施或设备按照设计运行。用以确认操作上下限度范围和/或"最差条件"的测试。

应对设施和设备的操作人员进行培训，并有培训记录。

校准、清洁、维护、培训和相关测试以及结果应被确认可以接受。

偏差和不符合情况应被记录，调查和纠正或论证。

运行确认的结果应被记录于 OQ 报告中。通常在 PQ 开始前，OQ 的结果应被记录于报告的结论中。

三、运行确认的内容

1. 运行确认的准备工作

① 确认设备/系统安装确认报告已完成并经批准，没有未关闭的偏差或存在的偏差不影响运行确认；

② 检查运行确认需要的设备/系统的使用说明书、图纸、标准操作规程、仪器/仪表一览表等齐全。

2. 运行确认内容

① 目的　用于描述设备/系统运行确认的目的。例如，本运行确认的目的是通过记录在案的测试，确定××车间的××设备/系统按照设计要求在规定的限度和容许范围内能够正常地使用，稳定可靠，能够满足中国 GMP 的要求。运行确认的测试和检查的结果将按照该确认方案进行记录。

② 范围　用于描述设备/系统运行确认的范围。例如，本运行确认的范围为××车间的××设备/系统的运行确认。设备型号规格：××。

③ 职责　用于描述设备/系统运行确认小组成员或部门职责。

④ 设备/系统描述　用于描述设备/系统功能、结构、性能、原理、安装区域等。参照设计确认中关

于设备/系统的描述。

⑤ 设备/系统参考标准/指南　用于描述本运行确认适用的、参考的法律、法规、国际标准、国家标准、行业标准、公司指南、公司标准操作程序（SOP）等技术资料。

⑥ 术语　用于解释和说明运行确认中用到的专业术语、缩略语。

⑦ 运行确认内容　用于描述设备/系统运行确认的具体内容，针对不同的设备/系统其内容有所不同，但通常包含以下内容：

a. 先决条件确认　用于确认设备/系统运行确认需要的安装确认报告已完成并经批准，且没有未关闭的偏差或存在的偏差不影响安装确认，并为后续的确认提供帮助。

b. 人员确认　用于确认所有参与执行OQ方案的人员并签名确认。

c. 文件（SOP）确认　用于确认设备/系统运行确认所需文件（使用、清洁、维护保养 SOP）的完整性、可读性；记录并核查这些文件和资料的文件名称、编号、版本号以及存放位置。

d. 培训确认　用于确认设备/系统运行确认所有参与人员经过培训。

e. 仪器/仪表校准确认　通过检查和记录仪器/仪表（包括 OQ 测试需要的仪器仪表）的名称、规格型号、编号、用途、安装位置、校准证书（并附上校准证书复印件）等，核查所有仪器/仪表是否经过校准并在有效期内。

f. 功能测试　通过设备使用说明书及 SOP 对设备的基本功能（特别是可能影响产品质量的关键参数，包括功能的上下限度，此外还包括设备 SIP、CIP）、系统控制功能（报警、自动控制、手动操作）、安全方面的功能（如设备的急停开关功能、安全连锁功能）进行测试，从而确认设备运行状况与预定要求和设计标准一致。

g. 断电再恢复确认　确认设备/系统正常运行时若出现断电将停止运行，断电再恢复电力后设备/系统不能自动运行处于待机状态，断电前设定的参数或获得的电子记录应保存完整无丢失。

h. 权限确认　涉及计算机化系统的设备/系统应考虑进行此项确认，确认只有输入正确的账号、密码才能进入 HMI（人机操作界面）相应的页面，只有输入正确的密码才能进入 HMI 操作，错误的密码不得访问系统，以及根据需要通常分为三级权限管理等。

i. 操作规程适用性确认　确认起草的使用、维护保养与清洁操作规程能满足日常使用，并根据确认结果对规程进行完善定稿。

j. 其他确认　此外根据设备/系统情况可能还会进行一些其他项目确认，如喷淋球覆盖能力测试、审计追踪功能确认、数据存储备份恢复确认、输入/输出确认等。

3. 运行确认过程注意事项

① 运行确认过程记录、数据应满足数据可靠性要求，并及时整理、汇总和分析。

② 发生的偏差和变更应按偏差控制和变更管理要求进行处理。

③ 若安装调试验收与运行确认同步进行时，调试验收过程按照安装确认要求进行的测试或检查记录可以以附件形式作为运行确认记录，不需要重复测试，但是必须保证调试验收的文件记录符合 GMP 要求并有质量管理部的参与。

④ 运行确认可以请第三方或供应商参与，但参与者必须具有相应资质并经过培训，且药企自己必须参与并对方案和报告进行审核、批准。

⑤ 运行确认完成后应将设备/系统纳入企业预防性维护计划、校准计划。

第八节　厂房设施设备系统性能确认

一、性能确认（PQ）概述

性能确认（performance qualification，PQ）是指为确认已安装连接的设施、系统和设备能够根据批准的生产方法和产品的技术要求有效稳定（重现性好）运行所作的试车、查证及文件记录。性能确认通常应在安装确认和运行确认完成之后执行。性能确认既可以作为一个单独的活动进行，在有些情况下也可以考虑将性能确认与运行确认结合在一起进行。

性能确认（PQ）是为了证明设备/系统是否能达到设计标准和GMP规范要求而进行的系统性检查和试验。就公用系统或辅助系统而言，性能确认是公用系统或者辅助系统确认的终点，如空调系统（HVAC）、纯化水系统、压缩空气系统等。对于生产设备而言，性能确认系指使用与实际生产相同的物料或产品（也可以使用具有代表性的模拟物料或产品）通过系统联动试车的方法，考察工艺设备运行的可靠性、关键运行参数的稳定性和运行结果的重现性的一系列活动。当最终性能确认报告批准后，设备/系统可用于正常生产操作或工艺验证。

二、性能确认的法规要求

1. 中国GMP(2010年修订版)

第一百四十条　应当建立确认与验证的文件和记录，并能以文件和记录证明达到以下预定的目标：（四）性能确认应当证明厂房、设施、设备在正常操作方法和工艺条件下能够持续符合标准。

附录11"确认与验证"第十七条、第十八条。

附录11"确认与验证"第五十四条　术语（八）性能确认：为确认已安装连接的设施、系统和设备能够根据批准的生产方法和产品的技术要求有效稳定（重现性好）运行所作的试车、查证及文件记录。

2. 欧盟GMP附录15：确认与验证

PQ通常应该在IQ和OQ圆满完成后执行。但是在某些情况下也可以被融合在OQ或者工艺验证中实现。

PQ包括并不仅限于以下内容：测试所用生产物料、合格的替代物或者模拟产品应被证明在正常操作条件和最差批次下具有等效特性。测试应该涵盖预期工艺操作范围，除非有来自研发阶段的书面证据证明有现成的操作范围。

3. WHO GMP 验证附录6：确认指南（2018年征求意见稿）

PQ一般在IQ和OQ成功完成后进行。某些情况下，PQ和OQ或工艺联合进行，也是合适的。

PQ应包括但不限于如下：测试，适当时，在最差条件批次使用经证实在正常操作条件下具有同等行为的生产物料、经确认的替代品或模拟产品。测试应覆盖运行范围。

设施和设备性能应一贯地符合其设计标准和URS。其性能确认应按照PQ方案进行。

PQ应有记录（如PQ报告）表明其在规定时间内性能符合要求。生产商应论证PQ完成的时间。

三、性能确认的内容

1. 性能确认的准备工作

① 确认设备/系统安装确认和运行确认报告已完成并经批准，没有未关闭的偏差或存在的偏差不影响性能确认；

② 检查性能确认需要的设备/系统的相关SOP已批准并齐全；

③ 检查性能确认需要的相关检验方法已完成方法学验证；

④ 检查性能确认需要的仪器仪表已经校准并在有效期内。

2. 性能确认内容

① 目的　用于描述设备/系统性能确认的目的。例如，本性能确认的目的是证明××车间的××设备/系统在负载条件下能持续稳定可靠运行，能够满足设计标准和中国GMP的要求。性能确认的测试和检查的结果将按照该确认方案进行记录。

② 范围　用于描述设备/系统性能确认的范围。例如：本性能确认的范围为××车间的××设备/系统的性能确认。设备型号规格：××。

③ 职责　用于描述设备/系统性能确认小组成员或部门职责。

④ 设备/系统描述　用于描述设备/系统功能、结构、性能、原理、安装区域等。参照设计确认中关于设备/系统的描述。

⑤ 设备/系统参考标准/指南　用于描述本性能确认适用的、参考的法律、法规、国际标准、国家标准、行业标准、公司指南、公司标准操作程序（SOP）等技术资料。

⑥ 术语　用于解释和说明性能确认中用到的专业术语、缩略语。

⑦ 性能确认内容　用于描述设备/系统运行确认的具体内容，针对不同的设备/系统其内容有所不同，但通常包含以下内容：

a. 先决条件确认　用于确认设备/系统性能确认需要的安装确认和运行确认报告已完成并经批准，且没有未关闭的偏差或存在的偏差不影响性能确认，并为后续的确认提供帮助。

b. 人员确认　用于确认所有参与执行 PQ 方案的人员并签名确认。

c. 文件（SOP）确认　用于确认设备/系统性能确认所需文件的完整性、可读性；记录并核查这些文件和资料的文件名称、编号、版本号以及存放位置。

d. 培训确认　用于确认设备/系统运行确认所有参与人员经过培训。

e. 仪器/仪表校准确认　检查和记录 PQ 涉及的仪器/仪表的名称、规格型号、编号、用途、安装位置、校准证书（并附上校准证书复印件）等，并核查所有仪器/仪表是否经过校准并在有效期内。

f. 性能测试　根据设备/系统的具体性能，通过采用与实际生产相同的物料或产品（也可以用模拟物料或产品）测试设备/系统负载条件下能持续稳定可靠运行并且产出符合设计标准的产品（如空调系统提供的洁净空气、纯化水系统制备的纯化水、设备生产出的产品等）。例如，粉碎机的粉碎粒度分布和一次粉碎合格率，胶囊填充机的装量差异，压片机的片子重量差异，混合机的颗粒或粉末含量均一性等。此外还应对设备/系统的质量保证和安全保护功能的可靠性以及一些合理的"挑战"进行测试，如剔废功能、无瓶止灌、超载报警、生物指示剂测试等。

3. 性能确认过程注意事项

① 性能确认过程记录、数据应满足数据可靠性要求，并及时整理、汇总和分析。

② 发生的偏差和变更应按偏差控制和变更管理要求进行处理。

③ 性能确认可以请第三方或供应商提供帮助，但参与者必须具有相应资质并经过培训，且药企自己必须参与并对方案和报告进行审核、批准。

第九节　厂房设施设备运行维护与计量校准

一、厂房设施设备运行维护

1. 法规要求

中国 GMP（2010 年修订版）第三十八条、第四十一条、第七十一条、第七十二条、第七十九条、第八十条至第八十九条。见第十五章 GMP 简介章节。

2. 厂房设施设备运行维护的内容

（1）厂房设施设备运行

药品的生产是由经培训考核且资质符合要求的人员，在经过验证并处于受控状态的厂房设施中，使用经验证合格的设备，对从定点合格供应商采购并经检验合格放行的物料，按照注册工艺进行加工的过程。为了确保厂房设施设备有关活动，如清洁、维护、维修、运行等，符合 GMP 要求，厂房设施设备应有相对应的使用、维护保养与清洁操作规程和相应记录，所有活动都应由经过培训合格的人员进行，每次使用后及时填写设备相关记录和使用日志，设备使用或停用时应有状态标识标示。

厂房设施设备的正常运行是药品生产过程控制重要的一环，离开厂房设施设备谈药品生产无异于纸上谈兵。企业为确保厂房设施设备在其生命周期中保持良好状态，应按照 GMP 要求建立良好的使用操作规程，同时对设备使用者进行严格的培训考核，确保设备因运行异常影响药品的生产。

（2）厂房设施设备维护

厂房设施设备维护是保证厂房设施设备在其生命周期中保持完好受控状态的重要手段之一。厂房设施设备维护的目的是为了降低厂房设施设备发生故障的概率，为厂房设施设备可以持续生产出符合预定用途和注册要求的药品提供保证。厂房设施设备的维护通常可以分为两类：预防性维护和基于设备故障后的维修。企业的设备维护或使用人员应定期对设备与工具进行维护保养，防止设备故障或污染对药品的安全性、均一性、有效性等的影响。

（3）预防性维护

为确保厂房设施设备预防性维护实施，企业应建立书面的设备预防性维护标准操作规程和相应预防性维护记录。根据设备的关键程度和特点制定合理的年度预防性维护计划和项目以及相应的维护负责人，并在下一年年初对上一年年度的设备预防性维护情况进行定期回顾审核，以确保设备处于良好的受控状态。设备预防性维护频率和项目制定通常根据设备的用途、供应商建议（包括供应商提供的说明书）、经验等。一个良好的设备年度预防性维护计划通常包括：设备名称、规格型号、设备编号；具体的维护保养内容［包括每个维护项目的周期（频率）、维护时间及期限］；预防性维护的负责部门及人员；基于设备故障后的维修。

当设备在运行中出现故障或发现存在故障隐患时所采取的纠正性的措施，叫做故障维修。主要包括维修或备件更换等活动。企业应建立书面的设备故障维修标准操作规程和相应的维修记录。直接影响系统的设备（也称为关键设备）故障可能对产品的质量产生或大或小的影响，应按照偏差处理程序要求进行调查分析后采取合适的纠正/预防措施。设备故障维修后应根据评估结果进行试机或者部分性能测试，以确保维修完好。设备故障维修后，在生产前应按要求做好设备的清洁消毒，以免污染产品。

二、计量校准

1. 法规要求

中国 GMP（2010 年修订版）第九十条到第九十五条，见第十五章 GMP 简介章节。

计量校准：设备上的仪表测量的准确性，对于设备运行控制具有重大意义。为确保药品质量，企业应当建立相应的计量校准体系和文件来维护设备状态。设备的仪表校准是设备确认的一部分。企业可以自行购买标准计量器具来校准或者购买第三方有资质的校准单位计量服务。仪表应按要求贴上校准标识（绿色准用标签、红色禁用标签、红绿限用标签）。

2. 术语

检定（Verification）是指查明和确认计量器具是否符合法定要求的程序。它包括检查、加标记和（或）出具检定证书。

校准（Calibration）是指在规定条件下，为确定测量仪器或测量系统所指示的量值，或实物量具或参考物质所代表的量值，与对应的由标准所复现的量值之间关系的一组操作。校准结果既可给出被测量的示值，又可确定示值的修正值。校准也可确定其他计量特性，如影响量的作用。校准结果可以记录在校准证书或校准报告中。

检定要依据计量检定规程给出合格与否的结论，校准不需判定计量器具的合格与否。检定发给检定证书或检定结果通知书，而校准发校准证书或校准报告。校准是自下而上的量值溯源，检定是自上而下的量值传递。检定和校准是保证计量溯源性的两种形式。

3. 仪表分类管理

在仪表计量校准管理过程中，企业应按照一定分类规则或者风险评估对仪表进行分类。根据仪表失效是否直接影响到产品质量、工艺或系统性能以及安全和环境，仪表可以分为关键性仪表和非关键性仪表。此外还可以根据计量器具的质量、性能，按公司实际使用地点、操作要求及频次，将计量器具分为

A、B、C 三类：各种计量标准和列入国家强制管理目录的计量器具，工艺、质量、经营管理、能源管理等对计量数据有准确要求和使用较为频繁的计量器具列入 A 类管理；对计量数据有准确度要求，但平时拆装困难或不可能拆卸、某些对测量准确度要求不高和计量性能较稳定、使用频率不高、对计量数据可靠性有一定的要求，但寿命较长，可靠性较高的计量器具列入 B 类管理；在生产、质量管理、经营管理、能源管理过程中，以及要在生产线和装置上固定安装的、不易拆卸而又无严格准确度要求的指示用计量器具、性能很稳定、可靠性高而使用又不频繁的、且量值不易改变的计量器具、国家计量行政部门明令允许一次性使用或实行效期管理的计量器具等列入 C 类管理。

4. 校准周期

在确定测量仪器的校准周期时，一般需要考虑以下因素：设备制造厂商的要求和建议；仪表的关键性、使用场合和使用频次；相关标准或法规；以往校准记录所得的趋向性和漂移量的数据；仪表维护和使用的记录；校准失败的结果；经验。

第十节　厂房设施与设备验证状态维护

验证作为制药企业药品生产质量实现的要素之一，是实现药品过程控制的重要一环。对于设备/系统而言，其验证状态维护尤其重要，可确保设备/系统始终如一地保持持续稳定和受控状态，也可确保设备/系统始终如一地保持符合预定用途和设计标准要求，确保设备/系统始终如一地保持正常生产完好状态，这些同样也是 GMP 所要求的。

一、设备/系统验证状态维护的法规要求

1. 中国 GMP（2010 年修订版）

中国 GMP（2010 年修订版）第八十一条、第一百三十九条、第一百四十二条、第一百四十三条；附录 11 "确认与验证"第五十条、第五十三条。见第十五章 GMP 简介章节。

2. 欧盟 GMP 附录 15：确认与验证

设备、设施、共用系统和系统应有一个合适的周期进行评估，以确认仍维持在受控状态。

如果再确认是必要的，并且在一个特定的时间周期进行时，这个时间周期应合理，评估的标准需要进行定义。此外，应该评估随时间推移出现的小变更的可能性。

3. WHO GMP 验证附录 6：确认指南（2018 年征求意见稿）

设施和设备应在其生命周期内被维护在一个已确认的状态。

设施和设备应被定期回顾以确认其保持在已确认状态并确定再确认的必要性。

当再确认的需要被确定，则需要进行。

在回顾和再确认时应使用风险管理原则，并进一步考虑微小变更累积的可能影响。

风险管理原则应包括校准、检定、维护数据和其他信息。

应有文件规定确认状态和再确认有效期，例如在一份确认矩阵、日程表或计划中。

二、设备/系统验证状态维护策略

设备/系统的首次确认完成之后，应对它们的确认状态进行维护。设备/系统的验证状态维护非常关键，主要是通过 GMP 程序和质量体系来实现的，具体的验证状态维护策略如下：

（1）变更控制

厂房、设施、设备等完成首次确认之后应纳入企业质量体系的变更管理系统进行控制，所有可能影响产品质量的变更都应正式的申请、审核、评估并批准。在设备/系统发生变更时，应通过风险评估来确

定是否需要进行再确认以及再确认的程度。

（2）偏差控制和纠正预防措施（CAPA）

厂房、设施、设备纳入偏差控制和 CAPA 体系中，通过偏差控制可以充分了解厂房、设施、设备状态是否受控或异常，并根据偏差发生的根本原因采取合适的 CAPA 措施（必要时应评估是否需要进行再确认）。确保厂房设施设备在其生命周期内保持验证状态。

（3）年度产品质量回顾

通过年度产品质量回顾，及时掌握厂房设施设备的验证状态。当发现设备/系统有不良趋势时，应进行评估并采取适当的措施。

（4）预防性维护保养

设备/系统的预防性维护保养对于保持设备/系统的完好状态和验证状态尤其重要，当设备/系统完成运行确认后应及时将设备/系统纳入年度预防性维护保养计划中并按时实施，合理科学的预防性维护保养能有效确保设备/系统的验证状态，并减少产品生产过程异常。

（5）定期的校准和检定

校准和检定是有效了解设备/系统状态的手段之一，也是设备/系统确认不可缺少的一部分。

（6）再确认管理

对于设备/系统而言，再确认管理系指设备/系统经过确认并在使用一个阶段以后进行的，旨在证实已确认状态没有发生漂移而进行的确认。具体分为定期再确认、强制性再确认、变更性再确认。在没有发生较大的变更的情况下，可以通过对维护、校准、工作日志、偏差、变更等的定期回顾审核确保厂房、设施、设备等的确认状态。这种周期性回顾可视为再确认。当发生改造、变更或反复出现故障时，需通过风险评估确定是否进行再确认，以及再确认的范围和程度。

总而言之，验证状态的维护是验证的持续过程，企业应有良好的质量体系来保证设备/系统处于验证状态。

第十五章
《药品生产质量管理规范》简介

第一节 《药品生产质量管理规范》简史

一、GMP 背景

1. 药品 GMP 的定义

GMP 是英文 Good Manufacturing Practice 的缩写，中文含义是"良好生产规范"。世界卫生组织将GMP 定义为指导食物、药品、医疗产品生产和质量管理的法规。GMP 是一套适用于制药、食品等行业的强制性标准，要求企业从原料、人员、设施设备、生产过程、包装运输、质量控制等方面按国家有关法规达到卫生质量要求，形成一套可操作的作业规范帮助企业改善企业卫生环境，及时发现生产过程中存在的问题，加以改善。简要地说，GMP 要求制药、食品等生产企业应具备良好的生产设备、合理的生产过程、完善的质量管理和严格的检测系统，确保最终产品质量（包括食品安全卫生）符合法规要求。

2. 药品 GMP 由来

药品 GMP 是由于 20 世纪一些重大的药品灾害性事件作为"催生剂"而诞生的。美国 Massengil 制药公司的磺胺酏剂（sulfanilimide elixir）于 1937 年上市销售。上市后，于 1937～1938 年期间导致 358例患者肝肾中毒，其中 107 例死于肾衰。而美国 1906 年通过的《纯净食品和药品法》并未对药品上市前安全性作出相关规定，因此公众要求对药品法规进行修改和补充的呼声越来越高。

原联邦德国 Chemie Grünenthal 制药厂于 1957 年上市销售的沙利度胺（thalidomide disaster）在其上市后的 1957～1961 年期间导致婴儿发生海豹肢畸形（phocomelia）约 8000 例，导致约 5000～7000 个婴儿在出生前就已经因畸形死亡。而当时美国食品药品监管部门，尤其是负责沙利度胺审评的 Frances Kelsey 医生的坚持，使美国免受其害。沙利度胺事件的发生，使公众对药品法规修订的呼声空前高涨。1962 年 10 月，美国国会通过了对世界药品发展具有深远影响的法案——《科夫沃-哈里斯修正案》，该法案明确要求美国药品生产企业必须实施 GMP 等规定，1963 美国发布实施世界上的第一部 GMP。1969年世界卫生组织（WHO）发布 GMP，向各成员国推荐并于 1977 年确定为 WHO 的法规，标志着 GMP的全球化。

3. 我国 GMP 发展历程

1978 年，我国实施改革开放政策以后，医药行业得到了长足的发展，GMP 概念引入我国。1982 年中国医药工业公司制定了我国第一部行业性《药品生产管理规范》（试行稿）在一些医药企业进行推广。1984 年，国家中医药管理局发布《药品生产质量管理规范》作为行业管理规范在全国推行，1984 年中国医药工业公司制定《药品生产管理规范实施指南》。1988 年，中华人民共和国卫生部（以下简称卫生部）

以 WHO 的 GMP 为蓝本发布《药品生产质量管理规范》，对药品生产质量管理体系、软件和硬件建设做出了相应的规定，以部门规章的形式在医药行业推行。并于 1992 年对其进行了修订。这一时期我国对药品 GMP 的推行，是我国医药行业药品生产质量规范化管理迈出的弥足珍贵的一步，也拉开了我国药品 GMP 认证制度的推行和建立，以及我国医药行业国际化的序幕。

1998 年成立国家药品监督管理局，同年国家药品监督管理局以"结合中国的国情，实事求是地制定修订药品 GMP，逐步与国际先进标准水平接轨"为主导再次修订 GMP，并于 1999 年发布《药品生产质量管理规范》（1998 年修订）附录，作为对无菌药品、非无菌药品、原料药、生物制品、放射性药品、中药制剂等生产和质量管理特殊要求的补充规定。

2011 年卫生部发布《药品生产质量管理规范》（2010 年修订）。随后国家食品药品监督管理局陆续发布无菌药品、原料药、生物制品、血液制品、中药制剂、放射性药品、中药饮片、医用氧、取样、确认与验证、计算机化系统、生化药品等附录作为《药品生产质量管理规范（2010 年修订）》配套文件。2010 年版 GMP 及附录引入质量风险管理和质量管理体系理念，强化了软件要求，提高了部分生产条件标准，在广度和深度上都基本达到了国际水平，标志着我国药品 GMP 进入了一个新的历史发展阶段，为促进我国 GMP 认证国际互认奠定了良好的发展基础。

2019 年 12 月 1 日实施的《中华人民共和国药品管理法》中明确"从事药品生产活动，应当遵守药品生产质量管理规范，建立健全药品生产质量管理体系，保证药品生产全过程持续符合法定要求。"所以符合 GMP 要求实际上已经成为药品生产企业最基本的条件。

二、国外 GMP 简介

1. GMP 分类

国际 GMP 认证按适用范围可分为三类：一是具有国际性质的 GMP，如世界卫生组织(WHO)的 GMP、欧盟(EU)的 GMP、国际药品监查合作计划(PIC/S)制定的 PIC/S-GMP、东南亚国家联盟的 ASEN-GMP 等；二是国家权力机构颁布的 GMP，如美国、日本等国家政府机关制定的 GMP 等；三是工业组织制定的 GMP，如美国制药工业联合会制定的 GMP，其标准不低于美国政府制定的 GMP。

2. PIC/S-GMP 简介

（1）PIC/S 简介

药品检查合作计划（Pharmaceutical Inspection Co-operation Scheme，PIC/S）成立于 1995 年 11 月 2 日，是一个非限制性的、非正式的人用药或兽用药 GMP 领域监管机构之间的合作安排组织。

PIC/S 通过建立和促进统一的 GMP 标准和指南文件，组织药品监管人员特别是 GMP 检查员培训，进行检查员队伍资质评价或再评价，促进药品监管当局和国际组织间相互合作和信息交流等一系列措施来建立各国卫生主管机关的检查互信，实现药品 GMP 认证标准的统一，各成员国官方 GMP 认证报告的互认，以降低药品流通的非关税贸易壁垒，节省人力、时间和物质成本。目前已包括来自世界各地的 52 个参与机构，如阿根廷、澳大利亚、奥地利、比利时、加拿大、克罗地亚、塞浦路斯、捷克、丹麦、爱沙尼亚、芬兰、法国、德国、希腊、匈牙利、冰岛、印度尼西亚、伊朗、爱尔兰、以色列、意大利、日本、韩国、拉脱维亚、列支敦士登、立陶宛、马来西亚、马耳他、墨西哥、荷兰、新西兰、挪威、波兰、葡萄牙、罗马尼亚、新加坡、斯洛伐克共和国、斯洛文尼亚、南非、西班牙、瑞典、瑞士、泰国、土耳其、乌克兰、英国、美国等。

（2）PIC/S-GMP 简介

PIC/S 的 GMP 标准适用于供人用的药品和类似药品。该 GMP 也建议兽用产品的生产也采用同样的标准。PIC/S-GMP 最新版本是 2018 年修订的 PE009-14，此前曾进行过 16 次修订。GMP 文件的修订通常是在 PIC/S 研讨会结束时启动，成立工作小组研究修订文件，修订后的文件经征求 PIC/S 检查机构和行业的意见后由 PIC/S 委员会批准发布。

PIC/S 与我国一样，实行 GMP 认证制度，并为此颁布了《制药工厂基本资料编写指南》（《Guidelines for drafting a Site Master File (SMF)》，简称《Site Master File》）。在药厂申请 GMP 认证之前，必须按照指

南的要求编写药厂的情况介绍。

PIC/S-GMP 框架包括基本 GMP（第一部分）、原料药 GMP（第二部分）和附录，附录后面附有术语表。第一部分包含质量管理，人员，厂房、设施与设备，文件，生产，质量控制，委托生产和检验，投诉和产品召回，自检 9 个部分；第二部分包含质量管理，人员，厂房与设备，工艺设备，文件和记录，物料管理，生产和中间控制，原料药和中间品的包装和标示，储运，实验室检测，验证，变更控制，物料的退回与再利用，投诉和召回，委托生产（包括检验），代理人、经纪人、经销商、分销商，再包装和再贴标签，采用组织培养和发酵技术生产原料药的特殊规程，临床实验中使用的原料药，术语共 20 个部分；附录包含无菌药品生产，人用生物制品生产，放射药品生产，兽用药品生产（除兽用疫苗），兽用疫苗生产，医用气体生产，植物药生产，原辅材料和包装材料的采样，液体制剂、霜剂、膏剂生产，吸入性气雾剂生产，计算机管理系统，药品生产中电离辐射技术的使用，研究用药品的生产，血液制品生产，确认和验证，授权者和批签发，参数放行，原料药生产质量管理规范，参考品和保留样品，质量风险管理 20 个部分。

PIC/S-GMP 代表了国际高水准的药品 GMP，在国际药品生产质量管理规范领域具有广泛的影响力。WHO、结核和疟疾基金会、全球抗击艾滋病等著名国际组织声称 PIC/S 是"严格的监管机构"，认可 PIC/S 成员国批准上市的药品，并将其纳入药品采购计划。

3. WHO-GMP 简介

（1）WHO 简介

世界卫生组织（World Health Organization，简称 WHO）是联合国下属的一个专门机构。它是国际上最大的政府间卫生组织，只有主权国家才能参加。目前世界卫生组织共有 194 个成员国。总部设在日内瓦，一般于每年 5 月举行会议。

世界卫生组织是联合国系统内国际卫生问题的指导和协调机构，组织监测区域和全球卫生状况和趋势，汇集所有关于疾病和卫生系统的信息，是全球卫生信息的监护者，与各国共同致力于提高优质知识资源的生成、共享和利用，努力增强和维持艾滋病毒、结核病、疟疾和被忽视的热带病的预防、治疗和护理，通过接种疫苗减少疾病。世界卫生组织在突发事件中的作用包括指导和协调卫生应对措施，向国家提供支持，开展风险评估，确定重点和制定战略，提供关键的技术指导、供应和资金，并监督卫生状况。世界卫生组织还协助国家加强本国紧急管理风险的核心能力，以预防、防范和应对任何人类健康危害造成的突发事件并协助在突发事件后开展恢复工作。

（2）WHO-GMP 简介

继美国颁布实施 GMP 后，世界卫生组织于 1967 年开始制定 GMP，并于 1969 年完成了第一版 GMP。世界卫生组织规定，药品 GMP 是 WHO 对所有制药企业质量管理体系的要求，1992 年起出口的药品须按照 GMP 规定进行生产，药品出口须出具 GMP 认证正式文件。

世界卫生组织 GMP 总则介绍了 WHO-GMP 的产生和修订历史、GMP 的作用和 GMP 中涉及的术语，并划分 17 个章节，对质量保证、环境卫生和个人卫生、确认和验证、投诉、产品召回、自检、质量审核和供应商的审核和批准、人员、培训、体检、厂房布局、设备、物料、文件系统、生产操作、质量控制等方面规定了原则上的要求。并陆续发布了数据完整性、色谱规范、非无菌制剂空气净化系统、生物制品生产企业 GMP 检查、数据和记录管理、制药用水、验证等主题的专项指南。

WHO-GMP 内容全面而广泛，不但包含药品生产 GMP 指南，还涵盖临床试验用药、药品流通、医院制剂生产 GMP 指南，并出版了相应的培训教材，便于各个国家学习和实施。世界上很多国家和地区已采用 WHO-GMP 作为本国药品 GMP 标准。作为技术框架文件，WHO-GMP 促进了世界各个国家之间药品生产领域的技术交流、国际合作和国际药品贸易交流，也促进了药品生产技术在全球范围内的融合发展。

4. 美国 GMP 简介

（1）美国药品监管机构简介

美国食品药品监督管理局（U.S. Food and Drug Administration，简称 FDA）属于公共卫生科学监管机构，是世界上最大的食品与药物管理机构之一。其主要职能为：保护公共卫生，确保食品（肉和家禽类产品除外）的安全、健康、卫生和标识正确；确保人用和兽用药品、疫苗、生物制品、医疗器械的安全、有效；确保化妆品和膳食补充剂的安全、标识正确；规范烟草制品；推进公共卫生，帮助加快产品创新等。管辖区域包括美国 50 个洲、哥伦比亚特区、波多黎各、关岛、维尔京群岛、美属萨摩亚等。

1938 年，富兰克林·罗斯福总统签署通过了《联邦食品、药品和化妆品法案》，明确要求所有新药上市前必须通过安全性审查，并禁止在药品标签上做虚假宣传，授权 FDA 对药品制造商进行检查和执法，真正赋予 FDA 对食品及药品监督管理的实权。1957 年沙利度胺（反应停）事件，1961 年反应停引发的"海豹胎事件"均由于 FDA 对药物副作用采取的谨慎态度，没有批准该药物进入美国市场，从而使美国幸免于此次药害事件。该事件直接推动了美国药品上市制度的完善。1962 年，美国国会通过《科夫沃-哈里斯修正案》，该法案赋予 FDA 在公共卫生领域极大的权力，并规定安全性为药物监督的基本原则，新药上市前必须进行严格的试验，必须向 FDA 提交有效性和安全性数据。由此，现代 FDA 的法律框架基本形成。

（2）美国 GMP 简介

《美国联邦法规》（Code of Federal Regulations，简称 CFR）是美国联邦政府执行机构和部门在"联邦公报"（Federal Register，简称 FR）中发表与公布的一般性和永久性规则的集成，具有普遍适用性和法律效应。CFR 内容覆盖广泛，其编纂按照法律规范所涉及的领域分为水力资源保护、关税、雇员利益、食品与药品、对外关系、公路等 50 个主题，每个主题之下分卷、章、部分、节、条。

《美国联邦法规》第 21 篇"食品与药品"第 4 卷第 1 章第 210 部（Current Good Manufacturing Practice in Manufacturing，Processing，Packing，or Holding of Drugs；General）为 GMP 概述，阐述了 GMP 的法规地位和适用性。《美国联邦法规》第 21 篇"食品与药品"第 4 卷第 1 章第 211 部（Current Good Manufacturing Practice for Finished Pharmaceuticals）是 GMP 正文，从 A 至 K 共 11 个子部。分别对 GMP 的范围、定义、组织和人员、厂房和设施、设备、成分、药品容器和密封件控制、生产和工艺控制、包装和标签、贮存和分发、实验室控制、记录和报告、召回和回收药品等方面进行了规定。

21CRF 211 是美国 GMP 的总体要求，自 1978 年 GMP 修订之后，FDA 以行业指南的形式发布了 GMP 相关指导性文件、政策声明等，及供 GMP 检查员参考的检查指导性文件，如《制剂生产商现场检查指南》《药品质量控制实验室检查指南》《清洁验证检查指南》等。美国药品 GMP 通常也称为 cGMP（现行药品生产管理规范或动态药品生产管理规范），是英文 Current Good Manufacture Practices 的简称。美国 cGMP 重视软件管理，对生产过程中实质性内容及人员规定了较多要求。2013 年，FDA 提出质量度量（Quality Metrics）概念，旨在通过企业提交的质量度量数据提高 FDA 药品风险预警能力，前置药品质量风险；为制定基于风险的药品检查计划和制定检查政策与规范提供依据；并借此鼓励制药行业实施最先进的创新性药品生产质量管理体系。在 2016 年发布的《质量度量技术一致性指南：技术规范文件》（Quality Metrics Technical Conformance Guide：Technical Specifications Document）修订版中，要求企业报告用于衡量生产工艺的稳定可靠性的批次接收率、用于衡量患者或客户的反馈的产品质量投诉率和用于衡量实验室操作的稳定可靠性的无效 OOS（实验室超标）率三个度量指标。

第二节　GMP 内容理解及发现问题

药品生产质量管理规范（2010 年修订）（卫生部令第 79 号）于 2011 年 2 月 12 日以卫生部令的形式公开发布，并于 2011 年 3 月 1 日起施行。全文分为十四章，即总则、质量管理、机构与人员、厂房与设施、设备、物料与产品、确认与验证、文件管理、生产管理、质量控制与质量保证、委托生产与委托检验、产品的发运与召回、自检、附则，共三百一十三条。

一、总则

GMP中"总则"共四条。阐述了GMP制定的法律依据、实施目的、适用范围和管理目标。

第一条 为规范药品生产质量管理，根据《中华人民共和国药品管理法》《中华人民共和国药品管理法实施条例》，制定本规范。

第二条 企业应当建立药品质量管理体系。该体系应当涵盖影响药品质量的所有因素，包括确保药品质量符合预定用途的有组织、有计划的全部活动。

第三条 本规范作为质量管理体系的一部分，是药品生产管理和质量控制的基本要求，旨在最大限度地降低药品生产过程中污染、交叉污染以及混淆、差错等风险，确保持续稳定地生产出符合预定用途和注册要求的药品。

第四条 企业应当严格执行本规范，坚持诚实守信，禁止任何虚假、欺骗行为。

【理解要点】

（1）GMP作为质量管理体系的一部分，是药品生产质量和质量控制的基本要求，因此实施GMP的目的是"最大限度地降低药品生产过程中污染、交叉污染以及混淆、差错等风险，确保持续稳定地生产出符合预定用途和注册要求的药品"。

（2）明确企业在执行GMP时应"坚持诚实守信，禁止任何虚假、欺骗行为"。

【发现问题】

（1）检查企业质量纲领性文件，如质量手册，发现未包括对销售运输等的管理。

（2）编造或篡改生产检验记录。

二、质量管理

GMP中"质量管理"这一章分为四节，共十一条。它是GMP编写的总框架和纲领。主要阐述了质量保证、生产质量管理、质量控制、质量风险管理的概念和关系。

第一节 原 则

第五条 企业应当建立符合药品质量管理要求的质量目标，将药品注册的有关安全、有效和质量可控的所有要求，系统地贯彻到药品生产、控制及产品放行、贮存、发运的全过程中，确保所生产的药品符合预定用途和注册要求。

第六条 企业高层管理人员应当确保实现既定的质量目标，不同层次的人员以及供应商、经销商应当共同参与并承担各自的责任。

第七条 企业应当配备足够的、符合要求的人员、厂房、设施和设备，为实现质量目标提供必要的条件。

【理解要点】

（1）药品质量管理体系适用于整个产品的生命周期，包括产品研发、技术转移、产品生产、产品储运、产品使用。

（2）高层管理者是指拥有指挥和控制企业或者组织的最高权力的人或团队。高层管理者应提供合适、充足的资源，包括人力资源和基础设施，对其进行监督和维护，并持续改进其有效性。基础设施具体包括建筑物、工作场所和相关的设施，企业应确定和管理为达到质量要求所需的工作条件，如洁净度、温湿度、照明、噪声等。

（3）质量管理体系中承担任何职务的人员都有可能直接或者间接影响产品质量，因此，质量不但是高层管理人员的责任，更需要全员参与其中，各自承担不同层级的质量责任。

【发现问题】

（1）企业未对质量目标进行层层分解。

（2）企业质量管理体系中各级相关部门和员工未理解相应的质量目标，如车间工艺员不清楚企业质量目标。

（3）企业未配备足够的、符合要求的人员。人员的资质包括：人员应具备相应的资质和能力；基于教育背景、培训、技能、经验和工作实绩所具有的质量意识。

第二节　质量保证

第八条　质量保证是质量管理体系的一部分。企业必须建立质量保证系统，同时建立完整的文件体系，以保证系统有效运行。

第九条　质量保证系统应当确保：

（一）药品的设计与研发体现本规范的要求；

（二）生产管理和质量控制活动符合本规范的要求；

（三）管理职责明确；

（四）采购和使用的原辅料和包装材料正确无误；

（五）中间产品得到有效控制；

（六）确认、验证的实施；

（七）严格按照规程进行生产、检查、检验和复核；

（八）每批产品经质量受权人批准后方可放行；

（九）在贮存、发运和随后的各种操作过程中有保证药品质量的适当措施；

（十）按照自检操作规程，定期检查评估质量保证系统的有效性和适用性。

第十条　药品生产质量管理的基本要求：

（一）制定生产工艺，系统地回顾并证明其可持续稳定地生产出符合要求的产品。

（二）生产工艺及其重大变更均经过验证。

（三）配备所需的资源，至少包括：

1. 具有适当的资质并经培训合格的人员；

2. 足够的厂房和空间；

3. 适用的设备和维修保障；

4. 正确的原辅料、包装材料和标签；

5. 经批准的工艺规程和操作规程；

6. 适当的贮运条件。

（四）应当使用准确、易懂的语言制定操作规程。

（五）操作人员经过培训，能够按照操作规程正确操作。

（六）生产全过程应当有记录，偏差均经过调查并记录。

（七）批记录和发运记录应当能够追溯批产品的完整历史，并妥善保存、便于查阅。

（八）降低药品发运过程中的质量风险。

（九）建立药品召回系统，确保能够召回任何一批已发运销售的产品。

（十）调查导致药品投诉和质量缺陷的原因，并采取措施，防止类似质量缺陷再次发生。

【理解要点】

（1）质量保证涵盖了影响产品质量的所有因素，是为了确保药品符合其预定用途并达到规定的质量要求所采取的所有措施的总和。

（2）质量保证系统有效运行的条件是要有完整的文件体系，明确质量保证系统涵盖的范围、组成及运行的具体要求，并应对质量保证系统进行定期审计，评估其有效性和适用性。

【发现问题】

（1）企业文件体系不完善，缺少新员工的培训、上岗管理文件。

（2）质量保证体系未涵盖药品的设计与研发部分。

（3）企业未建立药品召回系统。

第三节　质量控制

第十一条　质量控制包括相应的组织机构、文件系统以及取样、检验等，确保物料或产品在放行前完成必要的检验，确认其质量符合要求。

第十二条 质量控制的基本要求：

（一）应当配备适当的设施、设备、仪器和经过培训的人员，有效、可靠地完成所有质量控制的相关活动；

（二）应当有批准的操作规程，用于原辅料、包装材料、中间产品、待包装产品和成品的取样、检查、检验以及产品的稳定性考察，必要时进行环境监测，以确保符合本规范的要求；

（三）由经授权的人员按照规定的方法对原辅料、包装材料、中间产品、待包装产品和成品取样；

（四）检验方法应当经过验证或确认；

（五）取样、检查、检验应当有记录，偏差应当经过调查并记录；

（六）物料、中间产品、待包装产品和成品必须按照质量标准进行检查和检验，并有记录；

（七）物料和最终包装的成品应当有足够的留样，以备必要的检查或检验；除最终包装容器过大的成品外，成品的留样包装应当与最终包装相同。

【理解要点】

（1）质量控制也是质量管理的一部分，强调的是质量要求。

（2）企业应设置合理的质量控制组织机构，有足够的人员保证质量检验工作的完成。

（3）应按照规定的方法和规程对原辅料、包装材料、中间产品和成品进行取样、检验和复核，以保证这些物料和产品的成分、含量、纯度和其他属性符合已经确定的质量标准。

（4）应对购入的仪器、设备进行安装、运行及性能确认。

（5）应对购入的试剂、试液、标准物质、滴定液、培养基等进行供应商评估并按内控标准进行必要的检验。

（6）应对原辅料、包装材料、中间产品、待包装产品和成品的检验标准及方法进行必要的验证或确认。

【发现问题】

（1）标准品的领用、使用记录不全，不可追溯。

（2）中间产品委托车间岗位人员进行取样，但未对取样人进行相关的培训。

（3）企业的质管员兼任检验员。

（4）企业配制的微生物限度用培养基无配制记录。

第四节　质量风险管理

第十三条 质量风险管理是在整个产品生命周期中采用前瞻或回顾的方式，对质量风险进行评估、控制、沟通、审核的系统过程。

第十四条 应当根据学科知识及经验对质量风险进行评估，以保证产品质量。

第十五条 质量风险管理过程所采用的方法、措施、形式及形成的文件应当与存在风险的级别相适应。

【理解要点】

（1）质量风险管理是在产品生命周期内通过掌握足够的知识、事实、数据后，对质量风险进行评估、控制、信息交流和回顾评审，将质量风险控制在可接受的水平，避免危害发生。

（2）企业必须科学地对产品整个生命周期进行质量风险评估，在质量风险管理过程中，企业采取的方法、措施、形式和文件应与风险的级别相适应。

（3）应配备具有足够知识和判断力的人员进行有效的管理，及时发现影响药品质量的不安全因素，主动防范质量事故的发生，以最大限度保证产品和上市药品的质量。

【发现问题】

（1）企业全部质量风险评估是由质管员独自撰写完成。

（2）企业进行了包装工序质量风险评估，采取了包装生产前进行待包装产品确认的质量风险降低措施降低了质量风险，但是未通过文件修订将风险降低措施固化在文件中。

三、机构与人员

GMP中"机构与人员"这一章分为四节，共二十二条。机构和人员是建立和实施质量体系的重要资源。本章主要明确了企业应建立与生产规模相适应的组织机构，药品生产与质量管理人员应具有相应的权限与责任，明确各级人员管理职责并形成文件，加以实施和保持，持续改进其有效性。

第一节 原 则

第十六条 企业应当建立与药品生产相适应的管理机构，并有组织机构图。

企业应当设立独立的质量管理部门，履行质量保证和质量控制的职责。质量管理部门可以分别设立质量保证部门和质量控制部门。

第十七条 质量管理部门应当参与所有与质量有关的活动，负责审核所有与本规范有关的文件。质量管理部门人员不得将职责委托给其他部门的人员。

第十八条 企业应当配备足够数量并具有适当资质（含学历、培训和实践经验）的管理和操作人员，应当明确规定每个部门和每个岗位的职责。岗位职责不得遗漏，交叉的职责应当有明确规定。每个人所承担的职责不应当过多。

所有人员应当明确并理解自己的职责，熟悉与其职责相关的要求，并接受必要的培训，包括上岗前培训和继续培训。

第十九条 职责通常不得委托给他人。的确需委托的，其职责可委托给具有相当资质的指定人员。

【理解要点】

（1）机构是企业为实现共同目标而设置的互相协助的团体，是企业进行质量管理的基本单位。

（2）企业管理者负责建立合适的组织架构、赋予质量管理体系发挥职能的领导权并明确相应人员的职责和授权。

（3）应根据企业的规模、质量目标、职责分配等来建立合适的组织机构，没有固定的模式，但应设置单独的质量管理部门，以保证质量管理工作的独立性。

（4）人员是组织机构建立和运行的基础，因此，配备足够数量并具有适当资质的人员是保证药品质量的关键因素。人员的资质一般包含三方面：个人学历、工作经验和所接受的培训。

（5）人员的岗位职责必须以文件形式明确规定，一般包括三个方面的内容：职责的建立、职责的授权和职责的委托。

【发现问题】

（1）组织机构图中人员与实际岗位人员不符。

（2）将中间产品的取样、检验等职责交由生产部门负责。

（3）企业培训落实不到位，如个别人员存在代培训现象，培训效果不佳。

（4）质量管理部门与生产部门人员不足，导致偏差或检验结果超标多次发生。

（5）企业质量受权人将部分权力转授权给车间质管员，该质管员虽接受过质量受权人培训，但尚未取得质量受权人培训证书。

第二节 关键人员

第二十条 关键人员应当为企业的全职人员，至少应当包括企业负责人、生产管理负责人、质量管理负责人和质量受权人。

质量管理负责人和生产管理负责人不得互相兼任。质量管理负责人和质量受权人可以兼任。应当制定操作规程确保质量受权人独立履行职责，不受企业负责人和其他人员的干扰。

第二十一条 企业负责人

企业负责人是药品质量的主要责任人，全面负责企业日常管理。为确保企业实现质量目标并按照本规范要求生产药品，企业负责人应当负责提供必要的资源，合理计划、组织和协调，保证质量管理部门独立履行其职责。

【理解要点】

（1）人是 GMP 实施过程中的一个重要因素，关键人员是指对企业的生产质量起关键的作用并负有主要责任的人员。

（2）关键人员相关联的职责权限应连贯、不冲突，关键职责不得有空缺，每个关键人员所承担的职责不应过多，以免导致质量风险。

（3）企业负责人应为质量管理体系的运行提供必要的资源，包括人力资源、基础设施和工作环境等。

【发现问题】

（1）产品检验发生偏差尚未处理完成，在企业负责人和销售负责人干预下将产品以合格品放行。

（2）企业负责人未对企业质量体系运行情况进行评估。

（3）企业负责人未接受关于质量管理方面的培训。

第二十二条　生产管理负责人

（一）资质

生产管理负责人应当至少具有药学或相关专业本科学历（或中级专业技术职称或执业药师资格），具有至少三年从事药品生产和质量管理的实践经验，其中至少有一年的药品生产管理经验，接受过与所生产产品相关的专业知识培训。

（二）主要职责

1. 确保药品按照批准的工艺规程生产、贮存，以保证药品质量；

2. 确保严格执行与生产操作相关的各种操作规程；

3. 确保批生产记录和批包装记录经过指定人员审核并送交质量管理部门；

4. 确保厂房和设备的维护保养，以保持其良好的运行状态；

5. 确保完成各种必要的验证工作；

6. 确保生产相关人员经过必要的上岗前培训和继续培训，并根据实际需要调整培训内容。

【理解要点】

（1）明确了生产管理负责人的资质要求，保证从事药品生产管理人员应具有必要的知识和教育背景，以确保其有足够的能力履行职责。

（2）强调药品的质量是通过生产实现的，明确生产管理负责人的 6 项主要职责。

【发现问题】

（1）生产负责人仅具有大专学历，且为初级职称，不符合该岗位的资质要求。

（2）车间的批生产记录和批包装记录未送交质量管理部门审核并保存，而保存在生产部门。

第二十三条　质量管理负责人

（一）资质

质量管理负责人应当至少具有药学或相关专业本科学历（或中级专业技术职称或执业药师资格），具有至少五年从事药品生产和质量管理的实践经验，其中至少一年的药品质量管理经验，接受过与所生产产品相关的专业知识培训。

（二）主要职责

1. 确保原辅料、包装材料、中间产品、待包装产品和成品符合经注册批准的要求和质量标准；

2. 确保在产品放行前完成对批记录的审核；

3. 确保完成所有必要的检验；

4. 批准质量标准、取样方法、检验方法和其他质量管理的操作规程；

5. 审核和批准所有与质量有关的变更；

6. 确保所有重大偏差和检验结果超标已经过调查并得到及时处理；

7. 批准并监督委托检验；

8. 监督厂房和设备的维护，以保持其良好的运行状态；

9. 确保完成各种必要的确认或验证工作，审核和批准确认或验证方案和报告；

10. 确保完成自检；

11. 评估和批准物料供应商；

12. 确保所有与产品质量有关的投诉已经过调查，并得到及时、正确的处理；

13. 确保完成产品的持续稳定性考察计划，提供稳定性考察的数据；

14. 确保完成产品质量回顾分析；

15. 确保质量控制和质量保证人员都已经过必要的上岗前培训和继续培训，并根据实际需要调整培训内容。

【理解要点】

（1）明确质量管理负责人的资质要求，应具有必要的知识与教育背景，以确保其有足够的能力履行职责。

（2）质量负责人主要承担质量保证与质量控制的工作职能，进一步明确了质量管理负责人的15项主要工作职责。

【发现问题】

（1）某企业质量管理负责人大专毕业、没有中级职称和执业药师资格证书。资质不符合要求。

（2）质量负责人对中药材、中药饮片等原料不符合法定性状标准要求的进行让步放行。

第二十四条 生产管理负责人和质量管理负责人通常有下列共同的职责：

（一）审核和批准产品的工艺规程、操作规程等文件；

（二）监督厂区卫生状况；

（三）确保关键设备经过确认；

（四）确保完成生产工艺验证；

（五）确保企业所有相关人员都已经过必要的上岗前培训和继续培训，并根据实际需要调整培训内容；

（六）批准并监督委托生产；

（七）确定和监控物料和产品的贮存条件；

（八）保存记录；

（九）监督本规范执行状况；

（十）监控影响产品质量的因素。

【理解要点】

生产与质量管理部门负责人共同承担的工作职责在实际工作中的体现在于关键文件的审核和批准。如工艺规程、批生产记录、培训计划、评估报告、验证计划与文件等生产质量文件。

【发现问题】

（1）质量管理负责人没有有效履行监督厂区卫生状况的职责。

（2）关键设备的确认仅有生产负责人的签名确认。

第二十五条 质量受权人

（一）资质

质量受权人应当至少具有药学或相关专业本科学历（或中级专业技术职称或执业药师资格），具有至少五年从事药品生产和质量管理的实践经验，从事过药品生产过程控制和质量检验工作。

质量受权人应当具有必要的专业理论知识，并经过与产品放行有关的培训，方能独立履行其职责。

（二）主要职责

1. 参与企业质量体系建立、内部自检、外部质量审计、验证以及药品不良反应报告、产品召回等质量管理活动；

2. 承担产品放行的职责，确保每批已放行产品的生产、检验均符合相关法规、药品注册要求和质量标准；

3. 在产品放行前，质量受权人必须按照上述第2项的要求出具产品放行审核记录，并纳入批记录。

【理解要点】

（1）明确质量受权人的资质要求、必要的知识与教育背景，以确保其有足够的能力履行职责。

（2）质量受权人承担产品放行的职责，参与质量管理活动，其职责不受企业负责人及其他人员的干扰。

【发现问题】

（1）质量受权人未参与药品不良反应报告和调查。

（2）质量受权人没有经过相应的培训，未取得省局核发的质量受权人资格证书。

第三节　培　训

第二十六条　企业应当指定部门或专人负责培训管理工作，应当有经生产管理负责人或质量管理负责人审核或批准的培训方案或计划，培训记录应当予以保存。

第二十七条　与药品生产、质量有关的所有人员都应当经过培训，培训的内容应当与岗位的要求相适应。除进行本规范理论和实践的培训外，还应当有相关法规、相应岗位的职责、技能的培训，并定期评估培训的实际效果。

第二十八条　高风险操作区（如高活性、高毒性、传染性、高致敏性物料的生产区）的工作人员应当接受专门的培训。

【理解要点】

（1）人员是药品生产各项活动的管理者和执行者，是实施 GMP 的核心要素。所有与药品生产和质量有关的人员均有责任参加企业组织的培训并按照培训计划完成培训。

（2）企业应根据不同岗位的实际培训需求，采取岗前培训、在岗继续教育培训、外派培训等多种培训方式，提高人员的意识、经验和能力，确保员工保持其业务能力以及对 GMP 的理解。

（3）培训的方案与计划应根据员工的培训需求而制定，培训计划或者方案应包括培训目标、培训范围、培训内容、培训时间、培训评估、培训记录等培训管理的控制要点。

（4）专门的培训主要是指职业危害、个人职业安全防护、应急处理等方面的知识和工作技能的培训。

【发现问题】

（1）与生产、质量管理有关的人员培训不足，导致多次发生相关的 GMP 偏差。

（2）对于考核不合格的人员未进行追踪培训及考核。

（3）个别企业对人员培训针对性较差。

（4）对从事高活性、高毒性、传染性、高致敏性物料等高风险岗位的操作人员进行的专业知识培训合并到其他培训中共同进行，且培训课时较短。

第四节　人员卫生

第二十九条　所有人员都应当接受卫生要求的培训，企业应当建立人员卫生操作规程，最大限度地降低人员对药品生产造成污染的风险。

第三十条　人员卫生操作规程应当包括与健康、卫生习惯及人员着装相关的内容。生产区和质量控制区的人员应当正确理解相关的人员卫生操作规程。企业应当采取措施确保人员卫生操作规程的执行。

第三十一条　企业应当对人员健康进行管理，并建立健康档案。直接接触药品的生产人员上岗前应当接受健康检查，以后每年至少进行一次健康检查。

第三十二条　企业应当采取适当措施，避免体表有伤口、患有传染病或其他可能污染药品疾病的人员从事直接接触药品的生产。

第三十三条　参观人员和未经培训的人员不得进入生产区和质量控制区，特殊情况确需进入的，应当事先对个人卫生、更衣等事项进行指导。

第三十四条　任何进入生产区的人员均应当按照规定更衣。工作服的选材、式样及穿戴方式应当与所从事的工作和空气洁净度级别要求相适应。

第三十五条　进入洁净生产区的人员不得化妆和佩戴饰物。

第三十六条　生产区、仓储区应当禁止吸烟和饮食，禁止存放食品、饮料、香烟和个人用药品等非生产用物品。

第三十七条　操作人员应当避免裸手直接接触药品、与药品直接接触的包装材料和设备表面。

【理解要点】

（1）人员卫生是污染环境的重要来源，人员良好的健康和卫生状态是防止产品受到人为污染的有效手段。

（2）企业应对从事药品生产的相关人员定期进行健康体检，降低人员对生产造成污染的风险。

（3）企业应对从事药品生产的相关人员定期进行药品洁净生产所涉及的卫生知识、基本的卫生操作行为进行培训，养成良好的卫生习惯。

【发现问题】

（1）企业年度培训方案或计划中未包含卫生方面的培训。

（2）进入洁净区的维修人员未进行微生物知识培训。

（3）对于进入不同洁净级别的洁净室（区）的外来人员未针对个人卫生、更衣等要求进行现场指导。

（4）生产操作过程中，无法避免裸手接触时，未规定如何对手部进行消毒处理。

四、厂房与设施

GMP中"厂房与设施"一章分为五节，共三十三条。厂房设施作为药品生产的基础硬件，是质量系统的重要组成要素。厂房的选址、设计、施工、使用和维护情况都会对药品质量产生显著的影响。厂房设施需要根据药品生产不同产品剂型的要求，设置相应的生产环境，最大限度避免污染、混淆和人为差错的发生，将各种外界污染和不良的影响减少到最低，为药品生产创造良好的生产条件，同时能够确保员工健康和生产安全并对环境提供必要的保护。

第一节　原　则

第三十八条　厂房的选址、设计、布局、建造、改造和维护必须符合药品生产要求，应当能够最大限度地避免污染、交叉污染、混淆和差错，便于清洁、操作和维护。

第三十九条　应当根据厂房及生产防护措施综合考虑选址，厂房所处的环境应当能够最大限度地降低物料或产品遭受污染的风险。

第四十条　企业应当有整洁的生产环境；厂区的地面、路面及运输等不应当对药品的生产造成污染；生产、行政、生活和辅助区的总体布局应当合理，不得互相妨碍；厂区和厂房内的人流、物流走向应当合理。

第四十一条　应当对厂房进行适当维护，并确保维修活动不影响药品的质量。应当按照详细的书面操作规程对厂房进行清洁或必要的消毒。

第四十二条　厂房应当有适当的照明、温度、湿度和通风，确保生产和贮存的产品质量以及相关设备性能不会直接或间接地受到影响。

第四十三条　厂房、设施的设计和安装应当能够有效防止昆虫或其他动物进入。应当采取必要的措施，避免所使用的灭鼠药、杀虫剂、烟熏剂等对设备、物料、产品造成污染。

第四十四条　应当采取适当措施，防止未经批准人员的进入。生产、贮存和质量控制区不应当作为非本区工作人员的直接通道。

第四十五条　应当保存厂房、公用设施、固定管道建造或改造后的竣工图纸。

【理解要点】

（1）企业应按照规范、合理的设计流程进行设计，组织懂得产品知识、规范要求、生产流程的专业技术人员来进行设施的规划与设计，质量管理部门应负责审核和批准设施的设计，并组织有关验证予以确认其性能能够满足预期的要求。

（2）厂房与设施的设计与建造除了满足药品生产的要求外，还应满足安全、消防、环保方面的法规要求。

（3）企业要对药品生产的环境进行必要的控制，要考虑厂房所处的周边环境是否远离污染源，如铁路、码头、机场、火电厂、垃圾处理厂。另外，还需要考虑常年主导风向，是否处于污染源的上风侧，避免受到道路扬尘、尘土飞扬等污染的风险发生。例如动物房、锅炉房、产尘车间等潜在污染源应位于下风向。

【发现问题】

（1）功能间面积偏小，生产物料存放及人员操作空间不够，造成混淆、交叉污染概率加大。

（2）生产高活性产品的厂房排风口与其他产品生产设施的进风口距离过近，未对排风采取适当的控制措施。

（3）厂区内道路硬化不够，有露土的地面，不够平整。

（4）没有按维修计划对厂房进行维修和保养，不能提供相关记录。

第二节　生产区

第四十六条　为降低污染和交叉污染的风险，厂房、生产设施和设备应当根据所生产药品的特性、工艺流程及相应洁净度级别要求合理设计、布局和使用，并符合下列要求：

（一）应当综合考虑药品的特性、工艺和预定用途等因素，确定厂房、生产设施和设备多产品共用的可行性，并有相应评估报告。

（二）生产特殊性质的药品，如高致敏性药品（如青霉素类）或生物制品（如卡介苗或其他用活性微生物制备而成的药品），必须采用专用和独立的厂房、生产设施和设备。青霉素类药品产尘量大的操作区域应当保持相对负压，排至室外的废气应当经过净化处理并符合要求，排风口应当远离其他空气净化系统的进风口。

（三）生产 β 内酰胺结构类药品、性激素类避孕药品必须使用专用设施（如独立的空气净化系统）和设备，并与其他药品生产区严格分开。

（四）生产某些激素类、细胞毒性类、高活性化学药品应当使用专用设施（如独立的空气净化系统）和设备；特殊情况下，如采取特别防护措施并经过必要的验证，上述药品制剂则可通过阶段性生产方式共用同一生产设施和设备。

（五）用于上述第（二）、（三）、（四）项的空气净化系统，其排风应当经过净化处理。

（六）药品生产厂房不得用于生产对药品质量有不利影响的非药用产品。

第四十七条　生产区和贮存区应当有足够的空间，确保有序地存放设备、物料、中间产品、待包装产品和成品，避免不同产品或物料的混淆、交叉污染，避免生产或质量控制操作发生遗漏或差错。

第四十八条　应当根据药品品种、生产操作要求及外部环境状况等配置空调净化系统，使生产区有效通风，并有温度、湿度控制和空气净化过滤，保证药品的生产环境符合要求。

洁净区与非洁净区之间、不同级别洁净区之间的压差应当不低于10Pa。必要时，相同洁净度级别的不同功能区域（操作间）之间也应当保持适当的压差梯度。

口服液体和固体制剂、腔道用药（含直肠用药）、表皮外用药品等非无菌制剂生产的暴露工序区域及其直接接触药品的包装材料最终处理的暴露工序区域，应当参照"无菌药品"附录中 D 级洁净区的要求设置，企业可根据产品的标准和特性对该区域采取适当的微生物监控措施。

第四十九条　洁净区的内表面（墙壁、地面、天棚）应当平整光滑、无裂缝、接口严密、无颗粒物脱落，避免积尘，便于有效清洁，必要时应当进行消毒。

第五十条　各种管道、照明设施、风口和其他公用设施的设计和安装应当避免出现不易清洁的部位，应当尽可能在生产区外部对其进行维护。

第五十一条　排水设施应当大小适宜，并安装防止倒灌的装置。应当尽可能避免明沟排水；不可避免时，明沟宜浅，以方便清洁和消毒。

第五十二条　制剂的原辅料称量通常应当在专门设计的称量室内进行。

第五十三条　产尘操作间（如干燥物料或产品的取样、称量、混合、包装等操作间）应当保持相对负压或采取专门的措施，防止粉尘扩散、避免交叉污染并便于清洁。

第五十四条　用于药品包装的厂房或区域应当合理设计和布局，以避免混淆或交叉污染。如同一区域内有数条包装线，应当有隔离措施。

第五十五条　生产区应当有适度的照明，目视操作区域的照明应当满足操作要求。

第五十六条　生产区内可设中间控制区域，但中间控制操作不得给药品带来质量风险。

【理解要点】

（1）生产厂房的设置应能满足产品工艺和生产管理的需要，洁净室的洁净级别的设置主要取决于：产品的类别、生产工序、生产过程的特征（如生产设备是密闭系统还是开放系统）、工序被污染的风险程度等。

（2）生产设备如有数个产品共用，则需要进行风险评估确定共用设施与设备的可行性，评估项目包括：产品的药理、毒理、适应证、处方成分分析、设施与设备结构、清洁方法和残留水平等。

（3）对需独立设施或独立设备生产的产品类型进行了划分。

（4）洁净生产区需要通过监测来证明其是否符合 GMP 的相关要求，监测项目一般包括：悬浮粒子、微生物、风速、气流组织、压差、温湿度等。

【发现问题】

（1）企业对厂房、设施、设备多产品共用的风险评估报告不充分。

（2）高风险产品的辅助系统（如纯蒸汽、压缩空气、氮气、捕尘等）未经确认符合要求。

（3）对产尘大的房间的气流流型未进行确认，不能充分证明该区域的粉尘不外泄。

（4）温湿度/压差记录，出现超标情况，未采取适当的处理措施，未按照偏差管理制度执行；温湿度记录与实际不符。

（5）车间在线生产过程中，加工过的物料与未加工物料放在同一地台板上，且容器无物料名称。

第三节　仓储区

第五十七条　仓储区应当有足够的空间，确保有序存放待验、合格、不合格、退货或召回的原辅料、包装材料、中间产品、待包装产品和成品等各类物料和产品。

第五十八条　仓储区的设计和建造应当确保良好的仓储条件，并有通风和照明设施。仓储区应当能够满足物料或产品的贮存条件（如温湿度、避光）和安全贮存的要求，并进行检查和监控。

第五十九条　高活性的物料或产品以及印刷包装材料应当贮存于安全的区域。

第六十条　接收、发放和发运区域应当能够保护物料、产品免受外界天气（如雨、雪）的影响。接收区的布局和设施应当能够确保到货物料在进入仓储区前可对外包装进行必要的清洁。

第六十一条　如采用单独的隔离区域贮存待验物料，待验区应当有醒目的标识，且只限于经批准的人员出入。

不合格、退货或召回的物料或产品应当隔离存放。

如果采用其他方法替代物理隔离，则该方法应当具有同等的安全性。

第六十二条　通常应当有单独的物料取样区。取样区的空气洁净度级别应当与生产要求一致。如在其他区域或采用其他方式取样，应当能够防止污染或交叉污染。

【理解要点】

（1）应根据物料或产品的贮存条件、物料特性及管理类型设立相应的库房或区域，其面积和空间应与生产规模相适应。

（2）仓储区应能满足物料或产品的储存条件（如温湿度、光照），其条件应经过确认与验证，并进行检查和监控，应当采用连续监控措施。

（3）物料和产品的存放应做到"有序存放"，防止混淆的发生。

【发现问题】

（1）不同批次或不同产品放在一个货位。

（2）储存的物料无质量状态标识或标识不明显。

（3）不合格区、退货区无有效安全隔离措施。

第四节　质量控制区

第六十三条　质量控制实验室通常应当与生产区分开。生物检定、微生物和放射性同位素的实验室还应当彼此分开。

第六十四条　实验室的设计应当确保其适用于预定的用途，并能够避免混淆和交叉污染，应当有足够的区域用于样品处置、留样和稳定性考察样品的存放以及记录的保存。

第六十五条　必要时，应当设置专门的仪器室，使灵敏度高的仪器免受静电、震动、潮湿或其他外界因素的干扰。

第六十六条　处理生物样品或放射性样品等特殊物品的实验室应当符合国家的有关要求。

第六十七条　实验动物房应当与其他区域严格分开，其设计、建造应当符合国家有关规定，并设有独立的空气处理设施以及动物的专用通道。

【理解要点】

（1）实验室的设施是开展质量控制检测的必要条件，应确保实验室的安全运行，并符合 GMP 管理规范。

（2）无菌检验室、微生物限度检验室、抗生素效价测定室、阳性菌实验室应彼此分开设置。

（3）仪器实验室的布局应与内部设施和仪器相适应，空间应满足仪器摆放和实验空间的需求，仪器分析实验室布置原则为：干湿分开便于防潮，冷热分开便于节能，恒温集中便于管理，天平集中便于称量取样。

（4）设置合理的仪器工作环境，特别是对环境温湿度敏感的精密仪器（如红外光谱仪、原子吸收光谱仪、电子天平等）的摆放和运行环境应避免受到外界干扰，或者放置在设有相应控制措施的专门仪器室内。

（5）需要使用高纯度气体的仪器，应独立设置特殊气体存储间，并符合相关安全环保规定。

（6）实验室还应设置专门的区域或房间用于清洗玻璃器皿，取样器具，以及其他用于样品测试的器具。

【发现问题】

（1）无菌室及层流柜的高效过滤器未定期进行验证。

（2）无菌室和微生物限度室共用更衣室及缓冲间，容易对无菌室造成污染。

（3）稳定性考察样品的存放不符合温度、湿度的控制要求。

（4）天平室未安装适当的防震设施以保证天平的稳定性。

（5）溶出仪和水分测定仪同室放置。

第五节　辅助区

第六十八条　休息室的设置不应当对生产区、仓储区和质量控制区造成不良影响。

第六十九条　更衣室和盥洗室应当方便人员进出，并与使用人数相适应。盥洗室不得与生产区和仓储区直接相通。

第七十条　维修间应当尽可能远离生产区。存放在洁净区内的维修用备件和工具，应当放置在专门的房间或工具柜中。

【理解要点】

（1）辅助区域的设置有利于工艺操作的实施和满足员工个人的要求，常见的辅助区域有：产品和物料的检测设备空间、维修间、缓冲间、员工休息室等。

（2）维修用备件与工具应存放在专门的房间或工具柜中，且避免与模具存放于同一房间，从而增加交叉污染的风险。

【发现问题】

（1）更衣设施、盥洗设施面积与进入生产区域人员数量不相适应。

（2）洁净区内的维修用备件和工具无标识、未放置在专门的房间或工具柜中。

（3）维修用备件和工具的选材、保管、使用不符合药品生产管理要求。

五、设备

GMP 中"设备"一章分为六节，共三十一条。设备是药品生产所必需的硬件，是确保产品质量的基础，企业应对这些硬件进行控制和管理，确保它们始终处于一种稳定的受控状态，从而保证所生产产品的质量始终满足生产工艺控制需要。

第一节　原　则

第七十一条　设备的设计、选型、安装、改造和维护必须符合预定用途，应当尽可能降低产生污染、交叉污染、混淆和差错的风险，便于操作、清洁、维护，以及必要时进行的消毒或灭菌。

第七十二条　应当建立设备使用、清洁、维护和维修的操作规程，并保存相应的操作记录。

第七十三条　应当建立并保存设备采购、安装、确认的文件和记录。

【理解要点】

（1）根据不同剂型药品的要求和生产规模，配备必要的生产设备。

（2）建立完善的设备管理系统，保证设备的性能满足预期要求，在使用中通过必要的校准、清洁和维护手段，保证设备的有效运行。

（3）通过生产过程控制、预防维修、校验、再验证等方式保持持续验证状态。

（4）强化文件化的设备管理系统，按照 GMP 文件的要求进行管理和存档，并且应定期回顾以确保更新的状态。

（5）关键设备应具备使用日志，用于记录所有的操作活动。

【发现问题】

（1）在称量室、粉碎室等产尘量大的区域内，未配备除尘设施，不能有效降低交叉污染的风险。

（2）设备维护、维修记录与设备运行日志不一致，同一时间设备既在运行又在维修。

（3）用于高风险产品生产的关键设备未经确认符合要求，且有证据表明其不能正常运行。

（4）设备维护的书面操作规程，内容不具体、可操作性差、缺少指导意义，不能有效减少设备运行过程中出现的不必要的故障。

第二节　设计和安装

第七十四条　生产设备不得对药品质量产生任何不利影响。与药品直接接触的生产设备表面应当平整、光洁、易清洗或消毒、耐腐蚀，不得与药品发生化学反应、吸附药品或向药品中释放物质。

第七十五条　应当配备有适当量程和精度的衡器、量具、仪器和仪表。

第七十六条　应当选择适当的清洗、清洁设备，并防止这类设备成为污染源。

第七十七条　设备所用的润滑剂、冷却剂等不得对药品或容器造成污染，应当尽可能使用食用级或级别相当的润滑剂。

第七十八条　生产用模具的采购、验收、保管、维护、发放及报废应当制定相应操作规程，设专人专柜保管，并有相应记录。

【理解要点】

生产设备在设计和选用时应能满足以下要求：

（1）结构简单，需要清洗和灭菌的零部件要易于拆装，不便拆装的设备应设置清洗口。

（2）不得采用易脱落的涂层，设备内表面的材质应不与物料发生反应，不释放出颗粒及不吸附物料。

（3）洁净室（区）内使用的设备应尽量密闭，并具有防尘、防微生物污染的功能。

（4）无菌作业所需的设备除符合以上要求外，还应满足灭菌的需要。

【发现问题】

（1）生产设备表面有污渍，清洁不到位。

（2）设备未在规定的工艺参数范围内运行。

（3）注射用水分配系统管道没有使用氩弧焊焊接，焊接界面没有内窥镜观察，没有照片。

（4）称量岗位所配备的电子秤的精度不能满足处方中个别物料的投料精度。

（5）称量器具未按照规定周期进行校验。

第三节　维护和维修

第七十九条　设备的维护和维修不得影响产品质量。

第八十条　应当制定设备的预防性维护计划和操作规程，设备的维护和维修应当有相应的记录。

第八十一条　经改造或重大维修的设备应当进行再确认，符合要求后方可用于生产。

【理解要点】

（1）应建立设备预防性维护计划、操作规程、设备使用、维护和维修等文件。

（2）设备变更应进行确认后方可使用。

【发现问题】

（1）设备维护或维修后拆卸下的废弃零部件，没有及时清理。

（2）设备的维护操作程序中，没有规定维修前对产品进行的保护措施。

（3）口服固体制剂包装瓶装线设备中数粒机因数粒不准确，对其控制面板进行了更换，但没有对数粒机进行再确认。

第四节　使用和清洁

第八十二条　主要生产和检验设备都应当有明确的操作规程。

第八十三条　生产设备应当在确认的参数范围内使用。

第八十四条　应当按照详细规定的操作规程清洁生产设备。

生产设备清洁的操作规程应当规定具体而完整的清洁方法、清洁用设备或工具、清洁剂的名称和配制方法、去除前一批次标识的方法、保护已清洁设备在使用前免受污染的方法、已清洁设备最长的保存时限、使用前检查设备清洁状况的方法，使操作者能以可重现的、有效的方式对各类设备进行清洁。

如需拆装设备，还应当规定设备拆装的顺序和方法；如需对设备消毒或灭菌，还应当规定消毒或灭菌的具体方法、消毒剂的名称和配制方法。必要时，还应当规定设备生产结束至清洁前所允许的最长间隔时限。

第八十五条　已清洁的生产设备应当在清洁、干燥的条件下存放。

第八十六条　用于药品生产或检验的设备和仪器，应当有使用日志，记录内容包括使用、清洁、维护和维修情况以及日期、时间、所生产及检验的药品名称、规格和批号等。

第八十七条　生产设备应当有明显的状态标识，标明设备编号和内容物（如名称、规格、批号）；没有内容物的应当标明清洁状态。

第八十八条　不合格的设备如有可能应当搬出生产和质量控制区，未搬出前，应当有醒目的状态标识。

第八十九条　主要固定管道应当标明内容物名称和流向。

【理解要点】

（1）明确编制设备操作规程的要求，必须覆盖主要生产设备和检验设备。

（2）强调设备使用的基本原则，应结合验证的相关要求，保持生产设备处于持续验证的状态。

（3）明确设备清洗后存放的环境条件，防止设备清洁后被污染。

（4）强调生产设备标识的目的与标示信息。

【发现问题】

（1）生产设备和检验设备操作规程不能把生产使用的关键设备全部涵盖在内，且部分设备的相关操作规程内容不具体、没有可操作性。

（2）车间使用的关键设备、工艺参数未经过验证或验证的参数不能涵盖日常生产使用的参数范围。

（3）在清洁效期内的设备上，仍有目视可见的物料残留。

（4）设备清洁操作规程中，对清洗后设备如何进行干燥没有具体规定，易造成微生物的滋生，使清洁设备受到污染。

第五节　校　准

第九十条　应当按照操作规程和校准计划定期对生产和检验用衡器、量具、仪表、记录和控制设备以及仪器进行校准和检查，并保存相关记录。校准的量程范围应当涵盖实际生产和检验的使用范围。

第九十一条　应当确保生产和检验使用的关键衡器、量具、仪表、记录和控制设备以及仪器经过校准，所得出的数据准确、可靠。

第九十二条　应当使用计量标准器具进行校准，且所用计量标准器具应当符合国家有关规定。校准记录应当标明所用计量标准器具的名称、编号、校准有效期和计量合格证明编号，确保记录的可追溯性。

第九十三条　衡器、量具、仪表、用于记录和控制的设备以及仪器应当有明显的标识，标明其校准有效期。

第九十四条　不得使用未经校准、超过校准有效期、失准的衡器、量具、仪表以及用于记录和控制的设备、仪器。

第九十五条　在生产、包装、仓储过程中使用自动或电子设备的，应当按照操作规程定期进行校准和检查，确保其操作功能正常。校准和检查应当有相应的记录。

【理解要点】

（1）校准是在规定的条件下，确定测量、记录、控制仪器或系统的示值（尤指称量）或实物量具所代表的量值，与对应的参照标准量值之间关系的一系列活动。即用高精确度的设备或标准仪器测出的实际读数与标称读数之间的偏差，并记录在案。

（2）制药企业的质量体系中，应具备校准系统以确保所有对产品质量可能产生影响的测量、控制、分析用的仪器、仪表、设备的准确性。

（3）校准活动可由企业的工程技术人员、法定的计量检定机构或者有资质的第三方执行。外部的校准文件（如校准报告、证书等）均应经过企业的专业技术人员审核和报告。

【发现问题】

（1）未按照计量管理制度，定期对生产和检验用衡器、量具、仪表、记录和控制设备以及仪器等进行校准和检查。

（2）计量器具的校准范围，未涵盖实际生产和检验的使用范围。

（3）校准记录数据不准确，如有效数字位数未按要求保留填写，造成校准结果判定受到影响，不能保证其有效性。

（4）校准记录不完整，不具可追溯性。例如，校准记录中无计量标准器具的相关信息。

第六节　制药用水

第九十六条　制药用水应当适合其用途，并符合《中华人民共和国药典》的质量标准及相关要求。制药用水至少应当采用饮用水。

第九十七条　水处理设备及其输送系统的设计、安装、运行和维护应当确保制药用水达到设定的质量标准。水处理设备的运行不得超出其设计能力。

第九十八条　纯化水、注射用水储罐和输送管道所用材料应当无毒、耐腐蚀；储罐的通气口应当安装不脱落纤维的疏水性除菌滤器；管道的设计和安装应当避免死角、盲管。

第九十九条　纯化水、注射用水的制备、贮存和分配应当能够防止微生物的滋生。纯化水可采用循环，注射用水可采用70℃以上保温循环。

第一百条　应当对制药用水及原水的水质进行定期监测，并有相应的记录。

第一百零一条　应当按照操作规程对纯化水、注射用水管道进行清洗消毒，并有相关记录。发现制药用水微生物污染达到警戒限度、纠偏限度时应当按照操作规程处理。

【理解要点】

（1）规范制药用水质量标准的基本原则，明确生产用水选择的依据为《中华人民共和国药典》。

（2）在工艺用水的管理当中引入了"警戒限度""纠偏限度"的概念，系统地结合了质量回顾和偏差控制的理念。

【发现问题】

（1）企业水系统日常运行控制参数，超出了当时系统验证时的控制参数范围，并且没有及时上报偏差并按偏差处理程序采取纠偏和预防措施。

（2）日常监测取样点设计不合理，水质监测缺乏代表性。如取样点数量不够、布局不符合要求、取样点不易取样等。

（3）未使用纯化水作为注射用水系统和纯蒸汽发生器的原水。

（4）注射剂用容器和内包装材料，其最终淋洗的注射用水未检验细菌内毒素，而这些容器和内包装材料不再进行除热原处理。

（5）系统日常监测过程中，发现微生物超过纠偏限时，企业未按照相关规定进行偏差分析和采取纠正预防措施。

六、物料与产品

GMP 中"物料与产品"一章分为七节，共三十六条。药品生产的过程是通过生产起始物料的输入，按照规定的生产工艺进行加工，输出符合法定质量标准的药品。企业应建立规范的物料管理系统，规范购入、合理储存、控制放行管理，使生产用物料流向清晰，防止差错、混淆、污染的发生，并具有可追溯性。

第一节 原 则

第一百零二条 药品生产所用的原辅料、与药品直接接触的包装材料应当符合相应的质量标准。药品上直接印字所用油墨应当符合食用标准要求。

进口原辅料应当符合国家相关的进口管理规定。

第一百零三条 应当建立物料和产品的操作规程，确保物料和产品的正确接收、贮存、发放、使用和发运，防止污染、交叉污染、混淆和差错。

物料和产品的处理应当按照操作规程或工艺规程执行，并有记录。

第一百零四条 物料供应商的确定及变更应当进行质量评估，并经质量管理部门批准后方可采购。

第一百零五条 物料和产品的运输应当能够满足其保证质量的要求，对运输有特殊要求的，其运输条件应当予以确认。

第一百零六条 原辅料、与药品直接接触的包装材料和印刷包装材料的接收应当有操作规程，所有到货物料均应当检查，以确保与订单一致，并确认供应商已经质量管理部门批准。

物料的外包装应当有标签，并注明规定的信息。必要时，还应当进行清洁，发现外包装损坏或其他可能影响物料质量的问题，应当向质量管理部门报告并进行调查和记录。

每次接收均应当有记录，内容包括：

（一）交货单和包装容器上所注物料的名称；

（二）企业内部所用物料名称和（或）代码；

（三）接收日期；

（四）供应商和生产商（如不同）的名称；

（五）供应商和生产商（如不同）标识的批号；

（六）接收总量和包装容器数量；

（七）接收后企业指定的批号或流水号；

（八）有关说明（如包装状况）。

第一百零七条 物料接收和成品生产后应当及时按照待验管理，直至放行。

第一百零八条 物料和产品应当根据其性质有序分批贮存和周转，发放及发运应当符合先进先出和近效期先出的原则。

第一百零九条 使用计算机化仓储管理的，应当有相应的操作规程，防止因系统故障、停机等特殊情况而造成物料和产品的混淆和差错。

使用完全计算机化仓储管理系统进行识别的，物料、产品等相关信息可不必以书面可读的方式标出。

【理解要点】

（1）物料的质量标准应以文件形式建立，不仅体现为检验放行的质量标准，还有物料采购的协议质量标准等形式。

（2）企业的质量标准和物料采购标准应不低于法定标准。随着企业对产品和生产工艺的提升，应定期回顾物料需求标准，并判断是否需要进行改进。

（3）企业应制定物料管理的相关流程，现场状态应始终保持整齐规范、区位明确、标识清楚、卡物相符，以保证物料从输入到输出的整个过程的有效性和可追溯性。

（4）明确质量管理部门是确定供应商的主要责任部门，同时应对供应商进行质量审计和评估。

（5）对物料供应商的评估内容至少包括：供应商的资质文件、质量标准、检验报告、企业对物料样品的检验数据和报告。如进行现场质量审计和样品小批量试生产的，还应包括现场审计报告，以及小试产品的质量检验报告和稳定性考察报告。

【发现问题】

（1）未建立直接在药品上印字所用油墨的企业内控质量标准。

（2）某制剂产品所使用的原料生产工艺中使用了溶媒，但企业内控标准中缺少该溶媒残留项目的检测。

（3）生产所使用的某主要物料未按照供应商管理规定进行现场审计。

（4）经质量部门批准的合格供应商清单未发放至物料部，库房内有超出合格供应商清单之外物料。

（5）仓储计算机系统内的个别成品生产日期与入库日期不匹配，产品入库日期先于生产日期。

第二节　原辅料

第一百一十条　应当制定相应的操作规程，采取核对或检验等适当措施，确认每一包装内的原辅料正确无误。

第一百一十一条　一次接收数个批次的物料，应当按批取样、检验、放行。

第一百一十二条　仓储区内的原辅料应当有适当的标识，并至少标明下述内容：

（一）指定的物料名称和企业内部的物料代码；

（二）企业接收时设定的批号；

（三）物料质量状态（如待验、合格、不合格、已取样）；

（四）有效期或复验期。

第一百一十三条　只有经质量管理部门批准放行并在有效期或复验期内的原辅料方可使用。

第一百一十四条　原辅料应当按照有效期或复验期贮存。贮存期内，如发现对质量有不良影响的特殊情况，应当进行复验。

第一百一十五条　应当由指定人员按照操作规程进行配料，核对物料后，精确称量或计量，并作好标识。

第一百一十六条　配制的每一物料及其重量或体积应当由他人独立进行复核，并有复核记录。

第一百一十七条　用于同一批药品生产的所有配料应当集中存放，并作好标识。

【理解要点】

（1）确保物料原包装的内容与标识一致，是物料入库接收时的重要控制目标，基于风险控制的原则，企业可采用一种或多种手段保证物料的正确性，可采取的方式包括：对供应商的协调控制（供应商评价/供应商审计与审计报告/质量协议等）、近红外鉴别检测、红外检测（称量时）等方式。

（2）强调多批号一次接收的物料需按生产批号分别取样、检验放行。

（3）明确物料放行控制是质量管理部门的职责。

（4）物料称量操作是药品生产的关键控制环节，企业应建立完善的称量操作程序。

【发现问题】

（1）企业接收物料后未对每个容器中的原辅料通过核对或检验的方式确认每一个包装内的原辅料正确无误。

（2）对一次接收的多个批次的物料，混为一批进行取样、检验和放行。

（3）超出复验期的物料未重新进行检验继续用于生产。

（4）物料在存储过程中仓库温控系统出现故障，存储温度超标，没有对物料质量情况进行评估而继续用于生产。

（5）某口服固体制剂已称量的物料堆放在一起，没有任何标识。

第三节　中间产品和待包装产品

第一百一十八条　中间产品和待包装产品应当在适当的条件下贮存。

第一百一十九条　中间产品和待包装产品应当有明确的标识，并至少标明下述内容：

（一）产品名称和企业内部的产品代码；

（二）产品批号；

（三）数量或重量（如毛重、净重等）；

（四）生产工序（必要时）；

（五）产品质量状态（必要时，如待验、合格、不合格、已取样）。

【理解要点】

（1）对多品种、多规格产品同时存放设置合理的标识，对标示内容进行具体规定，防止差错的发生。

（2）应建立中间产品和待包装产品的存放或储存的相关管理文件，包括储存方式、储存条件和储存期限的规定，如超出储存期限或偏离储存条件的产品的处理方法。

（3）中间产品和待包装产品标识应牢固，不易产生脱落或混淆，最好是固定在容器上。

【发现问题】

（1）某中间产品在存放过程中标识直接贴在了外包装的桶盖上，而桶盖可以挪动，易与其他品种或规格造成混淆。

（2）某中间产品的储存期限未经过验证，没有数据支持。

第四节　包装材料

第一百二十条　与药品直接接触的包装材料和印刷包装材料的管理和控制要求与原辅料相同。

第一百二十一条　包装材料应当由专人按照操作规程发放，并采取措施避免混淆和差错，确保用于药品生产的包装材料正确无误。

第一百二十二条　应当建立印刷包装材料设计、审核、批准的操作规程，确保印刷包装材料印制的内容与药品监督管理部门核准的一致，并建立专门的文档，保存经签名批准的印刷包装材料原版实样。

第一百二十三条　印刷包装材料的版本变更时，应当采取措施，确保产品所用印刷包装材料的版本正确无误。宜收回作废的旧版印刷模板并予以销毁。

第一百二十四条　印刷包装材料应当设置专门区域妥善存放，未经批准人员不得进入。切割式标签或其他散装印刷包装材料应当分别置于密闭容器内储运，以防混淆。

第一百二十五条　印刷包装材料应当由专人保管，并按照操作规程和需求量发放。

第一百二十六条　每批或每次发放的与药品直接接触的包装材料或印刷包装材料，均应当有识别标志，标明所用产品的名称和批号。

第一百二十七条　过期或废弃的印刷包装材料应当予以销毁并记录。

【理解要点】

（1）直接与药品接触的包装材料和印刷包装材料具有一定的特殊性，应加强对包装材料从采购、管理和控制的原则性要求。

（2）不同品种、规格的标签应分开存放并明确加以标识。

（3）质量管理部门应设专人负责对印刷包材进行检查，仓储部门应有专人保管、发放，车间应有专人负责印刷包材的领取、储存、计数发放。

（4）应规定包装生产线对领用的包材进行检查核对。

（5）印刷包材的销毁应在质量管理部门的监督下销毁，并有记录。

（6）印刷包材版本变更后，在发放新版模板的同时，应收回旧模板并进行销毁。

【发现问题】

（1）标签储藏间内不同品种、规格的标签存放在同一个贮藏柜中，没有加标识进行管理。

（2）印有药品信息的铝箔、小盒、说明书未计数发放使用。

（3）检查某产品标签发放及使用情况，对发出、使用和退回的标签进行数额平衡核算，发现存在不平衡的情况，未进行偏差调查。

第五节　成　品

第一百二十八条　成品放行前应当待验贮存。

第一百二十九条　成品的贮存条件应当符合药品注册批准的要求。

【理解要点】

（1）对成品放行前的质量状态、标识、储存位置按照待验质量状态进行管理，防止差错的发生。

（2）应根据药品注册批准的贮存条件建立成品贮存相关规定，包括温湿度及相应的监测记录等要求。

（3）成品应按储存条件分类、分品种、分批号储存，对于有特殊要求的产品，应专库或专柜储存。

（4）成品的状态标识应清晰、明确，做到账、物、卡相符。

【发现问题】

（1）某产品放行前没有在特定的待验区域进行储存，也没有悬挂相应的待验标识。

（2）某产品储存条件为 20℃以下储存，但是生产过程中如分装、包装等工序存在超过储存条件的情况，也未规定产品在车间的生产时限。

第六节　特殊管理的物料和产品

第一百三十条　麻醉药品、精神药品、医疗用毒性药品（包括药材）、放射性药品、药品类易制毒化学品及易燃、易爆和其他危险品的验收、贮存、管理应当执行国家有关的规定。

【理解要点】

（1）对特殊管理的药品按国家有关规定进行管理，包括《麻醉药品和精神药品管理条例》《麻醉药品和精神药品生产管理办法》《医疗用毒性药品管理办法》《放射性药品管理办法》《放射性同位素与射线装置安全许可管理办法》《易制毒化学品管理条例》《药品类易制毒化学品管理办法》等。

（2）"毒、麻、精、放"药品应与公安机关联网或专柜存放，双人双锁管理并有明显的标识。

（3）需在阴凉处储存的毒性药材（包括易燃易爆物料）应有符合要求的调温设施。

（4）2019 年实施的《药品管理法》规定"疫苗、血液制品、麻醉药品、精神药品、医疗用毒性药品、放射性药品、药品类易制毒化学品等国家实行特殊管理的药品不得在网络上销售。"

【发现问题】

（1）对过期、损坏的药品类易制毒化学品自行进行了销毁，但未登记造册。

（2）需要销毁的特殊管理药品，在销毁前未向所在地县级以上食品药品监督管理部门提出销毁申请，并在食品药品监督管理部门的监督下进行销毁。

第七节　其　他

第一百三十一条　不合格的物料、中间产品、待包装产品和成品的每个包装容器上均应当有清晰醒目的标志，并在隔离区内妥善保存。

第一百三十二条　不合格的物料、中间产品、待包装产品和成品的处理应当经质量管理负责人批准，并有记录。

第一百三十三条　产品回收需经预先批准，并对相关的质量风险进行充分评估，根据评估结论决定是否回收。回收应当按照预定的操作规程进行，并有相应记录。回收处理后的产品应当按照回收处理中最早批次产品的生产日期确定有效期。

第一百三十四条　制剂产品不得进行重新加工。不合格的制剂中间产品、待包装产品和成品一般不得进行返工。只有不影响产品质量、符合相应质量标准，且根据预定、经批准的操作规程以及对相关风险充分评估后，才允许返工处理。返工应当有相应记录。

第一百三十五条　对返工或重新加工或回收合并后生产的成品，质量管理部门应当考虑需要进行额外相关项目的检验和稳定性考察。

第一百三十六条　企业应当建立药品退货的操作规程，并有相应的记录，内容至少应当包括：产品名称、批号、规格、数量、退货单位及地址、退货原因及日期、最终处理意见。

同一产品同一批号不同渠道的退货应当分别记录、存放和处理。

第一百三十七条　只有经检查、检验和调查，有证据证明退货质量未受影响，且经质量管理部门根据操作规程评价后，方可考虑将退货重新包装、重新发运销售。评价考虑的因素至少应当包括药品的性质、所需的贮存条件、药品的现状、历史，以及发运与退货之间的间隔时间等因素。不符合贮存和运输要求的退货，应当在质量管理部门监督下予以销毁。对退货质量存有怀疑时，不得重新发运。

对退货进行回收处理的，回收后的产品应当符合预定的质量标准和第一百三十三条的要求。

退货处理的过程和结果应当有相应记录。

【理解要点】

（1）质量负责人具有不合格物品处理审批的职责。

（2）回收：在某一特定生产阶段，将以前生产的一批或数批符合相应质量要求的产品的一部分或全部，加入另一批次中的操作。

（3）企业在执行回收操作时需要进行质量风险评估，并建立相应的程序规定和生产记录。

【发现问题】

（1）不合格中间产品标志不醒目，未设置专门隔离区域。

（2）在企业质量负责人的职责中未明确规定对不合格物料、中间产品、待包装产品和成品的处理进行批准。

（3）企业有回收批次的产品，其有效期未按照回收处理中最早批次确定。

（4）某产品的返工记录，发现个别返工工艺控制参数与原工艺不一致。

（5）某产品同一个批号不同退货渠道的退货产品没有分开存放和记录。

七、确认与验证

GMP中"确认与验证"一章共十二条。确认与验证是GMP的重要组成部分，本章主要描述了验证的方针、验证所涉及的文件、设备和设施的确认、工艺验证的方法和程序、验证系统的定期回顾、清洁验证和分析方法验证，以确保药品在生产和质量控制中所用的厂房、设施、设备、原辅料、生产工艺、质量控制方法以及其他活动或系统，能够达到预期的目的。

第一百三十八条　企业应当确定需要进行的确认或验证工作，以证明有关操作的关键要素能够得到有效控制。确认或验证的范围和程度应当经过风险评估来确定。

第一百三十九条　企业的厂房、设施、设备和检验仪器应当经过确认，应当采用经过验证的生产工艺、操作规程和检验方法进行生产、操作和检验，并保持持续的验证状态。

第一百四十条　应当建立确认与验证的文件和记录，并能以文件和记录证明达到以下预定的目标：

（一）设计确认应当证明厂房、设施、设备的设计符合预定用途和本规范要求；

（二）安装确认应当证明厂房、设施、设备的建造和安装符合设计标准；

（三）运行确认应当证明厂房、设施、设备的运行符合设计标准；

（四）性能确认应当证明厂房、设施、设备在正常操作方法和工艺条件下能够持续符合标准；

（五）工艺验证应当证明一个生产工艺按照规定的工艺参数能够持续生产出符合预定用途和注册要求的产品。

第一百四十一条　采用新的生产处方或生产工艺前，应当验证其常规生产的适用性。生产工艺在使用规定的原辅料和设备条件下，应当能够始终生产出符合预定用途和注册要求的产品。

第一百四十二条　当影响产品质量的主要因素，如原辅料、与药品直接接触的包装材料、生产设备、生产环境（或厂房）、生产工艺、检验方法等发生变更时，应当进行确认或验证。必要时，还应当经药品监督管理部门批准。

第一百四十三条　清洁方法应当经过验证，证实其清洁的效果，以有效防止污染和交叉污染。清洁验证应当综合考虑设备使用情况、所使用的清洁剂和消毒剂、取样方法和位置以及相应的取样回收率、残留物的性质和限度、残留物检验方法的灵敏度等因素。

第一百四十四条　确认和验证不是一次性的行为。首次确认或验证后，应当根据产品质量回顾分析情况进行再确认或再验证。关键的生产工艺和操作规程应当定期进行再验证，确保其能够达到预期结果。

第一百四十五条　企业应当制定验证总计划，以文件形式说明确认与验证工作的关键信息。

第一百四十六条　验证总计划或其他相关文件中应当作出规定，确保厂房、设施、设备、检验仪器、生产工艺、操作规程和检验方法等能够保持持续稳定。

第一百四十七条　应当根据确认或验证的对象制定确认或验证方案，并经审核、批准。确认或验证方案应当明确职责。

第一百四十八条　确认或验证应当按照预先确定和批准的方案实施，并有记录。确认或验证工作完成后，应当写出报告，并经审核、批准。确认或验证的结果和结论（包括评价和建议）应当有记录并存档。

第一百四十九条　应当根据验证的结果确认工艺规程和操作规程。

【理解要点】

（1）确认：证明厂房、设施、设备能正确运行并可达到预期结果的一系列活动。验证：证明任何操作过程（或方法）、生产工艺或系统能够达到预期结果的一系列活动。

（2）所有的确认和验证活动都应有组织地按照计划进行准备和执行，并且活动按照批准的程序和方法实施。所有对于确认和验证的组织、计划以及实施方式等要求都应在验证总计划中进行描述。

（3）验证总计划应包括企业内所有与生产有关的公共设施、设备、生产工艺、实验室设备、清洁方法和检验方法的验证。

（4）对产品有风险的生产设备、工艺应定期进行再验证。

（5）验证状态保持的主要手段包括：设备预防性维护保养、设备校验、变更控制、生产过程控制、产品年度回顾、再验证管理。

【发现问题】

（1）企业对于生产使用的药用PVC硬片的微生物限度检查方法没有进行方法学验证。

（2）某企业蒸汽灭菌柜进行装载验证时，洁净区使用的无菌衣物为放置三十套洁净服，但在日常生产使用时，每次放置的衣物数量不一致，最高时达五十套。

（3）企业在A级层流自净能力的确认方案中，没有对A级开启的时间进行记录，仅记录了开始测试时间。

（4）在进行某产品工艺验证检查时，发现企业提供的工艺验证报告中未将验证时发生的验证偏差报告与工艺验证报告一同归档保存。

（5）某企业在同一条生产线上共生产三种原料药，仅选择了其中一种原料药为代表进行清洁验证，但该原料药生产后的清洗工艺与另外两种产品不同。

（6）某企业在合成反应工序验证时确定的料液的反应温度为10～15℃，但批生产记录显示控制反应温度为8～17℃。

八、文件管理

GMP中"文件管理"一章分为六节，共三十四条。文件管理是质量管理系统的基本组成部分，良好的文件系统是实施GMP的有效保障。企业必须建立质量标准、生产处方和工艺规程、标准操作规程以及各种记录，使企业各项质量活动有法可依、有章可循、有据可查。通过质量体系文件的实施来保证企业质量体系的有效运行。建立完善、有效和适宜的文件管理系统能够保证文件的权威性、系统性和一致性，能够避免信息可能由语言交流引起的偏差，使管理和操作标准化、程序化，保证生产和质量控制全过程的记录具有可追溯性。

第一节 原 则

第一百五十条 文件是质量保证系统的基本要素。企业必须有内容正确的书面质量标准、生产处方和工艺规程、操作规程以及记录等文件。

第一百五十一条 企业应当建立文件管理的操作规程，系统地设计、制定、审核、批准和发放文件。与本规范有关的文件应当经质量管理部门的审核。

第一百五十二条 文件的内容应当与药品生产许可、药品注册等相关要求一致，并有助于追溯每批产品的历史情况。

第一百五十三条 文件的起草、修订、审核、批准、替换或撤销、复制、保管和销毁等应当按照操作规程管理，并有相应的文件分发、撤销、复制、销毁记录。

第一百五十四条 文件的起草、修订、审核、批准均应当由适当的人员签名并注明日期。

第一百五十五条 文件应当标明题目、种类、目的以及文件编号和版本号。文字应当确切、清晰、易懂，不能模棱两可。

第一百五十六条 文件应当分类存放、条理分明，便于查阅。

第一百五十七条 原版文件复制时，不得产生任何差错；复制的文件应当清晰可辨。

第一百五十八条 文件应当定期审核、修订；文件修订后，应当按照规定管理，防止旧版文件的误用。分发、使用的文件应当为批准的现行文本，已撤销的或旧版文件除留档备查外，不得在工作现场出现。

第一百五十九条 与本规范有关的每项活动均应当有记录，以保证产品生产、质量控制和质量保证等活动可以追溯。记录应当留有填写数据的足够空格。记录应当及时填写，内容真实，字迹清晰、易读，不易擦除。

第一百六十条 应当尽可能采用生产和检验设备自动打印的记录、图谱和曲线图等，并标明产品或样品的名称、批号和记录设备的信息，操作人应当签注姓名和日期。

第一百六十一条 记录应当保持清洁，不得撕毁和任意涂改。记录填写的任何更改都应当签注姓名和日期，并使原有信息仍清晰可辨，必要时，应当说明更改的理由。记录如需重新誊写，则原有记录不得销毁，应当作为重新誊写记录的附件保存。

第一百六十二条 每批药品应当有批记录，包括批生产记录、批包装记录、批检验记录和药品放行审核记录等与本批产品有关的记录。批记录应当由质量管理部门负责管理，至少保存至药品有效期后一年。

质量标准、工艺规程、操作规程、稳定性考察、确认、验证、变更等其他重要文件应当长期保存。

第一百六十三条 如使用电子数据处理系统、照相技术或其他可靠方式记录数据资料，应当有所用系统的操作规程；记录的准确性应当经过核对。

使用电子数据处理系统的，只有经授权的人员方可输入或更改数据，更改和删除情况应当有记录；应当使用密码或其他方式来控制系统的登录；关键数据输入后，应当由他人独立进行复核。

用电子方法保存的批记录，应当采用磁带、缩微胶卷、纸质副本或其他方法进行备份，以确保记录的安全，且数据资料在保存期内便于查阅。

【理解要点】

（1）强调 GMP 文件的重要性和文件系统的组成，即企业应建立涵盖质量标准、工艺规程、操作规程以及记录等规范的文件管理系统。

（2）文件体系通常分为质量标准、工艺规程、管理制度、岗位职责、验证类文件、操作规程及记录等。其中操作规程是工艺规程的细化描述，操作性更强，但操作规程的参数范围不能超出工艺规程的参数范围。

（3）GMP 技术文件的内容要求与产品注册资料相一致，质量管理部门应对 GMP 相关文件进行审核。

（4）强调对电子记录的管理以及电子备份保存方式的管理要求。

（5）文件的适用范围和目的应易于识别，文件的格式和结构应统一，语言简洁易懂，清晰准确。字体、字号、行间距、段落格式、页眉和页脚等需要在文件模板中规定，不同类型的文件可以有不同的文件格式要求。

【发现问题】

（1）企业工艺规程中的工艺流程与产品注册工艺不一致。

（2）操作规程内容简单，不具有操作性，容易造成人为操作差错的发生。

（3）企业的文件管理控制程序未规定失效文件收回的程序。

（4）现场抽查某份文件，文件的审核人、批准人与文件规定不一致。

（5）企业的文件编写规程未明确文件格式。

（6）某生产岗位的记录随意划改，更改处没有更改人签名及标注日期，岗位操作人员不清楚记录更改方式。

第二节　质量标准

第一百六十四条　物料和成品应当有经批准的现行质量标准；必要时，中间产品或待包装产品也应当有质量标准。

第一百六十五条　物料的质量标准一般应当包括：

（一）物料的基本信息

1. 企业统一指定的物料名称和内部使用的物料代码；

2. 质量标准的依据；

3. 经批准的供应商；

4. 印刷包装材料的实样或样稿。

（二）取样、检验方法或相关操作规程编号。

（三）定性和定量的限度要求。

（四）贮存条件和注意事项。

（五）有效期或复验期。

第一百六十六条　外购或外销的中间产品和待包装产品应当有质量标准；如果中间产品的检验结果用于成品的质量评价，则应当制定与成品质量标准相对应的中间产品质量标准。

第一百六十七条　成品的质量标准应当包括：

（一）产品名称以及产品代码；

（二）对应的产品处方编号（如有）；

（三）产品规格和包装形式；

（四）取样、检验方法或相关操作规程编号；

（五）定性和定量的限度要求；

（六）贮存条件和注意事项；

（七）有效期。

【理解要点】

（1）物料质量标准应与现行《中华人民共和国药典》、局（部）颁标准、行业标准或注册标准等国家标准要求一致。若没有以上标准，应制定企业内控标准。

（2）成品质量标准应与现行《中华人民共和国药典》、局（部）颁标准或注册标准等国家标准要求一致。

（3）明确物料、中间产品、待包装品和成品的质量标准的编写内容要求。

（4）所有质量标准包括由生产人员进行中间控制所采用的质量标准，均需经过质量管理部门审核和批准。

（5）应建立每个岗位的操作规程及操作记录。

【发现问题】

（1）企业物料的质量标准中未包含该物料的物料代码。

（2）检查片剂生产线时，发现将待包装品的"片重差异"结果作为最终产品放行依据，但片重差异的检验方法与药典标准不一致。

（3）某企业丸剂质量标准未制定最低装量检验项目。

第三节　工艺规程

第一百六十八条　每种药品的每个生产批量均应当有经企业批准的工艺规程，不同药品规格的每种包装形式均应当有各自的包装操作要求。工艺规程的制定应当以注册批准的工艺为依据。

第一百六十九条　工艺规程不得任意更改。如需更改，应当按照相关的操作规程修订、审核、批准。

第一百七十条　制剂的工艺规程的内容至少应当包括：

（一）生产处方

1. 产品名称和产品代码；

2. 产品剂型、规格和批量；

3. 所用原辅料清单（包括生产过程中使用，但不在成品中出现的物料），阐明每一物料的指定名称、代码和用量；如原辅料的用量需要折算时，还应当说明计算方法。

（二）生产操作要求

1. 对生产场所和所用设备的说明（如操作间的位置和编号、洁净度级别、必要的温湿度要求、设备型号和编号等）；

2. 关键设备的准备（如清洗、组装、校准、灭菌等）所采用的方法或相应操作规程编号；

3. 详细的生产步骤和工艺参数说明（如物料的核对、预处理、加入物料的顺序、混合时间、温度等）；

4. 所有中间控制方法及标准；

5. 预期的最终产量限度，必要时，还应当说明中间产品的产量限度，以及物料平衡的计算方法和限度；

6. 待包装产品的贮存要求，包括容器、标签及特殊贮存条件；

7. 需要说明的注意事项。

（三）包装操作要求

1. 以最终包装容器中产品的数量、重量或体积表示的包装形式；

2. 所需全部包装材料的完整清单，包括包装材料的名称、数量、规格、类型以及与质量标准有关的每一包装材料的代码；

3. 印刷包装材料的实样或复制品，并标明产品批号、有效期打印位置；

4. 需要说明的注意事项，包括对生产区和设备进行的检查，在包装操作开始前，确认包装生产线的清场已经完成等；

5. 包装操作步骤的说明，包括重要的辅助性操作和所用设备的注意事项、包装材料使用前的核对；

6. 中间控制的详细操作，包括取样方法及标准；

7. 待包装产品、印刷包装材料的物料平衡计算方法和限度。

【理解要点】

（1）生产工艺是指规定为生产一定数量成品所需原辅料和包装材料的质量、数量、操作指导、加工说明、注意事项、生产过程中的控制等一个或一套文件。

（2）工艺规程应能满足企业产品生产要求；应涵盖所有品种、规格；应规定相应的批量，并包含了不同包装规格形式的要求。

（3）强调不同生产批量都应当建立各自的工艺规程和批生产记录。

（4）各产品工艺规程应有相关部门审核和批准，并有相关人员签字。

【发现问题】

（1）企业工艺规程中未明确片剂不同包装形式的操作要求。例如，某企业尼群地平片两个规格：12片/板/盒、2×10 片/板/盒，但工艺规程中只有对规格 12 片/板/盒包装操作的要求。

（2）生产批量的变更未经有资质的人员审核，或生产批量未在验证的范围内变更。

（3）工艺规程中未附印刷包装材料的实样或复制品。

第四节　批生产记录

第一百七十一条　每批产品均应当有相应的批生产记录，可追溯该批产品的生产历史以及与质量有关的情况。

第一百七十二条　批生产记录应当依据现行批准的工艺规程的相关内容制定。记录的设计应当避免填写差错。批生产记录的每一页应当标注产品的名称、规格和批号。

第一百七十三条　原版空白的批生产记录应当经生产管理负责人和质量管理负责人审核和批准。批生产记录的复制和发放均应当按照操作规程进行控制并有记录，每批产品的生产只能发放一份原版空白批生产记录的复制件。

第一百七十四条　在生产过程中，进行每项操作时应当及时记录，操作结束后，应当由生产操作人员确认并签注姓名和日期。

第一百七十五条　批生产记录的内容应当包括：

（一）产品名称、规格、批号；

（二）生产以及中间工序开始、结束的日期和时间；

（三）每一生产工序的负责人签名；

（四）生产步骤操作人员的签名；必要时，还应当有操作（如称量）复核人员的签名；

（五）每一原辅料的批号以及实际称量的数量（包括投入的回收或返工处理产品的批号及数量）；

（六）相关生产操作或活动、工艺参数及控制范围，以及所用主要生产设备的编号；

（七）中间控制结果的记录以及操作人员的签名；

（八）不同生产工序所得产量及必要时的物料平衡计算；

（九）对特殊问题或异常事件的记录，包括对偏离工艺规程的偏差情况的详细说明或调查报告，并经签字批准。

【理解要点】

（1）批生产记录的内容应与工艺规程和相关的标准操作规程一致；并应覆盖生产和质量管理的全过程。

（2）批生产记录内容应真实、可靠，数据完整，具有可追溯性。

（3）设计批记录时，应以方便操作人员记录为原则，即记录关键操作点、参数及必需的文字记录，不必要的步骤尽量简化，减少记录内容较多而出现错误的风险。

【发现问题】

（1）批记录的设计较为复杂，需填写的文字内容较多，不便于操作人员记录，且容易填写错误。

（2）某批甲硝唑片制粒记录中，只记录了产品名称，未记录规格和批号。

（3）批生产记录的发放记录设计内容不全，没有设计接收人签名栏目。

（4）某企业清热解毒口服液灯检岗位，记录用空白纸片代替，事后转抄。

（5）部分工序的记录中未设计物料平衡计算过程及限度标准，不符合工艺规程的要求。

（6）某企业生产某批维生素 B_1 片时突然停电，导致生产中断 2h，来电后继续生产，但批记录中未记录停电事件，也未按偏差处理程序进行报告。

第五节　批包装记录

第一百七十六条　每批产品或每批中部分产品的包装，都应当有批包装记录，以便追溯该批产品包装操作以及与质量有关的情况。

第一百七十七条　批包装记录应当依据工艺规程中与包装相关的内容制定。记录的设计应当注意避免填写差错。批包装记录的每一页均应当标注所包装产品的名称、规格、包装形式和批号。

第一百七十八条　批包装记录应当有待包装产品的批号、数量以及成品的批号和计划数量。原版空白的批包装记录的审核、批准、复制和发放的要求与原版空白的批生产记录相同。

第一百七十九条　在包装过程中，进行每项操作时应当及时记录，操作结束后，应当由包装操作人员确认并签注姓名和日期。

第一百八十条　批包装记录的内容包括：

（一）产品名称、规格、包装形式、批号、生产日期和有效期；

（二）包装操作日期和时间；

（三）包装操作负责人签名；

（四）包装工序的操作人员签名；

（五）每一包装材料的名称、批号和实际使用的数量；

（六）根据工艺规程所进行的检查记录，包括中间控制结果；

（七）包装操作的详细情况，包括所用设备及包装生产线的编号；

（八）所用印刷包装材料的实样，并印有批号、有效期及其他打印内容；不易随批包装记录归档的印刷包装材料可采用印有上述内容的复制品；

（九）对特殊问题或异常事件的记录，包括对偏离工艺规程的偏差情况的详细说明或调查报告，并经签字批准；

（十）所有印刷包装材料和待包装产品的名称、代码，以及发放、使用、销毁或退库的数量、实际产量以及物料平衡检查。

【理解要点】

（1）提出了批包装生产过程质量追溯控制的要求，根据包装生产过程控制的要求，批包装记录页表头上增加包装产品的基础信息的内容，用于生产操作人员对记录文件的识别，防止人为差错的发生。

（2）提出包装操作记录的填写管理要求，对包装过程中使用的包装材料及标签等进行物料平衡计算，防止出现人为差错，使质量控制具有可追溯性。

（3）原版空白批包装记录的复制和发放均应有相应的记录，保证批包装记录处于受控状态。

（4）批包装记录的内容应涵盖包装产品的基本信息、包装过程控制的信息、带有打印内容的印刷包装材料实样保存、偏差情况的处理等记录内容。

【发现问题】

（1）批包装记录设计内容不全，未涵盖对所用标签打印内容的复核。

（2）批包装记录未设计包装材料物料平衡计算及物料平衡标准。

（3）没有批包装记录的复制及发放记录。

（4）批包装记录中未设计包装设备及包装生产线编号记录栏。

第六节　操作规程和记录

第一百八十一条　操作规程的内容应当包括：题目、编号、版本号、颁发部门、生效日期、分发部门以及制定人、审核人、批准人的签名并注明日期，标题、正文及变更历史。

第一百八十二条　厂房、设备、物料、文件和记录应当有编号（或代码），并制定编制编号（或代码）的操作规程，确保编号（或代码）的唯一性。

第一百八十三条　下述活动也应当有相应的操作规程，其过程和结果应当有记录：

（一）确认和验证；

（二）设备的装配和校准；

（三）厂房和设备的维护、清洁和消毒；

（四）培训、更衣及卫生等与人员相关的事宜；

（五）环境监测；

（六）虫害控制；

（七）变更控制；

（八）偏差处理；

（九）投诉；

（十）药品召回；

（十一）退货。

【理解要点】

（1）提出了厂房、设备、物料、文件和记录编号管理的要求，增加设施与设备、物料、文件三大系统编码管理系统要求，作为工厂系统管理的基础，强调编号（或代码）的唯一性。

（2）为便于企业文件的区分和历史追溯管理的需要，在操作规程的内容上应有"文件版本号"和"变更历史"的信息。

（3）操作规程应详细描述每一操作步骤，使岗位操作人员的操作能达到统一的标准。

【发现问题】

（1）操作规程中未设计变更历史项目。

（2）企业未对某厂房、设备进行编号。

（3）《进入洁净区人员更衣操作规程》和《偏差处理操作规程》内容简单，可操作性差。

九、生产管理

GMP中"生产管理"一章分为四节，共三十三条。药品生产是产品的实现过程，为贯彻药品设计的安全、有效和质量可控，必须严格执行药品注册批准的要求和质量标准，确保药品质量的持续稳定，并最大限度减少生产过程中污染、交叉污染以及混淆、差错的风险。对药品生产全过程进行控制，能够实现药品制造过程的有效和适宜的确认、执行和控制。在药品生产执行和监控过程中，应设定关键的控制参数和可接受的控制范围，从而实现生产条件的受控和可重现。

第一节 原 则

第一百八十四条 所有药品的生产和包装均应当按照批准的工艺规程和操作规程进行操作并有相关记录，以确保药品达到规定的质量标准，并符合药品生产许可和注册批准的要求。

第一百八十五条 应当建立划分产品生产批次的操作规程，生产批次的划分应当能够确保同一批次产品质量和特性的均一性。

第一百八十六条 应当建立编制药品批号和确定生产日期的操作规程。每批药品均应当编制唯一的批号。除另有法定要求外，生产日期不得迟于产品成型或灌装（封）前经最后混合的操作开始日期，不得以产品包装日期作为生产日期。

第一百八十七条 每批产品应当检查产量和物料平衡，确保物料平衡符合设定的限度。如有差异，必须查明原因，确认无潜在质量风险后，方可按照正常产品处理。

第一百八十八条 不得在同一生产操作间同时进行不同品种和规格药品的生产操作，除非没有发生混淆或交叉污染的可能。

第一百八十九条 在生产的每一阶段，应当保护产品和物料免受微生物和其他污染。

【理解要点】

（1）对药品生产管理提出总的管理要求，强调药品生产工艺的法规符合性要求，明确批次合理划分的原则，完善批号的编制原则，强调唯一性；企业应合理安排生产操作，避免发生混淆或交叉污染。

（2）控制生产过程中污染的手段有环境控制、采用封闭设备生产、规范人员操作等。

（3）根据药品生产过程中的实际情况，明确需要重点控制的工序，并提出了控制的要求，防止交叉污染。

（4）生产过程中应严格执行验证过的关键工艺参数，并在生产记录中如实记录，实现生产条件受控和可重现。

（5）操作人员应及时记录每批产品及物料的实际产量或实际用量和收集到的损耗，并在该工序结束后按规定的方法与批理论产量或理论用量进行比较，数值应在工艺规程及操作规程规定的可接受范围内。如果超出范围，应进行偏差分析，查找原因，并经质量风险评估，确认无潜在质量风险后，方可以按正常产品处理。

（6）强调在生产的全过程，如物料的接收、储存、发放、产品的生产、包装、贴签、储存等各个环节均应采取措施避免产品和物料受到污染。对于非无菌制剂及原料药的物料及产品的暴露过程，应免受微生物污染及交叉污染；对无菌制剂的物料和产品的暴露过程，应免受微生物、细菌内毒素、微粒的污染。

（7）企业应建立人员进入洁净区的管理规程，明确人员数量的限制。进入洁净区人员数量应考虑以下几个因素：

① 参照 GB 50073—2001《医药工业洁净厂房设计规范》人均面积 $2\sim4m^2$，同时根据洁净级别及验证数据设定最多允许进入人数。

② 满足洁净区内工作要求，避免由于人员多，动作速度加快产生的剧烈扰动。

③ 参考洁净区在线监测数据及趋势分析数据，完善相关规定。

【发现问题】

（1）药品生产关键工艺参数如过筛目数与药品注册批准文件不一致。

（2）检查企业某品种批生产记录，发现批量超出工艺规程规定的最大批量。

（3）同一包装间存在多台包装设备，没有设置有效的物理隔离措施，不足以避免混淆和差错。

（4）设备清洁验证中未对未清洁及已清洁设备的保留时间进行确认。

（5）企业无外来人员进出生产厂区的规定和检查措施。

第二节　防止生产过程中的污染和交叉污染

第一百九十条　在干燥物料或产品，尤其是高活性、高毒性或高致敏性物料或产品的生产过程中，应当采取特殊措施，防止粉尘的产生和扩散。

第一百九十一条　生产期间使用的所有物料、中间产品或待包装产品的容器及主要设备、必要的操作室应当贴签标识或以其他方式标明生产中的产品或物料名称、规格和批号，如有必要，还应当标明生产工序。

第一百九十二条　容器、设备或设施所用标识应当清晰明了，标识的格式应当经企业相关部门批准。除在标识上使用文字说明外，还可采用不同的颜色区分被标识物的状态（如待验、合格、不合格或已清洁等）。

第一百九十三条　应当检查产品从一个区域输送至另一个区域的管道和其他设备连接，确保连接正确无误。

第一百九十四条　每次生产结束后应当进行清场，确保设备和工作场所没有遗留与本次生产有关的物料、产品和文件。下次生产开始前，应当对前次清场情况进行确认。

第一百九十五条　应当尽可能避免出现任何偏离工艺规程或操作规程的偏差。一旦出现偏差，应当按照偏差处理操作规程执行。

第一百九十六条　生产厂房应当仅限于经批准的人员出入。

第一百九十七条　生产过程中应当尽可能采取措施，防止污染和交叉污染，如：

（一）在分隔的区域内生产不同品种的药品；

（二）采用阶段性生产方式；

（三）设置必要的气锁间和排风；空气洁净度级别不同的区域应当有压差控制；

（四）应当降低未经处理或未经充分处理的空气再次进入生产区导致污染的风险；

（五）在易产生交叉污染的生产区内，操作人员应当穿戴该区域专用的防护服；

（六）采用经过验证或已知有效的清洁和去污染操作规程进行设备清洁；必要时，应当对与物料直接接触的设备表面的残留物进行检测；

（七）采用密闭系统生产；

（八）干燥设备的进风应当有空气过滤器，排风应当有防止空气倒流装置；

（九）生产和清洁过程中应当避免使用易碎、易脱屑、易发霉器具；使用筛网时，应当有防止因筛网断裂而造成污染的措施；

（十）液体制剂的配制、过滤、灌封、灭菌等工序应当在规定时间内完成；

（十一）软膏剂、乳膏剂、凝胶剂等半固体制剂以及栓剂的中间产品应当规定贮存期和贮存条件。

第一百九十八条　应当定期检查防止污染和交叉污染的措施并评估其适用性和有效性。

【理解要点】

（1）企业可根据实际情况参照条款采取防止污染和交叉污染的措施，污染评估的对象可以是：监控程序；清洁程序的风险评估；清洁验证结果；产品质量回顾分析；偏差处理的回顾分析等。

（2）企业应严格执行规范的要求，对药品生产的整个工艺流程进行风险分析，可以先从硬件如厂房的设计布局、设备选型、空调系统设计安装等方面避免污染和交叉污染，再从软件如生产管理的各个要素如人员操作、设备清洁维护保养、物料和产品管理、操作规程、环境控制方面防止污染、交叉污染、混淆及差错。

（3）企业应通过自检、再验证或再确认、产品质量年度回顾、分析风险评估等形式定期检查防止污染和交叉污染的措施是否适用及有效，并不断完善。

【发现问题】

（1）清洁后并在有效期内的料斗内壁残留水珠。

（2）企业 A 级洁净区环境监测数据规定一年回顾一次，回顾频率太低，不能及时发现不良趋势。

第三节　生产操作

第一百九十九条　生产开始前应当进行检查，确保设备和工作场所没有上批遗留的产品、文件或与本批产品生产无关的物料，设备处于已清洁及待用状态。检查结果应当有记录。

生产操作前，还应当核对物料或中间产品的名称、代码、批号和标识，确保生产所用物料或中间产品正确且符合要求。

第二百条　应当进行中间控制和必要的环境监测，并予以记录。

第二百零一条　每批药品的每一生产阶段完成后必须由生产操作人员清场，并填写清场记录。清场记录内容包括：操作间编号、产品名称、批号、生产工序、清场日期、检查项目及结果、清场负责人及复核人签名。清场记录应当纳入批生产记录。

【理解要点】

（1）生产前检查是防止生产过程中出现混淆和差错发生的措施之一。通过对设备和工作场所检查确认设备和工作场所清场合格，处于清洁待用状态，并在清洁有效期内，防止设备误用；通过对物料和中间产品的检查确认其批号和质量状态的正确性，防止不正确的物料用于生产。

（2）检查车间生产状态，工作场所和设备应彻底清场并清洁，并处于有效期内的已清洁待用状态；现场用于生产的物料和生产的产品的名称、代码、批号应符合生产指令的要求，应明确质量状态。

（3）企业应根据产品特性制定中间控制项目和环境监测项目标准及操作规程，并对关键工序中间产品进行质量控制和生产环境的监控。

【发现问题】

（1）现场检查发现用于胶囊充填的中间产品储存料桶的标识内容中缺少"数量"标识。

（2）口服固体制剂铝塑包装工序无铝塑包装材料密封性检查控制项目。

（3）多个压片间清场记录中仅体现了操作间名称，未体现操作间编号。

第四节　包装操作

第二百零二条　包装操作规程应当规定降低污染和交叉污染、混淆或差错风险的措施。

第二百零三条　包装开始前应当进行检查，确保工作场所、包装生产线、印刷机及其他设备已处于清洁或待用状态，无上批遗留的产品、文件或与本批产品包装无关的物料。检查结果应当有记录。

第二百零四条　包装操作前，还应当检查所领用的包装材料正确无误，核对待包装产品和所用包装材料的名称、规格、数量、质量状态，且与工艺规程相符。

第二百零五条　每一包装操作场所或包装生产线，应当有标识标明包装中的产品名称、规格、批号和批量的生产状态。

第二百零六条　有数条包装线同时进行包装时，应当采取隔离或其他有效防止污染、交叉污染或混淆的措施。

第二百零七条　待用分装容器在分装前应当保持清洁，避免容器中有玻璃碎屑、金属颗粒等污染物。

第二百零八条　产品分装、封口后应当及时贴签。未能及时贴签时，应当按照相关的操作规程操作，避免发生混淆或贴错标签等差错。

第二百零九条　单独打印或包装过程中在线打印的信息（如产品批号或有效期）均应当进行检查，确保其正确无误，并予以记录。如手工打印，应当增加检查频次。

第二百一十条　使用切割式标签或在包装线以外单独打印标签，应当采取专门措施，防止混淆。

第二百一十一条　应当对电子读码机、标签计数器或其他类似装置的功能进行检查，确保其准确运行。检查应当有记录。

第二百一十二条　包装材料上印刷或模压的内容应当清晰，不易褪色和擦除。

第二百一十三条　包装期间，产品的中间控制检查应当至少包括下述内容：

（一）包装外观；

（二）包装是否完整；

（三）产品和包装材料是否正确；

（四）打印信息是否正确；

（五）在线监控装置的功能是否正常。

样品从包装生产线取走后不应当再返还，以防止产品混淆或污染。

第二百一十四条　因包装过程产生异常情况而需要重新包装产品的，必须经专门检查、调查并由指定人员批准。重新包装应当有详细记录。

第二百一十五条　在物料平衡检查中，发现待包装产品、印刷包装材料以及成品数量有显著差异时，应当进行调查，未得出结论前，成品不得放行。

第二百一十六条　包装结束时，已打印批号的剩余包装材料应当由专人负责全部计数销毁，并有记录。如将未打印批号的印刷包装材料退库，应当按照操作规程执行。

【理解要点】

（1）企业应建立包装操作过程中降低风险措施的文件。

（2）应有文件明确规定，有数条包装线同时包装时有隔离或其他有效防止污染或混淆的措施。

（3）包装操作应有"生产前检查操作"文件及记录。包装操作的每个岗位每次生产前均应进行检查，检查内容应包括：生产现场无上批产品、文件或与本批包装无关的物料；用于包装的待包装产品的名称、代码、批号和标识应与包装指令一致等。

（4）企业应确保直接接触产品的包装材料和容器符合《直接接触产品的包装材料和容器管理办法》的规定；印刷包装材料如印字铝箔、标签、说明书、纸盒等字迹清晰，内容、式样、文字符合《药品标签和说明书管理规定》的要求。

（5）企业应制定包装自动监测设备定期检查标准操作规程，测试方法和频率应经过验证，确保其准确运行。

（6）常见的包装自动监测设备包括：电子读码机、标签计数器、标签缺失检测、漏片检测、在线称重检测、包装缺盒检测。

【发现问题】

（1）贴签操作人员未严格执行贴签操作规程规定，未对更换批号后印字模块进行复核，造成产品生产批号打印错误。

（2）粉针剂产品包装贴签工序贴切割式瓶签时，清场不彻底，现场检查时贴签机内残留上批次瓶签。

（3）包装生产现场检查发现领用的已打印产品批号、生产日期、有效期的标签未隔离存放，保管措施不完善，不能避免遗失、混淆和差错。

（4）用于标签打印正确性检查的在线检测设备未定期进行测试，没有测试记录。

（5）从偏差调查处理记录发现有重新包装行为，但是批包装记录中未体现重新包装的内容及记录。

（6）标签销毁记录内容不全，如未记录销毁具体时间、销毁方式。

十、质量控制与质量保证

GMP中"质量控制与质量保证"一章分为九节，共六十一条。本章是判断一个企业的质量管理系统是否能够满足要求的重要章节。

质量控制涵盖药品生产、放行、市场质量反馈的全过程，负责原辅料、包材、工艺用水、中间体及成品的质量标准和分析方法的建立、取样和检验，以及产品的稳定性考察和市场不良反馈样品的复核工作。因此质量控制与质量保证的检查核心也是在这个过程中，各个环节应制定可行的制度和规程，并按照规程进行操作并记录；各种物料及中间品、产品应制定放行标准，按照标准进行检测和放行并记录。企业需建立现代的质量保证体系，以完整的文件形式明确规定质量保证系统的组成及运行，运用产品质量回顾分析、自检、风险管理等手段评估质量保证系统的有效性和适用性。通过 CAPA 等方法不断地进行持续改进管理，提高质量体系的有效性以及法规符合性。

第一节　质量控制实验室管理

第二百一十七条　质量控制实验室的人员、设施、设备应当与产品性质和生产规模相适应。

企业通常不得进行委托检验，确需委托检验的，应当按照第十一章中委托检验部分的规定，委托外部实验室进行检验，但应当在检验报告中予以说明。

第二百一十八条　质量控制负责人应当具有足够的管理实验室的资质和经验，可以管理同一企业的一个或多个实验室。

第二百一十九条　质量控制实验室的检验人员至少应当具有相关专业中专或高中以上学历，并经过与所从事的检验操作相关的实践培训且通过考核。

第二百二十条　质量控制实验室应当配备药典、标准图谱等必要的工具书，以及标准品或对照品等相关的标准物质。

【理解要点】

（1）质量控制实验室的核心目的在于获取反映样品乃至样品代表的批产品（物料）质量的真实客观的检验数据，为质量评估提供依据。

（2）企业实验室布局应合理，并有足够的操作空间，配齐产品所需的实验室设备，设有专门的区域或房间用于清洗玻璃器皿、取样器具以及其他用于样品测试的器具。

（3）检验人员及数量应与生产要求相适应。

（4）应对实验室人员进行有计划的培训，内容至少包括员工所从事的特定操作及和其岗位相关的GMP 知识，并应对培训效果进行评估。

【发现问题】

（1）某产品涉及药理毒理（动物实验）的检验项目，但是实验室未配备具有相应检验能力的人员。

（2）从事澄明度检验的人员的培训记录中无针对澄明度检验的相关内容，如澄明度检测仪照度的调节，白点、纤毛、小块等的判断。

（3）实验室使用的工作对照品不能溯源，标定记录中未能提供国家法定对照品的相关信息。

第二百二十一条　质量控制实验室的文件应当符合第八章的原则，并符合下列要求：

（一）质量控制实验室应当至少有下列详细文件：

1. 质量标准；

2. 取样操作规程和记录；

3. 检验操作规程和记录（包括检验记录或实验室工作记事簿）；

4. 检验报告或证书；

5. 必要的环境监测操作规程、记录和报告；

6. 必要的检验方法验证报告和记录；

7. 仪器校准和设备使用、清洁、维护的操作规程及记录。

（二）每批药品的检验记录应当包括中间产品、待包装产品和成品的质量检验记录，可追溯该批药品所有相关的质量检验情况；

（三）宜采用便于趋势分析的方法保存某些数据（如检验数据、环境监测数据、制药用水的微生物监测数据）；

（四）除与批记录相关的资料信息外，还应当保存其他原始资料或记录，以方便查阅。

【理解要点】

（1）详细规定了实验室最基本的文件目录，结合质量回顾和验证要求，对进行趋势分析的数据提出保存要求。

（2）实验室的文件系统，包括在一定时间内相对固定的文件，如质量标准、操作规程等，以及日常工作中随时形成的文件，如各种检验、检测结果的报告文件、实验记录、仪器设备使用记录等。

（3）各种检验记录、仪器设备使用记录应完整，并应具有唯一性和可追溯性。

【发现问题】

（1）天平的使用记录信息不全，无法追溯所检验物品的详细信息。

（2）未按照文件要求的检测频次对洁净室的环境进行检测。

（3）未建立检验用标准品台账及使用记录。

（4）检验记录未记录滴定液信息，检验用滴定液无复验规程。

第二百二十二条　取样应当至少符合以下要求：

（一）质量管理部门的人员有权进入生产区和仓储区进行取样及调查。

（二）应当按照经批准的操作规程取样，操作规程应当详细规定：

1. 经授权的取样人；

2. 取样方法；

3. 所用器具；

4. 样品量；

5. 分样的方法；

6. 存放样品容器的类型和状态；

7. 取样后剩余部分及样品的处置和标识；

8. 取样注意事项，包括为降低取样过程产生的各种风险所采取的预防措施，尤其是无菌或有害物料的取样，以及防止取样过程中污染和交叉污染的注意事项；

9. 贮存条件；

10. 取样器具的清洁方法和贮存要求。

（三）取样方法应当科学、合理，以保证样品的代表性。

（四）留样应当能够代表被取样批次的产品或物料，也可抽取其他样品来监控生产过程中最重要的环节（如生产的开始或结束）。

（五）样品的容器应当贴有标签，注明样品名称、批号、取样日期、取自哪一包装容器、取样人等信息。

（六）样品应当按照规定的贮存要求保存。

【理解要点】

（1）详细规定了取样操作规程的基本内容，强调取样操作的科学性和代表性。

（2）对取样的整个过程，包括人员资质、取样方法、取样器具、样品保存、传递等提出了详细、明确的要求。

（3）应根据产品特点在质量关键点进行取样，保证样品具有代表性与均一性。

【发现问题】

（1）未根据不同剂型、不同包装制定相应的取样操作规程。

（2）取样人员培训内容不够全面，未进行如何保证样品均匀性、代表性的有关培训。

（3）用于微生物检验样品的取样器具已超过灭菌有效期，仍用于取样。

第二百二十三条　物料和不同生产阶段产品的检验应当至少符合以下要求：

（一）企业应当确保药品按照注册批准的方法进行全项检验。

（二）符合下列情形之一的，应当对检验方法进行验证：

1. 采用新的检验方法；

2. 检验方法需变更的；

3. 采用《中华人民共和国药典》及其他法定标准未收载的检验方法；

4. 法规规定的其他需要验证的检验方法。

（三）对不需要进行验证的检验方法，企业应当对检验方法进行确认，以确保检验数据准确、可靠。

（四）检验应当有书面操作规程，规定所用方法、仪器和设备，检验操作规程的内容应当与经确认或验证的检验方法一致。

（五）检验应当有可追溯的记录并应当复核，确保结果与记录一致。所有计算均应当严格核对。

（六）检验记录应当至少包括以下内容：

1. 产品或物料的名称、剂型、规格、批号或供货批号，必要时注明供应商和生产商（如不同）的名称或来源；

2. 依据的质量标准和检验操作规程；

3. 检验所用的仪器或设备的型号和编号；

4. 检验所用的试液和培养基的配制批号、对照品或标准品的来源和批号；

5. 检验所用动物的相关信息；

6. 检验过程，包括对照品溶液的配制、各项具体的检验操作、必要的环境温湿度；

7. 检验结果，包括观察情况、计算和图谱或曲线图，以及依据的检验报告编号；

8. 检验日期；

9. 检验人员的签名和日期；

10. 检验、计算复核人员的签名和日期。

（七）所有中间控制（包括生产人员所进行的中间控制），均应当按照经质量管理部门批准的方法进行，检验应当有记录。

（八）应当对实验室容量分析用玻璃仪器、试剂、试液、对照品以及培养基进行质量检查。

（九）必要时应当将检验用实验动物在使用前进行检验或隔离检疫。饲养和管理应当符合相关的实验动物管理规定。动物应当有标识，并应当保存使用的历史记录。

第二百二十四条　质量控制实验室应当建立检验结果超标调查的操作规程。任何检验结果超标都必须按照操作规程进行完整的调查，并有相应的记录。

【理解要点】

（1）明确检验方法验证和确认的要求，法规规定的其他需要验证的检验方法主要是指药典要求的传统生物学的检验方法。

（2）对企业进行的所有检验，包括各种物料、中间品、成品的检验，提出基本和具体要求。

（3）成品检验的项目应完全涵盖注册批准的标准规定。

（4）强调检验记录的唯一性和原始、真实性。

（5）将超标管理的概念引入质量控制实验室，完善质量控制实验室管理。

【发现问题】

（1）某一批物料的进厂检验记录中，物料的基本信息（名称）与其实际名称不一致。

（2）某产品鉴别试验中，标准规定为"加某种试剂体积（mL）"，企业的检验记录为格式化记录，没有记录实际操作中加入试剂的准确剂量。

（3）某产品注册标准高于药典标准（如比药典多 1 项鉴别），企业只按照药典进行了全项检验，没有按照注册标准进行全项检验。

（4）国家标准对某一片剂的标准进行了修订，增加了有关物质检查，企业直接采用了国家标准方法，未进行必要的方法验证，也未能提供国家标准修订时曾对该企业样品进行过验证的证明。

（5）某个口服液制剂的中间产品含量测定结果超出企业规定标准，但未进行调查和处理。

第二百二十五条　企业按规定保存的、用于药品质量追溯或调查的物料、产品样品为留样。用于产品稳定性考察的样品不属于留样。留样应当至少符合以下要求：

（一）应当按照操作规程对留样进行管理。

（二）留样应当能够代表被取样批次的物料或产品。

（三）成品的留样

1. 每批药品均应当有留样；如果一批药品分成数次进行包装，则每次包装至少应当保留一件最小市售包装的成品；

2. 留样的包装形式应当与药品市售包装形式相同，原料药的留样如无法采用市售包装形式的，可采用模拟包装；

3. 每批药品的留样数量一般至少应当能够确保按照注册批准的质量标准完成两次全检（无菌检查和热原检查等除外）；

4. 如果不影响留样的包装完整性，保存期间内至少应当每年对留样进行一次目检观察，如有异常，应当进行彻底调查并采取相应的处理措施；

5. 留样观察应当有记录；

6. 留样应当按照注册批准的贮存条件至少保存至药品有效期后一年；

7. 如企业终止药品生产或关闭的，应当将留样转交授权单位保存，并告知当地药品监督管理部门，以便在必要时可随时取得留样。

（四）物料的留样

1. 制剂生产用每批原辅料和与药品直接接触的包装材料均应当有留样。与药品直接接触的包装材料（如输液瓶），如成品已有留样，可不必单独留样；

2. 物料的留样量应当至少满足鉴别的需要；

3. 除稳定性较差的原辅料外，用于制剂生产的原辅料（不包括生产过程中使用的溶剂、气体或制药用水）和与药品直接接触的包装材料的留样应当至少保存至产品放行后二年。如果物料的有效期较短，则留样时间可相应缩短；

4. 物料的留样应当按照规定的条件贮存，必要时还应当适当包装密封。

【理解要点】

（1）物料、产品留样的目的主要是用于药品质量追溯或调查。但用于药品稳定性考察的样品不属于留样。

（2）留样应有代表性，留样的保存条件应与操作规程规定一致。

（3）成品留样应是最终市售包装形式，原料药的留样如无法采用市售包装形式，可采用模拟包装。用于药品生产的活性成分、辅料（不包括生产过程用的溶剂、气体和制药用水）和包装材料均需要留样。

（4）留样标签至少包括以下信息：产品名称、产品批号、取样日期、储存条件和储存期限。

（5）一般情况下，留样仅在有特殊目的时才能使用，如调查、投诉，使用前应经质量管理负责人批准。

【发现问题】

（1）某一产品的贮存条件为阴凉处保存，但是企业将该产品的留样在常温保存，留样保存条件与规定不一致。

（2）成品留样数量不足。

（3）留样标签信息不全。

（4）未能提供企业编制的《留样管理制度》中规定的留样总结分析报告。

第二百二十六条　试剂、试液、培养基和检定菌的管理应当至少符合以下要求：

（一）试剂和培养基应当从可靠的供应商处采购，必要时应当对供应商进行评估。

（二）应当有接收试剂、试液、培养基的记录，必要时，应当在试剂、试液、培养基的容器上标注接收日期。

（三）应当按照相关规定或使用说明配制、贮存和使用试剂、试液和培养基。特殊情况下，在接收或使用前，还应当对试剂进行鉴别或其他检验。

（四）试液和已配制的培养基应当标注配制批号、配制日期和配制人员姓名，并有配制（包括灭菌）记录。不稳定的试剂、试液和培养基应当标注有效期及特殊贮存条件。标准液、滴定液还应当标注最后一次标化的日期和校正因子，并有标化记录。

（五）配制的培养基应当进行适用性检查，并有相关记录。应当有培养基使用记录。

（六）应当有检验所需的各种检定菌，并建立检定菌保存、传代、使用、销毁的操作规程和相应记录。

（七）检定菌应当有适当的标识，内容至少包括菌种名称、编号、代次、传代日期、传代操作人。

（八）检定菌应当按照规定的条件贮存，贮存的方式和时间不应当对检定菌的生长特性有不利影响。

【理解要点】

（1）细化实验室内试剂、试液、培养基和检定菌的管理。

（2）应制定主要、常用试剂试药验收、查对、接收操作规程。

（3）试剂试药的贮存条件应符合要求。如果试剂瓶上有明确的储存条件要求，必须遵照执行，否则试剂应储存在密闭容器中避免阳光直射，并放置于干燥、温度可控的环境中，且试剂库温度应有记录。

（4）剧毒或易制毒试剂的储存应有专人进行管理，使用应有记录，进行物料数量平衡管理，确保剧毒或易制毒试剂被用于预定用途。

（5）试剂试液的使用期限（有效期）应有相应的规定，并进行了必要的验证/确认。

（6）每批培养基应进行适用性检查。应建立检定菌的管理规程；检定菌株的来源应可追溯，保存、传代、使用等应按照规程进行并记录，工作菌代数是否符合要求（不得超过5代）。

【发现问题】

（1）氢氧化钠滴定液（0.1mol/L）未规定使用期（或复标期）。

（2）未建立检定菌的传代接种记录。

（3）用于洁净度检测的培养基未进行适用性检测。

（4）试剂室温度超过30℃，无温度记录。

第二百二十七条　标准品或对照品的管理应当至少符合以下要求：

（一）标准品或对照品应当按照规定贮存和使用；

（二）标准品或对照品应当有适当的标识，内容至少包括名称、批号、制备日期（如有）、有效期（如有）、首次开启日期、含量或效价、贮存条件；

（三）企业如需自制工作标准品或对照品，应当建立工作标准品或对照品的质量标准以及制备、鉴别、检验、批准和贮存的操作规程，每批工作标准品或对照品应当用法定标准品或对照品进行标化，并确定有效期，还应当通过定期标化证明工作标准品或对照品的效价或含量在有效期内保持稳定。标化的过程和结果应当有相应的记录。

【理解要点】

（1）国家药品标准品、对照品是指国家药品标准中用于鉴定、检查、含量测定、杂质和有关物质检查等的标准物质。

（2）企业应配备满足检验需求的对照品、标准品。

（3）应制定操作规程对标准品及对照品的储存、处置和分发等流程进行管理。规程中还应规定标准品和对照品的使用注意事项。对于不在室温条件下储存的标准品，还应规定从储存区域取出后恢复至室温的时间。

（4）工作用对照品、配制后的对照品（溶液）的使用期限（有效期）应经过验证。

【发现问题】

（1）某工作用对照品未规定有效期（使用期）。

（2）某配制后的对照品溶液的使用期规定为3个月，但是没有进行必要的验证或确认。

（3）冰箱有一瓶标准品已启封，但未标示开启日期。

第二节　物料和产品放行

第二百二十八条　应当分别建立物料和产品批准放行的操作规程，明确批准放行的标准、职责，并有相应的记录。

第二百二十九条　物料的放行应当至少符合以下要求：

（一）物料的质量评价内容应当至少包括生产商的检验报告、物料包装完整性和密封性的检查情况和检验结果；

（二）物料的质量评价应当有明确的结论，如批准放行、不合格或其他决定；

（三）物料应当由指定人员签名批准放行。

第二百三十条　产品的放行应当至少符合以下要求：

（一）在批准放行前，应当对每批药品进行质量评价，保证药品及其生产应当符合注册和本规范要求，并确认以下各项内容：

1. 主要生产工艺和检验方法经过验证；

2. 已完成所有必需的检查、检验，并综合考虑实际生产条件和生产记录；

3. 所有必需的生产和质量控制均已完成并经相关主管人员签名；

4. 变更已按照相关规程处理完毕，需要经药品监督管理部门批准的变更已得到批准；

5. 对变更或偏差已完成所有必要的取样、检查、检验和审核；

6. 所有与该批产品有关的偏差均已有明确的解释或说明，或者已经过彻底调查和适当处理；如偏差还涉及其他批次产品，应当一并处理。

（二）药品的质量评价应当有明确的结论，如批准放行、不合格或其他决定。

（三）每批药品均应当由质量受权人签名批准放行。

（四）疫苗类制品、血液制品、用于血源筛查的体外诊断试剂以及国家食品药品监督管理局规定的其他生物制品放行前还应当取得批签发合格证明。

【理解要点】

（1）详细规定了物料与产品放行的关键控制环节，明确物料的验收结果和检验结果是放行的主要依据。

（2）对所用物料及产品（包括中间产品）放行进入下一道工序，应当制定有明确的放行操作规程和放行标准（参数），明确各环节人员的职责。

（3）明确负责物料放行的人员应是质量管理部门的人员。

（4）质量受权人应基于对批生产记录和批检验记录的审核来放行产品，并有放行审核记录。

【发现问题】

（1）物料放行人的职责规定不够详细和明确。

（2）放行责任人未见到操作规程规定的物料全部检验结果就放行。

（3）某一批产品是在该批产品某项检验结果超标（OOS）尚未完全处理完毕之前放行。

第三节　持续稳定性考察

第二百三十一条　持续稳定性考察的目的是在有效期内监控已上市药品的质量，以发现药品与生产相关的稳定性问题（如杂质含量或溶出度特性的变化），并确定药品能够在标示的贮存条件下，符合质量标准的各项要求。

第二百三十二条　持续稳定性考察主要针对市售包装药品，但也需兼顾待包装产品。例如，当待包装产品在完成包装前，或从生产厂运输到包装厂，还需要长期贮存时，应当在相应的环境条件下，评估其对包装后产品稳定性的影响。此外，还应当考虑对贮存时间较长的中间产品进行考察。

第二百三十三条　持续稳定性考察应当有考察方案，结果应当有报告。用于持续稳定性考察的设备（尤其是稳定性试验设备或设施）应当按照第七章和第五章的要求进行确认和维护。

第二百三十四条　持续稳定性考察的时间应当涵盖药品有效期，考察方案应当至少包括以下内容：

（一）每种规格、每个生产批量药品的考察批次数；

（二）相关的物理、化学、微生物和生物学检验方法，可考虑采用稳定性考察专属的检验方法；

（三）检验方法依据；

（四）合格标准；

（五）容器密封系统的描述；

（六）试验间隔时间（测试时间点）；

（七）贮存条件（应当采用与药品标示贮存条件相对应的《中华人民共和国药典》规定的长期稳定性

试验标准条件）；

（八）检验项目，如检验项目少于成品质量标准所包含的项目，应当说明理由。

第二百三十五条　考察批次数和检验频次应当能够获得足够的数据，以供趋势分析。通常情况下，每种规格、每种内包装形式的药品，至少每年应当考察一个批次，除非当年没有生产。

第二百三十六条　某些情况下，持续稳定性考察中应当额外增加批次数，如重大变更或生产和包装有重大偏差的药品应当列入稳定性考察。此外，重新加工、返工或回收的批次，也应当考虑列入考察，除非已经过验证和稳定性考察。

第二百三十七条　关键人员，尤其是质量受权人，应当了解持续稳定性考察的结果。当持续稳定性考察不在待包装产品和成品的生产企业进行时，则相关各方之间应当有书面协议，且均应当保存持续稳定性考察的结果以供药品监督管理部门审查。

第二百三十八条　应当对不符合质量标准的结果或重要的异常趋势进行调查。对任何已确认的不符合质量标准的结果或重大不良趋势，企业都应当考虑是否可能对已上市药品造成影响，必要时应当实施召回，调查结果以及采取的措施应当报告当地药品监督管理部门。

第二百三十九条　应当根据所获得的全部数据资料，包括考察的阶段性结论，撰写总结报告并保存。应当定期审核总结报告。

【理解要点】

（1）药品稳定性是指原料药及其制剂保持其物理、化学、生物学和微生物学性质的能力。稳定性试验的目的是考察原料药、中间产品或制剂的性质在温度、湿度、光线等条件的影响下随时间变化的规律，为药品的生产、包装、储存、运输条件和有效期的确定提供科学的依据，以保障临床用药的安全有效。

（2）我国的稳定性研究可以分为：影响因素试验、加速稳定性试验、长期稳定性试验、持续稳定性试验。

（3）不同品种应制定有相应的稳定性考察方案和操作规程，方案中应明确重点观察和分析的关键参数和指标；应对各产品考察批次有明确的规定。

（4）稳定性实验用样品存放的设备、检验检测仪器和设备应进行验证或确认。

（5）稳定性考察结果发生异常情况时，应调查原因、评估风险、报告结果，还应考虑是否需要主动召回。稳定性考察应有阶段性报告和总结报告，应纳入产品质量回顾的内容之一。

【发现问题】

（1）某中间产品规定贮存期为 30 天，但企业未进行稳定性考察。

（2）企业委托第三方实验室对产品进行稳定性考察，但是只出具了考察报告，未能提供详细的实验方案、实验记录、资质证明。

（3）对关键参数的记录及判断不科学，没有记录指标的详细变化情况，无法对趋势进行分析。

（4）某产品稳定性考察需进行三年，每年数据都进行了年度回顾，但总结报告中未引用年度回顾中该批产品结论。

第四节　变更控制

第二百四十条　企业应当建立变更控制系统，对所有影响产品质量的变更进行评估和管理。需要经药品监督管理部门批准的变更应当在得到批准后方可实施。

第二百四十一条　应当建立操作规程，规定原辅料、包装材料、质量标准、检验方法、操作规程、厂房、设施、设备、仪器、生产工艺和计算机软件变更的申请、评估、审核、批准和实施。质量管理部门应当指定专人负责变更控制。

第二百四十二条　变更都应当评估其对产品质量的潜在影响。企业可以根据变更的性质、范围、对产品质量潜在影响的程度将变更分类（如主要、次要变更）。判断变更所需的验证、额外的检验以及稳定性考察应当有科学依据。

第二百四十三条　与产品质量有关的变更由申请部门提出后，应当经评估、制定实施计划并明确实施职责，最终由质量管理部门审核批准。变更实施应当有相应的完整记录。

第二百四十四条　改变原辅料、与药品直接接触的包装材料、生产工艺、主要生产设备以及其他影响药品质量的主要因素时，还应当对变更实施后最初至少三个批次的药品质量进行评估。如果变更可能影响药品的有效期，则质量评估还应当包括对变更实施后生产的药品进行稳定性考察。

第二百四十五条　变更实施时，应当确保与变更相关的文件均已修订。

第二百四十六条　质量管理部门应当保存所有变更的文件和记录。

【理解要点】

（1）变更控制的目的是为了防止变更对产品质量产生不利影响，保持产品质量的持续稳定，要求企业建立变更系统，其目的是防止质量管理体系实际运行过程中的随意变更，确保持续改进得到及时有效的执行，保证变更不会引发不期望的后果。

（2）强调质量管理部门应在变更控制中履行相应的职责，确保产品质量持续稳定，在有效期内的质量不因变更而产生不利影响。

（3）企业应当建立变更管理规程，对任何可能影响产品质量或一致性的变更都必须进行有效的控制，至少应当建立原辅料、包装材料、质量标准、检验方法、操作规程、厂房、设施、设备、仪器、生产工艺和计算机软件变更的操作规程，对于一些重要因素的变更，还应当对变更后生产的产品进行必要的质量评估和稳定性考察。

（4）2019年实施的《药品管理法》规定"对药品生产过程中的变更，按照其对药品安全性、有效性和质量可控性的风险和产生影响的程度，实行分类管理。属于重大变更的，应当经国务院药品监督管理部门批准，其他变更应当按照国务院药品监督管理部门的规定备案或者报告。"

【发现问题】

（1）某原料的合成过程中，将离心过滤变更为减压抽滤，未对该变更进行评估。

（2）制剂企业变更了原料供应商，变更实施后评估数据不足，未对实施变更后的产品稳定性进行考察。

（3）车间根据生产任务，要临时调整粉针灌装速度，向质量部门申请了变更，并得到了质量部门的批准。但车间未及时修订操作规程，只是使用了临时非受控文件，便正式实施了变更。

第五节　偏差处理

第二百四十七条　各部门负责人应当确保所有人员正确执行生产工艺、质量标准、检验方法和操作规程，防止偏差的产生。

第二百四十八条　企业应当建立偏差处理的操作规程，规定偏差的报告、记录、调查、处理以及所采取的纠正措施，并有相应的记录。

第二百四十九条　任何偏差都应当评估其对产品质量的潜在影响。企业可以根据偏差的性质、范围、对产品质量潜在影响的程度将偏差分类（如重大、次要偏差），对重大偏差的评估还应当考虑是否需要对产品进行额外的检验以及对产品有效期的影响，必要时，应当对涉及重大偏差的产品进行稳定性考察。

第二百五十条　任何偏离生产工艺、物料平衡限度、质量标准、检验方法、操作规程等的情况均应当有记录，并立即报告主管人员及质量管理部门，应当有清楚的说明，重大偏差应当由质量管理部门会同其他部门进行彻底调查，并有调查报告。偏差调查报告应当由质量管理部门的指定人员审核并签字。

企业还应当采取预防措施有效防止类似偏差的再次发生。

第二百五十一条　质量管理部门应当负责偏差的分类，保存偏差调查、处理的文件和记录。

【理解要点】

（1）偏差是指偏离了已经批准的程序或标准的所有情况，既包括行动（执行）上的偏差也包括结果的偏差。有效的偏差管理是建立在有效的、足以控制生产过程和药品质量的程序（指导文件）或标准的基础之上。

（2）各部门负责人应确保所有人员严格、正确执行预定的生产工艺、质量标准、检验方法和操作规程，防止偏差的产生。

（3）偏差的评估、分类应当依据其对产品质量的潜在影响程度进行。

（4）应对偏差进行定期的回顾和评价，重复或多次出现同一类偏差应制定有效的预防措施。

【发现问题】

（1）某片剂生产过程中，操作工发现片剂表面上有黑点后，上报了车间，偏差处理报告称经车间设备员调查黑点的原因可能为设备漏油导致，并让维修工进行了设备维修，未向质量管理部报告即关闭了偏差。

（2）某企业批产品的收率超过了生产设备的实际生产能力，但批记录审核没有发现这一问题并将其列为偏差。

（3）在粉针分装线车间检查时，正在进行胶塞灭菌的湿热灭菌柜出现报警，岗位员工确定是由于蒸汽压力不稳定导致，员工立即消除了报警。第二天在索要该偏差具体处理情况时，车间未能出具，但解释说当时便消除报警，且不会对灭菌效果造成影响。

第六节　纠正措施和预防措施

第二百五十二条　企业应当建立纠正措施和预防措施系统，对投诉、召回、偏差、自检或外部检查结果、工艺性能和质量监测趋势等进行调查并采取纠正和预防措施。调查的深度和形式应当与风险的级别相适应。纠正措施和预防措施系统应当能够增进对产品和工艺的理解，改进产品和工艺。

第二百五十三条　企业应当建立实施纠正和预防措施的操作规程，内容至少包括：

（一）对投诉、召回、偏差、自检或外部检查结果、工艺性能和质量监测趋势以及其他来源的质量数据进行分析，确定已有和潜在的质量问题。必要时，应当采用适当的统计学方法。

（二）调查与产品、工艺和质量保证系统有关的原因。

（三）确定所需采取的纠正和预防措施，防止问题的再次发生。

（四）评估纠正和预防措施的合理性、有效性和充分性。

（五）对实施纠正和预防措施过程中所有发生的变更应当予以记录。

（六）确保相关信息已传递到质量受权人和预防问题再次发生的直接负责人。

（七）确保相关信息及其纠正和预防措施已通过高层管理人员的评审。

第二百五十四条　实施纠正和预防措施应当有文件记录，并由质量管理部门保存。

【理解要点】

（1）纠正预防措施（CAPA）是基于对问题科学分析和理解的基础上提出问题解决方案。建立CAPA系统，目的是不仅要对存在的缺陷进行及时纠正，还要找出存在缺陷或发生问题的原因，采取必要的预防措施，防止同类问题的重复发生。

（2）纠正和预防措施的建立，还要对不同环节发现的单一缺陷进行分析，采取必要的主动预防措施，防止类似缺陷在其他方面出现。

（3）经常发现缺陷项目的环节或活动主要包括客户的投诉、产品召回、偏差的发生、自检、外部检查、工艺性能及产品质量趋势分析等。企业至少应当对这些环节和活动建立实施纠正和预防措施，采取的纠正和预防措施应当详细记录并保存。

（4）对发现或发生的缺陷、偏差的根本原因进行调查、风险评估，及时制定纠正与预防措施，并明确各部门或各人员的责任和实施时限。

【发现问题】

（1）纠正与预防措施未及时执行和实施。

（2）未对重复出现的缺陷问题进行趋势分析，风险评估数据不足。

第七节　供应商的评估和批准

第二百五十五条　质量管理部门应当对所有生产用物料的供应商进行质量评估，会同有关部门对主要物料供应商（尤其是生产商）的质量体系进行现场质量审计，并对质量评估不符合要求的供应商行使否决权。

主要物料的确定应当综合考虑企业所生产的药品质量风险、物料用量以及物料对药品质量的影响程度等因素。

企业法定代表人、企业负责人及其他部门的人员不得干扰或妨碍质量管理部门对物料供应商独立作出质量评估。

第二百五十六条　应当建立物料供应商评估和批准的操作规程，明确供应商的资质、选择的原则、质量评估方式、评估标准、物料供应商批准的程序。

如质量评估需采用现场质量审计方式的，还应当明确审计内容、周期、审计人员的组成及资质。需采用样品小批量试生产的，还应当明确生产批量、生产工艺、产品质量标准、稳定性考察方案。

第二百五十七条　质量管理部门应当指定专人负责物料供应商质量评估和现场质量审计，分发经批准的合格供应商名单。被指定的人员应当具有相关的法规和专业知识，具有足够的质量评估和现场质量审计的实践经验。

第二百五十八条　现场质量审计应当核实供应商资质证明文件和检验报告的真实性，核实是否具备检验条件。应当对其人员机构、厂房设施和设备、物料管理、生产工艺流程和生产管理、质量控制实验室的设备、仪器、文件管理等进行检查，以全面评估其质量保证系统。现场质量审计应当有报告。

第二百五十九条　必要时，应当对主要物料供应商提供的样品进行小批量试生产，并对试生产的药品进行稳定性考察。

第二百六十条　质量管理部门对物料供应商的评估至少应当包括：供应商的资质证明文件、质量标准、检验报告、企业对物料样品的检验数据和报告。如进行现场质量审计和样品小批量试生产的，还应当包括现场质量审计报告，以及小试产品的质量检验报告和稳定性考察报告。

第二百六十一条　改变物料供应商，应当对新的供应商进行质量评估；改变主要物料供应商的，还需要对产品进行相关的验证及稳定性考察。

第二百六十二条　质量管理部门应当向物料管理部门分发经批准的合格供应商名单，该名单内容至少包括物料名称、规格、质量标准、生产商名称和地址、经销商（如有）名称等，并及时更新。

第二百六十三条　质量管理部门应当与主要物料供应商签订质量协议，在协议中应当明确双方所承担的质量责任。

第二百六十四条　质量管理部门应当定期对物料供应商进行评估或现场质量审计，回顾分析物料质量检验结果、质量投诉和不合格处理记录。如物料出现质量问题或生产条件、工艺、质量标准和检验方法等可能影响质量的关键因素发生重大改变时，还应当尽快进行相关的现场质量审计。

第二百六十五条　企业应当对每家物料供应商建立质量档案，档案内容应当包括供应商的资质证明文件、质量协议、质量标准、样品检验数据和报告、供应商的检验报告、现场质量审计报告、产品稳定性考察报告、定期的质量回顾分析报告等。

【理解要点】

（1）物料供应商的评估和批准应当建立具体的操作规程，包括评估方式、评估标准、对供应商资质和规模的基本要求、参与评估的部门和人员及其职责、批准或拒绝供应商的程序等。

（2）明确合格供应商名单的基本要求，提出合格供应商名单文件的时效性管理要求。

（3）企业还应当与供应商签订质量协议，明确双方的质量责任。

（4）明确质量管理部门对供应商质量评估的独立性，并具有否决权；明确供应商现场质量审计、质量评估和批准的要求；改变主要物料供应商时，应对产品进行相关验证及稳定性考察。

（5）对于新的供应商的物料或者虽然是长期供应商，但其生产状态发生了较大的变化，比如设备、场地、工艺等的重大变更，应当重新进行审计和评估；必要时应当进行试生产，并对试生产的产品进行相关的验证和考察。

（6）有些物料的变更还要按照国家有关规定进行申报。

【发现问题】

（1）某一物料的无菌保证水平对企业的产品质量有较大影响，但企业未对供应商生产现场的无菌保证条件进行审查。

（2）供应商可以提供某一物料的多种规格，且有不同的质量标准，但合格供应商资料中，没有供应商提供物料的规格信息。

（3）供应商档案信息不全，库房验收记录显示曾有过物料验收外包装不符合要求的情况发生，但是在供应商档案中未见到相应的记录资料。

第八节　产品质量回顾分析

第二百六十六条　应当按照操作规程，每年对所有生产的药品按品种进行产品质量回顾分析，以确认工艺稳定可靠，以及原辅料、成品现行质量标准的适用性，及时发现不良趋势，确定产品及工艺改进的方向。应当考虑以往回顾分析的历史数据，还应当对产品质量回顾分析的有效性进行自检。当有合理的科学依据时，可按照产品的剂型分类进行质量回顾，如固体制剂、液体制剂和无菌制剂等。回顾分析应当有报告。

企业至少应当对下列情形进行回顾分析：

（一）产品所用原辅料的所有变更，尤其是来自新供应商的原辅料；

（二）关键中间控制点及成品的检验结果；

（三）所有不符合质量标准的批次及其调查；

（四）所有重大偏差及相关的调查、所采取的整改措施和预防措施的有效性；

（五）生产工艺或检验方法等的所有变更；

（六）已批准或备案的药品注册所有变更；

（七）稳定性考察的结果及任何不良趋势；

（八）所有因质量原因造成的退货、投诉、召回及调查；

（九）与产品工艺或设备相关的纠正措施的执行情况和效果；

（十）新获批准和有变更的药品，按照注册要求上市后应当完成的工作情况；

（十一）相关设备和设施，如空调净化系统、水系统、压缩空气等的确认状态；

（十二）委托生产或检验的技术合同履行情况。

第二百六十七条　应当对回顾分析的结果进行评估，提出是否需要采取纠正和预防措施或进行再确认或再验证的评估意见及理由，并及时、有效地完成整改。

第二百六十八条　药品委托生产时，委托方和受托方之间应当有书面的技术协议，规定产品质量回顾分析中各方的责任，确保产品质量回顾分析按时进行并符合要求。

【理解要点】

（1）产品质量回顾是企业通过对一系列的生产和质量相关数据的回顾分析，用于评价产品工艺的一致性，相关物料和产品质量标准的适用性；同时对一些趋势进行识别，对不良趋势进行控制，确保工艺稳定可靠，产品符合要求。通过质量回顾，还可以确定是否应当对产品、工艺及控制过程进行改进，并提出改进的方法。

（2）质量回顾应当包括企业所有生产的上市产品，可以按照产品的处方、性质、剂型等进行分类回顾分析。回顾周期一般为一年时间，但一般不少于 3 个批次。

（3）委托生产时，应规定双方在产品质量回顾分析中的责任。

（4）所有回顾分析形成的文件均应存档保存。

（5）2019 年实施的《药品管理法》规定"药品上市许可持有人应当建立年度报告制度，每年将药品生产销售、上市后研究、风险管理等情况按照规定向省、自治区、直辖市人民政府药品监督管理部门报告。"

【发现问题】

（1）企业在质量回顾分析时，数据汇总不全面，往往更多关注产品的最终检验结果，对产品生产过程中的条件及情况、信息、数据收集不全，比如原辅料的信息，相关生产设施（如净化系统、水系统等）的状态等。

（2）质量回顾分析中发现不良趋势，但报告中未能提出并明确的整改措施。

第九节　投诉与不良反应报告

第二百六十九条　应当建立药品不良反应报告和监测管理制度，设立专门机构并配备专职人员负责管理。

第二百七十条　应当主动收集药品不良反应，对不良反应应当详细记录、评价、调查和处理，及时采取措施控制可能存在的风险，并按照要求向药品监督管理部门报告。

第二百七十一条　应当建立操作规程，规定投诉登记、评价、调查和处理的程序，并规定因可能的产品缺陷发生投诉时所采取的措施，包括考虑是否有必要从市场召回药品。

第二百七十二条　应当有专人及足够的辅助人员负责进行质量投诉的调查和处理，所有投诉、调查的信息应当向质量受权人通报。

第二百七十三条　所有投诉都应当登记与审核，与产品质量缺陷有关的投诉，应当详细记录投诉的各个细节，并进行调查。

第二百七十四条　发现或怀疑某批药品存在缺陷，应当考虑检查其他批次的药品，查明其是否受到影响。

第二百七十五条　投诉调查和处理应当有记录，并注明所查相关批次产品的信息。

第二百七十六条　应当定期回顾分析投诉记录，以便发现需要警觉、重复出现以及可能需要从市场召回药品的问题，并采取相应措施。

第二百七十七条　企业出现生产失误、药品变质或其他重大质量问题，应当及时采取相应措施，必要时还应当向当地药品监督管理部门报告。

【理解要点】

（1）投诉包括不良反应投诉（反馈）但不仅限于不良反应，还可能有产品质量投诉、服务质量投诉等，在 GMP 管理中，投诉主要是指产品质量的投诉。

（2）企业应当建立一套投诉及不良反应管理制度，指派部门或专人负责该方面的事务，及时有效地接收、记录有关信息并及时调查、处理；调查造成投诉的原因，采取必要的改进和预防措施，防止类似问题再次发生。

（3）对药品严重不良反应应组织调查、确认，根据药品安全隐患的严重程度考虑产品从市场召回的必要性。

（4）不良反应应执行逐级、定期报告制度，必要时可越级报告。所有的投诉、调查的信息应向质量受权人通报。

（5）2019 年实施的《药品管理法》规定"国家建立药物警戒制度，对药品不良反应及其他与用药有关的有害反应进行监测、识别、评估和控制。"

【发现问题】

（1）投诉记录不全，在库房有退货记录但是却没有投诉记录。

（2）没有主动收集药品不良反应的程序、记录。

（3）年度回顾分析中未包含药品不良反应信息的汇总分析。

十一、委托生产与委托检验

GMP 中"委托生产与委托检验"一章分为四节，共十五条。委托生产的范围和所有活动，均应符合 GMP 和相关药品安全监管和注册的要求。药品进行委托生产时，委托双方应取得药品监督管理部门发放的《药品委托生产批件》；原辅材料委托检验，其受托方必须具备检验资质，有能力确保为委托方提供及时准确可靠的检测结果，但受托方不得再转委托检验；药品的成品不得委托检验。

2019 年实施的《药品管理法》中规定：国家对药品管理实行药品上市许可持有人制度。药品上市许可持有人可以自行生产药品，也可以委托药品生产企业生产。药品上市许可持有人自行生产药品的，应当取得药品生产许可证；委托生产的，应当委托符合条件的药品生产企业。药品上市许可持有人和受托生产企业应当签订委托协议和质量协议，并严格履行协议约定的义务。

第一节　原　　则

第二百七十八条　为确保委托生产产品的质量和委托检验的准确性和可靠性，委托方和受托方必须签订书面合同，明确规定各方责任、委托生产或委托检验的内容及相关的技术事项。

第二百七十九条　委托生产或委托检验的所有活动，包括在技术或其他方面拟采取的任何变更，均应当符合药品生产许可和注册的有关要求。

【理解要点】

（1）强调委托生产和委托检验的各项活动，均应在书面合同的基础上进行，任何的变更均应符合变更控制的管理要求。

（2）委托事项应当与《药品委托生产批件》批准事项一致。

（3）委托生产或检验的合同至少应当明确：委托生产或检验的内容，委托与受托方的义务和责任，物料、生产、检测、公用设施、质量控制及产品放行等技术事项的具体规定。

（4）药品生产企业在对进厂原辅料、包装材料的检验中，如遇使用频次较少的大型检验仪器设备（如核磁、红外等），相应的检验项目可以向具有资质的单位进行委托检验。

（5）2019 年实施的《药品管理法》规定"血液制品、麻醉药品、精神药品、医疗用毒性药品、药品类易制毒化学品不得委托生产；但是，国务院药品监督管理部门另有规定的除外。"

【发现问题】

（1）委托方或受托方相关资质证件过期，如载明委托剂型品种的 GMP 证书过期，或委托生产批件过期。

（2）委托方的委托生产或委托检验的管理文件未明确规定委托活动应当按变更事项进行控制。

（3）委托方制定的委托生产或委托检验管理文件内容不具体，形成的考查评估报告内容不完整或对质量管理体系运行情况了解不够深入。

第二节　委托方

第二百八十条　委托方应当对受托方进行评估，对受托方的条件、技术水平、质量管理情况进行现场考核，确认其具有完成受托工作的能力，并能保证符合本规范的要求。

第二百八十一条　委托方应当向受托方提供所有必要的资料，以使受托方能够按照药品注册和其他法定要求正确实施所委托的操作。

委托方应当使受托方充分了解与产品或操作相关的各种问题，包括产品或操作对受托方的环境、厂房、设备、人员及其他物料或产品可能造成的危害。

第二百八十二条　委托方应当对受托生产或检验的全过程进行监督。

第二百八十三条　委托方应当确保物料和产品符合相应的质量标准。

【理解要点】

（1）提出委托方对受托方进行质量评估的要求，以确保受托方具有相应的资质和条件。

（2）委托生产活动以及在技术或其他方面采取的任何变更，均应符合药品生产许可和注册的有关要求，委托方承担第一责任。

（3）受托方应当具有与其受托生产药品相适应的剂型或品种的 GMP 认证证书，并能在生产受托药品品种过程中，满足《药品生产质量管理规范》的全部要求。

（4）委托方应提供符合质量标准和本规范规定的委托生产所需的原辅料及包装材料，并有相关管理程序，委托生产合同对执行过程、责任分工加以明确。

【发现问题】

（1）委托方未对受托检验方现场进行质量审计，无质量审计报告。

（2）委托方无法提供关于委托生产的产品的相关监督记录；或派驻受托方的质量监督人员对委托生产按要求进行了全程监控，但监控记录不全。

（3）委托产品生产过程未按照验证的工艺参数进行生产。委托方与受托方未按规定对委托生产的药品生产工艺、主要设备及清洁进行验证。

第三节　受托方

第二百八十四条　受托方必须具备足够的厂房、设备、知识和经验以及人员，满足委托方所委托的生产或检验工作的要求。

第二百八十五条　受托方应当确保所收到委托方提供的物料、中间产品和待包装产品适用于预定用途。

第二百八十六条　受托方不得从事对委托生产或检验的产品质量有不利影响的活动。

【理解要点】

（1）提出受托方资源管理的要求，对生产中使用的物料、产品只用于委托预定用途，不得挪作他用。

（2）应检查委托方技术指导和质量监督人员是否具备符合要求的资质，具有解决处理技术质量问题的能力，并有授权证明文件。

（3）受托方物料、中间产品、待包装产品相关账目、批生产和批检验记录应与委托生产批次及其他信息一致。

（4）委托方有需要时可随时检查受托方，受托方有责任在合同或双方约定未涉及的情况下，保证受托品种生产全过程符合本规范要求。

【发现问题】

（1）受托方所提供的物料管理台账不明确，部分物料的出入库数量存在差额。

（2）受托方不能及时提供受托品种所用设备的使用日志。

第四节　合　同

第二百八十七条　委托方与受托方之间签订的合同应当详细规定各自的产品生产和控制职责，其中的技术性条款应当由具有制药技术、检验专业知识和熟悉本规范的主管人员拟订。委托生产及检验的各项工作必须符合药品生产许可和药品注册的有关要求并经双方同意。

第二百八十八条　合同应当详细规定质量受权人批准放行每批药品的程序，确保每批产品都已按照药品注册的要求完成生产和检验。

第二百八十九条　合同应当规定何方负责物料的采购、检验、放行、生产和质量控制（包括中间控制），还应当规定何方负责取样和检验。

在委托检验的情况下，合同应当规定受托方是否在委托方的厂房内取样。

第二百九十条　合同应当规定由受托方保存的生产、检验和发运记录及样品，委托方应当能够随时调阅或检查；出现投诉、怀疑产品有质量缺陷或召回时，委托方应当能够方便地查阅所有与评价产品质量相关的记录。

第二百九十一条　合同应当明确规定委托方可以对受托方进行检查或现场质量审计。

第二百九十二条　委托检验合同应当明确受托方有义务接受药品监督管理部门检查。

【理解要点】

（1）提出委托方与受托方合同编制的基本原则，除对质量审计、物料管理、记录管理、产品放行责任落实的管理提出要求，还应在合同中注明双方的联系人姓名、职务及联系方式。

（2）委托合同应当明确规定双方具体承担的取样责任、实验试剂及标准物质管理责任，以及样品管理责任。

【发现问题】

（1）合同中技术条款拟定人员的资质不符合要求，为非技术人员。

（2）合同中未明确哪方负责委托产品的审核放行。

（3）合同中未明确规定何方负责物料的取样和检验。

（4）委托生产协议没有对生产、质量控制、物料、检验、批准放行程序等重大事项的责任做出规定。

（5）实际生产未按工艺规程组织生产。

十二、产品发运与召回

GMP中"产品发运与召回"一章分为三节，共十三条。产品发运是指企业将产品发送到经销商或用户的一系列操作，包括配货、运输等。召回是指由药品生产企业或经销商收回一批或多批仍在药品监督管理部门许可销售的有效期内产品（主动召回），或者是药品监督管理部门暂停使用或退出市场的产品（责令召回）。企业建立必要的药品发运和召回系统，以便必要时能够迅速、有效召回任何一批有安全隐患的产品，建立具有可追溯性的产品发运记录系统，保证发运药品的可溯源性。

2007 年《药品召回管理办法》（局令第 29 号）发布，使我国对缺陷药品的管理做到了有章可循。企业应建立召回程序，规定召回启动标准和召回分级标准，制定相应的表格文件，以及召回所需的公告、通知、报告等多格式文件模板，在必要时可以迅速、规范地完成一系列召回文件和完整的记录和报告。

根据药品安全隐患的严重程度，药品召回分为以下三级：①一级召回，即使用该药品可能引起严重健康危害的；②二级召回，即使用该药品可能引起暂时的或者可逆的健康危害的；③三级召回，即使用该药品一般不会引起健康危害，但由于其他原因需要收回的。

第一节 原 则

第二百九十三条 企业应当建立产品召回系统，必要时可迅速、有效地从市场召回任何一批存在安全隐患的产品。

第二百九十四条 因质量原因退货和召回的产品，均应当按照规定监督销毁，有证据证明退货产品质量未受影响的除外。

【理解要点】

（1）企业应建立产品召回管理制度，内容应当满足 GMP 以及《药品召回管理办法》的相关要求。

（2）企业应制定药品召回程序涉及的信息监测收集、调查评估、召回计划、召回报告、实施记录等相关文件、表格文件或文件模板。

（3）企业应当采取适当措施，如培训、定期进行召回演练等，评估召回系统的有效性，并保存相应的记录和报告。

【发现问题】

（1）企业无建立产品召回操作规程，无产品召回记录。

（2）退货产品在未经质量部门依据操作规程严格评价即已重新销售。

（3）召回产品的处理未经质量管理负责人的批准，或者无处理记录。

第二节 发 运

第二百九十五条 每批产品均应当有发运记录。根据发运记录，应当能够追查每批产品的销售情况，必要时应当能够及时全部追回，发运记录内容应当包括：产品名称、规格、批号、数量、收货单位和地址、联系方式、发货日期、运输方式等。

第二百九十六条 药品发运的零头包装只限两个批号为一个合箱，合箱外应当标明全部批号，并建立合箱记录。

第二百九十七条 发运记录应当至少保存至药品有效期后一年。

【理解要点】

（1）建立完整产品发运记录，是实施产品召回和质量追溯管理的基础。

（2）明确合箱操作应在发运环节进行，而不是在包装过程中进行。在包装过程中进行合箱操作增加发生混淆或者差错的风险，与实施 GMP 目的不相符。

【发现问题】

（1）发运操作的方式无法实施完全召回，特别是：无发运记录或记录未保存；发运记录不完全，缺少收货单位的详细地址或联系方式。

（2）发运记录的建立不健全，未按品种、批号建立完整的发运记录，不便于追踪。

第三节 召 回

第二百九十八条 应当制定召回操作规程，确保召回工作的有效性。

第二百九十九条 应当指定专人负责组织协调召回工作，并配备足够数量的人员。产品召回负责人应当独立于销售和市场部门；如产品召回负责人不是质量受权人，则应当向质量受权人通报召回处理情况。

第三百条 召回应当能够随时启动，并迅速实施。

第三百零一条 因产品存在安全隐患决定从市场召回的，应当立即向当地药品监督管理部门报告。

第三百零二条 产品召回负责人应当能够迅速查阅到药品发运记录。

第三百零三条 已召回的产品应当有标识，并单独、妥善贮存，等待最终处理决定。

第三百零四条　召回的进展过程应当有记录，并有最终报告。产品发运数量、已召回数量以及数量平衡情况应当在报告中予以说明。

第三百零五条　应当定期对产品召回系统的有效性进行评估。

【理解要点】

（1）提出编制召回管理规程文件的要求，并要有专人负责。

（2）强调产品召回工作的独立性，确保召回工作有效、迅速实施，强调质量受权人在召回工作中的作用。

（3）提出召回启动时效性管理的要求，召回系统有效性的评估方法一般采用模拟召回的形式进行。

（4）应当限定召回各操作环节完成的时限。

【发现问题】

（1）召回计划中无相应人员的联系信息。

（2）召回小组成员的职责不明确，人员配备不足。

（3）生产企业对上报的召回计划进行变更时未上报药品监督管理部门备案。

（4）企业无召回产品的独立隔离存放区域，隔离或处理方式不当。

十三、自检

GMP 中"自检"一章分为两节，共四条。GMP 自检是指制药企业内部自行组织，有组织机构、有预定计划，对药品生产实施 GMP 的检查，评估自身生产与 GMP 符合程度的重要手段，是企业执行 GMP 中一项重要内容，也是药品生产企业实现不断自我提高，持续改进的重要途径。一个有效的自检系统，应当包括自检程序、自检计划、自检人员的资格确认、检查记录、自检报告、纠正预防措施（CAPA）等。

第一节　原　则

第三百零六条　质量管理部门应当定期组织对企业进行自检，监控本规范的实施情况，评估企业是否符合本规范要求，并提出必要的纠正和预防措施。

【理解要点】

（1）明确质量管理部门组织 GMP 自检的责任，以监控本企业 GMP 实施情况，评估企业是否符合 GMP 要求，并提出必要的纠正和预防措施。

（2）企业应根据风险管理的原则，考虑实际情况，设定自检的频率。但每年至少进行一次全面的、系统的自检。

【发现问题】

（1）企业定期组织自检的效果差，没有自检周期的规定。

（2）企业的自检制度不健全，未明确自检小组中各部门的相关职责。

（3）自检无整改计划，整改措施未落实。

第二节　自　检

第三百零七条　自检应当有计划，对机构与人员、厂房与设施、设备、物料与产品、确认与验证、文件管理、生产管理、质量控制与质量保证、委托生产与委托检验、产品发运与召回等项目定期进行检查。

第三百零八条　应当由企业指定人员进行独立、系统、全面的自检，也可由外部人员或专家进行独立的质量审计。

第三百零九条　自检应当有记录。自检完成后应当有自检报告，内容至少包括自检过程中观察到的所有情况、评价的结论以及提出纠正和预防措施的建议。自检情况应当报告企业高层管理人员。

【理解要点】

（1）强调 GMP 自检需依照预先确定的自检计划组织实施，确保自检工作的有效实施。

（2）明确自检人员应具备相应的知识、经验和技能，确保自检人员检查结果的客观独立性，自检结果向企业高层管理人员报告。

（3）自检计划应当涵盖 GMP 的全部内容，如果自检是分步骤或按系统分阶段开展的，那么在一个完整的自检周期内，必须有计划地对本规范规定的全部内容完成一次自检。

（4）自检计划应当包括对上次自检、第三方检查、GMP认证缺陷项目整改情况检查的内容。

（5）自检中发现的任何缺陷，都应如实记录，并按照相关规定或程序改正。

【发现问题】

（1）企业未制定年度自检计划。

（2）企业的质量审计不足以确认其质量体系是否能有效地满足其质量体系的目标要求，特别是自检计划未对投诉处理系统进行审计，未对供应商的审计频次做出合理的规定，未对某主要原料的供应商进行审计。

（3）未对参与内部审计的专家或人员的资质进行书面上的确认。

（4）未对缺陷项目进行跟踪检查。

十四、附则

GMP中"附则"一章共四条，主要是对本规范的解释、术语含义及实施时间进行描述。

第三百一十条　本规范为药品生产质量管理的基本要求。对无菌药品、生物制品、血液制品等药品或生产质量管理活动的特殊要求，由国家食品药品监督管理局以附录方式另行制定。

第三百一十一条　企业可以采用经过验证的替代方法，达到本规范的要求。

第三百一十二条　本规范下列术语（按汉语拼音排序）的含义是：

（一）包装　待包装产品变成成品所需的所有操作步骤，包括分装、贴签等。但无菌生产工艺中产品的无菌灌装，以及最终灭菌产品的灌装等不视为包装。

（二）包装材料　药品包装所用的材料，包括与药品直接接触的包装材料和容器、印刷包装材料，但不包括发运用的外包装材料。

（三）操作规程　经批准用来指导设备操作、维护与清洁、验证、环境控制、取样和检验等药品生产活动的通用性文件，也称标准操作规程。

（四）产品　包括药品的中间产品、待包装产品和成品。

（五）产品生命周期　产品从最初的研发、上市直至退市的所有阶段。

（六）成品　已完成所有生产操作步骤和最终包装的产品。

（七）重新加工　将某一生产工序生产的不符合质量标准的一批中间产品或待包装产品的一部分或全部，采用不同的生产工艺进行再加工，以符合预定的质量标准。

（八）待包装产品　尚未进行包装但已完成所有其他加工工序的产品。

（九）待验　原辅料、包装材料、中间产品、待包装产品或成品，采用物理手段或其他有效方式将其隔离或区分，在允许用于投料生产或上市销售之前贮存、等待作出放行决定的状态。

（十）发放　生产过程中物料、中间产品、待包装产品、文件、生产用模具等在企业内部流转的一系列操作。

（十一）复验期　原辅料、包装材料贮存一定时间后，为确保其仍适用于预定用途，由企业确定的需重新检验的日期。

（十二）发运　企业将产品发送到经销商或用户的一系列操作，包括配货、运输等。

（十三）返工　将某一生产工序生产的不符合质量标准的一批中间产品或待包装产品、成品的一部分或全部返回到之前的工序，采用相同的生产工艺进行再加工，以符合预定的质量标准。

（十四）放行　对一批物料或产品进行质量评价，作出批准使用或投放市场或其他决定的操作。

（十五）高层管理人员　在企业内部最高层指挥和控制企业、具有调动资源的权力和职责的人员。

（十六）工艺规程　为生产特定数量的成品而制定的一个或一套文件，包括生产处方、生产操作要求和包装操作要求，规定原辅料和包装材料的数量、工艺参数和条件、加工说明（包括中间控制）、注意事项等内容。

（十七）供应商　物料、设备、仪器、试剂、服务等的提供方，如生产商、经销商等。

（十八）回收　在某一特定的生产阶段，将以前生产的一批或数批符合相应质量要求的产品的一部分或全部，加入另一批次中的操作。

（十九）计算机化系统　用于报告或自动控制的集成系统，包括数据输入、电子处理和信息输出。

（二十）交叉污染　不同原料、辅料及产品之间发生的相互污染。

（二十一）校准　在规定条件下，确定测量、记录、控制仪器或系统的示值（尤指称量）或实物量具所代表的量值，与对应的参照标准量值之间关系的一系列活动。

（二十二）阶段性生产方式　在共用生产区内，在一段时间内集中生产某一产品，再对相应的共用生产区、设施、设备、工器具等进行彻底清洁，更换生产另一种产品的方式。

（二十三）洁净区　需要对环境中尘粒及微生物数量进行控制的房间（区域），其建筑结构、装备及其使用应当能够减少该区域内污染物的引入、产生和滞留。

（二十四）警戒限度　系统的关键参数超出正常范围，但未达到纠偏限度，需要引起警觉，可能需要采取纠正措施的限度标准。

（二十五）纠偏限度　系统的关键参数超出可接受标准，需要进行调查并采取纠正措施的限度标准。

（二十六）检验结果超标　检验结果超出法定标准及企业制定标准的所有情形。

（二十七）批　经一个或若干加工过程生产的、具有预期均一质量和特性的一定数量的原辅料、包装材料或成品。为完成某些生产操作步骤，可能有必要将一批产品分成若干亚批，最终合并成为一个均一的批。在连续生产情况下，批必须与生产中具有预期均一特性的确定数量的产品相对应，批量可以是固定数量或固定时间段内生产的产品量。例如，口服或外用的固体、半固体制剂在成型或分装前使用同一台混合设备一次混合所生产的均质产品为一批；口服或外用的液体制剂以灌装（封）前经最后混合的药液所生产的均质产品为一批。

（二十八）批号　用于识别一个特定批的具有唯一性的数字和（或）字母的组合。

（二十九）批记录　用于记述每批药品生产、质量检验和放行审核的所有文件和记录，可追溯所有与成品质量有关的历史信息。

（三十）气锁间　设置于两个或数个房间之间（如不同洁净度级别的房间之间）的具有两扇或多扇门的隔离空间。设置气锁间的目的是在人员或物料出入时，对气流进行控制。气锁间有人员气锁间和物料气锁间。

（三十一）企业　在本规范中如无特别说明，企业特指药品生产企业。

（三十二）确认　证明厂房、设施、设备能正确运行并可达到预期结果的一系列活动。

（三十三）退货　将药品退还给企业的活动。

（三十四）文件　本规范所指的文件包括质量标准、工艺规程、操作规程、记录、报告等。

（三十五）物料　原料、辅料和包装材料等。例如，化学药品制剂的原料是指原料药；生物制品的原料是指原材料；中药制剂的原料是指中药材、中药饮片和外购中药提取物；原料药的原料是指用于原料药生产的除包装材料以外的其他物料。

（三十六）物料平衡　产品或物料实际产量或实际用量及收集到的损耗之和与理论产量或理论用量之间的比较，并考虑可允许的偏差范围。

（三十七）污染　在生产、取样、包装或重新包装、贮存或运输等操作过程中，原辅料、中间产品、待包装产品、成品受到具有化学或微生物特性的杂质或异物的不利影响。

（三十八）验证　证明任何操作规程（或方法）、生产工艺或系统能够达到预期结果的一系列活动。

（三十九）印刷包装材料　具有特定式样和印刷内容的包装材料，如印字铝箔、标签、说明书、纸盒等。

（四十）原辅料　除包装材料之外，药品生产中使用的任何物料。

（四十一）中间产品　完成部分加工步骤的产品，尚需进一步加工方可成为待包装产品。

（四十二）中间控制　也称过程控制，指为确保产品符合有关标准，生产中对工艺过程加以监控，以便在必要时进行调节而做的各项检查。可将对环境或设备控制视作中间控制的一部分。

第三百一十三条 本规范自 2011 年 3 月 1 日起施行。按照《中华人民共和国药品管理法》第九条规定，具体实施办法和实施步骤由国家食品药品监督管理局规定。

第三节 《药品生产质量管理规范》附录

前面所述条款只是《药品生产质量管理规范》的通用性要求，为便于制药企业能更好地落实药品生产质量管理规范，根据不同药品的特殊要求，国家食品药品监督管理总局陆续发布了 11 个 GMP 附录，分别是：附录 1，无菌药品；附录 2，原料药；附录 3，生物制品；附录 4，血液制品；附录 5，中药制剂；附录 6，放射性药品；附录 7，中药饮片；附录 8，医用氧；附录 9，取样；附录 10，计算机化系统；附录 11，确认与验证。本节将 11 个附录分别进行简要介绍。

一、无菌药品

无菌药品使用风险高，故国家食品药品监督管理总局对此类产品单独设置 GMP 附录 1 "无菌药品"，对其生产、质量控制等方面进行更为细化的要求，主要体现在三个方面。

1. 人员方面

人是最大的污染源，所以附录 1 中特别强调了对人员的要求。例如，洁净区中的人数需要进行控制，对人员的更衣程序有详细的说明，并且强调了人员意识的重要性，特别要求对人员定期进行卫生和微生物等相关方面的培训，并在工作中时刻警惕，随时报告出现的任何异常情况，最大限度地避免人为造成的污染和交叉污染。

2. 硬件方面

硬件方面包括厂房、设施、设备，如灭菌柜、空调系统、水系统、吹灌封设备、隔离操作器等方面。例如，对于厂房洁净区，规定了 A、B、C、D 四个不同级别区域的尘埃粒子、浮游菌、沉降菌、表面微生物的监测要求和限度标准，并列举了部分关键工艺步骤所需的洁净级别。相关的生产设施和设备等，均应从选型、设计、安装、使用、维护维修等方面考虑对洁净区环境的影响，防止微生物滋生。

3. 软件方面

在有了硬件保障基础之上，还需要合理的软件控制，包括灭菌工艺、生产管理、质量控制等。针对最终灭菌产品和非最终灭菌产品以及产品的特性，需选用不同的灭菌工艺，如湿热灭菌、干热灭菌、辐射灭菌、环氧乙烷灭菌、过滤除菌等。为了保证最终产品无菌，灭菌工艺需定期进行验证。对于无菌生产工艺，则需进行培养基模拟灌装试验。另外，对于无菌产品的质量控制，则重点关注取样样品的代表性，要求从无菌灌装的最初、最终阶段生产的产品和发生重点偏差后的产品中取样，或者最终灭菌产品中可能的最冷点的样品，目的均是从风险角度出发，最大限度地保证产品的无菌性。

正因为无菌产品的高风险性，才对无菌产品的生产、质量控制方面提出了更多的要求。为了保证无菌产品的使用安全，各生产企业应该严格按照 GMP 要求组织生产和质量控制工作。目前，从实际 GMP 检查情况来看，经常发现企业存在以下缺陷：①企业对洁净区人员的人数控制不足；未定期对人员进行微生物方面的培训；人员在洁净区操作不规范。例如，在 A 级洁净工作台操作时手部进进出出不消毒，人员在洁净区走动频繁等。②培养基模拟灌装试验设计不合理，未充分考虑实际生产中的异常情况，未达到最差条件。③洁净服折叠方式和更衣程序不能有效避免 A/B 级洁净服被污染。④A/B 级清洁和消毒剂不是无菌级。⑤未定期进行灭菌工艺再验证。⑥洁净区未定期进行环境监测，或监测频率太长，或监测项目不全，或尘埃粒子取样点或取样量不足。⑦B 级洁净区设置有地漏，或者 C 级区地漏未进行有效控制，造成微生物滋生污染环境。⑧空调系统和水系统维护不足，如高效过滤器未定期进行检漏。

近年来，出现多起无菌产品不良事件，如齐二药二甘醇事件、葛根素注射液事件、关木通事件、欣弗事件、刺五加注射液事件等，造成人员死亡和不良的社会影响。因此，药品生产尤其是无菌药品的生产，应高度重视其生产管理和质量管理，确保 GMP 符合性，减少药品安全事故。

二、原料药

附录 2"原料药"适用于非无菌原料药生产及无菌原料药生产中非无菌生产工序的操作，相较于直接用于患者的产品或无菌原料药，非无菌原料药的风险相对较小，故相较于针对药品生产的 GMP 正文，本附录从厂房设施、设备、物料管理、生产管理、质量管理等各方面的要求均有不同程度的放宽。

（1）厂房、设施方面，除了非无菌原料药精制、干燥、粉碎、包装等生产操作的暴露环境应当按照 D 级洁净区的要求设置，或者质量标准中有热原或细菌内毒素等检验项目的，厂房的设计应当特别注意防止微生物污染的要求之外，生产环境在一般区即可。

（2）除了精制工艺用水至少应当符合纯化水的质量标准之外，其他可使用饮用水。

（3）物料可不必每批全检，在对供应商有良好的管理基础上，可采用供应商的检验结果，在物料接收后仅进行鉴别项检验即可。

（4）生产管理方面则对原料药生产中特殊的工艺，如原料或中间产品的混合、返工、重新加工、溶剂回收，针对 GMP 正文中未规定的部分做出了要求。

（5）质量控制方面则强调了原料中杂质（有机杂质、无机杂质、残留溶剂）的控制，以从源头开始控制，使最终用于患者的药品中的杂质得到控制。

在实际的 GMP 检查中，非无菌原料药生产企业经常出现的缺陷包括：①生产环境不符合要求，精制、干燥、粉碎、包装等生产操作的暴露环境也为一般区，未按照 D 级洁净区的要求设置。②物料控制不足，入库接收后未经任何检验即使用。③精制工艺用水达不到纯化水的质量标准，或未按照纯化水质量标准进行检验。④原料生产过程中用到的残留溶剂未纳入质量标准中进行残留溶剂控制。⑤回收的溶剂无质量标准进行质量控制，反复使用。⑥原料药的生产工艺与经注册批准的工艺不一致。

三、生物制品

生物制品是一类特殊的药品，不同于常见的化学药品。生物制品是通过微生物和细胞培养，或生物组织提取，或通过胚胎或动物体内的活生物体繁殖得到的药品，其产品质量控制的关键就在于制备过程。

首先，类似于无菌药品，为了控制生产过程中粒子和微生物污染，生物制品要求较高的环境级别要求。例如，无菌制剂生产加工区域应当符合洁净度级别要求，并保持相对正压；操作有致病作用的微生物应当在专门的区域内进行，并保持相对负压；采用无菌工艺处理病原体的负压区或生物安全柜，其周围环境应当是相对正压的洁净区。另外，一些特殊的产品，如卡介苗和结核菌素，必须与其他制品生产厂房严格分开。一些特殊工艺，如致病性芽孢菌操作直至灭活过程完成前应当使用专用设施。

其次，对于生物制品生产的特殊方面进行了规定。例如，用到的细胞需建立完善的细胞库系统（原始细胞库、主代细胞库和工作细胞库）。细胞库系统的建立、维护和检定应当符合《中华人民共和国药典》的要求；用到的菌毒种应当建立完善的种子批系统（原始种子批、主代种子批和工作种子批）。菌毒种种子批系统的建立、维护、保存和检定应当符合《中华人民共和国药典》的要求。

在实际 GMP 检查中，生物制品生产企业常见的缺陷如下：①主种子库和工作种子库未在 GMP 条件下建立；②种子一般需要作为物料管理，但菌种库构建结束后，未请验，未经 QC 取样检定，即被放行使用；③生产环境控制不足，未按规定的频率和监测内容对洁净区进行环境监测。

四、血液制品

血液制品的关键在于原料血浆，因为 GMP 所指的血液制品是特指人血浆蛋白类制品，其是从人血浆中分离、制备而成的特殊药品，而原料人血浆中可能含有经血液传播疾病的病原体（如 HIV、HBV、HCV）。为确保产品的安全性，必须确保原料人血浆的质量和来源的合法性，必须对生产过程进行严格控制，特别是病毒的去除和/或灭活工序，必须对原辅料及产品进行严格的质量控制。

首先，对于原料人血浆，其来源必须符合《中华人民共和国药典》三部中"血液制品生产用人血浆"

的规定。例如,供血者体检合格,血液检查合格,供血频率符合规定,采血站的资质要求,以及血浆的运输、储存等各方面均应有良好的操作规范保证原料血浆的质量。

其次,为避免生产过程中对原料血浆的污染,对于生产设施设备有较高的要求。例如,血液制品的生产厂房应当为独立建筑物,不得与其他药品共用,并使用专用的生产设施和设备;血浆融浆区域、组分分离区域以及病毒灭活后生产区域应当彼此分开,生产设备应当专用,各区域应当有独立的空气净化系统;病毒去除和/或灭活后的制品应当使用隔离的专用生产区域与设备,并使用独立的空气净化系统。类似的要求在其他类型的药品生产管理规范中很少提及,由此可见血液制品对于生产过程防止污染的高要求可见一斑。

最后,对于原辅料及产品的质量控制,附录4"血液制品"中则重点关注了对病原体的控制,通过采用专属的方法,合格有效的试剂对每人份的原料血浆进行检验,并采用较其他药品更加强化的供应商现场审计(明文规定至少半年一次),以及要求制定应对各种质量异常时的应急措施等方式,对原料血浆的质量进行把控,确保血液制品生产包括从原料血浆接收、入库贮存、复检、血浆分离、血液制品制备、检定到成品入库的全过程能够得到有效的控制。

在实际GMP检查过程中,经常出现的缺陷主要体现在以下:①血液制品的生产厂房、设备与其他产品共用;②空调系统共用,如病毒去除或灭活后的制品未采用单独的空调系统;③原料血浆的运输或储存过程的温度记录不完整,或出现偏差未得到有效控制;④原料血浆接收后,企业未对每一人份血浆进行全面复测;⑤对原料血浆进行复测用的体外诊断试剂未经批准;⑥对原料血浆采集站的质量审计不足,未按照至少半年一次的频率进行。

五、中药制剂

附录5"中药制剂"对中药材前处理、中药提取和中药制剂的生产、质量控制、贮存、发放和运输提出管理要求。中药制剂的质量与中药材和中药饮片的质量、中药材前处理和中药提取工艺密切相关。

(1)对于厂房设施方面要求不高,除部分特殊制剂、特殊工序要求洁净级别外,中药材前处理工序厂房以及仓储设施需重点关注粉尘扩散控制、通风以及防虫防鼠。

(2)对于物料的管理,重点需对每次接收的中药材均应按产地、采收时间、采集部位、药材等级、药材外形(如全株或切断)、包装形式等进行分类,分别编制批号并管理,并关注标识、储存条件以及定期的养护。

(3)生产管理需关注中药材的拣选、整理、剪切、洗涤、浸润或其他炮制加工等前工序,防止未经处理的中药材直接用于提取加工,另外需要关注生产用水和生产时限,并采取适当措施防止微生物污染。

(4)质量管理方面要求建立所用中药材和中药饮片的标本,同时关注中药材和中药饮片的贮存条件、贮存期限和复验期,并做好留样,以备一定期限内鉴别等试验的需求。

在实际的GMP检查中,中药制剂生产企业常见的检查缺陷如下:①前处理工序厂房设施控制不足,不能有效排除粉尘;②仓库防虫鼠设施不完善,发现有鼠害;③清洗用水使用不规范,用过的水再用于清洗其他药材,或同一时间在同一容器内清洗不同药材;④处理后的药材露天干燥或者直接铺于地面;⑤特殊剂型如中药注射剂提取不完全,杂质未有效控制,或最终灭菌不彻底,造成中药注射剂不良事件。

六、放射性药品

考虑到放射性药品的特殊性,对生产、检验人员的安全性,附录6"放射性药品"重点关注了放射性药品生产、检验环节中防止辐射的硬件要求和软件操作要求。首先,需要采取适当的硬件防止辐射,如有效的物理隔离,适当的防护装置,工作服、工器具的除辐射以及足够的防辐射标识。其次,在软件方面,要求人员有足够的知识、经验和培训,按照规定的标准操作规程进行生产和检验操作,定期进行辐射剂量监测,按规定进行职业健康体检。另外,企业应建立药品不良反应报告和监测管理制度,制定相应操作程序。发现患者受到放射性超剂量危害,或出现药品不良反应,应及时采取有效的措施控制,详细记录事件的经过、评价、调查和处理等有关情况,并按规定上报。

七、中药饮片

中药饮片的质量与中药材质量、炮制工艺密切相关，应当对中药材质量、炮制工艺严格控制；在炮制、贮存和运输过程中，应当采取措施控制污染，防止变质，避免交叉污染、混淆、差错。因此，附录7"中药饮片"重点关注以下三个方面：①中药材的质量保障在于中药材的来源，其应符合制定的中药材质量标准，产地应相对稳定。②应按照中药饮片的法定标准进行炮制，包括国家药品标准，或省、自治区、直辖市食品药品监督管理部门制定的炮制规范，或注册审批的标准。③在炮制、贮存和运输过程中，应在厂房、设施、设备、人员操作、工艺流程、生产管理、质量监测等方面，通过适当的硬件、文件、记录等方式，防止污染和交叉污染、混淆和差错。

常见的 GMP 检查缺陷如下：①炮制工艺与经批准的工艺不相符；②对中药材质量把控不严，采用伪劣中药材生产中药饮片。

八、医用氧

附录8"医用氧"讨论医用氧和其他医用气体的生产过程、基础要求，如生产中的现场防污染措施、标识、文件记录、储存发放、检验等方面，应与 GMP 正文基本一致，此处重点介绍医用氧容器的管理。

医用氧容器（槽车、储罐、气瓶等）应专用，容器应当编号管理，有安全效期标识，气瓶充装前应进行检查。充装应有详细的记录。充装后，每只气瓶均需检漏，检漏不合格视为不合格品。气瓶必须经核准有资格的单位进行定期检验，并应建立气瓶的质量档案。气瓶在运输期间应防止混淆、差错、污染及交叉污染，并保证安全。

九、取样

样品抽样检验是对物料、包装材料、半成品、成品质量控制的关键部分，但如果所抽取的样品不具代表性，则所检测的结果将不能代表物料、包装材料、半成品、成品的真实质量。因此，取样操作是样品抽样检验的关键。

附录 9 "取样"从取样的人员、取样量、取样环境和设施、工具、容器，以及取样后的转移和储存等方面进行了规定。取样人员应是质量部门的人员，经过相关培训，对所取物料产品有一定认识，在出现任何偏差时，能立即处理、汇报。

取样量应确保样品的代表性，即：对于物料，被抽检的物料与产品是均匀的，且来源可靠，应按批取样。若总件数为 n，则当 $n \leqslant 3$ 时，每件取样；当 $3 < n \leqslant 300$ 时，按 $\sqrt{n} + 1$ 件随机取样；当 $n > 300$ 时，按 $\sqrt{n}/2 + 1$ 件随机取样。对于包材，考虑到一次接收的内包装材料与药品直接接触的不均匀性，因此，至少要采用随机取样方法，以发现可能存在的缺陷。取样件数可参考 GB/T 2828.1—2012（ISO2859-1：1999）《计数抽样检验程序　第 1 部分：按接收质量限（AQL）检索的逐批检验抽样计划》的要求计算取样。对于中间产品、成品，则可从生产的前、中、后阶段分别取样进行混合，从而得到具有代表性的样品。取样环境应与其生产环境相一致；取样工器具应不能对所取物料产品产生污染和交叉污染；取样容器应与市售包装一致，或模拟其市售包装，不能对样品产生污染。取样后应及时转移，其转移过程应能防止污染，不得影响样品质量。实验室应有样品贮存的区域和相应的设备。样品的贮存条件应与相应的物料与产品的贮存条件一致。

目前，各企业取样操作相对都较好，未出现关键或主要缺陷，但也有一些一般缺陷，如取样间的环境与生产环境不一致；取样过程先取原料，后取辅料，而中间未清洁干净，造成原料污染辅料的风险；取样后样品未妥善包装或储存。

十、计算机化系统

随着科技进步，越来越多的计算机化系统被应用于药品生产、质量控制、仓储、运输等环节。当引入新的计算机化系统代替人工操作时，应当确保不对产品的质量、过程控制和其质量保证水平造成负面影响，不增加总体风险。为了保证计算机化系统的使用安全，本附录从人员、验证和系统使用三方面进行了规定。

（1）对于人员，重点强调了参与计算机化系统各环节中的人员应接受相应的培训和考核，不同用户应区分不同的级别，给予不同的权限，确保人员各司其职，相互之间不得冒名顶替，致使操作过程无法追溯落实至具体的操作人。

（2）对于验证，则是计算机化系统的基石，只有通过了验证的计算机化系统才能被投入使用。计算机化系统验证包括应用程序的验证和基础架构的确认，其范围与程度应当基于科学的风险评估。风险评估应当充分考虑计算机化系统的使用范围和用途。验证通常由系统供应商指派有资质的工程师进行，也可由企业自行验证，但需要进行较为全面的风险评估和制定验证操作程序，由专业的人员进行，确保系统的质量和性能可以符合预期用途。

（3）对于系统使用，首先要求其安装在适当的位置，防止外来因素影响。使用人员需要使用自己独立的账户和密码进行登录，登录后按照规定的操作程序进行操作，过程中有关键数据输入时，应有第二人或电子方式进行复核，系统产生的数据需要有适当的方式确保安全，例如物理备份和必要的还原测试。最后，需要有应急预案，明确在系统出现损坏时应采取的处理措施。

由此可见，本附录对计算机化系统的整个生命周期，从设计、选型、采购，到安装、运行、维护、维修，做出了详细的要求，目的是防止计算机化系统引入新的风险，造成药品生产、质量管理过程不受控，出现污染、交叉污染、数据完整性等方面的缺陷。

因为计算机化系统牵涉药品生产、质量控制过程中的数据可靠性，因此，在实际的 GMP 检查中，计算机化系统出现的缺陷通常会被判定为关键缺陷，需要引起注意。目前，各企业的计算机化系统常见以下缺陷：①计算机化系统仅进行了硬件的确认，未对软件进行确认；②计算机化系统未进行用户控制，出现多人共用账户的情况；账户密码简单，无密码控制策略；账户未分级别，操作人员权限过多；③系统时间、时区可以修改，未被锁定；④系统无审计追踪功能，或者审计追踪功能被关闭；⑤电子数据存在本地无防删除、防修改的措施；⑥数据未定期备份，或者备份周期太长；或者备份数据仍储存在同一台电脑中；备份的数据无法读取；未进行还原测试证明所备份的数据与原始数据一致。

十一、确认与验证

确认与验证是 GMP 管理中永恒的主题，所有的厂房、设施设备、生产工艺、设备清洁、运输、仓储、检验等过程都涉及确认或验证，只有生产、质量管理的所有环节都通过确认或验证，则药品的生产、质量控制程序才有了基础，才能确保所生产的药品的安全性和有效性。

附录 11 "确认与验证" 通过以下四个方面规定了确认与验证的基本要求。

1. 文件

确认与验证应有主计划。开展确认与验证前，应起草确认与验证方案，经过审核、批准，再按照方案执行。执行过程中若有任何偏差或变更，则需按照相应程序进行处理并记录。完成后应起草确认与验证报告，并经审核批准。如此，才完成一个确认或验证。

2. 确认

此处主要指厂房、设施、设备的确认。确认包含四个阶段：设计确认（DQ）、安装确认（IQ）、运行确认（OQ）、性能确认（PQ）。需要提醒的是，并非所有厂房、设施、设备的确认都需要完整经过此四个阶段，可根据不同用途、不同级别、不同风险，评估进行其中的部分或全部确认内容。例如，简单的设备如 pH 计，仅需要进行 IQ/OQ 即可，而高效液相色谱仪则需要 IQ/OQ/PQ。对于用户定制的系统如实验室信息管理系统 LIMS，则需进行 DQ/IQ/OQ/PQ 四个阶段。

3. 验证

此处重点介绍了工艺验证和清洁验证。工艺验证一般通过连续三批的生产证明一个生产工艺按照规定的工艺参数能够持续生产出符合预定用途和注册要求的产品，通过关键工艺参数和关键质量属性参数进行控制和评价。工艺验证不是一次性行为，在产品生命周期内，应当进行持续工艺确认，或者，当出现重大变更时，应当重新进行工艺验证。而清洁验证则是防止产品污染的有力手段，通过确认与产品直接接触设备的清洁操作规程的有效性，证明设备上残留的活性药物成分和微生物已经被清洁，其浓度已经降低至安全可接受的水平，对使用相同设备生产的其他品种不会产生交叉污染，不会影响其质量。需要注意的是，清洁验证需要考虑合适的清洁剂、清洁取样点、取样方法、检验方法等，确保清洁后不会产生清洁剂残留等二次污染问题，以及确保检验方法专属、准确。

目前，药品生产企业在确认与验证方面经常出现的缺陷如下：①设备确认内容不完全，缺少设备的部分关键控制参数；②设备的确认方案由供应商提供，但未经过企业内部审核、批准；③工艺验证中取样点不足、关键质量属性控制范围太宽；④清洁验证中使用不合适的清洁剂，导致清洁剂残留而未控制残留量；或采用的检验方法不灵敏，不能准确检查残留量；⑤有特殊储存温度要求的药品，未进行运输过程确认，不能确保运输过程中产品质量不受影响。

十二、生化药品

不同于附录 3 所述的生物制品，附录 12 "生化药品" 中的生化药品是指从动物的器官、组织、体液、分泌物中经前处理、提取、分离、纯化等制得的安全、有效、质量可控的药品。本附录重点关注生化药品的生产涉及器官、组织、体液、分泌物的提取、分离和纯化等过程，以及原材料中的病原微生物对产品质量和生产环境的控制。例如，通过设置批号或编号，设置生产时间间隔、储存期限，对设备和容器进行清洁、消毒或灭菌等方式，避免不同种属或同一种属的不同器官、组织、体液、分泌物在采集、转运及存放过程中的混淆、差错、污染、交叉污染；通过控制原材料来源于非疫区的健康动物，定期对原材料供应商进行现场审计，采用有效地去除/灭活病毒工艺步骤和方法等方式，控制原材料中的病原微生物对产品质量的影响。

目前，生化药品生产企业常见的 GMP 检查缺陷包括：①厂房车间的卫生控制不足，尤其是动物脏器、组织、体液或分泌物的生产操作区和仓储区，苍蝇虫鼠控制设施和清理制度不完善；②原材料来源不一，对于来源于散户的原材料没有健康证明和检疫合格证明。

第四节　我国药品 GMP 的发展趋势

药品具有两面性。安全、有效、质量可控的药品可以治病救人；安全性、有效性或质量可控性存在问题的药品可能会危及公众健康。作为保证药品安全有效的有效监管手段，我国药品 GMP 经历了从无到有，从弱渐强的发生发展阶段。药品 GMP 基于制药行业发展水平，同时也推动制药行业的发展速度。2017 年，中央办公厅、国务院办公厅印发《关于深化审评审批制度改革鼓励药品医疗器械创新的意见》（以下简称《意见》）针对当前药品医疗器械创新面临的突出问题，着眼长远制度建设，提出改革临床试验管理、加快上市审评审批、促进药品医疗器械创新和仿制药发展、加强药品医疗器械全生命周期管理、提升技术支撑能力、加强组织实施 6 部分共 36 项改革措施，将会对我国制药行业产生深刻影响，并推动我国药品监管体制机制的变革，迎来我国药品行业的国际化。

2015 年，国务院印发《关于改革药品医疗器械审评审批制度的意见》（国发〔2015〕44 号），是深化药品医疗器械审评审批制度改革的纲领性文件，对我国医药产业创新发展具有里程碑意义。文中提出提高审评审批质量，建立更加科学、高效的药品审评审批体系，使批准上市药品的有效性、安全性、质量可控性达到或接近国际先进水平的改革目标。2017 年，国务院印发的《"十三五" 国家药品安全规划》和中共中央办公厅和国务院办公厅联合印发《关于深化审评审批制度改革鼓励药品医疗器械创新的意见》（厅字〔2017〕42 号）明确提出，要推进政府间监管交流，深化多双边药品监管政策与技术交流，积极加入相关国际组织，开展国际项目合作，加大培训和国外智力引进度，积极参与国际规则和标准的制定修订，推动我国监管理念、方法、标准与国际先进水平相协调，推动逐步实现检查和结果国际共享，为中国药品的国际化指出更加明晰的发展方向。

国际人用药品技术要求协调理事会（International Council for Harmonization of Technical Requirements for Pharmaceuticals for Human Use，ICH）于 1990 年 4 月在比利时布鲁塞尔由美日欧监管机构和企业协会发起成立，历经 25 年发展，于 2015 年转型为更具包容性和代表性的国际性组织，目前共有国家药品监管机构和企业协会 16 个成员。ICH 成立以来，通过协商制定并实施统一的 ICH 指南和标准，推动成员间药品注册技术要求的合理性和一致性，减少各国在药品注册要求上的不同，以提高新药开发和注册效率，促进新药尽快上市。ICH 发布的技术指南在全球范围内被许多国家药品监管机构接受和转化，成为重要的药品注册国际规则。ICH 成立以来，我国药品监管部门一直尤为关注，积极参加 ICH 相关活动，不断拓宽和深化国际合作，借鉴和转化 ICH Q7（《原料药生产质量管理规范》）、ICH Q9（《质量风险管理》）、ICH Q1（《新原料药和制剂的稳定性试验》）、ICH E6（《临床试验规范》）等 26 部技术指南，发布我国《药品生产质量管理规范》及其附录、《化学药物（原料药和制剂）稳定性研究技术指导原则》《药物临床试验质量管理规范》等文件，鼓励研发机构参考使用 WHO、ICH 等药物研发技术指南开展药物研发，促进我国在药品监管技术规范体系上与国际的接轨。发布药品审评审批制度改革意见，鼓励新药研究和创新，提升仿制药质量，推动医药行业产业结构调整和技术升级，促进我国上市药品在安全、有效、质量可控方面达到或接近国际水平，并通过将临床试验机构的资格认定改为备案管理、优化临床试验审查程序、接受境外临床试验数据、启动药品上市许可持有人制度试点等举措促进我国在药品监管制度上于与国际的接轨。启动《药品管理法》修订，明确监管职能和企业责任，促进我国在药品管理法律上与国际的接轨。

2017 年 6 月 1 日，中国国家药品监督管理部门加入 ICH，成为 ICH 第 8 个监管机构成员，又于 2018 年 6 月 7 日当选为 ICH 管理委员会成员。加入 ICH，中国将与 ICH 及其各成员建立更加紧密的合作关系，将参与国际药品监管规则的制定，并有助于中国制药企业"走出去"参与国际竞争，有助于中国医药行业在创新与投资上深化国际交流与合作，从而促进中国医药行业的创新发展。根据 ICH"协会章程"，成为监管机构成员后应实施 ICH 二级指导原则，并应尽快实施 ICH 全部指导原则。目前，ICH 共发布了 59 个指导原则，其中一级指导原则 3 个，二级指导原则 5 个，三级指导原则 51 个，另有相关问答和附录 30 个。指导原则按照学科分为质量（Q）、有效性（E）、安全性（S）、综合（M）四个部分。我国于 2018 年 1 月 25 日发布《关于适用国际人用药品注册技术协调会二级指导原则的公告》，明确自 2018 年起 5 年内适用《M4：人用药物注册申请通用技术文档（CTD）》《E2A：临床安全数据的管理：快速报告的定义和标准》《M1：监管活动医学词典（MedDRA）》《E2B（R3）：临床安全数据的管理：个例安全报告传输的数据元素》《E2D：上市后安全数据的管理：快速报告的定义和标准》5 个 ICH 二级指导原则的分步实施计划。

随着制药行业对药品科学认知的不断深入，对药品质量控制的理解由原来的质量源于检验、质量源于过程控制逐渐转变为质量源于设计。ICH 强调质量风险管理和贯穿于产品生命周期的统一的制药质量系统。在 ICH Q8 至 ICH Q12 中提出关键工艺属性、关键质量属性、设计空间、质量风险管理、药物质量体系等概念，指出药物研发的目的是设计符合质量要求的产品及符合重复生产模式的制造工艺，描述了如何将风险管理用于药物研发、物料管理、生产和实验室控制，针对产品研发到药品退市的不同阶段都提出了质量管理的要求，提供了产品批准后变更管理框架，促进创新和持续改进。质量监管不再仅仅局限于生产，而是从生产扩展到药品的整个生命周期，包括设计、销售以及退市。

中国加入 ICH，意味着中国制药行业打开了国际接轨之门，中国将参与 ICH 指导原则的制定，中国将在 ICH 组织活动中扮演更加积极的角色，也意味着中国制药行业技术标准国际化进程的快速发展，意味着我国药品监管体制机制的革新。2016 年 1 月 1 日起，国家药品监管机构将所有药品 GMP 认证权限下放到省级药品监管机构，药品 GMP 认证将逐步与药品企业准入相融合，药品生产监管方式将从以往的重审批、轻监管的事前监管将逐步转变为强化监督检查、弱化许可审批的事后监管。中国在逐步转化和实施国际药品 GMP 技术标准的同时，药品 GMP 检查也将由以生产线为主线转变为以品种为主线，上市前的现场检查、生产过程的合规检查以及上市后的监督检查，将结合品种来检查药品生产企业整体质量体系的有效运行和持续合规情况，以及贯穿于整个药品生命周期的产品的持续改进。

后 记

  《制药设备与工艺》的编写耗时 2 年，在漫长的编写过程中，药品监督管理部门专家、制药设备专家、制药生产企业专家以及各高校教师通力合作、产教融合。本书的编写是当前我国制药设备和制药行业专家参与药学、中药学类教学的一次探索。

  设备篇内容编写情况如下：保定创锐泵业有限公司吴巍编写"蠕动泵"部分；常州一步干燥设备有限公司查文浩编写"干燥设备"部分；楚天科技股份有限公司郑起平、叶思媛编写"注射剂设备"部分；哈尔滨纳诺机械设备有限公司王孟刚、王吉帅编写"混合设备、制粒设备、包衣设备"部分；杭州春江制药机械有限公司李洪武、张美琴编写"饮片设备"部分；黑龙江迪尔制药机械有限责任公司徐兴国编写"丸剂和栓剂生产联动线"部分；湖南正中制药机械有限公司杜笑鹏、全凌云编写"液体灯检系列设备"部分；广州锐嘉工业股份有限公司丁维扬、吴光辉编写"软袋包装设备"部分；江苏库克机械有限公司武长新、武洋作编写"隧道微波干燥灭菌机、微波真空干燥灭菌机"等部分；沈阳天兴离心机有限公司施轶、姜长广编写"蝶式离心机和管式离心机"部分；辽宁天亿机械有限公司刘朝民编写"压片机、胶囊剂充填设备"等部分；南京恒标斯瑞冷冻机械制造有限公司桂林松、孙清华编写"换热设备、冷水机组、厂房设施与空调系统"等部分；南通海发水处理工程有限公司倪燕彬、徐杰编写"制药用水系统"部分；南通恒力包装科技股份有限公司李季勇、缪德林编写"口服固体制剂瓶装线"部分；青岛捷怡纳机械设备有限公司李志全、朱春博编写"立轴剪切式粉碎机"部分；山东蓝孚高能物理技术股份有限公司韩雷编写"高能电子加速器"部分；山东新华医疗器械股份有限公司李晓明、周利军编写"灭菌设备、提取浓缩设备、疫苗类设备、固体制剂设备、输液剂设备、隔离系统、清洗设备"等部分；上海秉拓智能科技有限公司辛滨编写"片剂异物检测和泡罩异物检测设备"部分；上海东富龙科技股份有限公司郑金旺、陈苏玲编写"冷冻干燥设备、注射剂设备、药用隔离器"等部分；沈阳市长城过滤纸板有限公司杜娟、王嵩编写"过滤纸板"部分；天水华圆制药设备科技有限责任公司李晟、张钊编写"丸剂生产线、栓剂生产线、微波提取设备、干燥设备、包衣设备"等部分；营口辽河药机制造有限公司张文姣编写"高效转膜蒸发器、全开式真空耙式干燥机"等部分；浙江迦南科技股份有限公司吴武通、杨波编写"固体制剂设备、提取浓缩设备、料斗清洗机"等部分；浙江新亚迪制药机械有限公司张宏平编写"气雾剂、喷雾剂、无菌滴眼剂灌封联动线"等部分；山西太钢不锈钢股份有限公司田华编写"不锈钢基础知识"部分；迟玉明编写"过热蒸汽瞬间灭菌设备"部分；马茂彬编写"自动控制系统"部分；江永萍编写"中央空调装备和热泵热管热风循环干燥设备"部分；鞠爱春编写"制药工艺发展趋势"部分；夏成才编写"膜分离设备和蒸发设备"部分；张健编写"全自动灯检机"部分；上海信销张静和陈青霞负责联系制药设备厂家；陈宇洲编写"绪论、制药设备动力传动基础、自动控制系统"等部分。

  工艺篇内容编写情况如下：陈岩编写"软胶囊工艺"部分；郭维峰编写"口服液生产工艺和设备"部分；韩立云编写"水丸剂工艺"部分；黄敏编写"大容量注射剂生产工艺和无菌保证"部分；邓智先、冯林编写"固体制剂车间工艺"部分；贾志红、赵曙光编写"无菌冻干粉针剂生产工艺"部分；江永萍编写"大蜜丸工艺、水蜜丸工艺、软胶囊工艺"等部分；焦红江编写"小容量注射剂和大容量注射剂工艺"等部分；鞠爱春、祝昱编写"无菌冻干粉针剂生产工艺"部分，并对"注射剂工艺部分"进行修改；李姣编写"包装设备"部分；罗彩霞编写"硬胶囊剂生产工艺"部分；乔峰编写"中药提取浓缩工艺"部分；王佳、苏何蕾编写"片剂、散剂生产工艺"部分；王震宇编写"原料药生产工艺"部分；叶非编写"无菌分装粉针剂生产工艺"部分，并对"注射剂工艺"部分进行修改；杨悦武、孙艳编写"滴丸剂生产工艺"部分；张建伟编写"大输液工艺"部分；张志强编写"炮制生产工艺"部分；龙苗苗编写"口服固体制剂概述"部分；姜华、李军编写"炮制工艺研究进展"部分；燕雪花编写"炮制生产工艺"部分；顾艳丽编写"注射剂生产工艺"部分。

管理篇内容编写情况如下：李维伟编写"厂房设施设备系统生命周期管理"部分，杨静伟编写"GMP简史和发展趋势"部分，林秀菁编写"GMP正文简介"部分，熊小刚编写"GMP附录简介"部分。

除了上述编写部分之外，参与各章编写和修改的工作的还有：陈露真、林秀菁、鲍鹏（第一章）；陆文亮、王佳（第二章）；黄华生、贾光伟（第三章）；李昂、李扶昆、邱立朋、尹德明、严伟民、游强蓁、周光宇、王继伟、张静（天津大学仁爱学院）、宋石林、赵玉佳、肖立峰、刘凤阳、林映仙（第四章）；乔晓芳、郑志刚（第五章）；尚海宾、张玉东（第六章）；李姣、张功臣、刘岩、时念秋、王美娜、原晓军、刘洋、段秀俊、巩凯、任海伟、霍岩、潘洁（第七章）；王银松（第八章）；顾湘、孙玺（第九章），周鸿、张晓东（第十章）；张华忠、陈容、赵忠庆（第十一章）；邓智先、马淑飞（第十二章）；徐士云、刘改枝（第十三章）；郭伟民、张学兰（第十四章）；乔晓芳、闫东（第十五章）。天津中医药大学学生杨雨晴、赵小瑜、韦梦恩参与了本书的校稿工作。

值此文末，再次对本书的所有编者们致敬，特别感谢中国工程院张伯礼院士在新型冠状病毒肺炎防控期间对本书编写工作给予的鼓励和指导。

参考书目

[1] 张功成. 制药用水系统. 第 2 版. 北京：化学工业出版社，2010.

[2] 张爱萍，孙咸泽等. 药品 GMP 指南：无菌药品. 北京：中国医药科技出版社，2011.

[3] 张爱萍，孙咸泽等. 药品 GMP 指南：口服固体制剂. 北京：中国医药科技出版社，2011.

[4] 张爱萍，孙咸泽等. 药品 GMP 指南：厂房设施设备. 北京：中国医药科技出版社，2011.

[5] 曹德英. 药物剂型与制剂设计. 北京：化学工业出版社，2009.

[6] 方亮. 药剂学. 第 8 版. 北京：人民卫生出版社，2016.

[7] 崔福德. 药剂学. 第 7 版. 北京：人民卫生出版社，2011.

[8] 方亮，龙晓英. 药物剂型与递药系统. 北京：人民卫生出版社，2014.

[9] 潘卫三. 工业药剂学. 北京：中国医药科技出版社，2010.

[10] 周建平. 药剂学. 北京：化学工业出版社，2004.

[11] 狄留庆，刘汉青. 中药药剂学. 北京：化学工业出版社，2011.

[12] 杨瑞虹. 药物制剂技术与设备. 北京：化学工业出版社，2005.

[13] 金国斌，张华良. 包装工艺技术与设备. 第 2 版. 北京：中国轻工业出版社，2009.

[14] 唐燕辉. 药物制剂生产专用设备及车间工艺设计. 第 2 版. 北京：化学工业出版社，2004.

[15] 孙智慧. 药品包装学. 北京：中国轻工业出版社，2010.

[16] 朱盛山. 药物制剂工程. 北京：化学工业出版社，2002.

[17] 何志成. 制剂单元操作与车间设计. 北京：化学工业出版社，2018.

[18] 何志成. 制药生产实习指导—药物制剂. 北京：化学工业出版社，2018.

[19] 章建浩. 食品包装技术. 北京：中国轻工业出版社，2010.

[20] 孙智慧. 包装机械概论. 北京：印刷工业出版社，2007.

[21] 何国强. 制药工艺验证实施手册. 北京：化学工业出版社，2012.